AF226159

DIVERS OUVRAGES

DE MATHEMATIQUE

ET

DE PHYSIQUE.

Par Messieurs de l'Academie Royale des Sciences.

A PARIS,

DE L'IMPRIMERIE ROYALE.

M. DC. XCIII.

PREFACE.

P R E's la mort de Mrs Frenicle & de Roberval, leurs ouvrages manufcrits furent
remis entre les mains de M. Picard, qui les
conferva tous enfemble dans fon apparte-
ment de l'Obfervatoire avec une copie au
net & corrigée de toutes les obfervations
de Tycho Brahé ; mais fur la fin de l'année
1682. environ fept ans aprés la mort de M.
de Roberval, M. Picard eftant mort, on
donna le foin de tous ces papiers à M. de la Hire, qui y joignit auffi
quelque temps aprés les ouvrages manufcrits de M. Picard, qu'on
avoit détournez. Il conçut dés-lors le deffein de tirer de tous ces
manufcrits ceux qui pourroient eftre utiles au public, & il commença par le traité du Nivellement de M. Picard, qu'il fit imprimer
in douze. Enfin aprés la mort de M. Mariotte, qui arriva en 1684. il
fit imprimer fon traité du mouvement des eaux, comme il l'en avoit
prié pendant la maladie dont il mourut, & par fon teftament : mais,
comme M. Mariotte donnoit fouvent au public de petits ouvrages,
il trouva peu de chofe entre fes manufcrits, qui n'eût déja efté imprimé.

M. de la Hire ayant examiné tous les manufcrits qu'il avoit
ramaffez, il follicita Monfieur de Louvois, à qui le Roy avoit donné le foin de ce qui regardoit les gens de lettre, de luy permettre de
faire imprimer ceux qu'il jugeroit à propos, & qu'il trouveroit les
plus achevez ; & ayant obtenu cette permiffion, il commença à
y faire travailler à l'Imprimerie du Louvre. Il demanda auffi que
Mrs Sedileau & Pothenot luy aidaffent dans cette impreffion, ce
qu'ils ont fait avec un tres-grand foin.

M. de la Hire choifit d'abord le traité des Exclufions de M. Frenicle, à caufe que c'étoit une methode particuliere dont il fe fervoit

á

pour la folution des Problemes, par le moyen de laquelle il refolvoit
facilement des queftions de nombres tres-difficiles fur & lefquelles
l'Algebre avoit fouvent peu de prife, ce qui donnoit de l'admiration
aux Sçavans avec qui il avoit commerce, comme on peut le remarquer, en plufieurs endroits de leurs ouvrages. Il y joignit un traité
des Combinaifons, & il jugea pour lors, qu'il falloit remettre à une
autre fois plufieurs autres ouvrages de M. Frenicle, qui auroient
fait tous feuls un fort gros volume, comme celuy des nombres Premiers, un autre des nombres Poligones, un des Tables ou Quarrez
magiques, & d'autres: mais pour rendre ce volume plus parfait, il y
a ajoûté celuy des Quarrez magiques ; & il a cru que le public feroit
bien aife de voir que ce qui avoit efté publié jufqu'alors par les plus
habiles Algebriftes, eftoit fort éloigné de ce qu'avoit trouvé M. Frenicle fur cette matiere. Car entre les 20. 922. 789. 888. 000 difpofitions differentes des feize premiers nombres de fuite dans un quarré, qui a quatre pour cofté, ils n'en trouvoient que feize qui fuf-
fent magiques, lefquels pouvoient encore fe reduire à quatre principaux, comme ils le remarquent, au lieu que M. Frenicle en donne 880. dans lefquels il trouve des proprietez tres-fingulieres ; &
comme il s'étoit donné la peine de les difpofer tous, M. de la Hire les
a fait imprimer, afin qu'on n'eût aucun lieu d'en douter.

On fera peut-eftre furpris de voir dans ce volume quelques propofitions qui ont déja efté publiées par d'autres Geometres ; mais on
doit remarquer, que la plûpart des ouvrages qui font icy, avoient efté
compofez il y avoit fort long-temps, & que ceux qui en eftoient
Auteurs avoient negligé de les faire imprimer, ne pouvant pas faire
un volume parfait, ou n'y ayant pas mis encore la derniere main ; &
fur tout M. de Roberval qui avoit des raifons, à ce qu'il difoit, pour
ne pas publier toutes fes belles découvertes en Geometrie. Entre les
ouvrages de M. Roberval on a imprimé dans ce volume celui des
Mouvemens compofez, un autre de la Refolution des équations,
un des Indivifibles & celui de la Trochoïde ou Roulette, qu'il avoit
faits il y avoit fort long-temps, & dont quelques parties lui a-
voient aquis beaucoup de reputation dans fa jeuneffe. Les deux lettres qu'on a jointes à fes ouvrages, dont il adreffé la premiere au
P. Merfenne & la feconde à Torricelli, ferviront d'éclairciffement
pour l'hiftoire de quelques decouvertes de Géometrie.

M. de la Hire ayant donné avis à M. Hugens de Zulichem qu'il
faifoit imprimer un recueil de quelques ouvrages de Meffieurs de
l'Académie, il lui envoya ceux qu'on a inferez ici, à fçavoir celuy de
la caufe de la pefanteur, de l'équilibre de la balance, des puiffances
qui tirent des cordes, une nouvelle force mouvante par le moyen
de la poudre à canon, la conftruction du lieu à l'hyperbole par les

Afymptotes, la demonftration de la regle *de Maximis & Minimis ,* aufquels on a ajouté la refolution d'un fameux probleme de Catoptrique. Mais pendant le cours de cette impreffion qui a duré long-temps par des raifons particulieres, M. Hugens a fait imprimer en Hollande dans fon traité de la lumiere, celui de la caufe de la pefantur qui eft icy, avec quelques remarques & additions, & il a mandé à M. de la Hire qu'il ne s'étoit pas fouvenu qu'il le lui euft envoyé avec fes autres petits traitez.

Pour les ouvrages de M. Picard qui font icy, ils n'eftoient pas encore en ordre lorfqu'il mourut ; c'eft ce qui a obligé M. de la Hire de faire quelques remarques fur celui des Cadrans. Le recueil des mefures & des poids a été tiré de fes regiftres, où il avoit écrit avec un tres-grand foin tout ce qu'il avoit pu recouvrer fur cette matiere, tant par fes propres obfervations, que par les relations qu'il avoit euës en differens endroits, & principalement fur les memoires de M. Auzout. Les Fragmens de Dioptrique eftoient dans une grande confufion, & M. Pothenot a pris le foin de les ranger dans l'ordre où ils font. On trouvera à la fin des ouvrages de M. Picard l'écrit de M. Auzout fur le Micrométre auquel M. Picard avoit quelque part. Cet écrit avoit déja efté imprimé en 1667. mais on ne le trouve que rarement & par hazard.

Les Regles des jets-deaux de M. Mariotte font en parties tirées de fon traité du mouvement des eaux. Mais comme c'eftoit un extrait pour l'ufage, avec quelques remarques particulieres qu'il avoit faites dans le deffein de les prefenter à Monfieur de Louvois, on a cru qu'on feroit bien-aife de les trouver icy.

Enfin M. de la Hire ayant entre les mains quelques experiences de M. Romer fur la hauteur & fur les amplitudes des corps jettez, & M. Sedileau ayant auffi de lui quelques propofitions fur l'épaiffeur & fur la force des tuyaux qui fervent à conduire les eaux , on les a inferez à la fin de ce recueil.

TABLE DES MATIERES
CONTENUES
DANS CE VOLUME.

METHODE

METHODE

POUR TROUVER
LA SOLUTION
DES PROBLEMES
PAR LES EXCLUSIONS.

ABREGÉ
DES COMBINAISONS.

Par M. DE FRENICLE.

METHODE
POUR
TROUVER LA SOLUTION DES PROBLEMES
par les Exclusions.

QUOI-QUE les questions doivent estre examinées diversement suivant la diversité de leur sujet, on peut néanmoins y observer quelques regles qui conviennent à toutes en général, & qui peuvent en faciliter la recherche.

On doit toûjours connoistre quelque propriété de ce qui est requis dans la question; car sans cela il seroit impossible de rien trouver, si ce n'est que le probleme ou la question proposée se donne à connoistre par elle-mesme. Comme si l'on demandoit quelque chose touchant les nombres qui sont la somme de deux quarrez ou des costez d'un triangle : pourvu qu'on sçache le moyen de faire des quarrez & des triangles, il sera facile de sçavoir leur somme sans qu'il soit besoin d'avoir aucune autre propriété desdites sommes. De sorte qu'il suffit de connoistre ce qui est proposé ou par soy-mesme comme les sommes susdites, ou par quelque propriété. Comme si l'on demandoit quelque particularité touchant les hypotenuses des triangles rectangles dont les costez sont des nombres entiers : car pour y parvenir il sera nécessaire d'avoir quelque propriété desdites hypotenuses par le moyen desquelles on les puisse avoir toutes.

Que si l'on connoist plusieurs propriétez de la chose proposée, on se servira de celle qui conduit plus facilement à la question, & par de moindres nombres. Car il faut remarquer que le principal but & subtilité de cette methode, consiste principalement à racourcir le chemin, & à choisir de certains détours qui en ostent la longueur & les plus grandes difficultez.

Mais parce qu'ordinairement chaque question se traite diversement suivant les différentes propriétez dont il se faut servir, il seroit impossible de donner des regles pour tous les divers cas qu'on pourroit rencontrer. C'est pourquoy l'on a jugé plus à propos de donner des exemples qui seront plus utiles pour faire entendre cette methode, après avoir expliqué quelques regles générales qu'on peut observer pour parvenir à la solution du probleme.

1°. Si l'on connoist en général ce qui est proposé, mais non pas le particulier qu'on propose, il faut par le moyen de plusieurs particuliers connus trouver quelque regle qui convienne à tous ; & par son moyen on trouvera ce qui est requis.

Par exemple, si l'on demande quels sont les quarrez dont la somme est l'hypotenuse du triangle 57, 176, 185.

Puisqu'on sçait en général le moyen de faire des triangles, il en faut construire plusieurs dont on sçaura les quarrez, comme le triangle 3, 4, 5, qui a 4 & 1 pour ses quarrez ; 5, 12, 13. qui a 9 & 4 ; 8, 15, 17, qui a 16 & 1 : ou bien mesme on se contentera au commencement de quelqu'un de ces triangles, & puis l'on cherchera quelque voye par laquelle avec 3, 4, 5, par exemple on puisse trouver 4 & 1, & l'ayant trouvée l'on regardera si elle convient aux autres triangles, & par ce moyen l'on trouvera ce qui est requis.

Ainsi ayant trouvé que prenant la somme & la différence des deux costez impairs 5 & 3, qui sont 8 & 2, leur moitié 4 & 1 donne les quarrez requis, & trouvant que la mesme chose convient aux autres triangles 5, 12, 13; 8, 15, 17, &c. j'observeray la mesme regle pour le triangle proposé 57, 176, 185, en prenant la

A ij

fomme & la différence des deux coftez impairs 57 & 185, qui font 242 & 128: leur moitié 121 & 64, donnera les quarrez requis.

2°. Mais fi l'on ne connoift point ce qui eft propofé ni en général ni en particulier, il en faut chercher les propriétez par ce que l'on a de connu. Et pour cét effet il faut conftruire & faire des nombres femblables à celuy qui eft requis en toutes les façons poffibles, & fans en obmettre aucun, en commençant par le plus petit, & continuant tant qu'on en ait quelque nombre confiderable, comme dix ou douze, ou plus felon la nature de la queftion; car quelquefois trois ou quatre fuffiront, & dans d'autres rencontres il en faudra plufieurs avant qu'on ait découvert ce que l'on cherche.

Par exemple fi l'on demandoit combien de fois quelque nombre donné eft la fomme de deux quarrez, je fuppofe que je n'aye rien de donné, finon le moyen de faire des quarrez, & de les affembler deux à deux pour avoir leur fomme : il faudra voir dabord fi les nombres qui font la fomme de deux quarrez, ont quelque propriété particuliere, afin de pouvoir connoiftre fi le nombre donné eft la fomme de deux quarrez, & fi quelque nombre peut eftre plufieurs fois la fomme de deux quarrez. Et aprés qu'on aura découvert des nombres qui font la fomme de plufieurs couples de quarrez, & le moyen d'en trouver autant qu'on voudra, on fe fervira de la premiere regle pour en faire leur générale, par laquelle on puiffe trouver ce qui eft requis.

Mais pour remarquer quelque propriété defdits nombres qui font la fomme de deux quarrez, j'affemble les quarrez deux à deux, comme 4 & 1; 9 & 1; 9 & 4; 16 & 1; 16 & 4; 16 & 9, &c. tant que j'en aye quelque multitude notable, & confidérant leurs fommes 5, 10, 13, 17, 20, 25, &c. je regarde fi j'y pourray découvrir quelque propriété qui ne convienne point aux autres nombres, comme l'on montrera plus au long dans l'exemple que l'on donnera dans la fuite.

3°. Pour n'obmettre aucun nombre de ceux qu'on veut avoir, il faut établir quelque ordre pour ne fe point égarer dans cette perquifition; & cét ordre doit eftre le plus fimple & le moins embrouillé qu'il fera poffible, & tel que par fon moyen l'on puiffe pourfuivre à faire les nombres auffi avant qu'on voudra fans aucune confufion.

Il faut auffi que cette recherche foit la plus courte & la plus facile qu'il fe poura faire, & pour y parvenir on fe fervira de deux moyens principaux.

La recherche fera courte fi l'on confidere le moins de nombres que la nature de la queftion pourra porter.

Elle fera facile fi l'on fe fert des moindres nombres poffibles.

4°. Pour le premier moyen, qui eft de faire la perquifition courte, on fe fervira de l'*Exclufion*. Par l'Exclufion on obmet les nombres que l'on aura reconnus inutiles, & qui ne fervent de rien à la queftion, & dont on fe peut tres-bien paffer, comme font prefque toûjours les multiples, lefquels neanmoins doivent parfois eftre confidérez, & principalement en deux cas.

Le premier eft, lorfque ne fçachant encore aucune propriété du nombre requis, on recherche tout ce qui luy appartient tant comme primitif que comme multiple.

L'autre eft quand il arrive qu'il n'y a point de répugnance que ce qui eft requis foit fait en partie par des primitifs, & en partie par des multiples tout enfemble : comme lorfqu'on demande trois triangles dont les aires foient les coftez d'un triangle rectangle. Dans cet exemple, à caufe que le triangle a trois coftez, il n'y a point d'inconvenient que ce dernier triangle ait pour un de fes coftez l'aire d'un triangle multiple, & pour les autres celles de deux autres triangles primitifs; & partant il ne faudra obmettre l'aire d'aucun triangle tant primitif que multiple.

Il faut remarquer que quand on parle de faire la perquifition courte, ce n'eft pas que pour cela on ne recherche plufieurs nombres; mais elle eft courte, parce

qu'en

qu'en excluant beaucoup de chofes inutiles, on paffe incontinent bien avant &
à de grands nombres par la confideration de tres-peu.

5°. Cette exclufion fe fait encore en confiderant les lettres finales des nombres : car il arrive fouvent que par les finales on voit que plufieurs nombres ne
peuvent avoir la qualité qui eft requife. Mais pour l'ordinaire on ne fe fert de
cette pratique que quand on connoift plufieurs propriétez de ce qui eft requis, &
qu'on en cherche d'autres plus éloignées & plus cachées.

Par exemple, fi l'on veut que quelque nombre foit quarré, on confiderera les
finales que les quarrez peuvent avoir , & ces finales font 1, 4, 9, avec la lettre précedente paire, & 6 avec la précedente impaire, 2 5 avec 0, 2, ou 6 auparavant,
& enfin o o précédé d'une finale quarrée : d'où l'on conclura que les nombres
qui finiront par 2, 3, 7, ou 8, ne pourront eftre quarrez, ou par 5 précédé d'une autre lettre que de 2, ou dont les finales 1, 4, 9, feront précédées d'un impair, &c.
& partant on les pourra exclure comme inutiles à la queftion.

Il faudra de mefme confiderer les finales des autres nombres dont on aura befoin, & voir s'il y en a quelqu'une qui leur foit particulierement affectée : car bien
fouvent ces finales montrent clairement & démonftrativement l'impoffibilité des
queftions dont on ne peut donner de folution.

6°. On peut auffi confidérer quelques propriétez particulieres de la chofe requife pour faire ladite exclufion : par exemple, fi le nombre requis doit eftre pairement pair plus ou moins un, ou bien different de l'unité d'un multiple de 6 ou
de 8, ou autres telles propriétez, comme font les fuivantes.

Les quarrez qui ne font point mefurez par 3, furpaffent de l'unité un multiple
de 3.

Les quarrez impairs furpaffent de l'unité un multiple de 8 ; & ainfi les quarrez
impairs qui ne fe mefurent point par 3, furpaffent de l'unité un multiple de 2 4.

Tout quarré qui n'eft point mefuré par 5, eft different de l'unité d'un multiple
de 5.

Toute hypotenufe primitive furpaffe de l'unité un multiple de 4.

La fomme des deux moindres coftez de tout triangle primitif, eft toûjours différente de l'unité d'un multiple de 8.

Tout nombre premier excepté 2 & 3, eft different de l'unité d'un multiple
de 6.

Ces propriétez & autres eftant confiderées à propos, donnent fouvent tant
d'exclufions, principalement aux queftions impoffibles, qu'elles femblent en
montrer clairement l'impoffibilité.

7°. Le fecond moyen par lequel la perquifition fe rendra facile, eft en fe fervant des moindres nombres qu'on pourra, il fe peut nommer *diminution*. Il y a
plufieurs voyes pour parvenir à cette diminution, auffi-bien qu'à l'exclufion, comme font les fuivantes.

En cherchant ou en choififfant quelque propriété, qui faffe que ce qui eft requis fe puiffe trouver par de moindres nombres que ceux que l'on trouve par quelqu'autre proprieté.

Par exemple, fi l'on cherche les hypotenufes des triangles rectangles, on les
trouveroit fuivant la proprieté qu'elles ont, qui eft que leur quarré eft la fomme
de deux quarrez : mais on les trouvera beaucoup plus facilement & avec des
nombres bien moindres, fi l'on fe fert de la propriété fuivante, qui eft que la fomme de deux quarrez inégaux eft une hypotenufe.

Car par la premiere propriété on trouve par exemple l'hypotenufe 5, parce
que les nombres 9 & 16 joints enfemble font 25, quarré de 5. Mais par la feconde
je trouveray le mefme nombre 5 en joignant enfemble 4 & 1 ; ce qui eft beaucoup
plus facile & plus court.

8°. Quelquefois auffi aprés avoir trouvé une voye pour rencontrer le nombre requis., & ayant déterminé qu'il faut chercher quelque autre nombre pour avoir le requis, ce second se trouvera encore par un troisiéme, & ce troisiéme par un quatriéme; ce qui sert quelquefois dans les problemes impossibles pour en démontrer l'impossibilité. Comme si l'on trouve que pour avoir le 3e ou le 4e il se faille servir du premier, on verra évidemment l'impossibilité de la question. Que si elle ne paroist pas fort clairement, cela fait au moins que pour des nombres de deux ou trois lettres qu'on éxamine, estant par-aprés appliquez à la question, les nombres qui en proviendront auront au moins dix ou douze lettres, & par ce mesme moyen on rejette aussi une grande multitude de nombres superflus.

9°. Que si la question demande plus d'un nombre, comme si l'on requiert un triangle dont l'hypotenuse soit un quarré, & l'enceinte aussi un quarré, on voit qu'il y a deux nombres ausquels on attribuë la propriété d'estre quarrez. En ce cas on recherchera les moyens de faire chacun d'iceux separément; & pour cela on se servira des moyens cy-dessus déduits; puis on conferera les propriétez de chacun des nombres trouvez l'une avec l'autre, & l'on remarquera si celles de l'un peuvent compatir avec celles de l'autre, car si une des propriétez d'un des nombres détruisoit celles de l'autre, ou quelqu'une d'icelles, la question seroit impossible.

10°. Si en la recherche on a trouvé plusieurs nombres tels qu'il est requis, on remarquera leurs propriétez particulieres, qui les font distinguer d'avec les autres nombres, & qui soient communes à tous les nombres d'une mesme espece, en considerant si tout ce qui a ladite propriété, a aussi l'autre propriété qui estoit requise. Par éxemple, aprés avoir remarqué que les nombres premiers qui surpassent de l'unité un multiple de 4, font la somme de deux quarrez, je regarderay si tous les nombres premiers qui font la somme de deux quarrez, surpassent de l'unité un multiple de 4; & voyant que plusieurs desdits nombres de suite à commencer par le moindre & sans en obmettre aucun, ont cette condition, comme font 5, 13, 17, 29, &c. je conclus que ladite propriété convient à tous les autres premiers, qui surpassent de l'unité un multiple de 4.

Quelquefois aussi on trouve certaines exceptions ausquelles il faut avoir égard, & considerer tout ce qui doit estre compris dans lesdites exceptions, en remarquant leur origine & d'où elles proviennent.

Il faut remarquer que cette recherche ne sert principalement qu'aux questions possibles, qu'elle trouve ordinairement sans beaucoup de travail, ne se servant pour la pluspart d'autre démonstration que de la construction : au moins c'est-là son principal but. C'est pourquoy, le plus souvent aux questions impossibles elle donnera bien des voyes pour aller bien avant, & rechercher avec peu de travail jusqu'à des nombres fort grands, encore qu'on ne puisse pas arriver au but desiré, à cause de l'impossibilité de ce qui est proposé.

Il arrive aussi par fois, qu'en recherchant des voyes plus courtes & plus faciles, & voulant essayer tous les moyens de parvenir au but désiré, on trouve des contradictions & absurditez qui font voir l'impossibilité.

PREMIER EXEMPLE.

DEux quarrez estant donnez, trouver le triangle qui est formé desdits quarrez; par éxemple, 64 & 25 estant donnez, on demande le triangle.

Cette question suppose qu'on sçache que les triangles sont formez par le moyen de deux quarrez, dont la somme est l'hypotenuse; & partant par le premier précepte, je chercheray quelques-uns des premiers triangles dont je sçauray les quarrez, comme 3, 4, 5, qui est formé par les quarrez 4 & 1 : j'essayeray donc à trouver lesdits 3, 4, 5, par le moyen de 4 & 1. Et premierement je voy que la somme de 4 & 1, est l'hypotenuse 5, & la différence des mesmes 4 & 1, est le costé impair 3, reste donc à trouver le costé pair 4. Je voy bien que le produit de 4 par 1 donne 4, mais cela ne pourroit pas arriver aux autres quarrez, par ce que d'ordinaire le produit de deux nombres est plus grand que leur somme; & partant, si le costé pair estoit le produit des deux quarrez, il seroit presque toûjours plus grand que la somme, qui est l'hypotenuse : ce qui ne se peut.

Il faut donc former 4 par une autre voye : & puisque les quarrez ne le donnent pas facilement, j'auray recours à leurs racines 2 & 1, dont le produit est 2, le double duquel est 4.

Je considere maintenant si la mesme chose se fait & se trouve aux autres triangles.

Ainsi ayant 9 & 4, qui font le triangle 5, 12, 13, je voy que la somme desdits 9 & 4 est l'hypotenuse 13, & leur difference est le costé impair 5. Pour le costé pair je prens les racines desdits quarrez, qui sont 3 & 2, leur produit est 6, dont le double qui est 12, est le costé pair dudit triangle.

J'examineray encore la mesme chose aux triangles suivans 8, 15, 17, qui provient de 16, & 1, & à 20, 21, 29, qui est fait par 25 & 4; ce qui me donne à connoistre que cette regle convient à tous les triangles, puisqu'elle est propre à ceux que nous venons d'examiner, qui sont assez differens les uns des autres, sinon les deux premiers 3, 4, 5, & 5, 12, 13, qui se ressemblent en ce que le grand costé n'est different de l'hypotenuse que de l'unité.

Je viendray donc aux quarrez proposez 64 & 25, & leur appliquant ladite regle, je trouveray le triangle 39, 80, 89.

<h2>S E C O N D   E X E M P L E.</h2>

UN quarré estant donné, trouver un autre quarré, qui estant joint avec le donné, fasse un troisiéme quarré.

On donne par exemple 64.

Je cherche deux quarrez, qui estant joints ensemble, fassent un quarré, comme sont 16 & 9, dont la somme est 25.

Puis je cherche quelque voye par le moyen de laquelle je trouve 9 avec 16; car icy il faut choisir le quarré pair 16, puisque le donné, sçavoir 64, est pair : ou si je ne puis trouver 9 facilement, je chercheray sa racine 3.

Si j'oste 1 de la racine de 16, sçavoir de 4, il restera 3, racine de 9 : je regarde donc aux autres quarrez pairs si la mesme chose arrivera.

Je prens par exemple 36, dont la racine 6 estant diminuée d'1, reste 5; le quarré duquel, sçavoir 25, estant joint à 36, donne 61 qui n'est point quarré : ce qui me donne à connoistre que cette regle n'est pas la vraye, puisqu'elle n'est pas generale, quoy-qu'il pourroit arriver en d'autres questions, que certains quarrez n'auroient pas la proprieté requise. Mais je trouve icy que 36 estant joint au quarré 64, donne 100, qui est un quarré; & partant ledit 36 n'est pas exclus d'avoir ladite proprieté.

Je cherche donc quelque autre convenance de 9 à 16; & parce que 4 y estoit propre dans la premiere regle, je regarde si je ne pourray point tirer 4 de 16 autrement qu'en le considerant comme racine de 16.

Je voy que 4 est le quart de 16. Je le considereray donc en cette qualité, & par mesme moyen j'éprouveray la mesme chose au susdit 36 dont le quart est 9, duquel ostant 1, reste 8, dont le quarré 64 estant joint à 36, donne 100, qui est un quarré : ce qui me fait présumer que la regle est bonne, & on en pourra estre entierement asseuré en l'essayant sur d'autres quarrez.

Je prens donc le quart du quarré donné 64, qui est 16, dont osté 1, reste 15, le quarré duquel 225 estant joint à 64, donne 289 quarré de 17, qui surpasse ledit quart 16 de la mesme unité.

Mais je voy aussi que le mesme 64 estant joint à 36, fait un quarré ; & partant afin que la regle soit plus parfaite, il sera bon de donner un moyen pour trouver tous les quarrez ausquels un quarré estant joint, donne un autre quarré. Je l'éprouve à 64, & ayant pris son quart 16, je cherche le moyen de trouver par iceluy la racine de 36 qui est 6. Ce 6 est la moitié moins 2 de 16 : or pour avoir la moitié il faut diviser par 2 ; de sorte que ce 2 pourroit passer pour partie de 16, & dans cette considération on a pû aussi prendre l'unité quand on l'a osté de 16.

De mesme donc que j'ay pris la somme & la différence de 16 & 1, qui sont comme parties rélatives de 16 pour avoir 17 & 15, qui sont les racines des quarrez requis : de mesme aussi je prendray 2 & 8 pour parties rélatives du mesme 16, la somme & la différence desquelles est 10 & 6, dont les quarrez 100 & 36 sont tels qu'il est requis ; car joignant 36 à 64, on a 100.

Je prendray garde par après si la mesme chose arrive aux autres quarrez qui ont plus de parties.

Je prens donc 144, & cherche les quarrez ausquels estant joint on peut avoir un quarré.

Son quart est 36. Les parties rélatives de 36 sont 1, 36.] 2, 18.] 3, 12.] & 4, 9 : il n'y en a point d'autres, car 6 & 6 sont semblables ; ce qui fait qu'ils n'ont point de différence dont on se puisse servir.

Je prens la somme & la différence de chaque couple desdites parties, & trouve 37, 35.] 20, 16.] 15, 9.] & 13, 5. & partant 144 estant joint au quarré de 35, qui est 1225, fait 1369, quarré de 37.

Le mesme 144 estant joint à 256, quarré de 16, donne 400, quarré de 20. 144 avec 81, quarré de 9, donne 225, quarré de 15.

Et enfin 144 avec 25, quarré de 5, donne 169, quarré de 13.

Pour voir si 144 ne se peut joindre qu'à 4 quarrez pour faire un quarré, & 64 à 2 seulement ; je considére que lors qu'un quarré estant joint à un autre quarré, fait un quarré, les racines de ces trois quarrez sont les costez d'un triangle. Je verray donc à combien de triangles la racine du quarré donné sert de costé ; & je trouve que 8, racine de 64, ne sert de costé qu'à deux triangles ; & 12, racine de 144, ne sert qu'à quatre. Puis donc que j'ay trouvé la mesme chose ausdits quarrez par l'éxamen des parties de leur quart, j'inféreray que la regle est bonne. Que si ces deux éxemples n'en donnent pas une entiere asseurance, on le pourra encore éprouver sur d'autres quarrez.

Mais si on ne sçavoit pas à combien de triangles un nombre donné sert de costé, il faudroit éxaminer lesdits quarrez d'une autre sorte, sçavoir en joignant le donné avec plusieurs quarrez, pour voir si la somme feroit un quarré ; & pour y parvenir on se pourra servir des exclusions dont on a cy-devant parlé ; & voicy comme on y procedera, prenant 144 pour éxemple.

Je considére premierement si cét éxamen a des bornes, ou si on peut éxaminer utilement lesdits quarrez à l'infini ; & pour ce qu'il faut ajouster à 144 un quarré pour avoir un autre quarré, il s'ensuit que 144 doit estre la différence de deux quarrez.

Je considére donc quelle doit estre la différence de deux quarrez, & je trouve que les quarrez allant toûjours en augmentant, leurs différences augmentent aussi à mesure : de sorte que deux quarrez, dont les racines ont pareille différence que celles de deux autres quarrez, n'auront pas entre eux pareille différence ; mais les quarrez les plus grands auront plus grande différence : ainsi 25 & 64, dont les racines 5 & 8 ont 3 pour différence, diffèrent plus entre eux que 4 & 25, dont les racines 2 & 5 ont pareille différence qui est 3.

Puis donc que les différences augmentent toûjours, il s'ensuit que 144 a des bornes, & qu'il ne faut pas poursuivre l'éxamen que jusqu'à certains quarrez.

Or le quarré proposé estant pair, il ne peut pas estre différent de deux quarrez

dont

dont les racines ne différent que de l'unité, parce que de ces deux quarrez, l'un estant pair & l'autre impair, la différence seroit impaire.

Mais dans les 4 couples de quarrez qu'on a trouvez ausquels 144 sert de différence, on a ceux de 35 & 37, qui sont les plus grands ausquels ledit 144 puisse servir de différence ; car puisque lesdites racines doivent avoir au moins 2 de différence, si on prenoit deux autres nombres plus grands que 35 & 37, & qui eussent une pareille différence, il est certain que la différence de leurs quarrez seroit plus grande que celle des quarrez de 35 & 37, qui est 144.

Il faut donc à 144 ajouster tous les quarrez jusqu'à celuy de 35, & voir si quelques-unes des regles des exclusions auront icy lieu.

Et premierement celle qui exclut les multiples ne peut pas estre icy employée, puisque 144 peut aussi-bien estre la différence de deux quarrez composez entr'eux, que premiers entr'eux.

Mais on aura égard à la cinquiéme regle qui considere les finales, lesquelles dans les quarrez sont 1, 4, 5, 6, 9 & 0.

Si à 144 on ajouste un quarré finissant par 1, la somme finira par 5 ; mais 5 est toûjours précédé de 2 dans les quarrez, & partant il faudra que ledit 1 soit précédé de 8, afin que ce 8 estant joint à la pénultiéme lettre 4, on ait 2 pour pénultiéme ; & partant si le quarré qu'on ajouste finit par 1, il doit au moins finir par 81.

4 estant joint a 4 donne 8, qui n'est point une finale quarrée, & partant on n'ajoustera point à 144 les quarrez qui finissent par 4.

Pareillement les quarrez qui finissent par 9, ne pourront estre ajoustez à 144, parce que la somme auroit 3 pour finale, qui partant ne seroit point quarrée.

Mais on pourra joindre à 144 les quarrez qui finiront par 5 & 0.

On y pourra joindre aussi les quarrez finissans par 6, pourveu qu'ils finissent par 56, afin que la somme ait 00 pour finale.

Cela posé, il ne faudra point ajouster à 144 les quarrez 1, 4, 9 & 16, pour les causes déduites, ni le quarré qui suit 144, sçavoir 169 dont la différence à 144 est 25.

Aprés 25 il faudra venir à 36, 49 & 64, qu'il faut laisser pour les mesmes causes cy-dessus déduites.

81 estant joint à 144 donne 225, quarré de 15.

100 estant joint à 144 donne 244, qui n'est point quarré.

121, 169, 196, doivent estre laissez à cause des finales.

225 joint à 144, donne 369, qui n'est point quarré.

256 joint à 144 donne 400, quarré de 20.

289, 324, 361, seront laissez à cause des finales.

400 & 144 donnent 544, qui n'est point quarré.

441, 484, 529, 576, 676, 729, 784, 841, 961, 1024 & 1089, seront aussi laissez à cause des finales.

625 joint à 144 donne 769, qui n'est point quarré.

900 joint à 144 donne 1044, qui n'est point quarré.

1156 joint à 144 donne 1300, qui n'est point quarré.

Enfin 1225, quarré de 35, joint à 144, donne 1369, quarré de 37. Nous n'avons donc que les 4 couples de quarrez cy-devant trouvez, ausquels 144 serve de différence.

Jusqu'icy on a examiné la question en supposant un quarré pair donné : mais qui voudra voir tout ce qui dépend de la question, doit considerer la methode de trouver la mesme chose, le quarré donné estant impair ; par éxemple, 81 estant donné, trouver un quarré qui estant joint avec iceluy fasse un autre quarré.

Je prens pour cét effet quelque quarré connu, comme 9, auquel je sçay qu'adjoustant 16 on a 25.

C

Je cherche donc un moyen pour trouver 16, ou sa racine 4 avec le quarré don-né 9.

Je voy d'abord qu'oftant 1 de 9, & prenant la moitié du refte, on aura 4. Je confidereray donc la mefme chofe aux autres quarrez impairs.

Ainfi je trouve qu'oftant 1 de 25 refte 24, dont la moitié eft 12, le quarré duquel 144 eftant joint à 25, donne 169, quarré de 13.

La mefme chofe arrivera auffi à 49 & à 81, car celuy-cy eftant joint à 1600, quarré de 40, donne 1681 quarré de 41.

On pourra auffi confidérer que les quarrez impairs dont la racine n'eft pas un nombre premier, peuvent eftre joints avec plufieurs quarrez pour faire un quarré.

Ainfi examinant 81 comme on a fait cy-devant 144, on trouvera qu'eftant joint audit 144, il fera 225 quarré de 15.

Il faudra donc trouver une voye pour rencontrer 144, ou fa racine 12, par le moyen de 81.

Or puifque nous fçavons que les quarrez dont la racine eft un nombre premier, ne peuvent eftre joints qu'avec un feul quarré pour faire un quarré, comme on peut voir à 9, 25, 49, &c. & que ceux dont la racine eft compofée peuvent eftre joints avec plufieurs, cela fait préfumer que les parties defdits quarrez font caufe de cela; car 9, par exemple, ne peut eftre fait par multiplication de nombres différens, que par 1 & 9; de mefme en eft-il de 25 qui n'a que 1 & 25, & ainfi des autres. Mais 81 peut eftre fait par 1 & 81, & par 3 & 27.

A caufe de 1 & 81 on trouve le quarré de 40 & celuy de 41; car on voit qu'oftant 1 de 81 la moitié du refte eft 40, de mefme ajouftant 1 à 81 la moitié de la fomme eft 41.

On agira donc de mefme aux autres parties de 81, fçavoir 3 & 27, prenant la moitié de leur fomme & de leur différence. La fomme eft 30, la différence 24, la moitié defquelles eft 15 & 12 : on verra donc fi ajouftant à 81 le quarré de 12 on aura celuy de 15, ce qui fe trouve eftre ainfi.

On éprouvera la mefme chofe fur quelqu'autre quarré, dont la racine fera compofée, comme fur 225 quarré de 15.

Les parties rélatives de 225 font 1, 225,] 3, 75,] 5, 45, & 9, 25.

La moitié de la fomme & de la différence defdites parties font 113, 112,] 39, 36,] 25, 20,] & 17, 8.

Partant fi on ajoufte 225 au quarré de 112, on aura le quarré de 113.

225 joint au quarré de 36, donne celuy de 39.

225 eftant joint au quarré de 20, donne celuy de 25.

Et enfin 225 avec le quarré de 8, donne celuy de 17.

TROISIE´ME EXEMPLE.

UN nombre eftant donné, déterminer s'il eft hypotenufe de quelque triangle, & quels font les deux coftez dudit triangle.

Afin de donner facilement la folution de cette queftion, dans laquelle fi l'on propofoit quelque nombre particulier, comme fi on demandoit fi 221 eft hypotenufe ; il faut voir fi on pourra remarquer quelque forte de nombres affectez particulierement aux hypotenufes ; & pour y parvenir je me ferviray du fecond précepte, puifque je ne fçay pas encore les propriétez particulieres des hypotenufes, & que ce font elles qu'il faut chercher. Mais il faut fçavoir ce que c'eft qu'une hypotenufe, & quel moyen on a d'en trouver quelqu'une.

Que la propriété fuivante foit donnée.

Le quarré de l'hypotenufe d'un triangle rectangle vaut autant que les quarrez des deux autres coftez du triangle.

Partant si l'on joint chaque quarré à chaque quarré, on aura les quarrez de toutes les hypotenuses, sçavoir quand la somme des deux quarrez viendra à estre quarrée.

Je cherche donc par le second précepte toutes les hypotenuses sans en obmettre aucune, commençant par la moindre, & pour y parvenir j'assemble tous les quarrez.

Mais de peur de s'embarasser, & pour n'obmettre aucune hypotenuse, je forme quelqu'ordre par le troisiéme précepte, par lequel je puisse poursuivre l'assemblage desdits quarrez aussi loin que je voudray, & tel aussi (autant que faire se pourra) qu'on puisse s'arrester où on voudra, sans que le travail qu'on aura commencé oblige à continuer bien avant, & aussi sans qu'on soit obligé (en cas qu'on voulust poursuivre la recherche plus avant) de reprendre ce qu'on auroit quitté. Ce qui se doit entendre, si cela se peut faire commodément.

† 4.	1	5.
9.	1	10.
† 9.	4	13.
† 16.	1	17.
16.	4	20.
† 16.	9	25. ℞ 5.
25.	1	26.
† 25.	4	29.
25.	9	34.
† 25.	16	41.
† 36.	1	37.
36.	4	40.
36.	9	45.
36.	16	52.
† 36.	25	61.
49.	1	50.
† 49.	4	53.
49.	9	58.
† 49.	16	65.
49.	25	74.
† 49.	36	85.
† 64.	1	65.
64.	4	68.
† 64.	9	73.
64.	16	80.
† 64.	25	89.
64.	36	100. ℞ 10.
† 64.	49	113.
81.	1	82.
† 81.	4	85.
81.	9	90.
† 81.	16	97.
81.	25	106.
81.	36	117.
81.	49	130.
† 81.	64	145.

Par exemple, si pour assembler lesdits quarrez on ajoustoit au premier quarré 1 tous les autres quarrez jusqu'à celuy de 200, & que par aprés on vint à les ajouster à 4, puis à 9, on s'obligeroit, pour avoir toutes les hypotenuses moindres, de parcourir presque tous les quarrez, & on entreprendroit un grand travail sans peut-estre en avoir besoin.

Au contraire, si aprés avoir assemblé tous lesdits quarrez l'un à l'autre, on vouloit pousser la recherche plus avant, il faudroit reprendre ce qu'on auroit laissé, car il faudroit recommencer à 1, & luy ajouster les quarrez plus grands que celuy de 200, ce qui apporteroit quelque desordre. Il vaudra donc mieux prendre un autre ordre, comme cy-aprés.

Je prens le quarré 4, & luy ajouste 1.

Puis je viens à 9, & luy ajouste tous les moindres, commençant à 1.

Puis je prens 16, & luy ajouste les quarrez moindres 1, 4, 9, & je mets la somme ensuite de chaque couple de quarrez, comme on voit icy. Et continuant en cette façon autant loin qu'on voudra, je remarque les couples dont la somme est quarrée, parce que la racine de ce quarré est l'hypotenuse d'un triangle.

Et par le moyen de cette addition on trouvera des hypotenuses, & aucune ne pourra estre obmise.

Mais parce que je voy qu'il arrive peu souvent que la somme soit un quarré, je considere s'il n'y a rien de superflu dans cette table.

Les nombres qu'on veut avoir doivent estre quarrez : je considereray donc quelque propriété du quarré, comme que tout quarré est pairement pair, ou pairement pair +1.

Mais si on ajouste ensemble deux quarrez impairs, comme 9 & 1,] 25 & 9, la somme sera impairement paire ; parce que les deux quarrez estant chacun un pairement pair +1, les deux ensemble feront un pairement pair +2, qui est un impairement pair.

De-là on conclura qu'il est superflu d'ajouster ensemble deux quarrez impairs, car leur somme estant impairement paire, ne peut pas estre quarrée.

Je considere aussi suivant le quatriéme précepte si les

quarrez compofez entr'eux peuvent eftre exclus, comme eftant multiples d'autres couples de quarrez premiers entr'eux.

Je trouve que les triangles eftant multipliez par quelque nombre que ce foit, donnent toûjours d'autres triangles, car la proportion des coftez ne change point ; & fi deux quarrez eftant joints enfemble font un quarré, fi on multiplie lefdits quarrez par quelque quarré, il eft certain que la fomme de ces multiples fera encore un quarré, qui fera mefuré par le mefme quarré qui aura multiplié les deux autres.

Il faudra donc retrancher de la table les quarrez qui font de mefme ordre, & ceux qui ont une commune mefure.

Refte donc de pourfuivre la table, en joignant les quarrez premiers entr'eux, & de divers ordres, lefquels auffi je marqueray en la table précédente, afin de les diftinguer des autres.

100.	1	101.
100.	9	109.
100.	49	149.
100.	81	181.
121.	4	125.
121.	16	137.
121.	36	157.
121.	64	185.
121.	100	221.
144.	1	145.
144.	25	169. & 13.
144.	49	193.
144.	121	265.
169.	4	173.
169.	16	185.
169.	36	205.
169.	64	233.
169.	100	269.
169.	144	313.
196.	1	197.
196.	9	205.
196.	25	221.
196.	81	277.
196.	121	317.
196.	169	365.
225.	4	229.
225.	16	241.
225.	64	289. & 17.
225.	196	421.
256.	1	257.
256.	9	265.
256.	25	281.
256.	49	305.
256.	81	337.
256.	121	377.
256.	169	425.
256.	225	481.

On pourroit par aprés avoir égard aux finales, ainfi qu'il eft montré au cinquiéme précepte ; car on voit que dans cette feconde table, quoy-qu'il y ait déja un grand racourciffement ; néanmoins fi on vouloit ofter toutes les finales inutiles, il y en auroit encore un beaucoup plus grand.

On pourroit enfuite confidérer quelque propriété des quarrez, comme que ceux qui ne font point mefurez par 3, furpaffent de l'unité un multiple de 3. Mais parce qu'on a déja exclu les quarrez qui ont une commune mefure, il s'enfuit qu'il n'y aura aucune des fommes fufdites qui foit mefurée par 3 ; car pour eftre telle il faudroit que chacun des quarrez fuft multiple de 3, puifque les quarrez font ou multiples de 3, ou multiples de 3+1 ; partant fi chacun des quarrez furpaffe de l'unité un multiple de 3, la fomme fera multiple de 3+2, ou multiple de 3—1, & partant elle ne pourra pas eftre quarrée.

Il faudra donc que des deux quarrez qu'on ajoufte, l'un foit multiple de 3, & l'autre multiple de 3+1, ce qui exclut encore beaucoup d'additions.

Mais avant que de continuer ladite table fuivant les régles defdites exclufions, il faut voir fi les fommes quarrées qu'on a trouvées ne pourront rien apprendre touchant ce qui eft propofé, & fi on ne pourra point trouver quelque propriété defdites hypotenufes, outre celle en vertu de laquelle on les a trouvées jufques icy.

Je trouve icy 25, 100, 169, & 289, qui entre lefdites fommes font quarrées ; mais 100 eft du nombre de celles qui ont efté rejettées, parce qu'il provient de deux quarrez qui ont une commune mefure.

Les racines de ces nombres, fçavoir 5, 10, 13, 17, feront donc hypotenufes de triangles rectangles dont les deux autres coftez feront les racines des quarrez qu'on a affemblez pour avoir lefdits quarrez 25, 100, 169, 289.

Ainfi 25 eftant la fomme des quarrez 16 & 9, les racines des trois quarrez 25, 16, 9, qui font 5, 4, 3, feront les coftez d'un triangle rectangle.

Mais en confidérant ma premiére table, je voy qu'elle contient lefdits nombres 5, 10, 13, 17, que j'ay trouvé eftre hypotenufes, & qu'ils font de fuite dans la colomne où font les fommes des quarrez ; car 4 & 1 donnent 5,] 9 & 1 donnent

donnent 10,] 9 & 4 donnent 13,] & 17 vient de 16 & 1 : il se pourroit donc faire que non seulement les quarrez des hypotenuses sont la somme de deux quarrez, mais aussi que les hypotenuses mesmes sont pareillement la somme de deux quarrez; ce qu'il faut examiner.

Je voy déja que 5, 13 & 17, sont hypotenuses; & de plus j'ay dans la table plusieurs multiples desdits 5, 13 & 17, qui sont pareillement hypotenuses, comme 10, 20, 40, 45, 26, 34, &c. & qui sont aussi la somme de deux quarrez.

Il faut donc voir si les autres nombres premiers de la table sont pareillement hypotenuses, sçavoir 29, 41, 37, 61, &c.

Mais parce qu'il seroit trop long d'examiner si les quarrez desdits nombres sont la somme de deux quarrez, je cherche quelqu'autre voye qui n'oblige point de considérer lesdits quarrez.

Cette voye sera de satisfaire à la seconde partie de la question, sçavoir de donner les deux autres costez du triangle, ce qui se trouvera par la première regle, puisqu'on a les quarrez dont l'hypotenuse est la somme, & qu'on sçait les costez de quelques triangles, sçavoir de ceux dont 5, 13 & 17 sont hypotenuses. Car par la table susdite, on voit que 5 est hypotenuse, & que 3 & 4 sont les costez, parce que 25 quarré de 5, est la somme de 9 & 16, quarrez de 3 & 4; de mesme on trouvera que 5 & 12 sont les costez du triangle dont 13 est hypotenuse, & que 8 & 15 sont les costez du triangle 8, 15, 17.

Cela supposé on requiert une voye ou regle par laquelle on puisse trouver lesdits costez, sçachant seulement l'hypotenuse & les deux quarrez dont elle est la somme.

Cette regle se trouvera par le premier exemple qui a esté donné cy-devant; & l'appliquant à tous les nombres de la table, je trouve les costez des triangles dont ils sont hypotenuses. Par exemple, 29 est la somme de 25 & 4, la différence desdits quarrez qui est 21 est le costé impair; si donc 29 est hypotenuse, & 21 l'un des costez de son triangle, il faudra que le quarré de 21 estant osté de celuy de 29, il reste un quarré dont la racine soit l'autre costé du triangle. J'oste donc 441 quarré de 21, de 841 quarré de 29, reste 400 quarré de 20, qui est l'autre costé, & partant 29 est hypotenuse. La mesme chose se pourra examiner aux autres hypotenuses suivantes, & mesme aussi aux multiples; car si en les prenant de suite & sans aucun choix, on trouve la mesme chose à toutes, je conclus que ladite regle est générale, sçavoir que la somme de deux quarrez inégaux est l'hypotenuse d'un triangle rectangle, dont les costez sont tels nombres qu'on voudra.

Mais il ne faut pas se contenter de cela, car il faut examiner la converse, sçavoir si toute hypotenuse est la somme de deux quarrez.

J'ay icy de deux sortes d'hypotenuses, sçavoir de primitives, qui sont nombres premiers, ou au moins qui servent à des triangles dont les costez n'ont point de commune mesure, & d'autres qui sont multiples d'autres hypotenuses primitives, & dont les costez ne sont pas premiers entr'eux, mais qui se peuvent mesurer par un mesme nombre.

Pour ce qui est des hypotenuses primitives, je voy icy plusieurs nombres qui servent d'hypotenuse à des triangles fort différens, comme 3, 4, 5,] 8, 15, 17,] 20, 21, 29,] 28, 45, 53, &c. qui sont tous la somme de deux quarrez; partant il n'y a aucune apparence qu'il y ait d'autres nombres premiers qui soient hypotenuses, & qui ne soient point la somme de deux quarrez; car les uns ne peuvent pas avoir plustost cette propriété que les autres, puisqu'elle se trouve en plusieurs triangles fort différens. Que si on s'en vouloit asseurer davantage, il faudroit examiner quelques-uns des autres nombres premiers en les prenant de suite, comme 7, 11, 19, 23, & voir si leurs quarrez sont la somme de deux quarrez; ce qui se pourra faire, en ostant, par exemple, de 529 quarré de 23, les quarrez qui sont moindres, & considérant si le reste sera quarré, en se servant pour cét

D

effet des finales des quarrez. Mais on trouvera toûjours que les nombres premiers qui ne sont point la somme de deux quarrez, ont un quarré qui n'est point aussi la somme de deux quarrez : ainsi parce que 23 n'est point la somme de deux quarrez, son quarré 529 ne la sera pas aussi.

Reste donc à examiner les multiples, & pour cét effet je prens quelque hypotenuse primitive, comme 5, & je la multiplie par plusieurs nombres pris de suite sans aucun choix, & sans en obmettre aucun, comme par 2, 3, 4, 5, 6, 7, 8, 9, &c. & j'auray 10, 15, 20, 25, 30, 35, 40, 45, &c. lesquels derniers nombres sont de nécessité hypotenuses, puisqu'ils sont multiples de 5, car on a trouvé que multipliant un triangle par quelque nombre que ce fust, on a encore un triangle dont les costez ont entr'eux mesme proportion.

Je regarde par aprés en la premiére table où sont les assemblages de tous les quarrez, tant ceux qui sont premiers entr'eux, que ceux qui ont une commune mesure, & tant ceux de mesme ordre, que de divers ordres.

En cette table je trouve bien quelques-uns desdits nombres, comme 10, 20, 25, 40, 45, mais je n'y trouve pas les autres, sçavoir 15, 30, 35, d'où je conclus que toute hypotenuse n'est pas la somme de deux quarrez. Et considérant quelle différence il peut y avoir entre les hypotenuses qui sont la somme de deux quarrez & celles qui ne le sont pas, je trouve que les premieres sont ou bien multiples d'une hypotenuse par un quarré comme 20 & 45, ou par un double quarré comme 10 & 40, ou qu'elles ne peuvent estre mesurées que par des hypotenuses comme 25 ; & passant outre en ladite table, on trouveroit encore 50, 65 & 85 : mais ces trois dernieres ont encore cela de particulier, qu'en vertu des quarrez dont elles sont la somme, elles servent d'hypotenuse à des triangles primitifs.

Les autres hypotenuses qui ne se trouvent point dans ladite table, & partant qui ne sont point la somme de deux quarrez, comme 15, 30, 35, 55, sont multiples d'hypotenuses par des nombres qui ne sont ni quarrez, ni doubles quarrez, ni hypotenuses, car les trois premieres sont multiples de 5, par 3, 6 & 7.

Mais il faut voir si on ne pourra point découvrir quelqu'autre propriété des hypotenuses ; & pour y parvenir, je considere les seules hypotenuses primitives, laissant-là les multiples qui n'ont autre chose que ce qu'elles empruntent de leurs primitives, dont voicy quelques-unes.

5, 13, 17, 25, 29, 37, 41, 53, 61, 65, 73, 85, 89, 97, 101, 109.

Je voy premiérement que tous les nombres premiers ne sont pas en ce rang, & qu'il y a aussi des nombres composez meslez parmi, mais non pas tous, car on n'y trouve point 21, 49, & autres.

Afin donc de débrouiller un peu ces nombres, je les sépare en premiers & composez, & je regarde quelles sont les parties des composez, 25 est le quarré de 5, 65 a pour parties 5 & 13,] & 85 a 5 & 17.

Je considére que lesdits nombres 5, 13 & 17 sont compris entre les nombres premiers qui sont hypotenuses : d'où je conclus que les nombres composez de seules hypotenuses sont aussi hypotenuses primitives, de mesme que les nombres premiers dont ils sont composez.

Reste donc à considérer les nombres premiers susdits, 5, 13, 17. Je regarde aussi quels sont les autres nombres premiers qui ne se trouvent point en ma liste. Ces nombres sont 3, 7, 11, 19, 23, 31, 43, 47, 59, 67, 71, &c. je compare les uns avec les autres pour voir si les premiers n'ont point quelque propriété qui ne soit point aux derniers, & je trouve que les hypotenuses, sçavoir 5, 13, 17, &c. surpassent toutes de l'unité un multiple de 4, & que les derniers 3, 7, 11, &c. sont tous moindres de l'unité qu'un multiple de 4, d'où on tirera ce théoréme.

Tout nombre premier qui surpasse de l'unité un multiple de 4, est hypotenuse ; & tout nombre premier qui est hypotenuse, surpasse de l'unité un multiple de 4.

Par cette propriété il sera facile de résoudre le probleme, en divisant le nombre donné en ses parties s'il en a, & voyant si quelqu'une d'icelles est un nombre premier qui surpasse de l'unité un multiple de 4.

Si on suppose que toute hypotenuse primitive est la somme de deux quarrez de divers ordre, la conséquence est bien facile à tirer, que cette hypotenuse surpasse de l'unité un multiple de 4; car tout quarré impair surpasse de l'unité un multiple de 4, (il n'est pas besoin d'en excepter 1) & partant un quarré impair estant joint avec un pair, (qui est toûjours pairement pair) sera un pairement pair ＋1.

Pour ce qui est de trouver le triangle, on verra par ce qui a esté dit si le nombre donné est la somme de deux quarrez, & on cherchera quels sont lesdits quarrez, en ostant dudit nombre le quarré prochainement moindre, & puis le suivant; & voyant à chaque soustraction si ce qui reste est quarré, ce qui est déduit ailleurs plus au long, & ayant les deux quarrez dont le nombre est la somme, on aura le triangle comme cy-devant.

La précédente perquisition auroit pû estre conduite d'une autre sorte, car puisqu'il faut que deux quarrez joints ensemble fassent un quarré, je prendray tous les quarrez l'un aprés l'autre, & verray par le second éxemple quel quarré il luy faut adjouster pour faire un autre quarré; car par ce moyen on auroit promptement les quarrez de toutes les hypotenuses, tant primitives que multiples sans en excepter aucune. Et afin de n'avoir point deux fois les mesmes nombres, il ne faudra remarquer que les quarrez qui sont moindres que celuy qu'on éxaminera.

Par éxemple, ayant 16, son quart est 4; les parties rélatives de 4 sont 1 & 4; leur différence est 3, qui est moindre que 4 racine de 16; & partant je retiendray le quarré 9, qui estant joint à 16 donne 25, quarré de l'hypotenuse 5.

QUATRIE'ME EXEMPLE.

UN nombre composé estant donné avec les parties premiéres & analogiques, déterminer à combien de triangles il sert d'hypotenuse.

Puisque le nombre est composé il servira d'hypotenuse à quelques triangles multiples; & s'il est composé de seules hypotenuses, il servira aussi à des triangles primitifs : mais parce que les multiples proviennent nécessairement de primitifs, on s'arrestera premiérement aux seuls primitifs.

Je trouve dans ma table quelques nombres composez, comme 25, 65, 85, & je trouve que 25 ne sert qu'à un seul triangle primitif, non plus que les nombres premiers : mais 65 & 85 servent chacun à deux triangles primitifs.

Il faut donc qu'il y ait quelque ressemblance entre 25 & les nombres premiers, qui ne soit pas entre 65 ou 85, & lesdits nombres premiers.

Je trouve que 25 ne peut estre mesuré que par un seul nombre premier, non plus que les nombres premiers : mais 65 & 85 se mesurent chacun par deux nombres, celuy-la par 5 & 13, & celuy-cy par 5 & 17.

Et de-là il s'ensuivra que les puissances des nombres premiers ne serviront d'hypotenuse qu'à un seul triangle primitif. Je l'éxamine à 125 & 625 puissances de 5, & je le trouve ainsi, car chacun desdits nombres n'est qu'une seule fois la somme de deux quarrez premiers entr'eux : d'où je conclus la vérité dudit théoreme.

Mais les nombres qui se mesurent par deux nombres premiers différens, (comme 65 qui se mesure par 5 & 13) servent d'hypotenuse à deux triangles primitifs, puisqu'ils sont deux fois la somme de deux quarrez premiers entr'eux.

De-là il s'ensuit que si on multiplie une hypotenuse par un nombre qui la mesure, le produit ne servira pas d'hypotenuse à plus de triangles primitifs; par éxemple, 325 ne doit servir d'hypotenuse primitive qu'à deux triangles, non plus que 65: car encore que 325 soit mesuré par 5 & 25,] & 65 par 5 seulement, neanmoins l'un & l'autre n'est mesuré que par les deux nombres premiers 5 & 13; joint que les quarrez & les autres puissances qui ont un nombre premier pour racine ne servent d'hypotenuse qu'à un seul triangle primitif.

Cette remarque sera confirmée par l'examen qu'on fera de 325, par lequel on trouvera qu'il n'est que deux fois la somme de deux quarrez premiers entr'eux, & partant ne sert d'hypotenuse qu'à deux triangles primitifs.

Je compose par aprés un nombre de trois hypotenuses premieres, & pour plus de facilité je prens les moindres, sçavoir 5, 13, 17.

Leur produit est 1105, je regarde combien de fois il est la somme de deux quarrez premiers entr'eux, ce qui se fera ostant de 1105 le quarré prochainement moindre, sçavoir 1089, le reste sera 16 qui est un quarré; & partant 1105 est la somme des deux quarrez 1089 & 16.

J'oste par aprés du mesme 1105 l'autre quarré précédent, sçavoir 1024, reste 81 qui est encore un quarré; & ainsi continuant on trouvera que 1105 est quatre fois la somme de deux quarrez: d'où je conclus qu'il sert d'hypotenuse à quatre triangles primitifs.

On pourroit trouver lesdits quarrez d'une autre sorte, sçavoir ostant le premier quarré 1089, & au reste 16 ajoustant 65, qui est la somme de 33 & 32, racines dudit 1089, & du quarré prochainement moindre.

Et à la somme 81 ajoustant 63 qui est la somme des deux racines moindres chacune de l'unité que les précédentes, & ainsi continuant tant que ladite somme sera moindre que le reste, ce qui arrive à la derniere somme 529, qui estant ostée de 1105 reste 576; car si on passoit outre, la somme seroit plus grande que le reste.

Autant de fois qu'on a un quarré pour ladite somme, y comprenant mesme le premier nombre trouvé 16, autant de fois le nombre est la somme de deux quarrez: mais il faudra prendre garde s'ils sont tous premiers entr'eux, ce qui se connoistra si aucun d'iceux ne se mesure par quelqu'une des parties du nombre, qui sont icy 5, 13, 17: mais on a parlé de cecy ailleurs.

16.	4.
65	
81.	9.
63	
144.	12.
61	
205	
59	
264	
57	
321	
55	
376	
53	
419	
51	
480	
49	
529.	23.

Je voy donc qu'un nombre qui ne se mesure que par un seul nombre premier, ne sert d'hypotenuse primitive qu'à un seul triangle. S'il se mesure par deux nombres premiers, il sert à deux triangles. S'il se mesure par trois nombres premiers, il sert à quatre triangles.

Il faut donc voir quel rapport 1, 2, 4, a avec 1, 2, 3.

Je voy que 1, 2, 3, se suivent en l'ordre des nombres, & 1, 2, 4, se suivent en l'analogie de 2; partant il faudroit que le nombre qui auroit quatre nombres premiers fust huit fois hypotenuse, & celuy qui en auroit cinq fust seize fois hypotenuse: car de mesme que 4 est le troisiéme nombre de l'analogie de 2, & partant a rapport à 3; de mesme 8 est le quatriéme, & 16 est le cinquiéme.

Pour s'asseurer davantage de cette vérité, il faut rechercher quelle raison ou convenance on peut apporter de cette proportion.

Puisque les nombres composez servent à plus de triangles que les premiers, il faut que cette augmentation provienne des parties. Or ces parties doivent estre premieres entr'elles, autrement les puissances auroient plus de triangles que leurs racines.

Cela ne provient donc pas simplement de la multitude des parties, mais des parties premiéres seulement: mais ces parties premiéres ne doivent pas estre prises simplement selon leur multitude, puisque la multitude des triangles n'est pas égale à la multitude desdites parties premiéres.

Reste

Reste donc à confidérer lefdites parties en tant qu'elles compofent le nombre : il les faut donc prendre deux à deux, en telle forte toutefois qu'elles foient premiéres entr'elles, car autrement elles ne donneroient pas des quarrez premiers entr'eux; & parce qu'ayant pris une des parties, fi on veut faire le nombre, l'autre partie vient néceffairement en fuite, on nommera ces parties rélatives; par éxemple, fi le nombre eft 1105, dont les parties premiéres font 5, 13, 17, quand on prendra 5 pour une des parties, on prendra 13 & 17, (c'eft-à-dire le produit de 13 par 17) pour la partie rélative audit 5.

Il faut donc voir en combien de façons on peut faire chaque nombre par deux parties rélatives premiéres entr'elles.

Et premiérement les nombres premiers, & leurs puiffances ne peuvent eftre faits que d'une forte, fçavoir en prenant l'unité pour une des parties, & le nombre entier pour l'autre; ainfi 5 ne peut eftre fait que par 1 & 5. La mefme chofe arrive aux puiffances, car 125 cube de 5 ne peut auffi eftre fait que d'une façon, fçavoir par 1 & 125, car fi on prenoit 5 & 25, les parties ne feroient pas premiéres entr'elles ainfi qu'il eft requis.

Les nombres qui font mefurez par deux nombres premiers comme 65, qui a 5 & 13 pour parties, peuvent eftre faits en deux façons, fçavoir en prenant 1 d'un cofté & le produit de 5 & 13 de l'autre, & en prenant 5 d'un cofté & 13 de l'autre pour la feconde façon.

Le nombre qui a trois parties, comme 1105 qui a 5, 13, 17, fe fait en quatre façons; fçavoir 1 par 5, 13 & 17,] 5 par 13 & 17,] 13 par 5 & 17,] 17 par 5 & 13.

Si le nombre avoit quatre parties premiéres, comme 32045, qui a 5, 13, 17, 29, il fe feroit en huit façons. On prendra 1 d'un cofté, par 5, 13, 17 & 29, ou le nombre entier, puis 5 par 13, 17 & 29,] 13 par 5, 17 & 29,] 17 par 5, 13 & 29,] 29 par 5, 13 & 17,] 5 & 13 par 17 & 29,] 5 & 17 par 13 & 29,] 5 par 29, 13 & 17, qui font en tout huit façons de faire le nombre donné.

De la mefme maniere on trouvera feize façons avec cinq parties, & trentedeux façons avec fix, &c.

Ayant ainfi trouvé les primitifs, on viendra aux multiples, & pour les trouver il faudra compter les primitifs de chacune des parties: ainfi ayant 65 dont les parties font 5 & 13, chacune defdites parties fert à un primitif, & partant 65 fervira à deux multiples, & en tout à quatre triangles.

Si on donnoit 325 dont les parties font 25, 13, de ces deux il faut faire toutes les autres, commençant par celles qui n'ont qu'une partie, & prenant auffi leurs puiffances, puis celles qui ont deux parties; & ainfi on aura 5, 25, 13 & 65, ou 5 par 13, les trois premieres donnent chacune un triangle, & la derniere qui a deux nombres différens en donne deux, & partant ledit 325 aura cinq multiples, qui avec les deux primitifs font en tout fept triangles.

Ayant ces quantitez je chercheray les moyens de trouver les autres fans avoir la peine de les compter; & voici comment on raifonnera pour cét effet.

La multitude des triangles aufquels un nombre fert d'hypotenufe n'augmente pas pour la grandeur des parties, mais feulement pour leur multitude; par éxemple, le nombre qui fera fait de 13 & 17, n'aura pas plus de triangles que celuy qui proviendra de 5 & 13, car l'un & l'autre n'a que deux nombres premiers : mais fi on prenoit 325, qui eft fait de 25 & 13, il aura plus de parties, & partant plus de triangles que 65, qui n'a que 5 & 13 comme on vient d'éxaminer; & partant cette multitude de parties vient ou de la grandeur des puiffances, ou de la multitude des parties premieres & de leurs puiffances.

Il faudra donc dans l'éxamen prendre feulement le nombre qui dénote la puiffance, fans fe foucier de quel nombre il eft puiffance, puifque fa quantité n'y fait rien.

Ayant donc trouvé que le produit de 5 par 13 a quatre triangles, je cherche les

E

expofans defdites parties premieres, ou de leurs puiffances ; & je trouve 1 & 1 : je chercheray donc un moyen de rencontrer 4 par le moyen de 1 & 1.

Si je double chacun des expofans 1 & 1, j'auray 2 & 2, dont la fomme fera 4, qui eft le nombre requis.

Il faut donc voir quelqu'autre éxemple, pour voir fi la mefme chofe arrivera.

325 a pour parties premieres & analogiques 25 & 13, & fert d'hypotenufe à fept triangles.

Les expofans defdites parties font 2 & 1, il eft manifefte que le double d'iceux, fçavoir 4 & 2 eftant joints ne feront pas un nombre impair tel qu'eft 7, & partant la régle premiérement trouvée n'eft pas bonne. Il faudra donc chercher un autre rapport entre 1, 1 & 4.

Je trouve que le double du produit de 1 par 1, eftant joint aux mefmes 1 & 1, donne 4.

La mefme chofe fe fera en cherchant 7 par le moyen de 2 & 1, car le double du produit eft 4, qui eftant joint à 2 & 1 donne 7.

J'éprouveray encore cette régle fur d'autres nombres, & je trouve qu'elle convient à tous.

Mais fi le nombre fe mefuroit par plufieurs nombres premiers, & qu'il y en euft plus de deux, cela pourroit apporter quelque difficulté ; par éxemple, fi on donnoit 1105 qui fe mefure par 5, 13, 17, & qui a 1, 1, 1, pour expofant de fes parties ; il faut par le moyen d'iceux trouver 13, car il fert d'hypotenufe à treize triangles.

Si on prenoit le double du produit des trois expofans, & qu'on luy ajouftaft les trois expofans, on n'auroit que 9 ; ce n'eft donc pas la régle qu'il faut fuivre.

Je prendray donc les expofans deux à deux, & premiérement avec 1 & 1 je trouveray 4. Je retiendray ce 4 comme s'il eftoit expofant, & le compareray avec le 1 qui refte.

Le double du produit de 1 & 4 eft 8, auquel joignant les mefmes 1 & 4, on aura 13 comme il eft requis.

Pour s'affurer davantage de cette régle, on prendra quelque grand nombre, comme le produit du cube de 5 par le quarré de 13 & par 17.

Les expofans defdites parties font 1, 2, 3.

Je prens le double du produit de 1 & 2, & luy ajoufte les mefmes 1 & 2 pour avoir 7.

Puis je prens le double du produit dudit 7 par 3 qui refte, & luy ajoufte les mefmes 7 & 3 pour avoir 52.

Je dis donc que le nombre donné fert d'hypotenufe à cinquante-deux triangles.

Je chercheray par une autre voye fi ledit nombre a cinquante-deux triangles, fçavoir en comptant toutes fes parties, & les triangles primitifs qui appartiennent à chacune.

A.	1	b. q. - par C. cub.
B.	1	a. par b. par C. cub.
B. q.	1	a. par C. cub.
C.	1	a. par b. q. par c. q.
C. q.	1	a. par b. q. par C.
C. cub.	1	a. par b. q.
A. par B.	2	b. par C. cub.
A. par B. q.	2	C. cub.
A. par C.	2	b. q. par C. q.
A. par C. q.	2	b. q. par C.
A. par C. cub.	2	b. q.
B. par C.	2	a. par b. par C. q.
B. par C. q.	2	a. par b. par C.
B. par C. cub.	2	a. par b.
B. q. par C.	2	a. par C. q.
B. q. par C. q.	2	a. par C.
B. q. par C. cub.	2	a.
A. par B. par C.	4	b. par C. q.
A. par B. par C. q.	4	b. par C.
A. par B. par C. cub.	4	b.
A. par B. q. par C.	4	C. q.
A. par B. q. par C. q.	4	C.
A. par B. q. par C. cub.	4	o. primitifs.

Somme 52.

Pour faire cela plus aifément on prendra feulement les puiffances, puifque la diverfité des nombres premiers n'y fait rien.

Je pofe donc que le nombre foit A. par B. q. par C. cub.

Je confidere lefdites parties en toutes les façons poffibles, prenant premiérement celles qui ne fervent qu'à un feul triangle primitif, fçavoir celles où il n'y a qu'une feule puiffance ou racine ; puis celles qui feront faites de deux différentes puiffances, & qui fervent à deux triangles ; & enfin celles qui contiennent trois puiffances, & qui fervent à quatre triangles comme on voit cy-deffus.

Les parties font premiérement en groffes lettres, puis enfuite la multitude des triangles primitifs de ladite partie. Et derriere en petites lettres eft la partie rélative, qui eft le nombre de multiplicité, fçavoir le nombre par lequel le triangle eft multiple. Par exemple A. par C. q. fert à deux triangles primitifs, lefquels feront multipliez par b. q. par C. Et fuppofant que C. cub. foit 125, que B. q. foit 169, & que A. foit 17, on aura 425. Pour A. par C. q. qui fervira d'hypotenufe à deux triangles qu'il faudra multiplier par 845, qui eft b. q. par C.

CINQUIÉME EXEMPLE.

UN nombre eftant donné, déterminer combien de fois il eft la fomme de deux quarrez.

Il faut premiérement voir fi on ne trouvera point quelque propriété particuliere aux nombres qui font la fomme de deux quarrez, afin qu'on puiffe connoiftre plus facilement fi le nombre eft la fomme de deux quarrez.

Si on n'avoit rien de connu, & qu'on ne fceuft point que la fomme de deux quarrez inégaux eft une hypotenufe, il faudroit affembler les quarrez, & faire une table des fommes, comme on voit au troifiéme exemple.

Cela fait, je confidére plufieurs defdites fommes prifes de fuite, comme 5, 10, 13, 17, 20, 25, 26, 29, 34, 41, 37, 40, 45, 52, 61, 50, 53, &c. & je regarde fi elles n'ont rien de femblable entr'elles que les autres nombres n'ayent point.

Et parce que je voy diverfes fortes de nombres, je les fépare par claffes felon leurs diverfitez.

Et premiérement, je trouve des nombres pairs & des impairs, des nombres premiers & des compofez, des impairs premiers & des compofez, des pairs dont les uns font pairement pairs, & les autres impairement pairs.

Je confidére premiérement les nombres premiers comme les plus fimples, & je trouve 5, 13, 17, 29, 37, 41, 61, 53.

Je regarde quels font les autres nombres premiers non compris en cette table, & j'auray 3, 7, 11, 19, 23, 31, 43, 47, 59 ; j'examine s'il y a quelque différence entr'eux, & fi les précédens ont quelque chofe qui foit commune à tous, & qui ne convienne à aucun des derniers.

Je trouve que 5, 13, 17, & les autres qui font la fomme de deux quarrez, furpaffent de l'unité un multiple de 4, ou bien qu'ils font pairement pairs +1, & les autres nombres, fçavoir 3, 7, 11, &c. font tous pairement pairs -- 1.

Voilà pour ce qui eft des nombres premiers.

Quant aux compofez, puis qu'ils font de diverfes fortes, il faut voir d'où peut provenir cette diverfité, & fi ce ne feroit point de la différente façon d'affembler les quarrez.

Et fur cét affemblage, je trouve que les nombres premiers font tous faits de deux quarrez premiers entr'eux & de divers ordre.

Et que fi on affemble deux quarrez impairs premiers entr'eux, on aura pour la fomme un impairement pair, qui fera double d'un des nombres cy-deffus pairement pair +1.

Et par les autres affemblages on trouvera les autres fommes compofées.

E ij

Il faudra paraprés confidérer les parties de ces nombres compofez, & je trouve de deux fortes de compofitions ; car les uns n'ont point d'autres parties que des nombres premiers pairement pairs $+$ 1, ou leurs puiffances, comme 2 5, 6 5, 8 5. Les autres ont pour parties lefdits nombres premiers, & d'autres qui font pairement pairs $-$ 1, ou qui font de l'analogie de 2. Et confidérant ces autres nombres qui ne font point la fomme de deux quarrez, je trouve qu'ils font tous ou quarrez, ou doubles quarrez ; par éxemple, 1 0 a pour parties 2 & 5, defquels 5 eft la fomme de deux quarrez, & 2 eft double quarré.

2 0 a pour parties 4 & 5, defquelles 4 eft un quarré.

4 5 a pour parties 9 & 5, defquelles 9 eft quarré.

De là je concluray que tout nombre premier pairement pair $+$ 1, eft la fomme de deux quarrez ; & que lefdits nombres premiers eftant multipliez par un quarré, ou par un double quarré, donnent des nombres qui font auffi fommes de deux quarrez.

Il faut maintenant confidérer s'il peut y avoir des nombres qui foient plufieurs fois la fomme de deux quarrez.

On voit par la table que lefdits nombres premiers ne font qu'une fois chacun la fomme de deux quarrez.

Pour les nombres compofez nous en avons remarqué de deux fortes, dont les uns font multiples d'un nombre, qui eft la fomme de deux quarrez par un qui ne l'eft point, comme 4 5 qui eft multiple de 5 par 9, quand on ne verroit point par la table qu'il n'eft point plus de fois la fomme de deux quarrez que fon primitif ; la raifon montre affez que 4 5, par exemple, dont les parties premieres & analogiques font 5 & 9, ne peut pas avoir plus de compofitions que fon primitif 5, car puifque de fes deux parties 5 & 9, l'une fçavoir 5 eft la fomme de deux quarrez, & l'autre qui eft 9 ne l'eft point, il eft certain que ledit 9 ne luy pourra communiquer ce qu'il n'a point ; mais feulement parce qu'il eft quarré, il n'empefchera point que la propriété de 5 ne paffe en 4 5, puifqu'un quarré multipliant un quarré fait un quarré, & auffi 9 multipliant 4 & 1 dont la fomme eft 5, donnera les deux autres quarrez 3 6 & 9 dont la fomme fera 4 5, mais il ne luy pourra pas ajoufter de nouvelle compofition, ni le faire eftre fomme de deux autres quarrez que des multiples par 9, de ceux dont 5 eft la fomme.

Refte donc que le nombre qui eft plufieurs fois la fomme de deux quarrez, foit compofé de feuls nombres premiers pairement pairs $+$ 1, ou au moins qu'il foit multiple d'un nombre compofé defdits nombres premiers feulement.

Mais pour éxaminer les différens nombres compofez, il faut commencer par les plus fimples, fçavoir par ceux qui ne fe mefurent que par un feul nombre premier, comme font les puiffances dont la racine eft un nombre premier pairement pair $+$ 1.

Je trouve que 2 5 quarré de 5, n'eft qu'une feule fois la fomme de deux quarrez.

1 2 5 cube de 5 eft deux fois la fomme de deux quarrez.

6 2 5 qq. de 5 l'eft auffi deux fois.

Il fera facile de voir combien de fois chacun de ces petits nombres eft la fomme de deux quarrez, en oftant les quarrez moindres, comme on voit au quatriéme éxemple.

Or on voit que chacun defdits nombres qui font puiffances d'un nombre premier, n'eft qu'une feule fois la fomme de deux quarrez premiers entr'eux ; de forte qu'il ne refte plus qu'à voir combien de fois il eft la fomme de deux quarrez compofez entr'eux, c'eft-à-dire, qui ont une commune mefure, ce qui fe fera aifément comme il s'enfuit.

Il faut voir combien de fois le nombre fe peut divifer en deux parties, dont l'une foit un quarré, & compter combien de fois chacune des fommes relatives eft la fomme de deux quarrez premiers entr'eux ; car autant de fois le nombre

donné

donné eſt la ſomme de deux quarrez multiples, & qui ont l'autre partie rélative, qui eſt un quarré pour commune meſure.

Par là on voit qu'un quarré, dont la racine eſt un nombre premier, n'eſt qu'une fois la ſomme de deux quarrez non plus que ſa racine. Que le cube & le qq. ſont chacun deux fois la ſomme de deux quarrez.

Que la cinquiéme & ſixiéme puiſſance ſont chacune trois fois la ſomme de deux quarrez, & ainſi continuant.

D'où il ſera facile de faire une régle pour trouver combien de fois chaque puiſſance, dont la racine eſt un nombre premier, eſt la ſomme de deux quarrez ; ſçavoir en prenant les expoſans deſdites puiſſances, & conſidérant de quelle façon on tirera 1 des expoſans 1 & 2, & comment on aura 2 par 3 & 4, &c. Car on voit que ſi on prend la moitié de l'expoſant lorſqu'il eſt pair, ou le milieu lorſqu'il eſt impair, on aura ce qu'on cherche.

Il faut maintenant voir ce qui appartient aux nombres qui ſont meſurez par pluſieurs nombres premiers, qui ſurpaſſent de l'unité un multiple de 4.

Je trouve dans la table 65 & 85, dont le premier a 5 & 13 pour parties, & le ſecond 5 & 17, & chacun deſdits nombres eſt deux fois la ſomme de deux quarrez premiers entr'eux. Pour des quarrez multiples il n'y en a point, parce qu'aucun deſdits nombres n'a de quarré pour partie.

On trouvera auſſi que ſi le nombre donné a pour parties trois nombres premiers comme 1105, qui eſt produit par 5, 13, 17, il ſera quatre fois la ſomme de deux quarrez premiers entr'eux, comme on a veu au quatriéme éxemple, & il ne peut eſtre la ſomme de deux quarrez multiples, parce qu'il n'a point de partie quarrée. On verra audit quatriéme éxemple combien de fois chaque nombre eſt la ſomme de deux quarrez premiers entr'eux, car ils le ſont autant de fois qu'ils ſont hypotenuſes primitives, comme il a eſté dit.

Mais ſi le nombre donné peut eſtre meſuré par quelque quarré, il ſera la ſomme de quarrez multiples autant de fois que la partie rélative eſt la ſomme de deux quarrez primitifs. Et pour avoir une régle par laquelle je puiſſe trouver la multitude des couples de quarrez, ſans avoir la peine de les déchifrer tous par la conſidération de toutes les parties quarrées; je chercheray, par ce qui a eſté dit, la multitude des couples de quarrez de pluſieurs nombres, & aprés en avoir quelques-uns, je verray quelle régle on pourra donner qui leur convienne à tous ; & afin d'éviter la difficulté de cette recherche, je choiſiray les moindres nombres, ſçavoir ceux qui ne ſont meſurez que par deux nombres premiers.

Ainſi je trouve qu'un nombre compoſé de deux nombres premiers, comme 65, dont les parties ſont 5 & 13, eſt deux fois ſeulement la ſomme de deux quarrez.

Si les parties du nombre ſont un quarré & une racine, il ſera trois fois la ſomme de deux quarrez, car il aura deux primitifs & un multiple.

Si les parties ſont un cube & une racine, il ſera quatre fois la ſomme de deux quarrez.

Si les parties ſont un quarré quarré & une racine, il ſera cinq fois.

Si les parties ſont deux quarrez, il ſera quatre fois la ſomme de deux quarrez.

Si c'eſt un quarré & un cube, il ſera ſix fois, &c.

Je voy icy que la grandeur des parties ne fait rien à la multitude des couples de quarrez ; par éxemple, 17 ou ſon quarré 289, pour eſtre plus grand que 5 ou ſon quarré 25, n'eſt pas pour cela plus de fois la ſomme de deux quarrez ; mais l'augmentation des puiſſances augmente cette multitude : ainſi une cinquiéme puiſſance donne trois couples, & un quarré n'en a qu'une.

Il faudra donc conſiderer ſeulement leſdites puiſſances, leſquelles ſeront commodément repréſentées par leurs expoſans.

Je feray donc une petite table des parties de quelques nombres, auſquelles on mettra les expoſans deſdites parties au lieu d'icelles parties, comme on voit icy.

F

Car par éxemple, 1, 2 ſignifient que les partiés du nombre ſont une racine, ou nombre premier, & un quarré ; & enſuite on met 3 ſéparé d'une ligne, qui montre que le nombre dont les parties ſont un quarré, & un nombre premier, eſt trois fois la ſomme de deux quarrez.

1. 1	2.
1. 2	3.
1. 3	4.
1. 4	5.
1. 5	6.
2. 2	4.
2. 3	6.
2. 4	7.
2. 5	9.
2. 6	10.
3. 3	8.
3. 4	10.
3. 5	12.
3. 6	14.

Or voicy comme on trouvera ladite multitude de couples de quarrez. Par éxemple, on veut ſçavoir combien de fois un nombre, dont les parties ſont un quarré & une cinquiéme puiſſance, eſt la ſomme de deux quarrez.

Premiérement parce qu'il ſe meſure par deux nombres premiers, je conclus qu'il eſt deux fois la ſomme de deux quarrez premiers entr'eux.

Reſte donc à trouver les couples des quarrez multiples.

Pour les trouver je diviſe le nombre en deux parties rélatives, l'une deſquelles ſoit un quarré, & ce en toutes les façons poſſibles.

Pour le faire avec plus de facilité, je nommeray les parties, que l'une ſoit A. q. & l'autre B. cinquiéme puiſſance.

Je prendray donc A. q. pour une des parties rélatives ; l'autre partie ſera B. cinquiéme puiſſance, laquelle n'eſt qu'une fois la ſomme de deux quarrez premiers entr'eux, comme il a eſté dit, je marque donc 1 enſuite. Puis je prens B. q. pour une des parties : la rélative ſera A. q. par B. cube, qui eſt deux fois la ſomme de deux quarrez premiers entr'eux : je marque donc 2 enſuite.

A. q. --- B. 5me puiſſ.	1.
B. q. --- A. q. par B. cub.	2.
B. qq. -- A. q. par B.	2.
B. q. par A. q. --- B. cub.	1.
B. qq. par A. q. --- B.	1.

Somme 7.

Et ainſi continuant à prendre les parties quarrées comme on voit icy, on aura les primitifs de la partie rélative, qui donneront autant de multiples au nombre total, puiſque les quarrez primitifs appartenans à la ſeconde partie, ſont tous deux multipliez par la premiere partie qui eſt un quarré.

On aura donc 7 multiples, qui eſtant joints aux deux primitifs, qui ſont particuliérement affectez au nombre total, font en tout 9 couples de quarrez dont la ſomme eſt ledit nombre qui a pour parties un quarré & une cinquiéme puiſſance.

Il faut donc de la multitude des couples de pluſieurs nombres inférer quelque régle pour trouver ladite multitude.

Or je ne trouve point de régle par laquelle je puiſſe trouver à tous la multitude des quarrez par l'inſpection des expoſans des puiſſances deſdites parties.

Expoſans.

1. 1	1. 1	2.
1. 2	1. 1'	3.
1. 3	1. 2	4.
1. 4	1. 2'	5.
1. 5	1. 3	6.
2. 2	1'. 1'	4.
2. 3	1'. 2	6.
2. 4	1'. 2'	7.
2. 5	1'. 3	9.
2. 6	1'. 3'	10.
3. 3	2. 2	8.
3. 4	2. 2'	10.
3. 5	2. 3	12.
3. 6	2. 3'	14.

Auſſi leſdits expoſans n'expriment pas ladite multitude de couples de quarrez, comme ils faiſoient aux hypotenuſes pour en exprimer la multitude. Car, par éxemple, une cinquiéme puiſſance eſt bien cinq fois hypotenuſe, mais elle n'eſt que trois fois la ſomme de deux quarrez ; & une ſixiéme puiſſance qui eſt ſix fois hypotenuſe, n'eſt auſſi que trois fois la ſomme de deux quarrez.

On mettra donc la multitude deſdites couples de quarrez enſuite des expoſans, comme on voit icy, pour s'en ſervir au lieu deſdits expoſans.

Mais parce que les puiſſances dont l'expoſant eſt pair, n'ont pas une plus grande multitude de couples de quarrez que la précédente puiſſance dont l'expoſant eſt impair ; il ſemble qu'il eſt à propos de ne pas obmettre cette condition, & partant je marque d'un accent le nombre de multitude appartenant aux puiffances paires.

Ainfi enfuite des expofans 1, 2, je mets les nombres de multitude 1, 1', & aprés les expofans 2, 4, je mets 1', 2', & je me ferviray defdits nombres de multitude 1, 1', pour trouver 3 qui eft enfuite ; & de 1', 2', pour trouver 7 qui eft aprés.

Mais parce que je voy que les mefmes nombres de multitude qui appartiennent aux expofans ne donnent pas le mefme nombre de multitude pour le nombre donné, & que ceux qui font marquez, fçavoir ceux dont l'expofant eft pair, donnent un plus grand nombre que ceux dont l'expofant eft impair ; il eft manifefte qu'il faut avoir égard à la qualité des expofans, ce qui confifte à voir s'il eft pair ou impair ; car, par exemple, 1, 2, provenans de 1 & 3 donnent 4 ; mais les mefmes 1, 2', provenans de 1, 4, donnent 5 ; & fi les mefmes 1', 2, viennent de 2, 3, ils donneront 6 ; & venant de 2, 4, ils donneront 7.

De là on voit manifeftement qu'on ne peut donner une mefme régle générale, puifque les mefmes nombres 1, 2, donnent quatre nombres différens ; mais il faudra diftinguer fi les expofans dont lefdits 1, 2, ou autres nombres font dérivez, font pairs ou impairs.

Expofans.		
1. 1	1. 1	2.
1. 2	1. 1'	3.
1. 3	1. 2	4.
1. 4	1. 2'	5.
1. 5	1. 3	6.
2. 2	1'. 1	4.
2. 3	1'. 2	6.
2. 4	1'. 2'	7.
2. 5	1'. 3	9.
2. 6	1'. 3'	10.
3. 3	2. 2	8.
3. 4	2. 2'	10.
3. 5	2. 3	12.
3. 6	2. 3'	14.

Cette diverfité fe peut confidérer en trois façons : car ou les deux expofans font tous deux impairs, ou ils font tous deux pairs, ou l'un eft pair & l'autre impair.

Je chercheray donc féparément des regles pour chacune de ces trois façons.

Et premiérement quand les expofans font tous deux impairs. Le premier éxemple de la table eft quand les expofans des parties du nombre donné font 1, 1, les nombres de multitude qui leur appartiennent font auffi 1, 1 ; je regarde comment je feray 2 avec 1, 1, & je voy que fi on prend la fomme defdits 1 & 1 on aura 2.

Je prens un autre éxemple, fçavoir le troifiéme où les expofans font 1, 3, & leur nombre de multitude font 1, 2 : or la fomme de 1, 2, n'eft pas 4 ainfi qu'il feroit requis, & partant ce n'eft pas là la régle.

Je chercheray donc 2 avec 1 & 1 d'une autre forte, & je trouve que le double du produit de 1 par 1 eft 2.

Et confidérant les autres éxemples où les deux expofans font tous deux impairs, je trouve les nombres qui appartiennent à chacun d'iceux en la mefme forte ; car le double du produit de 1, 2, qui appartiennent à 1, 3, eft 4, & ainfi des autres ; d'où je conclus que la régle eft bonne.

Je paffe aux expofans qui font tous deux pairs. Le premier éxemple eft celuy dont les expofans font 2 & 2, leurs nombres font 1', 1', (fçavoir la moitié d'iceux, & aux expofans impairs le milieu,) je cherche le moyen de faire 4 avec 1 & 1.

Pour fuivre le plus que je pourray la premiere méthode, il faudra que je prenne le produit de 1 par 1, lequel eft 1 dont le quadruple fera 4. Mais il n'en ira pas de mefme aux expofans 2 & 4, car les nombres qui leur appartiennent fçavoir 1' & 2' ; donneroient 8, & non pas 7, ainfi qu'il eft requis.

J'effayeray donc à faire 4 par le moyen des mefmes 1' & 1' du premier éxemple d'une autre façon, en fuivant encore le plus que faire fe pourra la premiere méthode.

On prendra donc encore le produit de 1 par 1, lequel eft 1 ; fon double eft 2, auquel joignant les mefmes 1 & 1, on aura 4, ainfi qu'il eft requis.

Je prens enfuitte les expofans 2 & 4 : les nombres qui leur appartiennent, fça-

voir leur moitié eſt 1 & 2, leur produit eſt 2 dont le double eſt 4, auquel joignant
les meſmes 1 & 2, on aura 7, qui eſt le nombre qu'il falloit avoir.

J'éprouve la meſme choſe aux expoſans 2 & 6, & trouve 1 0, d'où je conclus
que la régle eſt bonne.

Je paſſe par-aprés à la troiſiéme diſtinction, ſçavoir quand l'un des expoſans eſt
pair, & l'autre impair. Le premier éxemple eſt quand les expoſans ſont 1 & 2, leur
milieu & moitié ſont 1 & 1', avec leſquels il faut trouver 3. Je prens comme auparavant le produit de 1 par 1, qui eſt 1, ſon double eſt 2.

Or puiſque les deux expoſans eſtant impairs on prend ſimplement le double
du produit ſans rien ajouſter, & lorſque leſdits expoſans ſont tous deux pairs on
ajouſte au double du produit les deux nombres qui ſe ſont multipliez, il ſe pourra faire que quand l'un des expoſans eſt pair & l'autre impair, il faudra ſeulement
ajouſter un des nombres au double du produit ſuſdit.

Partant audit produit 2 j'ajouſte l'un des nombres, ſçavoir 1 pour avoir 3.

Mais parce que chacun des nombres qui ſe ſont multipliez eſt 1, je ne puis encore ſçavoir ſi c'eſt celuy qui vient de l'expoſant pair, ou celuy qui vient de l'impair.

Je prens donc un autre éxemple, ſçavoir le ſuivant auquel les expoſans ſont
1 & 4. Les nombres qui en dépendent ſont 1, 2', le double de leur produit eſt 4 ;
mais parce qu'il faut avoir 5, on ajouſtera 1 audit 4 : or cét 1 eſt le nombre qui provient de l'expoſant impair ; je diray donc qu'au double du produit il faut ajouſter
le milieu de l'expoſant impair.

Je regarde aux autres éxemples ſi la meſme choſe arrivera comme à ceux dont
les expoſans ſont 1, 6,] 2, 3,] 2, 5, &c. & je trouve que cette régle convient à tous,
d'où je conclus qu'elle eſt bonne.

Il faut maintenant voir quand le nombre donné ſera meſuré par trois nombres
premiers différens ; par éxemple, ſi ſes parties ſont un nombre premier, un quarré
& un cube, leſquelles ſoient A. B. q. & C. cub.

Je les mets en deux parties rélatives, en tel- B. q. --- A. par C. cub. | 2.
le ſorte que l'une ſoit un quarré, & je prens C. q. --- A. par C. par B. q. | 4.
les primitifs de la partie rélative au quarré B. q. par C. q. ---- A. par C. | 2.
que je mets enſuite. Par éxemple, prenant
C. q. pour une des parties, la rélative ſera A. par C. par B. q. laquelle contenant
trois ſortes de nombres premiers, elle ſera quatre fois la ſomme de deux quarrez
premiers entr'eux ; je mets donc 4 enſuite, & ainſi des autres.

Et aſſemblant tous leſdits primitifs des parties qui ſeront multiples au nombre
total, je trouve huit multiples, auſquels joignant les quatre primitifs dudit nombre total, on aura en tout douze couples de quarrez, deſquels le nombre donné
eſt la ſomme.

Il faut donc trouver 1 2 par le moyen des expoſans 1, 2, 3, ou des nombres qui
leur appartiennent 1, 1', 2.

Et premiérement de 1 & 1' j'ay 3. Je prendray donc 3 au lieu de 1, 1', & ainſi j'auray 3 & 2 ; leur produit eſt 6 dont le double eſt 1 2, qui eſt la multitude requiſe des
couples de quarrez.

On pourroit icy trouver quelque difficulté ſur le 3 qui provient de 1 & 1', ſçavoir s'il doit eſtre pris comme venant d'un expoſant pair ou d'un impair, puiſqu'il
provient de tous les deux enſemble ; mais la régle nous montre que l'impair prévaut icy, car autrement il faudroit ajouſter un des nombres au double du produit 1 2.

Mais icy il faut conſidérer que l'expoſant pair montre que l'expoſé eſt quarré,
& l'expoſant impair montre que l'expoſé n'eſt pas quarré : ſi donc le nombre de
multitude eſt celuy qui provient de pluſieurs expoſans, ou qui eſt la moitié ou milieu d'un deſdits expoſans, ce nombre de la multitude appartient à un nombre
quarré,

quarré, & il doit eſtre réputé provenir d'un pair : mais ſi ledit nombre de multitude appartient à un nombre non quarré, il doit eſtre réputé comme provenant
d'un impair. Si donc entre les parties analogiques d'un nombre, il s'en trouve
une qui ne ſoit point quarrée, le nombre ne ſera point quarré, & les parties non
quarrées auront leurs expoſans impairs.

D'où il s'enſuit qu'entre pluſieurs expoſans, s'il y en a quelqu'un qui ſoit impair, le nombre qui eſt produit par les parties à qui appartiennent leſdits expoſans, ſuit la loy des expoſans impairs.

Ainſi en noſtre éxemple, ayant premiérement travaillé ſur les expoſans 1 & 2,
qui donnent 3 pour le nombre de la multitude, ledit 3 doit eſtre réputé comme
provenant d'un expoſant impair, parce qu'entre les expoſans dont il provient il y
en a un impair, ce qui fait que le nombre qui eſt trois fois la ſomme de deux quarrez n'eſt pas quarré, & partant ſon expoſant doit eſtre réputé impair.

On trouvera le meſme nombre 12 en meſlant autrement leſdits expoſans.
Comme ſi je multiplie à part les nombres 1, 2, provenans des expoſans 1 & 3, j'auray 4. L'autre expoſant eſt 2, ſon nombre eſt 1', je multiplie donc 1' par 4, le produit eſt 4, dont le double eſt 8, auquel il faut ajouſter le nombre qui provient de
l'expoſant impair, ſçavoir 4, puiſque l'autre nombre 1' provient d'un expoſant
pair, & on aura 12 comme cy-devant.

SIXIÉME EXEMPLE.

TROUVER tous les triangles qui ont un nombre donné pour différence de
leurs moindres coſtez.

Afin de trouver tout ce qui dépend de la connoiſſance des nombres qui ſervent de différence aux coſtez des triangles, je fais pluſieurs triangles primitifs de
ſuite, & je prens leur différence, en laiſſant les multiples, parce qu'ils ne peuvent
rien avoir qui ne vienne des primitifs.

On voit icy tous les triangles primitifs dont les hypotenuſes ſont moindres que 100, & aprés eux eſt la différence de
leurs moindres coſtez.

3.	4.	5	1.
5.	12.	13	7.
8.	15.	17	7.
7.	24.	25	17.
20.	21.	29	1.
12.	35.	37	23.
9.	40.	41	31.
28.	45.	53	17.
11.	60.	61	49.
16.	63.	65	49.
33.	56.	65	23.
48.	55.	73	7.
13.	84.	85	71.
36.	77.	85	41.
39.	80.	89	41.
65.	72.	97	7.

Or pour remarquer ce qu'il y a de particulier dans leſdits
nombres qui ſervent de différence, je trouve qu'ils ſont premiers ou compoſez de nombres que je trouve auſſi dans la table, comme 49 qui eſt le quarré de 7 ; de plus ces nombres
premiers (ſi on excepte 1) ſont tous différens de l'unité d'un
multiple de 8, & je ne trouve aucun nombre dans ladite table
qui n'ait cette condition.

Maintenant il faut voir comment on pourra trouver tous
les triangles, la différence des moindres coſtez eſtant donnée.

Je prendray par éxemple 7, & par ſon moyen je chercheray une régle pour trouver les triangles 5, 12, 13, & 8, 15, 17.
Mais parce que 7 eſt nombre premier, & qu'il ſert de différence à pluſieurs triangles, il faut de néceſſité qu'il ait quelqu'autre propriété par laquelle on puiſſe trouver leſdits triangles,
autrement ils ne ſe pourroient pas trouver ; car quoy-que je ſçache que 7 eſt différent de l'unité d'un multiple de 8, cela ne me donne autre choſe, ſinon que 7
eſt proche du premier octonaire, ce qui ne pourra pas ſuffire pour trouver les deux
triangles ſuſdits, & les autres qui ſont encore enſuite.

Or en conſidérant 7, je voy qu'il eſt la différence entre 1 & 8, & entre 2 & 9,
ſçavoir entre un quarré & un double quarré. Je regarderay donc ſi les autres
nombres qui ſervent de différence entre les moindres coſtez d'un triangle ſont
auſſi la différence d'un quarré & d'un double quarré.

G

Et sans examiner 1 qui sert de différence entre 1, 2, & 8, 9, & autres, je viens à 17 qui sert de différence entre 1 & 18, & entre 8 & 25; de mesme 23 sert de différence entre 2 & 25, & entre 9 & 32, & chacune desdites couples contient un quarré & un double quarré.

De plus, je remarque qu'à chacune de ces couples il y a un des nombres moindre que la différence d'entr'eux; ainsi à la couple 9, 32, le moindre nombre 9 est moindre que 23 qui en est la différence.

Je verray donc si par cette propriété je trouveray que 7 est la différence entre les moindres costez des deux triangles 5, 12, 13, & 8, 15, 17.

Voicy comme il s'y faut prendre.

7 sert de différence entre 1 & 8, & entre 2 & 9. Je prens leurs racines qui sont 1, 2″, & 1″, 3. Je marque les racines des doubles quarrez, afin de les connoistre d'avec celles des quarrez, car on voit bien qu'il faut comparer la racine du double quarré avec le nombre dont elle provient d'une autre maniere que celle du quarré simple, & qu'elles doivent produire un effet différent l'une de l'autre.

Je mets donc 7, & ensuite les racines des deux couples susdites comme on voit icy; sçavoir 1, 2″, & 1″, 3.

7	1. 2″	2. 3.
	1″. 3	1. 4.

Je considere par aprés les deux triangles qu'il faut trouver, sçavoir 5, 12, 13, & 8, 15, 17, je prens les quarrez dont ils proviennent, qui sont 4, 9, & 1, 16.

Leurs racines sont 2 & 3,] & 1, 4, que j'écris aussi ensuite.

Car il faut remarquer que d'ordinaire la solution se trouve plus aisément par le moyen des racines que par les quarrez, de sorte que quand on aura des quarrez, si on ne trouve pas aisément par leur moyen ce qu'on cherche, on l'examinera par les racines, ce qui sert aussi à rendre la recherche plus facile par la septiéme régle, sçavoir en se servant de moindres nombres.

Il faut donc par le moyen de 1, 2″, & 1″, 3, trouver 2, 3, & 1, 4, sçavoir par les racines des quarrez & doubles quarrez dont 7 est la différence, trouver les racines des quarrez qui font les triangles qui ont 7 de différence entre leurs moindres costez.

Je voy que 1″, 2″, sont les racines des moindres quarrez desdits triangles, & les deux grandes 3 & 4, se pourront trouver prenant en croix la somme de 1″, 2″, & de 1, 3.

On pourroit dire aussi que la somme & la différence de 1′ & 3′, donnent 2 & 4, qui sont les racines des quarrez pairs des triangles; & la somme & la différence de 1″, 2″, donnent 1 & 3, qui sont les racines des quarrez impairs.

7	1′. 2″	2. 3.
	1″. 3′	1. 4.

Mais on pourroit encore se servir d'une seule couple pour un triangle; sçavoir si on prend la racine du double quarré pour une des racines, & la somme des deux pour l'autre.

Ainsi à la premiere couple 1′, 2″,] 2 sera une des racines requises, & 3 qui est la somme de 1 & 2 sera l'autre.

Et à l'autre couple 1″, 3′,] 1 sera l'une des racines, & la somme de 1, 3, sçavoir 4, sera l'autre.

Et cette derniere façon si elle est bonne, comme il y a quelque apparence, sera plus commode, puisque chaque couple donne un triangle.

Ce qui me fait présumer qu'elle est bonne, est que les autres ne peuvent pas servir pour les triangles qui ont 1 de différence entre leur costez; car 1 est la différence entre le quarré & double quarré 1, 2, le moindre desquels sçavoir 1 n'est pas plus grand que ladite différence 1.

Voicy donc comme je l'examineray à 1.

Les racines du quarré & double quarré susdit sont 1′ & 1″, donc 1 sera une des racines, (sçavoir prenant la racine du double quarré) & 2 qui est la somme des

deux racines 1' & 1" fera l'autre racine : on aura donc 1, 2, dont les quarrez 1, 4,
donnent le triangle 3, 4, 5, qui a 1 de différence entre ses moindres costez.

Le mesme 1 est encore la différence entre le quarré, & le double quarré 8 & 9,
dont les racines sont 2", 3'.

On aura donc pour les racines des quarrez 2 & 5, sçavoir la racine du double
quarré, & la somme des deux.

Lesdits 2 & 5 donneront le triangle 20, 21, 29, qui a 1 de différence entre ses
moindres costez.

Il faut maintenant éxaminer les deux premieres régles sur 17. Les quarrez &
doubles quarrez dont il est la différence sont 1, 18, & 8, 25. Leurs racines sont
1', 3", & 2", 5'.

Je les dispose comme auparavant.

Par la premiere régle, je prendray 3 & 2 pour les racines
des moindres quarrez requis, & les sommes de 2", 3", & de
1', 5', pour les autres ; mais on ne pourra pas faire par ce moyen les triangles requis, car on auroit les quarrez de 3 & 5, & de 2, 6, qui donneroient des triangles
ausquels les trois costez seroient pairs, & partant la différence qui seroit paire ne
seroit pas 17.

$$17 \quad \begin{array}{cc|cc} 1'. & 3'' & 3. & 5. \\ 2'. & 5' & 2. & 6. \end{array}$$

Que si on vouloit accoupler autrement 5 & 6, & qu'on prist 2, 5, & 3, 6, on n'auroit pas aussi le triangle requis, car les quarrez de 3 & 6 estant multiples de 3, donneroient un triangle auquel tous les costez seroient mesurez par 3, & partant la
différence des costez ne pourroit pas estre 17, puisqu'elle-mesme seroit aussi me-
surée par 3, & partant la premiere façon de trouver les triangles n'est pas bonne. Venons à la seconde.

La somme & la différence de 1', 5', sont les racines des
quarrez pairs, & la somme & la différence de 2", 3", sont
les racines des quarrez impairs : mais cette régle ne réus-
sit pas non plus que la premiere, quoy-qu'elle ait plus d'apparence d'estre bonne, car par la premiere, aprés qu'on a pris 2", 3", pour les racines des moindres
quarrez, on prend par aprés les sommes de 2", 3", & de 1', 5', pour les racines des
deux autres quarrez ; d'avoir pris 2" pour un triangle, & 3" pour l'autre, cela va
bien, parce qu'il y a de la ressemblance entre 2" & 3" : mais de prendre par aprés la
somme de 2", 3", pour un des triangles, & celle de 1', 5', pour l'autre, ce sont des
façons différentes, parce que 2", 3", sont racines de doubles quarrez, & 1', 5', de
quarrez simples.

$$17 \quad \begin{array}{cc|cc} 1'. & 3'' & 4. & 5. \\ 2''. & 5' & 1. & 6. \end{array}$$

La seconde façon n'a pas cette répugnance, les racines de chaque triangle estant égales à la somme & à la différence de 1', 5', & de 2", 3" ; néanmoins parce
que l'on prend pour le premier la différence des racines des quarrez simples & la
somme de celles des doubles quarrez, & le contraire pour le second triangle ; cette diversité fait qu'elle ne réussit pas.

La troisiéme voye est plus réguliere, & les triangles se trouvent par des façons
entiérement semblables, aussi est-ce la vraye méthode de trouver les triangles.

On se sert de chaque couple à part, prenant la racine
du double quarré pour la moindre racine, & la somme des
deux quarrez pour l'autre.

$$17 \quad \begin{array}{cc|cc} 1. & 3'' & 3. & 4. \\ 2''. & 5 & 2. & 7. \end{array}$$

Ainsi 3 est la racine du moindre quarré d'un des triangles, & 4 qui est la somme
de 3" & 1, est l'autre racine.

Les deux racines sont donc 3 & 4, qui donnent le triangle 7, 24, 25, qui a 17,
pour différence de ses costez.

L'autre triangle se trouvera de la mesme maniere, sçavoir prenant la racine du
double quarré 2 pour celle du moindre quarré, & la somme de 2 & 5 sçavoir 7,
pour racine de l'autre quarré. On aura donc 2 & 7 pour racines, qui donnent le
triangle 28, 45, 53, qui a 17 de différence entre ses costez.

La mesme chose se fera aux autres nombres, car des couples de 23, sçavoir de 3, 4″, & 1″, 5, on trouvera les triangles 33, 56, 65, & 12, 35, 37, qui ont 23 de différence entre leurs costez.

$$23 \;\left|\; \begin{array}{cc} 3. & 4'' \\ 1''. & 5 \end{array} \;\right|\; \begin{array}{cc} 4. & 7. \\ 1. & 6. \end{array}$$

Et des couples de 31 on trouvera les triangles 9, 40, 41, & 60, 91, 109, qui ont 31 de différence, d'où l'on peut inférer que la régle est bonne.

$$31 \;\left|\; \begin{array}{cc} 1. & 4'' \\ 3''. & 7 \end{array} \;\right|\; \begin{array}{cc} 4. & 5. \\ 3. & 10. \end{array}$$

Voilà donc le moyen de trouver les triangles qui ont un nombre donné pour différence de leurs costez, mais la question demande tous lesdits triangles.

Il faut donc voir combien il y en doit avoir, & s'il y en a quelque nombre déterminé; & pour cét effet j'ay recours à la table qu'on a faite en commençant d'éxaminer la question, dans laquelle je voy qu'un mesme nombre sert à plusieurs triangles, car il y en a 4 qui ont 7 pour différence.

Je considére aussi qu'il n'y a point de répugnance qu'un mesme nombre serve de différence aux moindres costez d'une infinité de triangles, veû mesme qu'il y en a une infinité qui n'ont que 1 de différence entre le grand costé & l'hypotenuse, & je conclus qu'il se pourroit bien faire aussi qu'il y auroit une infinité de triangles qui auroient un mesme nombre pour différence de leurs moindres costez.

Et ce qui me confirme en cette opinion est que je voy quatre triangles qui ont un nombre premier, sçavoir 7 pour différence. Or les nombres premiers ne sont pas si abondans, lorsque la chose est limitée; comme on voit que les mesmes nombres sont aussi la somme des susdits costez des triangles : mais parce que cela est limité, & qu'il est impossible qu'ils soient la somme des costez d'une infinité de triangles, on voit que les nombres premiers comme 7, 17, &c. ne sont chacun la somme des costez que d'un seul triangle.

Or si chaque nombre sert de différence entre les moindres costez d'une infinité de triangles, il est nécessaire qu'il y ait quelque progression qui conduise à cette infinité de triangles; & s'il y a une progression, & qu'on sçache les deux moindres termes, & la différence des nombres de ladite progression, on la pourra poursuivre aussi loin qu'on voudra.

Je cherche donc dans ma table deux triangles qui ayent une mesme différence entre leurs moindres costez, & je prens les triangles les plus proches. Ainsi 5, 12, 13, & 8, 15, 17, ont tous deux 7, de différence entre leurs costez.

Il faudroit voir si on pourroit avec le moindre faire le plus grand : mais parce que les racines des quarrez qui font le triangle sont plus simples que les costez du mesme triangle, je prens lesdites racines qui sont 2, 3, & 1, 4 ; mais on ne peut pas trouver une suite qui avec 2, 3, donne 1, 4, ou avec 1, 4, donne 2, 3, & qui continuë à l'infini en augmentant : car si on prend 2, 3, pour le premier terme, & qu'on trouve 1 au second, cela iroit en diminuant; de mesme qui prendroit 1, 4, pour le premier, le second auroit 3 pour sa plus grande racine qui seroit moindre que la plus grande du précédent, & ainsi on iroit encore en diminuant.

Il faut donc afin que la progression aille en augmentant, que chacun des termes augmente, ou au moins que le grand terme augmente, & que le moindre ne diminuë point.

Je couclus de là que les deux triangles susdits sont chacun le commencement de quelque progression.

Il faut donc prendre dans la table quelqu'autre triangle plus grand qui ait pareil nombre de 7, pour différence entre ses moindres costez. Je trouve 48, 55, 73.

Les racines des quarrez dont il provient, sont 3 & 8.

Mais parce qu'on ne voit pas d'où peut provenir ce 3 & 8, sçavoir si c'est de 2, 3, ou de 1, 4, je choisiray plutost dans la table une autre différence pour l'éxaminer, puisque j'y voy deux triangles assez éloignez l'un de l'autre qui ont chacun l'unité pour différence entre leurs costez.

Joint

Joint auſſi que pour plus grande facilité la méthode requiert qu'on ſe ſerve du moindre nombre poſſible en l'éxamen. Mais (pour retourner à noſtre 7) ſi on vouloit juger duquel des deux triangles dépend 48, 55, 73, ſçavoir ſi c'eſt de 5, 12, 13, ou de 8, 15, 17, il faudroit voir ſi c'eſt le premier qu'on rencontre aprés les deux ſuſdits, & s'il n'y en a point dont les coſtez ſoient moindres, & parce que je trouve que c'eſt le moindre aprés les deux ſuſdits, je concluray qu'il provient du moindre des deux premiers, ſçavoir de 5, 12, 13, qui eſt moindre que 8, 15, 17.

Je trouve donc 3, 4, 5, qui a 1 de différence, & enſuite 20, 21, 29. Les racines de leurs quarrez ſont 1, 2, & 2, 5.

Je les diſpoſe comme on voit icy, & je regarde comment je pourray de 1, 2, tirer 2, 5. Et premierement je voy que le moindre nombre de la ſeconde couple eſt égal au plus grand de la premiere, car chacun d'iceux eſt 2.

1. 2.
2. 5.
——
5. 12.

Reſte donc à faire 5 avec 2, & 1. Le 5 eſt la ſomme des trois nombres que j'ay déja, ſçavoir de 2, 2, & 1, ou (ce qui eſt la meſme choſe) il eſt la ſomme du moindre nombre 1, & du double de 2 qui eſt le plus grand.

Je continuë par aprés cette progreſſion de la meſme ſorte, prenant le plus grand nombre 5 pour le moindre de la couple ſuivante, & pour avoir le plus grand j'ajouſte 2 au double de 5 pour avoir 12.

1.	2.	3.	4.	5.
2.	5.	20.	21.	29.
5.	12.	119.	120.	169.
12.	29.	696.	697.	985.

J'ay donc 5 & 12 dont les quarrez donnent le triangle 119, 120, 169, qui a 1 de différence entre ſes moindres coſtez.

De la meſme façon avec 5 & 12, on fera 12, 29, qui donneront le triangle 696, 697, 985.

J'appliqueray par aprés cette méthode aux autres nombres :

Et avec 2, 3, je feray les racines 3 & 8, prenant 3 pour la moindre,

2.	3.	5.	12.	13.		1.	4.	8.	15.	17.
3.	8.	48.	55.	73.		4.	9.	65.	72.	97.
8.	19.	297.	304.	425.		9.	22.	396.	403.	565.

& la ſomme de 2, & du double de 3 pour la plus grande, qui donneront le triangle 48, 55, 73.

Et avec 3 & 8, on fera 8 & 19, & ſon triangle 297, 304, 425.

Semblablement avec 1 & 4 on fera 4 & 9 & ſon triangle 65, 72, 97, & avec 4 & 9, on fera 9, 22, & ſon triangle 396, 403, 565.

Et ainſi à toutes ſortes de nombres, pourveu qu'on ſçache un des triangles, on trouvera les autres, mais il faut auſſi avoir égard aux multiples.

Or ces multiples ſont faciles à trouver quand on ſçait les primitifs, & ce qu'on doit icy remarquer eſt que tout nombre excepté 1, ſert de différence entre les moindres coſtez d'une infinité de triangles multiples, parce que tout nombre eſt multiple de 1, lequel 1 ſert de différence entre les moindres coſtez d'un triangle.

Ainſi 7 ſert de différence entre les coſtez des triangles 5, 12, 13, & 8, 15, 17, & de ceux qui en proviennent ; mais outre cela parce que 7 eſt multiple de 1, il ſera encore la différence des coſtez des triangles multiples par 7, de 3, 4, 5, de 20, 21, 29, & de leur ſuite ; ſçavoir de 21, 28, 35,] 140, 147, 203, & des autres.

Il en eſt de meſme des autres nombres, & s'ils eſtoient compoſez il y auroit beaucoup plus de multiples ; au moins il y auroit plus de principes dont ils proviennent.

Il y a pluſieurs autres choſes à conſiderer ſur ce ſujet, dont on a parlé au diſcours des triangles au chapitre qui traite de la ſomme & de la différence des deux moindres coſtez : mais cecy ſuffira pour faire découvrir le reſte.

⁂

H

TROUVER UN TRIANGLE
auquel tant l'hypotenuſe que la ſomme des deux autres coſtez
ſoit un quarré.

Voicy le triangle.

4687298610289. hypotenuſe.
4565486027761. coſté impair.
1061652293520. coſté pair.

C'eſt la queſtion que l'éxemple 7 ſuivant nous enſeigne à chercher par tant de moyens.

TROUVER UN TRIANGLE
duquel l'aire ajouſtée aux deux petits coſtez faſſe un quarré.

Voicy le triangle.

205769.
190281.
78320.

TROUVER UN TRIANGLE
dont l'aire jointe à l'hypotenuſe donne un quarré.

C'eſt 17, 144, 145.

TROUVER UN TRIANGLE
dont l'aire jointe au petit coſté faſſe un triangle.

C'eſt 3, 4, 5,] 16, 30, 34.
Et le troiſiéme eſt 105, 208, 233.

SEPTIÉME EXEMPLE.

TRouver un triangle auquel tant l'hypotenuſe que la ſomme des deux autres coſtez ſoit un quarré.

Puiſque la queſtion requiert deux choſes, ſçavoir l'hypotenuſe quarrée & la ſomme des deux coſtez auſſi quarrée, je chercheray les moyens de faire chacun ſéparément, & je verray ſi l'un eſtant quarré l'autre le peut eſtre auſſi, ſuivant ce qui a eſté dit au neuviéme précepte.

Je chercheray premiérement tous les triangles qui ont un quarré pour la ſomme de leurs moindres coſtez.

Je ſuppoſe donc qu'on ait éxaminé quels nombres doivent eſtre la ſomme des deux moindres coſtez des triangles, & qu'on ait trouvé que ce ſont des nombres premiers différens de l'unité d'un multiple de 8, ou qui ſont compoſez deſdits nombres premiers ſeulement.

Je prens donc les quarrez deſdits nombres, ſçavoir de 7, 17, 23, 31, &c. & je cherche leurs triangles pour voir ſi quelqu'un d'entr'eux aura un quarré pour ſon hypotenuſe.

Pour avoir leſdits triangles il faut avoir les couples de quarrez & doubles quarrez, dont la différence eſt la ſomme des deux moindres coſtez du triangle. Et parce que tous les nombres dont on ſe doit ſervir ſont quarrez, il faut voir ſi par le moyen de leurs racines, on ne pourra point trouver les couples de quarrez, & doubles quarrez qui leur appartiennent.

Pour trouver cela on ſe ſervira des méthodes ordinaires, prenant des nombres connus; par exemple, je sçay que 7 est la différence de 1,8, & de 2,9, dont les racines sont 1,2'', & 1'',3. Je sçay aussi que son quarré 49 est la différence de 1,50, & de 32,81, dont les racines sont 1,5'', & 4'',9.

1.	2''	1.	5''
1''.	3	4''.	9

Il faut donc par le moyen de 1,2'', & 1'',3, trouver 1,5'', & 4'',9. On donneroit bien plusieurs moyens de passer de l'un à l'autre, mais ils ne conviennent pas aux autres nombres. En voicy un qui convient à tous.

Je prens le produit des deux couples, sçavoir de 1 par 2, & de 1 par 3, pour avoir 2 & 3. Leur somme est 5 qui est le costé du double quarré, leur différence est 1 qui est le costé du quarré de la mesme couple. On aura donc 1,5'', pour une des couples.

L'autre se trouvera aisément, sçavoir en prenant la différence de 1 & 5 pour costé du double quarré de l'autre couple, & la somme des racines des doubles quarrez sçavoir de 4'' & 5'' pour la racine du quarré de ladite seconde couple.

On aura donc ainsi les deux couples 1,5'', & 4'',9.

J'éprouve la mesme chose aux autres nombres comme 17, & 23, & je trouve que cela y revient.

Je fais donc une table assez grande de plusieurs quarrez qui sont la somme des deux moindres costez d'un triangle, comme on peut voir cy-après; & afin de trouver commodément les couples de quarrez & doubles quarrez dont ils sont la différence, je mets leurs racines avec leurs couples aussi; comme prés de 49 je mets 7 avec ses couples 1,2', & 1'',3, afin qu'on puisse trouver plus facilement les couples de 49 par le moyen de celles de 7, car les racines estant moindres que leurs quarrez, leurs couples se trouveront aussi plus facilement que celles des quarrez.

TABLE DES QUARREZ

qui sont la somme des moindres costez des triangles.

Nombre	couple	couple	Quarré	couple	couple
7.	1. 2''	1''. 3	49.	1. 5''	4''. 9
17.	1. 3''	2''. 5	289.	7. 13''	6''. 19
23.	3. 4''	1''. 5	529.	7. 17''	10''. 27
31.	1. 4''	3''. 7	961.	17. 25''	8''. 33
41.	3. 5''	2''. 7	1681.	1. 29''	28''. 57
47.	5. 6''	1''. 7	2209.	23. 37''	14''. 51
49.	1. 5''	4''. 9	2401.	31. 41''	10''. 51

Nombre	couple	couple	Quarré	couple	couple
71.	1. 6''	5''. 11	5041.	49. 61''	12''. 73
73.	5. 7''	2''. 9	5329.	17. 53''	36''. 89
79.	7. 8''	1''. 9	6241.	47. 65''	18''. 83
89.	3. 7''	4''. 11	7921.	23. 65''	42''. 107
97.	1. 7''	6''. 13	9409.	71. 85''	14''. 99
103.	5. 8''	3''. 11	10609.	7. 73''	66''. 139
113.	7. 9''	2''. 11	12769.	41. 85''	44''. 129

Nombre	couple	couple	Quarré	couple	couple
119.	3. 8''	5''. 13	14161.	41. 89''	48''. 137
	9. 10''	1''. 11		79. 101''	22''. 123
127.	1. 8''	7''. 15	16129.	97. 113''	16''. 129
137.	5. 9''	4''. 13	18769.	7. 97''	90''. 187
151.	7. 10''	3''. 13	22801.	31. 109''	78''. 187
161.	1. 9''	8''. 17	25921.	127. 145''	18''. 163
	9. 11''	2''. 13		73. 125''	52''. 177

Panel 1

167.		27889.	
11.	12″	119.	145″
1″.	13	26″.	171
191.		36481.	
3.	10″	89.	149″
7″.	17	60″.	209
193.		37249.	
7.	11″	17.	137″
4″.	15	120″.	257
199.		39601.	
1.	10″	161.	181″
9″.	19	20″.	201
217.		47089.	
11.	13″	113.	173″
2″.	15	60″.	233
5.	11″	47.	157″
6″.	17	110″.	267
223.		49729.	
13.	14″	167.	197″
1″.	15	30″.	227
233.		54289.	
3.	11″	119.	185″
8″.	19	66″.	251
239.		57121.	
7.	12″	1.	169″
5″.	17	168″.	337
241.		58081.	
1.	11″	199.	221″
10″.	21	22″.	243
257.		66049.	
9.	13″	49.	185″
4.	17	136″.	321
263.		69169.	
5.	12″	73.	193″
7.	19	120″.	313
271.		73441.	
11.	14″	103.	205″
3″.	17	102″.	307
281.		78961.	
13.	15″	161.	229″
2″.	17	68″.	297

Panel 2

287.		82369.	
1.	12″	241.	265″
11″.	23	24″.	289
15.	16″	223.	257″
1″.	17	34″.	291
289		83521.	
7.	13″	23.	205″
6″.	19	182″.	387
311.		96721.	
9.	14″	31.	221″
5″.	19	190″.	411
313.		97969.	
5.	13″	103.	233″
8″.	21	130″.	363
329.		108241.	
3.	13″	191.	269″
10″.	23	78″.	347
337.		113469.	
1.	13″	287.	313″
12″.	25	26″.	339
343.		117649.	
13.	16″	151.	265″
3″.	19	114″.	379
353.		124609	
15.	17″	217.	293″
2″.	19	76″.	369
359.		128881.	
17.	18″	287.	325″
1″.	19	38″.	363
367.		134689.	
5.	14″	137.	277″
9″.	23	140″.	417
383.		146689.	
3.	14″	233.	317″
11″.	25	84″.	401
391.		152881.	
1.	14″	337.	365″
13″.	27	28″.	393

Panel 3

401.		160801.	
7.	15″	79.	289″
8″.	23	210″.	499
409.		167281.	
13.	17″	137.	305″
4″.	21	168″.	473
431.		185761.	
9.	16″	17.	305″
7″.	23	288″.	593
433.		187489.	
17.	19″	281.	365″
2″.	21	84″.	449
439.		192721.	
19.	20″	359.	401″
1″.	21	42″.	443
449.		201601.	
1.	15″	395.	421″
14″.	29	30″.	451
457.		208849.	
11.	17″	49.	325″
6″.	23	276″.	601
463.		214369.	
7.	16″	113.	337″
9″.	25	224″.	561
479.		229441.	
13.	18″	119.	349″
5″.	23	230″.	579
487.		237169.	
5.	16″	217.	377″
11″.	27	160″.	537
497.		247009.	
15.	19″	193.	377″
4.	23	184″.	561
9.	17″	47.	353″
8″.	25	306″.	659
503.		253009.	
3.	16″	329.	425″
13″.	29	96″.	521

Je voy par aprés comment on fera le triangle par le moyen desdites couples; par exemple, 7 est la somme des costez du triangle 3, 4, 5, les racines des quarrez qui donnent ledit triangle sont 1 & 2, je cherche donc comment avec les couples susdites, sçavoir avec 1, 2″, & 1″, 3, je feray 1 & 2.

Je

Je trouve que les racines des doubles quarrez defdites couples font les racines des quarrez du triangle; je prens par aprés un autre nombre comme 17, dont les couples font 1, 3″, & 2″, 5, & je trouve auffi que prenant 3 & 2 pour les racines des quarrez qui doivent compofer le triangle, elles donneront 5, 12, 13, qui a 17 pour la fomme de fes moindres coftez.

Voyons maintenant ce qu'il faut pour faire que l'hypotenufe foit quarrée. Il eft néceffaire que les deux quarrez dont elle eft la fomme foient les coftez d'un triangle; car puifque le quarré de l'hypotenufe eft la fomme des quarrez des deux autres coftez d'un triangle, les racines defdits quarrez qui font la fomme d'un quarré d'hypotenufe font les coftez d'un triangle.

Or les racines des doubles quarrez de chaque couple font les racines des quarrez dont la fomme doit eftre une hypotenufe quarrée. Il s'enfuit donc que lefdites racines des doubles quarrez doivent eftre les coftez d'un triangle.

Il ne fera donc point befoin de former les triangles qui ont les quarrez fufdits pour la fomme de leurs moindres coftez, puifqu'on n'a befoin d'autre chofe que de voir fi l'hypotenufe eft quarrée. Et on connoiftra fi elle eft quarrée en confidérant les racines des doubles quarrez fufdits, & voyant s'ils peuvent eftre les deux coftez d'un triangle.

On ne confidere icy que les triangles primitifs, parce que les multiples fe réduifent à un primitif; & parce que le primitif eft moindre que fon multiple, s'il y en a quelqu'un qui ait les qualitez requifes, il fe trouvera auparavant ledit multiple.

Pour voir fi les racines des doubles quarrez (qui appartiennent aux quarrez fufdits qui font la fomme des coftez d'un triangle) font les coftez d'un triangle, il faut confidérer quelques propriétez des coftez des triangles fuivant le fixiéme précepte.

1°. Le cofté pair de tout triangle primitif doit eftre pairement pair, & partant toutes les couples qui font icy aufquelles il fe trouve un impairement pair doivent eftre excluës, comme on voit aux couples de 289, 529, 2209, 2401, &c.

2°. L'un des deux coftez de chaque triangle doit eftre mefuré par 3: or le plus grand des deux nombres fufdits ne peut pas eftre mefuré par 3, ni auffi eftre pair, lorfque la fomme des deux moindres coftez eft un quarré, car le cofté impair eftant la différence des deux quarrez, fi le plus grand des deux eft pair & le moindre impair, ce moindre fera pairement pair —+ 1, car tout quarré impair eft pairement pair —+ 1, & partant eftant ofté du quarré pair il reftera un pairement pair -- 1, pour le cofté impair. Et fi on ajoufte par aprés ce cofté impair au cofté pair qui eft pairement pair, la fomme fera un pairement pair -- 1, & partant ne fera pas un quarré; par éxemple, le triangle qui fera fait par les quarrez de 5 & 12, ne pourra pas avoir un quarré pour la fomme de fes coftez, car le cofté impair fera la différence de 25 & 144, quarrez de 5 & 12, & ce cofté impair fera pairement pair -- 1, fçavoir 119, puifque pour l'avoir il faut ofter un pairement pair —+ 1, fçavoir 25 du pairement pair 144. Si donc on ajoufte le pairement pair -- 1, qui eft 119, au cofté pair du triangle, fçavoir à 120 qui eft pairement pair, la fomme fera un pairement pair -- 1, & partant ce ne fera pas un quarré.

On montrera de la mefme façon que fi le plus grand des deux quarrez qui font le triangle eft mefuré par 3, la fomme des deux moindres coftez ne fera point un quarré.

Que les racines defdits quarrez foient comme devant 5 & 12, pour avoir le cofté impair on oftera 25 de 144; or 25 eft multiple de 3 —+ 1, car tout quarré qui n'eft point mefuré par 3 furpafte de l'unité un multiple de 3.

Si donc on ofte un multiple de 3 —+ 1 d'un multiple de 3, fçavoir 25 de 144, reftera 119 qui fera ternaire -- 1.

Le cofté impair fera donc ternaire -- 1, lequel eftant ajoufté au cofté pair 120

I

qui néceſſairement eſt multiple de 3, la ſomme deſdits coſtez ſera multiple de 3 -- 1, & partant ne ſera point quarrée.

Puis donc que le plus grand des deux nombres ſuſdits, qui ſont racines des doubles quarrez & qui doivent auſſi eſtre coſtez de triangles, n'eſt point meſuré par 3 ny par 4, il faudra de néceſſité que le moindre des deux ſoit meſuré par 3 & 4, puiſque les coſtez des triangles doivent contenir 3 & 4. Le moindre doit donc eſtre meſuré par 12.

Il faudra donc rejetter toutes les couples auſquelles la racine du moindre double quarré ne ſe meſure pas par 12.

Et le premier qui n'eſt point excepté par les deux régles précédentes eſt 5041, quarré de 71, qui a 12 pour la racine du moindre de ſes doubles quarrez.

3°. Le grand coſté de tout triangle eſt compoſé, & ſe meſure par deux nombres premiers, ſi on en excepte 3, 4, 5, & quelques-uns de ſes multiples : mais lorſque le grand coſté eſt impair comme il eſt toûjours icy, il n'y a aucune exception.

Et partant il faudra exclure tous les quarrez (qui ſont la ſomme des coſtez des triangles) qui ont un nombre premier ou ſa puiſſance pour la racine du plus grand double quarré.

Ainſi 5041, quarré de 71, ſera auſſi exclus, parce que le plus grand de ſes doubles quarrez a 61 pour racine; de meſme 5329 ſera exclus, parce que 53 eſt ſa grande racine, & que 61 & 53 ſont nombres premiers.

Les nombres ou quarrez ſuivans, ſçavoir 6241, 7921 & 9409 ſeront auſſi exclus, car ils ont bien un nombre compoſé pour leur grande racine, mais la moindre n'eſt pas meſurée par 12.

Comme auſſi 5712 ſera exclus, quoy-que ſa moindre racine 168 ſoit meſurée par 12, car la grande racine 169 eſt le quarré d'un nombre premier.

Il ne reſtera donc à éxaminer que les nombres ou quarrez, dont la moindre des racines des doubles quarrez eſt meſurée par 12, & la grande eſt meſurée par deux nombres premiers; car puiſque les racines des doubles quarrez doivent eſtre les coſtez d'un triangle, elles doivent avoir les deux ſuſdites conditions qui appartiennent aux coſtez des triangles tels qu'il eſt ici requis.

On aura auſſi égard aux finales des coſtez des triangles, & par l'éxamen qu'on fera deſdits triangles on trouvera que lorſque le coſté pair finit par 2 ou 8, l'impair finit toûjours par 5.

Quand il finit par 4 ou 6, l'impair finit par 3 ou 7.

Quand il finit par 0, l'impair finit par 1 ou 9.

Par les régles précédentes on excluroit la pluſpart des nombres ſuſdits, & il ne reſteroit que 24, 265, qui appartiennent à 82369 quarré de 287; puis 168, 305, appartenans à 167281,] 288, 305, appartenans à 185761,] 84, 365, qui appartiennent à 187489,] 276, 325, qui dépendent de 208849, & 96, 425, qui viennent de 253009. Mais éxaminant leſdits nombres par les finales on rejettera 24, 265,] 84, 365,] 276, 325,] & 96, 425, parce que les finales 4 & 5,] & 6, 5, ne ſont point enſemble aux coſtez des triangles.

Reſte donc les couples 168, 305, & 288, 305 qu'il faut éxaminer, & voir ſi leurs quarrez eſtant joints enſemble font un quarré; mais il ſe trouve que non, & partant ils ne feront point les coſtez d'un triangle, & l'hypotenuſe des triangles ne ſera point quarrée.

Or le plus grand quarré de la table eſt 253009, & partant on ſera aſſuré qu'il n'y a aucun quarré qui ſoit la ſomme des deux coſtez d'un triangle qui ait ſon hypotenuſe quarrée, s'il n'eſt plus grand que ledit 253009 quarré de 503.

Mais on pourroit traiter cette queſtion d'une autre ſorte, & au lieu de faire une table des quarrez qui ſont la ſomme des coſtez d'un triangle, on en pourroit faire une qui contiendroit tous les quarrez qui ſont hypotenuſes.

Or parce que la méthode enſeigne de ſe ſervir des moindres nombres poſſibles, & auſſi de retrancher tout ce qui eſt inutile, comme on voit par le troiſiéme précepte, je cherche les moyens de faire leſdits racourciſſemens & excluſions.

Pour amoindrir les nombres on ſe ſervira des racines au lieu des quarrez des hypotenuſes, & par le moyen du triangle qui a ladite racine pour hypotenuſe, on aura le triangle qui a le quarré de ladite hypotenuſe; par éxemple, avec 3, 4, 5, je feray le triangle qui a 25 pour hypotenuſe, car ledit triangle eſt fait par les quarrez de 3 & 4, qui ſont coſtez dudit triangle 3, 4, 5.

Mais pour n'avoir point la peine de prendre leſdits quarrez de 3 & 4, je chercheray quelqu'autre méthode pour trouver 7 & 24, (qui ſont coſtez du triangle qui a 25 quarré de 5 pour hypotenuſe,) par le moyen deſdits 3 & 4.

Et premiérement 24 eſt le double du produit de 3 & 4, reſte donc à trouver 7. Si je prens la ſomme deſdits 3 & 4 j'auray 7, il faut donc voir à quelqu'autre triangle ſi cela réuſſira de meſme.

Au triangle 5, 12, 13, la ſomme de 5 & 12 eſt 17, mais 17 n'eſt pas coſté du triangle qui a 169 quarré de 13 pour hypotenuſe. Ledit triangle eſt 119, 120, 169. Je regarde ſi 17 meſure 119, & je trouve qu'il le meſure, le quotient eſt 7, lequel 7 eſt la différence de 5 à 12.

Je dis donc que ſi on multiplie la ſomme des deux coſtez par leur différence, on aura le coſté impair du triangle qui aura pour hypotenuſe le quarré de l'hypotenuſe du premier triangle.

Et je voy que la meſme choſe arrive au premier triangle 3, 4, 5, car 7 qui eſt la ſomme de 3 & 4, eſtant multiplié par la différence 1 donne 7 pour coſté du triangle, qui a 25 quarré de 5 pour hypotenuſe, ſçavoir de 7, 24, 25.

De cette façon on aura les coſtez des triangles dont l'hypotenuſe eſt quarrée, par le moyen de tous les triangles, & ayant leſdits coſtez on aura leur ſomme: reſte donc à voir ſi cette ſomme ſera quarrée.

Mais afin de n'avoir point la peine d'éxaminer tous les triangles, il ſe faut ſervir de l'autre moyen qui eſt de retrancher tout ce qui eſt inutile; ce qui ſe fera en conſidérant quelques propriétez du quarré, puiſque ladite ſomme des coſtez doit eſtre un quarré: par éxemple, tout quarré impair (tel qu'eſt ladite ſomme) ſurpaſſe de l'unité un pairement pair.

De là on inférera que les triangles dont le moindre coſté ſera impair ne pourront pas donner de triangle qui ait un quarré pour la ſomme de ſes coſtez, & partant on ne prendra que les triangles dont le moindre coſté ſera pair.

Et de cette autre propriété, que tout quarré non diviſible par 3 ſurpaſſe de l'unité un multiple de 3, on inférera que le moindre coſté doit eſtre meſuré par 3, & partant il ne faudra conſidérer que les triangles dont le moindre coſté ſera meſuré par 12.

La façon dont on trouvera ces deux excluſions a eſté traitée au commencement du préſent éxemple, & partant on ne la répétera point icy; car les coſtez des triangles dont on parle icy ſont les meſmes nombres qui doivent ſervir de racine aux doubles quarrez appartenans aux ſommes quarrées ſuſdites, & on a montré que la moindre des deux racines ſuſdites doit eſtre meſurée par 12.

Je prens donc tous les triangles dont le moindre coſté eſt meſuré par 12. Et on pourroit les mettre tous de ſuite commençant par 12, 35, 37,] 24, 143, 145,] 36, 77, 85,] 36, 323, 325, &c. mais parce qu'on a déja éxaminé cette queſtion par une autre voye, ſçavoir par la ſomme des coſtez, & qu'on l'a pourſuivie juſqu'à faire que la ſomme des coſtez du triangle fuſt 253009, on commencera par des hypotenuſes qui donneront à peu prés ladite ſomme, ou plûtoſt moins, afin que dans l'inégalité deſdites ſommes, qui ſont ſouvent en proportion fort différente avec l'hypotenuſe, on n'en n'omette aucune.

Je commenceray donc par les hypotenuſes quarrées dont la racine n'eſt point moindre que 400, & ſuivray l'ordre deſdites hypotenuſes, les choiſiſſant dans une table que je suppose estre faite desdites hypotenuses, desquelles il ne faut prendre que les racines, comme il a esté dit.

Que si on n'avoit point travaillé à la question par la voye précédente, ou qu'on n'eust point de table desdites hypotenuses, il faudroit prendre les triangles dont le moindre costé se mesure par 12, & poursuivre, comme on vient de le montrer, & pratiquer les exclusions dont on parlera cy-aprés.

On peut considérer les finales, & voir quelles elles doivent estre, afin que la somme des costez du triangle qu'on fera soit un quarré.

Et premiérement quand le costé pair du triangle est 2 ou 8, l'impair doit finir par 5. Si le pair finit par 0, l'impair peut avoir 1 ou 9 pour finale, & en toutes les façons susdites les finales n'empeschent point que la somme des costez du triangle qui sera produit du premier qui est icy consideré, ne soit un quarré.

Mais si le costé pair du premier triangle finit par 6, le costé impair doit finir par 3. Et si ledit costé pair finit par 4, l'impair doit avoir 7 pour finale; autrement si 6 estoit avec 7, & 4 avec 3, la somme des costez du triangle qui seroit produit, n'auroit pas une finale quarrée; ce qu'on montrera comme il s'ensuit.

Pour faire avec le premier triangle celuy dont l'hypotenuse est quarrée, on multiplie pour le costé impair la somme des deux costez par leur différence, & pour le costé pair on prend le double du produit des mesmes costez. Si donc les costez finissent par 6 & 7, la somme d'iceux finira par 3, car 7 & 6 font 13, & la différence finira par 1, car le costé pair estant le moindre costé, il le faudra oster de 7.

Le produit de 1 par 3, sçavoir de la somme par la différence sera 3, & telle sera la finale du costé impair du triangle requis.

Pour le costé pair il faudroit prendre le produit des mesmes finales 6 & 7 qui finira par 2, & son double finira par 4, partant le costé pair finira par 4, lequel estant joint avec le costé impair qui finit par 3, la somme des deux finira par 7, qui n'est point une finale quarrée; car les quarrez impairs ont pour finale 1, 9, ou 25, & partant la somme des deux costez ne sera point un quarré.

On montrera de mesme que si les costez du premier triangle finissoient par 4 & 3, la somme des costez du triangle qui en seroit produit finiroit aussi par 7, & partant elle ne seroit point quarrée.

On voit icy plusieurs triangles qui ont tous leur moindre costé divisible par 12, & qui sont destinez pour faire des triangles qui ayent pour hypotenuse le quarré de l'hypotenuse de ceux-cy. Mais on en exclura ceux qui n'ont pas les finales de leurs costez ainsi qu'il est requis, & qui sont marquées -- devant leur moindre costé, comme sont 336, 377,] 336, 527,] 156, 667,] 504, 703,] &c. car le 6 se doit trouver avec le 3,] & le 4 avec le 7.

Il y a encore une autre exclusion, mais elle est tirée de la premiere partie de cét éxemple, & de l'autre table.

Les costez des triangles qui sont en cette table-cy, sont les mesmes qui devroient estre les racines des doubles quarrez de la table précédente, car lesdites racines doivent estre les costez d'un triangle, & leurs quarrez doivent faire le triangle qui a les deux conditions susdites.

120.	391.	409.
84.	437.	445.
168.	425.	457.—+
132.	475.	493.
--336.	377.	505.
396.	403.	565.
276.	493.	565.—+
48.	575.	577.
240.	551.	601.
--336.	527.	625.
300.	589.	661.
--156.	667.	685.
108.	725.	733.—+
216.	713.	745.
468.	595.	757.
432.	665.	793.
168.	775.	793.
540.	629.	829.—+
--504.	703.	865.
348.	805.	877.
60.	899.	901.
420.	851.	949.
--696.	697.	985.
372.	925.	997.—+
660.	779.	1021.
192.	1015.	1033.
132	1085.	1093.
744.	817.	1105.
576.	943.	1105.
--264.	1073.	1105.
528.	1025.	1153.—+
204.	1147.	1165.
660.	989.	1189.
612.	1075.	1237.

Or

Or on a montré que la plus grande des deux ſuſdites racines doit eſtre impaire, mais je veux icy montrer qu’elle eſt hypotenuſe primitive.

Puiſque le quarré qui eſt la ſomme des coſtez d’un triangle, eſt la différence
d’un quarré & d’un double quarré, & qu’en la table ſuſdite il y a toûjours deux
couples deſdits quarrez & doubles quarrez, en l’une deſquels le double quarré eſt
plus grand que le quarré, & en l’autre il eſt moindre ; il s’enſuit que le plus grand
double quarré des deux eſt la ſomme de deux quarrez : par éxemple, 4 9 eſt la
différence de 1, 5 0, & de 3 2, 8 1, & partant dans la couple dont le double quarré
eſt plus grand que le quarré 4 9, ledit double quarré qui eſt 5 0 eſt la ſomme de
deux quarrez, ſçavoir de 1 & 4 9, d’où il s’enſuit qu’il eſt hypotenuſe : mais
voyons quelle hypotenuſe. Le quarré qui ſert de ſomme aux coſtez comme 4 9,
eſt toûjours impair, & partant l’autre quarré 1 ſera auſſi impair ; puis qu’enſemble
ils doivent faire un double quarré qui eſt pair ; ce ſont donc deux quarrez impairs qui ſont premiers entr’eux, car s’ils avoient une commune meſure, le double quarré l’auroit auſſi, & le triangle ſeroit multiple ; mais on ſuppoſe qu’il ſoit
primitif.

Puis donc que les deux quarrez, qui joints enſemble font le double quarré,
ſont impairs & premiers entr’eux, leur ſomme ſera le double d’une hypotenuſe
primitive, comme on a dit ailleurs : mais la meſme ſomme eſt un double quarré,
& partant la racine de ce double quarré ſera hypotenuſe primitive.

Le grand coſté des triangles de la table précédente doit donc eſtre l’hypotenuſe d’un triangle, & partant pairement pair plus 1.

Je marque donc les triangles dont le grand coſté eſt hypotenuſe, la marque
eſt +, & rejette les autres dont le grand coſté eſt pairement pair − 1, comme 1 2 0,
3 9 1, 4 0 9, &c. & ceux auſquels ledit coſté eſtant pairement pair + 1, n’eſt pas
néanmoins hypotenuſe comme 8 4, 4 3 7, 4 4 5, &c.

Il n’y a donc que ſix triangles qui ne ſoient point exclus, ſçavoir 1 6 8, 4 2 5,
4 5 7,] 2 7 6, 4 9 3, 5 6 5,] 1 0 8, 7 2 5, 7 3 3,] 5 4 0, 6 2 9, 8 2 9,] 3 7 2, 9 2 5, 9 9 7,]
5 2 8, 1 0 2 5, 1 1 5 3, deſquels triangles il faudra faire ceux qui auront pour hypotenuſe le quarré de leur hypotenuſe. Ainſi avec 1 6 8, 4 2 5, 4 5 7, on fera le triangle dont l’hypotenuſe ſera le quarré de 4 5 7 ; mais on n’a beſoin que de la ſomme
des coſtez dudit triangle, pour voir ſi c’eſt un quarré : par éxemple, on prendra
pour le coſté pair dudit triangle le double du produit de 1 6 8 par 4 2 5, qui ſera
1 4 2 8 0 0, l’impair ſe trouvera multipliant la ſomme de 1 6 8 & 4 2 5 par leur différence, ſçavoir 5 9 3 par 2 5 7 ; le produit 1 5 2 4 0 1 eſt le coſté impair, qui eſtant
joint au coſté pair 1 4 2 8 0 0 donne 2 9 5 2 0 1 pour la ſomme des coſtez, qui n’eſt
point un quarré, ainſi qu’il paroiſtra en prenant la racine par la voye ordinaire,
& par la meſme façon on trouvera que les autres cinq triangles ne donnent pas
des triangles dont la ſomme des coſtez ſoit un quarré.

HUITIÉME EXEMPLE.

TRouver un triangle dont l’hypotenuſe & l’enceinte ſoient quarrées.
Je cherche quelque voye pour trouver l’enceinte des triangles, autrement qu’en ajouſtant les coſtez. Je trouve qu’on la peut avoir en multipliant la
ſomme des racines des quarrez qui font le triangle, par le double de la plus grande racine. Ainſi au triangle 3, 4, 5, les racines ſont 2 & 1, leur ſomme eſt 3, qui multipliée par 4 (double de la plus grande racine 2) donne 1 2, pour l’enceinte dudit triangle.

De cette propriété je concluray que pour faire que l’enceinte ſoit un quarré,
il faut que la ſomme des deux racines ſoit un quarré, & que la plus grande racine
ſoit un double quarré, afin que venant à multiplier ladite ſomme (qui eſt un quarré) par un autre quarré (qui ſera le double de la plus grande racine,) on ait un

K

quarré pour l'enceinte. Ainfi prenant pour les deux racines 18 & 7 qui enfemble font 25, on multipliera ladite fomme 25 par 36 double de 18, & on aura 900 pour l'enceinte du triangle 252, 275, 373.

Maintenant il faut voir ce qui eft neceffaire pour faire que l'hypotenufe foit quarrée; ou bien fuppofant que l'hypotenufe de ce triangle foit quarrée, je regarde ce qu'on en peut déduire.

Je voy que fi l'hypotenufe eft quarrée, les racines des quarrez dont elle eft la fomme doivent eftre les coftez d'un triangle.

Mais parce qu'il faut qu'un mefme triangle ait l'hypotenufe quarrée, & l'enceinte quarrée, je joins enfemble les deux fufdites conditions, & partant il faudra trouver un triangle dont le grand cofté foit double quarré, & la fomme des deux moindres coftez foit un quarré.

Pour faire que le cofté pair foit double quarré, il faut que le triangle foit fait de deux qq. parce que leurs racines doivent eftre quarrées : il faudra donc trouver un triangle fait par deux qq. qui ait un quarré pour la fomme de fes moindres coftez.

Or les nombres qui font la fomme des deux coftez d'un triangle font deux fois la différence d'un quarré, & d'un double quarré, & les racines des deux doubles quarrez font auffi les racines des quarrez qui font le triangle : mais les quarrez qui font le triangle font des qq. partant leurs racines font quarrées : il s'enfuit donc que les racines des doubles quarrez fufdits font des quarrez.

On pourra donc fe fervir icy de la première table de l'éxemple précédent qui contient les quarrez qui font la fomme des coftez d'un triangle : il faudroit donc trouver en ladite table, dans la lifte des couples appartenantes aux quarrez, quelque quarré qui euft deux quarrez pour les racines de fes doubles quarrez, ce qui ne fe trouve point en toute cette table: toutefois on ne peut pas eftre affeuré qu'il ne s'en trouvaft point fi on pourfuivoit la table plus loin, puifque cela fe trouve bien aux fommes non quarrées, comme a 23 qui a 1 & 4 pour les racines de fes doubles quarrez, & à 137 qui a 4 & 9.

Or cette table mene fort loin, car par fon moyen on entre bien avant dans les nombres d'onze lettres, & voicy comme il y faudroit proceder, fi on avoit trouvé deux quarrez qui ferviffent de racine à deux doubles quarrez appartenans à un mefme nombre.

Par éxemple, fi les racines des doubles quarrez qui appartiennent à 247009 quarré de 497, fçavoir 306, 353, eftoient deux quarrez, & qu'on vouluft par leur moyen faire le triangle qui auroit des quarrez pour fon enceinte, & pour fon hypotenufe, voicy comme il y faudroit proceder.

Le triangle fait par les quarrez de 506 & 353, auroit pour cofté pair 216036, & pour cofté impair 30973.

Les quarrez de ces deux coftez qui font 46671553296 & 959326729 eftant joints enfemble, donneront une hypotenufe quarrée qui fera 47630880025.

Or l'enceinte du triangle dont ledit nombre eft hypotenufe, fe trouvera multipliant la fomme des racines 216036 & 30973, fçavoir 247009, (qui eft un quarré, puifque c'eft le nombre auquel appartiennent les deux racines premièrement prifes, fçavoir 306 & 353,) par le double de la plus grande, fçavoir par 432072 pour avoir 106725672648 qui fera l'enceinte du triangle, dont l'hypotenufe fera le quarré fufdit 47630880025.

Et cette enceinte feroit auffi un quarré fi les deux nombres fufdits 306 & 353 eftoient quarrez, car cela eftant 216036 qui eft le double de leur produit feroit un double quarré, & le double de ce nombre, fçavoir 432072 feroit un quarré: fi donc on vient à le multiplier par 247009 qui eft auffi un quarré, le produit feroit un quarré : or ce produit eftant l'enceinte d'un triangle qui a un quarré pour hypotenufe, ledit triangle auroit les deux conditions requifes.

On peut encore éxaminer cette mefme queftion d'une autre façon comme il s'enfuit.

L'enceinte fe trouve, comme il a efté dit, en multipliant la fomme des deux ra-cines par le double de la plus grande des deux ; il faudra donc, afin que l'enceinte foit quarrée, que la fomme des deux racines foit un quarré, & la plus grande foit un double quarré, afin que fon double foit un quarré. Mais afin que l'hypotenufe foit quarrée, il faut que les racines fufdites foient coftez de triangles, afin que leurs quarrez eftant joins enfemble faffent le quarré d'une hypotenufe : il faudra donc trouver un triangle dont le grand cofté foit double quarré, & la fomme des deux moindres coftez foit un quarré.

Puifque le grand cofté doit eftre double quarré, il faut qu'il foit le double d'un quarré pair, car autrement il ne feroit pas pairement pair, ainfi qu'il eft re-quis aux coftez pairs, & partant il aura pour finales 2, 8, ou 0, comme lefdits dou-bles quarrez.

Or quand le cofté pair finit par 2 ou 8, l'impair finit toûjours par 5, (ce qui fe doit entendre aux primitifs dont nous parlons icy) & partant la fomme des cof-tez finit par 7 ou 3 qui ne font point finales quarrées.

Et partant fi le cofté impair finit par 2 ou 8, la fomme des deux coftez ne pourra pas eftre un quarré.

Refte donc que le cofté pair finiffe par 0, car ainfi l'impair finira par 1 ou 9, & la fomme defdits coftez aura une finale quarrée.

On confidérera par aprés que tout quarré non divifible par 3 furpaffe de l'u-nité un multiple de 3, & partant le double quarré fera ternaire $+$ 2 ou $+$ 1. Mais en tout triangle l'un des coftez fe mefure par 3, & partant fi le cofté pair n'eft point ternaire l'impair le fera, & la fomme de ces coftez dont l'un eft ternaire, & l'autre ternaire $+$ 1 fera auffi ternaire $+$ 1, & partant ce ne fera pas un quarré ainfi qu'il eft requis.

Il faut donc que le cofté pair foit mefuré par 3 & auffi par 5, afin qu'il finiffe par 0 ; il ne pourra donc eftre moindre que 1800, double du quarré de 30.

On remarquera auffi que le cofté impair doit eftre ternaire $+$ 1, afin qu'eftant joint au cofté pair qui eft ternaire, il faffe un ternaire $+$ 1 qui puiffe eftre quarré.

Or la moitié du cofté pair, fçavoir 900 eft produite par les racines des deux quarrez conftitutifs du triangle, lefquelles racines doivent néceffairement eftre quarrées, afin qu'elles foient premieres entr'elles, & l'une d'icelles doit eftre me-furée par 9 & l'autre non, puifque le cofté pair eft mefuré par 9.

Et partant le cofté impair eftant la différence des deux quarrez defdites raci-nes, il fera la différence de deux qq. le moindre defquels doit eftre mefuré par 81, & fa racine par 9, autrement le cofté impair feroit ternaire $+$ 1, car puifque l'un des deux qq. doit eftre mefuré par 3 ou 81, fi c'eftoit le plus grand qui le fuft, donc le moindre qq. feroit ternaire $+$ 1, lequel eftant ofté du plus grand qui fe-roit ternaire, refteroit un ternaire $+$ 1 pour ledit cofté impair.

Ce mefme cofté impair doit eftre auffi pairement pair $+$ 1, autrement eftant joint au cofté pair, il ne feroit pas un pairement pair $+$ 1, comme doit eftre la fom-me pour eftre quarrée ; & partant le fufdit moindre qq. qu'on a montré devoir ef-tre mefuré par 81, doit eftre pair, car s'il eftoit impair, le grand qq. feroit pair, & leur différence feroit un pairement pair $+$ 1, car fi on ofte un pairement pair $+$ 1 d'un pairement pair, il reftera un pairement pair $+$ 1, & partant la racine de ce moindre qq. fera au moins 36.

D'ailleurs puifque tout qq. impair furpaffe de l'unité un multiple de 16, le cofté impair, qui eft la différence de deux qq. le plus grand defquels eft impair, furpaffera auffi de l'unité un multiple de 16, car le qq. pair eftant divifible par 16 (comme tout qq. pair doit eftre,) fi on l'ofte d'un multiple de 16 $+$ 1, il ref-tera un multiple de 16 $+$ 1.

Quand donc on affemblera les deux coftez, fçavoir le pair avec l'impair, fi le pair ne fe mefure que par 8 comme 1800, (qu'on avoit pris pour le moindre cofté pair poffible) la fomme des deux coftez fufdits retiendra auffi cette reftriction, & furpaffera de l'unité un multiple de 8 & non pas de 16.

Mais les nombres qui font particuliérement affectez à eftre la fomme des coftez des triangles, différent tous de l'unité d'un multiple de 8,& partant leurs quarrez furpafferont de l'unité un multiple de 16, tels font 49, 289, 529, &c.

De là il s'enfuit que le cofté pair doit au moins eftre mefuré par 16, & partant au lieu de 1800 il faudra prendre fon quadruple 7200, double de 3600, quarré de 60, qui eft le moindre qui puiffe avoir les conditions requifes, fçavoir d'eftre double quarré, & d'eftre divifible par 3, 5, & 16.

Mais ledit 7200 fe trouvera encore trop petit : car fi on prend, comme il a efté dit, les parties de la moitié 3600 en telle forte que la partie paire foit mefurée par 9 ainfi qu'il eft requis, on aura pour parties 144 & 25 ; mais la partie paire doit eftre la moindre comme on a montré cy-devant, puifqu'elle eft la racine d'un qq. pair, qui doit eftre le moindre des deux.

Si donc 144 eft la moindre partie poffible, il faut que l'autre foit plus grande, & qu'elle fe mefure par 25, & que ce foit un quarré comme 625, qui multiplié par 144 donne 90000, dont le double 180000 fera le moindre cofté pair qu'on doive examiner.

Mais le cofté pair eftant tel, & prenant 144 & 625 pour les parties qui doivent faire le triangle, le cofté impair fe trouvera plus grand que le pair, car ce fera 369889. Or eft-il qu'il doit eftre moindre que le pair, puifque la queftion requiert que le grand cofté foit double quarré, & par conféquent pair.

Il faut donc voir ce qui fait icy que le grand cofté eft impair. Cela provient de ce que les parties fufdites 144 & 625, qui doivent eftre les racines des quarrez dont le triangle eft formé font trop diftantes l'une de l'autre, & font hors des bornes néceffaires pour faire que le grand cofté foit pair.

Il faudra donc prendre des nombres moins différens pour lefdites racines comme 576 & 625, aufquelles la moindre eft toûjours paire, & le double du produit defdites racines fçavoir 720000 fera le cofté pair, & l'impair fera 58849.

Or fi la fomme de ces deux coftez qui eft 778849 eftoit un quarré, on auroit ce qui eft requis ; car multipliant ladite fomme 778849 par 1440000 double du grand cofté 720000, on auroit 1121542560000, qui eft l'enceinte du triangle qui eft fait par les quarrez defdits 720000 & 58849, duquel triangle l'hypotenufe eft le quarré de la fomme des quarrez de 576 & 625 ; ou fi on veut l'hypotenufe dudit triangle eft le quarré de l'hypotenufe du triangle, dont les coftez font 720000 & 58849.

Et l'enceinte fufdite 1121542560000 feroit un quarré, puifqu'elle feroit le produit des deux quarrez 778849 & 1440000. Mais parce que ledit 778849 (qui eft la fomme des coftez 720000 & 58849) n'eft pas quarré, l'enceinte fufdite ne fera pas auffi un quarré.

On voit donc par là que s'il y a des triangles qui ayent leur hypotenufe & leur enceinte quarrée, il faut que ladite enceinte foit fort grande, puifque la moindre & première qui ait befoin d'eftre examinée a treize lettres comme on voit icy.

Qui voudroit paffer outre, on pourroit prendre 1225 au lieu de 625, puis on augmenteroit auffi 576 prenant garde toûjours que la partie paire foit la moindre, mais que l'impaire ne l'excéde pas plus que de la raifon qu'il y a de $1 + \mathcal{R}. 2$ à 1, & que fi la partie paire eft 100000, l'impaire n'excede pas 2414213.

Cét éxamen conduiroit fort loin avec peu de nombres.

Et pour éxaminer lefdits 576 & 1225, je les prens pour racines des quarrez qui font un triangle, partant le cofté pair fera 1411200, & l'impair fera 1168849, (qui fe trouve multipliant la fomme de 576 & 1225 par leur différence, fçavoir

1801 par 649) la fomme des deux coftez fera 2580049 qui n'eft point quarrée, & partant on pourroit paffer à un autre; car l'enceinte de l'autre triangle
qu'on cherche ne feroit point un quarré, puifqu'elle fe trouve multipliant ladite
fomme 2580049 par le double du cofté pair, fçavoir par 2822400 qui eft un
quarré.

Neuviéme Exemple.

TRois Marchands ont mis enfemble quelque argent pour leur trafic : celuy
du premier a profité pendant fix mois, celuy du fecond pendant neuf mois,
& celuy du dernier pendant douze mois.

Le premier a receû 70. livres, tant pour fa mife que pour fon gain. Le fecond
230. livres. Le troifiéme 180. livres. On demande la mife de chacun.

Ces fortes de queftions dépendent de la premiére régle, car on peut prendre
d'autres exemples de mefme nature dont on aura la folution.

Ainfi je fais une autre queftion femblable à la premiére, & je pofe que le premier Marchand ait mis 8. livres, & ait gagné 12. livres en fix mois ; le fecond & le
troifiéme doivent profiter à mefme raifon eû égard au temps : fi donc le fecond
a mis 6. livres, fon gain fera de 9. livres en fix mois, & partant fi fon argent a profité pendant neuf mois, le profit fera de 13. livres 10. fols. Si le troifiéme a mis 3. livres, le profit en fix mois fera de 4. livres 10. fols, & en douze mois de 9. livres.

Donc le premier aura 20. livres, tant pour fon profit en fix mois que pour fa
mife. Le fecond aura 19. livres 10 fols, pour fon profit de neuf mois & pour fa
mife. Le troifiéme aura 12. livres pour fon profit en douze mois & pour fa mife.

Il faut donc voir comment avec 20. livres & fix mois de temps on trouvera
la mife qui eft 8. livres, & de mefme des autres.

C'eft la façon ordinaire des queftions qui n'ont qu'une folution, ou qui ont
tout nombre pour folution comme celle-cy : mais pour celles qui en ont une multitude indéfinie (on entend icy parler des nombres dont il y a ou dont il peut y
avoir une infinité, & qui néanmoins vous ménent bientoft a de fort grands nombres, comme qui demanderoit les nombres parfaits, ou ceux qu'on nomme A-
miables) on n'eft pas obligé de trouver 8, car ce feroit un grand hazard fi on
trouvoit 8 parmi tant d'autres nombres qu'on peut donner ; & puifque le gain
ni la mife ne font point féparément déterminez, on pourra prendre quel nombre
on voudra pour la mife ou pour le gain, car on peut augmenter & diminuer l'un
ou l'autre tant qu'on voudra ; il fuffit feulement de faire que l'argent de chacun
profite également en temps égal, & en temps inégal à proportion du temps. Or
on peut féparer un nombre en deux parties, qui auront entr'elles telle raifon donnée qu'on voudra.

Mais puifqu'en la queftion propofée la raifon de la mife & du gain n'eft point
donnée, il fera permis de prendre le nombre & la raifon à difcrétion, puifque la
fomme de la mife & du profit peut eftre féparée en deux parties qui auront telle
raifon qu'on voudra.

Je pofe donc que la mife du premier foit de 50. livres, fon profit fera donc de
20. livres ; il faut donc voir quelle raifon il y a de 50 à 20 : mais parce que le
temps de chacun eft différent, il faut divifer le profit par le temps, & pour plus
grande facilité je prens le plus grand nombre qui foit commun aux temps des
trois Marchands. On aura donc pour le premier Marchand deux termes, pour le
fecond trois termes, & pour le troifiéme quatre termes.

Je regarde quel profit a fait le premier Marchand en un terme, & je trouve 10.
livres. Je confidére maintenant quelle raifon il y a de la mife 50 au profit d'un terme 10, la raifon eft quintuple, & le profit eft par terme la cinquiéme partie de la
mife.

L

On posera donc $\frac{5}{5}$ pour la mise de chacun; & parce que les sommes données contiennent la mise & le gain tout ensemble, il faut assembler le profit avec lesdits $\frac{5}{5}$.

Le second Marchand a laissé son argent a profit pendant trois termes, & en chaque terme a gagné la cinquiéme partie de sa mise : or la mise estant $\frac{5}{5}$, la cinquiéme partie sera $\frac{1}{5}$ & $\frac{3}{5}$ pour les trois termes ; & parce que les 230. livres qu'a euës le second Marchand contiennent la mise & le gain, il faut assembler les $\frac{5}{5}$ de la mise, avec les $\frac{3}{5}$ de gain, & on aura en tout $\frac{8}{5}$; je diray donc par la régle de proportion :

Si $\frac{8}{5}$ donnent 230, combien $\frac{5}{5}$; ou bien :

Si 8 donnent 230. livres, combien 5. Je multiplie 230 par 5, & je divise le produit 1150 par 8, le quotient 143. livres 15. sols sera la mise du second.

De mesme pour le troisiéme Marchand, sa mise estant $\frac{5}{5}$, son profit pour quatre termes à raison de $\frac{1}{5}$ pour terme sera $\frac{4}{5}$, qui estant joint à la mise donne $\frac{9}{5}$ pour la somme qui represente 180. Je trouveray donc par la mesme régle de proportion que :

Si $\frac{9}{5}$ ou 9 donnent 180, ---- $\frac{5}{5}$ ou 5 donneront 100 pour la mise du troisiéme Marchand.

Si on avoit pris 60. livres pour la mise du premier Marchand, le profit seroit 10. livres en deux termes, & partant 5. livres par terme, qui est la douziéme partie de la mise, & sur cette proportion on trouveroit les mises des autres.

DIXIE'ME EXEMPLE.

TRouver un triangle dont l'hypotenuse soit quarrée, & dont le moindre costé ait un quarré pour différence avec chacun des deux autres.

Puisque le triangle a deux propriétez différentes, il les faut éxaminer l'une aprés l'autre.

1°. Pour faire que l'hypotenuse soit quarrée, il faut que les racines des quarrez qui la composent soient les deux costez d'un autre triangle.

2°. Pour faire qu'un triangle ait son moindre costé différent d'un quarré de chacun des deux autres, il faut prendre pour la racine du plus grand des deux quarrez qui le composent, l'hypotenuse d'un triangle, & la racine de l'autre quarré sera un des moindres costez du mesme triangle, moins la différence de l'hypotenuse & de l'autre costé. Ainsi ayant choisi le triangle 3, 4, 5, l'hypotenuse 5 sera la racine du grand quarré, & pour l'autre racine j'oste d'un des costez comme de 3 la différence de 4 à 5, ou de 4 la différence de 3 à 5, & restera 2. On a donc 5 & 2 dont les quarrez font le triangle 20, 21, 29, qui a la condition requise. On peut voir cela dans le discours des triangles.

Mais lesdites racines 5 & 2 doivent estre les deux costez d'un triangle, si on veut que l'hypotenuse qui sera faite de leurs quarrez soit un quarré.

Il faut donc trouver un triangle dont le moyen costé soit l'hypotenuse d'un autre triangle, & le moindre costé soit un des costez de cét autre triangle moins la différence de ladite hypotenuse & de son autre costé. De sorte que si 5 & 2 estoient les deux costez d'un triangle, on auroit ce qu'on cherche, parce que le moyen costé 5 est l'hypotenuse du triangle 3, 4, 5, & le moindre costé 2 est un des costez dudit triangle 3, 4, 5, moins la différence de l'autre costé & de l'hypotenuse.

Je chercheray par aprés en la table des triangles, si je trouveray un triangle qui ait ses deux costez tels qu'il est requis.

Et pour abréger & exclure les superflus, je voy que le grand costé doit estre une hypotenuse, je ne m'arresteray donc qu'aux triangles dont le grand costé sera impair & hypotenuse primitive, car les hypotenuses multiples ne doivent point

icy eftre confidérées, à raifon que le triangle dont elles font hypotenufes eft
multiple, & le triangle auquel elles ferviroient de cofté feroit aufsi multiple : or
nous n'avons dans la table que des primitifs, & il ne ferviroit de rien aufsi de confidérer les multiples.

Or il y a beaucoup de maniéres pour connoiftre fi un nombre n'eft point hypotenufe : mais il ne fe faut fervir que de celles qui donnent d'abord à connoiftre
que le nombre n'eft point hypotenufe, comme s'il eft pairement pair -- 1 ; & s'il eft
divifible par 3, on rejettera donc les triangles aufquels le cofté impair eft petit
cofté, & ceux aufsi aufquels ledit cofté impair eft mefuré par 3, & ceux aufquels il
eft pairement pair -- 1.

Je confidére aufsi quel doit eftre l'autre cofté du triangle, & je trouve qu'il doit
eftre moindre que la moitié du moyen cofté qui doit eftre hypotenufe, comme on
voit à 5 & 2, & cela eft facile à juger par la conftruction de 2.

Avec cela j'éxamine les triangles de la table, & je regarde ceux dont le grand
cofté eft impair, & furpaffe de l'unité un pairement pair.

Le premier eft celuy qui a 21 pour grand cofté : mais parce que 21 eft mefuré
par 3, je paffe outre. Je laiffe aufsi 45, & puis 77, parce qu'on voit fans peine
qu'il eft divifible par 7, lequel 7 n'eftant point hypotenufe, fes multiples ne feront point aufsi hypotenufes primitives.

Le premier qu'on trouve qui doive eftre éxaminé eft 221, fon autre cofté eft
60, je trouve que 221 eft hypotenufe des triangles 221, 21, 220, & de 221, 171,
140. Mais d'abord je trouve du defaut à tous les deux, car puifque 60 doit eftre
moindre que l'un & l'autre des coftez du triangle auquel 221 fert d'hypotenufe,
le triangle 221, 21, 220, n'y pourra pas fervir.

Dans l'autre triangle 171 eftant pairement pair -- 1, fi on l'ofte de 221, qui eftant hypotenufe doit toûjours eftre pairement pair -- 1, il reftera un impairement pair, qui eftant ofté d'un pairement pair, fçavoir du cofté pair 140, reftera
un impairement pair, lequel partant ne pourra pas eftre le cofté pair d'un triangle tel qu'eft 60. Il faut donc :

1º. Que le grand cofté du triangle ferve d'hypotenufe à un autre triangle.

2º. Que le petit cofté qui eft pair, foit moindre que la moitié du grand cofté.

3º. Que le fecond triangle auquel le grand cofté du premier fert d'hypotenufe, ait fon moindre cofté plus grand que le moindre cofté du premier.

4º. Que ledit fecond triangle ait un pairement pair -- 1, pour fon cofté impair.

Le premier triangle qui ait toutes ces conditions eft 457, 425, 168, car le
grand cofté 425 eft l'hypotenufe d'un autre triangle, & le petit cofté 168 eft
moindre que la moitié de 425 ; de plus 425 fert d'hypotenufe au triangle 425,
297, 304, auquel le moindre cofté 297 eft plus grand que 168, & le cofté impair 297 eft pairement pair -- 1.

Mais on pourroit encore donner une autre condition au fecond triangle, auquel il faut, qu'oftant 304 de 425, & oftant ce qui refte de 297, il refte enfin
168 ; mais ledit 168 doit néceffairement eftre divifible par 3, & defdits trois coftez 425, 297, 304, il ne fçauroit y avoir que l'un des deux moindres divifible
par 3, & partant afin que la derniere différence ou refte foit mefuré par 3, il faut
que les deux autres, comme 425, 304, excédent 3 d'une mefme quantité, car
ainfi leur différence fera mefurée par 3, & cette différence eftant par aprés oftée
du troifiéme cofté qui eft aufsi mefuré par 3, le dernier refte fera mefuré par 3, &
cette cinquiéme condition ne fe trouve pas dans ledit triangle 425, 297, 304,
car 304 furpaffe un ternaire de l'unité, & 425 le furpaffe de 2.

Paffant outre à chercher les triangles, on trouve 725 qui fert de cofté au
triangle 733, 725, 108, & d'hypotenufe au triangle 725, 333, 644, lefquels
ont les cinq conditions requifes ; car pour la cinquiéme 644 furpaffe de 2 un ter-

naire auſſi-bien que l'hypotenuſe 7 2 5 : mais ſi on conſidere les finales, on verra
que cela ne peut réuſſir, c'eſt-à-dire, que ſi on oſte 3 3 3 de 7 2 5, & qu'on oſte le
reſte de 6 4 4, il ne peut pas reſter 1 o 8 comme il ſeroit beſoin, ce qui ſe connoiſ-
tra oſtant ſeulement les dernieres lettres : car ſi on oſte le | 3 | de 3 3 3, du | 5 | de 7 2 5,
il reſtera 2, lequel eſtant oſté du | 4 | de 6 4 4, reſtera 2, mais il faudroit qu'il reſ-
taſt 8 pour avoir la finale de 1 o 8.

La conſidération de ces finales eſt fort facile, & montre d'abord l'impoſſibilité
quand elle provient de là. On peut auſſi juger de cette façon de recherche qu'en
travaillant on trouve toûjours de nouvelles facilitez & abrégez.

Mais paſſant outre à la recherche on trouvera 9 2 5 au triangle 9 9 7, 9 2 5, 3 7 2,
qui a auſſi les quatre premiéres conditions avec celuy qui a 9 2 5 pour hypotenuſe, ſçavoir 9 2 5, 5 3 3, 7 5 6 : mais ce dernier n'a pas la cinquiéme, joint que les finales y répugnent comme au précédent.

Le meſme empeſchement ſe trouve auſſi a 1 2 6 1, 1 1 8 9, 4 2 0, & à ſon correſpondant 1 1 8 9, 9 8 9, 6 6 o.

Enfin on trouve 1 5 1 7 au triangle 1 5 2 5, 1 5 1 7, 1 5 6, & ſon correſpondant
1 5 1 7, 1 6 5, 1 5 o 8, qui ſont les premiers qui ont toutes les conditions requiſes,
& meſme les finales s'accordent bien à ce qui eſt requis. On éprouvera donc ſi
oſtant de 1 6 5 la différence de 1 5 o 8 à 1 5 1 7, on aura 1 5 6 ; j'oſte 1 5 o 8 de 1 5 1 7,
reſte 9, lequel eſtant oſté de 1 6 5, reſte 1 5 6 ainſi qu'il eſt requis.

On a donc trouvé un triangle dont le moyen coſté, ſçavoir 1 5 1 7, eſt hypotenuſe d'un autre triangle, & dont le moindre coſté 1 5 6 eſt moindre que l'un des
coſtez du ſecond triangle de la différence de l'autre coſté à l'hypotenuſe, car 1 5 6
eſt moindre que 1 6 5 de 9, lequel 9 eſt la différence de l'autre coſté 1 5 o 8, & de
l'hypotenuſe 1 5 1 7 ; ce qu'il falloit trouver.

Ayant ce triangle 1 5 6, 1 5 1 7, 1 5 2 5, on aura celuy qui eſt requis prenant les
coſtez de celuy-cy pour les racines des quarrez qui le compoſent, les quarrez de
1 5 6 & 1 5 1 7 ſont 2 4 3 3 6 & 2 3 o 1 2 8 9, qui donnent le triangle 4 7 3 3 o 4,
2 2 7 6 9 5 3, 2 3 2 5 6 2 5, auquel l'hypotenuſe eſt un quarré dont la racine eſt 1 5 2 5,
& le moindre coſté 4 7 3 3 o 4 a un quarré pour différence avec chacun des deux
autres, car ſa différence avec le moyen coſté eſt 1 8 o 3 6 4 9 quarré de 1 3 4 3, &
avec l'hypotenuſe 1 8 5 2 3 2 1 quarré de 1 3 6 1. Ainſi qu'il eſtoit requis.

A B R E G É

D E S

COMBINAISONS.

ON appelle combinaifon le divers affemblage de plufieurs chofes. Il y en a de deux fortes principales, chacune defquelles fe divife encore en d'autres. De ces deux jointes enfemble on en fait une troifiéme qui eft meflée de ces deux, & encore une quatriéme qu'on nommera multiple, parce qu'elle fe fait par la multiplication de chacune de ces fortes.

La premiére fera nommée combinaifon d'ordre, la deuxiéme combinaifon de changement, la troifiéme meflée, & la quatriéme multiple.

La combinaifon d'ordre contient les façons différentes dont on peut arranger & difpofer plufieurs chofes ; par éxemple, en combien de fortes on peut arranger quelque multitude de foldats, ou combien on peut faire de nombres différens avec quelques chiffres, ou combien on peut faire d'Anagrammes de quelque nom, foit qu'elles fe puiffent prononcer, ou qu'elles ne le puiffent ; & ce qu'on obferve en cecy, & qui eft la propriété particuliére de cette combinaifon, eft que les chofes une fois prifes ne doivent point eftre changées, comme fi on prend cette diction *Jaques*, on confidérera la variété des difpofitions que peuvent recevoir les fix lettres de cette diction, fans qu'il foit permis de mettre quelque autre lettre nouvelle outre ces fix, ou d'en omettre quelqu'une.

Cette combinaifon a plufieurs cas, ou une infinité, qui fe réduiront à deux.

Le premier & le principal eft quand toutes les chofes combinées font différentes, comme lors qu'il eft queftion d'arranger des hommes, pas un defquels ne fe peut trouver en deux lieux : ou lors qu'on fait les Anagrammes de quelque diction, dont toutes les lettres font différentes, comme *Charité*.

Le fecond, qui dépend du premier, eft quand parmi les chofes combinées, il y en a de femblables, comme il arrive en faifant les Anagrammes des dictions qui ont quelques lettres femblables : par éxemple, fi on vouloit fçavoir combien on peut faire d'Anagrammes de cette diction *Pierre*, entre les fix lettres de laquelle il y a deux *e*, & deux *r* qui fe reffemblent.

Combinaifon d'ordre.

L'ordre des chofes différentes fe trouve comme il s'enfuit.

On multiplie la combinaifon de la multitude précédente par le nombre de la multitude donnée : ainfi pour avoir l'ordre de fix chofes, il faut multiplier l'ordre de 5 chofes par 6 ; & pour avoir l'ordre de 5, on multipliera celuy de 4 par 5 ; & pour celuy de 4, on prendra le produit de l'ordre de 3 par 4 ; de mefme pour celuy de 3, on multipliera l'ordre de 2 par 3. Or l'ordre de 2 ne peut eftre que 2, car deux chofes ne fouffrent que deux difpofitions différentes, fçavoir en mettant au premier lieu celle qui auparavant eftoit au fecond, comme *B, A*. & *A, B*. On pourroit dire auffi que la combinaifon de deux chofes fe trouve en multipliant celle de 1, qui eft 1 par 2.

M

On trouvera
cette combi-
naison pour-
suivie jusques
à 64. in lib.
Harmonicon,
du P. Mersen-
ne, pages 116.
& 117.

1	1.
2	2.
6	3.
24	4.
120	5.
720	6.
5040	7.
40320	8.
362880	9.
3628800	10.
39916800	11.
479001600	12.
6227020800	13.
87178291200	14.
1307674368000	15.
20922789888000	16.
355687428096000	17.
6402373705728000	18.
121645100408832000	19.
2432902008176640000	20.
51090942171709440000	21.
1124000727777607680000	22.

Si on veut donc trouver l'ordre de quelque multitude, il faudra chercher celuy des multitudes précédentes, & faire la table de toutes, comme on voit icy.

La colonne qui est du costé droit contient le nombre de la multitude des choses dont on veut sçavoir l'ordre, c'est-à-dire la différente façon de les arranger :
celle qui est du costé gauche contient l'ordre.

Je mets donc premiérement 1, tant à droit qu'à gauche, parce que l'ordre d'u-
ne chose n'est qu'un ; puis je mets du costé droit le nombre suivant 2, par lequel
je multiplie l'ordre du précedent, sçavoir 1, pour avoir 2.

Je mets aprés 3 au dessous de 2 à droit, & par ce nombre je multiplie l'ordre
de 2, sçavoir 2 ; & on aura 6, qu'il faudra mettre prés de 3 : en suite j'écris 4 dessous 3, & je multiplie par ce 4 l'ordre de 3, sçavoir 6, pour avoir 24. & ainsi de
suite comme on voit en la table.

Voicy la différente disposition qu'on peut donner à quatre choses,
afin de faire voir de quelle façon on les arrangera pour n'omettre aucune disposition. On se proposera premiérement quelque ordre, comme en
ces quatre lettres o, b, i, e. La première soit o, la seconde b, &c. il faut
en retenant la premiére changer l'ordre des derniéres. Ainsi, ayant placé
& disposé les quatre lettres selon cét ordre, je retiens o, que je laisse toûjours au premier lieu, & je change les trois autres b, i, e, en toutes les façons possibles qui sont 6, & pour ces 6, on observera encore la mesme
regle ; & ainsi parce que je trouve b, le premier des 3, je le retiens, & je
change les deux autres i, e, en toutes les sortes, qui sont 2, sçavoir i, e,
& e, i.

Cela fait je change le b, & en son lieu je mets la lettre suivante, sçavoir la troisiéme qui est i, & on aura o, i, & en suite je mets les deux autres b, e dans leurs deux rangs, & enfin aprés o, je mets la quatriéme
lettre, sçavoir e, & je change encore les deux autres b, i, en leurs deux
façons.

Et parce que la quatriéme lettre est la derniére, & qu'on ne peut plus
en mettre d'autre au second lieu, je change la première lettre o, & en

o b i e
o b e i
o i b e
o i e b
o e b i
o e i b
b o i e
b o e i
b i o e
b i e o
b e o i
b e i o
i o b e
i o e b
i b o e
i b e o
i e o b
i e b o

eobi   fa place je mets la feconde *b*, & en fuite les trois autres felon leur ordre,
eaib   fçavoir la premiére au fecond lieu, puis la troifiéme & quatriéme ; & la
eboi   feconde lettre *b*, demeurant ainfi au premier lieu, on fera les fix change-
ebio   mens des autres trois, fçavoir de *o, i, e*, comme auparavant. Cela eftant
eiob   fait, on mettra la troifiéme lettre *i* au premier lieu, & on fera encore les
eibo   fix variations des trois autres *o, b, e* ; & enfin on mettra la derniére *e*, au
    commencement, pendant que les trois autres *o, b, i* feront arrangées en
fix façons.

S'il y avoit cinq lettres différentes comme *Tobie*, on auroit en la mefme maniére que cy-devant les vingt-quatre changemens de *o, b, i, e*, le *T* demeurant toûjours le premier ; puis on ofteroit le *T* du premier lieu, & en fa place on mettroit
o, aprés lequel on mettroit *T, b, i, e*, en vingt-quatre fortes ; puis la troifiéme lettre *b* tiendroit le premier lieu, & enfin la quatriéme & la cinquiéme.

De mefme, fi on avoit fix lettres, on feroit le changement des cinq derniéres
en cent vingt façons, & mettant chacune des fix lettres au premier lieu, on aura
fix fois 120, fçavoir 720, pour les divers arrangemens des fix chofes.

Pour fept lettres on fera les 720 changemens des fix derniéres, qui feront re-
commencez fept fois, à caufe des fept lettres qui doivent occuper le premier
lieu.

On trouvera de la mefme forte les diverfes fituations pour les autres multitudes, ce qui donne affez à connoiftre la conftruction de la table précédente, & la
raifon pour laquelle il faut multiplier tous les nombres & leurs produits depuis
l'unité jufqu'au nombre de la multitude requife, pour avoir la combinaifon de
quelque multitude : car ayant à difpofer plufieurs chofes d'un ordre different,
on commence à operer fur les trois dernieres ; & gardant la premiére des trois,
on range les deux dernieres en deux façons : & parce qu'il y a trois lettres différentes, on mettra chacune des trois pour la premiére, & aprés chacune on mettra les deux autres en deux façons. D'où il s'enfuit que pour avoir la combinaifon de trois chofes, il faut multiplier 2 par 3, dont le produit eft 6.

Si on vient aprés à confiderer quatre chofes, on a montré comme les trois
derniéres fe peuvent varier en fix façons : mais parce que chacune de ces quatre
chofes peut tenir le premier lieu, & que les trois qui refteront fe varient en fix
fortes, il faudra multiplier 6 par 4, pour avoir la variété de l'ordre de quatre chofes, qui fera 24.

De mefme, fi on a cinq chofes, chacune doit eftre mife la premiére, & à
chacune de ces fituations les quatre derniéres feront rangées en vingt-quatre
fortes : il faut donc multiplier 24 par 5. Pour avoir l'ordre de cinq chofes, qui
fera 120 ; & ainfi de fuite, il faudra multiplier la combinaifon précédente par le
nombre de la multitude donnée ; & cela eft une preuve évidente qui fert de démonftration pour la conftruction de la table.

Mais lors que dans une diction il y a plufieurs lettres femblables, comme en
cette diction, *Beauté* ; il eft certain qu'il n'y aura pas tant de variétez en l'ordre,
que fi toutes les fix lettres eftoient différentes ; & que les deux *e* qui s'y rencontrent diminuënt la multitude de ces variétez.

En ce cas, il faudra prendre la combinaifon de l'ordre des lettres felon leur
multitude, & la divifer par l'ordre qui appartient à la multitude des femblables :
ainfi, pour fçavoir combien on peut faire d'anagrammes de la diction, *Beauté*, on
prendra la combinaifon de l'ordre de fix chofes, qui eft 720 ; & parce que dans
la diction il y a deux lettres femblables, on divifera 720 par la combinaifon
de deux chofes, qui eft 2, le quotient 360 fera la multitude des Anagrammes requifes.

ebene   De mefme pour cette diction, *Ebene*, on prendra 120, qui eft la
ebeen   combinaifon de 5, à caufe de fes cinq lettres ; mais parce que parmi

M ij

ebnee
eebne
eeben
eenbe
eeneb
eeebn
eeenb
enbee
enebe
eneeb
beene
beeen
benee
bneee
nebee
neebe
neeeb
nbeee

ces cinq lettres il y en a trois semblables, je divise 120 par la combinaison de 3, sçavoir par 6, & le quotient 20 sera la multitude des anagrammes de cette diction.

On voit icy les 20 variétez de ces cinq lettres, qui pourront donner à connoistre comment on pourra faire les variétez des situations, quand les choses ne sont pas toutes différentes.

Que s'il y avoit plusieurs sortes de lettres semblables, il faudroit diviser la combinaison de toutes les lettres par celle de chaque sorte de semblable, comme aux dictions, *Pierre* & *George*, ausquelles il y a six lettres, mais deux d'une sorte & deux d'une autre.

Je prendray la combinaison de 6, sçavoir 720, & la diviseray par celle de 2, & le quotient 360 encore par celle de 2, & j'auray 180: ou bien je multiplieray la combinaison de 2 par celle de 2, le produit sera 4, par lequel je diviseray 720, & le quotient sera 180.

Pour avoir la combinaison ou la multitude des anagrammes de la diction, *Ananas*, je voy qu'elle a six lettres: je prens donc 720, qui est la combinaison de 6; & par ce qu'entre ces lettres il y en a trois d'une sorte & deux d'une autre, je divise 720 par la combinaison de 3, sçavoir par 6, & le quotient 120 par celle de 2, sçavoir par 2, & j'auray 60: ou bien je multiplie la combinaison de 3 par celle de 2, sçavoir 6 par 2, & par le produit 12 je divise la combinaison de la multitude des lettres, sçavoir 720, le quotient 60 donnera la multitude des variétez des lettres de cette diction.

Il semble que l'ordre demanderoit qu'on traitât en suite de la combinaison de changement ou de choix: mais parce qu'on trouve ses variétez par le moyen de la meslée, on traitera premiérement de celle cy, & on commencera par celle qu'on nomme générale.

Combinaison générale.

Cette combinaison est celle qui a esté appellée meslée, parce qu'elle contient tant l'ordre que le changement des choses. On la peut aussi diviser en deux espéces, comme les autres, sçavoir si on considére les choses toutes différentes, ou bien si on suppose qu'elles puissent estre toutes semblables, ou qu'il y en puisse avoir plusieurs semblables.

Cette derniére combinaison est la plus universelle de toutes, puisqu'elle comprend toute seule tout ce qui est compris dans toutes les autres; car on y considere l'ordre comme en la premiére, & on prend les choses dans une plus grande multitude, comme en la seconde; & outre cela on en peut prendre plusieurs semblables ou toutes, comme si on prenoit les douze cartes du piquet dans douze jeux de piquet, car par ce moyen les douze cartes pourroient estre semblables, & ainsi on pourroit avoir douze Rois de pique; ou seulement neuf ou dix cartes semblables, & les autres différentes, & en toutes les autres façons possibles; & l'ordre fera voir en combien de maniéres on les pourroit joüer & jetter sur la table en toutes ces sortes de jeux.

Cette combinaison se trouve, prenant la multitude des choses pour l'exposant d'une puissance, qui a pour racine la diversité des choses combinées: ainsi pour sçavoir en combien de façons on peut avoir & arranger ou joüer les douze cartes prises dans douze jeux de piquet de trente-six cartes chacun, afin qu'on en puisse avoir tant de semblables qu'on voudra, il faut prendre 36 pour racine, & 12 pour l'exposant de la puissance.

Ce sera donc la douziéme puissance de 36.

Si on ne prenoit qu'une carte, on n'auroit que 36 variétez.

Si

Si on en prenoit 2, on auroit 1296 variétez, sçavoir le quarré de 36.
Pour trois cartes, on prendroit le cube de 36. Pour quatre, le quarré quarré.
Pour cinq, la cinquiéme puissance de 36. & ainsi des autres.

La vérité de cette opération se peut tirer ou du raisonnement, ou de quelque exemple. Nous en avons un exemple aux chiffres, car il est certain qu'on les prend & dispose en toutes les façons possibles, soit semblables ou différentes & prises dans un plus grand nombre, & on a aussi égard à l'ordre: or les nombres se suivent, & ne différent de proche en proche que de l'unité; d'où il s'ensuit que le dernier & plus grand nombre de ceux qui ont une certaine multitude de lettres, comprendra tous les précédens; par exemple, le plus grand nombre qui s'écrive par deux lettres ou chiffres est 99, qui comprend non-seulement les nombres de deux lettres, mais aussi ceux qui n'en ont qu'une; mais il faut considérer que parmi ces nombres, il n'y en a aucun qui ait un zéro du costé gauche, & en la place des dixaines: on le pourra donc supposer au devant des neuf premiers chiffres où il ne signifie rien, en prenant 01, 02, &c. & ainsi on auroit 99, nombres de deux lettres. Mais il y en manque encore un, pour avoir toutes les combinaisons des dix caractéres pris deux à deux: car celuy qui seroit fait de deux zero, sçavoir 00, n'y est point; il faudra donc ajouster 1, à 99 pour avoir en tout 100 variétez, que peuvent souffrir deux choses prises dans dix. Or le nombre 100 contient 10 & 2, car 10 est sa racine, & 2 son exposant.

Les mesmes nombres ou chiffres pourroient encore fournir un autre exemple, sçavoir si on prenoit les deux choses dans neuf différentes, comme si on cherchoit tous les nombres de deux chiffres qui n'ont point de zero; car par ce moyen on n'aura que neuf lettres: or en chaque dixaine il y a neuf nombres qui n'ont point de zero, & il n'y a que neuf dixaines qui ayent deux lettres, car les nombres de la premiére n'ont qu'une lettre: si donc on multiplie 9 par 9, on aura 81, qui est la variété requise de deux choses prises dans neuf; c'est la mesme chose aux autres quantitez. Mais voicy comme on fera voir la verité de cette regle.

Pour ne point sortir de nostre exemple de neuf, on voit premiérement que si on ne prend qu'une seule chose dans neuf différentes, on n'aura que 9 variétez: mais si on prend deux choses, puisqu'aprés chacune des neuf choses on peut mettre chacune des mesmes l'une aprés l'autre; pour avoir cette variété, il faudra multiplier 9 par 9, & on aura 81, qui est le quarré de 9.

Que si on prend trois choses dans les neuf, on pourra devant chacune des 81 combinaisons précédentes mettre chacune des neuf choses: il faudra donc, pour avoir la variété de trois choses prises dans neuf, multiplier 81 par 9, pour avoir 729 cube de 9.

Et ainsi continuant, on fera voir que pour avoir la variété de quatre choses prises dans neuf, il faut multiplier 729 par 9, pour avoir le quarré quarré de 9, parce que devant chacune des 729 façons dont on aura pris & arrangé trois choses, on pourra mettre chacune des neuf dans lesquelles on les a prises.

De mesme, pour cinq choses prises dans neuf, on prendra la cinquiéme puissance de 9, &c.

Il faut seulement prendre garde que la diversité des choses qu'on prend, comme est icy 9, sert toûjours de racine, & la multitude des mesmes choses sert d'exposant.

Combinaison de changement ou de choix.

La seconde espéce de combinaison est nommée de changement, ou de choix, à la différence de la premiére, où on suppose que les mesmes choses demeurent toûjours: mais en celle-cy, on les varie, & on en fait comme divers amas pris

N

dans une grande multitude. Par éxemple, si d'un Régiment de 1000 hommes, on en détache 100, & qu'on veüille sçavoir en combien de sortes on peut faire une Compagnie de 100 soldats pris dans un Régiment de 1000 ; ou bien si on veut sçavoir en combien de sortes on peut avoir les douze cartes du jeu de piquet, où il y en a trente-six ; on voit manifestement que l'ordre ne fait rien à cette multitude, car la différente disposition des cartes dans la main ne change rien au jeu, encore qu'on puisse bien avoir égard à l'ordre tant aux soldats en les arrangeant diversement, qu'aux cartes en les joüant de plusieurs maniéres.

Cette combinaison sera aussi divisée en deux espéces comme la précédente, sçavoir celle en laquelle toutes les choses sont différentes, comme en l'assemblage des soldats, & celle en laquelle il se trouve plusieurs choses semblables ; comme si on avoit un cent de diverses sortes de fruits, sçavoir de chacune espéce un cent, & qu'on vouluft sçavoir en combien de façons on pourroit remplir un panier d'un cent de ces fruits, ou bien si on avoit ensemble douze jeux de piquet, & qu'on vouluft voir en combien de sortes on pourroit avoir douze cartes à les prendre dans ces douze jeux.

Pour trouver la multitude des choix, il faut remarquer que toute combinaison meslée estant divisée par l'ordre, donne la combinaison de changement, pourveû que toutes les choses soient différentes, ou qu'il y en ait toûjours autant de semblables.

Exemple. Si on avoit six paniers dont chacun fut plein d'une espéce de fruit différent des autres, mais égaux entre eux, & qu'on vouluft voir en combien de façons on pourroit prendre un cent de ces fruits dans les six paniers, supposant toûjours que dans chaque panier tous les fruits soient égaux, & qu'il n'y ait rien à choisir, de sorte que chaque espéce de fruit soit réputée pour un mesme fruit, ainsi que les lettres de l'Alphabet, chacune desquelles ne differe en rien de sa semblable en ce qui regarde l'usage qu'on en fait dans les dictions ; & ainsi dans la diction, *Anna*, le premier *a* n'est pas autre que le second : or on entend que les fruits d'une mesme espéce soient icy pris en la mesme façon que les lettres.

Si donc on veut avoir la variété des sortes de choix qu'on peut faire d'un cent de ces fruits dans les six paniers, dans chacun desquels il faut supposer aussi qu'il y ait pour le moins un cent de fruits, afin que si on veut on puisse prendre un cent de ces fruits tous égaux, il faut faire la combinaison générale de cent choses prises dans six sortes de choses, si on y comprend aussi l'ordre.

Et parce que la variété des choses est 6, ce nombre sera la racine, & 100 qui est la multitude des choses qu'on prend servira d'exposant. On prendra donc la centiéme puissance de 6 pour la variété des diverses façons dont on pourroit prendre & arranger les fruits pris dans les six paniers.

Et parce que la combinaison générale contient la combinaison de l'ordre en toutes les façons possibles, tant des choses semblables que des différentes, dont l'ordre est différent, on ne la peut pas diviser par l'ordre ; car la somme de plusieurs diviseurs donne un autre quotient que s'ils estoient séparez, c'est-à-dire, que si on divisoit séparément par chacun d'eux ; joint que quelques-unes de ces variétez n'ont point d'ordre, c'est à-dire, ne se peuvent mettre qu'en une seule façon, comme lorsque les choses qu'on a prises sont toutes semblables, & les autres, où il se trouve plusieurs choses semblables, ont fort peu de variétez d'ordre, par éxemple, si on a quatre choses, elles seront considerées confusément, soit qu'on les prenne toutes différentes, comme *a*, *b*, *c*, *d*, ou deux semblables, & deux autres différentes, comme *a*, *a*, *b*, *c*, ou trois semblables, & une autre comme, *a*, *a*, *a*, *b*, ou deux d'une sorte & deux d'une autre, comme *a*, *a*, *b*, *b*, ou enfin toutes quatre semblables comme, *a*, *a*, *a*, *a*, ou, *b*, *b*, *b*, *b*.

A, *b*, *c*, *d* se change en vingt-quatre façons ; *a*, *a*, *b*, *c* en douze ; *a*, *a*, *a*, *b* en

quatre; *a, a, b, b* en six, & enfin *a, a, a, a*, ne peut estre disposé que d'une sorte,
& n'a aucun ordre : mais voicy comme on en séparera l'ordre.

Nous avons dit que la combinaison de changement estoit de deux sortes :
l'une où toutes les choses sont différentes comme aux douze cartes du piquet ;
l'autre où elles peuvent estre indifféremment, ou toutes différentes, ou toutes
semblables, ou en partie dissemblables & en partie semblables, comme si on
prenoit les douze cartes du piquet dans douze jeux de piquet.

Pour l'une & l'autre sorte de choix, il faut faire douze nombres par multiplication compris le premier qu'on multiplie, qui est 3 6, à cause qu'il y a trente-
six sortes de choses : mais pour le premier où tout est différent, il faut multiplier
par les nombres inférieurs, sçavoir par 3 5, & le produit par 3 4, &c. & pour le
second qui peut avoir des choses semblables, il faut multiplier par les supérieurs,
sçavoir par 3 7, 3 8, &c.

Ce qu'il faut observer en cecy est que le nombre par lequel on commence les
multiplications est celuy de la variété, & la multitude des nombres qu'il faut
trouver par les multiplications le premier compris, est la multitude des choses.

Ainsi voulant avoir toutes les façons du jeu de piquet, sçavoir, de douze
cartes prises dans trente-six, en sorte qu'elles soient toutes différentes, je prens
3 6 pour le terme & commencement des multiplications ; & parce que toutes les
cartes doivent estre différentes, il faudra multiplier 3 6 par les nombres précédens moindres, sçavoir, par 3 5, & le produit 1 2 6 0 par 3 4, pour avoir 4 2 8 4 0,
qu'il faudra encore multiplier par 3 3, & continuer tant qu'on ait douze nombres, ce qui se fera aprés onze multiplications, & le dernier nombre par lequel
il faudra multiplier sera 2 5, sçavoir 1 1 moins que 3 6 ; car on prend toûjours un
moins que la multitude des choses, à cause que le nombre de la variété, sçavoir
3 6, est pris pour le premier nombre.

Le dernier produit est 5 9 9 5 5 5 6 2 0 9 8 4 3 2 0 0 0 0, qui contient la variété
de douze cartes prises en trente-six avec l'ordre, c'est-à-dire supposant qu'on les
arrange aussi en toutes les façons possibles, qui est le premier cas, ou premiére
sorte de la combinaison meslée, qui suppose toutes les choses différentes, mais
prises en un plus grand nombre, & supposant aussi l'ordre.

Que si on veut avoir les jeux de piquet sans l'ordre, puisque cét ordre ne change point le jeu, il faudra diviser le nombre trouvé 5 9 9 5 5 5 6 2 0 9 8 4 3 2 0 0 0 0
par la combinaison de l'ordre de douze choses, sçavoir par 4 7 9 0 0 1 6 0 0, &
on aura 1 2 5 1 6 7 7 7 0 0 variétez de jeux de piquet.

Pour ce qui est de joûër & de jetter les cartes sur la table, il faut avoir égard à
l'ordre, & chaque jeu se peut joûër en 4 7 9 0 0 1 6 0 0 sortes, car telle est la
combinaison de l'ordre de douze choses, & ainsi pour avoir en tout en combien de sortes on peut joûër les douze cartes prises en 3 6, il faut multiplier
1 2 5 1 6 7 7 7 0 0 par 4 7 9 0 0 1 6 0 0, pour avoir le nombre cy-devant trouvé
5 9 9 5 5 5 6 2 0 9 8 4 3 2 0 0 0 0, qui montre en combien de façons on peut avoir
& joûër les douze cartes.

Voilà pour ce qui appartient à la combinaison de changement, & à la combinaison meslée lors que toutes les choses sont différentes.

Car la meslée, où l'ordre est compris se trouve comme on a veû multipliant le
nombre de la variété des choses, comme 3 6 par les nombres précédens 3 5, 3 4,
&c. tant qu'on ait autant de nombres ou produits compris 3 6, que la multitude
des choses, qui est 1 2, & prenant le dernier produit pour le nombre requis.

Et la combinaison de changement se trouve divisant ce nombre, sçavoir le
dernier produit, par le nombre de la combinaison d'ordre de la multitude des
choses, qui est icy 1 2.

Reste à donner un exemple de la mesme combinaison de changement, lors
que les choses peuvent estre semblables.

N ij

Que les douze cartes se prennent dans douze jeux de piquet de trente-six cartes chacun, afin qu'elles puissent estre toutes semblables, il faudra, comme on a dit cy-devant, multiplier 36 par les nombres suivans, sçavoir par 37, 38, &c. tant qu'on ait 12 nombres ou produits, sçavoir autant que la multitude des choses, & ainsi le dernier nombre qui multipliera sera 47, puis diviser le produit par l'ordre du nombre de la multitude, sçavoir par l'ordre de 12.

De mesme pour les six paniers de fruit dans tous lesquels on choisit cent fruits à discrétion, avec liberté de prendre si on veut tous les cent de mesme espece, & d'un mesme panier.

Parce que le nombre de la variété est 6, je prens 6 pour le terme ou commencement des multiplications; je le multiplie donc par 7, & le produit 42 par 8, & le produit par 9, tant qu'on ait 100 nombres, compris 6, & ainsi le dernier nombre qui multipliera sera 105, qui surpasse 6 de 99, sçavoir de 1 moins que le nombre de la multitude 100, à cause que 6 est conté pour le premier nombre; & le dernier produit estant divisé par l'ordre de cent choses, qui est la multitude des choses qu'on prend, donnera le nombre requis.

Que si on avoit des tables faites de la combinaison d'ordre, qui est la plus ordinaire & la plus en usage, on y pourroit prendre la combinaison de 105, sçavoir de 1 moins que la somme des deux nombres de variété & de multitude, & la diviser par la combinaison de 5, sçavoir de 6--1; car si on avoit commencé par 2 à multiplier, & qu'on eust continué jusques à 105, on auroit la combinaison de 105 : mais parce qu'on n'a commencé que par 6, il s'ensuit que le produit devroit estre multiplié par la combinaison de 5 pour parvenir à celle de 105; & par conséquent, si on divise celle de 105 par celle de 5, on aura le nombre requis, qui doit estre divisé par celle de 100, comme il a esté dit.

Mais parce que de si grandes divisions & multiplications sont ennuyeuses, on se pourra servir du moyen suivant pour se passer de la division, & diminuer beaucoup les multiplications.

Nous prendrons l'exemple des jeux de piquet dans les deux façons précédentes.

1° On prend douze cartes dans trente-six toutes différentes, & on demande en combien de sortes je puis avoir les douze cartes : parce que 36 est la variété des choses, il me servira de terme; & parce qu'il y a douze choses, je prens 12 nombres, compris 36; car la multitude des nombres qui se multiplient doit suivre la multitude des choses qui se combinent : & parce que les cartes sont toutes différentes, & qu'il n'y en a point de semblables, je prens les nombres moindres que 36, comme on voit icy, sçavoir 36, 35, 34, &c. le produit desquels il faudroit diviser par la combinaison d'ordre de douze choses, laquelle combinaison se trouve, en multipliant l'un par l'autre tous les nombres jusqu'à 12, sçavoir 1, 2, 3, &c.

Puis donc que le produit des nombres inférieurs doit diviser celuy des supérieurs, il faut que les inférieurs se trouvent tous séparément dans les supérieurs, autrement leur produit ne diviseroit pas l'autre grand produit.

Que les inférieurs soient donc ostez des supérieurs, & la division sera faite, comme on voit icy.

$$7. \quad 9.$$
$$36. \; 35 : 34, 33, 32, 31, 30, 29, 28, 27, 26, 25.$$
$$2 \qquad\qquad\qquad 3$$
$$1. \; 2. \; 3. \; 4. \; 5. \; 6. \; 7. \; 8. \; 9. \; 10. \; 11. \; 12.$$

Je considére donc les supérieurs, & je trouve premiérement 36, qui est le produit de 3 & 12; j'oste donc 36 de la ligne supérieure, & 3 & 12 de l'inférieure.

Je viens à 35, qui est produit par 5 & 7; j'oste donc 35 d'un costé, & 5 & 7 de l'autre.

34 est

34 est fait de 2 & 17 ; mais parce que 17 n'est point en la ligne inférieure, je passe à une autre, & considére 33, qui est produit par 3 & 11 ; j'oste donc 33, & de la ligne inférieure j'oste 3 & 11 ; mais parce que le nombre 3 ne s'y trouve plus, je l'oste de quelque composé de la mesme ligne inférieure, comme de 9, & je remets un 3 dessus, parce que 9 est fait & produit de deux 3.

32 est fait de 4 & 8 ; j'oste donc 32 de la ligne supérieure, & 4 & 8 de l'inférieure. | 31 est nombre premier.

30 est fait de 3 & 10 ; j'oste donc 30, & de la ligne inférieure j'oste 3 & 10, sçavoir le 3 que j'avois mis sur le 9.

Il ne reste plus en bas que 2 & 6 : le 6 est fait de 2 & 3 ; j'oste donc 3 de quelque nombre de la ligne supérieure, comme de 27, reste 9, que j'écris dessus 27 ; & ostant ainsi le 3 de 6, reste 2, que j'écris sur 6, (car icy, où il est question de parties qui font le nombre par multiplication, oster un nombre c'est diviser par ce nombre.)

Enfin il reste en bas 2 & 2, qui font 4, que j'oste de quelque nombre de la ligne supérieure, comme de 28, reste 7, que j'écris dessus, & j'oste tant 28 que les deux 2 de la ligne inférieure.

Reste donc en la ligne supérieure à multiplier, 34, 31, 29, 7, 9, 26, 25, l'un par l'autre, dont le produit fait 12516 77 00 pour la diversité des jeux de piquet, comme on avoit trouvé cy-devant.

Que si on prend les douze cartes dans douze jeux de trente-six cartes chacun, les douze cartes pourront estre semblables : il faut donc prendre 12 nombres, suivant la multitude des cartes, à commencer par 36, qui représente la variété des cartes, & poursuivant par les nombres plus grands, comme on voit icy, il faudroit diviser le produit des supérieurs par celuy des inférieurs : mais pour épargner cette division, on ostera les semblables comme cy-devant, sçavoir pour 36, on ostera 3 & 12.

19   23.

~~36~~. 37. ~~38~~. 39. ~~40~~. 41. ~~42~~. 43. ~~44~~. ~~45~~. ~~46~~. 47.

2.

~~1~~. ~~2~~. ~~3~~. ~~4~~. ~~5~~. ~~6~~. ~~7~~. 8. ~~9~~. ~~10~~. ~~11~~. ~~12~~.

Pour 40. | 4 & 10. pour 42. | 6 & 7. pour 44, 11 & 4.

Mais parce qu'il n'y a point de 4, on le prendra dans 8, & on mettra un 2 dessus. Pour 45 on ostera 5 & 9, & il restera 2 & 2 en la ligne inférieure : on en ostera l'un de 38, & l'autre de 46, restera 19 & 23, qu'on écrira dessus.

Restera donc 37, 19, 39, 41, 43, 23, 47, qu'il faut multiplier l'un par l'autre ; le produit 52 2514 00 85 1 sera la variété requise des jeux qu'on peut avoir, sçavoir de douze cartes prises dans douze jeux de trente-six cartes chacun.

Corollaire premier.

De ce qui a esté dit, il s'ensuit que tout nombre qui dénote la variété des choses différentes sans l'ordre, dénote aussi la variété de quelques autres, entre lesquelles toutes ou quelques-unes peuvent estre semblables pareillement sans l'ordre, exemple.

Le nombre qui montre la variété de douze cartes prises dans trente-six, montre aussi la variété de douze cartes prises dans douze jeux de vingt-cinq cartes chacun, c'est-à-dire, supposant douze jeux semblables, chacun desquels auroit vingt-cinq cartes différentes.

La raison se tire de l'opération, car aux deux cas des cartes différentes ou semblables, on prend le nombre de la variété pour le premier ; & si les choses sont différentes, on prend les nombres moindres : que si elles peuvent estre

O

semblables, on en prend autant qui soient plus grands que le nombre de variété : mais si du grand nombre comme 36, on descend au moindre 25, & qu'on multiplie les nombres qui sont entre deux, comme il a esté dit, on aura le mesme produit, que si on prend 25 pour le nombre de la variété, & qu'on monte jusqu'à 36 : mais le premier se fait quand les choses sont différentes, & le second quand elles peuvent estre semblables : donc un mesme nombre montre la combinaison des choses différentes, & de celles aussi qui peuvent estre semblables, en le divisant par la combinaison d'ordre de douze choses : mais des deux nombres qui sont les extrémes de ceux qui le multiplient, le plus grand sera la variété des choses quand elles sont toutes différentes, comme 36 ; & le moindre comme 25, quand les choses peuvent estre toutes semblables.

De mesme, le nombre qui représente la diversité ou combinaison de douze cartes prises en douze jeux de trente-six cartes chacun, montre aussi la combinaison de douze cartes prises en quarante-sept.

Ainsi pour passer des cartes semblables aux différentes, on change la variété des cartes, & on prend le douziéme nombre en augmentant si on se sert de douze cartes chaque fois, & au lieu de 36, on aura 47.

Mais pour passer des choses différentes aux semblables, il faut prendre le douziéme nombre en diminuant, & au lieu de 36, on prend 25, car le nombre de la multitude, sçavoir 12, ne change point.

Corollaire second.

Lors qu'on prend les douze cartes dans douze jeux de cartes, afin qu'elles puissent estre toutes semblables, on les peut considérer avec l'ordre, ou sans l'ordre : si on y met l'ordre, il se faut servir des puissances quarrées ; si on n'y met point l'ordre, on se servira des puissances triangulaires.

On nomme icy puissance quarrée celle qui se fait par multiplication de la racine par elle-mesme, puis du produit par la mesme, &c. comme sont les puissances ordinaires.

On voit une table desdites puissances triangulaires jusqu'à la douziéme puissance de 25. in lib. Harmonicon, du P. Mersenne, page 136.

On nomme puissance triangulaire celle qui se fait par l'addition des puissances qui ont 1 moins d'exposant depuis la premiére, qui est 1 jusques à celle qui a pareille racine : ainsi la sixiéme puissance triangulaire de 5 est la somme des cinq premiéres cinquiémes puissances, & la cinquiéme puissance de 5 est la somme des cinq premiéres quatriémes puissances, & la quatriéme puissance de 5 est la somme des cinq premiers tétraédres, ou troisiémes puissances, & le tétraédre de 5 est la somme des cinq premiers triangles, comme le cinquiéme triangle, ou le triangle de 5 est la somme des cinq premiers nombres.

En chaque sorte on prend pour racine la variété des choses, & pour exposant leur multitude : ainsi pour avoir les douze cartes lors qu'elles peuvent estre semblables avec l'ordre, on prend la douziéme puissance quarrée de 36, parce qu'il y a de trente-six sortes de cartes ; mais si on prend les mesmes douze cartes sans y joindre l'ordre, il faudra prendre la douziéme puissance triangulaire de 36.

Corollaire troisiéme.

On pourra tirer delà une régle bien facile pour avoir les puissances triangulaires. On demande, par exemple, la sixiéme puissance triangulaire de 5, la racine est 5, & l'exposant est 6, on prendra six nombres de suite dont la racine 5 sera le moindre, sçavoir 5, 6, 7, 8, 9, 10 ; il les faut multiplier l'un par l'autre, & diviser le produit par l'ordre de la multitude des nombres, qui est représentée par l'exposant 6, & cét ordre est 720, ou bien, pour éviter la division, on

oftera de ces fix nombres, les fix nombres premiers,
1, 2, 3, 4, 5, 6, comme on a veu cy-devant, & il
reftera 7, 3 & 10. dont le produit 210 eft la puiffance requife, fçavoir la fixiéme puiffance triangulaire
de 5.

                                           3.
                                5. 6. 7. 8. 9. 10.
                                1. 2. 3. 4. 5. 6.

Déterminer en combien de façons trois dez, peuvent faire leurs points.

POUR dire en général combien ils peuvent faire de divers points, il faut
cuber 6, & l'on a 216; mais pour fçavoir en particulier comment chaque
point fe peut faire, nous difons ainfi. Depuis 3 jufqu'à 18 nous avons feize nombres, les huit premiers fe rapportent aux huit derniers, c'eft-à-dire que 3 & 18
font égaux à 4 & 17; 5 & 16 valent 6 & 15; 7 & 14 valent 8 & 13, &c. Or pour
avoir en combien des maniéres chaque nombre peut venir : pour les fix premiers,
ou pour les fix derniers, il faut prendre les fix premiers triangles, ainfi l'on pourra
amener 3 ou 18 en une forte, car le premier triangle eft 1 : 4 ou 17 en trois fortes,
car 3 eft le fecond triangle : 5 ou 16 en fix façons, car le troifiéme triangle eft 6 : 6
ou 15 en dix fortes, car 10 eft le quatriéme triangle : 7 ou 14 en quinze fortes, parce que 15 eft le cinquiéme triangle : 8 ou 13 en vingt & une fortes, dautant que 21
eft le fixiéme triangle; & voilà pour les fix premiers, & pour les fix derniers.
Pour les quatre reftans, fçavoir 9, 12, 10, 11. Pour 9 & 12, il faut prendre le
quarré de 5, c'eft-à-dire 25, & pour 10 & 11, il faut prendre le cube de 3, qui
eft 27, & ces deux nombres 25 & 27 déterminent les diverfes maniéres dont fe
trouveront ces quatre derniers. Or toutes ces façons différentes, fçavoir, 1, 3,
6, 10, 15, 21, 25, 27, eftant jointes enfemble, font 108, & les doublant nous aurons 216, qui eft le cube de 6, que nous avons pris au commencement.

Queftion fur la régle d'Intereft.

UN homme met un ducat à la Banque à multiplier pour 32 ans, à la charge
d'en avoir les interefts, & intereft d'intereft à raifon de 5 pour 100. On demande à combien fe montera le principal & les interefts au bout de ce temps.

L'intereft eft $\frac{1}{20}$ par an; donc au bout de l'an le principal avec l'intereft fe
montera à $\frac{21}{20}$ de ducat.

Pour les années fuivantes il faut prendre les puiffances du numérateur & du
dénominateur de cette fraction, & en faire une fraction, & le nombre des années fera l'expofant de ces puiffances : il faudra donc prendre la trente-deuxiéme
puiffance de 21 & de 20 pour le principal & les interefts de 32 ans. J'ay pris 32
pour la commodité de la multiplication, à caufe qu'il n'y aura qu'à prendre le
quarré des nombres précédens. Ainfi

Pour 2 ans on aura $\frac{441}{400}$ de ducat.

Pour 4 ans $\frac{194481}{160000}$, qui fe trouve prenant le quarré de $\frac{441}{400}$.

Pour 8 ans $\frac{37822859361}{25600000000}$.

Pour 16 ans $\frac{1430568690241285318425121}{655360000000000000000000}$.

Enfin pour 32 ans on aura $\frac{2046152672775\ldots6694\ldots}{4194046729\ldots6\ldots}$
qui font $4\frac{1}{4}$ ducats peu plus : le profit fera donc $3\frac{1}{4}$ ducats & un peu plus, & ainfi
il fera prefque quadruple du principal.

Si on vouloit continuer à calculer l'intereft pour quelques autres années, il faudroit multiplier le numérateur par 21, & le dénominateur par 20 : mais pour
éviter la difficulté de ces grands nombres, il faut retrancher une partie de la fra-

étion qui n'apporte pas un profit confidérable & prendre feulement $\frac{11665326111}{42949672196}$. Donc pour 33 ans on auroit $\frac{43277062175}{858993459320}$, qui eft un peu plus de 5 ducats, qui feroient 4 ducats de profit. Et fi on l'y laiffoit encore une autre année, on auroit $\frac{22351212887275}{17179869218400}$, qui font 5 ducats $\frac{1}{4}$ peu plus, c'eft donc 4 ducats $\frac{1}{4}$ de profit.

Des Combinaifons multiples.

ON a confidéré de deux fortes de Combinaifons; l'une d'ordre, & l'autre de variété ou changement, chacune defquelles peut eftre multipliée: en voicy des éxemples.

Six chofes fe peuvent ranger en 720 façons: que ce foient par éxemple fix foldats à qui je donneray fix fortes d'armes: parce que les armes fe peuvent encore combiner en 720 façons, il faudra prendre le quarré de 720, & on aura 518400 façons de les ranger & de les armer: mais fi avec cela on leur donne fix fortes de livrées, il faudra prendre le cube de 720 pour la variété dont on les pourra ranger avec leurs diverfes armes & livrées, ce qui fe fera en 373248000 façons.

Mais fi on n'avoit pas autant de fortes d'armes & de livrées que de foldats; par éxemple, fi on n'avoit que de quatre fortes d'armes, & que de l'une des fortes on en euft trois, comme fi on avoit trois épées, un moufquet, une pique, & une hallebarde, & qu'on n'euft que trois fortes de livrées, fçavoir deux de chaque forte: il faudra prendre pour les armes la combinaifon de fix chofes entre lefquelles il y en auroit trois femblables: or on a fait voir que pour avoir cette combinaifon, il faut divifer la combinaifon de fix, fçavoir 720, par fix qui eft la combinaifon des trois chofes femblables, & on aura 120 pour les diverfes façons dont on peut armer ces foldats. On multipliera donc 720 par 120, & on aura 86400 maniéres de ranger & d'armer ces foldats.

Pour leurs livrées, parce qu'il y en a deux de chaque forte & de trois fortes en tout, il faudra divifer 720 par la combinaifon de deux chofes répétées trois fois, qui eft huit, parce que deux multipliant deux fait quatre, qui eftant encore multiplié par deux donne huit: divifant donc 720 par huit, on aura 90, par lequel il faudra multiplier le produit qu'on vient d'avoir, qui eft 86400, & on aura en tout 7776000 maniéres d'arranger ces foldats avec leurs armes & leurs livrées différentes.

Que fi au contraire on avoit plus de fortes d'armes & de livrées qu'il n'y a de foldats; par éxemple, fi on avoit fept fortes d'armes & huit fortes de livrées qu'on vouluft donner à fix foldats en toutes les maniéres poffibles, on fe ferviroit de la combinaifon de variété: voicy comme fe fait cette combinaifon.

Pour les armes, parce qu'il y en a de fept fortes, mais qu'on en prend que fix à chaque fois, on multipliera 7 par les nombres moindres jufques à ce qu'on ait 6 nombres, fçavoir jufqu'à 1: on multipliera donc 7 par 6, le produit 12 par 5, puis le produit par 4, 3, & 2, on aura 5040, qui eft le mefme nombre que celuy de la combinaifon d'ordre de fept chofes, parce que 1 ne multiplie point.

Pour les livrées, parce qu'il y en a de huit fortes, & qu'on ne fe fert que de fix, il faudra prendre le changement de fix chofes prifes dans huit, qui fe trouve en multipliant l'un par l'autre fix nombres commençant par 8 en diminuant, fçavoir 3, 4, 5, 6, 7, 8, dont le produit eft 20160 y compris l'ordre.

Il faudra donc multiplier 720, qui montre la quantité de façons dont on peut ranger fix foldats, par 5040, qui eft la variété de leurs armes, & le produit 3628800 (qui contient l'ordre des foldats & des diverfes maniéres dont on les peut armer) par 20160, qui eft la variété des livrées, & on aura 73156608000, qui montre toutes les façons d'arranger ces foldats, & de leur donner diverfes armes & livrées.

La

La combinaison de variété se peut aussi multiplier par une autre combinaison
de variété.

On a six places à pourvoir de Commandans, mais on n'en veut placer d'a-
bord que trois : on demande en combien de maniéres on peut placer dans trois
de ces places trois de ces Commandans pris dans six qui sont arrestez. On prendra l'ordre de trois choses prises dans six, multipliant six par cinq, & le produit
par quatre ; puis divisant le produit 1 2 0 par six, qui est la combinaison d'ordre
de trois choses, on aura 2 0 pour le changement de trois choses prises dans six ; ou
par abregé on multipliera seulement cinq par quatre. La combinaison de trois
places prises dans six est pareillement 20 ; on multipliera donc 20 par 20, & on aura
4 0 0 façons de placer trois de ces Commandans chacun dans l'une des six places.

Or il n'importe pas qu'il y ait autant de places que de Commandans : il y en
peut avoir plus ou moins, & la régle sera toûjours la mesme.

Si par éxemple, il n'y avoit que cinq places, il faudroit prendre la variété de
trois choses prises dans cinq, qui est 6 0, l'ordre compris, qui estant divisé par six
qui est l'ordre de trois choses, on a dix, lequel multiplié par 2 0, qui est la combinaison de trois Commandans pris dans six, on auroit 2 0 0 façons de les placer.
De mesme s'il y avoit huit places on prendroit la combinaison de trois pris dans
huit, qui est 3 3 6 compris l'ordre, qui estant divisé par six, qui est l'ordre de trois
choses, donne 5 6, qui multiplié par 2 0 donneroit 1 1 2 0 façons de placer ces
trois Commandans.

Il y a quelqu'autre chose à considérer dans la combinaison pour l'assemblage
des lettres qui forment les dictions : il y en a quelques-unes qui ne se peuvent prononcer quand elles sont ensemble, c'est pourquoy il est nécessaire de les sépa-
rer.

On veut sçavoir, par éxemple, combien on peut faire de dictions des huit
lettres a, b, c, d, e, i, o, s, à telle condition que les trois b, c, d, ne se trouvent jamais ensemble. Il faudra considérer ces trois lettres comme une seule, & ainsi il
n'y aura que six choses, dont la combinaison est 7 2 0 : mais parce que ces trois
lettres se peuvent trouver de suite en six façons, il faut multiplier 7 2 0 par six ; le
produit est 4 3 2 0, qu'il faut oster de la combinaison de huit choses qui est 40320,
restera 3 6 0 0 0 dictions ou anagrammes qu'on pourra faire avec ces huit lettres
sans que b, c, d se trouvent ensemble.

On pourroit encore demander que deux de ces consones ne se trouvassent
jamais au commencement ni à la fin des dictions. Pour le trouver il faut voir
combien il se fait de changemens pendant que deux de ces lettres sont au commencement ou à la fin, & parce qu'il reste six lettres, on aura 7 2 0 changemens :
mais entre ces 7 2 0 il y en a 1 2 0 ausquels la troisiéme consone se trouve contre
les deux autres, & cela est compris dans les 4 3 2 0 qu'il a fallu oster de 4 0 3 2 0, il
faut donc oster 1 2 0 de 7 2 0, reste 6 0 0 qu'il faudra multiplier par 1 2, parce
qu'on peut prendre les deux lettres dans les trois en trois façons ; & à cause de
l'ordre il faudra multiplier trois par deux ; & parce qu'il ne faut pas aussi que les
deux lettres se trouvent à la fin, on aura douze variétez, qui multipliées par 6 0 0
donnent 7 2 0 0 qu'il faut oster de 3 6 0 0 0, restera 2 8 8 0 0 anagrammes.

Pour sçavoir en quel rang est une diction dans le grand nombre de la combinaison générale à commencer à celles d'une lettre, puis à celles de deux, de trois,
& ainsi du reste, jusqu'au nombre des lettres dont nostre diction sera composée,
comme l'on fait aux chifres où l'on commence à compter par les nombres qui
n'ont qu'un chifre, puis on vient à ceux qui en ont deux, &c ; il faut voir la quantiéme est la premiére lettre à main gauche dans l'alphabet, & de combien de lettres est composée la diction : par éxemple, je veux sçavoir le quantiéme est ce mot
$Aser$, qui est de quatre lettres, dont il y en a 2 3 4 2 5 6, & les autres dictions moindres y estant ajoustées, sçavoir celles de 3, 2 & une lettre, il y en aura 2 4 5 4 1 0.

P

Pour ſçavoir donc le quantiéme il eſt dans ce dernier nombre à commencer à compter par *a*, puis *b*, &c, en aprés *a a*, *a b*, &c; je prens la premiére lettre *A*, qui eſt la premiére de toutes, & ne vaut qu'un mille, qui vaut 1 0 6 4 8 (nombre des mots de trois lettres) puis je viens à *ſ*, qui eſt la dix-ſeptiéme centaine, & partant je multiplie 4 8 4 par 17, le produit eſt 8 2 2 8; puis à *e*, qui eſt la cinquiéme dixaine dont chacune vaut 2 2, qui multiplié par cinq, font 1 1 0; la derniére lettre eſt *r*, qui eſt la ſeiziéme, puis j'ajouſte ces quatre ſommes enſemble, ſcavoir 1 0 6 4 8, 8 2 2 8, 1 1 0 & 1 6, le total eſt 1 9 0 0 2; de ſorte que *Aſer* eſt le 1 9 0 0 2 mot dans le nombre de 2 4 5 4 1 0, ou ſi l'on veut, dans le dernier nombre de la combinaiſon générale de 2 2, qui eſt l'addition de tous les autres.

Le lieu de ce mot *Baal* ſe trouve ainſi : il eſt compoſé de quatre lettres, & partant la premiére à gauche eſt mille, qui exprime ſon nombre 1 0 6 4 8 fois, & cette lettre *B* eſt la deuxiéme lettre, partant il faut multiplier ce nombre par deux, ce ſera 2 1 2 9 6; la ſeconde lettre eſt *a*, qui eſt centaine, & qui vaut 4 8 4; la troiſiéme eſt encore *a*, qui eſt dixaine, & qui vaut 2 2; la derniére eſt *l*, qui eſt la dixiéme lettre, partant il faut aſſembler 2 1 2 9 6, 4 8 4, 2 2 & 1 0, & on trouvera que *Baal* ſera le 2 1 8 1 2 mot.

Le lieu de *Levi* ſe trouve ainſi ; *L* eſt la dixiéme lettre, & partant je multiplie le mille qui eſt 1 0 6 4 8 par 1 0, le produit eſt 1 0 6 4 8 0; *e* eſt la cinquiéme lettre : je multiplie donc 4 8 4 par cinq, le produit eſt 2 4 2 0; *v* eſt la dix-neuviéme lettre que je multiplie par 22, le produit eſt 418; *i* qui eſt la derniére, eſt la neuviéme; j'aſſemble donc 106480, 2420, 418 & 9, & je trouve que *Levi* eſt la 1 0 9 3 2 7 diction.

Toutes les autres dictions ſe trouvent de meſme, ſoit qu'elles ayent plus ou moins de lettres; & il faut remarquer que la premiére choſe qu'il faut faire eſt de voir de combien de lettres la diction eſt compoſée, puis voir la quantiéme lettre eſt la premiére à main gauche, & par le nombre du rang qu'elle tient dans l'alphabet multiplier le nombre de la combinaiſon générale précédent celuy des lettres dont eſt compoſée la diction : par éxemple, ſi elle avoit huit lettres, & que la premiére lettre fuſt *G*, qui tient le ſeptiéme lieu dans l'alphabet, il faudroit multiplier le nombre de la combinaiſon de ſept choſes, qui eſt celuy qui précéde huit, par ſept, & puis continuer aux autres lettres. Si la diction avoit ſix lettres, & que la premiére fuſt un *v*, qui tient le dix-neuviéme lieu, il faudroit multiplier la combinaiſon de cinq choſes par dix-neuf, & ainſi des autres : ou bien commencer par la premiére lettre à main droite, qui ne vaut que ſon nombre, & la ſeconde le vaut 22 fois.

Par ce moyen on pourroit écrire des lettres bien obſcures, & qu'il ſeroit bien difficile de déchifrer, ſi l'on n'en ſçavoit la méthode ; ſçavoir ſi on mettoit au lieu des mots le rang qu'ils tiennent dans le grand nombre : mais ce n'eſt pas aſſez de ſçavoir écrire, ſi l'on ne ſçait lire ſon écriture, & ce n'eſt pas peu de choſe que de ſçavoir lire celle-cy; car ceux meſmes qui l'auroient écrite ne la pourroient lire, s'ils n'en ſçavoient la méthode, quoi-qu'ils ſceuſſent celle de l'écrire.

Ayant donc un nombre donné, il faut prendre à la table des combinaiſons le plus grand nombre qu'on pourra, qui néanmoins puiſſe ſervir de diviſeur au nombre donné. La diviſion faite il faut prendre ce qui eſt reſté, & le diviſer par la combinaiſon qui précéde, & le quotient montre la quantiéme lettre on doit prendre dans l'alphabet, de ſorte qu'il ne faut pas que le quotient paſſe jamais 2 2, & il faut continuer à diviſer juſques à ce que l'on diviſe par 22, & cette derniére diviſion faite, il faut voir ce qui reſte & mettre la lettre qui convient à ce nombre pour la derniére. Il faut remarquer que ſi l'on ne pouvoit arriver à la diviſion par 2 2, ou qu'icelle eſtant faite il ne reſtaſt rien, ou que l'on ne puſt pas diviſer par tous les nombres des combinaiſons moindres que le premier qu'on a pris, & que le reſte de la premiére diviſion fuſt trop petit pour ce faire, le

nombre que l'on auroit pris pour diviſeur ſeroit trop grand, & il faudroit prendre celuy de devant, qui eſt moindre, & qui n'eſt que $\frac{1}{22}$ du premier, comme en
ce nombre 234299, ſi on prenoit 234256 pour diviſeur, le quotient ſeroit 1, &
il ne reſteroit plus que 43, que l'on ne pourroit diviſer par les autres nombres ;
ainſi il faudroit prendre celuy de devant, qui eſt 10648, & cela arrive toûjours
aux dictions qui commencent par un ʒ, & à celles qui commencent par un y ſuivi
d'un z. 2°. Il faut remarquer que la diction aura toûjours une lettre plus que le
nombre des combinaiſons qui ſervira de diviſeur, comme en cét éxemple, où
10648 ſert de diviſeur, qui eſt le nombre de la combinaiſon de trois choſes, il y
aura quatre lettres ; car ayant diviſé 234299 par 10648, le quotient ſera 21 qui
vaut y, & il reſtera 10691 qu'il faudra diviſer par 484, & le quotient ſera 22,
qui eſt un z, & il reſtera 43, qu'il faudra diviſer par 22, le quotient eſt 1,
qui eſt a, & le reſte eſt 21 qui eſt y ; de ſorte que ledit nombre vaudra autant que yzay. 3°. Il eſt à remarquer qu'il faut diviſer par tous les nombres
moindres juſques à 22, & qu'il n'en faut paſſer aucun, & partant ſi le reſte eſtoit
moindre que le nombre par lequel on devroit diviſer aprés, le quotient ſeroit
trop grand, partant il le faudroit diminuer de l'unité. Si le quotient eſtoit 1, &
que le reſte fuſt trop petit, il faudroit changer de diviſeur, comme en l'éxemple
cy-deſſous : par éxemple, en ce nombre 21600, je prens 10648 pour diviſeur ;
le quotient eſt 2, & il reſte 304 qui eſt moindre que 484, partant je prens 1 pour
quotient, reſte 10952, que je diviſe par 484, le quotient eſt 22, & il reſte 304
que je diviſe par 22, le quotient eſt 13, & il reſte 18 ; de ſorte que ce nombre ſera Azot.

Si on voüloit voir quel rang tient une diction entre celles qui ont meſme
nombre de lettres, comme une de trois lettres entre celles de trois lettres, dont
il y en a 10648, il faudroit multiplier la premiére lettre à main gauche, ſçavoir
le rang qu'elle tient dans l'alphabet moins un par 484, qui ſont les centaines ;
puis la ſeconde lettre auſſi moins un par 22, & puis mettre le lieu de la derniére
ſans en rien oſter, comme à ce mot Aſa la première lettre vaut 1, & partant il la
faut paſſer, parce qu'oſtant un d'un, il ne reſte rien ; je viens à ſ qui eſt la dix-ſeptiéme lettre dont j'oſte 1, reſte 16 que je multiplie par 22, & au produit j'ajouſte 1
à cauſe de la derniére lettre qui eſt a, ce ſera 353. Le rang de ce mot Vaz ſe trouve
ainſi : V eſt la dix-neuviéme lettre, partant je multiplie 18 par 484, le produit eſt
8712 ; la ſeconde lettre eſt a qui vaut 1, dont ayant oſté 1 il ne reſte rien ; je viens à
z qui eſt la derniére lettre, & qui vaut 22 que j'ajouſte à 8712, & je trouve que le
rang de ce mot eſt le 8734 dans le nombre de 10648, & ainſi des autres qui ont
plus de lettres ; & remarquez que l'a au commencement ou au milieu d'une diction n'eſt conté pour rien, & qu'eſtant à la fin il vaut 1.

Ayant un nombre donné dire quelle diction tient ce rang dans le nombre
total, pourveû qu'on diſe de combien elle eſt de lettres.

Il faut ajouſter au nombre donné le nombre des combinaiſons des dictions
compoſées de moins de lettres : par éxemple, on me donne 155 contenant le rang
d'une diction de trois lettres, j'y ajouſte les combinaiſons des dictions d'une &
de deux lettres, qui ſont 484 & 22, la ſomme ſe montera à 661, & pour ce nombre j'opére comme ſi je voulois voir quelle diction tient ce rang dans le nombre
total de toutes les dictions ; je le diviſe par 484 le quotient eſt un, reſte 177 que
je diviſe par 22, le quotient eſt 8, reſte 1, partant je prens la premiére lettre, puis
la huitiéme, puis la première, pour avoir aha.

Autrement il faut diviſer le nombre par le meſme diviſeur que cy-deſſus, &
au quotient y ajouſter 1, & faire ainſi à tous les quotiens : mais au reſte qui ſe
trouve aprés la diviſion par 22, il ne faut rien ajouſter : par éxemple, on me donne
587, lequel je diviſe par 484, le quotient eſt 1, auquel j'ajouſte 1, ſont 2, reſte 103,
que je diviſe par 22 ; le quotient eſt 4, auquel j'ajouſte 1, ſont 5, & reſte 15, partant

je prens la deuxiéme lettre, la cinquiéme & la quinziéme, & je fais la diction *Beq.*

Si l'on me donnoit le mefme nombre, & que l'on me dift que ce fuft un mot de deux lettres, je dirois qu'il feroit impoffible, car il n'y a que 4 8 4 dictions de deux lettres: mais fi on luy donnoit quatre lettres, il faudroit divifer de la mefme façon, & mettre un *a* devant, s'il avoit cinq lettres il faudroit mettre deux *a*, & ainfi des autres, comme en ce nombre 1 5 5 qui tient lieu d'une diction de trois lettres ; je le devrois divifer par 4 8 4, mais à caufe qu'il ne fe peut, je mets un *a* comme fi c'eftoit un zéro, finon qu'il fe peut mettre le premier, & qu'eftant le dernier il vaut 1 ; puis je prends l'autre divifeur 22, par lequel je divife 155, le quotient eft 7, & il refte 1, j'ajoufte l'unité à 7, parce que *a* n'a point de valeur s'il n'eft à la fin, & que *b* vaut 1, *c* 2, *d* 3, &c. fi ce n'eft quand ils font à la fin, de forte que ce mot fera *Aha:* le premier *a* eft à caufe que le premier divifeur s'eft trouvé plus grand que le nombre à divifer ; *h* à caufe de 7 lequel vaut 8 par l'addition de l'unité, & *h* eft la huitiéme lettre, & le dernier *a* à caufe de 1 qui refte.

Quand une divifion manque quelque part au commencement, au milieu, ou à la fin, il faut toûjours mettre un *a*, comme en ce nombre 5 0 0, qui tient lieu d'une diction de trois lettres. Je le divife par 4 8 4, il vient 1, qui eft un *b*, & il refte 16, & partant je ne puis divifer par 2 2, de forte qu'après le *b* il faut mettre un *a*, & puis la feiziéme lettre qui eft *r*, & le mot fera *Bar.* Il faut noter icy que l'*a* ne vaut aucun nombre, finon à la fin qu'il vaut 1, & toutes les autres auffi valent leur nombre quand elles font les derniéres, mais eftant au commencement ou au milieu elles vallent 1 moins que le rang où elles font dans l'alphabet, comme qui commenceroit à conter par *b*, *c*, *d*, 1, 2, 3, &c. & ainfi *z* ne vaut que 21, mais à la fin il vaut 2 2.

Il faut encore remarquer que comme en faifant les opérations d'une divifion quand le divifeur eft plus grand que le nombre qui luy eft au deffus, on met un zéro ou deux, & on avance le divifeur d'une ou de deux places: auffi dans l'opération de toutes ces divifions-cy, fi le divifeur fe trouve plus grand que le dividende, il faut mettre un *a*, & mettre le divifeur d'après, lequel, s'il eft trop grand, il faut encore mettre un *a*, & changer de divifeur, jufques à ce qu'il fe trouve plus petit comme en ce nombre 5 1 5 7 9 9 9, qui tient rang d'une diction de fix lettres, il le faut divifer par 5 1 5 3 6 3 2, qui tient lieu de centaine de mille, le quotient eft 1 qui eft *B*, & il refte 4 3 6 7, qu'on ne peut divifer par le divifeur fuivant 234256, & partant je mets un *a* ; ni par celuy d'après auffi qui eft 1 0 6 4 8, & je mets encore un *a*, puis je le divife par 4 8 4, le quotient eft 9 qui eft *l*, & il refte 1 1 que je ne puis divifer par 2 2, & partant je mets un *a*, & le refte eft 1 1, qui eftant le dernier eft *m*, ce mot donc fera *Baalam ;* pour faire *Balaam* il faudroit 5 2 4 9 47 5.

On pourroit écrire par ce moyen des lettres bien obfcures, mais il faudroit mettre devant & après chaque nombre un point, & puis un chiffre, qui marqueroit de combien de lettres la diction feroit compofée, & on pourroit fe fervir des deux fortes tout enfemble. L'on peut écrire des airs par le mefme moyen, de la mefme façon que des dictions, en nommant les notes *a*, *b*, *c*, au lieu de *ut*, *re*, *mi*, mais il faudroit écrire les temps à part comme les notes.

Hazars.

C'Eft la couftume à Genes d'élire, ou plûtoft de tirer au fort tous les ans d'entre les cent Sénateurs cinq perfonnes qui doivent avoir les principales Charges de la République.

Cela a donné lieu à des paris qui fe font tous les ans touchant ceux à qui le fort arrivera. Il fe trouve des Banquiers qui promettront jufques à vingt mille
piftoles

piſtoles pour une qu'on leur donnera ſi le ſort tombe ſur 5 qu'on aura nommez ; 5 ou 6 mille, s'il n'y a que 4 des 5 qu'on aura nommez ; & 5 ou 6 cens, s'il y en a 3. Pour l'ordinaire ils ne donnent rien pour un ni pour deux. On demande quels ſont les hazars pour le Banquier & pour le Pariant, & quel profit le Banquier peut faire ſur ce commerce.

Il faut premiérement arreſter ce que doit donner le Banquier, ſi le ſort tombe ſur ceux qu'on aura nommez, ou ſur quelques-uns d'eux.

Suppoſons que le Banquier donne 20000 piſtoles pour une, ſi le ſort tombe ſur les 5 qu'on aura nommez ; 5000 s'il n'y en a que 4 ; 300 s'il y en a 3 ; & 4 s'il n'y en a que 2.

On verra premiérement en combien de maniéres les 5 qu'on doit tirer au ſort peuvent venir.

Il faut multiplier 100 par 99, le produit par 98, par 97. & par 96 ; mais parce que le produit de ces 5 nombres contient auſſi l'ordre dans lequel ces 5 perſonnes ſont tirées, il le faut diviſer par 120, qui eſt la combinaiſon de cinq choſes ; ou bien multiplier ſeulement 80 par 97, 98 & 99, ce qui eſt la meſme choſe que de multiplier les cinq nombres l'un par l'autre, & diviſer le produit par 120. On aura 75287520, qui ſont toutes les façons dont cinq billets peuvent eſtre tirez ou pris dans 100.

Il faut maintenant voir quels ſont les hazars du Pariant.

Les cinq qu'il a nommez ne peuvent arriver qu'en une ſeule maniére : il n'y aura donc qu'un hazar pour luy, & 75287519 pour le Banquier ; & parce que le Banquier donne 2000 pour 1, il faut multiplier 1 par 20000 ; donc pour 20000 de hazar qu'a le Pariant, le Banquier en a 75287519, qui eſtant diviſez par 20000 donnent 3764$\frac{1}{4}$, la proportion des hazars eſt donc comme 1 à 3764$\frac{1}{4}$.

Pour avoir les hazars de 4, il faut prendre cinq fois 95, qui ſont 475, qu'il faut oſter de tous les hazars, ou plûtoſt de ceux qu'a le Banquier ſur les hazars de 5. On oſtera donc 475 de 75287519, il reſtera 75287044 pour les hazars du Banquier : mais parce qu'il donne 5000 pour un, il faut diviſer 75287044 par 5000 ; & on aura 15057$\frac{2}{5}$ peu plus pour les hazars du Banquier, & 475 pour ceux du Pariant ; & diviſant l'un par l'autre, il viendra 31$\frac{2}{10}$ peu moins, pour les hazars du Banquier, & un pour ceux du Pariant.

Pour avoir les hazars de trois perſonnes dans les cinq qu'on a nommées, on multipliera par 10 le triangle de 94, qui eſt 4465 ; on aura donc 44650 pour les hazars du Pariant, qui eſtant oſtez des hazars que le Banquier a eû ſur quatre, ſçavoir de 75287044, il reſtera 75242394 pour les hazars du Banquier, qu'il faut diviſer par 300, parce qu'il donne 300 pour 1, & on aura 250808 peu moins pour les hazars du Banquier, qui eſtant diviſez par 44650, on aura la proportion des hazars du Banquier & du Pariant, comme 5$\frac{2}{3}$ peu plus à 1.

Reſte à voir les hazars de 2. Pour avoir ceux du Pariant, on multipliera le tétraédre de 93, ſçavoir 13845 par 10, & on aura 138450, qu'il faut oſter des hazars que le Banquier a eû ſur 3, ſçavoir de 75242394, il reſtera 73858244, qu'il faut diviſer par 4, à cauſe que le Banquier donne 4 pour 1, & on aura 18464561 pour les hazars du Banquier ; & les diviſant par les hazars du Pariant, qui ſont 138450, on trouvrea que les hazars du Banquier & du Pariant ſont entre eux comme 13$\frac{1}{2}$ peu moins à 1.

On peut auſſi conſidérer les hazars de 1, c'eſt à dire s'il venoit quelqu'un des cinq qu'on a nommé. Il faudra multiplier par 5 le triangle-triangle ou quatriéme puiſſance triangulaire de 92, qui eſt 3183545, le produit eſt 15917725, qu'il faut oſter des hazars du Banquier ſur 2, ſçavoir de 73858244, il reſtera 57940519, qui ſont les hazars du Banquier : mais parce qu'il ne donne rien, quand il ne vient qu'un des cinq qu'on a nommez, on diviſera 57940519 par 15917725, & le Banquier aura encore 3$\frac{16}{25}$ de hazard ſur 1 qu'aura le Pariant ;

mais ce hazard n'est qu'au profit du Banquier, & le Pariant n'y a rien.

Ayant tous ces hazars, il les faut assembler. Et premiérement si le sort tombe sur les cinq qui ont esté nommez, le Pariant a 20000. S'il en vient quatre, il y a 475 hazars pour le Pariant, qui estant multipliez par 5000 que le Banquier doit donner, s'il arrive quelqu'un des 475 hazars, ce sera 2375000 hazars pour le Pariant.

Si le sort tombe sur trois de ceux qui ont esté nommez, les hazars de trois sont 44650, qui multipliez par 300, que le Banquier doit donner pour chacun de ces hazars, ce sera 13395000 hazars pour le Pariant, s'il en vient trois des cinq qu'il a nommé.

Si le sort ne tombe que sur deux, on a trouvé que les hazars de deux sont 1384150, qui multipliez par quatre donnent 5536600 hazars pour le Pariant. Tous ces hazars ensemble montent à 21326600; & ce sont les hazars du Pariant.

Pour avoir les hazars du Banquier, il faut assembler tous les hazars du Pariant, qui sont 1, 475, 44650 & 1384150, la somme est 1429276, qui ostée de tous les hazars qui sont en tout 75287520, il restera 73858244 pour les hazars du Banquier; les hazars du Pariant seront donc à ceux du Banquier comme 21326600 à 73858244, ou dans les moindres termes, comme 183850 à 636709, qui est comme 1 à un peu moins de $3\frac{1}{2}$, ou justement comme 1 à $3\frac{85159}{183850}$.

	Hazars
20000	de 5
2375000	de 4
13395000	de 3
5536600	de 2
21326600	Somme des hazars du Pariant.
	Hazars
1384150	de 2
44650	de 3
475	de 4
1	de 5
1429277	Somme des hazars du Banquier.

Ce seroient là les hazars du Banquier & du Pariant, si le Banquier ne recevoit rien de ceux à qui le sort est favorable: mais parce qu'outre l'avantage qu'il a dans les hazars, il a encore une pistole de chacun de ceux à qui les hazars peuvent arriver, il a pour luy tous les hazars de cinq personnes choisies dans 100, sçavoir 75287520: la proportion des hazars du Pariant est donc à ceux du Banquier, comme 2132660 à 75287520, ou comme 533165 à 1882188, c'est à dire comme 1 à un peu plus de $3\frac{1}{2}$.

Mais parce que d'ordinaire on ne donne rien pour 2, il faut oster les hazars de 2, qui se montent à 5536600, des hazars du Pariant, le reste sera 15790000, qui sont aux hazars du Banquier, comme 394750 à 1882188, ou comme 1 à un peu plus de $4\frac{1}{4}$.

Voicy le fondement & les raisons de cette opération.

Premiérement pour sçavoir en combien de maniéres on peut choisir cinq choses dans 100, on multiplie l'un par l'autre les cinq nombres 100, 99, 98, 97, & 96, & on divise le dernier produit par l'ordre de cinq choses.

Si on ne prenoit qu'une chose dans 100, il est certain qu'on ne le pourroit faire qu'en 100 façons. Que si on en prend deux, puis que la premiére se prend en 100 façons, aprés chacune des 100 on peut mettre laquelle on voudra des 99 restantes; mais on voit icy que l'ordre y est compris, parce que chacune des 100 sera dans tous les choix la premiére & la derniére, il faudra donc diviser par deux, sçavoir par l'ordre de deux choses, le produit de 99 par 100.

Si on choisit trois choses dans 100, parce que deux choses se prennent en 9900 maniéres, qui est le produit de 100 par 99, & qu'il en reste 98, on pourra choisir chacune de ces 98 qui restent, & l'ajouster à chacune de 9900 façons dont on a choisi deux choses: le produit de 9900 par 98 contiendra les diverses maniéres de choisir trois choses dans 100, l'ordre compris.

Par la mesme raison pour choisir quatre choses, il faudra multiplier ce dernier produit, qui eft 970260, par 97 qui reftent; & pour cinq chofes multiplier encore ce dernier produit, qui eft 94109400, par 96, & divifer le produit 9034502400 par 120, qui eft l'ordre de cinq chofes, parce que par cette conftruction chacune des 100 chofes tient alternativement chacun des cinq rangs qui font dans cinq chofes, fçavoir le premier, le deuxiéme, troifiéme, quatriéme & dernier.

Pour les hazars du Pariant on multiplie 95 par 5, pour fçavoir en combien de façons il peut venir quatre des cinq qu'il a nommez ; car puis qu'il en manque un, chacun des cinq peut manquer, & en fa place il peut venir l'un des 95, dont il n'a nommé aucun : il faut donc multiplier 95 par 5. Il eft vray que les quatre eftant oftez de 100, il refteroit 96 : on ne multiplie pas pourtant par 96, parce que le cinquiéme des nommez fe trouvant au nombre des hazars du Pariant, il feroit compté deux fois au Pariant.

S'il vient trois des cinq qui ont efté nommez, les hazars fe trouvent en multipliant par 10 le triangle de 94.

On multiplie par 10, parce que trois chofes fe peuvent choifir dans cinq en dix maniéres, ainfi qu'il a efté expliqué cy-devant, quand on a fait voir en combien de façons on peut choifir cinq chofes dans 100, car on multipliera 5, 4, 3, l'un par l'autre, & on divifera le produit 60 par l'ordre de 3, qui eft 6.

On multiplie par le triangle de 94, parce que dans les cinq qu'on tire au hazar, n'y en ayant que trois des cinq que le Pariant a nommez, les deux autres doivent eftre des 95 autres. Or dans tous les choix ou hazars, le premier de ces 95 fe trouvera avec chacun des 94 autres. Aprés le fecond de ces mefmes 95 fe trouvera avec chacun des 93 autres. Le troifiéme avec chacun des 92 ; & ainfi de fuite jufqu'au 94 qui fe trouvera avec le dernier des 95 : or ces nombres affemblez font le triangle de 94, parce qu'il faudroit ajoufter 94 avec 93, 92, 91, &c. jufqu'à 1.

Par le mefme raifonnement on verra pourquoy pour avoir les hazars de deux, on multiplie par 10 le tétraédre de 93.

Queſtion.

On demande à combien de perfonnes fe montent les anceftres en trente générations, fuppofant que les mariages ne fe foient point faits entre les defcendans des premiéres & plus anciennes générations. Il faut prendre la trentiéme puiffance de deux, qui eft 1073741824, & c'eft le nombre des anceftres.

Queſtion.

Au jeu des Efchecs, les huit pions peuvent avancer une ou deux cafes au premier coup. On demande en combien de façons on peut joüer ces huit pions, en ne joüant chacun d'eux qu'une feule fois.

S'ils ne pouvoient eftre joüez que d'une feule maniére, on auroit 40320 façons de les joüer, fçavoir felon la combinaifon de l'ordre de huit chofes : mais parce que chacun fe peut joüer en deux maniéres, il faudra multiplier 40320 par la huitiéme puiffance de deux, fçavoir par 256, & on aura 10321920.

En cette forte de combinaifon où	2	2	1
chaque chofe fe place en deux manié-	4	8	2
res, il faut multiplier tous les nombres	6	48	3
pairs l'un par l'autre, au lieu qu'en la	8	384	4
combinaifon fimple on ne multiplie que	10	3840	5
tous ces nombres. Ainfi une chofe fe	12	46080	6
prend en deux façons, 2 en 8, 3 en 48, 4	14	645120	7
en 384, &c.	16	10321920	8

Si chaque chose se prenoit en trois maniéres, comme si les pions pouvoient avancer une, deux ou trois cases, il faudroit multiplier l'un par l'autre les nombres multiples de 3, sçavoir 3, 6, 9, 12, &c. & on auroit 18 pour le changement de deux choses, 162 pour celuy de trois, &c. & ainsi les huit pions se joüeroient la première fois en 264539520 maniéres.

3	3	1
6	18	2
9	162	3
12	1944	4
15	29160	5
18	524880	6
21	11022480	7
24	264539520	8

F I N.

DIVERS
OUVRAGES
DE
M. DE ROBERVAL.

AVERTISSEMENT.

ON a trouvé écrit de la main de M. de Roberval au commencement du Manuſcrit d'où cét Ouvrage a'eſté pris, que l'invention en eſt de luy, mais qu'il ne l'a pas mis en l'état qu'il eſt ; que ça eſté un Gentilhomme Bourdelois, à qui il avoit donné des leçons en particulier, qui les ayant rédigées par écrit, en a compoſé ce Traité à ſa manière. Il eſt vray qu'en 1 6 6 8. M. de Roberval revit cét Ouvrage avant que de le lire dans l'Académie Royale des Sciences ; mais il n'y mit pas la dernière main, s'eſtant contenté d'écrire ſeulement en divers endroits quelques remarques, que l'on trouvera à la marge de ce Livre.

OBSERVATIONS
SUR LA COMPOSITION
DES MOUVEMENS,
ET SUR LE MOYEN DE TROUVER
LES TOUCHANTES
des lignes courbes.

POur ne perdre aucune des penfées que nous croirons pouvoir fervir à l'intelligence de ce fujet, nous ne nous attacherons à aucun ordre ou fuite de propofitions déterminées, il faudra mefme le plus fouvent ou fuppofer l'intelligence de quelques définitions & principes que nous n'aurons pas expliquez, ou bien les inferer avec nos propofitions.

Définitions.

NOus appellons ligne fimple celle qui eftant fur un plan, eft telle que chacune de fes parties peut convenir avec toutes les autres parties de la mefme ligne. Telle eft la ligne droite & la circonférence du cercle.

Ligne compofée eft celle dont les parties n'ont point cette propriété de s'ajufter & convenir avec chacune des autres parties.

Mouvement uniforme eft celuy par lequel un mobile eft porté d'une vîteffe toûjours égale à elle-mefme.

Mouvement irrégulier ou difforme, au contraire.

Puiffance eft une force mouvante.

Impreffion eft l'action de cette puiffance.

La ligne de direction de l'impreffion eft celle par laquelle la puiffance meut le mobile.

Nous appellons les impreffions femblables, ou diverfes, fuivant que leurs lignes de direction font entre elles paralleles, ou ne le font pas, &c.

Or il ne faut pas croire que nous appellions une ligne, ligne fimple, dautant qu'elle eft décrite par un mouvement fimple: car, comme nous verrons dans la fuite, non-feulement la circonférence du cercle, mais encore la ligne droite peut eftre entenduë avoir efté décrite par un mouvement compofé de tant de mouvemens qu'on voudra.

Nous avons encore défini la puiffance en tant qu'elle nous peut fervir confidérant les diverfitez des mouvemens, ce qui n'empefche pas que dans d'autres fpeculations, nous n'entendions par le mot de puiffance une force capable de fouftenir un poids, ou de quelque autre effet.

Généralement en ce Traité nous confidérerons deux chofes dans les mouvemens, leur direction, & leur vîteffe.

Axiomes.

LA direction d'une puiffance mouvant un mobile, lequel par fon mouvement décrit une circonférence de cercle, eft la ligne perpendiculaire à l'extrémité du diamétre, au bout duquel le mobile fe trouve.

S

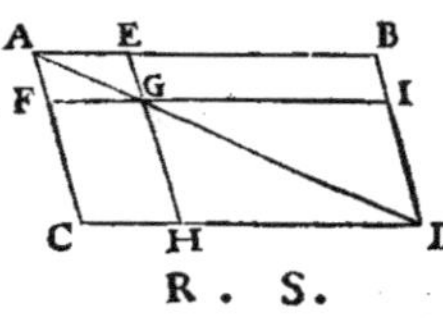

Ce raifonne-
ment ne peut
quadrer qu'à
la circonfé-
rence d'un
cercle.

Soit le mobile B, (qui par fon mouvement décrit la circonférence G B F) au point B, à l'extrémité du demi-diamétre A B, auquel foit perpendiculaire la ligne B C. Je pofe pour fondement que B
C eft la ligne de direction par laquelle fe meut le
mobile B en ce point-là. Et on en peut rendre une
raifon naturelle, qui eft que l'on ne fçauroit prendre
quelque autre ligne que ce puiffe eftre, comme B D,
fans tomber dans une abfurdité : car puifque la nature ne fouffre rien d'indéter-
miné, & qu'on ne fçauroit prendre la ligne B D, qui fait l'angle oblique D B A,
avec le demi-diametre, que par la mefme raifon l'on ne fuft auffi obligé de prendre de l'autre part la ligne B E qui fait l'angle E B A égal à D B A, (ce qui eft
abfurde) il s'enfuit que la feule ligne qui puiffe eftre prife pour la direction d'un
tel mouvement fera la perpendiculaire B C, qui eft la feule qui faffe angles droits
avec le mefme demi-diamétre A B.

D'où il s'enfuit que cette direction change à chaque point de la circonférence.

D'où il s'enfuit encore que fi un mobile porté de G vers B venoit à fe détacher
de la circonférence du cercle, comme fi le demi-diametre l'ayant porté de G en
B, le lafchoit au point B, le mobile feroit porté avec cette impreffion par la
ligne B C.

Et d'autant qu'il fe rencontre que cette mefme ligne B C eft la touchante du
cercle au point B, nous prendrons pour principe d'invention qu'en toutes les autres lignes courbes, quelles qu'elles puiffent eftre, leur touchante, en quelque
point que ce foit, eft la ligne de direction du mouvement qu'a en ce mefme point
le mobile qui les décrit. En forte que compofant des mouvemens en diverfes
façons, & venant à connoiftre la direction du mouvement compofé en quelque
point que ce foit, d'une ligne courbe, nous connoiftrons par mefme moyen fa
touchante.

Or nous entendons qu'un mouvement eft compofé de plufieurs mouvemens,
lors que le mobile duquel il eft le mouvement, eft meû par diverfes impreffions.

THE'OREME I.

Propofition premiére.

SI un mobile eft porté par deux divers mouvemens chacun droit & uniforme,
le mouvement compofé de ces deux fera un mouvement droit & uniforme
différent de chacun d'eux, mais toutefois en mefme plan, en forte que la ligne
droite que décrira le mobile fera le diamétre d'un parallelogramme, les coftez
duquel feront entre eux comme les vîteffes de ces deux mouvemens ; & la vîteffe
du compofé fera à chacun des compofans comme le diamétre à chacun des
coftez.

Soit le mobile A porté par deux divers mouvemens defquels les lignes de direction foient
A B, A C, faifant l'angle B A C, & que les
mouvemens droits & uniformes foient tels
qu'en mefme temps que l'impreffion A B auroit porté le mobile en B, en mefme temps l'impreffion A C l'euft portée en C. Je dis que le
mobile porté par le mouvement compofé de
ces deux, fera porté le long du diamétre A D
du parallelogramme A D, duquel les deux lignes A B, A C, font les deux coftez,
& que le mouvement qu'il aura fur le diamétre A D fera uniforme.

Ce que nous comprendrons, si nous nous imaginons que la ligne A B def-
cendant toûjours uniformement & parallelement à la ligne C D, jufqu'à ce
qu'elle ne foit qu'une mefme ligne avec la ligne C D ; & la ligne A C fe mouvant vers la ligne B D en la mefme façon, noftre mobile A ne fait autre chofe
que fe rencontrer à tout moment en la commune fection de ces deux lignes.

Or il eft affez clair que les points de cette commune fection font tous dans le
diamétre A D ; ce que nous démontrerons encore mieux par cette confidération.
Imaginons-nous que le mobile A fe mouvant uniformement fur l'une des lignes
A B ou A C, la mefme ligne fe meut toûjours parallelement à foy-mefme. En
cette forte fi le mobile eft meû fur A B de A en B en mefme temps que A B def-
cend jufques en C D ; & pofons le cas qu'en un certain temps le mobile foit arrivé
en E, & qu'en ce mefme temps le cofté A B foit defcendu en forte qu'il faffe une
mefme ligne avec F I, dans laquelle prenons F G égale à A E (par noftre fuppofition elle luy eft auffi parallele) donc le mobile A fera en G : je dis que le point G
eft dans le diamétre A D du parallelogramme A B D C. Car par le point G
foit tiré la ligne E G H qui achevera le petit parallelogramme A G. Puis donc
que les deux mouvemens que nous confidérons font uniformes, comme A B
eft à A E, ainfi A C eft à A F ; & en changeant, A E eft à A F comme A B à
A C, & l'angle B A C eft commun ; partant les deux parallelogrammes A D &
A G font femblables & à l'entour d'un mefme diamétre ; & par confequent
le point G eft dans le diamétre A D, ce qu'il falloit démontrer. Le refte de
noftre propofition n'eft qu'un corollaire de ce que nous avons dit : c'eft pourquoy nous ne nous y arrefterons pas plus long-temps.

Mais nous remarquerons qu'en cette premiére compofition de mouvemens
& généralement en toutes les autres, nous pouvons confidérer fix chofes. Sçavoir trois directions qui font les deux fimples, & la compofée, & trois impreffions qui font les deux fimples & la compofée.

Or fi les trois directions nous font données, les trois impreffions font auffi
données, c'eft à dire les proportions des vîteffes des trois mouvemens ; car A B,
A C, & A D, eftant données, nous n'aurons qu'à prendre un point D dans A D,
ligne de direction du mouvement compofé, & par le point D tirer D B & D C
paralleles à A B & A C ; & le parallelogramme eftant ainfi achevé, les proportions des mouvemens feront les mefmes que celles des deux coftez & du diamétre du parallelogramme.

Mais les trois impreffions eftant connuës, ou la proportion des trois lignes
A B, A C, A D, nous ne connoiftrons aucune des directions, puis que pas une
de ces lignes ne nous fera donnée de pofition, quoy-que les angles qu'elles feront
à leur rencontre nous foient donnez en efpece. Or en ce cas il faut que deux des
puiffances quelles qu'elles foient, foient enfemble plus grandes que la troifiéme, puis que les lignes A B, A C, A D, qui font en mefme raifon que les puiffances, peuvent eftre les coftez d'un triangle.

Que fi l'on nous donne deux directions, l'une
de l'un des mouvemens compofans, & l'autre du
compofé, nous ne connoiftrons rien de la troifiéme, ni de la force des impreffions, mais feulement
nous aurons une raifon donnée telle que la raifon
de l'impreffion ou de la puiffance compofante qui
nous eft donnée à l'autre puiffance compofante,
ne pourra pas eftre plus grande : car A C & A D
nous eftant données, ayant pris dans A C un point

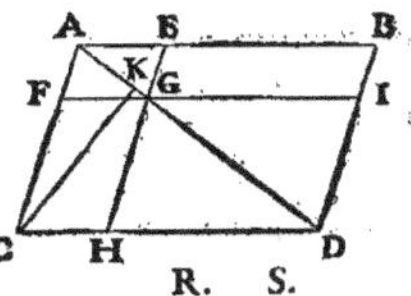

comme C, & de C ayant abbaiffé C K perpendiculaire fur A D, la raifon de A C
à A B ne pourra pas eftre plus grande que la raifon de la ligne A C à cette perpendiculaire C K, puis que cette perpendiculaire eft la moindre de toutes les

lignes qui peuvent estre le troisiéme costé d'un triangle, l'un des deux autres estant A C, & le second une portion de la ligne A D.

Que si l'on nous eust donné deux mouvemens entiers, c'est-à-dire leurs directions & leurs vîtesses, l'on nous eust aussi donné la direction & la vîtesse du troisiéme; car ayant deux costez d'un triangle & l'angle qu'ils contiennent, tout le reste nous est donné.

Pareillement nous estant donné deux directions telles qu'on voudra de deux mouvemens, & la raison de la vîtesse du troisiéme à la vîtesse de l'un des deux desquels nous avons la direction, nous connoissons les trois mouvemens, comme si l'on nous donne les directions A B, A C, des deux composans, & la raison de la vîtesse du composé à A B comme de R à S, prenant dans la direction A B un point comme B, & faisant que comme S est à R, ainsi A B soit à un autre, nous trouverons la ligne A D. Donc si du centre A & de l'intervalle A D nous décrivons un arc de cercle qui rencontre la ligne B I D parallele à A F C en D, nous aurons les vîtesses des trois mouvemens A B, A D, B D ou A C, &c. Les choses estant ainsi expliquées, nous énoncerons nostre proposition plus généralement en cette sorte.

Proposition seconde.

UN mouvement composé de tant de mouvemens droits & uniformes qu'on voudra se fera par une ligne droite, & sera uniforme.

Ce qui est encore assez clair par ce que nous venons de dire; car prenant deux de ces mouvemens j'en composeray un seul, puis que par la précédente ces deux se doivent réduire en un, puis de ce composé consideré comme simple (car il n'importe, puis que les deux directions qui le composent ne font pas plus qu'une simple que nous pouvons concevoir) & d'un autre, j'en composeray un second, qui par ce moyen sera composé de trois; & ainsi en continuant je viendray à en composer un seul de tant qu'il me plaira.

D'où il résulte,

Que tout mouvement uniforme & droit peut estre entendu, ou comme simple, ou comme composé de tant d'autres mouvemens qu'on voudra.

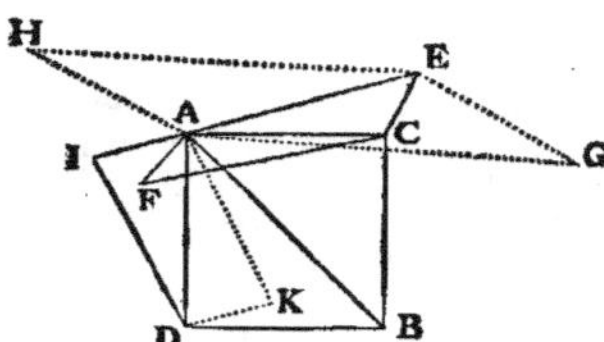

Où il faut remarquer que nous pouvons concevoir ce mouvement comme composé de divers autres, lesquels se feront en des plans différens, en sorte pourtant que le plus composé de tous soit dans le plan des deux que nous considérons comme les derniers qui le composent. Ainsi le mouvement A B peut estre composé des deux A C & A D, dont l'un A C est composé de deux autres A E, A F, l'un desquels, comme A E, sera composé de deux autres A G & A H, & ainsi de tant qu'on voudra; & le second des deux A D, que nous avons dit qui composoient le mouvement A B, peut estre entendu comme composé de deux autres A I, A K, & encore chacun de ceux-là de deux autres, &c. en sorte que le mouvement A B sera composé de tant que l'on voudra, & mesme desquels les impressions seront données : car qui m'empeschera de décrire des parallelogrammes si différens qu'il me plaira, desquels les diagonales soient A B, A D, A C, A E, A H, A G, &c.

Et c'est icy un champ d'une infinité de belles spéculations, comme si ayant supposé que le mouvement A B est composé de cinq autres mouvemens, la vîtesse de chacun desquels nous est donnée, l'on nous demande combien il est

nécessaire

néceffaire de connoiftre de leurs directions pour déterminer chacun d'eux & les donner de pofition, & ainfi d'une infinité d'autres qui pourroient eftre telles que la recherche excédant la capacité de noftre efprit, nous n'en pourrions pas donner les folutions.

Mais pour tirer de cette propofition des connoiffances encore plus belles, nous allons expliquer par fon moyen la nature des réfléxions & de la réfraction, ayant premiérement pofé pour principe, qu'un mouvement pour compofé qu'il foit de diverfes impreffions, aura le mefme effet qu'un autre caufé par une feule impreffion, de laquelle la direction foit la mefme que de la compofée, fi l'un eft auffi fort que l'autre.

Cecy eftant pofé, nous confidérons dans les corps deux fortes d'impreffions qui les peuvent faire mouvoir; l'une qui les chaffe d'un lieu vers un autre par violence: telle eft celle que la raquette donne à la bale, la corde d'un arc à la fléche, &c. L'autre qui fe fait par attraction des corps, foit que cette attraction foit réciproque, ou non; & cette derniére eft de telle nature qu'elle ne peut jamais caufer de réfléxion, comme fi l'aimant B attirant le fer A, le fer s'approchant vient à rencontrer le corps C qui l'empefche de continuer fon mouvement de A vers B, il 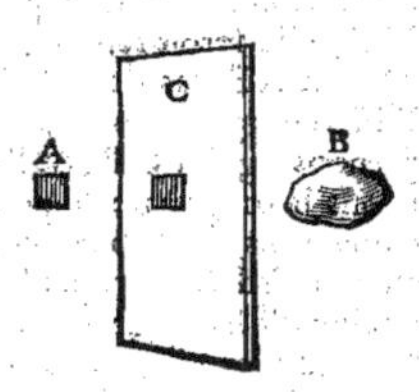
s'arreftera contre le corps C, le preffant continuellement, dautant que l'attraction fe faifant au travers de C, la vertu de l'aimant empefche le fer de rejaillir vers A; mais la nature de la premiére forte d'impreffion eft telle qu'un corps eftant meû en cette façon, s'il vient à rencontrer un obftacle auquel il ne puiffe pas communiquer fon impreffion, l'obftacle la luy rend, ou pour mieux dire le détermine à retourner vers une autre part; & nous prendrons pour principe, que fi un mobile rencontre un obftacle eftant meû par une ligne perpendiculaire au mefme obftacle, il retournera vers le lieu duquel il eftoit meû. Ainfi A fe mouvant vers D par une ligne perpendiculaire à l'obftacle B C, & venant à rencontrer cet obftacle, auquel nous fuppofons qu'il ne puiffe pas communiquer toute ou prefque toute l'impreffion qui l'a fait mouvoir, il fera réfléchi par la mefme ligne D A, par laquelle il s'eftoit meû, mais en telle forte que s'il n'a communiqué rien du tout de fon impreffion à B C, & que B C ne luy en ait pas donné une nouvelle, il retournera avec autant de viteffe qu'il en avoit en D. Que s'il a communiqué une partie de fon impreffion à B C, il ne retournera pas avec autant de viteffe qu'il en avoit en D; & enfin fi l'obftacle B C ne luy a pas feulement rendu l'impreffion qu'il luy vouloit donner, mais encore l'a augmentée, comme fi en D il a trouvé un reffort, ou autre chofe, alors le mobile retournera de D avec plus de viteffe qu'il n'en avoit, quand il eft premiérement parvenu au mefme point D.

Ce principe eftant ainfi expliqué, nous n'aurons point de peine à entendre la nature de la réfléxion. Car fi nous penfons qu'une bale eftant pouffée d'A vers B, rencontre au point B la fuperficie de la terre que nous fuppofons parfaitement plate & dure, pour ne nous point embarraffer dans de nouvelles difficultez, laquelle l'empefchant de paffer outre eft caufe qu'elle fe détourne, & pour entendre de quel cofté, puifque fon mouvement peut eftre divifé en toutes les parties defquelles l'on peut concevoir qu'il eft compofé, imaginons-nous qu'il le foit des deux A C & A H, ou C B, defquels le premier fait defcendre la bale de A en C, & le second la porte de la gauche A C vers la droite ; & parce que la rencontre de la terre est tout-à-fait contraire à l'un de

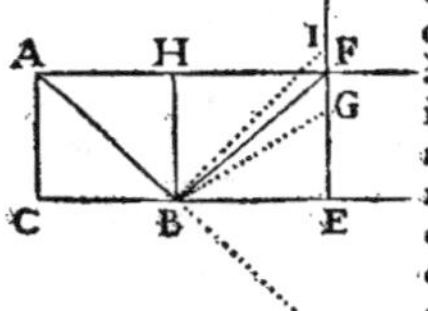

ces mouvemens A C, & qu'elle n'est point opposée à celuy qui l'a fait aller de la gauche vers la droite, il est certain que si le mobile eust esté meû seulement par son propre poids sur un plan incliné, comme A B, estant arrivé en B, ou il se fust arresté tout court, ou suivant sa figure & les degrez d'impression qu'il auroit, il eust roulé le long de B E ; mais parce que le mouvement de la bale est un mouvement violent, & que par nostre principe si elle eust esté portée le long de H B, elle seroit remontée de B en H : au lieu que nous avons composé le mouvement A B des deux C B & H B, puis que le mouvement H B est changé en B H, composons un mouvement de deux, dont l'un soit C B ou B E que nous prenons égal à C B, & l'autre E F ; & ayant décrit le parallellogramme H E, tirons la diagonale du point B, où se fait la réfléxion en montant vers F, nous trouverons que la bale remontera en autant de temps par la ligne B F, qu'elle en aura mis à descendre par la ligne A B ; en sorte que l'angle de réfléxion sera égal à celuy d'incidence, car supposant que la bale n'ait rien perdu de son impression, & n'en ait point aquis de nouvelle, son mouvement n'a fait que changer de direction : mais si elle eust rencontré un corps qui luy eust cedé, en sorte que luy communiquant de son impression elle en eust tout autant perdu, il eust fallu composer un mouvement de B E, & d'un autre moindre que E F, comme E G ; auquel cas l'angle de réfléxion auroit esté moindre que celuy d'incidence. Et posé que la bale eust rencontré un corps capable d'augmenter son impression, comme une raquette, ou un ressort, son mouvement auroit esté composé de B E, & d'un autre comme E I plus grand qu'E F en montant, auquel cas l'angle de réfléxion auroit esté plus grand que celuy d'incidence.

Et ce mesme raisonnement se peut aussi-bien accommoder à l'opinion de ceux qui tiennent que la bale ou tout autre missile ayant communiqué toute son impression à l'obstacle, elle rejaillist ou par la force du ressort qu'elle rencontre dans l'obstacle, ou par celle du ressort qui est en elle-mesme, ou par toutes les deux.

Venons à la réfraction, & supposons que la bale rencontre en B, non plus la superficie de la terre, mais une toile si déliée qu'elle ait la force de la rompre en perdant seulement une partie de son impression ; & parce qu'elle ne doit rien perdre de celle qui la fait aller de la gauche vers la droite, dautant que la toile ne luy est point opposée en ce sens-là, supposons qu'elle perd la moitié de l'impression qui la fait descendre, en ce cas il faudra continuer B E égale à C B, & prendre E I

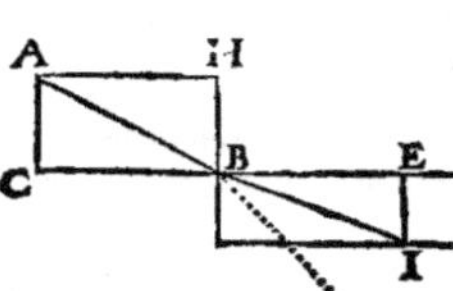

égale à la moitié de A C, de sorte que la diagonale B I sera le chemin que suivra le mobile aprés sa réfraction ; & pareillement si la vitesse A C eust esté augmentée, par exemple, de la moitié, comme si le mobile passant de l'air eust entré dans un autre milieu de telle nature qu'il eust pû s'y mouvoir une fois aussi viste, en ce cas nous aurions fait E I double de A C, B E demeurant égale à B C, &c. ce que l'on voit expliqué bien au long dans les Auteurs.

Or il faut remarquer avec soin cette façon de composer, & mesler les mouvemens, puis que nous voyons que des personnes les plus exercées dans la recherche des véritez Mathématiques se sont trompées en cét endroit : ainsi *M. Des Cartes* pour expliquer la réfléxion, décrit un cercle du centre B, qui

paſſe par A, & trouve que le point de la circonférence auquel le mobile retournera en autant de temps qu'il a mis à aller de A vers B doit eſtre F ; au lieu
que d'un raiſonnement ſemblable au noſtre il devoit en tirer comme une con-
ſéquence, que le point F dans cette hypotheſe ſe rencontrera dans la circonférence du cercle décrit du centre B par A.

Secondement, expliquant la réfraction de la bale dans l'eau, il a confondu
les termes d'impreſſion ou viteſſe, & de détermination, leſquels pourtant il
avoit diſtinguez peu auparavant ; car en la page 17. ligne derniére, il dit, *& puis* *Diſcours 2.*
qu'elle ne perd rien du tout de la détermination, &c.　　　　　　　　　　*de la Dio-*

Troiſiémement, il ſemble qu'il explique mal dans la page 19. la réfléxion de *ptr.*
la bale ſur la ſuperficie de l'eau : car il eſt vrayſemblable que lors que la bale
A B entre dans l'eau, & que la réfraction ſe fait vers I, c'eſt à cauſe que la bale

entrant dans l'eau au point B, & voulant continuer ſon chemin vers D, rencontre d'un coſté l'angle C B D obtus,
& de l'autre coſté l'angle E B D aigu, &
trouve plus de corps, & partant plus
de réſiſtance du coſté de l'angle obtus
que du coſté de l'aigu : ainſi elle ſe détourne par un chemin un peu courbe vers
I, lequel elle ne quitte plus lors qu'elle eſt
aſſez enfoncée dans l'eau : car bien qu'il y

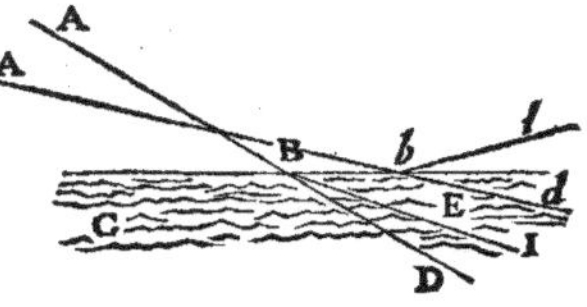

ait toûjours plus d'eau au deſſous de B I, que non pas au deſſus, néanmoins à
cauſe de ſon enfoncement, elle trouve la réſiſtance d'une part auſſi forte que de
l'autre, ce qui fait qu'elle continuë à ſe mouvoir vers I.

Mais lors qu'elle entre dans l'eau par la ligne A *b* trop inclinée, d'autant qu'a-
vant d'eſtre parvenuë dans l'eau en un endroit auquel la différence de la réſiſtance des deux parties de l'eau luy fut inſenſible, il faudroit qu'elle euſt (pour
ainſi dire) labouré un long ſillon d'eau, & agi pendant trop long-temps contre
la réſiſtance de l'eau du coſté inférieur ; de ſorte que par cette action elle perd
l'impreſſion de s'enfoncer davantage ; & ſa figure que nous ſuppoſons eſtre
ronde, quoy-qu'elle tienne de la nature & des propriétez d'un coin qui fendroit
l'eau, la porte vers la partie la plus foible, c'eſt-à-dire vers la ſuperficie ſupérieure de l'eau, & quelquefois au deſſus de la meſme ſuperficie ; ce qui eſt aſſez
intelligible.

Voyez ce que dit *M. Des Cartes* ſur ce ſujet dans les pages 21, 22. & les ſuivantes.

L'on pourroit déduire un grand nombre de belles concluſions de cette propoſition du mouvement compoſé de deux droits : mais puiſque dans ce petit
Traité noſtre but principal eſt de tirer du mélange des mouvemens une méthode
générale pour trouver les touchantes des lignes courbes, nous ne nous arreſterons pas davantage à cette propoſition.

Mais avant que de paſſer outre, nous remarquerons deux choſes : la première, que le diamétre A D euſt pû eſtre décrit par un point
porté de deux mouvemens droits AB, A C, deſquels ni l'un ni l'autre n'euſt eſté uniforme. Il
euſt pourtant fallu qu'à meſure que l'un, comme A B, euſt eſté augmenté ou diminué, la vî-
teſſe de l'autre euſt eſté changée à proportion,
comme ſi le mobile euſt eſté porté en A B
d'un mouvement fort lent depuis A juſques
à E, & d'un fort viſte depuis E juſques en

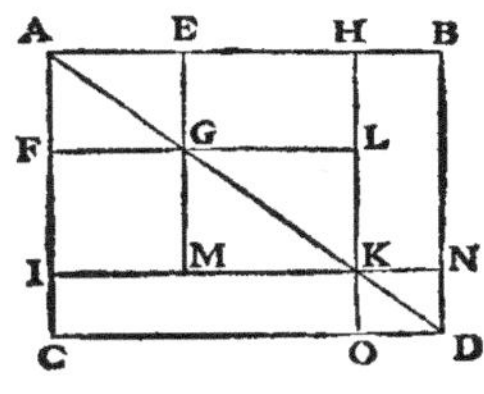

H, &c. pour luy faire décrire la ligne A D, il auroit fallu qu'ayant divisé A C en mesme raison qu'A B dans les points F & I, la ligne A B eust descendu fort lentement d'A vers F, & fort viste de F vers I ; ce que l'on pourra mieux concevoir, si l'on considere le mobile en G, comme devant en mesme temps estre porté de deux mouvemens uniformes, & desquels les vistesses sont entre elles, comme les lignes G L & G M le long des mesmes lignes G L & G M, &c.

Secondement, il nous sera facile de voir que si le mobile eust esté porté sur les lignes A B, A C par deux mouvemens droits, mais différens l'un de l'autre, en telle sorte que les parties de l'un n'eussent pas eû toûjours mesme raison avec

Mal expliqué, mais facile à entendre.

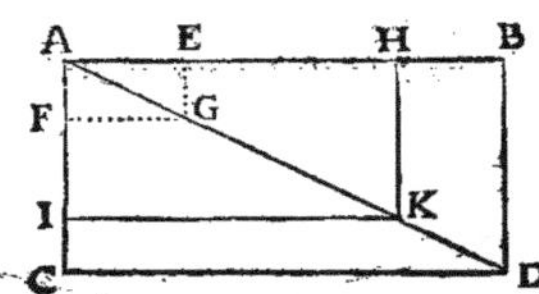

les parties de l'autre, en ce cas le mobile eust décrit une ligne courbe ; comme si les deux mouvemens eussent esté difformes ou disproportionnez, lors que le mobile estant en E dans la ligne A B, il eust esté en F dans la ligne A C, & qu'estant en H, il eust aussi esté en I, la ligne décrite par le mouvement meslé de ces deux auroit esté la courbe A G K D, &c.

Et cette considération ne sera pas des moins utiles pour la recherche des touchantes des lignes courbes, comme l'usage le fera découvrir.

Proposition troisiéme.

BIEN que ce que nous avons dit jusques icy des mouvemens meslez pût suffire pour nous en faire comprendre la nature, néanmoins puis que leur connoissance est un principe d'invention pour quantité de belles veritez, il sera peut-estre à propos d'en considérer icy divers autres mélanges, quoy-que tout ce que nous en dirons ait une grande étenduë, à cause que ce ne sont icy que les élemens de cette science.

Nous avons expliqué dans les propositions précédentes comment une ligne droite peut estre entenduë décrite par un mouvement uniforme meslé de deux droits & uniformes, ou par un mouvement inégal meslé de deux droits & difformes, &c.

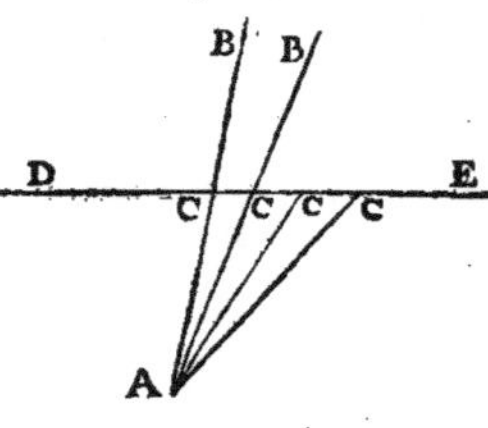

Or la mesme ligne droite peut aussi estre entenduë décrite par une infinité d'autres mouvemens, par exemple, par un mouvement droit & un circulaire, comme si la droite A C B se mouvant circulairement au tour du centre A, un point, comme C, est porté dans la mesme ligne, en sorte qu'il se trouve toûjours dans la commune section de la mesme ligne A B, & d'une autre D E : nous dirons que la ligne D E est décrite par un mouvement meslé d'un droit qui se fait le long de la ligne A B, & d'un circulaire que la mesme ligne A B communique au mobile qui la décrit par son mouvement droit ; & ces deux mouvemens sont tels, quoy-que bien difformes, que si l'on nous donne de position le point A & la ligne D E, quelque point que l'on prenne dans la ligne D E, la proportion de l'un de ces mouvemens à l'autre sera donnée.

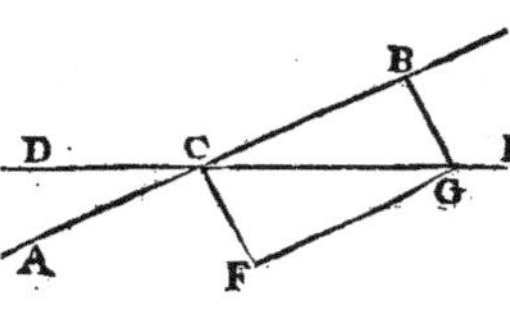

Car

Car ayant prolongé la ligne A B pardelà la ligne D E, comme en B si du point C auquel nous voulons connoistre la proportion de ces deux mouvemens, nous tirons C F perpendiculaire à A B, nous aurons la direction du mouvement circulaire qui se fait en C ; mais les deux autres directions sont données, A B du mouvement droit simple, & D E du mouvement composé. Donc les trois impressions nous sont données, ou la proportion de chacun des mouvemens aux deux autres.

Nous pouvons encore imaginer que la mesme ligne est décrite par un mouvement meslé de deux, l'un parabolique, l'autre droit, desquels nous pourrons en comprendre, un uniforme, comme si la parabole estant portée par un mouvement droit, en sorte que l'un de ses diamétres soit toûjours sur la ligne A B, un point C se promene de telle sorte dans la parabole, qu'il se maintienne toûjours dans la ligne D E; & en ce cas si la touchante de la parabole en C nous est donnée, nous connoistrons ces trois mouvemens, c'est-à-dire les vîtesses de chacun des trois comparé aux deux autres, puisque leurs trois directions nous sont données, où vous remarquerez que la direction du mouvement droit simple est la ligne A B, c'est-à-dire, une ligne L C M parallele à A B.

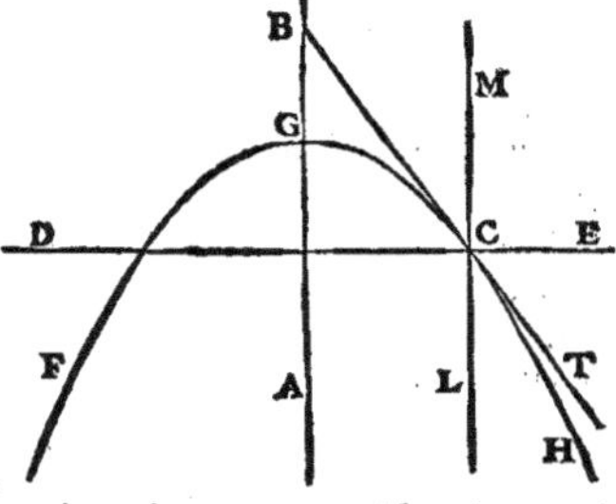

Ce que nous avons dit de la parabole se doit encore entendre du cercle, de l'hyperbole, de l'ellipse, & généralement de toute autre ligne; de sorte que la ligne D E pouvant estre entenduë décrite par un mouvement composé d'une infinité de mouvemens droits, & chacun de ceux-là d'un droit & d'un circulaire, ou d'un droit & d'un parabolique, &c. vous voyez que la mesme ligne pourra estre décrite par une infinité de mouvemens, chacun différent en espéce de tous les autres.

Et pour montrer que nous pouvons dire du cercle, de la parabole, & d'une infinité de lignes courbes, ce que nous avons dit de la droite; soit la circonférence de cercle A B C, le centre du cercle D, & un point E dans le cercle autre que le centre, & soit tirée la ligne E D A : vous voyez donc que si la ligne E D A tourne autour de E, & qu'en mesme temps un point B se promene sur la mesme ligne, en sorte qu'il se maintienne toûjours dans la circonférence A B C,

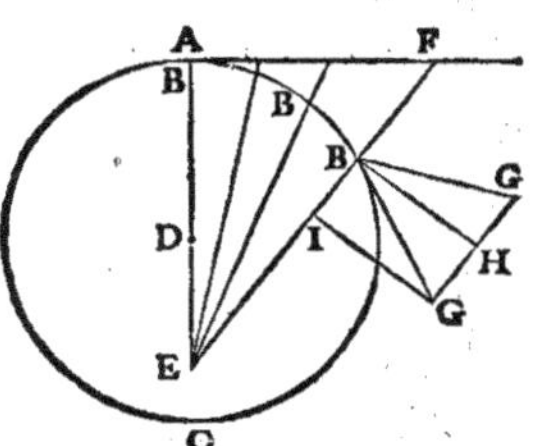

cette circonférence sera décrite par le mélange d'un mouvement droit & d'un circulaire. Et vous voyez encore, que si l'on veut sçavoir la raison de ces deux mouvemens l'un à l'autre, la touchante de la circonférence nous estant donnée en un point, cette raison nous sera donnée en ce mesme point, comme si la touchante A F nous est donnée au point A, & la position de la ligne E D A, nous verrons que cette ligne estant perpendiculaire à A F, elle est la ligne de direction du mouvement circulaire simple, qui se fait à l'entour du point E ; mais elle est aussi la direction du mouvement circulaire composé, puis qu'elle touche la circonférence A B C, par laquelle se doit faire ce mesme mouvement composé ; d'où il s'ensuit que le mobile qui décrit la circonférence A B C par son

V

mouvement, n'a au point A qu'un feul mouvement circulaire, duquel la direction eft A F.

Mais fi l'on donne la touchante B G en un autre point de la circonférence, comme en B, le point E eftant encore donné, nous menerons la ligne E B, qui fera la direction du mouvement droit, & B H fa perpendiculaire fera la direction du mouvement circulaire fimple à l'entour du point E ; mais la direction du mouvement compofé eft auffi donnée, fçavoir la touchante B G, nous connoiftrons donc la vîteffe de ces trois mouvemens, & nous comparerons chacun d'eux aux deux autres.

Comme au contraire, fi l'on nous euft donné les points E & B, & la raifon du mouvement droit au mouvement circulaire fimple, comme de G H à B H, nous aurions trouvé la touchante du cercle.

Il nous fera auffi facile de concevoir que la mefme circonférence peut eftre décrite par un mouvement droit & un parabolique, ou par un droit & un hyperbolique , &c. comme nous avons dit de la ligne droite.

Et pour finir en deux mots cette fpéculation, nous pourrons dire de la parabole, de l'hyperbole, & des autres lignes courbes, ce que nous avons expliqué du cercle.

Propofition quatriéme.

SI deux lignes droites faifant l'une avec l'autre tel angle qu'on voudra, viennent à fe mouvoir parallelement chacune à foy-mefme, en telle forte qu'elles fe puiffent toûjours couper l'une l'autre, & que la vîteffe de la premiére foit donnée dans la feconde, & la vîteffe de la feconde donnée dans une troifiéme, qui faffe tel angle qu'on voudra au point de leur départ : le point qui fe rencontrera toûjours dans leur commune fection fera porté par trois mouvemens, deux defquels eftant réduits à un, l'on trouvera que le mouvement de ce point dans la feconde ligne aura efté hafté, quoy - que toûjours uniformement, en forte que par le mouvement compofé de ces trois, il aura décrit une ligne d'un mouvement uniforme, &c.

Cette propofition feroit extraordinairement longue, c'eft pourquoy nous expliquerons le refte cy-aprés.

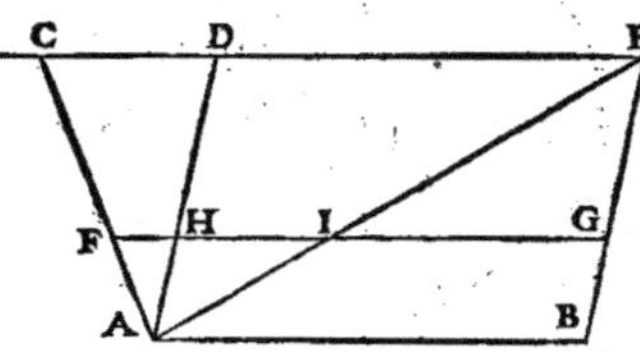

Suppofons que la droite A B comprenant tel angle qu'on voudra en A avec la droite A D, l'une & l'autre de ces deux lignes viennent à fe mouvoir parallelement à foy-mefme & uniformement, A B vers D, & A D vers B, & que la vîteffe de la ligne D A foit donnée dans A B, & la vîteffe de A B foit donnée dans une troifiéme ligne A C, en telle forte que lors que le point A de la ligne D A fera arrivé en B, en mefme temps le point A de la ligne B A arrivera en C. Je dis que le point qui fe rencontre toûjours en la commune fection des deux lignes A B, A D fera porté par trois mouvemens droits, l'un par la ligne A D, & les deux autres par la ligne A B, en forte que ladite ligne A B eftant prolongée à l'infini, il parcourra une plus grande ligne fur A B, qu'il n'euft fait fi la vîteffe du point A de la ligne A B euft efté donnée depuis A jufques en D, & que la ligne qu'il décrira par le mouvement meflé de ces trois fera le diamétre A E du parallellogramme D B, & que fon mouvement fur A E fera uniforme.

La premiére partie de cette propofition eft affez intelligible de foy-mefme,

car quand nous ne donnerions point de mouvement à la ligne D A, & que la
ligne A B se mouvant, en sorte que son bout A décrivant la ligne A C, un
point fust porté le long de A B, commençant son mouvement en A, à telle
condition qu'il deust toûjours estre en la commune section des deux A B, A D;
il est clair que ce point auroit deux mouvemens sur la ligne A D, l'un A C, par
lequel la ligne A B s'efforceroit de le porter d'A vers C, l'autre C D, par lequel il seroit ramené de C vers D, pour décrire la ligne A D. Mais si ces deux
mouvemens estant ainsi prouvez, nous faisons encore mouvoir la ligne A D
vers B, ce point aura encore un mouvement par lequel il suivra la ligne A D:
il est donc vray qu'il a trois mouvemens, &c.

Ce que nous pouvons encore examiner en cette sorte, posé que le point A
de A B deust parcourir A D, & que A de A D deust parcourir A B, il est certain que le point qui se rencontreroit toûjours sur leur commune section seroit
porté par deux divers mouvemens, comme nous avons démontré en nostre premiére proposition : mais faisant que le point A de A B décrive A C, au lieu de
A D, ce point a encore un mouvement par lequel la ligne A B s'efforce de le porter le long de A C, ainsi pour luy résister il faut qu'il se haste davantage sur A B,
en sorte qu'il y décrive une plus grande ligne qu'il n'eust fait, si A de A B eust
parcouru A D : donc le point a trois mouvemens, &c.

Or nous démontrerons en cette façon que le mouvement composé de ces
trois est droit & uniforme, & le long du diamétre A E. Car ayant tiré la ligne
F H I G parallele à A B coupant, &c. lors que le point A de A B sera en F, si la
ligne A D n'a pas changé de place, le point de la commune section aura eû deux
mouvemens uniformes A F, F H, que nous réduirons à un seul A H, par la premiére proposition, en sorte que ce point sera en H, de la ligne A H D. Mais en
mesme temps le point H de A H D a esté porté en I par un mouvement uniforme H I : donc ce point de commune section a esté porté par deux mouvemens
uniforme A H, H I; & partant par la premiére proposition il a décrit la ligne
A I, &c.

Notez qu'il n'estoit pas besoin de tirer F G, & que le mesme argument se pouvoit faire des lignes A C, C D, & les ayant réduites à A D, composer un mouvement des deux A D, & D E.

Cette proposition se doit entendre tres-généralement.

Ainsi si la ligne F C se meut parallelement
à soy-mesme & uniformement, en sorte que
son point F décrive la ligne F L, & qu'en mesme temps la ligne F O se meuve parallelement à soy-mesme & uniformement, en sorte
que son bout F doive décrire la ligne F N, le
point de commune section des deux lignes
F C, F O, aura décrit la diagonale F M du parallellogramme O C. Quoy-que ce point ait
esté porté de quatre divers mouvemens, * car
les deux mouvemens qu'il a en F O, l'un par

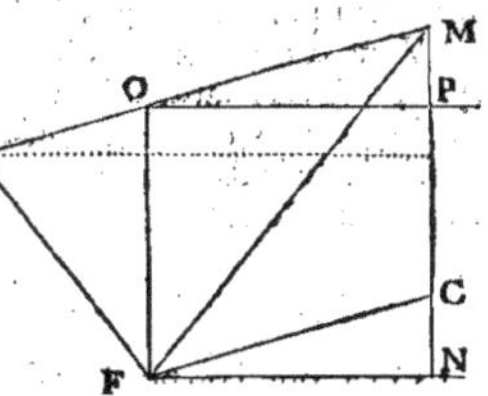

lequel il court de F vers O, l'autre par lequel la ligne F O tâche de le reculer pour
luy faire décrire F N, ces deux mouvemens, dis-je, se réduisent à un seul F C, (car
F C est le diamétre d'un parallellogramme F N C) & les deux mouvemens qu'il
a en F C, l'un par lequel décrivant la ligne F C, il est porté de F vers C, l'autre
par lequel la ligne F C tâche de luy faire décrire la ligne F L, ces deux mouvemens, dis-je, se réduisent à un seul droit & uniforme F O. Donc tous ces quatre
mouvemens estant réduits aux deux F C, F O par la premiére proposition, par la
mesme proposition le point de commune section des deux lignes F C, F O, aura
décrit la ligne F M, qui est ce qu'il falloit démontrer.

Je dirois ainsi : Le point F en F C, se mouvant vers L M, a deux mouvemens droits & uniformes, F L, L O, qui composent un mouvement droit F O.

Semblablement ledit point F en F O, se mouvant vers N M, à deux mouvemens F N, N C, qui composent F C.

Donc des deux mouvemens F O, F C, sera composé un mouvement F M, qui sera composé de tous ces quatre, & F M est diagonale, &c.

Nous aurons besoin de cette proposition comme d'un lemme, pour les touchantes de la quadratrice, & peut-estre de quantité d'autres lignes.

PROBLEME I.

Proposition cinquiéme.

DONNER les touchantes des lignes courbes par les mouvemens meslez.

Mais nous supposons qu'on nous en donne assez de propriétez spécifiques, qui nous fassent connoistre les mouvemens qui les décrivent.

Axiome, ou principe d'Invention.

LA direction du mouvement d'un point qui décrit une ligne courbe, est la touchante de la ligne courbe en chaque position de ce point-là.

Le principe est assez intelligible, & on l'accordera facilement dés qu'on l'aura consideré avec un peu d'attention.

Regle générale.

PAR les propriétez spécifiques de la ligne courbe (qui vous seront données) éxaminez les divers mouvemens qu'a le point qui la décrit à l'endroit où vous voulez mener la touchante : de tous ces mouvemens composez en un seul, tirez la ligne de direction du mouvement composé, vous aurez la touchante de la ligne courbe.

La démonstration est mot à mot dans nostre principe. Et parce qu'elle est tres-générale, & qu'elle peut servir à tous les éxemples que nous en donnerons, il ne sera point à propos de le répéter.

Vous trouverez dans les éxemples suivans les touchantes des sections coniques, celles des autres lignes principales qu'ont connu les anciens, & celles de quelques-unes que l'on a décrit depuis peu, comme du Limaçon de Monsieur Paschal, de la Roullette de Monsieur Rob. de la Parabole du second genre de Monsieur Desc. &c.

Premier éxemple des touchantes de la parabole.

SOIT que l'on nous ait donné la parabole E F E, & le moyen de la décrire par la cinquiéme méthode générale de Monsieur Mydorge livre second, proposition 25. qui est telle.

Le sommet & le foyer de la parabole estant donnez de position, trouver dans le mesme plan tant de points qu'on voudra par lesquels la parabole est décrite.

Soit A le foyer, & F le sommet : soit tirée la ligne A F, & prolongée de F vers B, & soit F B égale à A F, la mesme ligne B F A sera l'axe de la parabole. Prenez dans F A autant de points I qu'il vous plaira, tirez par ces points des lignes perpendiculaires à F A ; du centre A & de l'intervale d'entre chaque perpendiculaire,

culaire,

eulaire, & le point B comme B I, décrivez des arcs de cercle dont chacun coupe
une de ces perpendiculaires comme en E, la Parabole paſſera par les points E.

Cela poſé ſi l'on demande la touchante de la Parabole au point E, ſoit tiré
la ligne A E prolongée comme en D, &
la ligne E I perpendiculaire à A B, & encore la ligne H E parallele à l'axe F A I,
alors il eſt clair par la deſcription cy-
deſſus, que le mouvement du point E
décrivant la Parabole, eſt compoſé de
deux mouvemens droits égaux, dont l'un
eſt la ligne A E, & l'autre eſt la ligne H E
ſur laquelle il ſe meut de meſme viteſſe
que le point I dans la ligne B A, laquelle viteſſe eſt pareille à celle de la ligne
A E par la conſtruction, puiſque A E eſt
toûjours égale à B I. Partant puiſque la

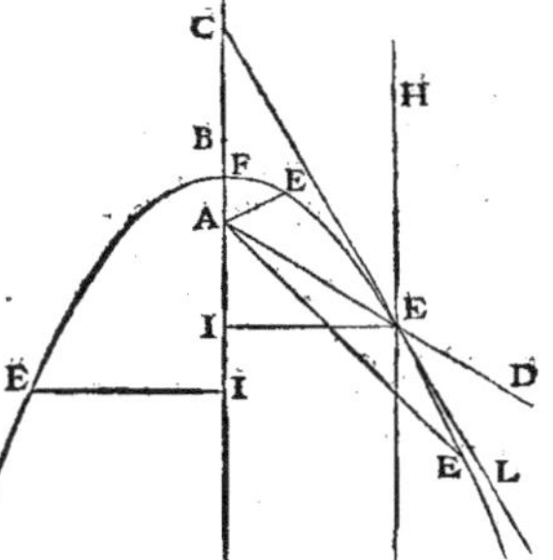

direction de ces mouvemens égaux eſt connuë, ſçavoir ſuivant les lignes droites A E D, H E données de poſition, ſi vous diviſez l'angle A E H en deux
également par la ligne L E C, qui eſt le diamétre d'un rhombe autour de
l'angle A E H, (& par conſéquent la direction du mouvement compoſé des
deux H E, A E,) la ligne L E C ſera la touchante.

Avant que de paſſer outre, remarquez deux choſes. La premiére, que nous
n'avons pas voulu conſidérer le point E comme commune ſection de deux lignes, dont l'une A E infinie ſe meut circulairement autour du point A ; l'autre
I E auſſi infinie deſcend parallelement à ſoy-meſme, ayant toûjours ſon extrémité I dans la ligne B A, puiſqu'il a eſté plus facile de conſidérer les mouvemens A E, H E du point E en chaque endroit de la ſection de ces lignes. Secondement, nous avons dit que les mouvemens A E, H E ſont égaux l'un à
l'autre, ce qui ſera vray, quelque point de la parabole que nous prenions pour
E. Mais il ne s'enſuit pas que tous les mouvemens d'un point E ſoient égaux à
tous les mouvemens d'un autre point E de la parabole, chacun d'eux n'en ayant
qu'un réciproque de l'autre coſté de la parabole & également éloigné du ſommet. Vous entendrez la meſme choſe en toutes les autres lignes courbes.

Pour montrer que noſtre façon de trouver les touchantes de la Parabole,
s'accorde avec celle d'Apollonius livre 1. propoſition 33, & pour le trouver en
quelque façon analitiquement, poſons qu'il ſoit vray que L E C touche la
Parabole en E. Si donc nous abaiſſons l'ordonnée E I, I F ſera égale à F C, &
ajoûtant F B à I F, & F A à C F, les toutes C A & I B ſeront égales (car les
ajoûtées le ſont par la conſtruction) mais I B eſt égale à A E par noſtre conſtruction, donc C A & A E ſont égales, & l'angle A C E égal à l'angle A E C ;
mais par noſtre conſtruction nous avons diviſé l'angle A E H en deux également, & par conſéquent nous avons fait A E C, C E H égaux entr'eux, dont
A C E eſt égal à C E H ſon alterne, ce qui eſt vray, car par la conſtruction
E H eſt parallele à C I.

Ou ſi vous aimez mieux, puiſque C I, E H ſont paralleles, l'angle A C E
eſt égal à C E H ; mais par la conſtruction C E H eſt égal à A E C, donc A C E
& A E C ſont égaux, & le triangle A C E iſoſcéle, donc C A eſt égale à A E.
Mais encore par la conſtruction A E eſt égale à B I, C A eſt donc égale à B I,
& en oſtant les égales A F, B F, C F ſera égale à F I, & par conſéquent la ligne
C E touche la parabole, ce qu'il falloit démontrer.

Que ſi l'on nous euſt donné la deſcription de la parabole par un point,
comme E ſe promenant le long de la ligne I E du mouvement uniforme, en meſme temps que la ligne I E deſcend parallelement à ſoy-meſme d'un mouve-

X

ment tres-inégal, mais tel que le quarré de I E est toûjours égal au rectangle sous I F, & une ligne donnée nommée P, qui en ce cas est le costé droit de la Parabole, il auroit fallu démontrer ce problême.

La première (comme P) de trois lignes continuellement proportionnelles nous estant donnée, & un mouvement égal dans la seconde I E trouver le mouvement qui se fait dans la troisiéme F I, ce qui est un peu plus long, &c.

L'on pourroit encore proposer le moyen de décrire la Parabole par quelques autres de ses propriétez, ce qui seroit plus difficile.

Second éxemple des touchantes de l'Hyperbole.

NOus la décrirons avec M. Myd. liv. 2. prop. 26. en cette sorte. Le sommet & les deux foyers ou points de comparaison de l'Hyperbole estant donnez de position, décrire l'Hyperbole par des points dans le mesme plan.

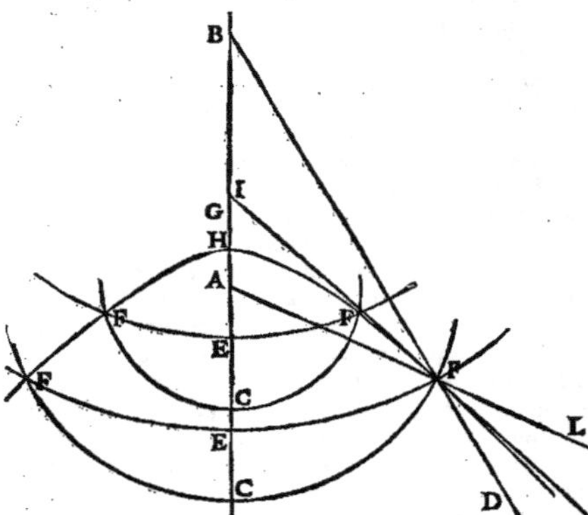

Soient les foyers A B, & H le sommet, donc la ligne droite A B passera par H. Prenons HG égale à H A, & prenons dans H A, prolongée, s'il en est besoin, tant de points que nous voudrons, comme E, par lesquels de B comme centre décrivons des arcs de cercle E F, & du centre A & de l'intervale, dont chaque point E est éloigné de G, décrivons d'autres arcs de cercle C F, qui coupent les premiers, comme en F, l'Hyperbole passera par tous les points F.

Cela posé, si je veux tirer la touchante de l'hyperbole, comme en F, ayant prolongé A F, comme en L, & B F, comme en D, sans m'amuser à considérer que l'hyperbole est décrite par le point F, qui est toûjours la commune section des deux lignes droites B F D, A F L, lesquelles se meuvent circulairement, la première autour du centre B, l'autre au tour du centre A, je vois qu'en quel lieu que je prenne le point F, si je le considére décrivant l'hyperbole à commencer du sommet, il a deux mouvemens; l'un, par lequel il s'éloigne d'A, le long de la ligne A L; l'autre, par lequel il s'éloigne de B le long de la ligne B D. Puis donc qu'il s'éloigne également d'A & de B, & que les deux directions sont F L, F D, ayant fait un rhombe duquel l'angle soit D F L, c'est à sçavoir, ayant divisé l'angle D F L en deux parties égales pour avoir le diamétre de ce rhombe, qui sera la direction du mouvement composé, la ligne M F I qui partage cét angle sera la touchante de l'hyperbole.

Apoll. démontre liv. 3. prop. 48. que l'angle I F A est égal à l'angle I F B.

Troisiéme éxemple des touchantes de l'Ellipse.

VOicy comme M. Myd. la décrit par sa cinquiéme méthode générale, l. 2. prop. 27.

Les deux foyers, & l'un ou l'autre fommet de
l'ellipfe eftant donnez de pofition, décrire l'Ellipfe par des points trouvez fur le mefme plan.

Soient les foyers ou points de comparaifon A
& B, & H le fommet.

Donc la droite A B prolongée paffera par H,
foit pris H G égale à A H, & du centre B de tant
& de tels intervales qu'on voudra plus grands,
pourtant que A H, & moindres que B H, comme B E, décrivez des arcs de cercle, comme E F,
& du centre A & de l'intervale, qui eft entre chacun de ces arcs , & le point G décrivez d'autres
arcs qui coupent chacun des premiers, comme en
F, l'Ellipfe paffera par les points F F.

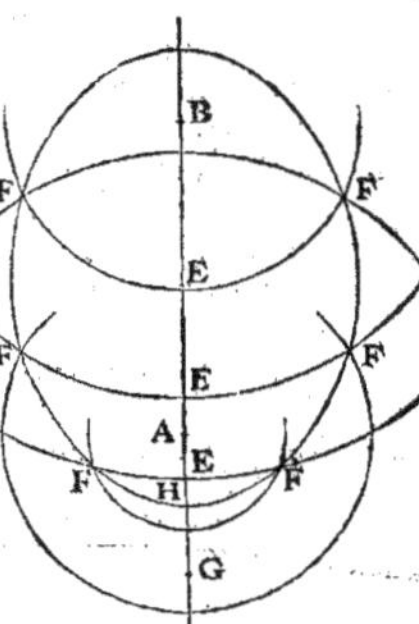

L'Ellipfe eftant ainfi décrite, s'il faut tirer fa
touchante comme en F, ayant tiré les lignes B F C
& A F D, foit que je confidére les deux mouvemens du point F en B C & A D, ou comme s'é-
loignant de B dans F C, auquel cas il s'approche
d'A dans F A, ou comme s'éloignant d'A dans
F D, auquel cas il s'approche de B le long de F B,
puifque le point F s'éloigne autant de l'un des
points A B, qu'il s'approche de l'autre, & que les
directions de ces deux mouvemens font B F C &
A F D, je n'ay qu'à divifer l'un des deux angles
A F C, ou B F D en deux également par la ligne
I F M, elle fera la touchante de l'Ellipfe.

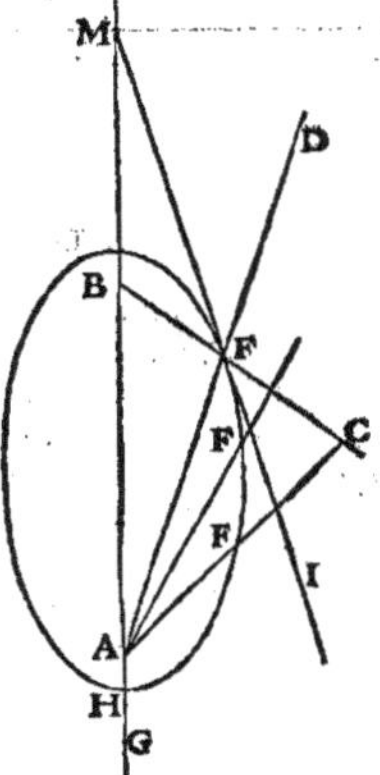

Apoll. dans la mefme 48. du troifiéme veut que
l'angle A F I foit égal à l'angle B F M, ce qui s'accorde à noftre méthode, car les angles A F C,
B F D (au fommet l'un de l'autre) eftant égaux,
leurs moitiez A F I, B F M le feront auffi, ce qu'il
falloit démontrer.

J'oubliois de mettre en deux mots la conftruction de ces trois éxemples, pour fervir de régle
générale.

Pour tirer les touchantes des fections coniques.

POUR la Parabole, eftant donné le fommet & le foyer par le point où vous
voulez la touchante, tirez une ligne parallele à l'axe, & une autre ligne jufques au foyer, divifez en deux également des quatre angles que ces deux lignes
font, les deux que la Parabole coupe, la ligne qui fera cette divifion fera la
touchante.

Pour l'Hyperbole & l'Ellipfe, les deux foyers eftant donnez par le point où
vous voulez la touchante, tirez deux lignes aux deux foyers, des quatre angles
que ces lignes feront en ce point, divifez en deux également les deux oppofez
que la fection conique coupe, la ligne qui fera cette divifion fera la touchante.

Quatriéme éxemple des touchantes de la Conchoïde de deffus, de Nicomede.

BIEN que l'on puiffe décrire une infinité de lignes courbes, chacune defquelles fera conchoïde & afymptote à une mefme ligne droite, fi eft-ce que

nous n'en confidérons que de deux fortes ou gentes, fuivant qu'elles font décrites, ou entre leur pole & la ligne droite, qui leur fert de bafe, régle, ou afympo-
te, ce que nous appellons la conchoïde de deffous ; ou que cette ligne droite foit
entre le pole & la conchoïde, ce que nous appellons la conchoïde de deffus, ou
de Nicomede ; parce que, quoy-que leurs courbures foient toutes différentes
les unes des autres, néanmoins la méthode pour en trouver les touchantes n'en
confidére que ces deux cas.

Vous remarquerez que le pole de la conchoïde ne peut pas eftre dans la ligne
qui fert de régle ou de bafe à la conchoïde, car la ligne qui feroit décrite de
cette forte feroit un demy-cercle, dont la ligne droite qu'on auroit prife pour
bafe de la conchoïde, feroit le diamétre, &c.

La Conchoïde de deffus fe décrit en cette façon.

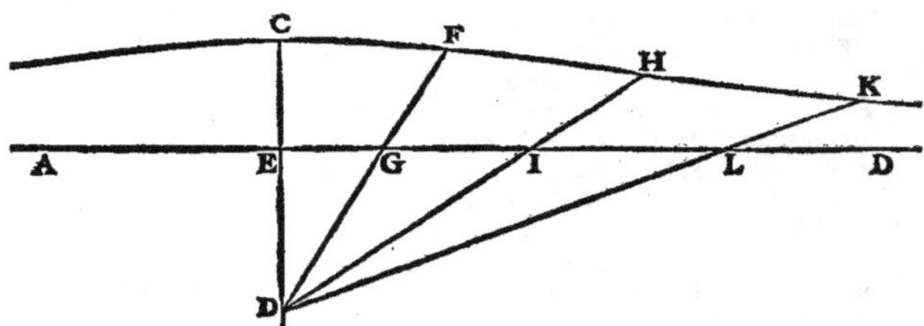

Soit la droite infinie A D à laquelle il faut tirer une conchoïde, de laquelle le
fommet foit C. Du point C tirez C D perpendiculaire à A B coupant A B en E,
& dans C D prenez un point comme D, en forte que la ligne A B foit entre les
deux points C & D, puis de D tirez quantité de lignes occultes, comme D G F,
D I H, &c. vers la ligne A B qui la rencontrent en G I L &c. puis prenez les
lignes G F, I H, L K chacune égale à E C, la Conchoïde paffera par les points
F H K &c.

Ayant ainfi décrit la Conchoïde, il fera facile d'en tirer les touchantes, par
éxemple au point F.

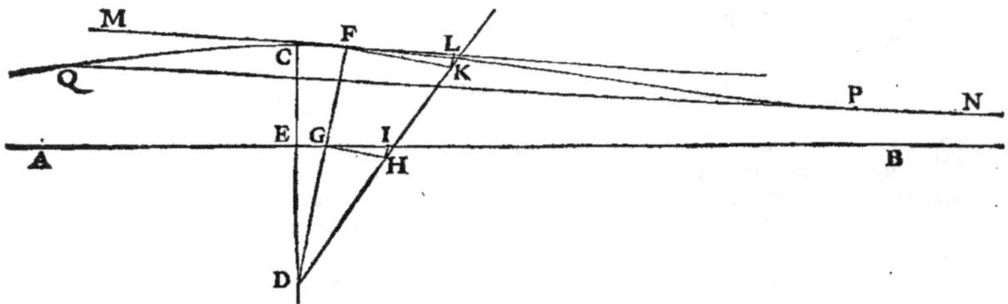

Confidérons que la conchoïde eft décrite par deux mouvememens du mefme point ; l'un par lequel il monte le long de la ligne D F ; l'autre par lequel
la ligne D F fe mouvant circulairement fur le centre D, emporte le mefme
point de C par F vers N ; & bien que nous fçachions que les directions de
ces deux mouvemens font l'une la ligne D F pour le mouvement droit, l'autre F K perpendiculaire à D F par noftre principe, pour le mouvement circulaire, fi eft-ce que nous n'en fçaurions découvrir la raifon ne les confidérant
que dans la conchoïde fi nous ne connoiffions la touchante de la conchoïde, qui
est

est la direction du mouvement composé de ces deux. Cela nous oblige à éxaminer ou les mesmes mouvemens, ou d'autres qui leur soient proportionnez hors de la conchoïde.

Or il est tres-facile de les examiner dans la ligne droite, qui est la régle ou base de la conchoïde, si nous considerons qu'elle est décrite par un point G, qui monte dans la ligne D G F, autant que fait le point F dans la mesme ligne D G F; car puisque les lignes E C, G F sont égales par la construction, l'excés de la ligne D F sur la ligne D C est le mesme que l'excés de D G sur D E. Donc le point E est autant monté allant de E jusqu'à G, que le point F allant de C jusqu'à F. Et pour le mouvement circulaire de G, non-seulement nous sçaurons la raison qu'il a avec le mouvement droit G, leurs deux directions & celle de leur mouvement composé nous estant données, mais aussi nous sçaurons la raison qu'il a avec le mouvement circulaire F en cette façon.

Tirez G H perpendiculaire à D G; d'un point de D H comme H, tirez H I parallele à D G, qui coupe la regle E G B en I: vous avez donc la raison du mouvement circulaire G au mouvement droit G, comme de G H à H I; & puis que le mouvement droit G est égal au mouvement droit F, reste d'avoir la raison du mouvement circulaire F au mouvement circulaire G; & parce que ces mouvemens sont entr'eux comme les circonférences de leurs cercles, c'est-à-dire en mesme raison que leurs demi-diamétres D F, D G, il faut donc faire que comme D G à D F, ainsi G H soit à une ligne prise dans F K. Or la construction en est tres-aisée, car vous n'avez qu'à tirer la ligne D H K rencontrant F K en K, dautant que les triangles D G H, D F K seront semblables. Vous avez donc la raison du mouvement circulaire F au mouvement droit F, comme de F K à K L ou H I. Donc si par K vous tirez K L parallele à D F, & égale à H I; puisque les deux F K, K L sont les directions des deux mouvemens F, & en mesme raison que ces deux mouvemens, la droite L F estant menée, elle sera la direction du mouvement composé de ces deux, c'est-à-dire, la touchante de la Conchoïde; ce qu'il falloit faire.

En deux mots le Pole D & la régle A B de la Conchoïde estant donnez de position, & un point de la Conchoïde F, tirez D F qui coupe A B en G, sur les points G & F, tirez G H & F K perpendiculaires à D F, faites l'angle F D K aigu *ad libitum*, tirant la ligne D K qui coupe G H en H, & F K en K, tirez H I parallele à D F coupant A B en I, puis tirez K L égale & parallele à H I, le point L sera dans la touchante au point F.

Remarquez que dautant que la Conchoïde change de courbure, le point L se peut rencontrer entre la Conchoïde & sa base ou régle A B, puis qu'en ce cas le convexe estant en dedans, la ligne L F la touche aussi en dedans entre la droite A B.

Remarquez encore qu'au lieu que les touchantes du Cercle, de la Parabole, de l'Hyperbole & de quantité d'autres lignes ne rencontrent ces mesmes lignes qu'au point de l'attouchement; en la Conchoïde tout au contraire, la ligne F L estant prolongée vers L coupera la Conchoïde prolongée vers N, & la touchante d'un point du convexe en dedans, comme de P, estant prolongée du costé du sommet C de la Conchoïde, rencontrera la Conchoïde comme en Q, ce qui est évident, puis que ces touchantes (excepté celle du sommet C) n'estant point paralleles à la ligne A B, rencontrent nécessairement la mesme ligne; & partant, puis que l'inclinaison de la touchante F L est vers L, & que la Conchoïde passe entre L & A B, elle rencontrera nécessairement la Conchoïde, & la coupera vers L comme en N, ce que la touchante du point P ne pourra pas faire, quoy-qu'elle ait son inclinaison sur A B, de mesme costé que L: dautant que vers cét endroit elle est plus proche de A B que n'est pas la Conchoïde, mais elle rencontrera la Conchoïde vers le sommet C, ou au-

Y

delà, comme en Q, dautant qu'elle s'éloigne de A B vers ce costé-là, où au contraire la Conchoïde commence en C de s'en approcher.

Cinquiéme éxemple des touchantes de la Conchoïde de dessous.

NOus nous servirons mot à mot de la régle de l'éxemple précédent; & pour en faire l'application, il ne faut que sçavoir décrire cette ligne.
Soit en la figure suivante la ligne droite & infinie A B, que nous prenons

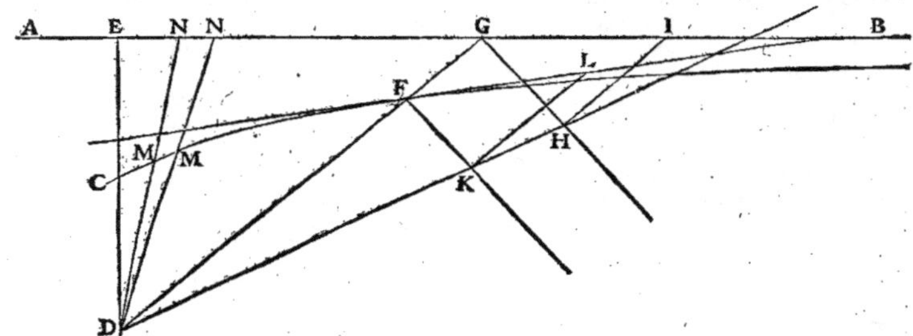

pour la régle ou base de nostre Conchoïde de dessous, & d'un point de la mesme ligne comme E, soit la perpendiculaire E D à la mesme ligne, dans laquelle perpendiculaire prenons deux points C & D, le plus proche C pour le sommet de nostre Conchoïde, & le plus éloigné D pour son Pole: alors ayant tiré au point D quantité de lignes occultes D M N, qui coupent A B en N, si en chacune de ces lignes D M N de son point N, nous prenons N M égale à C F, nous aurons dans chacune de ces lignes un point M, par lequel nostre Conchoïde est décrite.

Cela posé, puis que la seule différence, que nous remarquons entre les deux mouvemens du point qui décrit cette ligne, & les deux qui décrivent sa base, d'une part ; & les mouvemens semblables qui décrivent la premiére Conchoïde, & sa base n'est autre, sinon qu'en celle-cy le mouvement circulaire de la ligne est moindre que le mouvement circulaire de sa base, au lieu qu'en l'autre le mouvement circulaire qui décrivoit la ligne estoit le plus grand, & qu'en l'une & en l'autre le mouvement droit de la ligne est égal au mouvement droit qui en décrit la base, & qu'encore en l'une & en l'autre l'on peut comparer le mouvement circulaire de F au circulaire G par le moyen d'une ligne D K H, qui fait un angle aigu G D H arbitraire avec la ligne G D, & laquelle ligne D K H coupe les lignes G H, F K perpendiculaires à la ligne D G aux points H & K : voulant tirer la touchante de cette ligne en un point, comme en F, je tire la ligne D F, que je prolonge jusques à ce qu'elle rencontre la régle A B en G, & sur icelle des points F & G je tire deux perpendiculaires F K, G H, qu'une ligne arbitraire D H coupe en K & en H; du point H je tire H I parallele à D G coupant A B en I. J'ay donc, comme nous avons déja dit au précédent éxemple, la raison du mouvement circulaire du point G de la ligne D G (posé que ce point doive décrire la régle A B) au mouvement droit du mesme point, comme G H à H I; mais ce mouvement estant G H, le mouvement circulaire du point F de la ligne D F G décrivant la Conchoïde sera F K, & le mouvement droit du point F est égal au mouvement droit du point G : je tire donc K L égale & parallele à H I ; & puis que la Conchoïde, & par con-

féquent fa touchante eft décrite par un mouvement meflé des deux F K, K L,
la ligne L F fera fa touchante au point F; ce qu'il falloit faire.

Sixiéme éxemple de quelques autres Conchoïdes.

L'ON peut décrire des Conchoïdes aux lignes courbes auffi-bien qu'à la
ligne droite; & pour en trouver les touchantes, il faut premiérement connoiftre la touchante de la ligne courbe, qui eft comme la régle ou bafe de la
Conchoïde : or nous n'avons pas eû befoin d'une touchante de la régle ou bafe
aux deux éxemples précédens, parce qu'à proprement parler il n'y a que
les lignes courbes qui ayent des touchantes ; l'on peut néanmoins dire que la
ligne droite n'ayant point d'autre touchante, elle peut eftre confidérée comme fe touchant foy-mefme, & que c'eft en cette façon que nous l'avons confidérée aux deux éxemples précédens.

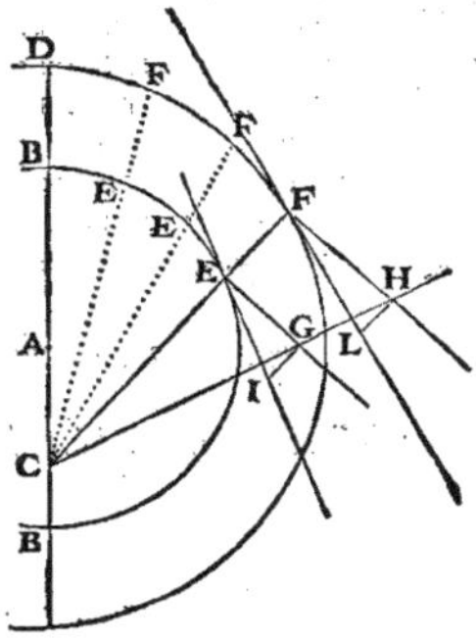

Pour donner un éxemple de ces Conchoïdes, foit propofé un cercle duquel le rayon eft
A B, le centre A, & foit pris un point dans A B,
prolongée, ou non, comme C, lequel nous
prendrons pour le Pole de noftre Conchoïde;
puis ayant prolongé C A B hors le cercle, comme en D, foit pris B D arbitraire pour l'intervale de noftre Conchoïde; enfin du Pole C tirons quantité de lignes occultes C E F coupant le cercle en E, & prenons du point E dans
lefdites lignes les intervales E F égaux à B D,
& d'une mefme part que B D, c'eft-à-dire, en
dehors du cercle fi nous avons pris D en dehors dans le diamétre prolongé, ou en dedans
fi le point D a efté pris en dedans, cette Conchoïde paffera par les points F F F &c.

Or il eft fort facile de tirer la touchante de
cette ligne fi nous confidérons qu'elle eft dé-
crite par un mouvement meflé d'un droit & d'un circulaire, defquels la direction nous eftant donnée, il eft tres-facile de trouver la raifon de l'un à l'autre;
car fi nous voulons tirer une touchante de cette ligne en un point comme F,
ayant tiré la ligne C F qui coupe la circonférence du cercle en E, & des points
F E ayant tiré les perpendiculaires F H, E G fur la ligne C F; il eft aifé de
remarquer que la ligne C B D ayant tourné fur le centre C, & ayant changé
la pofition par laquelle elle n'eftoit qu'une mefme ligne avec C E F, fon point
B eft defcendu en E, pour décrire le cercle, & fon point D eft defcendu en F,
pour décrire la Conchoïde du cercle, & qu'il s'enfuit que la ligne C E F eft la
direction du mouvement droit de chacun de ces points & de celuy qui décrit
le cercle, & de celuy qui en décrit la Conchoïde, & les lignes E G, F H font
les directions des mouvemens circulaires. Or les mouvemens droits font
égaux, puis que la différence des lignes C D & C F eft égale à celle des lignes
C B & C E, de forte qu'il ne refte qu'à connoiftre la quantité de l'un de ces
mouvemens droits, & la raifon des mouvemens circulaires entr'eux. Pour cét
effet tirez E I touchante du cercle, & C H qui faffe un angle aigu avec C F
(comme nous avons fait en la Conchoïde cy-deffus) & qui coupe E G, F H en
G H, les directions des trois mouvemens E C, E G, E I eftant données trou-
vez-en les proportions, ce que vous ferez tirant G I parallele à C F, le mouvement droit du point E fera G I, & fon mouvement circulaire fera E G : mais
le mouvement circulaire eftant E G, le mouvement circulaire du point F eft

FH (à cause que ces deux mouvemens font entr'eux, à fçavoir E G à F H, comme le demidiamétre C E eſt à C F) vous n'avez donc qu'à prendre H L égale & parallele à G I, pour le mouvement droit du point F, & tirer la ligne de direction L F de celuy que les deux F H & H L compoſent, & vous aurez la touchante de cette Conchoïde; ce qu'il falloit faire.

Dans la figure de cét exemple nous avons pris le point C au dedans du cercle, & le point D en dehors: nous euſſions pû les prendre ou tous deux en dedans, ou tous deux en dehors, ou le Pole en dehors, & le point de l'intervale en dedans. De plus nous pouvions prendre l'intervale plus grand ou plus petit, de ſorte que noſtre Conchoïde euſt fort approché de la figure d'une Ellipſe. Enfin de quel intervale que nous euſſions décrit noſtre Conchoïde, ſi nous euſſions pris pour ſon Pole le point A centre du cercle, il eſt évident que noſtre ligne euſt auſſi eſté un cercle : mais ces choſes eſtant tres-faciles, la méthode d'en tirer les touchantes n'ayant en toutes ces lignes qu'une meſme application, nous ne nous y arreſterons pas davantage.

Mais nous remarquerons en paſſant, que l'on peut tirer des Conchoïdes par cette meſme méthode, & en tous ces divers cas à l'Ellipſe & aux autres ſections coniques, & généralement à toutes les lignes courbes, meſme aux Conchoïdes &c. & en tout ces cas l'application de noſtre méthode de tirer les touchantes ſera toûjours la meſme, ſi nous ſuppoſons qu'on nous ait donné la touchante de la ligne principale, dont nous éxaminons la conchoïde, ou des propriétez ſpécifiques pour la trouver.

Septiéme éxemple, du Limaçon de M. P.

C'eſt encore une eſpéce de Conchoïde de cercle, de laquelle voicy la deſcription.

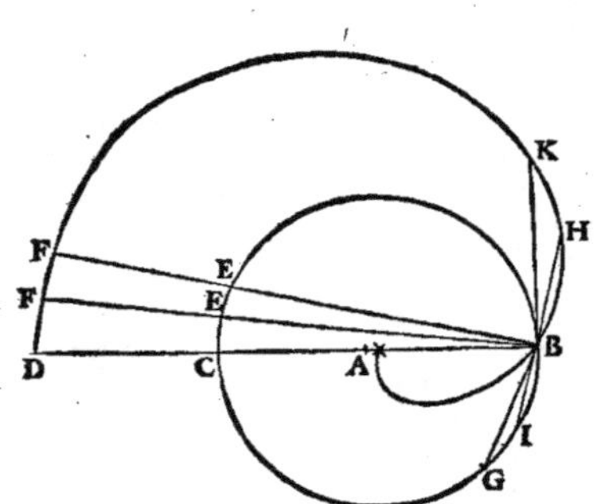

SOIT propoſé le cercle C G B E, duquel le centre eſt A, le diamétre B C prolongé autant qu'il ſera beſoin, comme en D ſoit pris B pour le Pole de noſtre Limaçon, & C D pour l'intervale duquel on ſe doit ſervir pour le décrire, moindre que le diamétre. De B tirez quantité de lignes occultes B E F, qui coupent la circonférence du cercle en E, & prenez E F en chacune de ces lignes égale à C D, & de meſme coſté, le Limaçon paſſera par tous ces points F F. Or il faut remarquer que l'on prend autant d'intervales que l'on peut à commencer de la partie convexe du cercle, qui eſt d'un meſme coſté que le Limaçon au regard de la ligne D C B, & que voulant continuër cette ligne il faut prendre les points E dans l'autre demi-circonférence, qui a ſa concavité tournée vers le Limaçon, ainſi le point B du Limaçon eſt le réciproque du point G de la circonférence du cercle lors que B G eſt égale à C D; & le dernier point du limaçon que nous avons marqué d'une petite * eſt le réciproque du point C, & les points du Limaçon d'entre B & * ſont les réciproques des points de la circonférence

conférence G C, comme les points les plus proches de B audessus du diamétre
C B dans le mesme Limaçon, sont les réciproques des points de la circonférence G B, ainsi H est le réciproque du point I jusqu'au point K qui est le réciproque du point B, & vous voyez par là la vérité de ce que nous avions remarqué que l'intervale C D ne doit pas estre plus grand que le diamétre C B,
car autrement l'on ne pourroit pas décrire la portion * B du Limaçon, mesme
selon les divers intervales que l'on auroit pris, on n'auroit pas pû décrire la portion du mesme Limaçon la plus proche de B audessus du diamétre C B. Il est
vray que pour ce qui est de cette méthode des touchantes, il ne nous importe
point que cette ligne soit grande ou petite, entiére & terminée en un point du
demi-diamétre A B, ou tronquée &c. parce que les mouvemens de la description de l'une & de l'autre de ces lignes estant par tout les mesmes, l'on
en donne les touchantes de la mesme façon. Mais voulant examiner un autre
moyen de décrire cette ligne, & dire quelque chose de son usage, ce que nous
ferons cy-aprés, il y a fallu ajoûter cette restriction.

Il est aussi facile de
tirer les touchantes de
cette ligne que des
Conchoïdes précéden-
tes, la méthode en est
la mesme, & les deux
mouvemens, l'un droit,
l'autre circulaire, qui
décrivent cette ligne,
se doivent examiner de
la mesme façon : car il
faut considérer que la
ligne B E F se mouvant
circulairement autour
du Pole B jusqu'à ce
qu'elle ait la position
de B C D, les deux
points E & F s'éloi-

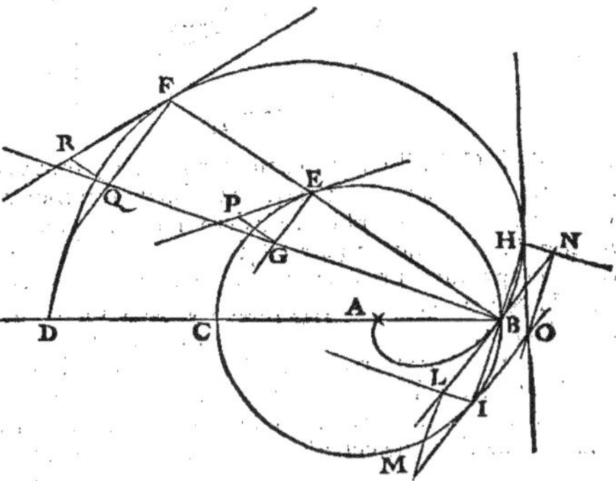

gnant de B, montent dans la ligne vers D : or puisque E F est égale à C D, la
différence des lignes B E, B C est égale à la différence des lignes B F, B D ;
d'où il suit que le point E qui décrit le cercle a le mesme mouvement droit
dans la ligne B E F, que le point F qui décrit le Limaçon, de sorte que connoissant le mouvement droit du point E nous connoistrons aussi le mouvement
droit du point F: il reste donc à examiner les mouvemens circulaires de ces deux
points, desquels les directions sont perpendiculaires à la ligne B E F. Tirez donc
les perpendiculaires E G & F Q, & prenez dans E G sa partie E G ad libitum,
pour la quantité du mouvement circulaire du point E, tirez encore la ligne
B G Q, puis faites que comme le demi-diamétre B E est au demi-diamétre
B F, ainsi E G soit à Q F (ce qui se fera par le moyen de la ligne B G Q, faisant
un angle aigu ad libitum avec B F, & coupant E G en G, & F Q en Q) supposé
donc que le mouvement circulaire E soit E G, la quantité du mouvement circulaire F sera F Q, mais supposé E G pour la quantité du mouvement E, l'on
trouve que le mouvement droit E est égal à G P (ce qui se fait, ayant tiré la touchante du cercle P E, par le moyen de la ligne G P parallele à B E, & coupant
la touchante en P) comme nous avons remarqué, & le mouvement droit de
F est égal à celuy de E, comme nous l'avons expliqué cy-devant. Supposé
donc F Q pour la quantité du mouvement circulaire F, le mouvement droit
sera G P, c'est-à-dire Q R égale & parallele à G P ; le point R est donc donné,

Z

& par mesme moyen R F pour la direction & la quantité du mouvement meslé des deux F Q, Q R, c'est-à-dire, nostre touchante ; ce qu'il falloit faire.

Remarquez qu'on doit toûjours éxaminer les deux mouvemens dans le cercle au point réciproque de celuy de la Conchoïde, pour lequel nous cherchons la touchante ; comme par éxemple, si l'on vouloit tirer la touchante du Limaçon au point H assez proche de B, ayant tiré la ligne H B, & l'ayant prolongée jusqu'à ce qu'elle coupe le cercle en I, qui sera dans le cercle le point réciproque du point H, comme C est réciproque de D, car par la construction H I

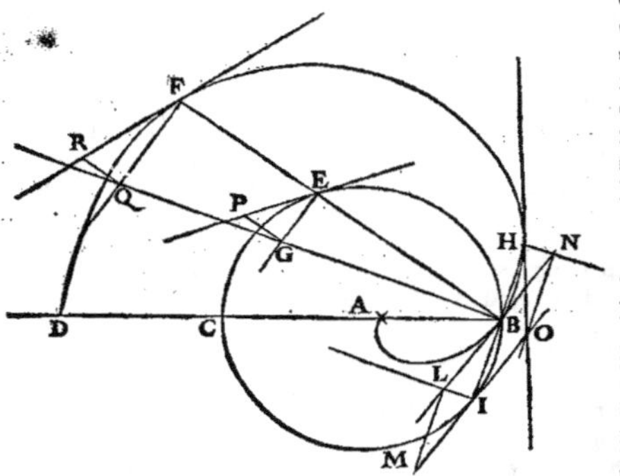

est égale à C D, il faudra éxaminer les deux mouvemens du point I, & en ayant trouvé la raison, chercher la raison de son mouvement circulaire au mouvement circulaire de H &c. En deux mots imaginant que la ligne H I tourne sur le point B, & que la partie B I est portée en dedans du cercle vers C, ayant tiré la perpendiculaire I L vers le costé de C, & par conséquent la perpendiculaire H N vers l'autre costé, pour les deux directions circulaires ; puis ayant trouvé la raison des deux mouvemens I, comme de I L à L M (par le moyen de M I touchante du cercle B I C) &c. il faudra faire que comme B I est à B H, ainsi I L soit à H N, puis ayant pris N O égale & parallele à L M, la ligne O H menée par les points O & H, sera la touchante de nostre Limaçon.

L'on peut dire que cette ligne est décrite par le moyen d'une double équerre C E F B, de laquelle les costez C E, E B sont prolongez autant qu'il est besoin. Or il n'est pas besoin que chacun d'eux soit plus grand que le diamétre C A B du cercle C E B, & l'autre costé E F est toûjours égal à l'intervale que l'on prend de chaque point du cercle jusqu'à son réciproque dans le Limaçon ; de sorte que faisant tourner l'angle droit C E B, en sorte que son point E décrive le demi-cercle C E B, ce qui se fait luy donnant diverses positions, & toutes dans un mesme plan,

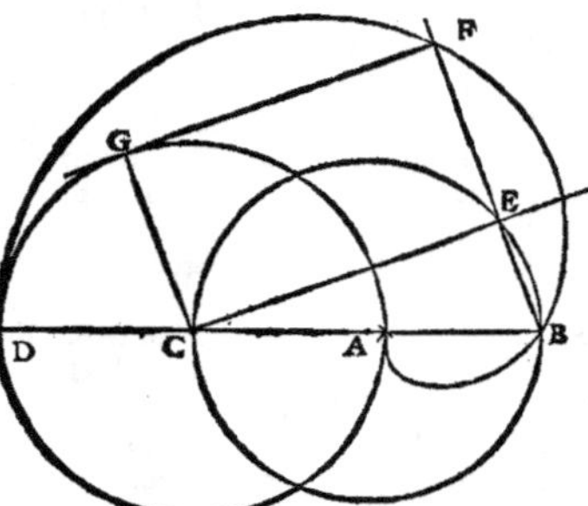

& à condition que la ligne C A B doive estre toûjours l'hypotenuse des triangles rectangles qu'elle fera avec les parties de C E & E B, l'on n'a qu'à marquer dans le mesme plan tous les points que le point F de la double équerre aura décrit.

Or sur cette supposition l'on trouvera les touchantes de cette ligne de la mes-

me façon que nous avons déja fait, parce qu'encore qu'on ne confidére pas
le point F, comme fe promenant le long de la ligne B E F, & mefme que cette
ligne tourne circulairement fur le Pole B, l'on ne laiffe pas de connoiftre les
deux mouvemens que luy donne la ligne B E F, qui en cette feconde fuppofition tournant fur le point B, s'éleve en mefme temps peu à peu pour conduire
l'angle droit B E C de B en C fur la circonférence du demi-cercle B E C.

Mais voicy une des belles fpéculations qui fe puiffe fur la defcription de cette
ligne, & par le moyen de laquelle elle a efté trouvée par le fieur de Roberval.

Soit propofé le cercle C E B, & l'intervale C D comme aux figures précé-
dentes : du point C & de l'intervale C D foit décrit le cercle D G *; je dis que
fi ce dernier cercle D G * eft la bafe d'un Cone fcalene du fommet duquel, que
nous appellerons S, la perpendiculaire S B tombe en B fur le plan du cercle
D G *; ayant tiré des touchantes G F à ce cercle, & du point S tiré des lignes
S F perpendiculaires à ces touchantes, que chacun des points F fera dans noftre
Limaçon, ou fi vous aimez mieux que la ligne qui paffe par tous ces points
F F eft la mefme que le Limaçon du cercle C E B, dont le Pole eft B, & l'intervale eft C D. Car fi du point B vous joignez la ligne B F, il eft certain par
un coroll. de la 6. du 11. qu'elle fera perpendiculaire à G F. Du centre C tirez
C E parallele à G F, & qui coupe B F en E ; G E fera donc un parallelogramme rectangle, & la ligne E F fera égale à C G, c'eft à-dire à C D; mais l'angle C E B eftant auffi droit, il eft dans un demi - cercle décrit fur le diamétre
C B. Il s'enfuit donc que nous trouverons toûjours un mefme point F, foit
ayant décrit le cercle D G *, & ayant tiré fa touchante G F, & de S fommet
du Cone ayant mené la ligne S F, foit ayant décrit un cercle C E B, & tiré la
ligne B E F coupant le cercle en E, & pris E F égale à D C demi-diamétre du
premier cercle : mais nous avons montré que trouvant des points F par cette
feconde méthode, nous décrivons le Limaçon du cercle C E B, & partant trouvant les points F de la première façon, puifque ces points font les mefmes,
nous décrirons auffi noftre Limaçon ; ce qu'il falloit démontrer.

Je diray en paffant une propriété de la petite portion de cette ligne, qui eft telle que fi l'on
prend l'intervale D C égale au
demi - diamétre C A, du cercle
auquel on décrit le Limaçon, &
que de cét intervale l'on décrive
le Limaçon, fa petite portion * B
fervira à couper un angle rectiligne propofé en trois parties é-
gales. Cette propriété eft du fieur
Pafcal.

Car foit propofé l'angle D B H,
dans l'une des deux lignes, qui le
contient, comme D B, je prends
le point *, duquel j'abaiffe * I
perpendiculaire fur l'autre ligne
B H, & qui coupe la partie * K B

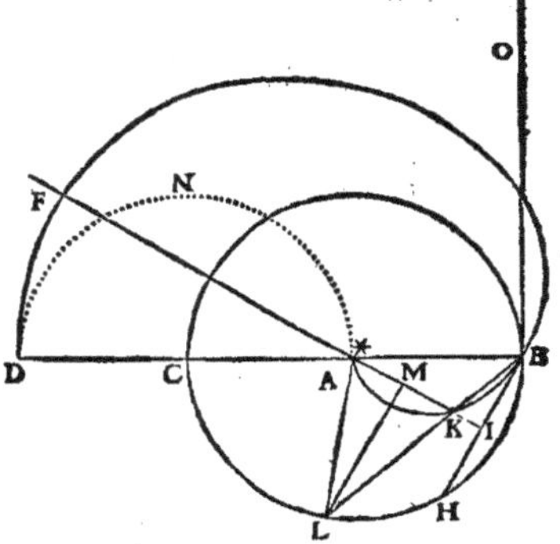

du Limaçon (décrit du Pole B au cercle dont le centre eft *, le rayon * B &
l'intervale du mefme Limaçon C D eft égal à * B) en K, je tire la ligne B K L,
je dis qu'elle fait avec la ligne B H l'angle K B H ⅓ de l'angle propofé C B H.

Pour le prouver foit décrit le cercle du Limaçon & la ligne B K prolongée
jufqu'à ce qu'elle rencontre la circonférence dudit cercle en L, tirez L *, &
ayant divifé * K *bifariam* en M, joignez L M, laquelle fera perpendiculaire fur

*K; car à cause du Limaçon, le triangle *LK a les coftez L*, & LK égaux, eftant égaux à un mefme CD. Puis donc que les triangles LMK, BIK font rectangles, & ont les angles oppofez égaux, ils font femblables, & l'angle MLK égal à IBK, mais MLK n'eft que la moitié de l'angle *LK (parce que le triangle *LK eft ifofcele, & fa bafe *K divifée *bif.* &c.) c'eft-à-dire, de *BL, (car le triangle *LB eft encore ifofcele) & partant l'angle KBH n'eft que ÷ de l'angle *BL, & partant ⅓ du tout *BH; ce qu'il falloit démontrer.

Nota fi l'on euft propofé l'angle obtus HBO en ayant ofté l'angle droit DBO, & pris HBK ÷ du reftant, il ne faut que luy ajoûter un angle de 30. degrez qui eft ⅓ de l'angle droit, pour avoir le tiers du total propofé DBO.

Monfieur de Roberval démontre que l'efpace contenu fous la ligne droite DC* (foit que DC foit égale ou non à C*) & fous la courbe *KBFFD eft égal à l'aggregé du cercle BHC, duquel la ligne *KBFD eft le Limaçon, & du demi-cercle duquel l'intervale de cette mefme ligne CD eft le demi-diamétre, de forte que fi du centre C & de l'intervale CD l'on décrit le demi-cercle DN* l'efpace curviligne contenu entre cette demi-circonférence, & le Limaçon eft égal au cercle BHC, dont cette ligne eft la Conchoïde.

Si l'on continuoit cette ligne de l'autre cofté du cercle, elle repréfenteroit une forte de figure en cœur divifé en deux fuperficies curvilignes, defquelles l'on pourroit faire un femblable examen, les comparant à des portions de cercle &c.

De la Spirale ou Hélice.

LA premiére définition du Livre des Spirales d'Archiméde nous apprend le moyen de décrire cette ligne; voicy les termes d'Archiméde.

Si recta lineâ in plano, manente altero termino, æquè velociter circunductâ rursùs reftituatur in eum locum à quo primùm cæpit moveri; & unâ cum lineâ circumductâ, punctum feratur æquè velociter ipfum fibi ipfi, in eadem lineâ, incipiens à termino manente; ejufmodi punctum fpiralem lineam in plano defcribet.

Soit propofé la ligne AB égale à l'intervale duquel on veut décrire la Spirale du centre A & de l'intervale AB décrivez le cercle B 3, 6, 12, 18, 24, divifez-en la circonférence en autant de parties égales que vous pourrez commodement, à commencer en B, & divifez la ligne AB en tout autant de parties égales; tirez les rayons A1, A2, A3 &c. du point A fur le rayon A1 prenez une des parties aliquotes du rayon AB; fur le rayon A2 prenez deux des mefmes parties; 3 fur A3, 12 fur A12, 15 fur A15, & ainfi des autres, les

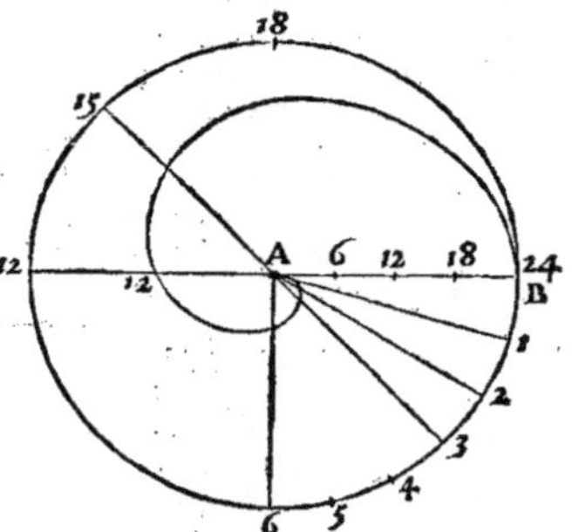

points que vous aurez marquez fur les demi-diamétres feront dans la Spirale que vous voulez décrire.

Que fi dans la mefme ligne AB vous prenez BC, CD, DE &c. tant que vous voudrez, chacune égale à AB, & que cependant qu'AB fera une feconde révolution du mouvement uniforme, le point qui eftoit venu en B s'avance du mouvement uniforme fur la ligne ABCD jufques en C, ce point décrira

l'Hélice

l'Hélice de la seconde révolution à commencer en B & finir en C, & ainsi de suite pour les autres révolutions.

D'où il s'enfuit que la méthode est la mesme pour les autres révolutions que pour la premiére; car voulant décrire la seconde révolution, il faudra décrire du centre A de l'intervale A C une circonférence de cercle, & l'ayant divisée en autant de parties que la premiére circonférence du rayon A B, à quoy les mesmes rayons tirez du centre A aux points de la premiére

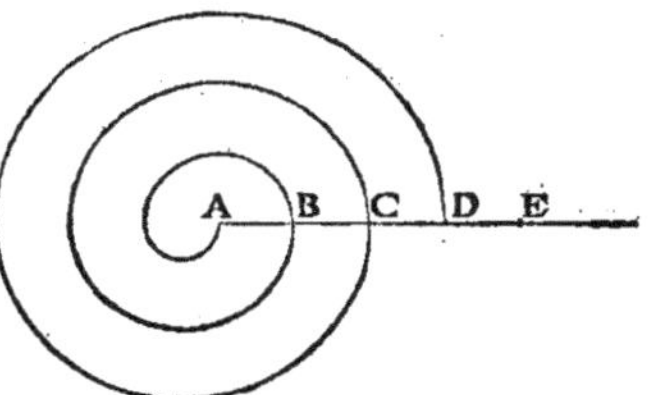

circonférence serviront s'ils sont prolongez, & chacun pris égal à A C; sur le rayon A 1 de cette seconde circonférence, vous prendrez depuis le centre A une ligne égale à A B+1 de ses parties aliquotes, sur A 2 vous prendrez une ligne égale à A B+2 de ses parties aliquotes &c. & ainsi les points que vous aurez marquez sur les demi-diamétres de ce second cercle seront ceux par lesquels il faudra décrire la seconde révolution de l'Hélice.

Cecy posé, il faut considérer que le point qui décrit la Spirale, en quelque part qu'il se trouve, a toûjours le mesme mouvement droit sur la ligne A B C D E; & ce mouvement est tel par la nature de cette ligne, qu'en mesme temps que la ligne A B a fait une révolution, ce point doit en mesme temps avoir parcouru une ligne égale à A B, mais en chaque endroit il change de mouvement circulaire; de sorte que la vitesse de son mouvement circulaire s'augmente toûjours à mesure qu'il s'éloigne du centre A; car son mouvement circulaire est tel que ce point décriroit la circonférence dont la portion de la ligne A B C D E, depuis A jusqu'où ce point se rencontre, est le demi-diamétre pendant le temps d'une révolution, c'est à sçavoir en autant de temps qu'il en employe à parcourir par son mouvement droit la ligne A B depuis A jusques en B, ou de B en C, de sorte que puis qu'en B son mouvement est tel que s'il en eust toûjours eû un circulaire égal depuis A jusques en B, il auroit décrit une circonférence dont A B est le rayon pendant le temps d'une révolution, & que le mouvement circulaire qu'il a en C est tel que pendant le temps d'une révolution (ou s'il faut ainsi dire d'une circulation de la ligne droite, car le terme de révolution s'attribuë plus ordinairement à la Spirale mesme) il auroit décrit une circonférence dont le rayon est A C double de A B, il s'enfuit que le mouvement circulaire qu'il a en C est double de celuy qu'il a en B, & que celuy qu'il a en D est triple de celuy qu'il a en B &c. & ainsi des autres.

Et parce que le mouvement circulaire de ce point est tel, comme nous avons dit, que pendant le temps d'une circulation de la ligne A B C D, il doit décrite une circonférence de cercle dont la ligne depuis le commencement A de la Spirale jusqu'à l'endroit de la Spirale où ce point se trouve, est le demi-diamétre : & de plus le mesme point doit décrire par son mouvement droit pendant le mesme temps d'une circulation, une ligne égale au rayon A B du cercle de la premiére circulation; il s'enfuit que, quelque point de la Spirale que nous prenions, nous aurons la raison du mouvement circulaire du point qui la décrit au mouvement droit du mesme point, comme de ladite circonférence à la ligne A B, mais aussi les deux directions de ces mouvemens sont données (le commencement de la Spirale & le point où l'on veut la touchante estant donnez) car la direction du mouvement droit est la ligne droite tirée de A jusqu'audit point, & la direction du mouvement circulaire est la perpendiculaire à cette ligne; ces deux mouvemens sont donc tout-à-fait con-

A a

nus, & par conséquent le mouvement meslé de ces deux & sa direction, c'est-
à-dire, la touchante de l'Hélice en ce point est aussi donnée ; ce qu'il falloit
faire.

	Ainsi pour tirer la touchante en B, je joins A B, & je tire B E perpendiculai-
re à A B, laquelle B E je suppose estre égale à la circonférence, dont A B est le

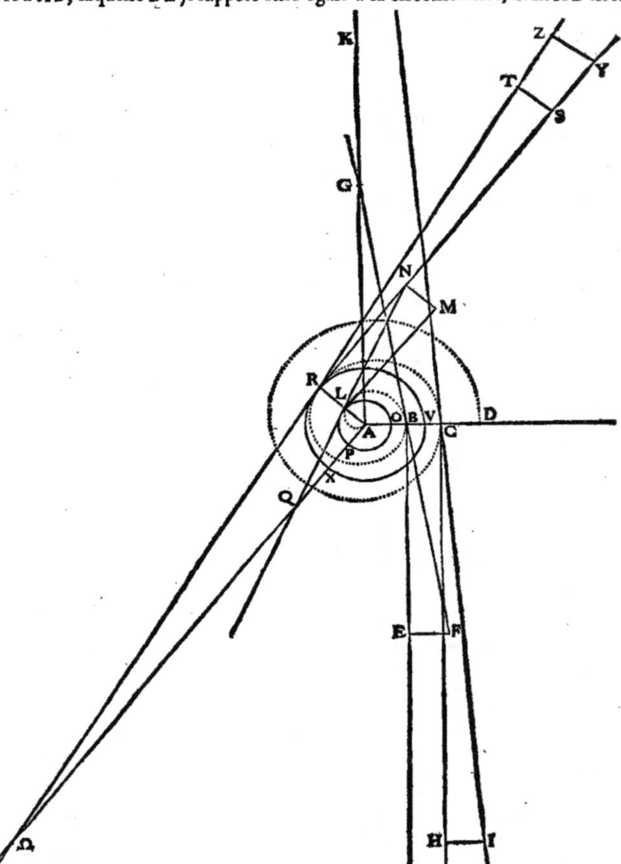

rayon ; puis ayant mené E F parallele & égale à A B, la ligne F B touchera
l'Hélice au point B. Et quand bien l'on auroit quelque difficulté à concevoir
cette méthode, il nous sera toûjours facile de montrer qu'elle s'accorde avec
les démonstrations des Anciens. Nous avons ainsi démontré que cette façon

de trouver les touchantes des fections coniques s'accorde avec celle d'Apollonius, & nous démontrerons icy que noftre conftruction s'accorde avec les
propofitions d'Archiméde : car foit A G perpendiculaire à A B, il eft évident
que F B prolongée la rencontrera en un point comme G, puis qu'elle rencontre B E fa parallele par la conftruction, & partant l'angle A G B fera égal à
l'angle E B F, & ces triangles femblables ; mais le cofté A B eft égal au cofté
E F, & partant A G fera égal à B E, c'eft-à-dire, à la circonférence du premier
cercle de la Spirale, ce qui eft vray par la 18. du livre des Spirales.

De mefme pour le point C, qui eft la fin de la feconde révolution, tirant
C H perpendiculaire à A C, & égale à la circonférence dont A C eft le rayon,
puis tirant H I égale & parallele à A B, & joignant I C ce fera la touchante :
nous démontrerons qu'eftant prolongée, elle coupera A G K, prolongée comme en K, & que les triangles I H C, C A K feront femblables : donc comme
A C eft à H I, ainfi A K fera à C H, c'eft-à-dire le double de C H à C H, &
partant A K eft le double de la circonférence dont A C eft le rayon ; ce qui
eft vray par la 19. des Spirales.

Pareillement pour avoir la touchante en un autre point de la premiére révolution, comme en L, je tire A L & je décris la circonférence L O P L coupant A B en O, je prends L M perpendiculaire à A L, & égale à ladite circonférence ; par M je tire M N parallele à A L, & égale à A B rayon de la
premiére révolution, N L eft la touchante, car foit tirée A P Q perpendiculaire à A L, par la mefme raifon N L prolongée la rencontrera en un point,
comme en Q, & comme A L ou A O eft à M N ou A B, ainfi fera A Q à L M,
c'eft-à-dire à toute la circonférence O P L : mais par la nature & par la defcription de l'Hélice, comme A O eft à A B, ainfi la portion O P L de ladite
circonférence eft à toute la circonférence, donc la ligne A P Q eft égale
à la portion O P L de la circonférence O P L ; ce qui eft auffi démontré dans
la 20. propof. des Spirales d'Archiméde.

Semblablement pour avoir la touchante en un autre point de la feconde
révolution, comme en R, je tire A R & je décris la circonférence R V X R
coupant A B C en V ; je prends R S perpendiculaire à A R & égale à cette circonférence, & je tire S T parallelle à A R, & égale à A B ; T R eft la touchante : car par la mefme raifon ayant tiré A Q Ω perpendiculaire à R A, la ligne
T R prolongée la rencontrera comme en Ω, & comme A R ou A V fera
à T S ou A B, ainfi A Ω fera à S R, c'eft-à-dire à la circonférence R V X R :
mais par la nature de la Spirale, comme A V eft à A B, ainfi la circonférence
R V X R eftant jointe à la circonférence V X R, eft à la mefme circonférence
R V X R ; & partant A Ω eft à la circonférence R V X R, comme la mefme
circonférence R V X R jointe à la circonférence V X R eft à R V X R,
donc la ligne A Ω eft égale à l'aggrégé des deux circonférences R V X R
& V X R, ce qui eft vray par la 20. du livre des Spirales d'Archiméde.

L'on pouvoit dire d'abord tirez A R, & A X Ω qui luy foit perpendiculaire & égale à l'aggrégé de la circonférence R V X R & de V X R, on
aura la touchante Ω R ; ou bien ayant tiré A R & ayant décrit la circonférence du centre A & de l'intervale A R, & femblablement R Y perpendiculaire
à A R, faites que comme A B eft à A R, ainfi cette circonférence du cercle
foit à R Y perpendiculaire, vous aurez le point Y ; tirez Y Z égale & parallelle
à A R, vous aurez le point Z, & Z R fera la touchante.

Mais il a femblé plus clair & plus facile de réduire ces mouvemens à la
droite A B & à la circonférence, dont A R eft le demi-diamétre, & ainfi
des autres.

Nous avons fuppofé qu'on nous donne des lignes droites égales à des circonférences de cercle, ou pour le moins qu'on en entende d'égales, ce qui

estant posé nous avons par cette méthode les touchantes de ces lignes, ou pour mieux dire nous démontrons, que concevant une ligne droite égale à une circonférence de cercle, l'on peut par la connoissance des mouvemens composez concevoir quelle sera la ligne droite qui touchera l'Hélice en un point proposé : nous ferons la mesme supposition pour la quadratrice.

Exemple neuvième de la Quadratrice.

Cette proposition est trop longue & fort embrouillée.

SOIT proposé le quarré ABCD avec son quart de cercle ABD qui luy est inscrit, duquel le centre est A, & le rayon est AB, l'un & l'autre plus grand ou plus petit, suivant que l'on veut décrire la Quadratrice grande ou petite. Soit divisé l'un des costez du quarré CB ou AD (perpendiculaire à AB rayon du quart) en autant de parties égales qu'on voudra 1 2 3 4 5. &c. & par ces points soit tiré des paralleles à AB jusques au costé opposé; divisez le quart de cercle en autant de parties égales 1 2 3 4 5. &c. à condition que si aux divisions de la ligne BC, vous avez commencé à compter 1, proche de B, vous commencerez aussi à compter au quart de cercle 1, proche de B; mais, si vous aviez commencé en C, vous commencerez en D sur le quart de cercle; tirez du centre A des demi-diamétres jusqu'aux points de ces divisions du quart de cercle A 1, A 2, A 3, &c. là où A 1 coupera la premiére des paralleles, A 2 la seconde, A 3 la troisiéme, A 4 la quatriéme &c. vous aurez les points par où doit passer la portion D H de la Quadratrice de laquelle le sommet H est dans la ligne A B.

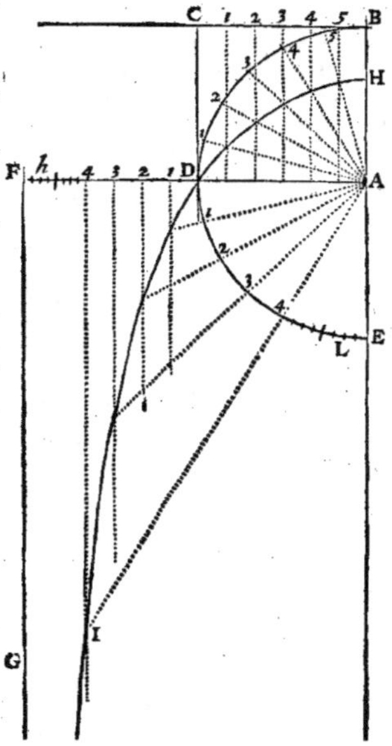

Nota que *Viete Respons. lib. 8. cap. 8.* appelle le point H *finis Quadratariæ*; mais il n'en considere que la portion H D pour la quadrature du cercle.

Pour prolonger cette ligne audessous du diamétre A D, ayant achevé le demi-cercle B D E du centre A, dans la droite A D prolongée vers D, je prends D F égale à A D, laquelle je divise en autant de parties égales que je juge à propos 1 2 3 4. &c. à commencer proche de D, & par ces points je tire des paralleles au diamétre du cercle B A E, lesquelles je prolonge audessous de D F, autant qu'il est nécessaire; puis je divise le quart de cercle D E, en autant de parties égales que j'ay divisé la ligne D F, à commencer aussi en D; par ces points & par le centre A je tire des lignes A 1, A 2, A 3, &c. jusqu'à ce qu'elles rencontrent chacune sa parallele réciproque, c'est-à-dire A 1 la premiére, A 2 la seconde &c. & par ces divisions je décris la portion D I de la mesme quadratrice prolongée. Or

Or il est manifeste que cette portion peut estre prolongée à l'infini, car ayant pris une tres-petite portion F *h* de la ligne F D, & une partie proportionelle E L du quart du cercle, l'une & l'autre estant divisées par la moitié, & ayant tiré les lignes, comme nous avons dit, nous trouverons un point de la quadratrice : mais de rechef l'on pourra diviser la moitié, puis le $\frac{1}{4}$, puis la $\frac{1}{8}$ &c. partie plus proche de F de la ligne F *h*, & la moitié, puis le $\frac{1}{4}$, puis la $\frac{1}{8}$ partie plus proche de E de la circonférence L E, & tirer de nouveau des lignes paralleles, & des demi-diamétres prolongez qui se coupent, pour avoir de nouveaux points de la quadratrice ; & puis que l'on peut continuer ces divisions sans fin, l'on trouvera aussi sans fin des points de la quadratrice audessous de D & de I ; car pour la finir, il faudroit que la derniére ligne tirée du point F de la ligne A D F parallele à A E rencontrast son demi-diamétre réciproque, c'est à sçavoir le dernier du quart de cercle D E, c'est-à-dire que F G perpendiculaire à D F en F rencontrast le diamétre B A E prolongé, auquel elle est parallele ; ce qui est impossible.

Et par là vous voyez qu'aucun point de la quadratrice ne se rencontrera dans F G, puisque le demi-diamétre réciproque à F G ne la sçauroit jamais rencontrer : elle ne la coupera donc pas quoy-qu'elle soit prolongée à l'infini, & néanmoins elle s'en approche toûjours de plus en plus, car les points de la Quadratrice sont trouvez dans les paralleles à F G que l'on tire par des points toûjours plus proches de F que leurs précédentes, & partant la ligne F G est Asymptote de la quadratrice.

L'on peut achever le cercle entier, & continuër la quadratrice de l'autre costé du diamétre B E, avec son Asymptote &c.

Je ne dis rien ni du nom de la Quadratrice ni de son usage pour la quadrature du cercle au defaut de Dinostrate ou de Nicoméde, qui ne se trouvent point. *Voyez Pappus lib. 4. Collect. M.* ou *Viete lib. 8. resp. cap. 8. & Clavius Geom. pract. lib. 7. in appendice.*

Pour tirer par cette méthode les touchantes à la Quadratrice, il faut éxaminer les mouvemens qui la décrivent. On voit d'abord que le demi-diamétre A D du cercle B D E estant prolongé & tournant circulairement sur le centre A, & la ligne C D se mouvant en mesme temps parallelement à soy-mesme, soit qu'elle s'approche de B A, ou qu'elle s'en éloigne suivant que nous faisons tourner le demi-diamétre, ou de D vers B, ou du mesme D vers E, car tout revient au mesme, que le point, dis-je, qui décrit la Quadratrice a pour le moins deux mouvemens, l'un droit que la ligne C D luy communique, l'autre circulaire à cause du mouvement du demi-diamétre A D ; mais outre ces mouvemens il a encore celuy qui l'oblige à se rencontrer dans la commune section des deux lignes A D, C D, ce que nous avons expliqué à la fin de la quatriéme proposition de ce Traité où vous trouverez une figure tres-semblable à celle-cy. En voicy pourtant l'application le plus intelligiblement qu'il m'est possible.

Soit proposé la quadratrice H D F, de laquelle le demi-cercle primitif, donnez-moy ce mot, soit B D E & le centre du demi-cercle soit A, & que l'on demande la touchante de la Quadratrice en un point, comme en F. Je prolonge le diamétre B H A E de part & d'autre, puis je tire la ligne A F, qui est celle qui communique le mouvement circulaire au point F ; je tire encore par F une parallele au diamétre B E, c'est celle qui communique à nostre point le mouvement droit duquel la direction est F K parallele à D A & perpendiculaire à A E. Par F je tire F R perpendiculaire à A F pour la direction du mouvement circulaire. Et ayant supposé que la ligne A F tourne circulairement de D vers B ou de F vers G, du centre A je décris la portion de la circonférence F C G comprise entre les lignes A F & A B G. Cecy posé je suis

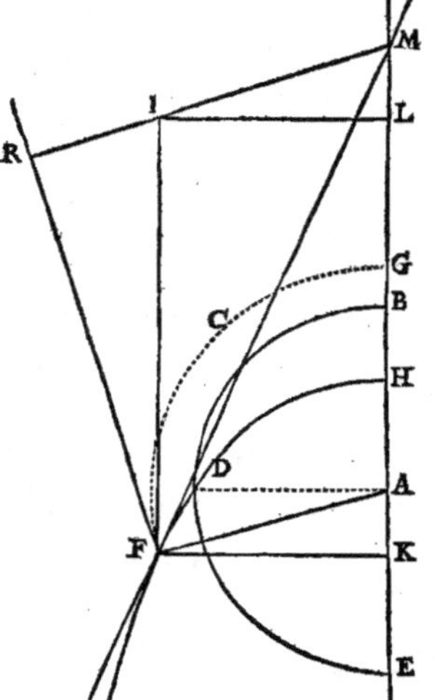

obligé d'imaginer que la ligne tirée de F parallele à A B G se meut de F vers ladite A B G, & par la nature de cette ligne, puisque cette parallele doit s'ajuster & ne faire qu'une ligne avec A B lors que la ligne A F ayant tourné de F vers L G aura la mesme position. Si je conçois deux points, l'un F à l'extrémité de ladite parallele F I, l'autre F au bout de la ligne A F, & que l'un & l'autre de ces points n'ait que le mouvement, le premier de la ligne I F le long de F K, l'autre celuy qui luy fait décrire la circonférence F C G; ou pour mieux dire, puisque la direction de ce mouvement circulaire est F R, je suis asseûré que pendant que le premier point aura décrit F K, le second estant porté par la ligne A F que nous imaginons se mouvoir parallelement à soy-mesme, & partir du point F (comme nous avons pû faire cy-devant comme en la Spirale &c.) puisque la direction du mouvment circulaire est F R, que ce point, dis-je, aura décrit dans F R prolongée une ligne F R égale à la circonférence F C G.

Mais dautant que ces deux mouvemens ne sont pas les seuls qu'a le point qui décrit la quadratrice, je ne tire pas du point R une ligne parallele & égale à F K, pour avoir à son autre bout un point de la touchante, mais j'éxamine plûtost tous les mouvemens du point F qui décrit la Quadratrice en cette sorte.

Je remarque donc premiérement ce que je viens d'expliquer, que le point F doit décrire la ligne F R égale à la circonférence F C G en autant de temps que la ligne F I se mouvant parallelement à soy-mesme & uniformement en emploira jusqu'à ce qu'elle ait la position de la ligne A B G.

Secondement. Faisant donc mouvoir la ligne A F parallelement & uniformement (puisque F R est la direction du mouvement circulaire du point F, comme nous avons dit) sans considérer le mouvement de la ligne I F, & partant considérant ladite ligne immobile, il est certain que, si nous gardons la condition des mouvemens qui décrivent la quadratrice, qui est que le point F doit toûjours estre en la commune section des lignes A F, F I, quand l'extrémité immobile de la ligne A F sera en R, le point mobile F se doit rencontrer là ou A F prolongée tant qu'il sera nécessaire, coupe la ligne F I; tirez donc par R la ligne R I M parallele à A F & coupant F I en I & le diamétre E B M prolongé en M, vous voyez que le point mobile F se doit rencontrer en I.

Troisiémement. Mais outre ces mouvemens il faut encore considérer que la ligne F I emporte ce point de I vers L où il se devra trouver (ayant tiré I L parallele à F K, & coupant A B G prolongée en L) lors que la ligne I F sera une mesme avec la ligne A B G, c'est à sçavoir lors que son extrémité immobile F aura décrit la ligne F K, & son point immobile I, la ligne I L. Il est donc certain que fi aux mouvemens précédens l'on ajoûte celuy du point mobile F ou I le long de I L, fans confidérer que ce point mobile doit toûjours eftre dans la commune feétion des lignes A F, I F, le point mobile F fe doit trouver en L.

Enfin il faut encore confidérer que ce point F a toûjours deû eftre la commune feétion des lignes A F, F I, & qu'ayant fait mouvoir A F jufqu'à ce que fon éxtrémité immobile ait décrit F R, on luy a donné la pofition R I, à laquelle elle s'arrefte, pofé que I F ne doive fe mouvoir que fur F K, & que par cette condition le point eftant porté de I vers L, doit décrire la ligne I M au lieu de I L & fe rencontrer en M au lieu de L ; & partant tous les mouvemens de ce point eftant éxaminez, l'on trouve que pendant que A F s'eft promenée le long de F R, & I F le long de F K, le point de leur commune feétion eft arrivé en M ; & partant fi vous tirez la ligne M F, vous aurez la touchante de la Quadratrice en F ; ce qu'il falloit faire.

En deux mots, ayant tiré comme cy-deffus la ligne F R égale à la circonférence F C G & les lignes F I, R I M, puifque nous confidérons un feul mouvement circulaire du point qui décrit la Quadratrice, fçavoir celuy qu'il a en F, nous le confidérons par noftre principe, ce que nous avons pratiqué aux lignes précédentes, mefme en la Spirale le long de la touchante, ce point doit donc monter de F vers R, mais il doit encore eftre porté vers la ligne A B, à caufe du mouvement de la ligne F I, & outre ces deux mouvemens il doit toûjours eftre la commune feétion des lignes A F, F I, en quelque lieu que nous tirions ces deux lignes, il fera donc dans leur commune feétion lors que A F fera en R I M, & I F en A B M, & partant il fera en M. Voicy en deux mots une régle générale Quadrat.

Un point F de la Quadratrice eftant donné, & le demi-cercle B D E, par le moyen duquel elle eft décrite. Si du centre A de ce demi-cercle & de l'intervale A F, vous décrivez une circonférence F C G depuis F jufques en un point G du diamétre A B, dans lequel fe rencontre le fommet H de la quadratrice vers la partie de ce fommet ; & fi à cette portion de circonférence vous tirez une touchante en F, dans laquelle vous prenez une ligne F R égale à ladite portion de circonférence (d'où il fuit que pour tirer la touchante en D, il ne faut que prendre dans A B prolongée depuis A une ligne égale au quart de cercle B D) la commune feétion du diamétre A B prolongé vers B, & d'une ligne R M tirée par R parallele à A F, fera dans la touchante de la quadratrice.

Ou fa converfe à la façon d'Archiméde au livre des Hélices.

Si quadratricem linea recta contingat, producaturque donec occurrat femidiametro circuli quadratricis, in qua reperitur quadratricis vertex, etiamfi fuerit opus ad partes verticis productâ, & ab ejufmodi puncto fectionis recta linea ducatur parallela ei quæ à centro circuli quadratricis ad punctum contactûs in quadratrice ducitur; à puncto verò contactûs in quadratrice circunferentiæ circuli circulo quadratricis homocentri portio defcribatur ad partes verticis quadratricis donec eidem femidiametro etiam productæ occurrat, eique circunferentiæ portioni tangens ducatur ad punctum quod eft communis fectio ipfius & quadratricis, occurret ejufmodi tangens circuli ei quæ à communi fectione tangentis Quadratricis & diametri productæ ducta fuerat parallela, eritque lineæ circulum tangentis portio inter punctum (quod eft communis fectio ipfius & productæ parallelæ) & quadratricem intercepta æqualis prædictæ portioni circunferentiæ circuli.

Nota, l'on peut rendre la régle plus générale, faifant comme la circonférence F C G eft à F K; ainfi une ligne prife dans F R, mefme prolongée, plus grande ou plus petite que F R, foit à une ligne plus grande ou plus petite que

F K prife dans F K, mefme prolongée ; mais ne la prenant pas égale, la conftruction en eft plus difficile.

Remarquez deux ou trois chofes avant de paffer outre. La première, pour plus
grande intelligence l'on peut déduire l'application de la feconde partie de la
quatriéme propofition de ce traité en cette façon.

La vîteffe du mouvement de la ligne I F, & partant de fon extrémité mobile F eftant donnée dans F K, elle fera auffi donnée dans F A ; & parce que
le point mobile F doit eftre la commune fection des deux I F, F A, la ligne I F
ayant la pofition K A B coupera F A, c'eft-à-dire en A ; ce point a donc eû
deux mouvemens, l'un de la gauche vers la droite égal à F K, l'autre en montant égal à K A, & ces deux fe réduifent à un feul F A : pareillement la vîteffe
de la ligne A F eftant donnée dans F R, fon point mobile F devant eftre la
commune fection de A F & F I fe trouvera en I, & partant il a eû les deux
mouvemens F R, R I, qui fe réduifent à un feul F I, qui eft le troifiéme cofté
du triangle F R I.

Ces quatre mouvemens (car nous avons divifé en deux parties celuy qui fait
que le point mobile F doit eftre la commune fection des deux lignes A F, I F)
eftant réduits aux deux I F, F A achevez-en le parallelogramme I F A M, la
diagonale F M fera la direction du mouvement meflé de ces deux.

Cecy avoit déja efté expliqué plus briévement, mais il y a plaifir de confidérer une chofe par divers biais & en différentes façons.

La feconde ; fi l'on demandoit la touchante de la quadratrice au point D,
où la ligne A D eft d'abord perpendicu-
laire à D C, que puifque le mouvement
de A D eft donné dans D C, ou bien
A B, & celuy de D C eft donné auffi
d'abord dans D A, & la raifon de ces
deux mouvemens eft comme de la ligne D A au quart de cercle D B, il ne
faut que prendre dans A B prolongée
autant qu'il le faut une ligne A E, à
commencer en A, égale au quart de
cercle, & du point E l'on tirera la touchante E D.

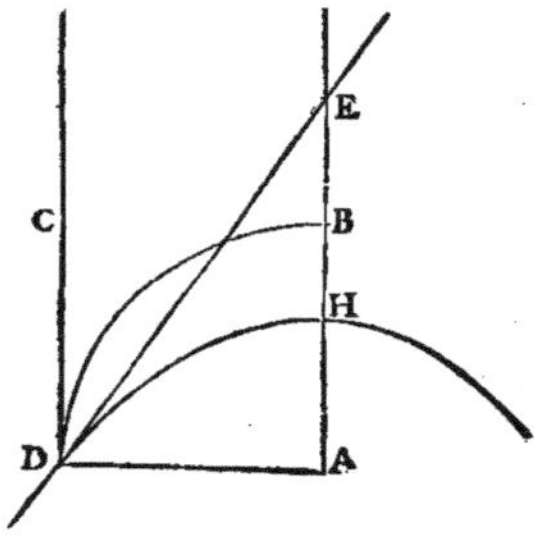

L'on euft pû faire trois divers cas
pour les touchantes de cette ligne, mais
le difcours eft tout le mefme voulant
tirer la touchante au deffus de D entre D & H, que lors qu'on la tire en un
point plus éloigné de H & au deffous de D, comme au premier éxemple.

La troifiéme, que *Viete loc. cit.* appelle le point H *finis quadrataria*, &
le point D *principium* ; mais il ne confidére que la portion D H, qui luy fert
pour la quadrature du cercle, & puis il s'arrefte à la façon de décrire la quadratrice, & il eft manifefte que le point D fe trouve d'abord, & que décrivant la
quadratrice D H à l'ordinaire, le point H fe trouve aprés les autres qui font
entre D & H : mais nous pouvons concevoir le point H tout le premier ; &
parce que confidérant la Quadratrice prolongée des deux coftez, chacun des
autres points en a un réciproque de l'autre cofté également éloigné de H, &
que le point H eft le feul qui n'a point de réciproque, nous l'avons appellé le
fommet de la Quadratrice.

Dixiéme

Dixiéme éxemple de la Cissoïde.

SOIT proposé le cercle ABCD, plus grand ou plus petit, suivant qu'on veut décrire la Cissoïde, avec ses deux diamétres à angles droits AC, BD : du point D prenez de part & d'autre des points également distans D1 & D1 sur les quarts de cercle DA, DC, puis D2, D2, puis D3, D3 &c. tirez par les points 1 2 3 4 &c. du quart de cercle DC des lignes paralleles au diamétre BD, puis du point C joignant les lignes C1, C2, C3, C4 &c. aux points 1 2 3 4 &c. du quart de cercle DA, là où C1 coupera la parallele 11, & C2 la parallele 22, & C3 la parallele 33, & C4 la parallele 44, vous aurez des points par lesquels la Cissoïde est décrite.

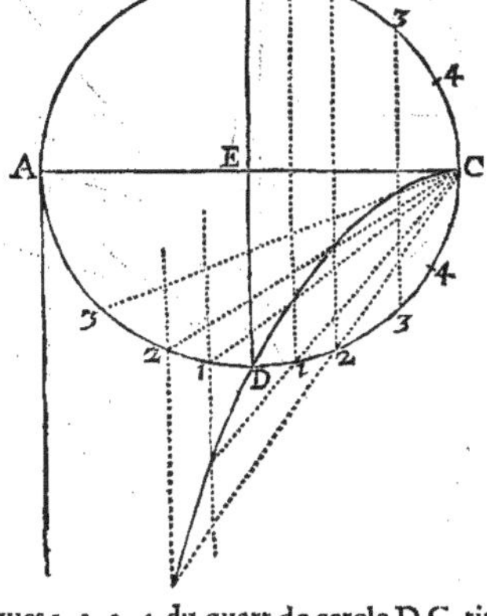

Que si vous voulez prolonger la Cissoïde CD en dehors du cercle, tirez par les points 1 2 3 4 &c. du quart du cercle DA des lignes paralleles au diamétre BD, & prolongez-les tant qu'il faudra en dehors du cercle du costé de D, puis par les points réciproques 1, 2, 3, 4 du quart de cercle DC, tirez du point C d'autres lignes occultes C1, C2, C3, C4, & prolongez-les autant qu'il le faudra hors le cercle, les points où chacune de ces lignes coupera sa réciproque, sçavoir C1, la parallele 11 ; C2 la parallele 22 &c. ces points feront dans la Cissoïde prolongée.

Par un discours semblable à celuy dont nous nous sommes servis pour la quadratrice, l'on montrera que cette ligne peut estre prolongée infiniment, & qu'elle ne rencontrera jamais une ligne droite infinie tirée du point A parallele au diamétre BD, ou si vous aimez mieux la touchante du cercle de la Cissoïde au point A.

Et parce que la Cissoïde peut estre continuée de l'autre costé par le moyen d'un autre cercle égal à ABCD, & décrit sur son diamétre AC prolongé vers C, en sorte que ces deux cercles se touchent en C, il nous sera permis d'appeller le point C, le sommet de la Cissoïde, puisque c'est l'unique dans la Cissoïde, qui n'en a point de réciproque, ou si vous voulez de semblable : car les points de la Cissoïde prolongée plus loin que D, à l'égard de C peuvent estre appellez réciproques des points de la portion DC de la Cissoïde. Ce qui est assez clair par la méthode de trouver ces points.

Cecy posé, il faut éxaminer les mouvemens particuliers du point qui décrit la Cissoïde, pour en donner les touchantes.

Il faut donc remarquer d'abord, que si vous faites tourner la ligne CD circulairement autour du point C, en sorte qu'elle passe successivement par C1, C2, C3 &c. de D vers A, prenant les points 1 2 3 4 dans le quart de cercle DA, & qu'en mesme temps le diamétre BD soit porté parallelement à soy-mesme vers C, mais en montant de telle façon que son extrémité D décri-

Cc

ve le quart de cercle D C d'un mouvement égal & uniforme, & que lors que

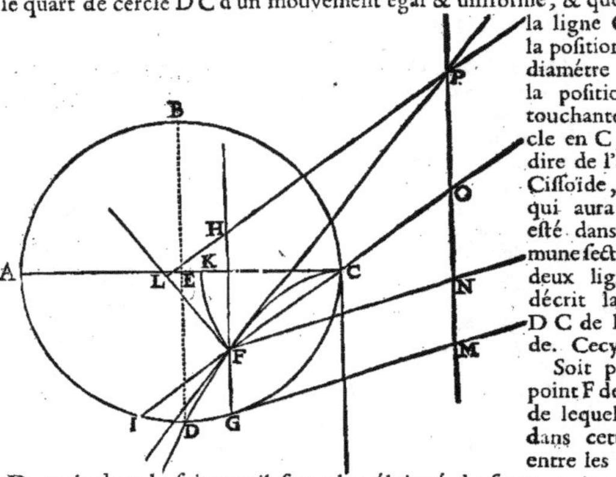

la ligne C D aura la pofition C A, le diamétre B D ait la pofition de la touchante du cercle en C, c'eft-à-dire de l'axe de la Ciffoïde, le point qui aura toûjours efté dans la commune fection de ces deux lignes aura décrit la portion D C de la Ciffoïde. Cecy pofé.

Soit propofé le point F de la Ciffoïde lequel foit pris dans cette figure entre les points C & D ; mais dans la fuivante il fera plus éloigné du fommet, & au deffous de D à l'égard de C, tirez la ligne F G parallele au diamétre B D, coupant le cercle en G en fa partie inférieure dans le quart de cercle D C en cette première figure, & prolongez-la du cofté de F vers H, puis tirez la ligne C F, & prolongez-la jufqu'à la circonférence du cercle en I, (dans la feconde figure elle coupe le cercle avant que d'arriver en F) vous voyez donc que la ligne C F I en tournant autour du centre C jufqu'à ce qu'elle ait paffé par toutes les pofitions des lignes tirées du point C à tous les points de la circonférence I A jufqu'à ce qu'elle foit arrivée dans la pofition C A, dans ce mefme temps la ligne F G s'eftant meûë, comme nous avons expliqué, parallelement à foy-mefme vers C, en forte que fon point G ait décrit la circonférence G C du cercle de la Ciffoïde, fera arrivée en C, & aura la pofition de la touchante du cercle de la Ciffoïde au point C.

Mais pendant le mouvement circulaire de la ligne C F vers A, fi vous décrivez du centre C & de l'intervale C F un arc de cercle F K compris entre C F & C A & coupant C A en K, il fe trouve que le point F de la ligne C F porté par le feul mouvement de la ligne C F, ce point, dis-je, a décrit l'arc F K, il a donc décrit l'arc F K en mefme temps que le point G porté par le mouvement que nous avons expliqué de la ligne F G, a décrit la circonférence G C, mais chaque point de la ligne F G décrit une ligne égale & femblable à celle que décrit le point G, & partant le point F de la ligne F G porté par cette ligne décrit une circonférence égale à G C : vous voyez donc que ne confidérant que les deux mouvemens du point F, que les deux lignes C F, F G luy donnent fans confidérer que ce point doit toûjours eftre en leur commune fection par le mouvement de la ligne C F, il aura décrit la circonférence F K en mefme temps que la ligne F G luy aura fait décrire une circonférence égale & parallele à G C, & partant que ces deux mouvemens font proportionnez, comme les circonférences F K & G C, mais les directions de ces deux mouvemens font l'une F L touchante de l'arc F K, & perpendiculaire à C F ; l'autre eft F N parallele à G M, qui touche le cercle de la Ciffoïde en G (car puis que la circonférence que le point F décrit eft parallele à celle que décrit le point G, & puifque les points G F font dans la mefme ligne

droite, les touchantes font paralleles) & partant fi vous faites que comme
l'arc F K eft à l'arc G C, ou comme le demi-diamétre C F de l'arc F K, au diamétre entier C A de l'arc G C, ainfi F L foit à F N, vous aurez les raifons de ces

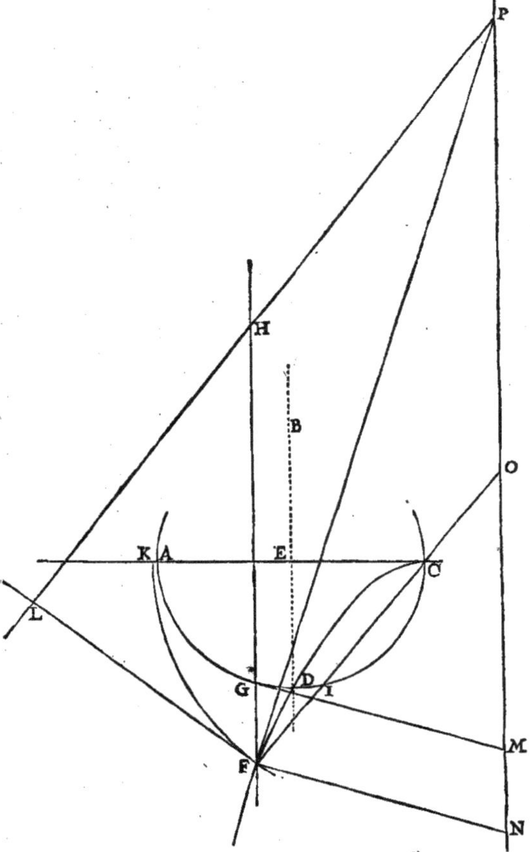

mouvemens dans leurs lignes de direction: cecy pofé vous ne compofez pas
un mouvement des deux feuls F L, F N, car vous vous fouvenez qu'outre ces
deux mouvemens le point mobile F doit encore eftre toûjours la commune
fection des lignes C F, F G H. Voicy cette conftruction d'une autre façon.

Eftant donné le cercle de la Ciffoïde A B C D, fon centre E, la Ciffoïde

C D F &c. comme nous avons expliqué, & qu'il faille en trouver la touchante en un point comme F. Par le point F tirez F G H ou G F H parallele
au diamétre B D, coupant le demi-cercle A D C en G, & prolongez-la
vers le costé du diamétre A C, comme en H; du sommet C de la Cissoïde
tirez la ligne C F I en la premiére figure ou C I F en la seconde coupant le demi-cercle A D C en I; du centre C & de l'intervale C F décrivez l'arc de cercle F K vers le diamétre C A coupant ledit diamétre mesme prolongé vers A
s'il en est besoin en K, tirez F L touchante de cette circonférence vers le diamétre A C, du point G tirez aussi G M touchante du cercle de la Cissoïde, &
par le point F menez F N parallele à G M, & prolongez-la vers le costé de C à
l'égard du point A, faites que comme l'arc F K est à l'arc G C, c'est à-dire
comme la ligne C F est à C A, ainsi F L dans la premiére touchante, & prise si
vous voulez *ad libitum*, soit à F N; par L tirez L H P parallele à F C, &
prolongez-la vers le costé de C à l'égard de F, puis par N tirez N O P parallele
au diamétre B D, & prolongez-la jusqu'à ce qu'elle rencontre L H P, comme
en P, de ce point tirez la ligne P F, ce sera la touchante de la Cissoïde.

Dans cette construction nous ne faisons point mention des points H & O,
ni du parallelogramme H F O P, quoy-qu'il eust esté besoin d'en parler auparavant pour examiner tous les mouvemens du point F de la Cissoïde: l'on
eust pû faire le mesme dans la quadratrice, où la seule intersection des lignes

Voyez la
figure de la
Quadratri-
ce.

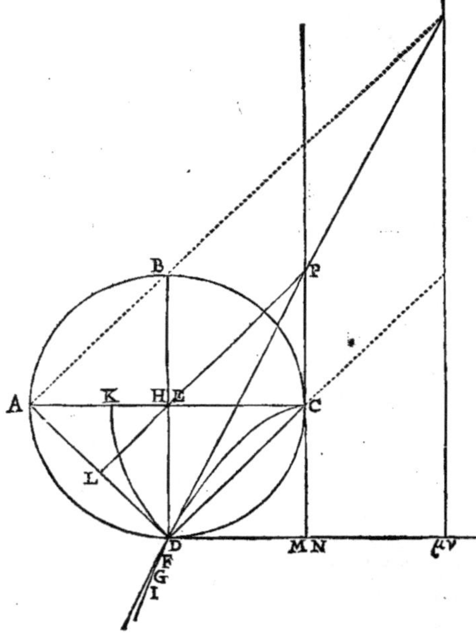

RIM & A B M,
nous eust donné
le point M, sans
considérer le
parallelogram-
me I F A M &c.

L'on pourroit
ajoûter des dé-
monstrations
Géométriques
à ces constru-
ctions, pour
prouver tous
ces points de
rencontre, mais
cela seroit un
peu long.

L'on peut en-
core considérer
ces mouvemens
de tous les biais
que nous les a-
avons considé-
rez dans la qua-
dratrice, &
énoncer ce
Théoreme, que
si d'un point P
de la touchan-
te F P, l'on tire
P L parallele à
C F coupant F L
en L, & P N
parallele

parallele à B D coupant F N en N, & dire que comme l'arc F K est à l'arc
G C, ainsi F L est à F N, ce qui est facile.

Il suffira avant de passer outre, de dire quelque chose de la touchante de la
Cissoïde au point D, dont voicy la figure sur laquelle je remarque :

Premiérement, que faisant trois cas pour les touchantes de cette ligne, l'un
pour le point D, le second pour les points d'entre C & D, & le troisiéme pour
les points audessous de D (car la touchante au point C est le diamétre A C ;
& généralement en toutes les lignes courbes qui ont un axe, leurs touchantes
au sommet sont perpendiculaires à cét axe ;) l'on auroit pû mettre celuy-cy
le premier, n'eust esté qu'il falloit expliquer plus généralement & sans confusion les mouvemens du point F : or en cette figure les points D F G I ne
sont qu'un mesme, le point H peut estre le mesme que le point E ou que le
point B, comme en la seconde construction de cette figure, que nous avons
marquée par des lignes ponctuées & avec des lettres Greques, & les points
M N, ou μ ν sont un mesme point.

Secondement, sans supposer dans F L ou G M des lignes égales aux arcs
F K & G C, l'on fait par une construction Géométrique, que comme l'arc
F K est à l'arc G C, ainsi F L est à G M en cette façon.

Puisque l'angle A C D est à la circonférence de l'arc A D, & au centre de
l'arc F K, il s'ensuit que l'arc A D ou D C est double en ressemblance à F K,
& partant que comme le demi-diamétre E C est au demi-diamétre C D ou
D A, ainsi l'arc D C est au double de l'arc D K, & par conséquent que comme E C est à la moitié de D C ou de D A, ainsi l'arc C D est à l'arc F K : prenant donc D M égale à E C, & F L égale à la moitié de F A ou de D A, l'on
aura fait cette construction Géométrique, & la parallele à C F passera de L
par le centre E ; ou encore prenez d'un costé la toute D A, & de l'autre G μ
double de D M, la parallele à C F sera A B &c.

Onziéme éxemple, de la Roulette ou Trochoïde de M. de Roberval.

SOIT proposé le cercle duquel le centre est *a*, le demi-diamétre *a* B, &
sa touchante B C au point B prolongée en C, l'on imagine que le cercle

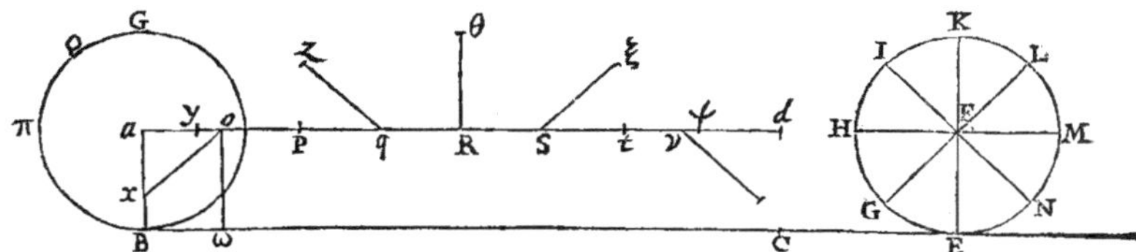

a B faisant une révolution sur la ligne B C, soit que B C soit égale à la circonférence du cercle, soit qu'elle soit plus grande ou plus petite (ce que je
suppose indifférent, & facile à démontrer) le point B de ce cercle estant
porté par les deux mouvemens, l'un droit qui le porte de B vers C, l'autre circulaire à cause de la révolution du cercle ; que ce point, dis-je, décrit la
Roulette ou Trochoïde ; ou si vous voulez, ayant tiré par le centre *a* la ligne
a d égale & parallele à B C vers le mesme costé, l'on imagine que le cercle
glissant de B vers C sans tourner à l'entour de son axe, en sorte que le centre *a* décrive la ligne *a d* par un mouvement uniforme, en mesme temps le
point B décrive la circonférence de son cercle passant de B par π Q G B d'un

mouvement uniforme, & que le centre *a* estant arrivé en *d*, ce point se retrou-
ve en C, où la ligne B C touche le cercle, & qu'enfin ces deux mouvemens,
l'un circulaire, par le moyen duquel le point B parcourt une fois la circonférence de son cercle, l'autre droit, par lequel il est emporté vers C, meslez
comme nous avons dit, estant tous deux uniformes, font décrire la Roulette
à ce point B.

D'où vous voyez que ces deux mouvemens estant uniformes, le point B
peut décrire trois diverses sortes de Roulettes, suivant que son mouvement circulaire sera proportionné à son mouvement droit, ou si vous voulez suivant la
raison de la circonférence de son cercle à la ligne *a d*, que le centre décrit,
puisque cette circonférence peut estre ou égale à la ligne *a d*, ou plus grande
ou plus petite.

Nous ne nous arrestons pas à considérer les lignes qui peuvent estre décrites, posé que l'un ou l'autre de ces mouvemens, ou mesme posé que ni l'un ni
l'autre ne fust uniforme.

Cecy posé, pour décrire aisément cette ligne, soit prolongée la ligne B C,
comme en E ; du point E soit tiré E F égale & parallele à *a* B ; du centre F
décrivez le cercle E G H I K L M N, qui sera égal au premier, divisez
sa circonférence en tant de parties égales que vous voudrez par les points
G H I K L M N, & tirez par ces points les demi-diamétres du cercle. Divisez la ligne *a d* en autant de parties égales que vous avez divisé la circonférence G H I &c. aux points *o* P *q* R S *t u*, par le point *o* tirez *o x* égale & parallele au rayon F G, par P tirez P *y* égale & parallele à F H, puis *q z* égale
& parallele à F I, & ainsi des autres, vous aurez les points B *x y* ᴢ 0 ξ ꝓ C, par
lesquels la Roulette doit estre décrite.

La raison de cette description est manifeste, car prenez dans la ligne *a d*
un des points de sa division comme par éxemple le premier *o*, & tirez *o ω*
perpendiculaire sur B C, & par conséquent parallele aux rayons *a* B, F E,
mais par la description *o x* est parallele à F G, & partant l'angle *x o ω* est
égale à l'angle G F E, & décrivant du centre *o* & de l'intervale *o x*, l'arc *x ω*,
cét arc est égal à l'arc G E : mais posé que le centre *a* ait décrit la ligne *a o*,
& soit en *o*, le point B doit avoir décrit un arc égal à F G ; car par l'hypothese E G est à sa circonférence totale, comme *a o* est à *a d*, & les mouvemens sont uniformes ; donc le point B a décrit l'arc *ω x*, il est donc en *x*,
& par conséquent le point *x* est un point de la Roulette ; ce qu'il falloit démontrer. L'on démontrera la mesme chose de tous les autres points.

Il s'enfuit de cette démonstration, que décrivant le cercle G H I K L M N
d'un autre centre pris dans la ligne *a d*, comme du centre *o*, P, R &c. & faisant le reste de la construction, l'on trouvera les mesmes points de la Roulette.

Ces connoissances suffisent pour trouver les touchantes de la Roulette par
les mouvemens composez ; car ayant pris un point de la Roulette, & ayant
trouvé les deux directions de son mouvement droit & de son mouvement circulaire ; si l'on entend dans ces lignes de direction deux lignes qui soient entre
elles comme la ligne B C ou la base de la Roulette, est au cercle de la Roulette,
chacune de ces lignes estant prise dans la direction du mouvement homolo-
gue, la direction du mouvement composé de ces deux sera la touchante.

Car soit proposé la Roulette A B C de laquelle la base est A D C, le
sommet B & l'axe B D, & que l'on en demande la touchante au point E. Décrivez le cercle B F D de la Roulette, soit autour de l'axe B D, soit sur quelque diamétre perpendiculaire à la ligne A D C ; du point E tirez la ligne E F
parallele à A C, & coupant en F la circonférence du demi-cercle de la Roulette (la plus proche du point E, si le point E estant pris entre A & B, vous
avez décrit le cercle plus vers C que le point E, sinon au contraire &c.)

tirez F G touchante du cercle, puis faites que comme A C eſt à la circonférence du cercle, ainſi E F ſoit à F H, prenant le point H dans la touchante F G, du point H tirez H E, ce ſera la touchante de la Roulette.

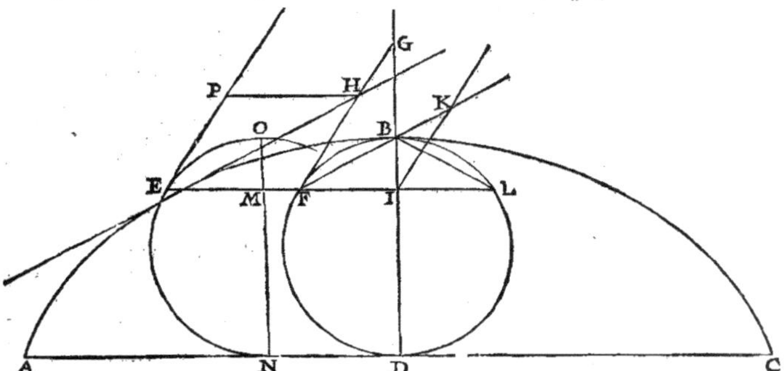

Mr de F. tire cette touchante en cette façon. Tirez la ligne E F, comme cy-
deſſus. Tirez encore une ligne F B, & par le point E tirez E H parallele à
F B, la ligne E H ſera la touchante.

Or il eſt facile de démontrer que cette méthode s'accorde avec la premiére, mais elle n'eſt pas ſi générale n'eſtant propoſée qu'au cas que la Roulette,
ſoit du premier genre, c'eſt-à-dire que ſa baſe A C ſoit égale à la circonférence de ſon cercle, ce que vous remarquerez dans cette démonſtration que nous
chercherons analytiquement, comme il s'enſuit.

Il faut démontrer qu'ayant tiré comme cy-deſſus la ligne E F & F G touchante du cercle au point F, & ayant pris F H dans F G égale à E F; ſi l'on
tire deux lignes l'une H E, l'autre F B, elles ſeront paralleles.

Pour le prouver, tirez I K parallele à F H juſqu'à ce qu'elle rencontre au
point K la ligne F B K prolongée vers B; prolongez encore la ligne E F I L
juſqu'à l'autre coſté du cercle en L, & tirez la ligne B L, & ſuppoſons que les
lignes F B, E H ſont paralleles; donc l'angle E H F eſt égal à l'angle F K I:
mais par la conſtruction l'angle H E F eſt égal à l'angle E H F, parce que
nous avons pris F H égale à E F; il faut donc montrer que l'angle K F I eſt
égal à l'angle F K I: mais l'angle F K I eſt égal à G F K par la conſtruction,
ayant tiré I K parallele à F G, il faut donc prouver que l'angle K F I eſt égal
à l'angle G F K, mais G F K eſt égal à l'angle B L F, dans la ſection alterne;
il faut donc prouver que K F I eſt égal à B L F; ce qui eſt certain.

En retournant, l'angle K F I eſt égal à B L F, mais B L F dans la ſection alterne eſt égal à l'angle G F K, donc K F I eſt égal à l'angle G F K: mais à cauſe
des paralleles F G, I K, l'angle G F K eſt égal à F K I, donc K F I & F K I ſont
égaux, & le triangle F I K eſt iſoſcele; mais le triangle E F H eſt auſſi iſoſcele
par la conſtruction le triangle E F H eſt donc ſemblable à F I K, & l'angle
H E F eſt égal à l'angle K F I, d'où il s'enſuit que la ligne E H eſt parallele à
F B K; ce qu'il falloit démontrer.

Dans la figure précédente ayant fait décrire le cercle de la Roulette autour de ſon axe, & tiré la touchante F H, ç'a eſté toute la meſme choſe,
comme ſi ayant fait tirer le cercle de la Roulette en la poſition qu'il doit
eſtre lors que le point A du cercle eſt arrivé en E, nous luy euſſions tiré ſa

touchante par le point E, car ces pofitions de cercles eſtant paralleles, & le point E eſtant auſſi élevé ſur la baſe A C, que le point F, les touchantes des cercles ſont paralleles, & partant l'une peut ſervir auſſi-bien que l'autre, pour en meſler un mouvement droit, puiſque l'une & l'autre rencontre la ligne E F, qui eſt la direction de ce mouvement droit. C'eſt pourquoy ſi l'on vouloit décrire le cercle de la Roulette en la pofition qu'il eſt lors que le point qui la décrit eſt arrivé en E, ayant premiérement décrit le cercle B F D autour de l'axe B D, & tiré la ligne E F I parallele à A D C, prenez E M dans E F I égale à F I, qui eſt compriſe entre la circonférence & le diamétre du cercle qui eſt perpendiculaire à la baſe A C, vous aurez le point M par où doit paſſer ce diamétre perpendiculaire. Et partant ſi vous tirez M N perpendiculaire à A C, & ſi vous la prolongez vers M en O en ſorte que N M O ſoit égale au diamétre du cercle de la Roulette, vous aurez le diamétre dudit cercle en la pofition requiſe ; ce qui eſt facile.

Je ne vous diray rien des propriétez de la Roulette, comme que la ligne droite E F eſt à l'arc F B, en meſme raiſon que la baſe A C à toute la circonférence du cercle &c. M. de Roberval ne m'a pas encore fait voir le Traité qu'il en a fait, où après en avoir démontré cette propriété & un grand nombre d'autres, il compare ces lignes les unes aux autres, les ſemblables, celles de divers genres, les égales, les inégales, leurs ordonnées, leurs eſpaces &c. ce qu'il a expliqué dans un ſi bel ordre, qu'il m'a dit que ſon Traité eſtoit auſſi limé comme s'il euſt eſté ſur le point de le faire imprimer.

Douziéme éxemple, de la compagne de la Roulette.

C'Eſt ainſi que l'a voulu nommer M. de Roberval qui l'a inventée, & qui en a imaginé l'hipotheſe & la deſcription en cette ſorte.

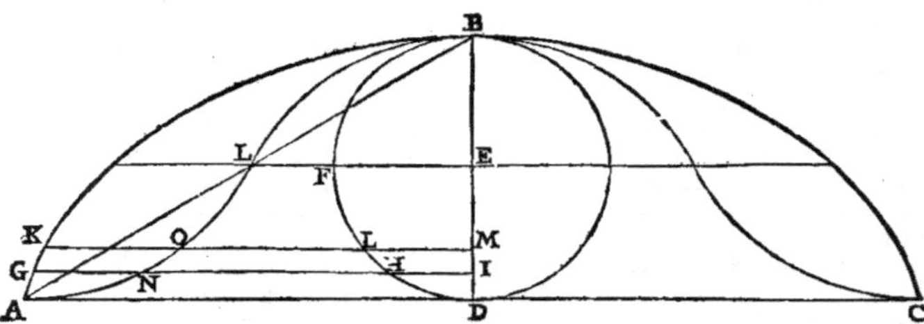

Soit propoſé la Roulette A B C de laquelle la baſe eſt A C l'axe B D, le centre du cercle dans l'axe eſt E, & le cercle de la Roulette B F D à l'entour de l'axe. Entendez que la Roulette eſt décrite par la ſeconde façon qui en a eſté donnée dans l'éxemple précédent ; c'eſt à ſçavoir que pendant que le cercle de la Roulette gliſſe depuis A juſques en C, en ſorte que ſon centre E décrit d'un mouvement uniforme une ligne parallele & égale à A C, en meſme temps le point mobile A parcourt par un mouvement uniforme la circonférence de ce cercle, & décrit la Roulette par le mouvement compoſé de ces deux ; imaginez maintenant que pendant que ce point parcourt ainſi la circonférence D F B, un autre point A ou D mobile dans le diamétre du cercle, qui eſt toûjours perpendiculaire à A C, monte le long de ce diamétre de D vers B d'un mouvement inégal, en ſorte qu'il ſoit toûjours également élevé ſur la baſe A C, comme eſt le point qui décrit la Roulette, c'eſt-à-dire

qu'ayant

qu'ayant tiré du point de la Roulette comme G, la ligne G H I coupant la
circonférence du cercle en H & l'axe en I, lors que le point mobile qui décrit la Roulette se rencontre en G dans la Roulette, c'est-à-dire en H,
dans le cercle, le point qui décrit cette compagne se rencontre en I dans l'axe.

De mesme tirant par un autre point K la parallele à la base K L M, qui coupe la circonférence B L H D en L & le diamétre B D en M, lors que le
point de la Roulette est en K, c'est-à-dire dans le cercle en tel endroit qu'en
L, le point de la compagne de la Roulette est dans B D en tel endroit que
M, & ainsi des autres.

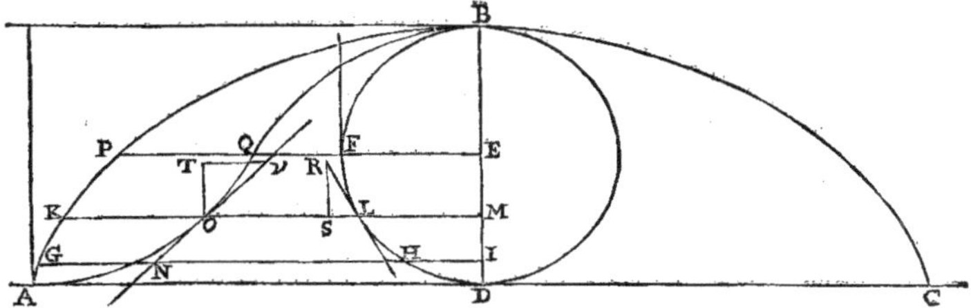

D'où il s'ensuit, que pour décrire cette ligne, ayant tiré des points de la
Roulette des lignes paralleles à A C, si dans chacune de ces lignes, à commencer aux points de la Roulette, l'on prend une ligne égale à la portion de
la mesme ligne comprise entre la demi-circonférence du cercle & son axe,
l'on aura les points par lesquels cette ligne est décrite. Ainsi tirant comme
nous avons dit, la ligne G H I, si dans la mesme ligne vous prenez G N égale
à H I, vous aurez le point N, par lequel passe la compagne de la Trochoïde;
de mesme prenant dans K L M la ligne K O égale à L M, vous aurez un autre
point O de la mesme ligne. Et si par le centre E vous tirez E F perpendiculaire à B D, & si vous la prolongez en P jusqu'à la Roulette; ayant pris de P
vers F la ligne P Q égale à E F, dans la mesme ligne P F vous aurez le point
Q, qui est le milieu de cette ligne-cy, & auquel elle change de courbure,
comme vous remarquerez mieux cy-aprés. Or ç'a esté la mesme chose de décrire le cercle autour de l'axe de la Roulette, que de luy donner toutes les
diverses positions qu'il a en glissant sur la ligne A C, ce qui a déja esté remarqué dans la Roulette.

Cecy posé vous voyez que le point qui décrit cette ligne-cy est porté par
un mouvement composé de deux droits, l'un uniforme, l'autre inégal, &
desquels les directions sont perpendiculaires l'une à l'autre, se prenant dans
les lignes A D, B D ou dans leurs paralleles.

Et parce que le point qui décrit cette ligne-cy monte de la mesme façon
que celuy qui décrit la Roulette monte dans le demi-cercle, tirant la touchante du point réciproque dans le demi-cercle, & composant le mouvement dont elle est la direction de deux mouvemens droits, l'un parallele à
A D & l'autre à B D, l'on aura dans la ligne parallele à B D la quantité du
mouvement qui fait monter ce point; & sçachant la raison de la base A C à
la circonférence du cercle, puisque le point qui décrit la compagne de la
Roulette est porté d'un mouvement uniforme & égal à A C, comme le point
qui décrit la Roulette a un mouvement uniforme & égal à ladite circonférence, si l'on fait que comme la circonférence du cercle est à A C, ainsi la
touchante du cercle soit à une ligne droite, cette ligne sera la quantité du

mouvement parallele à A C du point de cette ligne-cy qui est réciproque à ce-luy du cercle auquel l'on a tiré la touchante.

Par éxemple, foit en la derniére figure cy-deffus la Roulette A B C du premier genre, c'est-à-dire que fa bafe A C foit égale à la circonférence de fon cercle & le refte, comme il a esté dit : pour tirer la touchante de cette ligne au point O, je tire au cercle par le point L réciproque du point O, la tou-chante du cercle L R, & je compofe le mouvement L R de deux R S, S L, dont l'un R S est parallele à B D ; puis comparant les mouvemens du point O à ceux du point L, puifque par la fuppofition le point O monte autant que le point L, je tire O T parallele & égale à R S, ce fera la direction & la quan-tité de ce premier mouvement du point O ; puis aprés parce que le point O a dans une ligne parallele à A C un mouvement égal à celuy du point L le long de la circonférence de fon cercle, c'est-à-dire un mouvement égal à celuy du point L le long de la touchante L R, ayant tiré T V parallele à A C, & égale à L R, j'auray les directions & la raifon des deux mouvemens du point O, & partant la ligne O V fera la touchante de cette ligne au point O ; ce qu'il falloit faire.

Treiziéme éxemple, de la Parabole de M. des Cartes.

MONSIEUR des Cartes nous apprend le moyen de décrire en deux façons cette ligne courbe, qui est une efpece de Parabole : la premiére par fa régle compofée qui est en la 318. page de fa Méthode, & la deuxiéme en la page 405. de la mefme méthode, ou bien 337. qui est en faifant mouvoir une Parabole ordinaire avec fon plan le long de fon diamétre M C, & prenant un point fixe comme G hors le mefme diamétre, mais dans un autre plan fixe fur lequel le plan de la Parabole fe meuve en coulant, ces deux plans convenans toûjours l'un à l'autre pendant le mouvement de celuy de la Parabole : puis dans le diamétre B C foit marqué un point B, qui ne fe puiffe mouvoir qu'au mouvement de la Parabole, demeurant toûjours à pareille diftance du fom-met ; & foit entendu une ligne droite G B indéfinie, qui tourne à l'entour du point fixe G comme centre, & qui paffe toûjours par B pendant que la Parabole fe meut, cette ligne G B coupant la Parabole mobile continuelle-ment en de nouveaux points, la ligne courbe qui paffera par tous ces points fera la Parabole de M. des Cartes, laquelle à proprement parler est une Conchoïde de Parabole, & peut-eftre double, car la ligne G B peut couper la Parabole propofée en deux points.

Pour avoir la tangente de ladite ligne courbe, par éxemple en A, tirons premiérement deux lignes paralleles au diamétre de la Parabole T S V, que nous faifons mouvoir fur la ligne droite M C, defquelles paralleles l'une D G Z paffe au point G, qui est comme le Pole, & l'autre parallele E A X paffe au point A auquel nous voulons la touchante ; en fuite éxaminons premiérement le mouvement du mobile au point B, ledit mobile eftant porté fur la ligne G B F, laquelle fe meut circulairement fur le point fixe G en tirant vers les points D C, duquel mobile au point B nous avons la direction, à fçavoir B C, parce que par la defcription de la ligne courbe Q R A, ledit mobile fe maintient toûjours dans la ligne M C : nous avons auffi les deux autres directions defquelles est compofée B C, l'une la circulaire D B, la li-gne D B eftant perpendiculaire fur G B, & l'autre direction la ligne droite B F, nous aurons donc ces directions, & les raifons des vîteffes dudit mobile au point B : or les points qui font dans la Parabole mobile montant tous également, fi nous menons du point C une parallele à B G, fçavoir C D, les lignes D G, E A & B C feront égales, & par conféquent E A & D G feront

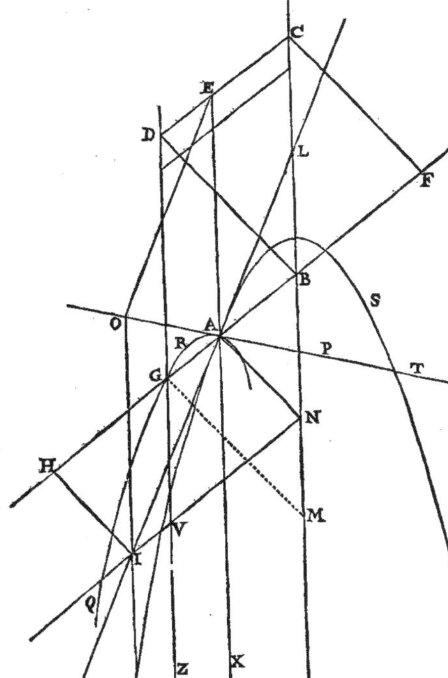

les mesmes directions que B C; enfuite éxaminons le mouvement du point A, auquel nous voulons avoir la touchante ; & confidérons le point B comme eftant fixe & arrefté, autour duquel fe meuve circulairement la mefme ligne BG vers V M T, car c'eft le mefme mouvement circulaire que le précédent; donc l'une de ces directions, à fçavoir la circulaire, fera A N ; & les angles D G B & G B M eftant égaux, en mefme temps que le point B ira en D, auffi le point G ira en M, & A en N, les lignes GM & A N eftant parallels à B D; donc la direction circulaire du point A fera A N : mais le mefme point A fe maintenant toûjours dans la Parabole T S V, fa direction fera la touchante de la mefme Parabole T S V. Soit donc menée cette touchante, à fçavoir I L, & achevé le parallelogramme A H I N, nous avons donc A I pour direction de ce point A fe mouvant circulairement, & fe maintenant auffi dans la Parabole S T V, nous avons auffi la direction du mefme point A fe maintenant dans M G, à fçavoir A E égale à B C, & par conféquent le parallelogramme E O I A eftant achevé, la ligne droite O A diagonale du parallelogramme fera la direction du point A, & par conféquent la touchante de la ligne courbe Q G R A audit point A; ce qu'il falloit faire.

P R O J E T
D'UN LIVRE DE MECHANIQUE
traitant des Mouvemens composez.

PAR un mouvement composé j'entens celuy qui se fait de deux ou plusieurs mouvemens différens entre eux, soit par leurs directions ou leurs vîtesses, ou par toutes les deux, lors que tous ces mouvemens sont communiquez à un mesme mobile, ou en mesme temps, ou successivement, soit que la communication s'en fasse en un inst. nt, ou avec du temps.

On peut considérer le mouvement composé en trois états différens ; sçavoir, ou dans ses causes, ou en soy-mesme pendant sa durée, ou dans ses effets.

Les causes d'un mouvement en tant que composé sont les mouvemens particuliers qui le composent, qui sont ou simples, ou composez eux-mesmes.

Icy on discourra des causes des mouvemens simples qui sont les principes actifs de la nature dans ses corps différens, soit qu'ils agissent par des causes ordinaires & réglées comme par la pesanteur, ou légereté, & par de pareilles qui nous paroissent uniformes ou à peu prés, soit que ces causes, quoy-qu'ordinaires, ne soient pas réglées, comme l'action du feu, celle des ressorts, celle des animaux &c. Ce qu'on amplifiera par les exemples des feux artificiels, par la poudre à canon, ou autrement par les arcs, les arquebuses à vent, & les autres actions de l'air. On y ajoûtera les mouvemens particuliers du soleil & des étoiles : on y fera entrer l'artifice des hommes, qui par leurs propres forces, & par celles tant des animaux que des autres corps naturels, peuvent faire des mouvemens composez, d'autant plus diversifiez qu'ils ont de connoissance & d'industrie.

La nature en général possede les principes des mouvemens simples, dont il s'en compose une infinité d'autres dans les animaux, vegetaux, mineraux &c.

Quoy qu'on connoisse les mouvemens simples qui en font un composé, il n'est pas toûjours facile de connoistre ce composé, ni les lignes qu'il décrit par sa composition, particuliérement quand elles sont courbes, comme il arrive d'ordinaire. Delà vient cette science spéculative qui tient beaucoup de la Géometrie, & qui traite des lignes & des figures décrites par les mouvemens composez ; de leurs tangentes & de leurs autres propriétez.

Le mouvement composé considéré en soy n'est point différent d'un mouvement simple ; & on le peut considérer comme simple, quand il est connu, de mesme que s'il estoit produit dans la nature par sa simplicité ; mesme on peut considérer non-seulement un mouvement composé ; mais aussi un mouvement simple droit ou courbe, comme estant composé de plusieurs autres tant simples que composez ; ce qui sert souvent pour la découverte de plusieurs belles véritez touchant la nature & les propriétez des lignes & des figures, qu'on ne découvriroit pas si facilement sans cette considération, quoy-que souvent elle ne soit qu'une fiction, mais pourtant une fiction d'une chose possible.

Il est remarquable que quand un mouvement composé se présenteroit à nous, si nous ne sçavons point qui sont ceux qui l'ont composé, quand mesme

nous

nous fçaurions qu'il n'eft pas fimple, nous ne fçaurions pourtant découvrir avec certitude qui font les compofans. La principale raifon de ce defaut vient de ce que tout mouvement peut eftre compofé de plufieurs fortes, & mefme d'une infinité de fortes, entre lefquelles il feroit difficile, pour ne pas dire impoffible, de rencontrer la véritable.

Touchant les effets du mouvement compofé, ils ne font remarquables qu'au mefme temps qu'il fe compofe; car aprés qu'il eft compofé, fes effets ne font plus différens de ceux d'un mouvement fimple.

En général ces effets font de changer de vîteffe, ou de direction, ou de toutes les deux, fans compter que de deux ou de plufieurs mouvemens actuels il fe peut compofer un repos.

Mais en particulier, ou ils font des lignes différentes, ou des figures différentes, ou ils changent des temps égaux en des inégaux, ou au contraire, & partant quelquefois ils réglent, quelquefois ils déréglent; ils établiffent, ils détruifent, & ainfi d'une infinité d'actions caufées dans toute la nature par une telle compofition.

Mais il ne fera pas hors de propos d'apporter icy pour exemple quelques-uns de ces effets particuliers, pour porter les efprits à la confidération d'une infinité d'autres.

Les caroffes courant vifte, & voulant tourner trop court, verfent. Il en eft de mefme de ceux qui fautent hors d'un caroffe qui court.

De l'effet des lances, qui rompent, qui fauffent, ou qui gliffent fur les cuiraffes.

Des balles de moufquet, de piftolet &c. fur des corps mobiles, tant fur ceux qui les repouffent que fur ceux qui les laiffent entrer plus ou moins, ou qui écrafent la bale; du coup oblique qui eft une efpéce de mouvement compofé, mefme fur un corps immobile. On citera les fillons des balles & des boulets fur la terre & fur l'eau, & on examinera fi la réfraction ne feroit pas un pareil effet.

Les montres & les horloges fe déreglent dans le tranfport, & les pendules y font des plus fujettes.

Les pierres & quelques boulets de fer rougis au feu s'en vont en piéces au fortir des canons.

Le choc de l'air, de l'eau & des corps terreftres font des compofitions de mouvemens furprenans & fouvent dangereux tant fur la terre que fur la mer.

DE
RECOGNITIONE
ÆQUATIONUM.

ÆQUATIONEM recognofcere, eft ftatum illius examinare, eo fine ut innotefcat ejus conftitutio hinc ab origine ejufdem, ufque ad ultimam ordinationem: atque ut nota fiat laterum datorum, ad ea quæ quærintur habitudo; item ut dignofci poffit, an de unico latere ignoto explicabilis fit ipfa æquatio, an vero de pluribus, & quot; atque utrum aliqua ex ipfis fint æqualia, an vero omnia inæqualia. Rurfus fintne latera quæfita pofitiva, feu realia, feu etiam poffibilia: an contra, ficta, feu nulla, feu etiam impoffibilia. Quæ omnia ut melius intelligi poffint, præmittenda funt quædam, tum circa vocabulorum ac notarum, feu fignorum explicationem, tum etiam circa ordinem, quem in ordinando hoc opere fequi decrevimus.

Ac primum, quod ad vocabula, notas, feu figna fpectat, five de lateribus fit quæftio, five de potentiis eorumdem laterum, quædam agnofcimus quæ fuâ naturâ aliquid indicant fupra nihilum; quædam verò quæ fuâ naturâ aliquid indicant infra, dicantur omnia tum hæc, tum illa pofitiva; priora quidem pofitiva fupra, pofteriora autem pofitiva infra.

Rurfus tam pofitiva fupra, quam pofitiva infra, vel affirmativa funt, vel negativa; fed affirmativa fupra æquivalent negativis infra, & è contrario. Et quidem, fignum affirmationis tam fupra quàm infra, eft hoc vulgò receptum $+$. Signum negationis tam fupra quàm infra, eft hoc aliud vulgò quoque receptum $-$. Signum differentiæ inter duas magnitudines, eft ejufmodi $=$. Quo ambiguum relinquitur quænam ex duabus magnitudinibus propofitis, inter quas tale fignum intercedit, major eft aut minor. Signum æqualitatis tale eft ∞; quo fignificatur magnitudines inter quas illud intercedit, effe æquales; five una magnitudo uni magnitudini æquetur; five una pluribus; five plures uni; five denique plures pluribus.

Operæpretium fuiffet fi quæ fuâ naturâ habentur infra magnitudines, certo aliquo figno ab aliis diftincto notatæ effent: verùm quia paffim, immò ferè femper accidit ut in eadem quæftione, fub iifdem terminis, magnitudines quæfitæ fint fupra, vel infra, ex natura ipfius quæftionis, ac vi æquationis ad ipfam pertinentis; ideò talis dictinctio commodè fieri non potuit fiet tamen ut notâ ejufmodi æquationis conftitutione, innotefcat etiam natura ipforum laterum, & quicquid ad numerum eorumdem determinandum requiritur, ut magis patebit in fequentibus.

Præterea omnis multiplicator nihilo æquivalens multiplicans quodvis multiplicatum (feu illud multiplicatum nihilo æquivaleat, feu aliquid fupra, aut infra indicet) producit aliquid nihilo æquivalens. Idem accidit, five multiplicator nihilo æquivaleat, five aliquid indicet fupra aut infra, dummodo multiplicatum æquivaleat nihilo.

Idem prorfus intelligendum de divifione, quod de multiplicatione; divifor enim hic gerit vices multiplicatoris, quotiens multiplicati, & divifum producti; quandoquidem multiplicatio reftituit divifionem, & divifio multiplicationem. Hæc de notis feu fignis, nunc de ordine dicamus.

Multis quidem modis ordinari poteft æquatio, præcipuè fi multipliciter affecta sit ; & revera à diversis authoribus diversimodè constitutus est ordo ipse, nobis accommodatissimus ille videtur qui omnia quibus æquatio constat homogenea ex una parte constituit ; sic ut omnia simul nihilo æquivaleant, quod quidem nullo negotio semper efficitur ; illud autem vel unico exemplo planum fiet. Proponatur methodo Vietæ hæc æquatio $A^3 - BA^2 + C^2 A \approx Z^f$ manifestum est per anthitesim oriri hanc æquationem $Z^f - C^2 A + BA^2 - A^3 \approx O$, vel hanc $A^3 - BA^2 + C^2 A - Z^{\text{sol.}} \approx O$. Etsi vero utraque formula nostro instituto accommodari possit, priorem tamen eligimus, eam scilicet in qua magnitudo omninò data $Z^{\text{sol.}}$ afficitur semper affirmatè, ac secundum eam intelligi debent quæcumque postea dicturi sumus.

De constitutione æquationum quadraticarum.

CAPUT UNICUM.

Propositio prima.

Si $Z_P - RA + A^2 \approx O$.

Sunt duo latera, ambo supra, quorum summa est R ; rectangulum vero sub ipsis est Z_P & sit A alterutrum ex istis.

Intelligatur enim $A - B \approx O$ sic ut $+ A$ æquetur ipsi $+ B$ vel $A - C \approx O$ sic ut $+ A$ æquetur isti $+ C$; unde si ducatur $A - B$ in $A - C$ quod inde orietur æquabitur nihilo. Productum autem illud est $BC \genfrac{}{}{0pt}{}{-BA}{-CA} + A^2$, proinde hoc æquatur nihilo, quod semper accidet. Sive enim A æquetur ipsi B ita ut $A - B \approx O$, quicquid valeat $A - C$, si $A - B$ ducatur in $A - C$, hoc est si nihilum per quodvis multiplicetur, producitur nihilum ; sive A æquetur ipsi C, ita ut $A - C \approx O$, quicquid valeat $A - B$, si $A - C$ ducatur in $A - B$, hoc est si nihilum per quodvis multiplicetur, producitur nihilum.

Jam BC vocetur ex hipothesi Z_P ; & $B + C$ vocetur R ; fietque id quod proponitur nempe $Z_P - RA + A^2 \approx O$ qua in æquatione A potest explicari tam de ipso B quam de ipso C à quibus producitur BC sive Z_P.

Pro determinatione.

Determinatio alicujus æquationis est constitutio illa in qua vel omnia, vel quædam ex lateribus de quibus explicabilis est æquatio inter se æqualia sunt ; unde cum de duobus tantum lateribus explicari potest æquatio, quales sunt quadraticæ, unica tantum potest esse determinatio, cum scilicet duo latera sunt æqualia. Cum autem de tribus lateribus æquatio explicabilis est, quales sunt cubicæ ; tunc duplex esse potest determinatio, altera quidem major, cum omnia tria latera æqualia sunt, altera vero minor, cum duo tantum æqualia sunt. Atque ita quo plura erunt latera in aliqua æquatione, id est quo potentia illius altior erit, eo plures erunt illius determinationes.

Jam in proposita æquatione unica esse potest determinatio in qua duo latera de quibus A est explicabile erunt æqualia ; cum scilicet Z_P æquatur $\frac{1}{2} R^2$: tunc enim unumquodque ex ipsis lateribus A æquale est $\frac{1}{2}$ ipsius R.

Nam in prædicta formula $BC \genfrac{}{}{0pt}{}{-BA}{-CA} + A^2 \approx O$ in casu determinationis B intelligitur æquari ipsi C ; unde illa æquatio æquivalet huic $B^2 - 2BA +$

$A^2 \infty O$, sive etiam huic per interpretationem $Z_P - RA + A^2 \infty O$ ut proponitur, ubi quoniam $R \infty 2 B$ manifestum est Z_P esse quadratum ipsius B, sive dimidii ipsius R, sive etiam Z_P esse quartam partem quadrati ipsius R, & A quod æquatur ipsi B vel C, esse dimidium ipsius R.

Propositio secunda.

Si $Z_P + RA - A^2 \infty O$.

Sunt duo latera inæqualia, quorum alterum, idemque majus est supra, alterum minus est infra, differentia amborum est R, & rectangulum sub ipsis Z_P & fit A, alterutrum ex ipsis, (intelligatur enim $B - A \infty O$ sic ut A dum erit supra, æquetur ipsi B; vel $C + A \infty O$ sic ut A dum erit infra, æquetur ipsi C. Atque ex hypothesi sit B majus quàm C.) Si igitur $B - A$ ducatur in $C + A$, quod inde orietur æquabitur nihilo.

Productum autem id est $B\,C \genfrac{}{}{0pt}{}{+\,B\,A}{-\,C\,A} - A^2$ æquatur nihilo. Quo pacto æquatio explicabilis est de A supra, æquali ipsi B. Ubi tamen æquatio hanc interpretationem accipere debet ut $B\,C \infty Z_P$ & $B - C \infty R$. Quod si quis singulas æquationis partes conferre velit, ut noscat qua ratione ipsæ se invicem tollant, is reperiet $+\,B\,C$ & $-\,C\,A$ sese tollere, item $+\,B\,A$ & $- A^2$ se tollere quoque. Unde fit ut omnia homogenea simul nihilo æquivaleant.

Jam si C intelligatur æquari ipsi A, atque $+\,C + A$ multiplicetur per $+\,B - A$, productum erit rursus $B\,C \genfrac{}{}{0pt}{}{+\,B\,A}{-\,C\,A} - A^2$, quæ æquatio est eadem quæ supra, unde illa explicabilis quoque est de A dum ipsum æquatur ipsi C, ita tamen ut ipsum sit infra ut indicat $C + A \infty O$, vide notas post æquationes cubicas. Hîc autem $+\,B\,C + B\,A$ se invicem tollunt sicuti $-\,C\,A - A^2$; ut rursus omnia nihilo æquentur; atque æquatio eandem quam supra accipere debet interpretationem.

Propositio tertia.

Si $Z_P - RA - A^2 \infty O$.

Sunt duo latera inæqualia, quorum alterum idemque minus est supra, alterum majus est infra, differentia amborum R, & rectangulum sub lateribus ipsis Z_P: A autem explicabile est de alterutro ex iisdem.

Intelligatur enim ut supra $B - A \infty O$ item $C + A \infty O$ & B minus sit quam C; fiet ergo productum $B\,C \genfrac{}{}{0pt}{}{+\,B\,A}{-\,C\,A} - A^2 \infty O$ quod quidem si hanc interpretationem accipiat ut $B\,C \infty Z_P$, & $C - B$ sit R, habebimus æquationem propositam: cætera se habent ut supra.

Nec ulla est in duabus prædictis propositionibus determinatio, quia in utraque duo latera, de quibus A explicabile est, sunt semper inæqualia.

Item nulla alia est inter duas hasce æquationes differentia, nisi quod in priori latus quod est supra majus est eo quod est infra, in posteriori autem illud quod est supra, minus est eo quod est infra.

Propositio quarta.

Si $Z_P - A^2 \infty O$.

Sunt duo latera æqualia, quorum alterum est supra, alterum infra, rectangulum sub ipsis est Z_P & fit A alterutrum ex iisdem.

Intelligatur

Intelligatur enim B——A ꝏ O fic ut +A ꝏ +B fupra. Item C+A ꝏ O, fic ut A ex fe æquetur ipfi C infra; ponaturque B æquari eidem C: itaque fi fiat multiplicatio ut in antecedentibus, productum erit $\mathrm{B\,C} \genfrac{}{}{0pt}{}{+\,\mathrm{B\,A}}{-\,\mathrm{C\,A}} - \mathrm{A}^2$ ꝏ O. Quod fi hanc interpretationem accipiat ut B C ꝏ Zᴘ, quia tollunt fe invicem $\genfrac{}{}{0pt}{}{+\,\mathrm{B}}{-\,\mathrm{C}}$ habebimus æquationem propofitam Zᴘ——A² ꝏ O, quæ explicabilis eft tam de A fupra æquali ipfi B, quam de A infra æquali ipfi C.

Propofitio quinta.

SI Zᴘ+A² ꝏ O.

Nullum propriè loquendo eft latus, fed unicum planum æquale ipfi Zᴘ de quo quidem eft explicabile ipfum A².

Ejufmodi autem æquatio irregularis eft, nec poteft ipfa oriri ex multiplicatione, ut factum eft in antecedentibus.

Nota ergo æquationes quafdam de planis tantum explicabiles effe, quod etiam ad folida & ultra in infinitum extendi, quivis fatis doctus reperiet.

De conftitutione æquationum cubicarum.

CAPUT PRIMUM.

SI Zᶜ——SᴘA+RA²——A³ ꝏ O.

Sunt tria latera pofitiva fupra, quorum fumma eft R, fumma trium rectan- *Vide poftea* gulorum ex ipfis binis ac binis fumptis eft Sᴘ, folidum autem fub iifdem *propofitio-* contentum eft Zᶜ, & fit A quodvis ex ipfis tribus. *nem fpecia- lem.*

$$\begin{matrix} \mathrm{B} & —— & \mathrm{A} & ꝏ & \mathrm{O} \\ \mathrm{C} & —— & \mathrm{A} & ꝏ & \mathrm{O} \\ \mathrm{D} & —— & \mathrm{A} & ꝏ & \mathrm{O} \end{matrix}$$

Intelligamus enim C——A ꝏ O & per quodvis ex iftis tribus binomiis, per illud fcilicet quod nihilo æquari intelligitur, multiplicetur productum ex aliis duobus, quicquid illa duo valeant, & quicquid valeat eorumdem productum, fiet productum ex omnibus tribus æquale nihilo illud autem eft.

$$\mathrm{B\,C\,D} \begin{matrix} ——\mathrm{B\,C\,A} + \mathrm{B\,A}^2 \\ —— \mathrm{B\,D\,A} + \mathrm{C\,A}^2 \\ —— \mathrm{C\,D\,A} + \mathrm{D\,A}^2 \end{matrix} —— \mathrm{A}^3 \text{ ꝏ } \mathrm{O}$$

Omnia autem hanc interpretationem accipiunt ut B C D ꝏ Zᶜ.

$$\text{Item} \begin{matrix} ——\mathrm{B\,C} \\ ——\mathrm{B\,D} \\ ——\mathrm{C\,D} \end{matrix} \text{ ꝏ Sᴘ \& } \begin{matrix} +\mathrm{B} \\ +\mathrm{C} \\ +\mathrm{D} \end{matrix} \text{ ꝏ R}$$

Quo pacto habebimus æquationem propofitam Zᶜ——SᴘA+RA²——A³ ꝏ O.

Quia vero in multiplicatione binomiorum, ipfum A triplicem valorem inducere potuit, puta vel ipfius B, vel C, vel D, fic ut in eandem formulam femper incidamus, nec ullo modo mutetur æquatio, patet ipfam de eodem triplici A explicabilem effe, fub ipfo triplici valore.

❦

Determinatio præcedentis æquationis.

HUjus æquationis determinatio duplex est, altera major, in qua omnia tria latera sunt æqualia; altera minor, in qua duo tantum æqualia sunt.

Major determinatio ejusmodi sortitur constitutionem ut Z^f æquale sit cubo tertiæ partis longitudinis R, sive ut ipsum $Z^f \infty \frac{1}{3} R^3$, & SP æquale sit triplo quadrati ejusdem tertiæ partis longitudinis R, sive ut ipsum $SP \infty \frac{1}{3} R^2$, patet hoc ex eo quod ex constitutione præcedenti, si B, C, D, intelligantur tria latera æqualia, erit solidum B C D, sive Z^f æquale ipsi B^3.

Item plana B D simul $\begin{smallmatrix}B\ C\\ \\C\ D\end{smallmatrix}$, sive $SP \infty 3 B^2$; & tandem latera C simul $\begin{smallmatrix}B\\ \\D\end{smallmatrix}$, sive R æqualia 3 B.

Minor determinatio longiori eget apparatu, pro quo ponamus duo latera æqualia esse ea quæ in constitutione præcedenti referebantur per B & C, quo pacto sic æquatio explicari poterit, ut $B^2 D \infty Z^f$;

Item $B^2 + 2 B D \infty SP$ & $2 B + D \infty R$.

$$B^2 D - B^2 A + 2 B A^2 - A^3 - 2 B D A + D A^2 \infty O$$

Jam quia B est A & $2B + D$ est R, ideo $R - 2A$ est D. Hanc ergo speciem induat D in posterum, ut sit $R - 2A$.

Item B^2 est A^2, quod ductum in D id est in $R - 2A$, producit $R A^2 - 2 A^3$ quæ species proinde æqualis est Z^f, & omnibus ordinatis

$$\tfrac{1}{2} Z^f - \tfrac{1}{2} R A^2 + A^3 \infty O.$$

Rursus B^2 est A^2: & $2 B D$ est $2 R A - 4 A^2$ quæ ambas species simul constituunt, $2 R A - 3 A^2$ ambæ autem constituunt SP. Itaque $2 R A - 3 A^2 \infty SP$, & omnibus ordinatis

$$\tfrac{1}{3} SP - \tfrac{2}{3} R A + A^2 \infty O.$$

Hic nisi ambigua esset hæc æquatio plana, ac de duobus lateribus supra, explicabilis, jam haberetur valor ipsius A; sed quia duplex est valor ille, nempe, vel latus $(\tfrac{1}{9} R^2 - \tfrac{1}{3} SP) + \tfrac{1}{3} R$, vel $\tfrac{1}{3} R -$ latere $(\tfrac{1}{9} R^2 - \tfrac{1}{3} SP)$ estque ex illis, alter quidem utilis, alter inutilis, atque etiam si utilem agnoscere non sit difficile, tamen quia ex comparatione quarumdem aliarum æquationum ad simplicem lateralem, ac de unico eoque vero latere explicabilem devenire possumus, ideo sic progrediemur.

Sed supra etiam $\tfrac{1}{2} Z^f - \tfrac{1}{2} R A^2 + A^3 \infty O$.

Ascendat per A depressior harum æquationum nempe hæc

$$\tfrac{1}{3} SP - \tfrac{2}{3} R A + A^2 \infty O.$$

Atque ita fiet hæc $\tfrac{1}{3} SP A - \tfrac{2}{3} R A^2 + A^3 \infty O$.

Huic ergo æqualis est $\tfrac{1}{2} Z^f - \tfrac{1}{2} R A^2 + A^3 \infty O$.

Sublatoque communi A^3 & addito $\tfrac{1}{6} R A^2$ puta per anthitesim fiet hæc æquatio.

$$\tfrac{1}{2} Z^f \infty \tfrac{1}{3} SP A - \tfrac{1}{6} R A^2.$$

Et communi divisore $\tfrac{1}{6} R$ adhibito $\dfrac{3 Z^f}{R} \infty \dfrac{2 SP A - A^2}{R}$.

Atque omnibus ordinatis $3 \dfrac{Z^f}{R} - 2 \dfrac{SP}{R} A + A^2 \propto O$.

Sed rursus ut supra $\frac{1}{2} SP - \frac{1}{3} RA + A^2 \propto O$.

Ergo hæ duæ æquationes invicem æquales sunt, unde sublato communi A^2 & per anthitesim fiet hæc æquatio $3 \dfrac{Z^f}{R} = \frac{1}{2} SP = 2 \dfrac{SP}{R} A = \frac{1}{3} RA$.

Itaque $3 \dfrac{Z^f}{R} = \frac{1}{2} SP$

$2 \dfrac{SP}{R} = \frac{2}{3} R$ est valor ipsius A

Si ergo accidat aliquam ex præmissis differentiis vel utramque esse æqualem nihilo, vel alteram esse nihilo minorem, alteram verò nihilo majorem, nulla erit ejusmodi determinatio : sed æquatio explicari poterit de tribus lateribus supra, at de uno tantum. Aliquo tamen casu fieri poterit, ut sub proposita initio æquationis formula unicum inveniatur latus supra, & unicum infra, quod proprie latus non est, sed planum, tunc autem propositio specialis est cujus explicandæ hic est locus.

Propositio secunda specialis.

$SI \ Z^f - SPA + RA^2 - A^3 \propto O$.

Sit autem $\dfrac{Z^f}{R} \propto SP$.

Sunt duo latera, alterum suprà æquale ipsi R, alterum infrà non proprie latus, sed planum æquale ipsi SP, & A explicari potest de quolibet ipsorum. Fingatur enim $BP + A^2 \propto O$ quæ æquatio explicabilis est de unico plano infra æquali ipsi BP ut notatum est prop. 5^a Æquat. quadraticarum. Item $C - A \propto O$ tum fiat multiplicatio ut consuevimus.

Orietur ergo $BPC - BPA + CA^2 - A^3 \propto O$.

Hæc æquatio eam accipiat interpretationem ut $BPC \propto Z^f$ & $BP \propto SP$, atque $C \propto R$.

Quo pacto incidemus in æquationem propositam, ubi manifestum est ex generatione $\dfrac{Z^f}{R} \propto SP$, & A esse æquale vel ipsi C, hoc est R supra, vel A^2 est æquale ipsi BP, hoc est SP infra.

CAPUT SECUNDUM.

Propositio prima.

$SI \ Z^f - SPA + RA^2 + A^3 \propto O$.

Sunt tria latera, quorum duo sunt supra, & tertium infra, idemque majus duobus reliquis simul sumptis, differentia seu excessus tertii, supra summam duorum priorum est R : at SP est differentia seu excessus summæ duorum rectangulorum, ejus scilicet quod sub primo & tertio, & ejus quod sub secundo & tertio, supra id, quod sub primo & secundo, solidum autem Z^f quod fit sub tribus, & A explicabile est de quolibet ex ipsis.

Intelligantur enim $B - A$

$C - A$

$D + A$

Gg ij

Quorum D sit majus ambobus B & C simul sumptis; sit autem quævis ex illis tribus speciebus nihilo æqualis, & fiat multiplicatio solito modo orieturque,

$$\begin{array}{l} \quad\quad - B D A + D A^2 \\ B C D - C D A - B A^2 + A^3 \,\infty\, O \\ \quad\quad + B C A - C A^2 \end{array}$$

& quia D majus ponitur quam B & C simul, manifestum est B C multo minus esse quam B D & C D simul sumpta. Itaque omnia hanc interpretationem recipiant ut $+ D - B - C$ sit $+ R$, item $- B D - C D + B C$ sit $- S p$ & B C D sit Z^f quo pacto incidemus in æquationem propositam

$$Z^f - S p A + R A^2 + A^3 \,\infty\, O.$$

Patet autem ex formula, A explicabile esse tam de B aut C supra quàm de D infra, quia in multiplicatione binomiorum ipsum triplicem hunc valorem induere potuit.

Determinatio præcedentis æquationis.

DETERMINATIO unica est, nempe minor, cum scilicet duo latera supra sunt æqualia; aliter enim æqualia esse non possunt: siquidem illud quod est infra, duobus reliquis simul majus est.

Posito ergo quod B & C sunt æqualia, explicari poterit formula æquationis hoc modo.

$$\begin{array}{l} B^2 D - 2 B D A + D A^2 \\ \quad + B^2 A - 2 B A^2 + A^3 \,\infty\, O. \end{array}$$

Quoniam autem B est A & D $- 2$ B est R, ergo D $- 2$ A est R & per antithesim R $+ 2$ A est D, hanc ergo speciem induat D in posterum ut sit R $+ 2$ A.

Item B^2 est A^2, quod ductum in D, id est in R $+ 2$ A producit $R A^2 + 2 A^3$, quæ species proinde æqualis est Z^f & omnibus ordinatis

$$\tfrac{1}{2} Z^f - \tfrac{1}{2} R A^2 - A^3 \,\infty\, O.$$

Rursus B^2 est A^2, & 2 B D est 2 R A $+ 4 A^2$. Quarum ambarum specierum differentia est 2 R A $+ 3 A^2$, hæc idcirco æqualis est S p & omnibus ordinatis.

$$\tfrac{1}{3} S p - \tfrac{2}{3} R A - A^2 \,\infty\, O.$$

Ascendat hæc æquatio per A gradum, atque ita rursus

$$\tfrac{1}{3} S p A - \tfrac{2}{3} R A^2 - A^3 \,\infty\, O.$$

Ergo huic æquationi æquatur hæc

$$\tfrac{1}{2} Z^f - \tfrac{1}{2} R A^2 - A^3 \,\infty\, O.$$

Additisque communibus A^3, & $\tfrac{1}{2}$ R A^2 fiet hæc

$$\tfrac{1}{3} S p A - \tfrac{1}{6} R A^2 \,\infty\, \tfrac{1}{2} Z^f.$$

Et communi divisore adhibito $\tfrac{1}{6}$ R, erit $2 S p A - \dfrac{A^2}{R} \,\infty\, \dfrac{3 Z^f}{R}.$

Et omnibus ordinatis $\dfrac{3 Z^f}{R} - \dfrac{2 S p A}{R} + A^2 \,\infty\, O.$

Mutatisque

Mutatifque omnibus fignis $-3\dfrac{Z^c}{R}+2\dfrac{SPA}{R}-A^2 \infty O.$

Sed rurfus fupra $\frac{1}{3}SP-\frac{1}{3}RA-A^2 \infty O.$
Itaque addito communi A^2 & per antithefim fiet hæc æquatio

$$3\frac{Z^c}{R}+\frac{1}{3}SP \infty 2\frac{SPA}{R}+\frac{1}{3}RA.$$

Itaque $\dfrac{3\dfrac{Z^c}{R}+\frac{1}{3}SP}{2\dfrac{SP}{R}+\frac{1}{3}R.}$ —— eft valor ipfius A.

Propofitio fecunda.

SI $Z^c - SPA + A^3 \infty O.$

Sunt tria latera, quorum duo funt fuprà, & tertium infrà, idemque æquale duobus prioribus fimul fumptis.

SP eft exceffus fummæ duorum rectangulorum, ejus fcilicet quod fub primo & tertio, & ejus quod fub fecundo & tertio, fupra id quod fub primo & fecundo.

Z^c autem eft id quod fub tribus continetur, & A explicabile eft de quolibet ex ipfis tribus : ponantur enim eædem fpecies quæ fupra, nifi quod D intelligi debet æquale duobus B & C fimul, fietque rurfus eadem æquatio.

$$BCD \begin{matrix} -BDA+DA^2 \\ -CDA-BA^2+A^3 \\ +BCA-CA^2 \end{matrix} \infty O$$

Quoniam autem D, ponitur æquale duobus B & C fimul, ideo evanefcet affectio fub A^2 quia $-BA^2-CA^2$ tollunt DA^2, fupereft ergo tantum.

$$BCD \begin{matrix} -BDA+ \\ -CDA+A^3 \\ +BCA \end{matrix} \infty O$$

Ubi rectangula BD & CD fimul majora funt quam BC.

Quæ æquatio fi hanc interpretationem accipiat, ut BCD æquetur Z^c

&
$\begin{matrix} -BD \\ -CD \\ +BC \end{matrix}$ æquetur $-SP$,

Incidemus in æquationem propofitam $Z^c - SPA + A^3 \infty O.$

Ubi manifeftum eft ipfum A explicabile effe tam de B & C fuprà, quàm de D infrà.

Determinatio rurfus unica eft, nempe minor, cum duo latera fuprà funt æqualia, neque enim aliter æqualia effe poffunt, cum illud quod eft infrà duobus reliquis fimul fumptis fit æquale.

Invenietur ergo hæc determinatio fic.

Pofitis B & C æqualibus, æquatio talis effe poterit,

$B^2D - 3B^2A + A^3 \infty O$ unde $SP \infty 3B^2.$ *

Pofito ergo, quod B fit A ex hypothefi determinationis, tunc $SP \infty 3A^2.$

Itaque $\frac{1}{3}SP$ eft valor ipfius A^2 & $Z^c \infty 2A^3.$

Quoniam D æquatur B & C fimul; ac B & C fimul in D æquales funt $4B^3$, ex quibus fublato BC quod eft B^3 reftat $3B^3$.

Hh

Propositio tertia.

$$Z^f - S_P A - R A^2 + A^3 \propto 0.$$

Sunt tria latera, quorum duo sunt suprà, & tertium infrà, idémque minus duobus prioribus simul sumptis, excessus summæ duorum priorum supra tertium est R, at rursus ut in duabus præcedentibus propositionibus summa duorum rectangulorum, ejus scilicet, quod sub primo & tertio, & ejus quod sub secundo & tertio excedit id quod sub primo & secundo, & excessus est S_P; Z^f autem est id quod sub tribus continetur, & A explicabile est de quolibet ex ipsis tribus.

Ponantur enim eædem species quæ suprà, ea tamen lege ut D intelligatur minus quàm B & C simul, & rectangula B D & C D simul majora quàm B C, fietque rursus hæc æquatio ut supra, nempe

$$\begin{aligned} & \quad\;\; - B D A + D A^2 \\ & B C D - C D A - B A^2 + A^3 \propto 0 \\ & \quad\;\; + B C A - C A^2 \end{aligned}$$

Quæ æquatio si hanc interpretationem accipiat, ut excessus B & C simul supra D, sit R; at excessus rectangulorum B C & C D simul supra B C, sit S_P; item solidum B C D sit Z^f, incidemus in æquationem propositam

$$Z^f - S_P A - R A^2 + A^3 \propto 0.$$

Ubi manifestum est A explicari posse tam de B & C supra, quàm de D infrà.

Determinatio præcedentis æquationis.

Hujus propositionis determinatio triplex esse potest, prima major, cùm omnia tria latera sunt æqualia; secunda, cùm duo latera supra tantùm sunt æqualia; & tertia, cùm alterum eorum laterum, quæ sunt supra, æquale est ei quod est infrà. Utraque autem harum posteriorum minor est, quàm idcirco hic accidit esse duplicem.

Et quidem major determinatio facillima est.

Positis enim B, C, D æqualibus, factaque binomiorum multiplicatione, & sublatis quæ se invicem destruunt, manifestum est superesse
$$B C D - B D A - B A^2 + A^3 \propto 0.$$
Sive quod idem est B^3 — B^2 A — B A^2 + A^3 \propto 0.
Itaque Z^f est B^3 sive A^3.
S_P est B^2 sive A^2 & R, est B sive A.

Prior autem duarum minorum determinationum, cùm scilicet duo latera supra sunt æqualia, instituitur modo præmisso, tam in prima propositione primi capitis æquationum cubicarum, quàm in prima secundi capitis: positis enim lateribus B & C æqualibus, & argumentando ut supra in prædictis propositionibus, præcipuè vero ut in prima secundi capitis, nisi quod hic D invenietur esse 2 A — R, reperiemus tandem valorem ipsius A esse

$$\cfrac{\dfrac{3 Z^f - \frac{1}{2} S_P}{R}}{\dfrac{2 S_P + \frac{1}{3} R}{R}}$$

Tandem altera duarum minorum determinationum, cùm scilicet alterum laterum suprà æquale est ei quod est infra, facilis est : posito enim quod B sit æquale ipsi D in formula præmissa, ac sublatis iis quæ se invicem tollunt, remanebit hæc æquatio, $B^2 C - B^2 A - C A^2 + A^3 \infty O$.

Itaque in æquatione proposita $Z^f \infty B^2 C$, $SP \infty B^2$ & $R \infty C$:

At C est unum ex duobus lateribus suprà, itaque ipsum R est unum ex lateribus suprà.

Item eadem ratione B^2 sive SP est quadratum alterius lateris suprà, idemque quadratum ejus quod est infrà : ergo A explicabile est, tam de R suprà, quàm de S suprà & infrà.

Propositio quarta.

SI $Z^f - R A^2 + A^3 \infty O$.

Sunt tria latera quorum duo sunt suprà, & tertium infrà, idemque minus quovis duorum priorum, excessus summæ duorum priorum supra tertium, est R. At summa duorum rectangulorum ejus scilicet quod sub primo & tertio, & ejus quod sub secundo & tertio, æqualis est ei quod sub primo & secundo. Z^f autem est id quod sub tribus continetur & A explicabile est de quolibet ex ipsis tribus.

Resumatur enim formula hujus capitis.

$$\begin{array}{l} \qquad\quad - B D A + D A^2 \\ B C D - C D A - B A^2 + A^3 \infty O \\ \qquad\quad + B C A - C A^2 \end{array}$$

Intelligaturque D minus esse quàm B & C simul, & singula : at rectangulum BC æquale sit ambobus simul BD & CD, itaque tollunt se invicem ipsa rectangula, & sic evanescit affectio sub latere A, quia B & C simul superant D ; differentia esto R, & solidum BCD vocetur 2 solidum, quo pacto incidemus in æquationem propositam, nempe

$$Z^f - R A^2 + A^3 \infty O.$$

Ubi palam est A explicari posse, tam de B & C suprà, quàm de D infrà.

Determinatio.

HUjus propositionis unica est determinatio, eaque minor, cùm scilicet duo latera suprà sunt æqualia : neque enim aliter æqualia esse possunt, quia unumquodque eorum quæ sunt suprà, majus est eo quod est infrà.

Ponantur ergo æqualia B & C, unde in formula præmissa, sublatis quæ se invicem tollunt, talis erit æquatio.

$$\begin{array}{l} B^2 D + D A^2 \\ \quad - 2 B A^2 + A^3 \infty O. \end{array}$$

Jam quia B est A & $2 B - D$ est R, ideò $2 A - R$ est D. Item quia BD & CD simul æqualia sunt BC, ideò si loco tam B quàm C sumatur A, & loco ipsius D sumatur $2 A - R$ fiet hæc æquatio.

$$4 A^2 - 2 R A \infty A^2 \text{ hoc est } 3 A^2 - 2 R A \infty O.$$

Et communi divisore 3 A fiet $A - \tfrac{2}{3} R \infty O$.

Quapropter $\tfrac{2}{3} R$ est valor ipsius A.

Propositio quinta.

$$S_I \; Z^f + S_P A - R A^2 + A^3 \; \infty \; O.$$

Sunt tria latera, quorum duo sunt suprà, & tertium infrà, idemque minus quovis duorum priorum, ita ut excessus summæ duorum priorum, suprà tertium sit R; at summa duorum rectangulorum, ejus scilicet quod sub primo & tertio, & ejus quod sub secundo & tertio, minor est eo rectangulo, quod fit ex primo & secundo; differentia autem est S P; Z^f autem est id quod sub tribus lateribus continetur, & A explicabile est de quolibet ex ipsis tribus lateribus.

In formula præcedentium quam hic resumimus

$$\begin{aligned} &\qquad\qquad\quad - BDA - BA^2 \\ &BCD - CDA - CA^2 + A^3 \; \infty \; O \\ &\qquad\qquad\quad + BCA + DA^2 \end{aligned}$$

Intelligantur latera B & C tam simul quàm sigillatim, majora esse quàm D, & rectangulum B C majus quàm duo simul B D & C D. Quo posito & adhibita hac interpretatione ut excessus summæ laterum B & C suprà D sit R; item excessus rectanguli B C suprà summam reliquorum B D & C D sit S P, at solidum B C D sit z^f· manifestum est nos incidere in æquationem propositam, & A explicabile esse tam de B & C suprà, quàm de D infrà.

Determinatio.

Hujus æquationis determinatio unica est eaque minor, tum scilicet duo latera suprà æqualia sunt, neque alia reperiri potest laterum æqualitas, cum unumquodque ex duobus prioribus majus sit quàm tertium.

Posito ergo quod B sit æquale ipsi C in formula præmissa, & augmentando ut in prima propositione primi capitis, aut prima secundi æquationum cubicarum, inveniemus D esse 2 A — R, & S P esse 2 R A — 3 A², unde tandem deducetur valor ipsius A,

$$\cfrac{\cfrac{3Z^f + \tfrac{1}{3}SP}{R}}{\tfrac{1}{3}R - \cfrac{2SP}{R}}$$

Propositio sexta irregularis.

$$S_I \; Z^f + S_P A + A^3 \; \infty \; O.$$

In hac æquatione A est explicabile de unico latere infrà, nec ulla datur vel trium, vel etiam duorum laterum multiplicatio, ex qua ipsa oriri possit. Potest tamen constitutio illius deduci, ex quatuor proportionalibus, hac ratione ut differentia extremarum sit $\dfrac{Z^f}{\frac{1}{3}SP}$; rectangulum autem sub extremis vel mediis sit $\frac{1}{3}$ S P, & A sit differentia mediarum.

Sed neque hæc, neque aliæ similes quæ de solis lateribus infrà explicari possunt æquationes ad usum cummunem revocari possunt, nisi per transmutationem aliarum æquationum, quod etiam rarò aut nunquam accidit.

Propositio septima irregularis.

$$S\ I\quad Z^f + R A^2 + A^3 \infty O$$

Rursus in hac æquatione A explicabile est de unico latere infrà, nec ulla datur vel trium vel etiam duorum laterum multiplicatio, ex qua illa oriri possit. Facile tamen hæc æquatio transmutabitur in aliam similem ei, quæ habetur propositione 6ª seu præcedenti, unde constitutio ejus ex quatuor proportionalibus deducetur ut suprà; sed neque alia esse potest, quàm præcedentis, utilitas.

Propositio octava irregularis.

$$S\ I\quad Z^f + A^3 \infty O.$$

Unicum etiam est latus infrà, idemque æquale lateri cubico ipsius Z^f.

CAPUT TERTIUM.

HOc caput tot propositiones habet, quot præcedens, atque has illarum sigillatim inversas, hac ratione, ut quæ illic suprà erant latera, hic sint infrà, & è contrario. Determinationes autem in utroque capite sunt penitus eædem: itaque exposita formula universali, quinque priorum propositionum regularium, enumeratisque breviter singulis octo propositionibus, reliqua ad idem caput præcedens remittemus.

Pro formula igitur universali, intelligantur duo latera infrà, & unum suprà hac ratione

$$B + A \infty O$$
$$C + A \infty O$$
$$D - A \infty O$$

fiatque multiplicatio qualem consuevimus habita ratione signorum, atque ita reperiemus.

$$\begin{matrix} & +BDA - BA^2 & \\ BCD + CDA - CA^2 & - A^3 \infty O \\ & -BCA + DA^2 & \end{matrix}$$

Qua ratione duo latera infrà intelliguntur æqualia ipsis B & C; illud autem quod est suprà, intelligitur æquale ipsi D.

Jam differentia inter summam laterum B & C & unicum D, esto R; differentia autem inter summam rectangulorum B D & C D atque unicum B C, esto SP: item solidum B C D esto Z^f. Hoc pacto prout excessus erit pænes hæc vel illud, vel etiam aliquando nullus, orientur quinque propositiones regulares.

Propositio prima.

$$S\ I\quad Z^f + S P A + R A^2 - A^3 \infty O.$$

Sunt tria latera, duo quidem infrà, & unum suprà, idemque majus summa duorum priorum, & differentia est R; rectangulum autem sub summa priorum & tertio excedit rectangulum sub duobus prioribus, & excessus est SP. At Z^f est id quod sub tribus continetur, & A explicabile est de quolibet ex ipsis.

Determinatio.

PRo determinatione, positis duobus lateribus quæ sunt infrà, inter se æqualibus, recurremus ad primam propositionem secundi capitis, mutatis tamen iis quæ hic sunt infrà, in ea quæ ibi erant suprà, reperiemus valorem ipsius A infrà, æquale esse.

$$\frac{\dfrac{3Z^{\text{c}}+\frac{1}{3}\,\text{SP}}{R}}{\dfrac{2\,\text{SP}+\frac{2}{3}R}{R}}$$

Propositio secunda.

SI Z^c + SP A — A³ ∞ O.

Vide secundam propositionem 2ⁱ capitis, mutatis tamen suprà & infrà, ut jam diximus, neque etiam determinatione differunt.

Propositio tertia.

SI Z^c + SP A — R A² — A³ ∞ O.

Vide tertiam secundi capitis, mutatione facta ut diximus, determinatio eadem erit.

Propositio quarta.

SI Z^c — R A² — A³ ∞ O.

Vide iisdem mutatis, quartam secundi capitis ejusque determinationem.

Propositio quinta.

SI Z^c — SP A — R A² — A³ ∞ O.

Vide iisdem mutatis quintam propositionem 2ⁱ capitis ejusque determinationem.

Propositio sexta irregularis.

SI Z^c — SP A — A³ ∞ O.

Unicum est latus suprà, pro quo vide sextam propositionem secundi capitis. Notabis tamen hanc utilem esse posse.

Propositio septima irregularis.

SI Z^c + R A² — A³ ∞ O.

Unicum est latus suprà pro quo vide sextam propositionem 2ⁱ capitis. Notabis tamen hanc utilem esse posse.

Propositio octava irregularis.

SI Z^c — A³ ∞ O.

Unicum est latus suprà, æquale lateri cubico Z^c

CAPUT QUARTUM.

HOc etiam caput inversum est primi cubicorum; differunt enim in eo tantum quòd quæ illic erant latera suprà, hic sunt infrà, idque in prima propositione, quæ prorsus regularis est: at in secunda, quæ aliquo pacto est irregularis, ambo latera remanent infrà, etiamsi illic alterum esset suprà, alterum infrà, nec etiam in ambabus formula est eadem, quapropter utramque hic apponemus etiamsi utraque sit inutilis, nisi ex transmutatione aliunde oriatur, quod etiam rarò, aut nunquam accidere potest.

Propositio prima.

$$\text{Si } Z^c + S^p A + R A^2 + A^3 \infty O.$$

Et Z^c non sit æquale ipsi S^p.
$$\frac{}{R}$$

Sunt tria latera positiva infrà, quorum summa est R, tria rectangula sub ipsis, binis ac binis sumptis simul, constituunt S^p: at Z^c est quod sub tribus continetur, & A explicabile est de quolibet ex ipsis.

Statuantur enim tria latera positiva infrà, in binomiis ut consuevimus hoc pacto

$$B + A \infty O$$
$$C + A \infty O$$
$$D + A \infty O$$

& fiat multiplicatio ut in superioribus, orieturque

$$\begin{array}{l} + BDA + BA^2 \\ BCD + CDA + CA^2 + A^3 \infty O \\ + BCA + DA^2 \end{array}$$

quæ æquatio si hanc interpretationem accipiat, ut $B + C + D$ sit R; & $BD + CD + BC$ sit S^p, item BCD sit $Z^{cub.}$, incidemus in æquationem propositam, ubi manifestum est A explicabile esse tam de B, quàm de C, & de D, infrà.

Determinatio eadem prorsus est, quæ in prima propositione primi capitis cubicarum, atque id tam in majori quàm in minori determinationum ibi expositarum.

Propositio secunda.

$$\text{Si } Z^c + S^p A + R A^2 + A^3 \infty O.$$

Sit autem $Z^c \infty S^p$.
$$\frac{}{R}$$

Sunt duo latera ambo infrà, alterum quidem æquale longitudine ipsi R, alterum autem non propriè latus, sed planum æquale S^p, & Z^c est id quod continetur sub primo latere in planum, quod secundi locum obtinet sive $S^p R$, & A explicabile est de quolibet.

Statuatur enim $R + A \infty O$
$$\& \; S^p + A^2 \infty O$$
ut sint latus & planum, ambo positiva infrà, fiatque multiplicatio; atque ita orietur hæc æquatio.

$$R S^p + S^p A + R A^2 + A^3 \infty O.$$

Ii ij

Jam R SP esto Z^f, qua afcita interpretatione incidemus in æquationem propofitam, quæ proinde explicabilis eft, tam de A æquali, ipfi R, quàm de A æquali potentiæ ipfi SP°, ut eft propofitum.

Nota circa æquationes præmiſſas, & circa eas, quæ ad altiores gradus aut potentias pertinere poſſunt.

Prima.

OMNIS affectio fub latere pofitivo fuprà, fequitur naturam fui figni, cenfetur enim affirmatiya vel negativa fuprà, prout illa afficitur figno affirmationis vel negationis. Idem intellige de affectionibus fub omnibus gradibus, atque etiam de omnibus potentiis ejufdem lateris pofitivi fuprà.

Secunda.

UT autem innotefcat etiam quid cenfendum fit de affectionibus fub latere pofitivo infrà ejufque gradibus, & potentiis, præmittendum eft primum id quod jam notavimus, nempe affirmativum infrà æquivalere negativo fuprà, & è contrario.

Deinde circa latera fuprà, ideo + multiplicatum per + producere +, quia multiplicator affirmativus affirmat affirmationem multiplicati. Ideo autem — per — producere +, quia multiplicator negationis negat negationem multiplicati, atque ita conftituit affirmationem. At + per — vel — per +, ideo producere —, quia multiplicator affirmativus affirmat negationem multiplicati, vel multiplicator negativus negat affirmationem multiplicati, atque ita conftituit negationem.

Hinc igitur, quia latus affirmativum infrà, æquivalet negativo fuprà, omnis affectio fub latere pofitivo infrà, fequitur contrariam fui figni naturam, ita ut fi fit affirmativum infrà, æquivaleat negativo fuprà & è contrario. Contra verò quadratum lateris pofitivi infrà, æquivalet quadrato lateris pofitivi fuprà, quia fit ex + A in + A, vel ex — A in — A, unde quovis modo fit + A² fuprà, vel æquivalens. Itaque omnis affectio fub quadrato lateris pofitivi infrà, fequitur naturam fui figni affirmativi vel negativi: in altioribus verò gradibus, fimili argumento concludemus idem accidere affectioni fub cubo, quod fub fuo latere: & quadratoquadrato, quod fuo quadrato, atque ita continuè per gradus altiores, ut illi qui ftatuuntur in locis imparibus, imitentur latus ipfum; qui autem ftatuuntur in locis paribus, imitentur quadratum.

Infuper omnis affectio, quæ retinet naturam fui figni, ducta in affectionem, quæ itidem naturam fui figni retineat, producit aliam, quæ etiam naturam fui figni retinet. Sed & affectio quæ fequitur contrariam fui figni naturam, ducta in affectionem quæ contrariam fui figni naturam fequatur, producit aliam, quæ fequitur eandem fui figni naturam.

Contrarium autem accidit dum ducuntur inter fe duæ affectiones, quarum una fui figni naturam fequatur, altera contrariam, quæ enim inde fit affectio, fequitur contrariam fui figni naturam.

Tertia.

EX duabus notis præmiffis non difficile erit explicare, cùm ex multiplicatione binomiorum in omnibus capitibus jam expofitis, circa

quadratas

quadratas & cubicas affectiones, producatur tandem æquatio quæ nihilo
æquivaleat, id autem uno aut altero exemplo illuſtrabimus.

Proponatur primum, ut in propoſitione ſecunda quadraticarum, hæc
æquatio

$$B\,C \overset{+\ B\,A}{\longrightarrow} C\,A \longrightarrow A^2 \,\infty\, O.$$

Quæ quidem æquatio orta eſt ex ductu affectionum B — A & C + A in
ſe invicem, intelligatur ergo primo caſu, B ſuprà æquari ipſi A ſuprà; unde
B — A æquatur nihilo; quia tam B quàm A, cùm ſint ſuprà, ſequuntur
naturam ſui ſigni, quæ ſigna cùm ſint contraria, manifeſtum eſt B & A tollere ſe invicem.

Jam C + A cujuſcumque valoris ſit ducatur in B — A, ſit rurſus manifeſtò

$$B\,C \overset{+\ B\,A}{\longrightarrow} C\,A \longrightarrow A^2 \,\infty\, O.$$

Ubi omnes affectiones ſequuntur naturam ſui ſigni, quia quæ ipſas pro-
duxerunt, ſui ſigni naturam ſequebantur, & quia B æquatur A, ideo B C
æquatur C A, quare propter ſigna contraria tollunt ſe invicem + B C
— C A.

Item B A æquatur A², quare propter ſigna contraria tollunt ſe invicem
+ B A — A², atque ita omnes affectiones ſimul nihilo æquivalent, dum
ſcilicet B æquatur ipſi A ſuprà.

Sed ſecundo caſu, eſto C ſuprà æquale ipſi A infrà: unde C + A
æquatur nihilo, quia ipſum + A infrà ſequitur contrariam ſui ſigni naturam, æquivaletque ipſi — A ſuprà, ſicque tollunt ſe invicem + C + A.

Jam B — A cujuſcumque valoris ſit, ducatur in C + A, ſit manifeſtò

$$B\,C \overset{+\ B\,A}{\longrightarrow} C\,A \longrightarrow A^2.$$

Ubi duæ affectiones ſub latere A, ſcilicet $\overset{+\ B\,A}{\underset{-\ C\,A}{}}$, ſequuntur contrariam ſui
ſigni naturam; at — A² & + B C ſui ipſius ſigni naturam ſequuntur; &
quia C æquatur A, ideo B C æquatur B A, & C A æquatur A², quare
tollunt ſe invicem + B C + B A, quia B C eandem, B A vero contrariam
ſui ſigni ſequitur naturam. Eadem ratione tollunt ſe invicem — C A — A²
quia C A contrariam, A² vero eandem ſui ſigni naturam ſequitur: atque
ita rurſus omnes affectiones ſimul nihilo æquivalent, cùm ipſum C ſuprà
æquetur ipſi A infrà.

Cùm vero ſic interpretamur æquationem ut B C ſit Z P, at $\overset{+\ B}{\underset{-\ C}{}}$ ſit R,
ut ſic Z P + R A — A² ∞ O. Patet ipſum R, eſſe differentiam inter B
majus & C minus, quia illæ affectiones + B A & — C A habent ſigna
diverſa, & præterea vel ambæ eandem, vel ambæ contrariam ſui ſigni naturam ſequuntur, impediunt ergo ſigna diverſa ne ſimul jungi debeant.

Item in hac æquatione Z P + R A — A² ∞ O.

Dum A intelligitur eſſe ſuprà, omnes affectiones ſunt ſuprà, ſequuntur-
que naturam ſui ſigni, & ſic ſola affectio A² æquatur reliquis duabus
ſimul.

E contrario vero cum A intelligitur eſſe infrà, tum Z P & A² ſequuntur
naturam ſui ſigni, R A vero contrariam, ſicque + R A infrà æquivalet —
R A ſuprà. Unde + R A — A² ſimul æquivalent ipſi Z P.

K k

Jam in secundo exemplo proponatur æquatio propositionis primæ secundi capitis cubicarum

$$Z^c - Sp\,A + R\,A^2 + A^3 \infty O.$$

Cujus constitutionem deduximus ex multiplicatione sive ductu harum trium affectionum, B — A
C — A
D + A

Ex quo oritur hæc æquatio, posito tamen quod D majus sit quàm B & C simul.

$$\begin{array}{l} \quad\quad - B D A + D A^2 \\ B C D - C D A - B A^2 + A^3 \infty O \\ \quad + B C A - C A^2 \end{array}$$

Quam quidem æquationem legitimam esse, sive B suprà æquetur A suprà, sive C suprà æquetur A suprà, sive tandem D suprà æquetur A infrà, sic ostendimus.

Ponamus primo casu B suprà æquari A suprà, unde B — A ∞ O.

Jam sub ipso valore A, quicquid valeat tam C — A, quàm D + A, multiplicentur invicem hæ duæ affectiones, orieturque

$$\begin{array}{l} \quad\quad + C A \\ C D - D A - A^2; \end{array}$$

Ubi omnes affectiones particulares sequuntur naturam sui signi, quia tam A, quàm B, C, D ex quibus ortæ sunt, sunt suprà. Hoc autem totum productum quicquid valeat ducatur in B — A, atque ita tandem orietur

$$\begin{array}{l} \quad\quad - B D A + D A^2 \\ B C D - C D A - B A^2 + A^3 \\ \quad + B C A - C A^2 \end{array}$$

Cujus omnes affectiones sequuntur sui signi naturam, propter rationem jam allatam. Quoniam ergo B ponitur æquale ipsi A, ideo B C D æquatur C D A, atque ita tollunt se invicem + B C D — C D A; eadem ratione tollunt se invicem — B D A + D A²: item + B C A — C A², ac tandem — B A² + A³, unde patet omnes affectiones simul, nihilo æquivalere, dum B æquatur ipsi A.

Secundo casu C suprà æquetur ipsi A suprà; unde C — A ∞ O.

Jam sub ipso valore A quicquid valeat tam B — A, quàm D + A, multiplicentur invicem hæ duæ affectiones, orieturque manifestò

$$\begin{array}{l} \quad\quad + B A \\ B D - D A - A^2 \end{array}$$

Ubi omnes affectiones particulares sequuntur naturam sui signi, quia A, B, C, D ponuntur esse suprà. Hoc autem totum productum, quicquid valeat, ducatur in C — A, orietur rursus ut in primo casu

$$\begin{array}{l} \quad\quad - B D A + D A^2 \\ B C D - C D A - B A^2 + A^3 \infty O \\ \quad + B C A - C A^2 \end{array}$$

Ubi etiam omnes affectiones sequuntur naturam sui signi propter eandem rationem. Quoniam ergo C ponitur æquari ipsi A, ideo B C D æquatur ipsi B D A, atque ita tollunt se invicem + B C D — B D A: eadem ratione tollunt se — C D A + D A²; item + B C A — B A²: ac tandem —— $CA^2 + A^3$. Unde patet quod exiftente C æquali ipfi A, omnes affectiones fimul nihilo æquivalent.

Tertio & ultimo cafu, intelligatur D fuprà æquari A infrà. Quo pacto $D + A \backsim O$.

Jam fub ipfo valore A, quicquid valeat tam $B —— A$, quàm $C —— A$, ducantur invicem hæ duæ affectiones, orieturque

$$\begin{array}{l} —— BA \\ BC —— CA + A^2, \end{array}$$

Ubi, quia tam B, quàm C funt fuprà, A autem infrà, duæ affectiones BC & A^2 fequuntur naturam fui figni, duæ verò reliquæ BA contrariam. Hoc autem totum productum quicquid valeat, ducatur in $D + A$, orieturque idem omnino quod primo & fecundo cafu, nempe

$$\begin{array}{l} —— BDA + DA^2 \\ BCD —— CDA —— BA^2 + A^3 \\ + BCA —— CA^2 \end{array}$$

Hic verò omnes affectiones fub latere A, atque etiam cubi A^3 fequuntur contrariam fui figni naturam per regulas præmiffas, quia oriuntur ex multiplicatione affectionum, BD, CD, BC, & A^2, quæ omnes fequuntur naturam fui figni in A quod fequitur contrariam.

Quoniam ergo D fuprà ponitur æquale A infrà, ideo BCD æquatur BCA, unde tollunt fe invicem $+ BCD + BCA$: nam etiam fi figna fint eadem, tamen natura eft contraria. Eadem ratione tollunt fe invicem $—— BDA —— BA^2$, item $—— CDA —— CA^2$, & denique $+ DA^2 + A^3$.

Unde patet quod exiftente D fupta æquali ipfi A infrà, omnes affectiones fimul nihilo æquivalent. Sive ergo B vel C fuprà æquetur ipfi A fuprà, five D fuprà æquetur A infrà femper ftabit æquatio, & omnes affectiones fimul nihilo æquivalebunt.

Itaque in æquatione propofita $Z^c —— SPA + RA^2 + A^3 \backsim O$.

SP intelligitur effe differentia inter fummam duorum planorum BD, CD, & planum BC: at longitudo R eft differentia inter fummam laterum B, C, & latus D, quæ funt æqualia tribus illis de quibus poteft explicari A, in æquatione. Rurfus cùm in eadem æquatione A intelligatur effe fuprà, tunc omnes affectiones fequuntur naturam fui figni, unde fola affectio SPA æquatur tribus reliquis fimul fumptis. Contrà verò cùm A intelligitur effe infrà, tunc affectiones fub latere A & ipfius cubo A^3 fequuntur naturam contrariam fui figni, duæ autem reliquæ eandem, unde $—— SPA$ infrà æquivalet $+ SPA$ fuprà, & $+ A^3$ infrà æquivalet $—— A^3$ fuprà, ficque fola affectio A^3 æquatur tribus reliquis fimul fumptis.

His duobus exemplis rite perceptis, non erit difficile idem in omnibus æquationibus extendere, quæ ex duobus, tribus vel etiam pluribus lateribus efformabuntur.

Quarta.

CUM autem planum aliquod ex fe ponitur fequi naturam contrariam fui figni, tunc occurrere poffet difficultas circa affectiones lateris quod potentiâ æquale intelligitur eidem plano, & circa affectiones aliorum graduum ejufdem lateris, quæ difficultas etiamfi non difficilè folvi poffit, fpeciatim in omnibus affectionibus oblatis, quia tamen prolixa effet folutio, præcipuè quia extendi deberet non ad planum tantùm, fed etiam ad gradus altiores, ideò nos folutionem afferemus in univerſum, quæ ad quaſcumque æquationes, etiam eas de quibus jam egimus, extendi poteſt, eamque aliquo exemplo illuſtrabimus.

Intelligatur ergo B P ſuprà ╼╾ A ² infrà ꝏ O. Ubì manifeſto A ² quod planum eſt, ſequitur naturam ſui ſigni contrariam. Sit autem quævis æquatio, quæ orta ſit ex multiplicatione hujus affectionis B P ╼╾ A ² in aliam quamcumque affectionem, in qua æquatione A ſit explicabile de latere A, quod potentiâ æquale ſit ipſi B P. Ut oſtendamus omnes affectiones æquationis ſimul nihilo æquavalere ſic ratiocinabimur. Quia affectio B P ╼╾ A ² in aliam quamcumque affectionem ducitur, certum eſt in ipſam duci primum ſeparatim B P quod ſequitur naturam ſui ſigni, deinde in eandem duci ſeparatim A ² quod ſequitur contrariam: quicquid ergo producat B P, id omne ſimul, æquale eſt ei, quod producitur ab A ² propter æqualitatem B P & A ²; ſed & ſingula producta ſingulis productis ſunt æqualia propter eandem rationem, & in ſingulis æqualibus ſigna erunt eadem, quia B P & A ² habent idem ſignum. At propter contrariam naturam B P & A ² ſingula producta æqualia contrariæ erunt naturæ, atque idcircò tollent ſe invicem, ita ut nihil omnino remaneat, & tota æquatio nihilo ſit æqualis, ut proponitur.

Ut autem in omnibus æquationibus idem locum habere manifeſtum ſit, intelligatur B P ╌╌ A ² ꝏ O, ſintque tam B P quàm A ² ſuprà, & utrumque ſequatur naturam ſui ſigni. Tunc facta multiplicatione, ut dictum eſt, ſingula producta ſingulis ſunt æqualia & ejuſdem naturæ; ſed ſigna erunt contraria, quia B P & A ² habent contraria, atque ita rurſus tollent ſe invicem; omnes affectiones, ita ut nihil omnino remaneat, & tota æquatio nihilo ſit æqualis, ut proponitur.

In exemplo proponatur, ut in ſecunda propoſitione primi capitis cubicarum, B P ╼╾ A ² ꝏ O. Ita ut B P ſit ſuprà, at A ² infrà, & ambo æqualia, ducatur autem hæc affectio in hanc aliam, cujuſcumque ſit valoris C ╌╌ A orietur manifeſtò B P C ╌╌ B P A ╼╾ C A ² ╌╌ A ³, ſed ita ut ╼╾ B P C ╌╌ B P A fiat ſpeciatim ex ductu B P in C ╌╌ A; at ╼╾ C A ² ╌╌ A ³ fiat ex A ² in C ╌╌ A. Quia ergo ╼╾ B P ducitur in ╼╾ C & producit B P C, & ╼╾ A ² ducitur in idem C & producit C A ², ſunt autem æqualia B P & A ², atque idem poſſident ſignum, erunt æqualia producta B P C, idemque ſignum poſſidebunt: at quia diverſæ ſunt naturæ B P & A ², illud ſcilicet B P ſequitur eandem ſui ſigni naturam, hoc verò A ² contrariam; idem ergo eorum productis accidet, ut alterum eandem ſui ſigni naturam, alterum verò contrariam ſequatur: tollent igitur ſe invicem ╼╾ B P C & ╼╾ C A ². Eadem ratione quia B P & A ² æqualia ſub eodem ſigno, ſed diverſæ naturæ ducuntur ſigillatim in A & producunt ╌╌ B P A ╌╌ A ³, erunt hæc producta æqualia & ſub eodem ſigno, ſed diverſæ naturæ: ipſa ergo tollent ſe invicem, unde tota æquatio nihilo æquivalet. Nec erit difficile ſimili argumento uti in quibuſcumque æquationibus, ſemper enim ſingulæ affectiones ſingulis erunt æquales, quia fient ex æqualibus in eandem: at vel ſigna erunt eadem & natura contraria, vel natura erit eadem & ſigna contraria, ſicque tollent ſe invicem ſingulæ affectiones, & tota æquatio nihilo æquivalebit.

Quinta.

O PERÆ etiam pretium eſt ſcire quot modis complicari poſſint affectiones ſpeciales, ut ex iis affectiones univerſales oriantur ad condendas æquationes omnium potentiarum quadraticarum, cubicarum, quadratoquadraticarum, quadratocubicarum &c.

Ad

Ad hoc autem habenda primum est ratio numeri graduum ex quibus ipsa potentia componitur: nam quot modis potentia ipsa ex suis gradibus gigni poterit, tot modis complicari poterunt affectiones speciales ad condendam æqualitatem. Sic latus per se, latus tantùm est. Planum fit vel per se, vel ex duobus lateribus. Solidum fit vel per se, vel ex plano & latere, vel ex tribus lateribus. Planoplanum fit vel per se, vel ex solido & latere, vel ex duobus planis, vel ex plano & duobus lateribus, vel ex quatuor lateribus. Planosolidum fit vel per se, vel ex planoplano & latere, vel ex solido & plano, vel ex solido & duobus lateribus, vel ex duobus planis & latere, vel ex plano & tribus lateribus, vel ex quinque lateribus. Solidosolidum fit vel per se vel ex planosolido & latere, vel ex planoplano & plano, vel ex planoplano & duobus lateribus, vel ex duobus solidis, vel ex solido & plano & latere, vel ex solido & tribus lateribus, vel ex tribus planis, vel ex duobus planis & duobus lateribus, vel ex plano & quatuor lateribus, vel ex sex lateribus. Atque eodem modo & ordine in infinitum.

Secundo habenda est ratio affectionum specialium ex quibus totalis gignitur: nam ex illis quædam aliquando per se æquationem aliquam constituunt, quæ de unico, vel etiam de pluribus lateribus explicabilis est, omnino autem quævis æquatio superioris ordinis formari potest ex duabus vel pluribus æquationibus inferiorum ordinum in se ductis, atque id tot modis quot jam diximus potentias ex suis gradibus gigni posse. Exempli gratia, æquatio cubocubica potest formari ex quadratocubica ducta in lateralem, vel ex quadratoquadratica in quadraticam, vel ex quadratoquadratica & duobus lateribus, vel ex duabus cubicis, vel ex cubica in quadraticam & lateralem, vel ex tribus quadraticis & cæt.

Hinc patet eò pluribus modis complicari posse affectiones speciales ad condendam æquationem aliquam, quò altior est illa æquatio, seu quò altior est illius potentia: atque ipsam altiorem gigni posse ex omnibus inferioribus debitè complicatis nullâ exceptâ, & præterea eandem per se ipsam constitui aliquando nullo inferiorum habito respectu.

Sexta.

ILLUD autem notatu dignissimum est, quamcumque æquationem de tot lateribus explicabilem esse, quot sunt illa de quibus explicari possunt omnes affectiones, seu æquationes speciales à quibus illa producta est. Immo & latera illius lateribus illarum singula singulis esse æqualia sive potiùs eadem; atque adeò ejusdem affectionis & naturæ.

Exempli gratia æquatio lateralis ut $B - A \infty O$ de unico tantùm latere suprà explicabilis est, sicut & $C - A \infty O$. At ambæ invicem ductæ producunt quadraticam æquationem

$$\begin{array}{l} \quad\quad -BA \\ BC - CA + A^2 \infty O: \end{array}$$

Quæ de iisdem duobus lateribus suprà est explicabilis.

Rursus si hæc æquatio quadratica ducatur in hanc lateralem $D + A \infty O$; quæ de unico latere infià explicari potest, producetur hæc æquatio cubica

$$\begin{array}{l} \quad\quad -BDA - BA^2 \\ BCD - CDA - CA^2 + A^3 \infty O \\ \quad\quad + BCA + DA^2 \end{array}$$

Quæ de tribus iisdem lateribus explicabitur, duobus quidem suprà, altero verò infrà.

Eodem modo si ipsa æquatio cubica ducatur in aliam lateralem de unico latere explicabilem, producetur æquatio quadratoquadratica, quæ de quatuor lateribus explicari poterit.

Item hæc æquatio cubica Z^f — SpA — $A^3 \infty O$.

De unico tantùm latere suprà est explicabilis

$$\text{Hæc quadratica } Bp - RA - A^2 \infty O$$

De duobus, altero suprà, & altero infrà : his ergo duabus æquationibus in se invicem ductis fiet hæc quadratocubica

$$\begin{aligned} &\quad - BpSpA + RSpA^2 - BpA^3 \\ BpZ^f &- RZ^fA - Z^fA^2 + SpA^3 + RA^4 + A^5 \infty O \end{aligned}$$

Quæ de tribus iisdem lateribus, duobus quidem suprà, & tertio infrà, est explicabilis, atque ita de reliquis.

Cùm verò quædam æquatio per se ipsam constituitur, nec constare potest ex ductu duarum aut plurium inferiorum, tunc illam de unico tantùm latere contingit explicari posse, quales sunt omnes illæ irregulares de quibus diximus suprà cap. 2° & 3° cubicarum.

Præterea si accidat omnia latera alicujus æquationis esse fictitia, & impossibilia, ejusmodi æquatio in quamcumque aliam ducta tertiam producet, quæ de lateribus secundæ æquationis tantùm explicabilis erit; quòd si etiam secundæ illius latera omnia fictitia sint, quæ ex ambabus primâ scilicet & secundâ oritur æquatio, habebit latera omnia fictitia, & impossibilia. At si duarum priorum æquationum latera quædam fictitia sint & quædam positiva, tunc æquatio quæ ab ipsis duabus producitur, tot latera habebit positiva quot in duabus à quibus producta est, reperiuntur. Cætera erunt etiam fictitia.

In exemplo esto hæc æquatio quadratica

$$Zp - RA + A^2 \infty O$$

& intelligatur Zp majus esse quàm $\frac{1}{4} R^2$; unde duo latera de quibus aliàs explicabilis esset ipsa æquatio, sunt fictitia : esto quoque hæc æquatio lateralis $B - A \infty O$ de unico latere suprà explicabilis, ducanturque in se invicem æquationes ipsæ, unde producetur hæc æquatio cubica

$$\begin{aligned} &\quad - BRA + BA^2 \\ ZpB &- ZpA + RA^2 - A^3 \infty O. \end{aligned}$$

Quæ quidem æquatio de unico tantùm latere suprà est explicabilis, reliqua duo sunt fictitia.

Corollarium.

EX hac nota intelligi potest methodus, quâ dignosci poterit num æquatio proposita habeat quædam latera fictitia, an verò omnia sint positiva, an etiam omnia fictitia : illud autem aliquando & longissimæ & difficillimæ indagationis est, præcipuè in æquationibus ultrà cubum elatis & multipliciter affectis. In universum autem considerandum erit quot modis æquatio proposita ex aliis inferioribus produci poterit, habitâ ratione formulæ, & quot modis accidere poterit ut illæ inferiores habeant latera, vel fictitia, vel positiva, quidve tam hæc quàm illa efficiant, dum inter se multiplicantur : nam hoc intellecto, dum proponetur illa æquatio, examinandum erit num id illi conveniat, quod à parte laterum fictitiorum produci debuit, num vero id quod à parte laterum positivorum exempli gratia, propositâ hac æquatione cubicâ

$$C^f - D_p A + F A^2 - A^3 \infty O.$$

Cujus formula fimilis eft ei quam fub finem notæ fextæ adduximus, patet eam produci potuiffe à duabus, alterâ planâ, fub hac formula

$$Z_p - R A + A^2 \infty O$$

Altera autem laterali fub hac formulâ $B - A \infty O$. Unde æquationis productæ formula eft hæc, quæ etiam ibi adducta eft

$$\frac{- B R A + B A^2}{Z_p B - Z_p A + R A^2 - A^3}.$$

Conferantur ergo inter fe fingula homogenea ambarum ipfarum æquationum, fcilicet C^f cum $Z_p B$, item D_p cum ambobus fimul $B R$ & Z_p, & longitudo F, cùm ambabus B & R: his enim collatis fi reperiatur Z_p majus effe quàm $\frac{1}{4} R^2$, concludemus latera æquationis planæ fuiffe fictitia, atque adeo & eadem, in æquatione cubicâ, fictitia effe. Quòd fi Z_p non fit majus quàm $\frac{1}{4} R^2$, erunt in utraque æquatione latera pofitiva. Verùm tota difficultas confiftit in modo & ratione examinandi: hîc enim in exemplo, videndum effet, num longitudo F fic dividi poffit in duas partes, quæ referant B & R, & rectangulum fub ipfis demptum ex D_p relinquat $\frac{1}{4}$ quadrati alterutrius partium, putà ipfius R. Ac præterea C^f applicatum ad reliquam partem exhibeat idem $\frac{1}{4} R^2$, hoc enim cafu æquatio propofita explicabilis erit de tribus lateribus, duobus quidem æqualibus, tertio verò utcumque, & ambo æqualia fimul æquivalebunt primæ portioni ipfius F, putà ipfi R, eritque hîc cafus minoris majorifve determinationis.

Aliter, quod tamen eôdem recidit, dividatur longitudo F, fic ut rectangulum fub partibus unà cum $\frac{1}{4}$ quadrati unius portionum æquale fit D_p, eft autem hujufce divifionis problema planum de duobus lateribus explicabile, & determinationi obnoxium, ac tunc fi divifio fieri non poffit, ftatim pronuntiare licet æquationis planæ latera fuiffe fictitia. Si autem divifio fieri poffit, fitque ipfa maxima eademque unica, cùm fcilicet altera pars ipfi B correlata, erit $\frac{1}{2} F$, altera autem ipfi R correlata, erit $\frac{1}{2} F$, tunc nifi C^f fit præcife $\frac{1}{7} F^3$, erit rurfus æquatio plana, fictitia: exiftente autem C^f æquali ipfi $\frac{1}{7} F^3$, erit tunc cafus majoris determinationis, de qua dictum eft propof. prima, cap. 1. cubicarum. At verò fi facta divifione longitudinis F, ut dictum eft, non incidamus in maximam, cùm fcilicet portio ipfi B correlata non erit $\frac{1}{2} F$, fed major, vel minor (duplex enim hoc cafu contingere poteft folutio) tunc fi ductâ alterutrâ ex iis duabus partibus quæ ipfi B correlatæ funt, in $\frac{1}{4}$ quadrati alterius fibi congruentis, fiat folidum æquale ipfi C^f, habebitur cafus minoris determinationis, in quo tria latera erunt pofitiva, duo quidem æqualia, ad æquationem quadraticam pertinentia, quorum fumma erit illa portio longitudinis F, quæ ipfi R correlata eft, & tertium fingulis productis inæquale, quod ad æquationem lateralem pertinebit, eritque tertium illud portio ipfi B correlata. Quòd fi ex duobus illis folidis quæ hac ratione fieri poffunt, (videlicet ob duplicem folutionem, quæ contingere poteft, divifa longitudine F, ut proponitur) neutrum æquale reperiatur ipfi C^f, fit autem hoc C^f, maximo prædictorum minus, minimo majus: tunc tria æquationis latera erunt pofitiva, fed inæqualia. Si tandem C^f, vel maximo prædictorum majus, vel minimo minus extiterit, hoc cafu erunt duo illa latera fictitia quæ ad æquationem planam pertinebunt, ac folum reliquum illud erit pofitivum, quod æquationis lateralis proprium erit.

DE
GEOMETRICA PLANARUM
ET CUBICARUM ÆQUATIONUM
RESOLUTIONE.

ÆQUATIONEM geometricè refolvere, eft invenire geometricè omnia latera de quibus ipfa æquatio explicabilis eft.

Inventio autem ejufmodi laterum dicitur effe geometrica, cùm illa deducitur ex locis propriis fecundùm geometriæ leges defcriptis, atque inter fe certo ac legitimo modo compofitis ; ita ut ex ipforum locorum fectione vel tactione, lineæ quædam rectæ deducantur quæ latera quæfita exhibeant.

Quoniam verò ifta laterum inventio pendet à locis geometricis, non abs re fuerit aliqua de ipfis locis præmittere, tum circa eorum naturam atque conftitutionem, tum etiam circa eorumdem divifiónem, ac diverfos gradus ; ut quæ fimpliciora funt, à magis compofitis diftinguantur.

Locus ergo geometricus in univerfum, eft magnitudo quædam ex qua deduci poffunt quotcunque aliæ magnitudines fecundùm eandem atque uniformem quandam legem, quæ eandem aliquam atque uniformem fortiantur proprietatem.

De locis ejufmodi complures libros antiqui confcripfere, quorum numerum & titulos apud Pappum Alexandrinum legere licet ; fed illi temporis injuria, fummo rei literariæ detrimento, perierunt. Neque nos eorum inftaurationem hîc intendimus, quia ad noftrum inftitutum, paucis iifque non admodùm difficilibus, egemus. Non abs re tamen fore judicavimus felectiores aliquot ex illuftrioribus locis in exemplum hîc afferre, quò eorum natura & conftitutio magis elucefcat. Nec ultra conftructionem feu compofitionem ipforum progrediemur : demonftrationem autem, quia plerumque nimis longa eft, ad eam partem geometriæ quæ talem materiam tractare debet, remittemus.

In primo ergo exemplo. Efto quævis circuli circumferentia A B C, cujus centrum fit D ; manifeftum eft ergo rectas

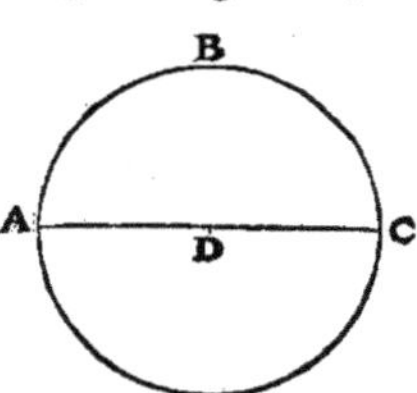

omnes ab ipfa circumferentia ad centrum D ductas effe æquales. Itaque ex præmiffa loci definitione, circumferentia illa locus eft ; quandoquidem ea magnitudo eft ex qua deductæ quotcumque aliæ magnitudines, lineæ rectæ fcilicet, fecundùm eandem atque uniformem legem, puta quæ ad idem centrum D tendant, candem aliquam atque uniformem fortiuntur proprietatem, ut fcilicet omnes fint inter fe æquales.

Geometræ autem, cùm magnitudinem aliquam ad quendam locum referre volunt, primùm magnitudinis iftius genus ac fpeciem, deinde ejufdem conditiones exprimunt, ac tandem locum ipfum enuntiant, addito modo quo ipfa magnitudo ad prædictum locum refertur.

In

In exemplo ergo præmiſſo ſic illi loquerentur. Si ab aliquo punĉto educantur quotcunque reĉtæ, quæ uni eidemque reĉtæ ſint æquales, erit alterum cujuſvis eduĉtæ extremum ad circuli circumferentiam.

In altero exemplo. Eſto quævis circumferentia circuli ABC, cujus diameter
ſit A C, atque in ea diametro ſtatuatur punĉtum
quodvis D, à quo ereĉta ad diametrum perpendicularis reĉta D B, terminetur ad circumferentiam in B : erit ergo hæc B D media proportionalis inter diametri portiones A D, D C ; unde
ipſa circumferentia, rurſùs alio reſpeĉtu locus
erit, quippe ad medias proportionales.

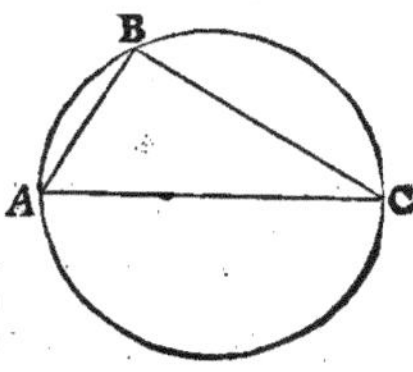

Phraſis geometrica hujus loci talis eſſet. Reĉtâ lineâ utcunque terminatâ, ſi inter terminos
illius ſumatur quodvis punĉtum, à quo educatur ad reĉtos angulos ipſi reĉtæ quævis alia reĉta, quæ inter prioris reĉtæ portiones media proportionalis exiſtat, erit alterum eduĉtæ extremum ad circuli circumferentiam.

In tertio exemplo. Eſto adhuc quævis circumferentia circuli A B C, atque
in ea reĉta quædam A C quæ ſubtendat arcum
A B C utcunque ; atque in eo arcu, ſumpto quovis punĉto B, ducantur reĉtæ B A, B C ad ejuſdem arcus ſive chordæ ipſius extrema : manifeſtum eſt angulum A B C æqualem eſſe omni alii
angulo qui in eadem portione A B C exiſtet. Manifeſtum eſt quoque potuiſſe ſuper reĉtam A C
conſtitui portionem circuli A B C, quæ cujuſcunque anguli A B C capax eſſet ; unde circuli portio A B C hoc reſpeĉtu locus erit ; quippe ad angulos æquales.

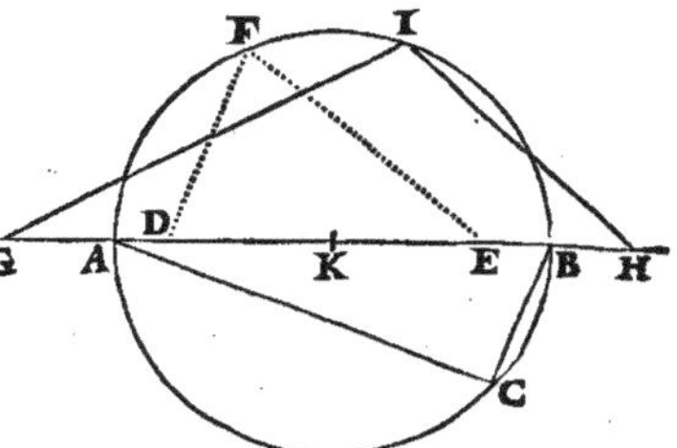

Phraſis geometrica hæc erit. Reĉtâ lineâ utcunque terminatâ, & expoſito quovis angulo reĉtilineo : ſi à reĉtæ lineæ terminis ad aliquod punĉtum
inclinentur duæ aliæ reĉtæ quæ angulum expoſito æqualem contineant : erit
hoc punĉtum, ſive vertex anguli, ad alicujus portionis circuli circumferentiam.

In quarto exemplo. Eſto ut ſuprà quivis circulus cujus diameter A B ; atque ex punĉtis A, B, ducantur ad
quodvis punĉtum C in circumferentia exiſtens, reĉtæ AC, BC.
Patet ergo ambo ſimul quadrata A C, B C æqualia eſſe quadrato diametri A B, ac proinde
ipſam circumferentiam locum
eſſe ad ſummam duorum quadratorum uni eidemque quadrato ſemper æqualem.

Atque etiam ſi aſſumpta punĉta non ſint ipſa A, B, ſed alia
duo quæcunque in reĉtâ A B
etiam produĉtâ, ſi libuerit, modò ipſa punĉta à centro K hinc inde æqualiter diſtent, vel intra circulum, qualia ſunt D, E ; vel extra, qualia ſunt G, H ;
ducanturque ad quodvis circumferentiæ punĉtum F vel I reĉtæ D F, E F ;
vel reĉtæ G I, H I ; ſemper ambo quadrata D F, E F ſimul ſumpta uni eidemque ſpatio erunt æqualia, nempe ſummæ amborum quadratorum D B, B E,
vel ſummæ amborum E A, A D : ſimiliter ambo quadrata G I, I H ſimul

M m

fumpta, uni eidemque fpatio æqualia erunt, nempe fummæ amborum quadratorum G B, B H, vel fummæ amborum H A, A G. Hinc ergo circumferentia illa, lato illo refpectu, locus erit ad fummam duorum quadratorum
uni eidemque fpatio femper æqualem.

Phrafis geometrica. Rectâ lineâ quâcunque expofitâ, fignatifque in ea utcunque duobus punctis, fi ab ipfis punctis ad tertium quodpiam punctum duæ
rectæ inclinentur, & fint fpecies quæ ab ipfis fiunt fimul fumptæ expofito alicui fpatio æquales, tertium illud punctum erit ad alicujus circuli circumferentiam.

Species dicunt geometræ, non quadrata; ut indicent hoc univerfaliter verum effe, non de quadratis modò, fed etiam de figuris fimilibus, fimiliterque
fuper rectis de quibus agitur defcriptis. Quod enim de quadratis verum eft,
idem quoque de ejufmodi figuris verum effe omnino conftat. Immò, fi affumpta puncta in fuperiori quarto exemplo plura fint quàm duo, five omnia
in eadem recta exiftant, five non, quicunque tandem fit illorum numerus, &
quæcunque pofitio; atque ab iifdem punctis ad aliud quoddam punctum
totidem rectæ ducantur, fingulæ fcilicet à fingulis punctis, & omnium ipfarum rectarum fpecies fimul fumptæ alicui fpatio fint æquales: erit illud aliud
punctum ad circuli circumferentiam. Dabitur quippe circulus quifpiam in
cujus circumferentia fumpto quovis puncto, atque ab eo ad omnia puncta
primò pofita ductis totidem rectis, erunt harum omnium ductarum fpecies fimul fumptæ eidem fpatio æquales: quo quidem refpectu circumferentia illa
erit locus, qui omnium locorum planorum elegantiffimus jure cenferi poffit;
fed illius, ficuti & aliorum difcuffio fpecialior, ad fpecialem de locis tractatum pertinet, nos autem hîc ad generalem quandam locorum notionem at-
tendimus.

In quinto exemplo. Efto item circulus, cujus diameter A B, quæ producatur versùs A extra circulum utcun-
que in C; & ducatur recta C F tangens circulum in F, à quo demittatur
in diametrum perpendicularis F D.
Itaque erit ut C A ad A D, ita C B ad
B D. Jam in circumferentia fumatur
quodvis punctum E, vel G &c. à quo
rectæ ducantur E C, E D, vel G C,
G D &c. erit fanè femper E C ad E D,
vel G C ad G D, vel etiam F C ad
F D &c. ut C A ad A D, vel ut C B
ad B D; ut hoc refpectu circumferentia A F E B G fit locus nobiliffimus ad
binas & binas rectas in eadem ratione exiftentes.

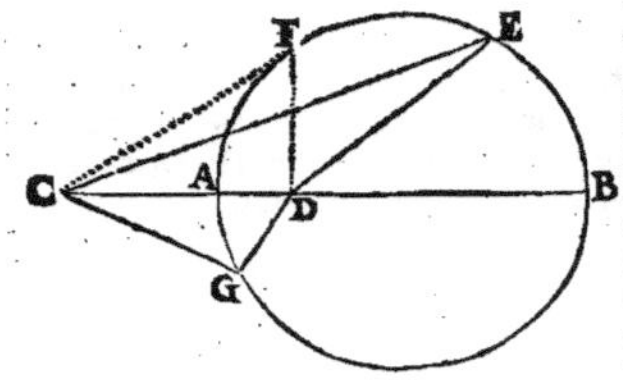

Phrafi geometricâ. Si à duobus punctis C, D, ad idem aliud punctum E
duæ rectæ inclinentur C E, D E, in data ratione inæqualitatis exiftentes: erit
tertium illud punctum E ad cujufdam circuli circumferentiam.

Omninò, quot proprietates habet magnitudo aliqua, modò proprietates
ipfæ magnitudini conveniant, non autem punctis quibufdam tantùm numero
definitis: tot modis ipfa magnitudo locus effe poteft; ita ut fi infinitæ numero fint tales proprietates ad aliquam magnitudinem pertinentes, etiam infinitis modis, talis magnitudo locus effe poffit. Sed & uniufcujufque modi
locus denominationem fortietur à proprietate illa, refpectu cujus ipfe locus eft.

Sic, in quinque allatis exemplis, propter quinque nobiliffimas circuli proprietates, quinque etiam modis circumferentia illius locus effe oftenditur.
At cùm innumeræ aliæ fint ipfius circularis figuræ proprietates, quarum unaquæque in fuo genere eximia eft, fequitur ut innumeris etiam modis circum-

ferentia circuli locus esse queat: at nos quid sit locus geometricus indicare
tantùm atque exemplis quibusdam illustrare decrevimus, non autem integrum
eorum tractatum instaurare: itaque paucis aliis exemplis alterius generis locorum ad præcedentia additis, ad id quod propositum est accedemus.

In sexto ergo exemplo. Esto parabola A B, cujus diameter sit A C, vertex
A, atque ad
diametrum or-
dinatim appli-
cata sit quævis
recta BC, & la-
tus rectum po-
natur esse D.
Notum est er-
go ex conicis,

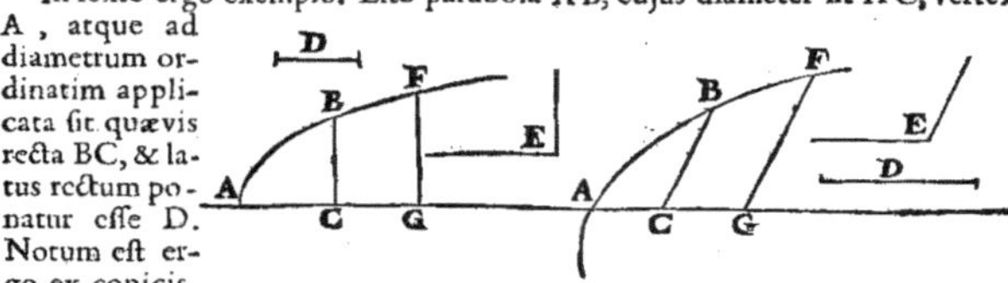

quadratum rectæ B C æquale esse rectangulo contento sub latere recto D,
& sub rectâ A C, quæ ex diametro inter verticem A & applicatam B C inter-
cipitur, sive diameter illa sit axis, sive alia quæcunque. Itaque ordinatim applicata B C, quæcunque illa sit, media proportionalis est inter latus rectum
D & portionem diametri A C. Ac proinde parabola quævis locus esse potest ad medias proportionales, quarum altera extremarum sit semper eadem.

Phrasi geometricâ. Rectâ lineâ quacunque expositâ A C quæ indefinita
sit, atque signato in ea quocunque puncto A; item aliâ rectâ quavis D, longitudine datâ, & dato angulo quocunque E, si in priori rectâ sumatur quodcunque punctum C ad unas partes ipsius A, & educatur recta C B in angulo
A C B qui æqualis sit angulo E, & punctum B sit semper ad unas partes rectæ
A C, ipsa autem B C media sit proportionalis inter expositam D & portionem
A C: erit punctum B ad parabolam.

Quòd si plures sint in eadem parabola ordinatim ad eandem diametrum
applicatæ, putà B C, F G, inter quas à vertice A interceptæ sint portiones
diametri A C, A G: erunt hæ portiones A C, A G, inter se longitudine, ut
applicatæ potentiâ; hoc est, erit quadratum B C ad quadratum F G ut recta
A C ad rectam A G; quo pacto parabola erit locus ad quadrata rectis lineis
proportionalia, quod satis ex dictis patet.

In septimo exemplo. Esto rursus parabola B A C, cujus diameter A D, atque ad ipsam diametrum ordinatim ap-
plicata sit recta B D C; sumpto autem in
ipsa parabola quovis puncto H, ducatur
recta H E parallela diametro A D, occurrens ipsi B C in puncto E. Erit ergo
ut recta A D ad rectam H E, ita rectangulum B D C ad rectangulum B E C. Similiter, sumpto in eadem parabola alio
quovis puncto I, & ductâ rectâ I F parallelâ ipsi A D vel H E, erit quoque recta A D
ad rectam I F, ut rectangulum B D C ad
rectangulum B F C, & recta H E ad rectam I F erit, ut rectangulum B E C ad
rectangulum B F C: atque ita de reliquis similiter ductis. Unde parabola erit
locus ad rectas lineas rectangulis proportionales.

Phrasi geometricâ. Si expositâ quacunque rectâ B C, sumptisque in ea
quotcunque punctis D E F &c. educantur ad easdem partes ipsius rectæ B C
aliæ rectæ totidem terminatæ D A, E H, F I &c. atque omnes inter se parallelæ,

fintque rationes eductarum eædem cum rationibus rectangulorum quæ fub
portionibus rectæ primò expofitæ continentur, quæ quidem portiones fumantur à fingulis punctis eductarum ufque ad extrema B, C, prout fingula
puncta fingulis eductis refpondent : erunt reliqua eductarum puncta extrema A, H, I, &c. ad parabolam.

Quòd fi recta B C ordinatim applicata producatur in directum extra parabolam ex quacunque parte versùs B vel

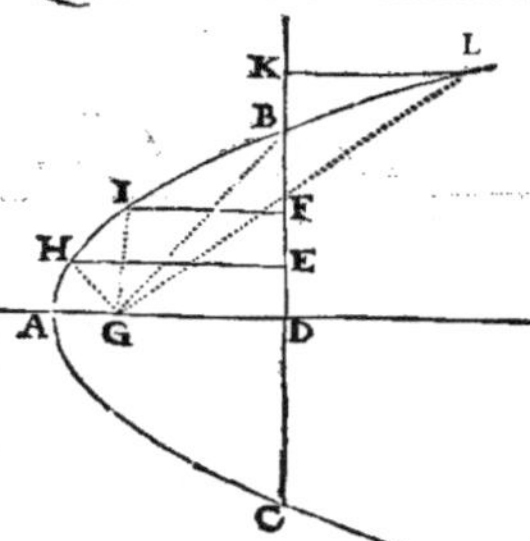

C quantùm quifquis voluerit ufque in
K, & ducatur recta K L prædictis A D,
H E, I F, &c. parallela, quæ parabolæ
etiam productæ occurrat in L, fed ad alteras partes ipfarum A D, H E, I F, &c.
tunc quoque erit recta A D ad rectam
K L ut rectangulum B D C ad rectangulum B K C, atque ita de reliquis.

Nec ideo phrafis geometrica à præcedenti diverfa eft, nifi in eo tantùm quod
rectæ K L, A D, funt ad diverfas partes
ipfius B C; quandoquidem fic exigit loci natura.

Neque etiam refert an rectæ A D,
H E, I F, K L, &c. fint perpendiculares ipfi B C, vel ad illam obliquæ ; hoc
enim vel illo modo femper verum erit quod proponitur.

In octavo exemplo. In alterutra figurarum præcedentium ponatur recta A D
effe axis parabolæ, ad quam ideo perpendicularis fit ordinatim applicata
B C, exiftentibus angulis A D B, A D C rectis ; fitque in axe A D producto,
fi opus fit, focus G, à quo ad puncta H, I, B, L, &c. quæcunque in parabola exiftunt, ducantur totidem rectæ G H, G I, G B, G L, & reflectantur
aliæ rectæ H E, I F, L K ad quamvis ordinatim applicatam B C quantùm
fatis productam, perpendiculares : tunc verò (eximia fanè parabolæ propríe-
tas) quævis ducta G H cum fua reflexa H E, æqualis erit cuivis alii ductæ
G I cum fua reflexa I F &c. Siquidem reflexæ ipfæ refpectu ipfius B C,
omnes fint ad partes verticis A, & fumma cujufvis talis ductæ cum fua reflexa, putà fumma G H E, æqualis erit fummæ ambarum G A D, five uni
rectæ G B quæ fola ducta eft, cui nulla convenit reflexa refpectu ordinatæ
B C. Quòd fi ductæ quædam, ut G L &c. fuas reflexas L K &c. habeant
ad alteras partes verticis A refpectu ordinatæ B C : tunc differentia inter ductam G L & reflexam L K æqualis eft eidem G B. Erit ergo parabola locus
ad quotcunque rectas ab eodem puncto ductas, atque à parabola ad eandem
aliquam aliam rectam perpendiculariter reflexas, ita ut fumma vel differentia cujufvis ductæ & fuæ reflexæ æqualis fit alicui datæ rectæ lineæ.

Phrafi geometricâ. Expofitâ quacunque rectâ lineâ indeterminatâ B C,
fignatifque in ea duobus punctis B, C, atque ad eandem erectâ perpendiculari rectâ quadam longitudine datâ A D, exiftente puncto D in ipfa B C ;
fumpto etiam quocunque puncto G in eadem A D : fi ductâ quâcunque rectâ G H ad partes puncti A, eâdemque reflexâ perpendiculariter ad rectam
B C in punctum E inter puncta B, C, fumma ambarum G H E æqualis fit
datæ alicui rectæ : vel fi ductâ quâcunque rectâ G L ad alteras partes puncti
A, eâdemque reflexâ perpendiculariter ad rectam B C in punctum K ultra
puncta B, C, differentia ambarum G L, L K, æqualis fit datæ alicui rectæ,
ei fcilicet cui fumma G H E æqualis eft : punctum reflexionis H, vel L, erit
ad parabolam cujus ipfum punctum G erit focus ; recta A D, axis ; & recta
A G erit quarta pars lateris recti.

Talis

Talis verò locus parabolicus ad fpecula uftoria pertinet. Nam fi affumatur pars concava B A C , & radii folis fint rectæ F I, E H, &c. qui ad fenfum funt paralleli; illi ad puncta I, H, &c. reflectentur à forma parabolica,
& reflexi concurrent ad focum G; ubi fi fpeculum fit fatis amplum, & fol
in debita difpofitione, intenfiffimus calor excitabitur. Hoc autem ideò fit,
quia fi per punctum I duceretur recta parabolam tangens, tunc rectæ F I,
G I, ad ipfam tangentem angulos æquales conftituerent : eorum autem angulorum alter effet angulus incidentiæ, alter autem angulus reflexionis,
atque ita de reliquis ad alia puncta H, &c. pertinentibus.

Quod fi candela in puncto G conftitueretur, ejus radii G H, G I, &c.
poft reflexionem à fpeculo fierent paralleli, putà H E, I F, &c. atque ita lumen candelæ longiffimè produceretur; fed hæc funt alterius loci.

Nono exemplo. Efto ellipfis vel hyperbola, cujus axis fit A B, centrum C,

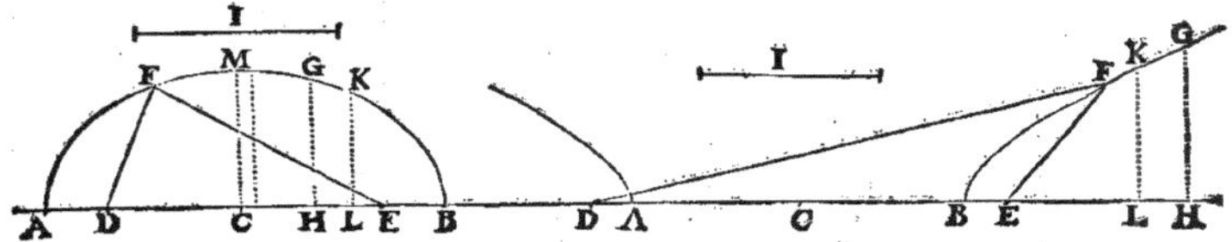

vertices autem fint A & B, & foci D, E, quorum D propior fit vertici
A, at E fit propior vertici B; atque in fectione fumatur quodvis punctum
F, à quo ad focos ducantur rectæ D F, F E. Patet ergo ex conicis, in ellipfi fummam ambarum D F E, in hyperbola autem, differentiam ipfarum D F,
F E, axi A B æqualem effe. Unde hoc pacto ellipfis locus erit ad fummam,
hyperbola autem ad differentiam duarum rectarum à duobus certis punctis
procedentium & ad idem tertium aliud quodpiam punctum inclinatarum.

Phrafis geometrica, ad imitationem præmiffarum, facilis eft.

Decimo exemplo. In iifdem fectionibus noni exempli, efto I recta latus
rectum fuæ fectionis, & recta A B fit quæcunque diameter cui conveniat tale latus rectum, five ipfa diameter fit axis, five non, atque ad ipfam diametrum fint ordinatim applicatæ quotcunque rectæ G H, K L, &c. quarum
puncta K, G fint in fectione, puncta autem L, H fint in diametro A B quæ
in hyperbola producta fit indefinitè. Ergo ex conicis, rectangulum A L B
eft ad quadratum L K, ut diameter A B ad latus rectum I; item rectangulum A L B eft ad rectangulum A H B, ut quadratum L K ad quadratum H G:
unde utraque fectio ad utramque talem proprietatem locus eft.

Nec phrafis geometrica difficilis eft, modò quis ea quæ fuperiùs expofita
funt imitari voluerit.

Si A B fit axis, fitque ipfi æquale latus rectum I, vel rectangula ad quadrata fint in ratione æqualitatis: tunc loco ellipfis habebimus circulum, ut
in fecundo exemplo. At non mutabitur hyperbola, nifi fpecie tantùm, illa
enim in genere femper erit hyperbola; fed hoc cafu æqualitatis, affymptoti
illius erunt inter fe ad angulos rectos, cùm in ratione inæqualitatis illæ
affymptoti fint ad angulos obliquos; fed hæc omnia ex conicis manifefta
funt.

Undecimo exemplo. Efto quæcunque fectio conica, cujus axis A B, vertex A, & focus B; atque producto utrinque axe, fumatur in eo ultra verticem punctum C, ita ut, in parabola quidem, recta A B æqualis fit rectæ A C,
in hyperbola verò ipfa A B major fit quàm A C, in ea fcilicet ratione quam
habet diftantia focorum ad longitudinem axis inter vertices fectionum op

poſitarum intercepti; at in ellipſi, A B minor ſit quàm A C, in ea rursùs ratione quam habet diſtantia focorum ad axem ellipſis inter vertices interceptum.

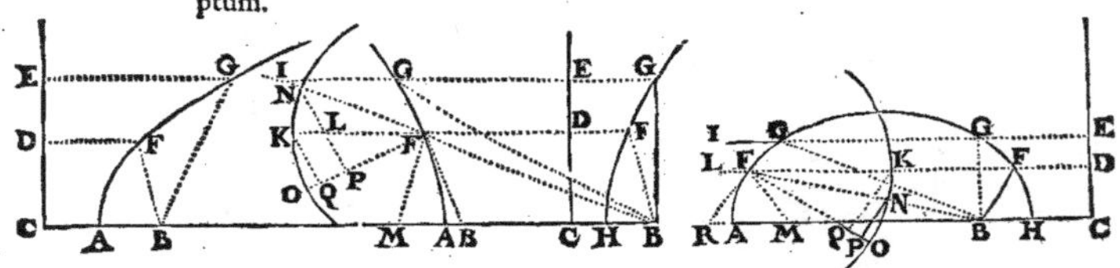

Hæc autem utraque ratio eſt ea quam in figuris noni exempli habet recta D E ad rectam A B; tum ex C excitetur C D perpendiculariter ad C B, eademque C D indefinitè utrinque producatur. His poſitis, ſumantur in ſectione quotcunque puncta F, G, &c. à quibus ducantur totidem rectæ D F, E G, &c. ipſi B C parallelæ quæ occurrant rectæ C D in punctis D, E, &c. ac tandem jungantur rectæ B F, B G, &c. ac tunc erit ut B A ad A C, ita B F ad F D, vel B G ad G E, atque ita de reliquis: unde quævis trium illarum ſectionum locus eſt ad pulcherrimam illam proprietatem.

Phraſi geometrica. Expoſitis duabus rectis C B, C D ad angulum rectum conſtitutis, ſignato in altera illarum unico puncto B quod à puncto C diverſum ſit, in altera verò ſumantur quotcunque puncta D, E, &c. à quibus ductæ ſint rectæ F D, G E, &c. ipſi C B parallelæ, quæ in punctis F, G, &c. inclinentur ad punctum B, & ſint rationes B F ad D F, B G ad E G, &c. omnes inter ſe eædem: puncta F, G, &c. erunt omnia in una eademque ſectione conica, cujus punctum B focus erit.

Hujus propoſitionis, in parabola quidem, unicus eſt caſus, quia in ea unicus eſt focus, & vertex unicus; at in hyperbola atque in ellipſi, quia in utraque duplex eſt focus B, M, & vertex duplex A, H: ideò in unaquaque ex illis ſectionibus, quadruplex eſt caſus, duo quidem reſpectu unius focorum propter duplicem verticem, & duo reſpectu alterius focorum propter eundem duplicem verticem. At quoniam id quod de uno ex iſtis focis verum eſt, verum quoque eſt de altero ſimiliter conſiderato; ideò ad explicandos iſtos caſus ſufficiet, ſi unum focorum, putà B, aſſumpſerimus.

Ille ergo focus B neceſſariò propior eſt uni verticum quàm alteri. Eſto vertex propior H, remotior autem eſto A. Itaque, ſive puncta F, G. &c. ſint prope verticem remotiorem A, ſive eadem puncta F, G ſint prope verticem propiorem H, ſemper vera eſt propoſitio, nempe B F rectam eſſe ad rectam F D ſibi conterminam ad punctum F, ut recta B G ad rectam G E ſibi conterminam ad punctum G. Hinc verò quædam deduci poſſunt conſequentiæ quæ apud Apollonium in ſuis conicis non reperiuntur, nec tamen forſan illis cedunt quas ipſe habet ibidem, qualis eſt hæc. In hyperbola, ſumma ambarum B F, B F, ſuprà diverſos vertices A, H tendentium, & ad eandem rectam F F axi A H parallelam pertinentium, ſe habet ad ipſam F F, ut recta B M, quam diſtantiam focorum eſſe ſupponimus, ad axem A H. In ellipſi, differentia earumdem B F, B F ad eandem F F, ſe habet ut diſtantia focorum B M ad axem A H; ac proinde in hyperbola, ſumma ipſarum B F, B F eſt ad ſummam B G, B G, ut recta F F ad rectam G G. In ellipſi, differentia ipſarum B F, B F eſt ad differentiam B G, B G, ut recta F F ad rectam G G; atque ita de multis aliis quas conſultò omittimus, quia id tantùm, quid ſit locus geometricus, declarare, atque exemplis quibuſdam illuſtrare intendimus.

Illud tamen minimè prætereundum putamus quod ad Dioptricam perti-

tinet, nec ita pridem innotuit, nempe talem proprietatem fumptam in ratione inæqualtatis, ad refractiones pertinere, atque illis eſſe ſpecificam, ad
hoc ut radii omnes qui ante refractionem erant ejuſdem ordinis (hoc eſt
vel paralleli, vel ad idem punctum inclinati, ſive illi ad ipſum punctum tendant, ſive ab eo divergant) iidem poſt refractionem fiant adhuc ejuſdem
ordinis, qui tamen ordo diverſus ſit à priori. Et convertendo. Si ſuperficies
quædam refractiva talis ſit, ut qui ante refractionem ejuſdem ordinis erant
radii, iidem poſt refractionem ſint adhuc ejuſdem ordinis, ſed ab ordine
priori diverſi: fiet neceſſariò ut tali ſuperficiei talis conveniat proprietas,
quam in hoc undecimo exemplo ſectionibus conicis convenire diximus, in
ratione tamen inæqualitatis.

Hîc vero in univerſum tres ſunt caſus. Primus eſt, cùm radii qui ante refractionem erant paralleli, poſt refractionem fiunt adhuc paralleli, ſed diverſo
à priori parallelifmo; qui quidem caſus ad ſola refractiva plana pertinet,
nec admodum utilis eſt. Secundus caſus eſt, cùm radii qui ante refractionem erant paralleli, poſt refractionem ad idem punctum inclinantur; vel
contrà, qui ante refractionem ad idem punctum inclinabantur, poſt fiunt
paralleli; qui caſus ad ellipſim pertinet atque ad hyperbolam, quibus proprietas illa convenit in ratione inæqualitatis, non autem ad parabolam, cui
ipſa convenit in ratione æqualitatis. Tertius caſus eſt, cùm radii qui ante
refractionem ad unum punctum inclinabantur, poſt refractionem ad unum
aliud punctum inclinantur; qui caſus aliquando ad ſuperficiem ſphericam
pertinet, ſed in aliquo tantùm caſu admodùm particulari, aliàs enim ac multò
magis univerſaliter, ipſe pertinet ad alias ſuperficies de quibus in exemplo
ſequenti dicturi ſumus.

Quomodò autem ſecundus caſus ad ellipſim pertineat vel ad hyperbolam, aut, quod univerſalius eſt, ad ſuperficiem ſpheroïdis vel conoïdis hyperbolici, quæ ſuperficies ab ipſis ellipſi vel hyperbolâ circa ſuos axes converſis gignuntur: non inutile erit hoc loco declarare. Poſthàc enim, ſequenti exemplo, quomodò tertius caſus ad alias ſuperficies pertineat, aperiemus.

In figura ellipſis vel hyperbolæ undecimi hujus exempli, ſumpto in
ſectione quovis puncto F, quâ parte illa ſectio magis diſtat à foco B, eademque vertici A propior eſt, & factâ conſtructione ut ibidem; producatur recta D F ad partes F utcunque in L, tum circa axem A H intelligatur
circunvoluta ſectio, ut habeatur ſphæroïdes, vel conoïdes hyperbolicum,
ad cujus formam perficiatur perſpicillum vitreum vel cryſtallinum, vel ex
aliqua ejuſmodi materia quæ aëre denſior ſit, & radios ab ipſo aëre in eandem obliquè incidentes refringat; & ratio inter aërem & talem materiam,
quòd ad rarefactionem & condenſationem ſpectat; ſive, ut vulgò jam loquimur, ratio refractionis inter aërem & ipſam materiam, eadem ſit ei rationi quæ eſt inter rectas B A, A C; ſive inter rectas A H, B M; conferendo ſemper majorem terminum rationis ad minorem, dum confertur corpus
rarius ad denſius: (quid ſit autem ratio refractionis inter duo corpora diverſæ denſitatis, jamjam explicabimus) dico quod in tali perſpicillo, ſi radius
incidentiæ ſit L F, qui axi A H parallelus eſt, idemque progrediatur ab L
ad F, frangetur radius ille in F, & fractus inclinabitur ad punctum B.
Quòd ſi radius incidentiæ ſit B F progrediens à puncto B, ille frangetur in
F, & poſt fractionem fiet radius F L axi H A parallelus. Nam in refractione, ſicuti & in reflexione, progreſſus cujuſvis radii, & regreſſus ejuſdem,
fiunt per eaſdem lineas: atque omninò quævis ſpecies viſibilis eundo & redeundo idem ſervat iter.

Quoniam ergo ponimus ſuperficiem ſphæroïdis vel conoïdis hyperboli

ci, exhibere nobis perfpicillum ipfum à quo radii refringantur in ingreffu
vel in egreffu ejufdem fuperficiei ; & fuperficies illa duplici modo accipi
poteft, primo quidem prout convexa eft, ita ut convexitas pertineat ad
corpus denfius ; fecundo prout concava eft, ita ut cavitas pertineat ad idem
corpus denfius : fciendum eft nos de priori modo jam locutos effe : quod
fi de fecundo modo loquamur, contrarium accidet: nam fi radius incidentiæ fit F F axi parallelus, atque ipfe radius à parte foci remotioris B incidat in fectionem cujus vertex eft A, is poft refractionem in puncto F, fiet
radius F I qui diverget tanquam fi ab ipfo foco remotiore B profectus fit,
eritque in directum cum recta linea B F. Si autem radius incidentiæ fit
I F, qui ad focum B inclinatur, is poft refractionem fiet F F axi parallelus.

In his duobus modis manifeftum eft fphæroïdem à conoïde hyperbolico
in eo differre, quod priori modo radius L F in conoïde fit intra denfum
corpus, & F B intra rarum ; in fphæroïde autem, L F fit intra rarum & F B
intra denfum : at fecundo modo, è contrario in conoïde radius L F fit in
raro, & F B in denfo, in fphæroïde autem, L F fit in denfo, & F B in
raro.

Jam quid fit ratio refractionis inter duo corpora diaphana diverfæ denfi-
tatis, putà inter aërem & vitrum, fic explicabimus.

Efto A B fuperficies communis duorum corporum propofitorum ; fitque
rarius, putà aër versùs
partem fuperiorem C;
denfius autem, putà vi-
trum, fit versùs partem
inferiorem E : & fumpto
in rariori, quovis puncto
C, progrediantur ab eo
quotcunque radii C D,
C F, C P &c. cadentes
in fuperficiem A B, in
punctis D, F, P, &c. per
quæ ingrediantur in vi-
trum : ex iis autem ra-
diis, C D perpendicula-
ris fit ad illam fuperfi-
ciem ; cæteri autem obli-
qui, ita ut C F minùs
obliquus fit quàm C P.
Omnes ergo, præter C D
frangentur in ingreffu
vitri ; at C D folus rectà fine fractione tranfibit ad E. Jam cujufvis aliorum,
putà ipfius C F, fractio fic fe habebit. Centro F & intervallo F C defcribantur duo circuli quadrantes A C I quidem intra aërem, K G 4 autem intra
vitrum, ita ut recta I F K fit diameter ad fuperficiem A B perpendicularis,
& quadrantes habeant angulos A F I, K F 4 rectos, ad verticem oppofitos ;
quo pacto illi jacebunt in eodem plano, eruntque fibi invicem oppofiti. Producatur in directum recta C F intra vitrum ufque ad circumferentiam quadrantis in G.

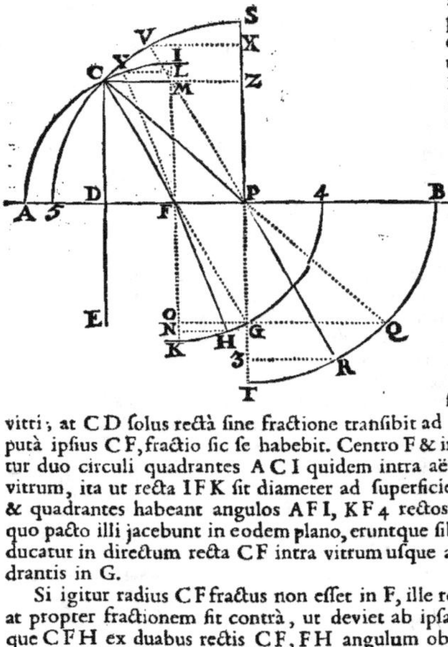

Si igitur radius C F fractus non effet in F, ille rectà progrederetur in G ;
at propter fractionem fit contrà, ut deviet ab ipfa rectitudine C F G, fiatque
que C F H ex duabus rectis C F, F H angulum obtufum ad F conftituenti-
bus, fic ut intra aërem angulus inclinationis C F I major fit quàm angulus
H F K qui eft quoque angulus inclinationis intra vitrum ; hîc enim inclinationem

nationem radiorum menfuramus per angulos quos illi faciunt cum perpendiculari erecta à puncto incidentiæ, & hi anguli refpectu ejufdem radii
fracti, majores funt intra rarum quàm intra denfum.

Præterea producatur in directum recta H F ultra centrum F ufque ad
circumferentiam in Y; atque à quatuor punctis C, Y, G, H in circumferentia exiftentibus, cadant in rectam IF K totidem perpendiculares C M,
Y L, G O, H N, ex quibus duæ majores C M, G O inter fe æquales erunt,
ficuti & duæ minores Y L, H N inter fe. Ratio ergo quam habet utravis
majorum ad utramvis minorum, ea eft quam vocamus rationem refractionis ab aëre ad vitrum, putà ratio C M ad H N vel ad Y L; & convertendo, ratio minoris ad majorem, putà H N ad C M vel ad G O, vocabitur ratio refractionis à vitro ad aërem; ac univerfaliter major ratio vocatur ratio refractionis à rariori ad denfius; minor autem, ratio refractionis
à denfiori ad rarius.

Et hæc quidem ratio refpectu duorum eorumdem corporum nunquam
mutatur, fed eadem femper manet per omnes radiorum in fuperficiem communem incidentium inclinationes, ut conftanti experientia comproba-
tur: neque enim hoc, cùm à corporum natura pendeat, aliter haberi potuit
quàm ab experentia, ex qua tale Dioptricæ fundamentum longè præcipuum atque nobiliffimum depromptum eft.

Sed efto in eandem fuperficiem A B alius radius C P priori C F obli-
quior; ac centro P, intervallo P C defcribantur ut priùs duo circuli quadrantes 5 C S, T Q B prior in aëre, pofterior in vitro, ambo ad verticem
oppofiti, atque in eodem plano jacentes, & communem diametrum haben-
tes rectam S P T quæ ad planum A B perpendicularis exiftat; hic autem
radius C P frangatur in P, & poft fractionem abeat in R, ita ut angulus inclinationis C P S intra rarum major fit angulo inclinationis R P T intra
denfum; producatur quoque C P in directum in Q, & R P producatur in
directum in V, fintque puncta 5, C, V, S, T, R, Q, B in eadem circuli circumferentia, in cujus diametrum S P T cadant quatuor perpendiculares C Z, Q G,
R 3, V X; quarum duæ majores C Z, Q G funt inter fe æquales, ficuti &
duæ minores R 3, V X inter fe. Rursùs ergo, ratio cujufvis majoris ex quatuor illis perpendicularibus ad quamvis minorem, putà ratio C Z ad R 3
vel ad V X, eft ratio refractionis à raro ad denfum; & ratio cujufvis minoris ad quamvis majorem, eft ratio refractionis à denfo ad rarum, putà R 3
ad C Z vel ad Q G; & hæ rationes eædem funt cum præcedentibus C M
ad H N, vel H N ad C M, &c.

Tale autem fundamentum refractionis ad prædictas fectiones ellipfim
& hyperbolam fic accommodatur. Sumpto in quavis illarum fectionum Vide figuras
puncto F, & facta conftructione omninò ut fuprà, ac pofito quòd fectionis præcedentes
fpecies talis fit ut ratio axis A H ad diftantiam focorum B M, fit ratio re- pag. 142.
fractionis à raro ad denfum in ellipfi, & à denfo ad rarum in hyperbola,
inter duo corpora propofita aërem & vitrum; ducatur recta F R quæ fectionem tangat in F; tum recta F O ipfi tangenti perpendicularis, atque
adeo perpendicularis quoque ipfi fectioni, quæ quidem F O utrinque producatur indefinitè, fed hoc loco fpeciatim, ad partes concavas fectionum;
deinde centro F & intervallo quocunque F O, defcribatur circuli quadrans
cujus arcus fecet rectam F L in K, & rectam B F in N; & à punctis K, N in
rectam F O deducantur perpendiculares K Q, N P: demonftrabitur ex natura conicorum, harum perpendicularium K Q, N P rationem eandem effe
cum ratione axis A H ad diftantiam focorum B M, ac proinde effe rationem refractionis inter duo corpora propofita aërem & vitrum. Pofito ergo
quòd L F in ellipfi, in hyperbola autem K F fit radius incidentiæ, erit F B

O o

radius refractionis; & contrà, si BF fit radius incidentiæ, erit LF in ellipsi, & KF in hyperbola, radius refractionis.

Cætera quæ plurima sunt, minutatim persequi, Dioptricæ sunt partes; nobis verò qui de locis agimus hoc ostendendum restat, cur tale argumentum, quod manifestò ad Dioptricam pertinet, hoc loco attigerimus.

Id ergo ostendere voluimus, non solùm in rebus purè geometricis locorum geometricorum vim cerni posse, sed etiam in aliis Matheseos partibus quæ objectum suum à Physica mutuantur, modò talis objecti actiones per lineas geometricas producantur: quod sanè radiis specierum visibilium accidere satis superque notum est. Idem autem in Mechanica locum habere facilè ostenderetur; atque etiam in Astronomia: sed istam segetem, quia ad hanc materiam directè non spectat, alio tempore metendam relinquamus.

Porrò, si quis phrasi dioptricâ uti voluerit in enuntiando ejusmodi loco dioptrico, is hoc modo loqui poterit.

Si perspicilli alicujus superficies, radios omnes parallelos in eam incidentes sic refringat ut ad idem punctum inclinentur: vel si omnes radios ad idem punctum inclinatos, parallelos efficiat, talis superficies erit superficies sphæroïdis, vel conoïdis hyperbolici, & punctum inclinationis erit focus ab ipsa superficie remotior, qui autem paralleli erunt radii, iidem & axi ipsius superficiei erunt paralleli, sed & axis ipse inter vertices interceptus, ad distantiam focorum eam rationem habebit quæ est ratio refractionis inter corpus ex quo fit illud perspicillum, & medium diaphanum per quod transeuntes radii in tale perspicillum incurrunt.

Duodecimo exemplo. Ostendamus quomodò tertius ille casus de quo undecimo exemplo locuti sumus, & quem hûc remisimus, aliquando ad superficiem sphæricam, sed multò magis universaliter ad alias superficies pertineat, quas antiquis notas fuisse nullibi apparet.

Sunto ergo in figuris sequentibus, duo puncta A, B; & quæratur perspicillum quod radios ad punctum A inclinatos sic refringat, ut post refractionem iidem ad punctum B inclinentur. Et quidem jam monuimus perinde esse, sive radii ad punctum A convergant, sive ipsi radii à puncto A divergant, utroque enim modo, eosdem dici ad punctum A inclinari: quod idem de quocunque alio puncto B &c. intelligi debet, ne quis circa ea quæ dicta sunt, vel quæ dicenda sunt, hærere possit.

Hinc ergo quadruplex casus particularis oriri potest. Vel enim radii ab uno punctorum A, B, divergentes, sic refringendi sunt ut post fractionem iidem ad alterum convergant; vel radii ab uno punctorum A, B divergentes, sic refringendi sunt, ut post refractionem ab altero divergant: vel radii ad unum punctorum A, B, convergentes, sic refringendi sunt, ut post refractionem ad alterum convergant; vel denique radii ad unum punctorum A, B convergentes, sic refringendi sunt, ut post refractionem ab altero divergant.

Et quidem omnes illi quatuor casus differunt inter se perspicillis duplici modo inter se diversis. Priori modo, cùm perspicilla ipsa diversi sunt generis, quòd ad formam sive figuram spectat: quemadmodum diversi sunt generis sphæroïdes, & conoïdes de quibus undecimo exemplo egimus. Posteriori modo, cùm talia perspicilla differunt tantùm secundùm convexum & concavum, prout scilicet hoc vel illud ad corpus densius pertinet, vel ad rarius.

Verùm, in universum, eorum omnium constructio non multò magis diversa est quàm constructio ellipsis à constructione hyperbolæ, quam suprà initio undecimi exempli ostendimus differre tantùm secundùm rationem

majoris inæqualitatis, & rationem minoris inæqualitatis. Dicamus ergo
breviter de ejufmodi conftructione, ut appareat ipfam ad quofdam eofque
pulcherrimos geometriæ locos pertinere.

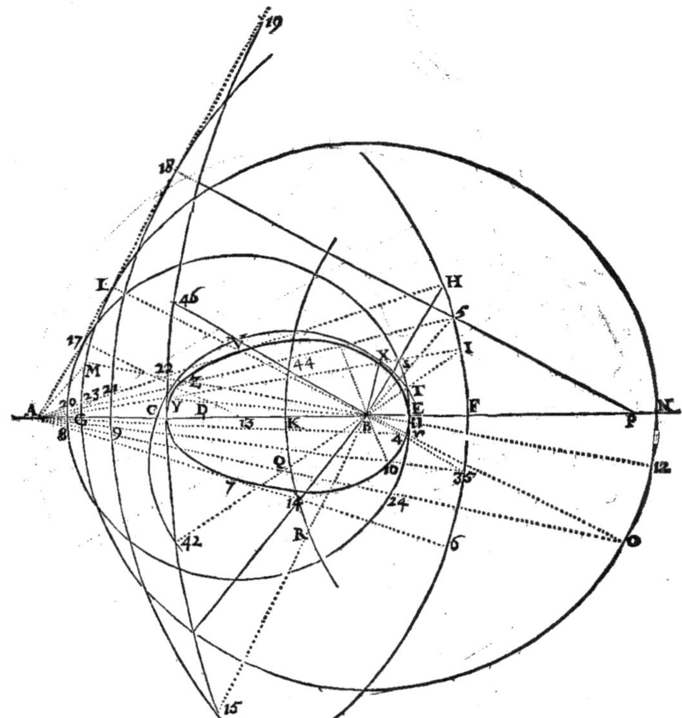

Sunto ergo puncta A, B data, oporteatque in plano figuram defcribere,
quâ circa rectam A B circumvolutâ, gignatur forma ad perfpicillum apta,
ita ut radii à puncto A divergentes, quotquot in perfpicillum ipfum inciderint, refringantur ad punctum B. Ex duobus autem mediis diaphanis per quæ
radii five fpecies tranfibunt, alterum, idemque rarius fit aër; alterum autem, idemque denfius efto vitrum, atque inter illa duo corpora ratio refractionis data fit.

Ducatur recta A B, quæ indefinitè producatur ultra B verfùs E (ad alteras enim partes verfùs A inutile fuerit) ac inter puncta A, B, fumatur quodvis punctum C in recta A B, quod punctum C futurum fit vertex figuræ
planæ quæfitæ, quæ ad ovalem formam apprimè accedet, caret tamen ad-

O o ij

huc fpeciali nomine, proptereaquòd ipfa geometris hucufque ignota fuiffe
apparet. Nec multùm refert an vertex ille C puncto A, an verò puncto B
propior fit ; hoc enim liberum eft, quamquam ad praxim utilior futurus fit,

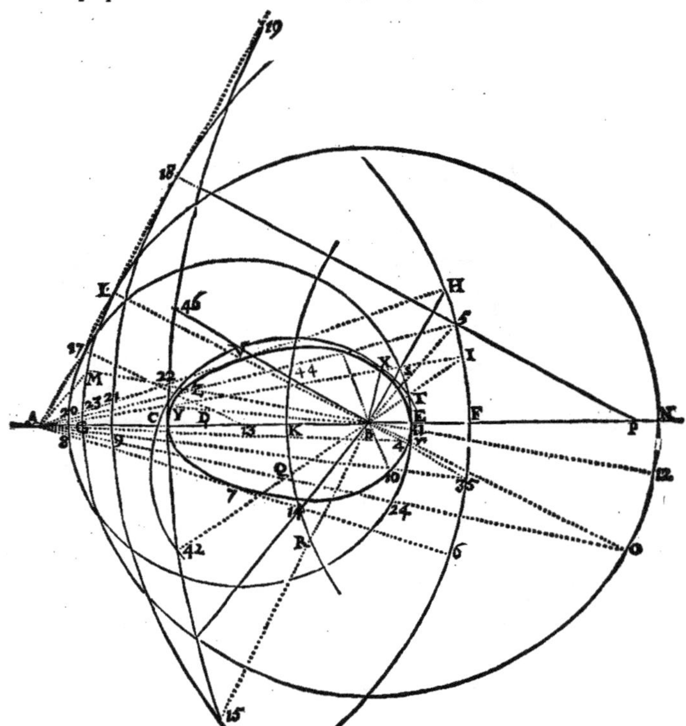

fi ad punctum A magis accedat. Pofito autem hoc primo ac præcipuo vertice C ex arbitrio, jam vertex alter E à puncto A remotior erit, immò ultra punctum B in recta A B producta ; neque ex arbitrio pendebit illud punctum E, fed illius pofitio ex prædeterminatis fic habebitur. Fiat ut fumma
terminorum (id eft antecedentis & confequentis fimul) eorum inter quos ratio refractionis confiftit, ad eorumdem differentiam, ita recta C B ad B E,
& habebitur fecundus vertex quæfitus E ; fietque ut fi ex CB fecetur C D
æqualis ipfi B E, tum recta C E quæ axis erit futuræ ovalis, fit ad rectam B D
in ratione refractionis à raro ad denfum ; fiat quoque BE ad EF in eadem
fed inverfa ratione nempe ut B D ad CE ; & ut CE ad B D, ita AF ad BG ;
fed punctum F fit in recta A E producta ultra E, punctum autem G è contrario

trario fit propè A. Tum centro A intervallo AE defcribatur circulus FH, (fufficiet aliqua hujus circuli portio) & centro B intervallo BG alius circulus integer GMLNO, quem tangat recta AL in puncto L, à quo ducatur diameter LBO quæ angulum ALB rectum conftituet; ducatur quoque recta BH ipfi AL parallela, five ad LB perpendicularis, ita ut anguli recti ALB, LBH fint alternatim oppofiti, & recta BH occurrat circumferentiæ FH in puncto H, & jungatur recta AH fecans BL in puncto V: hæc AH determinabit portionem circuli FH quæ ad propofitum noftrum utilis erit, fed & eadem AH tanget ovalem defcribendam in puncto V, & ratio BV ad VH erit ratio refractionis ut BE ad EF, ficuti & LV ad VA. Jam conftructio ovalis per puncta talis erit.

Sumpto in arcu FH quocunque puncto I, ducatur recta AI, in qua tale reperiatur punctum X, ut ductâ rectâ BX, ratio hujus BX ad XI fit ratio refractionis ut BE ad EF, five ut BV ad VH; fic enim punctum X erit in ipfa ovali. Et quia in eadem recta AI aliud reperiri poteft punctum Y, ad quod fi ducatur recta BY, erit quoque BY ad YI in eadem ratione refractionis: tale punctum Y ad eandem ovalem adhuc pertinebit. Quoniam autem recta AI ducta eft utcunque, fi multæ ducantur eodem modo ad quotlibet puncta in arcu FH affumpta, habebuntur fimili conftructione in fingulis ex illis rectis, duo puncta ad ovalem pertinentia. Inventis ergo hac ratione quotcunque punctis per quæ ipfa ovalis tranfire debet, defcribetur illa ut defcribi folent multæ lineæ curvæ per quotlibet puncta inventa per quæ linea illa tranfire debet.

Porrò, ex tali conftructione methodus non inelegans deduci poteft quâ ipfa ovalis motu aliquo continuo defcriberetur, nec machina ad talem defcriptionem requifita, quamquam fatis compofita, admodum difficilis effet, nec unico modo perficeretur, immò forfan innumeris: at verò hæc ad organicam potius pertinent, nos autem de locis geometricis hîc agimus.

Patet ergo talem ovalem locum effe ad rectas in ratione data exiftentes; fiquidem BE ad EF, BX ad XI, BY ad YI, BV ad VH, &c. funt femper in eadem ratione, nempe in ratione refractionis à denfo ad rarum.

At phrafi geometricâ fic loquemur. Expofitâ quâcunque rectâ AB indefinitâ, fignatifque in ea duobus punctis A, B, ac defcripto centro A & intervallo AF majori quàm AB, circulo FIH, ductâque ad ejus circumferentiam quâcunque rectâ AI quæ fic fecetur in X, ut ratio rectæ BX ad XI data fit, fed minoris inæqualitatis: erit punctum X ad lineam quampiam alicujus generis quod nec ad rectas nec ad conicas pertinet, & tamen ad Dioptricam utile effe poterit.

Quomodò autem, & quando ejufmodi ovalis Dioptricæ inferviet, fic declarabimus. Ad hoc fanè duæ conditiones præcipuæ requiruntur. Prima eft, ut ratio data BX ad XI fit ratio refractionis à denfo ad rarum inter duo corpora diaphana per quæ radius opticus five fpecies vifibilis tranfire debet. Secunda, ut datis duobus punctis A, B, femidiameter AF non fit cujufcunque longitudinis, fed illa major quidem fit quàm AB, at minor quàm ea recta ad quam AB habet rationem refractionis à denfo ad rarum, feu quàm BE ad EF; ut fic poftquàm factum fuerit ut FE ad EB, ita FA ad BG, ipfa BG minor fit quàm AB; nam his conditionibus aut altera earum deficientibus, defcriberetur quidem aliqua linea curva, fed quæ ad Dioptricam inutilis effet: cùm autem aderunt illæ conditiones, tunc ufus illius in Dioptrica talis erit.

Duæ quidem funt partes ejufmodi curvæ. Prior ac præcipua eft ea quæ exiftit circa verticem C ufque ad duo puncta contactus V, 7; pofterior eft reliqua circa alterum verticem E ufque ad eofdem contactus: fed hæc pofterior pars inutilis eſt, prior verò facit ut exiſtente corpore denſo diaphano ab ipſa ovali comprehenſo, atque ad formam illius perpolito, putà vitro cui alterum corpus rarius undique contiguum ſit, putà aër qui vitrum ambiat; radii omnes à puncto A procedentes, atque in ſuperficiem V C 7 incidentes refringantur præcisè in punctum B; atque è contrario, radii omnes à puncto B procedentes, atque in eandem ſuperficiem V C 7 incidentes refringantur præcisè in A : qua ratione primo caſui particulari ex quatuor præmiſſis factum eſt ſatis. Sic, ſi radius incidentiæ in raro ſit A Y, radius refractionis in denſo erit Y B; atque è contrario, ſi radius incidentiæ in denſo ſit B Y, erit radius refractionis in raro Y A.

Quòd ſi corpora permutentur, ut rarius ſive aër contineatur ſub forma ovali propoſita, denſiore ſive vitro ipſum coarctante: tunc radii omnes qui intra denſum dirigebantur versùs punctum B, inciduntque in ſuperficiem V C 7, ſic refringuntur, ut intra rarum divergant, tanquam ſi à puncto A progrediantur. Atque è contrario, radii omnes qui intra rarum ad punctum A convergebant inciduntque in eandem ſuperficiem, ſic refringuntur intra denſum, ut divergant tamquam ſi à puncto B progrediantur. Sic radio incidentiæ exiſtente L V, M Z, fiet radius refractionis V H, Z 5; & à contrario, exiſtente radio incidentiæ H V, 5 Z, fiet radius refractionis V L, Z M; hoc autem pacto ſatisfecimus quarto ex quatuor caſibus particularibus.

Alio modo, nec minus eleganti, deſcribi poteſt ejuſmodi ovalis per puncta, beneficio circuli G M L N O ſuperiùs deſcripti. Ducatur enim ab ejus centro B ad illius circumferentiam ex utraque parte, quæcunque diameter L B O, in qua producta ſi opus ſit, inveniatur tale punctum V, ut ducta recta A V ſit ad V L in ratione refractionis, ſed à raro ad denſum; (in priori conſtructione, B X ad X I habebat eandem rationem, ſed inverſam, quippe à denſo ad rarum) ſic enim rursùs punctum V erit ad eandem ovalem. Simili modo, ſi in eadem diametro L B O producta ſi opus ſit, inveniatur punctum aliud 4, ita ut ducta recta A 4 ſit ad 4 O in eadem ratione refractionis à raro ad denſum ut A V ad V L, ſive ut F E ad E B, erit punctum 4 ad ovalem. Quòd ſi ducantur aliæ quotcunque diametri per centrum B, ſed diverſæ à diametro L B O, putà M B 12, &c. habebuntur ſimili conſtructione in unaquaque duo puncta, putà Z, 11, &c. ac per omnia illa puncta ducetur ovalis.

Nec admodùm difficile erit invenire ex tali conſtructione motum aliquem continuum qui ipſam ovalem uno tractu perficiat; quod rursùs ad Organicam pertinet.

Mirum autem eſt quanta in præmiſſa ovali ſit locorum geometricorum ſeges; nec verò qualiumcunque, ſed talium qui inter elegantiſſimos annumerari poſſint & debeant. Lubet ergo ex ampliſſima illa meſſe ſpicas aliquas ſelectiores metere, ex quibus geometræ de tota judicium ferre poſſint.

In prima ergo conſtructione diximus B X eſſe ad X I in ratione refractionis à denſo ad rarum. Quòd ſi ergo, ducta utcunque ſemidiametro A I, quæratur in ea punctum X quod ad ovalem eſſe debet: manifeſtum eſt in triangulo B X I (intellige ductam eſſe rectam B I) dari baſim B I, angulum I, & rationem laterum B X, X I. Quia etiam infinitæ ſunt ſemidiametri, putà A 35, A H, &c. manifeſtum eſt quoque infinita eſſe talia triangula B 10 35, B V H, &c. in quibus omnibus baſis data eſt unà cum angulis qui ſunt ad puncta 35, H, &c. & ratione laterum, quæ ſemper eſt ratio refractionis à denſo ad rarum. Jam ergo eò deducta eſt quæſtio, ut omnium illorum triangulorum inveniantur vertices X, 10, V, &c. Et quidem tale problema vulgare eſt; at in praxi propoſita, ſi conſtructio illius

totiès repetenda esset quot sunt triangula, sive quot sunt invenienda puncta per quæ ovalis ducenda sit, id sanè & tædiosum esset, & errori valdè
obnoxium. Huic ergo difficultati pulcherrimè occurret geometria, exhi-
bendo nobis locos quosdam, nempe circulorum circumferentias quæ brevissimo compendio dabunt puncta quæsita. Sed quoniam loci illi ex vulgari
constructione problematis deducuntur, operæ prætium erit ipsam explicare;
pendet autem illa ex loco quinti exempli præmissi, hoc modo.

Proposita basi B I cujusvis ex triangulis, puta B X I, cujus vertex X in-
veniendus sit; secetur ipsa B I in T, ita ut I T ad T B sit quemadmodum
F E ad E B, hoc est in ratione refractionis, ita tamen ut B T sit minor terminus, quandoquidem latus B X debet esse minus quàm X I, atque in eadem
ratione. Tum producta recta I B ultra B usque in 42, fiat I 42 ad 42 B in
eadem ratione, seceturque bifariam recta T 42 in Q; ac centro Q, intervallo autem Q T, vel Q 42, describatur circulus T X Y 42, qui secabit
rectam A I, dabitque in ea punctum X quæsitum: sed & idem circulus dabit in eadem A I punctum Y: erunt ergo illa puncta vertices duorum triangulorum B X I, B Y I, quorum latera erunt in ratione proposita refractionis, ut quidem B X ad X I, ita B Y ad Y I, & utraque ratio est ut B E ad
E F, sive ut B T ad T I.

Quòd si super omnibus basibus datis B 35, B H &c. fiat similis constructio; habebuntur hâc vulgari constructione vertices omnium triangulorum.
Patet autem in unaquaque ex illis constructionibus dari centrum unum
quale est centrum Q, & duo intervalla qualia sunt Q T, Q 42, ad descri-
bendos tot circulos quot sunt bases datæ, sive quot sunt centra.

Sed, quod mirum permultis videri possit, omnia illa centra existunt in
una eademque quadam circuli circumferentia, qualis est R Q K, quæ secat bifariam axem E C in K; & centrum illius P existit in eodem axe producto ultra E, sic ut ratio F B ad B K eadem sit cum ratione semidiametri
A F ad semidiametrum K P: unde respectu duorum circulorum F H, R K,
quorum centra sunt A, P, punctum B ad utrumque ex istis circulis est
similiter positum: ita ut si per punctum illud B ducatur recta quæcunque
I B Q, arcus I F, Q K, qui ad ipsos circulos pertinent, sint similes, ut si
unus illorum sit 30. grad. exempli gratia, erit & alter 30. grad. Similiter si ducatur alia recta H B R, erunt arcus H F, R K similes, & punctum
R erit centrum respectu basis B H, ad inveniendum verticem V trianguli
B V H in recta A H; atque ita de reliquis. Verùm in hac recta A H hoc
speciale est (quia ipsa tangit ovalem) quòd circulus centro R descriptus,
exhibeat in ipsa unicum duntaxat punctum V in quo circulus ille tangit
tantùm rectam ipsam A H, non autem secat, sicuti secant suas rectas reliqui circuli quorum centra sunt in arcu R K, à puncto R ad K.

Manifestum est ergo circumferentiam R Q K centro P descriptam, esse
locum ad centra infinitorum aliorum circulorum, quorum beneficio inveniuntur vertices infinitorum triangulorum: hæc ergo circumferentia dicatur primus centrorum locus; dabitur enim alius, ut infrà patebit; dicetur
etiam aliquando circulus R Q K primus centrorum circulus.

Præterea, sicuti in basi B I inventum est supra punctum T; sic in unaquaque alia basi puta B 35, B H &c. reperiri potest punctum ipsi T analo-
gum: erunt ergo infinita talia puncta, sicuti numero infinitæ sunt tales bases: at illa omnia existunt in una eademque circuli circumferentia E T 24 8,
quæ ovalem tanget in vertice E; centrum autem illius erit punctum 13 in
recta E A inter B & A: eritque ut F B ad B E, ita semidiameter F A ad
semidiametrum E 13: quo pacto rursùs punctum B ad utrumque circulum
F I H, E T 8, similiter positum erit. Sicuti autem ad inveniendum punctum

X verticem trianguli B X I uſi ſumus intervallo Q T à centro Q ad punctum
T in baſi B I ; ſic ad inveniendum punctum 1 o verticem trianguli B 1 0 3 5,
utemur intervallo 4 4 r à centro 4 4 in circulo R Q K, ad punctum r in
circulo E T 8.

Patet igitur circumferentiam E T 8 centro 1 3 deſcriptam, eſſe locum ad
infinita intervalla infinitorum aliorum circulorum, quorum beneficio inveniuntur vertices infinitorum triangulorum. Hæc ergo circumferentia dicatur primus intervallorum locus, dabitur enim ſtatim alius, dicetur etiam aliquando circulus E T 24 8, primus intervallorum circulus.

Rurſus, quemadmodum in eadem baſi B I productâ ultra B, inventum eſt
punctum 42 ; ſic in unaquaque alia baſi reperietur punctum ipſi 42. analo-
gum : ac infinita illa puncta exiſtunt in una eademque circuli circumferentia 1 5 46 42 C quæ ovalem tanget in vertice C ; centrum autem ipſius circumferentiæ erit 27 in axe C E producto ultra E ; ſed in præmiſſa figura
centrum illud 27. nimis remotum eſſet à reliquis, unde non potuit in ea
ſignari : atque ut ſuprà, punctum B reſpectu hujus circuli, ſimiliter poſitum eſt ut reſpectu circuli F I H ; quia ut recta F B ad rectam B C, ita eſt
ſemidiameter A F ad ſemidiametrum hujus circuli C 27. Quoniam etiam
hic circulus terminat intervallum Q 42 æquale intervallo Q T, & intervallum 44 46 æquale intervallo 44 r, & ſic de reliquis ; dicetur idem, ſecundus intervallorum circulus ; & circumferentia illius, ſecundus intervallorum
locus.

Huc uſque ergo habemus quatuor circulos, quorum reſpectu punctum B
ſimiliter poſitum reperitur, nempe F I H qui primus omnium eſt ; K Q R
qui primus eſt centrorum circulus ; E T 8 qui primus eſt intervallorum circulus ; & C 42 46 qui intervallorum ſecundus eſt. Atque etiamſi punctum
B nullius ex ipſis quatuor circulis centrum exiſtat, tamen quia ipſum in
unoquoque ſimiliter poſitum eſt, fit ut omnis recta quæ per B ducta circulos omnes illos ſecat, abſcindat ab omnibus quatuor circumferentiis, arcus
ſimiles ad axem C E productum utrinque ſi opus fuerit, terminatos. Sic recta I T B Q 42 abſcindit quatuor arcus I F, T E, Q K, & 42 C omnes inter
ſe ſimiles, atque ita de cæteris.

Cur autem fiat ut in uno ex iſtis circulis centrum P ſit ad unas partes
puncti communis B ; in alio verò centrum 13 ſit ad alteras ; nulla alia eſt
cauſa quàm quòd vertices ipſorum circulorum ſunt ad diverſas partes ejuſdem puncti B : ſed minima quæque perſequi in exemplis, non vacat : hæc
enim facilè ſupplebit vel mediocris geometra.

Suprà dedimus duas noſtræ ovalis conſtructiones per puncta, quarum prior
utebatur circulo F I H ad determinandas triangulorum baſes B I, B H, &c.
Poſterior verò utebatur circulo G M L N O ad determinandas aliorum triangulorum baſes, putà baſim A M trianguli A Z M ; baſim A L trianguli A V L ;
baſim A O trianguli A 4 O, &c.

Itaque circunferentia prioris horum duorum circulorum F I H dici poteſt primus baſium locus ; & circulus dicetur primus baſium circulus.

Eodem jure circumferentia poſterioris circuli G M L N O dicetur ſecundus baſium locus ; & circulus, ſecundus baſium circulus.

Quæcunque autem diximus de primo centrorum loco, ac de primo &
ſecundo intervallorum, referuntur omnia ad primam conſtructionem ; ſicuti
& primus baſium locus. At ſi ad ſecundam conſtructionem reſpiciamus,
ad quam pertinet ſecundus baſium locus G M L N O ; tunc reſpectu illius
conſtructionis dabitur ſecundus centrorum locus hoc modo.

Primus intervallorum locus E T 24 8 ſecat axem E C productum inter
C & A, in puncto 8. & idem locus tangit rectam A L in puncto 17 ; ſicuti
ex

ex conſtructione ſecundus baſium locus eandem A L tangit in L; ſecetur
bifariàm recta C 8 in puncto 9; tum centro P (hoc enim commune eſt centrum tam primi quàm ſecundi centrorum circuli) intervallo autem P 9, deſ-
cribatur circulus 9 18, qui eandem rectam A L productam ultra L tanget in
18; hic ergo erit ſecundus centrorum circulus, & circunferentia illius erit
quoque ſecundus centrorum locus; quomodo autem centra ſecundæ conſtructionis in tali loco accipiantur, poſteà declarabimus. Sed & ſecundus intervallorum locus 15 42 C tangit eandem rectam A L ſupra punctum 18 in
puncto 19; eritque recta 18 19 æqualis rectæ 18 17, proptereà quòd recta
9 8 æqualis eſt rectæ 9 C.

Quòd autem tres circuli, nempe ſecundus centrorum, & ambo intervallorum, tangant rectam eandem A L productam quantùm ſatis, id vi geometriæ deducitur ex conſtructione illorum, atque ex eo quòd ſecundus
baſium circulus eandem tangat ex conſtructione; ſed demonſtratio, ut elegantiſſima eſt, ita & longiſſima: nos ergo ipſam cum plurimis aliis relinquimus.

Quoniam itaque quatuor illi circuli, ſecundus baſium, ſecundus centrorum, & ambo intervallorum, eandem rectam tangunt, habentque omnes
centra ſua in eadem recta A B producta quantum ſatis; atque huic rectæ
A B occurrit ipſa tangens A L in puncto A; ſequitur tale punctum A reſpectu omnium quatuor illorum circulorum, eſſe ſimiliter poſitum. Sed &
in omnibus quatuor, erunt diſtantiæ à puncto A uſque ad illorum vertices 8, G, 9, C, ſemidiametris illorum proportionales: erit quippe recta
A 8 ad rectam A G ut ſemidiameter 13 8 ad ſemidiametrum B G. Et ut
recta A 8 ad rectam A 9, ita ſemidiameter 13 8 ad ſemidiametrum P 9: atque ita de reliquis.

Unde ſi per punctum illud A ducatur quæcunque recta quæ circulos illos
omnes ſecet, auferet hæc ab omnibus ſimiles arcus circunferentiarum, à
recta A B uſque ad puncta ſectionum extenſos; putà arcus 8 20, G 23, 9 21,
& C 22, inter rectas A B, A V &c.

Dicamus verò nunc quâ ratione ſecundæ conſtructionis noſtræ ovalis
centra in circunferentia 15 9 18, quæ ſecundus centrorum locus eſt, accipiantur. Ad hoc autem ducatur à centro B ad ſecundum baſium locum
G M L, quævis ſemidiameter B L, quæ producta perficiat integram diametrum L B O ut ſuprà; ducaturque tam A L, quàm A O, quarum utraque
baſis erit, illa quidem trianguli A V L, hæc autem trianguli A 4 O, quorum vertices quæruntur: illi ergo vertices, beneficio talis ſecundi centrorum loci, ſic reperientur. Prima baſis A L occurrit illi ſecundo centrorum
loco in puncto 18; & eadem occurrit primo intervallorum loco in puncto
17; ſecundo autem, in puncto 19: ſumetur ergo pro centro punctum 18,
pro intervallo, 18 17, vel 18 19, (æqualia enim ſunt illa ut ſuprà notavimus) tale enim intervallum dabit in ſemidiametro B L, punctum V quæſitum. Sed & hoc ſpeciale eſt huic puncto V, quòd ducta A V tangat ovalem
in ipſo V, eò quòd centrum 18 eſt punctum contactus rectæ A L & ſecundi
loci centrorum. Similiter, ſi altera baſis A O producatur quouſque illa ex
altera parte verſùs O, occurrat tam ſecundo centrorum loco in puncto 26,
quàm ambobus intervallorum, in punctis 24, & 25, dabit illa centrum
aliud 26, & duo intervalla æqualia 26 24, & 26 25; quorum illud quod
erit 26 24, terminabitur in primo intervallorum loco; (centrum 26, &
alterum intervalli punctum 25, in noſtra figura, nimis longè diſtarent à
puncto A) tali ergo centro, ac tali intervallo, inveniemus in ſemidiametro B O, punctum quæſitum 4 in ovali.

Simili modo, ſi in ſecundo baſium circulo, ducatur diameter M B 12;

huic convenient duæ bases, A M, & A 12, pro triangulis A Z M, A 11 12; (finge triangula illa esse absoluta, quod vitandæ confusionis gratiâ hîc factum non est) ac unaquæque ex illis basibus secabit tam secundum locum centrorum, quàm utrmuque intervallorum; dabitque in illo quidem centrum, in his verò, intervallum, cujus beneficio, in utraque semidiametro B M, B 12, invenietur punctum Z, vel 11, quæsitum.

In hac verò secunda constructione unicum centrum, putà 18 dat in ovali unicum punctum putà V; quod idem de omnibus aliis verum est; cùm è contrario, in prima constructione unicum centrum Q dederit duo puncta X & Y.

Neque verò prætereundum est quomodo talium locorum beneficio, & centra, & intervalla, ac denique puncta ad ovalem pertinentia facillimè inveniuntur. Quod sanè in prima ex duabus præmissis constructionibus præstitisse sufficiet: hinc enim, quâ ratione eadem methodus ad secundam constructionem accommodari possit, illicò patebit. Quæcunque autem circa tale argumentum dicturi sumus, praxim respiciunt, quæ hoc modo expeditissima, & certissima reddi potest.

Descriptis ergo secundùm præscriptas leges sex circulis sive sex locis ut suprà, duobus quidem basium, duobus centrorum, & duobus intervallorum: assumatur in primo loco basium, quodvis punctum I inter F & H (ultrà enim inutile fore suprà notatum est) & jungatur recta A I, in ea enim reperiri debent duo puncta X, Y, ad ovalem pertinentia: tum arcui F I sumantur duo alii arcus similes, alter K Q in primo centrorum loco, alter E T in primo loco intervallorum: ac sumpto intervallo Q T, & pede circini manente in centro Q, notentur altero pede mobili duo puncta X, Y, in recta A I, ut propositum est.

Verùm, inquiet aliquis, possuntne promptè ac expeditè haberi arcus similes in diversis iisque inæqualibus circulis? Possunt sanè, nec uno modo; sed hic omnium facillimus jure videri possit. Duc quamcunque basim B H (extrema ad extremum punctum H pertinens, in hac prima constructione, reliquis præstat, in secunda constructione, nihil refert) quæ producta quantùm satis, dabit in primo loco centrorum arcum K R; ac in primo intervallorum, arcum E S, qui inter se, & ipsi F H similes erunt. Dividantur omnes illi tres arcus singuli in quotcunque partes æquales, ita tamen ut partes unius sint quoque numero æquales partibus alterius: putà, dividatur unusquisque primùm bifariàm, deinde quælibet pars rursùs bifariàm, atque ita continuè quantùm quis voluerit. Hoc enim pacto, puncta arcus F H terminabunt semidiametros A I, A H, &c. Puncta autem prædictis ordine correspondentia in arcu K R, dabunt centra Q, R &c. ac tandem puncta eodem ordine sumpta in arcu E S, terminabunt intervalla. Cætera sunt facilia, nec est cur in iis immoremur.

Expeditis ut suprà, quæ ad primum & quartum ex casibus particularibus refractionum pertinebant, superest nunc ut reliquis duobus, secundo scilicet & tertio, satisfaciamus: nempe ut explicemus rationem componendi loci qui duobus illis casibus inserviat. Sed antequàm ad rem ipsam veniamus, lubet hîc aliquantisper immorari circa quatuor præcipua puncta figuræ præcedentis, duo nempe focorum A, B; & duo verticum C, E: ex tali enim consideratione magis elucescet analogia quæ inter casus jam expeditos, & eos de quibus agendum superest, intercedit; quæ quidem analogia ad eorumdem casuum figuras extenditur, habetque aliquid simile ei analogiæ quæ in doctrina conica reperitur inter hyperbolam & ellipsim.

Statuamus primùm ex illis quatuor punctis, duo B, & C, esse immobilia, eademque remanere in eo statu in quo hucusque constituti sunt: at

Vide Figur. pag. 148.

punctum A (quod primum ac præcipuum est) mobile esse, idemque diversas positiones successivè ad arbitrium obtinere, ac tandem quartum E
eatenus mobile esse, quatenus necessitas geometrica id exiget : existant tamen omnia quatuor in una eademque recta linea A B, quæ ad hoc nego-
tium, utrinque indefinitè producatur.

Ergo, respectu puncti B, vel ipsum punctum A erit versùs C, vel versùs
E. Et siquidem illud sit versùs C; vel erit intra figuram inter B, C; vel
illud erit in vertice C; vel idem erit extra figuram ultra C, ut in figura
præmissa; sed ita ut ab ipso puncto C longissimè, immò infinitè distare
possit. Rursùs, si respectu puncti B, punctum A sit versùs E; vel illud A
erit inter puncta B, E intra figuram; vel illud erit in vertice E; vel idem
erit extra figuram ultra E, sic ut ab ipso puncto E longissimè, immò infinitè distare possit. Tandemque illud idem punctum A considerari potest
tanquam si puncto B congruat, ita ut ambo simul unicum punctum efficiant.

Incipiamus ab hoc ultimo statu quo punctum A puncto B congruit :
tunc verò loco ovalis C V E 7 habebimus circulum, cujus centrum erit
idem punctum commune A vel B, & intervallum sive semidiameter B C,
cui æqualis erit B E; unde punctum E vi geometricâ, tantùm distat à puncto
B quantùm C ab eodem B. Duo loci basium describentur circa idem centrum B vel A secundùm præscriptas leges in præcedenti constructione : ex
duobus locis centrorum, alter, nempe primus coalescet in unicum punctum B, alter erit circunferentia ejusdem circuli C V E 7 qui loco ovalis
succedet : tandemque ipsa eadem circuli C V E 7 circunferentia referet
duos reliquos locos intervallorum. Sed omnia ad Dioptricam erunt planè
inutilia.

I.
Status.

Esto deinde punctum A intra ovalem inter B & C : ac tunc fiet figura
ovalis in qua præcipuus vertex C propior erit præcipuo foco A quàm vertex E foco B; attamen distantia B E minor erit quàm B C; atque ita excessus rectæ A E supra rectam A C major erit quàm excessus rectæ B C
supra rectam B E; ac duorum illorum excessuum ratio erit ipsa ratio refractionis. Sex loci, nempe duo basium, duo centrorum, & duo intervallorum, non aliter invenientur quàm in præcedenti figura, sed illi paulò aliter erunt dispositi, quod tamen nullius momenti est, quia hæc omnia ut
priùs, ad Dioptricam sunt inutilia.

II.
Status.

Esto jam punctum A in præcipuo vertice C : quo pacto fiet ovalis quàm
acutissima esse potest versùs ipsum C, versùs E autem, quàm obtusissima :
siquidem, dum focus A procedit à B ad C, ipsa ovalis in vertice C fit
semper acutior; in E autem, obtusior, quousque ipse focus A pervenerit in
C, à quo procedendo extra ovalem, vertex C fit minùs acutus, E verò minùs
obtusus. At hoc in statu foci primarii A in præcipuo vertice C constituti,
ratio axis C E ad excessum quo recta B C superat rectam B E, est ipsa ratio refractionis. Primus locus basium, primus centrorum, & primus intervallorum
inveniuntur ut in superiori constructione factum est, inter quos ille qui primus est intervallorum transit etiam per C vel A; quo pacto idem cùm transeat per extrema axis C, & E, tangit ovalem in ambobus illis punctis, & centrum illius est in medio axis ejusdem in K. Secundus locus basium, secundus
centrorum, & secundus intervallorum omnes transeunt per idem punctum C
vel A, sed centris differunt : illa tamen, quia hæc ovalis ad Dioptricam nihil
confert, relinquenda judicavimus.

III.
Status.

Existat nunc focus A extra ovalem, ultra verticem C, non tamen infinitè :
tunc autem omnia se habebunt prorsùs ut in præmissa figura; ita tamen ut,
quò major erit ratio rectæ A B ad rectam B C, eò magis ovalis ipsa ad figu-

IV.
Status.

Q q ij

ram veræ ellipsis conicæ accedat, neque tamen unquam vera ellipsis fiat. Ae in illa, portio circa præcipuum verticem C ad Dioptricam utilis est, ut in descriptione figuræ præmissæ notavimus.

V.
Status.
Vide Figur.
pag. 142.

Abeat nunc punctum A in infinitum ultrà C, qui status nobilissimus est, præbet enim veram ellipsim conicam, ac prorsùs eam quæ undecimo exemplo exposita est, quamque ibidem ad Dioptricam pertinere monuimus, cùm scilicet ratio axis A H ad distantiam focorum BM est ipsa ratio refractionis. Hic verò omnes sex loci basium, centrorum, & intervallorum abeunt in lineas rectas: sed ex illis, secundus basium, & secundus centrorum infinitè distant à præcipuo vertice, qui in figura ejusdem exempli erit A; reliqui quatuor transeunt per puncta quæ ibidem sunt C, H, A, & centrum ellipsis, suntque illi omnes quatuor ad axem ejusdem ellipsis perpendiculares. Quoniam autem à puncto illo qui præcipuus vertex est & infinitè distat, duci debent rectæ: sciendum est ipsas duci debere axi ellipsis parallelas. Cætera facilè intelligentur ab eo qui doctrinæ Infiniti in Geometria assuevit.

Similiter, si præcipuus focus A infinitè distet ab altero foco B ex altera parte versùs secundum verticem E, idem omninò accidet quod jamjam diximus, cùm idem infinitè distaret versùs C; nam ex doctrina infiniti, idem est distare infinitè versùs C, ac distare infinitè ad contrarias partes versùs E: quod sanè illis qui tali doctrinæ minimè assuefacti sunt mirum videri solet, & plerisque absolutè impossibile.

Apparet ergo ex suprà dictis, id quod hucusque latuisse opinamur, nempe in ellipsi conica, quatenùs illa ad Dioptricam referri potest, tres intelligi debere focos, duos scilicet internos, & unum externum qui infinitè distet à quovis ex duobus verticibus. Unum dicimus externum, non duos, etiamsi cuivis doctrinæ infiniti imperito, ille minimè unus, sed duo infinitè à se invicem distantes videri possint. Ille enim quandiu in distantia finita à foco B distitit, ut suprà, unicus fuit A; postquàm autem abiit in infinitum versùs C, idem eodem modo se habet, ac si uno saltu transilierit ad alteram partem versùs E, paratus regredi ab illa parte versùs E secundùm rectam lineam N F E B, usque ad B unde moveri cœperat: immò, sive versùs C, sive versùs E infinitè distare ipse intelligatur, perinde est, quod ad constructionem pertinet: quæcunque enim recta ab eo duci intelligetur, illa axi C E semper existet parallela.

Superest nunc ut ipsum focum A consideremus ab infinita distantia versùs E regredientem usque ad B secundùm rectam N F E B, hic enim status dabit locos illos qui duobus reliquis particularibus casibus refractionum satisfacient. De his agemus posteà, sed priùs operæpræcium fuerit statuere puncta A & C fixa, B verò mobile ad arbitrium; at E rursùs eatenùs mobile tantùm, quatenùs vis geometriæ id postulabit. Neque enim hujus speculationis fructus minor futurus est quàm præcedentis cum qua sanè multa habet communia, sed multa etiam plane diversa, cùm scilicet punctum B in infinitum abibit.

Itaque vel puncta immobilia A & C sunt simul, vel illa à se invicem sejuncta sunt. Si simul sint, vel punctum mobile B eisdem congruit, ita ut tres simul existant, vel idem B ab ipsis A, C, distat; idque vel secundùm distantiam finitam, vel infinitam.

VI.
Status.

Si tria puncta A, B, C simul existant, tum quartum E cum iisdem existet, evanescetque ipsa ovalis, quæ in idem punctum coalescet, atque unà cum ea omnes sex loci: estque status hic prorsùs inutilis.

VII.
Status.

Si puncta A C simul existant, B autem ab iis utcunque distet, sed finitâ distantiâ, habebimus tertium statum ex iis qui suprà expositi sunt, cùm punctum A mobile erat, idemque in C constituebatur.

Si

Si punctis A, C, invicem constitutis, punctum B ab utroque infinitè distet ex utravis parte (perinde enim est ex doctrina infiniti, ut suprà,) tunc nulla habebitur ovalis, sed loco illius succedent duæ rectæ secantes se invicem in puncto communi A C, ita ut recta A B angulum ab illis contentum bifariàm dividat; eritque ille angulus tantus quantus debetur assymptotis hyperbolæ illius de qua undecimo exemplo dictum est, posito quòd ratio axis ad focorum distantiam sit ipsa ratio refractionis. Sex loci abeunt in lineas rectas ad rectam A B perpendiculares, sed ex iis tres primi infinitè distant, sicuti & punctum B; tres secundi in unicam coalescunt rectam quæ per punctum commune A C transit: at illa omnia ad Dioptricam sunt inutilia.

VIII.
Status.

Jam puncta A C, quâcunque distantiâ finitâ à se invicem distent, & punctum mobile B incipiat ab A, moveaturque ad C, & ultrà usque in infinitum.

Existente ergo puncto mobili B in A, loco ovalis habebimus circulum, cujus centrum erit punctum illud commune A vel B, intervallum A C. Et hic status suprà expositus est, fuitque primus.

IX.
Status.

Existente autem ipso puncto mobili B inter A & C, multi habebuntur status inter se diversi, de quibus agemus posteà; illi enim sunt qui reliquis duobus casibus particularibus refractionum satisfaciunt.

X.
Status.

Existente jam ipso B in C, evanescet ovalis, eademque in idem punctum B vel C coalescet; quod jam suprà notatum est, atque inter inutilia repositum: is status sextus fuit.

XI.
Status.

Existente deinde puncto B ultra C, ita ut C sit inter duo B, A, habebimus statum figuræ præmissæ in qua tamdiu immorati sumus: & idem status suprà fuit quartus.

XII.
Status.

Existente porrò puncto B ultra C vel ultra A in distantia infinita ex quacunque parte (perinde enim est, ut jam non semel notavimus) tunc statum nobilissimum habebimus: abibit enim ovalis nostra in hyperbolam illam de qua undecimo exemplo dictum est, cùm scilicet ratio axis ad focorum distantiam est ipsa ratio refractionis. Ac hujus quidem hyperbolæ vertex præcipuus erit, hoc loco, in C; alter minus præcipuus E abibit in infinitum: quæ autem huic hyperbolæ opponitur alia hyperbola, respectu præcipui foci A erit inutilis. Sex loci abeunt in lineas rectas ad axem infinitè productum perpendiculares; sed ex iis duo primi infinitè distant versùs C, nempe primus basium, & primus centrorum; primus intervallorum transit per verticem hyperbolæ inutilis, secundus intervallorum transit per præcipuum verticem C. Secundus centrorum transit per centrum hyperbolarum; secundus autem basium transit per illud punctum in quo recta A C sic dividitur, ut tota A C ad portionem ipsi puncto C conterminam, habeat rationem refractionis à raro ad densum.

XIII.
Status.

Apparet ergo idem hyperbolæ conicæ accidere quod de ellipsi suprà dictum est, quodque antiquos latuisse opinamur; nempe, præter duos focos vulgares de quibus in conicis agitur, quique distantiâ finitâ à centro ultra vertices removentur, dari tertium qui ex utravis parte infinitè distet ab eodem centro, quatenùs scilicet ipsa hyperbola ad Dioptricam refertur, &c. ut suprà de ellipsi.

Tandem verò punctum mobile B ab infinita distantia ultra A regrediatur versùs ipsum A à quo moveri incœpit, ita ut idem A existat inter C & B; ac tunc habebimus secundum statum illum inutilem de quo dictum est dum punctum A mobile statuebatur, atque illud existebat intra ovalem inter B & C; nec est quod hîc ultrà addamus.

XIV.
Status.

Quòd si quærat aliquis quinam hujusce speculationis circa mobilia puncta fructus futurus sit, præcipuè circa locorum doctrinam ad quam pertinere debent hæc nostra exempla: sciat ille primùm quidem in universum, tali,

R r

vel aliâ fimili confideratione apprimè detegi naturam figurarum omnium; cùm fcilicet ritè notaverimus quid ex diverfo fitu præcipuorum punctorum ad illas pertinentium, eifdem figuris accidere poffit, unde illæ immutari queant.

At in fpecie, quòd ad locos attinet, meminerit vix aliter detegi poffe quomodo illi invertantur, aut in figuras genere, aut fpecie diverfas permutentur; quemadmodum fuprà vidimus locum illum de quo hoc duodecimo exemplo agimus, nunc effe ovalem aliquam, nunc circulum, & aliquando ellipfim, aut etiam hyperbolam: quod adhuc in iis quæ ftatim dicturi fumus, non minùs evidenter apparebit.

X V.
Status.

Præteriimus fuprà eum ftatum in quo punctum B mobile procedens ab A, progreditur, non quidem versùs C, fed ad contrarias partes ufque in infinitam diftantiam, quia ftatus ille ad Dioptricam inutilis eft: quandiu enim ipfum exiftit in diftantia finita, habetur fecundus ftatus in quo A ftatuitur inter B & C, de quo fuprà; cùm autem idem exiftit in diftantia infinita, habetur hyperbola inutilis, cujus focus internus eft A, vertex autem inter A & C; ac illud C eft vertex hyperbolæ oppofitæ, quæ fanè oppofita poterit effe utilis, fed illa eadem prorsùs erit cum ea de qua duodecimo ftatu locuti fumus.

Nihil etiam diximus de puncto C infinitè diftante, quia tunc evanefcit omnis figura, atque unà cum ea, quæcunque puncta ad eandem pertinebant: quæ omnia in infinitum abeunt.

In univerfum ergo, res eò reducitur ut vel A focus infinitè diftet, ac tunc habetur ellipfis utilis; vel B focus infinitè diftet, ac tunc habetur hyperbola, cujus altera ex oppofitis utilis eft, altera inutilis; vel ex tribus punctis A, C, B medium fit C, ac tunc habetur ftatus utilis, cui infervit figura præmiffa; vel A & C fimul exiftant, vel A fit medius inter C & B, vel idem A fit in B, qui tres ftatus funt inutiles, ficuti & inutiles funt duo illi in quibus vel tria puncta A, C, B, vel, quod eodem recidit, duo B & C fimul exiftunt; vel tandem punctum B medium fit inter C & A: unde feptem oriuntur ftatus nondum expediti, atque omnes utiles, de quibus agendum nobis fupereft, quia illi omnes & foli duobus reliquis particularibus refractionum cafibus fatisfacient. Nec multùm in fingulis immorabimur; illi enim omnia habent præmiffis anologa, fcilicet focos, vertices, & locos bafium, centrorum, & intervallorum; fed illa omnia pofitione differunt, atque ex diverfa illa pofitione, figuræ diverfiffimæ evadunt.

Primus ergo ftatus ex illis feptem reliquis efto ille in quo duo puncta B, & E media funt inter focos C, A; ac vertex fecundus E medius quoque eft inter B & A; cui ftatui infervit figura fequens: in qua quatuor puncta C, B, E, D, fe habent prorsùs ut anteà; ita fcilicet ut rectæ C D, B E, fint æquales; ficuti & C B, D E; fitque tota C E ad mediam B D in ratione refractionis à raro ad denfum. At quia præmiffæ conditiones omnes non folùm huic ftatui, fed etiam tribus fequentibus conveniunt, ideò huic primo illud peculiare efto, quòd ratio rectæ A E ad rectam E B fit major ipfa ratione refractionis à raro ad denfum. In fecundo autem ftatu ponetur hæc ratio A E ad E B effe præcisè ratio refractionis à raro ad denfum. In tertio è contrario, ponetur A E effe ad E B in ratione minori quàm fit ratio refractionis à raro ad denfum, non minori tamen quàm à denfo ad rarum. In quarto, ponetur ratio A E ad E B effe minor ratione refractionis à denfo ad rarum, quoufque punctum A pervenerit ad verticem E. In quinto, ponetur punctum illud A effe in E. In fexto, ponetur idem A effe inter B & E intra ovalem; ita tamen ut ratio totius B E ad portionem E A major fit quàm ratio refractionis à raro ad denfum. In feptimo denique ftatu, ponetur ipfum A rursùs intra ovalem inter B & E, fed propiùs ad idem B; ita ut ratio B E ad E A non major fit ratione refractionis à raro ad denfum, fed vel eidem æqualis, vel ipfa minor.

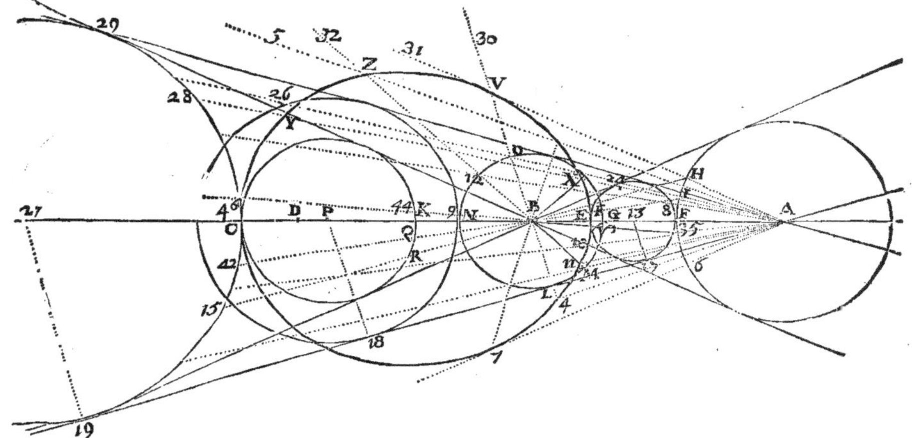

Etsi verò figuræ omnes, quæ singulis ex istis casibus propriæ sunt, differant
tam inter se, quàm ab ea quam primam suprà exposuimus, ipsæ tamen plurima habent inter se similia : immò illæ omnes sic delineari ac notis distin-
gui possunt, ut una eademque explicatio omnibus inserviat, nec alia distinctio
adhibenda sit, quàm circa positionem aliquot punctorum, quorum quæ in una
figura priora fuere, eadem in alia figura fient posteriora, & quæ erant media, fient extrema, aut omninò quid simile. Talis sanè est præmissa explicatio,
quæ etiamsi primæ figuræ usqueadeò quadret, ut illi soli propria esse appareat, & reverà soli illi propria sit strictè loquendo ; eadem tamen paucis tantùm mutatis, omnibus inservire potest. Id verò in hac secunda figura clarè
intueri licet : sed ad hoc monendus est lector ut quotiescumque in dicta aliqua inciderit quæ secundæ illi figuræ quadrare non videbuntur, tum ipse huc
recurrat ad ea quæ statim dicturi sumus, quæque continent præcipua capita
in quibus discrepant ejusmodi figuræ.

Ac primùm, in hac secunda figura, quia punctum A est ultrà tria puncta
C, B, E, versùs E, quod contrarium est primæ figuræ : fit ut punctum G sit quoque ad easdem partes ipsius E, cùm in prima esset versùs C.

Secundò, anguli recti A L B, L B H, in secunda figura sunt interiores
& ad easdem partes respectu parallelarum A L, B H, qui tamen in prima
erant alterni.

Tertiò, in secunda figura, intervallum A F minus est quàm A B, quod in
prima majus erat.

Quartò, cujuscunque longitudinis reperiatur intervallum A F in secunda
figura, semper ovalis utilis erit ; quod in prima verum non erat.

Quintò, hæc secunda figura satisfacit secundo & tertio casui ex quatuor
illis particularibus casibus refractionum ad perspicilla pertinentium qui suprà
expositi sunt, cùm prima satisfaceret primo & quarto, ut dictum est. Nam in
eadem secunda, posito corpore denso diaphano ab ipsa ovali comprehenso,
atque ad formam illius perpolito, putà vitro, cui alterum corpus rarius undi-

R r ij

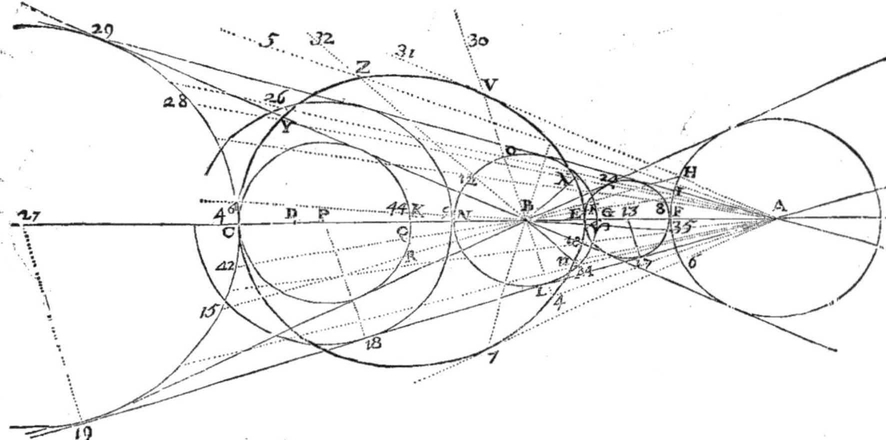

que contiguum fit, putà aër qui vitrum ambiat: radii omnes ad punctum **A**
tendentes, atque in fuperficiem V C 7 incidentes, refringuntur præcisè in punctum B; hic verò eft terius ex iifdem quatuor cafibus. Atque è contrario, radii
omnes à puncto B procedentes, atque in eandem fuperficiem V C 7 incidentes,
poft refractionem divergunt extra ovalem tanquam fi omnes ex puncto A progreffi fint: & hic eft fecundus cafus. Sic, fi radius incidentiæ in raro fit 28 **Y**
tendens versùs A, radius refractionis in denfo erit Y B: atque è contrario,
fi radius incidentiæ in denfo fit B Y, erit radius refractionis in raro. Y 28.

Quòd fi corpora permutentur, ut rarius five aër contineatur fub forma
ovali propofita, denfiore feu vitro ipfum coarctante: tunc radii omnes qui intra rarum procedunt à puncto A, inciduntque in fuperficiem V C 7, fic refringuntur, ut intra denfum divergant tanquam fi à puncto B progreffi finr.
Atque è contrario, radii omnes in denfo ad punctum B convergentes, atque in
eandem fuperficiem V C 7 incidentes, fic refringuntur, ut intra rarum ad punctum A convergant. Sic radio incidentiæ exiftente A Z intra rarum, fiet in
denfo radius refractionis Z 32 qui à puncto B procedit; & è contrario, exiftente intra denfum radio incidentiæ 32 Z qui ad punctum B tendit, fiet intra rarum radius refractionis Z A. Quo pacto rursùs alio modo fatisfactum
eft fecundo ac tertio ex prædictis quatuor cafibus particularibus.

Sextò, centra circulorum illorum fex quos fuprà affignavimus pro locis
centrorum, intervallorum, & bafium, multò aliter in hac fecunda figura, quàm
in prima, difpofita funt. Nam in hac fecunda figura centrum P quod ad locos
centrorum pertinet, reperitur inter vertices C, E, quod tamen in prima figura
erat ultrà. Item, in eadem fecunda figura, centrum 27. quod ad fecundum
locum intervallorum pertinet, abit ultra verticem C, quod tamen in prima abi-
bat ultra E.

Septimò, quoniam ambo foci A, B in hac fecunda figura reperiuntur extra utrumque circulum intervallorum: fit ut tam ambæ rectæ quæ à puncto
A procedentes, tangunt fecundum locum bafium G L N O, quàm ambæ quæ

à

à punéto B procedentes, tangunt primum locum bafium F I H : tam hæ tangentes, inquam, quàm illæ, tangant quoque utrumque circulum intervallorum
E T 24 8, & 19 C 29, fi fcilicet tangentes illæ quantùm fatis producantur.

Cæteras differentias quivis facilè percipiet: ideò nos ultrà progrediemur.

Affignavimus fuprà differentiam quæ intercedit inter feptem illos ftatus
in quibus punétum B reperitur inter A & C, diximufque primum in hoc à
cæteris diftingui, quòd in eo ratio A E exterioris ad B E interiorem (intellige
refpeétu ovalis) major fit ratione refraétionis à raro ad denfum. Huic autem
ftatui omninò accommodata eft fecunda figura præmiffa, in qua ideò primus
locus intervallorum E T 24 8 totus extra ovalem exiftit versùs A, & punétum
F inter duo A & E conftituitur.

Jam fecundus ftatus nobiliffimus eft, in quo fcilicet ratio A E ad E B eft *Vide Figur-*
ipfa ratio refraétionis à raro ad denfum, unde punéta A & F in unum idem- *fequentem.*
que punétum coalefcunt.

In tali autem ftatu, loco ovalis habemus circulum qui utilis eft eodem prorsùs modo quo utilis eft præmiffa ovalis fecundæ figuræ, putà portio illa quæ
eft circa verticem C ufque ad contaétus V, 7, quæ portio fatisfacit fecundo
& tertio ex quatuor cafibus particularibus refraétionum, ut diximus in quinto
ex feptem capitibus, quibus præmiffa fecunda figura à prima difcrepat. Nec
quicquam circa talem explicationem immutandum eft, ita ut illa conveniat
tam ovali fecundæ figuræ, quàm circulo tertiæ fequentis, in qua, etiamfi punéta B, C, D, E eodem prorsùs modo difpofita fint quo in fecunda figura, tamen,
propter rationem refraétionum à raro ad denfum quæ intercedit inter reétas
A E, E B, fit ut fex loci de quibus toties fuprà diétum eft, finguli amifsâ fuâ
extenfione feu magnitudine, in punéta coaluerint; primus fcilicet locus bafium in punétum A; fecundus bafium in punétum B; ambo centrorum in punétum K, quod eft centrum propofiti circuli C V E 7; primus intervallorum
in punétum E; ac tandem fecundus intervallorum in punétum C.

At verò, quòd proprietas adeò infignis circulo C V E 7 conveniat; pofito
fcilicet quòd tam ratio A E ad E B, quàm ratio diametri E C ad B D fit ratio refraétionis à raro ad denfum, ac proinde etiam ratio A C ad C B; (hæc
enim tertia ex duabus prioribus fequitur) quòd, inquam, quivis radius 36 33
à raro quod eft extra circulum, putà ab aëre incidens in denfum quod eft
intra circulum, putà in vitrum, in punétum 33 quod eft in circumferentia, fi
dirigatur ad punétum A, non tamen ad idem A perveniat, fed frangatur in
ingreffu 33, ac fraétus abeat in B, illud ex fequenti demonftratione manifeftò
patebit: quæ quidem demonftratio circulo fpecialis eft, nec prolixa; univerfalis enim, quæ tam ovalibus quàm circulo conveniret, longiori indigeret apparatu, ut jam fuprà monuimus.

Ad hoc autem tria notanda funt. Primum, quoniam eft ut A E ad E B, ita
A C ad C B, & quatuor punéta A, B, C, E funt in eadem reéta linea, eftque
A extra circulum, B intra, at E C eft diameter; fit neceffariò ut eduétâ ex B
punéto reétâ perpendiculari ad diametrum E C, atque eâ utrinque produ-
étâ ufque ad circumferentiam, punéta in quibus ipfa circumferentiæ occurrit, fint ipfa V & 7, in quibus reétæ A V, A 7 ipfum circulum tangant, ita ut
duétâ reétâ K V, angulus K V A reétus fit, atque ita, ratio reétæ A V ad V B
five K V ad K B, rationi reétæ A K ad K V fit fimilis: atque earum rationum
converfæ fimiles, fcilicet B V ad V A, B K ad K V, & V K ad A K. Secundum,
propter eandem rationem A E ad E B, & A C ad C B, fit ut duæ quæcunque reétæ A 33, B 33 quæ ad idem punétum 33 in circumferentia utcunque affumptum ducuntur, in eadem quoque ratione exiftant, putà ut A E ad E B,
five ut A C ad C B: nam circumferentia E V 33 C 7 talem locum exhibet,
qualem quinto loco explicuimus, atque ideò etiam eadem eft ratio A V ad

VB, & AZ ad ZB, & AY ad YB, &c. unde, quoniam ponitur ratio AE
ad EB effe ratio refractionis à raro ad denfum, erit quoque AV ad VB,
A 33 ad 33 B, &c. ratio refractionis à raro ad denfum. Tertium, ductâ rectâ
5 33 34 quæ circulum tangat in puncto 33, tum rectâ 33 K ad centrum K,
erit angulus K 33 34 rectus ; ac eodem modo fient refractiones radiorum in
punctum 33 incidentium à circuli circumferentia E 33 C, quo à linea recta
tangente 5 33 34; fiquidem in univerfum, linea quæcunque curva, & recta
ipfam tangens, eafdem efficiunt refractiones radiorum in punctum contactus
incidentiam. Pofitâ ergo curvâ C 33 E, vel rectâ 5 33 34 pro dioptrica, five
pro fuperficie refractiva, & exiftente puncto 33 puncto incidentiæ, erit recta
33 K perpendicularis ad dioptricam.

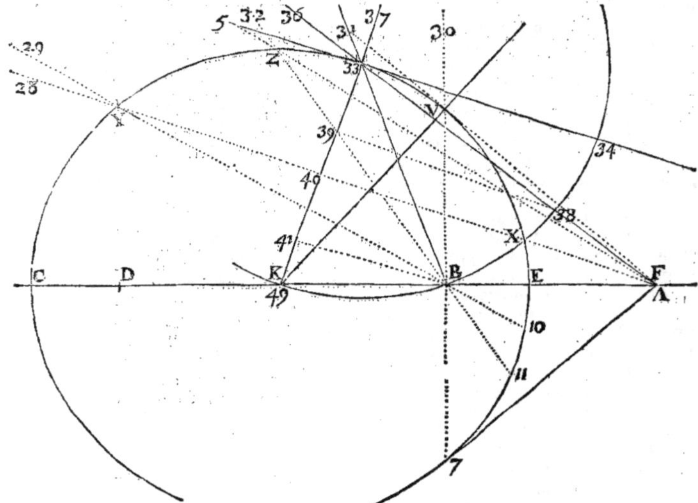

His præmiffis, centro 33 intervallo quocunque, putà 33 B, defcribatur
circulus fecans perpendicularem 33 K in puncto 49, rectam 33 A in puncto
38, & rectam 33 34 in puncto 34; eritque arcus 49 34 quadrans; & rectæ 33 49,
33 B, 33 38, & 33 34 erunt æquales. Sed, quod præcipuum eft, demiffis in rectam 33 49 productam fi fit opus, perpendicularibus A 40, B 41, & 38 39:
oftendendum eft 38 39 ad B 41 effe in ratione refractionis, putà ut AE ad
EB; hoc enim demonftrato, manifeftum erit ex lege refractionum quam undecimo exemplo fuprà expofuimus, fore ut fi radius incidentiæ fit 36 33 38 A,
tunc radius refractionis fit 33 B, & viciffim, fi radius incidentiæ fit B 33, tunc
radius refractionis fit 33 36: hoc autem fic demonftramus.

Ratio perpendicularis 38 39 ad perpendicularem B 41, componitur ex rationibus 38 39 ad A 40, & A 40 ad B 41: eft autem 38 39 ad A 40, ut 38 33
ad 33 A, five ut B 33 ad 33 A; & ut A 40 ad B 41, ita A K ad K B: quare

ratio 38 39 ad B 41 componitur ex rationibus B 33 ad 33 A, & A K ad K B:
ut autem B 33 ad 33 A, ita B V ad V A, ut jam secundo loco notavimus, &
ita B K ad K V; ideoque ratio 38 39 ad B 41 componitur ex rationibus A K
ad K B, & B K ad K V, quæ ambæ constituunt rationem A K ad K V. Ut
ergo 38 39 ad B 41, ita A K ad K V, sive A V ad V B, sive A E ad E B,
quæ est ratio refractionis, ut propositum est. Cúmque idem accidat omnibus punctis quæ in arcu V C 7 assumi possunt, patet arcum illum esse locum
ad propositas refractiones, quarum ratio erit ut A E ad E B; quæ sanè perin-
signis est circuli proprietas huc usque, ut existimamus ignota.

Hoc pacto iis satisfecimus quæ initio duodecimi exempli ostendere polliciti sumus, nempe casum tertium ex tribus universalibus Dioptricæ casibus,
de quibus undecimo exemplo dictum est, aliquando ad superficiem sphæricam
pertinere, sed multò magis universaliter ad alias superficies (nempe ovales de
quibus suprà) quas antiquis notas fuisse nullibi apparet. Patet enim hunc secundum statum qui ad circulum, atque adeo ad sphæram pertinet, esse spe-
cialissimum, alios verò qui ad ovales, esse universaliores.

Porrò, qui supersunt status quinque, ad alias ovales pertinent, quas figurâ
exhibere supervacaneum hoc loco duximus; neque enim ex prædictis difficile fuerit easdem satis accuratè describere. Quamobrem, postquàm ea breviter exposuerimus in quibus illæ à prædictis præcipuè differunt, tunc ulteriùs exemplis parcemus, duodecim præmissis contenti, quæ sanè perillustria
sunt; atque ita ad id quod initio propositum est, accedemus.

Tertius ergo status ad ovalem quandam pertinet, in qua sex loci basium,
centrorum & intervallorum describuntur. Sed quia punctum A reperitur in- *Vide Figur.*
ter E & F, hinc fit ut quinque ex illis locis, integri intra ovalem constituan- *pag. 160.*
tur, nempe præter primum basium, reliqui omnes; primus enim basium, vel
totus est extra ovalem, vel aliquid tantùm habet intrà; punctum N est versùs E; punctum G est versùs K; punctum 8 est versùs B, atque ita pleraque
ex punctis contrario modo disposita sunt quo in secunda figura: est tamen
ovalis ipsa tota, ut omnes de quibus hucusque egimus, ad easdem partes cava,
quod tribus proximis sequentibus statibus non accidit. Cùmque A E est ad
E B in ratione refractionis à raro ad densum, tunc ipsa ovalis ultima est earum quæ ad easdem partes totæ cavæ existunt; ulteriùs enim, puncto A propiùs accedente ad E, tunc partes ovalis vertici E hinc inde vicinæ, incipiunt
esse ad exteriores partes cavæ, ut mox declarabimus.

Quartus status omnia habet tertio similia, nisi quòd circa verticem E,
partes aliquæ ipsius ovalis quæ ad talem statum pertinet, nempe partes illæ·
quæ circa verticem E proximè disponuntur, exteriùs versùs A cavæ sunt. At
post aliquam distantiam hinc inde ab ipso vertice E, eadem ovalis incipit
rursùs ad interiores partes versùs centrum K esse cava, nec posteà mutatur
talis cavitas interior, sed durat per totum ovalis reliquum circa præcipuum
verticem C; & quò minor est ratio A E ad E B, eò major est cavitas circa
verticem E. Quo pacto ejusmodi ovalis aliquo modo accedit ad formam
cordis alicujus animalis, cum hac tamen differentia, ut pars quæ est circa E
cava sit exteriùs, non ad formam anguli ut cor, sed ad formam quasi rotun-
dam; ut si fingas ovalem aliquam quæ priùs tota interiùs cava erat, ictu quodam alterius ovalis fortioris circa verticem E inflicti, retusam esse ad interiores partes, ut communiter accidit corporibus rotundis debilioribus, dum
in firmiora rotunda illidunt. In hac verò ovali, sicuti & in omnibus præmissis, semper reperitur aliqua pars circa verticem E, quæ ad Dioptricam inutilis est, nempe usque ad ea puncta V, 7, in quibus ductæ rectæ A V, A 7,
ipsam ovalem tangunt, ut jam suprà sæpius dictum est.

Quintus status dum A est in E; quod ad sex locos basium, centrorum, &

intervallorum attinet, non admodùm differt à tertio & quarto ftatu præmiffis. Ejus verò ovalis circa verticem E exteriùs cava eft quàm maximè. Cæterùm eadem integra ad Dioptricam utilis effe poteft, eftque prima earum quæ nullas partes habent inutiles; quæ proprietas duobus reliquis ftatibus etiam convenit. In hoc etiam ftatu hoc fpeciale eft circa locos, quòd quatuor ex illis, nempe duo loci intervallorum, fecundus centrorum, & fecundus bafium tangant fe invicem, atque etiam ovalem in ipfo vertice E; unde quæ ab eodem E vel A excitatur perpendicularis ad axem C E, eofdem quatuor locos tangit in ipfo eodem E.

In fexto ftatu, ovalis adhuc cava eft circa verticem E, fed minùs quàm in quinto in quo illa circa idem punctum E maximè cava erat; & quò major eft ratio rectæ BE ad EA, eò minùs cava eft eadem ovalis. In ea fex loci reperiuntur, fed ita ut quatuor de quibus in quinto ftatu dictum eft, extra ovalem excurrant ultra E; unde evanefcit tangens A L, quam tamen refert analogicè ea recta quæ ex puncto A excitatur perpendiculariter ad axem C E; exhibet enim illa punctum L ubi fecat fecundum locum bafium; punctum 17, ubi fecat primum intervallorum; punctum 18, ubi fecat fecundum centrorum; & punctum 19, ubi fecat fecundum intervallorum, quod in feptimo cafu verum quoque reperitur. Sed & pro diverfis rationibus refractionum in diverfis mediis, atque etiam pro diverfis rationibus B E ad E A, accidere poteft ut evanefcat tangens B 24, quæ ex puncto B educta tangebat quatuor locos, nempe duos intervallorum, primum centrorum, & primum bafium, quam tamen analogicè hoc cafu referet ea recta quæ ex puncto B ad axem C E perpendiculariter excitabitur, eo modo quo de tangente A L jamjam dictum eft, quod quivis Geometra facilè intelliget.

At ubicunque exiftat hoc punctum B, five extra quatuor illos locos; five in vertice eorumdem, dum vertex ille eft in B; five intra ipfos, ut in hoc ftatu accidere poteft: femper punctum B ad prædictos quatuor locos fimiliter pofitum eft; ita ut duæ quæcunque rectæ ab eodem B eductæ, & vel tangentes vel fecantes quatuor illos circulos, auferant ab illis totidem arcus fimiles, fi fumantur ut fibi refpondent. Eadem eft ratio puncti A refpectu fuorum quatuor locorum, de quibus hoc & quinto ftatu dictum eft. Unde inferre licet tam punctum A ad duos locos intervallorum fimiliter pofitum effe, quàm punctum B ad eofdem, etiamfi pofitio puncti B pofitioni puncti A minimè fimilis exiftat.

Tandem, in feptimo ftatu fex loci non longè aliter fe habent quàm in fexto; fed ovalis circa verticem E non ampliùs cava eft ad partes exteriores: verùm illa tota interiùs cava exiftit, nec quicquam in ea fpeciale reperitur quod fit alicujus momenti.

De tangentibus & rectis ad prædictas omnes ovales perpendicularibus, multa dici poffent elegantiffima, quæque hanc materiam, atque adeo totam Geometriam maximè illuftrarent: verùm illa ideò præterimus, quia propriè non funt hujus loci. Hoc tamen monebimus: In omni ftatu in quo puncta A & C funt ad eafdem partes refpectu puncti B, five ipfa A, C fint fimul, five illorum alterum propiùs accedat ad B, quodcunque illud fit, vel A, vel C: tunc omnem rectam quæ ad ovalem perpendicularis erit, occurrere axi ejufdem ovalis in puncto aliquo quod erit inter ipfum B & alterum ex prædictis duobus A, C, quod eidem B propinquius erit. At verò in omni ftatu in quo punctum B exiftet inter prædicta A, C, tunc omnem rectam ejufmodi quæ ad ovalem perpendicularis exiftet, vel axi parallelam effe, vel eidem occurrere ultra puncta A, B, nullam autem vel in ipfis punctis, vel inter ipfa. Sed de his fatis: nunc ad propofitam nobis materiam de locis ad analyfim aptis accedamus.

De

De locorum divisione in diversos gradus.

MULTI sunt locorum gradus, immò infiniti; alii enim simplicissimi sunt; alii autem magis ac magis compositi, idque in infinitum. Eorum tamen omnium Antiqui duo in universum genera statuerunt.

Primum genus est eorum qui solis constant lineis, sive illæ rectæ sint, sive curvæ. Ac de his sanè intelligi debet omnis sermo in quo de locis simpliciter agitur, nullo addito vocabulo quod contrarium indicet.

Secundum genus est eorum qui superficiebus constant, vocanturque illi communiter loci ad superficiem; quorum quidam per se subsistunt, nec ab aliis oriuntur; quidam contrà oriuntur sive generantur à locis simplicibus primi generis, dum illi circa axes aliquos conversi, superficies aliquas producunt.

Rursùs, primum genus locorum in tres classes communiter distribui solet, nimirùm in locos planos, in locos solidos, & in locos lineares.

Loci plani duo sunt tantùm, nempe linea recta, & circuli circumferentia.

Loci solidi tres sunt, nempe parabola, hyperbola, & ellipsis; qui ex sectione superficiei conicæ & plani alicujus quod nec per verticem coni transeat, nec basi sit parallelum, nec subcontrariè positum, originem ducunt.

Loci lineares sunt omnes aliæ quæcunque lineæ præter rectam, circuli circumferentiam, & conicas sectiones, putà conchoïdes omnis generis, spirales, cissoïdes, quadratrices, trochoïdes, & infinitæ aliæ, quæ tales sunt & tam multiplices ut etiam nomine careant. Neque enim aliter comparari debent loci lineares cum locis planis aut cum solidis, quàm genus polygonorum quæ laterum multitudine triangulum aut quadrangulum excedunt, cum ipso triangulo aut quadrangulo. Nam, quemadmodum sub tali nomine polygoni continentur pentagonum, hexagonum, eptagonum, octogonum, &c. quæ omnes figuræ non minùs inter se differunt & specie & proprietatibus quàm triangulum à quadrangulo, & utrumque horum à cæteris: sic sub uno nomine linearium infiniti loci continentur qui non minùs differunt inter se naturâ & proprietatibus, quàm linea recta aut circuli circumferentia à parabola, hyperbola, aut ellipsi; aut quàm hæ quinque lineæ ab iisdem locis linearibus, seu à conchoïdibus, spiralibus, cissoïdibus, &c.

At verò non omnes loci lineares ad analysim nostram apti sunt, sed illi tantùm quos ad æquationes analyticas revocari posse contingit. Quid sit autem locum aliquem ad æquationem revocare, posteà declarabimus, & exemplis illustrabimus. Nunc autem, quoniam à multis quæri solet an ejusmodi loci tam plani quàm solidi & lineares, omnes in universum geometrici dici debeant, extiterunt non pauci inter Geometras vulgò habiti, qui præter locos planos, nullos alios admittebant, ac cæteros tanquam à Geometria prorsùs alienos respuebant, ita ut problema quodvis insolutum existimarent, quod beneficio locorum planorum solvi non posset, quantumcumque idem aut per locos solidos aut per lineares solveretur : ideò non abs re fuerit hoc loco disquirere quid geometricum, quid verò minimè geometricum censeri debeat, positis tamen iis omnibus quæ vulgò in elementis omnibus geometricis admitti solent.

Sanè in universum, quæstio est de nomine, ut manifestò patet: tamen, quia multi præ arrogantia, ea omnia damnare consueverunt quæ ignorant, ne scilicet re quadam alicujus pretii privari videantur; ac sic multa respuunt quæ à doctis communiter recipiuntur.

Ut talium sic leviter sub appositis suo modo falsis nominibus res bonas damnantium malitiam quivis veritatis studiosus vitare possit, lubet rem ipsam à fundamentis resumere, quibus intellectis, facile erit cuicunque propositionem aliquam geometricè aut secùs solutam, temerè affirmanti aut neganti res-

T t

pondere, atque ipsius affirmationem aut negationem falsam, levem, aut temerariam esse, ex ipsius scientiæ principiis evidenter demonstrare.

Ac primùm omnium convenit propositiones arithmeticas à geometricis distinguere; siquidem illas arithmeticè, hoc est per operationes sive regulas arithmeticas; has verò geometricè, hoc est per locos geometricos, solvi consentaneum est, ut debito seu legitimo modo solutæ dici debeant. Neque tamen negamus utrasque operam sibi mutuam præbere, ac sibi invicem auxiliari, idque multipliciter; quod ideò non impedit ne arithmetica arithmeticè, geometrica geometricè tractentur.

Arithmeticæ ergo propositiones solvuntur vel addendo, vel substrahendo, vel multiplicando, vel dividendo, vel radices extrahendo; atque id tam in numeris rationalibus seu unitati commensurabilibus, quàm in numeris irrationalibus seu surdis, vel unitati incommensurabilibus; &, sive in numeris simplicibus, sive in compositis ejusmodi operationes instituantur, juvante ubicunque Geometria si opus fuerit, cujus præcipuæ partes sunt distinguere atque imperare ubi & quando addere, aut substrahere, ubi & quando multiplicare aut dividere, ubi & quando radices extrahere conveniat.

Quo in opere non multùm refert utrùm solutio in minimis aut in simplicissimis numeris exhibeatur, vel in majoribus aut magis compositis; sæpè enim accidit ut vel multiplicationes, vel divisiones, vel radicum extractiones adeò intricatæ sint, ut ipsas explicare nimis arduum opus sit, nec quodpiam tantæ operæ prætium satis dignum existat.

Neque tamen diffitendum est ea ingenia longè aliis prælucere, quibus datum est quæstiones quascunque simplicissimo modo solvere : at illa bonis suis gaudeant, modò ne aliorum solutiones minùs simplices tanquam spurias ac minimè recipiendas, nimis arroganter damnare contendant.

In exemplo. Proponatur in numeris hæc æquatio cubica numericè solvenda. B solidum —— C plano in A — A cubo ꝏ O, & B f. sit numerus infrà positus, nempe apotome, sicuti & CP. 729.

$$B^f. \;\; \mathrm{Apotome.} \left\{ \begin{matrix} + & 142884 \\ - \sqrt{q} & 17962705800 \end{matrix} \right. \;\; -729A - A \, \mathrm{ꝏ} \; O.$$

Ponamus autem quendam vel nescire, vel non admodum curare methodum quâ ejusmodi æquatio brevissimo aut simplicissimo modo solvi queat, sed tantùm id curare, quo modo illa utcunque solvatur.

Equidem ex constitutione illius, patet ipsam irregularem esse, nec de tribus lateribus explicabilem, verùm de unico tantùm, eodemque suprà : hoc ex nostro opere de æquationum cubicarum recognitione, cap. 3. prop. 6. patebit.

At illius constitutio ex Vieta elegantissimè deducitur. Sunt quippe quatuor quidam numeri continuè proportionales, quorum qui continetur sub extremis vel mediis est tertia pars numeri radicum, sive tertia pars affectionis sub A; qui numerus in nostro exemplo est C. 729, & ejus tertia pars est 243: differentia autem extremorum est ille numerus qui oritur diviso B f. per eandem tertiam partem numeri C. Quia ergo numerus ille solidus est hæc apotome 142884 —— $\sqrt{}$ 17962705800; eo per 243 diviso, oritur hæc alia apotome 588 —— $\sqrt{}$ 304200, quæ ideò est differentia numerorum extremorum. Est autem numerus quæsitus A in eadem serie, differentia numerorum mediorum. Eò itaque res reducitur, ut ex quatuor numeris continuè proportionalibus, datâ differentiâ extremorum, nempe 588 —— $\sqrt{}$ 304200; dato etiam producto ex mediis vel ex extremis 243, inveniatur differentia mediorum. Et extremi quidem facili viâ habentur ex data differentia ipsorum, & producto eorumdem; nam semidifferentia est 294 —— $\sqrt{}$ 76050, & hujus semidifferentiæ quadratum est hæc apotome 162486 —— √ 26293831200, quod additum ipsi producto 243, dat hanc aliam apotomen 162729 —— √ 26293831200, cujus radix quadrata est dimidia summa extremorum √ 88200 —— 273. Huic apotome si addas semidifferentiam extremorum prædictam, nempe 294 —— √ 76050, fit major extremorum quæsitorum, hoc nempe binomium √ 450 + 21. Quòd si ex eadem apotome √ 88200 —— 273, seu ex dimidia summa extremorum, demas eandem semidifferentiam extremorum 294 —— √ 76050, fit minor extremorum quæsitorum, nempe hæc apotome √ 328050 —— 567. Hoc pacto, datis extremis, quærendi sunt duo medii proportionales, ut habeatur eorum differentia quæ dabit numerum A quæsitum.

At in quatuor numeris continuè proportionalibus, hoc universale theorema est: Productus ex majori extremo in quadratum minoris extremi est cubus minoris medii. Item, productus ex minori extremo in quadratum majoris extremi est cubus majoris medii. Hac igitur regula ex datis extremis, majori quidem √ 450 + 21, minori autem √ 328050 —— 567, dabuntur duo cubi mediorum. Nam quadratum majoris extremi est binomium 891 + √ 793800: hoc multiplicatum per minorem extremum dat hoc aliud binomium √ 26572050 + 5103, & hic est cubus majoris medii. Simili modo, quadratum minoris extremi est hæc apotome 649539 —— √ 421857865800; hoc multiplicatum per majorem extremum dat hanc aliam apotomen √ 19371024450 —— 137781, & hic est cubus minoris medii.

Inventis ergo duobus cubis numerorum mediorum, superest ut cuborum ipsorum radices extrahantur. At verò, talium cuborum alter, nempe major, est binomium: alter autem, seu minor, est apotome; quicunque ergo artem calluerit quâ ex binomiis & apotomis cubicæ radices extrahuntur, is quæstionem, si non simplicissimo modo, at certè accuratè omninò solverit; siquidem earum radicum differentia erit numerus A quæsitus, nec alio quovis modo, quamquam simpliciori, alius invenietur numerus. Quòd si repetiatur aliquis qui talem artem ignoraverit, is postquàm cubos prædictos invenerit, ibi subsistet, ac dicet numerum quæsitum A esse differentiam radicum cubicarum talium numerorum exhibitorum sic √cub. hujus binomii |√q 26572050 + 5103| —— √c. hujus apotomes |√q 19371024450 —— 137781.| Et sanè ea dici poterit aliqua esse solutio, quoniam ipsa ad numeros certos ac determinatos reducta est. Adde quod plerumque accidit ut binomia aut apotomæ non habeant radices cubicas explicabiles, unde ipsarum differentia per ejusmodi radicum extractionem exhiberi non potest, quamvis illa aliquando rationalis existat; quò fit ut eâdem, vel aliâ viâ quærenda sit, vel eâ ratione quâ suprà, per ipsos cubos irrationales exhibenda.

Verùm in proposito exemplo, radices cubicæ à perito rectè extrahi possunt, quibus exhibitis solutio longè erit elegantior; sunt enim radices illæ binomii quidem, hoc binomium √q 162 + 9; apotomes verò, hæc apotome √q 1458 —— 27. Sint ergo hi numeri duo medii quæsiti, quorum differentia est hæc apotome 36 —— √q 648 quæ exhibet numerum A quæsitum; quo pacto habemus hoc modo satis longo atque intricato, solutionem quæstionis propositæ: atque etiamsi methodus talis solutionis simplicissima non sit, tamen numerus A inventus est simplicissimus.

Verumenimverò sagacior aliquis Analysta, multò compendiosiori viâ eandem inveniet solutionem. Is enim statim propositâ hâc eâdem æquatione cubica,

$$B\ ſ. \begin{cases} +\ \ 142884 \\ -\ \sqrt{q}\,17962705800 \end{cases} -\ 729A\ -\ A^3,$$

animadvertet illam ad minores numeros reduci posse; quandoquidem datur

numerus 3, cujus quadratus 9 dividere poteſt C P ꝏ 7 2 9, ita ut ejuſdem numeri 3 cubus 2 7 dividere quoque poſſit B ꟊ 1 4 2 8 8 4 — √q 1 7 9 6 2 7 0 5 8 0 0 ;
ac diviſione per quadratum oritur 8 1, per cubum autem oritur 5 2 9 2 — √q
2 4 6 4 0 2 0 0.

Hoc pacto dabitur alia æquatio in minoribus numeris, nempe hæc,

$$D\,\ſ\,\left\{\begin{array}{l} 5\,2\,9\,2 \\ {}-\sqrt{q}\,2\,4\,6\,4\,0\,2\,0\,0 \end{array}\right. \;-\; F P\;8\,1\;E\;-\;E^{c}\;\backsim\!\!\!\infty\;O.$$

Cujus æquationis radix E cùm inventa fuerit, ac per 3 prædictum multipli-
cata, dabitur prioris æquationis radix A quæſita. Eſt tamen hæc nova æquatio ejuſdem conſtitutionis cum ea quæ initio propoſita eſt ; quare concludemus in ea contineri quatuor numeros continuè proportionales, ita ut numerus contentus ſub extremis vel mediis ſit 2 7 tertia pars F P, ſive numeri 8 1 ;
differentia verò extremorum ſit hæc apotome 1 9 6 — √q 3 3 8 0 0, quæ oritur
diviſo ſolido D per prædictum numerum 2 7. Datâ autem differentiâ extremorum, & producto ab iiſdem, dantur vulgari methodo iidem extremi, major nempe hoc binomium √q 5 0 + 7, & minor hæc apotome √q 3 6 4 5 0
— 1 8 9. His datis extremis darentur cubi mediorum methodo ſuperiùs tra-
ditâ ; verùm, eidem Analyſtæ, quem ex ſagacioribus aliquem ſupponimus, dabitur locus ſubtili ſanè compendio ; datur nempe cubus quidam numerus 2 7
per quem illorum extremorum alter dividi poteſt, putà minor ſive √q 3 6 4 5 0
— 1 8 9, quâ diviſione reperitur hæc apotome √q 5 0 — 7 ; ſumatur ergo talis apotome √q 5 0 — 7 loco minoris extremi, majore eodem ſemper remanente binomio √q 5 0 + 7, ut ſuprà. Hac tamen lege, ut poſtquàm inter illos extremos duo medii inventi fuerint, tum alter illorum minori proximus
multiplicetur per 9, quadratum ſcilicet numeri 3, cujus cubus 2 7 diviſor
fuerit minoris ipſius extremi, nempe √q 3 6 4 5 0 — 1 8 9 : alter autem eorumdem inventorum mediorum ab extremo minore diviſo remotior, multiplicetur per 3 radicem ejuſdem cubi 2 7 diviſoris ; hac enim duplici multiplicatione dabuntur veri duo medii inter duos extremos quos ex ſecunda æquatione præmiſſa ad minimos numeros reducta deduximus, nempe inter binomium √q 5 0 + 7, & apotomen √q 3 6 4 5 0 — 1 8 9.

Reſumamus ergo duos minimos extremos ultimò inventos poſt diviſio-
nem per cubum 2 7, qui ſunt √q 5 0 + 7, & √q 5 0 — 7, inveniamuſque inter eoſdem, duos medios continuè proportionales.

Rursùs autem hîc quiddam accidit notandum. Nam ſi quis per traditam
ſuprà regulam, datis extremis, quærat cubos duorum mediorum, is inveniet
tales cubos eſſe eoſdem ipſos extremos : quod ideò accidit, quia binomium
& apotome quæ ipſos extremos conſtituunt, iiſdem conſtant nominibus ; ac
præterea quadrata ipſorum nominum unitate tantùm differunt, quod quoties accidit, toties duo extremi ſunt cubi duorum mediorum, unuſquiſque
ſcilicet illius qui ſibi proximus eſt.

Habeantur ergo duorum illorum extremorum radices cubicæ ; binomii
quidem, ſive √q 5 0 + 7, hoc binomium √q 2 + 1 : at apotomes, ſive √q 5 0 — 7,
hæc apotome √q 2 — 1 ; atque ita tandem habebimus quatuor continuè pro-
portionales, √q 5 0 + 7, | √q 2 + 1, | √q 2 — 1, | & √q 5 0 — 7,

in numeris multò minoribus quàm anteà. Quòd ſi intacto primo, ut ſuprà decrevimus, ſecundum illorum multiplicemus per radicem 3, tertium verò per
ejus quadratum 9, at quartum per cubum 2 7, qui anteà diviſor extitit, habebimus quatuor illos proportionales qui ad æquationem de E ſuperiùs expo-
ſitam, pertinent, quorum primus erit in utraque ſerie idem √q 5 0 + 7 ; ſecundus √q 1 8 + 3 ; tertius √q 1 6 2 — 9 ; & tandem quartus, √q 3 6 4 5 0 —
1 8 9.

189. Horum quatuor, differentia mediorum est 12 —— $\mathcal{V}$ 9 7 2; is autem est numerus E quæsitus in æquatione, qui numerus, si tandem per 3 multiplicetur, per eum scilicet numerum cujus beneficio depressa est suprà æquatio de A, & ad æquationem de E reducta: dabitur numerus A quem initio quærebamus; & is erit idem qui anteà 36 —— $\mathcal{V}$ 9 6 4 8, sed multò breviori multóque simpliciori methodo inventus, propter quam tamen non est quòd, qui illam calluerit, nimiùm arroganter superbiat.

Hîc quærere posset aliquis an detur certa aliqua regula quâ dignoscamus num binomia aut apotomæ radices habeant cubicas explicabiles, & quomodo illæ eruantur.

Sciat igitur ille talem dari regulam, quam non abs re fuerit paucis indicare. Ac primùm, ponamus binomium aut apotomen propositam, esse primi vel secundi, quarti vel quinti ordinis, tum sic fiet:

Ex quadrato majoris nominis dematur quadratum minoris, ac tum si differentia reperiatur esse cubus numerus habens radicem minimè surdam, sed unitati commensurabilem, benè est, nec alia præparatione est opus: sin secùs, tunc aliqua præparatione utendum est, de qua dicemus posteà. Ponamus ergo prædictam differentiam habere radicem cubicam, quæ radix vocetur B planum; at majus nomen binomii aut apotomes, vocetur M solidum; minus autem vocetur N solidum: tum alterutra ex sequentibus duabus æquationibus cubicis solvatur, nempe

$$\tfrac{1}{4}\,\text{M}^{c.} + \tfrac{3}{4}\,\text{B p.}\ \text{A} —— \text{A}^{3} \infty \text{O},$$

$$\text{vel } \tfrac{1}{4}\,\text{N}^{c.} —— \tfrac{3}{4}\,\text{B p.}\ \text{A} —— \text{A}^{3} \infty \text{O}:$$

prior quidem, si binomium vel apotome primi vel quarti ordinis extiterit; posterior autem, si secundi vel quinti. Talis autem æquationis radix reperiri debet esse numerus minimè surdus, atque ideò inventu facillimus. Quòd si illa radix non reperiatur esse rationalis, seu unitati commensurabilis, tunc certò pronuntiare licebit, binomium aut apotomen non habere radicem cubicam explicabilem. Esto ergo illa cubicæ æquationis radix numerus rationalis integer vel fractus, tunc illa priori quidem æquatione erit majus nomen, à cujus quadrato si dematur B planum, relinquetur quadratum minoris nominis, ex quibus nominibus constituetur binomium vel apotome: atque hæc vel illud erit radix cubica quæsita. At secunda æquatione radix erit minus nomen, cujus quadrato si addatur B planum, fiet quadratum minoris nominis; atque ab illis nominibus constitutum binomium vel apotome, erit radix cubica quæ quæritur.

Jam verò existente binomio vel apotome primi, secundi, quarti, vel quinti ordinis, quadrata nominum non differant cubo numero, sed quocunque alio: tunc hac præparatione utemur. Differentia illa quæ cubus non est, vocetur C$^{ff.}$, ac per eandem differentiam multiplicetur utrumque propositorum nominum binomii vel apotomes cujus radix investigatur, putà M$^{c.}$ & N$^{c.}$; hac enim multiplicatione habebimus binomium aliud vel aliam apotomen ejusdem ordinis, cujus quadrata nominum cubo numero different. Atque omninò non refert quis sit multiplicator per quem multiplicentur nomina M$^{c.}$ & N$^{c.}$ modò quadrata nominum inde ortorum cubo numero differant; is ergo multiplicator quicunque ille sit, vocetur C$^{ff.}$ sive ille sit idem qui suprà, sive non; est tamen primus communiter simplicissimus.

Talis ergo binomii vel apotomes tali multiplicatione constitutæ radix cubica inveniatur ea methodo quam jamjam tradidimus mediante æquatione cubica convenienti: tum radix inventa dividatur per C p. hoc est per radicem cubicam C$^{ff.}$ quæcunque sit illa radix, surda, vel rationalis; quotiens enim talis divisionis dabit radicem cubicam initio quæsitam.

V v

Ponamus tandem propositum binomium vel apotomen, esse tertii vel sexti ordinis ; atque, ut supra, majus nomen esto M $^{f.}$ minus autem N $^{f.}$; & C $^{ff.}$ esto differentia quadratorum nominum ipsorum. Tum inveniatur numerus aliquis D $^{ff.}$, qui multiplicans C $^{ff.}$ faciat cubum , multiplicans autem vel M $^{ff.}$, vel N $^{ff.}$ faciat quadratum : (dantur infiniti tales numeri, & facilè inveniuntur) ac per D $^{f.}$, hoc est per radicem quadratam numeri D $^{ff.}$, multiplicetur utrumque nominum M $^{f.}$ & N $^{f.}$; tali enim multiplicatione orietur aliud binomium vel alia apotome primi, secundi, quarti, vel quinti ordinis, cujus quadrata nominum different cubo numero ; illius ergo radix cubica (si illa explicabilis sit) habebitur per præmissam regulam mediante congruenti æquatione cubica, ut dictum est : hæc ergo radix cubica divisa per D , hoc est per radicem solido-solidam, seu cubo-cubicam numeri D $^{ff.}$, dabit radicem cubicam binomii vel apotomes, cujus nomina sunt M $^{f.}$ & N $^{f.}$, quam invenire propositum erat.

Plurima super hac re dici poterant ; sed nos regulam pulcherrimam indicare duntaxat, non minutatim persequi voluimus, & quæ dicta sunt sufficient Analystæ non omnino rudi ad cætera detegenda.

Nec est quòd quis dicat, hoc modo proponi obscurum per obscurius explicandum, dum inventionem radicis cubicæ alicujus binomii vel apotomes ad resolutionem æquationis cubicæ reducimus. Quandoquidem enim talis æquationis solutio reperiri debet numerus rationalis integer vel fractus (aliàs enim, si surdus existat non erit radix binomii vel apotomes explicabilis) non aliter, nec majori difficultate solvetur æquatio illa, quàm si simplex divisio absolvenda esset ; quod sanè callere debet quicunque Analysim vel mediocriter coluerit. Legatur Vieta lib. de æquationum recognitione & emendatione, ac præcipuè capite illo quo æquatio sic transmutari potest, ut coefficiens sit quæ præscribitur : statuatur enim coefficiens unitas ; tum verò solidum comparationis erit cubus aliquis suo latere auctus vel mulctatus : cætera plana sunt, unde nihil ultrà addemus.

Hoc exemplo satis declaravimus quid requiratur ad hoc ut problema aliquod arithmeticum arithmeticè solutum dici possit : qua de re tantis operibus egerunt Vieta, Cardanus, Bombellius, Tartalia, & alii quidam illustres præteriti sæculi viri, inter quos longè excelluit ipse Vieta , dum talium problematum solutionem, non quidem singularem pro singulis problematis, sed universalem pro qualibet specie problematum, per species ad id à se inventas inquisivit.

Neque abs re fuerit Analystam monere, quæstionem omnem in numeris propositam, in qua ex datis quibusdam numeris, alius aliquis numerus quæritur secundùm leges quasdam in eadem quæstione præscriptas, semper esse quæstionem singularem ; atque etiamsi illa ad æquationem analyticam revocata, ad æquationes cubicas, aut ad altiores pertinere videatur : tamen non temerè statim pronuntiandum esse, talem quæstionem solidam esse aut linearem, sæpissimè enim accidit, ut illa vi inductionis logicæ plana sit ; dico vi inductionis logicæ, quoties scilicet solutio illius datur in numeris qui logicâ inductione initâ, necessariò reperiuntur. Ut si experiar num æquatio aliqua de unitate sit explicabilis, num de binario, num de ternario, de quaternario, quinario , senario , &c. neque enim in infinitum abit tale experimentum , quandoquidem, ex hypothesi, numeri in ipsa æquatione expressi sunt, qui radicem quæsitam intra certos ac præfinitos terminos coercent. Aut si certâ aliquâ conjecturâ deprehenderim illam, non de integro numero, sed de fracto explicabilem esse, cujus numeri fracti denominator ex recognitione ipsius æquationis innotescat : tum inductione factâ, quæram numeratorem binarium, ternarium, quaternarium, quinarium, senarium, septenarium, &c.

donec illum invenero, qui experiundo fatisfaciat propofitæ quæftioni; neque enim rursùs in infinitum abit tale experimentum. Eodem modo, fi ex
recognitione talis æquationis deprehendero ipfam nec de integro numero
nec de fracto explicari poffe, fed de furdo aliquo, cujus tales ex ipfa recognitione innotefcant conditiones, ut ille, quamquam furdus, inductione factâ detegi poffit: tales omnes æquationes planæ cenferi debent, non autem
folidæ aut lineares, fub quarum fpecie aliquâ contineri primo intuitu appa-
ruerunt. Ac planè talis exiftit præmiffa æquatio cubica numerica, in quâ fatis
jamjam immorati fumus, quæ tamen prima fronte alicui minùs perito Ana-
lyftæ, folida quædam quæftio ex iis quæ infolubiles vulgò cenfentur, potuit
apparere.

Nunc ergo ad geometriam redeamus, & quid geometricum fit, aut cenferi debeat explicemus. Geometricum in univerfum vocamus quodcunque in-
telligibile eft in materia geometrica, nullâ habitâ ratione fenfuum externo-
rum, putà vifus, auditus, tactus, guftus, vel olfactus, nifi quatenùs illi intellectum movere poffunt ad fuas operationes exercendas. Verbi gratiâ, dum fpecies vifibilis circuli alicujus materialis in oculum incidens vifum movet, illa
ex occafione caufa effe poterit cur intellectus ab illo fenfu excitatus talem figuram confiderandam fufcipiat, ac multas eafque infignes proprietates dete-
gat, atque evidenter ex certis atque indubitatis principiis demonftret. Ejufmodi igitur cognitio ab intellectu elicita, atque in ipfo intellectu refidens
tanquam fpecies aliqua intellectiva circa materiam geometricam, eft id quod
geometricum appellamus.

Materia verò geometrica eft omne extenfum quatenùs extenfum, & quidquid ad illud pertinet fub eadem ratione; quales funt termini illius, quales
figuræ, quales rationes & proportiones magnitudinum ad invicem, & fi quid
aliud ad tale argumentum pertineat. Itaque lineæ omnes, omnefque fuperficies quæ certis atque intellectu planè perceptis regulis defcribuntur, omninò
geometricæ funt, ficuti & figuræ quæcunque talibus lineis, ac talibus fuperficiebus continentur. Nec refert quòd illæ omnes lineæ, fuperficies, & reliquæ,
mediante motu aliquo vel fimplici vel compofito, ut plurimùm fub intellectum
cadant. Nam primùm, motus ille, five fit puncti alicujus ad lineam aliquam
defcribendam, five fit alicujus lineæ ad defcribendam fuperficiem, five fuperficiei ad folidum defcribendum, eft fimpliciter intelligibilis; non autem
fenfu externo perceptibilis, nifi quatenùs ad meram praxim refertur, quæ
fenfus externos refpicit, nec ad puram geometriam, hoc eft purè intelligibi-
lem, reducitur; fed & puncta, lineæ, aut fuperficies quæ moveri intelliguntur, purè funt geometricæ, abftrahuntque à materia fenfibili; & per fpatium
purè geometricum, atque à materia fenfibili abftractum, motus fuos perficere
intelliguntur, tranfeuntque à termino noto ad notum terminum per notum
medium, fecundùm leges notas, & clarâ ac diftinctâ intellectus notione, aut
firmo ratiocinio ftabilitas; aliàs enim, nifi has fortiantur conditiones, illæ tanquam fpuriæ, atque à Geometria prorsùs alienæ refpuuntur.

Secundò, etiamfi, qui rerum geometricarum minùs periti funt, putent lineas, fuperficies, & folida, motu punctorum, linearum, & fuperficierum reverà
gigni, ita ut iidem exiftiment magnitudines illas tum primùm effe incipere,
cùm primùm à tali motu producuntur: tamen ei qui rem penitùs infpexerit,
manifeftò patebit illam longè aliter fe habere; quippe, pofito tantùm fpatio
geometrico omnimodè extenfo, (illud autem fpatium, etiam nemine cogitante, in rerum natura ponitur) ponuntur ftatim tales magnitudines in tali
fpatio, etiam nemine cogitante & abftrahendo ab omni motu, atque omnes fimul in ipfo exiftunt abfque omni intellectus operatione. At motus ad
hoc infervit, ut per omnes partes ipfarum magnitudinum intellectum fuc-

cessivè perducendo, illum faciliùs ad earumdem cognitionem pertrahat. Sic enim comparatus est humanus intellectus, ut vix quippiam, præcipuè si extensum est, simul ac totum apprehendat, sed tantùm successivè ac per partes; quod sanè est motu intellectivo moveri per tale extensum, nec tamen illud motu ipso in rerum natura ponitur, sed tantùm eodem mediante intelligitur, cùm priùs absque omni motu, atque ab intellectu independenter extaret.

Cùm ergo Euclides sphæram, conum, ac cylindrum; cùm Apollonius superficiem conicam; cùm Archimedes sphæroïdem, conoïdem, & helices; cùm alii conchoïdes, cissoïdes, quadratrices, trochoïdes, atque innumeras ejusmodi lineas & figuras per motus describunt; immò quidam lineam rectam per motum puncti, & circulum per motum rectæ lineæ: illi omnes sic intelligendi sunt, ut voluerint magnitudines ipsas priùs existentes, eodem modo quo à se conciperentur, aliorum intellectui exponere, seu ostendere; quod cùm aliter faciliùs non possent, hoc modo per motus, vel simplices, vel compositos omninò feliciter effecerunt.

Rursùs, quòd quædam lineæ aut quædam superficies, beneficio instrumentorum mechanicorum faciliùs describantur, quædam difficiliùs, id non facit ut illæ magis, hæ minùs sint geometricæ: ejusmodi enim mechanicæ descriptiones praxim respiciunt, & ad sensus externos referuntur, non autem ad puram Geometriam, quæ, ut sæpè diximus, solùm respicit intellectum.

Quòd etiam ex iisdem lineis aut superficiebus, quædam simpliciores, quædam verò magis compositæ intellectui videantur; id etiam non impedit quin hæ & illæ æquè geometricæ dici debeant; quippe illud non ex natura talium magnitudinum, sed ex debilitate intellectus humani procedere manifestum est : ex nostra autem imperfectione rerum natura non immutatur.

Demus itaque hoc humanæ imbecillitati, quòd quæ simpliciori modo, saltem nostro respectu, solvi poterunt, eo solvi debeant; & contra talem regulam peccasse censeatur quisquis, cùm simpliciori loco uti posset, ad magis compositum recurrerit. Dicemus autem paulò pòst de distinctione locorum in magis aut minùs simplices ex constitutione Geometrarum qui nos hac in re præcesserunt, ut sic quis cuique quæstioni locus proprius sit innotescat.

Sed ut magis elucescat in hac materia locorum, nec facilitatem descriptionis, nec majorem aut minorem simplicitatem intellectionis alio modo attendendam esse quàm respectu imbecillitatis intellectus humani : videamus quis sit Geometriæ finis in locis ipsis constituendis. Constat autem nullum alium finem apud Geometras reperiri, nisi ut talium locorum beneficio ea detegant quæ intellectui latebant, ut quod verum est, verum esse; quod falsum est, falsum esse; quod fieri potest, fieri posse, & quo modo, & quot modis, manifestum fiat, idque semper in materia geometrica; quod tamen non impedit ne talis cognitio posteà materiæ sensibili applicetur. Ac planè ejusmodi loci primò & per se quædam sunt cognoscendi instrumenta; secundariò verò, & per applicationem mechanicam, illi sunt instrumenta faciendi. Et quidem, quòd ad cognitionem, scientiam, vel intelligentiam attinet, sive illa faciliùs, sive difficiliùs acquiratur, & sive per media simplicia, sive per composita, modò talia media sint clarè ac distinctè nota, qualia sunt quæ principiis purè geometricis innituntur, ita ut ab ejusmodi principiis incipiendo, & per media ipsa progrediendo, tandem ad intelligentiam illam deveniamus: certum est eandem fore perfectam, nec in genere intelligentiarum aut scientiarum, perfectiorem fore aliam, quamquam facilioribus aut simplicioribus mediis acquisitam. Atque omninò una eademque intelligentia seu scientia est, sed diversis mediis acquisita; quæ media, si faciliora aut simpliciora sint, vel secùs, hoc ex debilitate intellectus humani repetendum est; aliàs enim, si perfecta esset humana intelligendi potentia, tunc vel mediis non egeremus, vel certè & principia

cipia cognitionis, & media omnia, fed & ipfam cognitionem uno intuitu, nullo prorsùs labore nullaque difficultate haberemus, nec fimplicis aut compofiti ulla effet ratio.

Jam verò, fi ad materiam fenfibilem, feu ad praxim mechanicam applicetur cognitio aliqua geometrica, ita ut inde oriatur opus aliquod externum ex tali materia conftans, multò minùs media aut operandi rationem accufabimus in ipfo opere jam confecto, fi illud his aut illis mediis æquè benè abfolutum fit; nec ullo jure tali refpectu quis dixerit hæc aut illa media effe refpuenda tanquam erronea ac minimè legitima, fed tantùm alia aliis effe præferenda ; quippe faciliora difficilioribus, & fimpliciora magis compofitis : quod fanè ex noftra agendi debilitate rursùs repetendum eft; fecus enim, pofitâ perfectâ agendi potentiâ, tunc agens & media & opus ipfum nullo labore confequeretur, ac proinde nec facilitatis nec difficultatis, ficuti nec fimplicioris nec magis compofiti ratio haberetur.

Propofitum locum geometricum ad æquationem analyticam revocare, & qui fimpliciores fint loci, aut fecùs, explicare.

DICITUR locus aliquis geometricus ad æquationem analyticam revocari, cùm ex una aliquá, vel ex pluribus ex illius proprietatibus fpecificis, quædam deducitur æquatio analytica, in qua una vel duæ vel tres ad fummum fint magnitudines incognitæ.

Ac duplici quidem modo talis locus ad talem æquationem revocari poteft. Primus modus abfolutus eft, alter refpectivus.

Modus abfolutus dicitur ille in quo unicus proponitur locus per fe abfolutè ac nullo aliorum refpectu confiderandus, ita ut æquatio ex eo deducta, ad ipfum præcisè pertineat, non verò ad ullum alium.

Modus refpectivus ille eft in quo duo communiter, aliquando etiam, fed rarò, tres vel plures loci proponuntur inter fe comparandi, ut ex eorum fectione, vel tactione, vel datâ aliquâ diftantiâ, vel omninò ex præfcripta aliqua conditione, vel inter ipfos habitudine deducatur æquatio aliqua analytica quæ ad omnes iftos locos fimul tali refpectu pertineat ; ita tamen ut nihil referat fi æquatio illa ad alios etiam locos pertinere poffit.

Et hi quidem modi ambo admodum univerfales funt, continentque fub fe finguli infinitos particulares modos, non folùm habita ratione multitudinis locorum geometricorum qui & genere, & fpecie, & numero infiniti funt, fed etiam in unico ex talibus locis dantur plerumque innumeri tales modi, ex quorum fingulis innumeræ æquationes deduci poffunt; fiquidem tot dabuntur modi particulares, quot dabuntur diverfæ loci illius proprietates fpecificæ: unde numerus talium modorum non magis finitus eft, quàm artificis in indagandis proprietatibus vis & induftria; fed & ex infinita locorum ipforum complicatione, id eft, fectione, tactione, &c. innumeri etiam oriuntur modi refpectivi, fiquidem duorum tantùm diverfimodè complicatorum modi nullo certo aliquo numero comprehendi poffunt.

At verò, etiamfi nullus ex talibus modis ad noftrum inftitutum inutilis dici poffit, fi fcilicet ad abundantiam doctrinæ refpiciamus: tamen fi neceffitatis tantùm ratio habeatur, pauciffimi fufficiunt, iique non admodùm intricati aut difficiles exiftunt.

Dicamus ergo pauca, primùm de modo abfoluto, tum de refpectivo, atque utrumque, felectis aliquibus exemplis ex locis nobilioribus defumptis, illuftremus.

X x

DE CIRCULO.

PROPONATUR ergo primùm circulus cujus centrum sit A, circumferentia B D C, & sit una diametrorum B C, ad quam referre oporteat omnia circumferentiæ puncta, me-
diante aliqua æquatione analytica; ac fundamentum hujus relationis esto proprietas illa, quòd omnis recta, putà D E,
cadens à circumferentia in diametrum ad rectos angulos, sit
media proportionalis inter portiones diametri B E, E C; hæc
ergo proprietas specifica dabit
unum aliquem ex modis particularibus circa circulum. Ex
illo modo innumeræ deducentur æquationes, quales sunt
quæ sequuntur.

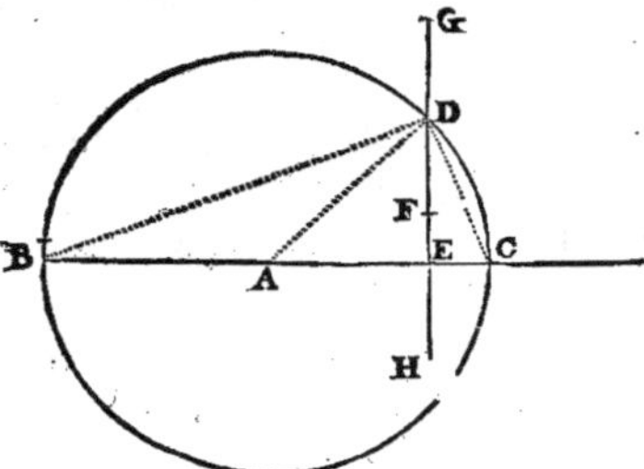

Prima Æquatio.

A B esto	b,		Item A B esto	b,
D E	a,		D E	a,
D E quadratum	a^2,		D E quadratum	a^2,
B E	e,		C E	e,
E C	$2b-e$,		B E	$2b-e$,
B E C rectangulum	$2be-e^2$.		B E C rectangulum	$2be-e^2$.

Ergo æquatio,

$$+2be - e^2 \,\infty\, a^2,$$
$$\text{vel}$$
$$+2be - e^2 - a^2 \,\infty\, 0.$$

Unde æquatio erit ut suprà,

$$+2be - e^2 - a^2 \,\infty\, 0.$$

Itaque propositâ lineâ curvâ B D C, atque ab eadem in aliquam rectam
utrinque terminatam B C, demissâ perpendiculari D E, si talis reperiatur æquatio qualem jam invenimus: tum pronuntiare licebit ejusmodi curvam esse circuli circumferentiam; est enim reciproca proprietas, & simpliciter converti
potest quæ de illa concipitur propositio, ut satis facilè consideranti apparebit. Omnis autem recta data referre poterit $2b$.

Quòd si loco circumferentiæ circuli assumpta esset ellipsis; tum sub iisdem speciebus, $2be - e^2$ fuisset ad a^2 in data ratione majoris aut minoris
inæqualitatis, nempe ut transversum latus ad rectum, quam rationem supponimus esse datam. Conversa etiam vera est.

Rursùs, si D E in B C incidisset ad angulos obliquos, reliquis ut suprà positis, in omni ratione haberetur ellipsis. Sed hæc ex conicis clara sunt.

Secunda Æquatio.

Iisdem positis: ex D E detrahatur data E F quæ vocetur c, & D F vocetur i, atque ideò D E quadratum erit $+c^2 + 2ci + i^2$. Unde iisdem
vestigiis insistendo, talis erit æquatio, $+2be - e^2 \,\infty\, c^2 + 2ci + i^2$,

$$\text{vel} \; -c^2 \; \begin{matrix} +2be - e^2 \\ -2ci - i^2 \end{matrix} \,\infty\, 0.$$

Itaque ex tali vel simili æquatione concludemus circuli circumferentiam : immò, si $+ c^2 + 2 ci + i^2$ vocetur una specie a^2; (species enim illa de i quadrata est) tunc in primam æquationem omninò incidemus, ut manifestum est. Vicissim, facile erit ex prima in hanc secundam devenire.

De ellipsi eadem quæ suprà enuntiabimus.

Hæc æquatio non est reciproca, unde eam in ordinem non reduximus; siquidem ex illa non minùs ellipsim, parabolam, aut hyperbolam, quàm circulum concludere licet: quod etiam infrà satis patebit.

At verò ad tales æquationes reducetur alia quæ sequitur $+ 2 be - u^2 \infty o$, intelligatur enim u^2 majus esse quàm e^2, & differentia eorum vocetur a^2. Fiet ergo manifestò hæc æquatio $+ 2 be - e^2 - a^2 \infty o$, & hæc est prima præcedentium, ex qua ad secundam facilè deducemur. Hîc autem longitudo u æqualis erit rectæ B D, vel C D, cujus quadratum æquale est, vel duobus quadratis B E, D E simul, vel duobus C E, D E simul, quandoquidem ipsum u^2 æquale ponitur esse duobus simul $a^2 + e^2$.

Tertia Æquatio.

Iisdem positis, eidem D E addatur in directum quævis D G, & tota E G data sit sub specie c, & D G ignota vocetur i; atque ideò D E quadratum erit $c^2 - 2 ci + i^2$. Unde iisdem vestigiis, $+ 2 be - e^2 \infty c^2 - 2 ci + i^2$,

vel per antithesim, $- c^2 \begin{matrix} + 2 be - e^2 \\ + 2 ci - i^2 \end{matrix} \infty o$.

Ex tali ergo vel simili æquatione concludemus circulum.

Quòd si recta D G sit data sub specie c, & E G ignota vocetur i : tunc iisdem vestigiis in eandem prorsùs æquationem incidemus. Idem accidet, si D E producatur versùs E in H, & vel tota D H sit c, E H autem sit i, vel è contrario, E H sit c, D H autem sit i.

Jam, vel $c - i$, vel $i - c$ esto a; quo pacto dabitur prima æquatio, ut manifestum est.

Sicut autem secta est D E in F, vel producta in G vel H: sic potuit secari vel produci C E, & vel ipsâ solâ manente D E insectâ & sine productione, vel etiam utraque tam C E quàm D E; quod satis per se atque ex præmissis clarum est. Idem de B E quàm de C E dictum esto.

Quarta Æquatio : ex eo quòd omnes rectæ à centro circuli ad ejus circumferentiam ductæ, sint æquales.

Iisdem positis, esto A E ignota sub specie y; & quoniam A D seu A B est b, & D E est a, ideò talis erit æquatio, $b^2 \infty a^2 + y^2$, sive $b^2 - a^2 - y^2 \infty o$. Itaque, ex ejusmodi æquatione concludemus circulum, quia illa reciproca est.

Jam verò, ut suprà, esto a æqualis, vel $c + i$, vel $c - i$, vel $i - c$, prout scilicet vel E F erit c, & D F erit i; vel E G erit c, & D G erit i; vel D G erit c, & E G erit i : tumque habebimus alterutram ex duabus sequentibus æquationibus $\begin{matrix} + b^2 \\ - c^2 \end{matrix} - 2 ci \begin{matrix} - i^2 \\ - y^2 \end{matrix} \infty o$, vel $\begin{matrix} + b^2 \\ - c^2 \end{matrix} + 2 ci \begin{matrix} - i^2 \\ - y^2 \end{matrix} \infty o$:

ex quibus circulum quoque concludere licet, modò sub similibus speciebus proponantur; sic enim illæ sunt reciprocæ, seu specificæ.

Eodem modo hîc A E secari vel produci poterit quo suprà dictum est de E D, B E, vel C E.

Quòd si proponatur aliqua ex his tribus $+ d^2 - fi - u^2 \infty o$, vel $+ d^2 + fi - u^2 \infty o$, vel $- d^2 + fi - u^2 \infty o$: tunc licebit illas ad alterutram ex duabus præmissis postremis reducere. Nam $+d^2$ intelligetur æquale esse $\dfrac{+b^2}{-c^2}$, vel $-d^2$ æquabimus $\dfrac{+b^2}{-c^2}$; at $+a^2$ ponemus æquale esse $\dfrac{+i^2}{+y^2}$: unde sequetur id quod propositum est.

Non sunt tamen illæ tres reciprocæ; siquidem ex illis non minùs ellipsim, parabolam aut hyperbolam, quàm circulum concludere licet. Licebit autem quartam hanc æquationem ad primam aut ad duas sequentes reducere, posito quòd b——y sit e, ut satis patebit ei qui attendere voluerit. Et reciprocè, tres priores poterunt ad quartam reduci, posito quòd b——e sit y.

Hæc de circulo ad æquationem analyticam reducto, pauca quidem, sed ea præcipua sufficiant. Nunc pauca etiam de parabola dicamus.

DE PARABOLA.

ESTO parabola B D, cujus latus rectum sit A B, diameter B E, sive illa sit axis, sive non; atque ad hanc diametrum ordinatim applicata sit D E. Oporteat autem omnia parabolæ puncta referre ad diametrum B E, mediante aliqua æquatione analyticâ, ac fundamentum relationis esto proprietas illa, quòd quadratum applicatæ cujusvis, putà D E, æquale sit rectangulo contento sub latere recto A B & sub B E portione diametri interceptâ inter verticem B & ordinatam D E; quæ proprietas parabolæ specifica est, dabitque modum unum particularem ex quo multæ deducentur æquationes, quales sunt quæ sequuntur.

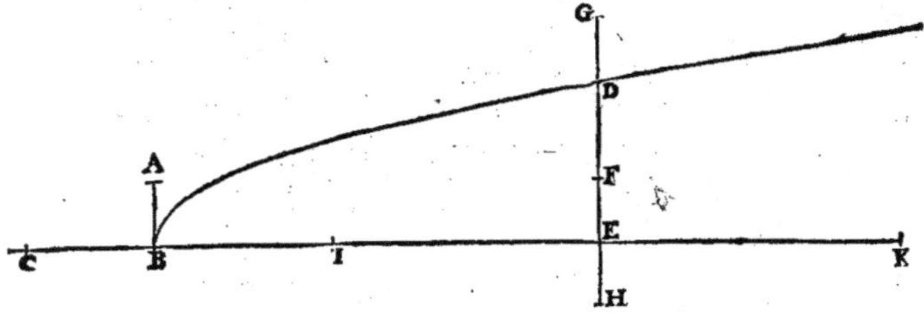

Prima Æquatio.

A B esto	b,
D E	a,
D E quadratum	a^2,
B E	e,
A B E rectangulum	be.

Æquatio.

$$be \;\infty\; a^2,$$
vel
$$be \;—\; a^2 \;\infty\; 0.$$

Itaque, propositâ curvâ aliquâ B D, atque in ea sumpto quovis puncto D; tum ductâ quâpiam rectâ B E quæ ad unas quidem partes B terminetur ad eandem curvam, ad alteras autem partes sit indefinita: si ducta recta D E datæ cuipiam rectæ terminatæ A B parallela, media proportionalis sit inter A B, B E: pronuntiabimus curvam illam esse parabolam. Est enim reciproca proprietas, ex vi hypothesis, quòd D E sit semper datæ parallela; aliàs enim posset æquatio præmissa circulum exhibere, ut notatum est ad secundam circuli æquationem, dum proposita est æquatio $2be$ —— $a^2 \infty 0$. Hoc autem planè manifestum est.

Secunda

Secunda & tertia Æquatio.

Nec aliter habebuntur secunda & tertia æquatio, quàm in circulo dictum est, divisâ scilicet D E in F, aut eâdem productâ in G vel H; quo pacto talis erit secunda æquatio $b e \infty c^2 + 2 c i + i^2$, vel $- c^2 + b e - 2 c i - i^2 \infty 0$, atque id ex divisâ D E.

Tertia autem æquatio ex D E productâ talis erit $b e \infty + c^2 - 2 c i + i^2$, vel $- c^2 + b e + 2 c i - i^2 \infty 0$.

Et hæ quidem omnes æquationes sub speciebus exhibitis sunt reciprocæ, existente rectâ D E datæ alicui rectæ semper parallelâ; unde ex quavis illarum parabolam concludere semper licebit, speciebus tamen immutatis.

Quòd si recta B E dividatur in I, vel eadem producatur, sive versùs B in C, sive versùs E in K, reliquis eodem modo quo suprà positis, multæ inde orientur æquationes, quædam scilicet manente D E indivisâ ac sine productione, reliquæ autem ipsâ D E divisâ vel productâ. In exemplo enim esto B E divisâ, ac B I esto data sub specie d, I E autem esto y; unde rectangulum sub A B, B E, quia æquale est duobus simul, ei scilicet quod continetur sub A B, B I, & ei quod continetur sub A B, I E, talem induet speciem $b d + b y$: itaque positâ D E indivisâ sub specie a, talis erit æquatio $b d + b y \infty a^2$, vel $b d + b y - a^2 \infty 0$. At positâ D E divisâ sub specie $c + i$, æquatio erit ejusmodi $b d + b y \infty c^2 + 2 c i + i^2$; vel $b d - c^2 + b y - 2 c i - i^2 \infty 0$. Quod si C B sit data sub specie d, C E autem sit y, erit ipsius B E species $y - d$: contrà autem, si C E sit d, & C B sit y, erit ipsius B E species $d - y$; hinc autem facile erit reliquas æquationes deducere, atque ex singulis, sub iisdem speciebus, parabolam concludere.

Ad prædictas autem æquationes reduci poterunt quæcunque ad circulum suprà, tam directè quàm indirectè pertinebant, si species debitè atque ex arte permutentur: at propter talem permutationem, æquationes illæ non erunt reciprocæ. Sed hoc indicasse sufficiat; nunc ad hyperbolam progrediamur.

DE HYPERBOLA.

EX infinitis modis quibus hyperbola aliqua ad rectam quandam referri potest, duo videntur præcipui: alter quidem, cùm illa ad aliquam ex suis diametris refertur; alter autem, cùm illa refertur ad unam ex suis asymptotis.

Esto hyperbola B D, cujus vertex sit B, rectum latus A B, transversum B C, centrum L in medio ipsius B C, cæteris ut suprà in parabola positis. (Vide figuram parabolæ, & finge esse hyperbolam) nisi quod distinctionis gratiâ, species transversi lateris hîc erit f, unde C E B rectanguli species erit $f e + e^2$. Est autem in omni hyperbola tale rectangulum ad quadratum cujusvis ordinatæ D E ut transversum latus ad rectum: in speciebus ergo, ut f ad b, ita $f e + e^2$ ad a^2. Ductis itaque extremis inter se, tum etiam mediis inter se, fiet æquatio universalis ad omnem hyperbolam pertinens.

Prima Æquatio.

$$b f e + b e^2 \infty f a^2,\ \text{five}\ b f e + b e^2 - f a^2 \infty 0.$$

Ex tali igitur æquatione concludemus hyperbolam cujus latus rectum erit b, & transversum f, existente a ordinatâ ad diametrum, e verò intercepta inter ordinatam & verticem, sive diameter sit axis, sive non, prout angulus ad E rectus erit vel obliquus.

Y y

Secunda Æquatio.

Secunda æquatio ex divisa D E in F, ita ut species rectæ D E sit $c + i$, talis erit, $bfe + be^2 \,\infty\, fc^2 + 2cfi + fi^2$, sive $- fc^2 + bfe + be^2 - 2cfi - fi^2 \,\infty\, 0$.

Tertia Æquatio.

Tertia æquatio ex D E productâ in G vel H, ita ut species ipsius D E sit $c - i$, vel $i - c$, talis erit $bfe + be^2 \,\infty\, fc^2 - 2cfi + fi^2$, sive $- fc^2 + bfe + be^2 + 2cfi - fi^2 \,\infty\, 0$.

Poterit autem non tantùm recta BE, sed etiam recta D E, vel utraque dividi, vel produci; unde multæ nascentur æquationes magis intricatæ, quas, quia vix utiles esse possunt, curioso Analystæ relinquimus.

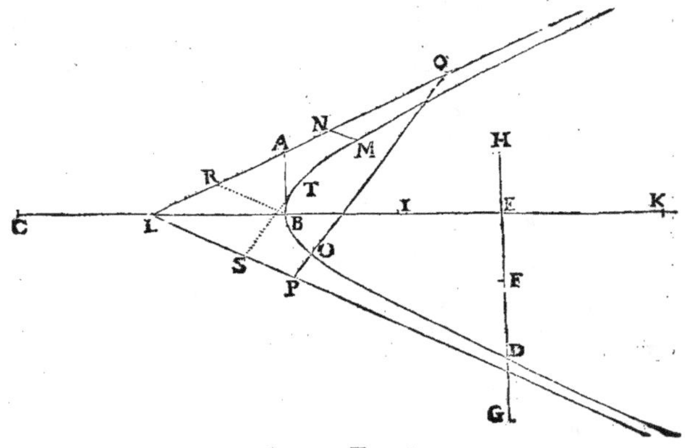

Quarta Æquatio.

Speciatim verò resumamus primam hyperbolæ æquationem, putà $bfe + be^2 - fa^2 \,\infty\, 0$, & ponamus transversum latus f æquale esse lateri recto b, quod accidit in quacunque hyperbola cujus asymptoti sunt ad angulos rectos. Itaque divisâ æquatione per f vel b, fiet hæc æquatio simplicior, $be + e^2 - a^2 \,\infty\, 0$, vel $fe + e^2 - a^2 \,\infty\, 0$.

Ex tali ergo æquatione concludere licebit hyperbolam rectangulam, cujus latus rectum erit b, ordinata a, sive ad axem, sive ad aliam quamcunque diametrum, & latus transversum erit f æquale ipsi b, e autem erit quævis intercepta inter applicatam seu ordinatam & verticem.

At ex hac speciali ac simplici æquatione multæ aliæ deduci possunt, si scilicet dividatur D E in F, vel ipsa D E producatur in G vel H, vel si B E dividatur in I, aut ipsa eadem B E producatur in K vel in L; vel rursùs, si utraque tam D E quàm B E dividatur aut producatur, vel denique multis aliis modis, pro majori & majori Analystæ sagacitate.

Quinta Æquatio.

Resumamus adhuc primam hyperbolæ æquationem, nempe $bfe + be^2$

—— $f a^2 \infty o$, oporteatque talem æquationem reddere simplicem, ita tamen ut illa ad quamcunque hyperbolam pertineat.

Intelligatur esse ut b ad f, ita a^2 ad u^2, unde $f a^2$ æquale erit ipsi $b u^2$. Itaque in æquatione, loco ipsius $f a^2$ succedat ipsum $b u^2$, & omnia applicentur ad b, ac tum $f e + e^2 - u^2 \infty o$.

Ex tali ergo æquatione licebit non solum hyperbolam rectangulam, ut suprà, directè concludere, sed etiam per fictionem poterimus eandem æquationem ad quamcunque hyperbolam extendere, cujus latus transversum sit f, latus autem rectum sit recta quævis, & e sit quæcunque intercepta inter ordinatam & verticem ; at ordinata non erit u (nisi si latus rectum æquale ponatur esse lateri transverso f, ut fiat hyperbola rectangula.) Verùm ut ipsa ordinata habeatur, fiet ut transversum latus f ad rectum quod vocabimus b, ita u^2 ad aliud quod vocabitur a^2, ac tum a erit ipsa ordinata : hoc autem ex præmissis manifestum est. Ex tali enim analogia fiet $f a^2 \infty b u^2$: at in æquatione simplici proposita habemus $f e + e^2 - u^2 \infty o$; quibus per b multiplicatis invenitur $b f e + b e^2 - b u^2 \infty o$. Jam loco ipsius $b u^2$ succedat $f a^2$, & sic tandem fiet prima hyperbolæ æquatio, nempe $b f e + b e^2 - f a^2 \infty o$.

Porrò ad prædictas æquationes reduci poterunt quæcunque suprà ad circulum & ad parabolam directè aut indirectè pertinebant, si species debirè atque ex arte permutentur, ut convenientem sortiantur interpretationem : at propter talem mutationem non erunt reciprocæ æquationes illæ ; omninò enim nulla æquatio reciproca est, nisi sub iisdem omninò speciebus sub quibus illa ad locum aliquem directè pertinet.

In analysi speciosa communiter liberum est ex infinitis hyperbolarum speciebus eam eligere quam libuerit : quo sanè casu præstabit rectangulam assumere, propter illius majorem simplicitatem. Aliquando etiam sectio ipsa ex hypothesi data est, sed rarò, puta cum beneficio analyseos quæritur aliqua ejusdem sectionis proprietas, ut si quis ex dato puncto extra axem datæ sectionis, minimam rectam quæ ad ipsam sectionem duci possit inquirat, incidet ille in æquationem solidam quæ solvi poterit beneficio circuli & hyperbolæ, ita ut vel circulus quivis, vel quæcunque hyperbola ad arbitrium eligi possit. Eligetur ergo ipsa hyperbola data, cui circulus conveniens ex arte accommodabitur : aliàs enim peccatum multi existimarent, si neglectâ ipsâ hyperbolâ datâ, assumeretur vel alia hyperbola vel parabola vel ellipsis, ut liberum est in omni æquatione solida ; at hunc rigorem, ut elegantiorem concedimus, sic non omninò necessarium existimamus, propter rationes suprà allatas, cùm quid geometricum censeri debeat examinaremus.

Sexta Æquatio.

Iisdem positis, sunto hyperbolæ asymptoti L N, L P ad angulum quem - cunque ; atque ex vertice B ducatur recta B R parallela uni ayimptoton L D, quæ B R occurrat alteri asymptoton L N in puncto R. Itaque, ex hypothesi quòd data sit hyperbola, data quoque erit utraque L R, R B, unde & rectangulum sub ipsis datum est, sit species illius b^2. Tum sumpto in hyperbola quocunque puncto M, ducatur recta M N parallela cuivis asymptoto, puta L P, occurrensque alteri L N in puncto N ; atque species rectæ L N esto a, species autem rectæ N M esto e. Quoniam itaque ex natura hyperbolæ, rectangulum sub L R, R B æquale est rectangulo sub L N, N M : dabitur hæc æquatio hyperbolarum generi propria seu specifica $b^2 \infty a e$, seu $b^2 - a e \infty o$. Vide Figur. sequentem.

Ex tali ergo æquatione semper hyperbolam concludere licebit, cujus b^2 erit rectangulum sub L R, R B, at a erit quævis portio unius asymptoton,

putà L N ad centrum terminata, *e* verò recta intercepta inter hyperbolam &
alterum ipſius ſpeciei *a* extremum, quæ tamen recta *e* alteri aſymptoto parallela exiſtet, putà aſymptoto L P exiſtente *e* ipſâ rectâ M N.

Quòd ſi recta L N dividatur vel producatur, ut ſpecies illius ſit vel $c + i$,
vel $c — i$, vel $i — c$, manente N M indiviſâ; aut ſi hæc N M dividatur
vel producatur, ut ſpecies illius ſit $d + u$, vel $d — u$, vel $u — d$ manente L N indiviſâ; aut ſi utraque L N, N M dividatur aut utraque producatur, aut denique altera earum dividatur, altera producatur : habebuntur
inde multæ æquationes inventu faciles, atque omni hyperbolæ ſpecificæ; unde
ex qualibet illarum hyperbolam concludere licebit.

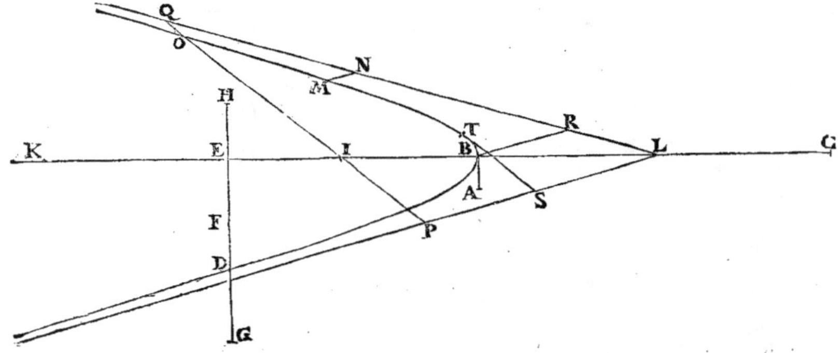

Apparet quoque tales æquationes ad quamcunque hyperbolam poſſe pertinere, niſi aut angulus aſymptotωn datus ſit, aut rectum latus, aut tranſ-
verſum, aut alia quædam proprietas, quæ cum dato b^2, hyperbolæ ipſius ſpeciem determinare poſſit.

Septima Æquatio.

Iiſdem adhuc poſitis, ducatur quæcunque recta P O Q ſecans hyperbolam in O, aſymptotos autem in P & Q; atque illi P Q parallela exiſtat T S
tangens hyperbolam in T, occurrenſque alteri aſymptotωn, putà L P in S; &
data ſit poſitione & magnitudine ipſa T S, cujus ſpecies ſit *b*, ex hypotheſi
quòd hyperbola ſit quoque data; ſit etiam rectæ O P ſpecies *a*, rectæ verò
O Q ſpecies eſto *e*. Quoniam itaque ex natura hyperbolæ, rectangulum P O Q
æquale eſt quadrato tangentis T S, fiet hæc æquatio hyperbolarum generi
propria ſeu ſpecifica $b^2 ⊃ a\,e$, ſeu $b^2 — a\,e ⊃ o$.

Ex tali ergo æquatione, eadem quæ ſuprà in ſexta concludere licebit, atque id tam diviſis ipſis P O, O Q, quàm iiſdem productis.

DE ELLIPSI.

IN ellipſi præcipuæ æquationes non multùm differunt à tribus circuli prioribus æquationibus, ut ibi monuimus. Omninò autem, non alio modo ſe
habet circulus ad ellipſes, quo hyperbola rectangula ad alias hyperbolas minimè rectangulas. Sicuti ergo in tali hyperbola rectangula æquatio ſimplex
fuit, quæ reſpectu totius generis hyperbolarum compoſita extitit, ſic in circulo,

culo, prædictæ priores tres æquationes fimplices fuere , quæ in genere elli-
pfium fient compofitæ. At illud hîc breviter exponamus.

Prima Æquatio.

Efto ellipfis B D, cujus vertex B, rectum latus A B, diameter B C, five illa
fit axis five non, D E ordinata ad illam diametrum, cui parallela fit A B; fpecies autem ip-
fius A B efto b;
ipfius B C, f;
ipfius D E, a;
ac tandem ip-
fius B E, e: un-
de rectanguli
C E B fpecies
erit $fe \longrightarrow e^2$.
At in omni el-
lipfi, ut diame-
ter B C ad la-
tus rectum A B,
ita rectangu-
lum C E B ad

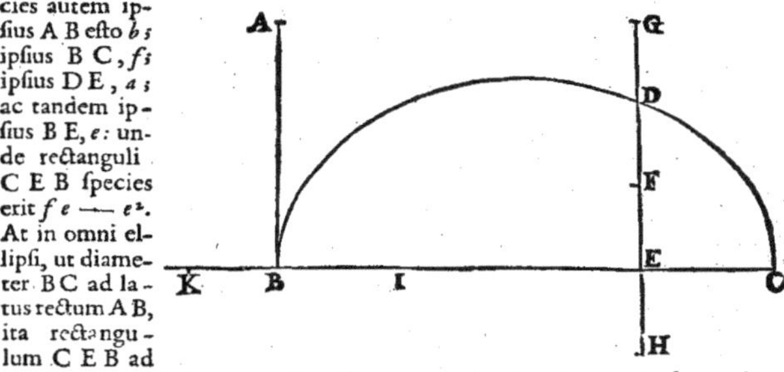

quadratum D E; itaque in fpeciebus, ut f ad b, ita $fe \longrightarrow e^2$ ad a^2: hinc
æquatio $bfe \longrightarrow be^2 \backsim fa^2$, five $bfe \longrightarrow be^2 \longrightarrow fa^2 \backsim o$.

Poterit autem vel recta B E, vel recta D E, vel utraque dividi vel produci;
unde multæ nafcentur æquationes inventu non admodum difficiles; fed id
indicaffe fufficiat.

Ex ejufmodi ergo æquationibus femper ellipfim concludere licebit, cujus
latus rectum erit b, diameter f, ordinata ad diametrum a, vel quæcunque ipfam a in æquatione referet, ac tandem intercepta inter ordinatam & verticem erit e, vel quæcunque ipfam e in æquatione referet. Immò, dabitur
quoque ipfius ellipfis fpecies, ex hypothefi quòd angulus A B C vel D E C
datus fit ; fi tamen angulus ille rectus effet, & rectæ b & f æquales, loco ellipfis haberemus circulum: quod demonftrare non erit difficile.

Secunda Æquatio.

Poteft præmiffa prima æquatio reddi fimplicior, fi fiat ut b ad f, ita a^2 ad
u^2; unde $fa^2 \backsim bu^2$. Itaque in æquatione illa, loco ipfius fa^2 fuccedat illi
æquale bu^2, ac tum $bfe \longrightarrow be^2 \longrightarrow bu^2 \backsim o$: omnia applicentur ad b,
fietque æquatio fimplex $fe \longrightarrow e^2 \longrightarrow u^2 \backsim o$.

Et hæc quidem æquatio directè pertinet ad circulum, at indirectè & per
fictionem pertinere poterit ad quamcunque ellipfim, cujus diameter erit f, latus autem rectum erit recta quæcunque; at verò ordinata non erit u, (nifi latus rectum æquale fit ipfi f diametro, & angulus D E C obliquus) fed ut ipfa
habeatur ordinata, fiet ut f ad latus rectum quod vocabimus b, ita u^2 ad
aliud quod vocetur a^2, ac tum a erit ipfa ordinata; ex tali enim analogia fiet
$fa^2 \backsim bu^2$: at æquatio fimplex erat $fe \longrightarrow e^2 \longrightarrow u^2 \backsim o$, quâ in b ductâ,
fit $bfe \longrightarrow be^2 \longrightarrow bu^2 \backsim o$. Jam loco ipfius bu^2 fuccedat ipfi æquale fa^2,
& fic tandem fiet prima ellipfis æquatio $bfe \longrightarrow be^2 \longrightarrow fa^2 \backsim o$.

Ad prædictas æquationes reducentur quæcunque fuprà ad circulum, ad
parabolam & ad hyperbolam directè pertinebant, fi fpecies debitè atque ex
arte permutentur, at ijs conditionibus de quibus fæpius fuprà dictum eft.

Z z

Corollarium.

IN omnibus præmiſſis æquationibus liquidò conſtat, quatuor curvas ex quibus illæ deductæ ſunt, nempe circuli circumferentiam, parabolam, hyperbolam, & ellipſim ad ſuas diametros relatas eo modo quo ſuprà, non tranſcendere ſecundum gradum, hoc eſt quadratum incognitarum magnitudinum *a, e, i, u*, &c. Quòd ſi quis eaſdem ad alias rectas quàm ad ipſas diametros referat, ille rursùs in ſimiles, ſive ejuſdem gradus æquationes incidet; unde in univerſum, ex talibus æquationibus aliquam ex ipſis quatuor curvis ſemper concludere licebit: & hoc ſufficit ad omnia loca plana & ſolida Antiquorum invenienda & componenda; ſi tamen his æquationibus paucæ addantur quæ pertinent ad lineas rectas, dum illæ ad alias rectas referuntur, quæ ſane æquationes ipſum eundem ſecundum gradum non excedunt; at verò ad hanc inventionem & compoſitionem requiritur Analyſta non vulgaris. Sed hoc etiam indicaſſe ſufficiat: nunc pauca de locis linearibus ad æquationes geometricas abſoluto modo revocatis ſuperſunt dicenda, quod nos in conchoïde Nicomedis tantùm exequemur, ſiquidem illa etiam in ſequentibus ad noſtrum inſtitutum ſatis erit, videturque eadem eſſe locorum omnium linearium ſimpliciſſimus.

DE CONCHOÏDE NICOMEDIS.

ETsi multa ſint linearum curvarum genera quæ in infinitas ſpecies multiplicentur, tamen hac in parte, conchoïdum genus omnia alia genera longiſſimè, immò infinities infinitè ſuperat. Siquidem nulla datur curva ex qua infinitæ conchoïdes deduci non poſſint, atque omnes ſpecie, immò etiam genere differentes; ac prætereà, cujuſvis conchoïdis infinitæ rursùs dantur conchoïdes ſpecie ac genere inter ſe diſtinctæ, ita ut propoſitâ quâcunque curvâ putà circuli circumferentiâ, ſtatim ex ea innumeræ conchoïdes deducantur, quæ quamquam genere inter ſe diſtinctæ, tamen omnes ſint primi cujuſdam ordinis; tum ex unaquaque illarum innumeræ rursùs aliæ naſcantur genere diverſæ, quæ omnes ſecundi cujuſdam ordinis exiſtant, ex quibus ſingulis eodem modo innumeræ tertii cujuſdam ordinis oriuntur; atque ita in infinitum infinities abit talis multiplicatio.

Nos verò ex omnibus illis generibus duo tantùm ſeligere decrevimus, quæ quamquam ſimpliciſſima exiſtant, tamen illa per ſe ſingula ad æquationes analyticas quinti ac ſexti gradus, hoc eſt quadrato-cubicas ac cubo-cubicas ſolvendas ſufficiunt; ita ut beneficio cujuſvis illorum generum poſſit angulus quicunque rectilineus in quinque partes æquales dividi. Horum generum prius erit illud cujus conchoïdes vulgò vocantur à Nicomede earum inventore, ſuntque conchoïdes circulares primi ordinis, de quibus Eutocius in Archimede, necnon alii permulti authores ſcripſere; quandoquidem per medium talis conchoïdis Nicomedes ipſe famoſiſſimum problema de cubo duplicando ſolvere aggreſſus eſt, quamquam ſane modo non uſque adeò legitimo, cùm tale problema ad lineas ſimpliciores, putà conicas, pertineat: ſolidum enim illud eſt tantùm, at conchoïdes omnes ſunt loci lineares. Alterum duorum generum conchoïdum noſtrarum erit parabolicarum, de quibus primus egiſſe putatur Renatus *des Cartes* in ſua Geometria, qui etiam modo prorsùs legitimo iiſdem uſus eſt ad problemata analytica ſexti gradus ſolvenda, ad quem gradum illa quoque aſcendere cogit quæ ſunt quinti gradus; quod ſane ei liberum, at non omninò neceſſe fuit, ſed modum quo aliter ab iis ſe expediret, aut non advertit, aut aliqua de cauſa neglexit.

In his duobus conchoïdum generibus hoc notatu dignum accidit, quòd quamquam fimplicius fit circulare quàm parabolicum, fi linearum genitricium ratio habeatur, (fimplicior enim eft circuli circumferentia quàm parabola) tamen, cùm ad æquationes ventum fuerit, reperiuntur illæ in conchoïde parabolica fimpliciores quàm in circulari ; non quidem ratione gradus ad quem illæ afcendunt, qui in utraque fuâ naturâ fextus eft exiftente æquatione univerfali, fed ratione multiplicitatis affectionum, feu homogeneorum per figna + & — diftinctorum; at illud magis in fequentibus patebit.

Cùm autem dicimus ejufmodi conchoïdes ad fextum gradum pertinere, hoc intelligendum eft dum illæ ad æquationes analyticas revocantur modo refpectivo, non autem fimplici feu abfoluto ; quod etiam rursùs infrà clariùs innotefcet.

Antequàm ad æquationes accedamus, pauca præmittenda funt de natura conchoïdum in univerfum ; tum etiam pauca de conchoïde circulari in fpecie.

In univerfum ergo concipiatur quævis linea curva in plano jacens, quod planum moveri poffit unà cum eadem curva motu quolibet tam lationis quàm circumvolutionis : hæc linea vocetur genitrix, à qua conchoïs defcribenda denominabitur, planum verò poftea vocabitur planum mobile : in hoc plano mobili notetur punctum quodcunque intra vel extra genitricem, quod vocetur polus mobilis : per hunc polum tranfeat quædam linea recta quæ circa talem polum liberè moveri poffit, & tamen in ipfo plano femper jaceat, ut recta illa fit inftar regulæ mobilis quam communiter nomine Arabico vocare folent *alhidadam* in permultis inftrumentis; hanc poftea vocabimus regulam. Concipiatur deinde quæcunque linea, recta vel curva, in aliqua fuperficie jacens, (nos hanc fuperficiem planam affumimus, quam tamen curvam etiam affumere licebit) quæ fuperficies, quia immobilis ftatui debet faltem ad faciliorem intelligentiam, dicatur fuperficies immobilis ; & linea in ea concepta dicatur femita, quandoquidem per illam ac fecundùm eandem moveri debet polus plani mobilis, dum planum illud poftea motu lationis fecundùm præfcriptas leges aliquas deferetur. Præterea, in fuperficie immobili extra femitam, ultrà citràve, notetur punctum quodcunque quod vocetur polus immobilis, circa quem movebitur regula de qua jam dictum eft, ita ut eadem per duos polos, mobilem fcilicet & immobilem, perpetuò tranfeat, jaceatque interim femper in plano mobili.

His pofitis, fi ftatuamus planum mobile cum immobili, ita ut polus mobilis exiftat in femita, & regula per utrumque polum tranfeat, tum moveatur planum mobile fecundùm certam quandam ac conftitutam legem, quæ tamen lex ad arbitrium Geometræ initio pendet, modò poftea illam inviolatam fervet, polo mobili fecundùm femitam delato, neque ab ea ufquam evagante, notenturque interim puncta in quibus regula genitricem fecat, ac per omnia illa fectionum puncta, linea duci intelligatur : hæc erit conchoïs de qua nunc agimus.

Fieri autem poteft, ac reverà fit fæpiffimè, ut in una eademque plani mobilis atque ideò lineæ genitricis pofitione, regula ipfam genitricem in duobus vel pluribus punctis fecet ; unde etiam accidit non rarò, ut conchoïs inde orta non fit unica linea continua, fed duplex, triplex, aut multis modis multiplex, ita ut partes illius aliquando, etiam in infinitum productæ, nunquam fibi invicem occurrant ; aliquando, è contrario, illæ partes fe fecent, & aliquando eædem fe tangant tantùm : fed & illud fieri poteft, ut aliqua pofitione, regula lineæ genitrici nullo modo occurrat, quo pacto conchoïs non erit ad utramque partem infinitè extenfa, vel certè ipfa erit interrupta, non verò continua. Sed hæc indicaffe fufficiat in tam vaga atque multiplici linearum infinitis modis infinitarum defcriptione.

Z z ij

In specie. Ponamus in aliqua ex tribus his figuris, planum mobile esse illud in quo est circulus cujus diameter est C D vel G F; atque in eo plano lineam genitricem esse ejusdem circuli circumferentiam; polum mobilem esse ipsius centrum B vel E, & regulam esse rectam A B, vel A E. Ponamus deinde planum immobile esse id in quo est recta B E in infinitum utrinque producta, quæ recta eadem sit semita per quam feratur polus mobilis B vel E, atque unà cum ipso planum mobile deferens circulum C D vel G F, polus verò immobilis in hoc plano immobili esto A, per quem transeat regula A B vel A E.

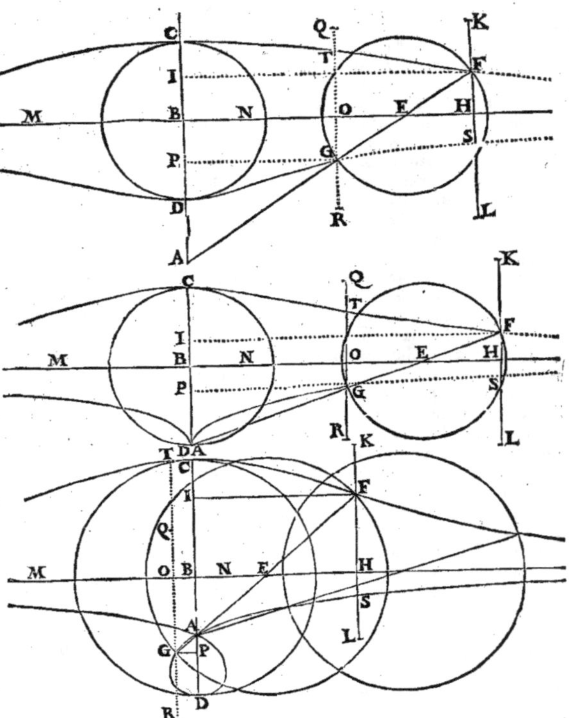

Manifestum est ergo, quòd dum centrum circuli, sive polus mobilis feretur secundùm semitam B E, regula per hunc polum mobilem ac per immobilem A semper transiens, positionem suam continuò mutabit. Jam lex motus esto, ut planum mobile semper inter movendum jaceat secundùm suam planitiem in plano immobili; hæc enim lex sola sufficit ad certam atque

que indubitatam defcriptionem. Hoc pacto, quia in quacunque circumferentiæ genitricis pofitione, regula ipfam circumferentiam in duobus punctis, nec
pluribus, femper fecat, quorum punctorum unum eft ad unas partes femitæ
versùs polum immobilem A, quale eft punctum D vel G, alterum ad alteras
partes ejufdem femitæ, quale eft C vel F : fit neceffariò ut conchoïs circularis inde orta componatur ex duabus lineis ad utrafque partes femitæ B E exiftentibus, quarum linearum unaquæque ex utraque parte in infinitum extenditur fic ut femita utriufque afymptotos exiftat. Illæ lineæ in figuris præmiffis
funt C T F, D G S, quarum exterior C T F (exteriorem voco eam quæ refpectu poli immobilis A jacet ad alteras partes femitæ B E) circa verticem C,
ad aliquam diftantiam ex utraque parte ipfius verticis, interiùs cava eft versùs
femitam B E : eft autem vertex C punctum id in quo recta A B ad femitam
B E perpendiculariter producta occurrit ipfi conchoïdi ; at ultra talem diftantiam mutatur cavitas ipfa, fitque ad partes exteriores, convexitas verò refpicit femitam ufque in infinitum. At conchoïs interior D G S, præter id quod
de exteriori jam diximus, quibufdam accidentibus obnoxia eft, prout recta
A B vel femidiametro D B major eft, vel eidem æqualis, vel ipsâ major ;
exiftente enim A B majore quàm D B, idem accidit quod de exteriori jamjam attulimus, quodque in prima trium figurarum fatis apparet ; exiftentibus
verò rectis A B, D B æqualibus, ut in fecunda figura, tunc conchoïs interior
ad punctum A vel D qui vertex eft, angulum conftituit quolibet acuto rectilineo minorem, ut fic conchoïs ex duabus lineis ad verticem A D fefe tangentibus componi videatur, quarum utraque ad partes femitæ B E femper
convexa eft ufque in infinitum. Verùm, exiftente rectâ A B minore quàm
D B, ut in tertia figura, tunc conchoïs inter puncta A, D ita involvitur, ut
fpatium comprehendat laquei inftar, cujus funiculi poftquam ad punctum A
decuffatim fefe fecuerunt, abeunt ex utraque parte in infinitum, ita tamen ut
convexitas eorum ad partes femitæ B E femper refpiciat.

Sic ergo fe habet conchoïs circularis Nicomedis. Quòd fi polus mobilis
non fit centrum circumferentiæ genitricis, fed quodvis aliud punctum in
plano mobili affumptum : fient aliæ conchoïdes circulares à prædicta & à fe
invicem diverfæ in infinitum ; quod tamen indicaffe fufficiat. Sed & femita
poterit effe non recta linea ut B E, verùm alia circuli circumferentia in plano
immobili jacens ; quo etiam pacto aliæ atque aliæ conchoïdes circulares gi-
gnentur, quales habentur apud Vietam in fupplemento Geometriæ, quamquam
fanè idem, ficuti de Nicomede diximus, modo non ufque adeo legitimo quàm
par fuerat ufus eft, in folvendis fcilicet problematis fuâ naturâ folidis, cùm conchoïdes illæ fint loci lineares. Sed hoc rursùs indicaffe fufficiat, ut inde poffit
quivis colligere quàm immenfa fit conchoïdum, etiam circularium, omnium
inter fe fpecie differentium multitudo : nunc ad æquationes analyticas modo
abfoluto, ipfam Nicomedeam revocemus, ut protinùs ad conchoïdem para-
bolicam deveniamus. Itaque in conchoïde exteriori C T F cujufvis ex tribus
guris præmiffis funto fpecies :

A B	b,	E H	$\dfrac{a\,e}{b+a}$
B C, E F	c,		
F H, B I	a,	E H quadratum	$\dfrac{a^2\,e^2}{b^2+2\,b\,a+a^2}.$
F I, B H	e,		

Et quoniam ut recta A I ad I F, ita eft F H ad E H : erit in fpeciebus, ut $b+a$ ad e, ita a ad $\dfrac{a\,e}{b+a}$

Ponitur autem triangulum E F H effe rectangulum. Hinc æqualitas in quadratis laterum,

$$c^2 \;\infty\; a^2 + \dfrac{a^2\,e^2}{b^2+2\,b\,a+a^2}$$

& omnibus in communem diviforem duĉtis,

$$b^2 c^2 + 2 b c^2 a + c^2 a^2 \;\infty\; b^2 a^2 + 2 b a^3 + a^4 + a^2 e^2 ;$$

$$\text{vel } b^2 c^2 + 2 b c^2 a \genfrac{}{}{0pt}{}{+\, c^2 a^2}{-\, b^2 a^2} - 2 b a^3 - a^4 - a^2 e^2 \;\infty\; 0:$$

unde ex tali æquatione fub iifdem fpeciebus licebit pronuntiare ipfam æquationem ad conchoïdem circularem Nicomedis exteriorem pertinere.

Neque verò in conchoïde interiori D G S magna erit differentia; omnibus enim ritè ordinatis differet æquatio, non quidem fpeciebus, fed fpecierum affeĉtionibus fecundùm figna + & —, idque in quibufdam affeĉtionibus tantùm, ut ex formula fequenti apparet. Sunto ergo fpecies:

A B efto	b,	OE quadratum $\dfrac{a^2 e^2}{b^2 - 2 b a + a^2}$	
B C, E F, E G	c,	Ponitur autem triangulum E O G	
G O, B P	a,	effe reĉtangulum. Unde fiet æqualitas in quadratis laterum, nempe	
G P, B O	e,		
Ut $b - a$ ad e, ita a ad $\dfrac{a e}{b - a}$		$c^2 \;\infty\; a^2 + \dfrac{a^2 e^2}{b^2 - 2 b a + a^2}$	
O E $\dfrac{a e}{b - a}$		& omnibus duĉtis in communem diviforem,	

$$b^2 c^2 - 2 b c^2 a + c^2 a^2 \;\infty\; b^2 a^2 - 2 b a^3 + a^4 + a^2 e^2 ;$$

$$\text{vel } b^2 c^2 - 2 b c^2 a \genfrac{}{}{0pt}{}{+\, c^2 a^2}{-\, b^2 a^2} + 2 b a^3 - a^4 - a^2 e^2 \;\infty\; 0.$$

Itaque ex ejufmodi æquatione fub iifdem fpeciebus concludemus conchoïdem circularem Nicomedeam interiorem, ex qua æquatio illa ortum duxerit.

Porrò multis modis, immò innumeris, variari poffunt magnitudines ignotæ a & e; quippe fi altera earum vel ambæ datâ magnitudine augeantur vel minuantur, ut faĉtum eft fuprà in circulo, parabola, hyperbola, & ellipfi. Finge enim produĉtam effe HF in K, ita ut FK data fit fub fpecie d, HK autem in fpecie fit i : tum verò HF erit in fpeciebus $i - d$ quæ priùs erat a; unde loco fpeciei a & graduum ejus in æquatione, fubftitui poterunt $i - d$ & gradus ipfius; quo paĉto fiet alia quæpiam æquatio à præmiffis diverfa, ac multò pluribus nominibus conftans, quæ fub fuis fpeciebus ad conchoïdem Nicomedis pertinebit. Idem etiam concludemus fi FH producatur in L, & ipfius H L fpecies fit d, ipfius autem F L fpecies fit i, fic enim rursùs HF erit in fpecie $i - d$, &c. Quòd fi iifdem produĉtis, HK vel FL data fit fub fpecie d, & ipfius F K vel H L fpecies fit i, erit ipfius F H fpecies $d + i$ quæ priùs erat a; unde, &c. ut fuprà.

Supple punĉtum V. in figura. Potuit etiam dividi FH in V, ita ut ex duabus portionibus FV, VH, altera, putà V H, data effet fub fpecie d, altera F V ignota fub fpecie i; atque ita ipfius HF fpecies fuiffet $d + i$ quæ priùs erat a; unde, &c. ut fuprà.

Nec minùs produci potuit reĉta F I vel H B in M, vel eadem dividi in N. Sed hoc indicaffe fufficiat.

Eodem modo ratiocinabimur de reĉtis GO & GP vel OB, quo de reĉtis FH & FI vel HB, ut manifeftum eft.

Infinitos modos relinquimus, quia prædiĉtos fufficere putavimus, ad hoc ut quivis fuopte ingenio quotvis alios ut libuerit, inquirat, & analyticè profequatur.

Appendix ad Isagogen topicam continens solutionem Problematum solidorum per locos.

PATUIT methodus quâ lineæ locales deteguntur: inquirendum restat quâ ratione Problematum solidorum solutio possit ex supradictis elegantissimè derivari. Hoc ut fiat, coarctanda illa quantitatum ignotarum extra limites suos evagandi licentia. Infinita enim sunt puncta quibus quæstioni propositæ satisfit in locis: commodissimè igitur per duas æqualitates locales quæstio determinatur, secant quippe se invicem duæ lineæ locales positione datæ, & punctum sectionis positione datum quæstionem ex infinito ad terminos præscriptos adigit. Exemplis breviter & dilucidè res explicatur.

Proponatur *a* cubus $+$ *b* in *a* quadratum æquari *z* plano in *b*.

Commodè utraque æqualitatis pars potest æquari solido *b* in *a* in *e*, ut per divisionem istius solidi, illinc per *a*, hinc per *b* res deducatur ad locos. Cùm igitur *a* cubus $+$ *b* in *a* quadratum æquetur *b* in *a* in *e*; ergo *aq* $+$ *b* in *a* æquabitur *b* in *e*:

Et erit, ut patet ex nostra methodo, extremitas ipsius *e* ad parabolam positione datam.

Deinde cùm *z* P in *b* æquetur *b* in *a* in *e*, ergo *z* P æquabitur *a* in *e*.

Et erit ex nostra methodo extremitas ipsius *e* ad hyperbolam positione datam. Sed jam probavimus esse ad parabolam positione datam. Ergo datur positione, & est facilis ab analysi ad synthesin regressus.

Nec dissimilis est methodus in omnibus æquationibus cubicis. Constitutis enim ex una parte solidis omnibus ab *a* adfectis, ex alterâ solido omninò dato, vel etiam cum solidis ab *a* vel *aq* affectis, poterit fingi æqualitas superiori similis.

Proponatur exemplum in æquationibus quadrato-quadratorum.

aqq $+$ *b*ᶠ in *a* $+$ *z* P in *aq* $\propto$ *d* PP : ergo *aqq* $\propto$ *d* PP $-$ *b*ᶠ in *a* $-$ *z*q in *aq* æquentur hæc duo homogenea *zq* in *eq*.

Cùm igitur *aqq* æquetur *zq* in *eq*: ergo per subdivisionem quadraticam, *aq* æquabitur *z* in *e*, & erit extremitas E ad parabolam positione datam.

Deinde cùm *d* PP $-$ *b*ᶠ in *a* $-$ *z*q in *aq* $\propto$ *z*q in *eq*, omnibus per *z*q divisis,

$$\frac{d\,PP \;—\; b^f \text{ in } a}{z\,q} \;—\; aq \propto eq.$$

Et erit ex nostra methodo extremitas E ad circulum positione datum; sed est & ad parabolam positione datam: ergo datur.

Non dissimili methodo solventur quæstiones omnes quadrato-quadraticæ. Expurgabuntur enim methodo Vietæ cap. 1. de emend. ab affectione sub cubo & quadrato-quadrato ignoto ab una parte, reliquis homogeneis ab altera constitutis, per parabolam, circulum vel hyperbolam solvetur quæstio.

Proponatur ad exemplum inventio duarum mediarum in continua proportione.

Sint duæ rectæ B major, D minor, inter quas duæ mediæ proportionales sunt inveniendæ, fiet *a* cubus $\propto$ *bq* in *d*, posito nempe quòd major mediarum ponatur *a*.

Æquentur singula homogenea *b* in *a* in *e*.

Illinc fiet *aq* $\propto$ *b* in *e*.

Istinc *a* in *e* $\propto$ *b* in *d*.

Ideoque quæstio per hyperbolæ & parabolæ intersectionem perficietur.

A A a ij

Exponatur enim recta quævis positione data O V N in qua detur punctum O. Sint rectæ datæ B & D inter quas duæ mediæ proportionales inveniendæ. Ponatur recta O V æ-
quari *a*, & recta V M ipsi O V
ad rectos angulos æquari *e*. Ex
priori æqualitate, qua *a*q æquatur *b* in *e*, constat per punctum
O tanquam verticem, describendam parabolam cujus rectum latus sit *b*, diameter ipsi
V M parallela & applicatæ ipsi
O V : transibit igitur hæc parabola per punctum M.

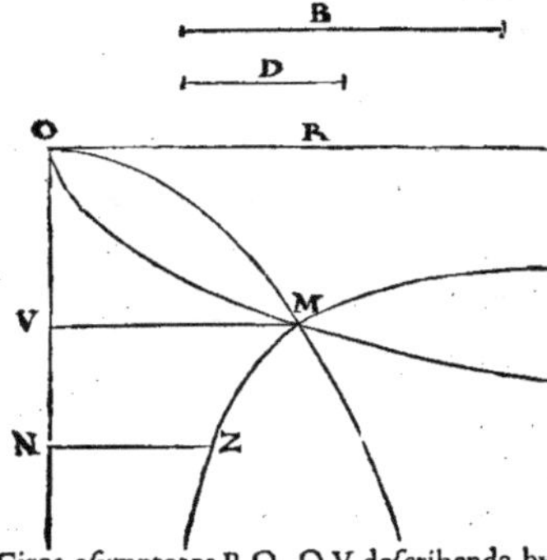

Ex secunda æqualitate quâ
b in *d* æquatur *a* in *e*, sumatur
punctum ubilibet in recta O V,
ut N, à quo excitetur perpendicularis N Z, & fiat rectangulum
O N Z æquale rectangulo *b* in *d*.
Excitetur perpendicularis O R.
Circa asymptotos R O, O V describenda hyperbola per punctum Z, ex nostra
methodo locali dabitur positione, & transibit per punctum M. Sed parabola
etiam quam suprà descripsimus datur positione, & per idem punctum M transit :
datur igitur punctum M positione, à quo si demittatur perpendicularis M V
dabitur punctum V, & recta O V major duarum continuè proportionalium quas
quærimus.

Inventæ igitur sunt duæ mediæ per intersectionem parabolæ & hyperbolæ.

Si ad quadrato-quadrata lubeat quæstionem extendere, omnia ducantur
in *a*, tunc *a*qq æquabitur *b*q in *d* in *a*.

Æquentur singula homogenea juxta superiorem methodum *b*q in *e*q.

Fient duæ æqualitates, nempe *a*q & *b* in *e*,

Et *d* in *a* & *e*q.

Quæ singulæ dabunt parabolam positione datam. Fiet igitur constructio
mesolabii per intersectionem duarum parabolarum hoc casu.

Prior constructio & posterior sunt apud Eutocium in Archimede, & huic
methodo facillimè redduntur obnoxiæ.

Abeant igitur illæ paraplerofes Vietææ quibus æquationes quadrato-
quadraticas reducit ad quadraticas per medium cubicarum abs radice plana ;
pari enim elegantiâ, facilitate & brevitate solvuntur, ut jam patuit : perinde
quadrato-quadraticæ ac cubicæ quæstiones, nec possunt, opinor, elegantiùs.

Ut pateat elegantia hujus methodi, en constructionem omnium problematum cubicorum & quadrato-quadraticorum per parabolam & circulum.

Ponatur *a*qq + z$^{\digamma}$ in *a* ꝏ *d*PP : ergo *a*qq ꝏ —— z$^{\digamma}$ in *a* + *d*PP. Fingatur
quadratum abs *a*q —— *b*q, aut alio quovis quadrato dato, fiet quadratum *a*qq
+ *b*qq —— *b*q in *a*q bis. Addantur ad supplementum singulis æqualitatis
partibus *b*qq —— *b*q in *a*q bis : fiet *a*qq + *b*qq —— *b*q in *a*q bis ꝏ *b*qq —— *b*q
in *a*q bis —— z$^{\digamma}$ in *a* + *d*PP ; sit *b*q bis ꝏ *n*q, & singulis homogeneis sive
partibus æqualitatis æquetur *n*q in *e*q : fiet illinc per subdivisionem quadraticam *a*q —— *b*q ꝏ *n* in *e*; ideóque punctum extremum *e* erit ad parabolam
ex nostra methodo : isthinc fiet ,

$$\frac{b\,qq}{n\,q} \;-\; a\,q \;-\; \frac{z^{\digamma}\ in\ a\;+\;d\,PP}{n\,q} \;\,\text{ꝏ}\;\, e\,q.$$

Ideóque

Ideóque ex noſtra methodo, punctum extremum *e* erit ad circulum. Deſcriptione igitur parabolæ & circuli ſolvitur quæſtio.

Hæc methodus facillimè ad omnes caſus tam cubicos quàm quadrato-quadraticos extenditur. Curandum eſt tantùm ut ex una parte ſit *a qq*; ex altera quælibet homogenea, modò non afficiantur ab *a* cubo. At per expurgationem Vietæam omnes æquationes quadrato-quadraticæ ab affectione ſub cubo liberantur: ergo eadem in omnibus methodus. Cùm autem æquationes cubicæ liberentur ab adfectione ſub quadrato per methodum Vietæam, homogeneis omnibus in *a* ductis, fiet æquatio quadrato-quadratica, cujus nullum ex homogeneis afficietur ſub cubo; ideóque ſolvetur per ſuperiorem methodum.

Id ſolùm in ſecunda æqualitate curandum eſt, ut *a q* ex una parte, ex altera *e q* ſub contraria affectionis nota reperiantur, quod eſt ſemper facillimum.

Sit enim in alio caſu, ut omnia percurramus, *a q q* ∞ *z* P in *a q* —— *z* f in *d*. Fingatur quodvis quadratum abs *a q* —— quovis quadrato dato ut *b q*, fiet *a q q* + *b q q* —— *b q* in *a q* bis. Adjiciatur utrique æqualitatis parti ad ſupplementum *b q q* —— *b q* in *a q* bis, fiet *a q q* + *b q q* —— *b q* in *a q* bis ∞ *b q q* —— *b q* in *a q* bis + *z* P in *a q* —— *z* f in *d*.

Ut igitur commoda fiat diviſio in ſecunda æqualitate, ſumenda differentia inter *b q* bis & *z* P quæ ſit verbi gratiâ *n q*, & utraque æqualitatis pars æquanda *n q* in *e q*.

Ut illinc fiat *a q* —— *b q* ∞ *n* in *e*.

Iſthinc $\dfrac{b q q}{n q}$ —— *a q* —— $\dfrac{z\,f}{n q}$ in *d* ∞ *e q*.

Advertendum deinde *b q* bis debere præſtare *z* P, alioquin *a q* non afficeretur ſigno defectus, & pro circulo inveniremus hyperbolam, cui promptum remedium; *b q* enim ad libitum ſumimus, ideóque ipſius duplum majus *z* P nullius eſt negotii ſumere. Conſtat autem ex methodo locali, circulum creari ſemper ex æqualitate in cujus parte altera quadratum unum ignotum afficitur ſigno +; in altera aliud quadratum ignotum ſigno ——.

Si ſumas ad hoc exemplum inventionem duarum mediarum, erit *a* c ∞ *b q* in *d*.

Et *a q q* ∞ *b q* in *d* in *a*.

Adjiciatur utrinque *b q q* —— *b q* in *a q*.

a q q + *b q q* —— *b q* in *a q* æquabitur *b q q* + *b q* in *d* in *a* —— *b q* in *a q*

Sit *b q* ∞ *n q*.

Et ſingulæ æqualitatis partes æquentur *n q* in *e q*

Fiet illinc *a q* —— *b q* ∞ *n* in *e*.

Ideóque extremum *e* erit ad parabolam.

Iſthinc fiet *b q* ½ + *d* ½ in *a* —— *a q* ∞ *e q*; ideóque extremum *e* erit ad circulum.

Qui hæc adverterit, fruſtrà quæſtionem meſolabii, triſectionis angularis, & ſimiles tentabit deducere ex planis, hoc eſt per rectas & circulos expedire.

TRAITÉ
DES INDIVISIBLES.

POur tirer des conclusions par le moyen des indivisibles, il faut suppoſer que toute ligne, ſoit droite ou courbe, ſe peut diviſer en une infinité de parties ou petites lignes toutes égales entr'elles, ou qui ſuivent entr'elles telle progreſſion que l'on voudra, comme de quarré à quarré, de cube à cube, de quarré-quarré à quarré quarré, ou ſelon quelqu'autre puiſſance.

Or d'autant que toute ligne ſe termine par des points, au lieu de lignes on ſe ſervira de points; & puis au lieu de dire que toutes les petites lignes ſont à telle choſe en certaine raiſon, on dira que tous ces points ſont à telle choſe en ladite raiſon.

Quand toutes les petites lignes ont entr'elles pareille différence, comme eſt la ſuite des nombres 1, 2, 3, 4, 5, &c. alors elles ſont toutes enſemble à la plus grande d'icelles priſe autant de fois qu'il y en a de petites, comme le triangle au quarré qui a pour coſté la plus grande ligne, c'eſt-à-ſçavoir, comme 1 à 2, comme on voit au triangle qui eſt icy, que la ſurface contient la moitié de l'eſpace que contiendroit le quarré qui auroit 4 de coſté comme le triangle; & encore qu'il ne falluſt pas 10 points pour achever le quarré, parce que le coſté A B ſeroit commun à l'autre moitié du quarré, néanmoins dans les indiviſibles cela n'eſt pas conſidérable, parce que le triangle n'excéde jamais la moitié du quarré que de la moitié de ſon coſté : or y ayant une infinité de coſtez audit quarré pris dans les indiviſibles, la moitié d'un d'iceux n'entre pas en conſidération; ainſi ce triangle-cy qui a 4 de coſté n'excéde la moitié du quarré collatéral, (c'eſt-à-dire qui a pareil coſté) que de 2 qui eſt $\frac{1}{4}$ de ladite moitié, ou la moitié du coſté. Si le triangle avoit 5 de coſté, il n'excéderoit que de $\frac{1}{5}$ de la moitié du quarré collatéral: s'il en a 6, il n'exédera que de $\frac{1}{6}$, & ainſi de ſuite; & puis qu'on voit que l'excés diminuë toûjours, il s'anéantira enfin dans la diviſion indéfinie.

De meſme ſi les lignes ſuivoient entr'elles l'ordre des quarrez, la ſomme de toutes ces lignes ou des points qui les repréſentent, ſeroit à la derniére priſe autant de fois, comme la ſomme des quarrez au cube, ou comme la pyramide à la colonne, ſçavoir comme 1 à 3; car quoy-que prenant un nombre fini de quarrez leur ſomme ſoit plus grande que le tiers du cube collatéral au plus grand quarré, néanmoins dans la diviſion infinie elle ne ſeroit que le tiers; car ladite ſomme ne paſſe jamais le $\frac{1}{3}$ du cube que de la moitié du plus grand quarré $+ \frac{1}{6}$ du coſté. Or dans le cube il y a une infinité de quarrez, & partant la moitié d'un d'iceux n'eſt pas conſidérable, & encore moins $\frac{1}{6}$ de la ligne ou coſté du meſme cube.

Ainſi le cube eſtant 64, pour avoir la ſomme des quarrez dont le plus grand ſoit collatéral audit cube, on prendra le tiers d'iceluy, ſçavoir 21 $\frac{1}{3}$, auquel joignant la moitié du plus grand quarré, ſçavoir 8, on aura 29 $\frac{1}{3}$, à quoy joignant encore $\frac{1}{6}$ de 4 qui eſt le coſté, ſçavoir $\frac{2}{3}$, on aura 30 pour la ſomme des quatre premiers quarrez. Et ainſi par les propriétez des puiſſances ſuivantes, on montrera que la ſomme des cubes eſt $\frac{1}{4}$ du quarré-quarré collatéral au plus grand cube; que la ſomme des quarrez-quarrez eſt $\frac{1}{5}$ de la cinquiéme puissance; que la somme des cinquiémes puissances est $\frac{1}{6}$ de la sixiéme puissance, & ainsi des autres. Mais il faut remarquer que les puissances ont ainsi rapport l'une à l'autre de proche en proche, & non point si on en omet une entre deux. Ainsi la ligne ou costé n'a point de rapport au cube, ni le quarré au quarré-quarré, ni le cube à la cinquiéme puissance, &c. car les lignes prises à l'infini ne faisant qu'un quarré, & y ayant une infinité de quarrez dans le cube, si l'on ajouste ou si l'on oste un seul quarré cela n'opérera rien. La mesme chose se montrera du quarré eû egard au quarré-quarré, & du cube eû egard à la cinquiéme puissance, &c.

La superficie se divise aussi en une infinité de petites superficies, lesquelles ou sont égales, ou ont égale différence, ou gardent entr'elles quelqu'autre progression, comme de quarré à quarré, de cube à cube, de quarré-quarré à quarré-quarré, &c. Et d'autant que les superficies sont enfermées dans les lignes, au lieu de comparer les superficies, on comparera les lignes à une autre chose, & la somme de toutes les petites surfaces ou des lignes qui les représentent, sont à la grande surface prise autant de fois comme 1. à 3, comme il a esté dit.

De mesme les solides se divisent en une infinité de petits solides ou égaux, ou qui gardent quelque proportion, comme il a esté dit des surfaces : & d'autant que les solides sont terminez par des surfaces, au lieu de dire que ces petits solides sont au grand solide pris autant de fois, je dis, l'infinité des surfaces sont à la plus grande prise autant de fois, comme le cube au quarré-quarré de son costé, ou comme 1 à 4.

Par tout ce discours on peut comprendre que la multitude infinie de points se prend pour une infinité de petites lignes, & compose la ligne entiére. L'infinité de lignes représente l'infinité des petites superficies qui composent la superficie totale. L'infinité des superficies représente l'infinité de petits solides qui composent ensemble le solide total.

EXPLICATION DE LA ROULETTE.

NOus posons que le diamétre A B du cercle A E F G B se meut parallelement à soy-mesme, comme s'il estoit emporté par quelqu'autre corps, jusques à ce qu'il soit parvenu en C D pour achever le demi-cercle ou demi-tour. Pendant qu'il chemine, le point A de l'extrémité dudit diamétre marche par la circonférence du cercle A E F G B, & fait autant de chemin que le diamétre, en sorte que quand le diamétre est en C D, le point A est venu en B, & la ligne A C se trouve égale à la circonférence A G H B. Or cette course du diamétre se divise en parties infinies & égales tant entr'elles qu'à chaque partie de la circonférence A G B, laquelle se divise aussi en parties infinies toutes égales entr'elles & aux parties de A C parcouruës par le diamétre, comme il a esté dit. En après je considére le chemin qu'a fait ledit point A porté par deux mouvemens, l'un du diamétre en avant, l'autre du sien propre dans la circonférence. Pour trouver ledit chemin, je voy que quand il est venu en E il est élevé audessus de son premier lieu duquel il est parti; cette hauteur se marque tirant du point E au diamétre A B un sinus E 1, & le sinus Verse A 1 est la hauteur dudit A quand il est venu en E. De mesme quand il est venu en F, du point F sur A B je tire le sinus F 2, & A 2 sera la hauteur de A quand il a fait deux portions de la circonférence, & tirant le sinus G 3, le sinus Verse A 3 sera la hauteur de A quand il est parvenu en G; & faisant ainsi de tous les lieux de la circonférence que parcourt A, je trouve toutes ses hauteurs & elevemens pardessus l'extrémité du diamétre A, qui sont A 1, A 2, A 3, A 4, A 5, A 6, A 7; donc, afin d'avoir les lieux par où passe ledit point A, & sçavoir la ligne qu'il forme pendant ses deux mouvemens, je porte toutes ses hauteurs sur chacun des diamétres M, N, O, P, Q, R, S, T, & je trouve que M 1, N 2, O 3, P 4, Q 5, R 6, S 7 sont les mesmes que celles qui sont prises sur A B. Puis je prends les mesmes sinus E 1, F 2, G 3, &c. & je les porte sur chaque hauteur trouvée sur chaque diamétre, & je les tire vers le cercle, & des extrémitez de ces sinus se forment deux lignes, dont l'une est A 8 9 10 11 12 13 14 D, & l'autre A 1 2 3 4 5 6 7 D. Je sçay comme s'est fait la ligne A 8 9 D: mais pour sçavoir quels mouvemens ont produit l'autre, je dis que pendant que A B a parcouru la ligne A C, le point A est monté par la ligne A B, & a marqué tous les points 1, 2, 3, 4, 5, 6, 7, le premier espace pendant que A B est venu en M, le second pendant que A B est venu en N, & ainsi toûjours également d'un espace à l'autre jusques à ce que le diamétre soit arrivé en C D; alors le point A est monté en B. Voilà comment s'est formée la ligne A 1 2 3 D. Or ces deux lignes enferment un espace, estant séparées l'une de l'autre par tous les sinus, & se rejoignant ensemble aux deux extrémitez A D. Or chaque partie contenuë entre ces deux lignes est égale à chaque partie de l'aire du cercle A E B contenuë dans la circonférence d'iceluy; car les unes & les autres sont composées de lignes égales, sçavoir de la hauteur A 1, A 2, &c. & des sinus E 1, F 2, &c. qui sont les mesmes que ceux des diamétres M, N, O, &c. ainsi la figure A 4 D 12 est égale au demi-cercle A H B. Or la ligne A 1 2 3 D divise le parallelograme A B C D en deux également, parce que les lignes d'une moitié sont égales aux lignes de l'autre moitié, & la ligne A C à la ligne B D; & partant, selon Archiméde, la moitié est égale au cercle, auquel ajoustant le demi-cercle, sçavoir l'espace compris entre les deux lignes courbes, on aura un cercle & demi pour l'espace A 8 9 D C; & faisant de mesme pour l'autre moitié, toute la figure de la cycloïde vaudra trois fois le cercle.

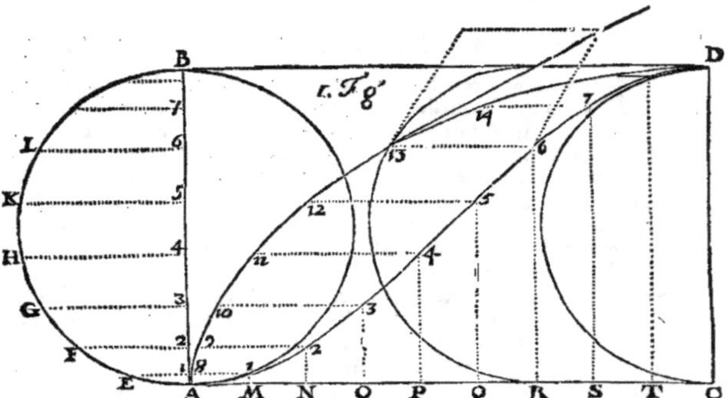

Pour trouver la tangente de la figure en un point donné, je tire dudit point une touchante au cercle qui passeroit par ledit point, car chaque point de cercle se meut selon la touchante de ce cercle. Je considére ensuite le mouvement que nous avons donné à nostre point emporté par le diamétre marchant parallelement à soy-mesme. Tirant du mesme point la ligne de ce mouvement, si je paracheve le parallelogramme (qui doit toûjours avoir les

quatre

quatre coſtez égaux lors que le chemin du point A par la circonférence eſt
égal au chemin du diamétre A B par la ligne A C) & ſi du meſme point je
tire la diagonale, j'ay la touchante de la figure qui a eû ces deux mouvemens pour ſa compoſition, ſçavoir le circulaire & le direct. Voilà comme on
procéde en telles opérations quand on poſe les mouvemens égaux. Que ſi
on les avoit poſez en quelqu'autre raiſon, comme ſi lors que l'un parcourt
dans un temps l'eſpace d'un pied, l'autre parcouroit dans le meſme temps l'eſpace d'un pied & demi, ou en autre raiſon, il faudroit tirer les conſéquences
ſuivant ladite raiſon.

PROPORTION

de la circonférence du cercle à ſon diamétre.

SOIT le cercle A I B Q , ſon diamétre A B, & ſoient tirez les ſinus C E,
GV, H X, I Y, L Z, M K, D F. Que les arcs C G, G H, H I, I L,
L M, M D ſoient égaux : je dis que la ligne E F eſt à la circonférence C D,
comme tous les ſinus enſemble, ſçavoir C E, G V & tous les autres, ſont à

autant de ſi-
nus totaux ou
demidiamé-
tres. Je le mon-
tre ainſi. Je
continuë C E
juſques en N ,
G V juſques en
O, & ainſi des
autres. Je tire
enſuite la dia-
gonale de C en
O qui coupe la
ligne E V en
paſſant. Je tire
auſſi toutes les
autres diago-
nales, & par-
tant je fais des
triangles ſem-
blables, auſ-
quels triangles
ſemblables les
lignes D F &
N E ne ſont

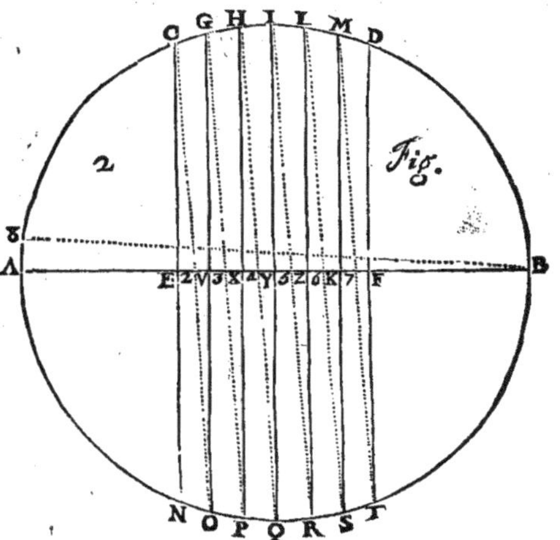

point employées, mais cela n'importe à cauſe de la diviſion infinie dans laquelle nul fini ne porte préjudice. Je tire par-aprés la ligne B 8 faiſant l'arc
8 A égal à C G ; & du point 8 j'abaiſſe la perpendiculaire 8 A pour avoir un
triangle ſemblable aux triangles C 2 E, G 3 V, & aux autres ſuivans. Nous
feignons que la circonférence C D eſt diviſée par infinis ſinus, & que la ligne
8 A eſtant ſi proche de la circonférence 8 A, devient elle-meſme circonférence
& égale à 8 A, ou à C G, & à chacune des autres qui ont eſté diviſées en infini.
De plus, nous diſons que la ligne B 8 peut eſtre tant aprochée par une diviſion infinie de la ligne A B diamétre, qu'elle devient elle-meſme diamétre.
   Puis on dira : Comme C E eſt à E 2, ainſi O V eſt à V 2, & ainſi de
C C c

tous les triangles qui ſuivent la meſme régle. En aprés, le triangle C E 2 eſt
ſemblable au triangle G V 3, parce qu'ils ont les angles C & G égaux, ſoûte-
nant circonférences égales N O, O P, car toutes ſont égales depuis N juſques
en T, & partant comme tous les doubles ſinus C N & autres ſont à la ligne
E F, ainſi C E à E 2 : or comme C E à E 2, ainſi B 8, qui eſt devenu diamétre,
à 8 A devenu circonférence, qui ſera égale à C G & aux autres. Ainſi ,
comme tous les ſinus à la ligne E F, ainſi le diamétre B 8 devenu diamétre,
à 8 A devenu circonférence ; & au lieu de dire 8 A, je dis C G ; & coupant
les antécédens en deux, je dis, comme les ſinus d'enhaut à la ligne E F, ainſi
le demi-diamétre ou ſinus total à C G ; & multipliant C G autant de fois que
la ligne C D contient de diviſions, tous les ſinus d'enhaut ſeront à E F, comme
autant de demi-diamétres ou ſinus totaux qu'il y a de parties égales à C G
depuis C juſques en D, ſont à la circonférence C D : & changeant, comme
tous les ſinus d'enhaut ſont à autant de ſinus totaux ou demi-diamétres, ainſi
la ligne E F eſt à la circonférence C D.

  Que ſi la ligne E F avoit eſté le demi-diamétre, & que les ſinus euſſent
eſté abbaiſſez du quart de la circonférence, le demi-diamétre euſt eſté au
quart de la circonférence comme tous les ſinus diviſans la circonférence ſont
à autant de ſinus totaux ou demi-diamétres.

FIGURE COURBE
égale au Quarré.

SUPPOSANT que le demi-diamétre du cercle eſt au quart de cercle
comme tous les petits ſinus infinis à tous les ſinus totaux, c'eſt-à-dire, autant de petits ſinus à autant de ſinus totaux : je trouve que le quarré du
demi-diamétre eſt égal à la figure qui eſt faite par tous les ſinus poſez à angles droits ſur la circonférence ; car en la figure A B C, les lignes G H, I L,
M N, P O, qui ſont les ſinus de toute la circonférence B C, ſont par l'extrémité de leur ſommet la ligne A C ; & continuant de faire & prolonger leſdits
ſinus en ſorte qu'ils ſoient égaux au ſinus total ou demi-diamétre, ils forment
la figure A B C D. Je fais auſſi ſur A B ſon quarré A B E F.

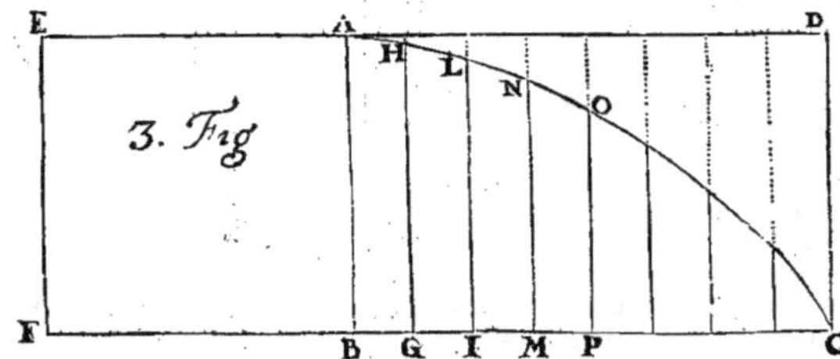

  Puis je dis : Comme le demi-diamétre A B eſt à la circonférence B C,
c'eſt-à-dire au quart de la circonférence, ainſi tous les ſinus ſont à autant
de ſinus totaux ou demi-diamétres ; & par les infinis, comme la figure
A B C ſera à la figure A B C D compoſée des infinis ſinus totaux & du
quart de la circonférence B C ; donc, comme le demi-diamétre eſt à la circonférence, ainſi la figure A B C eſt à la figure A B C D. Mais comme la
ligne A B eſt à la ligne B C, ainſi le quarré d'icelle eſt au rectangle fait de

AB & BC; donc la figure ABC eft à la grande ABCD comme le quarré
ABEF eft au rectangle ABCD; ainfi le quarré de AB a mefme raifon
au rectangle AC que la figure ABC; & partant le quarré de AB qui eft
ABFE eft égal à la figure ABC, ce qu'on vouloit prouver.

DE LA PARABOLE.

SOit la Parabole BALMNOPC, le fommet A, le diamétre AB,
la ligne touchante AD, laquelle foit divifée en infinies parties égales
AE, EF, FG, GH, HI, ID, & de tous les points foient tirées les lignes
paralleles au diamétre AB jufques à la ligne CB, fçavoir E 1, F 2, G 3, &c.
& des points où lefdites lignes coupent la Parabole, foient tirées les ordonnées LQ, MR, NS, OT, PV. Mais les lignes AQ, AR font
entr'elles comme le
quarré de la ligne
LQ au quarré de la
ligne MR; & la li-
gne AR eft à AS
comme le quarré de
MR au quarré de
NS, & ainfi de tou-
tes les autres lignes.
Or la ligne AD ef-
tant divifée en par-
ties égales, & les par-
ties d'icelles eftant
égales aux lignes or-
données, fçavoir AE
à QL, AF à RM,
AG à SN, AH à

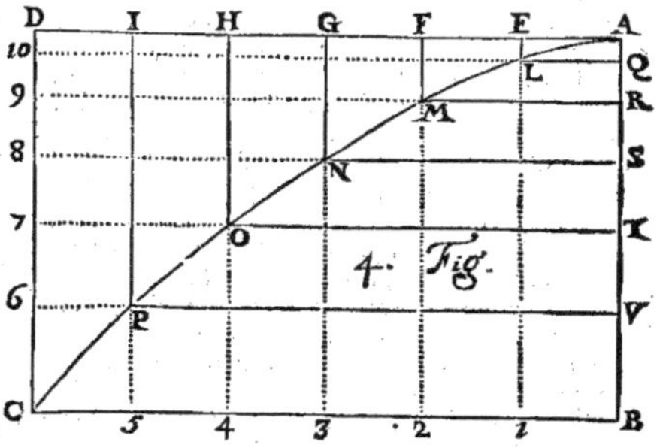

TO, & AI à VP, il s'enfuit que chaque quarré d'icelles lignes furpaffera
le précédent felon la progreffion des nombres impairs, que les quarrez feront
faits des coftez differens toûjours de l'unité, & que le cofté du premier eftant 1, les autres coftez feront 2, 3, 4, 5, 6. De plus, les portions du diamétre
comprifes & coupées par les ordonnées font les mefmes que EL, FM, GN,
HO, IP, DC; & par ainfi ces lignes font entr'elles comme les quarrez
1, 4, 9, 16, 25, 36 font entr'eux. Je dis donc que toutes ces lignes prifes
enfemble feront à la ligne DC prife autant de fois qu'icelles lignes, comme
la fomme des quarrez (fuivant l'ordre que j'ay dit, c'eft-à-dire, à commencer
à l'unité, & fuivre toûjours en augmentant de l'unité) eft au quarré DC
pris autant de fois qu'il y a de divifions en la ligne AD, c'eft-à-dire en la
préfente divifion, fix fois. Or multiplier un quarré autant de fois que vaut
fon cofté, c'eft-à-dire, par fon cofté, c'eft faire un cube: il eft donc vray que
la fomme de toutes ces lignes EL, FM, GN, HO, IP, DC eft à la ligne DC prife autant de fois qu'il y a defdites lignes, comme la fomme des
quarrez fufdits eft au cube du plus grand nombre. Mais le cube eft le triple de la fomme des quarrez, partant le triligne CPONMLAD fera
le tiers du rectangle CDAB, & par ainfi la Parabole ABCPONMLA
fera les deux tiers du parallelogramme ou quarré CDAB; ce qui a efté
démontré par Archiméde d'une autre maniére.

Que fi nous voulons confidérer une autre nature de Parabole comme
M. Fermat, faifant que les portions du diamétre foient l'une à l'autre comme le cube au cube, il fe trouvera que la mefme Parabole que deffus, ou plû-

toſt le dehors d'icelle C O A D, ſera au rectangle A B C D comme la ſomme
des cubes à un quarré-quarré, c'eſt-à-dire, comme 1 à 4. Si nous feignons
que les portions du diamétre, c'eſt-à-dire, les petites lignes, E L, F M, G N,
H O, I P, D C ſont l'une à l'autre comme les quarré-quarrez entr'eux,
il ſe trouvera que la ſomme de toutes ces lignes ſeront à la ligne C D priſe
autant de fois, comme la ſomme des quarré-quarrez au quarré-cube,
c'eſt-à-dire, comme 1 à 5, & par ainſi la Parabole vaudra 4 & le rectangle 5;
& de cette ſorte on pourra continuër & trouver des Paraboles qui changent de valeur, & cela ſe peut faire de toutes les puiſſances juſques où on
voudra.

Quant au ſolide de noſtre Parabole, il ſe fait en feignant que tout le rectangle tourne ſur ſon axe, & qu'il ſe fait un grand cylindre par la révolution
de A B C D. La révolution de la première partie E A B 1 ſe peut nommer cylindre, mais celle de chacune des autres ſe nomme Rouleau, parce que nous
les devons conſidérer chacune à part, & cecy eſt pour les grands cylindres;
mais en conſidérant les petits, comme la révolution que fait E A Q L,
F A R M, & tous les autres, nous rejettons ce qui eſt au dedans de la Parabole, & ne conſidérons que ce qui eſt dehors; car toutes les parties de ces
petits cylindres ou rouleaux qui ſont dans la Parabole ne peuvent faire une
partie auſſi grande que fait le rouleau D I 5 C; & par ainſi nous rejettons
toutes ces parties qui n'en valent pas une, qui n'eſt de nulle conſidération
dans les indiviſibles.

Et par les petites lignes, c'eſt-à-dire par les portions du diamétre, nous
conſidérons l'eſpace qui eſt hors la Parabole, & compris dans ces lignes.
Tous ces cylindres ſont entr'eux comme leurs baſes, c'eſt-à-dire, comme
leurs cercles; mais les cercles ſont entr'eux comme le quarré du demi-diamétre de l'un au quarré du demi-diamétre de l'autre : comme en noſtre figure le quarré de la ligne A E eſt au quarré de A F comme le premier quarré
au ſecond quarré, & le quarré de A F eſt à celuy de A G comme le ſecond quarré au troiſiéme, &c. Mais un quarré ſurpaſſe ſon prochain de
deux fois ſon coſté, ſçavoir le coſté du moindre quarré, plus l'unité : il
arrive donc que toutes les lignes, ſçavoir A E, E F, F G, G H, H I, I D
ſont toutes différentes des quarrez, c'eſt-à-dire, chacune priſe deux fois plus
l'unité; or toutes ces unitez ne ſe conſidérent point dans les indiviſibles
comme choſe finie. Nous prenons donc toutes ces lignes comme deux fois
un coſté chacune, puis aprés nous diſons que les petites lignes E L, F M, G N,
& les autres ſont entr'elles comme des quarrez; nous les conſidérons comme des quarrez, & diſons que l'eſpace E L Q vaut deux coſtez d'un quarré
par ſon quarré E L, & le quarré de F M par le double de ſon coſté F A fait
l'eſpace F M R, & pareillement le quarré de G N par deux G A fait l'eſpace
G N S, &c. Or un quarré par deux fois ſon coſté vaut deux fois le cube;
donc toutes ces petites lignes enſemble, ou l'eſpace qu'elles contiennent
hors la parbole ſont comme deux fois la ſomme des cubes au quarré de C D
pris autant de fois qu'il y a de diviſions en la ligne D A, c'eſt-à-dire, au
quarré de C D par le quarré du meſme C D, c'eſt-à-dire, au quarré-quarré.

Il faut maintenant conſidérer A B C D, ou la Parabole C P O M A B
ſe tournant ſur ſon axe comme la précédente, mais avec cette différence,
que la ligne A B eſt diviſée en parties égales entr'elles. Nous conſidérons
le ſolide ou cylindre que fait D C qui a pour baſe le cercle duquel le demi-
diamétre eſt la ligne D A; les petits cylindres ont pour demi-diamétre de
leurs cercles les lignes E A ou L Q ſon égale, M R, N S, O T, P V, &c. or
tous ces petits cylindres ſont entr'eux comme leurs baſes, c'eſt-à-dire, leurs
cercles, & les cercles ſont entr'eux comme les quarrez de leurs demi-
diamétres:

diamétres : or les quarrez de ces petites lignes font entr'eux comme les lignes A Q, Q R, R S, S T, T V, fçavoir en égale différence de l'unité, c'eſt-à-dire, que les quarrez de toutes ces lignes font entr'eux comme l'ordre des nombres naturels. Ainſi le quarré de L Q eſtant 1, celuy de M R vaudra 2, celuy de N S 3, celuy de O T vaudra 4, & celuy de R V vaudra 5. Or les cylindres eſtant entr'eux comme les quarrez des demi-diamétres de leurs bafes ou cercles, il s'enfuit que tous les quarrez de ces petites lignes font au quarré de la grande B C pris autant de fois, comme la fomme de la fuite des nombres naturels, à commencer à l'unité, font au quarré du dernier.

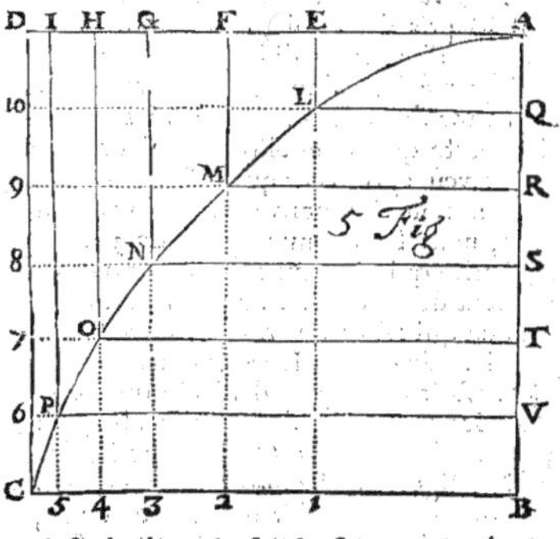

Mais le conoïde parabolique, c'eſt-à-dire, le folide fait par la révolution de C N L A B, eſt au cylindre total, fçavoir à celuy qui eſt fait par la révolution de A B C D, comme toutes les petites lignes à la grande prife autant de fois ; partant le conoïde parabolique eſt au cylindre, comme la fomme des nombres, c'eſt-à-dire le triangle, eſt au quarré, ou bien comme la moitié à fon tout ; car la fomme des nombres eſt au quarré (en terme d'indivifible) comme la moitié au tout ; comme fi la fomme eſt 10 triangle de 4, le quarré eſt 16, dont la moitié 8 eſt excédée de 2 par ledit triangle. Or cela paſſe pour eſtre la moitié de l'autre ; car fi on continuoit dans la fuite des nombres on verroit que le triangle excéderoit toûjours la moitié du quarré d'une moindre portion, laquelle partant s'anéantiroit enfin dans l'infini.

Maintenant il faut confiderer la figure A B C D comme faifant fon tour ſur A D, lors la ligne C D fera le demi-diamétre de la bafe ou cercle du cylindre total : les lignes P I, O H, N G, M F, L E font les demi-diamétres du cercle ou bafe de chacun de leurs cylindres. Or par la propriété de la Parabole, la ligne E L eſt à F M comme le quarré au quarré, & ainſi toutes les autres petites lignes de fuite ; partant le quarré de E L fera au quarré de F M comme un quarré-quarré à un quarré-quarré, & ainſi toutes les autres petites ; donc toutes enfemble elles feront entr'elles comme le quarré-quarré de D C pris autant de fois qu'il y a de petites lignes, c'eſt-à-dire, comme la fomme des quarré-quarrez au quarré-cube ; & telle eſt la raifon du folide fait par la révolution de C D A au cylindre total fait par la révolution de C B, c'eſt-à-dire, qu'ils font entr'eux comme 1 à 5. Voyez la Figure 4.

Maintenant nous confidérons que la figure tourne fur la ligne C D parallele à l'axe. Par cette révolution la ligne A D eſt le demi-diamétre de la bafe ou cercle du grand cylindre ; les lignes 10 L, 9 M, 8 N, 7 O, 6 P font chacune le demi-diamétre du cercle ou bafe de leur cylindre qui font l'une à l'autre comme leurſdites bafes ou cercles, & les cercles font entr'eux comme les quarrez defdites lignes : donc tous les quarrez de ces petites lignes feront au quarré de la grande ligne prife autant de fois, comme les petits cylindres au grand cylindre. Mais je ne connois pas la raifon des petits quarrez aux grands quarrez, laquelle je cherche par une grandeur qui leur

D D d

ſoit égale, & je dis que le quarré de L 10 vaut le quarré de Q 10 & le quarré de Q L moins le rectangle de Q 10 Q L pris deux fois; le quarré de M 9 vaut le quarré de R 9, & celuy de M R moins le rectangle de 9 R M pris deux fois, & ainſi des autres juſques à l'infini. Or faiſant la comparaiſon, nous diſons que les quarrez de Q 10 & Q L comparez au ſeul quarré Q 10 font égalité de raiſon entre les deux grands qui ſont égaux : le meſme ſoit entendu de tous les autres quarrez. Les grands eſtant égaux, il ne reſte qu'à connoiſtre la valeur des petits L Q , M R , &c. Mais nous avons veû cy-devant qu'ils ſont au grand quarré comme la moitié au tout: ſi donc nous joignons un tout avec ſa moitié, & le comparons à un autre tout, nous ferons une raiſon de 3 à 2. Poſons que le grand quarré vaille 2, l'autre qui eſt compoſé du grand & de ſa moitié vaudra 3; partant la raiſon ſera de ce dernier au premier de $\frac{3}{2}$ ou de 3 à 2; & pourſuivant, on oſtera ce qui eſtoit de trop dans les deux quarrez mis cy-deſſus pour trouver la valeur du quarré L 10, & nous avons dit que deux fois le rectangle Q 10 Q L eſtoit de trop pardeſſus le quarré L 10, & ainſi des autres; il faut donc oſter les rectangles deux fois à chaque quarré. Or tous ces rectangles ont pour meſme hauteur Q 10, donc ils ſeront entr'eux comme leurs baſes ou petites lignes, & les ſolides entr'eux comme leurs baſes. Mais nous avons veû que ce ſolide fait par le tour de la parabole eſtoit le tiers du cylindre total : or il faut oſter deux fois le rectangle, partant il faudra diminuër de deux tiers la raiſon que nous avons trouvée de 3 à 2, & metant 9 à 6 au lieu de 3 à 2 & de $\frac{3}{2}$ on en oſtera $\frac{6}{6}$ ou $\frac{2}{2}$, & reſtera $\frac{1}{2}$ pour la valeur de C A B tourné ſur D C, & le reſte au cylindre entier, ſçavoir C A D, vaudra $\frac{1}{2}$ du grand cylindre A B C D.

DE LA CONCHOÏDE.

LA Conchoïde ſe fait, quand d'un point on tire pluſieurs lignes qui coupent une meſme ligne ſoit courbe ou droite, & que toutes les lignes tirées depuis ladite ligne ſont toutes égales, telles que ſont B 1, D 2, E 3, F 4, G 5, &c. tirées par le moyen du cercle C G B R diviſé (ſelon la regle des indiviſibles) en parties infinies égales, & par iceluy a eſté compoſée la Conchoïde 19 C 1, en laquelle, comme en toutes les autres, les lignes depuis la circonférence du cercle juſques à ladite Conchoïde ſont toutes égales. Or toutes ces lignes qui diviſent la circonférence du cercle commen-çant au point C & finiſſant en 1, 2, 3, 4, 5, &c. diviſent tant la Conchoïde que le cercle en triangles ſemblables, leſquels par la force des indiviſibles ſe convertiſſent & deviennent ſecteurs, & ſont l'un à l'autre comme quarré à quarré (quoy-que dans le fini il y ait quelque choſe à dire;) ainſi le ſecteur C 1 2 eſt au ſecteur C B D ou C B V ſon égal, comme le quarré de C 1 au quarré de C B. En aprés, le ſecteur C B D ou C B V ſon égal eſt au ſecteur C 19 18 comme le quarré de C B au quarré de C 19. Mais pour joindre les deux quarrez qui appartiennent à la Conchoïde afin de les com-parer aux quarrez du cercle, je regarde la valeur du quarré de C 1 qui vaut les quarrez de C B, B 1, plus le rectangle deux fois ſous C B B 1; le quarré C 19 eſt égal aux quarrez de C B, B 19 ou B 1 ſon égal (car B 19 commence à la circonférence du cercle, & va au point de la Conchoïde 19, & par-tant doit eſtre égale à B 1 qui part de la meſme circonférence, & va au point 1 de la Conchoïde) moins deux fois le rectangle C B B 19. Or le plus détruiſant le moins, ces deux grandeurs jointes enſemble font le quarré C B deux fois, plus le quarré de B 1 deux fois; par ainſi le ſecteur C 1 2, & le ſecteur C 19 18 ſeront aux ſecteurs C B D, C B V, comme deux fois les

quarrez C B, B 1 à deux fois le quarré C B, & prenant la moitié, le quarré
C B + le quarré B 1 sera au quarré C B comme les secteurs C 1 2, C 19 18
aux secteurs C B D, C B V ; & tout l'espace de la Conchoïde est à l'espace du
cercle comme les quarrez C B, B 1 au quarré C B, ou bien comme les se
cteurs C 1 2, C 19 18 aux secteurs C B D, C B V.

Je fais un demi-cercle de l'intervale B 1, & je le divise en autant de triangles semblables qu'il
y en a au cercle pre-
mier ; & au lieu de
compter le quarré
B 1, je dis le quarré
20 21 ; donc comme
le quarré C B + le
quarré 20 21 sont
au quarré C B : ain-
si l'espace du cercle
& demi - cercle en-
semble sont à l'es-
pace du cercle. Mais
nous avons montré
que toute la Con-
choïde est au cer-
cle comme le quar-
ré C B + le quar-
ré B 1 ou leurs se-
cteurs, est au quarré
C B ; par ainsi, toute
la Conchoïde est au

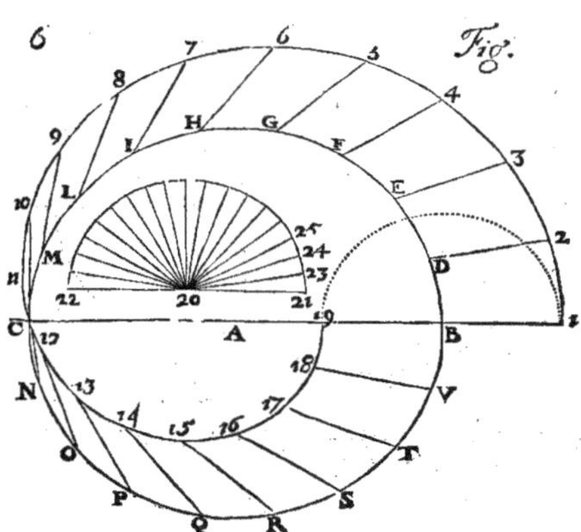

cercle en mesme raison que le cercle & demi-cercle est au mesme cercle ;
& partant la Conchoïde est égale au cercle & demi-cercle pris ensemble.

Conchoïde.

SOit la base d'un cône oblique le cercle B F C duquel le centre est A ;
le sommet du cône est en l'air, avec telle obliquité, que de ce sommet
la perpendiculaire tombe sur le point N. Nous supposons par les indivisibles, que par tous les points du cercle soient tirées des touchantes, comme D H, E I, F L, G M, &c. Nous disons que si du sommet du cône on
tire une perpendiculaire sur chacune de ces touchantes, & que si du point
N sur lequel tombe la perpendiculaire tirée du sommet, on tire une ligne
à ce mesme point de la touchante, l'angle sera droit, & ladite ligne perpendiculaire à ladite touchante ; & la ligne qui passe par l'extrémité de
chacune desdites touchantes & où se fait le susdit angle droit, sçavoir la
ligne B H I L N M C, se trouve estre une Conchoïde.

Pour le prouver, il faut construire un cercle qui ait pour diamétre N A,
lequel cercle soit N P O A R, & faire voir que toutes les lignes comprises entre sa circonférence A P N R & la ligne B H I L N M C, sont
toutes égales entr'elles ; nous prouvons que A O H D est un parallelogramme ; car l'angle D est droit, puis que D H est touchante & A D demi-
diamétre ; l'angle H est aussi droit pour avoir esté tiré tel du point N sur
lequel tomboit la perpendiculaire tirée du sommet du cône ; l'angle O est
droit pour estre fait dans le demi-cercle N P O A, & partant le quatriéme O A D le sera aussi ; & partant c'est un parallelogramme, & les costez

D D d ij

oppofez font égaux ; & par ainfi A D fera égale à O H comprife entre l'autre cercle & la ligne courbe, & A D eft égale à A B pour eftre toutes deux

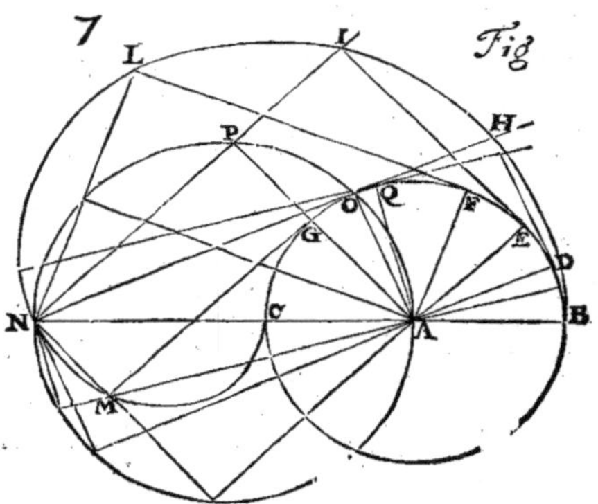

le rayon d'un mefme
cercle. Paffons outre,
& confidérons P I
E A. L'angle E eft
droit, eftant fait par
la touchante ; l'angle
I eft droit, ayant efté
fait tel par la ligne
N I ; l'angle P eft
droit, comme eftant
fait dans le demi-
cercle, & partant le
quatriéme l'eft auffi,
& les coftez oppofez
du parallelogramme,
fçavoir P I & A E ou
fon égale O H, font
égaux ; & partant
A B, O H, P I font
égales, & ce font les
lignes comprifes en-
tre les deux circonférences, fçavoir entre le cercle N P A R, & la ligne
courbe B H I L N M C, & on prouvera le mefme de toutes les autres lignes ;
& partant cette ligne courbe eft une Conchoïde.

DES ANNEAUX.

SI on décrit alentour d'une figure un parallelogramme (nous avons pris
un cercle en cét éxemple) & qu'on faffe tourner le tout fur un des coftez du parallelogramme, le folide fait par ce parallelogramme eft au folide fait par la figure, comme le plan du parallelogramme eft au plan de la
figure.

Nous expliquerons cecy par un cercle autour duquel eft écrit le parallelogramme E F H G : au milieu du cercle on a tiré la ligne A B parallele
au cofté F H du parallelogramme ; la nature de cette ligne doit eftre telle,
que toutes les lignes tirées dans le cercle foient coupées en deux également par cette ligne. Suppofant donc que le tout a tourné fur la ligne
F H, dans ce tour le parallelogramme a fait pour folide un cylindre, & le
cercle a fait pour folide un Anneau bouché qu'on nomme *Annulus ftrictus,*
c'eft-à-dire, qu'il fe diminuë peu à peu en forte que rien n'y peut entrer.
Or ces deux folides font égaux entr'eux, excepté les vuides, qui eftant remplis au grand folide font de plus en iceluy qu'au petit ; il faut donc tirer
lefdits vuides du grand pour fçavoir ce qu'il refte pour le petit, & tout fe
mefure par les quarrez des lignes qui font dans la figure. Je commence
donc par la moitié du parallelogramme, & je confidére que cette moitié
fait un cylindre dans fa révolution, & que le demi-cercle fait une figure
différente de ce cylindre, de ces petits efpaces qu'il faut ofter du cylindre. Confidérant les quarrez du cylindre, je dis que le quarré de I S eft égal
aux quarrez de S 12 & I 12 plus deux fois le rectangle de S 12 I 12 ; le
quarré T K eft égal aux deux quarrez T 13, K 13 plus deux fois le rectangle K 13 T ; le mefme fe doit entendre des autres quarrez appartenant

au

au cylindre A F H B. Mais si nous ostons chaque quarré qui compose le vuide, & qui sont hors le cercle de chacun des quarrez du solide, il nous
restera tout le dedans du cercle, c'est-à-dire, du petit solide. Si donc du
quarré S I on oste le quarré S 12, il restera le quarré I 12 plus deux fois
le rectangle S 12 I : cecy est tiré du premier quarré du cylindre. Quand je
tire du second quarré du cylindre le quarré T 13, il me reste le quarré K 13
plus deux fois le rectangle K 13 T, & ainsi des autres. Puis donc que j'ay
de reste le quarré 12 I plus deux fois le rectangle S 12 I, je joins le quarré
avec une fois le rectangle, & par là j'ay le rectangle S I 12, & le rectangle
S 12 I. Je retiens ces restes; & passant à l'autre moitié du cercle pour la
joindre avec lesdits restes, je considére ce qu'elle fait quand le tout tourne
sur la mesme ligne qu'auparavant, & ce que font les grands quarrez S 8, T 9
& les autres. Je regarde combien ils surpassent les petits quarrez I 8, K 9,
& les autres qui sont dans le demi-cercle, & je dis ainsi : Le quarré S 8 est
égal aux deux quarrez S I, I 8 plus deux fois le rectangle S I 8; le quarré
T 9 est égal aux quarrez T K, K 9 plus deux fois le rectangle T K 9, & ainsi
des autres. Or il faut oster de tous ces quarrez les quarrez du cylindre,
sçavoir de S I, T K, & autres, & nous aurons de reste le quarré de I 8
plus deux fois le rectangle S I 8, le quarré de K 9 plus deux fois le rectangle T K 9, & ainsi des autres, & cecy se doit joindre à l'autre espace
du demi-cercle.

Pour faire cette jonction, je prens le quarré de 8 I que je joins au rectangle S 12 I que j'a-
vois de reste à l'autre demi-cercle, & je fais le rectangle S I 12 que j'avois
déja une fois, & partant
je l'ay deux fois. Au se-
cond demi-cercle, les
quarrez 8 I, 9 K estant
ostez, il m'est resté deux
fois le rectangle S I 8
qui est le mesme que le
précédent, & par ainsi

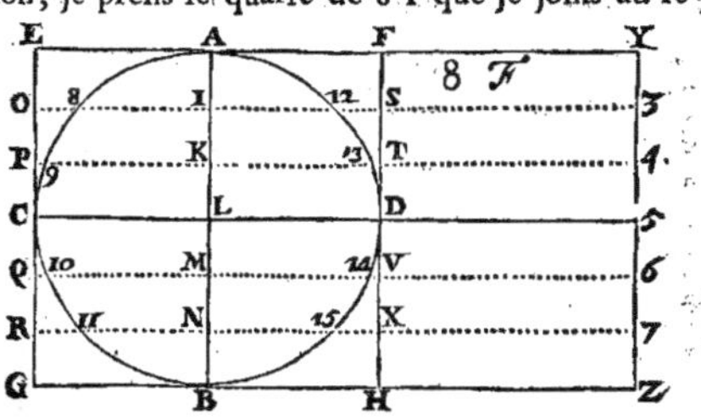

j'auray quatre fois le rectangle S I 8; donc quatre fois ce rectangle sera au
quarré de S O, comme le solide de l'anneau est au cylindre total; & au lieu
de dire quatre fois le rectangle, je double les lignes ou costez du rectangle,
& je dis que le rectangle tout seul S O par 8 12 est au quarré S O, comme
le solide de l'anneau est au cylindre total. Mais tous ces rectangles pris à
l'infini sont tous d'égale hauteur entr'eux & avec le parallelogramme total;
ils seront donc entr'eux comme leurs bases ou lignes, c'est-à-dire, comme
l'espace de ces lignes comprises dans le cercle est à l'espace des grandes lignes qui composent le parallelogramme : donc comme le solide au cylindre, ainsi le plan du solide est au parallelogramme; ce qu'il falloit prouver.

Nous trouverons la mesme chose en faisant tourner toute la figure sur la
ligne Y Z. Il faut premiérement examiner ce que fait A B Z Y par sa révolution, & ce qu'il différe d'avec A B H F. Le quarré Z B vaut les quarrez de
Z H & H B plus deux fois le rectangle Z H B; le quarré 7 N est égal aux
quarrez 7 X, X N plus deux fois le rectangle 7 X N, & ainsi de chacun
des autres grands quarrez. Il en faut oster tous les quarrez qui composent l'espace H Y, sçavoir le quarré F Y, S 3, T 4, & les autres, lesquels estant ostez, resteront le quarré S I plus deux fois le rectangle 3 S I,
& le quarré de T K plus deux fois le rectangle 4 T K; prenant le quarré

S I, & le joignant à l'un des rectangles, je feray le rectangle 3 I S, & le rectangle 3 S I; puis à 4 T, si on joint le quarré de K T à l'un des rectangles, on fera le rectangle 4 K T, & le rectangle 4 T K. Il faut retenir tout cecy, & passer à la considération du solide qui se fait par la révolution de A B G E tournant sur la mesme Y Z. Nous disons que le quarré de 3 O est égal aux deux quarrez de 3 I & I O plus deux fois le rectangle 3 I O; que le quarré 4 P vaut les quarrez de 4 K, K P plus deux fois le rectangle 4 K P, & ainsi des autres. De la valeur de ces quarrez il en faut oster tous les quarrez qui remplissent l'espace A B Z Y, sçavoir les quarrez 3 I, 4 K, 5 L, & les autres; & partant il reste le quarré O I plus deux fois le rectangle 3 I O; & ajoustant au rectangle 3 S I qui estoit resté au calcul de l'autre cylindre le quarré O I, je feray le rectangle 3 I O; & par ainsi dans le précédent cylindre j'auray deux fois le rectangle 3 I S; & dans ce dernier, le quarré O I estant osté, il reste deux fois le rectangle 3 I O qui est le mesme que 3 I S; partant le tout ensemble sera quatre fois le rectangle 3 I O; partant le quadruple du rectangle 3 I O sera au quarré de E Y, comme le cylindre, ou plûtost le rouleau G E F H est au cylindre total E G Z Y.

Il faut maintenant considérer ce que fait le cercle par sa révolution, tournant sur la mesme ligne Y Z, & le comparant au cylindre total; ce qui se doit faire en considérant une portion, sçavoir la moitié de la figure A 12 B 9 A. Nous prendrons donc premiérement la moitié A 12 15 B, & dirons:

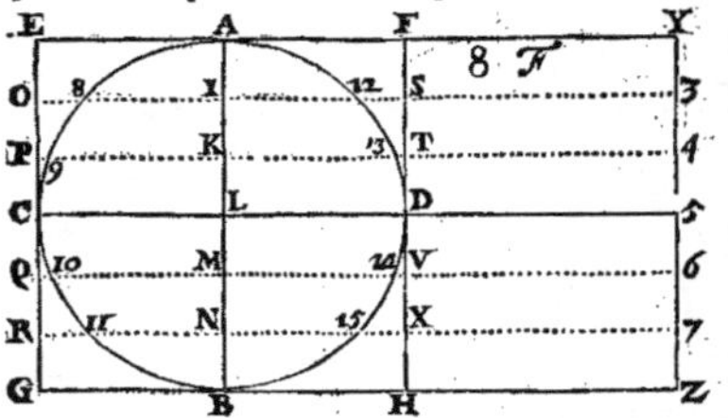

Le quarré de 3 I vaut les quarrez 3 12, & 12 I plus deux fois le rectangle 3 12 I; le quarré de 4 K vaut les quarrez 4 13, & 13 K plus deux fois le rectangle 4 13 K, & ainsi des autres. De cette équation il faut oster les quarrez 3 12, 4 13, & tous les autres qui sont hors le cercle. Au rectangle 3 12 I j'ajouste le quarré I 12, & je fais le rectangle 3 I 12, & le rectangle 3 12 I. J'ajouste pareillement le quarré K 13 au rectangle 4 13 K, & je fais le rectangle 4 K 13, & le rectangle 4 13 K; ce qu'il faut retenir afin de l'ajouster à l'autre moitié que je cherche maintenant, & je dis que le quarré de 3 8 vaut les quarrez de 3 I & I 8 plus deux fois le rectangle 3 I 8; le quarré 4 9 vaut les quarrez 4 K & K 9 plus deux fois le rectangle 4 K 9. Or il faut ajouster tout cecy à la quantité que j'avois trouvée dans l'autre moitié du cercle, laquelle est le rectangle 3 I 12 & 3 12 I; & ajoustant au rectangle 3 12 I le quarré 8 I, je fais le rectangle 3 I 8, tellement que j'ay le rectangle 3 I 12 deux fois, & j'ay trouvé en la discussion de la seconde moitié (les vuides estant ostez, c'est-a-dire, les quarrez de I 3, K 4, &c.) le quarré 8 I (que j'ay ajousté au rectangle que j'avois trouvé auparavant) plus deux fois le rectangle 3 I 8 qui est le mesme que 3 I 12; tellement que j'ay quatre fois le rectangle 3 I 8, qui est au quarré de E Y comme l'anneau ou solide fait par le cercle roulant sur Y Z, au cylindre total. Le rectangle 4 K 13 pris quatre fois est au mesme quarré E Y comme le solide du cercle est au cylindre total fait par E G Z Y.

Il faut considérer le rapport que nous avons trouvé du rouleau par le tour du parallelogramme E G H F au grand cylindre. La proportion est

comme quatre fois le rectangle 3 I O au grand quarré E Y, ainsi le rouleau
E G H F au cylindre total. Pour conclure, nous difons que quatre fois le rectangle 3 I O trouvé dans le rouleau G F, est au grand quarré E Y, comme le
mesme rouleau G F au grand cylindre G Y. En fuite j'ay quatre fois le rectangle 3 I 8 qui est au grand quarré E Y, comme le folide fait par le cercle
A 8 B 12 au cylindre total. Il fe trouve que le grand quarré est conféquent
en lune & en l'autre des comparaifons; partant les folides feront entr'eux
comme les rectangles entr'eux : mais les rectangles font tous d'égale hauteur; rejettant la hauteur ils feront entr'eux comme leurs bafes, c'est-à-dire,
comme les lignes du cercle aux lignes du rouleau : or ces lignes, en cas
d'indivifibles, comprennent l'efpace de chaque figure; donc comme le folide ou anneau est au rouleau G F, ainfi le plan A 8 B 12 est au plan G F;
ce qu'il falloit démontrer.

Par tout ce difcours nous n'avons trouvé que des raifons entre les folides & entre les plans : maintenant nous confidérons fi les folides font égaux
ou non. Je parleray premiérement du cylindre que fait le parallelogramme
E F H G quand il roule fur la ligne F H : fa bafe est un cercle qui a pour
demi-diamétre la ligne G H; fa hauteur est la ligne H F : au lieu du cercle je
prens ce qui luy est égal, fçavoir le parallelogramme qui a le demi-diamétre
pour un costé, & la moitié de la circonférence pour l'autre; & par ainfi j'ay
trois costez ou lignes, qui me doivent fervir pour les comparer avec le folide que je prétens estre égal à ce cylindre. Le folide donc a pour bafe le
parallelogramme E F H G, pour hauteur la circonférence d'un cercle duquel le demi-diamétre est L D. Or les folides, felon Euclide, font entr'eux
en la raifon compofée de leur bafe & de leur hauteur; il faut donc confidérer ce qu'ils ont de commun. Je trouve que dans le cylindre il y a trois
lignes, fçavoir G H, H F, & la demi-circonférence du cercle qui a pour
demi-diamétre la ligne G H : dans l'autre folide j'ay les lignes G H, H F, &
la circonférence du cercle qui a pour demi-diamétre la ligne L D. Mais
dans l'un & dans l'autre j'ay deux lignes communes, fçavoir G H & H F, entre lefquelles il ne peut avoir autre raifon que d'égalité, puis qu'elles font
égales, & partant on les peut oster, & la compofition des raifons demeurera entre la circonférence d'un cercle & la demi-circonférence de l'autre.
Mais les circonférences font entr'elles comme leurs diamétres : or le diamétre total du cercle entier qui est D C est égal au demi-diamétre G H; partant
la circonférence entiére appartenant à D C fera égale à la demi-circonférence appartenant au demi-diamétre G H; & par ainfi le cylindre fera égal
au folide; ce qu'il falloit prouver.

Maintenant il faut confidérer toute la figure, lors que le parallelogramme
E Y Z G fe tournant fur la ligne Y Z fait le grand cylindre. Je dis que le
rouleau G F est égal au folide qui a pour bafe le parallelogramme G F, &
pour hauteur la circonférence d'un cercle qui aura pour demi-diamétre la
ligne L 5. Je dis encore que l'anneau (c'est-à-dire le folide qui fe fait par
la révolution du cercle quand le tout roule fur Y Z) est égal au folide qui
a pour bafe le cercle A C B D, & pour hauteur la circonférence d'un cercle qui a pour demi-diamétre la ligne L 5.

Pour prouver cette égalité il faut faire voir que les quatre folides fuivans font proportionnaux, fçavoir le rouleau qui fe fait quand le parallelogramme E F H G roule fur la ligne Y Z. Le fecond est l'anneau qui fe fait
par le cercle quand le grand parallelogramme G Y tourne fur la ligne Y Z.
Le troifiéme est celuy qui a pour bafe le parallelogramme E F H G, & pour
hauteur la circonférence du cercle dont le demi-diamétre est la ligne Z B.
Et le quatriéme est celuy qui a pour bafe le cercle A C B D, & pour hau-

teur la circonférence du cercle dont le demi-diamétre eſt la la ligne L 5 ;
& par ainſi, faiſant voir comme le premier deſdits ſolides eſt égal au troiſiéme, le ſecond par conſéquent doit eſtre égal au quatriéme. Or nous
avons montré que comme quatre fois le rectangle Z B H eſt au quarré de
G Z, ainſi le rouleau G F eſt au grand cylindre G Y. Maintenant il nous
faut éxaminer comment la figure qui a pour baſe le parallelogramme E F
H G, & pour hauteur la circonférence du cercle dont le demi-diamétre eſt
la ligne L 5, eſt égale au meſme grand cylindre G Y.

Nous ſçavons que les ſolides ſont entr'eux en raiſon compoſée de leur
baſe & de leur hauteur : je conſidére quelles ſont les parties de l'un & de
l'autre des ſolides, & je trouve que le grand cylindre a deux parties, ſçavoir la ligne G Z qui eſt le demi-diamétre de ſa baſe qui eſt un cercle,
l'autre ligne eſt H F. Mais d'autant que nous avons beſoin de trois coſtez en ce ſolide ou grand cylindre, pour le comparer au ſolide qui a pour
baſe le parallelogramme G F, & pour hauteur la circonférence du cercle
duquel la ligne L 5 eſt demi-diamétre, lequel ſolide a trois lignes, ſçavoir
G H, H F, & la circonférence du cercle qui a L 5 pour demi-diamétre.
Pour avoir trois coſtez au grand cylindre, au lieu de prendre ſon demi-
diamétre qui repréſente ſon cercle, je prens ce qui eſt égal au cercle, ſçavoir le demi-diamétre G Z, & la demi-circonférence du meſme cercle (le
rectangle fait de ces lignes eſt égal au cercle ſelon Archiméde.)

J'auray donc trois coſtez ou lignes au grand cylindre, ſçavoir G Z, H F, &
la demi-circonférence du cercle dont G Z eſt le demi-diamétre. Il y a donc
dans ces deux ſolides deux coſtez qui ſont ſemblables, ſçavoir H F en chacun d'iceux ; & partant ils ne ſervent de rien pour la compoſition des raiſ-
ſons qui demeurera entre les lignes G H, G Z antécédent & conſéquent, &
la circonférence entiére du cercle qui a L 5 pour demi-diamétre, à la demi-
circonférence du cercle qui a G Z pour demi-diamétre. Mais d'autant que
les circonférences ſont entr'elles comme leurs diamétres, au lieu des circonférences je prens le diamétre entier qui eſt deux fois L 5, & pour la demi-
circonférence je poſe ſon demi-diamétre G Z ; partant la raiſon ſera compoſée des raiſons de la ligne G H à G Z, & de la ligne L 5 doublée à la ligne G Z.

Or ſi on multiplie les antécédens l'un par l'autre, & pareillement les con-
ſéquens, on aura ladite raiſon compoſée ; donc G Z par G Z, c'eſt-à-dire le
quarré de G Z eſt au rectangle de G H par le double de L 5 ou Z B en ladite raiſon compoſée ; partant les ſolides ſeront entr'eux comme le rectangle de Z B deux fois par G H au quarré de G Z. Au lieu de Z B deux fois
par G H, on prendra G H deux fois par Z B : or Z B par G H deux fois,
eſt quatre fois le rectangle Z B G ; partant le ſolide qui a pour baſe le parallelogramme G F, & pour hauteur la circonférence du cercle qui a L 5
pour demi-diamétre eſt au cylindre total, comme quatre fois le rectangle
Z B G eſt au quarré G Z ; donc le rouleau & le ſolide auront meſme raiſon au cylindre total ; & par ainſi le rouleau qui ſe fait quand le parallelogramme E F H G roule ſur la ligne Y Z eſt égal au ſolide qui a pour baſe
le meſme parallelogramme E F H G, & pour hauteur la circonférence du
cercle qui a pour demi-diamétre la ligne Z B.

Puiſque ces deux ſolides ſont égaux, qui ſont le premier & le troiſiéme
dans les quatre proportionnaux, les deux autres qui ſont le ſecond & le
quatriéme ſeront auſſi égaux entr'eux. Ces deux ſolides ſont l'anneau qui
ſe fait par le cercle, quand le grand parallelogramme tourne ſur la ligne
Y Z : l'autre ſolide eſt celuy qui a pour baſe le cercle A C B D, & pour hauteur la circonférence du cercle duquel le demi-diamétre eſt la ligne L 5.

II

Il faut maintenant voir ce qui se fait quand le roulement se fait sur la ligne A B. Nous avons icy représenté la figure comme un cercle ; le mesme se doit entendre d'une ellipse : & partant il faut voir ce que fait la sphére qui se forme par la révolution du demi-cercle A B C sur le diamétre A B, ou le sphéroïde qui se forme par la révolution de la demi-ellipse sur la mesme ligne A B.

Il faut entendre que le quarré de I 12 est au quarré de K 13, comme le rectangle B I A est au rectangle B K A, & le quarré K 13 est au quarré L D, comme le rectangle B K A au rectangle B L A, & ainsi des autres, tant au cer-cle qu'en l'ellipse. Or, tant la sphére que le sphé-roïde qui sont formez par le roulement, sont au cy-lindre qui se fait en mes-me temps, comme tous les quarrez I 12, K 13 & autres petits, au grand quarré B H pris autant de fois. Mais pour la rai-son des petis quarrez, j'ay pris la raison des pe-

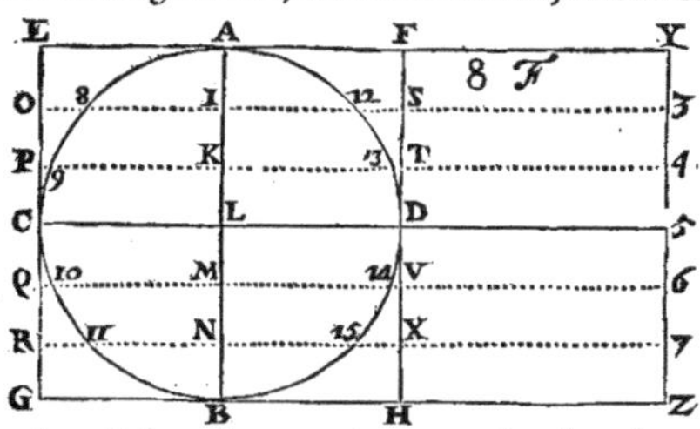

tits rectangles qui est la mesme : il faut donc avoir un grand rectangle pour le comparer aux petits rectangles, afin de laisser les grands quarrez. Je prendray le rectangle B L A qui vaut le quarré de L D ou M V, sçavoir les grands quarrez ; & pour faire la comparaison, je dis que le rectangle B I A avec le quarré de L I est égal au quarré de L A ou L D son égal, ou quel-qu'autre des grands quarrez ; le rectangle B K A plus le quarré de L K est égal au mesme grand quarré L D, & ainsi de tous les petits rectangles qui se pourront faire ; partant les grands quarrez excéderont les petits rectan-gles de tous les petits quarrez L I, L K qui vont toûjours en diminuant, & par ainsi font une pyramide que nous sçavons estre la troisiéme partie de son parallelipipede ou cube. Si donc nous ostons le tiers, il restera les deux tiers pour la valeur de la sphere ou spheroïde, qui seront par cette raison les deux tiers de leur cylindre ; ce qu'il falloit prouver.

DE L'HYPERBOLE.

DANS l'Hyperbole A E D B C le sommet est C, c'est-à-dire que du point C on commenceroit l'hyperbole opposée ; A C est le diamétre transversal coupé en deux au point B qui s'appelle le centre de l'Hyper-bole. Il faut voir quand l'Hyperbole tourne sur la ligne A D, qui est l'axe, quelle raison le solide ou conoïde hyperbolique qui se fait, peut avoir avec son cylindre, c'est à dire, le solide qui se fait quand le parallelogramme F D tourne aussi sur l'axe A D.

Nous sçavons que le conoïde est au cylindre, comme tous les quarrez en-semble compris dans l'espace A E D, sçavoir le quarré de H O, de I P, L Q, & les autres, sont au quarré de E D pris autant de fois qu'il y en a de petits. Il reste à chercher la raison des quarrez entr'eux avec le grand.

La propriété de l'Hyperbole est que le quarré H O est au quarré I P, comme le rectangle C H A est au rectangle C I A ; le quarré I P est au quarré L Q, comme le rectangle C I A au rectangle C L A, & ainsi des autres ; & par ainsi tous les petits rectangles sont au grand rectangle C D A pris autant de fois qu'il y en a de petits, comme tous les petits quarrez sont

au grand quarré pris autant de fois qu'il y en a de petits. Mais pour fçavoir quelle eſt cette raiſon, je change les petits rectangles en leurs égaux,
& au lieu du rectangle C H A je poſe le rectangle C A H plus le quarré
H A ; au lieu du rectangle C I A, je poſe le rectangle C A I plus le quarré
I A, & ainſi des autres ; pour le grand, il n'y faut rien changer. On fera enſuite la comparaiſon, premiérement des rectangles C A H, C A I, & des
autres petits entr'eux & au grand C D A pris autant de fois qu'il y en a
de petits ; & nous trouvons que tous les petits rectangles ſont de meſme
hauteur, ſçavoir C A, & par ainſi ils ſeront entr'eux comme leurs baſes.
Nous avons donc pour les petits rectangles un ſolide qui a pour hauteur
la ligne C A, & pour baſe tous les nombres naturels qui compoſent un
triangle. Si au lieu de la ligne C A je prens ſa moitié A B, j'auray un ſolide
qui aura pour baſe le quarré de A D, & pour hauteur la ligne B C ; cecy
eſt pour les petits rectangles. Pour le grand rectangle, ſon ſolide a pour
hauteur D C, & pour baſe D A pris autant de fois qu'il y a de petits rectangles, c'eſt-à-dire le quarré D A ; partant les deux ſolides ont tous deux le
meſme quarré D A pour baſe ; & partant nous n'avons à conſidérer que leur
hauteur D C pour le grand, & B C pour le petit ; partant tous les petits rectangles ſont au grand rectangle pris autant de fois, comme D C eſt à BC.

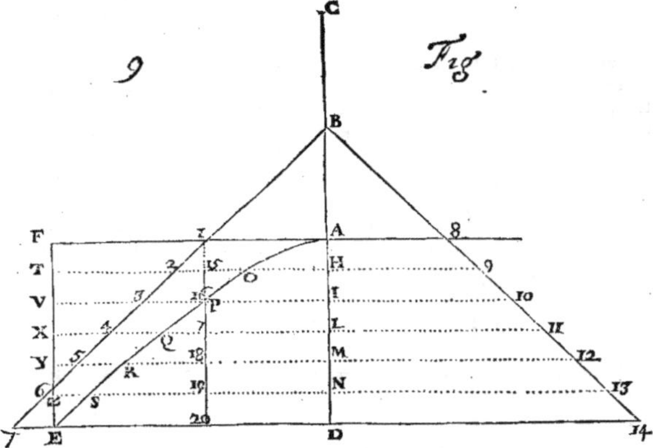

Il reſte maintenant à conſidérer comment tous les petits quarrez ſont
au meſme grand rectangle. Or tous les petits quarrez, ſçavoir ceux de A H,
A I, A L, A M, A N, font une pyramide qui a pour baſe le quarré de A D,
& pour hauteur la meſme A D. (car les quarrez diminuez à l'infini font une
pyramide) Mais la pyramide eſt le tiers de ſon parallelipipede ; c'eſt-à-
dire du ſolide qui a pour baſe le meſme quarré que la pyramide, & qui ſe
hauſſe autant que la pyramide, ſçavoir de la ligne D A ; donc au lieu de la
hauteur D A, j'en prens le tiers, & j'ay le ſolide qui a pour baſe le quarré
D A, & pour hauteur le tiers de D A ; joignant donc ce tiers de D A avec
B C que j'avois trouvé devant, j'ay le tiers de D A plus B C ou A B ſon
égale, à la toute D C.

Pour le faire plus élégamment, je diray : Comme le tiers de A G (car

j'ay ajoufté à A C la ligne C G égale à B C) avec le tiers de D A qui eft comme le tiers de D G à la ligne D C; ainfi le conoïde hyperbolique ou petit folide eft au cylindre fait par A F E D. Que fi nous voulons avoir la raifon du
cône qui fe feroit, fi le triangle A E D fe tournoit fur la ligne D A (pour avoir
ce triangle il faut tirer la ligne droite A E.) Euclide dit que le cône eft le
tiers de fon cylindre : prenant donc le tiers de la ligne D C, elle fera au tiers
de la ligne D G, ou toute la ligne D C à toute la ligne D G, comme le cône
au conoïde hyperbolique ; ce qu'il falloit montrer.

Autre fpéculation fur l'Hyperbole

DU centre de l'Hyperbole B j'ay tiré les afymptotes B 7, B 14. Si par le
point A je tire la touchante 8 A 1, & que je tire d'un afymptote à l'autre
infinies paralleles, comme les lignes 9 H 2, 10 I 3, & les autres, le rectangle
8 A 1 eft égal au rectangle 9 O 2, 10 P 3; & ainfi tous ces rectangles font égaux
entr'eux. Quand le triangle B 7 D tourne fur D A, il fe fait un cône qui eft
égal à tous les quarrez qui font dans le plan, fçavoir au quarré de A 1,
H 2, I 3, & à tous les autres, & dans le plan 1 B A. Si donc de tous ces
quarrez j'en ofte premiérement le vuide 1 B A, & tout ce qui eft au dehors
du plan E D A, il me reftera le conoïde hyperbolique qui fe fait par E D A
tournant fur D A. Or le quarré H 2 vaut le rectangle 9 O 2 plus le quarré
de H O; le quarré I 3 vaut le rectangle 10 P 3 plus le quarré de I P; le
quarré de L 4 vaut le rectangle 11 Q 4 plus le quarré de L Q, & ainfi des
autres. Mais chacun des rectangles eft égal au quarré de A 1, lequel pris autant de fois qu'il y a de rectangles, fera le cylindre 1 20 D A; partant oftant
ce cylindre, il reftera les quarrez de H O, I P, L Q, qui font égaux au conoïde hyperbolique ; ce qu'il falloit montrer.

PROPORTION DE LA SPHERE
ou Sphéroïde, ou de leurs portions, au Cylindre
circonfcrit, & au Cône infcrit.

ON confidérera icy ce que fait la figure qui eft en la page fuivante tournant fur B D, & ne prenant que la portion 26 B L 4 que fait le cylindre & la portion de la Sphére ou Sphéroïde qui fe fait par la révolution
de la figure 4 1 B L. Le quarré de G 1 & les autres petits font au grand
quarré 4 L pris autant de fois qu'il y en a de petits, comme la portion de la
Sphére ou fphéroïde (car c'eft la mefme raifon en l'une & en l'autre) eft au
cylindre 26 B L 4. Il eft donc queftion de chercher la raifon de ces petits
quarrez au grand quarré. Or tous les petits quarrez font au grand, comme
les rectangles D L B, D I B, D H B, D G B font au grand rectangle D L B;
partant tous lefdits petits rectangles font au grand rectangle D L B pris autant de fois, comme tous les petits quarrez font au grand quarré pris autant de fois. Pour trouver la raifon des petits rectangles au grand rectangle
pris autant de fois, je change la valeur des petits rectangles en d'autres qui
vaillent autant, & je dis ainfi : Le rectangle D B L moins le quarré B L vaut
le rectangle D L B; le rectangle D B G moins le quarré B G vaut le rectangle
D G B; le rectangle D B H moins le quarré B H vaut le rectangle D H B;
le rectangle D B I moins le quarré B I vaut le rectangle D I B; partant dans
les petis rectangles je trouve un folide qui a pour hauteur D B, & pour bafes
les petites lignes L B, L G, L H, L I qui font la fomme de nombres naturels qui eft un triangle lequel eft toûjours la moitié de fon quarré ; partant

je double le triangle pour avoir le quarré; & par ainsi j'auray un solide qui aura pour hauteur DA moitié de DB (car doublant le triangle j'ay osté la moitié de DB) & pour base le quarré de LB comme l'autre solide. Pour le grand rectangle, sçavoir DLB pris autant de fois, il compose un solide qui a pour hauteur la ligne DL, & pour base le mesme quarré LB. Les bases estant égales, il n'y a que les hauteurs à considérer, sçavoit DB & BL. Mais

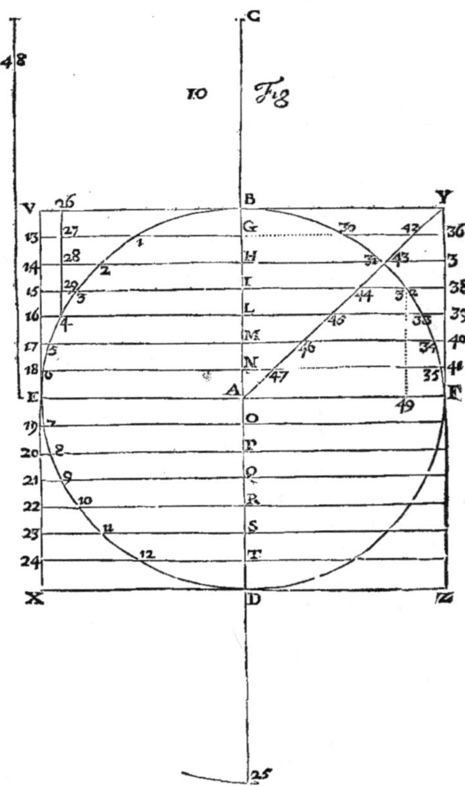

il faut oster des petits rectangles les quarrez qui estoient de moins : or ces petits quarrez composent une pyramide qui a pour base le quarré de LB, & pour hauteur LB. Au lieu de la pyramide je prens un parallelipipede qui luy

luy foit égal : je retiens le mefme quarré L B, & pour hauteur le tiers de L B,
qui eft la hauteur du parallelipipede égal à la pyramide (car toute pyramide eft le tiers de fon parallelipipede.) Il faut ofter ce folide de l'autre qui a
mefme bafe, & partant il fuffit d'ofter la hauteur du dernier de la hauteur de
l'autre. Voilà touchant le folide fait par les petits rectangles. Il refte maintenant à chercher le folide du grand rectangle. Or ce folide n'eft autre que
celuy qui a le quarré L B pour bafe, & D L pour hauteur. Celuy-cy n'a point
d'autre bafe que les autres, partant nous ne regarderons que la hauteur D L en
celuy-cy, puis nous dirons que comme le tiers de la ligne 25 L (car D A moins
le tiers de L B vaut le tiers de la ligne 25 L) eft à la ligne D L, ainfi le folide fait
par la figure 4 2 B L eft à fon cylindre fait par le parallelogramme 26 4 L B.

Que fi nous voulons avoir le cône qui fe feroit par la mefme révolution,
fi on tiroit une ligne B 4. Nous fçavons que le cône eft le tiers de fon cylindre ; je prendray donc le tiers de D L (laquelle repréfente le cylindre)
& je diray que comme le tiers de la ligne 25 L eft au tiers de la ligne D L,
ainfi noftre folide eft au cône : or qui dit le tiers d'une ligne au tiers d'une
autre, dit la ligne entiére à la ligne entiére ; partant le folide fera au cône,
comme la ligne 25 L eft à la ligne D L ; ce qu'il falloit trouver. Dans la mefme figure il faut confidérer que, lors qu'elle tourne fur la ligne A B quand
le cylindre V E F Y fe fait, il fe fait auffi un folide par la révolution du plan
A B F, qui s'appelle un creux. Il fe fait encore un autre folide par le plan B 30
F Y. Nous en avons encore un autre qui fe fait fur le triangle A Y B qui
eft un cône. Il faut voir quel rapport ont entr'eux tous lefdits folides.

Les divifions eftant faites à l'infini, & toutes les lignes tirées telles qu'on les
voit en la figure, les figures font entr'elles comme les quarrez de ces lignes
font entr'eux. Or pour ce qui eft du cône que nous voulons égaler au folide fait par B 30 F Y, il faut dire que la grande ligne du cylindre total eft
coupée en deux également au point I, fçavoir la ligne 15 I 38, & en deux
parties inégales au point 32 ; partant le rectangle 15 32 38 avec le quarré I 32,
vaut le quarré I 38. Si donc du quarré I 38 j'ofte le quarré I 32, il me refte le
rectangle 15 32 38 qui appartient au folide B 30 F Y.

Puis aprés nous entrons dans les propriétez de l'ellipfe ; (car ce que je
concluray s'entendra du cercle comme de l'ellipfe.) Le diamétre E F, le diamétre B D & le cofté droit du diamétre E F, fçavoir la ligne 48 , font trois
proportionnelles ; & la première E F eft à la troifiéme 48 , comme le quarré
de la premiére E F eft eft au quarré de la feconde D B. De plus, le rectangle
E 49 F eft au quarré de l'ordonnée 49 32 comme la ligne E F eft à la, ligne
48 cofté droit d'icelle ; partant le rectangle E 49 F eft au quarré 49 32, comme le quarré E F eft au quarré D B, ou le quarré de A F au quarré de A B.
Au lieu de A F je pofe fon égale B Y ; donc le quarré B Y eft au quarré
B A, comme le rectangle E 49 F au quarré 49 32 ; ou bien prenant leurs
égaux, le rectangle 15 32 38 au quarré I A égal au quarré 49 32. Mais le
quarré B Y eft au quarré B A, comme le quarré I 44 eft au quarré I A ; partant le rectangle 15 32 38 fera au quarré I A, comme le quarré I 44 eft au
mefme quarré I A ; partant le rectangle 15 32 38 fera égal au quarré I 44 ; &
par ainfi le cône fera égal au folide de B 30 F Y. Mais le cône eft le tiers de
fon cylindre ; fi donc j'ofte le tiers du cylindre total, il reftera les deux tiers
pour le folide ou le creux qui fe fait par le plan A F B, qui eft ce qu'on
cherchoit.

Or, non-feulement le cône eft égal au folide extérieur, mais chaque partie eft égale à chaque partie ; c'eft-à-dire que le folide fait par N 47 46 M,
eft égal au folide fait par 35 41 40 34 ; le folide 45 L M 46 eft égal au folide 38 39 40 34, & ainfi des autres. Par tout cecy nous venons à la con-

noiſſance du centre de gravité de tous ces ſolides ; car le centre de gravité
du cylindre A Y eſt au milieu de la ligne A B : or le centre de gravité du cône eſt aux ¼ de la ligne A B ; le centre de gravité du ſolide qui luy eſt égal,
ſe trouve au meſme lieu dans la ligne B A aux ¼ d'icelle ; partant, ſelon Archiméde, le centre de gravité de la Sphére ou Sphéroïde reſtant du cylindre ſera connu, parce qu'il eſt en la raiſon réciproque des deux ſolides, ſçavoir de la Sphére ou Sphéroïde, au ſolide de dehors, c'eſt-à-dire à B 30 F Y,
aux lignes qui ſont depuis le centre de gravité du grand cylindre, au centre
de gravité du petit ſolide, & à la ligne qui part du centre de gravité du meſme grand cylindre au centre de gravité de la figure reſtante que je cherche,
qui eſt de la Sphére ou Sphéroïde.

PROPORTION
du Cône au Cylindre.

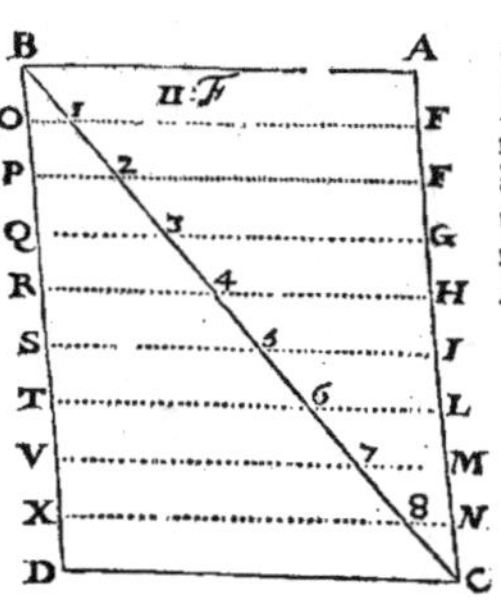

EN cette figure le triangle eſt au parallelogramme, comme tous les nombres
naturels ſont au quarré du plus grand ; c'eſt-
à-dire, comme 1 à 2. Que ſi vous le faites
tourner ſur la ligne B D, le cône qui ſe fera de B D C ſera au cylindre qui ſe fera ſur
A B D C comme 1 à 3 ſelon Archiméde.

DE LA CONCHOÏDE.

NOus conſidérons premiérement le grand triligne A 7 14. Le centre
de la Conchoïde eſt A ; la Conchoïde 14 7 eſt la premiére, & la ſeconde
Conchoïde eſt 16 17 ; la régle qui les ſépare B C ; les lignes qui partent de
cette régle ou ligne & qui vont aux deux Conchoïdes, ſçavoir C 7, M 6,
L 5, & les autres, ſont toutes égales entr'elles, & pareillement les lignes C 17,
M 22, L 19 ſont égales entr'elles & aux autres cy-deſſus, ſçavoir à C 7,
M 6, &c. Nous diſons donc ainſi :

Le grand triligne eſt diviſé (ſelon les indiviſibles) en ſecteurs ſemblables infinis qui reſſemblent aux triangles, mais par les indiviſibles nous les
prenons pour ſecteurs : or les ſecteurs ſemblables ſont entr'eux comme leurs
quarrez ; nous devons donc chercher la raiſon & la valeur des quarrez pour
tirer nos conſéquences. Au lieu de chaque quarré nous conſidérons ſon égal ;
& par ainſi nous trouvons que le quarré A 7 vaut les quarrez A C, C 7 plus
deux fois le rectangle A C 7 ; le quarré A 17 vaut les quarrez A C, C 7 ou
C 17 moins le rectangle A C 17 pris deux fois. Tout cecy mis enſemble vaut
le quarré C 7 deux fois, plus le quarré A C deux fois, les rectangles qui
ſont par plus & moins ſe détruiſant l'un l'autre ; or ces quarrez nous repréſentent les deux trilignes, ſçavoir A 7 14, & A 17 16.

Je dis que le grand triligne A 7 14, & le petit A 17 16 ſont égaux à
deux fois les quarrez A C, & C 7. [La petite figure qui eſt icy a eſté faite,

d'autant que dans l'espace C 7 B 14 il n'y a point de secteurs qui remplissent ledit espace, mais seulement des quarrez qui sont entr'eux comme les
secteurs. Je prens donc des secteurs tous semblables, dont les angles soient
égaux aux angles en A, & la hauteur égale aux lignes C 7, M 6, & autres : ces
secteurs sont aux grands secteurs, comme les quarrez de C 7, M 6, L 5, &
autres, sont aux grands quarrez A 7, A 6, A 5, & autres.] Ayant donc l'é-
galité susdite entre les trilignes A 7 14 & A 17 16, & les quarrez A C & C 7
pris deux fois : au lieu des quarrez C 7 je prens des secteurs semblables, qui
garderont la mesme raison entr'eux que lesdits quarrez ; partant au lieu de
dire, deux fois les quarrez C 7, M 6, & les autres, je prens deux fois les secteurs compris dans la petite figure T V Y X, & je dis, deux fois les petits
secteurs avec deux fois le triangle A C B sont égaux au triligne A 7 14, &
au triligne A 17 16 ; & c'est icy la première conséquence ou conclusion.

Pour la seconde, c'est quand nous ostons du grand triligne A 7 14 le petit triligne A 17 16, alors nous avons d'un costé l'espace 16 17 7 14 pour
comparer avec deux fois les petits secteurs, le triangle A B C, & l'espace
16 17 C B. Alors l'espace d'une conchoïde à l'autre, c'est-à-dire 16 17 7 14,
est égal à deux fois les petits secteurs plus deux fois l'espace 16 17 C B, &
c'est icy une autre conclusion.

J'avois omis de dire que quand du grand triligne & du petit triligne
j'en oste le petit, il reste le grand A 7 14 qui est égal à deux fois les petits
secteurs, au triangle A C B & à l'espace 16 17 C B, qui est une autre conclusion.

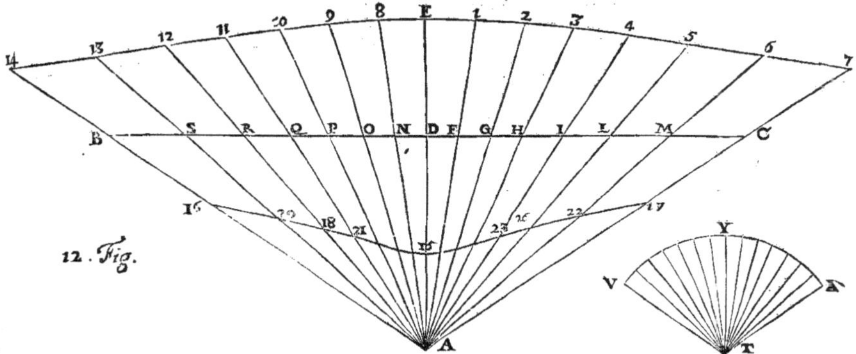

Que si on veut retrancher du grand triligne A 7 14 le triangle A C B,
il restera l'espace 7 C B 14 qui sera égal à deux fois les petits secteurs avec
une fois C B 16 17, qui est une quatriéme conclusion.

Maintenant il nous faut voir quelle raison il y a entre le triangle A B C
& l'espace B C 7 14. Cela se fera considérant le quarré A 7 duquel nous
osterons le quarré A C. Ayant donc divisé le triligne A 7 14 en secteurs tous
semblables & infinis, ainsi qu'il a esté fait cy-dessus aux autres conclusions,
& sçachant que les secteurs sont entr'eux comme leurs quarrez, nous disons que le quarré A 7 est égal aux quarrez A C & C 7 plus le rectangle A C 7 pris deux fois. Si j'en oste le quarré A C, il me reste le quarré

C 7 plus le rectangle A C 7 deux fois. Il faut confidérer quels folides ils font.

Tous les quarrez C 7, M 6, & les autres font tous égaux ; & par ainfi tous joints enfemble font un parallelipipede ou folide qui a pour hauteur & largeur la ligne C 7, & pour longueur une ligne telle qu'on voudra, fçavoir autant qu'on aura pris de fois & ajoufté les quarrez l'un à l'autre ; c'eft le premier folide qui fe forme.

L'autre fe fait du rectangle A C 7 pris autant de fois que les fufdits quarrez, & forme un folide qui a pour hauteur C 7 comme l'autre, mais fa longueur eft diverfe, fçavoir des lignes A C, A M, A L, & des autres qui toutes font inégales.

Or ces deux folides fe doivent mettre enfemble afin de les comparer à celuy qui eft compofé des quarrez A C, A M & autres, qui tous font inégaux ; & partant ce folide fera racourci de deux coftez. Or ce folide fe peut confidérer comme fi j'avois fait un cercle du centre A & de l'intervalle A D : car alors la ligne B C fera une touchante dudit cercle au point D ; la ligne A D fera le finus total ; & les lignes A N, A O, A P feront toutes des fécantes, & ainfi le folide fera formé des quarrez des fécantes. Or ces deux folides eftant de mefme hauteur, fçavoir de la ligne C 7 & autres, il eft aifé de les joindre enfemble, & de tous deux en faire un folide compofé de tous les quarrez C 7, M 6, &c. d'une part, & de la ligne C 7 multipliée par la fomme des lignes A C, A M, & les autres prifes deux fois (parce que le rectangle A C 7 eft deux fois dans le quarré A 7) c'eft-à-dire, qu'il faut doubler les lignes A C, A M, & autres.

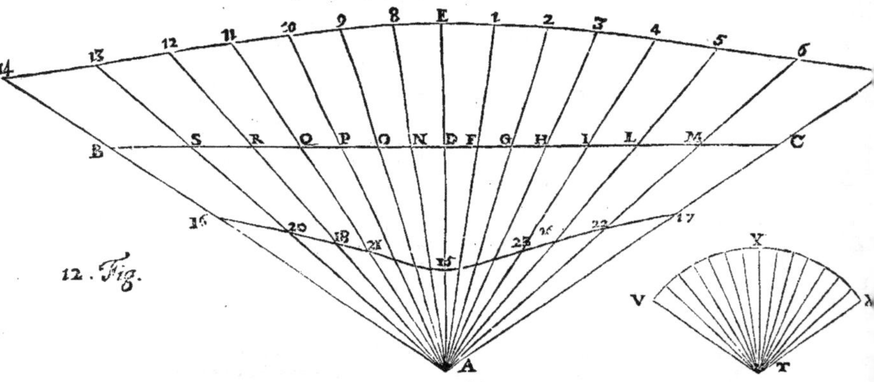

Le folide qu'il faut comparer à celuy-cy eft fait par la fomme des quarrez des lignes A C, A M, & des autres qui toutes font inégales. Nous difons donc, Comme le folide fait par la fomme des quarrez A C, A M, & autres, eft au folide compofé des deux cy-devant mis ; ainfi le triangle A B C eft à la figure C 7 14 B. Mais dans le premier folide les lignes C 7, M 6 me font données, & partant leurs quarrez : de plus les lignes A C, A M, & autres me font auffi données, d'autant que la ligne A D (que je prens pour finus total ou demi-diamétre d'un cercle que je feins eftre fait) m'eft donnée, & la ligne D E fur lefquelles j'ay formé ma Conchoïde ; & par le moyen de A D finus total & de l'angle B A D, je connois toutes les fécantes de ce cercle

que

que je pofe eftre décrite fur le rayon A D : ces fécantes font A N, A O, A P, &
les autres qui fuivent. Dans le dernier folide tous les quarrez de A C, A M
me feront donnez, puifque les lignes font données ; & ainfi je joins les quarrez C 7, M 8 avec le rectangle fait de A C doublé & C 7, le tout pris autant de fois qu'il y a de quarrez. Or C A, & M A font fécantes ; donc par
le calcul il nous fera facile d'en trouver la valeur que nous comparerons
avec le fecond folide qui eft compofé de l'aggrégé ou fomme des quarrez
des fécantes ; & telle fera la raifon de A B C à l'efpace B C 7 14.

TRACER SUR UN CYLINDRE DROIT
un efpace égal à un Quarré donné,
& ce d'un feul trait de Compas.

O N demande qu'il foit tracé fur un cylindre droit d'un feul trait de compas un efpace égal au quarré de la ligne A B. Pour le faire je coupe en
deux également la ligne A B au point C, & je décris le cercle F M E, le diamétre duquel F E foit égal à A C. Sur ce cercle j'éleve un cylindre dont la
hauteur foit du moins le double de F E, & au milieu de cette hauteur foit le
point F ; puis ouvrant le compas de l'intervale F E, je décris un efpace fur
la fuperficie du cylindre. Je dis que cét efpace vaut le quarré de A B.

Pour le prouver, je divife le cercle en parties infinies aux points E G H I &
autres : de chacun de ces points j'éleve des perpendiculaires au plan du cercle en nombre infini, comme les points font infinis : du point E qui eft l'extrémité du diamétre, je tire à chaque point de la divifion des lignes droites
E G, E H, E I, & autres qui font dans le demi - cercle E L F. Or toutes ces
petites lignes font des finus du quart d'une circonférence ; ce qui fe connoiftra, faifant du rayon F E & du centre F un cercle qui ait pour diamétre le double de E F ; mais icy je me contente de la quatriéme partie de la
circonférence. Si donc du centre F je tire des lignes en nombre infini qui
foient toutes égales à F E, elles iront jufques à la circonférence de ce cercle,
& couperont toutes les petites lignes E G, E H & les autres à angles droits, car
l'angle fe trouve dans le demi-cercle E L F ; & partant toutes les petites lignes
font les finus du quart d'une circonférence.

Nous fçavons que le demi - diamétre du cercle eft au quart de la circonférence, comme tous les petits finus font au finus total pris autant de fois.
Nous fçavons auffi que le quarré du demi - diamétre eft égal à la figure qui
eft faite par les infinis petits finus qui divifent ce quart de circonférence. Or
le demi - diamétre eft F E qui eft égal à la ligne droite A C moitié de A B ;
partant fon quarré quatre fois vaudra le quarré de A B. Or les finus E G,
E H, &c. font égaux aux perpendiculaires élevées des points G H, &c. jufques
au retranchement fait par le compas, comme il fera montré ; & par ainfi la
figure ou l'efpace tracé par le compas qui eft ouvert de la grandeur E F, l'un des
pieds pofé fur F qui eft un point pris en quelqne endroit que ce foit de la
furface du cylindre, & l'autre pied, par éxemple fur le point E, & tournant
fur la fuperficie du cylindre tant qu'il revienne au mefme point E : cét efpace compris fur le cylindre vaut quatre fois l'efpace compris des petits finus qui divifent le quart de la circonférence ; car le compas parcourt les
quatre quarts de la circonférence du cylindre, s'il fe peut ainfi dire. Or le
cylindre eft préfumé prolongé tant en haut qu'en bas autant qu'il faudra,
deffus & deffous ledit point F, & le cercle F M E parallele à fa bafe pour
fatisfaire à la queftion.

HHh

On confidere icy deux triangles qu'on veut prouver eſtre égaux: l'un eſt F H E; l'autre a pour baſe F H, pour catet la perpendiculaire tirée du point H juſques au retranchement fait par le compas, & l'hipotenuſe ſera égale à F E, puis que c'eſt l'ouverture du compas.

Reſte à montrer que la ligne E H eſt égale à la perpendiculaire élevée du point H, quand elle a eſté retranchée par le compas ouvert de la grandeur F E. Pour cét effet, il faut tirer la ligne F H, & concevoir deux triangles, l'un de la ligne F H & F E portée à l'extrémité de la perpendiculaire tirée du point H, & qui monte vers le haut du cylindre & de ladite perpendiculaire qui ſort de H juſques au retranchement fait par F E portée ſur la ſurface du cylindre. Ces trois lignes font un triangle rectangle qui eſt égal au triangle F E H; car en tous les deux triangles la ligne F H eſt commune; l'angle en H eſt droit, car il ſe fait de la ligne F H & de la perpendiculaire ſur le point H en l'un des triangles, ſçavoir en celuy qu'on veut montrer égal à F E H, & pareillement l'angle en H de l'autre triangle F E H eſt droit, eſtant dans le demi-cercle; la ligne F E qui a coupé la perpendiculaire élevée ſur le point H eſt égale à F E; partant la ligne E H eſt égale à ladite perpendiculaire qui part du point H, & qui eſt coupée par la ligne F E par la révolution du compas. Le meſme ſe prouvera de toutes les autres lignes E G, E I, E L, E M, & autres.

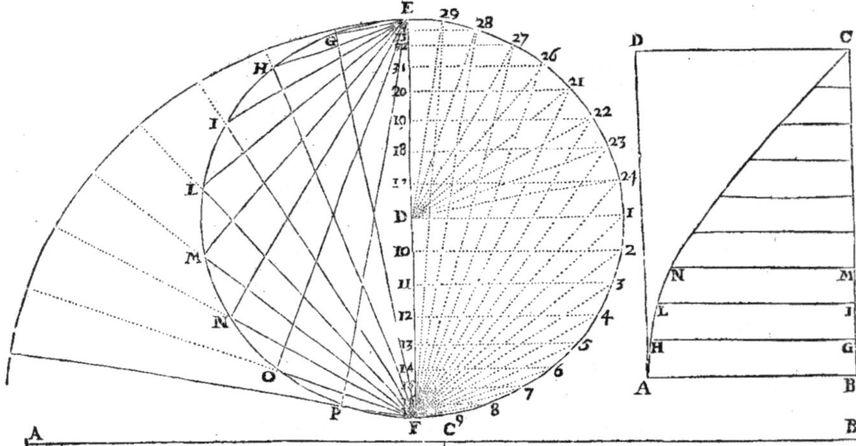

Or cette figure ſe trouve eſtre la meſme que la troiſiéme figure cy-devant, ſi on ſuppoſe que la circonférence E H L F eſt égale à B C dans la troiſiéme figure, & qu'elle eſt diviſée infiniment en ſinus G E, H E, I E, & les autres, tout ainſi que la ligne B C de la troiſiéme figure eſt diviſée en ſinus infinis, ſçavoir G H, I L, M N, &c. Or nous devons conſidérer cette troiſiéme figure ou bien la préſente, car il n'importe pas, & voir ce qu'elles font. Par éxemple, quand la troiſiéme figure tourne ſur la ligne B C, elle fait un cylindre avec le rectangle B D, & un autre ſolide avec la figure courbe A C B. Je trouve que le cylindre eſt double du petit ſolide fait de la figure courbe. Pour le prouver je me ſers de la treiziéme figure préſente, & je feins avoir tiré une infinité de lignes du point F à tous les points, comme F P, F O, F N, & autres, qui ſont toutes égales aux premiéres tirées du point E aux meſmes

points, fçavoir à E G, EH, EI, &c. Je dis en fuite que les quarrez de GE
& GF font égaux au quarré de F E : il en eft de mefme des quarrez de EH
& HF, & ainfi des autres ; partant tous ces quarrez enfemble feront égaux
au quarré de EF pris autant de fois. Mais dans ces petits quarrez je n'ay befoin que de ceux qui compofent la figure, fçavoir des quarrez de EG, EH,
EI, & autres tirez du point E, qui font la moitié de tous ceux que j'avois
comparez avec le grand quarré FE; partant tous ces petits quarrez feront à
autant de fois le grand quarré FE comme la moitié au tout. Mais les folides font entr'eux comme tous les quarrez pris enfemble; partant le petit folide fait de la figure courbe ABC en la troifiéme figure, fera au cylindre
fait de BD, comme 1 à 2; ce qu'il falloit démontrer.

On confidérera encore en la mefme figure un autre trait de compas. Je
pofe une des pointes fur le point F que je prens dans la circonférence du
cercle F 1 E L, lequel cercle eft la bafe mitoyenne du cylindre qu'on fuppofe toûjours prolongé en haut & en bas autant qu'il eft néceffaire. On met
donc l'un des pieds du compas en F, & l'ouverture d'iceluy eft F 1 qui eft la
foutendante du quart de la circonférence totale F 5 1. Or cette circonférence eft divifée en parties égales & infinies aux points 2, 3, 4, &c. fur chacun
defquels j'éleve des perpendiculaires, comme cy-devant : des mefmes points
je tire des perpendiculaires fur le demi-diametre FD qui le divifent en une
infinité d'autant de parties inégales. Il faut maintenant confidérer les propriétez de toutes ces lignes. Nous voyons qu'il fe fait plufieurs triangles re-
ctanges dont les coftez font F 2, F 1, & la perpendiculaire fur le point 2, laquelle eft en l'air ; le fecond, F 3, F 1, & la perpendiculaire en l'air fur le point 3;
F 4, F 1, & la perpendicle en l'air fur le point 4, & cette perpendiculaire tirée
en l'air s'augmente à mefure que la foutendante diminuë. Car les quarrez des
deux lignes F 2 & la perpendiculaire en l'air fur le point 2, font égaux au quarré
de F 1; les quarrez de F 3, & de la perpendicculaire fur 3 en l'air font égaux au
mefme quarré F 1, & ainfi des autres. Mais le quarré F 1 eft égal au rectangle
EFD, le quarré F 2 eft égal au rectangle E F 10, le quarré F 3 au rectangle
E F 11, & ainfi des autres quarrez & rectangles ; partant tous les rectangles
EFD, EF 10, EF 11, & les autres, font entr'eux comme les quarrez F 1,
F 2, F 3, &c. & partant tous les rectangles EF 10, EF 11, & autres tous enfemble font au grand rectangle EFD, comme tous les quarrez F 2, F 3, &c.
font au grand quarré F 1. Quand du rectangle EFD j'ofte le rectangle EF 10,
il refte le rectangle EF par 10 D qui eft égal au quarré de la perpendicculaire
tirée du point 2 en l'air ; quand du mefme rectangle EFD j'en ofte le rectangle EF 11, il refte le rectangle EF par 11 D qui eft égal au quarré de la perpendicculaire tirée du point 3 en l'air. (Or j'ay befoin des quarrez de ces perpendiculaires, d'autant qu'en tournant la troifiéme figure fur BC, ces lignes repré-
fentent les demi-diametres des cercles qu'il faut comparer avec le quarré du
demi-diametre de la bafe du cylindre.) Mais tous les rectangles fufdits ont
une mefme hauteur, fçavoir FE; & partant ils font entr'eux comme les lignes FD, F 10, F 11. Si on ofte de la bafe d'un rectangle la bafe d'un autre
rectangle, il reftera leur différence : comme fi de F D j'ofte F 10, il reftera
D 10; fi de F D j'ofte F 11, il reftera D 11, & ainfi des autres. Or ces reftes
font homologues avec les quarrez des lignes perpendiculaires qui reftent
quand j'ay ofté le quarré F 2 du quarré F 1 : du mefme quarré F 1 j'ay ofté
le quarré F 3, puis F 4, &c. il refte les quarrez des perpendiculaires tirées en l'air
des points 2, 3, 4, &c. partant les lignes D 10, D 11, & autres garderont entr'elles la mefme raifon que les quarrez defdites perpendiculaires. Mais les lignes D 10, D 11, D 12, &c. font finus; car les lignes 2 10, 3 11, 4 12, &c. font
perpendiculaires fur le diametre EF; donc les quarrez des perpendiculaires

HHh ij

sont au quarré de la grande F I prise autant de fois, comme tous les petits sinus sont au sinus total D F pris autant de fois. Mais les petits sinus sont au sinus total pris autant de fois, comme le demi-diamétre du cercle est au quart de la circonférence; partant le solide fait par la révolution de la figure courbe A C B sur la ligne B C, sera au cylindre fait du rectangle B D, comme le demi-diamétre du cercle est au quart de la circonférence.

Considérons maintenant le trait du compas fait de l'intervale F 3, gardant toûjours le point F pour poser ledit compas. Il se trouve que le quarré F 4 avec le quarré de la perpendiculaire tirée du point 4 en l'air, est égal au quarré de F 3; le quarré F 5 avec celuy de la perpendiculaire sur le point 5 en l'air, sont égaux au mesme quarré F 3, & ainsi des autres. Or le rectangle E F 11 est égal au quarré F 3, & le rectangle E F 12 est égal au quarré F 4, & ainsi des autres rectangles & quarrez. Si donc du rectangle E F 11 j'oste le rectangle E F 12, il reste le rectangle E F par 12 11 égal au quarré de la perpendiculaire sur 4 tirée en l'air. Si du mesme rectangle E F 11 on oste le rectangle E F 13, il reste le rectangle E F par 13 11 qui est égal au quarré de la perpendiculaire tirée sur 5, & ainsi des autres. Que si nous feignons une parabole estre ti-rée du sommet 11 vers la circonférence du cercle, & que des points 11, 12, 13, 14, 15, pris sur son axe 11 F on tire des ordonnées jusques à la circon-férence de ladite parabole, les quarrez de telles ordonnées seront égaux aux rectangles; sçavoir le quarré de la ligne tirée du point 12 à la parabole, sera égal au rectangle fait par le costé droit de ladite parabole qui est F E, & la portion de l'axe 11 12; le quarré de l'ordonnée tirée du point 13 à la para-bole, sera égal au rectangle E F par 11 13, & ainsi des autres. Ce qui fait voir que les quarrez des ordonnées sont égaux aux quarrez des perpendiculaires qu'on a tirées en l'air des points 3, 4, 5, &c. & par conséquent les ordonnées se-ront égales ausdites perpendiculaires. Mais d'autant que les perpendiculaires sont en égale distance l'une de l'autre, & les ordonnées inégalement distantes l'une de l'autre, cela est cause qu'on ne peut pas comparer le plan fait par les perpendiculaires avec le plan qui se fait par les ordonnées, d'autant que les perpendiculaires divisent la ligne en parties égales, mais les ordonnées ne divisent pas l'axe également, mais inégalement; & ainsi le plan qui se fait des perpendiculaires ne peut pas estre comparé avec le plan fait par les or-données pour en sçavoir la raison.

Maintenant il faut considérer la raison des solides, si la figure se tournoit sur la ligne F 5 3 étenduë en ligne droite, supposant que le trait du com-pas se fasse du point F, &. de l'ouverture F 3. Or nous avons trouvé par le précédent discours, que le rectangle E F par 11 12 est égal au quarré de la perpendiculaire sur 4 en l'air; le rectangle E F par 11 13, égal au quarré de la perpendiculaire sur 5 en l'air, & ainsi des autres : partant toutes ces lignes se-ront homologues avec les quarrez desdites perpendiculaires. Or les lignes 11 12, 11 13, 11 14, &c. ne sont point sinus, parce qu'elles ne partent pas du demi-diamétre D 1, car il s'en faut la ligne D 11 qu'elles ne viennent jusques à D 1. Que si elles estoient des sinus, nous ferions la raison comme en l'autre précédente raison des solides, sçavoir comme les petits sinus au sinus total D 1 pris autant de fois. Or les lignes 11 12, 11 13, 11 14, &c. sont les mesmes que si du point 4 on menoit une perpendiculaire sur 11 3, & du point 5 & 6 sur la mesme 11 3, & ainsi de tous les autres points qui divisent la cir-conférence. Or toutes ces lignes ne sont point sinus, car il s'en faut la li-gne 11 D, ou la perpendiculaire qui seroit tirée du point 3 sur la ligne D 1, sçavoir 3 25. Comme donc la ligne 11 3, ou D 25 son égale, à la circonfé-rence F 5 3, ainsi tous les petits sinus sont au sinus total pris autant de fois. Mais pour trouver l'équation des solides il faut avoir la différence des si-

nus,

nus, sçavoir D 12, D 13, D 14, D 15, D 16 moins autant de fois D 11; partant toutes les différences des petits sinus sont au sinus total pris autant de
fois, moins le mesme espace D 11 pris autant de fois, comme le solide fait
par les quarrez des perpendiculaires au cylindre qui se fait. Cecy sera mieux

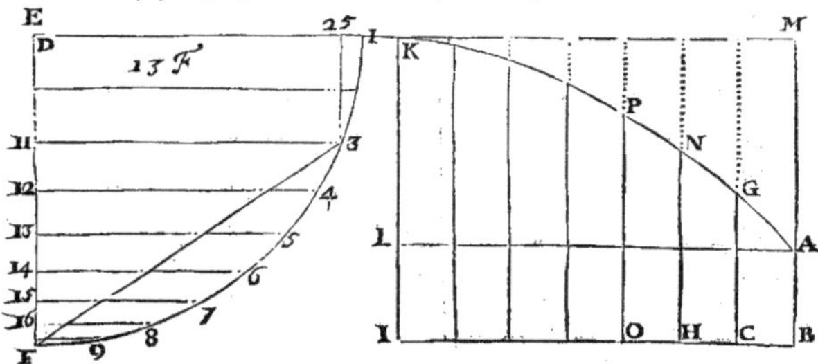

représenté par la petite figure qui est icy. Que I B soit égal à la circonférence F 5 3; A B à D 11 ou à 3 25; & les lignes C G, H N, O P, &c. égales
à D 12, D 13, D 14, & autres sinus, desquels il faut retrancher A B ou D 11
pris autant de fois, c'est-à-dire, le parallelogramme A B I L. Tout cela se
doit comparer au sinus total pris autant de fois, qui est D F en la grande
figure, mais en la petite c'est I K qui fait le parallelogramme I K B M duquel il faut oster le mesme parallelogramme A B I L; & partant il reste le
parallelogramme L A M K, & de I K A B il restera le triligne L A P K; & partant le solide fait par les quarrez des perpendiculaires est au cylindre de la
grande, comme le triligne L A K au parallelogramme L K M A. Mais ne nous
contentant pas de cela, nous cherchons des raisons en lignes; & retournant
à la grande figure, nous disons: Comme tous les petits sinus sont au grand
sinus pris autant de fois; ainsi le sinus 11 3 est à la circonférence F 3. Or il
faut oster de cette raison ce qui y est de trop, & dire: Comme tous les
petits sinus moins 11 D pris autant de fois, au sinus total pris autant de fois,
moins le mesme 11 D pris autant de fois; & changeant la proportion on
dira: Comme le sinus total D F est à D 11, ainsi la circonférence F 5 3 sera
à quelque portion de la mesme circonférence F 5 3, laquelle portion il faut
oster de la ligne ou sinus 11 3; & par ainsi la ligne 11 3, quand on en a osté
ce qui avoit esté retranché de ladite circonférence F 5 3, est à ce qui reste de
ladite circonférence F 5 3, comme le petit solide fait des quarrez de perpendiculaires est à leur cylindre. Or tous les sinus & la circonférence mé
sont donnez; & partant la raison des solides sera connuë, ce qu'il falloit
prouver.

    Maintenant il faut considérer sur la mesme figure la raison des solides Voyez la fi-
gure suivan-
te.
entr'eux quand elle roule sur la ligne circulaire F 2 21 étenduë comme droite,
& quand l'ouverture du compas est F 21, sans répéter ce qui a esté dit cy-
devant: on trouve que les quarrez des perpendiculaires tirées en l'air des
points 21, 22, 23, 24, &c. sont entr'eux comme les lignes 20 19, 20 18,
20 17, &c. Or toutes ces lignes se doivent considérer en cette sorte, 20 D
— 19 D; 20 D — 18 D; 20 D — 17 D, & ainsi des autres. Les suivantes se considérent ainsi, 20 D + 10 D; 20 D + 11 D; 20 D + 12 D;
20 D + 13 D, &c. en sorte que 20 D est pris autant de fois qu'il y a de
divisions en la circonférence F 2 21 & les autres sinus, sçavoir D 10, D 11
D 12, D 13 &c. sont pris autant de fois qu'il y a de divisions au quart de

I I i

la circonférence F 5 1. Pour avoir cecy il en faut ofter les lignes D 19, D 18,
D 17, & les autres prifes autant de fois qu'il y a de divifions dans la circonférence 1 21. Voilà une des équations ; l'autre eft la ligne F 20 prife
autant de fois qu'il y a de divifions en la circonférence F 2 21.

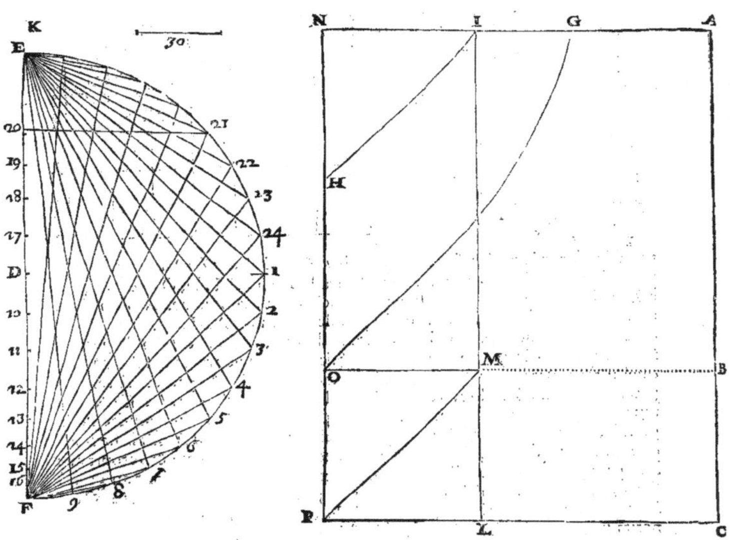

Pour mieux entendre ce difcours, on fera la figure qui eft icy à cofté
du demi-cercle, en laquelle A B vaut F 1, quart de la circonférence ; B C
vaut 1 21 ; & la toute A C vaut la circonférence F 3 21 ; A N vaut F 20,
& par ainfi le parallelogramme N C vaut ce qui eft contenu dans 20 F 2 21 ;
N G vaut F D finus total ; A G ou fon égale N I vaut D 20 ; N H égale à
O P vaut la circonférence 1 21. Nous difons donc que comme le rectangle
A N P C eft au rectangle I N P L $+$ le triligne N G O — le triligne
I N H ou O M P fon égal, ainfi le cylindre eft au folide qui fe fait quand
la figure retranchée du cylindre tourne fur la circonférence F 1 21 étenduë
en ligne droite ; ce qu'il falloit démontrer.

Nous venons maintenant à une confidération qui eft que prenant toûjours le mefme point F, & l'ouverture du compas telle que fon quarré foit
égal aux quarrez de F E & de la ligne 30, il fe trouve, par exemple, que
les quarrez de F E & de 30 font égaux aux quarrez de F 22 & de la perpendiculaire tirée en l'air du point 22, & ainfi de tous les autres. Or le
quarré F E vaut les quarrez E 22 & 22 F ; partant les quarrez de E 22, 22 F,
& de 30 font égaux au quarré de 22 F & à celuy de la perpendiculaire tirée de 22 en l'air. J'ofte des deux équations ce qui eft commun, fçavoir le
quarré F 22, & il me refte d'une part le quarré E 22 $+$ le quarré 30 égal au

quarré de la perpendiculaire tirée en l'air du point 2 2 ; & ainsi tous les quarrez des perpendiculaires tirées en l'air de tous le points qui divisent la demi-circonférence, sont égaux aux quarrez des lignes qui partent du point E,
& se terminent ausdits points, plus le quarré de la ligne 30. Il faut remarquer que la ligne 30 ne change point, mais les autres changent toûjours,
puisque les quarrez E 22 & 22 F, E 23 & 23 F, & tous les autres sont égaux
au quarré F E pris autant de fois. Mais de tous ces quarrez je n'ay besoin
que de la moitié ; partant cette moitié sera égale à la moitié du quarré F E
pris autant de fois. (On ne prend que la moitié de cette somme de quarrez,
parce qu'on n'en a pas besoin d'autre chose; car joignant lesdits quarrez au
quarré de 30 pris autant de fois, on aura la valeur des quarrez des perpendiculaires en l'air, qui est ce qu'il faut avoir.)

Nous conclurons donc que le solide qui se fait par la révolution des
perpendiculaires qui tournent sur la circonférence étenduë comme une ligne droite, est égal à deux cylindres, le premier desquels a d'une part la ligne F E, & de l'autre la mesme circonférence étenduë ; & de céluy-cy il
n'en faut prendre que la moitié. L'autre cylindre a la mesme circonférence
étenduë, & la ligne 30 pour hauteur ; car en l'un & l'autre cylindre, la figure tourne sur la circonférence étenduë ; & ainsi le cylindre des perpendiculaires est égal à ce petit cylindre & à la moitié du grand tout ensemble ; ce qu'il falloit démontrer.

Il faut voir maintenant la comparaison des plans, & comment ils sont
entr'eux. Nous avons trouvé que les quarrez de E 22 & de 30 sont égaux
au quarré de la perpendiculaire élevée sur le point 22, & le rectangle F E 19
est égal au quarré E 22. Je fais un rectangle égal au quarré 30 sur la ligne EF,
& sur quelqu'autre ligne tirée depuis E en K, & ainsi les deux rectangles
joints ensemble, sçavoir F E 19, & F E K, qui valent le rectangle F E K 19
sont égaux aux quarrez de E 22 & de la perpendiculaire 30 , comme aussi
au quarré de la perpendiculaire élevée sur le point 22. Or si du point K comme sommet je décris une parabole, dont le costé droit soit égal à F E, & K F
soit l'axe : le quarré de l'ordonnée qui partira du point 19 sera égal au
rectangle F E par 19 K, & ainsi de toutes les autres; partant les quarrez
desdites ordonnées seront égaux aux quarrez des perpendiculaires tirées en
l'air, & les mesmes ordonnées égales aux perpendiculaires ; c'est pourquoy
le plan occupé par les perpendiculaires devroit estre égal au plan occupé par
les ordonnées.

Mais la comparaison ne se peut pas faire de la sorte, parce que les perpendiculaires sont également distantes l'une de l'autre ; mais les ordonnées
le font inégalement, puis que la ligne F E est toute coupée en parties inégales, & partant le plan ne peut estre comparé au plan.

Nous venons maintenant à considérer qu'elle est la raison, ou comparai- *Voyez la figure sui-vante.*
son des quarrez des sinus avec le quarré du diametre F E. La circonféren-
ce F 1 E est divisée en parties infinies & égales, & les lignes 24 17, 23 18,
22 19, 21 20, 16 31, 27 32, 28 33, & 29 34 sont toutes sinus droits. Je dis
que le quarré D 24 demi-diametre vaut le quarré 17 24, & le quarré 17 D
qui est sinus de complément égal à la ligne tirée du point 24 perpendiculaire sur le demi-diametre D 1, & est égale au sinus 29 34. Le mesme quarré
du demi-diametre D 23 est égal aux quarrez de 18 23, & de 18 D sinus de
complément égal à la perpendiculaire tirée de 23 sur D 1, & aussi au sinus
droit 28 33. Le quarré de D 22 est égal aux quarrez de 22 19, & de 19 D
sinus de complément égal à la perpendiculaire tirée de 22 sur D 1 & au sinus
27 32, & ainsi de tous les autres, en telle sorte que tous les sinus de complément sont égaux aux sinus droits, cy-devant marquez ; & ainsi les quarrez

de tous les sinus pris deux fois (ce qui se doit faire, puis que les uns sont égaux aux autres) sont égaux au quarré du demi-diamétre D 1 pris autant de fois qu'il y a de sinus. Mais le quarré du demi-diamétre n'est que le quart du quarré du diamétre ; partant le quarré du diamétre sera huit fois la somme des quarrez des sinus, c'est-à-dire, que les quarrez des sinus sont au quarré du diamétre pris autant de fois comme 1 à 8. Voilà la premiére partie.

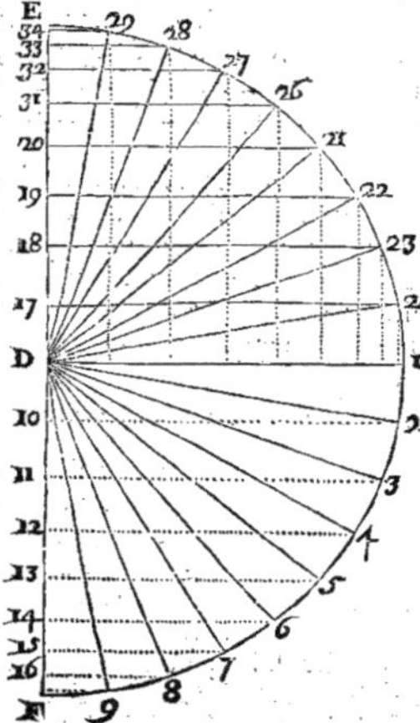

Pour la seconde. Le quarré de F E est égal aux quarrez de F 33 & 33 E, plus deux fois le rectangle F 33 E, qui est à dire le quarré 28 33 deux fois ; le mesme quarré F E est égal aux quarrez F 32 & 32 E, plus deux fois le rectangle F 32 E, ou deux fois le quarré 32 27 ; le mesme F E est égal aux quarrez F 31 & 31 E, plus deux fois le rectangle F 31 E, ou le quarré 31 26 ; le mesme quarré F E est égal aux quarrez F 20 & 20 E, plus deux fois le rectangle F 20 E, ou le quarré 20 21, & ainsi de tous les autres tant en haut qu'en bas : & de cette sorte le quarré F E vient à estre égal à deux fois tous ces petits quarrez F 34, 34 E ; F 33, 33 E ; F 32, 32 E, & tous les autres, en telle sorte que le quarré F E pris autant de fois est double de tous ces quarrez, & de plus, à deux fois les quarrez de 34 29, 33 28, 32 27, & les autres. Nous avons veû comme tous les quarrez de ces sinus 34 29, 33 28, &c. sont au quarré du diamétre F E pris

autant de fois, comme 1 à 8. Or ils sont icy deux fois, & les sinus verses aussi deux fois ; partant deux fois les quarrez des sinus verses, & deux fois les quarrez des sinus droits sont égaux à huit fois les quarrez des sinus droits ; & ostant de part & d'autre deux fois les quarrez des sinus droits, restera d'une part deux fois les quarrez des sinus verses égaux à six fois les quarrez des sinus droits ; & prenant la moitié, les quarrez des sinus verses seront égaux à trois fois les quarrez des sinus droits ; partant les quarrez des sinus verses sont à ceux des sinus droits, comme 3 à 1, mais le quarré de F E pris autant de fois est aux quarrez des sinus droits, comme 8 à 1 : donc le quarré de F E pris autant de fois est aux quarrez des sinus verses, comme 8 à 3, ce qu'il faloit trouver.

La précédente conclusion nous servira pour trouver la raison du solide que fait la Roulette, quand elle tourne sur la circonférence du cercle générateur étenduë en ligne droite. Car le solide fait par les sinus verses (voyez la figure de la Roulette, qui est placée cy-après page suivante) sçavoir par M 1, N 2, O 3, P 4, &c. est au solide fait par le parallelogramme composé du diamétre du cercle, & de la circonférence d'iceluy étenduë en ligne droite, comme 3 à 8 par la conclusion précédente. Nous sçavons aussi que l'espace compris entre les deux lignes A 11 D & A 4 D est égal au demi-cercle A H B, parce que les lignes d'un des espaces sont égales aux lignes de l'autre espace par la construction : partant le double de l'espace est égal au cercle entier A H B A, de sorte que tout ce qui se dira du cercle se doit entendre dudit espace doublé. Mais il a esté démontré que le cylindre de A B est au solide

lide

lide qui se fait lors que la figure A 12 D 5 A tourne sur la ligne ou circonférence A C, comme 8 à 2, lesquels 2 joints à 3 qu'on a trouvez cy-devant,
font 5, qui est la raison qu'il y a du solide entier de la roulette, à son cylindre
A B D C doublé; car A B D C n'est que la moitié de l'espace parcouru par la
roulette.

Remarquez que ce solide qui est au cylindre A D tourné sur C, comme 1
à 4, ou 2 à 8: est celuy que fait l'espace compris entre les deux lignes A 12
D & A 4 D,
qui est égal à
celuy que fe-
roit le demi-
cercle A H B
par la mesme
révolution, par-
ce que l'une &
l'autre figure a
ces lignes éga-
les, & posées
en mesme dif-
tance de A C,
& partant est le

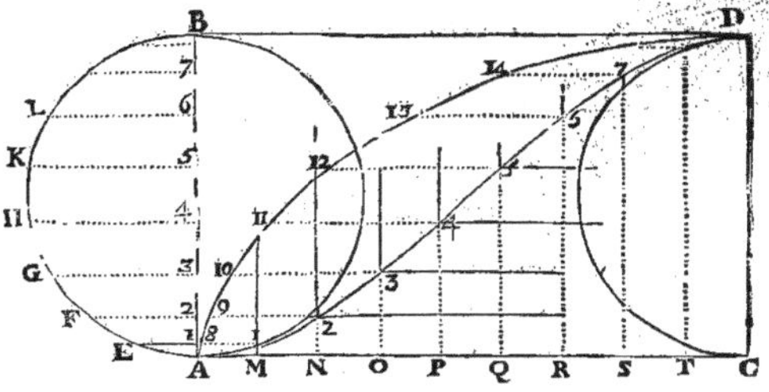

quart dudit cylindre A D; & joignant ledit solide à celuy qui se fait par
l'espace compris entre les lignes A 4 D & A C, qui est audit cylindre comme 3 à 8, on aura le solide fait par l'espace compris entre A 12 D & A C,
qui sera 5, ledit cylindre A D estant 8.

TRACER SUR UN CYLINDRE DROIT
un espace égal à la superficie d'un cylindre oblique donné;
& d'un seul trait de compas.

LE cercle B D C E est la base d'un cylindre oblique, les costez duquel
partans des points B, G, H, I, &c. vont obliquement rencontrer un autre cercle en haut, qui est l'autre base du cylindre, & est parallele au premier B D C E: (ce cercle peut estre représenté par le cercle F N O P, &c.
mais il est en l'air & à plomb audessus de celuy-cy) l'axe du mesme cylindre
sort du centre A, & va rencontrer obliquement le centre dudit cercle supé-
rieur. Or nous feignons que du sommet de l'axe soit tirée une perpendiculaire qui tombe sur le point T, & que du sommet de tous les costez du cylindre s'abaissent des perpendiculaires qui tombent aux points F, N, O, P,
&c. qui font la circonférence d'un cercle dont le centre est le point T, &
lequel est égal au premier B D C, comme il est aisé à voir. Or divisant les
deux cercles ou bases du cylindre en parties infinies aux points G, H, I, L, &c.
& feignant des lignes tirées G H, H I, I L, &c. ces petites lignes passent pour
la circonférence mesme, & le cylindre en cette sorte se trouve divisé en infinies parallelogrammes; car les costez du cylindre avec la portion de la circonférence des deux cercles font des parallelogrammes qui composent tout
l'espace du cylindre; de sorte qu'il faut comparer tous ces parallelogrammes
au grand parallelogramme pris autant de fois. Si du point G je tire une ligne
touchante G 1, & du point correspondant à G, sçavoir de N, je tire une perpendiculaire à ladite touchante, qui la rencontre au point 2; si du sommet
du costé du cylindre (j'entens du costé qui commence en G, & va finir à
l'autre cercle au-dessus du point N) je tire une ligne au point 2: cette ligne

KKk

sera perpendiculaire à la ligne G 2. Du point H je tire une ligne touchante,
& du point O correspondant à H, je tire une perpendiculaire à ladite touchante, sçavoir O 3, & ainsi des autres points I & P, L & Q, &c. je ne
parle plus de la ligne tirée d'enhaut, car il suffit d'avoir dit une fois qu'elle
sera perpendiculaire à la mesme touchante. Ayant ainsi tiré autant de perpendiculaires qu'il y a de touchantes à chaque point, ces lignes seront N 2,
O 3, P 4, Q 5, &c. Si chacune de ces lignes est continuée comme 2 N 7,
3 O 8, 4 P 9, &c. elles iront toutes finir au point T centre du cercle F S 17.
Pour la preuve, nous feignons qu'il y a une ligne A G, laquelle avec 2 7
compose un quadrilatere: en iceluy l'angle 7 2 G par la construction est droit;
l'angle A G 2 est droit, sçavoir du centre au point d'atouchement; partant
2 N, & G A sont paralleles. Soit tirée N T, l'arc G B estant égal à l'arc N F.
Il s'ensuit que l'angle G A B est égal à l'angle N T F, puis qu'ils sont faits
tous deux aux centres T & A des deux cercles égaux B D C & F S 17, &
partant la mesme G A sera parallele à N T; donc 2 N 7, & N T sont paralleles
entr'elles; mais elles se joignent au point N, & partant elles ne font ensemble qu'une mesme ligne.

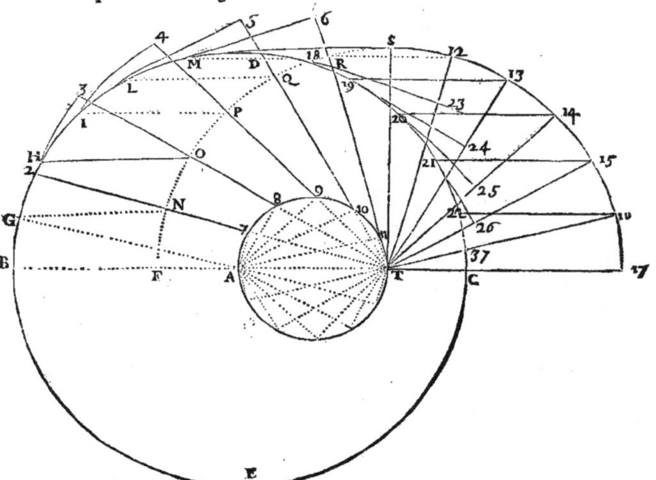

Maintenant il faut considérer les parallelogrammes, au lieu desquels je
prens la perpendiculaire qui tombe du sommet sur les touchantes cy-devant,
comme du sommet du costé du cylindre qui part de G & va en l'air, j'a-
baisse la perpendiculaire sur le point 2, laquelle est la hauteur ou perpendiculaire du parallelogramme composé de la ligne G 2, qui passe dans les indivisibles pour circonference, & du costé du cylindre qui part de G & va en
l'air, lequel costé vaut pour deux costez du parallelogramme, sçavoir commençant en G & 2, & finissant en la circonference de la base supérieure du
cylindre; & par ainsi on a les quatre lignes du parallelogramme, sçavoir G 2
(qui passe pour circonference) & son égale en la circonference de la base

fupérieure, & les deux coftez du cylindre. Mais au lieu du parallelogramme nous confidérons un triangle qui a pour un de fes coftez la perpendiculaire tirée du fommet du cofté fur le point 2, & qui fe peut nommer la perpendiculaire ou hauteur du parallelogramme; & pour les deux autres coftez, la ligne G 2, & le cofté du cylindre tiré de G en l'air. Or en ce triangle le cofté du cylindre vaut en puiſſance la ligne G 2, & la perpendiculaire tirée du fommet & finiſſant en 2. Il faut enfuite confidérer un autre triangle, dans lequel la mefme perpendiculaire tombant en 2 foit un des coftez; 2 N foit un autre cofté; & le troifiéme foit la ligne tombante perpendiculairement du fommet du cofté fur le plan du cercle au point N. Or en ce triangle la perpendiculaire qui tombe fur 2 peut autant que les deux lignes 2 N, & la perpendiculaire qui tombe du fommet fur N. Mais cette perpendiculaire qui tombe du fommet fur N, O, P, Q, & autres points de la circonférence eft toûjours égale : mais les lignes 2 N, 3 O, 4 P, 5 Q, &c. font inégales; car 2 N vaut 7 T; 3 O vaut 8 T; 4 P eft égale à 9 T, & ainfi des autres qui toutes font inégales.

Au premier triangle G 2 & l'autre point qui eft au cercle fupérieur le cofté du cylindre qui va de G en l'air à l'autre cercle fupérieur, vaut la ligne tirée du fommet (qui eft ce troifiéme point en l'air) & qui finit en 2, & la ligne G 2. (on doit entendre cecy de tous les autres points & triangles qui fe peuvent former de la mefme forte.) Mais les lignes G 2, H 3, I 4 &c. vont toûjours augmentant; car G 2 eft égale à la foûtendante A 7, la ligne H 3 à A 8, I 4 à A 9; toutes lefquelles lignes A 7, A 8, A 9 font inégales. Mais avant que de conclure il faut prouver que la ligne G 2 eft égale à A 7, H 3 à A 8, & ainfi des autres; de plus que 2 N eft égale à 7 T, 3 O à 8 T, &c. Pour cét effet, il faut confidérer les triangles 2 G N, & A T 7, aufquels l'angle 2 N G eft égal à l'angle A T 7; car les lignes G N, A T font paralleles, l'angle N 2 G eft droit, par la conftruction, & pareillement T 7 A qui eft dans le demi-cercle, & partant le troifiéme angle eft égal au troifiéme; la ligne G N eft égale à A T, & partant tout le triangle à l'autre triangle, & partant la ligne 2 N à 7 T, & G 2 à la foûtendante A 7; ce qu'il falloit démontrer.

Il nous refte à voir le rapport & la raifon de tous les petits parallelogrammes à leur plus grand pris autant de fois. Or il faut confidérer que les petits parallelogrammes bien qu'ils ayent les coftez égaux, car ils font compofez des coftez du cylindre & de la portion de la circonférence divifée en parties égales infinies, & cette divifion eft faite aux deux cercles ou bafes d'iceluy cylindre; & d'autant que les angles font inégaux, les parallelogrammes font inégaux, & ainfi leur hauteur fera inégale, & c'eft par cette hauteur qu'il faut confidérer lefdits parallelogrammes. Il faut voir premiérement le plus grand de tous qui eft fait de B G, tant en la bafe du cylindre B D C, qu'en l'autre qui eft en l'air, & des coftez du cylindre. Or en ce parallelogramme il faut remarquer que la perpendiculaire qui eft la hauteur dudit parallelogramme, & qui du fommet tombe fur le point B, n'eft autre chofe que le cofté du cylindre; & confidérant le fecond parallelogramme qui a pour coftez G H & les coftez du cylindre, on voit que ce cofté du cylindre vaut en puiſſance la ligne G 2, & la perpendiculaire ou hauteur du mefme parallelogramme; & partant ladite perpendiculaire ou hauteur du parallelogramme eft plus petite que la perpendiculaire du premier, qui eft égale au cofté du cylindnre; & par ainfi ces hauteurs ou perpendiculaires vont toûjours en diminuant jufques au quart de cercle, & puis aprés vont en croiſſant au quart fuivant.

Remarquez que les lignes G 2, H 3, I 4, L 5 qui font touchantes, paffent pour la circonférence des divifions du cercle, & pour coftez des parallelogrammes.

K K k ij

Il faut entendre en cette figure rectiligne, que K V est égale à la plus grande des perpendiculaires, & aussi au costé du cylindre, & qui tombe per-pendiculairement sur le costé B G au point

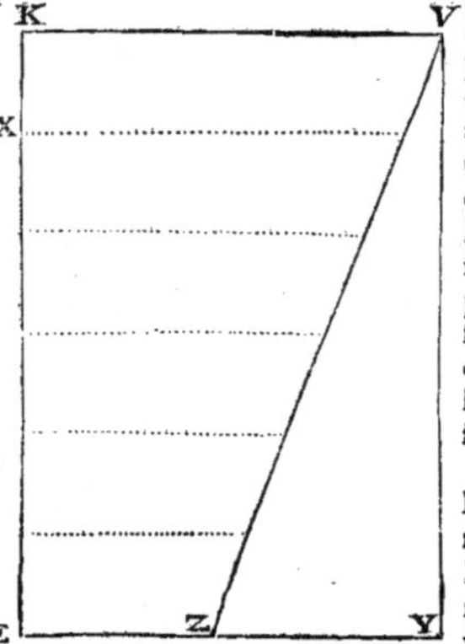

B: la ligne K X & les autres divisions representent & sont égales à celles de la circonférence, comme K X à B G, & ainsi des autres; car K E est supposée égale au quart de la circonférence B H D. Le plus grand des parallelogrammes est fait des lignes K V, K X; & quand il est pris autant de fois qu'il y en a de petits, il occupe l'espace K V Y E; partant toutes ces lignes sont à la grande K V prise autant de fois, comme la figure K V Z E est au quart de la superficie du cylindre qui est icy représenté par le parallelogramme K V Y E.

Il faut passer plus avant, & considérer les perpendiculaires qui sont tirées du sommet sur les points 2, 3, 4, 5, &c. du cercle B D C. Or chacune de ces perpendiculaires, par éxemple celle qui part du point 2, vaut la ligne qui tombe perpendiculairement sur le point N & la ligne N 2; la perpendiculaire qui tombe sur le point 3 vaut en puissance celle qui tombe perpendiculairement sur O, & la ligne O 3, & ainsi des autres. Cecy s'explique mieux dans le petit cercle A 9 T. Il faut donc concevoir la ligne qui part du point A centre du grand cercle B D C base du cylindre oblique, & qui va trouver le centre de l'autre cercle qui est la base supérieure du mesme cylindre, duquel centre on abaisse la perpendiculaire qui tombe sur la circonférence du petit cercle A 9 T au point T. Ayant trouvé le point T, de l'intervale A T comme diamétre je forme le cercle A 9 T; la demi-circonférence duquel est divisée en autant de parties égales qu'il y en a au quart B D de la circonférence du cercle B D C. Puis aprés, du point duquel j'ay tiré la perpendiculaire sur le point T, je tire des lignes aux points 11, 10, 9, 8, 7, &c. qui font la division du cercle, com-me il a esté dit. Du point T je tire des lignes aux mesmes points 11, 10, 9, 8, 7. Je dis davantage que le cercle A 9 T nous représente la base d'un cylindre droit qui a son autre base en l'air, sçavoir un cercle dont la circonférence passe par le point d'où est tiré la ligne qui tombe sur T, & est aussi le centre de la base supérieure du cylindre oblique, & on nommera icy ledit point qui est en l'air, sommet. Nous disons donc que la ligne tirée en l'air dudit sommet sur le point 7, est égale en puissance aux deux lignes dont lune est celle qui tombe perpendiculairement dudit sommet sur le point T; & l'autre est T 7. La ligne qui part dudit sommet, & va au point 8, est égale en puissance à la susdite qui tombe dudit sommet sur T, & à T 8, & ainsi de toutes les lignes qui vont au point du cercle A 9 T. Or la ligne qui tombe sur le point T est toûjours la mesme, & est la hauteur perpendiculaire du cylindre oblique; & toutes ces lignes qui partent dudit sommet, & vont sur les points 7, 8, 9, 10, 11, &c. forment un cône dont ledit point d'où sortent toutes ces lignes, & aussi celle qui tombe sur T, est le sommet; & chacune desdites lignes qui vont dudit sommet sur 7, 8, 9, &c. sont chacune égales en puissance à ladite ligne qui tombe sur T, & à celle qui de T va sur le point de la circonférence A 9 T, auquel celle qui part du sommet aboutissoit aussi.

Or en tout cecy on doit considérer la figure du discours précédent, qui

est

eſt icy décrite, en laquelle nous feignons que l'ouverture du compas ſe doit
faire ſur un cylindre droit poſant un pied du compas pour pole ſur le point
F, & traçant de l'autre ſur le cylindre, & faiſant ladite ouverture plus grande que le diametre F E : la pointe du
compas va toucher la plus petite des
perpendiculaires, laquelle partira du
point E, & montera le long du cylindre, & les perpendiculaires ſuivantes qui
partent des points 29, 28, 27, 26, 21,
22, 23, &c. juſques au meſme point F,
auquel lieu la perpendiculaire eſt égale
à l'ouverture du compas, & partant la
plus grande de toutes ces perpendiculaires. Or la ligne qui eſt l'ouverture
du compas eſt égale en puiſſance à la
ligne F E, & à la moindre perpendiculaire, ſçavoir à celle qui va du point E
le long du cylindre. Prenons maintenant quelqu'autre point comme 22.
Nous diſons que la ligne qui eſt l'ouverture du compas vaut les quarrez de
la ligne F 22, & de la perpendiculaire
du point 22 en l'air ; partant les quarrez de F E & de la perpendiculaire ſur
E en l'air, ſont égaux aux quarrez F 22
& de la perpendiculaire ſur 22 en l'air.
Au lieu du quarré F E, je prends les
quarrez de F 22, & de 22 E ; partant les
quarrez de F 22, & de la perpendiculaire ſur 22 en l'air, valent les quarrez de
F 22, 22 E, & de la perpendiculaire ſur E en l'air. Des deux grandeurs oſtez
ce qui eſt commun, ſçavoir le quarré de F 22, reſtera le quarré de la perpendiculaire ſur 22 en l'air, égal aux quarrez de 22 E & de la perpendiculaire
ſur E en l'air ; & faiſant le meſme aux autres points 23, 24, 25, 26, 27, &c.
on aura le quarré de la perpendiculaire ſur 23, par éxemple, égal aux quarrez
de 23 E, & de la perpendiculaire ſur E en l'air, & ainſi des autres : par ainſi
nous trouvons que les quarrez deſdites perpendiculaires en l'air ſont égaux
aux quarrez de la perpendiculaire ſur E en l'air, & des ſoutendantes 23 E,
22 E, 26 E, &c.

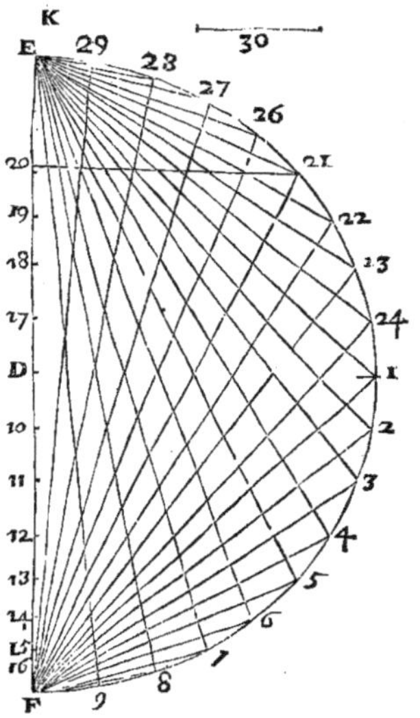

Or ſi on ſuppoſe que le cercle A 9 T ſoit auſſi grand que F 22 E de la *Voyez la*
préſente figure, & qu'ils ſoient tous deux également diviſez, & que l'ouver- *figure de la*
ture du compas vaille en puiſſance le diametre F E, & la hauteur du cylin- *page 222.*
dre oblique, ſçavoir la ligne qui tombe perpendiculairement ſur T, alors
les perpendiculaires bornées par le trait du compas, & tirées en l'air des
points E, 29, 28, 27, 26, &c. ſont toutes égales aux lignes qui tombent ſur
les points T, 11, 10, 9, 8, 7, A, & qui ſont tirées du centre de la baſe ſupérieure du cylindre oblique, qui eſt le ſommet d'où tombe perpendiculairement la ligne ſur le point T, & cette ligne eſt la plus courte de toutes celles
qui tombent dudit point ſur le cercle A 9 T, & eſt égale à la perpendiculaire tirée ſur le point E en l'air, & coupée par ladite ouverture du compas ; la
ligne qui aboutit au point 11, & vient du meſme ſommet, eſt égale à la perpendiculaire ſur le point 29 en l'air, & coupée par le compas ; & ainſi toutes
les lignes tirées du ſommet, ou centre de la baſe ſuperieure du cylindre obli-

L L l

que font égales aux perpendiculaires retranchées par le compas fur la furface du cylindre droit. Or les lignes ainſi tirées du centre oblique fur le cercle A 9 T font égales aux lignes qui tombent fur les points 2, 3, 4, &c. & qui font tirées de la circonference de ladite bafe fuperieure du cylindre oblique, ſçavoir des points de ces perpendiculaires aux points F, N, O, P, &c. & les foutendantes T 7, T 8, T 9, &c. font égales aux lignes N 2, O 3, P 4, &c. Nous difons donc que les parallelogrammes qui font en mefme hauteur, & dont les bafes font égales, doivent eſtre égaux, & contiennent des efpaces égaux. Or pour mieux entendre cette égalité, nous devons feindre que le cercle A 9 T va jufques au centre du cercle F P S 17, & que fon diamétre A T eſt égal à B A demi-diamétre du cercle B D C ; & ainſi le demi-cercle A 9 T fera égal au quart de cercle B D. Or le trait du compas qui s'eſt fait en la derniére figure F 22 E, fe rapporte entiérement à ce qui s'eſt fait dans le cercle A 9 T de l'autre figure ; & partant le trait du compas fait fur le cylindre droit eſt égal au quart de la circonférence du cylindre oblique.

Pour conclufion. Si le cercle de la derniére figure F 22 E eſt égal à celuy de l'autre figure, ſçavoir B D C, & que la perpendiculaire retranchée par le compas, & qui part du point E en l'air (quand le compas eſt plus ouvert que F E) eſt égale à la perpendiculaire tirée de la bafe fupérieure du cylindre oblique à l'autre bafe, & qui eſt la vraye hauteur dudit cylindre oblique, & qu'on a fuppofé tomber de la bafe fupérieure fur les points F, N, O, P, &c. & mefme fur C : toutes les perpendiculaires retranchées par le compas fur le cylindre droit dont la bafe eſt F 22 E, feront égales aux perpendiculaires tirées du cercle fupérieur du cylindre oblique fur les points B, 2, 3, 4, 5, &c. & la figure retranchée par le compas fera égale à la fuperficie du cylindre oblique duquel la bafe eſt le cercle B D C, & la hauteur perpendiculaire double de la perpendiculaire fur E en l'air, & retranchée par le compas, ſçavoir de la perpendiculaire tant deffus que deffous ledit point E.

Voyez la figure fuivante.   Que la ligne C G foit le diamétre d'un cercle qui ferve de bafe à un cylindre droit duquel on ait retranché une fuperficie ; A C B foit le diamétre d'un cercle qui foit la bafe d'un cylindre oblique propofé ; C F foit l'axe dudit cylindre oblique ; F le centre de la bafe fupérieure, duquel tirant la ligne F G perpendiculaire fur A B, ladite F G fera la hauteur du cylindre oblique. Mais fi on éleve ledit axe C F perpendiculairement fur C, on aura fon égale C L qui eſt la hauteur qu'il faut donner au cylindre droit qui a la ligne C G pour diamétre de fa bafe ; & fi on tire de L en I une parallele à C G, & du point I la ligne I F G, le cylindre droit eſt achevé, fur lequel du point C, & intervalle C L on retranchera avec le compas la fuperficie L F, &c. Or nous avons veû cy-devant que ce qui eſt retranché fur la fuperficie du cylindre droit C L I G, eſt à la fuperficie du cylindre oblique propofé A E D B, comme le diamétre du cylindre droit C G, ſçavoir de fa bafe au demi-diamétre de la bafe du cylindre oblique A C ou C B. Or fi le diamétre du cylindre droit eſt égal au demi-diamétre de l'oblique, alors ce qui eſt retranché du cylindre droit fera égal à la fuperficie du cylindre oblique. Mais l'un n'eſtant pas égal à l'autre, pour trouver un retranchement qui foit égal à la fuperficie du cylindre oblique, il eſt néceffaire de trouver un cylindre droit femblable au premier C L I G, comme eſt C N M H. Pour le trouver, on prend une moyenne proportionnelle entre C B, & C G, laquelle eſt C H : du point H j'éleve la perpendiculaire H O M qui coupe la ligne C F en O, & fait le triangle C H O femblable au triangle C G F : ces triangles femblables fervent à faire le petit cylindre droit femblable au grand cylindre droit ; car du petit cylindre C N M H, on retranche

N E O, &c. & ce qui est retranché est égal à la superficie du cylindre oblique proposé ; car le retranché L F du cylindre droit C L I G est à la superficie du cylindre oblique proposé A E D B, comme le diamétre C G au demi-
diamétre C B. Mais le petit cylindre C N M H estant semblable au grand cylindre C L I G, le retranché de l'un sera semblable au retranché de l'autre :
les superficies des cylindres sont entr'elles en raison doublée de leurs diamétres ; partant la superficie du grand cylindre est à celle du petit en raison

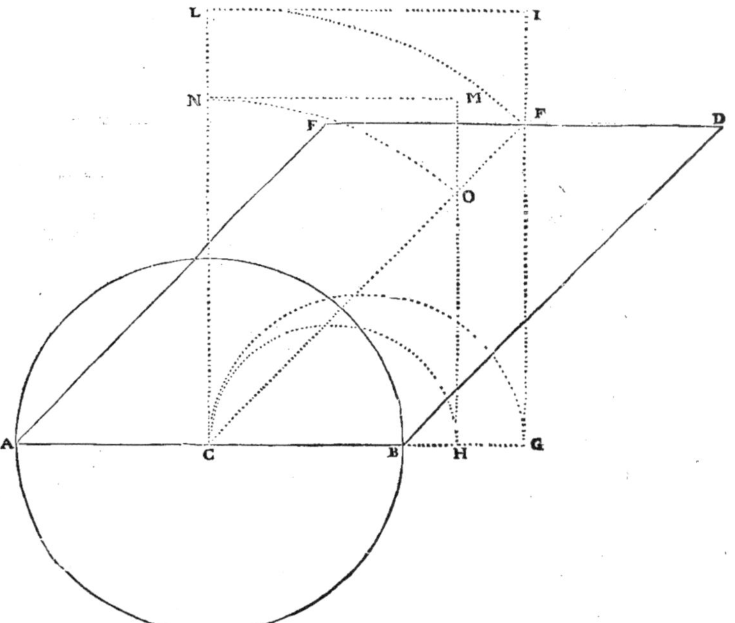

doublée de C G diamétre du cercle du grand cylindre à C H diamétre du
cercle du petit ; la superficie de l'un sera donc à celle de l'autre en raison
doublée de C G à C H, c'est-à-dire, comme C G à C B. Mais les cylindres
droits estant semblables, le retranché de l'un sera au retranché de l'autre,
comme toute la superficie de l'un à toute la superficie de l'autre ; partant le
retranché du cylindre droit C L F est au retranché du petit cylindre droit
C N E O, comme C G à C B. Mais le retranché du grand cylindre droit
est à la superficie du cylindre oblique, comme C G à C B ; partant le retranché du petit cylindre est égal à la superficie du cylindre oblique, puis
que l'un & l'autre a mesme raison au retranché du grand cylindre.

Tout ce qui a esté dit cy-devant pour couper sur un cylindre droit un espace égal à la superficie d'un cylindre oblique, se peut réduire à ce qui s'ensuit.

Soit fait la figure suivante dans laquelle le diamétre du petit cercle, sçavoir A T, doit estre égal au demi-diamétre du grand cercle B D C base inférieure, & de F P S 17 representant la base supérieure en l'air du cylindre
oblique dont le centre est perpendiculaire sur T joint au point C. Je dis que

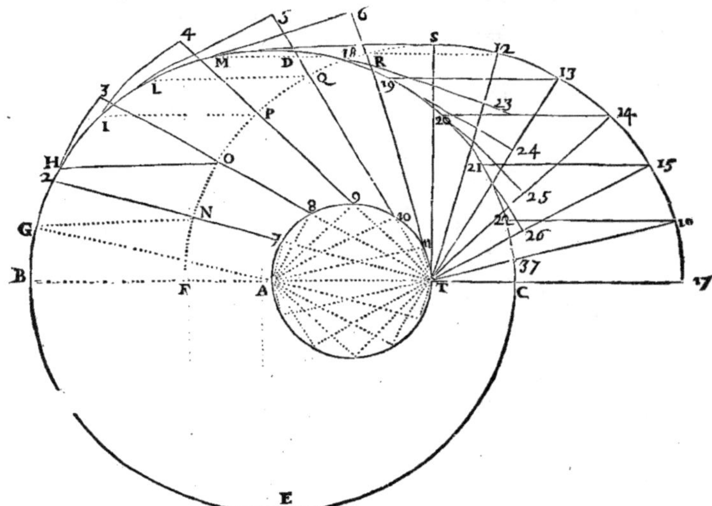

si on ouvre le compas autant que le costé du cylindre oblique, & que laissant
un des pieds du compas sur le point F joint au point A, on trace une ligne
sur le cylindre droit dont la base est A 9 T, l'espace compris entre ladite ligne, & ladite base A 9 T, sera égal à la superficie du cylindre oblique.

Soient divisées les bases desdits cylindres oblique & droit en une infinité
de parties égales, sçavoir, faisant autant de divisions sur le quart de cercle
B L D que sur le demi-cercle A 9 T, & ce, tant aux bases supérieures qu'aux
inférieures desdits cylindres; & tirant des lignes par les points desdites divisions, on fera plusieurs parallelogrammes qu'on prendra au cylindre oblique
d'une base à l'autre; mais au cylindre droit on les prendra depuis la base inférieure jusques à la section faite par le compas. Or lesdits parallelogrammes sont égaux en multitude en l'un & l'autre cylindre, & on les démontrera
aussi égaux en quantité, comme il s'ensuit.

Puisque les parallelogrammes susdits ont mesme base, puisqu'ils contiennent égale portion ou quantité en la circonférence de la base de chacun des
cylindres, reste à montrer que leur hauteur est égale. Cette hauteur est facile
à connoistre au cylindre droit, puisque le costé mesme du cylindre coupé par
le compas, la dénote : mais au cylindre oblique cette hauteur est la ligne tirée
de la base supérieure représentée par les points N, O, P, &c. perpendiculairement sur la tangente tirée du point correspondant en la base inférieure ;

ainsi

ainſi la ligne tirée de N en l'air ſur la touchante G 2 (qui part du point G de
la baſe inférieure correſpondant au point N de la ſupérieure) en ſorte qu'il
ſe faſſe un angle droit au point 2, eſt la hauteur du parallelogramme tiré
de G au point N en l'air de la baſe ſupérieure. Et de meſme, la hauteur du
parallelogramme tiré du point H au point qui eſt audeſſus de O en l'air en
la baſe ſupérieure, eſt la ligne tirée du meſme point O en l'air au point 3 ſur
la touchante H 3 où elles font enſemble un angle droit ; & ainſi les hauteurs de
tous les parallelogrammes ſont les lignes tirées des points de la baſe ſupérieure
prpendiculairement ſur les tangentes qui partent des points correſpondans en
la baſe inférieure ; & ainſi, le moindre de tous les parallelogrammes ſera celuy qui du point D de la baſe inférieure, eſt tiré au point correſpondant à
S en la ſupérieure ; car il n'a pour hauteur ſimplement que la hauteur du cylindre oblique, ſçavoir les lignes tirées perpendiculairement des points C,
F, N, O, &c. à la baſe ſupérieure. Comme le plus grand deſdits parallelogrammes eſt celuy qui de B eſt tiré vers F en l'air ; car ſa hauteur eſt le
coſté entier du cylindre oblique : il reſte à démontrer que ces perpendiculaires ſont égales en l'un & en l'autre cylindre.

Premiérement, il eſt certain que l'ouverture du compas, qui fait le retranchement ſur le cylindre droit, eſtant égale au coſté du cylindre oblique, la
perpendiculaire ſur A au cylindre droit, bornée par le trait du compas, ſera
égale à celle qui va du point B au point correſpondant de la baſe ſupérieure du cylindre oblique, qui eſt auſſi le coſté du cylindre oblique. Et pareillement la perpendiculaire ſur le point T au cylindre droit eſt égale à la
hauteur du cylindre oblique, & à la ligne tirée perpendiculairement du point
S à ſa baſe ſupérieure ; car l'axe du cylindre oblique qui du centre A de la
baſe inférieure va à celuy de la ſupérieure qui eſt audeſſus de T, eſt égal au
coſté du cylindre oblique, & partant à l'ouverture du compas : mais ledit
point T en l'air, centre de la baſe ſupérieure, eſt le point du cylindre droit retranché par le compas ; partant ladite perpendiculaire ſur T au cylindre droit,
ſera égale à la hauteur du cylindre oblique, & à la perpendiculaire ſur S.

On le démontreroit encore autrement, imaginant un triangle rectangle
dont un des coſtez ſoit D S ; le ſecond, la perpendiculaire qui va de S à
la baſe ſupérieure, & le troiſiéme qui va de D audit point ſur S en l'air ;
car ce triangle eſt entiérement égal à celuy qui ſe fait au-dedans du cylindre
droit dont un des coſtez eſt A T ; l'autre, la perpendiculaire ſur T juſques
au retranchement ; & le troiſiéme eſt l'ouverture du compas, qui va de A à
T en l'air, & eſt égale au coſté du cylindre oblique, ſçavoir à la ligne qui
va de D au point S en l'air : la ligne A T eſt égale à D S, comme il eſt aiſé
de le montrer ; les angles en T & en S ſont droits ; & partant les triangles
ſont égaux, & la ligne ſur T égale à la ligne ſur S.

On montrera, comme cy-devant, l'égalité des autres perpendiculaires,
ſçavoir, celle ſur 7 au cylindre droit, à celle qui tombe ſur 2 à l'oblique ;
celle ſur 8, à celle ſur 3, &c. & nous le répéterons encore icy. L'ouverture
du compas eſt égale en puiſſance aux quarrez de A T & de la perpendiculaire ſur T du cylindre droit ; & pareillement elle eſt égale aux quarrez de
A 7 & de la perpendiculaire ſur 7, & aux quarrez de A 8 & de la perpendiculaire ſur 8, &c. Donc les quarrez de A T & de la perpendiculaire ſur T
ſont égaux aux quarrez de A 7 & de la perpendiculaire ſur 7 ; & ſi au lieu
du quarré A T on prend les quarrez de A 7 & 7 T qui luy ſont égaux, on
aura les quarrez de 7 T, 7 A, & de la perpendiculaire ſur T égaux aux quarrez de 7 A, & de la perpendiculaire ſur 7 ; & oſtant de part & d'autre le quarré
7 A, on aura le quarré de la perpendiculaire ſur 7 égal aux quarrez de 7 T,
& de la perpendiculaire ſur T.

M M m

De plus, on a montré que 2 N est égal à 7 T par le moyen du rectangle 7 A G 2. Il faudra donc pour la perpendiculaire sur 2 imaginer un triangle rectangle en l'air sur le point N dont un des costez sera N 2 ; le second, la perpendiculaire qui du point N va trouver le point correspondant en la base supérieure du cylindre oblique ; & le troisiéme est la perpendiculaire cherchée, qui du point N en l'air est menée au point 2, & ce troisiéme costé estant opposé à l'angle droit en N, vaut en puissance les quarrez de la perpendiculaire sur N (égal à celuy de la perpendiculaire sur T) & de la ligne N 2 égale à 7 T ; donc la perpendiculaire sur 7 sera égale à la ligne qui du point N en l'air tombe sur 2. Mais ces lignes désignent la hauteur des parallelogrammes faits sur les cylindres ; & partant lesdits parallelogrammes ayant la base égale & la hauteur égale sont égaux ; & partant la surface du cylindre oblique égale à ce qui est coupé du cylindre droit. Mais si la perpendiculaire tirée du centre de la base supérieure ne tombe pas sur la circonférence de la base inférieure, en sorte que A T ne soit pas égal au demi-diamétre de ladite base, alors il faut proportionner, comme on a montré au discours sur la figure de la page 227.

DU SOLIDE DE LA ROULETTE.

QUe A I B soit le chemin de la Roulette ; A L M B le parallelogramme fait du diamétre I C, & de la circonférence A B étenduë en ligne droite. Nous cherchons la raison qu'il y a du cylindre fait par le parallelogramme, au solide fait par la roulette A I B, lors que le tout tourne sur ladite circonférence A C B. Pour cét effet, je tire la ligne G D H parallele à A C B ; &

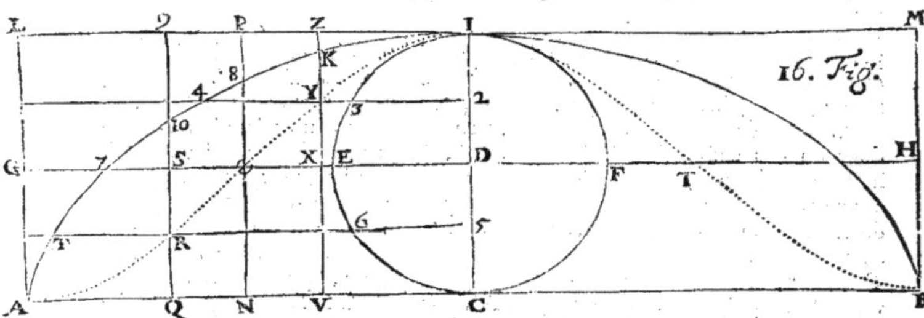

ctete ligne se prend pour le chemin du point D centre de la roulette. Or cette ligne G D H coupe la figure A O I 4 & le demi-cercle C E I, chacune en deux parties semblables : or il y a un Théoréme qui porte que, quand deux figures sont ainsi coupées par une ligne parallele à la ligne sur laquelle les figures font leur tour, les solides des figures sont entr'eux comme les figures ; & partant le solide fait par la figure A O I 4 est égal au solide fait par la demi-circonférence I E C ; car nous avons veû comme le plan A O I 4 est égal au demi-cercle I E C que nous avons trouvé estre le quart du parallelogramme ; & ainsi ces solides seront chacun le quart du cylindre fait par le parallelogramme. Mais ne prenant que le seul solide fait par A O I 4 qui sera le quart du cylindre, & ayant tiré la ligne Q R S qui représente toutes les lignes tirées perpendiculairement de A N premier quart de la circonférence A C B sur G D H, & la ligne V X Y qui représente toutes les lignes tirées de N C second quart, sur la ligne courbe O Y I : nous disons que le quarré de Q R est égal aux quarrez de Q S & S R, moins deux fois le re-

‪tangle Q S R, & ainsi des autres lignes tirées sur ledit quart A N; & de plus
que le quarré de V Y. est égal aux quarrez de V X, & X Y plus deux fois le
rectangle V X Y, & ainsi des autres lignes tirées sur le second quart N C.
Or les rectangles qui se trouvent dans l'espace A O sont égaux à ceux de l'espace N I; & estant de plus d'un costé & moins de l'autre, on les ostera de
part & d'autre. Il restera donc que les quarrez de Q R, V Y & des autres lignes tirées de A C sur la ligne courbe A R O Y I pris tous ensemble, seront
égaux aux quarrez du demi-diamétre Q S ou V X pris autant de fois, & aux
quarrez de S R, X Y, & autres lignes tirées de G D sur la ligne courbe A O I
pris aussi autant de fois. Or lesdites lignes S R, X Y, &c. sont des sinus droits
dont les quarrez sont au quarré du diamétre pris autant de fois, comme 1 à 8,
& les quarrez du demi-diamétre sont aux quarrez du diamétre, comme 2 à 8.
Si on joint ces raisons, on aura celle de 3 à 8 qui est celle des quarrez des
lignes tirées de A C sur la ligne courbe A O I au quarré du diamétre pris
autant de fois; & si on y joint la raison de la figure A O I 4 au parallelogramme A I, qui est comme 2 à 8, on aura la raison de 5 à 8, qui est celle du
solide que fait la roulette A I B, au cylindre A M, le tout tournant sur A C B.

On conclura la mesme chose en considerant les quarrez des sinus versés
Q R, V Y, & les autres, lesquels sont au quarré du diamétre pris autant de
fois, comme 3 à 8; & l'espace A R I 4 est au parallelogramme A I, comme
2 à 8, qui joint avec la raison de 3 à 8, font celle de 5 à 8; & telle est la
raison du solide de la roulette au cylindre, comme en l'autre conclusion.

Maintenant il faut voir quelle raison il y aura entre le solide de la mesme roulette & son cylindre, lors qu'elle tourne sur L M parallele à A B, où
il faut considerer que le quarré de N 8 vaut les quarrez de N P & P 8
moins deux fois le rectangle N P 8; & ainsi le quarré N 8 plus deux fois le
rectangle N P 8 est égal aux quarrez N P, P 8. On sçait que les quarrez de
N 8, V K, & de toutes les autres sont au quarré du diamétre C I ou N P son
égal pris autant de fois, comme 5 à 8, à quoy il faut joindre deux fois les rectangles N P 8, V Z K, & tous les autres: or ces rectangles ont tous pour hauteur N P, & partant ils seront entr'eux comme toutes les lignes P 8; Z K, 9 10, &
les autres. Mais tout l'espace rempli de ces lignes, ou plustost toutes ces lignes
sont au diamétre pris autant de fois, comme 2 à 8 : & il faut prendre deux
fois ces rectangles; partant ils seront au quarré du diamétre pris autant de fois,
qu'il y a de lignes V K, N 8, Q 10, &c. comme 4 à 8; laquelle raison jointe à celle de 5 à 8 cy-devant, font celle de 9 à 8, ou $\frac{9}{8}$; & parce que les
quarrez Q 9, N P, V Z, &c. representent les 8, il s'ensuivra que les quarrez 9 10, P 8, Z K, &c. vaudront $\frac{1}{8}$; car puisque les quarrez Q 10, N 8,
V K, &c. avec deux fois les rectangles Q 9 10, N P 8, V Z K, &c. (qui
tous ensemble avec lesdits quarrez vallent $\frac{9}{8}$) sont égaux aux quarrez Q 9,
9 10, N P, P 8, V Z, Z K, &c. ceux-cy vallent aussi $\frac{9}{8}$. Si donc on en
oste les quarrez Q 9, N P, V Z, qui vallent $\frac{8}{8}$, restera $\frac{1}{8}$ pour les quarrez
9 10, P 8, Z K, qui ostez encore des mesmes quarrez Q 9, N P, V Z,
restera $\frac{7}{8}$ pour le solide de la roulette, qui sera au cylindre comme 7 à 8.

La mesme chose se peut conclure d'une autre façon, en disant que le
quarré P 8 est égal aux deux quarrez P N, N 8 moins deux fois le rectangle P N 8, & tous les autres de mesme, sçavoir le quarré de Z K égal aux
quarrez de Z V, & K V moins deux fois le rectangle Z V K, & ainsi des
autres. On a veû que les quarrez de N 8 & les autres, sont au quarré du
diamétre pris autant de fois, comme 5 à 8; & joignant le quarré de N P
qui est 8, avec 5, on aura la raison de 13 à 8. De cette somme il faut oster le moins, sçavoir les rectangles P N 8 & autres, tous lesquels ont mesme hauteur, sçavoir P N; ils seront donc entr'eux comme leurs bases V K,

M M m ij

N 8, Q 10, & les autres. L'espace A 8 I D C rempli par les petites lignes
V K, N 8, &c. est au grand parallelogramme A I, comme 6 à 8; & le rectangle pris deux fois sera audit parallelogramme, comme 12 à 8; & ostant
la raison de 12 à 8 de celle de 13 à 8, restera celle de 1 à 8, comme cy-devant pour la valeur des quarrez Z K, P 8, 9 10, & les autres.

Il faut maintenant considerer les solides qui se font quand la figure tourne sur L A, où on remarquera que la ligne I C parallele à ladite L A, coupe le parallelogramme A M & la figure A I B en deux également; & partant les solides sont entr'eux comme les plans; & ainsi le solide fait par
A I B sera au cylindre formé par le parallelogramme A M, comme le plan
de l'un est au plan de l'autre. Mais les plans sont entr'eux comme 4 à 3;
partant le cylindre sera au solide de la roulette comme 4 à 3.

Considerons maintenant le solide fait par le plan de la compagne de la
roulette A O I T B. On voit que la ligne I C coupe en deux également
tant le parallelogramme A M, que ladite figure A O I T B; partant les
solides seront entr'eux comme les plans : mais les plans sont entr'eux comme
2 à 1, partant le cylindre sera au solide fait par A O I T B, comme 2 à 1,
c'est-à-dire double.

On conclura de là que le solide fait par la figure A O I 10 est au cylindre A I, comme 1 à 4; car puisque le solide fait par A 8 I D C est au
cylindre A I comme 3 à 4 : si on en oste le solide fait par A O I D C qui
est au mesme cylindre A I comme 2 à 4, restera la raison de 1 à 4, pour
celle du solide fait par A O I 10, au mesme cylindre A I.

PROPORTION DES SOLIDES

composez de lignes courbes, avec le cylindre qui aura mesme
base & mesme hauteur, ensemble de leur centre de gravité.

QUe A G E C soit une ligne irréguliére telle qu'on voudra, pourveu
toutefois qu'elle baisse toûjours vers C; & soient tirées les lignes
A B, B C, qui fassent un angle en B, lequel soit icy supposé estre droit,

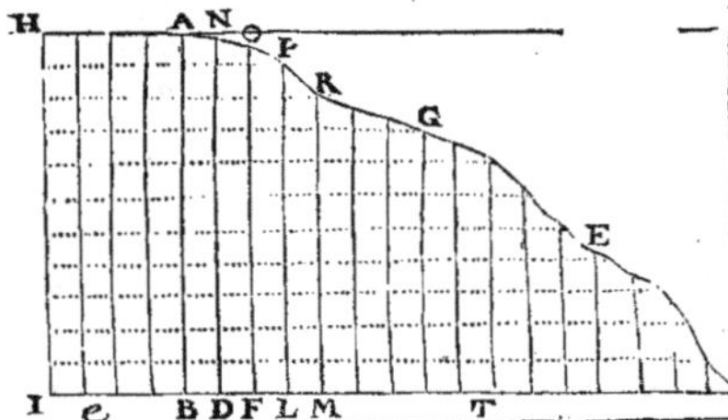

car cela n'est pas néces-
saire, & on aura le triligne A B C. Que les li-
gnes A B, B C soient
divisées en une infinité
de parties égales, &
chaque partie de A B
soit égale à chaque par-
tie de B C : de chaque
point de la division
soient tirées des paral-
leles aux lignes A B,
B C, qui divisent le tri-

ligne, comme on voit icy. Du point C j'éleve en l'air une perpendiculaire au
plan A B C égale à B C; puis je conçois un plan sur la ligne A B, tellement
incliné, qu'il vienne rencontrer l'extremité de la perpendiculaire sur C en
l'air. Ensuite j'éleve de chaque point de la ligne B C une perpendiculaire
qui rencontre ce plan incliné, & chacune de ces perpendiculaires est égale
à sa correspondante, sçavoir à celle qui va du point dont elle a esté tirée,
jusques à la ligne A B : comme la perpendiculaire tirée sur D sera égale à B D,
                                                                        celle

telle qui eſt elevée ſur F eſt égale à BF, & ainſi des autres. Il faut auſſi concevoir un triangle rectangle iſocelle qui ſe fait par la ligne B C, la perpendiculaire en l'air ſur C qui eſt égale à B C, & la ligne qui va de B à l'extremité de ladite perpendiculaire : le plan de ce triangle eſt égal à la moitié du
quarré B C; le meſme doit eſtre entendu de tous les triangles qui ſe font
par le moyen du plan incliné, qui tous ſont égaux à la moitié du quarré
de leurs coſtez égaux.

Il faut en ſuite conſiderer une perpendiculaire élevée ſur le point A qui
chemine ſur la ligne A G E C, & qui rencontre le plan incliné : cette ligne par ſon chemin décrit une ſuperficie; & par conſéquent on a quatre ſuperficies qui enferment un ſolide, la premiere eſt le plan du triligne A C B;
la deuxiéme, le plan incliné qui commence à A B; la troiſiéme eſt le
triangle ſur B C en l'air, & perpendiculaire ſur le plan A B C; la quatriéme eſt celle que fait la perpendiculaire en parcourant la ligne A G E C.
Ce ſolide eſt diſtingué & comme compoſé d'une infinité de triangles tous
paralleles & ſemblables à celuy qui eſt elevé perpendiculairement ſur
B C, & qui eſt une des faces du ſolide; partant ce ſolide partagé de cette
ſorte eſt formé de la moitié de tous les quarrez de la ligne B C, & de ſes
paralleles.

Que ſi on veut couper ce ſolide d'un autre ſens, ſçavoir par des plans paralleles à la ligne A B, alors on fera dans le ſolide des parallelogrammes
égaux aux parallelogrammes B D N, B F O, B L P &c. partant tous ces
parallelogrammes enſemble ſeront égaux aux demi-quarrez de la ligne B C
& de ſes paralleles; car c'eſt le meſme ſolide qui ne change point. On peut
donc établir, que tous les demi-quarrez de la ligne B C & de ſes paralleles, ſont égaux à tous les parallelogrammes N D B, O F B, P L B &c.

Soit tiré une parallele à A B en quelque part qu'on voudra : que ce ſoit
H I, ſçavoir hors de la figure, & ſoit achevé le parallelogramme H I C K,
& ſoit élevé un plan ſur la ligne H I, incliné en telle ſorte, qu'il rencontre
comme le précedent, l'extremité de la perpendiculaire ſur C en l'air priſe
de la longueur de I C; & ſoit auſſi prolongé les lignes de la figure juſques
à la ligne H I : on trouvera que les demi-quarrez de la ligne I C & des
autres paralleles à cette ligne, qui aboutiſſent à H I, ſont égaux à tous les
parallelogrammes compris dans la figure A B C, en les prolongeant juſques
à H I, & dans l'eſpace H I B A, ſçavoir A B I, N D I, O F I, &c.

Nous conſidérerons maintenant la figure quand elle tourne ſur H I. Alors
elle forme trois ſolides, ſçavoir un cylindre par H I B A; un ſolide qui ſe
nomme creux par la figure A C B; un autre par H A C B I; & le grand
cylindre H I C K. Nous cherchons les raiſons de ces ſolides entr'eux. Pour
le petit cylindre, il eſt au grand cylindre comme le quarré de H A eſt au
quarré de H K; le ſolide fait de H I B C A eſt au grand cylindre, comme
le quarré de I C & des autres paralleles juſques à H A, ſont au quarré
de H K pris autant de fois; le ſolide de la figure A B C eſt au grand cylindre comme le quarré de I C & des autres paralleles moins le quarré I B,
pris autant de fois, eſt au quarré H K pris autant de fois : & ſi on prend la
moitié du ſolide, elle ſera au grand cylindre, comme la moitié des quarrez I C, & des autres moins la moitié du quarré I B pris autant de fois, eſt
au quarré H K pris autant de fois. Au lieu des demi-quarrez je prends ce
qui leur eſt égal, ſçavoir tous les parallelogrammes moins les petits de la
figure H A B I, & ils ſeront au grand quarré H K pris autant de fois,
comme la moitié du ſolide de la figure eſt au grand cylindre. Que ſi on
fait tourner la figure A B C ſur A B, alors la moitié du ſolide fait par A B C
ſera au cylindre fait par A B C K, comme la moitié des quarrez de B C

& de fes paralleles, font au quarré de BC pris autant de fois ; & en general,
fur quelque ligne qu'on faffe tourner la figure, pourveu qu'elle foit parallele
à AB, on aura toûjours la mefme équation ; fçavoir, que la moitié du folide
fait par la figure, fera à fon cylindre, comme la moitié des quarrez compris
dans la figure, fera au grand quarré pris autant de fois. J'entens que la figure commence à la ligne fur laquelle elle tourne, & que le parallelogramme commence à la mefme ligne.

Tout cela pofé je viens à chercher le centre de gravité du plan de la figure
A B C. Pour cét effet je fuppofe que la ligne B C eft un levier dont le point
B eft l'appuy & en C la puiffance : tous les points font les lieux fur lefquels

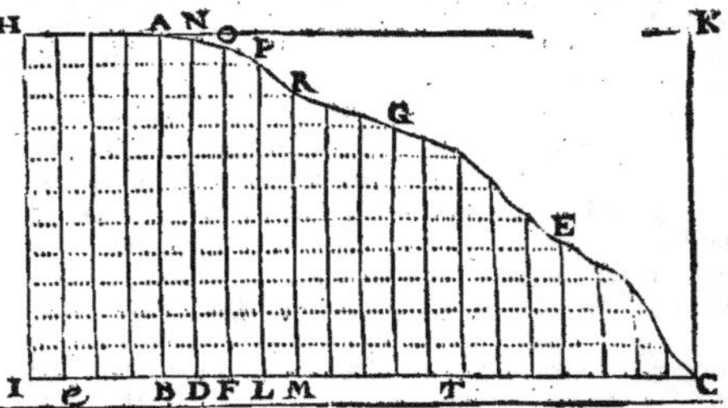

les pefanteurs pefent ;
on nommera ces points
centres de gravité de
chaque portion de la
figure, laquelle fe divi-
fe en parallelogrammes
qui tous ont chacun
leur centre, fçavoir le
point fur lequel chacun
d'iceux pefe ; & tous
ces centres enfemble
viennent à eftre égaux
(eu égard à la pefan-
teur qu'ils fupportent) au centre total de la figure. Or nous difons que
le premier point, fçavoir D, eft le centre de gravité du premier parallelogramme ; F, du fecond parallelogramme ; L, du troifiéme &c. Les centres
de gravité font entr'eux en raifon compofée des coftez de leurs figures ; par
exemple, le centre D eft au centre F en raifon compofée de celle de N D
à F O, & de celle de B D à B F ; ce qui veut dire que comme le rectangle ou
parallelogramme des antécedens eft à celuy des confequens, fçavoir comme
le parallelogramme N D B eft au parallelogramme O F B : ainfi toutes les
pefanteurs fur tous lefdits points ou centres de gravité font entr'elles, comme tous les parallelogrammes font entr'eux. Au lieu des parallelogrammes
je prens leurs hauteurs, fçavoir les lignes A B, N D, O F, & je pofe chacune de ces lignes pour le fardeau étendu, & qui pefe fur chacun de ces
points. Pour trouver le centre de gravité de la figure, fçavoir le point fur
la ligne B C où les parties font contrepefées les unes aux autres, je feins
par l'analize qu'il eft en M, & j'attache à ce point M un poids égal à tous
les autres cy-deffus reprefentées par toutes les lignes qui font fur les points.
Ce poids eft donc une ligne égale à toutes les lignes cy-deffus, & je dis
ainfi, Toutes les pefanteurs, ou centres de gravité enfemble font au poids
de toute la figure qui eft en M, comme tous les parallelogrammes de la figure font au grand parallelogramme qui a un cofté égal à toutes les lignes
cy-deffus, & la ligne B M pour l'autre cofté (car on prend icy les parallelogrammes qui eftant perpendiculaires fur les lignes N D, O F, P L,
&c. vont rencontrer le plan qui part de la ligne A B, & en montant va
rencontrer le point fur C en l'air élevé à la hauteur de C B, comme il a efté
dit cy-devant.) Mais toutes les pefanteurs affemblées font égales à la pefanteur qui eft en M ; partant tous les parallelogrammes de la figure font
égaux au parallelogramme qui a toutes les lignes B A, D N, F O, &c.
pour un de fes coftez, & B M pour l'autre : eftant égaux ils auront mefme
raifon à une autre grandeur ; c'eft pourquoy tous les rectangles font au grand
quarré BC pris autant de fois, comme le grand rectangle qui a toutes

les lignes fufdites A B, N D, O F, &c. pour un de fes coftez, & B M pour
l'autre, eft au mefme quarré pris comme cy-devant.

Au lieu de tous les rectangles fufdits je prens ce qui leur eft égal, fçavoir les demi-quarrez des lignes B D, B F, B L, B M, B C, &c. ils feront donc au grand quarré B C pris autant de fois, comme le grand rectangle fufdit qui a B M pour un de fes coftez, & pour l'autre toutes les
lignes A B, N D, O F, &c. eft audit quarré B C pris &c. Mais nous a-
vons veû que comme le cylindre fait par A B C K eft à la moitié du folide fait quand la figure tourne fur A B, ainfi le quarré B C pris autant de
fois, eft aux demi-quarrez des lignes B D, B F, B L, &c. Donc le rectangle qui a les lignes A B, N D, O F, &c. pour un de fes coftez, & B M
pour l'autre, eft au quarré B C pris autant de fois, comme la moitié du
folide fait par A B C eft au cylindre. Par les indivifibles je fais des folides
de tous ces plans, & je dis que la moitié du folide fait par A B C eft au cylindre fait par A B C K, comme le folide qui a pour bafe la figure A B C, &
B M pour hauteur, eft au folide qui a pour bafe le parallelogramme A B C K,
& B C pour hauteur. Or les folides font entr'eux en raifon compofée de leur
bafe & de leur hauteur; partant la moitié du folide de A B C, & le cylindre
du parallelogramme A B C K, font la raifon compofante des deux folides,
qui font entr'eux en la raifon compofée du parallelogramme A B C K à la figure A B C, & de celle de la ligne B C, à B M. Nous connoiffons la raifon compofante, c'eft à dire de la moitié du folide au cylindre; car (fi c'eft une parabole) fon folide eft à fon cylindre comme 8 à 15: icy nous n'avons que la
moitié du folide; c'eft pourquoy ce fera comme 4 à 15. Pareillement la raifon
du plan de la parabole à fon parallelogramme eft connuë, qui eft comme 2 à 3,
oftant donc de 4 à 15 la raifon de 2 à 3 ou de 4 à 6, il refte celle de 6
à 15; & telle eft la raifon de B M à B C, & le point M eft le centre.

Que fi nous feignons un cylindre tel qu'il foit la moitié d'un folide, &
que nous difions, Comme le cylindre eft à la moitié du folide, ainfi quelque
ligne, comme e T eft à la ligne B M; & comme le parallelogramme A B C K
eft au plan A B C, ainfi la mefme ligne e T eft à la ligne B C : ces trois
lignes compofent la raifon qui eft entre la moitié du folide & le cylindre,
qui fera la raifon compofée de e T à B C, & de B C à B M; & ainfi le
point M fera le centre de gravité.

Auparavant que de proceder felon cette derniere façon il faut avoir
trouvé cette ligne e T, faifant que, comme le plan A B C eft au parallelogramme A B C K, ainfi la ligne B C foit à e T; & puis dire, Comme le cylindre fait par A B C K eft à la moitié du folide fait par A B C tournant fur
A B, ainfi la ligne e T foit à B M : le point M marque le centre de gravité.
Cette méthode eft pour agir plus élegamment, & plus briévement que par
la premiere qui eft plus feure, fçavoir par la compofition de raifon des deux
folides qui font entr'eux en la raifon compofée de celle de leur bafe, & de
celle de leur hauteur, comme il a efté dit cy-devant.

Il nous faut maintenant chercher le centre de gravité d'un quart de cer- *Voyez la*
cle par le folide qui fe fait quand un quart de cercle qui partiroit du point *figure fui-*
A & viendroit en C, puis aprés du point C l'autre quart de cercle vien- *vante.*
droit rencontrer la ligne A B prolongée tant que de befoin. Quand ce
quart de cercle tourne fur A B, il fe fait un folide de ce quart, & il fe fait
un cylindre du parallelogramme A B C K, lequel, en cette figure, eft un
quarré; car A B eft égale à B C, & chacune eft le demi-diametre du cercle. Je trouve premierement le centre de gravité fçavoir le point M, en la
façon ordinaire, fçavoir, que le demi-folide du quart de cercle, eft à fon
cylindre comme le folide qui a pour bafe le quart de cercle, & pour hau-

teur la ligne B M, eſt au ſolide qui eſt compoſé du quarré B C pris autant
de fois qu'il y a de diviſions en B C. Mais les ſolides ſont entr'eux en la
raiſon compoſée de celle de leur hauteur, | & de celle de leur baſe, ſçavoir

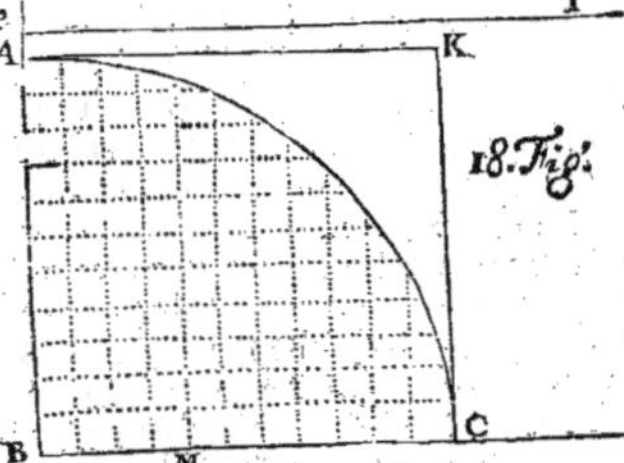

comme le quart de cercle , au
quarré B C, & comme la ligne
B M, à B C ; en telle ſorte que
ces quatre termes compoſent la
raiſon de la moitié du ſolide fait
par le quart de cercle, à ſon cylindre, laquelle eſt connuë ; car le cylindre eſt au ſolide comme 6 à 4 ;
mais icy il n'y a que la moitié, &
partant la raiſon ſera comme 6 à 2.
La raiſon du plan au plan , & de
la ligne à la ligne, ſera donc comme 2 à 6 ; la raiſon du plan au plan
eſt connuë ; car en cette figure, ſelon Archimede, elle eſt comme 11 à 14.
Si donc je ſouſtrais la raiſon de 11 à 14, de celle de 2 à 6, ou de 11 à 33, il
reſtera la raiſon de 14 à 33 pour celle des lignes B M à B C ; & le point M
vient à eſtre le lieu du centre de gravité, en la premiere maniere.

La deuxiéme façon eſt en diſant, Comme le cylindre de A B C K eſt à
la moitié du ſolide du quart de cercle, ainſi la ligne e T eſt à B M ; (on
trouvera la ligne e T comme cy-devant, ſçavoir en faiſant comme le plan du
quart de cercle eſt au parallelogramme, ainſi la ligne B C eſt à e T) c'eſt
pourquoy nous voyons que la moitié du ſolide eſt à ſon cylindre, en la raiſon
compoſée de e T à B C, & de B C à B M ; & ainſi le point M eſt encore
le centre de gravité, ſelon la ſeconde methode.

La troiſiéme methode eſt la plus ſubtile, & elle eſt telle : comme le quart
& demi de la circonference, ſçavoir A C & ſa moitié, le tout pris comme
ligne droite, eſt à B C demi-diamétre, ainſi B C eſt au tiers de la ligne e T
trouvée comme cy-deſſus ; & il ſe trouvera que B M ſera le tiers de ladite
e T ; & ainſi le point M ſera le centre de gravité. Il faut montrer que B M
eſt le tiers de e T ; de plus , que le quart & demi de la circonférence eſt à
ſon demi-diamétre, comme le meſme demi-diamétre eſt à B M tiers de e T.

Pour le premier, il eſt aiſé à voir ; car faiſant que comme la moitié du
ſolide eſt au cylindre, ou bien comme le cylindre fait par A B C K, eſt à la
moitié du ſolide fait par le quart de cercle, ainſi la ligne e T ſoit à B M.
Nous ſçavons que le cylindre eſt triple de la moitié du ſolide ; partant la
ligne e T ſera triple de B M, ce qu'il falloit prouver.

Il faut maintenant prouver que les trois lignes, ſçavoir le quart & demi
de la circonférence pris comme ligne droite, le demi-diamétre & le tiers de
e T ſont proportionnelles. Cecy ſe démontre par la proportion troublée
que je diſpoſe comme il s'enſuit. Que le quart & demi de la circonference
ſoit a ; le demi-quart de la meſme circonference ſoit b ; le demi-diamétre ſoit
c ; le meſme demi-diamétre ſoit auſſi d ; la ligne e T ſoit e ; & le tiers de la
ligne e T ou la ligne B M, ſoit m. On fera les proportions ſuivantes.

Comme a eſt à b, ainſi e eſt à m ; & comme b eſt à c, ainſi d eſt à e ; partant comme a eſt à c, ainſi d eſt à m ; partant les trois lignes a, c, m ſont pro-
portionelles, ce qui reſtoit à démontrer.

Tout ce qui a eſté dit juſques à preſent ne ſert que pour trouver le centre de gravité des plans par le moyen d'un ſolide.   Maintenant nous chercherons le centre de gravité d'une ligne telle qu'elle puiſſe eſtre, ſoit droite,
circulaire, ou irréguliere.

TROUVER

TROUVER LE CENTRE DE GRAVITÉ
de la ligne AGEC.

SOIT divisé la ligne AGEC en une infinité de parties égales, & ayant tiré les lignes AB, BC, comme cy-devant, soit aussi tiré des paralleles à AB de chaque point de la division, qui diviseront la ligne BC en parties inégales. Les parties de la ligne AGC ont chacune leur pesanteur ; & le poids d'une partie n'est pas égal au poids de l'autre. Or le poids de chaque portion est representé par le point de sa division : les paralleles portent chaque pesanteur sur le levier BC aux points de sa division ; & c'est sur ces points de BC que pesent toutes les parties de la ligne AGC. Nous sçavons que les poids sont entr'eux comme les rectangles ; c'est à dire que le poids du point D est au poids du point H, comme le rectangle fait de AD & de BF, au rectangle fait de AD ou son égale DH, & de BI. Au lieu de dire, comme les rectangles, je dis, comme la ligne BF est à BI, parce que les rectangles ont tous un costé égal, sçavoir la portion de la ligne AGC.

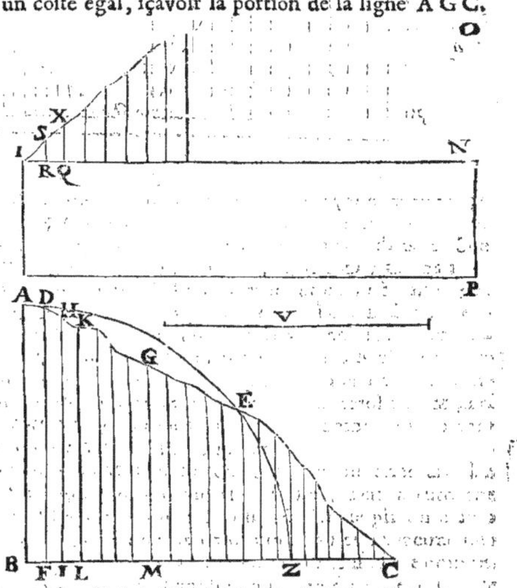

Je feins que le centre soit en M, duquel point je fais pendre une ligne égale à AGC qui represente sa pesanteur ; puis je dis que le poids du point F est au poids du point M centre, comme la ligne BF est à la ligne BM ; le poids du point I est au poids de M, comme la ligne BI à BM, & ainsi des autres. De là nous reviendrons aux rectangles, & nous dirons que tous les points pesans sur ceux de la ligne BC sont au poids universel pesant sur le point M centre total, comme le rectangle fait d'une seule portion de la ligne AGC & de toutes les lignes BF, BI, BL, BM, &c. est au rectangle fait par la ligne AGC penduë au point M, & par la ligne BM. Or tous les petits poids ramassez ensemble sont égaux au poids en M, qui est le poids de toute la ligne ; & partant les deux rectangles sont égaux, & leurs costez sont quatre lignes proportionnelles. Pour faciliter la résolution de la question du rectangle fait par une portion de la ligne AGC & des lignes BF, BI, BL, &c. j'oste par les indivisibles la portion de la ligne AGC : cette portion estant une & terminée, ne diminuë rien dans l'infini ; (car tout ce qui est fini & terminé comme 1, 2, 3, 4, & tant de nombres terminez qu'on voudra, n'augmente ny ne diminuë rien dans les infinis) ayant donc retiré cette unique portion du rectangle, il me reste l'espace com-

OC

pris par les lignes B F, B I, B L, &c. qui eſt égal au meſme rectangle de A G C
par B M. Je poſe que la ligne A G C ſoit la droite T N, laquelle eſtant diviſée infiniment, j'éleve ſur chaque point de la diviſion perpendiculairement
la ligne R S égale à B F, Q X égale à B I, & ainſi des autres. Les lignes
ainſi élevées compoſent une figure égale au rectangle T P dont le coſté N P
eſt égal à B M, & T N égal à A G C, puis je cherche un quarré qui ſoit
égal à la figure ou à ce rectangle, (car l'un eſt égal à l'autre.) Que ſon
coſté ſoit la ligne marquée V. Nous dirons que comme la ligne A G C eſt
à la ligne V, ainſi la ligne V eſt à la ligne B M cherchée ; & cecy eſt la
propoſition univerſelle. Comme la ligne propoſée à la ligne dont le quarré
eſt égal à la figure ou plan fait par toutes les lignes B F, B I, B L, &c.
ainſi cette meſme ligne qui eſt le coſté dudit quarré, eſt à la ligne B M
cherchée, & ainſi ces trois lignes, ſçavoir la donnée, celle qui eſt le coſté
du quarré ſuſdit, & la cherchée B M ſont continuellement proportionnelles.

Cherchons maintenant le centre de gravité du quart de circonférence
A G Z. Alors il faudra dire, Comme la ligne A G Z étenduë en ligne droite
eſt à ſon demi-diamétre B Z, ainſi ce demi-diamétre eſt à la ligne cherchée
B M. Mais le quart de la circonférence eſt au demi-diamétre, comme tous
les ſinus tirez par les points eſquels eſt diviſée la circonférence, ſont au ſinus total pris autant de fois ; or tous ces ſinus ſont les lignes B F, B I, B L,
&c. répondans aux points de la circonférence diviſée en parties égales infinies ; & tous ces ſinus ſont égaux au quarré du demi-diamétre, comme il
paroiſt par la troiſiéme Propoſition.

Voyez la
figure ſui-
vante.

Mais ſi on ſuppoſe que la ligne A C ſoit droite, pour en trouver le centre de gravité je la diviſe en une infinité de parties égales, & de chaque point
de la diviſion je tire des lignes paralleles à A B, qui tombent ſur le levier
B C & le diviſent en parties égales entr'elles, & diviſent la figure A B C
en triangles ſemblables : les points de la ligne B C marquent les centres
de gravité de chaque portion de la ligne propoſée A C. Or tous ces centres ou peſanteurs ſont entr'elles, comme les rectangles ſont entr'eux, c'eſt
à ſçavoir, comme le rectangle B F par A D eſt au rectangle B I par D H
ou ſon égale A D ; & d'autant que la portion de A C eſt toûjours la meſme
en tous les rectangles, les centres ſont entr'eux, comme les lignes B F, B I,
B L, &c. de ſorte que ces petits centres ou peſanteurs particulieres ſont au
centre ou peſanteur totale qui eſt au point M (d'où on a pendu une ligne
égale en grandeur & peſanteur à la ligne A C) comme toutes les lignes B F,
B I, B L, &c. ſont au rectangle A C par B M ; car par les indiviſibles on a retranché du rectangle fait de la portion de la ligne A C, ſçavoir de A D & de
toutes les lignes B F, B I, B L, &c. priſes enſemble, ladite portion A D. Il
faut trouver une ligne qui ſoit égale en puiſſance à l'eſpace fait par toutes
les lignes B F, B I, B L, & les autres ; puis je dis que comme la ligne donnée,
ſçavoir A C, eſt à cette ligne dont le quarré eſt égal à l'eſpace & plan ſuſdit fait par toutes les lignes B F, B I, B L, &c. ainſi cette ligne ou coſté
de quarré eſt à B M ; en ſorte que la ligne ſuſdite qui peut l'eſpace fait par
les lignes B F, B I, B L, &c. ſoit moyenne proportionnelle entre la ligne
propoſée A C, & la cherchée B M. Mais toutes ces lignes ſont à B C pris
autant de fois, comme le triangle au quarré de la ſomme ou multitude deſdits points, c'eſt à dire, comme 1 à 2 ; partant la ligne B M vaudra en puiſſance le quart du quarré B C ; & partant B M eſt la moitié de B C ; &
ainſi le centre de ladite ligne propoſée eſt au milieu d'icelle : car du point
M tirant une ligne parallele à A B, elle paſſera par le point G milieu de la
ligne A C, & marquera le lieu de ſon centre de gravité.

Je viens maintenant à chercher le centre de gravité d'une figure solide,
soit cône, cylindre, conoïde parabolique & hyperbolique, solide elliptique,
ou de quelqu'autre solide connû. Parlons premiérement du cône qui est representé par la ligne A C, & par C B tirée perpendiculairement sur A B. Le
sommet du cône est C, l'axe est C B; & la ligne A B estant doublée vient à
estre le diamétre du cercle, ou base du cône. Que l'axe de ce cône, sçavoir
B C, soit coupé par des plans perpendiculaires à cette axe en une infinité
de parties égales ; toutes ces divisions font autant de cercles, qui tous en-

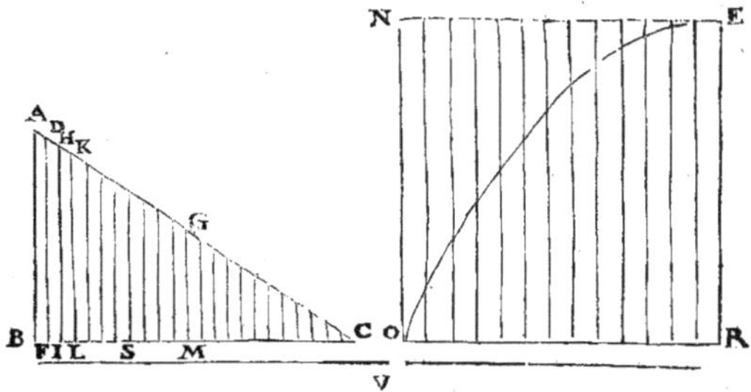

semble par les indivisibles composent le cône, & font entr'eux comme les
quarrez de leur diamétres ; sçachant donc comme les diamétres font entr'eux,
on sçaura aussi la proportion des quarrez. Or cette division fait dans le cône
& sur son axe des triangles semblables, comme A B C, D F C, H I C,
K L C, &c. c'est pourquoy les demi-diamétres A B, D F, H I, K L &c.
font entr'eux, comme les portions de l'axe B C, F C, I C, L C font entr'elles : or ces portions ayant différences égales, elles gardent entr'elles l'ordre naturel des nombres ; les demi-diamétres garderont donc entr'eux l'ordre
naturel des nombres. Si les diamétres gardent l'ordre naturel des nombres ;
leurs quarrez garderont l'ordre naturel des quarrez desdits nombres ; & partant ces cercles feront entr'eux comme les quarrez des nombres qui suivent
l'ordre naturel ; c'est à dire comme 1, 4, 9, 16, 25, &c.

Cela posé, pour trouver le centre de ce cône, il faut chercher un plan
dans lequel les lignes tirées gardent la mesme proportion, c'est à dire que
la ligne soit à la ligne comme un quarré à un quarré ; car le plan qui aura
cette condition ne manquera pas d'avoir le centre de gravité au mesme lieu
que le solide. Je prens pour le plan une parabole qui a pour sommet le point E:
son axe est E R; & la touchante E N representera l'axe du cône B C. Je
divise E N en parties infinies & égales, & de chaque point je tire des lignes paralleles à N O (representant A B) qui divisent le plan ou triligne
E O N. On a montré que ce triligne est à son parallelogramme comme
1 à 3 : on dira donc, Comme le triligne est à son parallelogramme, ainsi N E
sera à une autre ligne V; partant V sera triple de N E; & si N E vaut 4,
V vaudra 12. Je dis ensuite, Comme le cylindre fait par le parallelogramme
de la parabole, est à la moitié du solide fait par le triligne O E N qui est
renfermé dans le cylindre, ainsi 4 à 1; & ainsi la ligne V qui vaut 12 est à 3
qui sera la ligne C S, & le point S montrera le centre de gravité. Or B C
estant 4, B S sera 1, & C S sera 3.

CENTRE DE GRAVITÉ,
du Conoïde parabolique.

SI je cherche le centre de gravité du Conoïde parabolique, je le couperay, ou son axe, en parties infinies & égales par des plans qui diviseront tout le solide en cercles (car dans le conoïde parabolique aussi bien que

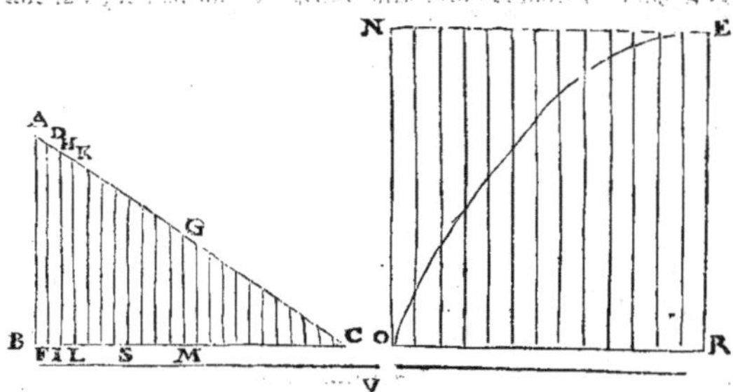

dans le cône, les sections faites par un plan parallele à la base, engendrent des cercles.) Or tous ces cercles sont entr'eux comme les quarrez de leurs diamétres, & partant sçachant comme les diamétres sont entr'eux, nous sçaurons comment sont leurs quarrez. Mais dans la parabole les quarrez des ordonnées sont entr'eux comme les portions de l'axe : icy les portions sont égales, & partant ils sont entr'eux comme les nombres naturels ; les quarrez des diamétres seront donc entr'eux en l'ordre des nombres naturels ; & le premier quarré estant 1, le second sera 2, le troisiéme sera 3 &c.

Par nostre doctrine il faut trouver une figure ou plan qui ait cette mesme proprieté. Je trouve que le triangle fait la mesme chose ; il faut donc feindre que A B C est un triangle. Je divise B C en parties égales & infinies, & par les points je tire des paralleles à A B : or B C represente l'axe du solide dont on cherche le centre. Cela fait je dis, Comme le plan du triangle est à son parallelogramme, ainsi B C est à la ligne V. On sçait que le triangle est au parallelogramme comme 1 à 2 ; partant V sera double de B C ; si B C est 3, V sera 6. Aprés on dit, Comme le cylindre fait par le parallelogramme du triangle est à la moitié du solide, ou du cône fait par le triangle, ainsi la ligne V sera à B M qui marquera le centre. Or le cylindre susdit est à la moitié du cône comme 6 à 1 ; partant B M sera $\frac{1}{6}$ de la ligne V, & le tiers de B C ; le centre de gravité du conoïde parabolique sera donc au tiers de son axe du costé de la base ; & ainsi divisant l'axe en trois parties égales, le premier point du costé de la base sera le centre de gravité.

Il faut observer en général, que quand on veut trouver le centre de quelque solide, aprés avoir divisé son axe en une infinité de parties égales, & par conséquent tout le solide ; sçachant quelle proportion ou raison gardent toutes les sections faites par le plan qui a divisé le solide : il faut trouver un plan duquel la proprieté soit telle, que les lignes qui le divisent en une infinité de parties égales, soient entr'elles comme toutes les sections du solide sont entr'elles : si les sections, ou plans du solide sont entr'eux comme le quarré au quarré, les lignes du plan doivent estre entr'elles comme le quarré

au

au quarré. Si la proportion ou raifon eſt autre dans le ſolide, elle doit eſtre telle dans le plan : obſervant toûjours dans le ſolide que ſi le plan eſt au plan comme le quarré de ſon demi-diamétre, au quarré du demi-diamétre de l'autre, dans le plan la ligne ſoit à la ligne, comme un quarré à un quarré. Voilà ce qu'il faut remarquer.

Soit la ligne courbe ou circulaire B T E A diviſée en une infinité de parties égales aux points V, T, F, E, D, &c. & de chaqu'un deſdits points ſoit tiré une touchante comme V S, T R, F I, E H, D G, &c. à telle con-dition que la derniére comme D G eſtant tirée, toutes les autres rencontrent plus haut la ligne C S, ſçavoir plus loin du point C, comme aux points H, I, R, S, &c. qui partant ſeront tous plus éloignez de C que le point G dans la ligne C S. Outre cela, du point B je tire la touchan-te, qui vient à eſtre parallele à C S. Cela fait, des points d'atouchement comme de D, je tire une ligne, ſçavoir D O, qui ſoit égale & paral-lele à C G ; du point E, la ligne E P égale & parallele à H C ; de F, la ligne F Q égale & parallele à I C ; ſemblablement la ligne T Y égale à R C, & V Z égale à S C, & ainſi des autres points infinis, la ligne C S eſtant prolon-gée tant qu'il faudra, & la touchante en B ti-rée à l'infini, laquelle viendra à eſtre aſymptote au regard de la ligne qui ſe forme par l'extré-mité des lignes tirées des points de la divi-ſion parallelles à C S, qui eſt la ligne courbe C O P Q Y Z. Puis aprés, ſi du point C on tire des lignes à chaque point de la diviſion de la courbe B F A, tout l'eſpace A F B C vien-dra à eſtre diviſé en ſecteurs infinis, leſquels par les indiviſibles ſe convertiſſent en trian-gles, à cauſe que les petites portions des li-gnes courbes deviennent droites par la divi-ſion infinie. Je dis davantage que tout l'eſ-pace B F A C Q Z juſques au bout de la cour-be C Q Z tirée à l'infini, & qui eſt entre la-dite courbe, & la touchante B tirée auſſi à l'in-fini, ſe trouve diviſé en parallelogrammes in-finis, l'un deſquels eſt D O C G qui repreſente le moindre. C'eſt un parallelogramme, parce que dans les indiviſibles la touchante D G paſſe pour la partie de la ligne courbe D A, comme il a eſté dit cy-devant dans une autre Propoſition : or D O a eſté faite égale & parallele à G C, & pareillement de tous les autres points, on a tiré les lignes égales & parallelles à leurs correſpondantes en C S.

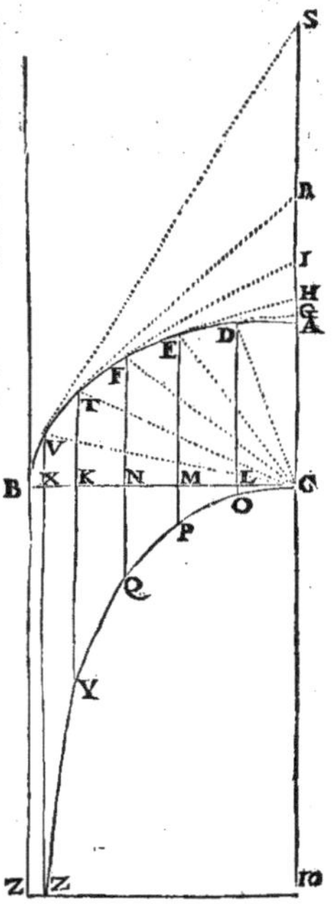

Pour venir à la concluſion, les parallelogrammes ont tous un meſme coſté que les triangles, qui eſt chaque portion égale de la ligne courbe A E B. Je dis donc que les triangles qui ont pour ſommet le point C duquel par-tent les deux coſtez du triangle, & dont le troiſiéme eſt la portion de la courbe B F A diviſée à l'infini ; tous ces triangles, dis-je, qui rempliſſent l'eſpace A F B C, partent du point C comme de leur ſommet. Mais les parallelogrammes qui ſont ſur baſes égales & entre meſmes parallelles que

les triangles, font doubles defdits triangles, & les uns & les autres font entre les parallèles C O & D G & entre C P & E H &c. (ces lignes C O, C P
font feulement imaginées pour montrer que les triangles, & les parallelogrammes font entre les mefmes parallèles, & fur des bafes égales ; car les bafes des uns & des autres font les portions de la ligne courbe divifée à l'infini,
& les portions des touchantes comprifes entre les parallèles à C A paffent
& font prifes pour ces portions de courbes comprifes auffi entre les mefmes
parallèles.)

Puifque les parallelogrammes font doubles des triangles, par les indivifibles, l'efpace qui eft occupé par lefdits parallelogrammes, lequel fe trouve
compris entre la courbe A E B d'une part, & la courbe C Q Z produite à l'infini, d'autre part ; & entre les lignes droites A C & la touchante B tirée à
l'infini, tout cet efpace, fçavoir le quadriligne Z B F A C Q Z fera double
de l'efpace A F B C. Mais l'efpace A F B C eft celuy qui eft fait par les triangles ; partant il fera égal à l'autre efpace
compris dans Z B C Q Z, les deux lignes
B Z & C Z eftant tirées à l'infini ; ce qu'il
falloit démontrer.

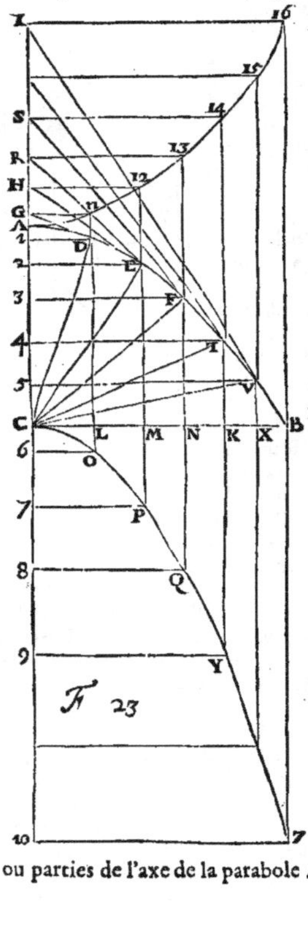

Or la touchante B Z eft afymptote,
d'autant que, comme la ligne D O qui part
de la touchante D G eft égale à la ligne
G C qui part de l'extrémité de la mefme
touchante, & ainfi de toutes les autres lignes qui partent des touchantes, il faudroit que la ligne qui fort du point B,
& qui devroit rencontrer la mefme ligne
C Q Z en quelque point plus éloigné, fuft
égale à la portion de la ligne C A I prolongée & comprife entre le point C & la
rencontre de la touchante en B. Mais il
eft impoffible que la touchante en B la puiffe rencontrer, puifqu'elles font parallèles ;
ainfi elle ne rencontrera jamais la ligne
C Q Z en quelque point que ce foit, &
partant elle eft afymptote.

Confidérons la figure quand nous aurons tiré les ordonnées des points D, E, F,
&c. fur l'axe C A, & pareillement des
points O, P, Q, &c. fur l'axe C 10, fuppofant que la figure A B C foit une parabole.

Soit D 1 la premiére ordonnée de la figure A B C, & O 6 de C Z 10, on aura
D O égal à G C, & auffi à 1 6 ; & fi des
deux lignes égales G C & 1 6 on ofte la
ligne C 1 qui leur eft commune à toutes
deux, il reftera G 1 égale à C 6. Or par la
propriété de la parabole, G 1 eft divifée en
deux également par le fommet A ; partant
C 6 eft double de A 1 ; & ainfi de tous les
autres ; fçavoir C 7 fera double de A 2 ;
C 8 de A 3, &c. & ainfi, comme les lignes,
ou parties de l'axe de la parabole A B C font entr'elles, ainfi les doubles par-

ties feront entr'elles dans l'autre figure C Z 10. Mais dans la parabole les parties font entr'elles comme les quarrez des ordonnées, & partant dans la figure C Z 10 les parties de l'axe feront auffi entr'elles, comme les quarrez des paralleles aux ordonnées (qui font les ordonnées de ladite figure C Z 10) fçavoir, comme le quarré de O 6 eft au quarré de P 7, ainfi C 6 eft à C 7 ; d'où il s'enfuit que la figure C Z 10 fera auffi une parabole, qui fera double de la parabole A B C.

Mais fi l'on veut que les portions de l'axe foient entr'elles comme les cubes des ordonnées, & qu'ainfi G 1 foit triple de A 1, alors C 6 fera triple du mefme A 1, & la parabole C Z 10 fera triple de la parabole A B C. La mefme chofe fe fera toûjours changeant les paraboles, & faifant que les portions de l'axe foient entr'elles comme les quarré-quarrez, quarré-cubes &c. des ordonnées à l'axe defdites paraboles.

Maintenant il faut voir comment fe fera la quadrature de la parabole. Pour cét effet il faut confiderer dans A B C que les ordonnées & les portions de l'axe forment des parallelogrammes qui rempliffent la figure. Pour l'autre figure C Z 10, je la puis confiderer comme ayant tiré du point B une touchante qui rencontre C I en I (car dans la parabole la touchante au point B n'eft point parallele à C I, comme à la figure précedente, & partant elle doit rencontrer la ligne C I.) De ce mefme point B on tire B Z parallele à C I qui rencontrera la ligne C Q Z ; car cette ligne n'eft formée que par l'extremité des lignes paralleles à C A. Du point de la rencontre foit fermée la figure C Q Z 10. Les ordonnées de la parabole A B C feront égales aux ordonnées de la parabole C Z 10. Mais les portions de l'axe de la parabole A B C ne valent que la moitié des portions de l'axe de la parabole C Z 10 ; partant celles-cy font doubles de celles-là, & partant les parallelogrammes de la parabole C Z 10 font doubles des parallelogrammes de la parabole A B C ; & partant la parabole C Z 10 fera double de A B C, ou du triligne qui luy eft égal B C Q Z ; & le parallelogramme C B Z 10 triple de la mefme parabole A B C ; donc ladite parabole C Z 10 fera les deux tiers dudit parallelogramme C B Z 10 ; & de cette forte je trouve la quadrature de la parabole puifque j'ay un parallelogramme qui a raifon avec la parabole, Archiméde s'eftant contenté de trouver une parabole égale, ou bien en raifon, à un triangle. Que fi on prend les cubes, quarré-quarrez & autres puiffances des ordonnées on en conclura de mefme la quadrature de ces paraboles.

Il faut maintenant prouver que les deux trilignes D A 1, & O C L font égaux ; & pour cét effet ayant tiré la ligne droite C D, je dis que le triligne C D A eft la moitié du quadriligne C O D A : fi donc de ce quadriligne j'ofte le parallelogramme C L D 1, il reftera les trilignes C O L & A D 1 ; fi du triligne on ofte le triangle C D 1, il reftera le triligne D A 1 ; par ainfi d'une grandeur double d'une autre grandeur, j'ay tiré une partie double d'une partie que j'ay tirée de l'autre, partant le refte de la grande doit eftre double du refte de la petite, & de cette forte D A 1, & L C O font doubles de D A 1, donc D A 1 fera égal à L C O, ce qu'il falloit démontrer.

Il refte à faire voir que la ligne C D coupe en deux également le quadriligne C O D A (car il n'eft pas toûjours véritable.) Pour cét effet on fuppofe O D pour un des coftez du parallelogramme, & pour l'autre la portion D A indivifible fur la touchante D G ou fur la ligne courbe D A qui eft la mefme chofe, & le triangle C D avec la mefme portion indivifible D G ou D A. Je dis que le parallelogramme eft double du triangle ; car ils font fur des bafes égales, qui font lefdites portions indivifibles, & entre mefmes paralleles, fçavoir O C & D G ; ainfi C D coupe le parallelogramme, ou pour mieux dire, le quadriligne O D A C en deux également ; car nous ne considérons plus l'espace D A G ni celuy qui est compris entre la courbe O C & la droite O C ; car ces espaces ne sont point de nos parallelogrammes & triangles. Or tous ces triangles ne sont considérez que comme des lignes, sçavoir C D, C E, & les autres à l'infini ; & toutes les lignes ou triangles remplissent l'espace A B C comme les parallelogrammes (au lieu desquels nous prenons les lignes D O, E P, F Q, &c.) remplissent l'espace Z B A C Q Z, soit que les lignes B Z & C Q Z se rencontrent ou non.

Venons maintenant au solide qui se fait par la révolution de la figure sur l'axe A C. Nous voyons qu'il se fait plusieurs cylindres, rouleaux de cylindres, cônes, ou rouleaux de cônes ; comme le cylindre fait sur l'axe C A par le parallelogramme C A D O ; le cône fait sur la mesme C A, & par le triangle C A D ; puis les rouleaux de cylindres faits par les petits parallelogrammes, comme sont D O P E & les autres semblables qui ont pour base les portions indivisibles de la courbe, & les rouleaux de cônes qui sont faits par les triangles comme C D E, C E F & les autres semblables autour de l'axe C A. Mais les cônes sont aux cylindres qui sont sur mesme base, comme 1 à 3, & les rouleaux des cônes sont aux rouleaux des cylindres en mesme raison ; & partant le solide fait de A B C sera le tiers du solide Z B A C Q Z ; & si les lignes B Z, C Z ne se rencontrent point, il faut supposer le solide continué à l'infini de ce costé-là, & ostant le solide fait de A B C, restera le solide B C Z, qui sera double du mesme A B C. Dans les plans nous avons trouvé que le plan A B C est égal au plan B C Z continué à l'infini s'il est besoin. Il faut maintenant considerer ces figures comme paraboles ; & par consequent la touchante du point B, ou plûtost la ligne tirée de B parallele à A C rencontrera la courbe C Z continuée. Soit donc fermé la figure au point de la rencontre, & soit C Z 10 la figure tournant sur son axe, & comparant les cylindres faits par les parallelogrammes D 1 A, E 2 A, &c. à ceux de l'autre parabole comme O 6 C, P 7 C, &c. parce que les ordonnées D 1, O 6, &c. de l'une & de l'autre figure sont toutes égales ; mais les portions de l'axe de la parabole C Z 10, comme C 6, &c. sont doubles des portions de l'axe A C, comme A 1 &c. il s'ensuit que chaque cylindre d'embas sera double de celuy d'enhaut, & partant tout le solide d'embas fait par C Z 10 roulant sur C 10 sera au solide fait par A B C tournant sur A C, comme 2 à 1. Mais on a veû que le solide de A B estoit au solide fait par Z Q C B, comme 1 à 2 ; partant ledit solide de Z Q C B sera égal au solide de C Z 10 ; & ainsi le solide de C Z 10 sera la moitié du cylindre fait par le parallelogramme C B Z 10, ce qu'il falloit démontrer.

Il faut maintenant considerer une autre figure qui se fait élevant du point L une ligne égale & parallele à C G, sçavoir L 11 ; du point M tirant M 12 égale & parallele à C H, & ainsi des autres, & par l'extremité desdites lignes se forme la ligne courbe A 11 12 16, & de chaqu'un desdits points on tire les ordonnées 11 G, 12 H, 13 R, &c. qui sont égales à celles de A B C tirées des points correspondans D E F, &c. qui sont infinis : de plus A G est égal à A 1, A H égal à A 2, &c. dans la parabole simple.

On considerera aussi que les lignes L 11, & D O sont égales, & pareillement M 12 & E P ; N 13 & F Q, &c. & partant les parallelogrammes 11 L M 12, 12 M N 13, &c. sont égaux aux parallelogrammes O D E P, P E F Q, &c. car on ne prend icy que les lignes D O E P &c. ou leurs égales L 11, M 12, &c. au lieu desdits parallelogrammes. Or on a montré que les triangles C A D, C D E, C E F &c. sont la moitié des parallelogrammes A O, D P, E Q, &c. partant ils seront aussi la moitié des parallelogrammes A C L 11, 11 L M 12, 12 M N 13, &c. l'espace A B C est donc la moitié de l'espace 16 A C B, soit que

les

les lignes A 16, & B 16 se rencontrent ou non. D'où il s'enfuit que A B C
eft égal à l'efpace B A 16, quand mefme les lignes A 16 & B 16 eftant prolongées à l'infini, ne fe rencontreroient
point. On pourroit montrer la mefme chofe plus briévement, comme il s'enfuit. Les
lignes 11 L, 12 M, 13 N, & les autres infiniment, eftant égales aux lignes D O, E P,
F Q, &c. il s'enfuit que l'efpace Z C A B
eft égal à B C A 16; oftant donc A B C
commun, reftera B A 16 égal à B C Z qui
a efté cy-devant montré égal à A B C, &
partant 16 A B luy eft auffi égal.

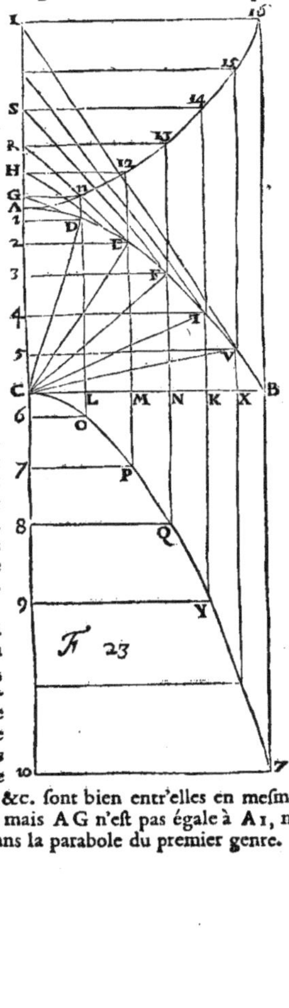

Maintenant foit A B C la premiére parabole, la touchante B I rencontrant C I,
la ligne B 16 égale & parallele à C I rencontrera la courbe A 16 au point 16, & la
figure A 16 I fera une parabole égale &
femblable à A B C : car les ordonnées de
l'une font égales aux ordonnées de l'autre,
fçavoir D 1 à G 11, E 2 à H 12 &c. puifqu'elles font entre les mefmes paralleles ;
& par la proprieté de la parabole, A G eft
égal à A 1, A H à A 2, A R à A 3, &c.
fçavoir les portions de l'axe où aboutiffent les ordonnées correfpondantes font
égales ; & partant toute la parabole A B C
fera égale à toute la parabole A 16 I. Or
on a trouvé que l'efpace B A 16 eft égal à
A B C ; partant les trois piéces ou efpaces
A B C, A 16 I, & B A 16 comprifes dans le
parallelogramme I C B 16, & qui le forment, font égales entr'elles.

Ce que nous venons de dire icy de la
premiere parabole, ou de la parabole du
premier genre, ce qui eft la mefme chofe,
fe doit entendre auffi des paraboles des autres genres, c'eft-à-dire que, fi la parabole
A B C eft du troifiéme genre, la parabole
A 16 I fera auffi du troifiéme genre ; mais
elle ne fera pas la mefme que la parabole
A B C : car les parties A G, A H, A R, &c. font bien entr'elles en mefme
raifon, que les parties A 1, A 2, A 3 &c. mais A G n'eft pas égale à A 1, ni
A H égale à A 2 &c. comme elles font dans la parabole du premier genre.

DE
TROCHOIDE
EJUSQUE SPATIO.

DEFINITIONES.

SI circulus duplici motu simul & eodem tempore moveatur, altero quidem recto, quo centrum illius feratur secundùm lineam rectam: altero autem circulari, quo ipse cum omnibus suis radiis circa centrum suum circumvolvatur; sitque uterque motus sibi ipsi semper uniformis, & alter alteri æqualis, ita ut recta quam percurrit centrum spatio unius integræ conversionis circumferentiæ, intelligatur esse eidem circumferentiæ æqualis: atque inter movendum circulus ipse perpetuò maneat in eodem plano infinito in quo extitit in initio motûs: ejusmodi circulum vocamus *Rotam.*

Recta per quam fertur centrum, vocetur *iter centri.*

Quæcunque puncta vel lineæ à circulo denominantur, denominentur hîc à rotâ, ut centrum rotæ, radius rotæ, circumferentia rotæ, &c.

Manifestum est autem circumferentiam rotæ contingere continuè & successivè in aliis atque aliis punctis quandam lineam rectam itineri centri parallelam: vocetur hæc *via rotæ.*

Manifestum est quoque quidquid accidat in quâvis integrâ circumvolutione rotæ, idem quoque accidere in quâcunque aliâ: modo initia circumvolutionum sumantur à radiis similiter positis, id est, qui cum itinere centri æquales ad easdem partes angulos constituant, sintque radii ipsi paralleli.

Nos itaque unam conversionem assumamus, cujus initium statuimus in eo rotæ radio qui perpendicularis est tam viæ rotæ quam itineri centri, eumque ipsum radium, dum ad motum rotæ movetur, consideramus ac prosequimur, donec absolutâ integrâ conversione, idem ab eadem parte fiat rursus iisdem viæ rotæ & itineri centri perpendicularis. Hic ergo radius in initio circumvolutionis vocetur *radius principii motûs:* in medio autem dum ipse perpendicularis est itineri centri, sed ad alteras partes constitutus, dicetur *radius medii motûs:* & tandem in fine, *radius perfecti motûs.*

Quòd si radius ipse in quâcumque positione produci intelligatur utrinque quantùm libuerit etiam extra rotam, idem dicetur linea principii, medii, vel perfecti motûs.

Jam in lineâ principii motûs indefinitè productâ versùs viam rotæ intelligatur sumptum quodcumque punctum præter centrum, atque inter ipsum centrum versùs viam rotæ, etiam in eâdem viâ aut ultrâ, cujus puncti motus spectetur: fiet necessariò ut propter implicationem motûs circularis cum recto, ipsum punctum describat lineam aliquam, cujus portio quædam ab unâ parte itineris centri, altera autem portio ab alterâ parte existat; ea autem incipiet in lineâ principii motus, & in lineâ perfecti motûs desinet. Vocetur hæc *Trochoides.*

Recta quæ Trochoidis hujus extrema puncta jungit, estque vel via rotæ, vel ei parallela, dicatur *Trochoidis ejusdem basis.* Portio lineæ medii motûs intercepta inter trochoidem & basim ejus, *axis trochoidis* vocabitur; qui quidem axis ab itinere centri bifariam fecabitur in puncto quod nos *centrum trochoidis* nuncupamus. *Vertex* autem *trochoidis* eft extremum axis punctum in trochoide exiftens, feu bafi oppofitum.

Jam manifeftum eft à trochoide & ab ejufdem bafi comprehendi fpatium quoddam planum; quod nos poftea vocabimus *fpatium trochoidis*. Ejus centrum, bafis, axis & vertex ijdem qui trochoidis intelligantur.

Quæcunque recta ab aliquo puncto trochoidis ducitur ufque ad axem parallela viæ rotæ, dicatur *ad axem ordinata*.

Item, menfura integri motûs converfionis rotæ intelligatur tota circumferentia rotæ : menfura dimidij motûs intelligatur dimidia circumferentia; & fic in univerfum menfura cujufvis partis motûs rotæ intelligatur effe arcus circumferentiæ ejufdem rotæ, qui ad integram circumferentiam eandem habeat rationem, quam pars motûs affumpta ad motum converfionis integræ.

Præterea, fi circa axem trochoidis tanquam circa diametrum, & circa ejufdem trochoidis centrum circulus defcribatur, is erit vel rota ipfa, vel eâdem major aut minor, prout punctum, quod trochoidem defcripfit, fumptum fuerit vel in circumferentiâ rotæ, vel extra vel intra ipfam rotam. Et fiquidem circulus ipfe fit rotæ æqualis, feu rota ipfa; tunc ipfa trochoides denominabitur à rota fimplici, diceturque *trochoides rotæ fimplicis*, feu *trochoides veræ rotæ*. Si autem ipfe circulus circa axem trochoidis defcriptus major fit quam rota, tunc trochoides denominabitur à rotâ contractâ, diceturque *trochoides rotæ contractæ*. Si tandem circulus minor fit ipfâ rotâ, ejus trochoides denominabitur à rotâ prolatâ, diceturque *trochoides rotæ prolatæ*. Spatia, bafes, & cætera ad ipfas trochoides pertinentia, curvæ fuæ denominationem fortiantur: at circulus ipfe circa axem trochoidis tanquam circa diametrum defcriptus, dicatur circulus fuæ trochoidi proprius.

Et quia pofitis ijs quæ jam dicta funt, concipi poteft duplex rotæ motus circularis, prout motus circuli circa centrum intelligi poteft fieri ad hanc vel illam partem : nos eum affumimus, qui rotis communibus convenit, quo quidem motu pars interior circumferentiæ, putà quæ adjacet viæ rotæ, fertur non ad eafdem partes ad quas centrum tendit motu recto, fed ad contrarias; fuperior autem rotæ pars quæ viæ ejus opponitur, fertur fecundùm motum centri. Hic enim motus omnium rotarum phyficarum proprius eft & veluti naturalis; alter autem eidem contrarius eft, veluti violentus & contra naturam rotæ : geometricè tamen uterque confiderari poteft, nec alia inter trochoides quæ ab ipfis orientur, accidet differentia, nifi quod quæ partes erant unius extremæ in alterâ, eædem erunt mediæ; fpatia autem longè different cùm figurâ tum magnitudine, fed quia unum erit veluti complementum alterius, ideo ex uno noto dabitur alterum; quam fpeculationem nos in aliud tempus remittimus. Agimus autem hîc de trochoide rotæ tam fimplicis quam prolatæ & contractæ, fed motu communi rotæ phyficæ motæ, ac de eâ & de fpatio ejus fequentia enuntiamus Theoremata, quorum pars ftatim demonftrabitur; reliqua autem pars quæ longiffimæ & acutiffimæ fpeculationis eft, opportuno tempore fuam nancifcetur demonftrationem, quam quidem à nobis inventam (ut cætera quæ ad rotam pertinent) eo ufque retinemus donec per tempus liceat integrum opus producere.

Supponimus autem quædam quæ etfi per fe demonftrationem requirant, tamen ea tam facilis eft, ut cuivis in Geometriâ mediocriter verfato ftatim appareat, qualia funt hæc. In primo quadrante integræ converfionis rotæ punctum quod trochoidem defcribit, percurrit fpatium quod eft inter bafim trochoidis & iter centri; idemque punctum motu recto pofterius eft centro rotæ. In fecundo quadrante idem punctum percurrit fpatium quod eft ab itinere centri ufque ad verticem trochoidis, eft que adhuc pofterius centro rotæ. In

tertio quadrante punctum idem percurrit spatium quod est à vertice trochoidis usque ad iter centri, sed jam hoc punctum præcedit respectu centri, quod
sequitur si motus recti habeatur ratio. In quarto & ultimo quadrante punctum
de quo agimus percurrit spatium quod est ab itinere centri usque ad basim
trochoidis, & adhuc idem punctum præcedit, centrum autem rotæ sequitur
motu recto.

Hinc verò atque ex quibusdam alijs quæ naturam rotæ motæ, ut dictum
est, statim consequuntur, demonstrabitur facilè trochoidem quæ fit ab unicâ
conversione cujuscunque rotæ in seipsam non recurrere, seu per idem punctum bis transire non posse : contrarium autem accideret in rotâ prolatâ, si
aliud à nostra sumeretur principium.

Nec minus facilè est demonstrare eam trochoidis partem, quæ est à principio usque ad verticem æqualem esse & similem alteri parti quæ est à vertice
usque ad finem, & ambas partes sibi invicem congruere posse. Item, primam
medietatem ejusdem trochoidis totam esse ab unâ parte axis, secundam verò
totam esse ab alterâ. Idem dictum intelligatur de duabus partibus spatij ipsius
trochoidis quæ ab ejusdem axe constituuntur. Atque ita quæ in unâ ex his
medietatibus demonstrabuntur, in alterâ quoque medietate demonstrata esse
quivis facilè intelliget, collatis invicem duarum medietatum partibus illis
quæ sunt prope verticem &c. His positis primaria trochoidis proprietas, quam
propterea demonstrabimus, videtur esse hæc.

PROPOSITIO PRIMA.

*Si ab assumpto puncto primæ medietatis trochoidis ad axem ordinata sit recta qua-
vis, ejus portio quædam erit extra circulum ipsi trochoidi proprium; quæ quidem
portio æqualis erit arcui rotæ, qui mensurat eam partem motûs, quæ restat inde
ab eo tempore, quo notatum est à puncto mobili punctum assumptum, usque ad
medietatem integræ conversionis rotæ.*

ESTO recta E P; iter centri rotæ cujusdam æqualis circulo seorsim posito
SOMZ, cujus centrum T; sit que recta CEA linea principij motûs;
intelligaturque recta E P æqualis circumferentiæ rotæ SOMZS, & recta
N P L sit linea perfecti motûs. Tum divisâ E P bifariam in puncto K, ducatur recta H K F, quæ sit linea medij motus; puncta autem A, F, L sint ad
easdem partes respectu rectæ E P, & puncta C, H, N ad easdem quidem
partes inter se, sed ad alteras respectu ejusdem rectæ E P, & punctorum
A, F, L.

Concipiatur jam in linea principij motûs C E A assumptum esse punctum
A, ad describendam trochoidem, sive recta E A æqualis sit semidiametro
rotæ T O, quo pacto fiet trochoides rotæ simplicis; sive ipsa E A major sit
quam T O, ut fiat trochoides rotæ prolatæ ; sive denique minor ut habeamus
trochoidem rotæ contractæ : moveaturque rota hoc pacto ut centrum illius
percurrat rectam E P, interim dum ipsa motu circulari absolverit unam integram conversionem circa idem centrum, posito utroque motu sibi ipsi semper
uniformi : feratur autem unà cum rotâ recta E A, quæ ad motum rotæ æqualiter
circumvolvatur, ita ut in medio motûs integræ conversionis ipsa E A conveniat rectæ K H, in fine autem eadem conveniat rectæ P L; sicque propter
implicationem motûs circularis cum recto punctum A describat trochoidem
A R Y H L, cujus basis A L, axis H F, vertex H, centrum K, & spatium
A R Y H L A; sint etiam puncta A, F, L in eâdem rectâ lineâ quæ est basis,
& puncta C, H, N in aliâ rectâ ipsi basi & itineri centri parallelâ, ut sit
A L N C parallelogrammum rectangulum. Præterea centro K, & intervallo

K H,

K H, feu K F, æquali ipfi E A, defcribatur circulus H I F G, cujus circumferentia fecet iter centri versùs principium quidem in I, versùs finem autem in
G, qui circulus erit proprius trochoidi ex definitione, eritque idem vel æqualis rotæ, vel ipfa major aut minor, quod hoc loco nihil refert. Item in lineâ
A R Y H, quæ eft prima medietas trochoidis fumatur quodcunque punctum
Y, à quo ad axem H F, ordinata fit recta Y D fecans primam femicircumferentiam circuli proprii in puncto X.

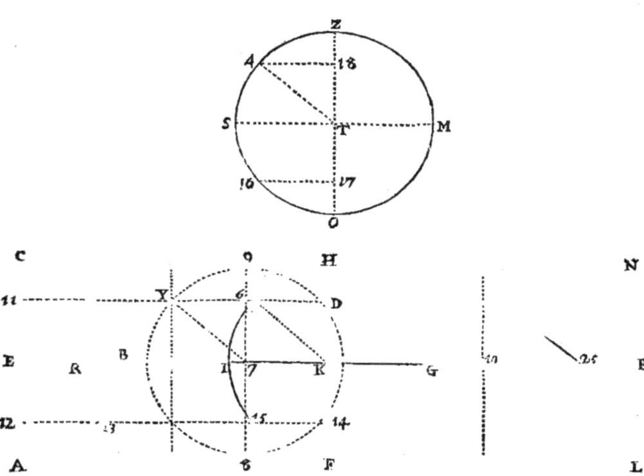

Dico primò portionem aliquam ipfius Y D effe extra circulum F I H.
Quia cum punctum Y eft in prima medietate trochoidis, quæ quidem per
ipfum punctum Y femel tantum tranfit, ut fuperius pofitum eft, non poteft
effe nifi unica pofitio rotæ in quâ illâ exiftente notatum eft punctum Y, atque
in illâ pofitione centrum ipfius rotæ extitit inter puncta E, K, fcilicet intra
primam medietatem itineris centri. Exiftat igitur eâ pofitione centrum illud
in puncto 7, per quod ducatur recta 8 7 9 parallela lineæ medii motûs F K H,
fecans bafim quidem A L, in puncto 8, rectam verò C N in puncto 9; ducatur quoque recta 7 Y, quæ quia ducitur à centro rotæ 7 in hâc pofitione,
ad punctum Y, quod in eâdem pofitione trochoidem defcribit, æqualis erit
rectæ E A, feu potius recta 7 Y erit ea ipfa E A, cujus punctum E motu recto
pervenit in 7, punctum autem A motu implicato perlatum eft in Y, defcri-
bens trochoidis portionem A R Y, & eadem recta motu circulari rotæ pofitionem fuam mutavit fecundùm angulum 8 7 Y : huic ergo angulo confti-
tuatur æqualis O T 4 rotæ feorfim pofitæ, cujus O T Z fit diameter, & punctum 4 in circumferentiâ.

Conveniente ergo per intellectum centro T cum centro 7, & angulo
O T 4 angulo 8 7 Y, five latera æqualia fint, five non, manifeftum eft ex
naturâ rotæ, arcum O 4 effe menfuram motûs jam peracti à principio converfionis; & arcum 4 Z qui cum O 4 complet femicircumferentiam rotæ,

R R r

esse mensuram motûs qui deest ad complendam dimidiam conversionem : & quia æquales sunt ambo motus rotæ, circularis scilicet & rectus, & uterque uniformis sibi ipsi, manifestum est quoque rectam E 7 æqualem esse arcui O 4, & rectam 7 K arcui 4 Z : quod notetur.

Centro 7, intervallo autem 7 Y, vel 7 8, vel 7 9, quæ æqualia sunt, describatur circulus cujus diameter erit 8 7 9. Quoniam ergo per ea quæ posita sunt, punctum Y in prima medietate trochoidis existens sequitur post

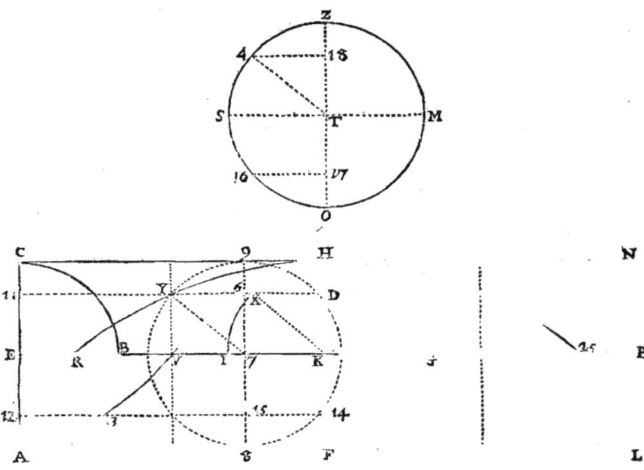

centrum motu recto, erit ipsum Y respectu diametri 8 9 versùs principium curvæ, jacebitque propterea ipsa diameter 8 9 inter punctum Y & axem H F, eademque secabit rectam Y D ordinatam ad axem, esto in puncto 6 : rectæ ergo D H, 6 9 æquales sunt, sicuti & rectæ F D, 8 6; & rectangulum F D H, æquale rectangulo 8 6 9, quæ rectangula cum sint æqualia quadratis X D, Y 6, erunt hæc quadrata æqualia, & recta D X æqualis rectæ 6 Y : sed recta D Y major est quam 6 Y, totum scilicet parte ; ergo eadem D Y major est quàm D X; excessus autem est portio X Y; hæc itaque portio est extra circulum F X H trochoidi A Y H proprium; quod primo loco demonstrandum erat.

Dico secundò eandem portionem exteriorem X Y, æqualem esse arcui 4 Z. Quoniam enim ostensæ sunt æquales D X, & 6 Y, sunt autem puncta X 6 vel simul, vel sejuncta, & hoc casu vel punctum X est inter puncta D & 6, vel è contrario ipsum X est inter puncta 6, Y, secundùm diversas species trochoidum rotæ simplicis, prolatæ, vel contractæ, quod hoc loco nihil refert : quidquid sit, additâ vel subtractâ communi X 6, si quæ inter puncta X 6 interjaceat, fiet recta D 6 æqualis rectæ X Y, est autem D 6 æqualis rectæ K 7, seu arcui 4 Z, ut notatum est; quare & recta X Y eidem arcui 4 Z est æqualis, quod secundo loco demonstrandum erat : quare constat Propositio.

Corollarium primum.

Hinc manifeſtum eſt arcum X H ſimilem eſſe arcui rotæ 4 Z, ſicuti arcus F X ſimilis eſt arcui O 4; & eſt 4 Z quicunque arcus menſurans motum qui deeſt ad dimidiam converſionem, & O 4 menſurat motum jam tranſactum, quod notaſſe in ſequentibus uſui erit.

Corollarium ſecundum.

Hic demonſtrari poteſt in rotâ ſimplici, atque in prolatâ rectam 6 D majorem ſemper eſſe quam X D, propterea quod ipſa rota ſeu circulus O 4 Z tunc æqualis eſt circulo proprio F X H, vel ipſo major; ideoque arcus 4 Z, æqualis eſt arcui X H, vel ipſo major, quia ſimiles ſunt ipſi arcus. Sed recta 6 D æqualis eſt arcui 4 Z, ex demonſtratis; quare eadem 6 D æqualis eſt arcui X H, vel ipſo major : arcus autem X H ſemper major eſt rectâ X D; quare hoc caſu recta 6 D ſemper major eſt quàm X D.

In rotâ autem contractâ, quia ipſa Rota minor eſt quàm circulus ſibi proprius F X H, atque ideo arcus 4 Z ſemper minor eſt arcu ſibi ſimili X H, ſecundùm rationem diametri rotæ ad diametrum circuli ſibi proprii, erit recta 6 D, quæ æqualis eſt arcui 4 Z, ſemper minor arcu X H, ſecundùm eandem rationem; hic autem arcus X H, quia aſſumptus eſt utcunque minor ſemicircunferentiâ circuli proprij F I H, poteſt habere ad rectam X D quamcunque rationem majoris ad minus, ſcilicet ut diameter F H, ad diametrum rotæ O Z. Fieri ergo poterit aliquando ut arcus X H ad rectam X D eandem habeat rationem quam ad rectam 6 D, aliquando majorem & aliquando minorem; ideoque in rotâ contractâ poterit recta 6 D æqualis eſſe rectæ X D, vel ipſa major aut minor : atque ita punctum 6 erit vel ſimul cum puncto X, vel inter puncta Y, X; vel inter puncta X, D.

Et quidem quòd res ita ſe habeat in univerſum ex his ſatis patet; quibus autem in punctis quave poſitione rotæ omnes iſtæ differentiæ accidant in datâ quâcunque ratione diametri rotæ contractæ ad diametrum circuli ſibi proprii demonſtrare longum eſſet & difficillimum, opuſque eſſet hoc aſſumpto; ſcilicet dato cuivis arcui circumferentiæ circuli, intelligi poſſe rectam lineam æqualem, minorem, vel majorem.

Corollarium tertium.

Illud quoque ex demonſtratis ſtatim apparet, ſcilicet trochoidem occurrere circumferentiæ circuli ſibi proprii in unico puncto verticis, atque in eo puncto tantùm lineas ipſas ſeſe tangere, ipſumque circulum totum contineri intra ſpatium ejuſdem trochoidis.

Corollarium quartum.

Hinc præterea clarum eſt ipſam trochoidem non eſſe lineam rectam nec ex duabus rectis compoſitam, ſiquidem illa à puncto A pervenit ad punctum H, nec tamen ingreditur aut ſecat circulum proprium F X H, quem ſecaret neceſſario ſi recta eſſet à puncto A ad punctum H, ſive à puncto H ad punctum L : non eſt ergò recta, nec ex duabus rectis compoſita.

Quod autem cujuſcunque trochoidis nulla pars lineæ rectæ congruere poſſit, ſed omnes partes ſint curvæ, atque penitùs ab alijs quibuſcunque curvis huc uſque notis diverſæ, demonſtrari quidem poteſt, ſed demonſtratio longa eft & difficilis, neque hujus loci, quando quidem ad ea quæ intendimus non requiritur.

Corollarium quintum.

QUIA in antecendenti Propofitione punctum 6 eft fectio communis rectæ ordinatæ Y D & rectæ 8 7 9, quæ eft diameter circuli 8 Y 9, qui concentricus eft rotæ ita pofitæ ut centrum illius fit 7 : fi intelligatur alia atque alia pofitio rotæ ab initio motûs donec centrum illius percurrerit rectam E K, manifeftum eft aliud atque aliud fore ipfum punctum 6; ipfumque moveri incipere à puncto A, & in medio motus integræ converfionis rotæ, idem pervenire ad punctum H, atque adeo ipfum ferri fecundùm lineam quandam A 6 H fecantem rectam E K in puncto V. Quòd fi idem ferri intelligatur à puncto H ad punctum L, fiet reliqua dimidia pars ejufdem novæ lineæ, fecans rectam K P in puncto 10; atque ideo ipfa integra erit A V 6 H 10 L, hanc nos vocamus *trochoidis comitem*, feu *fociam*.

Vertex, bafis, axis & centrum illius eadem funt quæ trochoidis, cujus illa comes eft. Quod autem ab ipfa & bafi fuâ comprehenditur fpatium planum, ab eâdem denominetur. Item, quæ à trochoide & ab ejus comite comprehenduntur duo fpatia, quorum alterum eft A Y H V A, inter lineas principij & medii motus : alterum vero ei fimile & æquale inter lineas medii & perfecti motus; fingula à duabus illis lineis fimul nomen fortiantur, dicaturque unumquodque fpatium trochoide & fuâ comite contentum : ordinata ad axem comitis trochoidis dicatur quævis recta à quacunque puncto ejufdem comitis ad axem ducta parallela bafi.

PROPOSITIO SECUNDA.

Si à quocunque puncto trochoidis ad axem ordinetur recta quæpiam, hujus portio erit ordinata ad axem comitis ejufdem, quæ quidem portio æqualis erit ei ejufdem ipfius ordinatæ ad trochoidem portioni, quæ interjicitur inter ipfam trochoidem & circumferentiam convexam circuli eidem trochoidi proprii.

MANIFESTA eft hæc Propofitio ex iis quæ jam demonftrata funt. Efto enim Y D recta quæcunque à puncto Y in trochoide exiftente ad axem F D H ordinata, & ponantur eadem quæ fuperiùs. Exiftit punctum 6 in ejufdem trochoidis comite, ex definitione; & recta 6 D erit ad axem ipfius comitis ordinata : recta vero X Y interjicitur inter trochoidem & circumferentiam convexam circuli ipfi proprij. Oftenfum autem eft rectas ipfas 6 D & X Y effe inter fe æquales; quare patet Propofitio, quæ id tantum enuntiabat.

Corollarium primum.

HINc manifeftum eft eandem ordinatam 6 D æqualem effe arcui rotæ 4 Z.

Corollarium fecundum.

PERSPICUUM eft etiam rectam Y 6, quæ interjicitur inter trochoidem & ejus fociam, æqualem effe rectæ X D interjectæ inter circumferentiam circuli proprii & axem.

Corollarium tertium

SED & hic demonftrari poteft in rotâ fimplici comitem trochoidis occurrere circumferentiæ circuli proprij in vertice tantum, atque in eo folo puncto

cto

&to. lineas ipfas fefe contingere. Quod idem accidit comiti trochoidis rotæ prolatæ. At in curva rotæ contractæ comes fecat circumferentiam circuli proprii infra verticem, idque femel tantùm in primâ dimidiâ converfione rotæ, & rurfus femel tantùm in alterâ dimidiâ converfione : ac præterea eadem comes eandem circumferentiam tangit interiùs in vertice, cujus quidem Enuntiati longa eft demonftratio, non tamen ita difficilis; fed de his aliàs.

Corollarium quartum.

ID autem peculiare eft rotæ fimplici, quod angulus contactus qui fit à comite trochoidis illius & circumferentiâ circuli ipfi proprii, minor fit omni angulo contactus duorum quorumvis circulorum etiam interiùs fefe tangentium : quod rursùs in alium locum remittimus, propter prolixitatem demonftrationis, quæ tamen non eft admodum difficilis.

Corollarium quintum.

ITEM cujuflibet trochoidis comes nec recta eft, nec ex duabus aut pluribus rectis compofita ; nec trochoidi nec alii cuivis curvæ ex iis quæ huc ufque notæ funt ita occurrere poteft ut pars fit eadem, & pars non fit communis ; quod, quia demonftrare longum eft & difficillimum, neque ad ea quæ intendimus requiritur, ideo prætermittimus.

PROPOSITIO TERTIA.

Si à quocunque puncto primi quadrantis comitis trochoidis ad axem ipfius ordinata fit recta quævis, quæ ufque ad lineam principii motûs producatur; item ab aliquo puncto fecundi quadrantis ejufdem comitis eodem modo ordinata fit alia recta (modo ipfæ ordinatæ æqualiter diftent hinc inde ab itinere centri rotæ) earum rectarum fic productarum portiones permutatim fumptæ, erunt æquales ; ita ut quæ in unâ earum rectarum inter comitem & axem interjicitur portio, æqualis fit ei alterius rectæ portioni quæ interjicitur inter eandem comitem & lineam principii motûs, & reciprocè.

PONANTUR eadem quæ fuprà in eâdem figurâ; atque in linea A 13 V, primo fcilicet quadrante comitis, fumptum fit punctum quodcunque 13, à quo ad axem F H ordinata fit recta 13 14, quæ minor erit quam A F, quia ipfa A F æqualis eft femicircumferentiæ rotæ ; 13 14 autem ipfâ femicircumferentiâ minor. Producatur ergo eadem 13 14 donec occurrat lineæ principij motûs A C in puncto 12. Tum in axe F H intelligatur portio K D æqualis portioni K 14, fed ad diverfas partes, & ducatur recta D 6 11 parallela rectæ K E, occurrens comiti quidem in puncto 6, quod erit in fecundo ipfius quadrante, lineæ autem A C in puncto 11. Dico rectam 13 14 æqualem effe rectæ 6 11, & reciprocè rectam 13 12 æqualem effe rectæ 6 D. Secet enim recta 12 14 circumferentiam F I H in puncto 15; & recta 11 D fecet eandem circumferentiam in puncto X, fintque puncta 15, X in eâdem femicircumferentiâ quæ eft versùs principium motûs : item in femicircumferentiâ rotæ O S Z, fit arcus Z 4 fimilis arcui H X, & arcus Z 16 fimilis arcui H 15; fintque Z S, & O S quadrantes, ficut H I . & F I. Jam quia æquales funt rectæ K 14, K D erunt arcus I X, & I 15 æquales. Item æquales erunt arcus F 15, H X; & æquales F X, H 15 : ac propterea in rotâ æquales erunt arcus S 4, S 16. Item æquales arcus O 16 & Z 4, & æquales O 4, Z 16. Quare ex Corollario primo Propofitionis primæ, quia arcus H X fimilis eft arcui qui menfurat motum, qui fupereft ad dimidiam converfionem in eâ pofitione rotæ, erit arcus Z 4 ea ipfa

mensura ejusdem motus. Eâdem ratione erit arcus Z 16 mensura motûs qui
superest ad dimidiam conversionem rotæ, dum notatur ab ipsâ punctum 13; ac
propterea ex Corollario primo Propositionis secundæ, tàm recta 6 D æqualis est
arcui 4 Z, quam recta 13 14 æqualis arcui 16 Z: ambo autem ipsi arcus 4 Z
& 16 Z simul sumpti æquales sunt semicircumferentiæ O Z (ostensus est enim
arcus 4 Z æqualis ipsi 16 O) ideoque duæ rectæ 6 D & 13 14 simul sumptæ
æquales sunt eidem semicircumferentiæ O Z, sive rectæ D 11, vel 14 12.
Demptis ergo communibus sequitur rectam 13 12 æqualem esse rectæ 6 D; &
rectam 13 14 æqualem esse rectæ 6 11; quod erat ostendendum.

PROPOSITIO QUARTA.

Quod à trochoidis comite & ab ipsius base continetur, spatium dimidium est rectan-
guli cujus eadem est basis & eadem altitudo cum trochoide vel ejus comite, sumpto
axe communi pro altitudine.

IN eâdem rursùs figurâ. Dico spatium quod à comite A V H 10 L & basi
ejus A L continetur, dimidium esse rectanguli A C N L, cujus eadem est
basis A L & eadem altitudo axis F H. Consideretur enim ipsius rectanguli
dimidium A C H F, quod à curvâ A V H ipsius comitis dimidia, in duas partes dividitur, quarum partium altera continetur ab ipsâ curvâ A V H & duabus rectis A F, F H; altera autem pars continetur ab eâdem curva A V H &
duabus rectis H C, C A. Ostendendum est duas illas partes esse inter se æquales. Atqui ex antecedenti Propositione facile est ostendere duas easdem partes omnino sibi invicem superponi posse & congruere, posito scilicet puncto
C cum puncto F, & rectâ C A cum rectâ F H; item recta C H cum recta F A:
tunc enim quia recta C 11 æqualis est rectæ F 14, congruet punctum 11 cum
puncto 14, & recta 11 6 cum recta 14 13, cui æqualis ostensa est; & eodem
modo recta A 12 congruet rectæ H D, & recta 12 13 rectæ D 6, cui æqualis
ostensa est, & reliquæ reliquis, & omnes omnibus, & spatium spatio congruet.
Quare ipsa spatia sunt æqualia, & spatium A V H F A dimidium est rectanguli F C. Idem verò in reliquo rectangulo F N ostendetur eodem modo,
ideóque vera est Propositio.

PROPOSITIO QUINTA.

Idem spatium proportione medium tenet inter duplum rotæ & duplum circuli tro-
choidi proprii.

PONANTUR eadem. Dico spatium A V H 10 L A proportione medium esse
inter duplum rotæ O S Z M, & duplum circuli F I H G trochoidi proprii. Intelligantur enim duo rectangula, alterum quidem 20 21, cujus basis
19 20 æqualis sit semicircumferentiæ rotæ O S Z, altitudo vero 19 21 æqualis
diametro ejusdem rotæ O Z; alterum verò rectangulum 23 24, cujus basis
22 23 æqualis sit semicircumferentiæ circuli proprii F I H, altitudo autem
22 24 æqualis diametro ejusdem circuli F H. Jam quia duo rectangula 20 21
& F C æquales habent bases 19 20 & A F (quia utraque basis, ex positis,
æqualis est semicircumferentiæ rotæ) erunt ipsa rectangula inter se ut altitudines, scilicet ut diameter rotæ O Z ad F H diametrum circuli proprii. Item,
rectangulum F C ad rectangulum 23 24 ejusdem altitudinis F H, ex constructione, se habet ut basis A F ad basim 22 23, idest ut semicircumferentia
rotæ O S Z ad semicircumferentiam circuli proprii F I H, quia ex constructione æquales sunt ipsæ bases iisdem semicircumferentiis. Ut autem semicircumferentia O S Z ad semicircumferentiam F I H, ita diameter O Z ad diametrum F H: quare ut rectangulum F C ad rectangulum 23 24, ita diameter

O Z ad diametrum F H. Ut autem hæ diametri inter se, ita oftenfum eft rectangulum 20 21 ad rectangulum F C; ideoque eadem eft ratio rectanguli
20 21 ad rectangulum F C, quæ ejufdem rectanguli F C ad rectangulum 23 24,
quia utraque ratio eadem eft rationi diametri O Z ad diametrum F H. Sed

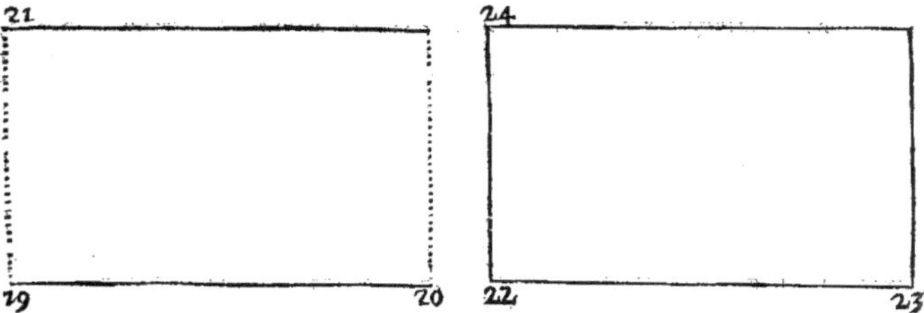

rectangulum 20 21 duplum eft rotæ O S Z M, ut ex Archimede in circuli dimenfione deducitur, ficuti rectangulum 23 24 duplum eft circuli F I H G; &
rectangulum F C æquale eft fpatio propofito A V H L A, quia dimidium
dimidio oftenfum eft æquale per præcedentem. Quoniam ergò continuè proportionalia oftenfa funt rectangula 20 21, F C, & 23 24, patet quoque proportionalia effe fpatia ipfis æqualia, fcilicet duplum rotæ O S Z M, fpatium
A V H 10 L A, & duplum circuli proprii F I H G, & medium effe fpatium
A V H 10 L A, ut proponebatur.

Corollarium.

HINC patet idem fpatium A V H 10 L A in trochoide rotæ fimplicis, duplum effe ejufdem rotæ; in trochoide autem rotæ prolatæ idem fpatium
majus effe quàm duplum rotæ; & tandem in trochoide rotæ contractæ, minus
quam duplum ipfius rotæ. Nam in rotâ fimplici circulus F H ipfi rotæ æqualis
eft; in prolatâ minor; in contractâ major: unde fpatium quod inter duplum rotæ & duplum circuli F H mediam tenet proportionem, in fimplici quidem
æquale eft duplo rotæ; in prolatâ majus quàm duplum; & in contractâ minus.

PROPOSITIO SEXTA.

*Quod à trochoide & ejus comite continetur fpatium inter lineas principii & medii
motûs, æquale eft dimidio circuli eidem trochoidi proprii.*

IN eâdem figurâ efto fpatium A R H V A contentum à dimidio trochoidis
A R H, & dimidio comitis ejus A V H inter lineas principii & medii motûs A C, F H. Dico hoc fpatium æquale effe femicirculo F I H.

Ducatur enim quæcunque recta Y D parallela bafi A L, fecanfque tam
fpatium quàm femicirculum; & portio quidem ipfius Y D intercepta intra
fpatium, fit Y 6; portio autem intercepta intra femicirculum, fit X D: manifeftum eft igitur ex Corollario fecundo Propofitionis fecundæ, portiones ipfas Y 6 & X D effe æquales; quod idem in cæteris fimiliter ductis bafi A L
parallelis accidet. Itaque quoniam fpatium & femicirculus funt intra parallelas A F, C H & cujufvis aliûs rectæ eidem parallelæ, & interjacentis portiones in fpatio & in femicirculo interceptæ funt æquales, fequitur fpatium ipfum A R H V A femicirculo F I H effe æquale: quod erat oftendendum.

Corollarium primum.

POTEST simili argumento demonstrari spatium ARYHIFA, quod à dimidiâ trochoide ARH, dimidiâ circumferentiâ HIF, & dimidiâ basi FA continetur, æquale esse spatio AVHFA, quod à dimidiâ comite AVH, diametro HF, & dimidiâ basi FA comprehenditur. Quia scilicet ipsa duo spatia sunt in iisdem parallelis AF, CH: & ductâ quâcunque eisdem intermediâ parallelâ YD, ostensum est secundâ Propositione portionem YX priori spatio interceptam, æqualem esse portioni 6D altero spatio comprehensam. Quod idem quia parallelis omnibus interceptis accidit, patet ipsa spatia esse æqualia.

Corollarium secundum

NEc dissimili argumento probabitur spatium ARHCA, quod à dimidia trochoide ARH, rectâ HC, & rectâ CA continetur, æquale esse spatio AVHIFA, quod à dimidiâ comite AVH, semicircumferentiâ HIF, & dimidiâ basi FA comprehenditur; quamvis in rotâ contractâ portio quædam primi horum spatiorum sit ultrà rectam AC extrà rectangulum FC; & portio quædam secundi spatii contineatur intra semicirculum FIH; nihilo enim minus fiet demonstratio universalis, sed propter distinctionem rotarum multis verbis opus erit. At veritas hujus propositionis multò facilius ex præcedentibus elicitur in rotâ simplici & prolatâ. Nam quia quarta Propositione ostensum est spatium AVHCA æquale esse spatio AVHFA; item Propositione sexta spatium ARHVA ostensum est æquale semicirculo FIH: demptis æqualibus ab æqualibus in rotâ simplici & contractâ, patebit Propositio.

Corollarium tertium.

IN rotâ simplici quatuor hæc spatia sunt æqualia ARHCA, ARHVA, AVHIFA & semicirculus FIH. Quia enim spatium comitis AVH10LA in rotâ simplici ostensum est esse duplum rotæ seu circuli FH, per Propositionem quartam erit dimidium ejusdem spatii, scilicet AVHFA, duplum semicirculi FIH; quare dempto semel ipso semicirculo, relinquitur spatium AVHIFA æquale eidem semicirculo. Cætera manifesta sunt.

PROPOSITIO SEPTIMA.

Cujusvis trochoidis spatium majus est circulo sibi proprio, & excessus mediam tenet proportionem inter duplum rotæ & duplum circuli eidem trochoidi proprii.

MANIFESTA est Propositio. Nam in eâdem figura, spatium trochoidis ARH25LA æquale est spatio suæ comitis AVH10LA, ac præterea duobus spatiis ARHVA, & L25H10L, quorum utrumque æquale est semicirculo FIH per sextam Propositionem; ideoque ambo simul ipsi integro circulo FIHG sunt æqualia; ideoque ipsum trochoidis spatium superat circulum sibi proprium spatio suæ comitis; quod quidem per Propositionem quintam mediam proportionem tenet inter duplum rotæ & duplum circuli eidem trochoidi proprii.

Corollarium.

HINC palam est in rotâ simplici spatium trochoidis triplum esse ejusdem rotæ: quia ipsum continet circulum sibi proprium, hoc est ipsam rotam semel, ac præterea ejus duplum, scilicet spatium suæ comitis.

AD

AD TROCHOIDEM, EJUSQUE SOLIDA,

PROPOSITIO LEMMATICA PRIMA.

Esto circulus ACBD, cujus diameter AB; atque ex ejus semicircumferentiâ ACB sumatur arcus quicunque FG, sive is sit diametro AB conterminus, sive non; dividaturque arcus ille in quotlibet partes æquales in punctis F, L, M, C, N, G, &c. indefinitè, quemadmodum in doctrinâ indivisibilium fieri consuevit; ex quibus punctis demittantur in diametrum AB totidem rectæ perpendiculares FR, LS, MT, CE, NV, GX, &c. quæ erunt totidem sinus recti numero indefiniti & secundùm arcus æquales, vel æqualiter sese excedentes sumpti. Proponitur demonstrandum,

Omnes illos sinus indefinitè sumptos ad radium circuli toties sumptum sic se habere, ut recta R X, portio scilicet diametri inter extremos sinus intercepta, ad arcum propositum F G.

PRODUCANTUR enim sinus illi, donec alteri semicircumferentiæ ADB occurrant in punctis H, O, P, D, Q, I, &c, & jungantur alternatim rectæ LH, MO, CP, ND, GQ, &c, occurrentes diametro AB in punctis Y, Z, 1, 3, 4, &c. & ductis omnium arcuum subtensis FL, LM, MC, CN; HO, OP, PD, DQ, &c.

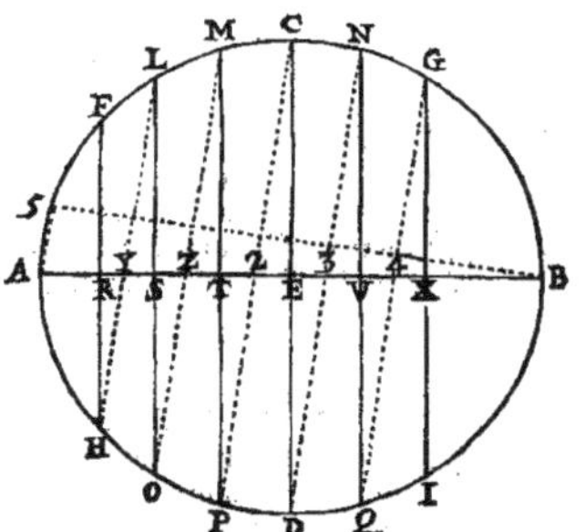

fiant triangula rectangula similia HRY, LSY, OZS, MTZ, PT2, CE2, &c. ac tandem sumpto arcu A5, qui æqualis sit uni ex arcubus æqualibus, putà arcui FL; jungantur rectæ A5, & B5, ut fiat triangulum rectangulum A5B prædictis HRY, &c. simile. Itaque propter triangulorum similitudinem, facile est colligere omnes subtensas intermedias LO, MP, CD, NQ, &c. simul sumptas, unà cum dimidiis extremarum, putà unà cum HR, & GX ad rectam B5 eandem rationem habere, quam recta R X ad rectam A5. Atqui ex doctrinâ indivisibilium, & propter infinitam arcuum æqualium multitudinem & parvitatem, omnes prædictæ subtensæ simul sumptæ unà cum HR & GX, sumi possunt pro duplo omnium sinuum prædictorum indefinitè sumptorum, dempto eorum uno; sicuti recta B5 pro diametro seu duplo radii, & recta A5, pro arcu A5, sive FL. Ut ergo duplum omnium sinuum indefinitè sumptorum dempto uno, ad duplum radii; ita recta R X ad arcum FL; sumptisque duorum priorum terminorum dimidiis, erunt omnes sinus indefinitè sumpti, dempto uno, ad radium, ut R X ad FL. Verùm tot sunt sinus, dempto uno, quot arcus; ergò sumptis consequentium æquemultiplicibus in præcedenti proportione, erunt omnes sinus, dempto uno, ad radium toties sumptum, ut recta R X, ad omnes arcus minores; hoc est ad arcum F G. Sed in doctrina indivisibilium, unicus sinus additus ad alios numero indefinitos, nihil mutat; unde patet Propositio: quippe omnes sinus ad radium toties fumptum eandem rationem habebunt, quàm recta R X ad arcum F G.

Corollarium primum.

SI ergo arcus affumptus F G, fit femicircumferentia ipfa, ad quam pertineat diameter A B, quæ hoc cafu referet rectam R X; patet omnes finus rectos ad femicircumferentiam pertinentes atque fecundùm æquales arcus indefinitè fumptos, effe ad radium toties fumptum, ut diameter ad femicircumferentiam. Hîc autem in demonftratione, quia extremi finus evanefcunt, nihil demendum erit nec addendum : in univerfum tamen additio aut fubftractio finiti alicujus determinati, in doctrinâ indivifibilium, nihil mutat.

Corollarium fecundum.

SI autem arcus F G fit quadrans diametro A B conterminus; tunc radius referet rectam R X; atque ita omnes finus recti ad quadrantem pertinentes, & fecundùm æquales arcus fumpti, erunt ad radium toties fumptum, ut radius ad quadrantem.

Corollarium tertium.

AT fi arcus F G fit quidem diametro A B conterminus, fed quadrante major aut minor; tunc recta R X erit finus verfus ipfius arcûs. Ut ergo omnes finus recti ad radium toties fumptum, ita finus verfus ad arcum.

Corollarium quartum.

SI arcus F G diametro A B non fit conterminus, idem autem ita conftitutus fit, ut alterutrum punctorum R vel X fit centrum circuli, quo pacto alteruter finuum extremorum F R vel G X erit radius; tunc recta R X æqualis erit finui recto ejufdem arcûs: quapropter, ut omnes finus recti ad radium toties fumptum, ita finus rectus arcûs, ad ipfum arcum.

Corollarium quintum.

IN cafu quarti Corollarii. Si centrum circuli fit inter puncta R, X; tunc recta R X componetur ex duobus finibus rectis duarum portionum arcûs F G. Ut ergò fe habet fumma omnium finuum rectorum ad radium toties fumptum; ita fumma duorum finuum rectorum, qui ad duas portiones arcûs F G pertinent, fe habebunt ad eundem arcum.

Corollarium fextum.

IN eodem cafu, fi centrum cadat ultrà puncta R, X; tunc recta R X erit differentia duorum finuum rectorum, vel etiam duorum finuum verforum, qui finus recti vel verfi pertinebunt ad duos arcus quorum differentia erit arcus ipfe F G. Itaque, ut fumma omnium finuum rectorum ad radium toties fumptum; ita differentia illa finuum ad ipfum arcum F G.

Corollarium feptimum.

QUONIAM autem omnes finus recti differunt à radio toties fumpto, per omnes finus verfos; fumptis differentiis pro antecedentibus, erunt omnes sinus versi ad radium toties sumptum, ut differentia inter rectam R X, & arcum F G, ad ipsum arcum F G. Unde rursus sex Corollaria, sex præmissis respondentia facile deducentur, quorum quæ ad quartum pertinebit conclusio talis erit, Ut omnes sinus versi ad radium toties sumptum; ita differentia inter sinum rectum & ipsum arcum, ad ipsum eundem arcum.

PROPOSITIO LEMMATICA SECUNDA.

Ex prædictis facile est examinandis sinuum Tabulis perutilem hanc Propositionem demonstrare.

Si in circumferentiâ circuli sumantur duo quicunque arcus F M, C G; & reliqua ponantur ut in primâ Propositione, omnes sinus recti ex arcu F M demissi, atque indefinitè sumpti, putà F R, L S, M T &c, ad omnes sinus rectos ex arcu C G demissos atque indefinitè sumptos, putà C E, N V, G X &c (modò tamen singuli ex minoribus arcubus F L, L M, &c, æquales sint singulis ex minoribus arcubus C N, N G, &c; sive multitudo horum æqualis sit multitudini illorum, sive non) erunt, ut recta R T extremis sinibus intercepta, ad rectam E X extremis sinibus interceptam.

NAm ex prima Propositione, Ut omnes sinus F R, L S, M T, &c, ad radium toties sumptum; ita recta R T ad arcum F M. Ut autem radius ille toties sumptus ad eundem radium toties sumptum, quot in majori arcu C G continentur minores, ita arcus integer F M ad arcum integrum C G : & ut radius toties sumptus quot in arcu C G continentur minores ad totidem sinus C E, N V, G X; ita arcus C G ad rectam E X: ergo ex æquo in quatuor terminis utrinque, Ut omnes sinus F R, L S, M T, & ad omnes sinus C E, N V, G X, &c. ita recta R T, ad rectam E X.

Corollarium primum.

HINc licet Tabulas sinuum per quoscunque arcus commensurabiles examinare hâc ratione. Esto arcus F M triginta graduum, arcus vero C G quadraginta graduum; sintque in utroque arcu dati extremi sinus ex Tabulis, putà F R, M T, C E, G X; tum reliqui intermedii per singula minuta prima, vel etiam secunda, si libuerit: unde ex iisdem Tabulis dabuntur etiam rectæ R T, E X. Quoniam ergò numerus sinuum utrinque finitus est atque determinatus, ex summâ omnium priorum sinuum F R, L S, M T, &c. dematur dimidium extremorum F R, M T; tum ex summâ posteriorum C E, N V, G X, &c. dematur dimidium extremorum C E, G X; eritque tunc residuum priorum ad residuum posteriorum, ut recta R T, ad rectam E X; quod nisi ita reperiatur,

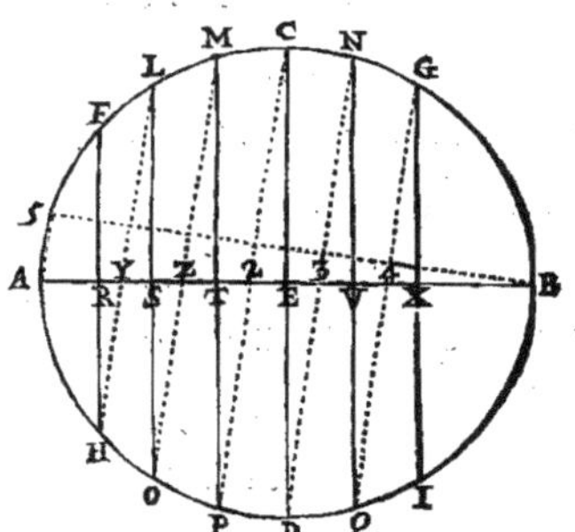

erroneæ erunt Tabulæ. Erit tamen error ferendus, donec excessus aut defectus minor erit dimidio illius numeri qui exprimit multitudinem omnium sinuum in utroque arcu contentorum.

Corollarium secundum.

QUod si proponatur arcus F G, ita dividendus in duos arcus FM, MG, ut demissis sinubus rectis FR, LS, &c. quemadmodum supra, summa omnium sinuum indefinitè sumptorum qui ad arcum FM pertinebunt, ad summam omnium qui ad arcum MG pertinebunt, rationem habeant datam; dividenda erit recta RX in ratione datâ, putà in puncto T, atque ab eo excitanda perpendicularis TM usque ad circumferentiam; & factum erit, ut patet ex præmissâ secunda Propositione.

Hîc multa theoremata & problemata præmissis similia proponi possent, quæ, quia facilia sunt, nihilque ad nostrum institutum conducunt, consultò omittimus.

Ad primum, sequens notandum.

IN figurâ rotæ atque trochoidis sequentis, ut pateat trilineum AMHG æquale esse quadrato semidiametri rotæ AG, adverte rectam GH quadranti circumferentiæ æqualem esse, quæ recta GH si in quotcunque partes æquales indefinitè secetur, & à singulis sectionis punctis excitentur perpendiculares usque ad curvam AMH, exhibebunt ipsæ perpendiculares omnes sinus rectos quadrantis diametro contermini secundùm æquales arcus sumptos, ex naturâ trochoidis ejusdemque sociæ : quare per secundum Corollarium Propositionis primæ præmissæ, erunt illi omnes sinus simul sumpti ad radium AG toties sumptum, ut radius AG ad quadrantem GH. Ut autem summa illorum sinuum ad summam radiorum, ita trilineum AMHG ad rectangulum AH, ex doctrinâ indivisibilium; & ut radius AG ad quadrantem GH, ita quadratum ipsius AG ad rectangulum AH; ideoque ut trilineum AMHG ad rectangulum AH, ita quadratum AG ad idem rectangulum AH; unde trilineum ipsum AMHG æquale est quadrato semidiametri AG.

Quoniam autem trilineum reliquum AMHV est differentia inter trilineum AMHG & rectangulum AH; illud ergo AMHV æquale erit differentiæ inter quadratum AG & rectangulum AH; hoc est rectangulo contento sub semidiametro AG & differentiâ inter ipsam AG & quadrantem GH.

Ad secundum, sequens notandum.

BILINEUM AMHZA est manifestò differentia inter triangulum AGHZA sive quadrantem rotæ, & trilineum AMHG sive quadratum semidiametri AG.

De Rotâ simplici quædam notanda.

I. QUod sub semidiametro rotæ & quadrante itineris centri ejusdem comprehenditur rectangulum, à sociâ trochoidis sic dividitur, ut portio major æqualis sit quadrato semidiametri rotæ; altera autem portio, eademque minor æqualis sit rectangulo contento sub semidiametro rotæ & differentiâ quæ est inter eandem semidiametrum & quadrantem circumferentiæ ipsius rotæ.

II. Quod à quartâ parte sociæ trochoidis & à rectâ quæ quartæ ipsius extrema conjungit clauditur spatium bilineum, æquale est differentiæ inter quadrantem rotæ & quadratum semidiametri ejusdem.

III. Propositâ trochoide ejusque sociâ, atque utriusque plano circa communem
munem

munem bafim circumvoluto, fit folidum trochoidis circa bafim, quod quidem
ad cylindrum cui infcribitur hàc ratione comparabitur.

Portio folidi comprehenfa inter duas fuperficies, quarum altera à trochoide, altera ab ejus fociâ defcribitur, æqualis eft cylindro cujus bafis fit rota
ipfa, altitudo autem æqualis circumferentiæ ipfius rotæ; quoniam idem æquale
eft annulo ftricto ejufdem rotæ; ac proinde portio illa, totius cylindri circunfcripti quarta pars eft.

Portio folidi quæ unica fuperficie continetur, fcilicet eâ quæ à fociâ trochoidis defcribitur, commodè conferri poteft cum cylindro cujus axis fit idem
cum axe folidi trochoidis; femidiameter verò bafis fit femidiameter rotæ:
reperietur autem talis portio æquari tali cylindro, ac præterea quadruplo illi
folido quod fit ex converfione majoris illius trilinei, quod primo notando
diximus æquari quadrati femidiametri rotæ, fi fcilicet tale trilineum circa
iter centri rotæ convertatur. At ultimus hic cylindrus totius cylindri circunfcripti quarta pars eft; folidum autem ex converfione trilinei, ejufdem
totius trigefima fecunda pars evadit; quia omnia quadrata ipfius trilinei
æqualia funt omnibus quadratis omnium finuum rectorum quadrantis rotæ
fecundum æquales arcus fumptorum, quæ omnia quadrata quadrati femidiametri roties fumpti dimidia funt; & hoc quadratum femidiametri toties
fumptum eft decima fexta pars omnium quadratorum parallelogrammi circunfcripti circa trochoidem : hoc ergo folidum quater fumptum octavam
totius cylindri circunfcripti partem conftituit : tandem ergo fequitur totum
folidum trochoidis circa bafim totius cylindri circunfcripti quinque octavas
partes conftituere $\frac{5}{8}$.

Vel aliter hoc idem folidum quod à trochoidis fociâ circa ejufdem bafim circumvolutâ defcribitur, ad totum cylindrum fic comparabitur. Quoniam planum, ex cujus converfione circa bafim trochoidis fit tale folidum,
ad rectangulum ipfi circunfcriptum, ex cujus converfione fit totus cylindrus
fe habet ut fumma omnium finuum verforum fecundùm æquales arcus fumptorum, ad diametrum toties fumptum; erit folidum ad cylindrum, ut fumma omnium quadratorum ab omnibus finibus verfis fecundùm æquales arcus
fumptis, ad quadratum diametri toties fumptum. At hæc ratio eft ut 3 ad 8,
& additâ quartâ parte totius cylindri, hoc eft annulo ftricto de quo fupra;
fit ut totum folidum trochoidis circa bafim totius cylindri circunfcripti quinque octavas partes conftituat, ut priùs.

Et quidem ejufmodi ratio $\frac{5}{8}$ de quâ jam egimus, geometricè vera eft, ac
prorsùs accurata. At circa folidum quod fit ex converfione trochoidis circa
axem, eadem certitudo non contingit, nec poteft, nifi inventa fuerit ratio
diametri rotæ ad ejus circumferentiam.

Neque etiam movemur quod Evangelifta **Torricellius** afferat tale folidum ad fuum cylindrum (qui fcilicet altitudinem habeat axem trochoidis,
at diametrum bafis bafim ejufdem trochoidis) rationem eandem habere quam
undecim ad octodecim; hæc enim ratio $\frac{11}{18}$ minor eft quam vera.

Ad hoc autem admittatur rursùs focia trochoidis, cujus beneficio folidum trochoidis dividetur in alia duo folida. Primum duabus fuperficiebus
curvis continebitur, eâ fcilicet quæ à trochoide, & eâ quæ ab ejus fociâ
defcribitur. Secundùm vero, circulo bafis & eâ fuperficie curva terminabitur, quæ à fociâ trochoidis defcribetur. Ratione autem initâ fecundùm
Geometriæ regulas, primum folidum continebit quartam partem totius cylindri, ac præterea fphæram rotæ, quæ ad ipfum cylindrum fe habet ut fexta pars quadrati diametri ad quadratum femicircumferentiæ : fecundum autem folidum continebit ejufdem totius cylindri partem quartam, ac præterea portionem quandam quæ juncta fphæræ rotæ ad totum cylindrum fe ha-

V V v

bebit, ut differentia inter quadratum quadrantis circumferentiæ & $\frac{1}{4}$ quadrati radii, ad quadratum ipsius semicircumferentiæ.

Ponatur radius partium æqualium	3000000
Erit semicircumferentia	9424778 paulo major.
Quadratum semicircumferentiæ	8882643960 paulo minus.
$\frac{1}{4}$ ejusdem quadrati	2220660990 minus.
$\frac{1}{3}$ quadrati diametri	4800000000
Differentia hujus & quadrati semicircumf.	4082643960
$\frac{1}{4}$ hujus differentiæ	1020660990 ⎰
Semiquadratum semicircumferentiæ	4441321980 ⎱
Summa duorum ultimorum numerorum	5461982970

Erit numerator rationis solidi ad totum cylindrum, cujus denominator quadratum semicircumferentiæ.

Ratio Torricellii quadrati semicircumferentiæ 5428282420 $\frac{11}{18}$ seu $\frac{44}{72}$
ejusdem quadrati   5551652475 $\frac{5}{8}$ seu $\frac{47}{72}$

Patet ergo rationem majorem esse eâ quæ à Torricellio assignatur; minorem tamen eâ quæ suprà assignata est pro solido circa basim, quæ est $\frac{1}{2}$.

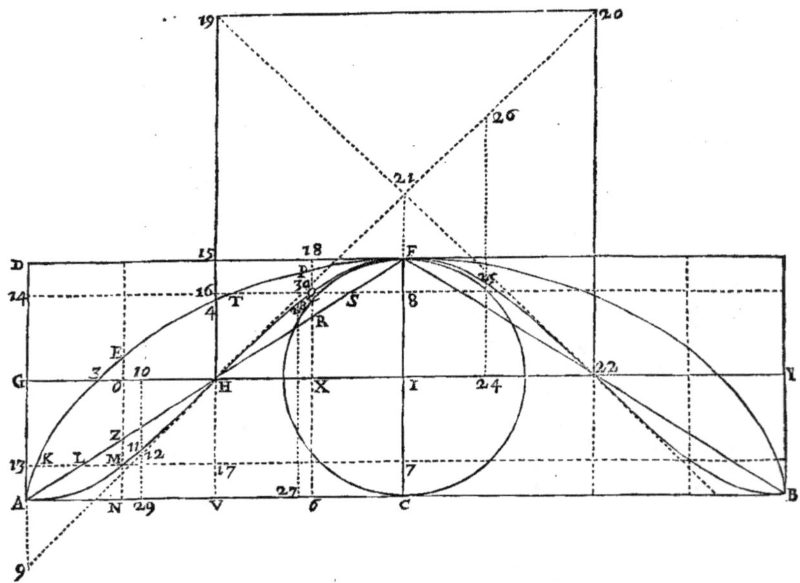

AK 3 E 4 T P F B est trochoides : A M H Q F B est ejusdem trochoidis
focia : G 3 O H X I Y est iter centri : C 7 I 8 F est axis : A N V 6 C B est
basis : F vertex : D B parallelogrammum circumscriptum; & ductæ sunt rectæ A L Z H R S F, & B F : item ductæ sunt quæcunque rectæ N M Z O E,

VH 4, & P Q R X 6 axi parallelæ; ac tandem quæcunque rectæ 13 K L M 7,
& 14 T Q S 8 parallelæ basi.

Itaque pro solido circa basim, patet illud esse ad cylindrum circumscriptum,
ut omnia quadrata N E, V 4, 6 P, CF, &c. in infinitum, ad totidem quadrata
C F. Verum quadratum N E æquale est quadratis N M, M E, & duplo rectangulo N M E; sicuti quadratum V 4 æquale est quadratis V H, H 4, & duplo rectangulo V H 4; & quadratum 6 P æquale est quadratis 6 Q, Q P,
& duplo rectangulo 6 Q P, & sic de reliquis. Ex illis autem, quadrata N M,
V H, 6 Q, C F & similia, sunt quadrata omnium sinuum versorum secundùm æquales arcus sumptorum, quæ simul constituunt $\frac{1}{4}$ quadratorum diametri C F, & eadem constituunt rationem solidi sociæ trochoidis ad cylindrum : hæc ergo ratio est $\frac{1}{4}$. Reliqua quadrata M E, H 4, Q P, &c. unâ
cum duplis rectangulis N M E, V H 4, 6 Q P, &c. ad quadrata C F collata efficiunt rationem quam habet ad eundem cylindrum duplus annulus
qui fit ex figurâ A M H Q F P 4 E A circa basim A B circumvolutâ, qui duplus annulus æqualis est annulo rotæ circa basim A B circumvolutæ, hoc
est cylindro cujus basis sit rota, altitudo autem circumferentia rotæ, sive
basis A B, qui cylindrus constituit $\frac{1}{4}$ totius cylindri. Quare solidum rotæ
ad totum cylindrum constituit rationem $\frac{1}{4}$.

Aliter pro solido quod fit à trochoidis sociâ. Omnia quadrata N M, ab A
usque ad V H æqualia sunt omnibus quadratis N O, O M, minùs omnibus
duplis rectangulis N O M. Item ab V H usque ad C F omnia quadrata 6 Q
æqualia sunt omnibus quadratis 6 X, X Q, plus omnibus duplis rectangulis
6 X Q : verum hæc dupla rectangula 6 X Q æqualia sunt illis N O M, omnia scilicet omnibus; existentibus ergo contrariis signis plùs & minùs, elidunt
se invicem hæc & illa dupla rectangula, remanentque omnia quadrata N M,
6 Q, æqualia omnibus N O, O M, 6 X, X Q : horum autem N O, 6 X, sunt
quadrata semidiametri, quæ constituunt quartam partem quadratorum totius
diametri CF, sive $\frac{1}{4}$. At quadrata O M, X Q, sunt quadrata omnium sinuum
rectorum secundùm æquales arcus sumptorum, quæ ideò constituunt dimidiam partem omnium quadratorum semidiametri, sive octavam partem quadratorum totius diametri. Patet ergo omnia quadrata N M, 6 Q, constitue-
re $\frac{1}{4}$ & $\frac{1}{8}$, hoc est $\frac{3}{8}$ omnium quadratorum totius diametri C F, quæ eadem
est ratio solidi quod fit à sociâ trochoidis, ad cylindrum eidem circumscri-
ptum; putà ratio omnium quadratorum N M, 6 Q ad omnia quadrata C F.

Pro solido autem circa axem C F, admissâ rursùs sociâ trochoidis in eâdem
figurâ, manifestum est illud dividi in alia duo solida, quorum alterum instar
annuli stricti terminatur duabus superficiebus, eâ nempe quæ à trochoide, &
eâ quæ ab ejus sociâ describitur : alterum autem solidum duabus etiam superficiebus comprehenditur; eâ nempe quæ à sociâ trochoidis gignitur, & eo
circulo cujus semidiameter est recta C A.

Ac primum quidem solidum ad totum cylindrum collatum, eam habet
rationem quam omnia simul quadrata M K, H 3, Q T, & similia, unâ cum
omnibus duplis rectangulis 7 M K, I H 3, 8 Q T, & similibus, ad quadratum
A C toties sumptum. At dupla illa rectangula æquivalent semel omnibus
rectangulis sub 7 13 sive C A & M K; sub I G sive C A & H 3; sub 8 14 sive
C A & Q T; (propterea quod omnes rectæ 7 M, I H, 8 Q, &c. bis sumptæ
æquivalent omnibus rectis 7 13, I G, 8 14, &c. semel sumptis, hoc est rectæ
C A toties sumptæ) & hæc rectangula constituunt quartam partem quadrati
C A toties sumpti, sicuti omnes rectæ M K, H 3, Q T constituunt $\frac{1}{4}$ rectæ
C A toties sumptæ. Omnia autem quadrata M K, H 3, Q T, &c. ad quadratum C A toties sumptum eandem rationem habent quam sphæra rotæ ad
totum cylindrum, hoc est, quam $\frac{2}{3}$ quadrati semidiametri rotæ ad quadra-

tum C A, sive quam $\frac{1}{3}$ trilinei H Q F I seu A M H G quadrato I F seu I C æqualis, ad quadratum C A. Patet itaque primum solidum continere quartam partem totius cylindri, ac præterea portionem aliquam quæ ad ipsum totum cylindrum eam habet rationem quam $\frac{1}{4}$ quadrati semidiametri ad quadratum semicircumferentiæ.

Jam ad secundum solidum. Manifestum quidem est illud ad totum cylindrum sic se habere ut omnia quadrata C A, 7 M, I H, 8 Q, &c. ad quadratum C A toties sumptum. Hæc autem ratio ut detegatur, adverte omnia illa quadrata æqualia esse omnibus quadratis D F, 14 Q, G H, 13 M, &c. quia singula singulis æqualia sunt ex natura trochoidis. Itaque si hæc & illa quadrata simul cum quadrato A C toties sumpto conferantur, res expedietur. Vide aliam demonstrationem secundi hujus solidi in Appendice quæ postea sequetur.

At hoc jam confectum est in universum in omni parallelogrammo quale est A C F D, ductâ primò utcunque lineâ qualis est socia A M H Q F constituente duo trilinea primæ divisionis A H F C, & F H A D : tum ductâ secundò rectâ V H 4 15, quæ & latera A C, D F, & parallelogrammum simul bifariam dividat, secetque lineam ipsam A M H Q F utcunque in H, ita ut constituantur duo trilinea secundæ divisionis A M H V, & H Q F 15, & duo reliqua quadrilinea; si insuper intelligamus rectam A C dividi tertiò in quoteunque partes æquales in infinitum, ex doctrinâ indivisibilium, & per puncta divisionis ductas esse rectas ipsi C F parallelas, quæ parallelogrammum dividant in totidem partes æquales, sed & lineam A M H Q F in totidem punctis : constituent ergo ipsæ rectæ intra trilinea secundæ divisionis A M H V, H Q F 15, multa alia minora trilinea tertiæ divisionis; tot scilicet intra singula quot partes æquales in singulis rectis A V, F 15, continentur. Puta si rectâ A V tertiâ divisione in 1000 partes æquales dividatur, constituentur 1000 trilinea tertiæ divisionis quorum maximum erit ipsum A M H V; & omnia communem habebunt apicem A; ac minimum quidem trilineum assumet ex rectâ A V primam partem ad A terminatam; sequens autem assumet duas priores partes ad idem A terminatas; tertium tres; quartum quatuor, & sic eodem ordine usque ad maximum; eritque forsan unum ex intermediis A M N. Sic intra trilineum H Q F 15 totidem constituentur minora trilinea tertiæ divisionis quorum unum ex intermediis erit forsan F 18 Q. Præterea ex rectis C A, 7 13, I G, 8 14, F D, &c. quædam portiones intra prædicta trilinea secundæ divisionis continentur : putà intra A M H V, portiones A V, M 17, &c. intra H Q F 15 verò, portiones F 15, Q 16, &c. atque ex doctrinâ indivisibilium demonstratur horum omnium portionum quadrata simul sumpta dupla esse omnium prædictorum trilineorum tertiæ divisionis simul sumptorum.

Hoc posito, illud inquam jam confectum est ex doctrinâ indivisibilium, diviso triplici divisione quovis parallelogrammo C D, ut dictum est, sive prima divisio fiat in partes æquales, ut hîc, sive non; omnia quadrata C A, 7 M, I H, 8 Q, D F, 14 Q, G H, 13 M, &c. quæ ad trilinea A H F C, & F H A D primæ divisionis pertinent, constituere dimidium omnium quadratorum C A, 7 13, I G, 8 14, F D, &c. quæ pertinent ad totum parallelogrammum C D; ac præterea duplum omnium quadratorum portionum A V, M 17, F 15, Q 16, &c. quæ pertinent ad trilinea secundæ divisionis A M H V, & H Q F 15; hoc est quadruplum omnium minorum trilineorum tertiæ divisionis, quæ in iisdem A M H V, H Q F 15 comprehenduntur, ut supra. Omnia enim quadrata omnium portionum A V, M 17, F 15, Q 16, &c. simul sumpta dupla sunt omnium minorum trilineorum tertiæ divisionis quæ in ipsis A M H V, H Q F 15 comprehenduntur : hoc autem ex doctrina indivisibilium demonstramus in secundâ Propositione Appendicis quæ posteà sequetur.

tur.

tur. Et hoc quidem in univerſum in omni parallelogrammo : at hîc in ſpecie
trilinea quidem A H F C, & F H A D primæ diviſionis æqualia ſunt; ſicuti
æqualia ſunt quoque A M H V, & H Q F 15 ſecundæ diviſionis : quare ſumptis tantùm A H F C, & A M H V quæ conſtituunt dimidiam partem omnium quatuor; tunc quadrata C A, 7 M, I H, 8 Q, &c. quæ pertinent ad
ſecundum ſolidum de quo agitur, conſtituunt quartam partem quadrati C A
toties ſumpti, ac præterea quadruplum omnium trilineorum tertiæ diviſionis
in trilineo A M H V comprehenſorum.

Si itaque hæc quarta pars cum eâ quartâ quæ ex primo ſolido inventa eſt,
conjungatur, habebimus ſolidum rotæ conſtituere dimidium ſui cylindri, ac
præterea duas portiones, quarum altera ad eundem cylindrum ſic ſe habet ut
$\frac{2}{3}$ trilinei A M H G ad quadratum A C, ut ſupra : altera autem ad eundem
cylindrum ſic ſe habet ut quadruplum omnium trilineorum tertiæ diviſionis
in A M H V comprehenſorum , ad idem quadratum A C toties ſumptum
quot ſunt rectæ C A, 7 M, I H, 8 Q, &c.

Supereſt ergò ut oſtendamus duas illas portiones ſimul junctas, ad totum
cylindrum eandem rationem habere , quam differentiam inter quadratum
quadrantis circumferentiæ & $\frac{1}{3}$ quadrati radii, ad quadratum ſemicircumferentiæ : & quidem de $\frac{2}{3}$ trilinei A M H G nulla erit difficultas; de quadruplo autem trilineorum , ſic patebit.

Producatur recta D G A verſus A uſque in 9, ita ut recta G 9, ſit æqualis rectæ G H, hoc eſt quadranti circumferentiæ rotæ ; & jungatur recta
9 H, hæc cadet extra trilineum A M H G, & cum curvâ A M H conſtituet
ad punctum H angulum minorem omni angulo rectilineo, etiamſi producta
ſecet eandem curvam A M H Q F in ipſo puncto H , in quo, tali ſectione,
conſtituentur duo anguli ad verticem oppoſiti æquales , ac ſinguli minores
quovis angulo rectilineo ; quod tamen hic parum refert : ſufficit enim quod
recta 9 H cadat extra trilineum A M H G; hoc autem ſic oſtendimus.

In ipſâ 9 H ſumatur quodvis punctum 12 ex quo ducatur recta 12 10 parallela ipſi A G atque occurrens rectæ G H in puncto 10, curvæ autem A M H
occurrat ipſa 12 10 producta, ſi opus ſit, in puncto 11; itaque recta 10 12
æqualis eſt rectæ 10 H, recta autem 10 H æqualis eſt arcui cuidam quadrante
minori, cujus ſinus rectus erit recta 10 11 ex naturâ ſociæ trochoidis; quare
10 11 minor eſt quàm 10 H ſive quàm 10 12: unde punctum 12 eſt extra trilineum A M H G, quod idem de omnibus punctis rectæ 9 H oſtendetur. Quoniam autem trilineum H Q F 15 ſecundæ diviſionis, & omnia minora trilinea
tertiæ diviſionis in eo contenta, trilineo A M H V ſecundæ diviſionis, &
omnibus trilineis tertiæ diviſionis in eo contentis ſingula ſingulis ordine ſumptis, æqualia ſunt : quod de his oſtendetur, de illis quoque verum erit.

Sumatur ergo Q F 18 trilineum quodvis tertiæ diviſionis aſſumens ex rectâ
F 15, rectam F 18 quotcunque partium æqualium ex iis in quas diviſæ ſunt
rectæ C A, F D; tum rectæ F 18 ſumatur æqualis ex H G recta H 10, ducaturque recta 10 11 12, ut ſupra. Eſt igitur F 18, ſive H 10, ſive 10 12 æqualis
cuidam arcui cujus ſinus verſus eſt 18 Q; ſinus autem rectus eſt 10 11, ex naturâ ſociæ trochoidis; quare recta 11 12 eſt differentia inter arcum & ejuſdem arcûs ſinum rectum : & trilineum quidem Q F 18 ad parallelogrammum
F X ſic ſe habet, ut omnes ſinus verſi omnium arcuum æqualium minorum
tertiæ diviſionis in arcu F 18 contentorum, ad radium I F toties ſumptum,
quot in arcu F 18 continentur arcus minores ejuſdem tertiæ diviſionis, ex
doctrinâ indiviſibilium. Ut autem omnes illi ſinus verſi ad omnes illos radios,
ita recta 11 12 differentia arcus F 18 & ſui ſinus recti, ad arcum F 18, ex Corollario ſeptimo Propoſitionis præmiſſæ : quia recta F 18 refert arcum, cujus
ſinus rectus eſt 10 11, & differentia inter hunc ſinum & ipſum arcum F 18,

X X x

five 10 12, eſt 11 12; atque inſuper alter ſinuum ab extremitatibus arcûs F 18
cadentium, puta ſinus F I cadit in centrum : quare trilineum Q F 18 eſt ad
parallelogrammum F X, ut recta 11 12 ad rectam F 18; ſed parallelogrammum F X ad parallelogrammum F H ſe habet ut recta F 18 ad rectam F 15:
quare ex æquo, ut trilineum Q F 18 ad parallelogrammum F H, ita recta 11 12
ad quadrantem F 15 ſive G H.

Cùm ergo idem de ſingulis trilineis tertiæ diviſionis verum ſit, quod de
Q F 18 jam demonſtratum eſt; ſequitur omnia illa trilinea ſimul ſumpta ad
parallelogrammum F H toties ſumptum ſic ſe habere, ut omnes differentiæ
inter omnes ſinus rectos ſecundum æquales arcus ſumptos, & ſuos arcus, ad
quadrantem G 9 toties ſumptum. Ut autem hæ omnes differentiæ ad omnes
quadrantes, ita trilineum A M H 9, quod differentias illas omnes continet,
ad quadratum quadrantis G 9, quod omnes illos quadrantes continet, ex
doctrinâ indiviſibilium : quare argumentis ex arte inſtitutis quadruplum
omnium trilineorum tertiæ diviſionis in trilineo H Q F 15, ſive in trilineo
A M H V contentorum, erit ad octuplum parallelogrammi F H toties ſumpti
quot ſunt trilinea in A M H V, ut duplum trilinei A M H 9 ad quadruplum
quadrati quadrantis G 9, ſive ut duplum trilinei ipſius A M H 9 ad quadratum ſemicircumferentiæ A C. At octuplum prædictum æquale eſt omnibus
quadratis C A, 7 13, I G, 8 14, &c. ex doctrina indiviſibilium; quia tam ex
octuplo illo, quam ex omnibus his quadratis, conſtituitur idem ſolidum parallelepipedum, illud nempe quod baſim habet parallelogrammum A F, altitudinem autem rectam A C : ſive, quod idem eſt, quod baſim habet quadratum rectæ A C, altitudinem autem rectam C F.

Itaque quadruplum omnium trilineorum tertiæ diviſionis in trilineo
A M H V contentorum, ad omnia quadrata C A, 7 13, I G, 8 14, &c. ſic ſe
habet, ut duplum trilinei A M H 9 ad quadratum A C. Ut autem quadruplum
illud ad omnia quadrata ſemicircumferentiarum, ita erat una ex duabus portionibus reliquis ſolidi rotæ, ad totum cylindrum. Ut ergo talis portio ad
cylindrum, ita duplum trilinei A M H 9 ad quadratum A C; ſed & altera
portio erat ad eundem totum cylindrum ut ⅓ trilinei A M H G unà cum duplo trilinei A M H 9 ad quadratum A C ; ſed ⅓ trilinei A M H G unà cum
duplo trilinei A M H 9 ſimul differunt à quadrato quadrantis G 9 tanto ſpatio quantum eſt ⅓ ipſius trilinei A M H G; (patet, ex eo quod triangulum
H G 9 ſit dimidium ipſius quadrati G 9.) conſtat ergo propoſitum, nempe
duas illas portiones reliquas ad totum cylindrum ſic ſe habere, ut differentia inter quadratum quadrantis & ⅓ trilinei A M H G, quod quadrato radii
æquale eſt, ad quadratum ſemicircumferentiæ.

Nota.

EX iis quæ expoſita ſunt de rotâ ſimplici, atque ſolidis quæ ab illius
trochoide gignuntur, non difficile erit rotas alias tam prolatas quàm
contractas contemplari : eadem enim in illis quàm in ſimplici valebit methodus, eademque vigebunt argumenta, ſed concluſiones erunt diverſæ propter diverſas rationes altitudinis cujuſcumque trochoidis ad ſuam baſim.
Nos tamen iis præmiſſis nec abſolutis, ſed rudi tantum minervâ exaratis ne
memoriâ exciderent, ſuperſedebimus, donec operi extremam manum impo-
nere per tempus licebit. Tunc autem & centra gravitatis tam plani trochoidis, quam ejus ſociæ, examini ſubjicientur, ac detegentur.

APPENDIX

*Ad solidum trochoidis circa axem conversæ, continens aliam demonstra-
tionem secundi solidi duorum illorum ex quibus totum componitur, putà illius quod à sociâ circa axem conversâ describitur.*

AD hoc autem præmissis duabus Propositionibus Lemmaticis, illarumque
Corollariis, accedant quæ sequuntur.

Corollario quidem septimo præcedenti demonstratum est in arcubus quadrante non majoribus, sic esse omnes sinus versos ad radium toties sumptum,
ut differentia inter sinum rectum & ipsius arcum ad ipsum eundem arcum.
Hîc verò demonstrabimus idem quoque verum esse de arcubus quadrante
majoribus.

PROPOSITIO PRIMA.

*Esto circulus cujus centrum A, diametri BC, DE ad rectos angulos sese secantes,
ita ut BEC sit semicircumferentia divisa in duos quadrantes BE, CE, qui in
quotlibet arcus æquales indefinitè dividantur in punctis B, F, G, H, I, L, E,
M, N, O, P, Q, C, &c. atque sumatur arcus quivis IEC quadrante major,
& à punctis divisionis illius demittantur in diametrum BC perpendiculares IR,
LS, EA, MT, NV, OX, PY, QZ, &c. ut habeantur omnes sinus versi CZ,
CY, CX, CV, CT, CA, CS, CR, &c. ad arcum IC pertinentes : sinus autem
rectus arcûs IEC erit IR. Dico ergò sic esse omnes illos sinus versos ad radium
AB toties sumptum, ut differentia inter sinum RI & suum arcum IEC ad ipsum
eundem arcum.*

DEMITTANTUR in diametrum DE sinus recti F3, G4, H5, I6, &c.
qui pertinent ad divisiones arcûs BI quadrante minoris ac semicircumferentiam perficientis. Itaque ex quarto Corollario, ut omnes sinus recti
BA, F3, G4, H5, I6, &c. ad radium toties sumptum, ita sinus IR ad arcum IB. Ut autem radius toties
sumptus quot sunt puncta divisionum in arcu IB, ad ipsum radium toties sumptum quot sunt
puncta divisionum in arcu IC,
ita arcus IB ad ipsum arcum IC:
ergo ex æquo in tribus terminis,
ut summa sinuum BA, F3, G4,
H5, I6, &c. ad radium toties
sumptum quot sunt puncta divisionum in arcu IC, ita sinus IR
ad arcum IC; & sumptis differentiis pro antecedentibus, ut
differentia inter summam sinuum
rectorum BA, F3, G4, H5, I6,
&c. & radium toties sumptum
quot sunt puncta divisionum in

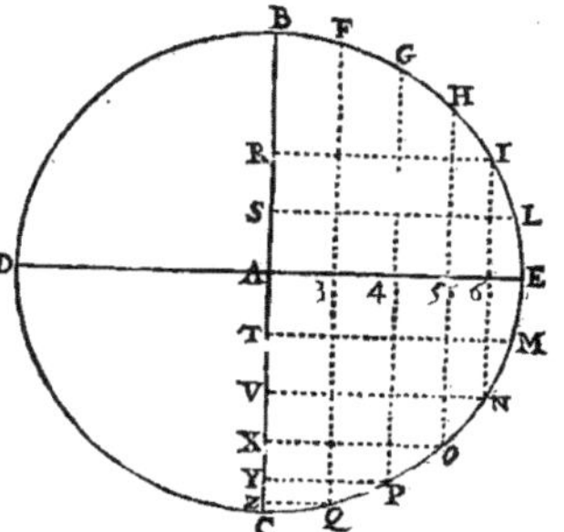

arcu IC, ad ipsum radium toties sumptum; ita differentia inter sinum rectum IR & suum arcum majorem IC, ad ipsum eundem arcum. Verùm
differentia illa summæ sinuum & summæ radiorum æqualis est summæ sinuum versorum prædictorum, ut statim demonstrabimus : itaque constat
Propositio.

XXx ij

Lemma.

QUOD autem affumptum eft, hoc ita demonftratur. Ex quadrante E C fumatur arcus N C æqualis arcui I B, & demittantur in diametrum D E finus recti Q3, P4, O5, N6, &c. qui æquales erunt ipfis F3, G4, H5, I6, &c. illis autem ex radio A C toties demptis, remanent manifeftò finus verfi C Z, C Y, C X, C V : fupereft autem radius toties fumptus quot funt puncta divifionum in arcu I N; fed hic perficit finus verfos reliquos C T, C A, C S, C R : nam radius bis fumptus perficit duos finus verfos C V, C R; & idem radius rurfus bis fumptus perficit duos finus verfos C T, C S; finus autem verfus C A eft idem radius. Reliqua patent. Nec aliquem moveat quod idem finus verfus C V bis affumptus eft : ille enim cùm fit magnitudo quædam determinata, femel tantum, plusquàm par eft, fumpta, atque indefinitis numero magnitudinibus addita, nihil officit in doctrinâ indivifibilium.

Corollarium.

QUONIAM ergo in omni arcu, omnes finus verfi funt ad radium toties fumptum, ut differentia inter finum rectum ipfius arcus, & arcum eundem ad ipfum arcum; ut autem radius toties fumptus ad eundem radium toties fumptum quot funt puncta divifionum in totâ femicircumferentiâ : ita arcus propofitus ad ipfam femicircumferentiam. Patet ex æquo in tribus terminis omnes finus verfos arcûs propofiti, ad radium toties fumptum quot funt puncta divifionum in totâ femicircumferentiâ, eandem rationem habere, quam differentia inter finum rectum arcûs propofiti & ipfum arcum, ad integram femicircumferentiam.

PROPOSITIO SECUNDA.

Efto trilineum quodcunque A B C, cujus duo ex lateribus puta A B, B C, fint linea recta, tertium verò A C utcunque rectum vel curvum; modo ipfum tale fit ut procedendo fecundum ipfum à puncto A ad punctum C, idem fiat continuò propius ac propius rectæ B C; remotius autem ac remotius à rectâ A B : ut fic nec recta A B, nec B C, nec quavis iifdem parallela, ipfi lineæ A C duobus in punctis occurrere poffit. Perficiatur autem parallelogrammum A B C R; atque intelligatur converti tam parallelogrammum quam trilineum circa unum latus, puta B C.

MANIFESTUM eft à parallelogrammo defcribi vel cylindrum, vel cylindraceum cylindro æqualem; à trilineo autem folidum quoddam : atque fi latus ipfum B C dividatur in quotcunque partes æquales indefinitè in punctis H, G, I, &c. per quæ ducantur rectæ H O, G P, I Q, &c. ipfi A B parallelæ atque latere A C trilinei terminatæ, manifeftum eft quoque folidum trilinei ad cylindrum fic fe habere ut omnia quadrata rectarum B A, H O, G P, I Q, &c. ad trilineum pertinentium, ad quadratum B A toties fumptum. Ut autem in quâvis tali figurâ horum folidorum comparatio rectè inftitui poffit, proderit fæpiffimè hoc elementum ex doctrinâ indivifibilium annotaffe.

Alterum latus rectum A B dividatur in quotcunque partes æquales indefinitè in punctis E, D, F, &c. quæ quidem partes fingulæ æquales fint fingulis B H, H G, &c. ducanturque totidem rectæ E L, D M, F N, &c. lateri B C parallelæ atque latere A C trilinei terminatæ, quæ quidem trilineum

ipfum

ipfum divident, conftituentque intra illud alia trilinea numero indefinita atque ad communem verticem A conftituta, putà A E L, A D M, A F N, A B C, &c.

Nec eft quod quis dicat rectas A B, B C longitudine poffe effe incommenfurabiles; atque ita non poffe partes unius æquales effe partibus alterius: nam præterquamquod in divifione indefinitâ hæc objectio locum non habet; illud præterea manifeftum eft, poffe in utrâque partes omnes effe æquales, præter extremam quandam portionem alterius illatum; quæ quidem erit definita quædam portio, quâ additâ aut detractâ, vel additis aut detractis, quæ ab illâ

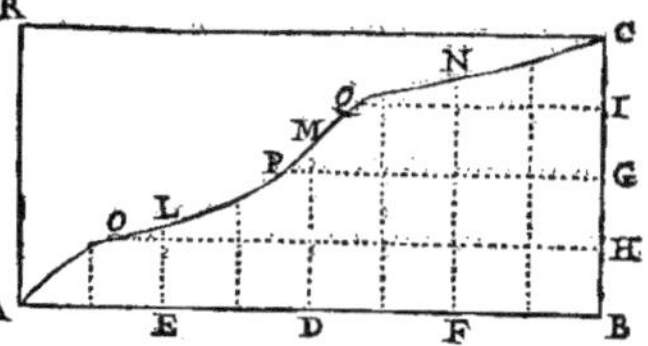

dependent magnitudinibus omninò definitis, nullo modo mutatur indefinitarum ratio, ex doctrinâ indivifibilium.

Dico ergo omnia hæc trilinea in trilineo A B C conftituta, fimul fumpta omnium quadratorum B A, H O, G P, I Q, &c. fimul fumptorum dimidiam partem conftituere. Intelligatur enim ipfa omnia quadrata erecta fuper plano trilinei; quo pacto ex doctrinâ indivifibilium illa conftituent folidum quoddam quinque figuris comprehenfum, quarum prima erit ipfum trilineum; fecunda eft trilineum cujus bafis ipfi rectæ A B parallela eft & oppofita, & vertex punctum ipfum C; tertia autem erit quadratum fuper rectâ B A erectum; quarta fuper rectâ B C erecta, erit trilineum ipfi A B C fimile & æquale; quinta tandem fuper lineâ A C erecta, erit utcunque plana vel curva, prout ipfa A C recta erit vel curva. Intelligatur quoque planum quoddam fecans planum trilinei A B C fecundùm rectam B C, atque ad idem inclinatum fecundùm angulum femirectum versùs A : hoc ergo planum fic inclinatum dividet bifariam omnia & fingula quadrata erecta ut fuprà; unde & idem planum dividet quoque bifariam folidum ex illis quadratis conftans, eruntque partes duo folida inftar pyramidum, fingula quatuor fuperficiebus contenta : horum quod præcipuè nobis utile eft, bafim habet trilineum A B C, tres autem reliquæ fuperficies illius funt, triangulum fuper rectâ A B erectum & dimidium quadrati conftituens; figura fuprà lineâ A C erecta; ac figura ea quæ ex plano inclinato fecante conftituitur : tale autem folidum manifefto conftat ex dimidiis omnium quadratorum erectorum, ex doctrinâ indivifibilium; eftque vertex illius punctum extremum lateris illius quadrati, quod quidem latus ex puncto A erigitur, ipfique perpendiculariter imminet.

Oftendamus ergo tale folidum conftare etiam ex omnibus trilineis A E L, A D M, A F N, A B C, &c. vel ex aliis his iifdem æqualibus; fic enim patebit omnia hæc trilinea dimidiis omnium quadratorum erectorum effe æqualia, quandoquidem tam ab his trilineis quàm ab illis quadratorum dimidiis idem folidum conftituetur, ex doctrinâ indivifibilium. Ad hoc autem altitudo talis folidi, puta recta illa quæ ex puncto A perpendiculariter ad planum A B C erecta, ad folidi verticem pertinet, eftque rectæ A B æqualis, eodem modo indefinitè dividatur quo divifa eft ipfa A B, ut partes partibus multitudine & magnitudine fint æquales, atque per puncta omnia talis divifionis ducantur plana plano A B C parallela, quæ manifefto fecabunt folidum propofitum inter verticem & bafim, & tali fectione conftituent trilinea prædictis A E L, A D M, &c. fingula fingulis fimilia, æqualia & parallela; ex quibus omnibus trilineis indefinitè fumptis fecundùm doctrinam indivifibi-

lium conſtituitur prædictum ſolidum quaſi pyramidale, ut propoſitum eſt ;
reliqua patent.

PROPOSITIO TERTIA.

Jam ut ad ſolidum ſocia trochoidis circa axem converſæ veniamus. In figurâ tro-
choidis ſuperiùs expoſitâ, intelligatur ſocia A M H Q F 22 B circa axem C F
converſa. Dico ſolidum ex tali converſione ortum ad cylindrum cui inſcribitur
eandem rationem habere quam dimidium quadrati ſemicircumferentiæ rotæ dem-
pto dimidio quadrati diametri, ad integrum quadratum ſemicircumferentiæ.

NAM ſicuti ſocia illa ſecat bifariam rectam G I in puncto H, ſic eadem
bifariam quoque ſecat rectam I Y ; eſto in puncto 22 : unde recta H 22
æqualis erit dimidio itineris centri G I, hoc eſt æqualis ſemicircumferentiæ

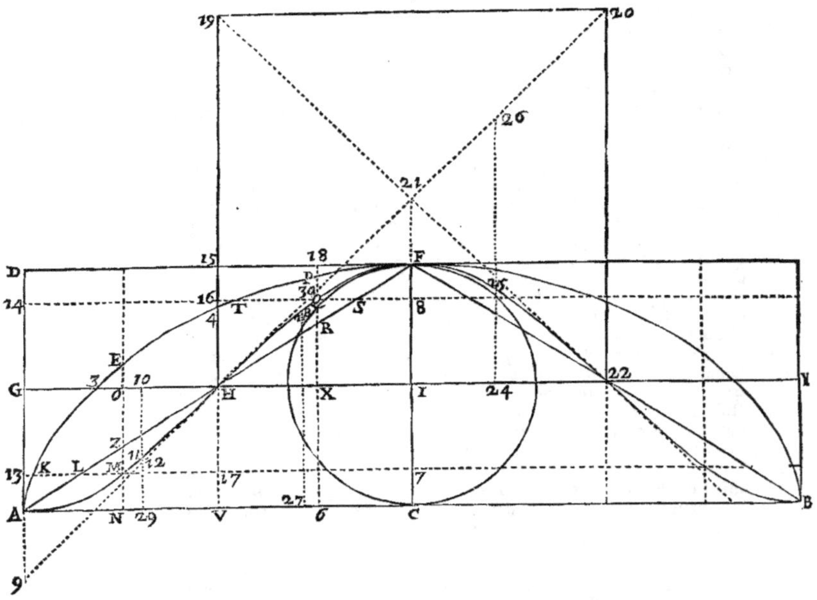

rotæ. Super ipſâ H 22 ad partes verticis F, conſtituatur quadratum H 22 20 19,
cujus diametri ducantur H 20, 22 19 ſecantes ſe invicem in centro quadrati, quod centrum ſit 21 in axe C I F producto ſupra verticem F uſque ad
ipſum punctum 21. Patet autem diametrum ipſam quadrati H 20 eſſe rectam
9 H productam, ipſamque cadere extrà curvam ſive ſociam H Q F, propter
eaſdem rationes quibus probavimus ſuprà, rectam H 9 cadere extrà curvam
H M A.

Jam utraque rectarum A C, C F in partes æquales indefinitè dividatur,

& per puncta divisionis rectæ AC ducantur rectæ ipsi CF parallelæ, putà
NM, VH, 6Q, &c. usque ad sociam AMHQF; per puncta autem divisionis rectæ CF ducantur rectæ parallelæ ipsi AC, putà 7M, IH, 8Q,
&c. usque ad eandem sociam. Quò posito solidum sociæ de quo agitur erit
ad cylindrum integrum cui inscribitur, ut omnia quadrata CA, 7M, IH,
8Q, &c. ad quadratum CA toties sumptum : atqui illa omnia quadrata
dupla sunt omnium trilineorum ANM, AVH, A6Q, ACF, &c. per
secundam Propositionem hujus Appendicis, quare solidum illud ad cylindrum
se habet ut omnia hæc trilinea bis sumpta ad quadratum CA sumptum ut
jam dictum est, putà secundùm numerum rectarum CA, 7M, IH, 8Q, &c.
ex divisione diametri CF in partes æquales numero indefinitas, ortarum :
hoc autem quadratum semicircumferentiæ toties sumptum æquale est rectangulo AF toties sumpto quot sunt partes æquales in rectâ AC : quia tam ex
tali quadrato CF toties sumpto quot sunt partes in rectâ CF, quàm ex rectangulo AF toties sumpto quot sunt partes in rectâ AC constituitur idem
solidum parallelepipedum, illud nempè quod basim habet rectangulum ipsum AF, altitudinem autem rectam AC; sive quod idem est, illud quod basim habet quadratum rectæ AC, altitudinem autem rectam CF, ex doctrinâ
indivisibilium.

Itaque solidum sociæ trochoidis sic se habebit ad suum cylindrum, ut
omnia trilinea prædicta bis sumpta ad rectangulum AF toties sumptum quot
sunt partes in rectâ AC, hoc est toties sumptum quot sunt omnia trilinea
prædicta semel sumpta. Verùm rectangulum AF duplum est rectanguli AI.
Sumpto igitur hoc rectangulo AI bis toties, quoties rectangulum AF, erit solidum sociæ trochoidis ad suum cylindrum, ut omnia trilinea prædicta bis
sumpta ad rectangulum AI toties bis sumptum; seu, sumptis tantùm semel
trilineis ac semel rectangulis, erit solidum sociæ trochoidis ad suum cylindrum, ut omnia trilinea semel sumpta ad rectangulum AI toties sumptum.
Est autem triangulum H 20 22 dimidium quadrati semicircumferentiæ H 22,
& bilineum HQF 22 est dimidium quadrati diametri CF, quandoquidem hujus bilinei dimidia pars, nempe trilineum HQFI, sive ipsi æquale
AMHG ostensum est suprà æquale esse quadrato semidiametri AG vel CI;
dempto autem hoc bilineo ex illo triangulo, remanet trilineum HF 22 20.
Eò itaque res deducitur ut ostendamus omnia trilinea prædicta ad rectangulum AI toties sumptum sic se habere ut trilineum HF 22 20 ad quadratum
integrum H 20; sic enim demum patebit solidum sociæ trochoidis esse ad
suum cylindrum, ut dimidium quadrati semicircumferentiæ dempto dimidio
quadrati diametri, ad quadratum semicircumferentiæ.

Ad hoc autem assumatur quodlibet ex ipsis trilineis, putà A 29 11, assumens ex rectâ AC portionem A 29 forsan quadrante minorem, cui ex rectâ
H 22 sumatur æqualis portio HX; ducaturque recta XQ 30 secans sociam
trochoidis in puncto Q, rectam autem H 20 in puncto 30. Itaque ex naturâ
trochoidis ejusque sociæ A 29 & HX exhibebunt arcus æquales : & arcûs
quidem A 29 sinus versus erit 29 11, arcus autem HX sinus rectus erit XQ :
cùmque recta X 30 æqualis sit arcui HX, erit recta Q 30 differentia inter
sinum rectum XQ & suum arcum X 30. Unde ex Corollario primæ Propositionis hujus Appendicis, erunt omnes sinus versi arcûs HX sive A 29 ad
radium toties sumptum, quot sunt divisiones in semicircumferentiâ AC, sive
H 22, ut ipsa differentia Q 30 ad semicircumferentiam H 22, sive 22 20: atqui omnes sinus versi arcûs A 29 constituunt trilineum A 29 11, & radius
AG toties sumptus quot sunt divisiones in AC constituit rectangulum AI
ex doctrinâ indivisibilium. Ut ergò trilineum A 29 11 ad rectangulum AI,
ita recta Q 30 ad rectam 22 20.

YYy ij

De reliquis trilineis eadem erit ratio; ut si sumatur trilineum AVH assumens ex rectâ AC quadrantem circumferentiæ AV; posito etiam quadrante HI cujus sinus rectus sit IF, differentia autem inter ipsum & suum arcum sit F 21; probabitur esse trilineum AVH ad rectangulum AI, ut recta F 21 ad rectam 22 20. Pari ratione, si sumatur trilineum A 27 28 assumens ex AC rectam A 27 quadrante majorem, positâ rectâ H 24 æquali ipsi A 27, ductâque rectâ 24 25 26 parallelâ ipsi CF ac secante sociam quidem in puncto 25, rectam autem H 20 in puncto 26, ut recta 24 25 sit sinus rectus arcûs H 24 sive ipsi æqualis 24 26, recta autem 25 26 sit differentia ejusdem sinus & sui arcûs; probabitur esse trilineum A 27 28 ad rectangulum AI, ut recta 25 26 ad rectam 22 20; atque ita de omnibus trilineis.

Itaque omnia trilinea simul sumpta ad rectangulum AI toties sumptum sic se habent ut omnes differentiæ sinuum rectorum & suorum arcuum Q 30, F 21, 25 26, &c. ad semicircumferentiam 22 20 toties sumptam: omnes autem illæ differentiæ constituunt trilineum HF 22 20; & semicircumferentia toties sumpta constituit quadratum semicircunferentiæ, ex doctrinâ indivisibilium: unde patet Propositio.

Corollarium.

RECIDIT autem hæc ratio cum eâ quæ suprà exposita est : siquidem trilineum HF 22 20 continet quadrantem totius quadrati H 20, ac prætereà duplum trilinei HQF 21, hoc est duplum trilinei HMA 9 : unde resumptis iis quæ ex primo solido oriuntur, putà quartâ totius parte, ac præterê eâ portione quæ ad totum cylindrum eam habet rationem quam $\frac{1}{3}$ quadrati semidiametri ad quadratum semicircumferentiæ, habebimus duos totius quadrantes, hoc est dimidiam partem totius, ac insuper duas portiones, quarum altera ad totum sic se hadebit ut $\frac{1}{3}$ quadrati semidiametri ad quadratum semicircumferentiæ; reliqua autem ad totum sic se habebit ut duplum trilinei HQF 21, sive HMA 9 ad idem quadratum semicircumferentiæ, ut suprà.

Ut ergò unicâ enunciatione explicemus rationem totius solidi trochoidis circà axem conversæ, ad suum cylindrum; sume duos quadrantes integros quadrati H 20, puta 20 21 22, & 19 21 H; tum ex tertio quadrante H 21 22 sume duplum trilinei HQF 21, hoc est totum trilineum HQF 25 22 21 H, ac præterea $\frac{1}{3}$ quadrati semidiametri, hoc est $\frac{1}{3}$ trilinei HQFI sive $\frac{1}{3}$ bilinei HQF 22: tumque hæc omnia spatia simul sumpta confer cum toto quadrato H 20; atque ita satis eleganter hoc concludes. Ut se habent $\frac{1}{3}$ quadrati semicircumferentiæ, demptâ tertiâ parte quadrati diametri, ad quadratum semicircumferentiæ; ita solidum trochoidis circa axem conversæ se habet ad suum cylindrum cui inscribitur.

PROPOSITIO QUARTA.

Quoniam suprà in demonstrando solido trochoidis circa basim conversæ hoc tanquam verum sumpsimus, omnia quadrata omnium sinuum versorum semicircumferentiæ secundùm æquales arcus sumptorum constituere $\frac{1}{3}$ omnium quadratorum diametri toties sumpti: atque etiam omnia quadrata omnium sinuum rectorum semicircumferentiæ secundùm æquales arcus sumptorum constituere $\frac{1}{3}$ omnium quadratorum ejusdem diametri; lubet hìc utrumque assumptum unicâ demonstratione ostendere.

IN figurâ primæ Propositionis hujus Appendicis, quadratum diametri BC æquale est quadratis CZ, ZB, & duplo rectangulo CZB, sive duplo quadrato ZQ. Similiter idem quadratum BC æquale est quadratis CY, YB & duplo rectangulo CYB sive duplo quadrato YP : atque ita de reliquis punctis divisionis diametri puta de punctis X, V, T, A, S, R, &c. at rectæ

CZ,

CZ, CY, CX, CV, &c. funt omnes finus verfi : item rectæ ZB, YB, XB, VB, &c. funt quoque omnes finus verfi qui prædictis finguli fingulis, fed ordine converfo funt æquales; & horum quadrata fingula fingulis funt æqualia; atque ita habemus duplum quadratorum omnium finuum verforum. Sed & rectæ ZQ, YP, XO, VN, &c. per omnes arcus æquales femicircumferentiæ funt omnes finus recti; unde habemus duplum quadratorum omnium finnum rectorum. Omnia ergo quadrata diametri æqualia funt duplo omnium quadratorum finuum verforum unà cum duplo omnium quadratorum finuum rectorum.

Ducantur jam radii AQ, AP, AO, AN, &c. Itaque quadratum radii AQ æquale eft quadrato finus recti QZ unà cum quadrato AZ, five unà cum quadrato finus complementi Q3 : fimiliter quadratum radii AP æquale eft quadrato finus recti PY unà cum quadrato finus complementi P 4, atque ita de reliquis : quo pacto habemus omnia quadrata radii æqualia effe omnibus quadratis finuum rectorum unà cum omnibus quadratis finuum complementorum. Verum omnes finus recti omnibus finibus complementorum finguli finguli funt æquales, fi minores cum minoribus & majores cum majoribus conferantur, quia fumuntur fecundùm arcus æquales ex hypothefi : quare omnia quadrata radii

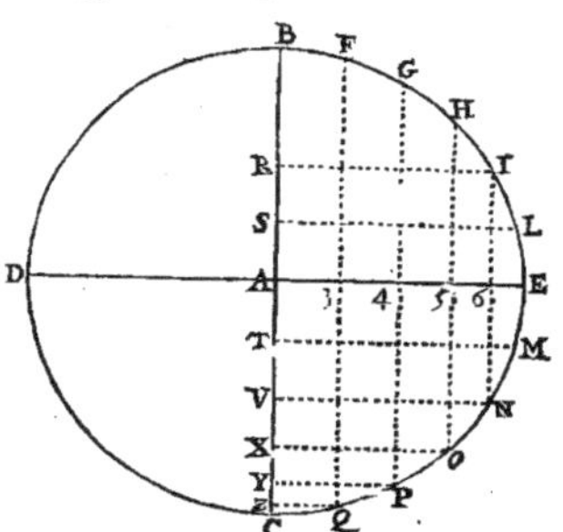

æqualia funt duplis quadratorum omnium finuum rectorum. Omnia autem quadrata diametri quadrupla funt omnium quadratorum radii; ipfa ergo omnia quadrata diametri quadrupla funt dupli quadratorum omnium finuum rectorum : unde omnia quadrata finuum rectorum femel fumpta, omnium quadratorum diametri octavam partem conftituunt.

Quoniam ergo duplum omnium quadratorum finuum rectorum conftituit duas octavas partes omnium quadratorum diametri, relinquitur ut duplum quadratorum omnium finuum verforum conftituat fex octavas partes, atque ut ipfa quadrata omnium finuum verforum femel fumpta tres octavas partes conftituant ipforum omnium diametri quadratorum, ut proponitur.

PROPOSITIO QUINTA.

Sed & illud demonftrare lubet, quod pro folido focie trochoidis circa axem conver- Vide figur.
fæ, priori modo demonftrando, affumptum eft tanquam quid confectum ex doctri- pag. 270.
nâ indivifibilium. Omnia quadrata CA, 7M, IH, 8Q, DF, 14Q, GH,
13M, &c. quæ ad trilinea primæ divifionis AHFC, & FHAD pertinent,
conftituere dimidium omnium quadratorum CA, 7 13, IG, 8 14, FD, &c. quæ
pertinent ad totum parallelogrammum CD; ac præterea duplum omnium quadra-
torum portionum AV, M17, F15, Q16, &c. quæ pertinent ad trilinea fecun-
dæ divifionis AMHV, & HQF15.

ILLUD autem ftatim conficitur, ex eo quod ductâ quâcunque rectâ 7 13 ex iis quæ rectæ AC parallelæ funt, quæ fecet trilinea primæ divifionis, ita ut ejus rectæ portio 7 M in uno trilineo, altera autem portio 13 M in altero contineatur; fecet autem ipfa 7 13 lineam primæ divifionis AMHF in puncto

ZZz

M, & rectam secundæ divisionis V 15 in puncto 17: manifestum est, ex Geometriâ communi, ambo quadrata portionum 7 M, M 13 tantò majora esse dimidio quadrati totius 7 13, quantum est duplum quadrati portionis M 17, quæ ad trilineum secundæ divisionis A M H V pertinet: quod cùm de omnibus aliis rectis verum sit, patet Propositio.

DE LONGITUDINE TROCHOIDIS,

PROPOSITIO.

Cujuscunque assignatæ portioni trochoidis primariæ, æqualem rectam exhibere, atque exinde toti trochoidi.

QUID sit trochoides, quid rota ex qua illa nascitur, quæ sint tres illius præcipuæ species, & quomodo inter se distinguantur, hîc notum esse supponimus.

Utemur argumento ex motuum compositione desumpto, quo ex æquali moti puncti velocitate æquales describi lineas, ex inæquali inæquales, cæteris paribus necesse est, atque è converso.

Etsi verò communiter rota progrediendo uniformi motu per iter rectum in plano, simul circa centrum suum convertatur, tamen hîc intelligemus rotam ipsam trahi tantùm recto itinere, non autem converti; sed punctum trochoidem describens, ferri secundùm circumferentiam rotæ motu uniformi, quod eódem quò suprà recidit, & Geometriæ aptius esse visum est.

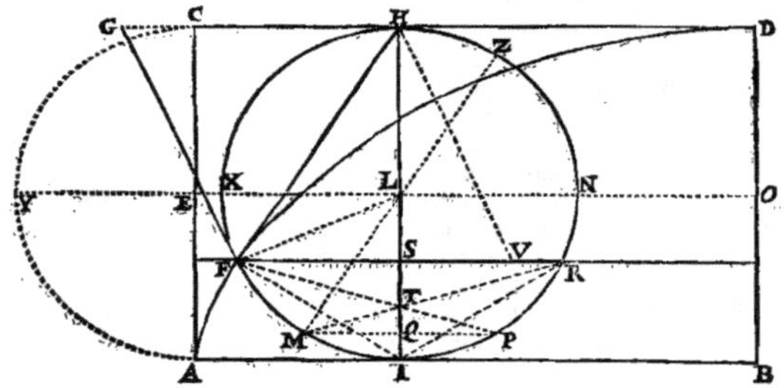

F punctum contactus tam F G rectæ tangentis rotam, quàm F H tangentis trochoidem primariam, cujus dimidium est A F D, initium A, recta A I B dimidium basis, B D axis, A E C diameter rotæ initio motûs, C H D linea verticis.

I X H N rota est, cujus centrum L à principio motûs jam percurrit rectam E L æqualem rectæ A I, existente diametro rotæ in hac positione rectâ I L H; unde ipsa recta E L vel A I arcui I F æqualis est.

G F, G H rotam tangentes æquales sunt; unde ductâ chordâ rotæ F R ipsi A I parallelâ, & sectâ bifariam in S à diametro I L H; ductâ etiam H V ipsi F G tangenti parallela, ac secante ipsam F R productam, si opus erit, in V; erit parallelogrammum F G H V rhombus, cujus anguli G F V, G H V bifariam secabuntur à diagonali F H tangente trochoidem.

M punctum est in quo arcus rotæ F M I bifariam secatur, & à quo ducitur chorda rotæ M Q P ipsi A I parallela, secans diametrum I H in Q; sed & ductâ chordâ M R secante eandem I H in T, erunt rectæ Q I, Q T æquales, propter æqualitatem triangulorum I Q M, T Q M.

Reliquum conſtructionis ei qui trochoidem noverit, per ſe ex ipſa figurâ ſatis oſtenditur: præ cæteris notetur chorda 1M.

Oſtendendum eſt portionem trochoidis A F ab initio A ſecundum longitudinem ſuam curvam menſuratam, æqualem eſſe quadruplo ſinus verſi 1Q, ſive duplo rectæ 1T. Unde, quoniam A F eſt portio quæcunque dimidiæ trochoidis A F D, oſtendetur ipſa curva A F D æqualis quadruplo ſemidiametri 1 L, ſeu duplo diametri 1 H. Hoc erit præcipuum hujuſce Propoſitionis Corollarium.

Quoniam diametri rotæ I L H, A E C initio motûs congruebant, manifeſtum eſt tunc tria puncta I, A, F ſimul extitiſſe, & ambo E, L ſimul, & ambo C, H ſimul: exinde verò punctum I percurriſſe rectam A I uniformi motu, ſicuti & punctum L rectam E L, & punctum H rectam C H, & punctum F ſecundum rotæ circumferentiam percurriſſe arcum 1 M F; quo factum eſt ut in trochoide primariâ quatuor illæ lineæ A I, E L, C H, & arcus I M F eſſent æquales: at propter implicationem recti motûs A I cum curvo I M F, punctum F tali motu compoſito deſcripſit portionem trochoidis A F, in quo ipſius F velocitas continuò mutata eſt augeſcendo ſenſim ab A in F. Examinemus ergò illam auctionem continuam per omnia puncta ejuſdem A F; ac pro diverſis poſitionibus puncti F, diverſas ipſius velocitates in curvâ A F cum ejuſdem uniformi velocitate in arcu rotæ I M F conferamus.

Incipiamus ab eâ poſitione quæ primum oblata eſt, in qua F eſt quodvis punctum in dimidiâ trochoide A F D ab A diverſum. Patet ex motuum legibus, velocitatem puncti F in curvâ A F ad velocitatem puncti F in arcu I M F ſic ſe habere, ut tangens F H ad tangentem F G in parallelogrammo F G H V: idem verò de ſingulis punctis in curvâ A F aſſumptis dicetur, mutatâ convenienti poſitione rotæ, & ductis congruis tangentibus; augetur autem ratio F H ad F G dum F fertur ab A in F, ergo & ipſius velocitas; & eſt velocitas uniformis per infinitas tangentes arcûs I M F, ſicuti & ipſius puncti F in eodem arcu. Si igitur ipſe idem I M F infinitè dividatur æqualiter, atque illi diviſioni correſpondeat infinita diviſio curvæ A F (quod tamen fieri æqualiter non continget propter curvæ naturam, quod nihil intereſt) & ſingulis minoribus arcubus ipſius I M F aſſignentur ſuæ tangentes æquales, quibus etiam correſpondeant totidem tangentes curvæ A F, quanquam minimè æquales, erunt per vigeſimam quartam Libri quinti Euclidis, quoties opus fuerit repetitam, omnes tangentes curvæ A F ſimul ſumptæ ad omnes tangentes æquales arcûs I M F ſimul ſumptas, ut omnes velocitates puncti F in curvâ A F, ad omnes velocitates ejuſdem puncti F in arcu I M F: atqui ut velocitates inter ſe, ita ſunt lineæ ab ipſis percurſæ, putà curva A F & arcus I M F. Ut ergo omnes tangentes curvæ A F ad omnes tangentes arcûs I M F, ſic ipſa curva A F ad ipſum arcum I M F; quod primò notetur.

Præterea quoniam recta F G tangit circulum I F H, & à contactu ducitur recta F S R ipſum circulum ſecans, erit per trigeſimam ſecundam libri tertii Elem. Euclidis, angulus G F R angulo F I R æqualis, & dimidius G F H dimidio F I S; unde triangula iſoſcelia F G H, F L I ſimilia ſunt. Ut ergo tangens F H ad tangentem F G, ita chorda 1 F ad radium F L; & diviſis infinitè, ut ſuprà, arcu I M F & curva A F, adjunctiſque iiſdem infinitis minoribus tangentibus, ducantur à puncto I totidem chordæ ad ſingula arcûs I M F puncta; probabimus ex Geometriâ, chordas illas omnes ſimul ſumptas ad radium F L toties ſumptum ſic ſe habere, ut omnes tangentes curvæ A F ſimul ad omnes tangentes arcus I M F ſimul; hoc eſt per primum notatum, ut curva ipſa A F ad arcum ipſum 1 M F: quod ſecundò notetur.

Jam arcus I M qui ipſius 1 M F dimidius eſt, dividatur æqualiter infinitè; ſed ita ut in ipſo 1 M tot ſint diviſiones quot in toto 1 M F, hoc eſt quot

ſunt chordæ in ipſo arcu I M F, ſive quoties ſumptus eſt radius F L; tum
à ſingulis arcûs I M punctis in radium I S demittantur totidem ſinus recti,
quorum maximus eſt MQ : tot ergo ſunt ſinus recti ab arcu I M, quot chordæ in arcu I M F, & unuſquiſque ſinus unius cujuſque chordæ correlatæ dimidium eſt; unde ipſorum omnium ſinuum ſumma dupla æqualis eſt ſummæ
chordarum ſemel ſumptæ. Erat autem ex ſecundo notato ſumma chordarum
ad ſummam radiorum, ut curva A F ad arcum I M F; ergo ſinuum dictorum
ſumma dupla ſe habet ad ſummam radiorum, ut curva A F ad arcum I M F.
At ut ſumma illa dupla ſinuum ad ſummam illam radiorum, ſic ſe habet duplum ſinus verſi I Q ad arcum I M, per Lemma ad id inventum & ad alia
permulta ardua perutile; & ut duplum I Q ad arcum I M, ita quadruplum
I Q ad duplum arcus I M, hoc eſt ad arcum I M F. Ut ergo hoc quadruplum ſinûs verſi I Q ad arcum I M F, ita curva A F ad eundem arcum I M F;
quare hæc curva A F æqualis eſt quadruplo ſinûs verſi I Q : quod erat propoſitum.

Corollarium.

COROLLARIUM manifeſtum eſt. Si enim pro trochoidis portione A F,
ut ſuprà, aſſumamus ipſam dimidiam trochoidem integram A F D, tunc
rotæ diameter quæ erat I H, cum axe B O D congruet; & punctum I puncto B, & punctum H puncto D, & punctum L, puncto O, & punctum F
punctis H, D, & punctum M puncto X, & punctum Q punctis ſeu centris
L, O, & punctum T punctis ſeu verticibus H, D, &c. Unde arcus I M F
fiet ſemicircunferentia rotæ I X H, & arcus I M fiet quadrans I X, & ſinus
verſus I Q fiet radius I L, &c.

Itaque per Propoſitionem, ſemi-trochoides A F D ſinus verſi I L erit quadrupla, ſeu diametri I H dupla, quod eſt Corollarium.

Hæc & multa alia, cùm circa annos 1635 & 1640 vigente animi robore
detexiſſem, & ferè omnia publicè multotiès patefeciſſem, tam in Cathedra
Regia, quam in multorum doctorum conventibus; immò & quibuſlibet amicis
literatis privatim, unicam hanc de longitudine trochoidis Propoſitionem
ſemper reticui : ſperabam enim eâdem methodo (quam primus, ut putò,
detexi) me multò majora detecturum, atque imprimis multas quadraturas.
Nec me ſpes ex toto fefellit; innumeras enim adhuc teneo, non eas tamen
quas præcipuè intendebam, de quibus viderint poſteri quibus hæc noſtra
ſpeculatio non erit forſan inutilis. Hoc tamen eos monebo, doctrinam de
motuum compoſitione adeò univerſalem eſſe, ut nec analyſi ſolâ coercea-
tur; nec adjunctâ infinitorum doctrinâ, cum rationalibus & irrationalibus,
atque logarithmicis quantitatibus; quippe hæc omnia motus comprehendit,
non ab ipſis comprehenditur: hinc latiſſimus patet exercitationibus Mathematicis campus, idemque pluſquàm ſolidus.

Negligentiâ tamen meâ, quòd nihil prælo committerem, factum eſt ut
quidam Extranei nationis noſtræ æmuli, vel potiùs eidem invidi, ex eorum
numero qui ut fuci, apum favos invadunt, & quod elaborare non poſſunt
mel, vi & injuriâ ſibi vendicant, multa mea mihi eripere conarentur, eaque
ſibi tribuere. Sed & ad id adjuverunt ex Noſtratibus quidam, mihi præ cæteris invidi; qui cùm mihi nihil reliquum eſſe cuperent nec inventa mea
ſibi arrogare auderent, ne ridiculi apud Gallos haberentur, ea cuilibet ex-
traneo, (quanquam multis annis poſteriori) quàm mihi ſuo civi & vero
inventori, mallent addicere; & ſic contra perſpectam ſibi veritatem, & verbis & ſcriptis impudenter mentiri.

His artibus, ipſa trochoides, ejuſque tangentes, & plana, ſed & ſolida
fermè omnia mihi erepta ſunt; ac ne ad extrema fures penetrarent, ſolus obex
obſtitit,

obftitit, folidum circa axem, quod de induftriâ cum Propofitione præmiffâ
de longitudine reticueram. Suftinui, & expectavi donec circa ipfum folidum
fœdè errarent qui præ cæteris fapere videri volebant, quorum ipforum, fuper
hac re, literas autographas etiamnum affervo, eafque non unicas : tunc verò folidum ipfum vulgavi anno 1645, noftrifque atque illis extraneis pate-
feci, quorum (extraneorum inquam) refponfum accepi mœroris atque in-
dignationis plenum, ob errorem contra fpem fuam patefactum. Lætabar
interim, & hæc illis fubinde (arrogantiùs forfan) exprobrabam, Certè meæ
quifquiliæ alicujus funt pretii, in quas fures adeò cupide involent, eafque
fibi retinere tantâ pertinaciâ contendant.

Poffum tamen cùm libuerit, mea à furibus recuperare. Habeo enim ad
id inftrumenta valida, fcripta manu, annis & diebus fuis munita à viris ce-
leberrimis; nec deerunt teftimonia prælis commiffa à quibufdam, prudentiùs
quàm ego de futuro furto præfagientibus, idque multis annis ante furtum
ipfum : his, dum adhuc vivo, utar, ex amicorum meorum judicio.

Redeo ad præmiffam Propofitionem de longitudine trochoidis, de qua
nihil, nec publicè, nec privatim me communicaffe jam teftatus fum; eam tamen multis annis poftea invenit Anglus quidam vir doctiffimus, & prælo per
fe vel per amicos, fuo nomine vulgavit. Methodus illius à noftrâ planè diverfa eft, fed conclufio vera & elegans. Ait enim portionem quamcunque
femitrochoidis AFD, (femicycloidem ille cum multis aliis vocat) putà
portionem DF à vertice D incipientem, duplam effe tangentis HF. Hanc
enuntiationem cum noftra coincidere, fic demonftramus.

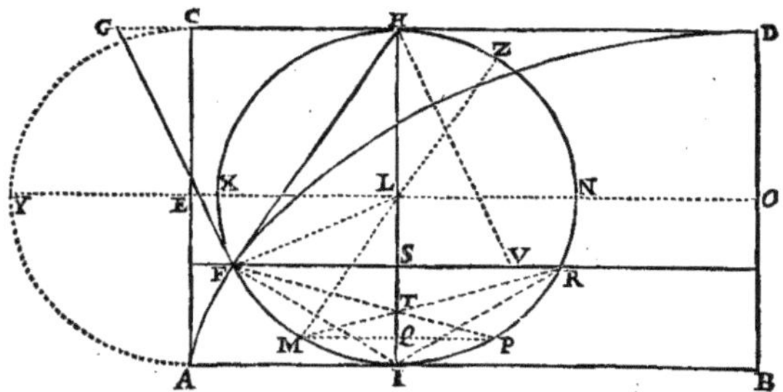

Quoniam quatuor arcus FM, MI, IP, PR æquales funt, fecabunt fe
invicem chordæ æquales FP, RM in eodem puncto T diametri IH; &
rectæ IQ, QT funt æquales; & anguli TFI, TFS æquales; fed & angulus HFR five HFS, æqualis eft angulo HIF, quia infiftunt arcubus
æqualibus HR, HF; ergo fumma angulorum HFS, TFS, æqualis eft fummæ
angulorum HIF, TFI; prior autem fumma conftituit angulum HFT, &
pofterior fumma æqualis eft angulo externo HTF in triangulo ITF; æquales
funt ergo anguli HFT, HTF; unde in triangulo HFT latera HF, HT
funt æqualia : fed HT cum IT conftituunt diametrum; ergo & HF cum
IT diametrum conftituunt; & eft IQ dimidia ipfius IT; quare HF cum
dupla IQ conftituunt diametrum; & fic dupla HF cum quadrupla IQ, diametri duplum conftituunt. Sed & ex Corollario, femitrochoides AFD ejufdem diametri dupla eft; itaque ipfa AFD duplo tangentis HF, & quadruplo finûs verfi IQ æqualis eft : demptis ergo utrinque æqualibus, hinc qui-

dem quadruplo finûs verfi, illinc autem portione A F femitrochoidis, fupereft ut reliqua portio femitrochoidis F D duplo tangentis H F fit æqualis.

Potuit demonftratio directè inftitui per motuum compofitionem, initio
fumpto à vertice D, in curva D F portione quâcunque femitrochoidis; quo
pacto, conclufio per fe incidiffet in duplum tangentis H F, ut mox dictum
eft. Ad hoc, ductâ diametro M L Z ipfi H F parallela, demittendi effent ab
omnibus punctis arcûs rotæ H F infinities æqualiter divifi, totidem finus recti in ipfam diametrum M L Z; & totidem tangentes ad ipfum arcum rotæ
H F pertinentes; atque totidem ipfis correfpondentes, pertinentefque ad
curvam D F; omninò ficuti de arcu I M F, ac de curva A F fuperiùs dictum
eft, &c. adhibito tandem Lemmate, & congruis argumentis. Sed prior demonftratio prior etiam in mentem incurrit, in quâ ideò mens ipfa conquievit,
quod & Propofitionis, & ipfius trochoidis idem effet initium punctum A.

De longitudine trochoidum aliarum ac fociarum omnium, aliàs dicemus.

EPISTOLA

ÆGIDII PERSONERII DE ROBERVAL

AD R. P. MERSENNUM.

REVERENDE PATER,

Ex propofitionibus Clariffimi Torricellii eas tantum examinandas cenfui,
quas nonnifi ab egregio Geometrâ profectas effe judicabam. Quapropter præ-
tergreffis octo primis circa fphæram, & folida eidem infcripta & circumfcri-
pta, quarum examen, quemvis vel mediocriter verfatum fugere non poffe
exiftimavi, nonam aggreffus fum quæ eft de dimenfione cochleæ, quam, ut
ardua eft, ita veram effe certiffimâ demonftratione perfpexi; ita ut ex ea unica Authorem inter præftantes hujus fæculi Mathematicos annumerare non
verear. Quodque fortaffis mirere nihil refert; magifne an minus inter fe diftent fpiræ ipfius cochleæ, modò idem fit femper triangulum à quo defcribatur;
fed & etiamfi ipfum triangulum moveatur tantum ad motum parallelogrammi,
non autem motu progreffivo, ita ut idem triangulum abfolutâ converfione in
fe ipfum redeat: eodem modo fe res habebit, nec mutabitur Propofitio.

De centro gravitatis parabolæ inveniendo à priori, nullâ fuppofitâ ejus
quadraturâ; fi ipfe fic proponit, ut fe inveniffe intelligat, laudamus: fi vero
à nobis quærit, dabitur illi non folum in parabola conica, quam quadraticam appellamus, quia in ea quadrata ordinatim applicatarum inter fe funt,
ut portiones diametri; fed etiam in parabola cubica, in quadrato quadratica, &c. atque in earum folidis; five ipfæ parabolæ circa fuos axes, five circa tangentes ad extremitatem axis, five circa aliquam ex ordinatis ad axem
convertantur, & geniti inde folidi, five fufi parabolici, dimidium plano ad ipfius axem erecto refectum proponatur: & multa alia de quibus, fi aliquando
res poftulabit, fufiùs agemus. Nunc verò hoc indicaffe fufficiat, in dimidio
fufo parabolico quadratico centrum gravitatis axem dividere in duas portiones, quarum ea quæ ad verticem ad eam quæ ad bafim fe habet ut 11 ad 5; in
cubico, ut 13 ad 7; in quadrato-quadratica, ut 15 ad 9; in quadrato-cubico,
ut 17 ad 11; atque ita in infinitum, addendo femper 2 ad fingulos præcedentis rationis terminos. Præterea rationes folidorum ipforum ad cylindros
quibus infcribuntur, quas omnes invenimus, & quarum fpeculatio forfan minime fpernenda viro clariffimo videbitur.

In cycloide Torricellii agnofco noftram trochoidem, nec recte percipio quomodo ipfa ad Italos pervenerit, nobis nefcientibus. Quod fi illa tanto viro placuerit, lætor. Spero autem brevi fore ut eadem in lucem emittatur, cum fuis tangentibus, cumque folido ex converfione illius circa bafim genito, forfan & circa axem: neque id tantùm in prima trochoide cujus bafis æqualis effe ponitur circumferentiæ rotæ genitricis; fed etiam in quavis alia trochoide five prolata, five contracta; atque in fociis earumdem.

Propofitio de folido à qualibet fectione coni circa axem circumvolutâ defcripto, atque ad conum eidem infcriptum unica enunciatione collato, elegantiffima eft & veriffima, ficut demonftravimus: nec ei inferior eft ea quæ fub eadem figura habetur de centro gravitatis ipforum folidorum, quam etiam demonftravimus. Quod fi ambas duabus tantùm demonftrationibus oftenderit, nihil video quod in hac materia defiderari poffit; fed vereor ne pofitis Authorum demonftrationibus, ipfe inde propofitiones fuas deduxerit: quod etiamfi ita effet, tamen non parum laudis mereretur; neque enim cuilibet contingit, aliorum inventis addere tanti ponderis propofitiones.

Ejufdem fere argumenti eft fequens Propofitio de frufto fphærico duobus planis parallelis fecto, de quo nihil dicimus, quia in eo non immotati fumus.

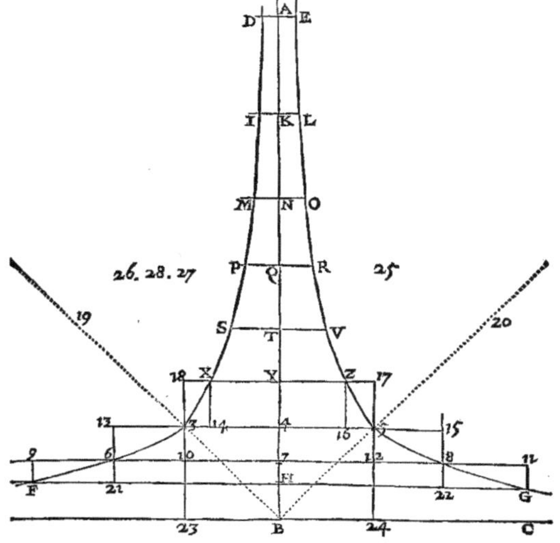

Omnium elegantiffima eft decima quarta, cujus demonftrationem hîc addere libet, cuperemque valde fcire utrum in idem cum clarifimo viro medium inciderim, vel diverfum. Igitur in figura cujus conftructionem ex ipfius Torricellii Propofitione notam effe fuppono, exiftente B centro hyperbolæ, affymptotis B A, B C ad angulos rectos, folido autem quovis D E F G terminato, ut propofitum eft; primum oftendamus tale folidum medium propor-

Vide Torricell. de folido Hyperb. pag. 113.

AA aa ij

tionale effe inter duos cylindros ejufdem altitudinis cum folido , puta
rectæ A H, quorum unius bafis fit circulus D E, alterius vero F G; ex hac
enim cætera demonftrabuntur. Inter B A, & B H, media proportionalis fit
B T; tum inter B A & B T, media quoque proportionalis fit B N; atque inter B T & B H, efto B 4. Item inter B A & B N, fit B K; inter B N
& B T, fit B Q; inter B T & B 4, fit B Y; inter B 4 & B H, fit B 7; atque
ita tot continuè inveniantur mediæ quot libuerit, fic enim erunt quoque continuè proportionales differentiæ ipfarum H 7, 74, 4 Y, &c. ufque ad ultimam K A, & in eadem ratione primarum. Patet autem hac ratione eò deve-
niri poffe, ut cylindrus cujus bafis circulus F G, altitudo autem ultima differentia K A, minor fit quovis fpatio folido dato. Jam per puncta 7, 4, Y, T,
ducantur plana ad rectam A B erecta, folidum fecantia fecundum circulos
quorum diametri 6 8, 3 5, X Z, S V, &c. parallelæ ipfi F G; patet quoque
ex natura hyperbolæ, proportionales effe rectas F H, 6 7, 3 4, X Y, S T,
& reliquas in eadem ratione, fed inverfa, primarum B H, B 7, B 4, &c. Denique infcribantur & circumfcribantur ipfi folido totidem cylindri quot funt
differentiæ, H 7, 7 4, 4 Y, &c. fintque infcripti 8 21, 5 10, Z 14, &c. circum-
fcripti vero F 11, 6 15, 3 17, &c. conftat ergo omnes circumfcriptos fimul fu-

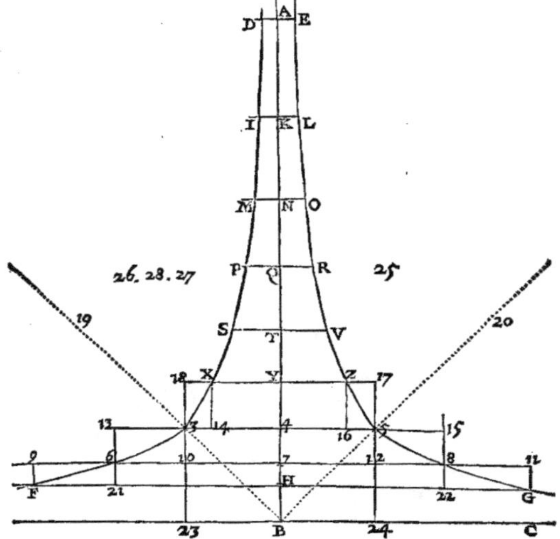

perare omnes infcriptos fimul, minori fpatio quàm cylindro altitudinis K A,
& bafis F G; hoc eft minori fpatio quovis propofito. Præterea cylindrus bafis S V, & altitudinis A H, eft medius proportionalis inter cylindros ejufdem
altitudinis, fed bafium D E, F G. Dividatur ipfe medius in cylindros ejufdem
bafis S V; fed altitudinum H 7, 7 4, 4 Y, Y T, &c. ufque ad ultimum altitudinis A K, qui ultimus major quidem eft primo infcripto 8 21, fed minor
circum-

circumſcripto F, 11, quod ſic oſtendimus. Quoniam recta S T media proportionalis eſt inter D A & F H, major erit ratio circuli medii S V ad circulum
6 8, quàm rectæ D A ad rectam 6 7: at idem circulus medius S V, ad cir-
culùm F G minorem habebit rationem quàm eadem recta D A ad eandem
6 7; ut autem D A ad 6 7, ita H 7 ad A K: ergo circulus medius S V, ad
baſim quidem inſcripti 6 8, majorem habet rationem; ad baſim vero circumſcripti F G, minorem quàm altitudo communis inſcripti, & circumſcripti H 7
ad altitudinem ultimi medii A K. Eodem modo demonſtrabimus cylindrum
altitudinis N K, baſis verò circuli medii S V majorem quidem eſſe ſecundo
inſcripto 5 10, minorem vero ſecundo circumſcripto 6 15; atque ita de reliquis ordine ſumptis. Patet igitur tandem, totum cylindrum medium omnibus
quidem inſcriptis ſimul ſumptis majorem eſſe; omnibus verò circumſcriptis
minorem. Cætera perſequi apud vos inutile fuerit.

Corollarium.

PATET autem manifeſtò poſitis rectis B H, B 7, B 4, B Y, &c. continuè
proportionalibus, & factâ conſtructione eâdem, dividi totum ſolidum hyperbolicum F G, E D in portiones continuè proportionales in eadem quidem,
ſed inverſa ratione rectarum ipſarum B H, B 7, B 4, &c. quæ portiones erunt
F G 8 6, 6 8 5 3, 3 5 Z X, &c. quia qui ipſis portionibus æquales erunt cylindri, proportionales erunt in ratione propoſita, quæ proprietas eximia eſt.

Secundò intelligamus ſolidum hyperbolicum B A verſus A infinitè productum eſſe, atque idem ſecari quovis plano 3 5 ad rectam B A erecto in
puncto 4, ac circulum conſtituente cujus diameter 3 5; tum ſuper hac baſe,
circulo 3 5, eſto cylindrus 3 5 24 23, cujus altitudo ſit B 4: dico talem cylindrum æqualem eſſe ſolido hyperbolico ſuper baſi 3 5 conſtituto, atque infinitè verſùs A extenſo.

Aliàs, vel cylindrus major eſt ſolido, vel minor. Eſto primùm major, ſi fieri
poteſt, & exceſſus eſto magnitudo 25, ita ut ſolidum hyperbolicum unà cum
ſpatio 25 intelligatur æquale eſſe cylindro propoſito 3 5 24 23. Jam intelligatur cylindrus quidam cujus altitudo B 4, ſemidiameter vero baſis P Q, ita ut
hic cylindrus minor ſit ſpatio 25: ſit autem P Q perpendicularis ad B A, atque interjecta inter hyperbolam, & aſſymptoton, hoc enim fieri poteſt. Tum
fiat ut B 4 ad B Q, ita B Q ad B A, & terminetur ſolidum hyperbolicum circulo D A E. Erit ergo ex prædemonſtratis ſolidum 3 5 E D æquale cylindro altitudinis A 4, baſis verò ſemidiametri P Q. Addantur inæqualia; ſolido quidem, ſpatium 25; cylindro verò, alter cylindrus altitudinis B 4, & ejuſdem
baſis ſemidiametri P Q. Fient ergo inæqualia: illinc ſolidum hyperbolicum 3 5
E D, unà cum ſpatio 25, majus; hinc verò, totus cylindrus altitudinis A B
baſis ſemidiametri P Q, minor. At totus hinc cylindrus æqualis eſt cylindro
propoſito 3 5 24 23, quia baſes & altitudines reciprocantur ex natura hyperbolæ: ergo ſolidum hyperbolicum 3 5 E D, unà cum ſpatio 25, majus eſſet cylindro 3 5 24 23. Verùm ſolidum hyperbolicum infinitè extenſum verſus A,
unà cum eodem ſpatio 25, poſitum eſt æquale eidem cylindro 3 5 24 23: hoc
ergo infinitè extenſum minus eſſet ſua portione 3 5 E D, quod eſt abſurdum.
Eſto ſecundò cylindrus 5 23 minor ſolido hyperbolico infinitè extenſo, ſi
fieri poteſt; poterit ergo ex ipſo ſolido detrahi portio quædam, puta 3 5 E D
major eodem cylindro 5 23; ita ut planum D E, parallelum ſit plano 3 5, conſ-
tituatque circulum cujus centrum A. Inveniatur recta B Q media proportionalis inter B A & B 4; ſeceturque ſolidum hyperbolicum plano P Q R paral-
lelo ipſi 3 5. Jam ut ſuprà, ſolidum 3 5 E D æquale eſt cylindro baſis P Q R,
altitudinis vero A 4: cylindrus vero 5 23 æqualis eſt cylindro ejuſdem baſis

B B b b

P Q R, altitudinis verò A B: ponitur autem solidum 3 5 ED majus cylindro 5 23; ergo cylindrus basis P Q R altitudinis A 4, major esset cylindro ejusdem basis & altitudinis A B, quod est absurdum.

Tandem proposito quovis solido hyperbolico ex prædictis, putà D E G F: oporteat ipsum dividere in duas portiones quæ datam servent rationem, ut magnitudo data 26 ad datam magnitudinem 27: fiat ut recta F H ad rectam D A, ita magnitudo 2 6 ad aliam quampiam 28; dividaturque recta A H altitudo solidi in puncto T, ita ut portiones H T, T A eandem habeant rationem quàm magnitudo 2 8, ad magnitudinem 27: & per punctum T ducatur planum S T V parallelum plano F G vel D E, quod quidem planum S T V dividat solidum hyperbolicum in duas portiones F G V S, & S V E D: dico has portiones eandem inter se rationem habere, quàm magnitudo 26 ad magnitudinem 27. Nam inter B T & B H media sit proportionalis B 4: item inter B T & B A media sit proportionalis B N; & per puncta 4, N ducantur plana prædictis parallela, atque solidum secantia secundùm circulos quorum diametri 3 4 5, M N O. Quoniam ergo continuè sunt proportionales B H, B 4, B T, erunt quoque proportionales in eadem sed inversa ratione rectæ F H, 3 4, S T propter hyperbolam: quare ex prædemonstratis, cylindrus altitudinis H T, basis verò diametri 3 5 æqualis est portioni solidi hyperbolici F G V S. Simili argumento cylindrus altitudinis T A, basis autem diametri M O, æqualis est reliquæ portioni S V E D: sunt autem ipsi cylindri in ratione data magnitudinis 26 ad 27, ut jam demonstrabimus; quare & portiones solidi hyperbolici sunt in eadem ratione datâ.

Et quidem, quod cylindri sint in ratione data magnitudinis 26 ad magnitudinem 27, sic constabit. Quoniam ex constructione, ut magnitudo 26 ad magnitudinem 28, ita recta F H ad rectam D A: ut autem F H ad D A, ita sumpta communi altitudine recta S T, rectangulum sub F H, S T ad rectangulum sub D A, S T, hoc est, ita quadratum 3 4 ad quadratum M N; sive circulus diametri 3 5 ad circulum diametri M O. Ergo, ut magnitudo 26 ad magnitudinem 28, ita circulus diametri 3 5, ad circulum diametri M O. Addatur hinc quidem ratio altitudinis H T ad altitudinem T A; illinc autem ratio magnitudinis 28 ad magnitudinem 27, quæ rationes sunt eædem; ex constructione igitur, ratio composita ex rationibus circuli 3 5 ad circlum M O, & altitudinis H T ad altitudinem T A, hoc est ratio cylindrorum, componitur ex rationibus magnitudinis 26 ad magnitudinem 28, & 28 ad 27; quæ ambæ rationes constituunt rationem 26 ad 27, ut propositum est.

Hîc mirabilis quædam proprietas accidit circa plana spatia hyperbolica hujus constructionis, illa nempe F G 8 6, 6 8 5 3, 3 5 Z X, X Z V S, &c. quæ omnia sunt æqualia, positis continuè proportionalibus rectis B H, B 7, B 4, B Y, &c. ut supra cujus quidem proprietatis demonstratio non erit difficilis ei qui animadverterit omnia parallelogramma iisdem spatiis inscripta, esse æqualia; sicuti & circumscripta æqualia.

Tamdem si asymptoti hyperbolæ non sint ad angulum rectum, vel eædem erunt ex se demonstrationes omnes præcedentes; vel additione, aut detractione conorum quorumdam, fient eædem.

Cæterum, REVERENDE PATER, hoc scias velim, me magnifacere adeo Excellentem Virum, etiam ultrà quàm verbis aut litteris exprimere possim. Fac etiam, obsecro, ut ipse innotescat nostris Geometris, præsertim D. D. *De Fermat, & Descartes*, quorum utrumque, meo quidem judicio, nec ipsi Archimedi jure quis postposuerit; hoc enim apud me recipio, fore ut & his & illi gratissimum quid facturus sis.

CLARISSIMO VIRO ROBERVALLIO

EVANGELISTA TORRICELLIUS S. P.

L OQUAR aperte tecum sine alio interprete, VIR CLARISSIME, quis enim dissimulare possit ? Et quanquan litteræ tuæ ad clarissimum Mersennum missæ sint, cohibere tamen non possum animi mei impetum, quin ad te currat, tibique totum se dedicet tanquam Apollini Geometrarum. Fortunatas certè jam existimare debeo nugas meas, atque illas non jam ampliùs nihilifacere, quandoquidem dignæ habitæ sunt, quæ judicium tuum subirent, & animadversionibus tuis nobilitarentur. Principio, ex me quæris an centrorum gravitatis parabolæ à priori, ut inventum à me proponatur, aut quæratur ut ignotum : erubescerem certe ignotum theorema inter alias propositiunculas meas à me demonstratas collocare. Ostendimus illud unica, brevique demonstratione ; sed ea occasione admiratus sum fœcunditatem ingenii tui circa tot parabolas atque earum solida, non solum geometricè, sed etiam mechanicè considerata, & ad mensuram scientiamque redacta. De his nihil ego habeo quod proferam, & fortasse non habebo ; siquidem difficillimæ, nisi fallor, contemplationis censeo hujusmodi theoremata. Præterea immorari non soleo circa figuras non vulgatas, & circa solida quæ si nova sint, saltem ab antiquis & receptis figuris planis ortum non habeant ; atque hoc eâ præcipue ratione, ut laborum fructus, quando res ex animi voto succedet, communem litteratorum applausum sortiatur, neque sit qui invideat figuras a me ipso fabricatas. Mensura cycloidis, (hoc enim nomine Clarissimus Galilæus appellavit 45 jam ab hinc annis figuram quæ fortasse tibi nunc trochois est) mihi sese ultrò obtulit non speranti, pene dixi non quærenti. Illam deinde quinquiès diversis semper principijs demonstravi. Quoad solida nihil habeo : tangentem prædictæ lineæ jam ostenderat mihi Vincentius Vivianus Florentinus Clarissimi Galilæi alumnus, etiam nunc adolescens. Quoad auctorem hujus figuræ, credo ego ingenium tuum acutissimum & feracissimum, illam ex se observare potuisse nemine indicante ; hujusmodi enim lineæ natura familiaris erat, constatque ex compositione duorum motuum, recti & circularis. Attamen vivunt adhuc testes quibus olim Galilæus irritas lucubrationes suas communicavit circa hanc figuram ; imò supersunt paginæ aliquot clarissimi Mathematici, in quibus & picturas & aggressiones suas nonnullas circa hoc subjectum jam adolescens delineaverat. Pluribus abhinc annis theorema hoc proposuit ille mirabili Geometræ Cavalerio nostro, ipsique dixit idem quod & mihi, & pluribus aliis confirmavit, nempe se olim experimentum fecisse, appensis ad libellam spatiis figurarum materialibus, quantuplum esset cycloidale spatium ad circulum suum genitorem, & semper illud invenisse, nescio quo fato minus quàm triplum ; ideo incœptam contemplationem deseruisse, ob incommensurabilitatis suspicionem. Quod si aliquando, inconstanti fallacia, reperisset minus quàm triplum, aliquandò verò majus, tunc asserebat Lincæus Mathematicus ulteriorem contemplationem prosecuturum fuisse ; rejectâ scilicet variationis causa in materiæ inæqualitatem atque rasuræ.

Propositionem illam de solido à qualibet coni sectione circa axem revoluta descripto, atque de ejusdem solidi centro gravitatis, unica simul brevique demonstratione ostendimus, supposita tantum modica Apollonii cognitione. Verùm duplex hoc theorema inter neglecta à me rejicitur ; nullum enim habebit locum in opusculis, quæ nunc propalare cogor, in quibus præcipuè profiteor materiæ unitatem.

BBbb ij

Quoad folidum hyperbolicum, jam non meum fed tuum, difperearn fi
jam amplius fpero me vifurum tam fublimem & tam doctam demonftrationem quæ cum tua conferri mereatur. Optimum equidem maximumque nunc
percipio laborum meorum fructum, eo tantum nomine, quod tu, Vir Clariffime
atque Ingeniofiffime, tam acutis demonftrationibus, tantaque doctrinæ affluen-
tia, unicam ineptiolam meam illuftrare dignatus fis. Gratias primum ago maximas. Deinde ut defiderio tuo fatisfaciam, methodus mea circa demonftrationem hujus folidi diverfiffima eft à tua. Altera quidem ex meis aggreffioni-
bus per doctrinam indivifibilium procedit, quæ fi cum erudito lectore femper
ageretur, pauciffimis verbis expediri poffet: altera verò per infcriptionem &
circumfcriptionem, more Veterum, non adeo expedita eft, fed facilis, & fortaffe curiofa. Hoc unum reperi in tua fcriptura, quod conveniat cum meis,
nempe conftructio illa pro fecando frufto folidi hyperbolici in data ratione;
demonftrationes verò ab eadem conftructione diffimillimæ emanant.

Cæterùm evidentiores agnofco hyperbolas in laudibus quibus me exornas,
quàm in demonftrationibus quibus hyperbolicum folidum ipfe metiris. Utinam illis aliquando dignus fiam, ut in lectione operum tuorum, quæ avidiffi-
mus expecto, illa intelligere valeam, fructufque fcientiæ fuaviffimos, & di-
vitias ingenii inæftimabiles inde colligere poffim, & intellectum meum ditare.
Vale, Vir Clarissime, tuorumque Operum editionem accelera, in pu-
blicam litteratorum omnium utilitatem.

Florentiæ Kal. Octob. 1645.

EPISTOLA
ÆGIDII PERSONERII DE ROBERVAL
AD EVANGELISTAM TORRICELLIUM.

Vir Clarissime,

Si me unum refpicerem; fi nulla exiftimationis noftræ, fi nullà cæterorum
hominum, fi nullà ipfius, quam præ cæteris diligo, veritatis habità ratione,
internà animi tranquillitate conquiefcerem: non me moveret profectò, quòd
vos Deûm atque hominum fidem invocetis, quòd celeberrimorum hominum
teftimonium in me adducere conemini, quòd denique nullum non moveatis
lapidem, ad hoc ut ego meorum ipfius operum plagiarius habear: quippe qui
plane mihi confcius fum, ex iis quæ ad vos fcripfi, nihil non verum effe; fed
fateor ingenuè; longè abfum à præftanti illo vitæ philofophicæ ftatu, tan-
támque beatitudinem fi optare nobis licet, non etiam fperare ftatim licet.
Ego enim inter multos natus, inter multos educatus, cum multis vivere atque converfari affuetus, cum multis etiam neceffitudines contraxi; ita ut rebus externis non moveri huc ufque nondùm didicerim. Itaque admonet nos
exiftimatio noftra, quam tueri, quámque, fi quo id labore liceat aut impen-
dio, promovere tenemur; poftulant amici, collegæ, Mathematici Galliarum
præftantiffimi, quibus omnia me debere fateor; cogit ipfa cui totum me di-
cavi veritas: ne tam gravem veftram accufationem prorsùs negligam, præ-
fertim quam nullius negotii fuerit refellere; cùm præter rationes noftras, quæ
per fe fufficiunt, iifdem ambo teftibus utamur. Erit etiam quod de vobis ex-
poftulem, & ut fpero non injurià; qui cùm feftucam in noftris oculis quæ-
ratis,

ratis, trabem in veſtris non animadvertatis. Nolim tamen ob id tolli inter
nos litterarum commercium; quod vos nimiùm rigidè, meo quidem judicio,
quaſi aliquid nobis timendum minati eſtis: quin potiùs optarim tales iras,
ſuaviſſimi commercii redintegrationem eſſe. Quod ſi inter nos, per nos ipſos
conveniri non poteſt, judicent amici: nos judicio ipſorum ſtare promittamus.
Ad rem venio.

De propoſitione Rotæ atque Trochoidum illius, primùm audivi Pariſiis
anno 1628. (eo enim demùm anno ab expeditione Rupellana reversùs, ſtatui in maxima illa atque omni ſtudiorum genere excultiſſima urbe, firmas ſe-
des ſtabilire; cùm anteà vagus, incertis ſedibus, diverſis in regni Gallici partibus degiſſem) aſſeruitque qui proponebat celeberrimus vir Pater Merſennus, talem quæſtionem per multos jam annos à pluribus tentatam, eouſque
inſolutam permanſiſſe: cui ego reſpondi, hoc ei commune eſſe cum multis
aliis vetuſtiſſimis nobiliſſimiſque propoſitionibus; neque ideò quicquam in illa
magis quàm in his mirandum videri, ſi unà cum illis ſolutione careret. Ac
tunc ipſe, cùm difficillimam exiſtimarem, certè ſupra vires meas, intactam
ita dimiſi, ut per ſex annos de illa ne quidem ſomniarim. Atque ut verum fatear, ego tunc annum agens vigeſimum ſeptimum, etiamſi continuo decen-
nii anteacti exercitio, diſcendo, docendoque, atque agendo in rebus Mathematicis, in primis verò in Analyticis, quibus etiamnum maximè delector,
non mediocriter profeciſſem; tamen, neque eum adhuc habitum mihi com-
paraveram, neque eas ingenii vires ſuſceperam, quæ ad ejuſmodi quæſtiones
ſufficerent. Interea, cùm mecum ipſe ſæpiùs cogitarem, quâ potiſſimùm ratione poſſem in ſuaviſſimæ Matheſeos adita penetrare, ſtatui divinum Archimedem, quem ferè unum inter antiquos Geometras ſuſpicio, attentiùs
conſiderare; ex qua conſideratione ſublimem illam & nunquam ſatis lauda-
tam infiniti doctrinam mihi comparavi: ſic enim tunc vocabam eam quæ à
Clariſſimo Cavallerio vocatur doctrina indiviſibilium. Ridebis forſan; &, Hic
ergo Gallus, inquies, non ſolùm trochoidum dimenſionem ante nos, ſi Diis
placet; non ſolùm parabolarum omnium, non ſolum ſolidorum ad has & illas pertinentium, non ſolùm planorum ab helicibus cujuſcunque gradus aut
dignitatis compræhenſorum, non ſolum earumdem helicum ſecundùm longitudinem cum prædictis parabolis comparationem, non ſolùm curvarum
omnium tangentes per motuum compoſitionem, non ſolùm doctrinam centrorum gravitatis invenerit, ſed & præſtantiſſimi noſtri Cavallerii indiviſibilia quoque? atque illa omnia nobis; hæc illi, plagiarius ille impunè eripue-
rit? Verumtamen, rideatis licet, & talia, aut iis pejora de nobis putetis, aut
vociferemini, Ego trochoides, parabolas, helices, tangentes, & centra ante vos; imò & multò plura non ſolùm inveni, ſed & vulgavi: an vultis ut
verum reticeam quod partes noſtras adjuvat, falſum autem proferam quod
nobis nociturum ſit? nos ætate aut tempore ſaltem priores, ætatis aut temporis beneficia reſpuemus, & junioribus aut ſaltem tempore poſterioribus,
vivi adhuc relinquemus? Apage ſtultam illam in noſmetipſos injuſtitiam.
Quòd ſi cuncta ego unicâ epiſtolâ quam ad vos ſcripſi, non enumeravi, nihil
mirum; illa enim aliunde ſatis prolixa extitit, nec id neceſſarium, aut operæ
pretium judicavi. Deinde etiam, quid de paucis aliquot propoſitionibus enu-
meratis gloriari attinet?

Pauperis eſt numerare pecus.

Sed de vobis plura poſteà: nunc de Indiviſibilibus, quoniam illa ad rem faciunt, dicamus. Illa ergo, an ante nos clariſſimus Cavallerius invenerit, neſ-
cio: certè illud ſcio, me integro quinquennio antequam in lucem emiſerit,
eâ doctrinâ uſum fuiſſe in ſolvendis multis, iiſque planè arduis propoſitionibus. Attamen, abſiſte moveri; ego tanto viro, tantæ ac tam ſublimis do-

CCcc

ctrinæ inventionem non eripiam; nec poſſum; nec ſi poſſim, faciam. Ille prior vulgavit: ille, hoc jure, ſuam fecit: ille, hoc jure, habeat atque poſſideat: ille tandem, hoc jure, inventoris nomine gaudeat. Abſit ut in poſterum, quod nec priùs feci, in tali cauſa, interceſſoris ridiculi provinciam mihi ſuſcipiam; præſertim cùm nequidem inter amicos quicquam unquam de tali doctrina vulgaverim, quam neque publici juris facere, niſi poſt aliquot annos, juvenili quodam mei ipſius amore, decreveram. Quippe ſperabam interim, fore ut ſolutione difficiliorum quæſtionum quas quotidie nullo negotio tali inſtrumento adjutus vulgabam, doctrinæ famam facilè conſequerer: neque ſanè hæc ſpes ex toto me fefellit. Poſtquàm enim ingenti ardore doctrinam ipſam excoluiſſem, eandemque ad puncta, ad lineas, ad ſuperficies, ad angulos, ad ſolida præcipuè; poſtremò etiam ad numeros extendiſſem, haud fuit difficile ea exequi propter quæ amici lætarentur, invidi diſrumperentur. Exultabam ergo nimiùm juveniliter, ac tanto diligentiùs doctrinam ipſam reticebam; dignus planè in quem Poeta dixerit,

Nec ferre videt ſua gaudia ventos;

qui detectâ auri fodinâ ditiſſimâ, dum grana quædam ex ea decerpta oſtento, ut ex divitibus ac beatis quidam habear; interim alius eandem à ſe quoque detectam, palàm, plaudentibus omnibus, oſtendit, ac publici juris facit; ita ut exinde periculum ſit ne ridear, ſi à me quoque inventam fuiſſe affirmavero. Eſt tamen inter clariſſimi Cavallerii methodum & noſtram, exigua quædam differentia. Ille enim cujuſvis ſuperficiei indiviſibilia ſecundùm infinitas lineas; ſolidi autem indiviſibilia ſecundùm infinitas ſuperficies conſiderat. Unde ex vulgaribus Geometris plerique; ſed & quidam ex ſuperbis illis ſciolis qui ſoli docti haberi volunt, quique ſi nihil aliud, certè hoc unum ſatis habent, ut in magnorum Virorum opera inſurgant, quòd à ſe minimè profecta eſſe invideant, occaſionem carpendi Cavallerij arripuerunt, tanquam ſi ille aut ſuperficies ex lineis, aut ſolida ex ſuperficiebus reverâ conſtare vellet. Quanquam autem illi coram eruditis nihil aliud lucrentur quàm ignorantiæ aut invidiæ titulum, tamen iidem coram imperitis, ſuâ authoritate, de doctorum famâ non mediocriter detrahunt; nec ab ijs illæſus evaſit Cavallerius. Noſtra autem methodus, ſi non omnia, certè hoc cavet, ne heterogenea comparare videatur: nos enim infinita noſtra ſeu indiviſibilia ſic conſideramus. Lineam quidem tanquam ſi ex infinitis ſeu indefinitis numero lineis conſtet, ſuperficiem ex infinitis ſeu indefinitis numero ſuperficiebus, ſolidum ex ſolidis, angulum ex angulis, numerum indefinitum ex unitatibus indefinitis: immo plano-planum ex plano-planis numero indefinitis componi concipimus, atque ita de altioribus; ſingula enim ſuas habent utilitates. Dum autem ſpeciem aliquam in ſua infinita reſolvimus, æqualitatem quandam, vel certè notam aliquam progreſſionem inter partium altitudines aut latitudines ferè ſemper obſervamus. Sed de hoc ſatis ſuperque: nunc ad vos redeo. Cùm itaque ope indiviſibilium multa protuliſſem, tandem anno 1634. celeberrimus P. Merſennus trochoidem in memoriam revocavit, non ſine gravi expoſtulatione, quaſi propoſitionem haud quaquam ignobilem, de induſtriâ præterirem difficultate illius perterritus. Ego ſic caſtigatus cœpi ſedulò ipſam inſpicere; ac tunc quidem, quæ abſque indiviſibilibus difficillima viſa erat, ipſis opitulantibus, nullo negotio patuit. Modus autem noſter ab alijs omnibus quos huc uſque videre contigit, longè diverſus eſt; & niſi me nimiùm amo, idem illis omnibus longè antecellit; quia omnium ſimpliciſſimus, breviſſimus, univerſaliſſimus, & ad ſolida detegenda aptiſſimus exiſtat, ut ſolus ſponte à natura productus, cæteri per vim ab arte efficti videantur. Habes annum quo trochoidem invenimus; diem etiam ſi ita expediret adjicerem. Cætera jam ad te ſcripſi, & horum omnium teſtem locupletiſſimum (præter-

quam plúrimos alios, quorum epiftolas de hac re etiamnum apud me affervo)
ipfum eundem habeo quem laudas, celeberrimum P. Merfennum. Vide ergo
num fit cur doleam, cùm vos per exprobrationem objicitis propofitionem illam forfan ante obitum Galilæi nondum fuiffe inventam, qui tamen vixit
ufque ad annum 1 6 4 2. præcipuè, cum jam ad vos fcripferim me anno duodecimo jam elapfo inveniffe. Ut fic mihi tot teftes habenti, & cui una fufficere
debuit veritas, fidem omnem denegetis. Inventâ infiniti doctrinâ (liceat adhuc eo nomine uti in hac epiftola; pofthac, abfit) eaque, pro tempore fatis probè excultâ; ego ad tangentes curvarum animum applicui. Ac primùm,
vi Analyfeos, methodum quandam reperi, quæ, etiamfi longè poftea univerfalis effe deprehenfa fit, tamen recens inventa, talis non apparuit : quærebam
verò univerfalem; & particulares methodos (ut adhuc) ubique dedignabar.
At trochoides noftræ occafionem dederunt cur ad motuum compofitionem
refpicerem. Occafio fatis fuit, ac propofitionem univerfalem tangentium inde deductam vulgavimus circa annum 1 6 3 6. Extant adhuc, & circumferun-
tur hac de re lectiones noftræ à nobiliffimo D. *du Verdus* noftro difcipulo
collectæ, atque à multis exfcriptæ. Itaque jamdudùm fide publicâ nobis af-
ferta eft talis doctrina, nec alij teftes quærendi, qui omnes habeamus. Circa
hæc tempora nempe anno 1 6 3 5, mediante ampliffimo fenatore Domino *de
Carcauy*, cœpi per Epiftolas commercium litterarum habere cum ampliffimo
fenatore Tholofano Domino *De Fermat*, de quo quid fentiam habes in ea
Epiftola quam ad R. P. Merfennum direxi fuper folido veftro hyperbolico infinito. Is ergo vir præftantiffimus, primus omnium, duas propofitiones nobiliffimas ad nos mifit fine demonftratione : alteram de parabolis, alteram de
planis helicum, utrifque per omnes dignitatum gradus fumptis. (Ne ergo du-
bites ampliùs, quis primus tales quæftiones propofuerit; illæ meæ non funt;
quanquam illas ego proprio marte, inventâ ad id peculiari noftrâ methodo,
demonftraverim) immò univerfalius multò quàm ipfe proponas : quippe non
folùm poteftates in helicibus propofuit, fed etiam poteftatum radices. Exempli gratiâ : Si in helice femidiametri omnium revolutionum ordine fumptarum, fe habeant ut radices quadratæ, aut cubicæ, &c. numerorum ordine naturali progredientium 1, 2, 3, 4, 5, 6, 7, 8, &c. quarum primam (quadraticam puta) reperies in prima revolutione dimidiam partem fui circuli conftituere. Cúmque ipfum arduarum (ut tunc) propofitionum demonftrationes rogarem, ille in hæc verba refcripfit, *Ego*, inquit, *ut invenirem laboravi ; labora & ipfe : in hoc enim labore præcipuam voluptatis partem confif-
tere deprehendes.* Quid facerem à tanto viro incitatus? Laboravi, atque in
auxilium infinita noftra advocavi; (nondum enim tunc noftra ampliùs non
effe refciveram) eaque tum primùm ad numeros extendi. Animadverti enim
& parabolarum plana, ad fua parallelogramma; & earumdem folida, ad fuos
cylindros; & fpatia helicum, ad fuos circulos feliciter comparari poffe, fi in-
notefceret in numeris ratio fummæ poteftatum omnium ejufdem generis, ordine, atque indefinitè fumptarum, ad earum maximam toties fumptam; idque in omni genere poteftatum. Quod quidem non difficulter affecutus fum.
Illicò enim patuit fummam omnium numerorum quadratorum, ordine naturali atque indefinitè fumptorum 1, 4, 9, 16, 25, &c. ad eorum maximum
toties fumptum quot funt illi quadrati; hoc eft ad cubum ejufdem radicis
cum maximo illo quadrato collatam, fe habere ut 1 ad 3, five conftituere
$\frac{1}{3}$; fummam cuborum eodem modo fumptorum, ad eorum maximum toties
fumptum, five ad quadrato-quadratum ejufdem radicis cum maximo cubo,
fe habere ut 1 ad 4, five conftituere $\frac{1}{4}$; fummam quadrato - quadratorum,
eodem modo conftituere $\frac{1}{5}$; atque ita in infinitum. Ex hac propofitione quæ
fola fufficit, innumera deduxi corollaria, qualia funt hæc : Summa radicum

quadratarum numerorum omnium, ordine naturali, atque indefinitè fumptorum, ad earumdem radicum maximam toties fumptam, collata; putà fumma radicum quadratarum horum numerorum 1, 2, 3, 4, 5, 6, &c. eam habet rationem quam 2 ad 3; fumma radicum quadratarum omnium numerorum quadratorum, ordine naturali, atque indefinitè fumptorum, ad earumdem radicum maximam toties fumptam, fe habet ut 2 ad 4; fumma radicum quadratarum omnium numerorum cuborum, ad maximam toties fumptam, ut fuprà, fe habet ut 2 ad 5; atque ita in infinitum, radices quadratæ numerorum quadrato-quadratorum, quadrato-cuborum, cubo-cuborum, &c. ad earum maximam toties fumptam, ut fuprà, fic comparabuntur, ut antecedens rationis fit femper 2 exponens quadrati; confequens verò fit fumma ex ipfo exponente 2 & alio exponente ipfius gradus ad quem pertinent numeri quorum fumuntur radices quadratæ. Ut fi fumantur radices quadratæ numerorum quadrato-quadrato-cuborum qui funt feptimi gradus cujus exponens eft 7, erit confequens rationis 9, conflatum ex 2 & 7, & ratio erit ut 2 ad 9. Similiter, fumma omnium radicum cubicarum omnium numerorum ordine naturali, hoc eft in primo gradu, atque indefinitè fumptorum, ad earumdem radicum maximam toties fumptam, fe habet ut 3 exponens cubi, ad 4 compofitum ex eodem 3 & 1 exponente primi gradus; fumma omnium radicum cubicarum omnium quadratorum, ad earumdem radicum maximam toties fumptam ut fuprà, fe habet ut 3 ad 5; atque ita in infinitum, radices cubicæ omnium graduum, ad earumdem maximam fumptam ut fupra, comparabuntur; eritque in omnibus antecedens 3, confequens verò componetur ex eodem 3 junéto cum exponente gradus cujus radix cubica fumpta fuerit. Nec aliter radices quadrato-quadratæ omnium graduum, ad earum maximam fumptam ut diétum eft, comparabuntur, eritque antecedens 4; & fic in infinitum infinities, ut fatis ex prædiétis patet. Hæc cùm ad ampliffimum virum fcripfiffem, dubitavit num eorum demonftrationem haberem. Itaque paucis verbis indicavi eam effe facillimam, per duplicem pofitionem more Veterum, incipiendo ab unitate, & procedendo ordine per omnes poteftates. Quo paéto, facilè eft concludere in quadratis, exempli gratia, fummam omnium numerorum quadratorum ordine naturali, fed finite, fumptorum, ad eorumdem maximum toties fumptum, collatam, majorem effe quàm $\frac{1}{3}$; at dempto ab eadem fumma, feu ab antecedente rationis, ipforum quadratorum maximo tantùm, remanente integro confequente, reliqui rationem minorem quàm $\frac{1}{3}$. Nec ad id demonftrandum, alio recurrendum eft quàm ad genefim quadratorum, quâ fit ut quivis numerus quadratus componatur ex proximo quadrato minore, ex duplo radicis ejufdem minoris, atque ex unitate; quemadmodum etiam quivis numerus cubus componitur ex proximo cubo minore, ex triplo quadrati minoris, ex triplo radicis minoris, atque ex unitate. Qui quidem cubus eft ipfum maximum quadratum toties fumptum quot funt numeri quadrati ab unitate incipientes, atque ita de fingulis poteftatibus, fecundùm uniufcujufque genefim. Corollaria, quomodò ab iis deducantur, aliàs, fi ita expediat, explicabimus. Neque etiam fortaffis fpetnendum videbitur corollarium aliud quod ex tali numerorum infpeétione deduxi: illud autem tale eft. Propofitis quotcunque numeris multitudine finitis, qui ab unitate, fecundùm naturalem numerorum feriem procedant 1, 2, 3, 4, 5, 6, 7, 8, &c. ufque ad 100000000 exempli gratiâ; exhibere fummam quadratorum, aut cuborum, aut quadrato quadratorum, aut cubo-quadratorum, aut cubo-cuborum, &c. omnium talium numerorum: quæ fanè regula, pro quadratis, & cubis, reperitur fpecialis apud Authores; at pro omnibus poteftatibus, nullam apud illos reperimus univerfalem. Hæc ergo fuit noftra pro parabolarum planis ac folidis, fimúlque pro planis helicum, methodus.

thodus. Poſt hæc propoſuit vir ampliſſimus (quod & ipſe jamdiu in omnibus figuris univerſaliter quærebam) prædictarum figurarum centra gravitatis invenire. Ac ille quidem ad analyſim recurrit, nos ad noſtra infinita; unde methodus illius, ut pleriſque inventis analyticis accidit, abſtruſiſſima eſt, ſubtiliſſima, atque elegantiſſima : noſtra aliquot menſibus poſterior, ſimplicior evaſit, & univerſalior; quò fit ut cæteris collata, magis nobis arrideat. Ut tamen alicui poſſit eſſe univerſalis, debet is omnibus numeris abſolutus eſſe Geometra, qualis huc uſque nullus apparuit. Quoniam verò hoc noſtræ hujuſce diſſertationis præcipuum caput eſt, ac vos non obliquè aut occultè, ſed directè & apertè innuiſtis methodum noſtram, quam tamen huc uſque nondum vidiſtis, illius quam circa finem anni 1644 ad R. P. Merſennum à vobis miſſam legimus, eſſe inverſam, ac proinde noſtram à veſtra fuiſſe deſumptam ; quo poſito tanquam vero, adeo indignamini, ut tres maximas epiſtolas ad ampliſſimos celeberrimoſque viros, adjectis etiam ad id magnis Appendicibus, graviſſimis querelis impleveritis; quò nos nihil tale meritos, acerbiſſimâ plagiarii contumeliâ afficeretis : idcircò & locus & res poſtulat ut tam atrocem injuriam, quandoquidem & licet & facilè poſſumus, à nobis propellamus. Ad hoc autem ſatis ſuperque futurum ſperavi, ſi noſtram illam methodum ad vos cum demonſtratione mitterem; non quidem ſuis omnibus numeris abſolutam, nimis enim longa eſt, ſed ſic digeſtam, ut à vobis, aliiſque non vulgaribus Geometris nullo negotio intelligatur; præcipuè ab iis qui indiviſibilia non oderint : alios enim nihil moror, & Geometrarum nomine indignos puto, qui viâ apertâ, tutâ, atque facili relictâ, longuos ac difficiles anfractus ſequi malint. Hoc pacto, cùm illa noſtra à veſtra planè diverſa ſit, ac diverſis omninò fundamentis innitatur, non erit amplius quòd vobis ereptam conqueri jure poſſitis. Eam ergo ſeorſim cum ſuis figuris conſcripſimus, ne hujus epiſtolæ lectionem interturbaret.

Facile autem erit animadvertere methodum illam eo modo quo propoſita eſt, univerſalem quidem eſſe abſoluto Geometræ, attamen eandem à priori rarò procedere (univerſalem autem à priori invenire, hoc eſt ex ſola figuræ aut lineæ definitione, nullâ ejus cum aliâ quavis figurâ, aut lineâ comparatione factâ, vix ſperandum puto : quæ tamen ſi haberetur, & circuli & hyperbolæ, aliarumque numero infinitarum figurarum quadratum ſimul haberetur) ſiquidem illa in figuris, vix ſolâ plani cum plano aut ſolâ ſolidi cum ſolido comparatione contenta, utramque ſimul & plani & ſolidi aut etiam altioris ſpeciei comparationem perſæpe requirit. Immò, illâ methodo, ſolidorum centra vix directè, ſed plerumque indirectè tantùm, putà mediante aliquo plano congruo deteguntur. Sed nec illa linearum centris inſervit, niſi ipſæ lineæ, earumque proprietates quædam ex præcipuis ac ſpecificis examinari geometricè poſſint : quæ omnia ex adjectis exemplis poſt ipſam methodum ſeorſim videre licet. De methodo Domini *De Fermat*, niſi eam adhuc videris, hoc ſcies, ipſam trianguli, atque planorum parabolicorum omnium & ſolidorum ab iis ortorum centra à priori elegantiſſimè oſtendere. Verùm eandem aliarum figurarum centris accommodare, hîc labor; cùm ne quidem à poſteriori, reliquis figuris huc uſque inſervierit; quanquam forſan, quominùs id fieri poſſit, nihil repugnet. Jam quòd ad tempus attinet, meminiſti opinor, Vir Clariſſime, methodum veſtram non ante annum 1644 Pariſios miſſam fuiſſe, atque eandem tunc admodùm recens inventam : ſiquidem, ut ex veſtris literis patet, vobis eâ adjutis, ſolidi trochoidis circa baſim menſura paulò ante demùm patuerat, quam ſub finem anni 1643 nondum habebatis : hæc enim ſunt veſtra verba in primâ veſtrarum ad me epiſtola, *Quoad ſolida, nihil habeo*. Ego verò meâ methodo uſus ſum jam ab anno 1637, atque illius ope, & planorum parabolicorum omnium, & ſolidorum

DDdd

centra jam tum inveneram ; quorum centrorum quæ ad dimidios fusos parabolicos pertinent, enuntiavi eâ epistolâ quam ad R. P. Mersennum de vestris inventis scripsi anno 1643, quo primùm anno de Torricellio Parisiis auditum est. Hæc, inquam, enuntiavi anno plusquàm integro priusquàm vestra illa methodus appareret ; quæ vestris forsan, & nostris, unà cum aliorum inventis (ingeniosè procul dubio) collatis, tandem apparuit. Sed finge id quod non est, ipsam vestram ante annum 1644 fuisse inventam. Finge etiam id quod multò magis non est, ipsam cum nostrâ prorsus convenire, ac planè eandem esse : quid tum ? An nos nostram statim ut minime nostram repudiabimus, qui eâ septennio integro ante prædictum illum annum 1644 tanquam nostrâ, immò verè nostrâ nemine reclamante usi fuerimus ? Num potiùs præscriptionis jûre nos tutabimur ? & quibuscunque intercedentibus, nostram ut nostram lege asseremus, cùm in talium rerum possessione, vel unius diei præscriptionem valere, nemo inficiari possit ? Multò ergo potiori jure nunc, quandoquidem nostra & tempore longè prior est, & penitùs diversa, intercessoribus valere jussis, & nostra tota manebit, qualiscunque tandem illa sit ; & nostram ubique asserere, & fructibus ab ea productis tanquam nostris uti ubique licebit. Sed neque argumenta quæ produxisti, ejus ponderis esse videntur, ut illa quemquam ex iis qui nos vel mediocriter norunt, in tam sinistram de nobis opinionem pertraherent. Primùm enim, dum ais me nunquam ne verbum quidem fecisse de centro gravitatis trochoidis ; cùm intereà tantoperè, & quidem meritò, gloriarer de omnibus aliis, quadraturâ, (comparationem cum circulo dicere voluisti) tangentibus, solidis, &c. nec verissimile esse, cùm reliqua omnia proponerem, de unico centro gravitatis siluisse ; si illud tantùm speravissem ; quod quidem problema, tuo judicio, nulli reliquorum posthabendum videtur : dum hæc ais, inquam, Vir Clarissime, ex tuo genio loqueris ; nos, dum scripsimus, ex nostro etiam genio scripsimus. Tu, cùm magnifaceres centra, quia ex iis solida deducere posse confidebas, solida autem præcipuè intendebas ; ideò centrorum inventionem magnificè extulisti, nec cæteris posthabendam, immò præhabendam judicasti. Ego contrà, quia sine centris solida & quæsivi & viâ Geometricâ inveni ; datis autem solidis, statim, & absque labore centra sequebantur. Ideò centra ne respexi quidem, neque ad ea unquam animum applicui ; certus omninò ex præmissâ nostra methodo, dato plano quod dudum habebam, sola solida mihi quærenda superesse ; centra autem simul cum plano & solidis haberi. Quòd si apologo uti liceat : ego sim Æsopi illius Phrygis statuarius : plani trochoidis mensura, esto mihi summi Jovis statua ; mensura solidi, statua Neptuni ; centrum autem, esto statua Mercurii. Jam adsit nobis è cœlo sub forma hominis ignoti Mercurius ipse, Jovis & Maiæ filius, interrogetque, Quanti statua Jovis ? Indicabo sanè ego alicujus pretii. Interroget deinde de statua Neptuni : ego & ipsam alicujus pretii indicabo. Tandem interroget de sua ipsius Mercurii statua, quid ego ? quid autem aliud nisi hoc ? Amice, si priores illas duas emeris, tum tertiam hanc auctarium tibi dabo. Itaque, Vir Clarissime, quæ tibi Jovis aut Neptuni statua meritò fuit, illa nobis Mercurii tantùm statua extitit. Ignosce, si placet, stylo ; hoc usi sumus ut mentem nostram aperiremus. De R. P. Mersenno, quid scripserit in ea epistola cujus verba toties repetita contra me adducis, nescio : quid autem illi dixerim ego planè memini, nec ipse omninò oblitus est ; nec etiam illa quæ dixi malè congruunt cum iis quæ sæpius pro te citasti. Sed rursùs, nos ex mente nostra locuti sumus ; ille, ut intellexit, sic scripsit : vos ex mente vestra interpretati estis ; ac illa vestra interpretatio à nostra mente alienissima est. Omnibus tamen attentè consideratis, pace tuâ dixerim, Vir Clarissime, censui præcipuam malæ interpretationis culpam in vos recidere : neque enim verba illius, quæ

ipfe adducis, à noftro fenfu adeo aliena fuerunt, quin ab ijs verum illum
noftrum fenfum facilè perfpexifles, fi æqui interpretis perfonam tibi affumere voluiffes. Scripferas ad ipfum te utrumque trochoidis folidum beneficio
centrorum priùs inventorum detexiffe : ac illud quidem quod circa bafim,
ut fe habet reverà, enuntiaveras ut 5 ad 8; quod ille cùm verum fciret (jam
dudum enim ego illi tale indicaveram) non ægrè perfuafus eft, & alterum
quoque circa axem tale effe quale affirmabas ut 11 ad 18. Lætus itaque ftatim ille mihi per literas fignificavit habere fe quod mecum communicare
vellet. Adivi; epiftolam tuam legi, ac circa illud poftremum folidum tantùm quod circa axem, immoratus fum; quippequod nondum habebam, nifi
in terminis vero admodùm proximis, extra quos excurrebat ratio illa à vobis
affignata 11 ad 18. Hinc ergo, quia de noftris terminis nullum nobis fupe-
rerat dubium, illicò animadvertimus rationem illam veftram 11 ad 18 verâ
effe minorem. Cùm igitur fuper hâc re cogitabundus hærerem, tum R. P.
ad me prior, Quid ergo, inquit, dices de clariffimo Torricellio? nonne in-
fignium adeò theorematum cognitionem ipfi te debere fateberis? Faterer,
refpondi, fi vera effent; at talia non effe certus fum : miror fanè quod vir
talis falfum pro vero nobis velit obtrudere, nec aliud fufpicari poffum, nifi
quod ille mechanicâ quâdam ratione, per approximationem, hujufmodi rationem à vero non admodum longè aberrantem invenerit, exiftimaveritque
veram rationem non poffe detegi; ac proinde fuam haud veram effe, à nemine poffe demonftrari. Hæc, inquam ego tum, oratione, fateor, planè fcy-
ticâ; quam ille fuâ ad vos epiftolâ lenivit, pro fuo genio qui omninò mi-
tis eft, ut ex ftylo ejus fatis perfpicere potuiftis. Jam, cùm dixi, Faterer me
debere, fi vera effent; planum eft me non intellexiffe de folido circa bafim
quod jamdiu ante vos habebam, & habere me ad vos fcripferam; neque de
centro trochoidis, quod dato tali folido, unà cum plano latere non poterat. Intellexi ergo de folido circa axem ac de centro hemitrochoidis quod
ab eo dependet, quæ etiamfi brevi habiturum me confidebam, tamen jure
præfcriptionis, veftra fuiffent, fi veftra illa enuntiatio cum vero congruiffet.
Hinc fanè nemo non videt minimè difficile fuiffe, ex verbis epiftolæ R. Pa-
tris quæ vos toties citaviftis, verum fenfum qualem jam attulimus, elicere :
fed nefcio quo fato aliter accidit unde lis hæc pro re nullius fere momenti, putà pro nugis noftris, ut ipfe fæpe loqueris, inter nos fufcepta eft. Itaque, ne quid in pofterum fimile accidat, fi tale commercium inter nos con-
tinuetur, oro vos ubicunque agetur de propofitione Mathematica cujus difcuffio ad me pertinebit, ne cujufcunque literis fidem habeatis, nifi manu
meâ illæ obfignatæ fint : fic enim fiet ut ego mea tantum, non etiam aliorum fcripta, ex meo fenfu interpretari tenear. Nam, pace amicorum hoc dictum efto, hac in materia, foli mihi fidere affuevi, jamdudum expertus, in-
terpretes plerofque, vel dum amicis blandiri appetunt, vel dum rem non
fatis intelligunt, omnia literis obfcurare ac prorsùs deformare. Unde qui
tales literas accipiunt, illi, dum vel placitis laudibus ac blanditijs avidè fefe
ingurgitant, vel quod obfcurum eft ad placitum fibi fenfum detorquent,
fit neceffariò ut & fcribentis & primi authoris verum fenfum longè relin-
quant. Ac hujufmodi quidem allucinationis exemplum afferam ex tuis ipfius
literis, ex proprio tuo fenfu, fine interprete ad R. P. Merfennum fcriptis,
in quibus hæc habes: *Tibi verò, vir clariffime, corollariolum mitto ex ipfis hyperbolis deductum. Quadratura quædam eft, quarum centenas, immò infinitas poteram
mittere, nifi vidiffem fatis fuperque effe unam, ut ftatim omnes emergant.* Deinde
in ijs quas ad nos fcribis, quas ipfe R. P. etiam ante nos legerat, hæc habes: *Si unius hyperbolæ primariæ quadratura tam diu quæfita eft, nos pro una infinitas damus.* Ex quibus verbis ftatim exiftimavit R. P. primariæ hyperboles

quadraturam à te inventam fuisse. Itaque cùm aliquo post tempore, de ipsis quadraturis cum eo colloquerer, diceremque non difficulter illas assecutum esse me : Habes ergo tandem, inquit ille, hyperbolæ conicæ quadraturam? Nequaquam, respondi; neque enim legitima hæc, & nothæ illæ iisdem legibus addictæ sunt. Me misellum, inquit, quantâ spe decido, qui ubi Cleopatræ aut etiam majoris pretii unionem speravi, ibi vitreas tantùm ampullas reperio! Sed de hoc ipse forsan rescribet : ego verò ideò scripsi, ut tali exemplo monerem hac in materia non esse tutum interprete uti; cùm etiam absque hoc tantæ eveniant allucinationes. His ergo nostris rationibus, acerbissimæ vestræ accusationis argumentis luculenter respondisse, atque cumulatè satisfecisse speramus. Nunc verò

Aspice num mage sit nostrum penetrabile telum?

Videamus, inquam, nunc, num sit quod de vobis multò potiori jure queri possim. Ac primùm. Nonne vos trochoidem nostram, postquàm & à R. P. Mersenno & à nobis moniti estis, jam à multis annis eam nostram esse, eamque brevi à nobis in lucem emittendam, postquàm vestris ad ipsum R. P. & ad me literis polliciti estis vos talem messem nobis relicturos intactam; tamen omni jure, ac vestrâ etiam fide violatis, tanquam vestram non literis modo manuscriptis (quanquam neque hoc ferendum fuerit) sed libello ad id prælis commisso, vulgavistis? idque interim, ac eodem prorsùs tempore quo continuis vestris literis contraria promitteretis? Hæccine vestra religio? hæc consuetudo? Quòd si ego huc usque de tali injuria pro rei acerbitate questus non sum, fateor, soli ne id facerem evicerunt communes amici. Quid autem lucri feci illis obtemperando? nempe crevit vobis fiducia, quia me bardum, qui illatarum injuriarum nihil sentirem, existimavistis. Attamen si ad paucula verba quæ super hâc re ad vos scripsi animum adverteritis, facilè ex iis percipietis de me dici posse:

Vultu simulat : premit altum corde dolorem.

Nonne ergo ipse prior idem quod vos, sed non absque causâ clamare debui, *Vim patior; incredibile est quanto desiderio expectem responsum super hac re.* Quibus sanè verbis, ac multò etiam pluribus cùm ad R. P. Mersennum tum ad amplissimum D. *de Carcavy* scriptis, non obscurè significavistis vos, nisi coram vobis purgati fuerimus, in nos acerbius quidpiam omninò statuisse; ut sic & injuriâ, & mulctâ simul afficeremur. Sed de hoc satis : nunc ad alia capita transeamus.

Rursùs igitur, nonne primus omnium parabolas ego cum helicibus comparavi secundùm longitudinem? Nonne jam annus quintus excurrit, ex quo tale theorema vulgavi, idemque meo nomine prælis mandavit R. P. Mersennus? nonne vos ab amicis rescivistis, ac tum demum anno 1645 ad id animum applicuistis? Habeo sanè super hâc re vestras ad vestros amicos Romanos literas vestrâ manu ac vestro idiomate scriptas. Quid tum? Jam vos palam, omnibus ferè vestris literis gloriamini, non solùm parabolam conicam cum helice Archimedea comparasse, sed & reliquas parabolas cum propriis suis helicibus, immò & quemlibet helicis arcum vel partem, sive ex centro incipiat sive non, & sive primam revolutionem excedat sive non, demonstrasse cuidam lineæ parabolicæ esse æqualem. Quid hoc rei est? Gloriaris de rebus nostris tanquam si tuæ illæ sint; atque id postquam nostras esse sic rescivisti, ut nisi rescivisses, nequidem de illis forsan unquam somniasses. Nec est quod fingas existimasse te nos solam helicem Archimedeam considerasse; nimis enim frigidum fuerit figmentum, & absque ullo fundamento; cùm una eademque sit illius & cæterarum, demonstrationis via & methodus, quam qui invenerit, omnia procul dubio invenerit, si modo voluerit, nempe hæc, Quævis parabola unà cum helice sibi propriâ sic se habet, ut si portio axis

parabolæ

parabolæ, comprehensa inter ordinatim applicatam ad axem, & tangentem à termino applicatæ ductam, æqualis esse intelligatur circumferentiæ circuli primæ revolutionis in helice : (intellige helices planas ; nos enim conicas quoque cum parabolis comparavimus) applicata autem æqualis semidiametro ejusdem circuli : tum, quæ inter verticem & applicatam interjicitur parabola, æqualis sit longitudine helici primæ revolutionis. Quòd si in eadem parabola sumatur à vertice quævis portio ; à principio autem helicis propriæ sumatur etiam portio, à cujus termino ducta recta ad helicis centrum, æqualis sit rectæ à termino sumptæ portionis parabolæ ad axem applicatæ : erunt & hæ portiones æquales. His sic à nobis inventis, si quis quidpiam addiderit ; aut si imitando similia effecerit, habeat sanè quam ipse laudem merebitur. In helicibus conicis existente cono recto, omnia se habent ut suprà ; modò tantùm loco semidiametri circuli primæ revolutionis, qui circulus in ipso cono existit, sumatur recta à vertice coni ad circumferentiam ejusdem circuli terminata. Hîc autem, centrum helicis erit vertex coni ; & quæ à centro ad puncta helicis ducuntur rectæ, erunt portiones laterum coni ejusdem. At equidem rescivisse me fateor, dices. Verùm demonstrationem proprio marte adinveni. Esto : quid inde ? Sanè si quæstionem proposuissem tantùm, non etiam solvissem, illa tua fuisset, qui prior solvisses : nunc quando prior solvi ego, & solutam vulgavi, mea est ; nec mihi, etiamsi omnes conentur, verè eripi potest. An, quæso, meæ aut etiam vestræ sunt parabolarum Domini *de Fermat* quadraturæ ? aut spatiorum helicum cum circulis comparationes, quas ambo proprio marte invenimus ? Quid de ipsis speretis vos, nescio sanè : ego certè, quanquam mea multò quàm vestra potior sit causa, ipsam tamen prorsùs defero. An meum est solidum vestrum hyperbolicum ? an mea hyperbolarum vestrarum novarum quadratura ? minimè verò ; attamen amborum ipsorum theorematum demonstrandorum una eademque est methodus, quam nos invenimus, & jampridem ad vos misimus vestro solido accommadatam, quamque iisdem hyperbolis accommodare non admodùm difficile est. Reperi quoque in illarum singulis, ex parte unius tantùm ex asymptotis, resecari posse spatium planum acutum & versùs acumen infinitum, quod tamen spatio finito atque undique clauso sit æquale. Obiter autem, ut verùm fatear, nonne istis hyperbolis occasionem dedere parabolæ illæ Domini *de Fermat* ? Nonne etiam illa nostra propositio de helicibus & parabolis longitudine æqualibus ansam præbuit illi alteri de qua adeò magnificè gloriaris ? de illo, inquam, helicum genere quæ describuntur, dum recta uniformiter quidem circa manens centrum circumvoluitur, at punctum interim secundùm illam rectam fertur proportionaliter, quam quidem helicem rectæ cuidam asseris æqualem ? Quæ autem sit illa recta, & quomodo ad datas se habeat, tanquam si Ceteris Sacrum sit, planè reticuisti. Non tamen nos latet, eam æqualem esse hypotenusæ cujusdam trianguli rectanguli, cujus unum laterum æquale sit rectæ à centro ad terminum helicis ductæ : sedenim, quis triangulum istud dabit, ex hypothesi quod dentur positione & longitudine duæ ex iis rectis quæ à centro ad helicem terminantur ? vel contrà, quis triangulo dato, dabit helicem ? Utrúmque si dederis, Vir Clarissime, vel alterutrum tantùm, ego munus id eo munere compensabo, quod vel ipse duplo pluris facias. Sed cave : hîc via præceps est & lubrica ; ac talis, ex qua ad parallogismum lapsus sit facillimus : nisi tamen quod petimus datum fuerit, propositio nullius pretii remanebit. Illud etiam non videris animadvertisse, propositionem hanc non esse novam, sed ipsam prorsùs eandem esse cum antiqua illa, quâ quæritur linea per quam pondus ad centrum terræ laberetur secundùm uniformem ad suum horizontem inclinationem ; talis enim linea ad tale genus pertinet. Quàm verò minimè nova fit propofitio, teftabitur ipfe R. P. Merfennus. Verùm, quia datâ inclinatione, hoc eft, dato fpecie triangulo rectangulo, datoque centro helicis in centro terræ, dato infuper uno ejufdem helicis puncto, putà in ipfius terræ fuperficie, non poterat geometricè, nec etiam fuppofitâ circuli quadraturâ, affignari aliud in ea punctum; ideò illa inculta permanfit, ac ferè ex toto neglecta eft. Neque rurfus, idem folum aut primum genus eft earum helicum, quæ finitæ cum fint, infinitas tamen circa punctum quoddam revolutiones abfolvunt : tales enim & longè antiquiores funt illæ quæ in globis terreftribus atque in mappis mundi, loxodromias feu ventorum vias referunt, quæque præter has illud habent peculiare, quòd ex utraque parte finitæ fint; & tamen circa utrumque polum infinities circumvolvantur. Cumque fic imitando, res Geometricæ in infinitum plerumque abeant, quidni etiam linea recta circa manens centrum æqualiter vel proportionaliter circumvoluetur, ac fimul punctum mobile vel æqualiter vel inæqualiter fecundùm rectam eandem legibus quibufdam feretur vel à centro, vel versùs centrum, ad defcribenda infinities infinita helicum genera? Ex iis autem, genus illud novimus, cujus helices hyperbolis conicis demonftrantur æquales, quidni rursùs licebit, pro infinitis hyperbolis effingendis, imitari vigefimam primam propofitionem libri primi Conicorum Apollonii, ficuti pro infinitis parabolis vigefimam propofitionem imitatus eft D. *De Fermat?* Verùm hîc omnia perfequi nec lubet nec vacat. Supereft unum expoftulationis noftræ caput circa novas noftras quadratrices lineas, quas non ita pridem, vix fcilicet ante biennium invenimus, nec multò poft ad vos mifimus. Poffem hîc, & fanè potiori jure, eadem verba adjicere quæ vos circa centra gravitatis: *Utinam non mififfem;* fed illa nimis acerbam, protsùfque contumeliofam præ fe ferunt exprobrationis fpeciem: quin contrà, & mififfe lætor; quandoquidem ita vobis placuerunt; & nifi tunc mififfem, nunc utique mitterem. Illas, inquam, lineas ex quibus fiunt fpatia plana longitudine infinita, quæ tamen fpatiis finitis undique claufis funt æqualia; vos lineas Robervallianas, ab inventoris nomine, vocaviftis; ego voco quadratrices, ab earum officio, & inventionis fine : ego enim figurarum quadraturæ intentus, dum nihil negligo eorum quæ ad propofitum illum finem conducere videntur, præcipuè verò ipfarum figurarum in alias figuras tranfmutationem experior; in tales lineas incidi hac ratione.

Efto in figura, trilineum ABC quale requiritur, cujus punctum B fit vertex; recta AB altitudo, recta AC bafis; & linea BC fit quæcunque curva : nihil enim refert qualifcunque accipiatur. Verùm, ut ex infinitis generibus aliquod hic eligamus, quod vobis inftar omnium fit, efto illa cur- *Supple rectam lineam BC à puncto B ad punctum C ductam.* va BC ad eafdem partes cava, putà ad partes ductæ rectæ BC, ita ut ipfa tota fit extra triangulum ABC, & eadem à puncto B ad punctum C, continuè recedat à recta BA, & ad rectam CA propiùs accedat; fumpto utroque, receffu fcilicet & acceffu, fecundùm perpendiculares à curva BC ad rectas BA, AC ductas. Tum in ipfa curva BC, fumantur continuè à vertice B, quæcunque & quotcunque puncta D, E, &c. à quibus ductæ intelligantur rectæ DF, EG, &c. tangentes curvam BC in iifdem punctis D, E, &c. atque occurrentes axi AB producto ultra verticem B, in punctis F, G, &c. Intelligatur quoque per punctum C recta CK tangens eandem curvam BC in puncto C; quæ quidem recta CK vel eidem axi AB occurret ultra verticem B, vel eadem CK eidem AB erit parallela, coincidetque cum recta CR, quam ipfi AB ponimus effe parallelam. Præterea, à punctis D, E, &c. ducantur rectæ DI, EH axi BA parallelæ, atque occurrentes bafi AC in punctis I, H, &c. & per punctum A, ipfis tangentibus DF, EG, &c. ducantur totidem rectæ ordine parallelæ, AM qui-

dem ipfi DF; AL autem ipfi EG, &c. occurratque recta A M rectæ D I
productæ in M, atque ita habebimus punctum M : occurrat quoque recta
AL rectæ EH productæ in L; atque ita rursùs habebimus punctum L & fic
de cæteris. Quo pacto habebimus à puncto A infinita alia puncta continuo
ordine difpofita M, L, &c. Per hæc intelligatur ducta linea continua AM L
&c. illa erit primaria noftra quadratrix : primariam vocamus, quia ipfa prima occurrit, & prima à nobis vulgata eft ; cæteræ autem ab illa primaria,
faltem per occafionem, dependerunt. Quòd fi tangens C K occurrat axi A B,
ductâ rectâ A N parallelâ eidem C K, & productâ rectâ R C donec ipfi AN
occurrat in N, erit & punctum N in eadem quadratrice A M L N. Aliàs
autem, fi C K coincidat cum ipfa C R (cùm fcilicet ipfi A B fuerit parallela) linea A M L in infinitum producta nunquam concurret cum recta R C
etiam infinitè producta, fed hæc R C producta, ipfius A M L productæ
erit afymptotos, & punctum N à puncto C infinitè
diftabit. Potuit etiam loco trilinei, affumi bilineum
aut aliud quodcumque fpatium ; fed omnia exequi
unicâ epiftolâ, nec poffumus nec volumus, ut ii
quibus inventum placuerit, habeant quod imitando
addere poffint. Jam ergo, in affumpto exemplo trilinei A B C, pofitis quæ fupra diximus, fit quadrilineum quoddam A B C N duabus curvis B C, A N,
& duabus rectis B A, C N comprehenfum ; five id
quadrilineum finitum fit versùs N, five idem in infinitum versùs illam partem abeat : hoc ergo fpatium A B C N dico effe trilinei A B C duplum.
Demonftratio noftra omninò univerfalis erit pro omnibus curvis, & fpatiis ; poteritque more Veterum,
per duplicem pofitionem inftitui, nos tamen per
infinita fic procedemus. Ducantur, aut duci intelligantur à puncto A ad infinita feu indefinita numero puncta curvæ B C, rectæ A D, A E, &c. ut
fic fpatium A B C in infinita trilinea refolvi concipiatur ; quæ quidem trilinea totidem rectis A D,
A E, &c. ac portionibus interceptis curvæ B C
comprehendantur ; fpatium autem A B C N in totidem quadrilinea refolvatur, quot funt trilinea
quæ quadrilinea à parallelis D M, E L, &c. ac portionibus interceptis curvarum B C, A N confti-
tuantur : erunt ergo fingula trilinea cum fingulis quadrilineis, fuper eâdem
bafi conftituta ad puncta D, E, &c. propter tangentes, (abfque tangentibus enim falfum effet) atque in iifdem parallelis ; putà trilineum ad A D
cum quadrilineo ad D M, in iifdem parallelis D F, M A ; trilineum autem
ad A E, cum quadrilineo ad E L, in iifdem parallelis E G, L A, atque ita
de reliquis. Quapropter fingula quadrilinea fingulorum trilineorum erunt
ut dupla, ex legibus infiniti ; & omnia omnium, hoc eft totum fpatium
A B C N quod ex omnibus quadrilineis conftat, duplum erit totius fpatii
A B C, quod conftat ex omnibus trilineis. Patet autem eodem ratiocinio,
quadrilaterum A B D M, trilinei A B D duplum effe ; & quadrilaterum
A B E L, trilinei A B E, & fic de cæteris. Si ergo trilineum C A M L N
totum extra trilineum A B C exiftat, ut in affumpto exemplo, erunt duo
illa trilinea æqualia, five punctum N in infinitum abeat, five non. Quòd fi
præterea, eo cafu quo curva A M L N tota extra trilineum A B C exiftit,
ex punctis D, E, &c. ducantur rectæ D X, E V bafi C A parallelæ, atque

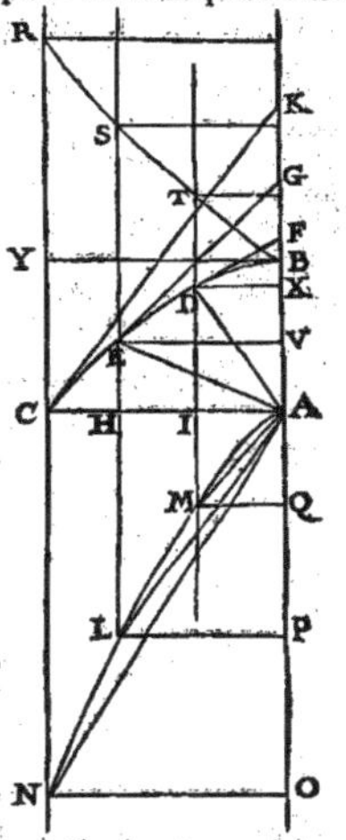

axi occurrentes in punctis X, V, &c. fient fpatia BDX, BEV, &c. fpatiis AIM, AHL, &c. fingula fingulis æqualia. Quoniam enim, ex demonftratione univerfali præmiffa, totum quadrilineum ABDM, totius trilinei ABD, duplum eft; & ablatum parallelogrammum AXDI, ablati trianguli AXD eft quoque duplum, erit & reliquum reliqui duplum : reliquum autem primum conftat ex duobus trilineis BDX, AIM; fecundum verò eft folum trilineum BDM; quare duo illa trilinea BDX, AIX fimul, hujus folius BDX dupla funt, ac proinde æqualia funt inter fe trilinea illa BDX, AIM. De cæteris eadem eft demonftratio. Sed & trilineum BDF bilineo AM, & trilineum BEG bilineo AL æquale effe facile demonftrabitur; & multa alia quæ confultò omittimus. Poteft quoque ad folida extendi hoc noftrum inventum; fi fcilicet, prædictæ omnes figuræ circa axem AB utrinque productum quantùm fatis, convertantur ; ac fpatia quidem folida ad rectas AD, AE, &c. conftituta, pro pyramidibus; fpatia autem folida ad parallelas DM, EL, &c. pro parallelepipedis accipiantur. Quo pacto folidum defcriptum à quadrilineo ABCN, five illud versùs N infinitum fit, five non, triplum erit folidi à trilineo ABC defcripti : & folidum à trilineo ACN in affumpto exemplo defcriptum, duplum erit folidi à trilineo ABC defcripti; & hinc habentur innumeræ fpecies folidorum infinitè finitorum.

Poffunt etiam rectæ MI, LH, &c. produci versùs puncta D, E ufque ad puncta T, S, &c. ita ut rectæ IT, HS, &c. æquales fint rectis DM, EL, &c. & per puncta BTS, &c. poteft intelligi curva quadratrix BTS : hæc autem illa erit quàm ad vos mifimus; de qua ideò nihil eft quòd hic addamus; quòd autem illa fecundaria fit, manifeftum eft.

Tandem, ductis tangentibus DF, EG, &c. ut fuprà; potuit loco puncti A affumi aliud quodcunque punctum B vel C, vel quodvis in plano trilinei ABC quantumvis producto exiftens, per quod ducerentur rectæ tangentibus illis parallelæ; quemadmodum hìc ductæ funt AM, AL, &c. & per puncta D, E, &c. duci quoque potuerunt totidem aliæ rectæ inter fe & cuivis datæ parallelæ, quæ cùm tangentibus & tangentium parallelis parallelogramma conftituerent, qualia funt AFDM, AGEL, &c. unde aliæ infinitæ generabuntur quadratrices : fed hæc nunc indicaffe fufficiat. Vides itaque, Vir Clariffime, quàm latus hoc loco ad imitandum pateat campus. Vides etiam alia prorsùs à tuis hyperbolicis diverfa genera folidorum infinitorum, & multitudine innumerabilia, & illis forfan, magis miranda; eo quòd hæc noftra de externa fua latitudine nihil unquam remittant, ut veftris neceffariò accidit. Neque tamen noftra nos ad veftrorum imitationem effinximus (quod fi factum fuiffet, quantumcunque abftrufa, vobis tamen tribueremus) fed hæc à noftro linearum quadraticarum invento fic dependerunt, ut ab illis fejungi non potuerint. Vides denique nos nec plana, nec folida infinitè finita præcipuè intendiffe; fed noftras quadratrices, quæ ex figurarum in alias transformatione nafcuntur, ex quarum origine talia fpatia neceffariò confecuta funt; & nobis aliud animo agitantibus, fefe ultro obtulerunt.

Jam, quadratura parabolæ quomodo ex prædictis facile deducatur, fic oftendimus. Intelligatur in hoc noftro exemplo, curva BC effe quævis para

bola,

bola, five conica illa fit, five alia : (unica enim omnibus infervit demonftratio) cujus axis fit A B; vertex B; bafis A C; & recta B Y ipfam tangat
in vertice, occurratque rectæ NC productæ in puncto Y, ut fit parallelogrammum A B Y C fpatio trilineo parabolico A B C circumfcriptum. Ducantur etiam, vel duci intelligantur à fingulis punctis curvæ A M L N, putà
à punctis M, L, N, &c. rectæ M Q, L P, N O, &c. bafi A C parallelæ
occurrentes axi B A producto in punctis Q, P, O, &c. quo pacto, conftituetur aliud quoddam trilineum A N O, cujus axis erit A O, vertex A, &
bafis N O. In hoc trilineo, rectæ ad axem ordinatim applicatæ erunt M Q,
L P, N O; &c. quæ ordinatim applicatis in parabola, D X, E V, C A, &c.
fingulæ fingulis debito ordine fumptis, erunt æquales; at portiones axis A O
inter verticem A, & applicatas interceptæ, putà A Q, A P, A O, &c. æquales erunt rectis F X, G V, K A, &c. fingulæ fingulis debito ordine fumptis : quæ omnia ex conftructione manifefta funt. Eft autem in quavis parabola, ut F X ad X B, fic G V ad V B, & fic K A ad A B, propter tangentes D F, E G, C K. Quare erit quoque, pofita in noftro exemplo quâvis
parabolâ B D E C, ut A Q ad B X, ita A P ad B V, & ita A O ad B A, &c.
Eft ergo curva A M L N parabola ejufdem fpeciei cum parabola B D E C;
cúmque A C, O N fint æquales, erit fpatium A O N ad fpatium A B C,
ut axis A O ad axem A B. Oftenfum autem eft fpatium A B C æquale effe
fpatio A C N; quare fpatium A O N ad fpatium A C N eft ut A O ad A B:
& componendo, parallelogrammum A C N O ad fpatium A C N, five ad
fpatium A B C, fe habet ut recta O B ad rectam B A. Sed ut parallelogrammum A Y ad parallelogrammum A N, ita recta A B ad rectam A O; ergo,
ex æquo, in ratione perturbata, erit parallelogrammum A Y ad fpatium
A B C, ut recta O B ad rectam A O. Datæ autem funt rectæ illæ O B, A O,
quia A O ipfi A K datæ æqualis eft, ex conftructione : ergo data eft ratio
parallelogrammi A Y ad fpatium trilineum parabolicum A B C, ut propofitum eft ; & eft talis ratio ut recta compofita ex A K & A B, ad rectam A K.

Simili ratiocinio, in folidis ipfarum parabolarum circa axem A B conver-
farum, concludemus univerfaliter fic effe cylindrum A Y ad folidum A B C,
ut recta compofita ex A K & dupla ipfius A B, ad ipfam eandem A K.

Quomodo ergo in ejufmodi quadratrices inciderim, jam tenes : quàm verò ingenuè ad vos miferim, ipfi fcitis : fciunt & Academiæ noftræ proceres,
qui omnes epiftolam noftram, antequam ad vos mitteretur, perlegerunt ;
fciunt & multi alii cum quibus eandem ego, vel amici communicavimus ;
fciunt, inquam, illi omnes, me expreffis verbis, veluti florem quemdam ex hor-
to illo delectum, vobis indicaffe quadraturam parabolæ primariæ feu conicæ.
Quis igitur meo loco conftitutus, fore fperaviffet ut Clariffimus Torricellius,
inde per imitationem, cæteras parabolas quadrandi arreptâ occafione, (quod
nullius fuit negotii, quia una eademque eft omnium methodus) hæc verba
fubjiceret : *Prædictæ methodi, tum pro quadraturis, tum pro tangentibus, funt
quas minimi præ cæteris ego facio ; non tamen patiar mihi illas eripi.* Et hæc : *Linea
Robervalliana, fi ortum ducat ex aliqua parabolarum, femper parabola evenit ejufdem fpeciei ; quod ego novum effe fcio, licet fortaffe turpe videatur hoc fateri.* Et tur-
sùs in alia epiftola : *Quadraturas ad Clariffimum Robervallium mitto, fortaffe ad
fubeundam eandem fortunam cum meo centro gravitatis cycloidis,* hoc eft trochoidis. Atque ita, ficuti palam nos accufaverat Torricellius, tanquam fi centrum
illud noftræ trochoidis, à nobis illi furreptum fuiffet, fic timere fe fimulavit,
ne eodem fato illæ fuæ (fi Diis placet) parabolarum quadraturæ fibi à nobis
eriperentur. Quis, inquam, hoc fperaviffet? Nam, Deum Immortalem! quid
illis in quadraturis aut novum eft aut ad Torricellium pertinet, ut ei poffit
eripi? An in univerfum quadraturæ illæ funt Torricellii? Nequaquam. Pri-

mariæ enim five conicæ parabolæ quadratura Archimedis eft, cæterarum autem, D. *De Fermat* : dico D. *de Fermat*; quia cæterarum illarum medium à medio Archimedis planè diverfum eft, & diverfum effe debuit, quandoquidem ad illas, medium Archimedeum omnino ineptum eft. Quòd fi omnibus illud aptum fuiffet; tunc, quantumvis ab eo diverfum effet medium D. *de Fermat*, omnes tamen illas quadraturas uni Archimedi tribueremus, ac cæteras per imitationem inventas ad primariam remitteremus. Si quidem facile eft inventis addere : authorem verò fefe præbere, hoc opus hic labor eft. Non igitur aut Torricellii, aut noftræ funt parabolarum quadraturæ in univerfum; nec illæ aut ipfi aut nobis eripi poffunt. Supereft igitur ut de medio decertemus. Sed ad quid hoc? Quando, five ego vicero five Torricellius, ipfa res vel Archimedi cedet, vel D. *de Fermat*. Attamen quod in eo medio præcipuum eft, noftrum eft, ipfo Torricellio concedente, nempe noftra quadratrix, quam ipfe Robervallianam vocat. Quid igitur ipfi relinquitur? Forfan, inquiet aliquis, vult Torricellius fuum effe, quòd ufus fuerit complementis æqualibus parallelogrammorum, eaque prædictis Robervallianis quadratricibus accommodaverit, ut duplici pofitione infcriptorum & circumfcriptorum uteretur more Veterum. Atqui ob tantillum, quod nec ipfum univerfale eft, adeo follicitum effe, adeoque invigilare ne fibi eripiatur, pauperis cujufdam eft, qui hoc unum poffideat, non autem ditiffimi Torricellii, qui infinitos rerum multò pretiofiorum poffidet thefauros. At, dicet alius : Robervallius unicam parabolam primariam feu conicam, Torricellius verò omnes omninò quadravit. Robervallius fcilicet unicam! Quis autem nos ufqueadeo cæcos exiftimaverit? præcipuè cùm una eademque fit omnium methodus quam fuprà oftendimus? Egone in eo quod difficilius fuit, fi tamen quid ibi difficile dici potuit, nempe in quadratricibus ipfis detegendis, atque in primariæ parabolæ quadratura perfpicax, in facillimis repentè cæcutiero? Quin ergo faltem enuntiavifti? Satis fuit unam enuntiare; cæteræ fponte fequebantur. Quid hoc rei eft? An tandem ego ea omnia ignoraffe cenfebor, quæcunque unicâ quam ad Torricellium fcripfi epiftolâ expreffis verbis non comprehendi? Refpiciat ille ad verba noftra, ut quid voluerimus intelligat : florem mittebamus, non arborem. Ac jam decennium eft ex quo abfolutis nothis illis parabolis, vix animo occurrit, nifi urgeat occafio, ut illas ampliùs nominem ; Torricellio verò ipfæ novæ funt, adeoque ipfarum ille non oblivifcitur, ut magnum quid putet, fi centum modis illas quadraverit, cùm tamen infinitis id fieri poffit. Rurfùs ergo, quid in illis quadraturis novum eft quod ad Torricellium pertineat? Non video fanè : attamen fcire geftio, ne quod illius eft, quodque fibi eripi minimè paffurum effe minatur, imprudentes auferamus.

Jam perfpiciat quicunque Torricellii legerit epiftolas, quàm multa præteream legitimæ expoftulationis capita. Enimverò, illud ne viro ingenuo ferendum fuit, quod nobis comminando fcripfit fuper aliâ quadam methodo centrorum gravitatis inveniendorum, quam habere fe gloriatur? *Oro vos, inquit, ne inter veftra hanc etiam habeatis : nam hoc effet tollere penitus omne litterarum, fcientiarumque commercium.* Quid aliud ad manifeftum furem fcribi potuit? Interim tamen, de illa methodo callidè ac de induftriâ tacuit Torricellius : ita ut fi aliquam ego aut alius quifpiam proferamus, jam ipfi liberum fit illam aftutiis ejufmodi, atque in longum profpicientibus verbis, fibi afferere, ac de ea locutum effe fe, fuâ fide affirmare.

Quis rurfùs feret quod ad R. P. Merfennum fcribit, cùm de centro noftræ trochoidis loquitur? *Quod certe (ait) immò certiffimè fcio non habuiffe Robervallium, antequam demonftrationem meam videret; ut P. V. vel ipfemet, vel tandem univerfa Europa teftis effe poterit.* De centro illo jam fatis fuprà, immò ufque ad naufeam; nec circa illud univerfa Europa teftis nobis formidanda;

quin, si fieri posset, præ cæteris optanda. Verùm, quid tale centrum ad universam Europam? Crede mihi, Clarissime Torricelli; esto (quod tamen sine arrogantia dici non potest) quòd in rebus Mathematicis ambo simus egregii ita ut paucos pares, nullos agnoscamus superiores : nequaquàm tamen, hoc pacto, tales erimus quos universa respiciat Europa; nempè misellos Geometras de nescio quo puncto disceptantes. Simus potiùs ambo, ego triginta millium peditum nostrorum veteranorum dux; tu totidem vestrorum : adsit utrique equitatus tali numero debitus, nihilque desit armorum, annonæ, aut fidei militum erga duces; ac tunc universa forsan nos respiciet Europa.

Hoc loco, vir Clarissime, cogitare subiit qui fieret, ut cùm semel ad te scripserim (prima enim alia nostra de te epistola ad R. P. Mersennum directa fuerat) idque stylo qui meo & amicorum judicio, nihil omninò acerbi; quanquam post ereptas à te nobis nostras trochoides, redolet; ipse tamen è contrario, acri adeo stilo rescripseris; nec mihi soli, quo pacto faciliùs res componerentur, sed tribus (nescio num etiam pluribus) literis ad amplissimos celeberrimosque viros de me scriptis, haud alio argumento quamquòd existimares (nimis tamen leviter) centrum trochoidis ipsius tibi fuisse ereptum. Tantusne Torricellio earum quas suas putat, nugarum zelus (liceat eo tibi familiari nugarum vocabulo uti) ut statim atque eas sibi ereptas putaverit,

Irruat & frustra ferro diverberet umbras,

ne quidem cogitando quantas ille, cùm directè, tùm indirectè, ab aliis sumpserit, ob quas periculum sit ne quamvis placidos acriùs irritando, ipse vicissim pœnas luat? Atqui consentaneum erat, vir prudens cùm sit, ut meminisset hujus præcepti, quod qui dedit, is procul dubio fuit ad unguem factus homo; videlicet,

Qui, ne tuberibus propriis offendat amicum
Postulat, ignoscat verrucis illius.

Equidem, inter plurimas hujusce tam acris styli causas, hæc nobis videtur probabilior, quod tu, Vir Clarissime, spatium Mathematicum ingressus, seu fato seu sponte, viam à nostris jam ante plures annos tritam inieris, à qua huc usque parùm deflexeris ; unde non mirum est si in eafdem stationes, littora, portus, fluvios, & regiones incidas, quibus illi dudum detectis nomina indiderunt, eaque omnia in chartas intulerunt: ipse autem, cùm illa à te primùm detecta existimes, fit ut postea indigneris. si quis contrarium asseruerit, atque id quod verum est candidè enarraverit. Memineris ergo spatium illud infinities infinitè infinitum esse, idemque solidum, immò etiam plusquàm solidum, tibi verò nec pedes, nec pennas, nec alas deesse : deflectas ergo paululùm vel ad dextram, vel ad finistram, vel suprà vel infra : curre, nata, vel etiam vola: hæc enim potes omnia, quæ sane

pauci, quos aquus amavit
Jupiter, aut ardens evexit ad æthera virtus,
potuere;

sic enim fiet, ut, quod non semel, immò pluries jam præstitisti, & novas regiones detegas, & viros doctos non solùm adeò feliciter imiteris, quanquam nec ipsum laude caret; sed, quod multò laudabilius est, teipsum viris doctis præbeas imitandum.

Huc usque pro nobis plura diximus : nunc pro divino Archimede pauca liceat. Bis, ut tua excuses, tantum virum in discrimen adducis, Vir Clarissime; semel pro libris tuis de motu projectorum; iterum autem, pro illâ tuâ minimè verâ ratione solidi trochoidis circa axem, ad suum cylindrum ut 11 ad 18. Ac primùm quidem, pro libris de motu projectorum hæc ais : *Archimedes supposuit olim projecta, non per parabolas sed per lineas spirales suas procedere.* Hanc Archimedis suppositionem nullibi videre licuit in ejus operibus : commentarios autem, forsan, non omnes legi ; sed nec eorum authoribus licuit tanto viro absurdas ejusmodi suppositiones affingere. Deinde, pro excusando vestro illo fictitio trochoidis solido, hæc scribis ad R. P. Mersennum: *Habemus apud Archimedem , prop. 2. de circuli dimensione , circulum ad quadratum diametri esse ut 11 ad 14 : quæro ab ipso (Robervallio , supple) undenam putet me habuisse rationem quam ad numeros 11 & 18 reducebam?* Quæ post verba illa sequitur linea, solitam totius epistolæ redolet acerbitatem. Equidem Archimedes hæc habet : at non dissimulavit statim (nempe propositione tertia, quæ manifestò lemma est ad illam secundam) talem rationem 11 ad 14 non esse accuratam, sed tantùm veræ proximam : apud vos autem nihil tale habetur ; sed vestram illam rationem 11 ad 18 tanquam accuratam proposuistis, ex invento priùs centro tanquam accurato deductam : immò, illam pro accurata exceperunt quicunque existimaverunt vos adeò candidos esse, ut nefas existimaretis ea enuntiare quæ vera non essent. Enimverò, Vir Clarissime, plerique ex nostris vix persuaderi potuissent, Torricellium nobilem adeò Geometram, aliquid purè Geometricum sine demonstratione affirmare voluisse. Sed nec illa vestra ratio 11 ad 18 ex terminis verò proximis ab Archimede assignatis pro circuli dimensione deducta est, cùm eadem extra ipsos terminos longè evagetur ; unde non video quid vobis hîc proficiat Archimedis authoritas, præcipuè in materia purè Geometrica, ubi pro errore accipitur quidquid accuratè verum non est, quantumcunque illud ad verum proximè accedere deprehendatur.

Hîc fieri posse video, ut aliquis hujusce nostræ epistolæ stylum ideò carpat, quòd ille nec amico, nec adversario convenire videatur ; ut potè qui pro amico, acrior, pro adversario contrà, lenior quàm par sit appareat. Equidem, Clarissimum Torricellium adversarium habere absit ut unquam optaverim ; adversarius sanè illi ego ero nunquam, nisi ipse prior talem me effecerit. Quòd autem amicum & cupierim & adhuc cupiam, argumentum certissimum est, quòd prior amaverim, ac nomen ejus celebre per Galliam, quàm maximè potui, reddiderim. Siccine ergo (urgebit censor) cum amicis tuis te gerere solitus es? Primùm quidem, apologiam contra acerbam ipsius accusationem mihi debui ; deinde metui (fateor) ne ipse quem summopere amicum mihi cupio, ex illis esset qui aliena veluti perspicillis cavis respiciunt ; sua, convexis aut iis forsan quæ plurimis faciebus distinguuntur , unde fit ut iidem aliena contractiora, sua verò ampliora aut numerosiora, aut etiam pulchris coloribus ornatiora quàm sint reverà videre videantur. Itaque admonere eum volui officiosè, ut amorem proprium alieno temperaret. Ac, ne ad excitandum duriusculus haberetur, stylum adhibui utcunque acutum & mordacem : sic enim fore speravi ut sapiens cùm sit, se ab amante pungi sentiret, atque ita ad redamandum acriùs incitaretur. Quanquam autem tot paginas minimè inutiles fore spero, doleo tamen quòd illas in tractando ejusmodi ingrato ac planè tædioso argumento insumere oportuerit ; cùm alia ferè innumera longè suaviora, ac viris doctis, ut puto, acceptiora, cùm ex nobis, tùm ex nostris habeamus ; qualia sunt quæ sequuntur. Circa analysim quidem, de æquationum recognitione, & emendatione, novà prorsus methodo, de earumdem determinatione ac de ipsarum per locos proprios resolutione, atque compositione. Circa Geometriam, de locis planis, solidis, atque ad superficiem ; ubi in specie, restituta habemus loca solida ad tres & quatuor lineas : de cylindris, & conis isoperimetris, cùm demptâ base, tum additâ : de iisdem sphæræ inscriptis, & circumscriptis, seu spatiorum solidorum, seu etiam superficierum tantum habeatur ratio ; ubi mirabere forsan quà ratione à nobis concludi potuerit, positâ sphæræ diametro 32 partium,

axem

axem coni inscripti cujus superficies comprehensa base sit maxima, esse hanc apotomen 23——$\sqrt{}$ 17; si sphæræ superficies uno, duobusve, vel tribus aut pluribus circulis, in quotcunque & quascunque portiones secta sit, quamcunque ex illis portionibus cum alia ac cum tota comparamus, ac uniuscujusque centrum gravitatis assignamus. Circa cylindricas & conicas superficies scalenas, tum etiam circa rectas, mira habemus. Inter illa perpende qualenam sit hoc problema : Portionem superficiei cylindri recti exhibemus, quæ superficiei datæ cylindri scaleni sit æqualis. Sed & istud : Dato quadrato, æqualem damus cylindricæ superficiei portionem, idque absolutè, nullâ suppositâ circuli quadraturâ, & exclusis cylindri basibus. Problemata atque theoremata innumera habemus soluta, cùm circa conicas sectiones, tùm circa alia fere omnia Geometriæ huc usque notæ tam theoreticæ quàm practicæ capita. Circa Arithmeticam, Musicam, Opticam, Astronomiam, Gnomonicam, & Geographiam,

> *Plura quidem feci, quàm quæ comprehendere dictis*
> *In promptu mihi sit;*

sed illa omnia vulgaria æstimo. Attamen, dic quibus in terris Luna minori spatio quàm 24 horarum nostrarum communium, bis oriatur, aut bis occidat ejusdem horizontis respectu. Facile quidem theorema, sed quod primâ fronte impossibile multis videatur. At Mechanicam à fundamentis ad fastigium novam extruximus, rejectis omnibus, præter paucos admodum, antiquis lapidibus quibus illa constabat; ita ut nunc octo contignationibus, hoc est totidem libris, absolvatur. Primus est de centro virtutis potentiarum in universum, an detur tale centrum, & quibus potentiis conveniat, quibus verò minimè; secundus de libra, ubi de æquiponderantibus; tertius de centro virtutis potentiarum in specie; quartus de fune mira continet; quintus de instrumentis & machinis; sextus de potentiis quæ in diversis mediis agunt; septimus de motibus compositis; octavus denique, de centro percussionis potentiarum mobilium. In his omnibus nulla admitto nova postulata, sed tantùm ea quæ vulgò recepta sunt apud Authores: quòd sanè exequi, quàm non facile opus sit, testes sunt quotquot huc usque de gravibus super planis inclinatis existentibus egerunt; inter quos & ipse haberis, Vir Clarissime, qui propositione prima libri primi de motu gravium descendentium, ad id demonstrandum novo postulato usus es, quod quivis non facilè concesserit, quia pondera quæ proponis, non librâ rigidâ & rectâ, ut fieri solet, sed fune molli ac perfectè plicabili invicem alligantur. Nos autem ad hoc, librâ utimur modo usitato dispositâ, cujus beneficio propositionem illam non aliter demonstramus, quàm aut vectem aut axem in peritrochio : eam autem jam ante quindecim annos invenimus, atque anno 1636 tanquam Mechanicæ nostræ prodromum, prælo commisimus atque vulgavimus, sed Gallico idiomate. Neque etiam eum tantùm casum consideravimus qui solus ab omnibus attenditur; cùm scilicet potentia pondus in plano inclinato positum retinens, agit per lineam directionis ipsi plano parallelam; sed & dum eadem linea directionis aliam quamcunque positionem obtinuerit : quo pacto, ratio ponderis ad potentiam infinitè mutatur. Ibi autem quiddam demonstravimus quod multis omninò paradoxum visum est ; nempe, si intelligatur prælum aliquod duobus planis parallelis perfectè rigidis constans, quod ita disponatur ut ejus plana horizonti non sint parallela : tunc, quantâcunque potentiâ prematur prælum illud, planis semper perfectè planis ac parallelis inter se remanentibus, illa nullum pondus inter se retinebunt; sed illud pondus propriâ gravitate statim labetur inter ipsa plana, atque idem à prælo sese liberabit, nisi aliunde retineatur. Hæc quidem ad quintum nostrum librum pertinent. Libet autem ex quarto quoque hæc addere. Si tres potentiæ totidem funibus ad

communem nodum religatis agentes, (nodus est quodvis punctum in fune)
æquilibrium constituant : tunc describi poterit triangulum cujus centrum
gravitatis sit nodus ipse, tres autem anguli ad tria funium puncta alicubi ter-
minentur (infinita quidem describerentur triangula, sed omnia similia) erunt
autem tunc tres potentiæ in eâdem ratione cum tribus rectis à centro trianguli ad tres angulos terminatis; ita ut quælibet potentia homologa sit ei rectæ
quæ in fune ipsius existit. Si quatuor potentiæ non existentes in eodem plano, totidem funibus ad communem nodum religatis agentes, æquilibrium
constituant : tunc quod suprà de triangulo dictum est, de quadam pyramide
tetragona verum erit. Hinc aliud paradoxum, funis horizonti minimè perpendicularis quantâ vi tendatur, si perfectè plicabilis, nullo modo autem rigidus
ex se existat, imposito quocunque vel minimo pondere, aut si ipse ex se
gravis esse intelligatur, flectetur necessariò vel rumpetur, nec viribus ullis
fieri poterit ut rectus evadat. Similiter, tres vel quotcunque funes ad communem nodum religati, totidem potentiis in eodem plano existentibus, quod
planum horizonti non sit perpendiculare, quibuscunque viribus tendantur;
imposito quocunque vel minimo pondere, vel si ipsi funes per se graves esse
intelligantur, nunquam tamen poterunt eò adduci ut in eodem plano consis-
tant. Tandem etiam, ex octavo libro illud habebis : Omnis sectoris circuli
semicirculo non majoris circa centrum circuli circumvoluti, existente axe
motus ad planum ejusdem circuli sive sectoris, perpendiculari, centrum percussionis sive impetus in recta angulum sectoris bifariam dividente quæsitum,
sic reperietur : Ut chorda arcus sectoris ad ipsum arcum, ita tres quadrantes
semidiametri circuli ad rectam inter ipsius circuli centrum, & centrum percussionis sectoris interceptam. Ex tali centro quod extra sectorem aliquando
existet, si impetus sectoris eo modo moti quo dictum est, excipiatur, productâ ad id rectâ angulum bifariam dividente, si centrum illud extra sectorem
excurrerit, erit impetus ille maximus omnium qui ex quovis puncto in eadem recta existente excipi possunt.

De his & aliis agemus in posterum, si ita tibi placuerit, Vir Clarissime,
postquam litibus valere jussis, solidam inierimus amicitiam, quam, ut spero, non recusabis. Illius autem leges, quòd ad litterarum commercium attinet, tales sunto. Nihil tentandi gratiâ scribam. Quicquid scripsero, nisi de
eo dubitare me, aut illud quærere scripsero, verum existimasse censear. Quoties per otium licuerit alicujus enuntiati demonstrationem mittere, mittam :
nisi misero, si cupias, quàm citò mittere tenear. His legibus, si quid addere,
aut detrahere ; immò, si ipsas prorsùs tollere, & alias ferre voles, licet. Memineris tamen, quæstionibus agere tentandi gratiâ, odiosum esse atque amico indignum ; neque enim omnia possumus omnes : tum etiam amicum dele-
ctare oportet, non torquere. Hæc si observaverimus, tunc procul dubio, &
durabit amicitia; & dum uterque nostrûm vicissim & reciprocè docebit &
docebitur, uterque amborum scientiam, salvâ tamen inventoris laude, pos-
sidebit.

DIVERS
OUVRAGES
DE
M. HUGENS
DE ZULICHEM.

DE
LA CAUSE
DE LA PESANTEUR.

POUR trouver une cause intelligible de la pesanteur, il faut voir comment il se peut faire, en ne supposant dans la nature que des corps qui soient d'une mesme matiere, dans lesquels on ne considere aucune qualité ni aucune inclination à s'approcher les uns des autres, mais seulement des grandeurs, des figures, & des mouvemens différens; comment, dis-je, il se peut faire que plusieurs pourtant de ces corps tendent directement vers un mesme centre, & se tiennent assemblez à l'entour, qui est le plus ordinaire & le principal phénomene de ce que nous appellons pesanteur.

La simplicité des principes que j'admets ne laisse pas beaucoup de choix dans cette recherche; car on juge bien d'abord qu'il n'y a point d'apparence d'attribuer à la figure ni à la petitesse des corpuscules quelque effet semblable à celuy de la pesanteur, laquelle estant un effort ou une inclination au mouvement, doit vraisemblablement estre produite par un mouvement; de sorte qu'il ne reste qu'à chercher dans quels corps il se peut rencontrer, & de quelle maniere il peut agir.

Nous voyons deux sortes de mouvemens dans le monde, le droit, & le circulaire; & nous avons quelque connoissance de la nature du premier, & des loix que gardent les corps dans la communication de leurs mouvemens, lors qu'ils se rencontrent. Mais tant que l'on ne considere que le mouvement droit & les réfléxions qui en arrivent entre les parties de la matiére, on ne trouve rien qui les détermine vers un centre. Il faut donc venir nécessairement aux propriétez du mouvement circulaire, & voir s'il y en a quelqu'une qui nous puisse servir dans cette recherche.

On sçait que M. Descartes a aussi tâché dans sa Physique d'expliquer la pesanteur par le mouvement de certaine matiére qui tourne autour de la Terre; mais on verra par les remarques que je feray dans la suite de ce Discours, en quoy sa maniére est diférente de celle que je vais proposer, & aussi en quoy elle m'a semblé défectueuse.

Il a consideré comme moy l'effort que font les corps qui tournent circulairement, à s'éloigner du centre, dont l'expérience ne nous permet pas de douter. Car en tournant une pierre dans une fronde, l'on sent qu'elle tire la main; & cela d'autant plus fort que l'on tourne vîte : jusques-là mesme que la corde peut venir à se casser. J'ay fait voir cy-devant cette mesme proprieté du mouvement circulaire par l'experience d'une table ronde qui tournoit sur un pivot; & j'ay trouvé la détermination de sa force, & plusieurs théorêmes qui la concernent, que nous examinerons icy quelque jour. Par exemple, je dis qu'un corps tournant horizontalement au bout d'une corde attachée à un centre, si cette corde a 9 pouces & 2 lignes de longueur, qui est celle d'un pendule à demi-secondes, & que chaque tour se fasse en une seconde, la corde sera tirée justement avec autant de force que si elle soûtenoit le mesme corps suspendu en l'air.

L'effort à s'éloigner du centre est donc un effet constant du mouvement

circulaire; & quoy-que cet effet semble directement opposé à celuy de la
gravité, & que l'on ait objecté à Copernic que par le tournoyement de la
Terre, en 24 heures les maisons & les hommes devroient estre jettez dans
l'air, je feray voir pourtant que ce mesme effort que font les corps tournans en rond à s'éloigner du centre, est cause que d'autres corps concourent vers le mesme centre.

Imaginons-nous qu'à l'entour du centre D il tourne de la matiere fluide
contenuë dans l'espace A B C, dont elle ne puisse point sortir à cause des
autres corps qui l'environnent. Il est certain que toutes les parties de ce liquide font effort pour s'éloigner
du centre D, mais sans aucun effet, puis que celles qui devroient
descendre pour succeder en la place des autres qui iroient vers la
circonference, ont elles-mesmes
autant d'inclination pour s'en approcher. Mais si parmi les parties de cette matiere il y en avoit
quelqu'une, comme E, qui ne
suivist pas le mouvement circulaire des autres, ou qui allast moins
vîte qu'elles; je dis qu'elle sera
poussée vers le centre : parce que
ne faisant point d'effort pour s'en
éloigner, ou en faisant moins que
les parties du liquide voisines du
costé du centre, elle cedera à leur effort, & leur fera place en s'approchant
vers D, puisqu'elle ne le sçauroit faire autrement.

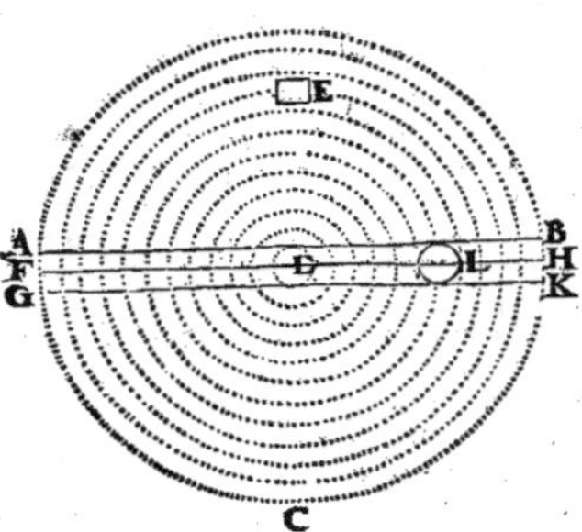

L'on peut voir cet effet par une experience fort aisée, mais qui est tres
digne de remarque, parce qu'elle nous fait voir à l'œil quelque image de
la pesanteur. Car en faisant tourner de l'eau dans quelque vaisseau qui ait
le fonds plat, aprés y avoir mis de petites parcelles de quelque matiere un
peu plus pesante que l'eau, afin qu'elles puissent aller au fonds, comme de
la scieûre de bois, ou de la cire d'espagne concassée, l'on verra qu'au commencement, ces petits corps flottans dans l'eau à cause de son agitation, &
suivans son mouvement circulaire, n'iront nullement vers le centre du vaisseau; mais aussi-tost qu'ils commenceront à toucher au fonds, & que leur
mouvement circulaire sera par là interrompu ou diminué, ils s'amasseront
tous à l'entour du centre, s'en approchant par des lignes spirales, parce qu'ils
suivent encore en partie le mouvement de l'eau. Cet effet se remarquera
encore mieux, si on couvre l'eau d'un verre plat qui touche à sa surface, &
qui bouche toute l'ouverture du vaisseau.

Que si dans le vaisseau l'on ajuste quelque corps solide, en sorte qu'il ne
puisse pas suivre le mouvement de l'eau mais seulement s'approcher du centre, on verra qu'il y sera poussé en droite ligne. Comme si L est une petite
boule qui puisse rouler librement entre les filets A B, G K, & un troisiéme
un peu plus élevé F H, tendus par le milieu du vaisseau prés du fonds, lesquels filets soient arrestez immobiles pendant que l'eau tourne (ce qui se
peut faire en arrestant subitement le vaisseau aprés l'avoir fait tourner, car
l'eau continuera encore quelque temps le mouvement circulaire qu'elle aura
conceu) l'on verra qu'aussi-tost cette boule s'en ira vers le centre D, & s'y
tiendra arrestée. Et il faut remarquer que dans cette derniere expérience le
corps L peut estre de la mesme pesanteur que l'eau, & que mesme l'expé-

rience en succedera mieux : de sorte que sans aucune différence de pesanteur des corps qui sont dans le vaisseau, le seul mouvement en produit icy
l’effet.

Ce qui n’est pas ainsi dans l’expérience que M. Descartes propose dans *Lettre 32*
une de ses lettres imprimées : car il remplit le vaisseau A B C de menuë *du Tome 2.*
dragée de plomb entremeslée de quelque piéces de bois ou d’autre matiere
plus legere que le plomb ; & faisant tout tourner ensemble, il dit que les
pieces de bois seront chassées vers le milieu du vase : ce que je puis bien
croire, mais c’est un effet de la différente pesanteur du bois & du plomb ;
au lieu qu’il faut expliquer la pesanteur sans en supposer aucune, & en
considerant tous les corps comme faits d’une mesme matiere. Il propose
encore dans une autre lettre, de jetter dans de l’eau tournante de petits
morceaux de bois, & il dit qu’ils s’en iront vers le milieu de l’eau : auquel
endroit s’il entend du bois qui nage sur l’eau, comme il y a de l’apparence,
il ne se fera point de concentration ; mais s’il veut qu’il aille au fonds, ce
sera veritablement la mesme experience que j’ay proposée un peu auparavant, & le bois s’amassera au centre ; mais ce sera à cause qu’en touchant
au fonds du vase son mouvement circulaire sera retardé, de laquelle raison
M. Descartes n’a point parlé.

Or ayant trouvé dans la nature un effet semblable à celuy de la pesanteur, & dont la cause est connuë, il reste de voir si l’on peut supposer qu’il
arrive quelque chose de pareil à l’égard de la Terre ; sçavoir qu’il y ait quelque mouvement de matiere qui contraigne les corps à tendre au centre, &
qui s’accommode en mesme temps à tous les autres phénomenes de la pesanteur.

Supposant le mouvement journalier de la Terre, & que l’air & l’ether qui
l’environnent ayent ce mesme mouvement, il n’y a encore rien en cela qui
doive produire la pesanteur : puisque suivant l’expérience rapportée cy-dessus, les corps terrestes devroient ne point suivre ce mouvement circulaire de
la matiere celeste, mais estre à son égard comme en repos, s’il falloit qu’ils
fussent poussez par elle vers le centre.

Que si l’on supposoit que la matiere celeste tournast du mesme costé que
la Terre, mais avec beaucoup plus de vîtesse, il s’ensuivroit que ce mouvement rapide d’une matiere qui se mouvroit toute vers un mesme costé se feroit sentir, & qu’elle emporteroit avec elle les corps qui sont sur la Terre ;
de mesme que l’eau emporte la scieure de bois dans nostre experience, ce
qui pourtant ne se fait nullement. Mais outre cela, ce mouvement circulaire
à l’entour de l’axe de la Terre ne pourroit en tout cas chasser les corps qui
ne suivent pas le mesme mouvement, que vers ce mesme axe ; de sorte que
nous ne verrions pas les corps pesans tomber perpendiculairement vers la
Terre, mais par des lignes perpendiculaires à son axe, ce qui est encore contre l’experience.

Pour parvenir donc à une cause possible de la pesanteur, je supposeray
que dans l’espace spherique qui comprend la Terre & les corps qui sont autour d’elle jusqu’à une grande étenduë, il y a une matiere fluide qui consiste
en des parties tres petites, & qui est diversement agitée en tous sens avec
beaucoup de rapidité : laquelle matiere ne pouvant sortir de cét espace qui
est entouré d’autres corps, je dis que son mouvement doit devenir en partie
circulaire à l’entour du centre ; non pas tellement pourtant qu’elle vienne à
tourner toute d’un mesme sens, mais en sorte que la pluspart de ses mouvemens différens se fassent dans des surfaces sphériques à l’entour du centre
dudit espace, qui pour cela devient aussi le centre de la Terre.

La raison de ce mouvement circulaire est que la matiere contenuë dans

quelque efpace, fe meut plus aifément de cette maniere que par des mouvemens droits contraires les uns aux autres, lefquels mefme en fe refléchiffant,
parce que la matiere ne peut pas fortir de l'efpace qui l'enferme, viennent
néceffairement à fe changer en circulaires.

L'on voit cét effet du mouvement lors qu'on effaye de l'argent par la
coupelle ; car la petite boule de plomb où l'argent eft meflé ayant fes parties fortement agitées par la chaleur, tourne inceffamment autour de fon
centre, tantoft d'un cofté tantoft d'un autre, changeant à tous momens &
fi vifte que l'œil a de la peine à s'en appercevoir. Il arrive encore la mefme
chofe à une goutte de fuif de chandelle, lors que la tenant fufpenduë à la
pointe des mouchettes on l'approche de la flame ; car elle fe met à tourner
avec une tres grande vîteffe.

Il eft vray que d'ordinaire cette goutte tourne toute d'un cofté ou d'autre, felon que la flame de la chandelle vient à la toucher. Mais dans la matiére celefte, que j'ay fuppofée, il n'en doit pas arriver de mefme, parce
qu'ayant une fois du mouvement en tous fens, il faut qu'il en demeure
toûjours, quoy-qu'il foit changé en fpherique, parce qu'il n'y a pas de raifon pourquoy le mouvement d'une partie de la matiere l'emporteroit fur celuy des autres, pour faire que toute la maffe tournaft vers un mefme cofté.
Car au contraire la loy de la nature, que j'ay rapportée ailleurs, eft telle
dans la rencontre des corps qui font diverfement agitez, qu'il s'y conferve
toûjours la mefme quantité de mouvement vers le mefme cofté.

Et quoy-que ces mouvemens circulaires en tant de fens divers dans un
mefme efpace femblent fe devoir contrarier & empefcher fouvent, la grande
mobilité toutefois de la matiere, caufée par la petiteffe de fes parties qui
furpaffe de beaucoup l'imagination, fait qu'elle fouffre affez facilement toutes ces differentes agitations. L'on voit quand on a brouillé de l'eau dans
une phiole de verre, de combien de mouvemens différens fes parties font capables ; & il faut fe figurer la liquidité de la matiere célefte incomparable-
ment plus grande que celle que nous remarquons dans l'eau, qui eftant compofée de parties pefantes entaffées les unes fur les autres, devient par là pa-
reffeufe au mouvement ; au lieu que la matiere celefte fe mouvant librement
de tous coftez, prend tres-facilement des impreffions différentes par les diverfes rencontres de fes parties, ou par la moindre impulfion des autres
corps : & s'il n'en eftoit ainfi, l'air ne cederoit pas fi facilement qu'il fait
aux mouvemens de nos mains. De forte qu'il faut confiderer que les mouvemens circulaires de cette matiere fluide autour de la Terre, font bien fouvent interrompus & changez en d'autres, mais qu'il demeure pourtant toûjours plus de ces mouvemens-là que de ceux qui fuivent d'autres routes ; ce
qui fuffit pour mon deffein.

Il n'eft pas difficile maintenant d'expliquer comment la pefanteur eft produite par ce mouvement ; car fi parmi la matiere fluide qui tourne dans l'efpace que nous avons fuppofé il fe trouve des parties beaucoup plus groffes que
celles qui la compofent, ou des corps faits d'un amas de petites parties accro-
chées enfemble, & que ces corps ne fuivent pas le mouvement rapide de ladite matiere, ils feront néceffairement pouffez vers le centre du mouvement,
& y formeront le globe terreftre s'il y en a affez pour cela, fuppofé que la Terre
ne fuft pas encore ; & la raifon en eft la mefme que celle qui fait dans l'experience expliquée cy-deffus que la fcieûre de bois s'amaffe dans le centre
du vaiffeau. C'eft donc en cela que confifte vrayfemblablement la pefanteur
des corps, laquelle on peut dire que *c'eft l'effort que fait la matiere fluide qui
tourne circulairement autour du centre de la Terre en tous fens, pour s'éloigner de ce
centre & pouffer en fa place les corps qui ne fuivent pas ce mouvement.*

Or

Or la raison pourquoy des corps pesans que nous voyons descendre dans l'air, ne suivent pas le mouvement sphérique de la matiere fluide, est assez manifeste; parce qu'y ayant de ce mouvement vers tous les costez, les impulsions qu'un corps en reçoit se succedent si subitement les unes aux autres, qu'il y intercede moins de temps qu'il ne luy en faudroit pour acquerir un mouvement sensible.

Mais comme il semble que cette seule raison ne suffit pas pour empescher que les corps les plus menus que l'œil puisse appercevoir, comme sont les brins de poussiere qui voltigent dans l'air, ne soient point chassez çà & là par la rapidité de ce mouvement, il faut ajoûter que ces petits corps ne nagent pas dans la seule matiere liquide qui cause la pesanteur, mais, qu'outre celle-cy, il y a dans les espaces qui sont autour de nous encore d'autres matieres de differens degrez, dont quelques-unes sont composées de particules plus grossieres, qui estant differemment agitées & reflechies entre elles, mais ne suivant pas le mouvement rapide de nostre matiere, peuvent aussi empescher ces corpuscules de la suivre & d'en estre emportez. L'on sçait qu'il y a autour de la Terre premiérement les particules de l'air, lesquelles on fera voir un peu plus bas estre plus grossiéres que celles de la matiere liquide que nous avons supposée. On a de plus des raisons qui font croire qu'il y a encore une matiere dont les particules sont plus menuës que celles de l'air, mais d'un autre costé plus grossieres que celles de nostre matiere liquide. Car j'ay trouvé dans les experiences du vuide, outre la pesanteur de l'air, encore celle d'un autre corps invisible, qui fait sentir son poids là où il n'y a point d'air, ayant veû, non sans étonnement, que ce poids soûtient l'eau suspenduë dans un tube renversé au dedans d'un vaisseau de verre dont l'air a esté tiré, & qu'il fait couler l'eau d'un siphon recourbé dans le vuide de mesme que dans l'air, pourvû que l'eau dans ces experiences ait esté purgée d'air, ce qui se fait en la laissant pendant quelques heures dans le vuide. Il paroist par là premierement que les particules de ce corps pesant & invisible sont plus petites que celles de l'air, puis quelles passent au travers du verre qui exclut l'air, & qu'elles y font appercevoir leur pesanteur. Il paroist de plus qu'elles doivent estre plus grossiéres que les particules de la matiere fluide qui cause la pesanteur, afin que le corps qu'elles composent ne suive pas le mouvement de cette matiere, parce qu'en le suivant il ne seroit pas pesant. Il peut y avoir autour de nous encore d'autres sortes de matieres de differens degrez de tenuité, quoy que toutes plus grossieres que n'est la matiere qui cause la pesanteur; lesquelles contribuëront donc toutes à empescher les petits brins de poussiere d'estre emportez par le mouvement rapide de cette matiere, parce qu'elles ne suivent pas ce mouvement elles-mesmes.

Et quoy que par là ces matieres doivent avoir de la pesanteur, suivant l'explication que nous en donnons, il n'est pas nécessaire toutefois de s'imaginer leurs particules comme estant entassées les unes sur les autres, puis que l'on sçait que l'air ne laisse pas de peser, bien que ses particules soient dispersées avec beaucoup d'autre matiere entre deux : car c'est ce que je pourrois prouver facilement; comme aussi qu'il suffit, pour produire l'effet de la pesanteur, que les particules d'une matiere pesante, quoy que separées les unes des autres, soient remuées en des sens differens, qu'elles s'entrechoquent, & qu'elles frappent contre les surfaces des corps qui leur sont exposez.

Il ne faut pas au reste trouver étrange ces differens degrez de petits corpuscules, ni leur extrême petitesse. Car bien que nous ayons quelque penchant à croire que des corps à peine visibles sont déja presque aussi petits qu'ils peuvent l'eftre, la raifon pourtant nous dit que la mefme proportion qu'il y a d'une montagne à un grain de fable, ce grain la peut avoir à un autre petit corps, & celuy-cy encore à un autre ; & cela autant de fois que l'on voudra.

Cette extréme petiteffe des parties de noftre matiére fluide fe doit encore fuppofer néceffairement à caufe d'un effet confidérable de la pefanteur, qui eft que des corps pefans enfermez de tous coftez dans un vaiffeau de verre, de metail, ou de quelque autre matiére que ce foit, fe trouvent pefer toûjours également. De forte qu'il faut que la matiére que nous avons dit caufer la pefanteur, paffe tres-librement au travers de tous les corps que nous eftimons les plus folides, & avec la mefme facilité qu'à travers de l'air.

Il s'enfuivroit auffi, s'il n'y avoit pas cette liberté de paffage, qu'une bouteille de verre peferoit autant qu'un corps de verre folide de la mefme grandeur ; & que tous les corps folides d'égal volume peferoient également, puis que, felon nous, la pefanteur de chaque corps eft reglée par la quantité de la matiére fluide qui doit monter en fa place.

Ce qui fait donc la différence de pefanteur entre les corps terreftres, comme les pierres, les métaux, &c. c'eft que ceux qui font plus pefans contiennent plus de parties qui empefchent le paffage libre de la matiére fluide ; car il n'y a que celles-là en la place defquelles cette matiére puiffe monter. Mais comme l'on pourroit douter fi ces parties doivent eftre folides, parce qu'eftant vuides elles devroient, par la raifon que je viens de dire, faire le mefme effet ; je demontreray icy qu'elles font néceffairement folides ; & que par conféquent la pefanteur des corps fuit précifément la proportion de la matiére qui les compofe, & qui s'y tient arreftée. En quoy M. Defcartes a efté d'un autre fentiment, auffi-bien qu'en ce qui regarde la liberté avec laquelle cette matiére traverfe les corps qu'elle rend pefans. Nous examinerons cy-aprés fes raifons.

Pour prouver ce que je viens de dire, je feray remarquer icy ce qui arrive dans le choc de deux corps quand ils fe rencontrent d'un mouvement horizontal. Il eft certain que la réfiftance que font les corps à eftre meûs horizontalement, comme feroit une boule pofée fur une table bien unie, n'eft pas caufée par leur poids vers la terre, puis que le mouvement lateral ne tend pas à les éloigner de la terre, & qu'ainfi il n'eft nullement contraire à l'action de la pefanteur qui les pouffe en bas.

Il n'y a donc rien que la quantité de la matiére attachée enfemble que chaque corps contient, qui produife cette réfiftance: de forte que fi deux corps en contiennent autant l'un que l'autre, ils reflechiront également, ou demeureront tous deux fans mouvement, felon qu'ils feront durs ou mols. Or l'expérience montre que toutes les fois que deux corps refléchiffent ainfi également, eftant venus à fe rencontrer avec d'égales viteffes, ces corps font d'égale pefanteur. Il s'enfuit donc que ceux qui font compofez d'égale quantité de matiére font auffi d'égale pefanteur ; ce qu'il falloit démontrer.

J'ay dit que M. Defcartes eftoit en cecy d'un autre fentiment, comme encore en ce qui regarde le paffage libre de la matiére qui caufe la pefanteur, au travers des corps fur lefquels elle agit. Cela paroift, pour ce qui eft de ce dernier point, de ce qu'il veut que cette matiére fluide foit empefchée par la rencontre de la Terre, de continuër fes mouvemens en ligne droite, & que pour cela elle s'en éloigne autant qu'elle peut. En quoy il femble n'avoir pas penfé à cette propriété de la pefanteur que j'ay fait remarquer un peu plus haut. Car fi le mouvement de cette matiére eft empefché par la Terre, elle ne penetrera non plus librement les corps des métaux ni du verre: D'où il s'enfuivroit que du plomb enfermé dans une phiole perdroit son poids, ou que du moins, ce poids seroit diminué. De plus, en portant un corps pesant au fonds d'un puits, ou de quelque mine profonde, il y devroit perdre de sa pesanteur ; ce qui ne se trouve point par expérience.

Quant à l'autre point, M. Descartes prétend que quoy-qu'une masse d'or soit, par exemple, vingt fois plus pesante qu'une portion d'eau de mesme grandeur, l'or néanmoins peut ne contenir que quatre ou cinq fois autant de matiére terrestre que l'eau. Premiérement à cause qu'il faut déduire (il falloit plûtost dire ajoûter) un poids égal à l'un & à l'autre, à raison de l'air dans lequel on les pese ; & puis parce que l'eau & les autres liquides ont quelque legereté à l'égard des corps durs, d'autant que les parties des premiers sont en un mouvement continuel.

Mais l'on peut répondre à ces deux raisons : à la premiere, que la pesanteur de l'air n'estant à celle de l'eau qu'environ comme 1 à 900 ou à 1000, ce ne sera pas un poids considérable qu'il faudra ajoûter également à celuy de l'or & de l'eau trouvez par la balance. Et pour l'autre raison ; si elle estoit bonne, il faudroit qu'une mesme portion d'eau après estre gelée pesast beaucoup davantage qu'estant liquide, & de mesme les metaux en masse, plus que quand il sont fondus, ce qui est contre l'expérience. Outre que je ne voy pas comment il a conceû que le mouvement des parties des corps liquides leur donneroit de la legereté, c'est-à-dire de la force pour s'écarter du centre, puis que pour cela il faudroit que ce mouvement fust circulaire autour du centre de la Terre, ou qu'il fust plûtost vers le haut que vers le bas, ce qu'il n'a jamais dit ; mais bien au contraire, que les parties des liqueurs se meuvent en tous sens indifféremment.

Il ne semble pas non plus avoir considéré combien la vitesse de la matiére fluide doit estre grande, pour donner autant de pesanteur qu'elle en donne ; parce qu'autrement il auroit bien jugé que le mouvement que peuvent avoir les parties de l'eau & de semblables liqueurs, n'est nullement comparable à celuy de cette matiére qui cause la pesanteur.

Pour moy, j'ay recherché soigneusement le degré de cette vitesse, & je croy pouvoir déterminer à peu prés à combien elle doit monter ; & puis que plusieurs autres effets naturels en peuvent dépendre, il ne sera pas inutile de faire voir icy ce que produit mon calcul & sur quoy il est fondé.

Reprenant donc la figure dont je me suis servi cy-dessus : puis que la pesanteur du corps E est justement égale à l'effort avec lequel une portion aussi grande de la matiére fluide tend à s'éloigner du centre D, ou que c'est plûtost la mesme chose ; il faut qu'une livre de plomb, par exemple, icy sur terre, pese autant vers le centre, qu'une masse de la matiére fluide, de la grandeur de ce plomb, pese vers en haut pour s'en éloigner par la vertu de son mouvement circulaire. Or puis que la matiére du plomb & la matiére fluide ne different en rien selon mon hypothese, l'on peut dire que la livre de plomb pese autant vers en bas qu'elle peseroit vers en haut, si demeurant à la mesme distance du centre de la Terre, elle tournoit à l'entour avec autant de vitesse que fait la matiére fluide. Mais je trouve par ma théorie du mouvement circulaire, qui s'accorde parfaitement avec l'expérience, qu'un corps tournant en cercle, si l'on veut que son effort à s'éloigner du centre égale justement l'effort de sa simple pesanteur, il faut qu'il fasse chaque tour en autant de temps, qu'un pendule de la longueur du demi-diamétre de ce cercle en employeroit à faire deux vibrations. Il faut donc voir en combien de temps un pendule de la longueur du demi-diamétre de la Terre feroit ses deux vibrations. Ce qui est aisé par la propriété connuë des pendules, & par la longueur de celuy qui bat les secondes, qui est de 3 pieds 8½ lignes * ; & je trouve qu'il faudroit pour ces deux vibrations 1 heu-

Voyez la figure de la page 306.

* Du pied de Paris.

re 25 minutes, en fuppofant, fuivant la mefure de Snellius, le demi-diamétre de la Terre de 19595154 pieds. * La vîteffe donc de la matiére fluide
à l'endroit de la furface de la Terre doit eftre égale à celle d'un corps qui
feroit le tour de la Terre dans ce temps de 1 heure 25 minutes ; laquelle vîteffe eft à peu prés 17 fois plus grande que celle d'un point de la Terre fitué
fous l'Equateur, qui fait le mefme tour en 24 heures, comme il paroift par
la proportion entre 24 heures & 1 heure 25 minutes.

Je fçay que la rapidité de ce mouvement doit fembler étrange à qui la
voudra comparer avec ceux qui fe voyent icy fur terre ; mais fi en regardant un globe terreftre, comme font ceux qu'on fait pour l'ufage de la Géo-
graphie, on s'imagine fur ce globe un mouvement qui n'avance que d'un
degré de l'Equateur en 14 fecondes ou battemens de pouls, qui eft la vîteffe
de la matiére que je viens de dire, l'on trouvera ce mouvement tres-médio-
cre à l'égard de la grandeur de la Terre, & mefme il pourra fembler eftre
lent.

Au refte, la grande vîteffe de cette matiére, non-feulement ne répugne
point à la raifon, mais elle aide encore à fatisfaire à d'autres phénomenes
de la pefanteur ; puis que par elle on conçoit facilement comment les corps
pefans en tombant accelerent toûjours leur mouvement, quand mefme ils
l'ont déja acquis tres-grand. Car celuy de la matiére qui fait la pefanteur,
furpaffant encore de beaucoup la vîteffe d'un boulet de canon, par éxemple, qui retombe de l'air après y avoir efté tiré perpendiculairement, ce
boulet jufqu'à la fin de fa cheûte reffent prefque toûjours la mefme preffion
de cette matiére ; & partant fa vîteffe en eft continuellement augmentée.
Que fi elle n'avoit que peu de mouvement, la balle après en avoir acquis autant, n'accelereroit plus fa cheûte, parce qu'autrement elle feroit obligée de
pouffer la matiére fluide à fucceder dans fa place avec plus de vîteffe qu'elle
n'en auroit pour cela par fon propre mouvement.

L'on peut enfin trouver icy la raifon du principe que Galilée a pris pour
démontrer la proportion de l'accélération des corps qui tombent, qui eft
que leur vîteffe s'augmente également en des temps égaux. Car les corps
eftant pouffez fucceffivement par les parties de la matiére voifine qui tâ-
chent de monter en leur place, & dont le mouvement eft toûjours incom-
parablement plus vîte que celuy qu'ils peuvent avoir acquis par des cheûtes
qui tombent fous noftre expérience, cela fait que l'action de la matiére qui
les preffe, peut toûjours eftre confiderée comme eftant auffi forte que lors
qu'elle les trouve en repos ; d'où l'on conclut enfuite affez facilement l'accroiffement des vîteffes proportionné à celuy des temps.

Ayant donc montré que mon hypothefe ne contient rien d'impoffible, &
que par elle on peut expliquer tous les phénomenes de la pefanteur ; fçavoir, pourquoy les corps terreftres tendent au centre ; pourquoy l'action
de la gravité ne peut eftre empefchée par l'interpofition d'aucun corps de
ceux que nous connoiffons ; pourquoy les parties de dedans de chaque corps
contribuënt toutes à fa pefanteur ; & pourquoy enfin les corps pefans en
tombant augmentent continuellement leur vîteffe, & cela fuivant la proportion des temps de leur defcente : il n'y a rien qui empefche qu'elle ne
foit regardée comme véritable, tant qu'on ne trouvera pas d'autres phénomenes dans la nature qui luy foient contraires.

DEMONS-

DEMONSTRATION

DE L'EQUILIBRE DE LA BALANCE.

DAns la démonstration qu'Archimede à donnée de la proposition fondamentale des Méchaniques, il suppose tacitement une chose dont on peut douter avec quelque raison ; c'est que si plusieurs poids égaux sont attachez à une balance, à distances égales les uns des autres, soit que tous se trouvent d'un mesme costé du point de suspension, soit que quelques-uns passent de l'autre costé, comme dans cette figure, où le point de suspension est A ; ces poids auront la mesme force à faire incliner la balance, que s'ils estoient tous attachez au point où est leur commun centre de gravité, comme est

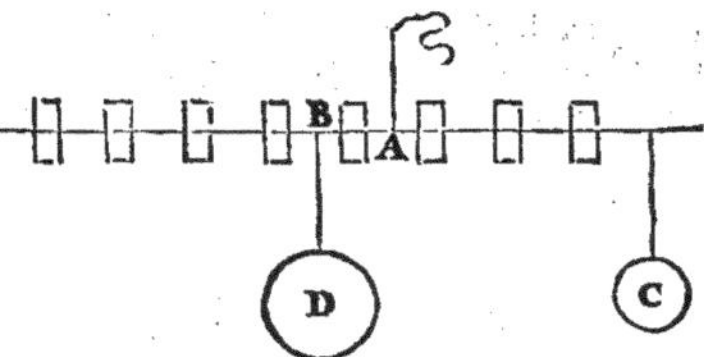

icy le point B : de sorte que si estant attachez séparément, ils faisoient d'abord équilibre avec un contrepoids C, ils le feroient encore estant tous suspendus au point B, ou en leur place un poids D qui égale la pesanteur de tous.

Quelques Géometres, en diversifiant un peu cette démonstration, ont tâché d'en rendre le defaut moins sensible, mais je n'ay point trouvé qu'ils l'ayent osté. J'ay donc cherché à démontrer autrement la mesme proposition comme il s'ensuit.

I. L'on demande avec Archimede que deux poids égaux attachez chacun au bout des bras égaux d'une balance fassent équilibre.

II. Et que les poids estant égaux, & les bras de la balance où ils sont attachez, inégaux, elle incline du costé du bras qui est le plus long.

III. L'on demande aussi qu'on puisse concevoir que les lignes & les plans dont il sera parlé dans cette démonstration soient inflexibles & sans pesanteur.

PREMIERE PROPOSITION.

Si sur un plan horizontal appuyé sur une ligne droite qui le coupe en deux, on applique quelque part un poids, la force que ce poids aura à faire incliner le plan de son costé sera plus grande que si on l'avoit placé prés de ladite ligne.

SOit le plan horizontal **A B** appuyé sur la ligne droite **C D**; & qu'on y applique un poids E distant de CD par la perpendiculaire **E H**; & qu'ensuite on applique le mesme poids en F, en sorte que la distance **F H** soit moindre que **E H** : je dis qu'il a plus de force pour faire incliner le plan de son costé, estant appliqué en E qu'en F.

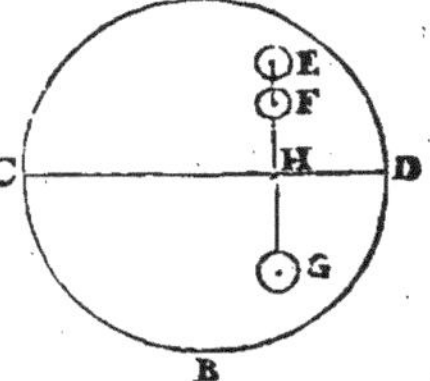

Car ayant prolongé la droite **E F H** en G, & faisant **H G** égale à **H F**, il est certain qu'un poids égal à celuy que nous avons dit, estant appliqué en G fera équilibre avec l'autre estant en F, à cause des bras égaux **F H, H G**. Mais le poids estant transporté de F en E, fera incliner le plan,

K K k k

parce que le plan eſtant ſans peſanteur, le meſme effet doit ſe rencontrer
icy que dans la balance de bras inégaux avec des peſanteurs égales. Donc
le meſme poids placé en E a plus de force à faire incliner le plan, que quand
il eſt en F : ce qu'il falloit démontrer.

SECONDE PROPOSITION.

*Si un plan horizontal chargé de pluſieurs poids demeure en équilibre eſtant
appuyé ſur une ligne droite qui le coupe en deux, le centre de gravité du plan
ainſi chargé ſera dans la meſme ligne droite.*

SOit le plan horizontal AB chargé des poids CC, DD, & qu'il demeure en équilibre, eſtant appuyé ſur la droite EF. Je dis que ſon
centre de gravité ſera dans cette ligne EF. Car ſuppoſons, s'il eſt poſſible,

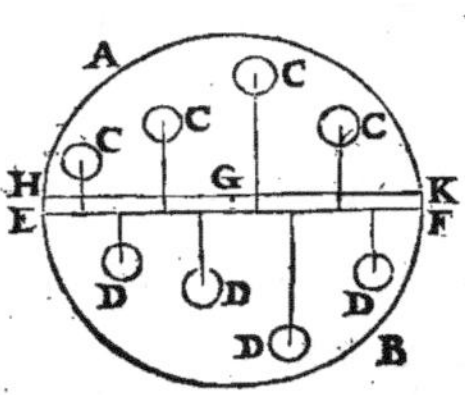

que le centre de gravité ſoit quelque part
hors de cette ligne au point G ; & par ce
point ſoit menée la droite HK parallele à EF.

Puis donc que le plan eſtant appuyé ſur
le point G demeure dans ſa ſituation horizontale, il faut que quelque ligne droite qu'on
mene dans ce plan par le point G, les poids
des deux coſtez de cette ligne faſſent équilibre. Partant les poids CC feront équilibre
avec les poids DD, lors que le plan eſt appuyé ſur la droite HK : ce qui eſt impoſſible, puis qu'il demeuroit en équilibre eſtant
appuyé ſur la droite EF. Car il paroiſt que toutes les diſtances des poids
d'un coſté ſont diminuées, ſçavoir celles des poids CC, & par conſéquent
auſſi l'effet de leur peſanteur, mais que les diſtances des poids oppoſez DD
ſont augmentées, & en meſme temps l'effet de leur peſanteur ; de ſorte que
ces derniers poids feront incliner le plan de leur coſté ; & encore à plus
forte raiſon, ſi un ou pluſieurs des poids CC ſe trouvent de l'autre coſté de
la ligne HK. Donc le centre de gravité du plan chargé ſera dans la ligne
EF : ce qu'il falloit démontrer.

TROISIE'ME PROPOSITION.

*Deux peſanteurs commenſurables attachées à l'extémité des bras d'une balan-
ce, demeureront en équilibre ſi ces bras ſont en raiſon réciproque des peſanteurs.*

SOient les peſanteurs commenſurables A & B, deſquelles A ſoit
la plus grande, & la balance CDE, dont le bras DE ſoit à DC comme la peſanteur A à la peſanteur B : je dis que A eſtant attaché au bout
C, & B au bout E, la balance ſoûtenuë au point D demeurera en équilibre.
Que l'on conçoive un plan parallele à l'horizon paſſant par la ligne CE ;
& dans ce plan ſoient menées par les points E, C les droites LEG, KCM
perpendiculaires à CE. Puis ayant pris EF égale à CD, ſoient tirées GFK,
MDL coupant toutes deux la droite CE à angles demi-droits, & ſe coupant l'une l'autre à angles droits en N. Ces lignes doivent rencontrer les
deux premiéres que nous avons menées par E & C ; ſuppoſons que ce ſoit
dans les points G, K & M, L. Il eſt manifeſte que EG ſera égale à EF, &
CK égale à CF ; comme auſſi que GK, ML ſe couperont par le milieu

au point N, & que les triangles GNL, KNM, feront femblables & égaux.
Soit prife EH égale à EG & CO égale à CK; & puis que ED eft à DG
comme le poids A à B, il paroift que ED, DC font commenfurables, & que
HG & KO feront de mef-
me commenfurables, ef-
tant entre elles comme EF
à FC, c'eft-à-dire, comme
CD à DE. Soient donc
KO & HG divifées en
parties égales à leur plus
grande commune mefu-
re, & les grandeurs A & B
divifées de mefme. De cette forte il y aura autant de
parties de la pefanteur A,
qu'il y a de parties dans la
ligne KO; & autant de
parties de la pefanteur B,
qu'il y a de parties dans la
ligne HG : lefquelles parties de pefanteur eftant
toutes égales, foient attachées chacune au milieu
d'une des parties des li-
gnes KO, HG.

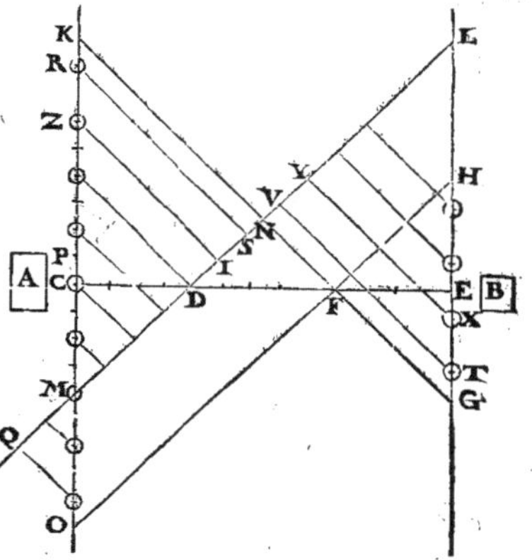

Nous montrerons maintenant que ces pefanteurs eftant ainfi difpofées,
le plan demeure en équilibre lors qu'il eft appuyé au point D. D'où la vérité de la propofition fera manifefte; parce qu'on peut concevoir que toutes les parties du plan font oftées, & que les feules lignes KO, HG, char-
gées des poids égaux à ceux de A & de B, demeurent appuyées fur les extrémitez de la balance C & E : car le plan eftant fans pefanteur, fes parties oftées ne peuvent en rien changer l'équilibre.

Pour montrer donc que l'équilibre du plan chargé, ainfi qu'il a efté dit,
fe fait fur le point D, foient menées de chaque poids des perpendiculaires
fur la ligne LM, prolongée autant qu'il eft néceffaire, comme RS, ZI,
TV, XY, &c.

Maintenant les perpendiculaires TV & RS, qui defcendent des poids
les plus proches des points G & K, feront égales entre elles; parce que les
triangles GNL, KNM eftant égaux & femblables, comme il a efté dit,
& le cofté GL égal à KM, & l'intervalle GT à KR, comme eftant chacun la moitié d'une des parties égales faites par la divifion des lignes HG,
KO, il eft évident que les lignes TV, RS feront auffi égales, comme il a efté
dit. Donc fi on appuye le plan par la ligne LMQ, le poids T fera équilibre contre le poids R. De mefme à caufe de l'égalité des perpendiculaires
XY & ZI, le poids X fera équilibre contre Z; & ainfi confécutivement
tous les poids de la ligne GH feront équilibre contre autant de poids pris
depuis K dans la ligne KO : c'eft-à-dire, que fi l'on prend la partie KP de
cette ligne égale à GH, ce feront les poids attachez entre K & P qui feront équilibre contre tous ceux de la ligne GH.

Si donc les poids reftans dans la ligne PO font auffi équilibre les uns contre les autres fur le plan appuyé par la ligne LMQ; il s'enfuivra que le
plan chargé de tous les poids demeurera en équilibre fur cette mefme
ligne.

KKkk ij

Or l'équilibre de ces poids reftans fe prouve ainfi. Puis que K O eft égale à deux fois C F, & K P égale à H G, c'eft-à-dire à deux fois C D, il faut que P O foit égale à deux fois D F. Mais M O eft égale à D F, parce que C M eft égale à C D : donc M P eft la moitié de P O. De forte que la ligne P O qui contient le nombre des parties dont K O furpaffe H G, eftant coupée en deux parties égales par la droite L M Q, il eft manifefte qu'il y aura nombre égal des poids que contient cette ligne P O des deux coftez du point M, & rangez à pareilles diftances ; & que fi le nombre de ces poids eft impair, celuy du milieu fera dans le point M. D'où il s'enfuit que les perpendiculaires, qu'on a menées des mefmes poids fur la ligne L M Q font égales chacune à fa correfpondante, & que par conféquent les poids font équilibre lors que le plan eft appuyé par la ligne L M Q ; ce qui ayant efté auffi démontré des autres poids des lignes P K & H G, il s'enfuit que le plan avec tous les poids demeure en équilibre eftant appuyé par la ligne L M Q. Le centre de gravité du plan ainfi chargé eft donc dans cette ligne. Mais ce centre de gravité eft auffi dans la lige C E, parce qu'il eft évident que le plan fait équilibre eftant porté fur cette ligne. Donc il faut que ce foit le point commun à ces deux lignes L M Q & C E, fçavoir le point D, fur lequel le plan eftant appuyé il demeure en équilibre. D'où fe conclut, comme il a efté montré cy-deffus, la vérité du théoreme.

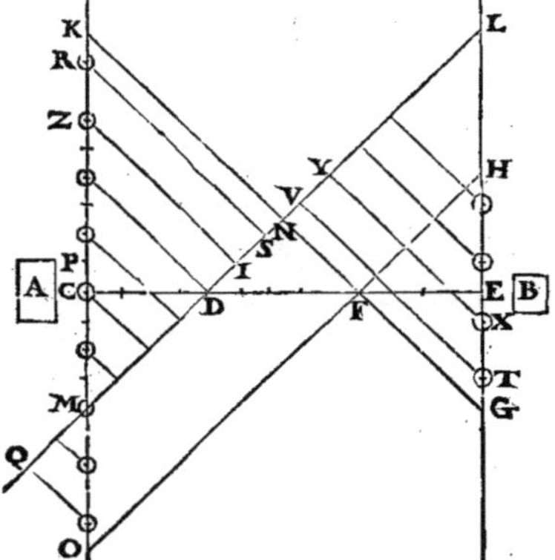

DE
POTENTIIS
FILA FUNESVE TRAHENTIBUS.

PROPOSITIO PRIMA.

Si punctum A trahatur à filis duobus AB, AC angulum BAC facientibus, fint-
que potentiæ trahentes ut filorum ipforum AB, AC longitudines multiplices
fecundùm numeros datos N & O; junčta vero BC dividatur in E, ut fit reci-
procè CE ad EB ficut numerus N ad O, & jungatur AE: dico filis AB,
AC ita trahentibus, æquipollere filum AE tračtum à potentia quæ fit ut longi-
tudo AE multiplex fecundùm numerum æqualem utrifque N & O.

PRODUCANTUR enim AB, AC ad F & G, ut fit AF multiplex AB fecundùm numerum N, & AG multiplex AC fecundùm numerum O; junctæque FG occurrat AE producta in H, & fint BK, CL parallelæ AH.

Quia ergo FH ad HK ut FA ad AB, hoc eft, ut numerus N ad unitatem; HK vero ad HL ut BE ad EC, hoc eft, ut numerus O ad numerum N: erit, in proportione turbata FH ad HL, ut numerus O ad unitatem, hoc eft ut GA ad AC, five ut GH ad HL. Itaque FH ad HL ut GH ad HL, ac proinde FH æqualis HG.

Sit jam AH continuata ufque in P, ut fint æquales AH, HP, & jungantur GP, FL: eritque FAGP parallelogrammum, ad cujus diametrum PA ducantur FQ, GR parallelæ BC. Manifeftum igitur eft fieri triangula fimilia & æqualia FPQ, GAR, quorum latera inter fe æqualia PQ, RA. Eft autem AE ad AR ut AC ad AG, hoc eft, ut unitas ad numerum O. Eadem verò

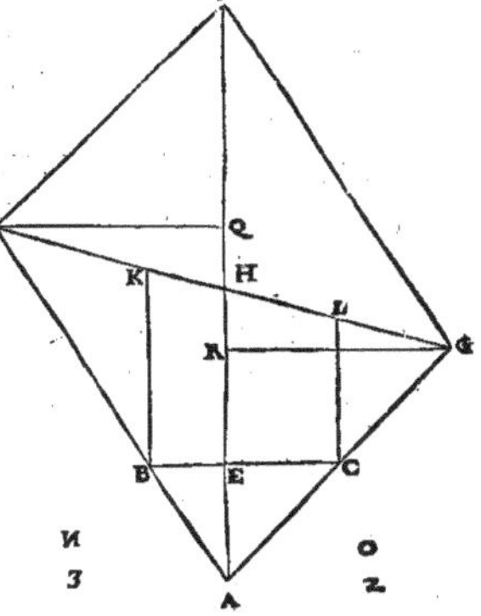

AE ad AQ ut AB ad AF, hoc eft, ut unitas ad numerum N. Ergo erit AE ad utramque fimul AQ, AR, five AQ, QP, hoc eft, ad AP, ut unitas ad utrumque fimul numerum N & O.

Cùm ergo potentiæ fila AB, AC trahentes, fint ut AF, AG, quibus æquipollet attractio per filum AE à potentia quæ fit ut AP, ex theoremate Mechanico fatis noto, manifefta eft propofiti veritas.

PROPOSITIO SECUNDA.

Datis positione quotlibet punctis; sive in eodem plano fuerint, sive non: si à puncto quod eorum commune est gravitatis centrum, ad unumquodque datorum fila extendantur, eaque singula trahantur à potentiis quæ sint inter se ut filorum longitudines, fiet aquilibrium manente nodo communi in dicto gravitatis centro.

SInt data puncta A, B, C, D, E, quæ vel in eodem plano vel aliter uteunque collocata intelligantur : attributâ autem singulis æquali gravitate, constat commune eorum gravitatis centrum inveniri hoc modo.

Jungantur nempe duo quælibet datorum punctorum rectâ A B, quâ bifariam sectâ in F, erit hoc centrum gravitatis punctorum A, B. Ducatur deinde ad punctum aliud C rectâ FC quæ secetur in G, ut sit CG dupla GF; &

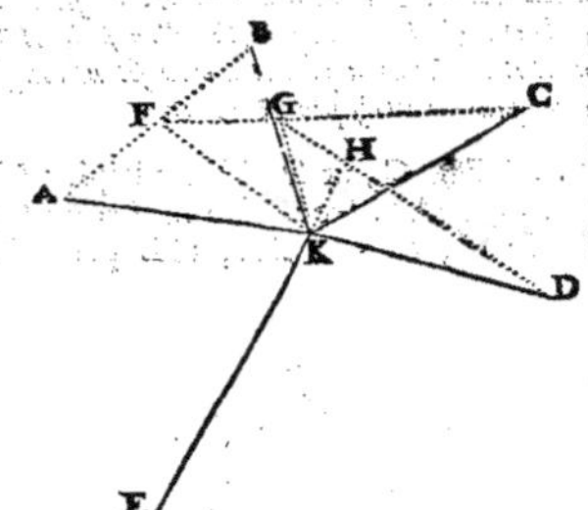

erit G centrum gravitatis punctorum trium A, B, C. Rursùs ducatur ad aliud punctum rectâ GD, seceturque in H, ut sit DH tripla HG, & fiet H centrum gravitatis punctorum quatuor A, B, C, D. Similiterque ductâ HE ad punctum quintum E, sectâque in K, ut KE sit quadrupla KH, erit K centrum gravitatis punctorum quinque A, B, C, D, E. Ac simili ratione quotcunque punctorum centrum gravitatis invenire licebit.

Porro extensis filis à puncto K ad A, B, C, D, E, quæ trahantur singula à potentiis quæ sint inter se ut ipsæ longitudines KA, KB, KC, KD, KE: dico fieri æquilibrium manente nodo communi in K. Ducantur enim à centris gravitatis inventis F, G, H, ad centrum gravitatis omnium punctorum K, rectæ FK, GK, HK. Itaque constat filis AK, BK, punctum K trahentibus cum potentiis quæ sint ut longitudines eorum filorum, æquipollere filum FK, tractum à potentia quæ sit ut dupla longitudo FK. Rursus verò duobus his filo FK trahenti cum potentia quæ sit ut dupla FK, & filo CK trahenti cum potentia quæ sit ut simplex longitudo CK, æquipollet filum GK tractum à potentia quæ sit ut tripla KG per præcedentem : ergo filum GK ita tractum æquipollet filis tribus KA, KB, KC. Similiter verò duobus his filo GK tracto à potentia quæ sit ut tripla GK, & filo DK tracto à potentia quæ sit ut simplex longitudo DK, æquipollet filum HK tractum à potentia quæ sit ut quadrupla HK. Ergo hoc æquipollet filis omnibus KA, KB, KC, KD, punctum K uti dictum est trahentibus. Atqui filo KH in directum opponitur filum KE tractum à potentia quæ est ut longitudo KE, id est ut quadrupla KH. Ergo cùm filis KE, KH in partes directè oppositas trahentibus cum potentiis æqualibus, punctum K necessario locum suum servaturum sit, sequitur & filis KA, KB, KC, KD, uti dictum est trahentibus, & ex alia parte filo KE nodum restare immotum. Quod erat demonstrandum.

Possunt autem & binorum quorumque punctorum centra gravitatis primò designati, & per hæc deinceps centra gravitatis quaternorum, & per hæc octonorum & sic porro; qua ratione simplicior plerumque efficitur demonstratio, ac præsertim si datorum punctorum numerus fuerit pariter par.

Ut si quatuor data fuerint A, B, C, D; sive in eodem plano, sive non : junctis AB, CD, divisisque bifariam in E & F; ductâque inde FE, quæ rursus bifariam secetur in G; constat G esse centrum gravitatis punctorum A, B, C, D. Quòd si jam nodus G trahatur filis G A, G B, G C, G D, à potentiis quæ sint inter se ut hæ ipsæ filorum longitudines; dico fieri æquilibrium.

Constat enim filis G A, G B, æquipollere filum G E tractum à potentia quæ sit ut dupla G E; filis vero G C, G D, æquipollere filum G F tractum à potentia quæ sit ut dupla G F. Cùm ergo G E, G F æquales sint, unamque lineam rectam efficiant, eodem modo nodus G trahitur, ac si traheretur à potentiis æqualibus per fila G E, G F. Unde immotum manere necesse est.

Constat verò si puncta A, B, C, D non sint in eodem plano, fore G centrum gravitatis pyramidis cujus anguli hæc ipsa quatuor puncta; cùm in omni pyramide idem sit centrum gravitatis ipsius solidi & quatuor punctorum angularium, uti ostendere facillimum est. Et hinc patet veritas theorematis Robervalliani, *si à centro gravitatis pyramydis fila tendantur ad quatuor angulos, quæ trahantur à potentiis quæ sint inter se ut filorum ipsorum longitudines, fieri æquilibrium, manente nodo in dicto gravitatis centro.*

NOUVELLE
FORCE MOUVANTE
PAR LE MOYEN
DE LA POUDRE A CANON
ET DE L'AIR.

IL y a long-temps qu'on a souhaité de pouvoir appliquer la force de la poudre à canon à d'autres usages qu'à ceux ausquels elle a servi jusqu'à présent, qui requierrent une violence très-soudaine, comme l'explosion du

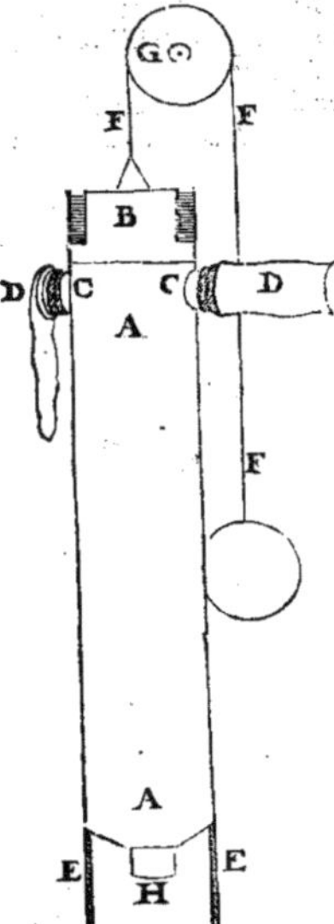

canon & du mousquet, & le jeu des mines. On voyoit que si cette impetuosité trop prompte pouvoit estre moderée & réduite à une force plus traitable, elle deviendroit utile dans tout le reste de la Méchanique, & serviroit en bien des occasions où l'on employe maintenant la force des hommes, des chevaux, du vent, & des autres puissances que nous avons. J'ay imaginé pour cet effet la machine que je represente icy, laquelle je ne propose pas comme estant dans la perfection qu'on pourroit souhaiter, mais comme une pensée, qui ayant réussi en partie, pourra estre poursuivie & peut-estre perfectionnée davantage par les avis de ceux de la Compagnie, après qu'ils auront esté informez des experiences que j'ay déja faites.

A A est un cylindre creux bien uni en dedans & d'une égale grosseur par tout. B est un piston au haut de ce cylindre, & qui peut couler dans le vuide A A. Aux endroits C C le cylindre est percé de deux ouvertures dont le diamétre a environ $\frac{1}{7}$ du diamétre du cylindre. Il y a des tuyaux D D d'un cuir mouillé & souple qui sont liez fermement à deux petites boëtes qui environnent ces ouvertures. L'un des tuyaux est représenté pendant, l'autre étendu. Au bas du cylindre il y a une petite boëte H, qui s'y attache à vis avec un cercle de cuir entre deux, afin de boucher exactement cette ouverture du cylindre. E E sont des liens qui tiennent le cylindre attaché par en bas à un chassis dans lequel il est enfermé, mais qui n'est point representé icy pour n'embarasser pas la figure. F F est la corde attachée au piston B, & qui passant par la poulie G, doit servir à mouvoir ce à quoy on l'applique.

Ayant versé un peu d'eau sur le piston qui doit estre arresté par en haut en sorte qu'il ne puisse point sortir du cylindre, on met dans la boëte H un peu de poudre à canon, avec un petit bout de meche d'Allemagne allumée, & on serre bien cette boëte par le moyen de sa vis. La poudre venant un
moment

moment aprés à s'allumer, remplit le cylindre de flame, & en chasse l'air par
les tuyaux de cuir CD, qui s'étendent, & qui sont aussi-tost refermez par
l'air de dehors : de sorte que le cylindre demeure vuide d'air, ou du moins
pour la plus grande partie. Ensuite le piston B est forcé par la pression de
l'air qui pese dessus, à descendre, & il tire ainsi la corde FF, & ce à quoy on
l'a voulu attacher.

La quantité de cette pression est connuë & déterminée par la pesanteur
de l'air & par la grandeur du diamétre du piston, qui estant d'un pied sera
pressé autant que s'il portoit le poids d'environ 1800 livres, supposé que le
cylindre fust tout à fait vuide d'air. Mais c'est ce que jusqu'icy je n'ay sçû ef-
fectuer, & mesme les expériences en grand & en petit n'ont pas reussi en ce
point de la mesme façon.

Dans un cylindre de 2½ pouces de diametre & de 20 pouces de long,
avec le poids de 6 grains de poudre il s'est vuidé les ⅘ parties de l'air. Dans
le cylindre de la mesme grosseur, mais de la longueur de 44 pouces, il a fallu
36 grains de poudre pour chasser les ⅘ de l'air. Et dans un cylindre d'un pied
de diametre & de 3½ pieds de haut une dragme & demie de poudre a chassé
la moitié de l'air, & en mettant deux fois autant de poudre, l'air ne s'est gueres mieux vuidé qu'auparavant.

Or cet air qui reste dans le cylindre empesche une grande partie de l'effet
que feroit cette machine si tout l'air se vuidoit parfaitement, comme il est aisé
de le concevoir ou mesme de le déterminer par le calcul. C'est pourquoy il
faudroit essayer quelle proportion entre la grosseur & la hauteur du cylindre
est la meilleure dans cette machine pour faire le plus de vuide avec le moins
de poudre ; car encore que tout le cylindre ne se vuide pas, la force de cette
pression ne laisse pas d'estre d'un grand effet.

Elle pourroit servir non seulement à élever toutes sortes de grands poids,
& des eaux pour des fontaines, mais aussi à jetter des boulets & des fléches
avec beaucoup de force, suivant la maniere des balistes des Anciens.

De plus, parce que le cylindre n'a pas besoin d'estre fort solide pour résister à la pression de l'air exterieur, car sa rondeur fait comme une espece de
voute, il est certain que toute la machine se peut faire bien legere ; & cette
legereté jointe avec la grande force qu'elle a, pourroit peut estre servir à des
effets que l'on a tenu impossibles jusqu'à present.

CONSTRUCTIO LOCI
AD HYPERBOLAM
PER ASYMPTOTOS.

IN æquatione loci ad hyperbolam, si neutra indeterminatarum linearum in seipsam ducta inveniatur, velut si sit $xy = bb$; vel $xy = cx. bb$; (literis x & y lineas indeterminatas AB, BC significantibus, quæ in dato angulo sibi mutuò sint applicatæ, quarumque altera, ut AB, positione data intelligitur, & in ea datum punctum A) constructio per asymptotorum inventionem facilè absolvitur, ut ostensum est à *Fl. de Beaune* in Notis ad Geometriam Cartesii. Cum verò habetur xx vel yy in æquatione, vel utrumque, nihilominus ad asymptotos rem deduci posse, & quidem breviùs quàm ad diametri laterumque recti & transversi inventionem, ostendemus hoc modo.

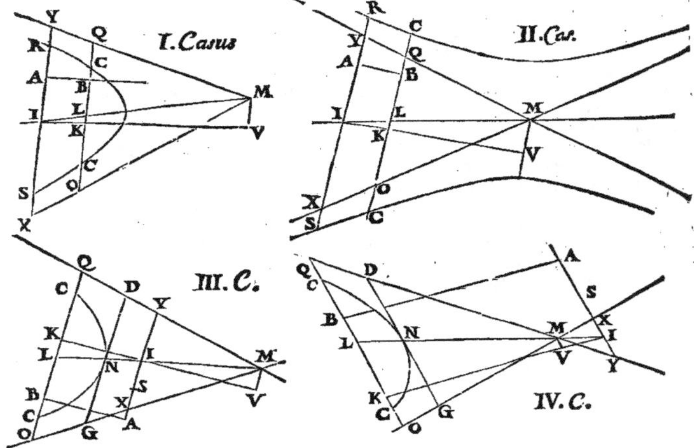

Sit æquatio ejusmodi reducta, $y = l. \dfrac{nx}{z} \sqrt{mm \, ox. + \dfrac{ppxx}{gg}}$; semper enim ad hos terminos reduci potest, nempe ut y altera linearum indeterminatarum, quæ applicata est ad positione datam, sola ab una parte æquationis habeatur, ab altera verò non plures termini quàm hîc inveniantur; nam sæpe pauciores etiam esse possunt, cùm soli necessarii sint $+ \dfrac{ppxx}{gg}$ cum alterutro horum mm vel ox.

Quum angulus ABC datus sit, ducatur per A punctum linea XY quæ sit rectæ BC parallela, & in ea accipiatur AI æqualis l, idque ad partes BC, si habeatur $+ l$ in æquatione, in contrarias verò si habeatur $- l$, & agatur I K parallela A B. Si verò non habeatur omnino l, recta I K in A B incidere intelligenda est.

Deinde sicut z ad n, quæ est ratio data, ita sit I K ad libitum sumpta, ad K L; quæ ipsi A I parallela ducenda est, sumendaque hoc pacto, ut puncta K L sita sint quo ordine A I, si habeatur $+ \frac{nx}{\chi}$, at contrà si habeatur $- \frac{nx}{\chi}$, & ducatur recta per I L; si verò desit $\frac{nx}{\chi}$, eadem est I L & I K.

Porro ut p ad g, ita sit $\frac{1}{2} o$ ad singulas I X, I Y sumendas in recta A I; atque ita quoque I X ad I V sumendam in I K ad partes A B si habeatur $- ox$, aut in contrarias si habeatur $+ ox$; & sit V M parallela A I, occurratque rectæ I L in M : erit jam M centrum hyperbolæ quæsitæ, asymptoti verò, rectæ per M X, M Y ductæ.

Si verò non habeatur ox in æquatione, erit I centrum hyperbolæ; sumptisque I X, I Y ad libitum sed inter se æqualibus, inventisque inde punctis V & M, ut ante, ducentur asymptoti per I parallelæ ipsis M X, M Y.

Jam porro si habeatur $+ mm$, puncta S & R, per quæ hyperbola vel oppositæ sectiones transire debent, invenientur sumendo in recta A I à puncto I, singulas I S, I R æquales m : unde jam hyperbola data erit ac describi poterit, in qua B C erit ordinatim applicata ad diametrum, si $\frac{\frac{1}{2}og}{p}$ major quàm m; sin verò $\frac{\frac{1}{2}og}{p}$ minor quàm m, erit B C parallela diametro hyperbolæ ad quam est C punctum, ut hîc casu secundo. Quòd si forte punctum S incidat in X, locus puncti C, erunt ipsæ asymptoti. Si verò non habeatur mm, erit ipsum I punctum in hyperbola quæsita.

At si habeatur $- mm$, accommodanda est intra angulum X M I recta G N parallela I X, quæque possit quadrata ab I X & I S, vel tantum ipsi I S æqualis, si non habeatur ox; eritque punctum N in hyperbola quæsita, quæ proinde rursus data erit.

Sumpta enim in casu primo A B $= x$ ad arbitrium, eique applicata B C $= y$ in angulo dato, quæ ad hyperbolam inventam terminetur, ostendendum sit quòd

$$y = l - \frac{nx}{\chi} + \sqrt{mm - ox + \frac{ppxx}{gg}}.$$

Demonstratio.

OCCURRAT BC utrinque si opus sit producta, asymptotis in O & Q. Ex constructione est I X vel I Y $= \frac{\frac{1}{2}og}{p}$, I V $= \frac{\frac{1}{2}ogg}{pp}$. Ratio verò data I K ad K L, eadem nempe quæ χ ad n. Sed & angulus I K L datus est. Ergo & ratio I K ad I L, quæ sit ea quæ χ ad a. Ergo quia ut I K ad I L ita I V ad I M, erit I M $= \frac{\frac{1}{2}aogg}{\chi pp}$. Ut autem I M ad I X, hoc est ut $\frac{\frac{1}{2}aogg}{\chi pp}$ ad $\frac{\frac{1}{2}go}{p}$, sive ut ag ad $p\chi$, ita M L, sive M I minùs I L, hoc est, $\frac{\frac{1}{2}aogg}{\chi pp}$ $- \frac{ax}{\chi}$ ad L O vel L Q; quæ itaque erit $\frac{\frac{1}{2}og}{p} - \frac{px}{g}$. Porro quia B K

MMmm ij

$= l$, & $LK = \frac{nx}{z}$, erit $BL = l - \frac{nx}{z}$; quâ ablatâ à $BC = y$, fit $LC = y - l + \frac{nx}{z}$. Propter hyberbolam verò erit rectangulum QCO æquale rectangulo YSX. Sed rectangulum QCO æquale est quadrato LO minus quadrato LC, hoc est quadrato ab $\frac{\frac{1}{2}go}{p} - \frac{px}{g}$ minùs quadrato ab $y - l + \frac{nx}{z}$: quorum quadratorum differentia est $\frac{\frac{1}{4}ggoo}{pp} - ox + \frac{ppxx}{gg} - yy + 2ly - ll + \frac{2nxy}{z} + \frac{2lnx}{z} - \frac{nnxx}{zz}$. Ergo hæc æquatur rectangulo YSX, hoc est quadrato IX minùs quadrato IS, hoc est $\frac{\frac{1}{4}ggoo}{pp} - mm$; quia $IX = \frac{\frac{1}{2}go}{p}$ & $IS = m$. In qua æquatione deleto utrinque $\frac{\frac{1}{4}ggoo}{pp}$, invenietur $y = l - \frac{nx}{z} + \sqrt{mm - ox + \frac{ppxx}{gg}}$, ut oportebat.

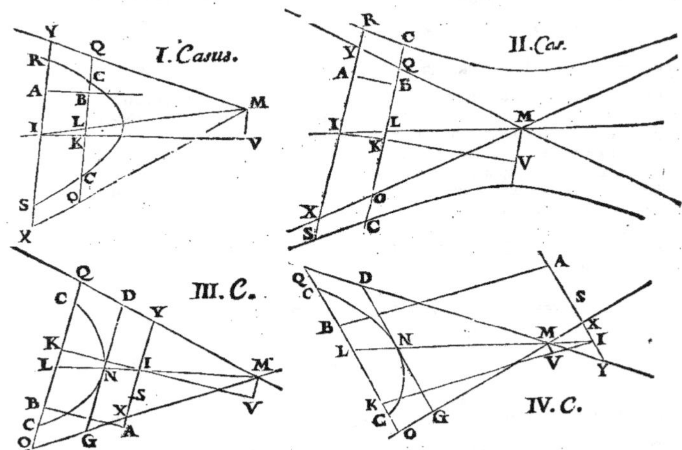

In secundo casu rectangulum QCO æquatur quadrato LC minus quadrato LO; & rectangulum YSX quadrato IS minus quadrato IX. Unde rursùs valor Y idem qui casu primo invenietur.

Sit tertius casus quo habeatur $- mm$, sitque æquatio $y = l - \frac{nx}{z} + \sqrt{-mm + ox + \frac{ppxx}{gg}}$, producta GN occurrat alteri asymptoto in D. Hîc jam eadem ratione qua prius, apparebit LO vel LQ esse $\frac{\frac{1}{2}go}{p} +$

$+ \frac{px}{g}$, & $LC = y + \frac{nx}{z} - l$. Et propter hyperbolam erit rectangulum $QCO =$ rectangulo DNG seu quadrato NG, hoc est $\frac{\frac{1}{4}ggoo}{pp} + mm$, quia $XI = \frac{\frac{1}{2}go}{p}$, & $IS = m$, quorum quadratis æquale fecimus quadratum GN. Rectangulum autem QCO æquatur quadrato LO minus quadrato LC, hoc est $\frac{\frac{1}{4}ggoo}{pp} + ox + \frac{ppxx}{gg} - yy - \frac{2nxy}{z} - \frac{nnxx}{zz} + 2ly + \frac{2nlx}{z} - ll$. Ergo hoc æquale $\frac{\frac{1}{4}ggoo}{pp} + mm$. In qua æquatione deleto rursus utrinque $\frac{\frac{1}{4}ggoo}{pp}$, invenitur $y = l - \frac{nx}{z} + \sqrt{-mm + ox + \frac{ppxx}{gg}}$. Eademque est demonstrandi ratio in casu quarto, & aliis quibusvis, habita ratione signorum $+$ & $-$.

Cum non habetur $\frac{nx}{z}$ in æquatione, puncta M & V unum sunt, tunc verò si $p = g$, hoc est si habeatur $+ xx$ pro $\frac{ppxx}{gg}$, erunt semper asymptoti sibi mutuò ad angulos rectos, quia ut p ad g, ita fecimus $\frac{1}{2}o$ ad IX & ad IY, & ita IX ad IV; fiunt enim jam æquales IX, IY, IV, & singulæ $= \frac{1}{2}o$, unde punctum V est in semicirculo super XY & proinde angulus XVY rectus. Item quia $IM = \frac{\frac{1}{2}aogg}{zpp}$, patet quod si $ag = zp$, hoc est si g ad p ut z ad a, tunc erit $IM = \frac{\frac{1}{2}og}{p}$, ac proinde æqualis ipsi IX & IY quæ etiam erant $\frac{1}{2}og{p}$. Adeoque hoc casu erunt asymptoti sibi mutuo ad angulos rectos; cùm rursus punctum M sit futurum in circumferentia circuli descripti super XY centro I.

DEMONSTRATIO
REGULÆ
DE
MAXIMIS ET MINIMIS.

AD investiganda Maxima & Minima in Geometricis quæstionibus, regulam certam primus, quod sciam, Fermatius adhibuit: cujus originem ab ipso non traditam cùm exquirerem, inveni simul quo pacto ea ipsa regula ad mirabilem brevitatem perduci posset, utque inde eadem illa existeret quam postea vir amplissimus Joh. Huddenius dederat, tanquam partem regulæ suæ generalioris atque elegantissimæ, quæ ab alio prorsùs principio pendet. Hæc à Fr. Schotenio edita est unà cum Cartesianis de Geometria libris. Fermatianæ autem regulæ examen quod institui est hujusmodi.

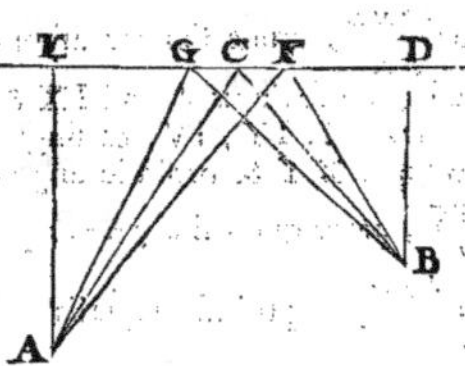

Quoties Maximum aut Minimum in problemate aliquo determinandum proponitur, certum est utrinque æqualitatis casum existere: ut si data sit positione recta E D & puncta A, B, oporteatque invenire in E D punctum C, unde ductis C A, C B, quadrata earum simul sumpta, sint minima quæ esse possint; necesse est ab utraque parte puncti C, esse puncta G & F, à quibus ducendo rectas G A, G B; F A, F B oriatur summa quadratorum G A, G B æqualis summæ quadratorum F A, F B, & utraque summa major quadratis C A, C B simul sumptis.

Ut igitur inveniam punctum C, unde ductis C A, C B fiat summa quadratorum ab ipsis omnium minima; ductis A E, B D perpendicularibus in E D, quarum A E dicatur a; B D, b; intervallum verò E D, c: fingo primùm G F, differentiam duarum E G, E F æqualem datæ lineæ quæ vocetur e; & quæro quanta futura sit E G, quam appello x, ut quadrata G A, G B simul sumpta æquentur quadratis F A, F B.

Itaque quia A E $= a$, & E G $= x$, erit quadratum A G $= aa + xx$. Et quia G D $= c - x$, & D B $= b$, erit quadratum G B $= bb + cc - 2cx + xx$, unde quadrata A G, G B simul sumpta fient $= aa + bb + cc - 2cx + 2xx$, qui dicantur termini priores; idque similiter in quovis alio problemate intelligendum, ubi maximum aut minimum inquiritur. Rursus autem quia E F $= x + e$, si ubique in summa quadratorum inventa substituam $x + e$ pro x, & quadratum ab $x + e$ pro xx, atque ita deinceps si altior potestas ipsius x reperiatur, certum est exorituram summam quadratorum F A, F B; quæ quidem erit $aa + bb + cc - 2cx - 2ce + 2xx + 4ex + 2ee$, æquanda summæ quadratorum A G, G B; dicantur autem hi termini posteriores.

Itaque erit $aa + bb + cc - 2cx + 2xx = aa + bb + cc - 2cx - 2ce + 2xx + 4ex + 2ee$. Ex qua æquatione prodibit valor E G sive x, quando G F sive e certæ magnitudinis lineam refert.

Ponendo autem e infinitè parvam, apparebit ex eadem æquatione quanta futura sit E G, cùm ipsi E F æqualis est, adeoque habebitur determinatio quæ-

fita puncti C, unde ductæ C A, C B faciant fummam quadratorum minimam;
nempe fublatis primùm, fi quæ funt, fractionibus, (quæ in hoc exemplo
nullæ funt) delentur termini qui utrinque iidem habentur, quales funt neceffariò omnes quibus litera e admixta non eft; idque facile eft intelligere,
cùm dixerimus pofteriores terminos ex prioribus defcribi, ponendo $x + e$
vel poteftatem ejus, quoties invenitur x vel poteftas ejus aliqua in prioribus.
Deinde omnes termini per e dividuntur, quibufque poft eam divifionem adhuc unum e aut plura ineffe invenientur, ii delentur, quippe cùm quantitates infinitè parvas contineant refpectu cæterorum terminorum quibus nullum
ampliùs ineft e. Ex quibus denique folis invenitur quantitas x quæfita in cafu
determinationis propofito; & hæc eft ratio methodi Fermatianæ, quâ in compendium redactâ hanc aliam inveni, cujus partes duæ funt. Nam primò,

   Quando termini, quos maximum aut minimum defignare volumus, nul- "
lam fractionem habent, in cujus denominatore quantitas incognita quæfita "
continetur; multiplicandus eft terminus quifque per numerum dimenfionum "
quem in illo habet quantitas incognita, omiffis terminis iis in quibus inco- "
gnita quantitas non reperitur; omniaque illa producta æquanda nihilo. "

  Ita in exemplo propofito, ubi termini priores inventi funt $aa + bb$
$+ cc — 2cx + 2xx$, fummam duorum quadratorum continentes, quam
volo effe minimam; tantummodo hujufmodi inftituenda erit multiplicatio,

$$\begin{array}{ccccc} aa + bb + cc & — & 2cx & + & 2xx \\ & & 1 & & 2 \end{array}$$

Ex qua orientur termini æquandi nihilo $— 2cx + 4xx = 0;$

     Unde fit $\qquad \frac{1}{2}c = x.$

Ita quoque fi priores termini fint $\qquad 3ax^3 — bx^3 — \dfrac{2bba^2}{3c}x + aab,$

multiplicatio erit hujufmodi $\qquad\quad 3 \qquad\quad 3 \qquad\quad 1.$

Unde termini æquandi nihilo $\quad 9ax^3 — 3bx^3 — \dfrac{2bba^2}{3c}x = 0$

$$9axx — 3bxx — \frac{2bba^2}{3c} = 0.$$

  Hujus compendii ratio ut intelligatur, fciendum primò, quoniam termini pofteriores ex prioribus defcribuntur, ponendo tantum ubique $x + e$ pro
x, neceffariò omnes terminos priores etiam in pofterioribus reperiti; ideoque illos nihil opus effe defcribi, cùm utrobique mox delendi forent, atque
adeo illos tantùm fcribendos in quibus unum e vel plura infunt, ut in exemplo
noftro $— 2ce + 4ex + 2ee$; eofque æquandos nihilo. Sed etiam illos
quibus plura quàm unum e inerunt, fcribi fruftra apparet, cùm divifione facta
per e delendos poftea conftet, ut paulò ante diximus. Itaque nulli præterea
ab initio defcribendi inter terminos pofteriores quàm quibus inerit e fimplex.

  Hi autem termini ex terminis prioribus facilè deducuntur, cum conftet
nihil aliud effe quàm fecundos terminos poteftatum ab $x + e$, quia cæteri
omnes plura quàm unum e vel nullum habent. Adeo ut ubicunque in prioribus terminis habetur x, fcribendum fit in pofterioribus $x + e$; & ubi habetur xx in prioribus, ponendum $2ex$ in pofterioribus; & ubi x^3 in prioribus, in pofterioribus $3exx$, atque ita deinceps. Dicti autem termini fecundi cujufque poteftatis $x + e$ ex ipfa poteftate x facilè defcribuntur mutando
unum x in e, & præponendo numerum dimenfionum ipfius x, ita enim

ab xx fit $2ex$, & ab x^3, $3exx$; atque in cæteris pari modo. Itaque ex terminis prioribus in quibus x, quos solos considerandos esse patuit, facilè etiam termini posteriores, ii quos nihilo adæquandos diximus, describuntur; multiplicando tantùm singulos in numerum dimensionum quas in ipsis habet x. Nam mutare unum x in e nequidem opus est, cùm eòdem redeat, sive omnes postea per e sive per x dividantur, & ex his quidem aperta est ratio compendii ad primam partem regulæ pertinentis: nunc ad alteram veniamus quæ est hujusmodi.

" Si termini quos maximum aut minimum designare volumus fractiones ha-
" beant in quarum denominatore occurrat quantitas incognita, delendæ pri-
" mùm sunt quantitates cognitæ si quæ adsint; deinde si reliquæ quantitates
" non habeant eundem denominatorem, eò reducendæ sunt. Tum termini sin-
" guli numeratorem fractionis constituentes, ducendi in terminos singulos de-
" nominatoris, productaque singula multipla sumenda secundùm numerum quo
" dimensiones quantitatis incognitæ in termino numeratoris differunt à dimen-
" sionibus ejusdem incognitæ quantitatis in termino denominatoris. Signa au-
" tem affectionis productis singulis præponenda qualia lex multiplicationis exi-
" git, quoties dimensiones quantitatis incognitæ plures sunt in termino nume-
" ratoris quàm in termino denominatoris: at quoties contrà evenit, contraria
" quoque signa productis præponenda; quæ denique omnia æquanda nihilo.

Sint, exempli gratiâ, inventi termini priores, quos maximum designare velimus, isti $\dfrac{bx^3 - ccxx - 2bccx}{bcc + x^3}$, ubi nulla est quantitas cognita. Híc ergo, secundùm regulam, multiplico terminos omnes numeratoris primùm per bcc, priorisque producti ex bx^3 in bcc, scribo triplum, quia bx^3 habet tres-dimensiones quantitatis incognitæ x, bcc verò nullam. Secundi producti ex $- ccxx$ in bcc scribo duplum, propterea quod in $- ccxx$ duæ sunt dimensiones x, & in bcc nulla. Tertium verò productum ex $- 2bccx$ in bcc scribo simplex, quia in $- 2bccx$ & bcc differentia dimensionum x est unitas. Tribus autem hisce productis vera signa affectionis adscribo, quoniam dimensiones x in terminis numeratoris excedunt eas quæ in termino bcc, quippe quæ nullæ sunt, ita ut tria hæc producta sint

$$3bbccx^3 - 2bc^4xx - 2bbc^4x.$$

Jam porrò terminos omnes eosdem numeratoris duco in x^3 terminum alterum denominatoris, primumque productum ex bx^3 in x^3 scribere omitto, sive per o multiplico, quoniam eædem dimensiones utrobique sunt ipsius x, ideoque differentia nulla. Secundum autem productum ex $- ccxx$ in x^3 scribo simplex, quia in his terminis differentia dimensionum x est unitas. At tertium productum ex $- 2bccx$ in x^3 scribo duplum, quia differentia dimensionum x in his est 2. Signa verò affectionis productis hisce duobus adscribo contraria iis quæ requireret lex multiplicationis, eo quòd dimensiones x pauciores sunt utrobique in terminis numeratoris quàm in x^3, termino denominatoris.

Itaque producta bina erunt hæc $+ ccx^5 + 4bccx^4$;
quæ addita tribus præcedentibus

$$+ 3bbccx^3 - 2bc^4xx - 2bbc^4x,$$

faciunt summam æquandam nihilo

$$ccx^5 + 4bccx^4 + 3bbccx^3 - 2bc^4xx - 2bbc^4x = 0;$$

qua æquatione divisa per $ccbx + ccxx$, fit $x^3 + 3bxx - 2bcc = 0$.

Quomodo autem ad hæc perventum sit uno exemplo rursùs explicabimus, ex quo eandem in omnibus cæteris rationem esse intelligetur. Videamus igitur
priores

priores terminos quos modò proposueram, nempe $\dfrac{bx^3 - ccxx - 2bccx}{bcc + x^3}$;
ex quibus si alios quibuscum eos comparem, ut initio factum est, describere
velim, ponendo ubique $x + e$ ubi est x; video quidem primò omnes illos
in posterioribus terminis posse negligi in quibus plura quàm unum e inerit,
quia semper ex iis quantitates orientur in quibus plura uno e inerunt, quæque proinde delendæ tandem erunt, ob causam in superioribus traditam.

Itaque erunt termini priores   æquandi posterioribus

$$\dfrac{bx^3 - ccxx - 2bccx}{bcc + x^3} = \dfrac{bx^3 - ccxx - 2bccx,\ +3bexx - 2ccex - 2bcce}{bcc + x^3 + 3exx}$$

qui nempe ex prioribus hac lege descripti sunt, ut ubicunque est x vel potestas ejus in prioribus, ibi ponatur $x + e$ vel potestatis $x + e$ duo priores termini; quoniam scimus in cæteris plura quàm unum e contineri.

Jam verò porro, quia termini in quibus nullum e in numeratore ac denominatore priorum ac posteriorum terminorum, iidem planè reperiuntur,
patet multiplicationes alternas eorum terminorum denominatoris in terminos
numeratoris partis alterius e carentes, omitti posse, cùm quantitates inde
ortæ eædem utrinque essent futuræ, ideoque delendæ. Quare in terminis posterioribus ii tantùm ab initio scribendi erant in quibus unum e, omissis omnibus reliquis, Ut æquatio hîc futura sit ista

$$\dfrac{bx^3 - ccxx - 2bccx}{bcc + x^3} = \dfrac{3bexx - 2ccex - 2bcce}{3exx}$$

Hîc jam multiplicationes alternæ per denominatores instituendæ essent ad
tollendas fractiones. Verùm examinando diligentiùs quænam futura sint harum multiplicationum producta, aliud adhuc compendium inveniemus, &
hæc scribendos quidem omnino esse terminos posteriores: quia enim describuntur ex prioribus mutato x in e, præpositoque numero dimensionum ipsius x, non difficile est colligere ex solis terminis prioribus quænam futura
sint ista omnia producta.

Ita quoniam propter $- ccxx$ in prioribus, habetur $- 2ccex$ in posterioribus; & propter x^3 in denominatore priorum, in posteriorum denominatore est $3exx$; facile perspicitur utraque producta ex $- ccxx$ in $3exx$
& ex $- 2ccex$ in x^3, quæ sunt $- 3ccex4$ & $- 2ccex4$, easdem literas habitura, sed diversos numeros præpositos 3 & 2, idque inde fieri quòd
in termino $ccxx$ unam dimensionem minùs habeat x quàm in termino x^3.
Itaque & auferendo postea ex utraque parte æquationis, $- 2ccex4$, apparet
superfuturum $- ccex4$ à parte terminorum priorum. Quare ab initio hoc
sciri potest, multiplicando tantùm in terminis prioribus $- ccxx$ numeratoris in x^3 denominatoris, unumque x in e mutando, ac productum simplex
scribendo; quia differentia dimensionum x in istis duobus terminis est unitas.

Eadem ratione producta ex $- 2bccx$ in $3exx$, & ex $- 2bcce$ in x^3,
quæ easdem literas habent, sunt enim $- 6bccex^3$ & $- 2bccex^3$, habebunt numeros præpositos diversos, propterea quod in $- 2bccx$ una tantum est dimensio x; at in x^3 tres, unde ablato ex utraque parte æquationis
$- 2bccex^3$, scio superfuturum à parte terminorum priorum $- 4bccex^3$;
quod rursus ab initio cognosci potuit, quia eadem quantitas oritur, multiplicando $- 2bccx$ numeratoris terminorum priorum, in x^3 denominatoris,
mutandoque unum x in e, & productum multiplicando per 2, quæ est differentia dimensionum x in terminis $- 2bccx$ & x^3.

At quoniam in bx^3 & in x^3 eadem est dimensio x, sequetur producta ex bx^3 in $3exx$, & ex $3bexx$ in x^3, tum literas easdem, tum eosdem numeros præpositos habitura, ideoque sese mutuo sublatura, ut proinde multiplicatio illa omitti possit.

Atque hujusmodi animadversionibus inventum est quod in regula præcipitur, terminos singulos numeratoris in singulos denominatoris terminos esse ducendos, productaque quælibet multipla sumenda secundùm differentiam dimensionum quantitatis incognitæ in terminis binis qui in se mutuò ducuntur. Nam quod non præcipitur unum x in e mutandum, id hanc rationem habet, quod non referat utrum postea per e an per x omnes termini dividantur.

Quòd verò si signa affectionis vera productis singulis præponenda dicuntur, quoties dimensiones x plures sunt in numeratore quàm in denominatore, id quoque ex jam dictis intelligetur; uti consequenter etiam hoc quòd contraria signa sunt adponenda, quoties dimensionum numerus contrà se habet. Velut hîc, productum ex bx^3 in bcc scribendum est cum signo —— præposito numero 3, ut fiat —— $3bbccx^3$, quia nempe propter bx^3 scimus in posterioribus terminis fore $3bexx$; quod ductum in bcc faciet $+ 3bbccexx$, sed translatum in partem priorem æquationis, fiet —— $3bbccexx$; sive, non mutato x in e, —— $3bbccx^3$.

Quod denique in regulâ habetur, quoties in prioribus terminis priusquàm ad eundem denominatorem reducantur, quantitates cognitæ occurrunt eas primum omnium delendas, id ex hoc sequenti exemplo intelligetur rectè præcipi. Sint enim reperti termini priores, quos maximum aut minimum designare oporteat, isti $\dfrac{x^3}{2a - x} - 2vx + xx + vv$; ubi vv quantitatem cognitam significet: id igitur delendum esse ut appareat, videamus quid futurum sit si non deleatur. Nempe ut ad eundem denominatorem cum cæteris omnibus reducatur, ducendum erit vv in $2a - x$, fietque inde $\dfrac{2avv - xvv}{2a - x}$ in terminis prioribus. Propter quos in terminis posterioribus, secundùm superiùs explicata, scribetur $\dfrac{- evv}{- e}$, adeoque multiplicatione alternatim utrinque per denominatores instituta, ducendum erit hinc $2a - x$ in —— evv; inde —— e in $2avv - xvv$. Ex quibus multiplicationibus eosdem utrinque terminos oriri necesse est, cum utrobique eadem hæc tria in se mutuò ducantur $2a - x$ in —— e in vv, qui proinde termini se se mutuò sublaturi essent, eoque frustra scriberentur; ac proinde liquet tutò deleri posse ab initio quantitatem vv, idemque quod in hoc exemplo accidit, necessariò quoque in quibuslibet aliis contingere, diligenter intuenti manifestum erit.

REGULA
ad inveniendas Tangentes linearum curvarum.

IDEM Fermatius linearum curvarum Tangentes regulâ sibi peculiari inquirebat, quam Cartesius suspicabatur non satis ipsum intelligere quo fundamento niteretur, ut ex epistolis ejus hac de re scriptis apparet. Sanè in Fermatii operibus post mortem editis, nec bene expositus est regulæ usus, nec demonstrationem ullam adjectam habet. Cartesium verò in his quas dixi literis, rationem ejus aliquatenus assecutum invenio, nec tamen tam perspicuè eam explicuisse quàm per hæc quæ nunc trademus fiet, quæ jam olim, multò ante istas literas vulgatas conscripsimus.

Præcipuum verò operæ pretium tunc fuit compendiosa hujusce regulæ contractio, quam, quoad potui, prosecutus, tandem in ipsas illas insignes Huddenii, Slusiique regulas desinere inveni, quas mihi Viri hi Clarissimi uterque fere eodem tempore exhibuerant: an vero hac eadem viâ an aliâ in illas inciderint nondum mihi compertum.

Sit data linea curva ut B C, quæ cognitam relationem habeat ad rectam aliquam positione datam AF; ac proinde applicatâ è puncto quolibet curvæ, ut B, rectâ BF, in dato angulo BFA, datoque in recta AF puncto A, certâ æquatione relatio quæ est inter AF & FB expressa habeatur. Exempli gratiâ, appellando AF, x; FB, y, sit æquatio $x^3 = x y a - y^3$, ubi a lineam quandam datam significare censenda est.

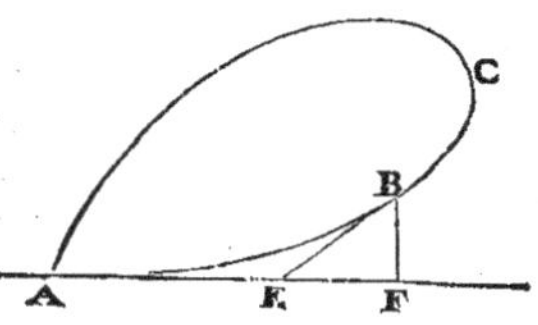

Quòd si jam ad punctum B tangens ducenda sit B E, quæ occurrat rectæ A F in E, voceturque F E, z, ejus longitudo per hanc regulam Fermatianæ regulæ compendiariam, invenietur, ex sola æquatione data.

Translatis terminis omnibus æquationis datæ ad unam æquationis partem, qui proinde æquales fiunt nihilo, multiplicentur primò termini singuli, in quibus reperitur y, per numerum dimensionum quas in ipsis habet y, atque ea erit quantitas dividenda. Deinde similiter termini singuli in quibus x, multiplicentur per numerum dimensionum quas in ipsis habet x, & è singulis unum x tollatur; atque hæc quantitas pro divisore erit subscribenda quantitati dividendæ jam inventæ. Quo facto habebitur quantitas æqualis z sive F E. Signa autem $+$ & $-$ eadem ubique retinenda sunt; atque etiam si forte quantitas divisoris, vel dividenda, vel utraque minor nihilo sive negata sit, tamen tanquam adfirmatæ sunt considerandæ: hoc tantùm observando, ut cùm altera adfirmata est, altera negata, tunc F E sumatur versùs punctum A, cùm verò utraque vel affirmata est vel negata, ut tunc sumatur F E in partem contrariam.

In curvâ proposita cujus æquatio $x^3 + y^3 - a x y = 0$, fiet secundum hanc regulam dividenda quantitas $3 y^3 - a x y$, divisor verò $3 x x - a y$; ideoque $z = \dfrac{3 y^3 - a x y}{3 x x - a y}$, quæ est longitudo cognita, cùm dentur x, y & a.

Esto item alia curva A B H, cujus æquatio $a x x - x^3 - q q y = 0$, posito scilicet a & q esse lineas datas, AF verò $= x$, FB $= y$. Sit B E tangens, & F E dicatur ut ante, z. Hîc fiet secundùm regulam, dividenda quantitas $- q q y$; divisor autem $2 a x - 3 x x$; unde $z = \dfrac{- q q y}{2 a x - 3 x x}$.

Ubi cum dividenda quantitas sit negata, si fuerit etiam divisor minor nihilo, hoc est si $2 a$ minor quàm $3 x$, erit z sive $f e$ sumenda in partem ab A aversam. Si verò $2 a$ major quàm $3 x$, sumenda erit F E versùs A, ex præcepto regulæ.

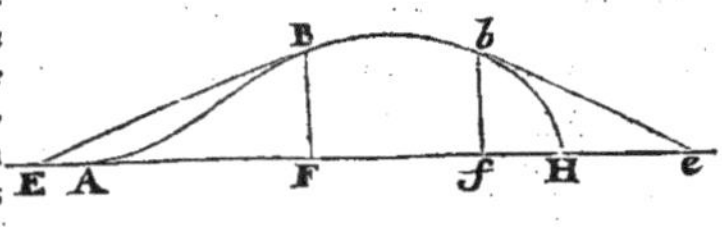

Horum vero rationem, ipsiusque regulæ & compendii quò reducta est, originem ut explicemus, proponatur ut ante curva B C, ad cujus punctum B tangens ducenda sit.

Intelligatur primùm recta E B D, quæ non tangat curvam sed eam secet in B, atque item in alio puncto D, ipsi B proximo; rectæ autem A G occurrat in E; & ab utrifque punctis B, D ducantur ad rectam A G, iifdem angulis inclinatæ B F, D G; & fit A F $= x$, F B $= y$, ficut antea; ponaturque etiam F G data effe, quæ fit e, quæraturque F E $= z$.

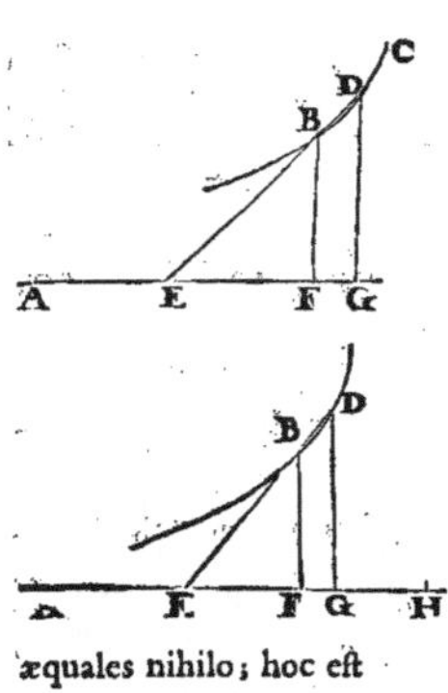

Eft itaque ficut E F ad F B, hoc eft, ficut z ad y, ita E G, hoc eft, $z + e$ ad G D; quæ erit $y + \frac{ey}{z}$; & hoc quidem in qualibet curva ita fe habere manifeftum eft.

Nunc porro confideretur æquatio naturam curvæ continens, ex. gr. illa fuperiùs propofita $x^3 + y^3 - xya = o$, ubi a rectam longitudine datam, velut A H fignificabat; & patet, cùm punctum D in curva ponatur, debere eodem modo duas A G, G D, hoc eft $x + e$ & $y + \frac{ey}{z}$ ad fe mutuò referri atque A F, F B, hoc eft x & y. Nempe fi in æquatione propofita pro x fubftituatur ubique $x + e$, & pro y, ubique $y + \frac{ey}{z}$, debebit æquatio hinc formata terminos omnes habere æquales nihilo; hoc eft

$$x^3 + [3exx] + 3eex + e^3, + y^3 + \left[\frac{3ey^3}{z}\right] + \frac{3eey^3}{zz} + \frac{e^3y^3}{z^3}$$
$$- axy - [aey] - \left[\frac{aeyx}{z}\right] - \frac{aeey}{z} = o.$$

In hac autem æquatione conftat neceffariò terminos prioris æquationis, ex qua formata eft, contineri debere, nempe $x^3 + y^3 - axy$: qui cùm fint æquales nihilo ex proprietate curvæ, idcirco his in æquatione deletis, neceffe eft etiam reliquos nihilo æquari, in quibus fingulis manifeftum quoque eft vel unum e vel plura reperiri, ideoque omnes per e dividi poffe. Qui autem poft hanc divifionem non ampliùs habebunt e, eos, neglectis reliquis, fcio nihilò æquari debere, quantitatemque lineæ z five F E oftenfuros; fi nempe B E jam tanquam tangens confideretur, ideoque F G, feu e, infinitè parva. Nam termini in quibus adhuc e fupereft, etiam quantitates infinitè parvas five omnino evanefcentes continebunt. Et his quidem hactenus Fermatianæ regulæ origo ac ratio declaratur: nunc porro oftendemus quomodo eadem ad tantam brevitatem perducta fit. Video itaque ex æquatione totâ noviffimâ, tantùm eos terminos fcribi neceffe effe quibus ineft e fimplex, velut hic $3exx + \frac{3ey^3}{z} - aey - \frac{aeyx}{z} = o$. Qui termini quomodo facili negotio ex datis æquationis terminis $x^3 + y^3 - axy = o$, defcribi poffint, deinceps explicandum. Et primò quidem apparet $3exx + \frac{3ey^3}{z}$ nihil aliud effe quàm fecundos terminos cuborum ab $x + e$ & ab $y + \frac{ey}{z}$ ideo fcriptos quia in æquatione habentur cubi ab x & y. Nam reliqui omnes termini cuborum, ut & quarumvis aliarum poteftatum ab $x + e$, & ab $y + \frac{ey}{z}$, vel plura quàm unum e habent, vel nullum; ideoque, ut jam diximus,

mus, frustra scriberentur. Eâdem itaque ratione, si aliæ potestates ab x vel y essent in æquatione propositæ, scribendi forent in æquatione alterâ termini secundi tantùm similium potestatum ab $x + e$ & ab $y + \frac{ey}{z}$. Notandumque secundos hosce terminos, ex ipsis datis potestatibus ab x & y, certa ratione confici; nempe ex potestate quavis x, velut x^3, mutando unum x in e, & præponendo numerum dimensionum ipsius x: ita hîc sit $3exx$. Ex potestate y verò ducendo eam in $\frac{e}{z}$ præponendoque similiter numerum dimensionum ipsius y: ita hîc ab y^3 sit $\frac{3y^3e}{z}$. Quorum quidem rationem ex potestatum formatione intelligere facillimum est.

Porro propter xy in termino æquationis $- axy$, facile quoque apparet quid in æquatione secunda scribendum sit. Cùm enim substituendum sit pro xy productum ab $x + e$ in $y + \frac{ey}{z}$, sed ea tantùm scribenda in quibus unum e, ideo de duobus $x + e$ tantùm e ducemus in y, & tantùm x in $\frac{ey}{z}$; adeoque fient $ey + \frac{exy}{z}$; quibus in a ductis, præpositoque signo $-$, quia habetur $- axy$, existet $- aey - \frac{aexy}{z}$, sicut suprà.

Sic quoque si in æquatione proposita haberetur xxy^3; sumerem propter xx duos priores terminos quadrati ab $x + e$, nempe $xx + 2ex$; & propter y^3 duos priores terminos cubi ab $y + \frac{ey}{z}$, nempe $y^3 + \frac{3ey^3}{z}$; quorum productum pro xxy^3 surrogandum. Sed etiam hîc de duobus $xx + 2ex$ tantùm xx ducendum in $\frac{3ey^3}{z}$, tantúmque $2ex$ in y^3 (nam cætera vel plura quàm unum e vel nullum haberent) adeo ut fiat $\frac{3exxy^3}{z} + 2exy^3$.

Atque ex his animadvertere licet, semper utrumque horum terminorum describi posse ex dato termino, qui hic xxy^3, alterum quidem mutato uno x in e, & præponendo numerum dimensionum ipsius; ita enim fit $2exy^3$: alterum verò ducendo datum terminum in $\frac{e}{z}$, præponendoque similiter numerum dimensionum ipsius y; ita enim fit $\frac{3exxy^3}{z}$. Cumque hac eadem immutatione, paulo ante, etiam secundos terminos potestatum ab $x + e$ & ab $y + \frac{ey}{z}$ ex potestatibus x & y æquationis datæ describi ostensum sit, manifestum jam est à singulis terminis æquationis datæ, in quibus x vel potestas ejus, describi prædictâ methodo in secunda æquatione totidem terminos in quibus non est z; à singulis verò in quibus y vel potestas ejus, describi totidem terminos, dictâ etiam methodo, quarum fractionis denominator sit z; nec alibi hanc literam in secunda æquatione repertum iri.

Hoc igitur cognito, quo pacto ex æquatione quavis proposita, velut hîc $x^3 + y^3 - axy = o$, alia describenda sit, ut hîc $3exx + \frac{3ey^3}{z} - aey - \frac{aeyx}{z} = o$, animadverto porro, si termini divisi per z ad alteram partem æquationis transferantur, ductifque omnibus in z, divifio deinde fiat per terminos in quibus initio non erat z, exiftere tunc ipfam quantitatem z ab una æquationis parte; uti hîc fiet $z = -\dfrac{3ey^3 + aeyx}{3exx - aey}$. Atque hinc intelligo ad confequendam quantitatem z, ponendos tantùm eos terminos æquationis fecundæ, qui defcripti funt ex terminis æquationis primæ in quibus y, fublato tantùm denominatore z, mutatifque fignis $+$ & $-$. Deinde dividendo iftos terminos per eos qui defcripti funt ex terminis æquationis primæ in quibus x. Porro ex omnibus, tam divifis quàm dividentibus, patet rejici poffe e, adeo ut in hoc exemplo fiat $z = -\dfrac{3y^3 + ayx}{3xx - ay}$. Itaque rejicitur $\dfrac{e}{z}$ ex terminis qui defcripti funt ab iis qui habent y. Sic autem defcriptos eos fuperiùs diximus ut ducerentur in idem $\dfrac{e}{z}$, præponereturque numerus dimenfionum y. Itaque nihil requiri apparet ad terminos hofce (quatenus ad definiendam quantitatem z hîc adhibentur) ex terminis æquationis primæ, in quibus y, defcribendos, quàm ut præponamus tantùm iis numerum dimenfionum quas in ipfis habet y, fignaque $+$ & $-$ invertamus. Sic nempe ab $y^3 - axy$, defcribetur $-3y^3 + axy$. A terminis vero qui defcripti funt à terminis æquationis primæ in quibus x, cùm tantùm e hîc rejiciendum patuerit, cumque hos ita prius defcriptos dixerimus ut unum x mutaretur in e, præponereturque numerus dimenfionum ipfius x; apparet eos, quatenus hic ad conftituendum diviforem adhibentur, fic tantùm defcribi opus effe ex terminis propofitæ æquationis in quibus x, ut præponatur iis numerus dimenfionum ipfius x, ac deinde unum x auferatur. Sic nempe ab $x^3 - axy$ defcribetur $3x^3 - axy$; & dempto ubique x uno, fiet $3xx - ay$. Atque ex his ratio regulæ ab initio pofitæ manifefta eft. Nam quod figna $+$ & $-$ in terminis qui defcribuntur ab iis in quibus y, hîc immutanda diximus, in regulâ verò nulla omnino immutanda, id eòdem redire liquet cùm quantitatem negatam, five minorem nihilo, tanquam affirmatam confiderandam ibi dixerimus. Ut autem ratio obfervationis ibidem adjectæ, in utram partem lineæ FE accipienda fit, intelligatur, repetemus figuram in principio pofitam, ubi vidimus

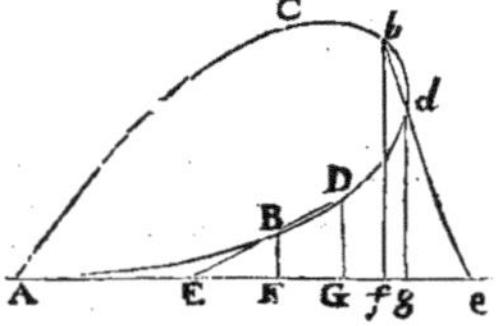

A G effe $x + e$, EG vero $z + e$; unde fiebat GD $+y+\dfrac{ey}{z}$. Si autem tangens ab altera parte lineæ BF cadere intelligatur, velut be, atque hæc primùm curvam fecare fingatur, ut ibi factum eft in d, ducaturque dg parallela bf; fiet ponendo rurfus $fg = e$, $fe = z$, ut Ag quidem fiat $x + e$, fed eg erit $z - e$, unde $gd = y - \dfrac{ey}{z}$. Atque hinc porro facile eft perfpicere æquationem fecundam, quæ ex propofita æquatione, $x^3 + y^3 - axy = 0$ defcribitur, hoc cafu fore $3exx - \dfrac{3ey^3}{z} - aey + \dfrac{aeyx}{z} = 0$, termini ut nempe qui per z dividuntur, habeant figna contraria iis quæ habebant in æquatione defcripta cafu priori, quæ erat $3exx + \dfrac{3ey^3}{z} - aey - \dfrac{aeyx}{z}$. Ex hac verò priori fequitur, quando quantitas $3exx - aey$, five quando $3xx - ay$ (quæ diviforem conftituit fecundum regulam) fuerit minor nihilo, five negata, tunc quantitatem reliquam $\frac{3ey^3}{z} - \frac{aeyx}{z}$; sive etiam $3y^3 - ayx$ (quæ quantitatem dividendam secundùm regulam constituit) esse affirmatam, aut cùm illa est affirmata, hanc esse negatam; quia omnes simul æquationis termini æquantur nihilo. At contrà ex illa æquatione $3exx - \frac{3ey^3}{z} - aey + \frac{aeyx}{z} = 0$, sequitur, quando quantitas $3exx - aey$, sive $3xx - ay$, fuerit negata, tunc reliquam $- \frac{3ey^3}{z} + \frac{aeyx}{z}$, sive etiam $- 3y^3 + ayx$ esse affirmatam, ac proinde $3y^3 - ayx$ esse negatam: aut quando $3xx - ay$ fuerit affirmata, tunc $- 3y^3 + ayx$ esse negatam; ac proinde $3y^3 - ayx$ esse affirmatam. Per hæc itaque apparet ex quantitatibus per regulam inventis, quæ erant $\frac{3y^3 - ayx}{3xx - ay} = z$ judicari posse ad utrum casum constructio tangentis pertineat; nempe ex comperta dissimilitudine affectionis in divisore & dividendo, sequi ad priorem casum eam pertinere, hoc est z, sive FE, accipiendam esse versùs A : ex similitude verò eorum affectionis sequi ad contrariam partem sumendam.

Potest autem quantitas z sive FE per regulam inventa, nonnunquam ad simpliciores terminos reduci ope æquationis datæ, quæ naturam curvæ continet : velut in hac curva AC, axem habente AD, verticem A, cujusque ea est proprietas ut, si à puncto C in eâ sumpto, applicetur ordinatim CD, fiat productum ex cubo BD (est autem B punctum in axe extra curvam datum) in quadratum DA æquale cubo quadrato DC. Sive ponendo BA $= a$, BD $= x$, DC $= y$, fiat æquatio curvæ naturam continens, ista $x^5 - 2ax^4 + aax^3 - y^5 = 0$. Hîc ponendo CG esse tangentem, quæ occurrat axi in G, vocandoque DG, z, fit secundum

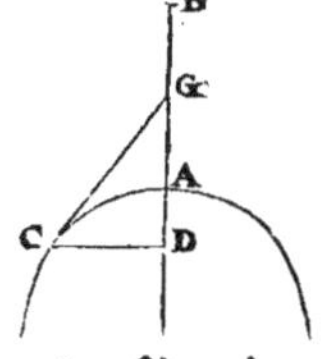

regulam $z = \dfrac{5y^5}{5x^4 - 8ax^3 + 3aaxx}$. Quia autem ex datâ æquatione est $y^5 = x^5 - 2ax^4 + aax^3$, restituendo pro $5y^5$ id quod ipsi æquale est, fiet $z = \dfrac{5x^5 - 10ax^4 + 5aax^3}{5x^4 - 8ax^3 + 3aaxx}$; sive dividendo per xx, erit $z = \dfrac{5x^3 - 10axx + 5aax}{5xx - 8ax + 3aa}$. Et rursùs, dividendo hanc fractionem per $x - a$, habebitur $z = \dfrac{5xx - 5ax}{5x - 3a}$. Quòd significat faciendum ut sicut BD quinquies sumpta minus BA ter, sive ut BA bis unà cum AD quinquies ad AD quinquies, ita BD ad DG; atque ita GC tacturam in C curvam AC.

CONSTRUCTION
D'UN PROBLEME D'OPTIQUE,
qui eft la XXXIX. Propofition du Livre V. d'Alhazen, & la XXII. du Livre VI. de Vitellion.

Les points B C & le cercle E K dont le centre eft A font donnez fur un mefme plan; il faut trouver le point K fur le cercle, en forte que les lignes B K, C K faffent avec la ligne A K des angles égaux entr'eux.

AYANT mené A B, A C foit fait comme A C à A F, ainfi A F à A Q; & comme A B à A E, ainfi A E à A P. Soit auffi A R & A S, chacune la moitié de A P & de A Q. Dans l'angle B A C foit achevé les parallelo-

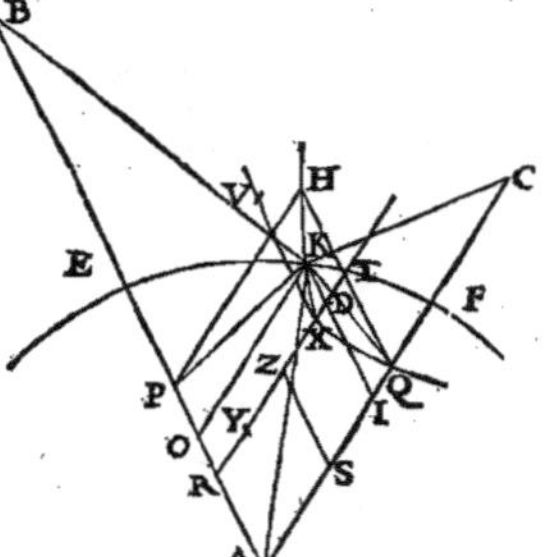

grammes P A Q H & A R Z S. Sur R Z prolongée foit pris Z Y & Z X, chacune égale à la ligne qui peut la difference d'entre les quarrez de Q S & Z S. Ayant fait X V égale à X Y & parallele à A B, fur les deux coftez X V, X Y foit décrit une hyperbole qui paffera par les points Q & H, comme il eft évident par la conf-truction : cette hyperbole Q X H ren-contrera le cercle au point K qui eft ce-luy que l'on cherche.

Ayant mené K O, & K I paralleles à A C & à A B, dont K I rencontre Y X au point D; à caufe de l'hyperbole le re-&angle Y D X eft égal au quarré de K D ordonnée, ou de O R; & le rectangle Y T X eft égal au quarré de H T ou de P R; & ayant ofté du rectangle Y T X le rectangle Y D T, & du quarré de P R le quarré de O R, il reftera le re-&angle R D T ou A I Q qui fera égal au rectangle A O P : donc P O eft à A I ou O K fon égale, comme Q I eft à A O ou I K. Et ayant mené les lignes K P, K Q, les triangles K O P, K I Q feront femblables, & partant équian-gles; c'eft pourquoy les angles A P K, A Q K qui font les mefmes ou les fup-plemens des angles égaux O P K, I Q K feront égaux entr'eux. Mais par la conftruction on a fait comme A B à A E ou à A K, ainfi A K ou A E à A P : c'eft pourquoy les deux triangles B A K, K A P font femblables; & pour les mefmes raifons les deux triangles C A K, K A Q font auffi femblables : c'eft pourquoy l'angle B K A eft égal à l'angle A P K; & l'angle C K A eft égal à l'angle A Q K. Mais nous venons de démontrer que les angles A P K, A Q K font égaux; les angles B K A, C K A feront donc auffi égaux entre-eux; ce qu'il falloit démontrer.

Si le point H tomboit fur la circonference du cercle, ce point H feroit le point K que l'on cherche, & les lignes H P, K P, K O & femblablement les lignes H Q, K Q, K I ne feroient qu'une mefme ligne H P & H Q, d'où l'on prouveroit les mefmes chofes qu'on a fait cy-devant, fans avoir be-foin de l'hyperbole.

DIVERS

DIVERS
OUVRAGES
DE
M. PICARD.

AVERTISSEMENT.

Onsieur *Picard* estant mort au mois d'Octobre 1 6 8 2.
tous ses écrits furent mis entre les mains de M. de la Hire
pour éxaminer ce qui seroit en estat d'estre donné au public.
Il ne trouva que le Traité du Nivellement qui fust achevé,
& il le fit imprimer en 1 6 8 4. par ordre de Monseigneur de
Louvois. Pour les autres Ouvrages que l'on donne icy ils
n'estoient encore qu'ébauchez. Celuy des Cadrans estoit le plus
avancé ; mais comme il l'écrivoit principalement pour luy,
& pour ceux qui avoient beaucoup de connoissance de cette
science, il y avoit supposé plusieurs choses que M. de la Hire
a jugé à propos d'expliquer, pour faciliter l'intelligence de
quelques endroits, qui sans cela pourroient paroistre difficiles.
Sa Dioptrique que l'on donne icy sous le nom de fragmens,
n'avoit encore nulle forme de traité ; c'est pourquoy l'on s'est
contenté d'en donner les propositions telles qu'on les a trouvées : on a seulement mis de suite celles qui avoient quelque
ordre, & on les a rangées dans la place où l'on a jugé qu'elles devoient estre. On a aussi tiré de ses registres quelques
remarques sur les poids & sur les mesures avec des observations de M. Auzout qui y estoient inserées. On y a joint les
experiences sur les eaux, qu'il avoit faites autrefois avec M.
Romer, & les conséquences qu'il en avoit tirées : mais pour
éviter les redites on a retranché certaines choses qui sont expliquées plus au long dans le traité du Mouvement des eaux
de M. Mariotte. On a réservé ses Observations & plusieurs
Problemes astronomiques pour un second volume de ces col-

QQqq ij

lections. Enfin l'on a ajousté à la fin de ces Ouvrages de
M. Picard la maniére de prendre le diametre des Planetes
que M. Auzout fit imprimer en 1667, tant à cause que
M. Auzout reconnoist que M. Picard y a beaucoup de
part, que parce qu'il ne s'en trouve presque plus d'éxem-
plaires.

DE

DE
LA PRATIQUE
DES
GRANDS CADRANS
PAR LE CALCUL.

SI l'on voit peu de grands cadrans qui foient bons, cela vient autant de la difficulté qu'il y a de bien pratiquer en grand, & fur un mur les régles vulgaires de la Gnomonique, que de l'ignorance de ceux qui ont, pour ainfi dire, avili cette curieufe & utile partie des Mathématiques.

Mon deffein n'eft pas de parler contre les pratiques de Géometrie, ni de prendre à tafche de m'en paffer entiérement ; principalement lors qu'elles font fimples & fans embatas de lignes : mais toutes chofes bien confiderées, on demeurera d'accord que la meilleure maniére pour bien réuffir à la conftruction d'un grand cadran, eft de le calculer ; ce qui fe peut faire à loifir & commodément dans le cabinet.

C'eft cette maniére que je me fuis propofé d'expliquer à ceux qui ont déja quelque entrée dans la Gnomonique, & qui d'ailleurs fçavent la pratique des triangles fphériques & l'ufage des logarithmes.

CHAPITRE PREMIER.

Des Préparations.

JE fuppofe que l'endroit où l'on a deffein de faire un grand cadran foit bien plan, en forte qu'une régle y convienne par tout & en tous fens. Ce n'eft pas qu'on ne puiffe faire des cadrans fur toutes fortes de furfaces, quoy-qu'irréguliéres ; mais cela demande des pratiques particuliéres, & fouvent méchaniques.

On pourra commencer par un faux ftyle qui fera de longueur à difcrétion & qui ne fervira que pour connoiftre la pofition du plan à l'égard du ciel ; le plus long fera toûjours le meilleur, pourveû que fon ombre puiffe eftre terminée dans le plan : mais fi on en veut mettre d'abord un qui foit pour demeurer, il fera bon d'avoir fait en petit fur le papier un deffein du cadran propofé ; & pour cét effet il fuffira d'avoir fçeû à peu prés par la bouffole ou autrement la déclinaifon du plan. Nous avons mis à la fin de ce traité des Tables, où l'on trouvera tout ce qui eft néceffaire pour faire promptement un cadran vertical, fuppofé la déclinaifon du plan.

Par le moyen de ce deffein ou modele, on connoiftra fuffifamment la forme que l'on devra donner au cadran, & les heures que l'on y pourra ménager ; comme auffi le lieu & la hauteur convenable du ftyle. Surquoy on peut remarquer en paffant, que fuppofé deux plans verticaux d'égale grandeur, mais de différente déclinaifon, celuy qui déclinera le plus demandera une plus grande longueur de ftyle, fuivant la raifon des finus de complément des hauteurs du Pole sur ces plans. La raison est, que par ce moyen le rayon équinoxial sera d'une mesme longueur à tous.

La broche qui tiendra lieu de style, sera recourbée & de figure propre, pour faire que le point qui répond perpendiculairement à l'extrémité du style, & que nous appellerons simplement le pié du style, soit dégagé du pié de la broche. On prendra garde aussi que le pié de cette broche n'embarasse pas la ligne soustylaire. Tout cela se sçaura assez bien par le petit dessein que nous avons supposé.

Le style sera terminé par une plaque ronde dont le bord sera abbatu par-dessous tout au tour en chanfrain, afin que l'ombre soit toûjours causée par la surface supérieure de la plaque, au centre de laquelle il y aura un point frapé, qui puisse arrester la pointe du compas. Le diamétre de cette plaque pourra estre environ la 36me partie de la plus grande distance à laquelle l'ombre devra estre portée.

On fera en sorte, en plantant la broche, que la plaque soit bien parallele au plan du cadran, ce qui se pourra faire facilement avec une équierre présentée tout au tour; ou bien simplement par le moyen de l'ombre, qui lors qu'elle ne sera pas beaucoup éloignée du pied du style, devra estre ronde. Je mets cette condition; car bien qu'il soit vray qu'une plaque ronde considerée sans épaisseur, & parallele à un plan, fist sur le plan un ombre qui seroit toûjours ronde si le soleil n'estoit qu'un point; néanmoins à cause de la grandeur du disque du soleil, si cette ombre est receuë obliquement, elle se trouve étressie tout au tour par une infinité d'ellipses de lumiére, dont les grands diamétres tendent vers le soleil, & sont tous paralleles entre eux; deforte que cette ombre ne peut demeurer ronde que tandis que les ellipses de lumiére peuvent passer pour des cercles.

De l'ombre qu'une plaque ronde exposée au soleil fait sur un plan parallele à la plaque.

SI une plaque que je considere sans épaisseur est parallele à un plan, l'ombre du soleil receû sur ce plan, à quelque obliquité que ce fust, seroit semblable & sensiblement égale à la plaque, si le soleil n'estoit qu'un point, à cause de la distance du soleil presque infinie. Mais pour comprendre ce qui doit arriver à l'ombre d'une plaque ronde, à cause de la grandeur du disque entier du soleil, il faut considerer qu'au lieu que le rayonnement du centre du soleil par le contour d'une plaque ronde parallele à un plan, enfermeroit toûjours sur le plan un cercle d'ombre égal à la plaque; au lieu de cela, dis-je, le rayonnement du disque entier du soleil, au travers du centre de la plaque, estant receû obliquement sur le plan terminant, y feroit une ellipse de lumiére; car il se feroit alors deux cônes de lumiére droits, & opposez l'un à l'autre, ayant leur sommet commun au centre de la plaque, & dont l'un auroit sa base droite dans le soleil, & l'autre seroit coupé obliquement par le plan terminant.

Nous appellerons cercle du milieu celuy que l'on s'imagine fait du rayonnement du centre du soleil par le contour de la plaque; comme aussi ellipse du milieu celle que nous avons imaginée faite par le rayonnement du disque entier du soleil au travers du centre de la plaque.

Cela supposé, il faut s'imaginer, 1°. Que le cercle d'ombre, tel qu'il seroit si le soleil n'estoit qu'un point, est diminué par une infinité d'ellipses de lumiére faites du rayonnement de tout le disque du soleil au travers de chacun des points de la circonférence de la plaque, lesquelles ellipses nous appellerons laterales.

2°. Que tous les grands diamétres des ellipses laterales sont paralleles &
égaux à celuy de l'ellipse du milieu; car il faut s'imaginer des cones égaux,
dont les axes qui sont des rayons venans du centre du soleil, sont tous paral-
les, & par conséquent également inclinez au plan terminant qui les coupe
tous à une égale distance de leur sommet.

3°. Que dans toutes les ellipses le point qui représente le centre du soleil,
& auquel aboutit l'axe du rayonnement n'est pas le centre de l'ellipse; mais
coupe inégalement le grand diametre en raison des costez du cône, ou des
secantes des hauteurs des deux bords superieurs & inferieurs du soleil consideré à l'égard du plan terminant, ou en raison réciproque des sinus des mesmes hauteurs.

4°. Que ces mesmes points qui représentent le centre du soleil dans les ellipses laterales, sont tous rangez dans la circonférence du cercle du milieu;
parce que les mesmes rayons qui viennent du centre
du soleil, & qui passant par le contour de la plaque
vont aboutir à la circonférence du cercle du milieu,
sont aussi les axes des cones lateraux, d'où il s'ensuit
que l'ombre est plus diminuée du costé du soleil qu'à
la partie opposée, d'autant que la plus grande portion du grand diamétre de chaque ellipse laterale se
trouve dans le cercle du costé du soleil, au lieu que
de l'autre costé est la moindre: de sorte que l'ombre
est rétreffie comme en ovale, mais plus d'un costé
que d'autre, jusques à ce qu'elle se perde enfin à mesure que les ellipses croiss-
sent, & cette maniére d'ovalle d'ombre sera contrepofée à l'égard des ellipses
de lumiére.

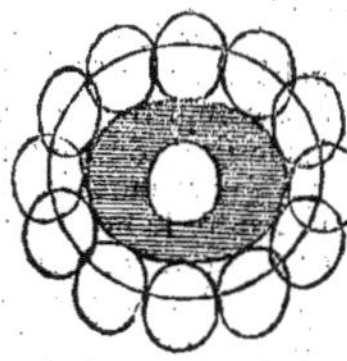

5°. Que de mesme qu'on s'est imaginé une infinité d'ellipses de lumiére
rangées à l'entour du cercle du milieu qui demeure toûjours égal à la plaque,
on peut aussi s'imaginer une infinité de cercles égaux à celuy du milieu, qui
auront leurs centres dans les bords de l'ellipse du milieu, lesquels cercles seront faits par le rayonnement de chaque point du bord du disque du soleil,
par le contour entier de la plaque.

6°. Que si au lieu d'une plaque qui fait ombre, on considere un trou rond
& parallele au plan terminant; il y aura une infinité de cercles de lumiére
égaux au trou, qui venant du rayonnement de chaque point des bords du
soleil par le trou tout entier, ont leurs centres dans les bords de l'ellipse qui
représente le soleil: ou bien on aura une infinité d'ellipses de lumiére rangées
dans la circonférence d'un cercle égal au trou, de la maniére que nous avons
dit à la quatriéme remarque.

CHAPITRE II.

Des Préparations.

PREMIER PROBLEME.

Trouver le pié du style.

AYEZ un grand compas à verge, dont les pointes soient recourbées en-
dedans: faites tenir une des pointes de ce compas appliquée au centre
de la plaque du style, pendant qu'avec l'autre pointe vous décrirez sur le mur
ou sur le plan du cadran un cercle qui soit le plus grand qu'il se pourra commodément. Le centre de ce cercle sera le pied du style requis.

On trouve communément le centre d'un cercle par trois points pris dans sa circonférence; mais la pratique la plus expeditive, sera d'ouvrir premiérement le compas de la grandeur du diametre entier du cercle, puis l'ayant transportée sur une échelle de parties égales, en prendre la moitié pour servir à trouver le centre requis.

Il faut prendre garde en traçant le cercle, de ne pas faire plier le compas, & supposé que le plan sur lequel on travaille soit bien dressé, on sera asseuré que l'on aura bien fait, si la hauteur du style, le demi-diametre du cercle, & la première ouverture du compas qui a servi à décrire le cercle, sont les trois costez d'un triangle rectangle, ce qui se connoistra facilement par les quarrez, en posant pour son hypotenuse l'ouverture du compas qu'on a prise d'abord. On voit par là qu'il auroit suffi d'avoir deux de ces grandeurs pour en conclure la troisiéme; joint que si la première ouverture du compas pour décrire le cercle, a esté faite exprés de 1000 parties, & que le demi-diametre du cercle se soit trouvé, par éxemple, de 643 parties; lequel nombre cherché dans les Tables des sinus est celuy de 40 degrez 1 minute; son sinus de complement 766 sera la hauteur du style. Il est vray que dans les tables le sinus de 40 d 1 m est 7658754; mais à cause que les quatre figures que j'ay retranchées vallent la fraction $\frac{8754}{10000}$, qui approche de l'entier, j'ay deu prendre le nombre 766 au lieu de 765.

On doit aussi retrancher les quatre derniéres figures des nombres naturels des sinus, des tangentes & des secantes, lors que l'on fait le rayon de 1000 parties, ou de quatre figures seulement, parce que dans les Tables il est ordinairement de huit figures. Mais à l'égard des logarithmes, parce qu'ils sont faits comme si le rayon estoit de onze figures, il s'ensuit que lors qu'on voudra faire le rayon de 1000 parties, il faudra deprimer de sept unitez la caracteristique des logarithmes des sinus & des tangentes; quoy-que leurs nombres naturels n'ayent esté déprimez que de quatre figures, ce qui soit dit seulement en passant pour servir d'avertissement.

Définition.

LA *ligne verticale* est la section d'un plan perpendiculaire au plan du cadran, & qui passe par le centre de la plaque du style, ou bien par son pied, ce qui est la mesme chose.

SECOND PROBLÊME.

Trouver la ligne verticale.

SUSPENDEZ un plomb au centre de la plaque du style, ou bien au costé d'une petite équerre dressée sur le pied du style, puis bornoyant par le pied du style, marquez sur le mur un autre point qui soit caché sous le fil du plomb: la ligne tirée par le pied du style, & par le point que vous aurez marqué, sera la verticale que l'on cherche.

REMARQUE.

ON *pourra encore trouver cette verticale par le moyen d'une ligne horizontale ou de niveau tracée sur le mur en quel endroit on voudra; car la ligne que l'on menera par le pied du style, & perpendiculaire sur cette ligne horizontale, sera la verticale que l'on cherche.*

TROISIE'ME PROBLEME.

Trouver l'inclinaison du mur, ou du plan du Cadran à l'égard de l'horizon.

CEtte opération se fera par le moyen de l'instrument qu'on appelle *Inclinatoire* ou *Réclinatoire*, qui aura pour cét effet quelques degrez & leurs minutes marquées sur un petit limbe qui doit estre au bas: mais au defaut de cét instrument, & principalement lors qu'il ne fait point de vent, on pourra se servir d'un plomb & d'une grande régle, observant de combien sur certaine hauteur de la régle le plomb s'éloigne ou s'approche du plan du cadran, en appliquant un des costez de la régle contre le mur sur la verticale, le plomb estant attaché au haut de cette régle. Si le plomb s'approche plus du mur par le bas que par le haut, le mur sera en talus; au contraire, s'il s'éloigne plus du mur par le bas que par le haut, le mur sera surplombé. On trouvera l'angle de l'inclinaison du mur à l'égard de l'horison, c'est-à-dire, l'angle que le mur fait avec le vertical, si l'on fait comme la longueur du fil du plomb sur la régle, à la difference d'entre les deux distances perpendiculaires au mur, depuis les extrémitez du fil du plomb sur la régle; ainsi le rayon ou sinus total au sinus de l'angle de l'inclinaison.

CHAPITRE III.

Des observations pour un grand cadran.

POur estre asseuré de réussir à faire un bon cadran, il ne faut point épargner les observations. Car quoy-que dans la theorie, comme on verra cy-aprés, un point d'ombre observé soit suffisant pour trouver ce qui est nécessaire pour sa construction; on ne doit pas pour cela négliger dans la pratique d'en observer plusieurs pour operer avec plus d'exactitude. Il ne faut pas aussi prétendre se passer des choses que l'on peut sçavoir d'ailleurs, comme de la hauteur du pole du lieu où l'on est, & de la déclinaison du soleil: elles sont si faciles à sçavoir, que nous les supposerons toûjours connuës lors qu'on pourra s'en servir, puis que l'on ne sçauroit avoir trop de choses données.

Il faut premiérement considerer que les cadrans qui sont faits autour de la terre font aussi bien leur effet, que si l'extrémité du style estoit posée à son centre, & que dans un mesme lieu on peut faire servir toute sorte de cadrans. De plus, on doit aussi considerer tout plan comme un horizontal pour quelque lieu de la terre, puis qu'en effet, il est toûjours parallele à quelque horison; de sorte qu'il a son zenith, son méridien, & sa hauteur de pole particuliere. D'où il est facile de voir que si le méridien du plan convient avec celuy du lieu, un cadran sur ce plan se fera tout simplement à la maniére d'un horizontal pour une certaine hauteur de pole. Mais si les méridiens sont differens, les heures du plan seront aussi differentes de celles du lieu, & il sera nécessaire d'en faire la réduction; tout de mesme que si estant sous un méridien different de celuy de Paris, on vouloit avoir un cadran horizontal qui montrast les heures de Paris, c'est à dire, les heures, comme on les compte à Paris dans le mesme temps.

PREMIER PROBLEME.

Trouver par observation la ligne soustylaire.

LA ligne qu'on appelle soustylaire est proprement la ligne méridienne du plan du cadran. Marquez plusieurs points d'ombre correspondans de-

vant & aprés la fouſtylaire, comme on fait ordinairement pour trouver la ligne méridienne ſur un plan horizontal. Car comme je ſuppoſe que l'on ſçache à peu prés l'heure à laquelle l'ombre devra eſtre aux environs de la ſouſtylaire, on ſçaura aſſez les temps convenables pour les obſervations devant
& aprés. Cette pratique hors les ſolſtices a beſoin de quelque correction que
nous donnerons à la fin de ce Traité.

SECOND PROBLÈME.

Trouver par obſervation la hauteur du pole ſur le plan.

DE meſme qu'on trouve la hauteur du pole d'un lieu par la hauteur méridienne du ſoleil, ſuppoſé ſa déclinaiſon, on trouve auſſi la hauteur du
pole ſur le plan, par l'obſervation de l'ombre la plus courte & la plus proche du pied du ſtyle. Pour cét effet il faut dans un meſme jour, avoir marqué aſſez de points d'ombre aux environs de la ſouſtylaire pour eſtre aſſeuré
que celuy de la plus courte ombre y eſt compris. La plus petite diſtance entre le pied du ſtyle & la trace d'ombre obſervée, ſera ce que j'appelle la plus
courte ombre.

Maintenant il faut faire comme la hauteur du ſtyle A B eſt à la plus courte
ombre A C, ainſi le rayon eſt à la tangente de l'angle A B C, qui eſt la diſtance entre le ſoleil dans le méridien du plan & le
zenith du plan. De ſorte que ſi le plan regarde vers le
midy, il faudra oſter la déclinaiſon ſeptentrionale,
ou bien ajouſter la méridionale, pour avoir la diſtance entre le zenith du plan & l'équinoxial, laquelle
diſtance eſt égale à la hauteur du pole. Mais ſi le plan
regarde le Septentrion, il faudra oſter la déclinaiſon méridionale, ou bien ajouſter la ſeptentrionale à
l'angle A B C pour avoir la hauteur de pole du plan.

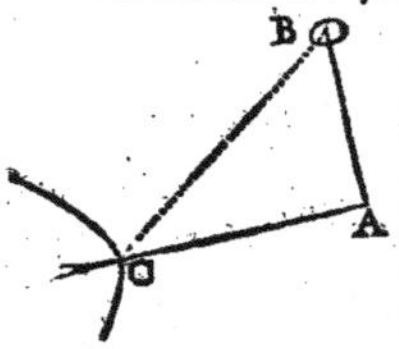

REMARQUE.

*IL faut entendre par ces mots de plan qui regarde le midy, que c'eſt lors que
la ſouſtylaire depuis le pied du ſtyle juſqu'à la trace de l'ombre, tend vers le
midy; & au contraire, par les mots de plan qui regarde le Septentrion.*

*Il faut auſſi remarquer que lors que le zenith eſt entre le lieu du ſoleil &
l'équateur, il faut oſter l'angle A B C à la déclinaiſon méridionale ou l'a-
jouſter à la ſeptentrionale, de meſme qu'il eſt marqué cy-deſſus, pour oſter ou
ajouſter la déclinaiſon à l'angle A B C. Par éxemple, ſi le plan regarde le Septentrion, c'eſt-à-dire, ſi la ſouſtylaire depuis le pied du ſtyle juſqu'à la plus courte ombre, tend vers le Septentrion, & que le zenith ſoit entre l'équateur & le
lieu du ſoleil, il faudra oſter l'angle A B C à la déclinaiſon méridionale pour
avoir la hauteur du pole; & au contraire, l'ajouſter à la déclinaiſon ſeptentrionale.*

A l'égard de la plus courte ombre, qui ſera quelquefois acourcie par la
réfraction, il y aura quelque correction à faire dont nous parlerons à la fin.

LEMME.

*Meſurer ſur un plan un angle donné, ou bien en faire un de telle grandeur
qu'on voudra.*

DE la pointe de l'angle, comme centre, & de l'intervalle de 1 0 0 0 parties, décrivez un arc & prenez-en la corde; la moitié de cette corde
cherchée dans les tables des ſinus, ſera le ſinus de la moitié de l'angle ré-

quis ; comme si la corde est 518, dont la moitié est 259, l'angle sera de 30 ^d,
2 ^m Car ayant cherché dans les tables le nombre 259 dans la colonne des
sinus, on trouve l'angle qui luy répond de 15 ^d, 1 ^m, en supposant toûjours
le rayon de 1000 parties.

Suivant cette pratique on fera facilement un angle droit en prenant une
corde de 1414 parties ; ce qui sera commode pour les perpendiculaires.

REMARQUE.

Onsieur Picard suppose que l'on a toûjours une régle divisée en par-
ties égales, desquelles on se sert dans toutes les opérations qu'il faut
faire pour déterminer quelque longueur ; & que 1000 de ces parties valent le
rayon.

TROISIE'ME PROBLEME.

Deux points d'ombre estant donnez par observation, trouver la hauteur du pole
sur le plan & la ligne soûstylaire, supposé la déclinaison du soleil.

IL faut premierement mesurer les distances entre chaque point d'ombre
observé, & le pied du style, dont je suppose la hauteur connuë ; & par ce
moyen trouver la distance entre le soleil & le zenith du plan pour chaque
point d'ombre.

Il faut ensuite mesurer l'angle enfermé entre les deux lignes que l'on doit
avoir menées du pied du style aux deux points d'ombre.

Cela supposé, la solution de ce probleme est la mesme que quand on cherche la hauteur du pole du lieu, & la ligne meridienne par le moyen de deux
hauteurs de soleil & de l'angle compris entre les deux azimuths qui passoient
par le soleil au temps de l'observation des points d'ombre. Voicy l'explication de l'opération qu'il faut faire.

A B est sur la sphere un horison parallele au plan du cadran. C est son zenith. P le pole élevé sur le plan ; & par consequent A P C D sera le cercle meridien de ce mesme horizon. CE, CF sont les
distances du zenith jusqu'aux lieux du soleil en
E & F dans les observations des points d'ombre ; & l'angle ECF est celuy qui est compris
par les deux lignes d'ombre, qui représentent les
azimuths du plan CE, CF.

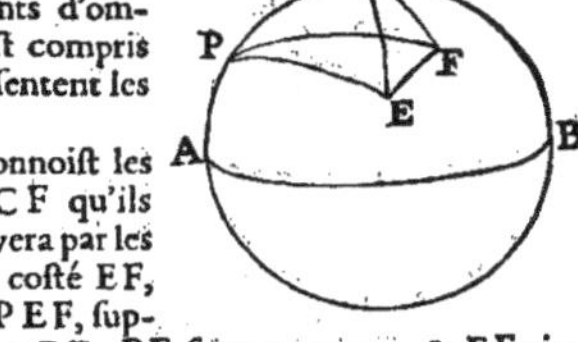

Au triangle sphérique ECF, on connoist les
deux costez CE, CF & l'angle ECF qu'ils
comprennent ; c'est pourquoy on trouvera par les
régles de Trigonométrie la valeur du costé EF,
& l'angle EFC. En suite au triangle PEF, sup-
posé la déclinaison du soleil, les costez PE, PF seront connus, & EF vient
d'estre trouvé dans le triangle CEF ; on trouvera donc aussi l'angle EFP,
qui estant osté de EFC connu, il restera l'angle PFC. Mais les costez PF,
FC sont donnez ; c'est pourquoy dans le triangle PFC, les deux costez
& l'angle compris estant connus, on trouvera le costé opposé qui est l'arc
PC du méridien compris entre le zenith & le pole, qui est le complément
de la hauteur du pole sur le plan. On trouvera aussi dans le mesme triangle,
l'angle PCF ou son supplément à deux droits FCB, qui est l'angle que doit
faire la soustylaire avec la ligne d'ombre ; dont le point a esté marqué lors
que le soleil estoit en F. On aura donc par ce moyen la position de la soustylaire sur le plan & la hauteur du pole.

Ce probleme comprend les deux premiers ; mais quand il ne seroit pas em-

SSff ij

baraſſé de calculs, il ne s'en faut ſervir qu'au beſoin : car c'eſt de meſme que ſi l'on vouloit trouver la hauteur de pole d'un lieu autrement que par les hauteurs méridiennes ; & la ligne méridienne autrement que par des obſervations correſpondantes faites devant & aprés midy.

REMARQUES.

Sur le premier article de ce probleme, on doit remarquer que pour trouver la diſtance en degrez entre le zenith du plan & le lieu du ſoleil au temps où l'on a marqué les points d'ombre, il faut reſoudre un triangle rectangle & rectiligne, dont l'un des coſtez autour de l'angle droit eſt la hauteur du ſtyle, & l'autre eſt la longueur de l'ombre ; car l'angle qu'on trouvera oppoſé à ce dernier coſté ſera l'arc de l'azimut, comme C E ou C F compris entre le zenith C & le lieu du ſoleil E ou F au temps où l'on a marqué les points d'ombre.

Sur le ſecond article, pour meſurer l'angle compris entre les deux lignes d'ombre, il le faut faire par le moyen d'un Rapporteur ſur le plan, ou bien par la Trigonométrie rectiligne, ayant meſuré éxactement la longueur des deux lignes d'ombre & la diſtance entre les deux points d'ombre : car par le moyen des trois coſtez connus dans le triangle rectiligne on trouvera l'angle oppoſé au coſté entre les deux points d'ombre, qui eſt celuy de la ſphere marqué E C F.

Sur le dernier article, il faut remarquer que ſur un tres-grand nombre de plans, on ne ſçauroit trouver la ſouſtylaire par obſervation ni la plus courte ombre ; c'eſt pourquoy on eſt tres-ſouvent obligé de ſe ſervir de ce probleme.

QUATRIÉME PROBLEME.

La ligne ſouſtylaire & un point d'ombre eſtant donnez ; trouver la hauteur du pole ſur le plan, ſuppoſé qu'on ſçache la déclinaiſon du ſoleil.

IL faut avoir meſuré l'angle que la ligne menée du pied du ſtyle au point d'ombre, fait avec la ſouſtylaire ; comme auſſi la diſtance entre le zenith du plan & le ſoleil, ſuppoſé la hauteur du ſtyle & la longueur de l'ombre, comme au troiſiéme probleme.

Cela ſuppoſé, ſoit dans la figure précedente du probleme 3e, le lieu du ſoleil au point F ſur la ſphére. Par les choſes qu'on ſuppoſe connuës, on aura dans le triangle ſphérique C P F les coſtez C F, P F & l'angle azimuthal F C P ; c'eſt pourquoy on trouvera P C qui ſera le complement de la hauteur du pole ſur le plan.

REMARQUES.

LA déclinaiſon du ſoleil doit eſtre connuë au temps où l'on a marqué le point d'ombre, comme dans toutes les opérations où l'on ſe ſert de la déclinaiſon du ſoleil, à cauſe qu'elle change continuellement.

On remarquera auſſi, comme on a fait dans le probleme précédent, que pour meſurer l'angle que fait la ſouſtylaire avec la ligne de l'ombre menée du pied du ſtyle juſqu'au point d'ombre, il faut ſe ſervir du Rapporteur, ou bien de la Trigonométrie rectiligne, en prenant un point où l'on voudra ſur la ſouſtylaire duquel on menera une ligne juſqu'au point d'ombre ; car par la meſure on connoiſtra les trois coſtez de ce triangle, d'où l'on viendra à la connoiſſance de l'angle que l'on cherche.

Pour la diſtance entre le zenith du plan & le lieu du ſoleil au temps où l'on a marqué le point d'ombre, on ſe ſervira de ce que j'ay dit dans la remarque ſur le premier article du troiſiéme probleme.

CINQUIÉME

Cinquie'me Probleme.

La hauteur du pole sur le plan, un point d'ombre, & la déclinaison du soleil estant donnez, trouver l'angle que fait la souftylaire avec la ligne de l'ombre.

CETTE proposition est la converse de la précedente. Car par l'hypothese les trois costez du triangle C P F estant donnez, on trouvera l'angle P C F ou F C B que la souftylaire fait avec la ligne de l'ombre donnée.

Remarques.

Par la hauteur du pole donnée on aura son complément, qui sera l'arc C P : la longueur de l'ombre depuis le pied du style jusqu'au point d'ombre ser-vira à trouver l'arc azimuthal C F, comme j'ay dit dans la premiére remarque sur le troisiéme probleme ; & la déclinaison du soleil estant ajoustée ou ostée à 90 degrez, donnera l'arc P F.

Il faut oster la déclinaison boréale à 90 degrez, & ajouster la méridionale, si P est le pole boréal ; mais au contraire, il faudra ajouster la boréale & oster la méridionale si P est le pole austral.

Définitions.

I. LA déclinaison d'un plan est proprement l'angle que la section de ce plan & de l'horison du lieu fait avec la ligne du levant & du cou-chant équinoxial : mais c'est aussi l'angle qui se fait au zenith du lieu entre son méridien & un vertical, qui joint le zénith du lieu avec le zénith du plan, & qui pour ce sujet sera appellé vertical commun, dont la section sur le plan, est la ligne verticale.

II. Plan oriental ou occidental, est celuy qui décline vers l'orient ou vers l'occident, & dont le zenith est dans la partie orientale ou occidenta-le de la sphére, laquelle est partagée en deux hemisphéres par le meridien du lieu.

III. Plan meridional ou septentrional, est celuy dont le zenith est dans la partie meridionale ou septentrionale de la sphére, laquelle est partagée en deux hemisphéres par l'équateur. Le pole meridional est élevé au dessus des plans meridionaux, & le pole septentrional est élevé au dessus des plans sep-tentrionaux.

Sixie'me Probleme.

L'angle de la souftylaire avec la verticale, la hauteur du pole du lieu, & l'in-clinaison du plan, s'il y en a, estant donnez ; trouver la hauteur du pole sur le plan, la difference des meridiens & la déclinaison du plan.

P est le pole septentrional, G le zenith du lieu ; donc P G *p* le meridien du lieu, qui partage le globe en deux hemisphéres, l'un oriental qu'il faut imaginer en devant, & l'autre occidental en arriere dans la partie op-posée. C est le zenith du plan : P C une partie du meridien du plan, & G C le vertical commun.

Au triangle P G C le costé P G est le complement de la hauteur du pole du lieu que je suppose septentrional. P C estant moindre que 90 ^{d} sera aussi le complement de la hauteur du pole du plan, lequel sera septentrional : mais P C estant plus grand que 90 ^{d}, son supplement à deux droits sera la hauteur du pole meridional du plan.

G C est la distance entre le zenith du lieu & celuy du plan, laquelle est de 90 ^{d} si le plan est vertical ou à plomb : mais elle sera moindre que 90 ^{d}

fi le plan eft en talus; & enfin elle fera plus grande que 9 0 ^d s'il eft panché en devant ou furplombé; en forte que le defaut ou l'excés à l'égard de
9 0 ^d, eft égal à l'inclinaifon du plan. Cela fe comprendra facilement en confiderant que le zenith
d'un plan, qui eft en talus, eft élevé fur l'horifon du
lieu; mais fi le plan eft furplombé, fon zenith eft
abbaiffé au deffous de l'horifon.

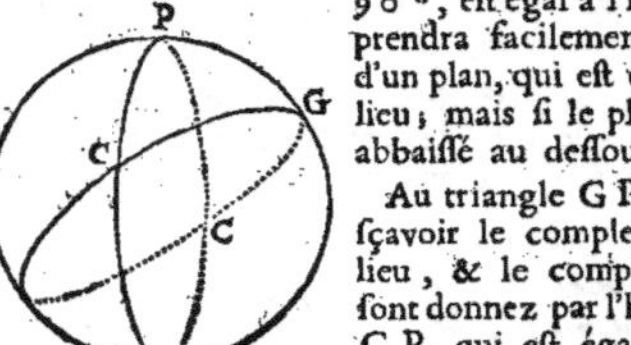

Au triangle G P C, les coftés G P, G C, c'eft à
fçavoir le complement de la hauteur du pole du
lieu, & le complement de l'inclinaifon du plan,
font donnez par l'hypothéfe, auffibien que l'angle G
C P, qui eft égal à celuy que la fouftylaire fait
avec la verticale : on connoiftra donc toutes les
autres parties de ce mefme triangle; c'eft à fçavoir G P complement de la
hauteur du pole fur le plan, G P C la différence des meridiens, & C G P
la déclinaifon du plan ou fon fupplement. Surquoy il faut remarquer que
pour trouver la différence des meridiens, l'angle P C G de la fouftylaire
avec la verticale eftant donné, il ne faut qu'une fimple proportion. Car
comme le finus de complement de la hauteur du pole du lieu, eft au finus
de complement de l'inclinaifon du plan, s'il y en a, ou au rayon, fi le plan
eft à plomb ou vertical; ainfi le finus de l'angle que fait la fouftylaire avec
la verticale, au finus de la difference des meridiens.

REMARQUE.

*J'Ay trouvé à propos d'ajoûfter à ce probleme & aux fuivans, quelques
exemples pour les rendre plus faciles.*

*Soit donc l'angle de la fouftylaire avec la verticale de 3 0 ^d, 2 5 ^m, lequel
angle eft compris fur la fphere par les arcs de cercle C P, C G. La hauteur du
pole du lieu foit comme à Paris, 4 8 ^d, 5 0 ^m; & par confequent l'arc P G, qui
eft compris entre le pole & le zenith; fera le complement de cette hauteur 4 1 ^d,
1 0 ^m. Suppofons auffi que le plan du cadran ou le mur fur lequel on doit faire le cadran foit incliné en talus, c'eft-à-dire panché en arriere par le haut, &
que cette inclinaifon foit de 5 ^d, dont le complement 8 5 ^d, eft marqué fur la
fphere par l'arc de cercle C G. Ces trois chofes eftant données, on trouvera
par la Trigonometrie fpherique les trois autres parties de ce mefme triangle;
à fçavoir l'arc C P de 5 4 ^d, 5 2 ^m, 3 5 ^f, qui fera le complément de la hauteur
du pole fur le plan du cadran; & par confequent la hauteur du pole fur ce
plan fera de 3 5 ^d, 7 ^m 2 5 ^f. On aura par ce moyen le centre du cadran, qui eft
l'endroit où l'axe rencontre la fouftylaire, ce qui fe peut trouver par la refo-
lution d'un triangle rectiligne & rectangle dont l'un des coftés autour de l'an-
gle droit, eft la hauteur du ftyle, & l'angle complément de la hauteur du pole qu'on a trouvé eft oppofé à la diftance, depuis le pied du ftyle jufqu'au centre du cadran, qui eft l'autre cofté de ce triangle autour de l'angle droit & lequel on cherche. L'angle C P G qui eft la difference entre les merediens, fe
trouvera de 5 0 ^d, 0 ^m, 5 0 ^f, ce qui peut fervir à déterminer la rencontre de la
meridienne du lieu avec l'équateur. Enfin l'angle P G C fera de 3 8 ^d, 5 8 ^m,
5 5 ^f, qui eft la déclinaifon du plan : cette déclinaifon fe prend fur l'horifon
depuis la verticale, qui rencontre toûjours la ligne horizontale du plan à angles droits.*

SEPTIÉME PROBLEME.

La plus courte ombre ou la hauteur du pole sur le plan, la hauteur du pole du lieu, & l'inclinaison du plan estant donnez ; trouver la souftylaire, la différence des méridiens, & la déclinaison du plan.

LEs mesmes choses estant exposées que dans le probleme précédent, on aura les trois costez donnez dans le triangle G C P ; c'est pourquoy on trouvera les angles, qui est ce que l'on cherche.

Il faut remarquer que la précedente détermination par la position de la souftylaire donnée, est préférable à celle-cy, lors que le plan décliné peu ; parce qu'alors pour beaucoup de changement à l'angle souftylaire, il en arrive peu à la hauteur du pole sur le plan : mais quand la déclinaison est grande, c'est tout le contraire.

Remarquez aussi que dans la pratique ce probleme & le précedent, sont toûjours préferables au quatriéme & au cinquiéme.

REMARQUES.

IL prend icy la plus courte ombre ou la hauteur de pole sur le plan, comme une mesme chose ; cependant pour déterminer la hauteur du pole sur le plan du cadran par la plus courte ombre, il faut nécessairement connoistre la déclinaison du soleil, comme on l'a enseigné dans le second probleme de ce chapitre.

Dans le triangle C P G l'arc C P est le complément de la hauteur du pole sur le plan ; c'est pourquoy si la hauteur du pole sur le plan est donnée, il en faudra prendre le complement pour avoir l'arc C P de ce triangle. La hauteur du pole du lieu estant aussi donnée, on en doit prendre le complement pour former l'arc P G ; & enfin l'inclinaison du plan estant donnée, on aura aussi l'arc du vertical commun compris entre les deux zeniths, C & G, lequel arc C G est le complément de cette inclinaison.

EXEMPLE.

SOit comme cy-devant la hauteur du pole du lieu de 4 8 ^{d}, 5 0 ^{m}, pour Paris ; l'arc P G qui est son complement sera donc de 4 1 ^{d}, 1 0 ^{m}. Soit la hauteur du pole sur le plan de 3 2 ^{d}, 1 0 ^{m}, dont le complement qui est l'arc C P sera 5 7 ^{d}, 5 0 ^{m}. Enfin soit l'inclinaison du mur 1 5 ^{d}, 2 0 ^{m}, dont le complement est l'arc C G de 7 4 ^{d}, 4 0 ^{m}, on trouvera par la Trigonometrie, que l'angle P C G, qui est celuy que la souftylaire fait avec la verticale, est de 4 1 ^{d}, 2 6 ^{m}, 1 5 ^{f} ; l'angle C P G, qui est la difference entre les meridiens, est de 7 5 ^{d}, 5 0 ^{m}, 3 0 ^{f} ; & l'angle P G C qui est la déclinaison du plan, est de 5 8 ^{d}, 1 9 ^{m}, 4 5 ^{f}.

HUITIÉME PROBLEME.

Un point d'ombre, la déclinaison du soleil, la hauteur du pole du lieu, & l'inclinaison du plan estant donnez, trouver la hauteur du pole sur le plan.

IL faut premiérement par la longueur de l'ombre & par la hauteur du style trouver la distance, entre le centre du soleil & le zenith du plan, comme aussi l'angle que la ligne de l'ombre fait avec la verticale. Cela supposé.

Soit dans la figure du sixiéme probleme, les arcs S C, S G, les distances entre le soleil S & les zeniths C & G ; & soit aussi S P, la distance entre le soleil & le pole boreal.

Soit pour le premier cas l'arc C S separé d'avec l'arc C G. Au triangle

T T t t ij

GCS les coſtez CG, CS ſont donnez auſſibien que l'angle GCS, qui eſt celuy que la ligne d'ombre fait avec la verticale; on connoiſtra donc SG & l'angle CSG. Mais au triangle
GSP les trois coſtés eſtant
connus, on trouvera l'angle
GSP. Mais CSG eſt con-
nu; c'eſt pourquoy on aura
l'angle CSP. Puis enfin au
triangle CSP, les coſtez CS,
SP, & l'angle CSP eſtant
connus, on trouvera CP, qui
eſt la diſtance entre le pole
boreal & le zenith du plan.

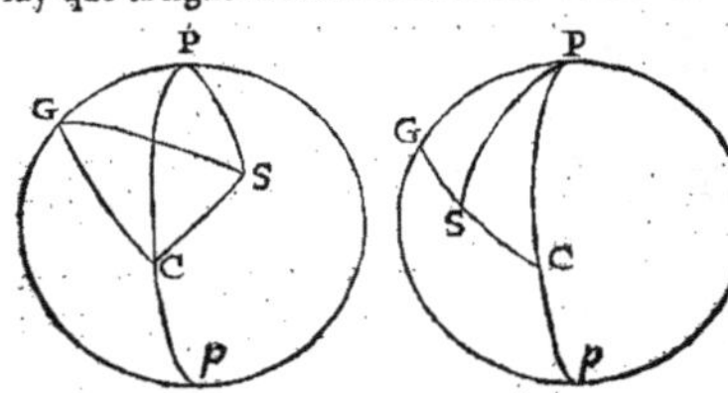

Pour le ſecond cas, ſi S eſt ſur l'arc CG, comme il arrivera, lors que le
point d'ombre obſervé ſera dans la verticale; ayant oſté CS de CG, il
reſtera SG. Puis au triangle SPG, les trois coſtés eſtant connus, on trouvera l'angle GSP ſupplement de PSC. Enfin au triangle PSC, l'angle
PSC & les coſtés PS, CS eſtant connus, on trouvera CP.

R E M A R Q U E S.

*O*N *demande dans ce probleme quatre choſes, quoy-que dans un triangle,*
il ſuffiſe d'en avoir trois pour ſa reſolution: mais il faut remarquer que ces
quatre choſes, ſont employées dans la réſolution de différens triangles.

On trouvera la diſtance entre le centre du ſoleil & le zenith du plan, ſui-
vant la remarque que j'ay faite, ſur le premier article du troiſiéme probleme.

Pour l'angle qui eſt compris par la ligne de l'ombre, c'eſt-à-dire par la ligne,
qui va du pied du ſtyle au point d'ombre, & par la verticale, lequel par con-
ſequent a ſon ſommet au pied du ſtyle puis que ces deux lignes paſſent par le
pied du ſtyle, on en prendra la grandeur ou avec le Rapporteur, ou par le moyen
d'un autre ligne tirée du point d'ombre à quelque point de la verticale, laquel-
le on meſurera, & dont on formera un triangle rectiligne, dans lequel on con-
noiſtra les trois coſtez; & l'angle oppoſé au coſté pris à volonté, ſera l'angle
qu'on cherche.

Lors qu'on dit icy, ſoit dans la figure du ſixiéme probleme les arcs, &c.
c'eſt-à-dire, que les arcs marquez icy GP, GC, CP ſoient les meſmes que
ceux que l'on a marquez des meſmes lettres, dans la figure du ſixiéme proble-
me. GP ſera donc le complement de la hauteur du pole du lieu; CG ſera le
complement de l'inclinaiſon du plan, ou l'arc entre le zenith du lieu, & le ze-
nith du plan; enfin CP ſera le complement de la hauteur du pole ſur le plan.

De plus, comme le point S eſt le centre du ſoleil, au triangle GCS, puis que
l'arc CG repreſente la verticale, l'arc CS repreſentera la ligne de l'ombre; &
l'angle GCS ſera égal à l'angle compris par la verticale & par la ligne de
l'ombre, puis que le point C, qui eſt le zenith, eſt dans la ligne du ſtyle éle-
vée perpendiculairement au deſſus du pied du ſtyle, & que les plans des cercles
CS, CG s'entrecoupent dans cette meſme ligne: car ſans cela l'angle ſpherique
ne ſeroit pas égal au rectiligne.

E X E M P L E.

*S*Oit dans le triangle GCS l'arc GC donné, comme cy-devant, de 74 ᵈ,
40 ᵐ, & l'arc CS de 35 ᵈ, 2 ᵐ, qui eſt l'arc compris entre le zenith du
plan, & le ſoleil S; & enfin l'angle GCS de 59 ᵈ, 33 ᵐ. Ces trois parties
du triangle GCS eſtant données, on trouvera par la Trigonometrie, le coſté GS
de 80 ᵈ, 9 ᵐ, 50 ˢ; & l'angle CSG ſera de 106 ᵈ, 34 ᵐ, 40 ˢ.

Main-

*Maintenant dans le triangle G S P les trois coſtez ſont connus, à ſçavoir
S G que l'on vient de trouver de 60 ᵈ, 9 ᵐ, 50 ſ : mais le coſté S P eſtant la
diſtance entre le ſoleil & le pole, on le connoiſtra en ajouſtant ou en oſtant la
déclinaiſon au quart de cercle, ſuivant la nature de la déclinaiſon, comme on
l'a expliqué dans la remarque ſur le ſecond probleme de ce chapitre. Soit donc
S P de 80 ᵈ, 17 ᵐ, & G P eſtant comme dans le probleme precedent, de 41 ᵈ,
10 ᵐ, on trouvera l'angle G S P de 38 ᵈ, 32 ᵐ, 0 ſ.*

*Enfin au triangle C S P on a le coſté C S, comme cy-deſſus de 35 ᵈ, 8 ᵐ, le
coſté S P de 80 ᵈ, 17 ᵐ, & l'angle C S P de 145 ᵈ, 6 ᵐ, 40 ſ, qui eſt la
ſomme dans cét éxemple des deux angles C S G, G S P. On trouvera le coſté
C P de 109 ᵈ, 6 ᵐ, 4 ſ, qui ſera la diſtance entre le zenith du plan & le
pole Boreal, pourveu que l'on ait pris l'arc S P, par rapport au pole Boreal.*

*Pour le ſecond cas, le calcul en eſt facile, aprés avoir entendu celuy que je
viens de faire; il eſt meſme un peu plus ſimple, puiſqu'on n'y employe que la réſolution de deux triangles; & qu'il y en a trois dans le precedent. Si l'on vouloit réduire cette opération à ce cas, il faudroit marquer par obſervation, ſur la
ligne verticale, le point d'ombre dont on ſe ſert.*

NEUVIE'ME PROBLEME.

*Les meſmes choſes que dans le huitiéme probleme, eſtant données; trouver
la déclinaiſon du plan.*

DANS les figures precedentes, au triangle G C S on connoiſtra G S, &
l'angle C G S. Puis au triangle S G P, les trois coſtez eſtant connus, on
trouvera l'angle S G P. Mais C G S eſt connu; on aura donc C G P, ou ſon
ſupplement C G p, qui eſt la déclinaiſon du plan.

REMARQUES.

SVppoſons les angles & les coſtez donnez dans les triangles, dont il faut
faire la réſolution, de la meſme grandeur que dans l'éxemple precedent.

*On a déja réſolu le triangle G C S, & l'on a trouvé le coſté G S de 60 ᵈ, 9 ᵐ,
50 ſ, l'on trouvera auſſi dans ce meſme triangle, l'angle C G S de 34 ᵈ, 53 ᵐ,
2 ſ. Enſuite, au triangle G S P, les trois coſtez eſtant connus, comme cy-devant,
on trouvera l'angle S G P de 111 ᵈ, 5 ᵐ, 0 ſ, qui eſtant joint à l'angle C G S
de 34 ᵈ, 53 ᵐ, 2 ſ, fera l'angle C G P de 145 ᵈ, 58 ᵐ, 2 ſ; ou ſon ſupplement
34 ᵈ, 1 ᵐ, 58 ſ, qui eſt l'angle de la déclinaiſon du plan, c'eſt-à-dire, l'angle que le vertical du plan fait avec le meridien du lieu.*

*Dans tous ces calculs des triangles, il faut toûjours bien prendre garde à pren-
dre les ſupplemens des arcs & des angles qu'on trouve, quand ce qui eſt donné
le demande; car par le calcul on n'a ſeulement que les angles aigus, comme dans
l'éxemple cy-deſſus, où l'angle C S G ſe trouve par le calcul de 73 ᵈ, 25 ᵐ,
20 ſ, il faut prendre ſon ſupplement de 106 ᵈ, 34 ᵐ, 40 ſ. On a auſſi trouvé le
coſté C P de 70 ᵈ, 53 ᵐ, 56 ſ; cependant il faut prendre ſon ſupplement 109 ᵈ,
6 ᵐ, 4 ſ.*

DIXIE'ME PROBLEME.

*Par l'obſervation du ſoleil, qui eſt faite lors qu'il raſe le plan; trouver la dé-
clinaiſon du plan, ſuppoſé que l'on ſçache la déclinaiſon du ſoleil,
la hauteur du pole du lieu, & l'inclinaiſon du plan.*

POUR connoiſtre par obſervation, quand le ſoleil raſe le plan, c'eſt-à-
dire, quand le ſoleil eſt dans le plan du cadran, il faut avoir une grande régle, ſur le plat de laquelle il y ait deux pinnulles dreſſées aux deux bouts,

dont l'une soit percée au centre, pour laisser passer les rayons du soleil, & l'autre ait un cercle décrit à l'entour du centre, pour recevoir l'image du soleil.

Cette régle ainsi préparée sera appliquée de plat contre le plan, & pointée continuellement vers le soleil, jusqu'à ce que l'image du soleil tombe justement dans le cercle de la pinnule; ce qui estant arrivé, & la régle demeurant ferme dans sa position, on tracera une ligne qui représentera le rayon du soleil pour le moment auquel il aura rasé le plan, supposé que le costé de la régle soit bien parallele à la ligne des centres des pinnules.

Ensuite de cette observation on mesurera l'angle que la ligne tracée sur le plan fera avec la verticale. Cela supposé, soit sur la sphére A B un horizon

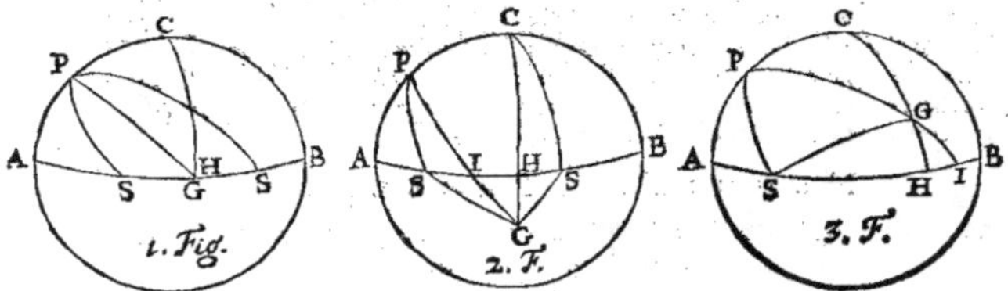

parallele au plan du cadran, & C son zenith; P le pole élevé sur le plan; G le zenith du lieu, qui sera ou dans l'horizon A B, ou au dessus, ou au dessous; S le centre du soleil sur l'horizon A B; H l'intersection du mesme horizon A B avec le vertical commun C G prolongé ou retranché.

S H estant la mesure de l'angle observé, si dailleurs S G & S H conviennent, comme dans la première figure, les trois costez du triangle S P G estant connus, on connoistra l'angle S G P, dont le complement P G C sera la déclinaison du plan, laquelle on doit trouver.

Mais si le zenith G est audessous ou audessus de l'horizon A B, comme dans les deux autres figures; au triangle rectangle S G H, l'inclinaison G H, & l'autre costé S H estant donnez, on connoistra l'hypotenuse S G, & l'angle oblique S G H. Puis au triangle S G P dont les trois costez seront connus, on trouvera l'angle S G P. Mais S G H est connu; on aura donc P G C qui est celuy que l'on cherche.

Remarquez que sans avoir tracé aucune ligne sur le plan, si l'on a sçeû par quelque moyen que ce soit, l'heure & le moment auquel le soleil a rasé le plan; cela dis-je supposé, au triangle S P G les costez S P, P G, & l'angle horaire S P G estant connus, on connoistra S G & l'angle S G P. Puis au triangle rectangle S G H, connoissant l'hypotenuse S G & le costé G H, on connoistra S G H, & le reste, comme au premier cas.

REMARQUES.

ON dit que S H est la mesure de l'angle observé, c'est-à-dire, de l'angle fait par la verticale, dont le cercle est le vertical C G H, & par la ligne du rayon du soleil, lors qu'il rase le plan. Cét angle doit estre considéré comme ayant son sommet au pied du style, par lequel point passe la verticale, & par lequel aussi on peut supposer que passe le rayon du soleil, puis qu'il n'a point de lieu déterminé sur le plan. Alors ces deux lignes sur le plan du cadran, représenteront les sections du plan horizontal du cadran, & des deux cercles verticaux, dont l'un passe par le zenith du lieu, & l'autre par le centre du soleil, lors qu'il est dans le plan du cadran.

EXEMPLES.

Pour le premier cas où le plan du cadran n'a point d'inclinaison; ou ce qui est la mesme chose, lors que le zenith du lieu est dans le plan du cadran; soit la distance S G entre le zenith du lieu & le lieu du soleil, qui est l'angle observé de 46 ᵈ, 7 ᵐ, 10 ˢ; & par la déclinaison du soleil on connoistra l'arc S P, qui est la distance entre le pole P & le lieu du soleil S, au temps de l'observation de 77 ᵈ, 3 ᵐ, 20 ˢ. Enfin par le complement de la hauteur du pole du lieu, on a l'arc P G d'un meridien entre le pole, & le zenith du lieu, lequel soit de 41 ᵈ, 10 ᵐ. Ces trois costez estant connus dans le triangle S P G, on trouvera l'angle S G P de 128 ᵈ, 12 ᵐ, 40 ˢ.

Pour le second cas où le zenith est au dessus ou au dessous de l'horizon, c'est-à-dire, lors que le mur est incliné; dans le triangle rectangle S G H, dont l'arc S H de l'horizon soit donné comme cy-devant de 46 ᵈ 7 ᵐ, 10 ˢ, l'arc S H estant compris entre le lieu du soleil S, au temps où il rase le plan, & le vertical commun C G, qui est toûjours perpendiculaire sur l'horizon. Mais l'arc G H est mesuré par l'inclinaison du plan, laquelle soit de 3 ᵈ, 10 ᵐ, 30 ˢ; on trouvera donc l'hypotenuse S G de 46 ᵈ, 12 ᵐ, 14 ˢ, qui est la distance entre le zenith du lieu, & le centre du soleil, au temps de l'observation du soleil dans le plan. On trouvera aussi l'angle S G H de 86 ᵈ, 57 ᵐ, 5 ˢ.

Ensuite au triangle S G P dont on connoist les trois costez, à sçavoir S G de 46 ᵈ, 12 ᵐ, 14 ˢ, P G comme cy-devant, de 41 ᵈ, 10 ᵐ, & P S aussi de 77 ᵈ, 3 ᵐ, 20 ˢ, on trouvera l'angle S G P de 128 ᵈ, 41 ᵐ, 20 ˢ. Mais si dans la seconde figure on oste de cét angle S G P l'angle S G H, il restera l'angle P G C de 41 ᵈ, 44 ᵐ, 15 ˢ; & dans la troisième figure, si l'on ajoûte ces deux angles ensemble, on aura l'angle total H G P de 215 ᵈ, 38 ᵐ, 25 ˢ, dont le supplement à quatre droits P G C sera de 144 ᵈ, 21 ᵐ, 35 ˢ. Cét angle P G C est celuy qui est fait par la verticale commune représentée par C G, & par la meridienne du lieu, qui est le meridien P G: cét angle doit estre fait sur l'horizon du lieu, sur lequel se mesure la déclinaison du plan.

Pour ce qui est de la remarque, dont il est parlé à la fin de ce problème, je n'en donneray point d'exemple; car comme il est tres-difficile de sçavoir l'heure qu'il est au temps de l'observation, cette régle devient presqu'inutile.

ONZIÉME PROBLEME.

La déclinaison du plan estant donnée, trouver la hauteur du pole sur le plan, la ligne soustylaire, & la difference des meridiens, supposé la hauteur du pole du lieu, & l'inclinaison du plan.

SOIT dans la figure du sixiéme probleme le triangle C G P dont les costez G C, G P, & l'angle qu'ils renferment sont donnez, on connoistra le troisiéme costé & les angles requis. *Voyez la figure de la page 350.*

EXEMPLE.

Soit P G le complement de la hauteur de pole du lieu de 41 ᵈ, 10 ᵐ; G C qui est la distance entre les zeniths, & par consequent le complement de l'inclinaison du plan, soit de 81 ᵈ, 19 ᵐ, 30 ˢ; & soit l'angle C G P la déclinaison du plan de 35 ᵈ, 15 ᵐ, 10 ˢ, on trouvera le costé G P, qui est le complement de la hauteur du pole sur le plan de 49 ᵈ, 50 ᵐ, 23 ˢ; l'angle P C G sera celuy que doit faire la soustylaire representée par l'arc C P & par la verticale commune representée par l'arc C G: ces deux lignes s'entrecoupant au pied du style, feront un angle de 29 ᵈ, 48 ᵐ, 40 ˢ. Enfin l'angle C P G, qui est la difference des meridiens, sera de 48 ᵈ, 17 ᵐ, 45 ˢ. Cét angle C P G n'est point mar-

qué sur le plan du cadran par des lignes ; mais c'est celuy qui est fait à la pointe du style, sur le plan de l'équateur par deux rayons, dont l'un va à la soustylaire, & l'autre à la meridienne.

DOUZIÉME PROBLEME.

La déclinaison du plan, & son inclinaison estant données ; trouver l'obliquité de ligne meridienne.

DANS les deux dernieres figures du dixiéme probleme, soit I la rencontre de l'horizon AB, avec PG retranché ou prolongé. Au triangle rectangle GHI, le costé GH est l'inclinaison du plan, & l'angle IGH sa déclinaison, lesquelles sont données. On connoistra donc le costé HI, qui est la mesure de l'obliquité de la meridienne requise. Car comme le rayon est au sinus de l'inclinaison du plan, ainsi la tangente de la déclinaison du plan, est à la tangente de l'obliquité requise.

Ce probleme ne sera point nécessaire dans la suite : mais il pourra servir à ceux qui voudroient tracer une ligne meridienne par un point observé.

REMARQUES

ON ne propose icy que deux choses connuës ; car le triangle qu'il faut résoudre est rectangle ; & l'obliquité de la ligne meridienne que l'on cherche, est l'angle que fait la ligne meridienne avec la verticale.

Pour ce qui est de la position de la ligne meridienne par le moyen d'un point d'ombre observé, il faut auparavant connoistre la déclinaison du plan par le neuviéme probleme : car pour l'inclinaison elle est employée dans la solution de ce mesme probleme ; c'est pourquoy elle sera aussi connuë.

TREIZIÉME PROBLEME.

La difference des meridiens estant donnée, trouver l'heure de la soustylaire.

LA difference des meridiens est la distance horaire entre le midy du lieu & l'heure de la soustylaire, qui est le midy du plan. De sorte que si le plan est occidental, la difference des meridiens convertie en temps donne l'heure de la soustylaire, à compter depuis midy ; mais si le plan est oriental, il faut oster de 12 heures la difference des meridiens, & prendre le reste qui se comptera depuis minuit.

EXEMPLES.

SI la difference des meridiens, est de 30 degrez ou de deux heures, & que ce soit vers l'occident ; la soustylaire sera à deux heures du soir : mais si la mesme difference est orientale, la soustylaire sera à 10 heures du matin. Ou bien si la difference des meridiens est de 150 degrez, ou de 10 heures, & que ce soit vers l'occident, la soustylaire sera à 10 heures du soir ; mais si la mesme difference est orientale, la soustylaire tombera sur deux heures du matin.

QUATORZIÉME PROBLEME.

La hauteur du pole estant donnée, trouver la moitié du plus grand jour.

IL faut faire comme le rayon est à la tangente de 23 ^{d}, 29 ^{m}, qui est l'obliquité de l'écliptique ; ainsi la tangente de la hauteur de pole est au sinus de l'excés de la moitié du plus grand jour pardessus six heures.

EXEM-

EXEMPLE.

*L*A plus grande obliquité de l'écliptique ayant esté trouvée de 23 ^d, 29 ^m, si l'on donne la hauteur du pole du lieu de 48 ^d, 50 ^m, on trouvera par la régle, que le sinus de l'excés du plus grand jour pardessus six heures est de 29 ^d, 47 ^m, 37 ^s, ce qui se réduit à 1 heure, 59 ^m, 47 ^s; donc la moitié du plus grand jour sera de 7 heures, 59 ^m, 47 ^s.

QUINZIE'ME PROBLEME.

Déterminer les heures qui doivent estre marquées, sur un plan donné.

O N sçait qu'à l'égard d'un plan horizontal, le plus grand jour du lieu détermine le nombre des heures qui doivent estre marquées sur ce plan; & il en seroit de mesme de tout autre plan consideré comme horizontal, si l'horizon du lieu n'y faisoit point d'empeschement.

PRATIQUE

pour les plans septentrionaux dans un lieu septentrional, & pour les plans meridionaux dans un lieu meridional.

I L faut sçavoir l'heure de la soustylaire, & la moitié du plus grand jour, tant du lieu que de l'horizon du plan consideré sans empeschement.

Si de l'heure de la soustylaire on oste la moitié du plus grand jour du plan, on aura l'heure du lever du soleil à l'égard de l'horizon du plan. Si au contraire l'on ajoûte la moitié du plus grand jour du plan à l'heure de la soustylaire, on aura l'heure du coucher du soleil à l'égard du mesme horizon du plan consideré sans empeschement: mais ensuite il faudra voir si aux heures trouvées le soleil sera sur l'horizon du lieu; ce qui sera facile, supposé que l'on sçache l'heure du lever & du coucher du soleil au plus grand jour du lieu.

EXEMPLE.

S O i t à Paris un plan septentrional dont la moitié du plus grand jour soit de sept heures, & dont la soustylaire soit à dix heures du soir. Ayant osté 7 de 10, je trouve qu'aux plus grands jours le soleil doit commencer le soir à éclairer le plan à trois heures; & parce qu'à Paris le soleil est alors sur l'horizon, je dis que la première heure du soir, qui devra estre marquée sur ce plan, sera celle de 3 heures.

Puis ajoustant 7 heures à 10 heures du soir, je trouve encore que le soleil finira d'éclairer le plan à 5 heures du matin; & parce qu'à Paris au plus grand jour, le soleil est sous l'horizon depuis 8 heures du soir jusqu'à 4 heures du matin, il faudra que toutes les heures d'entre deux soient retranchées du cadran, sur lequel par consequent on pourra marquer les heures depuis les 4 heures du matin jusqu'à 5 heures, & depuis 3 heures du soir jusqu'à 8 heures.

Suivant cette pratique il y aura des cadrans, qui n'auront point d'heures le matin, & d'autres qui n'en auront point le soir, ce que le calcul fera voir.

L'exemple que nous venons de donner est pour un cadran septentrional dont la soustylaire tombe à une des heures de nuit, parce que c'est le cas le plus ordinaire; ce qui n'empesche pas qu'il ne puisse y avoir un plan, dont la soustylaire tombe par exemple à 10 heures du matin, mais qui sera tellement incliné vers le nord, que sa hauteur du pole sera septentrionale, & qui par consequent sera septentrional. Un tel plan, supposé que la moitié de son plus grand jour fust de 7 heures, devroit estre éclairé en Esté depuis 3 heu-

X X x x

res du matin jufqu'à 5 du foir : mais parce qu'à Paris le foleil ne fe leve qu'à 4 heures, il faudroit retrancher la premiére heure du matin.

PRATIQUE

pour les plans méridionaux dans un lieu feptentrional, ou au contraire.

IL faut trouver l'heure à laquelle le foleil fe leve ou fe couche à l'égard du plan propofé, ce qui fuppofe la hauteur du pole du lieu, & la déclinaifon du plan. On fera donc, comme le rayon eſt au finus de la hauteur du pole du lieu : ainfi la tangente de la déclinaifon du plan eſt à la tangente d'un arc qu'il faudra ofter de 90 degrez ou de fix heures, fi le plan eſt oriental ; ou bien qu'il faudra ajoûter à fix heures, fi le plan eſt occidental. L'heure ainfi trouvée fera la premiére, ou la derniere qu'il faudra marquer fur le plan.

La raifon de cette pratique eſt que par ce moyen on détermine l'heure à laquelle le foleil commence plûtoſt, ou finit plus tard à éclairer le plan, ce qui arrive lors qu'il fe leve ou qu'il fe couche dans l'interfe´tion des deux horizons ; car quand les jours font plus longs à l'égard de l'horizon du plan, c'eſt alors qu'ils font davantage accourcis par l'horizon du lieu, & quand les jours du plan font le plus dégagez de l'horizon du lieu, c'eſt alors qu'ils font plus courts à l'égard du plan. De forte que le milieu fe trouve dans l'interfe´tion des deux, & que ces fortes de cadrans n'ont jamais plus de douze heures.

On peut auffi fe fervir d'un cadran horizontal, en obfervant les lignes horaires qui rencontreront la ligne du plan. Mais cette maniére n'eſt pas univerfelle, & ne peut valloir pour les plans feptentrionaux, lors qu'ils ont des heures du matin & du foir, & que l'heure de la fouſtylaire eſt de nuit. J'entens les feptentrionaux dans un lieu feptentrional ; & il en feroit de mefme des méridionaux dans un lieu méridional : car le cadran horizontal déterminera bien la première heure du matin, & la derniere du foir ; mais il n'en fera pas de mefme à l'égard de la derniere du matin, & de la premiére du foir qui dépendront du plus grand jour du plan.

CHAPITRE IV.

Du calcul des heures aſtronomiques.

TRouvez premiérement l'heure de la fouſtylaire par le treiziéme probleme, puis faites une liſte de toutes les heures que vous voulez avoir, la partageant à l'endroit où vous fçavez que doit eſtre la fouſtylaire, que nous avons marquée S, avec un zéro au deſſous.

Premier Cas.

SI l'heure de la fouſtylaire convient juſtement avec une des divifions horaires, foit heure entiere ou demi-heure, foit mefme un quart d'heure, fuppofé qu'on les vouluſt avoir ; il n'y aura autre chofe à faire, qu'à écrire fous chaque divifion horaire fa diſtance équinoxiale à l'égard de la fouſtylaire, de mefme que vous feriez à l'égard de 12 heures dans un cadran qui ne déclineroit point.

PREMIER EXEMPLE

pour un cadran méridional & oriental, dont la différence est de 22 d, 30 m, & duquel par conséquent, la soustylaire est à 10 heures & demie du matin.

	$\frac{1}{2}$	IX.	$\frac{1}{2}$	X.	$\frac{1}{2}$ Midy. S	XI.	$\frac{1}{2}$	XII.	$\frac{1}{2}$	I.
Angles.	30 0	22 30	15 0	7 30	S	7 30	15 0	22 30	30 0	37 30
Tangentes.	577	414	268	132	0	132	268	414	577	767

SECOND EXEMPLE

pour un cadran méridional occidental, dont la soustylaire est à une heure & demie aprés midy.

	XI.	$\frac{1}{2}$	XII.	$\frac{1}{2}$	I.	$\frac{1}{2}$ S	II.	$\frac{1}{2}$	III.
Angles.	37 30	30 0	22 30	15 0	7 30	S	7 30	15 0	22 30
Tangentes.	767	577	414	268	132	0	132	268	414

ON voit que les distances horaires estant les mesmes de part & d'autre de la soustylaire, il suffiroit de les avoir écrites d'un costé seulement.

TROISIE'ME EXEMPLE

pour un cadran septentrional oriental, dont la différence des méridiens est de 157 d, 30 m, & duquel par conséquent, la soustylaire tombe sur une heure & demie du matin.

	Soir.			Septentrional Oriental.				Matin.
	VII.	$\frac{1}{2}$	VIII.	I. $\frac{1}{2}$ S	IV.	$\frac{1}{2}$	V.	$\frac{1}{2}$
Angles.	97 30	90 0	82 30	S	37 30	45 0	52 30	60 0
Tangentes.	7596	Infin.	7596	0	767	1000	1303	1732

QUATRIE'ME EXEMPLE

pour un cadran septentrional occidental, dont la soustylaire tombe à dix heures & demie du soir.

	VI.	$\frac{1}{2}$	VII.	$\frac{1}{2}$	VIII.	X. $\frac{1}{2}$ S	IV.	$\frac{1}{2}$	V.
Angles.	67 30	60 0	52 30	45 0	37 30	S	82 30	90 0	97 30
Tangentes.	2414	1732	1303	1000	767	0	7596	Infin.	7596

Septentrional Occidental.

CES sortes de cadrans septentrionaux sont renversez, ayant les heures du soir à gauche, & celles du matin à droit. Ils ont d'ailleurs plusieurs heures supprimées, lesquelles il faut supposer dans le calcul : comme par exemple, pour 8 heures du soir, si la soustylaire est à 1 heures ½ aprés minuit, l'intervalle est de 5 heures ½, qui estant réduit en degrez, est de 82 d, 30 m. Et pour 4 heures du matin, parce que l'intervalle est de 2 heures ½, j'écris 37 d,

30 ᵐ, c'est le contraire pour le cadran occidental, à cause que la souftylaire eft devant minuit.

Il ne peut pas y avoir de difficulté à l'égard des autres heures ; car on voit qu'elles fe fuivent avec un continuel accroiffement de 7 ᵈ, 30 ᵐ, que l'on fuppofe icy de demi-heures en demi-heures.

REMARQUES.

Monfieur Picard paffe au calcul des heures aftronomiques, aprés avoir enfeigné plufieurs élémens pour les cadrans. Mais il faudroit qu'il euft expliqué la maniére de tracer la ligne équinoxiale, avant que d'enfeigner la pratique de ce calcul, puis qu'on ne le peut faire fans fa pofition ; ce qu'il ne fait qu'à la fin de ce chapitre.

On peut trouver par le mefme calcul dont on s'eft fervi dans les problemes précedens, le point où la fouftylaire doit eftre coupée par la ligne équinoxiale qui fait toûjours avec elle des angles droits.

La hauteur du pole fur le plan du cadran eftant trouvée, on fera comme le finus de cette hauteur de pole eft à la hauteur du ftyle, ainfi le finus du complement de la mefme hauteur de pole, eft à la diftance entre le pied du ftyle, & le point de la ligne équinoxiale fur la fouftylaire. Ce point eftant déterminé, on menera la ligne équinoxiale, qui coupera la fouftylaire à angles droits dans ce mefme point.

Tout le calcul que M. Picard propofe icy pour les diftances horaires fur la ligne équinoxiale depuis fa rencontre avec la fouftylaire, eft fondé fur la diftance qu'il y a entre la pointe du ftyle, & cette mefme rencontre ; laquelle diftance eft le rayon, & les diftances horaires font des tangentes par rapport à ce rayon. Il faudra donc avoir divifé une ligne droite égale à cette diftance en 1000 parties, defquelles on fe fervira pour prendre les diftances horaires fur la ligne équinoxiale depuis la rencontre de la fouftylaire. Mais fi l'on veut feulement connoiftre toutes ces diftances horaires fur la ligne équinoxiale depuis la fouftylaire, en mefmes parties que celles de la hauteur du ftyle que l'on a fuppofée dés le commencement divifée en 1000 parties ; il faudra premiérement trouver la diftance entre la pointe du ftyle & la rencontre de la ligne équinoxiale avec la fouftylaire, en mefmes parties que celles de la hauteur du ftyle, ce que l'on fera par cette analogie.

Comme le finus de complement de la hauteur du pole fur le plan du cadran eft à 1000 parties, qui eft la hauteur du ftyle ; ainfi le rayon eft au nombre des mefmes parties de la hauteur du ftyle, qui eft la diftance que l'on cherche, que l'on peut appeller Rayon équinoxial.

Mais fi l'on fe fert de la longueur de ce rayon équinoxial, il faudra trouver les diftances horaires fur la ligne équinoxiale par des analogies féparées, en faifant comme le rayon des Tables eft au rayon équinoxial que l'on a trouvé, ainfi la tangente de l'angle de la diftance entre l'heure de la fouftylaire & l'heure que l'on cherche, à la diftance équinoxiale de cette mefme heure depuis la fouftylaire ; c'eft-à-dire depuis la rencontre de la fouftylaire fur l'équinoxiale jufqu'au point où cette mefme heure coupe l'équinoxiale. Et par confequent il faudra faire autant de calculs feparez, qu'il y aura d'heures à pofer fur l'équinoxiale ; mais auffi on aura l'avantage de fe fervir toûjours des mefmes parties, dont on s'eft fervi pour tout le calcul du cadran.

Les tangentes qui font dans les éxemples que l'on a donnez icy, font celles des Tables, fuppofant le rayon équinoxial de 1000 parties feulement.

Lors que l'angle depuis la fouftylaire jufqu'à l'heure que l'on veut marquer fur l'équinoxiale eft de 90 ᵈ, la tangente eft infinie ; & en ce cas la ligne horaire eft parallele à la ligne équinoxiale. Mais lors qu'on veut marquer des

heures

heures audelà de 90 d, comme dans le troisiéme & quatriéme éxemple cy - dessus 97 d 30 m, alors on dòit se servir des tangentes de supplément de ces angles, & porter les grandeurs trouvées sur la ligne équinoxiale de l'autre costé de la soustylaire : mais l'heure que l'en tracera par ce point & par le centre du cadran, sera prolongée audelà du centre du cadran vers le lieu où elle doit suivre les autres.

Second Cas.

MAIS si l'heure de la soustylaire ne convient justement avec aucune division horaire, il faut chercher premiérement les distances horaires entre la soustylaire & les deux plus proches heures, puis faire les autres par une addition continuelle, de mesme qu'aux éxemples cy-dessus.

Soit la différence des méridiens de 19 d, 35 m, & par consequent, la soustylaire entre 10 heures ÷ & 11 heures du matin.

Premiérement, la distance entre 10 heures ÷ & midy, est 22 d, 30 m; ayant donc osté 19 d, 35 m, je trouve 2 d, 55 m pour 10 heures ÷.

Secondement, entre 11 heures & midy il y a 15 d que j'oste de 19 d, 35 m, & il reste 4 d, 35 m pour 11 heures.

Cela supposé, si à 2 d, 55 m j'ajoûte 7 d, 30 m, la somme sera 10 d, 25 m pour 10 heures; & ainsi de suite de ce costé-là. Pareillement, si à 4 d, 35 m j'ajoûte 7 d, 30 m, la somme sera 12 d, 5 m pour 11 heures ÷ & ainsi de suite en ajoûtant toûjours 7 d, 30 m pour chaque demi-heure.

Sur quoy vous remarquerez, que si vous avez bien fait, la différence des méridiens se trouvera pour midy, ce qui pourroit donner lieu à une nouvelle maniére de calcul, que le Lecteur trouvera facilement.

Cadran Méridional Oriental.

	½	X.	½	19 35	XI.	½	X II.	½
			22 30	S	19 35		Midy.	
			19 35		15 0			
			2 55		4 35			
Angles.	17 55	10 25	2 55	o	4 35	12 5	19 35	27 5
Tangentes.	323	184	51	o	80	214	356	511

Cadran Méridional Occidental.

	XI.	½	X II.	½	I.	19 35	½	II.	½
			Midy.		19 35	S	22 30		
					15 0		19 35		
					4 35		2 55		
Angles.	34 35	27 5	19 35	12 5	4 35	o	2 55	10 25	17 55
Tangentes.	689	511	356	214	80	o	51	184	323

Cadran Septentrional Oriental.

			Soir.				Matin.		
	VII.	½	VIII.	1h, 18m, 20f.		IV.	½	V.	½
			60 0	19 35		60 0			
			19 35	S		19 35			
Angles.	94 35	87 5	79 35	0		40 25	47 55	55 25	62 55
Tangentes.	12474	19627	5440	0		852	1107	1450	1956

Cadran Septentrional Occidental.

	½	VII.	½	VIII	10h, 41m, 40f.		IV.	½	V.
				60 0	19 35		60 0		
				19 35	S		19 35		
Angles.	62 55	55 25	47 55	40 25	0		79 35	87 5	94 35
Tangentes.	1956	1450	1107	852	0		5440	19627	12474

AÜx deux derniers éxemples la différence des méridiens eſt effective-
ment de 160 d, 25 m; mais pour la facilité du calcul (ce qui ſe devra toûjours pratiquer lors qu'il y aura plus de 90 d) nous avons oſté les 160 d, 25 m, de
180 d, & nous avons pris le reſte, ſçavoir 19 d, 35 m, pour la différence entre le
midy du plan & le minuit du lieu. Le reſte s'entendra aſſez aprés ce que nous
avons dit cy-deſſus aux premiers éxemples.

Nous avons ſeulement expoſé les cas auſquels les cadrans méridionaux
ont la différence des méridiens moindre que 90 d, & les ſeptentrionaux plus
grande que 90 d; parce que c'eſt ce qui arrive le plus ordinairement, comme
nous avons déja remarqué au treiziéme probleme du chapitre précedent.

Or aprés avoir trouvé les diſtances équinoxiales pour toutes les heures à
l'égard de la ſouſtylaire, il en faudra prendre les tangentes dans les Tables, comme vous voyez qu'on a fait dans les éxemples précedens. Ces tangentes ſer-
viront enſuite à trouver les points horaires dans la ligne équinoxiale; & ſi
quelque diſtance horaire eſt préciſement de 90 d, la ligne de cette heure-là ſera parallele à l'équinoxiale: mais s'il s'en trouve quelqu'une plus grande que
90 d, la ligne de l'heure s'éloignera de l'équinoxiale; & parce qu'elle ne peut
s'éloigner d'un coſté qu'elle ne s'approche de l'autre, vous trouverez ſon point
de rencontre, en prenant la tangente du ſupplément de l'angle à 180 d; ce qu'il
ſuffit d'avoir indiqué.

Voyez la
figure ſui-
vante. Soit maintenant A le pied du ſtyle, A B ſa hauteur que je ſuppoſe connuë; D C la ſouſtylaire trouvée par les problemes cy-deſſus, & menée par le
point A. On cherche C le point de la ligne équinoxiale, & D le centre du
cadran.

Pour cét effet, comme le ſinus du complément de la hauteur du pole ſur le
plan eſt au rayon, ainſi A B connuë eſt à la longueur du rayon équinoxial B C,
laquelle eſtant connuë ſera diviſée en 1000 parties pour ſervir d'échelle à
tout le reſte du cadran.

Cela ſuppoſé, A C ſera le ſinus de la hauteur du pole ſur le plan, & C D la

fécante de fon complément. Une ligne menée par le point C à angles droits à
la fouſtylaire fera l'équinoxiale, dans laquelle on marquera les points horaires
par le moyen des tangentes cy-deſſus trouvées.

R E M A R Q U E S.

J'Ay expliqué aſſez au long la pratique pour trouver la ligne équinoxiale à la
fin du premier cas, ce qui pourra ſervir d'éclairciſſement à ce qui eſt dit icy
un peu trop en abbregé.

Pour la maniére de trouver le cen-
tre du cadran ſans ſe ſervir de la ſe-
cante, on fera comme la tangente de la
hauteur du pole ſur le plan eſt à la hau-
teur B A du ſtyle, ainſi le rayon ſera
à A D qui eſt la diſtance ſur la fouſty-
laire entre le pied du ſtyle A & le cen-
tre du cadran D, ce centre eſt le point où
l'axe, qui paſſe par la pointe du ſtyle,
doit rencontrer le plan.

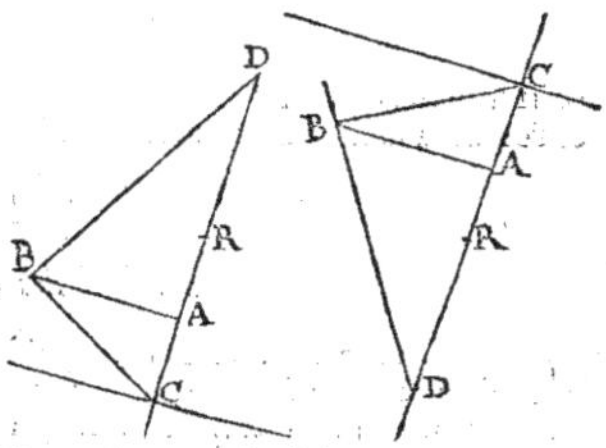

On peut encore trouver la grandeur
A D pour déterminer le centre du ca-
dran D, en faiſant comme le rayon eſt à B A hauteur du ſtyle, que nous avons
poſée de 1 0 0 0 parties; ainſi la tangente de complement de la hauteur du pole
ſur le plan, à la grandeur de A D.

La ſomme des grandeurs de A D, & A C ſera celle de C D dont on ſe ſert
dans la ſuite.

Par le centre du cadran & par les points horaires trouvez ſur la ligne équinoxiale on tirera les lignes des heures. On fera de meſme pour les demi-
heures, & meſme pour les quarts-d'heures s'il y en a.

Mais ſi le centre du cadran eſt hors le plan, ou ſi l'on manque de quelques
points horaires, il faudra prendre C R moitié de C D, dont on connoiſt la
grandeur par le calcul, puis par le point R tirer une ligne paralleſe à la ligne
équinoxiale, dans laquelle on trouvera de nouveaux points horaires en prenant la moitié de chaque intervalle donné dans l'équinoxiale à commencer
à la fouſtylaire.

R E M A R Q U E S.

L E centre du cadran pourroit eſtre ſi éloigné de la ligne équinoxiale, que pour
avoir un point comme R ſur la fouſtylaire, il faudroit prendre C R, comme
la cinquiéme ou ſixiéme ou huitiéme, ou meſme quelqu'autre partie beaucoup plus
petite de la ligne C D : mais alors pour marqüer les heures ſur cette ſeconde ligne
équinoxiale, il faudroit oſter une meſme partie aux grandeurs des heures de la
ligne équinoxiale pour les tranſporter ſur cette ſeconde; comme ſi l'on prenoit C R
de la dixiéme partie de C D, il faudroit ſeulement oſter à chaque intervalle d'heure
ſur la ligne équinoxiale depuis la fouſtylaire une dixiéme partie, & tranſpor-
ter le reſte ſur la ſeconde ligne équinoxiale.

Mais enfin ſi la ligne C D ſe trouvoit infinie, on pourroit tracer cette ſecon-
de ligne équinoxiale par quel point on voudroit de la fouſtylaire & y tranſpor-
ter les meſmes grandeurs des heures de l'équinoxiale. Enſuite on joindra les
points correſpondans de ces deux équinoxiales, pour avoir les lignes des heures.

Il ſuffira meſme d'avoir ſix heures de ſuite pour trouver toutes les autres;
car ayant pris dans la ligne du milieu D F le point F à diſcretion, ſi par ce
point on tire F K qui ſoit parallele à l'une des extrémes D G, & qui coupe
l'autre extréme D H en K; ayant mis une des pointes du compas au point K,

Voyez la
figure ſui-
vante.

Y Y y y ij

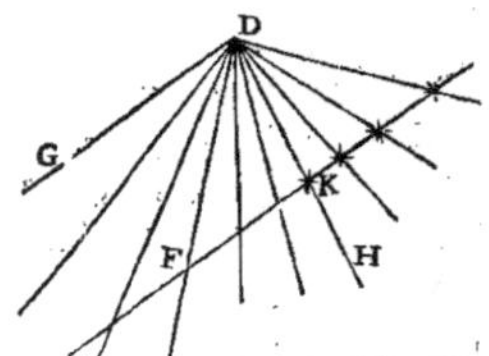

on transportera sur F K prolongée audelà de K les divisions qui font audeçà, & l'on aura la suite des heures requises de ce costé-là.

CHAPITRE V.

Du calcul des arcs des Signes.

ON cherche par ce calcul les points de rencontre des arcs des signes sur chaque ligne horaire, & sur les lignes des demi-heures pour une plus grande justesse; on tracera ensuite par tous les points trouvez les lignes des arcs des signes.

Soit l'axe B D, & E C la souftylaire, avec le rayon équinoxial B C & C G I la ligne équinoxiale. Soient aussi les lignes des heures F G, H I, &c.

B est la pointe du style, & le rayon équinoxial B C estant perpendiculaire sur la ligne équinoxiale C I, si l'on mene les lignes B G, B I, les triangles B C G, B C I, &c. feront rectangles; & dans chacun de ces triangles, on connoist par les calculs des chapitres précedens les costez C G, C I, &c, & le costé B C qui est commun à tous. On sçait de plus, pour chaque ligne C G, C I, &c. quel est l'angle C B G, C B I, &c. c'est pourquoy dans ces mesmes triangles on trouvera les hypotenuses B G, B I, &c.

Par éxemple, suppofons que l'on ait trouvé le rayon équinoxial de 1185 parties de celles dont la hauteur du style B S est de 1000, & que l'angle C B G foit de 9 ^{d}, 15 ^{m}, on aura donc trouvé C G de 193 parties; & dans le triangle C B I, si l'angle C B I est pour l'heure fuivante, il fera de 24 ^{d}, 15 ^{m}; c'est pourquoy l'on trouvera C I de 534 parties, & dans ces mesmes triangles on trouvera B G de 1201 parties, & B I de 1300 parties, &c.

Mais la hauteur du pole fur le plan a esté trouvée de 32 ^{d}, 27 ^{m}, c'est pourquoy on a dû trouver la longueur de l'axe depuis la pointe du style jufqu'à la rencontre du plan de 1864 parties. Et foit le point Z la rencontre du plan & de l'axe B D, qui est le centre du cadran: il n'importe pas que ce centre Z foit sur le plan ou hors le plan, pourveû qu'il y en ait un.

Il faut maintenant dans tous les triangles Z B C, Z B G, Z B I, &c. qui font rectangles en B, trouver les angles C, G, I, &c. L'angle C qui est fur la souftylaire fera le complement de la hauteur du pole fur le plan, qui fera icy de 57 ^{d}, 33 ^{m}. Dans tous les autres triangles on fera comme Z B à B G, à B I, &c. ainsi le rayon fera à la tangente de l'angle complement à l'angle G, I, &c. comme par les logarithmes.

Somme

Somme de B G & du rayon   13. 07940
Mais Z B eft   3. 27038

Tangente de l'angle   9. 80902

32 ^{d}, 47 ^{m}, complement de 57 ^{d}, 13 ^{m}, qui eft l'angle cherché B G Z.

Somme de B I & du rayon   13. 11384
Mais Z B eft   3. 27038

Tangente de l'angle   9. 84346

34 ^{d}, 53 ^{m}, complement de 55 ^{d}, 7 ^{m}, qui eft l'angle cherché B I Z.

Ces angles eftant connûs on a auffi leurs fupplemens à deux droits, qui font les angles K G B, L I B, &c.

Maintenant pour trouver les points des Signes, comme fur la ligne horaire Z G pour les points M & K du premier figne au deffus & au deffous de la ligne équinoxiale; on joindra la déclinaifon de ce figne 11 ^{d}, 29 ^{m}, 34 ^{f}, avec l'angle Z G B & K G B, ce qui fera les deux fommes 68 ^{d}, 42 ^{m}, 34 ^{f}, & 134 ^{d}, 16 ^{m} 34 ^{f}, dont on prendra les fupplémens à deux droits, qui feront 111 ^{d}, 17 ^{m}, 26 ^{f}, & 45 ^{d}, 43 ^{m}, 26 ^{f}. Enfuite on fera comme le finus de ces angles eft au cofté B G de 1201 parties; ainfi le finus de l'angle de la déclinaifon du figne 11 ^{d}, 29 ^{m}, 34 ^{f}, aux diftances G M, G K depuis l'équinoxiale G jufqu'aux points des fignes M & K. Ces diftances feront 257 & 334 des mefmes parties de la hauteur du ftyle qui fervent dans tous ces calculs.

DE
MENSURIS.

SUPPOSITO pede Parisino partium   720
Erit pes Rhinlandicus vel Leydensis, ex propria observatione,   696
Pertica Rhinlandica continet 12 pedes.
Londinensis ad me missus $675\frac{1}{2}$
Danus, ex propria observatione, $701\frac{2}{4}$
Ulna Danica continet duos pedes.
Dantiscanus, ex proportione cum Leydensi, lib. 1. Selenograph. Hevelii, 636
Lugdunensis Galliæ, ex observatione D. Auzout, $757\frac{2}{3}$
Bononiensis Italiæ, ex observatione ejusdem,   843
Bracchium Florentinum, ex eodem & Mersenno,   1290
Bracchium Florentinum dividitur in 20 solidos, solidus in 3 grossos.
Pes Suecus mihi traditus, $658\frac{1}{4}$
Pes Bruxellensis ad me missus $609\frac{1}{3}$
Amstelodamensis ex Leydensi juxta Snellium,   629
Palmus Romanus Architect. ex propria observatione & D. Auzout, $494\frac{1}{4}$
Canna Architect. continet Palmos 10.
Pes Romanus Capitolii ex propria observatione & D. Auzout,   653
vel, $653\frac{1}{2}$
Melius ex Græco,   652

Numerus 652 pro pede Romano Capitolii exactè convenit cum pede Græco, qui ibidem prostat partium 679, juxta proportionem 24 ad 25. Sed quia ex Gravio pes Anglus est ad Romanum ut 1000 ad 967, sequitur Romanum esse $653\frac{1}{3}$ in eo statu in quo est.
Pes Romanus Vilalpandi ex congio juxta Ricciolum, $665\frac{1}{13}$

Nam ex Ricciolo Romanus est ad Bononiensem ut 120 ad 152, vel 15 ad 19. Verum, si ex observatione D. Auzout, dictus congius Vespasiani, seu Farnesianus continet aquæ fontanæ Trevianæ uncias Parisienses 109, grossos 3, grana 24; proindeque pes cubicus congii octuplus, sit librarum 54, unciarum 11, grossorum 2, & granorum 48, cum ex propria observatione pes cubicus Parisiensis continet aquæ fontanæ libras 69, cum 9 unciis, 3 grossis, 22 granis. Hinc supposita aquarum similitudine, esset pes Romanus congialis ad Parisiensem, ut 663 ad 720.

Si pes Romanus esset $664\frac{2}{3}$, erit ratio ut 13 ad 12, sicut unciarum ratio.
Sed pes Romanus Statilii in Belvedere, $655\frac{1}{2}$
Pes Romanus qui in hortis Mattei, $657\frac{1}{2}$
Pes Romanus ex palmo, $658\frac{1}{4}$
Seu ferè & proximè,   659

Vide Plin. libro 7, capite 2, & Ghetaldum in Archim. promot. ubi palmus seu spithama per dodrantem indicatur.

Romæ in pavimento Panthei lapidum quadratorum latera Parisienses pedes 9 cum lineis 8 continent; quæ si Romanorum pedum 10 supponantur, erit pes Romanus,   653
Fascia marmorea ejusdem pavimenti lata ped. Paris. 2, cum lineis $8\frac{1}{2}$: quæ si fuerit 3 pedum Romanorum, erit pes Romanus,   650
Portæ ejusdem Templi latitudo est pedum Parisinorum 18, cum pollicibus $4\frac{1}{4}$; hinc si supponamus dictam Portam fuisse pedum Romanorum 20, erit pes Romanus $661\frac{1}{4}$

Nota ex Greaves Anglo, dictam portam esse pedum Londinensium 19
cum ⁴·⁴·⁴; unde sequeretur pedem Londinensem esse ad Parisinum, ut 674 ½
ad 720, cum reverâ sit ut 675 ½ ad 720. Hinc arguitur, aut pedem Anglum
mutatum fuisse, aut dictum Greaves usurpasse pedem Anglum justo minorem.
Idem prorsus arguitur ex proportione Bracchii Florentini quam tradit.

   Pyramidis Cestii basis latera pedes Parisinos habet 86 ½. Sed si ea supponamus passuum Romanorum 19, aut pedum 95, erit pes Romanus   653 ½.

   In arcu Septimii Severi columnarum diameter prope basim est pedis Parisi-
ni 1, cum 4 poll. ½; quod accedit ad latitudinem Fasciarum Porphyreticarum
in pavimento Rotundæ seu Panthei; nempe 1 pedis cum pollicibus 4 ½, pro
sesquipede Romano.

Ex diametro Columnarum, erit pes Romanus.   650
Ex Fascia Porphyretica.   653 ½

   Longitudo penduli cujus vibrationes singulis temporis medii secundis ab-
solvuntur, observata Parisiis, Uraniburgi, Lugduni, in monte Setio, & ad Pyre-
næos montes inventa fuit 36 poll. 8. lin. ½, seu pollicum 36 cum ⁷·¹·¹ fere juxta
pedem Parisiensem.

Longitudo penduli juxta varias mensuras.

Mensuræ variæ ad pedem Parisinum comparata.		Pollices, seu unciæ.	Millesimæ partes pollicis.	
Pes Parisinus	720	36	cum	708
Rhinland.	696	37		974
Bononiensis	843	31		352
Palm. Rom. Arch.	994 ½	53		472
Brach. Florent.	1290	20		480
Seu 1. brach. cum solidis 14. gross. 0 ⁴·⁴·⁴.				
Pes Rom. Capit.	653 ½	40		459
	653 ½	40		443
	652	40		536
Ex Congio	665	39		744
Sit pollex Parisin. 40 ½, erit tunc pes Romanus partium earumdem 652 ⁶·¹·¹.				
Pes Anglus	675 ½	39		126

seu pollicum fere, & quam proxime 39 ½.

Hero Mechanicus in Isagoge.

Ὁ δὲ Ἰταλικὸς ποὺς δακτύλους ἔχει τρεῖς, καὶ δέκα καὶ τρίτον.

   Hinc Salmasius in exercitationibus Plinianis, pag. 684, arguit pedem
alium fuisse 16. digit. in urbe scilicet, alium in Italia digitorum 13, ½, sed
malè; loquitur enim Hero de pede Romano expresso in digitis Alexandrinis.
Constat enim ex eodem Herone Alexandrinum fuisse ad Romanum, ut 6 ad 5,
seu ut 16 ad 13 ½.

   Item Hyginus de limitibus constituendis: *In Germania*, inquit, *& in Tun-*
gris pes Drusianus habet monetalem & sescunciam. Constat pedem Roma- *Vide Grea-*
num in 12 uncias divisum hîc appellari monetalem. Unde si supponamus pe- *ves de pede*
dem Romanum 665, erit Drusianus 747, major scilicet Parisiensi, sed minor *Rom. p. 6.*
Lugdunensi. Sed si fuit pes Romanus 653, erit Drusianus 737 circiter.

   Ibidem loquens de Cyrene: *Pes eorum qui Ptolemaicus appellatur, habet*
monetalem & semunciam, seu ut 25 ad 24 quemadmodum Græcus ad Romanum, quod non convenit cum Herone, nisi dicamus pedem Cyrenensem
minorem fuisse Alexandrino.

ZZzz ij

Item Hero Mechanicus in Isagoge.

MILLIARE, intellige Alexandrinum, stadia habet $7\frac{1}{2}$. Pedes Philetereos, hoc est Alexandrinos seu Regios 4500, Italicos 5400. Hinc sequitur ratio pedis Alexandrini ad Romanum ut 6 ad 5. Itemque ratio milliaris Alexandrini ad Italicum ut 5400 ad 5000. Nam Italicum fuit passuum 1000.

Nota Alhazenum dum tribuit terræ ambitui milliaria 24000, intelligendum de milliari Alexandrino.

Pro pede Arabico.

JUXTA Abulfedam 500 stadia, & quidem Alexandrina, ut suppono, æquivalent milliaribus $66\frac{1}{2}$: ergo milliare Arabicum æquivalebit $7\frac{1}{2}$ stadiis, sicut & milliare Alexandrinum ex Herone supra citato : ergo milliare Arabicum æquale Alexandrino. Sed in milliari Alexandrino dantur pedes Alexandrini 4500, & in Arabico 6000 Arabici ; est igitur ratio pedis Alexandrini ad Arabicum, seu pes Arabicus erit dodrantalis seu spithama, respectu Alexandrini, hoc est ut 4 ad 3.

In Ægypto singula latera majoris pyramidis sunt pedum Anglicorum 693 seu Parisiensium 650. Hinc Ægyptius ad Parisiensem ut 13 ad 12.

Nota. Parisiis anno 1668 facta est reformatio pedis latomorum, quorum sexpeda veram excedebat lineis 5.

Ulna Parisiensis, alia *des Merciers* continet pedes 3, pollices 7, lign. $10\frac{4}{5}$; alia *des Drapiers* continet pedes 3 poll. 7 lin. $9\frac{1}{4}$.

Prior æqualis est 4 pedibus Romanis quorum singuli $658\frac{1}{2}$ partium, quarum pes Parisinus 720.

Canna Monspeliensis continet pedes Parisin. 6. cum pollice $1\frac{1}{2}$, dividiturque in 8 palmos, vulgò *pans*, quorum singuli æquales sunt palmo Romano mercatorum, quorum 8 in canna.

Pan Monspeliensis continet 9 pollices, 2 lineas $\frac{1}{2}$, sicut Romanus Mercatorum palmus.

Pedum comparatio & æquipollentia.

Alexandrini	144
Græci	125
Romani	120
Arabici	108
Parisienses	131

MESURES PRISES SUR LES ORIGINAUX
& comparées avec le pied du Chastelet de Paris
par M. Auzout.

LE pied de Paris dont on s'est servi, est celuy qui fut réduit l'an 1668 conformément à la Thoise du Chastelet. Il est divisé en 1440, c'est-à-dire, chaque ligne en 10 parties ; & c'est sur cette mesure que les suivantes sont réduites.

Le palme de Rome pris au Capitole contient $988\frac{1}{2}$, ou 8 pouces, 2 lignes, $8\frac{1}{2}$ parties. Celuy des passets est quelquefois un peu plus grand, & fait 8 pouces, 3 lignes. Le passet est une mesure de buis qui contient ordinairement 5 palmes,

mes, & qui est faite de plusieurs pieces qui sont jointes ensemble par des clous, pour pouvoir se plier, & se porter commodément.

Le palme est divisé en 12 onces, & l'once en 5 minutes ; ce qui fait soixante minutes au palme : on ne se sert point d'une plus petite division. 10. palmes font la canne que l'on nomme d'Architecte.

Le pied Romain que l'on nomme ancien, qui est celuy de Lucas Pœtus pris au mesme lieu, contient 1306 ou 1307 parties. Il est un peu trop petit, puis que le palme devant estre les trois quarts du pied, ou 12 doigts des 16 qui composent tout le pied, il devroit contenir suivant la premiere mesure 1318 parties.

Il reste à Rome deux pieds antiques sur deux sepulcres de Massons ou d'Architectes ; l'un dans le Jardin de Belvedere, & l'autre dans la Vigne Mattei ; & quoy-que les divisions en soient malfaites & inégales, on peut pourtant supposer que le total en est bon. Celuy de Belvedere contient 1311 parties ou bien 10 po. 11 l. & 1 partie ou $\frac{1}{12}$; & celuy de la Vigne Mattei en contient 1315 ; ou bien 10 po. 11 l. 5 parties ou $\frac{1}{2}$ ligne ; & comme ils peuvent estre un peu diminuez sur les bords, on peut les estimer égaux à 16 onces du palme moderne.

Par toutes ces mesures on peut prendre l'aune de Paris pour 4 pieds Romains antiques.

Le pied Grec pris au Capitole a 1358 parties, ou bien 11 po. 3 l. 8 parties, estant au Romain comme 25 à 24, comme on déduit d'ordinaire de la difference de leurs stades dont l'une contenoit 600 pieds, & l'autre 625. Le pied Romain estant 1306 ou 1307, le pied Grec devroit estre 1364 ou 1365 ; & si le Romain estoit 1318, le Grec devroit estre 1373 : si le Romain estoit 1311, le Grec seroit 1365 $\frac{1}{2}$: si le Romain estoit 1315, le Grec seroit 1369 $\frac{1}{2}$; toûjours plus grand que celuy du Capitole marqué par Lucas Pœtus.

Nota. Le pied qui est à Belvedere sur le tombeau de T. Statilius Mensor, est divisé en palmes & en doigts ; la division en est malfaite & grossiére : l'autre qui est dans la Vigne Mattei sur un autre tombeau de Cossutius, n'est point divisé en doigts. Il est à croire que Lucas Pœtus avoit marqué le pied Romain Voyez Lucas Pœtus, p. 5. & le pied Grec de juste proportion ; mais qu'à force de prendre le pied Romain, on l'a augmenté. Si le Romain estoit 652, le Grec seroit 679 $\frac{1}{2}$.

Le palme de Marchand dont 8 font la canne, dont on se sert pour mesurer toutes les étoffes, a 1102 $\frac{1}{2}$ parties, ou bien 9 pouces 2 $\frac{1}{2}$ de ligne. La canne faisant justement 6 pieds, 1 pouce, 6 lignes, elle revient à peu près à une aulne & deux tiers de celle de Paris.

Le palme & la canne de Rome pour les Marchands, est précisément le pan & la canne dont on se sert à Montpellier.

Le palme de Naples pris sur l'original, a 1161 ou 1162 parties, ou bien 9 pouces, 8 lignes, 1 ou 2 parties.

La brasse de Florence prise à la mesure publique contre la prison, a 2580 ou 2581 parties, c'est à dire 1 pied, 9 pouces & 6 lignes, ou 1 partie davantage ; mais le premier est plus juste.

Le pied de Boulogne pris dans le Palais de la Vicairie, a 1686 parties, ou bien 1 pied, 2 pouces & 6 parties.

Le bras pris au mesme lieu a 2826 parties, ou bien 1 pied, 11 pouces, 6 lignes ; ce qui ne fait pas justement 5 pieds de 3 bras, comme le suppose le P. Riccioli.

Le bras de Modene a 2812 $\frac{1}{2}$ parties ; ou bien 1 pied, 11 pouces, 5 lignes $\frac{1}{2}$.

Le bras de Parme pris auprés du Dome a 2526 parties, ou bien 1 pied, 9 pouces, 6 parties.

Le bras de Lucques a 2615 parties ; ou bien 1 pied 9 pouces, 9 l. 5 part.

Le bras de Sienne pris sur la canne publique qui est posée horizontalement sous la loge de l'Hostel de ville, & qui contient 4 bras, a 2667 parties; ou bien 1 pied 10 pouces, 2 lignes, & 7 parties.

Le pied de Milan pris sur le Traboco de bois où on éprouve les mesures, a 1760 parties; ou bien 1 pied, 2 pouces, 8 lignes : & le bras dont le pied fait les deux tiers, a 2640 parties; ou bien 1 pied, 10 pouces.

Le pied de Pavie pris sur la canne de fer qui est à la porte du Dome, a 2080 parties; ou bien 1 pied, 5 pouces, 4 lignes; & le bras dont il est les trois quarts, a 2780 parties, ou 1 pied, 1 pouce, 2 lignes.

Le pied de Turin pris sur la mesure de cuivre qui est dans l'Hostel de Ville, a 2274 parties; ou bien 1 pied, 6 pouces, 11 lignes, 4 parties.

Le pied de Lyon contient 1515 & $\frac{1}{3}$ de partie; ou bien 1 pied, 7 lignes, & $\frac{1}{2}$.

La thoise contient 7 pieds $\frac{1}{2}$.

L'aülne de Lyon contient 3 pieds, 7 pouces, 8 lignes & 3 parties.

Fin des Mesures données par M. Auzout.

DE
MENSURA LIQUIDORUM
ET ARIDORUM

DOLIUM Parisiense, vulgò *muid*, æquale habetur communiter 8 pedibus cubicis, ita ut dolia 27 impleant sexpedam cubicam.

Ex antiquis Statutis, *Ordonnances*, dolium deberet continere pintas 300; sed nunc 288; ita ut pintæ 36 implere debeant pedem cubicum.

Dividitur etiam communiter dolium in sextarios, *sextiers*, 36; sextarius verò in pintas 8; inde 288 pintæ in dolio.

Pinta quæ in domo publica Parisiensi asservatur, continet pollices cubicos 47 $\frac{1}{2}$; cùm ex dolio deberet esse pollicum cubicorum 48.

Sextarius, *chopine*, qui ibidem asservatur, major est dimidio pintæ, estque circiter pollicum cubicorum 24.

Demisextier quater sumptus excedit pintam pollicibus cubicis 2 $\frac{1}{2}$.

Dolium cujus longitudo G H est pollicum 32, diameter A B vel C D 22 pollicum, sed diameter E F 25 per medium foramen, *le bondon*; continet pintas 289 $\frac{1}{4}$. Sed si diameter E F sit pollicum 25 $\frac{1}{2}$, erit capacitas pintarum 296 ferè.

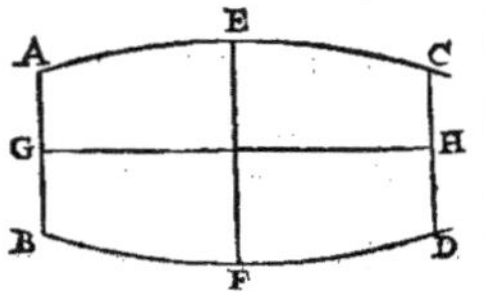

Nota contractionem unius pollicis in longitudine 8 pintas proxime demere.

Si longitudo G H sit 30 $\frac{1}{2}$ poll. diameter A B 23, & diameter E F 25, continet pintas 287 $\frac{1}{4}$.

Item, si longitudo G H sit 32, diameter A B 23, & diameter E F 24, continet pintas 289 $\frac{1}{4}$.

Modius Parisiensis pro granis, vulgò *le boisseau*, æqualis est cubo cujus latus 8 pollicum, 7 linearum $\frac{1}{3}$; seu continet pollices cubicos 644 $\frac{61}{125}$.

De Ponderibus.

PARISIIS in libra sunt unciæ 16, seu grossi 128, seu grana 9216.

In uncia sunt grossi 8, seu grana 576.

In grosso seu drachma sunt 3 scrupuli, seu 72 grana.

In scrupulo seu denario grana 24.

Facto experimento Parisiis in Curia *des Monnoyes*, constitit cubum cujus capacitas 171. pol. $\frac{1}{2}$, continere aquæ puræ fontanæ *d'Arcueil* libras 6 cum unciis 14, grossis 4, & granis 2; seu omnino grana 63650. Unde sequitur cubum pedalem Parisiensem continere ejusdem aquæ libras 69 cum unciis 9, grossis 3, & granis 22, seu summatim grana 641326. Hinc pollex cubicus ejusdem aquæ grana 371 $\frac{1}{10}$.

Pollices cubici 171 $\frac{1}{2}$ sunt pintæ 3 $\frac{1}{2}$ cum pollicibus 3 $\frac{1}{2}$, supposito quod pinta sit pollicum 48, uti in dolio. Fuisset congii Farnesiani pondus granorum 63162, posito latere cubi 665 partium.

Hinc si pinta supponatur pollicum cubicorum 48, continebit libras 2, minus 1 uncia, cum 41 granis, seu continebit grana 17814 $\frac{1}{2}$ dictæ aquæ, seu 1 libram cum unciis 14 & grossis 7 $\frac{1}{2}$ circiter; at vini libram unam cum unciis 14 & grossis 2 $\frac{1}{2}$; est autem differentia $\frac{1}{80}$ totius ponderis.

Latus dicti cubi continentis pollices cubicos 171 $\frac{1}{2}$ est partium decimarum lineæ 666 $\frac{2}{10}$, cùm debuisset esse 665, ut æquaretur dictus cubus congio Farnesiano seu octanti pedis Romani cubici; excedebat ergo granis 488, seu grossis 6 & granis 56.

Ex D. Auzout libra Romana hodierna, quæ est unciarum Romanarum 12, continet uncias Parisienses 10 cum grossis 7 & granis 12; seu summatim 6276 grana.

Hinc patet unciam Romanam hodiernam aurificam, leviorem esse Parisiensi granis Parisiensibus 43.

Mersennus dicit unciam Romanam leviorem esse Parisiensi granis 45, *tom. 3 Observat. Physicamathem.* Erit igitur ex D. Auzout ratio unciæ Rom. ad Parif. ut 11 ad 11 $\frac{44}{111}$. Sed si ponamus unciam Romanam minorem non 43, sed 44 gran. erit ratio ut 12 ad 13.

Ex eodem D. Auzout congius Farnesianus qui debuit continere libras antiquas 10, seu uncias 120 vini, deprehensus est continere aquæ fontanæ *di Trevi* uncias Parisienses 109 minus granis 24, seu libras 6 cum unciis 12, grossi. 7, & granis 48: fuisset autem pondus vini levius.

Congius qui asservatur Parisiis in Bibliotheca PP. S. Genovefæ, continet aquæ Sequanæ libras 7 cum uncia 1, grossis 2, & granis 36.

Vas cujus capacitas 171 $\frac{1}{2}$ pollicum cubicorum, seu cujus latus 666 $\frac{2}{10}$ partium, qualium Parisiensis pes, continet 1440: deficiebat à dicto congio unciis 2 & grossis 6; proindeque dictus congius excedit dictum congium Vespasiani unciis 3, grossis 4, & granis 65. Dicunt illum esse quem dimensus est Gassendus.

Pondus aquæ excedit pondus vini communiter parte octogesima.

Pondus aquæ ad pondus aeris, ut 960 ad 1.

Pondus aquæ marinæ ad aquam Sequanæ, ut 46 ad 45.

Mensuræ liquidorum antiquæ.

A MPHORA, seu pes cubicus continet pondus vini librarum Romanarum 80.

Urna dimidium amphoræ, seu libras 40.

Congius libras 10, seu semipes cubicus; ac proinde pars octava amphoræ.

Sextarius est sexta pars congii.

Hemina, seu cotyla est semisextarius cujus pondus unciarum Parisiensium 9 $\frac{1}{2}$. Si congius sit unciarum Parisiensium 109,

Ciatus est sexta pars heminæ.

Deprehendit Gassendus, ut ipse narrat in vita Peireskii, aquam quæ Romano pondere debuit esse decem librarum seu unciarum 120, antiquarum scilicet, esse pondere Parisiensi librarum 7 minus unciæ quadrante, seu unciarum 111, & quadrantum unciæ trium.

Hinc uncia Romana antiqua continet grana 536, qualium in Parisiensi sunt 576; unde & illis in drachmas collectis obvenere cuilibet drachmæ grana 67; idque proinde existimavit pondus denarii Cæsaris, qui fuit drachmalis.

Sextarius antiquus continet sextam partem congii. Semisextarius partem duodecimam congii, aliàs hemina seu cotyla dicta. Ubi notandum semisextarium antiquum proxime accedere ad semisextarium Parisiensem.

De proportione aquarum effluentium.

EXPERIMENTUM.

EXPERIMENTO constitit corpus A in aqua stagnante natans, tractum à pondere B velocitate æquabili, seu tempore ut unum; deinde trahi velocitate ut duo, seu dimidio tempore à pondere quadruplo ipsius B; ita ut velocitates sint ut ponderum radices quadratæ.

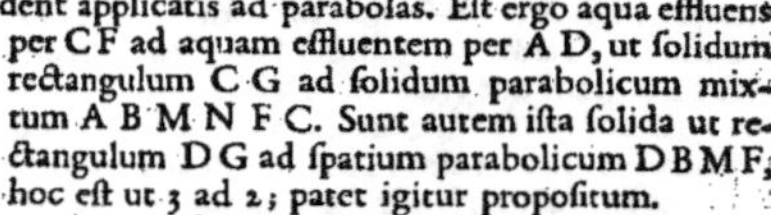

Aqua effluens per foramen horizontale rectangulum C F est ad aquam effluentem per idem foramen verticale A D ut 3 ad 2, supposita constanti aquæ altitudine A C. A C E, B D F sunt parabolæ quarum vertices A & B; suntque C H, D G rectangula.

Aquæ effluentis per C F celeritas est ubique æqualis; aquæ vero effluentis per A C cæleritates respondent applicatis ad parabolas. Est ergo aqua effluens per C F ad aquam effluentem per A D, ut solidum rectangulum C G ad solidum parabolicum mixtum A B M N F C. Sunt autem ista solida ut rectangulum D G ad spatium parabolicum D B M F; hoc est ut 3 ad 2; patet igitur propositum.

Aqua effluens per A D est ad aquam effluentem per A L in ratione sesquialtera altitudinum foraminum A C, A K; seu ut producta altitudinum A C, A K per suas radices quadratas multiplicatarum.

Est enim aqua effluens per A D ad aquam effluentem per A L, ut parabola A C E ad parabolam A K N, quarum vertex communis A. Sed parabolæ sunt inter se ut cubi basium; ipsæ verò bases sunt ut radices quadratæ altitudinum. Ergo parabolæ sunt inter se ut cubi radicum quadratarum altitudinum; & sic sunt aquæ effluentes; quod erat demonstrandum.

EXPERIMENTA.

PER foramen verticaliter situm ac rotundum cujus diameter unius pollicis, in lamina cujus crassities $\frac{1}{7}$ lineæ, ac nudum, hoc est sine canali, existente aquæ superficie plane tranquillâ ac sine vorticibus, alta unâ lineâ suprà foramen, intra horas 24 dolia $65\frac{1}{4}$ effluunt, vel $66\frac{1}{7}$; & sic intra tres dies dolia 200. Sed si superficies aquæ sit paulo depressior, ita ut labrum illud quod aquæ superficiem terminare solet, ad dictam altitudinem unius lineæ terminetur, pulvisculi tamen superficiei aquæ aspersi non effluant; in dicto casu effluent intra horas 24 dolia $63\frac{1}{7}$. Itemque si dicto foramini apponatur tubulus cujus diameter sit linearum 15, longitudo vero 3 pollicum cum dimidio, qui excipiat aquam è foramine euntem; non effluent nisi dolia 59 aut 60, ut plurimùm intra horas 24.

EXPE-

EXPERIMENTUM

circa necessariam declivitatem aquæ effluentis.

IN tubo A B cujus diameter pollicum 6, & longitudo sexped. 1000, notatæ sunt extremitates A B bene æquilibratæ, ope scilicet aquæ in tubo quiescentis. Tunc accedente per B, continuo affluxu, 6 pollicum aquæ quantitate, ut tota exiret per alteram extremitatem distantem mille sexpedis, necessarium fuit tubum aperire in C quinque pollicibus inferiùs quam A.

PROPOSITIO.

Vas aqua indesinenter plenum, cujus altitudo sit pedum 15, cum pollicibus 5, & lineis fere 7, per foramen rotundum pollicis unius, quantitatem aquæ cubicam pedalem emittet intra tempus 6 secund. quod sic demonstro.

SUPPONO corpus grave (guttam aquæ verbi gratia) motu naturaliter accelerato cadere ex altitudine pedum 15 cum pollice 1 & 2 lineis intra unicum minutum secundum temporis. Hoc supposito, quoniam aqua ex fundo vasis eo velocitatis gradu erumpit, quem acquisivisset si ex summa superficie ad fundum descendisset; supponiturque vasis altitudo pedum 15 cum pollice 1 & lineis 2, seu lineis 2174; quæ quidem altitudo conficeretur intra unum minutum secundum temporis motu naturaliter accelerato, ut demonstravit Hugenius ex penduli minuta secunda exhibentis longitudine, erit aquæ velocitas talis, ut per eam continuò æquabilem conficeretur spatium pedum 30 cum pollicibus 2 & lineis 4 intra unicum minutum secundum temporis. Moles igitur aquæ, quæ dicto motu æquabili intra 1 secund. è vase indesinenter pleno per foramen rotundum unius pollicis æqualis est cylindro cujus diameter sit pollicis unius, altitudo verò pedum 30 cum pollicibus 2 & lineis 4; proindeque si dictæ quantitatis assumatur sextuplum, provenient 2174 pollices cylindrici pro spatio temporis 6 secund. At juxta basium rationem, quæ est quadrati circumscripti ad circulum, cum 14 pollices cylindrici dent 11 pollices cubicos, 2174 cylindrici dabunt cubicos 1708 $\frac{1}{7}$, seu cubum pedalem fere, qui scilicet continet pollices cubicos 1728. Jam ut quadratum numeri 1708 $\frac{1}{7}$ ad quadratum numeri 1728, ita 15 pedes cum pollice 1 & lineis 2, ad 15 pedes cum pollic. 5, & lineis 4 $\frac{1}{7}$ pro altitudine vasis è quo intra 6 secund. effluerent 1728 pollices cubici, seu quantitas aquæ cubica pedalis; quod erat propositum

Corollarium primum.

HInc patet qua ratione determinari possit tempus intra quod effluet aqua è dato vase prismatico aut cylindrico per foramen datum in fundo factum. Nam ut altitudo pedum 15 cum police 1 & lin. 2 ad altitudinem vasis datam, ita quadratum temporis unius minuti secundi, ad quadratum temporis intra quod grave aliquod decideret ex altitudine vasis. Deinde ut est foramen ad basim totam, ita tempus inventum ad tempus intra quod tota aqua effluet è vase dato semel pleno. Concipiamus enim vas divisum in cylindros ejusdem cum ipso altitudinis, sed quorum bases æquales sint foramini, maneatque vas plenum dum effluet quantitas aquæ istis omnibus cylindris æqualis : constat ex dictis futurum ejusmodi effluxum cylindrorum dimidio tempore ejus quo omnes cylindri successivè effluerent non motu uniformi, sed retardato, qualis est motus projectorum ascendentium, qui accelerato æqualis sit; quamobrem patet Corollarium.

Corollarium secundum.

CONSTAT item qua ratione ex tempore effluxûs aquæ in vase prismatico aut cylindrico, cognoscatur tempus quo grave decideret ex altitudine vasis. Nam ut basis est ad foramen, ita tempus totalis effluxûs aquæ ex vasi semel pleno, est ad tempus quo grave decideret ex altitudine vasis. Demonstratio quidem est pro gutta aquæ decidente ex altitudine vasis: sed experiri poteris an hydrargyrus, seu argentum vivum, celeriùs effluat. Verum in praxi, quia effluxus sub finem non est adeo regularis, ut meliùs observari seu determinari possit tempus quo vas datum evacuari debeat, utere methodo sequenti.

Data totali aquæ altitudine in vase cylindrico aut prismatico, & dato insuper tempore quo pars aquæ per fundum effluit, unà cum reliqua altitudine aquæ; tempus quo tota aqua efflueret, poterit hoc modo determinari.

Sit totalis altitudo aquæ A B; C B reliqua. Altitudinum A B, C B extrahantur radices quadratæ, ac deinde minor radix subtrahatur à majore, ut habeatur differentia; ut enim erit differentia radicum ad majorem, ita tempus observatum ad totale quæsitum; sunt enim omnes altitudines à communi termino B in duplicata ratione temporum.

De mensura aquarum effluentium.

SUPPOSITA constanti aquæ altitudine pollicum $75\frac{1}{10}$, seu linearum $909\frac{7}{10}$ per foramen horizontale rotundum unius pollicis (sicut & per quadratum æquivalens, cujus nempe latus erit linearum $10\frac{614}{1000}$) intervallo temporis 93 secund. effluxerunt pollices cubici aquæ $11412\frac{9}{10}$: ergo tempore 10 min. seu 600 secund. effluxissent pollices cubici aquæ $73631\frac{1}{7}$.

Jam ut 10 lin. $\frac{614}{1000}$ ad pollices $75\frac{1}{10}$, seu ad lineas $909\frac{7}{10}$; ita $73631\frac{1}{7}$ ad numerum cujus logarithmus 6. 7991887, quot scilicet pollices cubici aquæ effluerent intra 10 min. per foramen horizontale latum 10 lineis $\frac{614}{1000}$, & longum pollicibus $75\frac{1}{10}$ quanta est aquæ altitudo. Hinc per ea quæ supra demonstravimus de proportione aquarum effluentium per foramina horizontalia & verticalia, si ex logarithmo 6.7991887 tollatur differentia inter logarithmos numeri 3, nempe 0. 4771212 & numeri 2, nempe 0. 3010300, quæ erit 0. 1760912; quod idem est ac si facta additione logarithmi numeri 2 cum logarithmo 6. 7991887, tolleretur à summa logarithmus numeri 3, restabit logarithmus 6. 6230975 numeri exprimentis pollices cubicos aquæ qui intra 10 min. effluxerunt per foramen verticale altum 75 poll. $\frac{1}{10}$ & latum 10 lineis $\frac{614}{1000}$. Sed si à logarithmo 6. 6230975 auferatur logarithmus 3. 2375437 numeri 1728 pollicum scilicet cubicorum unius pedis cubici, restabit numerus 3. 3855538, qui erit logarithmus numeri 2429 & $\frac{1}{2}$ circiter pedum cubicorum aquæ.

Juxta calculum præcedentis propositionis debuissent effluere pollices cubici aquæ $17125\frac{1}{4}$ per foramen rotundum unius pollicis intra tempus 93 secund. supposita aquæ altitudine $909\frac{7}{10}$ lin. cum effluxerint tantum $11412\frac{9}{10}$, cujus ratio est proximè ut 3 ad 2.

FRAGMENS
DE DIOPTRIQUE.

PREMIERE PROPOSITION.

Si un rayon oblique A B tombe sur une surface platte B C, & passe dans un autre diaphane, le rayon rompu B D, & le prolongé B E tous deux bornez d'une mesme perpendiculaire D C, seront entre eux dans la raison du milieu d'où vient le rayon à celuy où il est entré.

COMME parce qu'en fait de réfractions l'air est au verre comme 3 à 2; & au contraire, le verre à l'air comme 2 à 3 : le rayon B D passé de l'air dans le verre, sera à B E comme 3 à 2 dans la premiere figure, & au contraire dans la seconde figure.

Démonstration.

L'angle B E C est égal à l'angle d'incidence F B A, & l'angle B D C égal à l'angle rompu G B D ; donc B D est à B E comme le sinus de l'angle d'incidence au sinus de l'angle rompu, c'est-à-dire, comme la mesure du diaphane d'où vient le rayon, à celuy où il est entré.

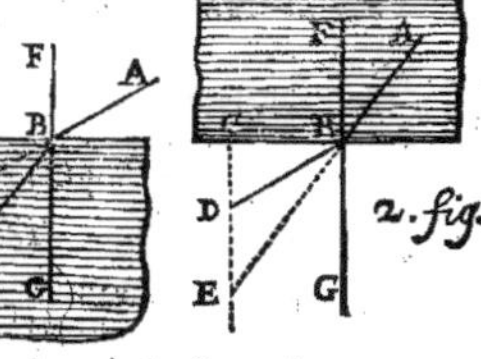

Toutes les propositions suivantes sont generales comme celle-cy; mais pour plus grande facilité nous ne parlerons que du verre à l'égard de l'air.

Corollaire.

Il s'ensuit que pour les rayons de petite incidence, D C est aussi à E C comme 3 à 2, à cause de l'insensible difference.

SECONDE PROPOSITION.

Si un rayon A B tombe obliquement sur la surface spherique d'un verre dont le centre soit G, par lequel soit fait passer l'axe G C parallele à A B : le rayon rompu B D sera à la portion de l'axe D G comme 3 à 2.

Démonstration.

L'ANGLE C G B est égal à l'angle d'incidence A B F, & l'angle G B D est l'angle rompu ; donc B D est à D G, comme le sinus de C G B au sinus de G B D, c'est-à-dire, comme 3 à 2.

Corollaire.

Il s'ensuit que pour les rayons de tres-petite incidence, lors que B D ne differe point de C D, alors D G est égale au diametre ; & partant D C vaut trois demidiametres, & alors D est ce qu'on appelle le foyer absolu que nous marquerons dans la suite de la lettre H.

BBBbb ij

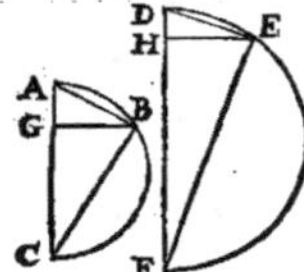

LEMME.

Aux cercles inégaux A B C , D E F , si les cordes A B, D E font égales, les finus verfes A G , D H feront en raifon réciproque des diametres.

Démonftration.

LA corde A B eft moyenne proportionnelle entre le finus verfe A G & le diametre A C ; donc le rectangle A G, A C eft égal au quarré de A B. Par la mefme raifon le quarré de D E ou A B eft égal au rectangle D H, D F ; donc les rectangles A G, A C, & D H, D F font égaux ; ils ont donc les coftez reciproques ; ce qu'il falloit prouver.

TROISIE'ME PROPOSITION.

L'incidence fur le verre convexe eftant donnée avec le demidiametre, trouver la diftance entre le foyer abfolu & le concours du rayon rompu.

DANS la figure de la propofition précedente foit marqué le foyer abfolu D H à la diftance de trois demidiametres ; on demande à connoiftre D H. Soit pris C K finus verfe de l'incidence. Je dis que D H eft égale à $\frac{1}{7}$ C K.

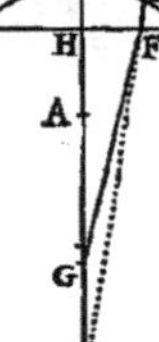

Démonftration.

Ayant fur le centre D de l'intervalle D B décrit l'arc B L ; alors D L fera à D G, & pareillement H C à H G comme 3 à 2 ; donc G L eft le tiers de D L, auffibien que G C de H C. D'où il eft clair que C H furpaffe D L de 3 C L ; & ayant ajoufté C L à D L, C H furpaffera C D du double de C L. Mais parce que les demidiametres D L, G C peuvent fans erreur fenfible eftre pris comme 3 à 1, K L eft $\frac{1}{2}$ de C K, & par conféquent C L en vaut $\frac{1}{7}$: & puis que D H eft égal à 2 G L, il s'enfuit que D H vaut $\frac{2}{7}$ C K.

Vous obferverez qu'il ne s'agit icy que des rayons dont l'incidence ne paffe pas 5 degrez ; autrement D H deviendroit fi grand, que D L ne pourroit fans erreur eftre fuppofé triple de G C pour faire K L $\frac{1}{2}$ de C K ; joint que la proportion réciproque des diametres fuppofe les cordes égales, & non pas les finus droits ; mais jufques à 5 degrez c'eft la mefme chofe.

PREMIE'RE PROPOSITION.

Si la convexité d'un verre plano-convexe reçoit les rayons paralleles à l'axe, le foyer abfolu fera à un diamétre plus $\frac{1}{7}$ de l'épaiffeur loin du fommet de la convexité du verre.

A eft le centre ; B le fommet ; B H l'épaiffeur ; E le foyer abfolu de la convexité fi elle eftoit feule ; F G rayon rompu par la furface platte, & partant G foyer abfolu. Je dis que G B vaut un diametre plus $\frac{1}{7}$ B H.

Démonftration.

Comme 3 eft à 2, ainfi E F eft à G F, ou E H à G H. Mais E H eft égal à 3 demi-

demidiametres moins BH; donc GH est égal à un diametre moins $\frac{2}{7}$ BH, & finalement GB vaut un diametre plus $\frac{1}{7}$ BH.

SECONDE PROPOSITION.

Aux plan-convexes, si un rayon parallele à l'axe entre par la convexité, son éloignement du foyer absolu sera égal à $\frac{7}{6}$ du sinus verse de la premiere incidence, soit que ce sinus verse soit égal à l'épaisseur du verre, soit qu'il soit plus petit.

BK est l'épaisseur égale au sinus verse de l'incidence BD; E foyer absolu de la convexité; EL éloignement du foyer absolu de la mesme convexité; M foyer absolu du plan-convexe; G concours du rayon : je dis que G est audessus de M à $\frac{7}{6}$ de BK. *I. Cm.*

Démonstration.

Soit sur le centre G décrit l'arc DN, lequel à cause que GD est environ double de AB, coupera BK par la moitié en N. LD | LA || 3 | 2, & LD | DG || 3 | 2 : donc DG ou GN = AL; mais AL vaut 1 diametre — $\frac{5}{6}$ BK, donc GN = 1 diametre — $\frac{5}{6}$ BK, ajoustant BN qui est $\frac{1}{6}$, alors GB sera = 1 diametre — $\frac{5}{6}$ BK : d'ailleurs BM distance du foyer absolu vaut 1 diametre + $\frac{2}{6}$ BK, la distance GM sera donc $\frac{7}{6}$ BK.

Supposons maintenant que l'épaisseur soit augmentée en PO; alors le foyer absolu M descendera d'un tiers de PK, mais aussi G descendera d'un tiers de PK ou DO, qui sont comme égales, la seconde refraction se faisant en O par une ligne parallele à DG, *II. Cm.* qui sera OR; puisque LD est environ triple de LG aussibien que LO de LR, il s'ensuit que la difference OD sera triple de RG.

SECONDE PROPOSITION.

Tout verre plan-convexe ramasse les rayons paralleles à l'axe, à la distance du diametre de la convexité, de quelque costé qu'on la tourne.

SOIT la convexité faite anterieure, comme en la premiere figure; le centre A; le rayon ED incident parallele à l'axe BA & prolongé en I; la premiere refraction IDF ou DFA = $\frac{1}{3}$ DAB ou IDA : donc FDA estant égal à 2, alors DFA sera égal à 1; donc FA est double de AD, c'est-à-dire, par la premiere refraction, le rayon en F est à une distance de trois demidiametres; ce qu'il faut bien retenir pour la suite. Mais par la seconde refraction faite par la surface platte, le concours F est approché du tiers de FB; donc BG distance du foyer G vaut un diametre, & l'angle IDG ou DGB = $\frac{1}{3}$ DAB. *I. Cm.*

Soit la surface platte anterieure comme en la seconde figure, alors il n'y aura qu'une refraction faite par la seconde surface; mais qui vaudra tout d'un coup la moitié de DAB; donc AD sera à DG ou BG, comme 1 à 2. *II. Cm.*

CCCcc

Or avant que de passer outre, il sera bon de considerer que dans le premier cas il arrive au cercle la mesme chose qu'à l'ellipse. Car si la seconde surface avoit esté concave d'une circonference décrite sur le point F, les rayons seroient venus en F sans autre refraction; ce qui est proprement ce qui arrive à l'ellipse. Et pour plus grand éclaircissement, soit une ellipse dont les foyers A, B; le grand axe C D, & le parametre C E; & suivant la mesure des refractions, soit A B === 6, & C D === 9, alors le rectangle D A C sera === 11 $\frac{1}{4}$; donc le rectangle de la figure D C E === 45; lequel estant divisé par C D, donnera 5 pour le parametre. Donc, puis que C B distance du foyer contient 1 $\frac{1}{2}$ parametre C E, si sur ce mesme parametre on décrit un cercle, sa convexité sans autre refraction portant aussi son foyer au sesquidiametre, il s'ensuit que le cercle & l'ellipse en ce cas font le mesme effet.

Le second cas répond aussi à ce qui arrive à l'hyperbole; car posé la distance des foyers A B === 6, & que l'axe transverse C D soit === 4; alors le rectangle B C A sera 5; donc le rectangle de la figure D C E sera 20, lequel divisé par 4 donnera 5 pour le parametre C E qui sera égal à C B distance du verre au foyer. Si donc on décrit un cercle sur C E, lequel soit presenté à l'objet de mesme que l'hyperbole, il sera le mesme effet pour la distance du foyer; & d'ailleurs il est démontré que de tous les cercles qui toucheront une section conique par dedans au *vertex*, le plus grand est celuy qui est décrit sur le parametre.

TROISIE'ME PROPOSITION.

Estant donné un verre convexe des deux costez, égal ou inégal : comme la somme des diametres est à un des deux, ainsi l'autre diametre est à la distance du foyer.

SOit A C les centres des convexitez; E D rayon incident parallele à l'axe, & prolongé en I; A D H, C D K perpendiculaires.

Démonstration.

Par la premiere refraction I D F est égal à $\frac{1}{2}$ D C A. Par la seconde refraction F D G est égal à $\frac{1}{2}$ I D F + $\frac{1}{2}$ H D I ou D A C: donc F D G est égal à $\frac{1}{2}$ D C A + $\frac{1}{2}$ D A C; & I D G ou D G A sera égal à $\frac{1}{2}$ D C A + $\frac{1}{2}$ D A C; donc 2 D G A est égal à D A C + D C A; par consequent A + C est à C, comme 2 G est à C; c'est à dire, A C est à A D, comme 2 C D est à D G; & A + C est à A, comme 2 G est à A; c'est-à-dire, A C est à C D, comme 2 A D est à D G.

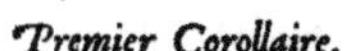

Premier Corollaire.

Il s'ensuit que le foyer G est roûjours plus proche que le grand demidiametre, & plus loin que le petit, & qu'il ne peut tomber au point C, que quand les convexitez sont égales.

Second Corollaire.

Il s'ensuit aussi que quand les convexitez sont égales, le foyer est au centre de part & d'autre.

Troifiéme Corollaire.

Il s'enfuit auffi, que nonobftant l'inégalité des convexitez, le foyer eft de part & d'autre à égale diftance; c'eft à dire, qu'il n'importe de quel cofté le verre foit tourné.

Quatriéme Corollaire.

Il s'enfuit encore que la totale refraction I D G ou D G A eft toûjours la moitié de l'angle A D K, lequel comprend D A C + D C A.

QUATRIÉME PROPOSITION.

Les verres plan-concaves détournent les rayons paralleles à l'axe comme s'ils venoient de l'extrémité du diametre prife au devant du verre.

Démonftration.

LA premiere refraction I D M ou I D F ou D F A eft égale à ½ E D A ou ½ A D F; donc A F eft double de A B; c'eft-à-dire, que par la premiere refraction s'il n'en arrivoit point d'autre, le rayon feroit détourné en M comme venant de F à la diftance de trois demidiamétres; mais à caufe de la furface platte, la feconde refraction approche le concours F en G du ½ de B F; donc par la totale refraction I D N, le rayon D N vient comme de G à la diftance du diamétre.

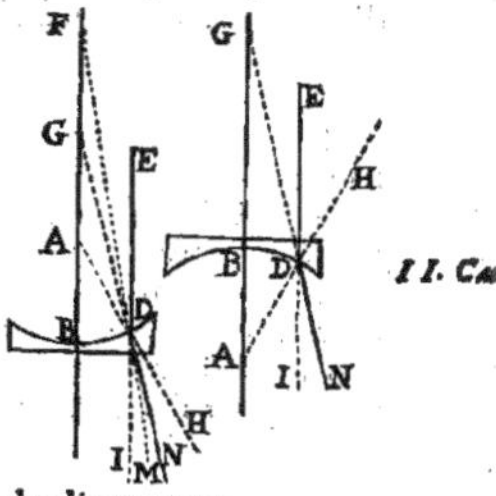

Il n'y a icy qu'une refraction non plus qu'au fecond cas de la deuxiéme propofition: mais cette refraction eft tout d'un coup une moitié de l'incidence, comme eftant faite du verre à l'air: donc I D N ou D G A eft égal à ½ D A G; donc D G ou G B eft égal à 2 A D ou 2 A B.

Notez que G eft icy une efpece de foyer, mais de divergence.

CINQUIÉME PROPOSITION.

Eftant donné un verre concave des deux coftez égal ou inégal : comme la fomme des diamétres eft à l'un des deux, ainfi l'autre eft à la diftance du foyer de divergence.

Démonftration.

LA premiere refraction I D M eft égale à ½ D A B. La feconde refraction M D N eft égale à ½ D A B + ½ D C A. Donc la totale I D N eft égale à ½ D A B + ½ D C A : donc ayant prolongé N D en G, l'angle D G C fera égal à ½ D A B + ½ D C A; & le refte comme en la troifiéme propofition.

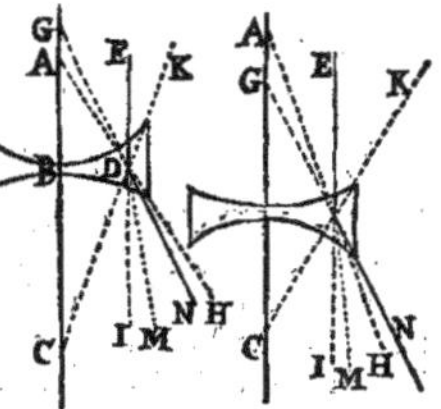

Premier Corollaire.

Il s'enfuit qu'un verre également concave fait diverger les rayons comme s'ils venoient du centre.

Deuxiéme Corollaire.

Il s'enfuit auffi qu'il n'importe de quel cofté on tourne un verre inégalement convexe.

Troisiéme Corollaire.

Il s'ensuit encore que la totale refraction est $\frac{1}{3}$ A D K.

SIXIÉME PROPOSITION.

Tout verre qu'on appelle Menisque, c'est-à-dire, qui a un costé convexe & l'autre concave, a son foyer de convergence ou de divergence dans la proportion suivante.

COMME la différence des diamétres est à un des diamétres, ainsi l'autre diamétre est à un quatriéme terme, qui sera le foyer de convergence à la façon des convexes, si la convexité prévaut; mais il sera le foyer de divergence à la façon des concaves, si la concavité prévaut: car si la concavité estoit supposée égale à la convexité, il n'y a point de difficulté que la deuxiéme refraction détruisant la premiere, le rayon demeureroit parallele.

Il y a donc deux cas à démontrer; & notez que dans toutes les figures suivantes, A est centre de la convexité, & C celuy de la concavité.

I. Cas. Quand les menisques appartiennent aux convexes, c'est-à-dire, que le diamétre de la convexité est plus petit que celuy de la concavité.

Démonstration.

Soit premierement la convexité tournée vers l'objet, alors pour la démonstration il faut considerer la proportion des diamétres entre eux.

Premiere figure. Soit B C demidiamétre de la concavité triple de A B; alors par la premiere refraction le rayon sera porté en C; & comme il sera devenu perpendiculaire à la concavité, il ne sortira point de C. Donc C & G concourront; donc D G A qui est $\frac{1}{3}$ D A B, sera $\frac{1}{3}$ A D C.

Deuxiéme figure. Soit B C plus grande que le triple de A B; alors le tiers de D A B sera plus grand que I D C. Donc par la premiere refraction I D M estant $\frac{1}{3}$ D A B, le rayon rompu D M passera D C. Or M D A est égal à $\frac{1}{3}$ B A D; donc M D C est égal à A D C — $\frac{1}{3}$ D A B. Mais M D G est égal à $\frac{1}{3}$ M D C; donc M D G est égal à $\frac{1}{3}$ A D C — $\frac{1}{3}$ D B A: ajoustant donc I D M, on aura I D G ou D G A égal à $\frac{1}{3}$ A D C.

Soit B C moindre que le triple de A B, alors par la premiere refraction D M ne passera pas D C: donc comme M D A est toûjours $\frac{1}{3}$ D A B, M D C est égal à $\frac{1}{3}$ D A B — A D C. Mais M D G est

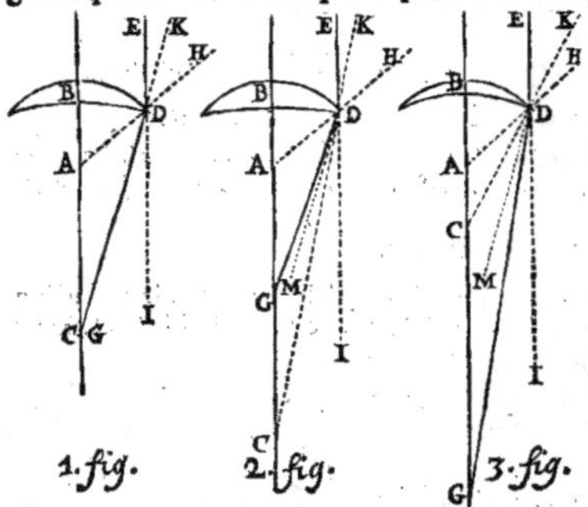

1. fig.　　2. fig.　　3. fig.

Troisiéme figure.

égal à $\frac{1}{3}$ M D C; donc M D G est égal à $\frac{1}{3}$ D A B — $\frac{1}{3}$ A D C. Ostant donc M D G de I D M restera $\frac{1}{3}$ A D C.

Voyez la figure suivante. Soit enfin la concavité du costé de l'objet. I D M est égal à $\frac{1}{3}$ D C B ou I D K; donc M D K est égal à $\frac{1}{3}$ D C B, & M D H sera égal à $\frac{1}{3}$ D C B + K D H ou A D C. Mais M D G est égal à $\frac{1}{3}$ M D H; donc M D G est égal à $\frac{1}{3}$ D C B + $\frac{1}{3}$ A D C. Ostant donc I D M, reste I D G ou D G A égal à $\frac{1}{3}$ A D C.

Conclusion

Conclusion pour toutes ces figures.

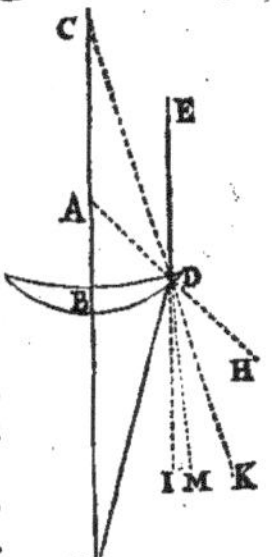

DGA est égal à $\frac{1}{2}$ ADC; donc dans les trois premiéres figures,

CDA	DAC	2 DGA	DAG
Ou bien comme C A	CD	2 AD	DG.

Et dans la 4e figure   CDA | DCA ‖ 2 DGA | DCA.
Ou bien comme   C A | DA ‖ 2 CD | DG.

Donc doublant les deux premiers termes de ces proportions on aura géneralement, que comme la différence est à tel qu'on voudra des diamétres, ainsi l'autre est au foyer: ce qui vient de ce que l'angle du foyer n'est icy que moitié de la différence des angles des centres, au lieu qu'à la troisiéme proportion il est moitié de la somme.

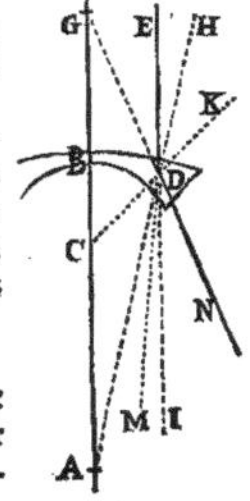

Quand les menisques appartiennent aux concaves, c'est-à-dire, quand le diamétre de la convexité est plus grand que celuy de la concavité, laquelle prévaut:

Soit premierement la convexité vers l'objet. La premiere refraction IDM est égale à $\frac{1}{3}$ DAB, donc MDA est égal à $\frac{1}{3}$ DAB, & MDC égal à $\frac{1}{3}$ DAB + ADC: mais la deuxiéme refraction MDN est égale à $\frac{1}{2}$ MDC; donc MDN est égal à $\frac{1}{3}$ DAB + $\frac{1}{2}$ ADC: ostant donc IDM, reste IDN ou DGC égal à $\frac{1}{2}$ ADC.

Soit secondement la concavité vers l'objet.

Dans la premiere figure des trois suivantes, AB estant triple de BC, la premiere refraction portera le rayon sur DH, & il n'y aura point de seconde refraction, & le centre A sera le foyer de divergence; or par la proportion donnée DAC ou DGC est égal à $\frac{1}{2}$ ADC.

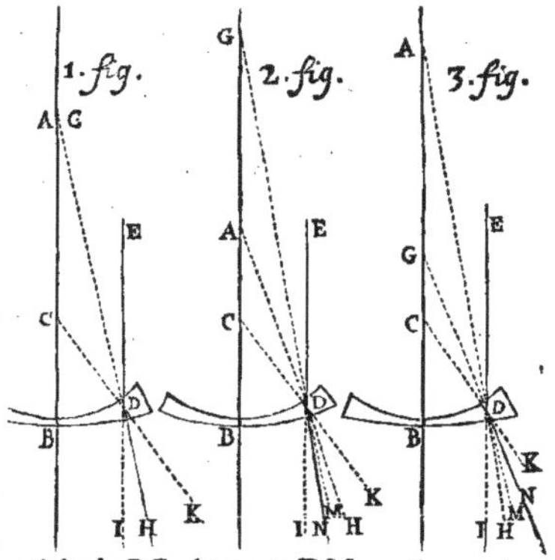

Dans la deuxiéme figure AB est moindre que triple, si-bien que le rayon par la premiere refraction n'est pas porté jusqu'en DH. IDM est égal à $\frac{1}{3}$ BCD ou IDK, & MDK égal à $\frac{1}{3}$ BCD; donc MDH est égal à $\frac{1}{3}$ BCD — HDK ou ADC. Mais MDN est égal à $\frac{1}{2}$ MDH; donc MDN est égal à $\frac{1}{3}$ BCD — $\frac{1}{2}$ ADC. Si donc de IDM on oste MDN, restera IDN, ou DGC égal à $\frac{1}{2}$ ADC.

Dans la troisiéme figure AB estant plus grand que le triple de BC, le rayon DM par la premiere refraction passe DH. IDM est égal à $\frac{1}{3}$ BCD ou IDK, & MDK est égal à $\frac{1}{3}$ BCD; donc MDH est égal à HDK — $\frac{1}{3}$ BCD. Mais MDN est égal à $\frac{1}{2}$ MDH; donc MDN est égal à $\frac{1}{2}$ HDK ou ADC — $\frac{1}{2}$ BCD:

II. Cas.

1. fig.   2. fig.   3. fig.

DDDdd

ajoustant donc I D M, on aura I D N ou D G C égal à $\frac{1}{2}$ A D C.

C'est donc icy la mesme conclusion que dessus, avec cette seule différence, que le quatriéme terme trouvé donne icy le foyer de divergence audevant du verre.

SEPTIÉME PROPOSITION.

Si un rayon tombant au point D sur un verre convexe, vient d'un point de l'axe F, sa totale refraction M D O sera égale à la moitié de l'angle H D C ou A D K compris entre les lignes tirées des centres des convexitez.

Démonstration.

I. & II. Cas.

SOIT le point F le mesme que le centre C, comme dans la premiere figure, ou bien au-delà, comme dans la deuxiéme figure. La premiere refraction M D N est égale à $\frac{1}{2}$ H D F; la seconde N D O est égale à $\frac{1}{6}$ H D F $+$ $\frac{1}{2}$ C D F: donc M D O est égal à $\frac{1}{2}$ H D F $+$ $\frac{1}{2}$ C D F, c'est-à-dire, M D O est égal à $\frac{1}{2}$ H D C, ou A D K.

III. Cas.

Soit le point F plus prés que le centre C, alors la production D M tombera hors l'angle A D K: d'où il s'ensuit trois autres cas exprimez dans les figures suivantes.

1° Soit l'angle C D F égal au tiers de F D H, alors par la premiere refraction, le rayon D N tombera sur D K, & ne fera plus d'autre refraction; ainsi M D O tiers de F D H sera par la supposition $\frac{1}{2}$ C D H.

Notez qu'en ce cas, D F est la moitié du foyer des paralleles, comme on le verra dans la dixiéme proposition.

2° Soit l'angle C D F plus grand que le tiers de F D H, alors D N ne viendra pas jusqu'en D K, & par conséquent D O moins divergeant que F D, tombera entre M D &

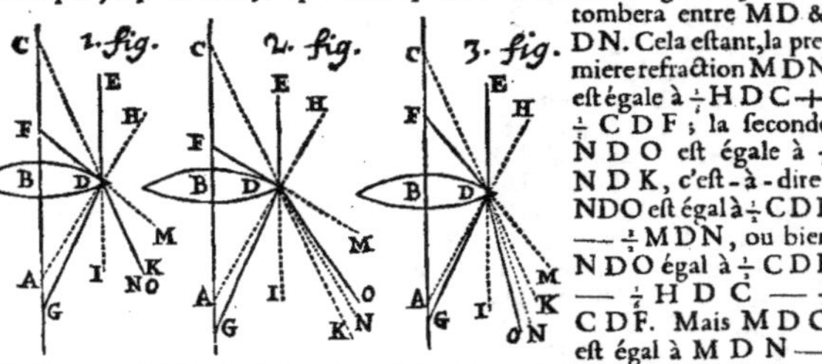

D N. Cela estant, la premiere refraction M D N est égale à $\frac{1}{2}$ H D C $+$ $\frac{1}{3}$ C D F; la seconde N D O est égale à $\frac{1}{2}$ N D K, c'est-à-dire, N D O est égal à $\frac{1}{2}$ C D F $-$ $\frac{1}{2}$ M D N, ou bien N D O égal à $\frac{1}{2}$ C D F $-$ $\frac{1}{6}$ H D C $-$ $\frac{1}{3}$ C D F. Mais M D O est égal à M D N $-$ N D O; donc M D O est égal à $\frac{1}{2}$ H D C $+$ $\frac{1}{3}$ C D F $-$ $\frac{1}{2}$ C D F $+$ $\frac{1}{6}$ H D C $+$ $\frac{1}{3}$ C D F, c'est-à-dire, M D O est égal à $\frac{1}{2}$ H D C.

3° Soit l'angle C D F moindre que le tiers de F D H, alors D N passera D K, & partant D O sera tout à la gauche. La premiere refraction M D N est égale à $\frac{1}{2}$ H D C $+$ $\frac{1}{3}$ C D F: & la seconde N D O égale à $\frac{1}{2}$ N D K, c'est-à-dire, N D O est égal à $\frac{1}{2}$ M D N $-$ $\frac{1}{2}$ C D F, ou bien N D O est égal à $\frac{1}{2}$ H D C $+$ $\frac{1}{6}$ C D F $-$ $\frac{1}{2}$ C D F. Mais M D O est égal à M D N $+$ N D O; donc M D O est égal à $\frac{1}{2}$ H D C $+$ $\frac{1}{3}$ C D F $+$ $\frac{1}{6}$ H D C $+$ $\frac{1}{3}$ C D F $-$ $\frac{1}{2}$ C D F, c'est-à-dire, M D O est égal à $\frac{1}{2}$ H D C.

Notez que dans tous les cas de cette propofition, quand les convexitez
font inégales, il peut arriver que DO foit ou convergente ou parallele ou
encore divergente, fuivant que le point F fera plus loin que le foyer, ou
dans le foyer mefme ou au deçà; mais cela ne fait rien à la démonftration.

H U I T I E'M E   P R O P O S I T I O N.

Deux rayons eftant pofez, l'un parallele E D dont la totale refraction foit I D G, **Figures de**
l'autre oblique F D, dont auffi la totale refraction foit M D O; la difference **la propofition**
des refractions O D G fera toûjours égale à E D F difference des premieres **precedente.**
incidences fur le verre.

Démonftration.

P A R la propofition précedente & par le quatriéme corollaire de la troifiéme propofition les angles M D O, I D G font moitié d'un mefme angle
H D C, ou A D K, & par conféquent égaux entre eux; ayant donc ofté
(dans les premieres figures) ou ajoufté (dans les dernieres) l'angle commun
I D O, on aura O D G égal à I D M, c'eft-à-dire, à E D F.

Premier Corollaire.

Il s'enfuit que l'angle D F B eft toûjours égal à l'angle O D G.

Second Corollaire.

Les mefmes chofes fe démontreront auffi facilement à l'égard des verres
concaves, comme il fe peut voir par le troifiéme corollaire de la cinquiéme
propofition, & de ce que, fuppofé un concave égal à un convexe, fi les incidences font égales, les refractions le feront auffi; l'une en écartant, l'autre
en réüniffant les rayons.

N E U V I E'M E   P R O P O S I T I O N.

Probleme pour les rayons divergens d'audelà du foyer du verre convexe.
Le foyer d'un verre convexe & la diftance d'un point de divergence plus éloigné
que le foyer eftant connus trouver à quelle diftance du verre les rayons feront
ramaffez.

Régle.

C O M M E la diftance du point de divergence moins le foyer
eft au foyer, ainfi le mefme foyer eft à un quatriéme terme, auquel le foyer eftant ajoufté vous aurez le requis.

Ou bien, comme la diftance du point de divergence moins
le foyer eft à la diftance toute entiere, ainfi le foyer eft au
requis.

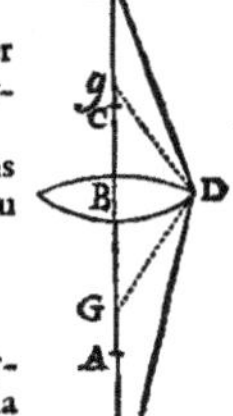

Démonftration.

Soient les foyers G, *g*, & la diftance du point de divergence F B; on demande B O. Par le premier corollaire de la
huitiéme propofition l'angle O D G eft égal à D F *g*; mais à
caufe que les diftances des foyers G D, *g* D font égales par le
troifiéme corollaire de la troifiéme propofition, les angles
O G D, D *g* F font auffi égaux: donc les triangles F *g* D, D G O font femblables; & partant comme F B —— *g* B eft à *g* B ou *g* D (lefquelles font fenfiblement égales à caufe des petites incidences) ainfi G B ou fon égale G D

est à G O, à laquelle ajoustant le foyer G B on aura B O que l'on demande.

Ou bien, comme F B —— *g* B est à F B ou F D son égale, ainsi G B ou G D est à O B ou O D que l'on cherche.

Premier Corollaire.

Il s'enfuit que les rayons venant du double du foyer, sont ramassez à la mesme distance.

Deuxiéme Corollaire.

Il s'enfuit comment on peut trouver le juste foyer d'un verre par le moyen de la peinture d'un objet proche dont la distance soit connuë. Car puis que l'angle O D G est égal à F, si on fait D O G commun, les triangles D O G, F O D seront semblables : donc comme F O distance entre l'objet & la peinture, est à F D ou F B distance entre l'objet & le verre ; ainsi D O ou B O distance entre le mesme verre & la peinture, est à G D ou G B foyer requis.

Notez que le meilleur moyen de trouver le foyer d'un verre par la peinture, est de recevoir celle du soleil sur un papier gris, lors qu'il passe quelques nuages entrecoupez, si c'est un grand verre ; car aux petits on le trouve facilement par la peinture des objets un peu éloignez & éclairez, mais il ne faut pas que le verre soit fort découvert.

Un autre moyen pour les grands verres est avec un oculaire un peu fort, en regardant la lune, lors qu'elle n'est pas pleine ou quelque moindre planette, ou mesme les étoiles fixes.

Troisiéme Corollaire.

Il s'enfuit de plus comment connoissant le foyer d'un verre, & sçachant la distance du verre à la peinture, on trouvera la distance de l'objet au verre. Car en renversant la premiere regle, le foyer qui est connu se trouve moyen proportionnel entre deux termes dont le premier est donné ; donc comme la distance de la peinture au verre est au foyer, ainsi le foyer est à un quatriéme terme, lequel augmenté du foyer, donnera la distance entre le verre & l'objet.

On peut juger par cette regle que la distance de l'objet ne doit pas estre excessive à comparaison du foyer ; car quelle partie le foyer est de la distance F *g*, telle partie le prolongement G O est du mesme foyer, & partant devient insensible quand la distance de l'objet est trop grande à comparaison du foyer ; d'où vient que pour trouver le foyer d'un petit verre, il n'est pas nécessaire de choisir un objet fort éloigné, d'autant que la difference devient bientost insensible.

Dixiéme Proposition.

Probleme pour les rayons divergens d'audeçà du foyer d'un verre convexe.

Le foyer d'un verre convexe, & la distance d'un point de divergence plus proche que le foyer estant connus, trouver à quelle distance le rayon devenu moins divergent iroit concourir avec l'axe s'il estoit prolongé.

I L est clair de ce que dessus, que le verre convexe ramasse les rayons qui viennent d'un point audelà du foyer, & qu'il rend paralleles ceux qui viennent du foyer mesme ; mais qu'il laisse encore divergens ceux qui viennent

nent de plus prés, diminuant feulement leur divergence, & les difpofant comme s'ils venoient d'un point plus éloigné ; & c'eft ce point que l'on cherche,
& que j'appelleray derniere divergence, au lieu que la premiere divergence
eft la diftance entre le point premierement donné & le verre.

Les figures reprefentent
trois cas. Au premier le
point F de premiere di-
vergence eft au milieu de
B g diftance du verre au
foyer, & alors le point
P de derniere divergence
tombe en g. Au fecond &
troifiéme F eft audeffous
du milieu & audeffus, fuivant quoy P eft auffi au-
deffous ou audeffus de g :
mais la pratique & la dé-
monftration font toutes
femblables.

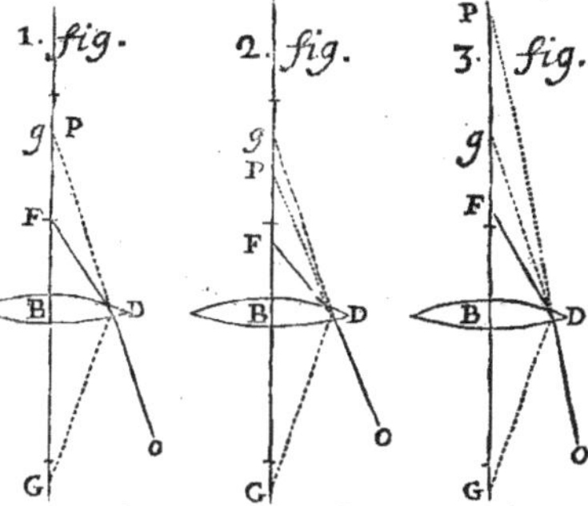

Régle.

Comme le foyer moins la premiere divergence eft au foyer, ainfi le foyer eft
à un quatriéme terme, duquel le foyer eftant ofté refte la feconde divergence.

Ou bien, comme le foyer moins la premiere divergence eft au foyer ; ainfi
la premiere divergence eft à la feconde.

Démonftration.

Soit F D le rayon incident venant du point F, dont la diftance F B ou
F D foit connuë, auffibien que la diftance des foyers B g ou B G, & foit
D O le rayon rompu prolongé en P. L'angle O D G, qui eft égal à D F B
par le premier corollaire de la huitiéme propofition, eft auffi égal aux deux
angles D G P, D P G pris enfemble ; mais l'angle D F B eft égal à l'angle
D g F ou D G P ┼ F D g ; donc les angles D P G & F D g font égaux, &
ainfi les triangles D P G, F D g font femblables ; donc g F | g D || G D
| G P, c'eft-à-dire, g F | g B || G B | G P, qui eft la premiere régle.

Pour la feconde régle, il faut confiderer les triangles P F D, D F g, qui
font femblables, puis que l'angle obtus F eft commun & que les angles F D g,
F P D font égaux, comme on l'a démontré cy-devant, donc g F | g D || F D
| P D, c'eft-à-dire, g F | g B || F B | P B. Ce qu'il faloit démontrer.

ONZIÉME PROPOSITION.

Probleme pour les rayons convergens fur un verre convexe.
Sçachant les foyers d'un verre convexe & la premiere convergence d'un rayon
incident, trouver fa derniere convergence, ou fon concours avec l'axe.

CETTE propofition n'eft autre que la précedente renverfée : car pofé
O D pour rayon incident avec une convergence qui iroit en P, le concours fe fera fuivant la régle qui fuit.

Voyez la figure préce-dente.

Régle.

Comme la premiere convergence augmentée du foyer eft au foyer ; ainfi la
la premiere convergence eft à la feconde.

Démonftration.

Il s'enfuit des démonftrations de la propofition précedente que les trian-

EEEee

gles G D P, D F P font femblables, l'un & l'autre eftant femblable au trian-
gle D F g; donc P D | D G || P F | F D & en compofant P D + D G
| D G || P F + F D | F D, c'eft-à-dire, P G | D G ou G B || P B | F D ou F B;
ce qu'il falloit prouver.

DOUZIE'ME PROPOSITION.

*Si un rayon venant d'un point de l'axe F tombe fur un verre concave dont les
centres foient A, C, fa totale refraction M D O fera toûjours égale à ÷ A D K.*

Démonftration.

I. Cas.   SOIT le point de divergence F mefme que le centre. Le rayon droit A D M
tombant par l'hypothefe fur la perpendiculaire A D H, il n'y aura point
de refraction à l'entrée du verre, mais feulement à la fortie, laquelle refraction fera M D O égale à ÷ H D C ou A D K.

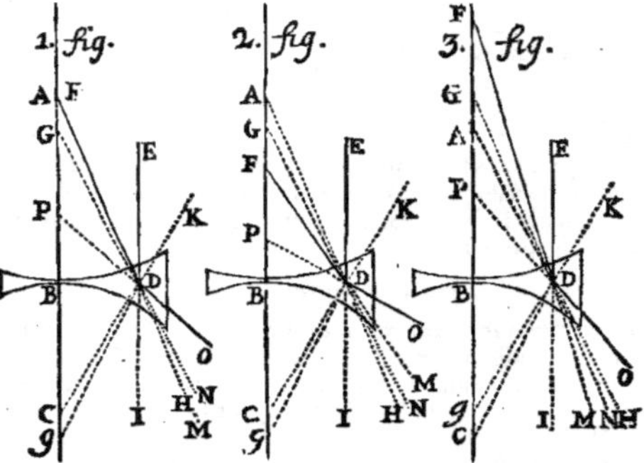

II. Cas.   Soit F plus proche du verre que le centre A. La premiere refraction
M D N eft égale à ÷ A D F, donc N D H eft égal à ÷ A D F : mais la derniere refraction N D O eft égale à ÷ N D H + ÷ H D C ou A D K, ou
bien N D O eft égal à ÷ A D F + ÷ A D K; oftant donc M D N égal à
÷ A D F, il reftera M D O égal à ÷ A D K.

III. Cas.   Soit F plus loin du verre que le centre A. La premiere refraction M D N
eft égale à ÷ A D F, mais la derniere refraction N D O eft égale à ÷ N D M
+ ÷ M D C, ou bien N D O eft égal à ÷ A D F + ÷ M D C ou F D K :
ajouftant donc M D N égal à ÷ A D F, on aura M D O égal à ÷ A D F +
÷ F D K, c'eft-à-dire, M D O égal à ÷ A D K.

Premier Corollaire.

Il s'enfuit que pofé deux rayons l'un E D parallele à l'axe, & l'autre oblique F D venant d'un point de l'axe, la totale refraction I D N de la parallele
E D fera toûjours égale à M D O totale refraction de F D; car l'une & l'autre eft toûjours égale à ÷ A D K dans les précedentes figures.

Deuxiéme Corollaire.

Ayant prolongé N D en G qui eft le foyer, & O D en P. Puis que l'angle I D N eft égal à M D O, l'angle D G B fera toûjours égal à l'angle F D P.

Donc ayant pris B *g* égale à la diſtance du foyer B G & tiré *g* D, les triangles F D *g*, F P D, ayant les angles D *g* F, P D F égaux & l'angle D F *g* commun, feront femblables ; mais auſſi à cauſe de l'angle D P G commun, & des angles P D F, D G P égaux, les triangles P D F, P G D feront femblables ; donc les triangles F D *g*, P D G feront femblables.

TREIZIE'ME PROPOSITION.

Probleme pour les rayons divergens qui tombent ſur un verre concave.

Régle.

COMME la diſtance entre le verre & le point de divergence augmentée du foyer eſt au foyer, ainſi le foyer eſt à un quatriéme terme, lequel eſtant oſté du foyer, il reſtera la diſtance entre le verre & le point de plus grande divergence.

Démonſtration.

Par le deuxiéme corollaire de la propoſition précedente, poſé F D rayon divergent, les triangles F D *g*, P D G font femblables ; donc comme F *g* eſt à *g* D, ainſi G D eſt à G P, ou bien comme F *g* eſt à *g* B, ainſi G B eſt à G P ; donc ayant oſté G P du foyer G B, on aura P B diſtance du point, auquel O D prolongé iroit concourir avec l'axe. *Voyez la figure précedente.*

QUATORZIE'ME PROPOSITION.

Si un rayon convergent tombe ſur un verre concave, ſa totale refraction ſera toûjours égale à l'angle du foyer de meſme que pour les divergens.

SI le rayon convergent tend au foyer, il eſt clair qu'il deviendra parallele à l'axe. *I. Cas.*

S'il tend à un point plus proche que le foyer, il deviendra moins convergent, & alors pour prouver ce qui eſt requis, il ne faut que renverſer les deux dernieres figures de la douziéme propoſition, & prendre O DP pour la premiere convergence & M D F pour la derniere ; car il eſt manifeſte que l'angle P D F *II. Cas. Voyez la figure précedente.* ſera toûjours égal à l'angle D G B, ſoit que D F tombe au-deſſous de G, ce qui arrivera lors que P ſera plus proche que la moitié du foyer, comme dans la deuxiéme figure, ſoit qu'il tombe au-deſſus comme dans la troiſiéme figure.

Mais enfin, ſi le rayon tend à un point plus éloigné que le foyer, il deviendra divergent. Soient dans ces trois figures ſuivantes les centres A C, l'incidence D, la premiere refraction M D N, & la ſeconde N D O, & le foyer *g*. *III. Cas.*

Démonſtration.

Soit dans la deuxiéme figure F D au deſſus de D K. La premiere refraction

M D N est égale à $\frac{1}{2}$ A D F, la seconde N D O est égale à $\frac{1}{2}$ C D N, ou bien à $\frac{1}{2}$ A D F $+$ $\frac{1}{2}$ F D K : donc M D O est égal à $\frac{1}{2}$ A D K.

Soit dans la troisiéme figure F D au-dessous de D K. La premiere refraction M D N est égale à $\frac{1}{2}$ A D F, la seconde N D O est égale à $\frac{1}{2}$ M D N $-\frac{1}{2}$ F D K, ou bien à $\frac{1}{2}$ A D F $-\frac{1}{2}$ F D K, c'est-à-dire, M D O est égal à $\frac{1}{2}$ A D K.

Dans la premiere figure F D estant la mesme que K D, l'angle F D K est nul ; ainsi il est clair que M D O est égal à $\frac{1}{2}$ A D K. Or toûjours l'angle du foyer D g B, qui est égal à la totale refraction de la parallele à l'axe, est aussi égal à $\frac{1}{2}$ A D K, par la cinquiéme proposition : donc M D O est égal à D g B, ce qui estoit à prouver.

Quinzie'me Proposition.

Probleme pour les rayons convergens qui tombent sur un verre concave.

I. Cas. SI le rayon tend à un point de l'axe plus proche du verre que le foyer, on trouvera ainsi sa moindre convergence.

Régle.

Comme la distance entre le point de la premiere convergence & le foyer plus proche, est au foyer ; ainsi le foyer est à un quatriéme terme, duquel le foyer estant osté, il restera la distance entre le verre & le point de moindre convergence.

Démonstration.

Ayant renversé ces figures & posé O D rayon incident avec convergence en P, il sera détourné en F par le deuxiéme cas de la proposition précedente : mais par le deuxiéme corollaire de la douziéme proposition les triangles P D G, F D g sont semblables, donc P G | G D || D g | g F, dont ayant osté g B, on aura B F que l'on demandoit.

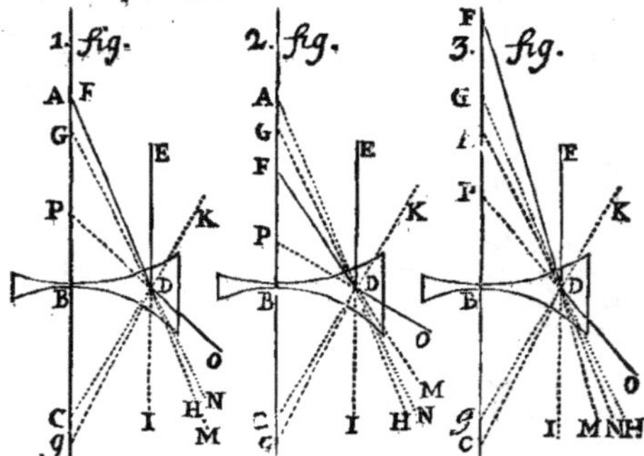

II. Cas. Si le rayon incident tend à un point de l'axe plus éloigné que le foyer, on trouvera de cette maniere le point opposé à sa divergence.

Régle.

Comme la distance entre le point de premiere convergence & le foyer, est au foyer ; ainsi le foyer est à un quatriéme terme, auquel le foyer estant ajousté on aura la distance entre le verre & le point de divergence opposée.

Démonstration.

Démonstration.

Soit M D rayon incident & tendant en F, lequel par refraction soit détourné en O & devenu divergent, & que O D
prolongé tombe en P. L'angle O D F est égal à D F g +
D P G, mais O D F est égal à D G B par la quatorziéme proposition, donc D G B est égal à D F g + D P G; mais D G B
est égal à G D P + D P G & ainsi D F g est égal à G D P;
mais d'ailleurs les angles D g F, P G D sont égaux; donc les
triangles D g F, P G D sont semblables & partant F g | g D ||
D G | G P, auquel ajoustant G B on aura P B que l'on deman-
doit.

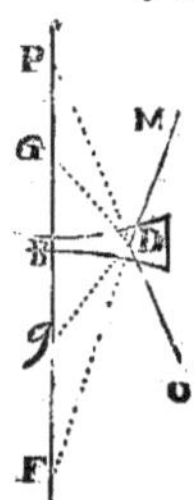

SEIZIÈME PROPOSITION.

Les rayons paralleles entre eux, mais obliques à l'axe ont aussi leurs foyers obli-
ques en mesme distance du verre que le foyer principal, pourveu toutefois
que l'obliquité soit petite.

SOIT en premier lieu un verre plan-convexe duquel la surface plate soit *I. Cas.*
anterieure, & soit un rayon oblique incident D B, qui entrant dans le
verre diminuëra son inclinaison du tiers de l'incidence D B C suivant la ligne
B I N, & ainsi feront tous les autres rayons qui luy seront paralleles; si donc

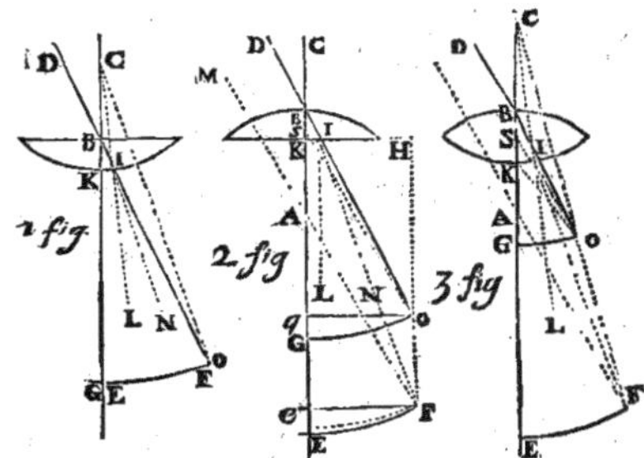

on tire par le centre C un axe oblique C O qui leur soit parallele dans le verre,
c'est-à-dire, à B I & qu'on prenne le point O à distance du diamétre hors le
verre, il est clair que ce sera leur foyer en mesme distance que le foyer principal G, & tous les autres foyers obliques seront dans la courbure d'une concavité G O décrite sur le centre C.

Soit en second lieu le verre plan-convexe, duquel la convexité reçoive le *II. Cas.*
rayon D B incliné à l'axe, si par le centre A on tire M A parallele à D B, considerant M A comme axe: il est clair que s'il n'arrivoit point d'autre refraction le
rayon D B & tout autre qui luy est parallele concourreroit avec M A prolongé
en F suivant la ligne B I N, que je suppose sesqui-diamétre: mais à cause de
la seconde refraction faite en I par la surface plate, le concours F sera approché en O du tiers de la perpendiculaire F H, qui n'est plus courte que E K,
sinon du sinus verse de F A E que nous avons supposé petit; donc K G n'est pas
plus grande que H O, sinon des deux tiers du sinus verse de l'angle d'inclinaison du rayon oblique, ce qui ne peut pas estre sensible: ou si vous voulez tous

F F F ff

les points E , F & tous autres semblables déterminez par la premiere refraction estant dans un arc décrit sur le centre A , aussi les foyers G , O & tous autres sont dans une surface qui est en effet courbe, mais moins que E F , comme si toutes les perpendiculaires à la base d'un segment avoient toutes esté retranchées d'un tiers.

Soit en troisiéme lieu un verre convexe des deux costez B K , duquel soient les centres A , C , le foyer principal G , & D B rayon oblique, auquel par le centre A soit tiré M A parallele. Alors s'il n'arrivoit point d'autre refraction, le rayon D B & tout autre qui luy est parallele concourreroit avec l'axe oblique M A prolongé en F , à la distance du sesqui-diamétre : mais à cause de la seconde refraction ce concours F est approché, & pour le trouver il faut tirer au centre C la ligne C F , qui sera comme un nouvel axe perpendiculaire à la seconde surface, & dans laquelle sera pris le point O en mesme distance que G , lequel point sera le foyer oblique de tous les rayons.

On suppose que l'obliquité soit petite, autrement la refraction devenant trop grande le concours s'approcheroit, & M A qui à l'égard de la premiere refraction tient lieu d'axe se trouvant trop éloignée des rayons obliques, le mesme arriveroit que si aux rayons droits on donnoit une trop grande ouverture.

Premier Corollaire.

Il s'ensuit que les foyers qui sont peu éloignez du principal, sont tous avec luy sensiblement dans un mesme plan perpendiculaire à l'axe : car si d'une courbure on prend une tres-petite partie, elle est sensiblement platte.

Second Corollaire.

De ce qui a esté dit, on peut facilement expliquer comment par le moyen d'un verre convexe se peut faire la peinture des objets dans un lieu où il n'entre point d'autre lumiere que par le verre : & pourquoy le point bruslant des verres convexes est le lieu où se fait la peinture distincte du soleil, qui est plus ou moins grande à mesure que le verre est moins ou plus convexe.

Troisiéme Corollaire.

Si l'épaisseur du verre estoit insensible, l'angle d'incidence sur le verre seroit toûjours égal à l'angle d'émersion. J'appelle icy angle d'incidence celuy qui est compris des deux lignes qui viennent des extrémitez de l'objet au milieu du verre, & angle d'émersion celuy qui est compris des deux lignes qui sont tirées du milieu du verre aux extrémitez de la peinture. Soit l'axe A C , l'objet D A F , le verre B , & la peinture G C E : le rayon oblique D B entrant dans le verre se plie vers B C , mais il est incontinent redressé en sortant, si-bien que les angles opposez demeurent égaux : donc comme la grandeur de l'objet est à la distance entre l'objet & le verre, ainsi la grandeur de la peinture est à sa distance jusqu'au verre.

Quatriéme Corollaire.

Il s'ensuit que les peintures ou foyers ont égale lumiere quand les ouvertures des verres sont comme les foyers, si ce n'est que la confusion qui se trouvera plus grande aux petits en élargira un peu le foyer ; mais cela negligé les lumieres se trouvent renfermées dans des espaces qui leur sont proportionnels & également multipliez.

DIX-SEPTIE'ME PROPOSITION.

L'épaiſſeur d'un verre convexe ou plan convexe dont la convexité eſt vers l'objet, rend toûjours l'angle d'émerſion plus grand que celuy d'incidence. Il n'arrive rien au plan convexe pour l'épaiſſeur quand le plat eſt vers l'objet.

SOIT l'épaiſſeur du verre B K, le demi-angle d'incidence A B C, le foyer principal G, l'oblique O, & l'angle d'émerſion G K O.

Préparation.

Le rayon rompu K O vient néceſſairement de quelqu'un des paralleles à C B, poſons que ce ſoit D E, qui par la refraction tombe en K, de meſme que C B eſt détourné en F pour enfin concourir en O.

Démonſtration.

C B, D E ſont paralleles, donc B F, E K ſont convergens vers F, K, & l'angle E K B eſt plus grand que F B K; conſiderant donc F B comme rayon incident en B, l'incidence F B K eſtant moindre que B K E, le rayon B C ſera moins éloigné de la perpendiculaire que K O, donc G K O eſt plus grand que A B C; donc comme A C eſt à A B, ainſi G O eſt à quelque choſe de plus que G K, ce que nous déterminerons dans la ſuite.

DIX-HUITIE'ME PROPOSITION.

Probleme. Eſtant connu le diamétre & l'épaiſſeur d'un verre plan-convexe, trouver la diſtance du foyer hors le verre.

DANS la premiere propoſition auſſi-bien que dans les régles ſuivantes on a négligé l'effet de l'épaiſſeur qui peut néanmoins eſtre ſenſible, principalement aux petits verres.

Or il eſt évident, que ſi la ſurface platte eſt faite anterieure, c'eſt-à-dire, tournée vers l'objet, l'épaiſſeur n'apporte aucun changement, & que le foyer eſt juſtement à la diſtance d'un diamétre hors le verre : mais ſoit la convexité faite anterieure.

Régle.

Oſtez du diamétre de la convexité les ÷ de l'épaiſſeur, & il reſtera la diſtance du foyer hors le verre du coſté de la ſurface platte.

A eſt le centre de la convexité, B K eſt l'épaiſſeur du verre, E E eſt un rayon parallele à l'axe & prolongé en I, I E D eſt la premiere refraction, en ſorte que E D prolongé en F fait F ÷ de B A E premiere incidence; D H eſt perpendiculaire à la ſeconde ſurface au point de la ſeconde incidence D : H D F eſt la ſeconde incidence, & partant F D G eſt la ſeconde refraction égale à ÷ H D F ou à un demi angle F.

Démonſtration.

F D G | F || 1 | 2: donc F G | G D, ou bien F G | G K || 1 | 2; & en compoſant F G ─┼─ G K | G K || 3 | 2; c'eſt-à-dire 3 demidiamétres ── B K ſont à K G foyer requis, comme 3 à 2. Donc oſtant ÷ du premier & troiſiéme terme deux demidiamétres ── ÷ B K | K G || 2 | 2. Et à compter depuis B, le foyer G ſurpaſſera le diamétre de ÷ de B K.

FFFff ij

D I X-N E U V I E'M E P R O P O S I T I O N.

Les diamétres des convexitez & l'épaiffeur du verre eftant donnez, trouver la diftance du foyer hors le verre convexe des deux coftez.

Régle.

COMME la fomme des deux fefquidiamétres, moins l'épaiffeur du verre, eft au fefquidiamétre de la premiere convexité auffi moins l'épaiffeur; ainfi le diamétre de la feconde convexité eft à la diftance du foyer hors le verre.

Soit A le centre de la premiere convexité, C centre de la feconde, BK l'épaiffeur du verre, EE rayon incident parallele à l'axe & prolongé en I, IEF ou F premiere refraction, FDG feconde refraction.

Démonftration.

F $= \frac{1}{2}$BAE, mais HDF $=$ F $+$ C, donc FDG eftant $\frac{1}{2}$HDF, fera $= \frac{1}{2}$BAE $+ \frac{1}{2}$C; ainfi F $+$ FDG $= \frac{1}{2}$BAE $+ \frac{1}{2}$C. Mais F $+$ FDG $=$ DGC, donc DGC $= \frac{1}{2}$BAE $+ \frac{1}{2}$C; donc 2 DGC $=$ BAE $+$ C. Mais BAE $=$ 3 F, donc 2 DGC $=$ 3 F $+$ C: & comme 3 F $+$ C | C || 2 G | C, c'eft-à-dire, comme 3 CD $+$ DF | DF || 2 CD | DG; ou comme trois demidiametres de la feconde convexité $+$ trois demidiametres de la premiere $-$ BK eft à DF, qui eft égal à BF $-$ BK; ainfi 2 CD eft à KG.

Premier Corollaire.

L'on verra par le calcul que les verres de convexité inégale ont le foyer plus loin du cofté de la furface plus convexe; en forte que lors que l'inégalité eft tres-grande & approche du plan-convexe, alors la différence approche des $\frac{1}{2}$ de l'épaiffeur : mais tant que le plus grand diamétre n'excede pas le moindre de plus de $\frac{1}{10}$, la différence des foyers eft infenfible. Or ce qui fait la différence des foyers du verre inégalement convexe, eft que l'accourciffement du foyer vient principalement de l'épaiffeur comparée avec la premiere convexité.

Second Corollaire.

Il s'enfuit auffi du calcul, que pour les verres d'égale ou prefque égale convexité, fi l'épaiffeur BK eft moindre que la moitié du foyer calculé fans l'épaiffeur, alors KG diftance du foyer hors le verre, fe trouve d'environ $\frac{1}{6}$ de l'épaiffeur plus courte que ce que le calcul produiroit par la regle de la troifiéme propofition où l'épaiffeur eft negligée : pour donc abreger on peut fe fervir de la regle donnée à la deuxiéme propofition, & ofter du produit $\frac{1}{7}$ de l'épaiffeur.

Troifiéme Corollaire.

Il s'enfuit auffi qu'une fphere de verre porte fon foyer hors de foy à la diftance du quart du diamétre; ce qui fe peut auffi démontrer en particulier, car BF | FK || BE | KD; fi donc BE eft 3, KD & partant l'angle KCD fera 1: mais auffi F eft 1; donc HDF eft 2, & partant GDF eft auffi 1; donc DG, GF, ou KG, GF font parties égales de KF demidiamétre de la fphere.

VINGTIE'ME

VINGTIE'ME PROPOSITION.

Les diamétres des convexitez & l'épaisseur du verre estant donnez, trouver la juste longueur du foyer proportionnée aux effets du verre.

IL est clair par ce qui a esté démontré, qu'il n'arrive rien aux plano-convexes à cause de l'épaisseur, quand le plat est tourné vers l'objet, car les rayons demeurant paralleles dans le verre, l'angle d'émersion est égal à celuy d'incidence & le foyer à la distance du diamétre.

Régle pour les plano-convexes, quand la convexité est tournée vers l'objet, ou est anterieure.

Ajoustez au foyer hors le verre les ÷ de l'épaisseur ou prenez le diamétre de la convexité, & vous aurez la longueur du foyer d'un verre, qui sans épaisseur sensible fera le mesme effet que le donné avec son épaisseur.

Démonstration.

Dans la deuxiéme figure soit tirée O S parallele à F A ou D B. E K ═ 3 semidiamétres ── B K ; donc son tiers E G ═ 1 semidiamétre ── ÷ B K : mais E A ═ 2 semidiamétres : donc G A ═ 1 semidiamétre ─┼─ ÷ B K. Mais A S ═ F O, ou G E, ou 1 semidiamétre ── ÷ B K ; donc G S ═ 1 diamétre. Et d'ailleurs l'angle G S O pris pour émersion est égal à l'incidence de D B ; donc le

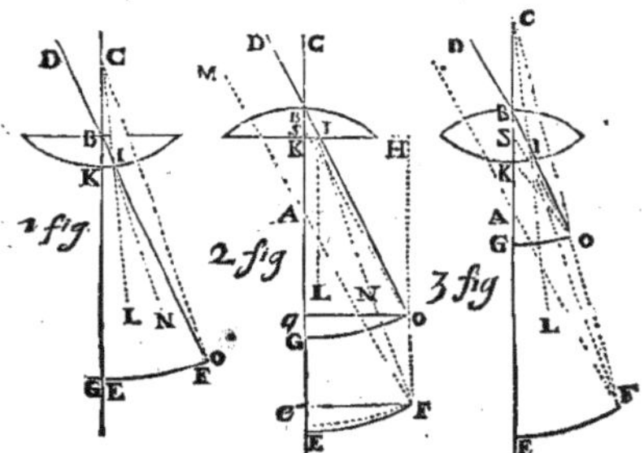

verre dans cette situation, nonobstant cette épaisseur, fait la peinture G O de mesme grandeur qu'un verre sans épaisseur qui auroit mesme convexité ; c'est-à-dire, que quoy que le foyer hors le verre soit accourci, la peinture demeure néanmoins de grandeur juste.

Régle pour les convexes des deux costez.

Comme le sesquidiamétre de la convexité anterieure, plus le demidiamétre de la seconde, moins l'épaisseur du verre

Au mesme demidiamétre de la seconde convexité, plus la distance du foyer hors le verre :

Ainsi la somme des demidiamétres des convexitez, moins l'épaisseur

A un quatriéme terme, lequel osté du second terme, donnera la juste longueur du foyer requise.

GGGgg

Démonstration.

Dans la troisiéme figure soit marquée l'épaisseur B K, tirée O S parallele à
F A ou D B, & joints O K pour faire l'angle d'émersion G K O. Prenant O S G
pour émersion qui est égal à C B D, si on faisoit un verre également convexe
sur G S, qui n'eust aucune épaisseur sensible, il auroit sa peinture égale à G O,

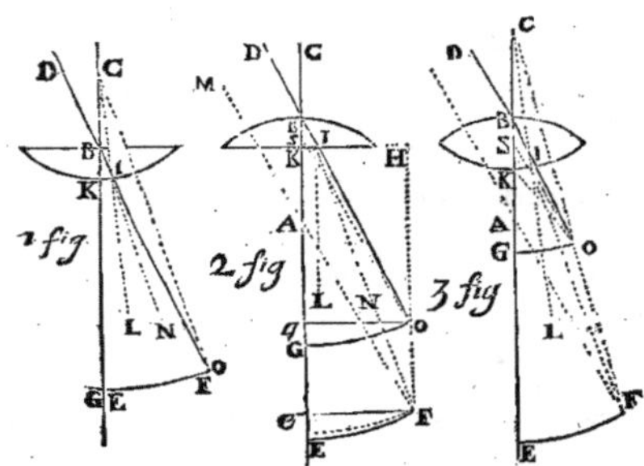

& feroit partant mesme effet à cét égard que le proposé avec son épaisseur B K.
Or à cause de la parallele O S à la base F A dans le triangle F C A, comme
F C | O C, ou comme E C | G C || A C | S C; appliquant les termes de cette
proportion à ceux de la régle, on trouvera qu'ils expriment la mesme chose.
J'appelleray donc G S le foyer correct.

Premier Corollaire.

On verra par ce calcul que ce quatriéme terme qui donne le foyer d'équivalence juste, est toûjours plus grand que celuy qui viendroit par la régle generale où l'on néglige l'épaisseur; & qu'ainsi l'épaisseur fait faire aux verres
l'effet d'un plus long qui feroit sans épaisseur sensible, & cét excés aux verres
d'égale convexité est toûjours d'autant pardessus le demidiamétre, que le foyer
hors le verre estoit diminué à cause de l'épaisseur: ainsi aux verres ordinaires
où le foyer K G est moindre d'un sixiéme de l'épaisseur, le juste foyer excede
le demidiamétre d'un sixiéme de l'épaisseur.

Deuxiéme Corollaire.

Et aux spheres de verre où le foyer hors le verre est moindre que le demi-
diamétre d'un quart de l'épaisseur qui est le diamétre, aussi le juste foyer ou
équivalence surpasse le demidiamétre du mesme quart; c'est-à-dire, que la
boule fait le mesme effet qu'un verre sans épaisseur sensible, lequel auroit son
foyer à distance des trois quarts du diamétre de la boule.

Troisiéme Corollaire.

*Probleme. La largeur de la peinture & sa distance du verre estant données,
trouver l'angle d'incidence.*

Il faut premierement dans les précedentes figures trouver le foyer correct
G S, & dans le triangle rectangle G O S sçachant les costez G O, G S, on aura
l'angle G S O égal à l'incidence; & cecy est utile pour trouver la grandeur du

foleil par fa peinture, c'eft-à-dire, trouver fous quel angle il fait fon incidence fur le verre, & ainfi des autres objets. Et c'eft dans ces fortes d'operations
où la correction du foyer eft neceffaire pour eftre jufte à la mefure des angles
vifuels ; mais dans les propofitions fuivantes elle n'eft pas fi neceffaire, ainfi on
la négligera.

VINGT-UNIE'ME PROPOSITION.

*Eftant joints deux verres convexes ou plano-convexes, ou menifques apparte-
nans aux convexes dont les foyers particuliers foient connus, trouver le foyer
commun qui réfulte de la jonction des deux verres.*

Régle.

COMME la fomme des foyers eft à un des foyers, ainfi l'autre foyer eft au
requis.

Démonftration.

Tout verre qui ramaffe les rayons paralleles en un point, de quelque figure
qu'il foit fe réduit à un planconvexe équivalent fi on fait le diamétre du plan-
convexe égal au foyer du verre donné. Or de deux planconvexes enfemble on
peut faire un convexe des deux coftez, duquel il eft vray de dire que comme la
fomme des diamétres à un des diamétres, ainfi l'autre diamétre eft au foyer ;
les foyers eftant donc changez en diamétres, il eft vray de dire que comme la
fomme des foyers, &c.

Corollaire.

La mefme régle eft pour les concaves, & il n'y a point de difference pour
la démonftration, car ils ont leurs foyers à leur maniere.

VINGT-DEUXIE'ME PROPOSITION.

*Deux verres de différente efpece, c'eft-à-dire, dont l'un appartienne aux con-
vexes & l'autre aux concaves, eftant joints, trouver ce qui réfulte de cette
jonction.*

Régle.

Comme la difference des foyers eft à un des foyers, ainfi l'autre foyer eft à
un quatriéme, lequel fera veritable foyer fi le verre appartenant aux convexes
a prévalu, c'eft-à-dire, a efté plus convexe que l'autre n'a efté concave, ou
bien fi fon foyer a efté plus petit que celuy de l'autre. Mais fi au contraire le
convexe eftoit plus foible, le quatriéme terme trouvé donnera la diftance du
foyer de divergence.

Corollaire.

Il s'enfuit que fi un verre eft autant convexe que l'autre eft concave, ils fe
détruiront entierement, & feront l'effet d'un verre plat. D'où il fuit comment
on peut trouver le foyer d'un concave en luy appliquant divers convexes, &
cela fe peut auffi par reflexion.

VINGT-TROISIÉME PROPOSITION.

Probleme. Deux verres convexes ou appartenans aux convexes connus estant donnez & mis à distance connuë, qui ne soit pas si grande que le foyer du verre qu'on supposera anterieur ou premier, trouver le foyer commun.

CETTE proposition se peut résoudre par la dixiéme. Car il s'agit icy de rayons qui tombent convergens sur le second verre dont le foyer est connu, aussi bien que la distance du point de la premiere convergence, qui n'est autre que le foyer du premier verre.

Premiere Régle.

Comme la distance entre le second verre & le foyer du premier plus le foyer du second, est au foyer du second; ainsi le mesme foyer du second est à un quatriéme terme, qui estant osté de ce mesme foyer donnera la distance entre le foyer commun & le second verre.

Cela est clair par la susdite proposition en faisant application des termes. Mais il ne sera pas inutile de donner la régle suivante, qui a quelque chose de plus abbregé.

Deuxiéme Régle.

Comme la somme des foyers moins la distance des verres, est au foyer du verre anterieur ou objectif moins aussi la mesme distance; ainsi le foyer du second verre est à la distance qui est entre le second verre & le foyer requis.

Démonstration.

Soient donnez les verres convexes ou appartenans aux convexes B, K, à distance B K moindre que B O longueur du foyer du verre anterieur B, & que

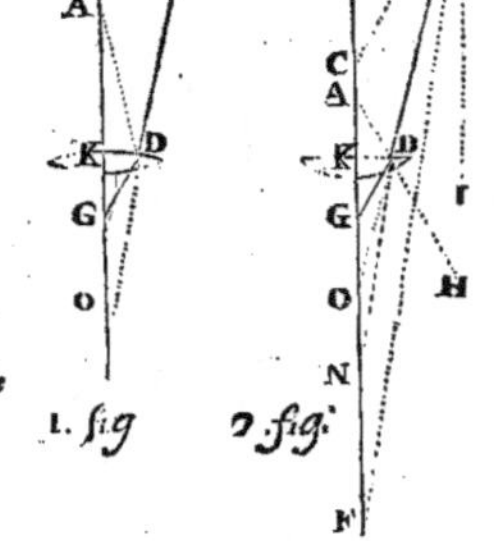

le foyer de K soit aussi connu plus petit ou plus grand que B O foyer du premier verre. Je dis que comme le foyer de K $+$ K O, ou comme le foyer de K $+$ le foyer de B $—$ la distance B K est à K O, ainsi le foyer de K est à K G foyer requis.

Soient les verres B, K réduits à deux plano-convexes équivalens & placez comme en la deuxiéme figure à la distance donnée B K, alors le demidiamétre C E sera moitié de B O foyer du convexe anterieur, & A D aussi demi-diamétre du plano-convexe K, sera moitié du foyer du second verre K premierement donné. Puis donc qu'en la seconde figure il se fait en E deux refractions, la premiere I E F $= \frac{1}{3}$ C, & la seconde F E D $= \frac{1}{2}$ I E F, & partant $= \frac{1}{6}$ C. Il s'ensuit que E D prolongée tomberoit en O foyer de B; mais à cause que E D avant de passer le second verre, souffre deux refra-ctions en D, l'une par la surface platte de K, sçavoir O D N, qui rétablit D N au parallelisme de E F; il est clair qu'à cause de la troisiéme refraction, le rayon E D, au lieu d'aller droit en O foyer de B, est détourné en N, en sorte que l'angle N $= \frac{1}{6}$ C, aussi-bien que F. Et enfin ayant prolongé la perpendiculaire A D en H, la derniere refraction N D G $= \frac{1}{2}$ H D N; mais

HDN

HDN $=$ A $+$ N, donc
NDG $= \frac{1}{2}$ A $+ \frac{1}{2}$ N ; mais
G $\quad =$ NDG $+$ N, donc
G $\quad = \frac{1}{2}$ A $+ \frac{1}{2}$ N $+$ N, ou bien
G $\quad = \frac{1}{2}$ A $+ \frac{1}{2}$ C : mais à cause des refractions IEO,
O $\quad = \frac{1}{2}$ C : donc
G $\quad =$ O $+ \frac{1}{2}$ A, ou 2 G $=$ 2 O $+$ A, ainsi
comme 2 O $+$ A | A || 2 G | A, ou
comme 2 AD $+$ DO | DO || 2 AD | DG. Or par la construction 2 AD $=$ A D foyer du second verre donné : donc dans la premiere figure
AD $+$ DO | DO || AD | DG, c'est à-dire
AK $+$ KO | KO || AK | KG, comme il est exprimé par la régle.

Premier Corollaire.

On verra par le calcul que le foyer commun sera toûjours plus long du costé du verre plus convexe ; c'est-à-dire qu'ayant proposé deux verres inégaux, si on prend le moins convexe pour premier & l'autre pour second, le foyer sera plus long que si on prenoit le plus convexe pour premier & qu'on gardast toûjours la mesme distance des verres entre eux.

Notez qu'il n'importe où tombent les centres A, C, & qu'il se peut faire qu'ils soient transposez, & mesme que A soit au-dessus de B, & C au-dessous de K : car la démonstration est toûjours la mesme.

Notez aussi que la distance B K ordinairement comprend $\frac{1}{3}$ de l'épaisseur du verre anterieur & $\frac{1}{3}$ de celle du second, outre l'intervalle entre les verres.

VINGT-QUATRIÉME PROPOSITION.

Un verre concave estant mis entre un verre convexe & son foyer à distance connuë, en sorte qu'il reçoive les rayons parallèles, déterminer ce qui en arrivera.

JE suppose que le convexe soit anterieur, ce qui estant ainsi le probleme se réduit aux régles de la quinziéme proposition, où un verre concave reçoit des rayons convergens.

Si le foyer du convexe diminué de la distance des verres est égal au foyer *I. Cas.* du concave, c'est-à-dire, si le verre concave se trouve éloigné du foyer du convexe, d'autant justement que son propre foyer est long, ce qui est lors que les foyers concourrent, alors les rayons convergens & tendans au foyer du verre convexe, tendront aussi au foyer du concave, lequel par consequent les rendra parallèles par l'inverse de la cinquiéme proposition.

Si le foyer du convexe diminué de la distance des verres est moindre que le *II. Cas.* foyer du concave, alors parce que les rayons faits convergens par le convexe tendront à un point plus proche du concave que son propre foyer, le cas tombe dans la premiere régle de la quinziéme proposition sur laquelle est établie la suivante proportion, n'y ayant de difference que d'expression.

Régle.

Comme la distance des foyers est au foyer du concave, ainsi le foyer du concave est à un quatriéme terme, duquel le foyer du concave estant osté, on aura la distance entre le verre concave & le nouveau foyer requis.

Si le foyer du convexe diminué de la distance des verres est plus grand que *III. Cas.* le foyer du concave, ce qui arrive quand la distance entre le verre concave & le foyer du convexe est plus grande que le foyer du concave, & que les rayons qui tombent convergens sur le concave, tendent à un point au-delà du foyer du concave, le cas tombe au second de la quinziéme proposition.

HHHhh

Régle.

Comme la distance des foyers est au foyer du concave, ainsi le foyer du concave est à un quatriéme terme, auquel le foyer du concave estant ajousté, vous aurez la distance entre le verre concave & le point où les rayons devenus moins divergens iroient concourrir avec l'axe du verre convexe.

La démonstration de l'une & de l'autre régle est toute facile par l'application à celles de la quinziéme proposition.

J'ay toûjours parlé du foyer du concave, & non pas du centre; pour comprendre en un mot toutes sortes de verres appartenans aux concaves, & il en est de mesme des convexes.

VINGT-CINQUIÉME PROPOSITION.

La refraction qui se fait de l'air à l'eau au travers d'un verre mince quoy que courbe, est tout de mesme que si elle se faisoit immediatement de l'air à l'eau.

IL s'agit icy de l'effet d'un verre convexe & concave sur un mesme centre, mais avec fort peu d'épaisseur, en sorte que les deux surfaces ne sont presque qu'une, qui se considere d'un costé comme convexe & de l'autre comme concave, & où il n'y a qu'une mesme perpendiculaire pour l'incidence & pour l'émersion.

On suppose que l'on sçait par l'experience que la mesure de la refraction de l'air à l'eau est comme 4 à 3, ou comme 3 à $2\frac{1}{4}$, mais celle de l'air au verre est comme 3 à 2; donc celle de l'eau au verre est comme $2\frac{1}{4}$ à 2 ou comme 9 à 8.

Soit donc dans la premiere figure B D une bouteille de verre pleine d'eau; A le centre de B D, E D rayon oblique incident prolongé en I; I D M premiere refraction & M D N seconde refraction. Passant de l'air au verre, la refraction I D M $= \frac{1}{3}$ I D A; donc M D A $= \frac{2}{3}$ I D A: mais du verre à l'eau M D N $= \frac{1}{8}$ M D A ou $\frac{1}{4}$ I D M; donc si l'on oste M D N de I D M, c'est-à-dire, si du tiers I D A on oste la moitié du mesme angle I D A, il restera $\frac{1}{4}$ pour I D M, comme si la refraction avoit esté faite immediatement de l'air à l'eau.

Mais de peur qu'il ne reste quelque scrupule au sujet de l'épaisseur du verre, posons dans la deuxiéme figure que la sortie du verre se fasse en G un peu distant de D & soit tirée la seconde perpendiculaire A G; alors la seconde incidence sera M G A plus grande que n'auroit esté M D A de la quantité de l'angle D A G, lequel dépend de l'épaisseur G D: donc la seconde refraction M G N estant $\frac{1}{8}$ de M G A sera $= \frac{1}{8}$ M D A $+ \frac{1}{8}$ G A D, ou $\frac{1}{4}$ I D M $+ \frac{1}{8}$ G A D: vous voyez donc que l'excés n'est que de $\frac{1}{8}$ de D A G, par lequel la convergence de G N sera un peu moindre que D N dans la premiere figure, mais insensiblement à moins que l'épaisseur ne soit fort grande.

Corollaire.

En appliquant les précedentes démonstrations à ce qui se fait dans l'air des deux costez, on verra qu'au premier cas les rayons demeureront paralleles comme si le verre avoit les deux costez plats & paralleles: mais qu'au second cas où l'épaisseur est sensible, la seconde refraction estant $\frac{1}{2}$ M G A, M D N seroit $= \frac{1}{2}$ M D A $+ \frac{1}{2}$ G A D, c'est-à-dire I D M $+ \frac{1}{2}$ G A D, & ainsi G N deviendroit divergent, ce qui n'arrive pas dans l'eau à cause du peu de refraction du verre à l'eau.

VINGT-SIXIE'ME PROPOSITION.

Probleme. Les convexitez de l'eau estant connuës trouver le foyer.

Régle.

COMME la somme des diamétres est à un diamétre, ainsi l'autre sesquidia-métre est au foyer.

Démonstration.

Soit B de l'eau en forme de verre convexe des deux costez, duquel on neglige l'épaisseur; & le reste comme à la troisiéme proposition.

$$I D F = \tfrac{1}{2} C$$
$$F D G = \tfrac{1}{3} A + \tfrac{1}{3} I D F, \text{ ou } \tfrac{1}{3} A + \tfrac{1}{6} C.$$

Donc I D G ou D G A $= \tfrac{1}{3} A + \tfrac{1}{6} C.$

Donc 3 D G A $= A + \tfrac{1}{2} C.$

Donc en appliquant la démonstration de la troisiéme proposition,

Comme la somme des diamétres est à un diamétre, ainsi le triple de l'autre demi-diamétre est à D G, &c. Il n'importe que l'eau soit enfermée dans du verre par la précedente proposition, mais on neglige icy l'épaisseur de l'eau.

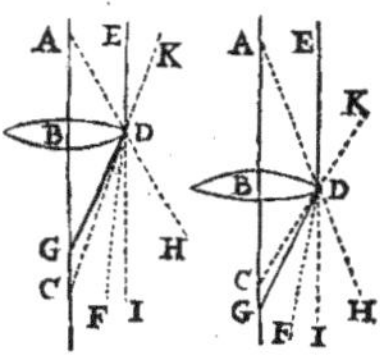

Premier Corollaire.

Il s'enfuit que si les convexitez sont égales, le foyer sera au $\tfrac{1}{4}$ du diamétre.

Second Corollaire.

De la démonstration de cette proposition aussi-bien que de la troisiéme, il est facile de voir que pour toutes sortes de convexes plus denses à l'égard d'un plus rare; la régle suivante est generale.

Comme la somme des diamétres est à un diamétre, ou comme la somme des demi-diamétres à un demi-diamétre, ainsi l'autre demi-diamétre multiplié par le dénominateur de la refraction du dense au rare, est au foyer. Car les deux premiers termes demeurant toûjours les mesmes, on prend le double de l'autre demi-diamétre pour les verres convexes dans l'air; à cause que la refraction du verre à l'air est $\tfrac{2}{3}$, & pour l'eau dans l'air on prend le triple à cause que la refraction de l'eau à l'air est $\tfrac{3}{4}$ & ainsi du reste.

VINGT-SEPTIE'ME PROPOSITION.

Le foyer d'une boule d'eau est à distance du demi-diamétre.

SOIT une boule d'eau BD dont le centre A, le rayon incident EE. Premiere refraction IED. F point de l'axe où ED produit le rencontreroit. FDG derniere refraction, & G le foyer.

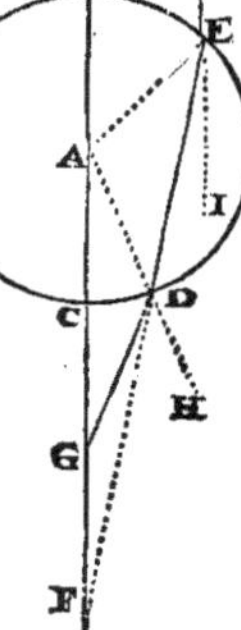

IEF ou F $= \tfrac{1}{4} B A E$, donc BF $=$ aux deux diametres & B E est double de CD. Donc F $= \tfrac{1}{2} D A C$, mais HDF $= D A C + F$ & F D G $= \tfrac{1}{3} H D F$, donc F D G $= \tfrac{1}{3} F + \tfrac{1}{3} D A C$, ou FDG $= \tfrac{1}{6} D A C + \tfrac{1}{3} D A C$, ou $\tfrac{1}{2} D A C$. Donc F $= F D G$: & ainsi D G ou G C $= G F$. Comme donc C F est diametre, C G sera demi-diametre.

Corollaire.

Il n'a point esté parlé des plans convexes, mais il est facile à démontrer que leurs foyers seront à trois demi-diamétres, à cause que la refraction de l'eau à l'air est $\frac{3}{4}$, &c. d'où il suit que les rayons divergens du sesquidiamétre sont paralleles dans la boulle.

VINGT-HUITIÉME PROPOSITION.

Tout verre plano-convexe ou convexe estant entierement dans l'eau, a son foyer quadruple de celuy qu'il auroit dans l'air.

SOIT premierement un plano-convexe. Alors de mesme que la refraction du verre à l'air qui est $\frac{2}{3}$ a produit deux demi-diamétres de distance pour le foyer dans l'air ; ainsi la refraction du verre à l'eau qui est $\frac{8}{9}$ produira huit demi-diamétres pour le foyer dans l'eau, & la démonstration est toute facile.

Soit secondement un verre convexe dans l'eau, alors par le corollaire de la penultiéme proposition, comme la somme des demi-diamétres à un demi-diamétre, ainsi l'octuple de l'autre est au foyer : or la proportion du double à l'octuple est quadruple, donc &c.

VINGT-NEUVIÉME PROPOSITION.

Une boulle de verre estant dans l'eau fait son foyer à un diamétre & $\frac{1}{4}$ hors la boulle.

SOIENT repetées toutes les lettres de la vingt-septiéme proposition. F $= \frac{1}{9}$ BAE, donc BF $=$ neuf semidiamétres : donc l'arc BE est à l'arc CD, ou l'angle BAE est à l'angle CAD comme neuf à sept, mais HDF $=$ DAC $+$ F, donc HDF $= \frac{2}{9}$ BAE, mais FDG $= \frac{1}{8}$ HDF, donc FDG $= \frac{1}{9}$ BAE, & ainsi FDG $=$ F, c'est pourquoy CF qui vaut sept demi-diamétres, est divisée en deux également en G, donc CG vaut un diamétre & $\frac{1}{4}$.

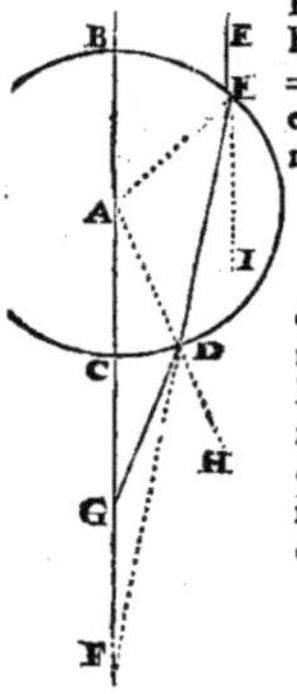

Premier Corollaire.

Pour trouver le foyer d'une boulle de verre ou d'eau dans l'air, ou de verre dans l'eau, & generalement, il faut du nombre de semidiamétres que dénote le dénominateur de la premiere refraction, oster deux, & diviser le reste par la moitié : car, par exemple, à cause que la premiere refraction est $\frac{8}{9}$ il s'est trouvé que BF valoit neuf demi-diamétres, donc CF $=$ sept, ce qui estant divisé par la moitié donne CG ; & toûjours de mesme à proportion.

Second Corollaire.

Il s'ensuit comment on peut sçavoir la refraction d'une liqueur enfermée dans une boulle de verre de tres-petite épaisseur ; car ayant doublé le foyer CG on trouve CF, auquel ayant ajousté BC, la somme BF divisée par AD dénotera la proportion de la refraction de l'air à ladite liqueur.

✤

TRENTIÉME PROPOSITION.

*Si un verre plano-convexe a la convexité dans l'eau & le costé plat dans l'air,
le foyer sera à trois diamétres de la convexité.*

JE suppose que la surface de l'eau soit plate & parallele à celle du verre.

Que les paralleles tombent du costé de l'eau comme en la premiere figure, *I. Cas.*
&c. F = ⅛ B A D, mais F D G = ½ F
ou ¹⁄₁₆ B A D, donc D G A = ¹⁄₆ B A D,
donc A D | D G || 1 | 5 ou G B = 6 A D.

Que les paralleles tombent sur le verre.
F = ⅛ D A B de mesme F D G ½ F ou ¹⁄₁₆
D A B, donc G comme dessus est = ¹⁄₆
D A B, &c.

Je suppose toûjours que l'épaisseur est
negligée.

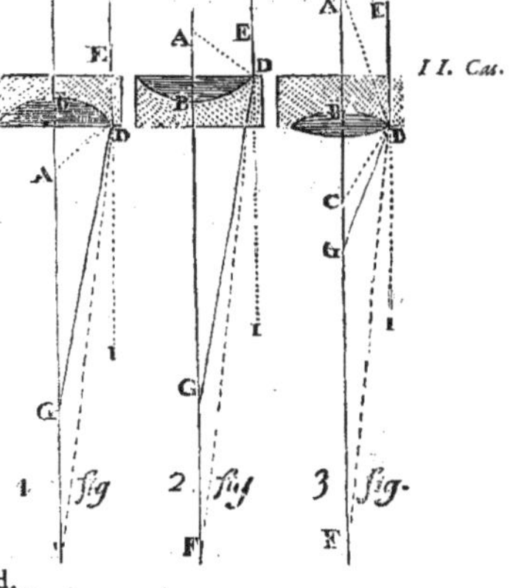

Corollaire.

De-là il s'ensuit un moyen tres-facile
de prolonger le foyer d'un plano-convexe
donné en y appliquant quelque liqueur
enfermée entre le plano-convexe & un
autre verre tout plat, qu'on aura éxaminé
avant que d'infuser la liqueur pour voir
s'il ne varie point le foyer du plano-convexe donné & suivant que cette liqueur
aura plus de refraction que l'eau (comme
l'eau forte, l'esprit de therebentine, &c.)
aussi le prolongement sera-t-il plus grand.

TRENTE-UNIÉME PROPOSITION.

*Un verre convexe des deux costez estant d'un costé dans l'air & de l'autre
dans l'eau trouver le foyer dans l'eau.*

SOIT le verre B dont les centres A C, comme en la troisiéme figure, & que
l'air soit dessus & l'eau dessous, &c. on demande B G foyer dans l'eau.

Régle.

Comme la somme des demi-diametres A B, B C, plus le double de A D
duquel la convexité est dans l'eau, est à B C semi-diametre de la convexité anterieure qui est dans l'air, ainsi l'octuple de A D est à B G.

F = ⅓ C de mesme F D G = ¹⁄₂₄ C + ⅛ A. Donc G = ⅛ C + ½ A,
donc 8 G = 3 C + A, & comme 3 C + A | A || 8 G | A, ou comme 3
A D — C D | C D || 8 A D | D G.

Premier Corollaire.

Il s'ensuit que le verre de convexité égale auroit icy le foyer dans l'eau à un
diamétre de la convexité. Mais si on demande le foyer dans l'air, il sera suivant cette proportion, Comme la somme des demi-diamétres augmentée
du double de celuy dont la convexité est dans l'eau, est au mesme, ainsi le
sextuple de l'autre est au foyer dans l'air. Car alors F = ⅓ C, de mesme F D G
= ¹⁄₁₈ C + ⅛ A, donc G = ⅙ C + ½ A, donc 6 G = C + 3 A, donc
A D + 3 D C | D C || 6 A D | D G.

Deuxiéme Corollaire.

De cette maniere le foyer d'un verre également convexe feroit dans l'air à ⅟₄ du diamétre.

TRENTE-DEUXIE'ME PROPOSITION.

Trouver la refraction d'une liqueur Diaphane à l'égard de l'air.

Premier Moyen.

AYEZ un petit verre également convexe des deux coftez dont vous fçachiez parfaitement le foyer dans l'air, puis prenez la longueur exacte de fon foyer dans la liqueur donnée : doublez le foyer trouvé dans la liqueur, & divifez le produit par le foyer dans l'air, le quotient donnera la refraction du verre à ladite liqueur. Par exemple, ayant doublé le foyer d'un verre dans l'eau, je trouve que ce produit contient huit fois le foyer du verre dans l'air, d'où je conclus que la refraction du verre à l'eau eft ⅛ de l'incidence & la mefure eft comme 8 à 9 ; ce qui eft fondé fur la regle generale, que comme un demi - diamétre eft à la fomme des demi - diamétres, ainfi le foyer eft à l'autre demi-diamétre multiplié par le dénominateur de la refraction du denfe au rare, & pour faciliter j'ay fuppofé les demi-diamétres égaux.

Deuxiéme Moyen.

Le moyen précedent eft fort fimple, mais à moins d'avoir une liqueur en grande quantité on ne fe peut fervir que de petits verres, autrement le foyer iroit trop loin & ne feroit pas terminé dans la liqueur.

Soit dans un plano-convexe difpofé comme à la premiere figure de la trentiéme propofition & que la liqueur donnée foit mife entre deux verres, comme il a efté dit au corollaire. Obfervez à quelle diftance le verre portera fon foyer G. Augmentez cette diftance de la moitié, pour avoir B F que vous diviferez par le demi-diamétre, & vous aurez le terme de la refraction de ladite liqueur au verre. Puis divifez B G par A D femi-diamétre de la convexité pour avoir la proportion de A B à B G qui s'exprimera par une fraction, laquelle fraction vous diviferez par trois, & le double du produit donnera l'angle F qui eft la refraction de ladite liqueur au verre. Exemple. J'ay trouvé qu'ayant mis de l'eau entre les verres, le foyer eftoit fextuple du demi - diamétre : je prens donc le tiers d'un fixiéme, ce qui fait ⅟₁₈ dont le double eft ⅟₉ pour la refraction de l'eau au verre.

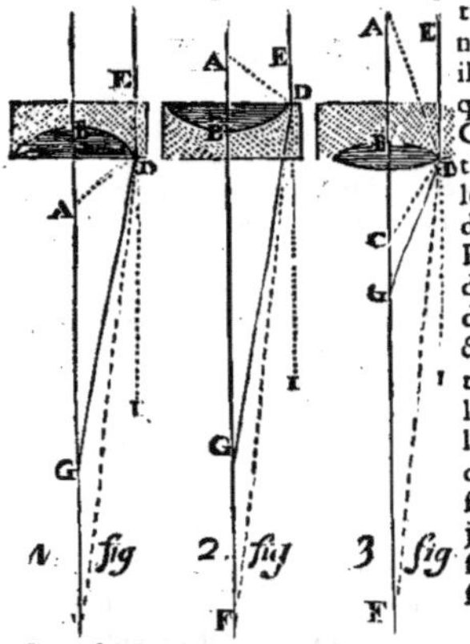

Si vous tourniez le verre comme en la feconde figure, il faudroit pour agir démonftrativement confiderer la chofe d'une autre maniere, & l'on trouveroit la refraction du verre à la liqueur donnée. Mais la premiere pratique eft plus facile, & d'ailleurs, puis que G eft à diftance égale de part & d'autre, il n'importe comme le verre foit tourné, &

mefme l'épaiffeur fera toûjours moins confiderable dans la maniere de la premiere figure.

Ayant donc la refraction ou plûtoft la mefure des refractions de ladite liqueur au verre, ou au contraire, il fera facile de la trouver à l'égard de l'air, fuivant ce qui a efté dit avant la premiere propofition.

Par cette mefme maniere on peut trouver la refraction du vuide à l'air ou plûtoft la proportion des refractions de l'atmofphere, faifant que l'efpace entre deux verres foit vuide, cè qui fera facile fi cét efpace eftant bien fermé de tous coftez a communication feulement avec le haut d'un tuyau où fe fera le vuide, & mefme il ne feroit pas difficile d'en tirer la hauteur de l'atmofphere, aprés avoir fait une table des refractions à l'égard des incidences dans l'air ou dans le vuide.

TRENTE-TROISIE'ME PROPOSITION.

Eftant donné le point de divergence d'un rayon qui tombe fur un verre dans l'eau, trouver la convergence ou divergence dans l'eau.

IL faut fuivre les mefmes regles que pour le verre dans l'air, car le foyer du verre dans l'eau fera toûjours moyen proportionnel, & cela vient de ce que l'angle F eft icy égal à l'angle G D O auffi-bien que dans l'air, car de mefme qu'un tiers plus un demi tiers font un demi pour les refractions du verre dans l'air, ainfi $\frac{1}{9}$ plus $\frac{1}{8}$ d'un neuviéme ou $\frac{8}{72} + \frac{1}{72}$ font $\frac{1}{8}$. Pareillement pour l'eau dans l'air $\frac{1}{4}$ plus $\frac{1}{3}$ de quart ou $\frac{1}{12}$ font $\frac{1}{3}$, c'eft-à-dire, que les deux refractions qui fe font, par exemple, de l'air au verre convexe des deux coftez & du mefme verre en l'air, ne valent pas plus que fi le rayon parallele fortoit immediatement du verre & de mefme des autres.

Je néglige de démontrer toutes ces chofes en particulier d'autant que l'application aux précedentes démonftrations en eft tres-facile.

TRENTE-QUATRIE'ME PROPOSITION.

Si d'un plano-convexe plus denfe dans un milieu plus rare, le cofté plat eft tourné vers l'objet, le rayon rompu eft à la partie de l'axe depuis le centre de la convexité jufque au concours dudit rayon en raifon donnée de la refraction du denfe au rare, c'eft-à-dire, comme 2 à 3 pour le verre dans l'air, de 8 à 9 pour le verre dans l'eau, de 3 à 4 pour l'eau dans l'air, & ainfi generalement.

SOit le plano-convexe B D tel que deffus & fur lequel le rayon E D tombant foit rompu en O en l'écartant de la perpendiculaire A D H, & foit la mefure de la refraction du denfe au rare exprimée par les lignes M, N. Je dis que comme M moindre terme eft à N, ainfi D O eft à A O.

Démonftration.

B A D $=$ à l'incidence A D E, H D O eft l'inclinaifon du rayon rompu, donc par la nature des refractions comme M eft à N, ainfi le finus de l'angle D A O eft au finus de l'angle H D O ou A D O, & partant comme M eft à N, ainfi les coftez oppofez D O | A O.

Corollaire.

Il s'enfuit que pour le verre dans l'air D O eft à A O comme 2 à 3, & pour le verre dans l'eau comme 8 à 9, & pour l'eau dans l'air comme 3 à 4, & ainfi des autres.

IIIii ij

Lemme. Des extrémitez d'une ligne A D, tirer deux lignes qui concourant en un point soient en raison d'inégalité donnée.

Soit A D divisée en C suivant la raison donnée M | N, en sorte que le plus grand costé soit A C duquel soit retranchée A F égale à la différence des parties A C, C D, c'est-à-dire, que C D = C F.

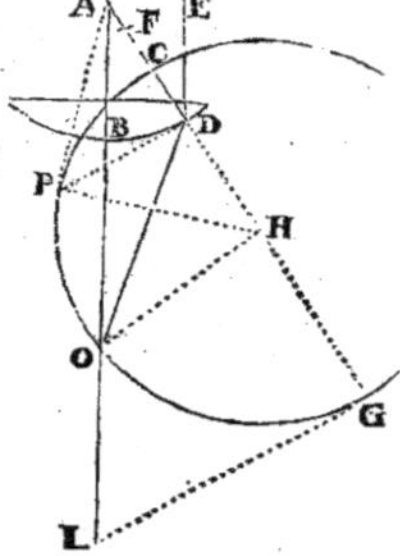

Puis comme A F | F C | C D || D H ; & du centre H & de l'intervalle H C soit décrit le cercle C G, je dis que tous les points de ce cercle, par exemple O, satisferont à la question, c'est-à-dire, que D O | A O || M moindre terme est à N plus grand, car soit tirée H O.

Démonstration.

A F | F C || C D | D H & en composant A C | F C ou C D || C H | D H & en permutant A C | C H || C D | D H & en composant A H | C H ou H O || C H ou H O | D H : donc les triangles A H O, O H D ayant l'angle H commun & les costez contenant cét angle proportionels, les autres costez A O, D O seront aussi proportionels, donc O H ou C H | D H, ou bien A C | C D || A O | D O.

Premier Corollaire.

Il s'ensuit que A G est à D G en raison donnée & que le point G est le plus éloigné terme exclusif de tous ceux qui satisfont à la question, car A H | H G || H G | D H, donc en composant & permutant A G | D G || H G | D H ou A C | C D.

Second Corollaire.

Il s'ensuit aussi qu'ayant tiré à A D au point D la perpendiculaire D P, qui coupe le cercle en P, la ligne P A touchera le cercle C P G ; car ayant tiré P H, les triangles A P H, P D H seront semblables, & partant comme P D H est droit en D, A P H sera aussi droit en P ; donc A P touchera le cercle en P.

TRENTE-CINQUIÉME PROPOSITION.

Probleme. Estant donné un rayon incident parallele à l'axe trouver geometriquement le concours de ce rayon avec l'axe, supposé qu'il puisse passer.

SOIT E D rayon incident parallele à l'axe A B indéfiniment prolongé, & par le précedent lemme soit décrit le cercle C G qui coupe ou du moins touche en O au-dessous de B l'axe A B prolongé, je dis que O est le concours suivant la mesure de la refraction qui aura esté donnée, ce qui est clair par le lemme précedent.

Premier Corollaire.

Il s'ensuit que plus A D sera proche de A B, c'est-à-dire, plus l'incidence sera petite & plus le concours O sera proche de G, & partant plus éloigné de B. Et si on prend B H = D G, le point H sera le terme exclusif de tous les foyers, ce qui est clair en faisant tant approcher A D de A B que D G, B H concourent.

❦❧

Second

Second Corollaire.

Il s'enfuit au contraire que le point O monte vers B à mefure que l'inciden-ce croift jufques à ce que le demi cercle C G touche l'axe; car alors on aura la plus grande refraction correfpondante à la plus grande incidence, fuivant la mefure donnée.

Troifiéme Corollaire.

Il s'enfuit auffi qu'il y a beaucoup de rayons qui concourrent fort proche du point L, à caufe que le cercle C G & l'arc L G décrit fur le centre A fe tou-chent en G; c'eft pourquoy L eft pris pour le foyer, quoy qu'en rigueur geo-metrique aucun rayon n'y vienne que de l'axe.

Quatriéme Corollaire.

Il s'enfuit que pour le foyer il faut prendre la difference des termes de la mefure de la refraction, & dire comme la difference eft au moindre des termes, ainfi le demi-diametre A D eft à D G ou B L, car par le corollaire premier du lemme précedent A G eft à D G comme le plus grand terme au moindre: donc en divifant, comme la difference eft au moindre terme, ainfi A D eft à D G ou B L.

Ainfi le foyer d'un verre plano-convexe dans l'air eft à deux demi-diamé-tres, à caufe que la mefure eft de 2 à 3, car la difference des termes eft au moindre, comme 1 à 2. Or ce qui eft démontré du plano-convexe fe peut étendre au convexe des deux coftez, en réduifant une convexité en deux qui faffent le même effet: mais la démonftration n'eft pas fi géometrique, quoy qu'en effet il n'y ait dans l'expérience aucune différence.

(Note marginale: Il faut re-marquer que dans la figu-re préceden-te la ligne G L doit re-prefenter un arc de cercle décrit du centre A, & que dans le corollaire précedent il faut une L où il y a une H.)

TRENTE-SIXIÉME PROPOSITION.

Pour la proportion des ouvertures des objectifs & de leurs oculaires.

LA proportion de l'objectif à l'oculaire donne la multiplication de la lu-nette; car l'angle vifuel fe trouve autant de fois multiplié, que le foyer de l'oculaire eft contenu dans celuy de l'objectif. Ce qui fe doit néanmoins en-tendre dans les petits angles. C'eft-à-dire lorfque les angles font entre eux comme leurs tangentes: car pour déterminer la chofe plus exactement, il faut dire que comme le foyer de l'oculaire eft à celuy de l'objectif, ainfi la tan-gente de la moitié de l'angle de premiere incidence eft à la tangente de la moi-tié de l'angle vifuel multiplié par la lunette. Cela même auffi fuppofe que la pointe de l'angle vifuel, ou le lieu de la prunelle, fe rencontre juftement au foyer de l'oculaire: ce qui n'eft pas: Car comme le foyer de l'objectif eft au foyer de l'oculaire, ainfi le même foyer de l'oculaire eft à ce qu'il y a de plus que le foyer de l'oculaire. Mais c'eft fi peu qu'on le peut négliger fans erreur.

Premier Corollaire.

Il s'enfuit que la multiplication d'une lunette s'exprime par le quotient de la divifion de l'objectif par l'oculaire.

Second Corollaire.

Il s'enfuit auffi que deux lunettes font entre elles comme les fufdits quo-cients qui donnent la proportion des angles vifuels à l'égard d'un même objet.

❦

KKKkk

Premier Lemme.

Si deux quantitez D, E font divifées par une même A, les quotiens B, C feront entre eux comme les quantitez divifées D, E.
Car puifque le rectangle fur le quotient & le divifeur eft égal au
divifé, le rectange A B | rect. A C || D | E, c'eft-à-dire B | C || D | E.

D   E
B   C
A   A

Second Lemme.

Si une même quantité A eft divifée par deux differentes D, E, les quotiens B, C feront en raifon reciproque des divifeurs. Car les rectangles D B,
E C eftant égaux, B fera à C comme E à D.

Troifiéme Lemme.

Si les divifeurs A, B, font comme les divifez D, E, les quotiens C, D feront égaux. Car ils exprimeront une même proportion, & les deux rectangles A C, D B eftant comme D, E,
c'eft-à-dire comme les bafes A, B, il faut que les hauteurs C, D foient
égales.

D   E
C   D
A   B

Quatriéme Lemme.

Si les divifeurs A B font en raifon fous-doublée des divifez D E, les
quotients C D feront entre eux comme les divifeurs.

Soit F troifiéme proportionnelle aux divifeurs A B, & partant comme D à E, & foit G le quotient de E par F. Par le
troifiéme lemme, les quotients C G feront égaux, & par le fecond lemme le quotient G eft à D comme B à F. Donc C qui eft égal à
G fera à D, comme B à F, c'eft-à-dire comme A à B.

D   E
C D G
A B F

Cinquiéme Lemme.

Si les divifeurs A B font en raifon fous-triplée des divifez D E, les quotiens C D feront en raifon doublée des divifeurs A B.

Soit D | E || A | F | c'eft-à-dire, que B foit à F en raifon dou-
blée de A à B, & que le quotient de la divifion de E par F
foit G, comme deffus: les quotiens C G feront égaux; & d'ailleurs G fera à D, comme B à F: donc C, qui eft égal à G, fera à D, comme
B à F, c'eft-à-dire en raifon doublée de A à B.

D   E
C D G
A B * F

Sixiéme Lemme.

Si les divifeurs font en raifon fous-quadruplée, les quotiens feront en raifon triplée des divifeurs.

TRENTE-SEPTIE'ME PROPOSITION.

SI les oculaires font proportionnels aux objectifs, les multiplications ou
approches feront égales. Cela fuit du premier & du fecond corollaire de
la trente-fixiéme Propofition & du troifiéme lemme.

TRENTE-HUITIE'ME PROPOSITION.

SI deux objectifs inégaux ont des oculaires égaux, les multiplications feront
en proportion des objectifs. Cela fuit des Corollaires de la trente-fixiéme
Propofition & du premier lemme. J'entens que les angles vifuels, & partant
les diametres des peintures dans l'œil feront comme les foyers des objectifs:
mais les grandeurs fuperficielles des mêmes images en feront en raifon doublée.

TRENTE-NEUVIÉME PROPOSITION.

SI les oculaires eſtant proportionnels aux objectifs, les ouvertures des objectifs ſont égales, les clartez ſeront égales. Car par la trente-ſeptiéme
Propoſition les multiplications, c'eſt-à-dire les angles viſuels, & partant les
peintures dans l'œil, ſeront égales : & d'ailleurs, à-cauſe de l'égalité des ouvertures, les images auront pareille quantité de lumiere ramaſſée en eſpaces
égaux, &c.

QUARANTIÉME PROPOSITION.

SI les oculaires eſtant égaux, les diametres des ouvertures des objectifs
ſont proportionnels aux mêmes objectifs, les clartez ſeront égales. Car
par la trente-huitiéme Propoſition les angles viſuels ſeront comme les objectifs. Si donc les ouvertures ſont comme les mêmes objectifs, les images dans
l'œil recevront des rayons à proportion de leur grandeur; c'eſt-à-dire que les
eſpaces éclairez ſeront proportionnels aux lumieres, & partant également
éclairez.

QUARANTE-UNIÉME PROPOSITION.

SI les oculaires & les ouvertures diametrales des objectifs ſont en proportion des objectifs, les clartez ſeront en raiſon doublée des mêmes objectifs. Car par la trente-ſeptiéme Propoſition, les peintures dans l'œil ſeront
égales en grandeur, & par-conſequent éclairées en proportion de la quantité
de lumiere qu'ils contiendront, c'eſt-à-dire en proportion de la grandeur ſuperficielle des objectifs, laquelle eſt doublée de la diametrale.

QUARANTE-DEUXIÉME PROPOSITION.

SI des objectifs inégaux ayant des oculaires égaux, ont auſſi des ouvertures
égales, les clartez ſeront reciproquement en raiſon doublée des objectifs.
Car par la trente-huitiéme les images dans l'œil priſes comme ſurfaces, ſeront
en raiſon doublée. Mais d'ailleurs elles ne recevront qu'une égale quantité
de rayons qui ſe trouvera plus unie & plus forte dans le petit eſpace que dans
le grand, & ce en raiſon reciproque des eſpaces.

QUARANTE-TROISIÉME PROPOSITION.

SI les oculaires, & auſſi les diametres des ouvertures des objectifs ſont en
raiſon ſous-doublée des objectifs, les multiplications ou angles viſuels ſeront en raiſon auſſi ſous-doublée, & ces clartez ſeront égales. La premiere
partie ſuit du quatriéme lemme & des corollaires de la trente-ſixiéme Propoſition. Or les angles viſuels eſtant en raiſon ſous-doublée des objectifs, & les
ouvertures de-même, les eſpaces ſeront éclairez à-proportion de leur grandeur, &c.

Notez que ſuivant cette proportion, l'augmentation ſuperficielle des peintures dans l'œil ſera en raiſon des objectifs, de-même auſſi que la grandeur
ſuperficielle des ouvertures des objectifs.

QUARANTE-QUATRIÉME PROPOSITION.

SI les oculaires ſont en raiſon ſous-triplée des objectifs, & les ouvertures
diametrales en raiſon doublée des oculaires, les angles viſuels ou approches ſeront auſſi en raiſon doublée des oculaires, & les clartez ſeront égales.
La premiere partie ſuit du cinquiéme Lemme : Car les oculaires ſont les di-
viſeurs & les quotients répondent aux angles viſuels. Puis donc que les

oculaires font en raifon fous-triplée, les angles vifuels feront en raifon doublée des oculaires. Et enfin, puifque par l'hypothéfe les ouvertures font auffi
en raifon doublée des oculaires, elles feront comme les angles vifuels. Partant
les clartez égales : car les peintures dans l'œil eftant en raifon des ouvertures
des objectifs, les quantitez de lumiere feront proportionnelles aux efpaces où
elles feront contenuës.

Des foyers qui fe font par reflexion & par refraction tout enfemble.

UN verre expofé au foleil ne laiffe pas paffer tous les rayons, mais il en
refléchit une partie non-feulement par fa furface anterieure, mais encore par la pofterieure, quoy qu'elle ne foit point terminée.

Les rayons ainfi refléchis s'uniffent ou fe féparent, fuivant la qualité des
furfaces.

La reflexion faite par la furface anterieure eft fimple ; mais celle qui fe fait
par la pofterieure eft diverfement modifiée par les refractions caufées par la
furface anterieure.

Il eft facile de connoiftre fi un foyer de reflexion vient de la furface anterieure ou de la pofterieure: car aux verres qui ne font point menifques, tout foyer
de reflexion vient de la furface pofterieure. Il en eft de même aux menifques,
lors que les convexitez font tournées vers le Soleil. Mais fi les cavitez font
tournées vers le Soleil, il fe fait alors deux foyers d'un même cofté, dont le
plus éloigné & par confequent le plus large & le plus foible, vient de la cavité anterieure, fe faifant à diftance du quart du diametre de la même cavité.
Ce qui donne une facilité à connoiftre ces fortes de verres. Mais lors que
nous parlerons cy-après des foyers de reflexion, nous entendrons toûjours
parler des foyers qui fe font par la furface pofterieure, qui font faciles à connoiftre.

Régles generales.

1. Si un verre ne fait foyer de reflexion que d'un feul cofté, il fera menifque. La converfe n'eft pas veritable.

2. Si un verre fait deux foyers, l'un d'un cofté & l'autre de l'autre, & que
l'un foit juftement à diftance triple de l'autre, ce verre fera plano-convexe,
le plat fera vers le plus court foyer.

Ce plus court foyer fe fera au tiers de la diftance du centre de la convexité : la longueur du verre fera fextuple de ce petit foyer, ou bien fera double
de l'autre.

3. Si un verre fait deux foyers oppofez, dont l'un foit moindre que triple
de l'autre, le verre fera convexe des deux coftez. Et fi le quart de la fomme
des foyers eft ofté de chaque foyer, on aura deux termes qui exprimeront la
raifon des diametres des deux convexitez.

Mais pour trouver le foyer de refraction, il faut faire

Comme la fomme des foyers de reflexion eft à l'un des foyers, ainfi le double de l'autre eft à $\frac{1}{4}$ du foyer de refraction requis.

Le petit foyer eft toûjours vers le cofté moins convexe.

Notez que fi les deux foyers font égaux, la longueur du verre eft quadruple de chacun.

4. Si le grand foyer excede le triple de l'autre, le verre fera menifque.

Le petit foyer fera vers la partie cave.

QUARANTE-CINQUIEME PROPOSITION.

Si la surface platte d'un plano-convexe est tournée vers le Soleil, la reflexion du fond portera son foyer à ⅓ du demi-diametre.

SOIT A le centre de la convexité, ED rayon incident; F moitié de BA, ED viendra jusques au fond sans refraction, & de-là par la reflexion devroit estre porté en F: mais à-cause de la surface platte, le concours est approché du tiers de BF en G: donc BG = ⅓——⅙ c'est-à-dire ⅓ AB. Et alors la reflexion de la premiere surface qui est platte sera égale à ladite surface, ou seulement plus grande de ce que donne la base de 30′ prise à distance de GB.

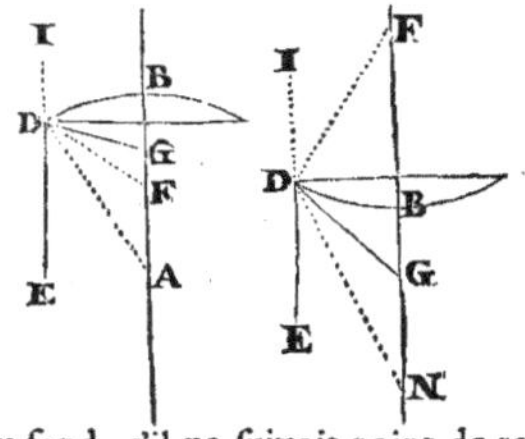

Si la convexité est vers le Soleil, la reflexion du fond aura son foyer à la distance du centre: car la premiere refraction à l'entrée de la convexité porteroit le rayon au sesquidiametre F: donc la reflexion du fond, s'il ne suivoit point de refraction, le porteroit en N à mesme distance: donc ayant prolongé ED en I, vous voyez qu'il arrivera le mesme à DN, que si venant de ID, il avoit passé à-travers un verre également convexe des deux costez, c'est-à-dire qu'il sera porté au centre G. Et alors la reflexion de la convexité sera élargie comme venant de derriere le verre à distance du quart du diametre.

Dans l'un & dans l'autre cas la reflexion du fond se trouvera toûjours au milieu de celle du dessus, si le plus épais est bien au milieu, c'est-à-dire si le centre répond à-plomb au milieu: autrement il faudra rogner le verre du costé le plus mince pour faire trouver le centre au milieu; & on se pourra regler par le moyen d'un cercle de carton appliqué sur le verre, & poussé plus ou moins de costé & d'autre, jusques à ce que la reflexion soit juste.

QUARANTE-SIXIEME PROPOSITION.

Le fond d'un verre également convexe porte sa reflexion à ¼ du demi-diametre.

SOIENT les centres A, C; le rayon incident ED prolongé en I, & les perpendiculaires prolongées ADH, CDK. Soit la premiere refraction IDF, à laquelle soit EDM égale: puis soit la reflexion ADN = ADM, & enfin la derniere refraction NDG = ½ KDN.

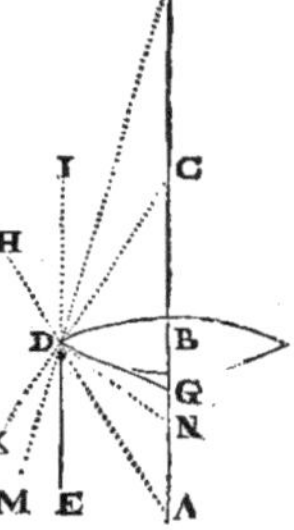

MDA = A + ⅓ C, & MDN = 2 A + ⅓ C: mais KDM = ½ C: donc KDN = 2 A + C + ⅓ C. Mais NDG = ½ KDN: donc NDG = A + ⅓ C, donc KDG = 3 A + 2 C, & ayant osté KDE ou C, il restera 3 A + C = DGC: donc

Comme 3 A + C | C | |DGC| C, ou bien
Comme 3 DC + AD| AD| |DC | DG ou GB.

Si donc les convexitez sont égales, AB sera quadruple de BG. Et ainsi generalement, comme le sesquidiametre de la convexité anterieure qui fait les refractions, augmenté du demi-diametre de la convexité qui fait la reflexion, est à ce demi-diametre, ainsi le demi-diametre de la convexité anterieure est au foyer.

QUARANTE-SEPTIÉME PROPOSITION.

Pour les Menisques qui appartiennent aux convexes.

I. Cas.

LORSQUE les cavitez sont tournées vers le soleil.

Soient les centres A, C, le rayon incident E D, les perpendiculaires A D H, C D K.

$$MDC = \tfrac{1}{2}C, \;\&\; MDA = CDA + \tfrac{1}{2}C.$$
$$MDN = 2CDA + C + \tfrac{1}{2}C.$$
$$CDN = 2CDA + \tfrac{1}{2}C.$$
$$NDG = CDA + \tfrac{1}{2}C : \text{donc}$$
$$CDG = 3CDA + C : \text{donc}$$
$$EDG \text{ ou } DGB = 3CDA + 2C, \;\&\; \text{partant}$$

Comme $3\,CDA + 2C \mid C \parallel DGB \mid C.$ Ou bien

Comme $3\,CA + 2\,DA \mid DA \parallel DC \mid DG$ ou B G, donc comme la ses-

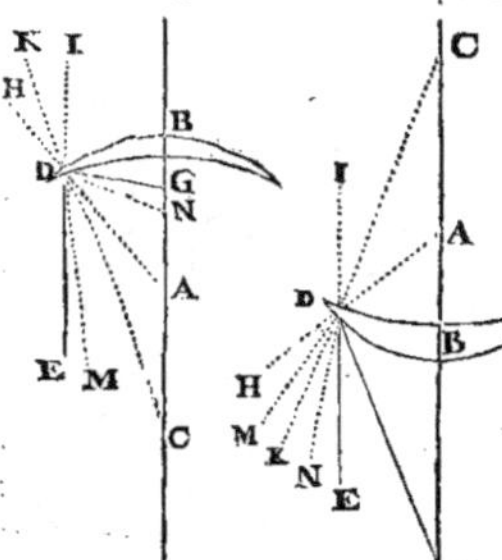

quidifference des demi-diametres augmentée du demi-diametre de la convexité qui fait la reflexion, est au demi-diametre de la mesme convexité ; ainsi le demi-diametre de la convexité qui fait les reflexions, est au foyer.

II. Cas.

Lorsque les convexitez sont tournées vers le Soleil.

Le rayon E D de premiere incidence estant rompu par la premiere convexité, tombe sur la seconde, comme s'il estoit dans la position de M D ; & si B C est triple de B A, alors M D tombera sur K D & le rayon resortira sur D E comme il estoit venu. Mais si B C est plus grand que triple, alors M D tombera entre K D & D H & se voudra reflechir selon K D N égal à K D M ; mais par la derniere refraction, il sera detourné en G, en sorte que N D G sera moitié des angles N D K & K D H ou A D C.

$$MDH = \tfrac{1}{2}A, \text{ donc } KDM = ADC - \tfrac{1}{2}A : \text{mais}$$
$$KDM = KDN, \text{ donc } KDN = ADC - \tfrac{1}{2}A ; \text{donc}$$
$$NDH = 2ADC - \tfrac{1}{2}A, \text{ donc } NDG = ADC - \tfrac{1}{2}A \;\&\; \text{ad-}$$
joûtant N D K on aura $KDG = 2ADC - A :$ mais
$$G = KDG - C; \text{ donc } G = ADC - 2C. \text{ Donc}$$

Comme $ADC - 2C \mid C \parallel G \mid C :$ c'est-à-dire

Comme $CA - 2AD \mid AD \parallel CD \mid DG.$ Donc

Comme la difference des demi-diametres diminuée du double du petit demi-diametre est au petit demi-diametre, ainsi le grand demi-diametre est au rayon.

Où il est clair, que si un demi-diametre est justement triple de l'autre, le double du petit estant osté de la difference, le reste sera rien ; & ainsi la distance du foyer sera infinie. Mais si le grand demi-diametre C D estoit moindre que triple du petit A D, alors le rayon E D par la premiere refraction prendroit la position de N D & se reflechiroit au dessus de D K, & quelquefois aussi selon D K ; ce qui arriveroit quand A D seroit double de C A, c'est-à-dire, quand les demi-diametres seroient comme 3 à 2, & alors il n'y auroit point de seconde refraction, car le rayon sortiroit selon la divergence H A. Que si C A estoit égale à A D, la reflexion s'estant faite entre H D &

DK, le rayon fortiroit enfin felon CD, & ainfi du refte à proportion, c'eft-à-dire, qu'en augmentant CA un peu plus que la moitié de CB, le rayon fortira comme divergeant d'un point de l'axe plus eloigné que C.

QUARANTE-HUITIÉME PROPOSITION.

LEs verres planoconcaves dont la cavité regarde le foleil font foyer au quart du diametre de ladite cavité ; mais le fond fait une reflexion divergente, comme de la diftance du centre de la cavité pris derriere. Si le plat eft vers le foleil, le fond fait reflexion divergente comme du tiers du demi-diametre. Car le rayon entre fans refraction & la reflexion MDH = A & EDM = 2 A, donc à la fortie la refraction MDN = A : donc DGB = 3 A, donc ADB = 2 A. Et ainfi AG | GB || 2 | 1.

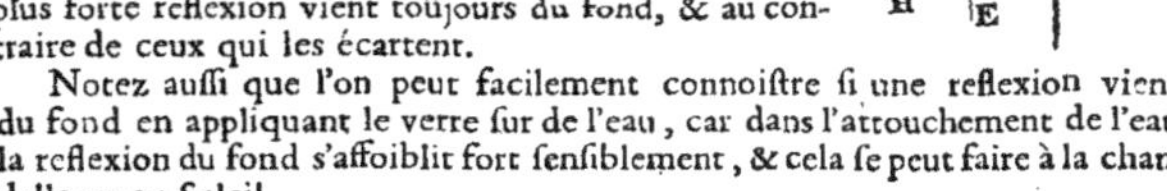

Notez que de tous verres qui ramaffent les rayons, la plus forte reflexion vient toûjours du fond, & au contraire de ceux qui les écartent.

Notez auffi que l'on peut facilement connoiftre fi une reflexion vient du fond en appliquant le verre fur de l'eau, car dans l'attouchement de l'eau la reflexion du fond s'affoiblit fort fenfiblement, & cela fe peut faire à la chandelle ou au Soleil.

QUARANTE-NEUFIÉME PROPOSITION.

Les deux foyers de reflexion de part & d'autre eftant donnez, trouver les diametres des convexitez.

CEtte propofition eft la converfe de la 46e. Soient les deux foyers reduits à une mefure commune affez petite pour avoir des nombres entiers. De leur fomme foit pris le quart, lequel foit feparément ofté de chaque foyer & les reftes vous donneront deux termes pour la proportion des diametres. Maintenant avec ces deux termes, comme fi c'eftoient de veritables diametres, cherchez un nouveau foyer de reflexion, fuivant la regle de la 46e propofition, lequel vous voudrez ; & la proportion de ce nouveau foyer de reflexion trouvée, avec celuy des donnez qui luy eft femblable, vous donnera les diametres. Car comme ce nouveau foyer trouvé eft au donné, ainfi lequel vous voudrez des termes de la proportion des diametres, donnera le diametre correfpondant audit terme.

Démonftration.

Soient les demi-diametres A, G, & les foyers M, N.

3 A + G | G || A | M

3 G + A | A || G | N, donc le rectangle de

M fur 3 A + G = au rectangle de N fur 3 G + A.

Donc M | N || 3 G + A | 3 A + G, donc *componendo*

M + N | N || 4 G + 4 A | 3 A + G, &

⅟M + ⅟N | N || G + A | 3 A + G, & *invertendo*

{ N | ⅟M + ⅟N || 3 A + G | G + A, & de mefme

{ M | ⅟M + ⅟N || 3 G + A | A + G, & *dividendo*

{ N — ⅟M — ⅟N | ⅟M + ⅟N || 2 A | G + A, & de mefme

{ M — ⅟M — ⅟N | ⅟M + ⅟N || 2 G | A + G, & *permutando*

$$N - \tfrac{1}{4}M - \tfrac{1}{4}N \mid 2A \parallel \tfrac{1}{4}M + \tfrac{1}{4}N \mid G + A,\ \text{\& de mefme}$$
$$M - \tfrac{1}{4}M - \tfrac{2}{4}N \mid 2G \parallel \tfrac{1}{4}M + \tfrac{1}{4}N \mid A + G,\ \text{donc}$$
$$N - \tfrac{1}{4}M - \tfrac{1}{4}N \mid 2A \parallel M - \tfrac{1}{4}M - \tfrac{1}{4}N \mid 2G,\ \textit{\& permutando}$$
$$N - \tfrac{1}{4}M - \tfrac{1}{4}N \mid M - \tfrac{1}{4}M - \tfrac{1}{4}N \parallel 2A \mid 2G.$$

Donc si l'on oste de chaque foyer le quart de la somme des foyers, vous aurez la proportion des diametres. Et pour discerner à quelle convexité appartient chaque diametre, il faut sçavoir que le plus grand diametre appartient à la convexité qui est du costé du petit foyer : car si M est plus grand que N, $3A + G$ seront plus petits que $3G + A$.

DU MICROMETRE.

AVERTISSEMENT.

IL y a long-temps que l'on avoit donné cet écrit pour eftre imprimé ; mais quelques embarras qui font furvenus ont empefché de l'achever plûtoft. On n'a pas expliqué icy au long les ufages que l'on peut tirer de la difference des diametres de la Lune, fuivant fes differentes hauteurs fur l'horifon, parce qu'on referve cela pour une autre occafion. Il y a neuf ou dix mois que M. Auzout fit cette reflexion, & en avertit icy les Aftronomes qui n'y avoient pas fongé. Ce fut à l'occafion des Obfervations que M. Picard & luy faifoient prefque tous les jours des diametres du Soleil & de la Lune : car les conferant toutes les fois qu'ils fe rencontroient, il remarqua qu'ils eftoient prefque toûjours d'accord pour le Soleil à une ou deux fecondes prés, & que s'ils eftoient quelquefois conformes pour la Lune, ils differoient d'autres fois de 8. 10. ou 12. fecondes, dont cherchant la caufe, il s'apperceut auffitoft (& il n'y avoit rien de fi facile) que cela venoit de la differente diftance entre la furface de la Terre, & la Lune, fuivant qu'elle eftoit plus ou moins haute fur l'horifon, laquelle devenoit fenfible par leur maniere d'obferver les diametres, & que ne faifant pas toûjours leurs Obfervations à la mefme heure, & par confequent la Lune n'ayant pas la mefme hauteur, ils ne devoient point trouver le mefme diametre. Il conclud enfuite la maniere de connoiftre la diftance de la Lune par la difference de fes diametres obfervez en differentes hauteurs, & ayant eu occafion d'écrire vers la fin de l'année derniere à Monfieur Oldembourg Secretaire de la focieté Royale d'Angleterre, il luy fit part en paffant de cette invention, puis ayant appris quelques jours aprés par une lettre de M. Oldembourg que M. Hevelius avoit remarqué dans l'Eclipfe de Soleil du mois de Juillet 1666. que le diametre de la Lune luy avoit paru plus grand vers la fin de l'Eclipfe que vers le commencement de 8. ou 9. fecondes, fans qu'il mandaft que M. Hevelius en euft trouvé la raifon ; il luy envoya un billet pour l'avertir que ce qu'il luy avoit mandé la femaine d'auparavant luy feroit facilement connoiftre que cela avoit dû arriver ainfi. L'extrait de cette lettre & le billet ont efté imprimez dans le Journal d'Angleterre du mois de Janvier dernier, & l'on a jugé à propos de les donner icy comme ils font dans le Journal d'Angleterre, en attendant que l'on explique plus au long ce qui y eft contenu.

L'on a trouvé depuis tout cecy, que Kepler un des plus ingenieux des Aftronomes, avoit autrefois fait cette mefme reflexion dans fon Aftronomie Optique, pag. 360.

Cét écrit de M. Auzout a efté imprimé à Paris en 1667.

EXTRAIT D'UNE LETTRE DE M. AUZOUT

du 28. Decembre 1666. à M. Oldembourg Secretaire de la Societé Royale d'Angleterre, touchant la maniere de prendre les diametres des Planétes, & de fçavoir la parallaxe ou la diftance de la Lune : comme auffi touchant la raifon pourquoy dans la derniere Eclipfe de Soleil le diametre de la Lune parut plus grand vers la fin de l'Eclipfe qu'au commencement.

JE me fuis appliqué cet été à prendre les diamétres du Soleil, & de la Lune & des autres Planetes par une methode que M. Picard & moy croyons la meilleure de toutes celles qui ont efté pratiquées jufques à prefent, puifque nous pouvons prendre les diamétres jufques aux fecondes, & nous divifons un pied en 24000. ou 30000. parties, sans qu'à peine on puisse se tromper d'une seule partie, en sorte que nous sommes presque asseurez de ne pouvoir pas nous tromper de trois ou de quatre secondes. Je ne puis maintenant vous envoyer mes Observations, mais je croy pouvoir vous asseurer que le diamétre du Soleil n'a esté gueres plus petit dans son apogée que 31. minutes 37. ou 38. secondes, & que certainement il n'a pas esté moindre de 35. & qu'à present dans son perigée il ne passe pas 32. 45″. & je le croy plus petit d'une seconde ou deux. Ce qui donne presentement de l'embarras, vient de ce que le diamétre vertical qui est le plus facile à prendre, est quelquefois diminué, mesme à midy de 7. ou 8. secondes par les refractions qui sont beaucoup plus grandes en hyver qu'en été; à la mesme hauteur, & plus grandes mesme un jour que l'autre, & que le diamétre horisontal est difficile à prendre à cause de la vitesse du mouvement journalier.

Pour la Lune je n'ay point encore trouvé son diametre moindre que 29′. 40″ ou du moins 35″ secondes, & je ne l'ay pas beaucoup vu passer 33. minutes, ou ç'a esté de peu de secondes; il est vray que je ne l'ay pas encore pris dans toutes les sortes de situations de ses apogées & de ses perigées, quand ils se rencontrent avec les conjonctions & les quadratures.

Je ne marqueray pas tout ce qui peut estre déduit de cecy, mais si vous avez à Londres quelques-uns qui observent ces diametres, nous nous pourrons entretenir une autrefois plus amplement de cette matiere. Je vous diray seulement que j'ay trouvé le moyen de sçavoir la distance de la Lune par l'Observation de son diametre vers l'horison, & ensuite vers le midy, avec les hauteurs qu'elle a sur l'horison au temps des Observations, en quelque jour qu'elle est dans son apogée, ou dans son perigée, dans les signes les plus boreaux, car si l'Observation des diametres est exacte, comme en ces rencontres, la Lune ne change point sensiblement en six ou sept heures sa distance du centre de la terre, la difference des diametres fera connoistre la raison de sa distance avec le semidiametre de la terre. Je ne m'explique pas davantage, car si-tost que l'on a cette idée tout le reste est facile. On peut faire encore mieux la mesme chose dans les lieux où la Lune passe vers le zenith qu'en ces païs-cy; car d'autant plus que la difference des hauteurs est grande, d'autant plus celle des diametres est grande. Je ne m'arresteray pas à remarquer, parce que cela est evident, que si on estoit en deux differens lieux sous le mesme meridien, ou sous le mesme azimuth, & qu'on prist en mesme temps le diametre de la Lune avec une hauteur, on peut faire la mesme chose, &c.

Billet du quatriéme Janvier mil six cens soixante & sept.

DE ce que je vous manday la derniere fois, on peut tirer la raison de l'Observation que M. Hevelius a faite dans la derniere Eclipse de Soleil touchant l'augmentation du diametre de la Lune vers la fin de l'Eclipse. Je suis ravy qu'une personne, qui apparemment n'en sçavoit point la cause, ait fait cette Observation. Cependant il est assez étrange que jusques à present aucun Astronome ancien ny nouveau n'ait prévû que cela devoit arriver, ny donné des preceptes pour le changement des diametres de la Lune dans les Eclipses de Soleil, suivant les lieux où elles se doivent faire, & suivant l'heure, & la hauteur que la Lune doit avoir sur les horisons; car ce qui est arrivé à cette Eclipse touchant l'augmentation, seroit arrivé au contraire, si elle avoit esté vers le soir; car la Lune a du paroistre plus grande dans cette Eclipse qui commença le matin, parce qu'elle devint plus haute vers la fin de l'Eclipse qu'au commencement, & que par consequent elle estoit plus proche de nous : mais si l'Eclipse fust arrivée vers le soir, comme elle eust esté plus baſſe vers la fin qu'au commencement, elle euſt eſté plus éloignée de nous, & euſt par conſequent paru plus petite. Par la meſme raiſon en deux differens lieux où l'un doit avoir l'Eclipſe le matin & l'autre à midy, la Lune doit paroiſtre plus grande à celuy qui l'a à midy : elle doit de meſme paroiſtre plus grande à ceux qui ont une moindre élevation de Pole ſous le meſme meridien, parce que la Lune eſt plus prés d'eux, & generalement à ceux ſur l'horiſon deſquels la Lune eſt plus élevée au temps de l'Obſervation, &c.

MANIERE EXACTE POUR PRENDRE
le diametre des Planetes, la diſtance entre les petites Etoiles, la diſtance des lieux, &c.

IL y a diverſes manieres de prendre le diametre des Planetes, que l'on peut voir chez les Aſtronomes. On ſe contentera d'en décrire icy une qui paroiſt plus exacte que toutes les autres que l'on a pratiquées juſques à preſent. Et quoy qu'on puiſſe penſer d'abord que d'autres s'en ſont déja ſervi, on verra pourtant qu'ils n'ont point mis en uſage tout ce qui en fait l'exactitude : cependant c'eſt en ces rencontres où l'on a beſoin d'une grande préciſion, en quoy conſiſte tout le ſecret.

Il y a déja quelque temps que l'on ſe ſert de chaſſis ou de rezeaux mis dans le foyer de la lunette, leſquels étant diviſez par des filets en petits quarrez, dont on ſçait la meſure, ſervent à determiner quel angle font les corps, que l'on veut meſurer par leur moyen. Mais il y avoit cela d'incommode à ces chaſſis, que les quarrez ne pouvant pas eſtre ſi petits que l'image de l'objet fuſt toûjours juſtement compriſe entre quelques-uns des filets, le reſte dépendoit de l'eſtime par laquelle on prenoit le tiers & le quart par exemple de l'intervalle entre deux filets : ce qui ne pouvant pas eſtre juſte, particulierement quand il faut eſtimer une choſe qui eſt en l'air, & qui ſe meut, il manquoit pour une parfaite exactitude, que les objets fuſſent toûjours parfaitement compris entre deux filets, deux cheveux ou deux petites lames, dont on pût enſuite ſçavoir exactement la diſtance juſques à des diviſions ſi petites qu'elles puſſent aller juſques aux ſecondes.

Car par exemple une ligne faiſant dans une lunette de 12. pieds environ deux minutes, ſi les petits quarrez avoient une ligne, & que l'on ſe trompât de la cinquiéme ou ſixiéme partie d'un intervalle, c'étoit 24. ou 25. ſecondes de méconte, & la dixiéme partie du même intervalle faiſoit 12". Ce qui étoit bien éloigné de la préciſion à laquelle on prétend eſtre parvenu.

Pour remedier à l'un & à l'autre de ces defauts, M. Auzout a fait faire depuis long-tems une petite machine qui fait avancer par le moyen d'une vis tres-égale un ou pluſieurs cheveux ou lames parallelement à d'autres qui ſont arrêtez, de telle ſorte que l'on peut toûjours comprendre exactement l'image de l'objet entre deux cheveux, quelque petit qu'il ſoit, à cauſe que la vis les fait avancer preſqu'inſenſiblement : & pour meſurer la diſtance entre les filets juſques à des diviſions tres-petites, cette vis faiſant par exemple trois tours pour faire avancer une ligne, on voit par le moyen d'une aiguille qui tient à l'écrou, la partie du tour dont elle a avancé par-de-là les tours entiers, ſur un cercle diviſé en 60 ou 80 parties, tellement qu'une ligne ſe trouve ainſi diviſée en 180 ou en 240 parties, & un pied en 25920 ou 34560 : & ſi on vouloit diviſer le cercle en 100 parties, la ligne ſeroit diviſée en 300 parties, & le pied entier en 43200.

Et parce qu'on veut quelquefois prendre des diametres fort differens, ou des differentes diſtances d'étoiles l'une aprés l'autre, & qu'il auroit eſté incommode de faire tant de tours de vis pour prendre par exemple le diametre de Jupiter ou de Venus aprés que l'on auroit pris celuy de la Lune, il y a de quatre lignes en quatre lignes, ou si l'on veut de deux ou trois lignes en trois lignes des cheveux ou des filets arreftez, dont on connoift la diftance, & defquels on peut commencer à prendre la mefure jufques au filet, ou à un des filets mobiles felon que l'objet eft grand ou petit, en forte qu'il n'eft prefque jamais neceffaire d'avancer plus d'une ou deux lignes, ce qui eft bien-toft fait; & l'on n'ufe pas tant l'écrou, que s'il falloit faire avancer les filets depuis un bout jufques à l'autre. On peut voir dans le deffein que l'on a donné la defcription de toute la machine, & peut-eftre que cela donnera fujet aux curieux d'en inventer d'autres, ou de perfectionner celle-cy.

Mais parce que cette maniere de mefurer la diftance des filets par des tours de vis demande une tres-grande exactitude dans la machine, & qu'il peut arriver, quelque exacte qu'elle ait efté faite, qu'elle perdra fa juftesse avec le tems à force de la remuer; M. Picard s'eft avifé le premier de mefurer la diftance des cheveux par le moyen du microfcope: & cette methode peut eftre fi exacte, que fi l'on y prend bien garde, quoy qu'on divife le pied en 24000 ou 30000 particules, à-peine pourra-t-on fe tromper d'une de ces particules.

Pour cet effet il faut avoir une regle platte divifée en petites parties fort juftes, par exemple en telles que 400 faffent un pied: puis ayant un bon microfcope, il faut le tirer jufques à ce qu'il groffiffe 60 ou 80 ou 100 fois, fi l'on veut tant multiplier les objets: ce qui eft aifé à determiner en prenant avec un compas fur la petite regle l'intervalle de 60 parties, fi l'on veut qu'il ne groffiffe que 60 fois, comme l'on fait d'ordinaire à-caufe de la conformité de cette fubdivifion avec celle des degrez & des minutes, & de la facilité que cela donne à la table, dont on parlera dans la fuite. Car fi on regarde d'un œil dans le microfcope, & qu'avec l'autre on compare l'ouverture du compas que l'on a prife de 60 parties avec la grandeur d'une des parties, comme elle paroift par le microfcope à la même diftance où eft la regle, & qu'on alonge ou qu'on accourciffe le microfcope jufques à ce que ces deux grandeurs paroiffent égales ou pofées l'une fur l'autre; l'on fera affuré que le microfcope reftant dans cette longueur, & dans cette difpofition de verres, groffira 60 fois tous les objets que l'on regardera à travers, pourveu qu'on les compare à la même diftance que fera l'objet que l'on voudra mefurer.

Cela eftant fait, quand on aura pris bien exactement avec la lunette la grandeur d'un objet, & qu'on aura jugé qu'il eft precifément entre deux filets, pour mefurer la diftance entre ces filets il faudra porter fon chaffis fur la regle, & mettre, en regardant avec le microfcope, le cofté d'un des cheveux dont on s'eft fervi, exactement fur le milieu d'une divifion; (ce qui eft facile à juger à-caufe que les divifions fe font d'ordinaire par des petits trous, dont on eftime exactement la moitié) puis laiffant le chaffis ainfi pofé fur la regle fans qu'il remuë, il faut porter le microfcope vis-à-vis de l'autre cheveu, & voir à quelle divifion fon bord répond: & arrivant rarement qu'il réponde au milieu d'une autre divifion, il faut prendre avec un compas qui ait les pointes tres-fines, par le moyen de l'œil gauche, fi l'on regarde dans le microfcope avec le droit, la grandeur de l'intervalle qui paroift depuis le milieu d'une des divifions prochaines jufques au bord du filet: puis ayant porté cette ouverture de compas fur la regle, on verra combien de particules elle contient, qui feront autant de foixantiémes parties d'une des divifions de la regle: & fi 400 font un pied, ces particules prifes avec le microfcope feront autant de deux milliémes parties d'un pouce, ou de vingt-quatre milliémes parties d'un pied.

Maintenant pour fçavoir quel angle cette diftance trouvée comprend, il
n'eft

'n'eſt pont neceſſaire, comme d'autres pratiquent, de l'aller meſurer dans le ciel ni ſur la terre : il ſuffit de ſçavoir la proportion du foyer de la lunette (c'eſt-à-dire de la diſtance qui eſt entre l'objectif & le chaſſis, puis qu'il eſt dans le foyer) avec la diſtance qui eſt entre les filets : car ayant reduit ces diſtances juſques aux petites particules, & conſiderant le foyer comme le rayon, & la diſtance des filets comme la tangente, on ſçaura quel angle font toutes les diſtances des filets, & l'on en doit faire une table tres-exacte de laquelle on pourra ſe ſoulager, au lieu de faire une operation d'Arithmetique à toutes les diſtances que l'on prendra.

Car l'on démontre dans la Dioptrique, qu'il y a même proportion de la diſtance qui eſt entre l'objet & la lunette, à la grandeur de l'objet, que du foyer de l'objectif qui eſt l'endroit où ſont les filets, à la grandeur de l'image, à-cauſe qu'il ſe fait deux triangles qui ont l'angle au ſommet égal. Et quoy que le ſommet du triangle vers l'œil ne ſoit pas préciſément au bord de l'objectif, ſi ce n'eſt dans les plano-convexes quand le plat eſt tourné vers l'objet, ou dans le milieu, ſi ce n'eſt dans un convexe des deux côtez, dont la convexité antérieure eſt le tiers de la poſterieure, & que dans une lunette d'égale convexité, il ſoit au tiers de l'épaiſſeur vers l'œil, & à-proportion dans les autres dont on ſçait la regle; d'ordinaire les verres ſont ſi minces, que dans une lunette de dix ou douze pieds, cela ne peut pas alterer ſenſiblement la proportion, quoy que ſi l'on cherche les choſes dans la derniere exactitude, il ſoit neceſſaire d'y avoir égard.

La maniere de M. Picard quoy qu'excellente ne ſatisfait qu'au ſecond inconvenient, & ne ſert que pour la diviſion exacte; tellement qu'une machine pour faire avancer ou reculer inſenſiblement & parallelement les filets, eſt encore neceſſaire : car quand il faut pouſſer les filets avec la main, quoy que l'œil dans de petites diſtances, comme de trois ou quatre lignes, juge aſſez exactement du parallelifme, la main ne peut pas faire avancer le peu qu'il s'en faudra quelquefois que les filets ne comprennent l'objet : & quoy qu'on recommence pluſieurs fois, il arrive ſouvent qu'on ne peut pas y venir juſtement : & ſi l'on vouloit toûjours recommencer, le tems de l'Obſervation paſſeroit. Auſſi ſans un remede qu'on y a trouvé, on ne pourroit jamais ſe paſſer de cette machine ; tellement que pour bien faire, il faut avoir la machine pour faire avancer les filets, & ſe ſervir du microſcope pour prendre les diviſions plus exactement.

Ce n'eſt pas que ſi l'on pouvoit avoir une machine ſi bien-faite qu'elle marquât toûjours les diviſions juſtes ſur le cercle, on ne fuſt ſoulagé de beaucoup de peine, & que l'on ne fiſt beaucoup plus d'Obſervations dans un tems égal, puis qu'il n'y auroit qu'à écrire chaque diſtance, au-lieu qu'il faut la meſurer avec le microſcope; ce qui demande du tems, & n'eſt pas ſi facile la nuit, à-cauſe que la lumiere, dont on peut éclairer le chaſſis, vient de coſté, & eſt d'ordinaire foible, quoy qu'on ſe ſerve d'un verre convexe pour la ramaſſer : & dans le tems qu'il paroiſtroit une Comete, on auroit de la peine à faire pluſieurs Obſervations en peu de tems, à moins que d'avoir autant de chaſſis ou d'anneaux que l'on voudra faire d'Obſervations.

Aprés avoir expliqué cette maniere, il faut encore remarquer pluſieurs choſes pour prendre exactement le diametre des Planetes, & faire les autres Obſervations.

1. Il faut avoir préciſément le foyer de la lunette, dont on ſe ſervira pour mettre les filets dans ce foyer. On peut le trouver en regardant la Lune, Jupiter ou les Etoiles, & remarquant quand on les diſtingue le mieux; car il n'y a qu'à rabatre le foyer de l'oculaire de la longueur de la lunette, & mettre le chaſſis en ce lieu-là : ou en diſtinguant ſur terre un petit objet, comme de

NNNnn

l'écriture, qui foit à une diftance connuë ; car ayant le foyer correfpondant d'un objet, dont la diftance eft donnée, on montre dans la Dioptrique à trouver le foyer abfolu. On peut encore le trouver en recevant l'efpece du Soleil dans un lieu obfcur, & remarquant le lieu où l'efpece du Soleil eft la plus diftincte & la plus vive.

2. Il faut que la lunette foit parfaitement ferme & arrêtée ; car fi elle branle le moins du monde, on pourra facilement fe tromper de plufieurs fecondes ; mais fi elle eft bien arreftée, & que l'on y prenne bien garde, il eft prefqu'impoffible de fe tromper de l'épaiffeur d'un cheveu, dont on ne fera pas furpris, fi l'on confidere que l'oculaire groffit plufieurs fois le cheveu : ce qui fait qu'il paroift beaucoup plus gros qu'à la vuë fimple : & quand on fe tromperoit d'un cheveu, ce ne feroit que 4 ou 5 fecondes dans une lunette de 12 pieds, & 2" dans une de 24.

3. Il faut, pour avoir l'image plus diftincte, donner le moins d'ouverture que l'on pourra à la lunette. Cette précaution eft à-propos en tout temps ; mais particulierement lors que l'on n'a pas de machine pour faire avancer les cheveux, & qu'il faut les pouffer avec la main ; étant quelquefois prefqu'impoffible, quoy qu'on recommence plufieurs fois, de les mettre parfaitement juftes. En ce cas il ne faut qu'alonger ou acourcir un peu la lunette ; car l'image étant diftincte dans un efpace affez confiderable, à caufe de la petite ouverture de la lunette, on fçaura quel angle fait l'objet, fi l'on ajoute au foyer ou qu'on en fouftraye ce dont on a approché ou reculé le chaffis.

4. Il faut tafcher de prendre toûjours les objets le plus qu'il fe pourra vers le milieu du chaffis, & par-confequent de l'oculaire, particulierement les petits, comme les Planetes, qui ne font pas fi nets ni fi diftincts vers les bords.

5. Pour éviter la parallaxe de la vuë, il faut qu'il y ait un petit trou auprés de l'œil : car fans cela fi l'œil changeoit de fituation, il fe pourroit faire quelque petite difference à-caufe de la diftance de l'œil aux filets.

6. Il faut bien remarquer fi la lunette eft toûjours tirée de la même longueur, & pour cet effet il feroit à-propos que le tuyau fuft tout d'une piece, à la-referve d'un petit tuyau qui porte le chaffis & l'oculaire ; car s'il eft de plufieurs tuyaux, on peut quelquefois manquer à les mettre juftement fur leur marque, où quelqu'un peut glifter fans qu'on s'en apperçoive. S'ils font de bois ou de carton, il faut bien prendre garde qu'ils ne foient pas fujets à s'alonger ou à s'acourcir, felon que le tems fera fec ou humide : & mefme quand ils font de fer blanc, on n'eft pas affuré qu'ils demeurent dans leur même longueur en Hyver & en Eté, aprés la remarque que M. Auzout a faite cet Hyver, que tous les metaux s'acourciffent à la gelée ; jufques-là qu'un tuyau de fer blanc de 12 pieds peut bien fe racourcir de prés de 2 lignes. C'eft pourquoy il fera bon de les remefurer fouvent avec quelque mefure qui foit toûjours dans un air le plus temperé qu'il fe pourra, ou contre quelque muraille.

7. Il eft prefque toûjours neceffaire de fe fervir d'un verre coloré ou enfumé pour regarder le Soleil, & quelquefois pour Venus & pour Mercure.

8. Il eft plus commode pour le Soleil & pour la Lune, de fe fervir de lunettes mediocres, comme de 6, 8, 10, ou 12 pieds, que de plus grandes, tant à-caufe que l'on a de la peine à trouver des oculaires affez larges, qu'à caufe que fi l'on obferve dans le tems que le grand diametre ne fuit pas le mouvement diurne, comme il arrive prefque toûjours à la Lune, l'œil ne pouvant pas comprendre tout-d'un-coup un efpace auffi grand qu'eft l'image de ces objets dans les grandes lunettes, on ne peut examiner qu'en deux tems fi l'image & les filets conviennent : & quoy que ce temps foit tres-petit, le mouvement eft fi rapide, que l'on peut fe tromper aifément de plufieurs fecondes, & eftimer les objets plus grands qu'ils ne font, puifque pendant une demie

seconde de temps, le mouvement diurne en fait sept & demie; & pendant un
quart de seconde qui ne fait qu'environ un clin d'œil, il fait prés de quatre
secondes : mais pour les autres planetes dont l'image est tres-petite, les plus
grandes lunettes sont les meilleures, pourveu qu'on ait d'assez grands lieux à
couvert pour s'en servir, & qu'on trouve le moyen de les arrester tres-fermes.
Il est vray que si l'on prend le Soleil à midy où il y a presque 2 minutes de
temps, qu'il va sensiblement parallele à l'horison, on a le temps de voir si son
diametre marche exactement entre les filets : & c'est le temps que l'on doit
choisir autant que l'on peut, quoy que si l'on est obligé de le prendre en d'autres temps, on puisse encore le faire avec les grandes lunettes, pourveu qu'on
mette les filets paralleles au mouvement diurne; en sorte que l'image marche
entre - deux assez de temps pour estimer si son image est parfaitement comprise entre les filets.

9. Aprés diverses épreuves les cheveux ont esté trouvez meilleurs que tous
les autres filets, soit de metal, de soye, de fil, de boyau, &c. pourveu que
l'objet soit assez illuminé pour les faire distinguer, comme il arrive au Soleil;
& presque toûjours à la Lune quelque petite qu'elle soit, comme aussi à Venus, & quelquefois à Jupiter: mais pour les autres, à-moins qu'on ne les ob-
serve dans le crepuscule, ou quand il fait clair de Lune, on ne distingue pas
les cheveux, s'ils ne passent sur l'objet illuminé, ce qui ne sert de rien. C'est
pourquoy pour y remedier, on a ajoûté des petites lames qui se mettent pardessus les cheveux, & qui se distinguent presque toûjours quand le temps est
serein, & propre pour observer: & s'il arrive qu'on ne les distingue pas assez,
il y a deux manieres de les éclairer; l'une en faisant un petit trou au costé
du tuyau, où est le chassis par lequel on envoye la lumiere d'une chandelle,
sans qu'elle donne dans les yeux, & l'autre en tenant un flambeau un peu loin
de la lunette: car la lumiere se reflechissant contre les parois du tuyau éclaire
assez les lamines, & même les filets, particulierement quand il n'y a point de
separations dans le tuyau. Pour les lamines, on les peut faire si larges que l'on
veut, puisque c'est par leur bord qu'on mesure, & non-pas par leur largeur;
mais il ne les faut gueres moins larges qu'une ligne, & il faut prendre garde
qu'elles soient en bizeau, pour éviter la reflexion qui feroit un mauvais effet.
Faisant un biseau, leur épaisseur est indifferente aussi-bien que leur largeur.

10. Il faut avoir grand égard aux refractions: car si les Astres y sont sujets
selon le diametre qu'on est obligé de prendre, ce diametre sera diminué; &
ainsi si l'on ne sçait pas leur mesure, on estimera le diametre trop petit: c'est
pourquoy il faut tâcher autant que l'on peut de les prendre hors des refractions, ou d'y avoir égard, aprés que par plusieurs Observations on aura fait
des tables de la diminution des diametres, selon les hauteurs & les saisons,
les lieux & la constitution du temps, puisque la refraction a paru bien plus
grande en Hyver à la mesme hauteur, qu'en Eté; qu'elle paroist certains jours
plus grande que d'autres, & qu'elle est plus grande en certains lieux qu'en
d'autres. L'on doit même bien s'assurer si la differente constitution de l'air
n'altere point tout le corps des astres, comme la refraction ordinaire altere le
diametre vertical: car certaines Observations extravagantes semblent en donner
le soupçon, dont il faut tâcher de s'assurer davantage, de-peur que cela ne vienne de quelque defaut dans les Observations. Et je croy qu'il n'y a que cette
methode qui nous puisse éclaircir de toutes ces choses.

11. Il faut avoir fait une table de ce que valent pour chaque lunette les
parties de la regle en minutes & en secondes; & si l'on veut plus de précision,
on pourra aller jusques aux tierces & aux quartes. On la calculera jusques à
60 si le microscope grossit 60 fois, & la mesme table servira pour les parties de
la regle & pour les soixantiémes, en prenant des secondes pour les soixantié-

mes si les parties de la regle valent des minutes, ou des tierces si elles ne valent que des secondes, comme l'on a de coustume de faire dans les tables sexagenaires.

L'on ne déduit point icy tous les usages de cette methode, ce sera pou une autre occasion, & l'on pourra donner ensuite les Observations que MM. Picard & Auzout ont faites depuis long-temps des diametres du Soleil, de la Lune & des autres Planettes, où l'on verra la grande utilité que l'Astronomie en peut tirer pour l'éclaircissement de la pluspart des choses les plus souhaitées dans cette science, soit pour les Eclipses, soit pour la distance de la Lune, les parallaxes & les excentricités des Planetes, &c, aussi-bien que la Geographie pour la mesure de la distance des lieux, la mesure de la Terre, &c.

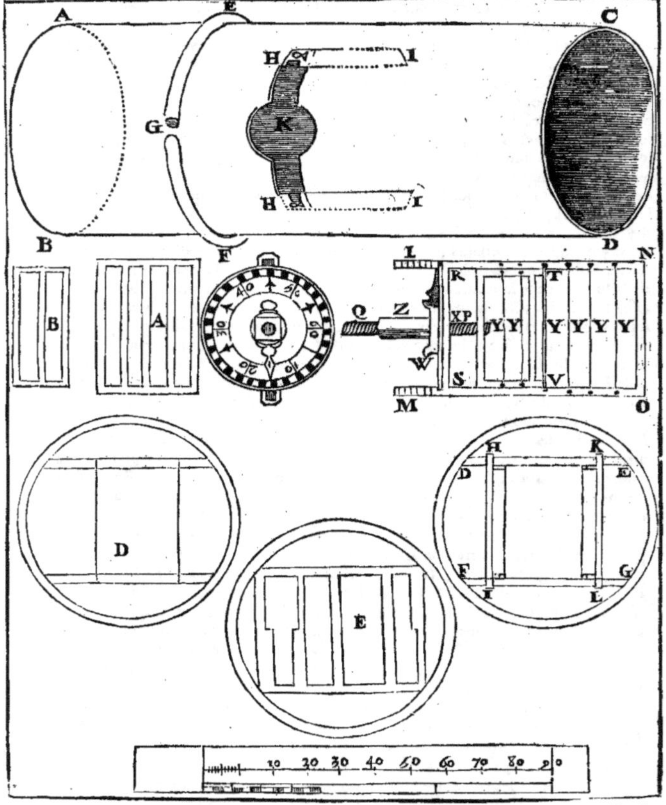

Explication des Figures.

A B C D eft un tuyau de fer blanc ou de cuivre, qui entre dans le tuyau de la lunette, & qui y eft retenu par le moyen de l'anneau E F, dans lequel entre un crochet par l'efpace G, comme dans plufieurs fortes de boiftes, afin que la pefanteur de la machine ne la faffe pas tomber, & qu'on la puiffe tourner pour mettre les filets dans la fituation requife, fans qu'elle change de diftance.

H H font deux barres parallcles qui traverfent le tuyau, & qui y font foudées, où il y a des renures ∝ ∝, dans lefquels on fait couler le chaffis par l'ouverture K.

L M N O eft le chaffis où il y a des cheveux Y Y arreftez tant au grand chaffis L M N O qu'au petit R S T V, auquel tient la vis P Q qui le fait avancer par deux renures qui font dans le grand chaffis, parallelement depuis X jufques à ce que les cheveux fe touchent, par le moyen de l'écrou Z, auquel tient une aiguille qui marque fur un cercle w divifé en 60 parties, quelle partie de tour la vis a fait. Ce cercle w eft rivé fur la platine X; mais on le voit à cofté tout entier avec l'écrou & l'aiguille qui y eft attachée, divifé en 60 parties. Les deux avances R L S M font divifées en autant de parties que la vis fait de tours.

A B font deux petits chaffis de lames deftinez particulierement pour obferver les Etoilles qui fe mettent fur le premier chaffis, fçavoir A fur la partie T V O N, & B fur le chaffis R V T S, à queuë d'aronde, ou avec des petites vis, ou de quelqu'autre maniere, pour les pouvoir ofter quand on veut fe fervir des cheveux.

Dans la partie D C du tuyau il doit en entrer un autre de fer blanc ou de cuivre, qui porte l'oculaire ou les oculaires dont on fe fervira, pour les approcher ou les éloigner du chaffis felon qu'il fera neceffaire: mais on ne l'a point dépeint, parce que cela eft aifé.

D E F G eft un chaffis plus fimple, dont on peut fe fervir fi l'on n'a pas le premier. C'eft un cercle de laton ou d'argent avec deux petites barres paralleles D E, F G, dans lefquelles en coulent deux autres fort juftes, de la figure qui eft reprefentée, lefquels portent chacun un filet que l'on peut faire avancer ou reculer avec les doigts autant qu'il en eft befoin. On peut arrefter d'un cofté plufieurs cheveux comme au grand chaffis, & n'avoir qu'une barre au lieu de deux, qui s'approche ou s'éloigne des cheveux arreftez. Et cela eft aifé à entendre.

D eft un autre chaffis encore plus fimple, où l'on met feulement fur deux petites barres, deux ou plufieurs cheveux que l'on y nouë, ou que l'on y attache avec de la cire, du maftic, de la cole, &c. & que l'on fait avancer avec les doigts le plus parallelement qu'on peut.

E eft encore un autre chaffis qui peut fervir pour prendre affez jufte les diftances des petites Etoilles: il eft compofé de plufieurs lames toutes de largeur connuë & à diftance connuë, qui font différentes & même fubdivifées par la moitié, pour pouvoir par les unes ou par les autres prendre prefque toutes les fortes de diftances jufques à un quart de ligne: & cela fert pour faire beaucoup d'Obfervations en peu de temps.

Si l'on n'a pas de ces chaffis ou anneaux de cuivre, on pourra en faire fur le champ avec du carton, pourveu qu'il foit affez ferme pour ne pas perdre fa figure, & on y attachera des cheveux ou fur des barres, ou fur le limbe avec de la cire, ou bien on y coupera des lames comme dans la figure E.

C'eft par ce moyen qu'on pourra faire pour le jour d'une Eclipfe un chaffis

O O O o o

divisé en 12. doigts suivant le diametre que le Soleil ou la Lune devront avoir
au temps de l'Eclipse, afin d'en observer toutes les phases: & cette methode
sera peut-estre la plus juste de toutes; car ayant coupé deux cercles de carte,
il n'y a qu'à diviser sur le limbe l'espace que doit contenir l'image du Soleil
ou de la Lune en 12 parties paralleles avec des traversantes perpendiculaires,
& arrester avec de la cire ou de la colle, des cheveux sur les divisions; puis
coler l'autre carton pardessus le premier, afin que le tout demeure plus ferme.
On n'en a point donné la figure, parce que cela est aisé à concevoir.

DES
QUARREZ
OU
TABLES MAGIQUES.
PAR M. FRENICLE.

ON appelle quarré magique celuy qui eſtant diviſé par cellules en quantité repreſentée par un nombre quarré, & les cellules eſtant remplies
de nombres conſecutifs, ou qui ſoient en même progreſſion arithmetique,
contient pareille ſomme en chacune de ſes lignes, de quelque façon qu'on
les puiſſe prendre. Exemple:

Le quarré A, B, C, D, 16, eſt diviſé en 16 cellules, & ces cellules ſont remplies des nombres conſecutifs, 1, 2, 3, 4, 5, 6, 7, 8, &c. juſques à 16: & ces
nombres ſont diſpoſez d'un tel ordre dans les cellules,
que les nombres de chaque ligne eſtant aſſemblez, font
une ſomme égale; ſoit qu'on prenne les lignes en long,
comme 1, 15, 14, 4, | 12, 6, 7, 9, | 8, 10, 11, 5, & 13, 3, 2, 16, |
ou qu'on les prenne de haut en bas, pour avoir 1, 12, 8, 13, |
15, 6, 10, 3, | 14, 7, 11, 2, | 4, 9, 5, 16, | ou enfin ſi on conſi-
dere les deux diagonales ou lignes tranſverſales, 1, 6, 11, 16, & 4, 7, 10, 13, &
a ſomme de chacune de ces lignes eſt 34.

	A			B
	1	15	14	4
	12	6	7	9
	8	10	11	5
	13	3	2	16
	C			D

La ſomme des nombres qui ſont en chaque ligne ne ſe peut pas prendre à
diſcretion; mais elle eſt neceſſaire à chaque figure: & voicy le moyen de ſçavoir quelle elle eſt.

La ſomme du plus grand & du moindre nombre de ceux qu'on veut employer dans les cellules du quarré magique eſtant multipliée par la moitié du
coſté du quarré, donne la ſomme de chaque ligne. Ainſi au quarré qui a 16
cellules, ſi le moindre nombre eſt 1, & le plus grand 16, & qu'on multiplie
leur ſomme 17 par 2, qui eſt la moitié de 4, coſté de 16, on aura 34 pour le
nombre requis.

Que ſi le quarré magique eſt impair, on multipliera la moitié de la ſomme
des deux nombres extrêmes par le coſté du quarré. Ainſi quand on aura rempli le quarré qui a 25 cellules, ſi le moindre des nombres eſt 1, & le plus
grand 25, chaque ligne contiendra 65; qui ſe trouve adjouſtant les termes
extrêmes 25 & 1; & prenant la moitié de 26, qui eſt leur ſomme, & on aura 13,
qui eſtant multiplié par 5, coſté du quarré 25, donnera 65.

Si les nombres dont on ſe ſert pour remplir les cellules ne commençoient
pas par l'unité, ou qu'ils euſſent autre difference entr'eux que l'unité, on ne
laiſſeroit pas de ſe ſervir des regles cy-deſſus pour trouver la ſomme des nombres de chaque ligne. Exemple: Que les nombres dont on veut remplir les
cellules du quarré de 4, qui eſt 16, ſoient 3, 5, 7, 9, 11, 13, 15, 17, 19, 21, 23, 25, 27,
29, 31, 33. J'aſſemble les extrêmes 3, & 33, pour avoir 36. qui multiplié par 2.

moitié de 4, cofté du quarré 16, donnera 72 pour la fomme des nombres de chaque ligne.

Si les extrêmes des nombres qu'on employe au quarré 16, eftoient 1, & 31, je prendrois de-même la fomme qui eft 32; qui eftant multipliée par le même 2, donneroit 64 pour la fomme des nombres de chaque ligne.

De même fi pour remplir les cellules du quarré 9, qui a 3 de cofté, on fe fervoit de 4, 7, 10, 13, 16, 19, 22, 25, 28, je prendrois la fomme des extrêmes 4 & 28, qui eft 32, (laquelle fomme eft toûjours un nombre pair, lors qu'il s'agit des quarrez impairs) la moitié de 32 eft 16, qui multiplié par le cofté 3, donne 48 pour la fomme des nombres qui font en chaque ligne.

Il faut maintenant voir la maniere dont on fe fert pour difpofer les nombres en telle forte que chaque ligne faffe une fomme égale.

Il y a entre autres deux methodes qui fervent à cet effet. L'une eft pour les feuls impairs, & l'autre peut fervir tant aux quarrez pairs qu'aux impairs.

On donnera icy premierement celle qui appartient aux feuls impairs, puis on parlera de la generale.

Aufquelles methodes on fuppofera toûjours pour plus grande facilité, que les nombres dont les cellules doivent eftre remplies commencent par l'unité, & qu'elles s'entrefuivent avec la difference de la même unité, comme font 1, 2, 3, 4, 5, 6, &c. Car en ce qui dépend de placer & ranger les nombres dans les cellules, il n'importe pas quel foit le moindre nombre, ni quelle difference ils ayent entre eux. Il fuffit qu'ils foient en progreffion arithmetique, & qu'ils fe furmontent l'un l'autre d'un excés toûjours egal, comme 2, 5, 8, 11, 14, 17, &c. ou 4, 9, 14, 19, 24, 29, &c.

Pour remplir les cellules d'un quarré impair, par exemple du quarré A B C D qui a 9 cellules, je décris un autre quarré *a b c d* qui a pareillement 9 cellules, comme on voit icy : & fur chacune des faces du quarré, j'étens une autre cellule vis-à-vis de la cellule qui eft au milieu de chaque cofté : lefquelles cellules font marquées *α β γ δ*.

Cela fait, j'écris les nombres de fuite, commençant par une des cellules qui font hors du quarré & par la plus éloignée du milieu.

On écrira donc 1, 2, 3, dans les cellules *α*, *b*, *β*, puis revenant à la cellule *a*, tirant vers *d*, on écrira 4, 5, 6, & enfin aux cellules *γ*, *c*, *δ*, on mettra 7, 8, 9.

Ces nombres eftant ainfi difpofez, je confidere ceux qui fe rencontrent dans le quarré *a*, *b*, *c*, *d*, qui font 4, 2, 5, 8, 6, lefquels je mets aux mefmes places dans le quarré A B C D, apprefté pour cét effet.

Il refte donc à remplir les autres places vuides du quarré, ce qui fe fera mettant le nombre qui eft en *δ*, en la cellule qui eft au deffous de *α*, fçavoir entre 4, & 2; & en échange, le nombre qui eft en *α*, en celle qui eft au deffus de *δ*, entre 8, & 6.

Et femblablement on mettra 7, qui eft en *γ*, vers *β*, entre 2, & 6, & 3, qui eft en *β* : on le mettra prés de *γ*, entre 4, & 8; comme on peut voir en la figure. On aura donc la figure complette A B C D qui a 15, pour la fomme des nombres de chacune de fes lignes, & diagonales.

Mais parce que le quarré de 3, pour eftre trop petit ne donnera pas peut-eftre une entiere connoiffance de la façon dont on fabrique ces quarrez impairs, on en

apportera

apportera un plus grand pour l'exemple, sçavoir celuy de 49, qui a 7 de
cofté.

A   B

4	12	20	28
	11	19	27
10	18	26	34
	17	25	33
16	24	32	40
	23	31	39
22	30	38	46

C   D

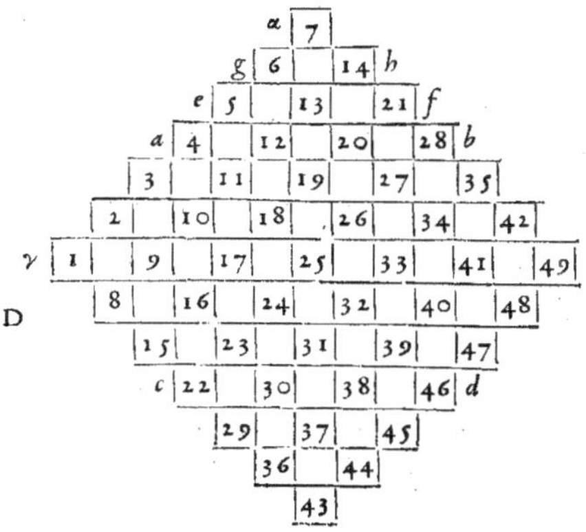

```
                 α  7
               g  6     14 h
             e  5    13    21 f
           a  4    12    20    28 b
             3    11    19    27    35
           2    10    18    26    34    42
       γ  1    9    17    25    33    41    49
             8    16    24    32    40    48
             15   23    31    39    47
           c 22    30    38    46 d
               29    37    45
                 36    44
                   43
```

4	29	12	37	20	45	28
35	11	36	19	44	27	3
10	42	18	43	26	2	34
41	17	49	25	1	33	9
16	48	24	7	32	8	40
47	23	6	31	14	39	15
22	5	30	13	38	21	46

Ayant fait le quarré *a b c d*, qui a fept cellules à chacun de fes coftez,
j'éleve fur le cofté *a b*, les cinq cellules *e f*, fçavoir deux moins que celles du
quarré ; puis fur ces cinq je mets les trois marquées *g h* ; puis fur ces trois j'en
pofe une marquée *α* : car leur nombre doit toûjours diminuer de deux.

Semblablement fur chacun des autres coftez, comme fur *a c*, fur *c d*, & fur
d b, je place cinq cellules, puis trois & une. J'écris aprés les nombres de fuite
dans ces cellules, commençant par laquelle on voudra des quatre, qui font
comme la pointe, & qui font les plus éloignées du quarré *a b c d*, comme
par *γ* ; & de là tournant vers quelque cofté qu'on voudra, ainfi qu'on voit en
cette figure, (car il n'importe point par où on commence) en laquelle les
nombres 1, 2, 3, 4, 5, 6, 7, vont de *γ* vers *α*. Puis on revient à la cellule exterieure voifine de *γ*, & tirant vers le mefme cofté, on écrit les nombres fuivants 8,
9, 10, 11, 12, 13, 14, & les autres nombres enfuite, comme la figure le pourra
mieux reprefenter que le difcours.

Les nombres eftant ainfi placez, je confidere ceux qui fe rencontrent dans
les cellules du quarré *a b c d*, & les écris en la mefme difpofition & fituation
dans les cellules du quarré A B C D, apprefté pour cet effet, ainfi qu'on peut
voir icy.

PPPpp

Cela fait, on remplira les places vuides avec les nombres des cellules qui font hors du quarré *a b c d*, en prenant tout ce qui eft dehors, fçavoir *e*, *g*, *a*, *h*, *f*, dans lefquelles cellules font les nombres 5, 13, 21, 6, 14, 7; & les plaçant, ainfi difpofez & tournez comme ils font, fur le cofté oppofé *c d*, fçavoir les trois cellules de la ligne *e f*, où font les nombres 5, 13, 21, fur les trois cellules vuides du cofté *c d*, marquées *l, m, n*.

```
                        α
                       [7]
                 g[6]    [14]h
              e[5]   [13]   [21]f
           a[4]   [12]   [20]   [28]b
            [3]   [11]   [19]   [27]   [35]
          [2]  [10]   [18]   [26]   [34]   [42]
     γ[1]  [9]   [17]   [25]   [33]   [41]   [49]β
        t[8]  [16]   [24]q[32]   [40]   [48]v
          r[15]  [23]o[31]p[39]   [47]ſ
            c[22]l[30]m[38]n[46]d
              [29]   [37]   [45]
                 [36]   [44]
                    [43]
                     δ
```

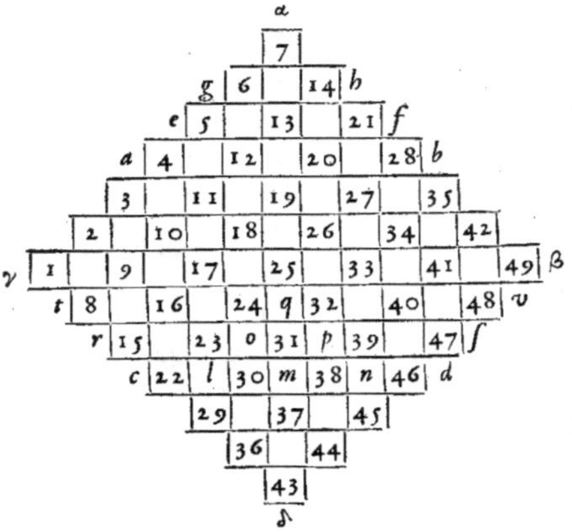

```
A                               B
  4     [12]   [20]   [28]
    [11]    [19]    [27]
 10     [18]   [26]   [34]
    [17]    [25]    [33]
 16     [24]   [32]   [40]
    [23]    [31]    [39]
 22     [30]   [38]   [46]
C                               D
```

Puis on mettra les deux cellules de *g*, *h*, où font 6, 14, fur les deux vuides de *r*, *ſ*, marquées *o*, *p*, &c.

```
A                             B
```

4	29	12	37	20	45	28
35	11	36	19	44	17	3
10	42	18	43	26	2	34
41	17	49	25	1	33	9
16	48	24	7	32	8	40
47	23	6	31	14	39	15
22	5	30	13	38	21	46

```
C                             D
```

Enfin on mettra 7, qui eft en la cellule *a*, en la cellule vuide, qui eft au milieu de *t v*, marquée *q*, & ainfi les fix nombres 5, 13, 21, 6, 14, 7, fe trouveront dans le quarré en la mefme difpofition, & tournez du mefme cofté, qu'ils eftoient hors du quarré. Les autres coftez fe rempliront de la mefme forte; car on mettra les fix nombres qui font hors du quarré aux cellules *b*, β, *d*, fur le cofté oppofé *a c*, & fur les deux coftez prochains, tirant vers β, en forte que 49, qui eft en β, foit plus prés du β que tous les autres, quand il fera placé.

De mefme les nombres de *d*, δ, *c*, feront placez du cofté de *a b*, tournans leur pointe en bas vers δ, comme ils font hors du quarré; & pareillement les nombres de *a*, γ, *c*, feront placez en la mefme façon fur *b*, β, *d*, & on aura le quarré magique parfait, ainfi qu'on peut voir icy.

On pourra ufer d'un autre moyen fi on a peur de fe méprendre, en voulant remplir les cellules vuides du quarré avec celles qui font hors du quarré, qui fera comme s'enfuit.

Depuis chaque cellule remplie qui eft hors du quarré, on comptera en tirant vers le quarré autant de cellules tant pleines que vuides, que le quarré a de cellules à chaque costé, sçavoit 7 au quarré que nous avons pris pour exemple : ainsi comptant sept cellules depuis *e* où 5 est écrit, sans l'y comprendre, on rencontrera la cellule marquée *l* : & comptant de mesme sept cellules depuis celle où est le nombre 13, on rencontrera *m*, & comptant depuis *f*, on trouvera *n*. Il faudra donc remplir les trois cellules *l, m, n*, des nombres 5, 13, 21. Par la mesme raison le nombre de la cellule *g* viendra en *o*, & celuy de *h*, en *p*, & enfin celuy de *a*, en *q*.

Les autres costez se feront de mesme, car depuis chacune des cellules remplies de la figure *b β d*, qui sont hors du quarré, comptant sept cellules vers le quarré, & le costé *a c*, opposé au costé *b d*, on trouvera une cellule vuide, qu'on remplira du nombre qui est dans la cellule depuis laquelle on a compté 7, & on fera le mesme des cellules qui sont aux deux autres costez du quarré.

Variation des quarrez impairs, & particulierement du quarré qui a 5 de costé.

L Es Tables des quarrez impairs se peuvent varier en diverses manieres selon qu'on disposera les rangs des nombres. Par exemple en la figure de 5, au lieu de ranger les nombres, ainsi qu'on peut voir en A, on les pourra aussi ranger comme on voit en B, & en C, & les autres, desquels on peut voir les quarrez achevez, qui sont placez à costé.

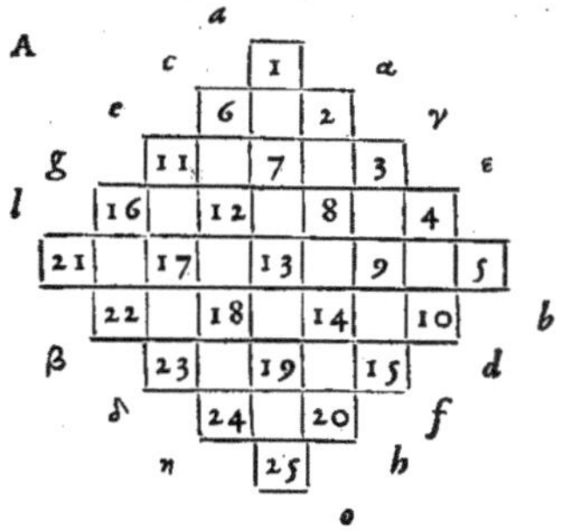

A

11	24	7	20	3
4	12	25	8	16
17	5	13	21	9
10	18	1	14	22
23	6	19	2	15

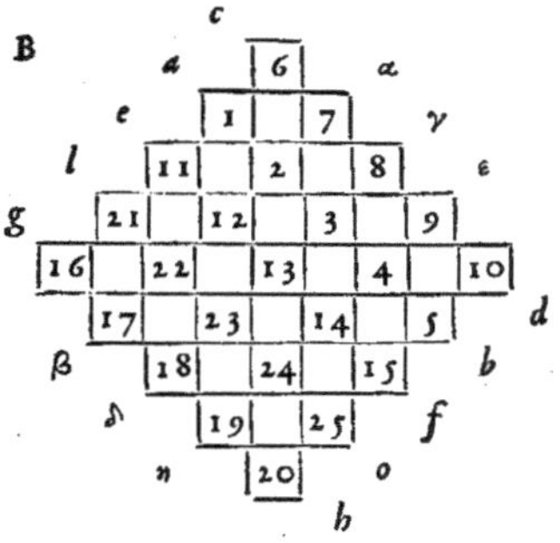

B

11	19	2	25	8
9	12	20	3	21
22	10	13	16	4
5	23	6	14	17
18	1	24	7	15

C

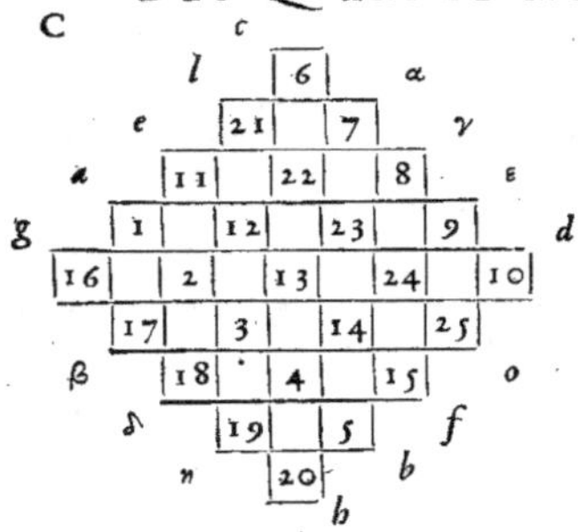

11	19	22	5	8
9	12	20	23	1
2	10	13	16	24
25	3	6	14	17
18	21	4	7	15

D

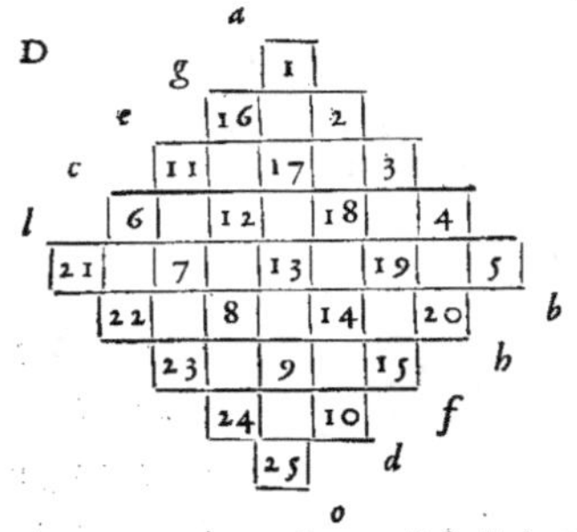

11	24	17	10	3
4	12	25	18	6
7	5	13	21	19
20	8	1	14	22
23	16	9	2	15

Le changement de ces figures est facile à comprendre par l'inspection de celles qui sont icy representées, ausquelles on voit qu'on peut transporter les lignes des nombres ainsi qu'on veut, pourvû qu'on change en mesme sorte la ligne correspondante ou relative. Or les lignes relatives sont celles qui sont également éloignées de celles du milieu; ainsi la relative de *a b*, en la figure A, est *l o*, & celle de *c d*, est *g h* : de mesme celle de *a l*, est *b o*, & celle de *α β*, est *ε η*.

Par exemple, la ligne correspondante de *a b*, est *l o* : & la correspondante de *c d*, est *g h*. Mais *e f* n'a point de correspondante, & ainsi elle ne peut estre ostée de sa place.

On voit en la figure B, que la ligne *c d* tient le premier lieu, & par consequent sa relative *g h* sera au dernier lieu; & *a b* estant au second lieu, sa relative *l o* sera au quatriéme.

En C, on a transposé la derniere ligne de A, sçavoir *l o*, & on l'a mise au second lieu, & sa relative *a b* au quatriéme lieu; le reste demeurant comme en B.

En D on a placé *g h* au second lieu, & sa relative *c d* au quatriéme, le reste demeurant comme en A.

On pourra ensuite transporter les lignes *α ε*, *ε η*, *a l*, *b o*; & ainsi on auroit les figures suivantes par la transposition des lignes de la figure A; ausquelles transpositions on voit comme cy-devant, que la ligne *γ δ*, qui est au milieu, ne se change point, parce qu'elle n'a point de relative.

2

12 25 6 19 3
5 11 24 8 17
16 4 13 22 10
9 18 2 15 21
23 7 20 1 14

12 21 10 19 3
5 15 24 8 17
20 4 13 22 6
9 18 2 11 25
23 7 16 5 14

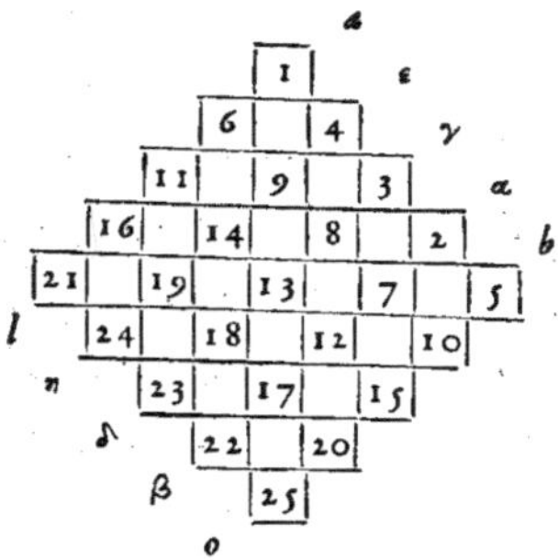

11 22 9 20 3
2 14 25 8 16
19 5 13 21 7
10 18 1 12 24
23 6 17 4 15

S'enſuivent les tranſpoſitions des lignes ε g, α β, &c. de la figure B. page 427.

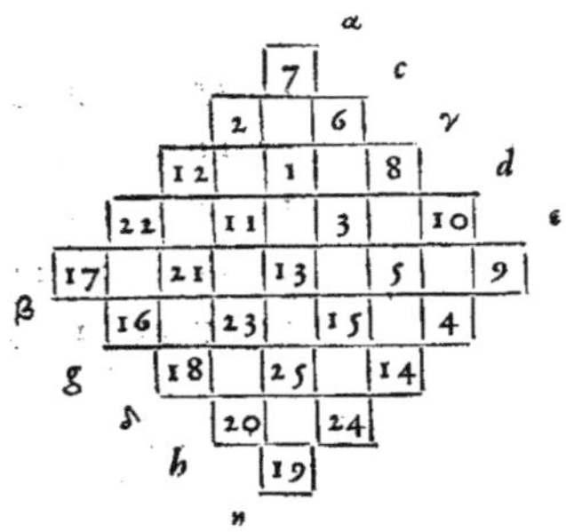

Diagramme 1 (α, c, γ, d, ε, β, g, δ, h, n) :

		7		
	2		6	
12		1		8
22	11		3	10
17	21	13	5	9
16	23	15	4	
18		25		14
	20		24	
		19		

12	20	1	24	8
10	11	19	3	22
21	9	13	17	5
4	23	7	15	16
18	2	25	6	14

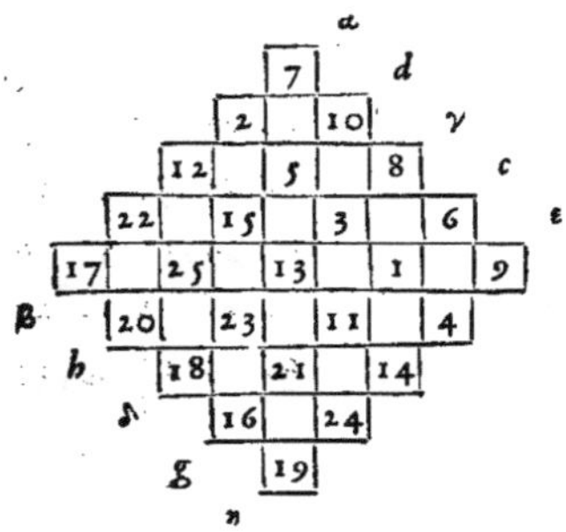

Diagramme 2 (α, d, γ, c, ε, β, h, δ, g, n) :

		7		
	2		10	
12		5		8
22	15		3	6
17	25	13	1	9
20	23		11	4
18		21		14
	16		24	
		19		

12	16	5	24	8
6	15	19	3	22
25	9	13	17	1
4	23	7	11	20
18	2	21	10	14

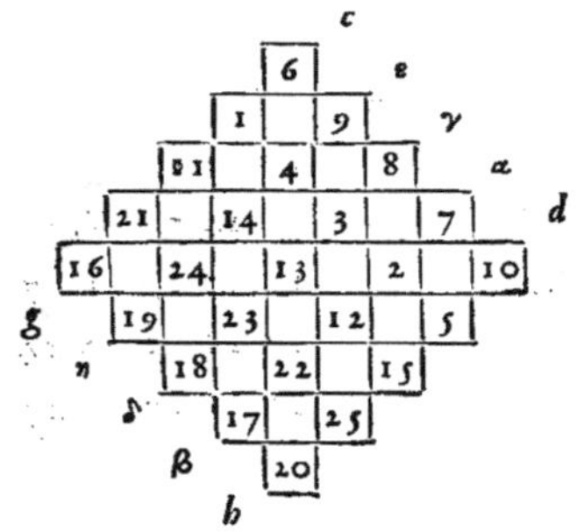

Diagramme 3 (c, ε, γ, a, d, g, n, δ, β, b) :

		6		
	1		9	
11		4		8
21	14		3	7
16	24	13	2	10
19	23		12	5
18		22		15
	17		25	
		20		

11	17	4	25	8
7	14	20	3	21
24	10	13	16	2
5	23	6	12	19
18	1	22	9	15

Voicy ensuite les transpositions de la figure C, page 428.

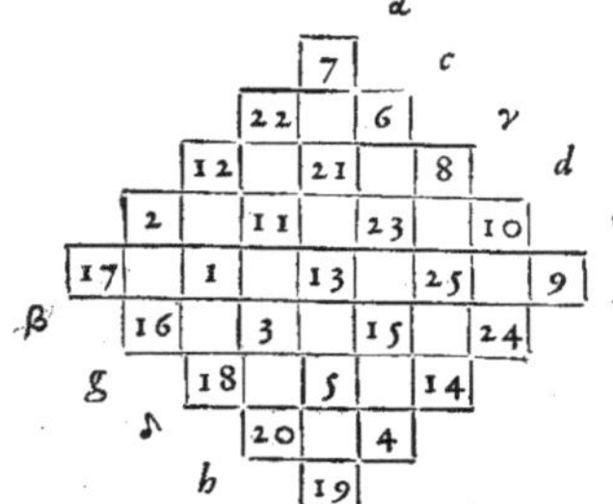

12	20	21	4	8
10	11	19	23	2
1	9	13	17	25
24	3	7	15	16
18	22	5	6	14

12	16	25	4	8
6	15	19	23	2
5	9	13	17	21
24	3	7	11	20
18	22	1	10	14

11	17	24	5	8
7	14	20	23	1
4	10	13	16	22
25	3	6	12	19
18	21	2	9	15

QQQqq ij

Enfin voicy les changemens de la figure D, page 428.

12	25	16	9	3
5	11	24	18	7
6	4	13	22	20
19	8	2	15	21
23	17	10	1	14

12	21	20	9	3
1	15	24	18	7
10	4	13	22	16
19	8	2	11	25
23	17	6	5	14

11	22	19	10	3
2	14	25	18	6
9	5	13	21	17
20	8	1	12	24
23	16	7	4	15

On

On peut encore varier ces tables d'une autre maniere, par exemple la premiere table de 5, qui est

		b	*c*	*d*		
a					*e*	
	11	24	7	20	3	
α	4	12	25	8	16	*β*
γ	17	5	13	21	9	*δ*
ε	10	18	1	14	22	*η*
	23	6	19	2	15	
f		*g*	*h*	*l*	*p*	

A

		b	*c*	*d*		
	11	20	7	24	3	
α	4	8	25	12	16	*β*
	17	21	13	5	9	
ε	10	14	1	18	22	*η*
	23	2	19	6	15	

B

	11	24	7	20	3
	10	18	1	14	22
C	17	5	13	21	9
	4	12	25	8	16
	23	6	19	2	15

	11	20	7	24	3
	10	14	1	18	22
D	17	21	13	5	9
	4	8	25	12	16
	23	2	19	6	15

Considerant que les nombres des diagonales également distans du milieu 13, & pris deux à deux, font toûjours un mesme nombre, sçavoir le double de 13 : car de là s'ensuit que mettant la ligne *b g*, à la place de *d l*, on aura la table suivante qui est encore selon les regles, veu que la ligne *b g* estant égale à *d l*, la transposition ne leur apporte aucun changement, non plus qu'aux lignes, *a e*, *α β*, *γ δ*, &c. desquelles on n'oste aucun nombre. Voyez la figure B.

Toute la difficulté se pourroit rencontrer aux diagonales, mais les nombres également distans du milieu 13, faisant tous une mesme somme (ce qui arrive en toutes les tables faites comme il a esté montré cy-devant) on n'oste rien à l'une des diagonales, qu'on n'en remette autant en nombres equivalants ; ainsi en la diagonale *e f*, de la table A, au lieu de 8, 18, qui font 26, on remettra 12, 14, qui font pareillement 26.

On pourra encore changer la figure A, en transposant la ligne *α β*, & la mettant en la place de *ε η*, comme on voit cy-dessus en la figure C.

Aprés on changera tout ensemble les lignes *b g*, & *α β*, de la figure A, mettant *b g* à la place de *d l*, & *α β*, à la place de *ε η* : ou ce qui est la mesme chose, mettant seulement *α β*, de la figure B, en la place de *ε η*, on aura la figure D.

On changera encore d'une autre sorte la figure A, en mettant *e p*, à la place de *d l*, & *a f*, à la place de *b f*.

Comme aussi on pourra mettre *a e*, à la place de *α β*, & *f p*, à la place de *ε η*.

Enfin on fera tous ces changemens ensemble, ce qui donnera les trois figures suivantes ; en la premiere desquelles est le premier changement ; en la seconde le second ; & en la troisiéme les deux ensemble.

RRRrr

Premiere.					*Seconde.*					*Troisiéme.*				
24	11	7	3	20	4	12	25	8	16	12	4	25	16	8
12	4	25	16	8	11	24	7	20	3	24	11	7	3	20
5	17	13	9	21	17	5	13	21	9	5	17	13	9	21
18	10	1	22	14	23	6	19	2	15	6	23	19	15	2
6	23	19	15	2	10	18	1	14	22	18	10	1	22	14

Si on donne à la figure B, les trois changemens, on aura aussi pareillement trois autres figures, qui sont les suivantes.

20	11	7	3	24	4	8	25	12	16	8	4	25	16	12
8	4	25	16	12	11	20	7	24	3	20	11	7	3	24
21	17	13	9	5	17	21	13	5	9	21	17	13	9	5
14	10	1	22	18	23	2	19	6	15	2	23	19	15	6
2	23	19	15	6	10	14	1	18	22	14	10	1	22	18

Pareils changements estant observez en C, donneront

24	11	7	3	20	10	18	1	14	22	18	10	1	22	14
18	10	1	22	14	11	24	7	20	3	24	11	7	3	20
5	17	13	9	21	17	5	13	21	9	5	17	13	9	21
12	4	25	16	8	23	6	19	2	15	6	23	19	15	2
6	23	19	15	2	4	12	25	8	16	12	4	25	16	8

De la figure D, on aura aussi les deux suivantes.

20	11	7	3	24	10	14	1	18	22
14	10	1	22	18	11	20	7	24	3
21	17	13	9	5	17	21	13	5	9
8	4	25	16	12	23	2	19	6	15
2	23	19	15	6	4	8	25	12	16

La troisieme est semblable à une figure qui est cy-devant au milieu de la page 431, & dont la premiere ligne est 12, 16, 25, 4, 8.

On aura donc par ce moyen quatorze transpositions de la figure marquée A, en la page 427, qui avec la figure A, font quinze figures, & parce qu'ensuite de la figure A, il y a encore 15 autres figures, qui se font par le

rombe ou chaffis; comme on peut voir aux pages 427, 428, 429, 430, 431
432, fi chacune d'elles donne autant de figures differentes, on auroit en tout
240. figures: mais il faut prendre garde s'il n'y aura point de figures femblables parmi ce nombre.

Voicy des exemples de la figure B, de la page 427, que nous avons remife
icy, afin de la comparer avec celles qui en proviennent.

11	19	2	25	8	
9	12	20	3	21	
22	10	13	16	4	B
5	23	6	14	17	
18	1	24	7	15	

11	25	2	19	8
9	3	20	12	21
22	16	13	10	4
5	14	6	23	17
18	7	24	1	15

11	19	2	25	8
5	23	6	14	17
22	10	13	16	4
9	12	20	3	21
18	1	24	7	15

11	25	2	19	8
5	14	6	23	17
22	16	13	10	4
9	3	20	12	21
18	7	24	1	15

Ce font là les premiers changemens, chacun defquels fouffre encore d'autres tranfpofitions, ainfi que l'on a peû remarquer en la figure A, & qui donnent les figures fuivantes.

9	12	20	3	21
11	19	2	25	8
22	10	13	16	4
18	1	24	7	15
5	23	6	14	17

19	11	2	8	25
12	9	20	21	3
10	22	13	4	16
23	5	6	17	14
1	18	24	15	7

1	18	24	15	7
12	9	20	21	3
10	22	13	4	16
23	5	6	17	14
19	11	2	8	25

9	3	20	12	21
11	25	2	19	8
22	16	13	10	4
18	7	24	1	15
5	14	6	23	17

25	11	2	8	19
3	9	20	21	12
16	22	13	4	10
14	5	6	17	23
7	18	24	15	1

3	9	20	21	12
25	11	2	8	19
16	22	13	4	10
7	18	24	15	1
14	5	6	17	23

5	23	6	14	17
11	19	2	25	8
22	10	13	16	4
18	1	24	7	15
2	12	20	3	21

23	5	6	17	14
19	11	2	8	25
10	22	13	4	16
1	18	24	15	7
12	9	20	21	3

5	14	6	23	17
11	25	2	19	8
22	16	13	10	4
18	7	24	1	15
9	3	20	12	21

25	11	2	8	19
14	5	6	17	23
16	22	13	4	10
3	9	20	21	12
7	18	24	15	1

Les deux places vuides montrent que les figures qui y devroient estre sont semblables à quelques-unes des tables précedentes, & elles ont esté obmises pour éviter la repetition.

On peut donc voir, que la table B, se varie en 14 façons elle comprise; mais la précedente table A, se varie en 15 sortes, d'où s'ensuit qu'on n'aura pas 240. variations en tout, car il faudroit que chacune des tables eust autant de variations que la premiere, ce qui n'est pas à cause que les mesmes reviennent.

On pourra faire les variations des autres tables ainsi qu'on a fait aux deux premiers A, & B, de la page 427.

Il se trouve encore d'autres variations, qui ne sont pas si faciles que les precedentes; sçavoir celles ausquelles le nombre 13, qui tient le milieu à toutes les tables précedentes se trouve changé, & hors de cette place.

Mais toutes les tables précedentes ne peuvent pas souffrir cette variation, car entre les premieres qui se font par les rombes ou chassis, il n'y a que la premiere marquée A, & la premiere de la page 431, & cette façon de changement, sçavoir de la figure A, ne fait pas que toutes sortes de nombres puissent occuper le milieu; mais on n'y pourra placer par cette voye que 7, 9, 17, 19.

Les autres figures qui sont ensuitte des premieres, donnent bien aussi quelques variations, qui neantmoins se peuvent faire sans elles en consequence des changements des deux premieres marquées A, A.

Voicy donc de qu'elle façon on changera la figure A.

<pre>
                a   c   e

                   11 24   7 20   3

                    4 12 25   8 16

         A   γ 17   5 13 21   9 δ

                   10 18   1 14 22

                   23   6 19   2 15
                f   h   p
</pre>

Cette

Cette figure se changera en quatre façons.

La premiere, mettant la ligne *a e*, à la place de *γ δ*.

La seconde, mettant la ligne *e p*, à la place de *c h*.

La troisiéme, mettant la ligne *f p*, au lieu de *γ δ*.

Et la quatriéme, mettant la ligne *a f*, au lieu de *c h*. Et on aura les quatre figures suivantes, la premiere desquelles a 7 au milieu, au lieu de 13, la seconde a 9 au milieu, la troisiéme a 19, & la quatriéme 17.

```
17   5  13  21   9        11  24   3  20   7        11  24   7  20   3
 4  12  25   8  16         4  12  16   8  25         4  12  25   8  16
11  24   7  20   3        17   5   9  21  13        23   6  19   2  15
10  18   1  14  22        10  18  22  14   1        10  18   1  14  22
23   6  19   2  15        23   6  15   2  19        17   5  13  21   9
```

H marque la premiere figure à gauche.

On fera les mesmes changemens à cette autre figure marquée L, qui suit, comme on le peut voir : mais il faut montrer que ce changement-cy ne peut apporter aucune inegalité aux lignes, & parconséquent que les figures mêlées demeureront bonnes.

Parce qu'on transporte la ligne toute entiere de sa place, il ne peut pas arriver d'inégalité aux lignes ; & toute l'inegalité qui pourroit survenir par ce changement, seroit aux diagonales. Mais le tout est

```
 7  24  11  20   3
25  12   4   8  16
13   5  17  21   9
 1  18  10  14  22
19   6  23   2  15
```

bien récompensé ; car au premier changement on met 7 à la place de 13, d'où il arriveroit que chacune des diagonales auroit faute de 6, mais ce 6 est mis en chacune d'elles en changeant les lignes, car mettant la ligne *γ δ*, de la table A, à la place de *a e*, 17 occupera la place de 11, d'où vient que la diagonale *a p*, est augmentée de 6, ce qui récompense la diminution précedente de 7, au lieu de 13.

Pareillement 9 viendra à la place de 3, ce qui corrigera le défaut de la diagonale *e f*.

On verifiera de la mesme sorte, que les autres changemens n'ostent point les égalitez qui sont requises aux tables.

La figure L, sera variée en la mesme maniere ; mais il faudra prendre une des lignes du milieu, au lieu qu'on changeoit les extrémes à la table précedente, comme on peut voir icy,

```
        a    c    ε
      12   16   25    4    8
 a     6   15   19   23    2   e
 γ     5    9   13   17   21   δ    L
 f    24    3    7   11   20   p
      18   22    1   10   14
        β    h    η
```

où on changera α β, en c h, pour avoir la premiere figure ε η, en c h pour
la feconde, a e en γ δ, pour la troifiéme, & enfin f p, en γ δ, pour la derniere, & on aura les figures fuivantes.

12	25	16	4	8		12	16	4	25	8		12	16	25	4	8
6	19	15	23	2		6	15	23	19	2		5	9	13	17	21
5	13	9	17	21		5	9	17	13	21		6	15	19	23	2
24	7	3	11	20		24	3	11	7	20		24	3	7	11	20
18	1	22	10	14		18	22	10	1	14		18	22	1	10	14

12	16	25	4	8
6	15	19	23	2
24	3	7	11	20
5	9	13	17	21
18	22	1	10	14

Chacune de ces figures, & des quatre autres precedentes qui font en l'autre page, fouffrent encore plufieurs fortes de changemens, dont on donnera
icy quelques exemples.
Premierement on leur peut attribuer les mefmes changemens qu'à la figure dont elles proviennent : ainfi la premiere figure de celles qui viénnent de
A, fçavoir celle qui eft icy marquée H, fouffre les mefmes variations que A,
car on pourra tranfpofer a f, & e p, en c h, & pareillement a e, & f p, en

<pre>
            a   c   e
                17   5   13   21   9
                 4   12   25   8   16
        H   γ   11   24   7   20   3   δ
            ε   10   18   1   14   22   η
                23   6   19   2   15
                f   h   p
</pre>

γ δ, mais entre ces tables il y en auroit une femblable à la table A : on
mettra feulement icy celles qui ont un nouveau nombre au milieu ; car il

n'y a aucun nombre impair, qui ne puisse tenir le milieu de la figure, comme l'on voit par les suivantes.

13	5	17	21	9		17	5	9	21	13
25	12	4	8	16		4	12	16	8	25
7	24	11	20	3		11	24	3	20	7
1	18	10	14	22		10	18	22	14	1
19	6	23	2	15		23	6	15	2	19

De ces deux on pourra aussi faire les suivantes.

13	5	17	21	9		17	5	9	21	13
25	12	4	8	16		4	12	16	8	25
19	6	23	2	15		23	6	15	2	19
1	18	10	14	22		10	18	22	14	1
7	24	11	20	3		11	24	3	20	7

Il y a encore une autre transposition de la figure H cy-devant, sçavoir en mettant ε η, à la place de γ δ, comme on voit icy.

17	5	13	21	9
4	12	25	8	16
10	18	1	14	22
11	24	7	20	3
23	6	19	2	15

Et changeant en cette mesme sorte les trois autres figures de la page 437. on aura les suivantes.

11	3	24	20	7		11	24	7	20	3		7	24	20	11	3
4	16	12	8	25		23	6	19	2	15		25	12	8	4	16
17	9	5	21	13		4	12	25	8	16		13	5	21	17	9
10	22	18	14	1		10	18	1	14	22		1	18	14	10	22
23	15	6	2	19		17	5	13	21	9		19	6	2	23	15

On a donc icy des exemples de tous les nombres impairs qui tiennent le milieu des figures; pour ce qui est des nombres pairs, il y auroit plus de difficulté à leur faire tenir le milieu de la figure, & peut-estre il est impossible.

Ces figures se varient encore d'une autre sorte, dont il a esté fait mention cy-devant : par exemple, la figure H se variera, mettant *a b*, en la pla-

	a					*b*	
	17	5	13	21	9		
	4	12	25	8	16		
	11	24	7	20	3		H
f	10	18	1	14	22	*g*	
	23	6	19	2	15		
	c					*d*	

ce de *c d*, comme aussi *a c*, en la place de *b d* : & enfin, assemblant ces deux variations ; sçavoir, transposant tout ensemble *a b*, en *c d*, & *a c*, en *b d*, on aura les trois tables suivantes.

F	9	5	13	21	17		23	6	19	2	15		15	6	19	2	23
	16	12	25	8	4		4	12	25	8	16		16	12	25	8	4
	3	24	7	20	11		11	24	7	20	3		3	24	7	20	11
	22	18	1	14	10		10	18	1	14	22		22	18	1	14	10
	15	6	19	2	23		17	5	13	21	9		9	5	13	21	17

Les autres tables peuvent souffrir les mesmes variations, qui seroient trop longues à déduire, & cela fera une fort grande quantité de tables differentes : & celles-cy suffiront pour faire voir de quelle façon elles se pourront trouver.

On pourra encore faire d'autres sortes de transpositions ; par exemple, de la figure F, mettant la ligne 9, 5, 13, 21, 17, à la place de 16, 12, 25, 8, 4, parce que 17, & 8, qui sont dans la diagonale, sont égaux à 21, & 4. Et pareillement de l'autre costé 16, & 5, sont égaux à 9 & 12, & pareillement on pourra mettre la ligne 3, 24, 7, 20, 11, à la place de 22, 18, 1, 14, 10, parce que 14, & 7, en la diagonale sont égaux à 20, & 1 ; & pareillement 7, & 18, sont égaux à 24, & 1.

Comme aussi en la figure H, on pourroit transporter la ligne 17, 5, 13, 21, 9, à la place de 10, 18, 1, 14, 22, parce que les nombres de la diagonale 9, & 18, sont égaux à 5, 22, & les deux 17, 14, à 21, & 10. On peut voir ces deux tables transposées à la page suivante, & cette transposition se peut faire toutesfois & quantes qu'on peut choisir un quarré dans la figure qui ait deux de ses angles dans la diagonale de la figure, & auquel les nombres des angles opposez soient égaux à ceux des deux autres angles , & que la mesme chose arrive au quarré pris dans les mesmes lignes qui bornent le quarré dans l'autre costé de la figure.

Ainsi

Ainſi en la figure H je choiſis un quarré dont les angles ſont 5, 9, 22, 18, dont deux, ſçavoir 18 & 9, ſont dans la diagonale, & les angles oppoſez, comme 18 & 9, ſont enſemble égaux aux deux autres 22 & 5 ; & ſi on prend le quarré qui eſt de l'autre coſté de la figure entre les meſmes lignes *a b*, & *f g*, dont les angles ſont 17, 21, 14, 10, on trouvera de meſme que les angles oppoſez 17, 14, ſont égaux aux deux autres 10, 21.

16	12	25	8	4		9	5	13	21	17		10	18	1	14	22
9	5	13	21	17		16	12	25	8	4		4	12	25	8	16
3	24	7	20	11		22	18	1	14	10		11	24	7	20	3
22	18	1	14	10		3	24	7	20	11		17	5	13	21	9
15	6	19	2	23		15	6	19	2	23		23	6	19	2	15

Les tables, dont le coſté eſt pair, ſe trouveront d'une autre façon, laquelle eſt auſſi commune avec les impairs ; mais premierement nous donnerons celle de 16, qui a 4 de coſté.

Il faut diſpoſer les 16 nombres ſelon leur ordre naturel, comme on voit icy.

1	2	3	4
5	6	7	8
9	10	11	12
13	14	15	16

Puis on marque les diagonales avec des points, afin de remarquer les nombres qui s'y trouvent, car les meſmes ſeront auſſi dans les diagonales de la table, en meſme ſituation qu'ils ſont icy. Je mets donc à part les nombres qui compoſent les diagonales en la meſme diſpoſition, comme il eſt icy marqué.

1			4
	6	7	
	10	11	
13			16

Et pour achever la table on met les nombres qui ſont hors des diagonales, vers leurs oppofez en croix; fçavoir 14 à la place de 3, 15 à la place de 2, 12 à la place de 5, & 8 à la place 9, & on aura la figure fuivante.

1	15	14	4
12	6	7	9
8	10	11	5
13	3	2	16

METODE GENERALE
pour faire les Tables Magiques.

PAR la methode fuivante on pourra faire toutes fortes de tables tant paires qu'impaires, mais il faut remarquer une proprieté particuliere des tables faites par cette methode, qui eft que fi on ofte l'enceinte de quelqu'une de ces tables, celle qui reftera ne laiffera pas d'avoir encore toutes fes lignes égales; & fi de ce refte on ofte encore une enceinte, le refte aura encore fes lignes égales, & ainfi jufqu'à ce que la derniere table qui refte n'ait plus que 4 de cofté, fi elle eft paire, & 3 de cofté fi elle eft impaire : car il n'y a point de table de 4 de cofté, dont oftant une enceinte, le refte ait fes lignes égales.

Exemple. Que la table ait 12 de chaque cofté, fi on ofte la premiere enceinte, il reftera une table qui aura 10 à chacun de fes coftez, & qui aura encore fes lignes égales. Et oftant une enceinte de cette table de 10, on aura une table de 8 qui aura encore toutes fes lignes égales.

Et fi de cette table de 8 on ofte encore une enceinte, il reftera une table de 6.

Enfin fi on ofte une enceinte de cette table de 6, il reftera une table de 4, qui aura encore les conditions requifes.

Et ainfi ayant une table de 12, on en aura auffi une de 10, une de 8, une de 6, & de 4.

On trouve enfuite des moyens pour faire qu'il n'y ait qu'une feule table qui foit bonne, & qu'oftant les enceintes, celle qui refte ne foit plus felon les regles; ou fi l'on veut, telle table qu'on voudra fera bonne, & les autres ne vaudront rien. Ainfi ayant une table de 12, on pourra faire qu'oftant quelques enceintes qu'on voudra, le refte ne foit pas bon; ou bien que les tables de 8 & de 4 qui y font contenuës, feront bonnes, & les autres non; & cela fe peut faire en toutes les manieres qu'on voudra.

Mais parce que les exemples apprendront mieux la maniere de faire ces tables, que tous les preceptes qu'on en pourroit donner, il fera plus à propos de faire connoiftre ceux-cy par le moyen de ceux-là.

Exemple premier d'une table de 6.

IL faut en premier lieu difpofer les nombres dont on doit remplir les 36 cellules de la table, felon leur ordre naturel, & en faire deux lignes, qui feront l'une deffus l'autre, en telle forte que les nombres des deux lignes qui font l'un fur l'autre faffent 37, fçavoir 1, plus que le plus grand nombre, qui eſt 36, comme on les voit icy ; & les nombres de ces deux lignes ſe nommeront relatifs : ainſi 35 eſt relatif de 2, 34 de 3, & ainſi des autres : de meſme 6 ſera relatif de 31, 7 de 30, &c.

1	2	3	4	5	6	7	8	9	10	11	12	13	14	15	16	17	18
36	35	34	33	32	31	30	29	28	27	26	25	24	23	22	21	20	19

Et cela ſe doit obſerver en toutes tables, afin de pouvoir avec plus de facilité choiſir les nombres dont on a beſoin.

Aprés on prendra ſeize nombres, ſçavoir huit de la premiere ligne, & les huit correſpondans ou relatifs dans la ſeconde. Il ſera bon que les huit nombres ſoient de ſuitte, ou qu'ils ayent entre eux une difference égale, quoyqu'il ſuffiſe que quatre de ces nombres ayent une meſme difference, & les quatre autres auſſi, & enſuite on prendra leur relatifs ; car en cette façon de conſtruire les tables, il faut eſtre ſoigneux de ne prendre jamais un nombre, qu'on ne ſe ſerve auſſi de ſon relatif, autrement on ne pourroit pas faire une table par cette methode.

Je prens donc les huit premiers nombres 1, 2, 3, 4, 5, 6, 7, 8, & leurs relatifs 29, 30, 31, 32, 33, 34, 35, 36, qui ſont ſeize nombres, dont je fais une table de 4, ainſi qu'il a eſté enſeigné à la page 441 du Traité precedent ; ſçavoir écrivant les ſeize nombres, comme on voit icy.

$$
\begin{array}{cccc}
1 & 2 & 3 & 4 \\
5 & 6 & 7 & 8 \\
29 & 30 & 31 & 32 \\
33 & 34 & 35 & 36
\end{array}
$$

Puis retenant les diagonales, comme l'on voit dans la figure ſuivante,

$$
\begin{array}{cccc}
1 & & & 4 \\
& 6 & 7 & \\
& 30 & 31 & \\
33 & & & 36
\end{array}
$$

Et enfin rempliſſant les eſpaces vuides, en y mettant les nombres oppoſez en croix ; ſçavoir 35 à la place de 2, & 2 à la place de 35, puis 34 à la place de 3, & ainſi des autres, on aura la figure diſpoſée comme il ſuit.

$$
\begin{array}{cccc}
1 & 35 & 34 & 4 \\
32 & 6 & 7 & 29 \\
8 & 30 & 31 & 5 \\
33 & 3 & 2 & 36
\end{array}
$$

TTTtt ij

Ces nombres étant employez, je les marque par quelque figne, comme on peut voir en la page 443, où tous les trente-fix nombres font de fuite en deux lignes, afin qu'on puiffe connoiftre ceux qui ont déja fervi à faire la table interieure, & qu'on ne prenne point deux fois un mefme nombre.

Cela fait, je choifis deux nombres de ceux qui reftent, pour mettre prés des angles de la figure de quatre, fçavoir en continuation de fa diagonale, qui ferviront d'angles à l'autre enceinte exterieure.

On prendra par exemple 9 & 10 pour les deux angles, ou extrémitez d'une qui mefme ligne.

Ayant mis les nombres 9 & 10 aux angles prochains, & non pas oppofez, je mets leurs complémens aux angles oppofez, comme on voit icy, fçavoir 28 à l'oppofite de 9, & 27 à l'oppofite de 10.

9				10		9	25	26	23	18	10

9					10	9	25	26	23	18	10
1	35	34	4			16	1	35	34	4	21
32	6	7	29			20	32	6	7	29	17
8	30	31	5			24	8	30	31	5	13
33	3	2	36			15	33	3	2	36	22
27				28		27	12	11	14	19	28

Cela fait, je confidere ce qu'il faut dans deux lignes prochaines de la derniere enceinte pour les achever; car lors qu'on a deux lignes prochaines, les complémens des nombres donnent les oppofez. Je trouve que dans la ligne 9, 10, il faut 92 pour parfaire la ligne; car chaque ligne doit eftre de 111 ; ce qui fe trouve multipliant la fomme des deux nombres extrémes de la figure, qui font 1, & 36, dont la fomme eft 37, par la moitié des nombres qui font en chaque ligne, fçavoir par 3.

Et de ce produit 111, oftant 19, qui eft la fomme de 9 & 10, il reftera 92 pour la fomme des quatre nombres qui doivent eftre mis entre 9 & 10.

De mefme, fi de 111 j'ofte 38, qui eft la fomme de 28 & 10, qui font aux angles qui bornent la ligne 10, 28, il reftera 73 pour les quatre nombres qui manquent à ligne 10, 28.

Il faut donc chercher dans les nombres qui reftent, quatre nombres, dont la fomme foit 92, & quatre autres dont la fomme foit 73, à telle condition toutefois, qu'aprés avoir pris un nombre, on ne fe ferve plus de fon complément dans ces deux premieres lignes, parce que ce complément doit eftre mis dans la ligne oppofée; ce qui doit toujours eftre exactement obfervé.

Pour venir plus facilement à bout de cela, l'on écrira les nombres qui reftent de fuite, & leurs complémens au deffous, comme il fuit.

11	12	13	14	15	16	17	18
26	25	24	23	22	21	20	19

Cela fait, je cherche quatre nombres dans ces deux lignes qui faffent 92 : je trouve 26, 25, 23, 18 : je les marque au deffous avec de petites lignes, afin de ne les plus reprendre, ny leur complémens auffi. Aprés, je choifis quatre nombres dans les huit qui reftent, qui faffent 73 ; mais en choififfant

les

les deux premiers, il faut faire en forte qu'il ne refte pas 37 pour les deux
autres, ainfi les deux nombres ne pourront pas eftre 16, & 20, qui font 36,
parce qu'il refteroit 37 pour les deux autres nombres, ce qui ne fe peut faire
que par deux relatifs, comme par 15, 22, & 13, 24, ce qui eft contre les regles ; c'eft pourquoy il faudra prendre deux nombres qui faffent plus ou moins
de 36, comme 21, & 17, qui font 38, & refte 35. Pour achever 73, on fera 35
avec 13, & 22 : on aura donc les quatre nombres 21, 17, 13, 22, qu'on mettra entre 10, & 28, & il n'importe pas en quel ordre, pourveu que vis-à-vis
d'eux en la mefme ligne de la colomne oppofée ; fçavoir entre 9, & 27, on
mette leurs complémens felon le mefme ordre, comme on voit en la figure
qui eft achevée en la page precedente.

De mefme, je mets entre 9 & 10 les quatre nombres qui ont efté premierement trouvez, fçavoir 26, 25, 23, 18 ; & vis-à-vis en la ligne oppofée, & entre
27, 28, je mets leurs complémens 11, 12, 14, 19. Et ainfi on aura la figure
parfaite.

Second exemple de la table de 6.

IL y a une chofe à obferver quand les nombres de la table interieure de
quatre font tout de fuite, & que les vingt de l'enceinte exterieure font les
dix premiers, & leurs complémens ; fçavoir,

1	2	3	4	5	6	7	8	9	10
36	35	34	33	32	31	30	29	28	27

En ce cas il ne faudra pas prendre pour les angles prochains, deux nombres
qui foient en quotité pairs ou impairs, fçavoir en cet éxemple deux pairs ou
deux impairs, comme 2, 4, ou 3, 5, ou 5, 9, & autres femblables, autrement on ne pourroit pas achever la table, parce qu'il arrive toûjours en faifant la feconde ligne, que la fomme des nombres eft paire quand elle doit
eftre impaire ; & au contraire, la raifon eft qu'en la feconde ligne il faut toûjours prendre deux des grands nombres, & deux des moindres, à caufe qu'ils
font beaucoup differens l'un de l'autre.

Voicy une table qui a ces nombres à fon enceinte exterieure.

1	8	31	32	35	4
27	11	25	24	14	10
34	22	16	17	19	3
9	18	20	21	15	28
7	23	13	12	26	30
33	29	6	5	2	36

$$1] \quad 2 \quad 3 \quad 5 \quad 6 \quad 7 \quad 8 \quad 9 \quad 10 \;[4 \;\left|\begin{matrix}106\\71\end{matrix}\right.$$
$$35 \quad 34 \quad 32 \quad 31 \quad 30 \quad 29 \quad 28 \quad 27$$

Il arrive affez fouvent en ces petites figures, à caufe du peu de nombres qu'il y a en chaque ligne, qu'ayant choifi les quatre pour la premiere ligne, ceux de la feconde ne peuvent pas faire la fomme qui feroit neceffaire; comme en cet exemple, fi entre 1 & 4 on mettoit 35, 32, 30, 9, qui enfemble font 106, ainfi qu'il eft requis, il refteroit 3, 6, 8, 10, & leurs complémens 34, 31, 29, 27, qu'on ne peut pas employer pour faire 71, qui eft la fomme que doivent avoir les quatre nombres qu'on doit mettre entre 4 & 36, c'eft pourquoy on changera les quatre de la premiere ligne qui font entre les angles, & au lieu de 35, 32, 30, 9, on en prendra d'autres équivalens; par exemple, 35, 32, 29, 10. Mais parce que les nombres qui reftent pour l'autre ligne ne peuvent pas encore faire 71, il les faudra encore changer, & prendre 35, 31, 30, 10, & ceux qui refteront pourront faire 71, comme l'on voit affemblant les quatre nombres, 3, 8, 28, 32.

Que fi aprés avoir changé les lignes en diverfes manieres, on ne pouvoit trouver fon compte, il faudroit avoir recours aux angles & les changer, ou du moins l'un d'eux, & fon complément, tant que la difficulté ceffe.

Enfin cela dépend plus de l'induftrie de celuy qui cherche, que non pas de certaine regle infaillible qu'on pourroit donner pour cet effet, laquelle fe peut bien trouver pour les impairs, comme il a efté montré cy-devant, mais la mefme chofe ne fuccede pas aux tables paires. Voicy pourtant une methode qui facilitera beaucoup cette recherche.

Ayant écrit les huit nombres entre les deux qui font aux angles, comme on voit au bas de la page 445, on mettra en fuite la valeur des quatre nombres qui doivent eftre entre 1 & 4, qui eft 106, parce qu'oftant 5, fçavoir la fomme de de 4 & 1, de 111, qui eft la valeur de chaque ligne, il refte 106; on mettra auffi la valeur des quatre nombres qui doivent eftre entre 4 & 36, qui eft 71; je cherche aprés quatre nombres dans les feize des deux lignes, qui vallent 106, à telle condition qu'aprés avoir pris un des nombres, on ne prenne pas auffi fon complément, & commençant par les deux plus grands 35 & 34, qui enfemble vallent 69, il faut ofter cette fomme de 106, refte 37; qui eftant la fomme des deux rélatifs, ne peut pas eftre employée dans ces tables. Il faut donc prendre deux autres nombres, fçavoir 35 & 32, la fomme eft 67, qui oftée de 106, refte 39, on fera 39 avec 31, 8: on aura donc les quatre nombres 35, 32, 31, 8, qu'il faudra mettre entre 1 & 4 de la table A. Il faut aprés remplir la ligne 4, 36 avec quatre des nombres qui reftent, qui font 3, 7, 9, 10, & leurs complémens 34, 30, 28, 27.

Voicy comme on y procedera. Il faut affembler les quatre moindres nombres, fçavoir 3, 7, 9, 10: la fomme eft 29, qui oftée de 71 qui eft la valeur de quatre nombres, qui doivent eftre mis entre 4 & 36 de la table A, refte 42. Il faut

A

1			4
11	25	24	14
22	16	17	19
18	20	21	15
23	13	12	26
33			36

voir fi on pourra faire 42 avec la difference qui eft entre les quatre nombres 3, 7, 9, 10, & leurs complémens 34, 30, 28, 27; comme on peut voir en cette figure,

$$3 \quad 7 \quad 9 \quad 10$$
$$21 \quad 23 \quad 19 \quad 17$$
$$34 \quad 30 \quad 28 \quad 27$$

& leur difference entre deux ; on trouve 23 & 19 differences entre 7, 30, & 9, 28, qui font 42. On prendra donc 3, 30, 28, 10, pour les quatre nombres qui doivent eftre mis entre 4, 36, qui font aux extrémitez de la derniere colomne, car puifque les quatre nombres 3, 7, 9, 10, manquent de 42 pour faire 71, qui eft la valeur de quatre nombres qui doivent eftre entre 4 & 36, & que 30 & 28 furpaffent 7 & 9 de 42, il faudra prendre 30 & 28, au lieu de 7 & 9 ; on aura donc la table accomplie, comme on la voit icy, mettant les quatre

1	35	32	31	8	4
34	11	25	24	14	3
7	22	16	17	19	30
9	18	20	21	15	28
27	23	13	12	26	10
33	2	5	6	29	36

nombres cy-devant trouvez, fçavoir 35, 32, 31, 8, entre 1 & 4, & les complémens de ces nombres 2, 5, 6, 29, en la mefme colomne, & vis à vis des precedens en la ligne oppofée, avec les deux nombres 33, complément de 4 & 36, complément de 1, qu'il faut mettre aux angles en mefme diagonale : puis entre 4 & 36 on mettra les quatre autres nombres 3, 30, 28, 10, & leurs relatifs 34, 7, 9, 27, vis à vis des precedens dans la colomne oppofée, & à l'autre extremité de la mefme ligne.

Si on avoit pris 1, 3, pour les nombres qui doivent eftre aux angles, ou aux extremitez d'une mefme ligne, on ne pourroit pas parfaire cette ligne, comme il a efté remarqué cy-devant. La raifon eft, qu'on eft obligé pour

$$1] \quad 2 \quad 4 \quad 5 \quad 6 \quad 7 \quad 8 \quad 9 \quad 10 \; [3 \; \Big| \; \begin{matrix} 107 \\ 72 \end{matrix}$$
$$35 \quad 33 \quad 32 \quad 31 \quad 30 \quad 29 \quad 28 \quad 27$$

faire 107, de prendre trois nombres de la ligne inferieure, où font les plus grands nombres, & un de la fuperieure, parce que les quatre moindres de la ligne inferieure, fçavoir 27, 28, 29, 30, font plus de 107, encore que 107 foit le plus grand nombre que puiffent avoir les quatre nombres, en prenant des nombres femblables pour les angles, fçavoir tous deux pairs ou impairs, & fi on n'en prenoit que deux dans la ligne inferieure, & deux dans la fuperieure, ils ne feroient pas affez grands ; car encore que l'on mit aux angles les plus grands nombres de la ligne fuperieure, fçavoir 8 & 10 qui font femblables en parité ou imparité, étant tous deux pairs, il refteroit 93 pour la fomme des quatre nombres qui devroient eftre entre deux. Or prenant les deux plus grands nombres de la ligne inferieure, & les deux plus grands de la fuperieure, fçavoir 35, 33, 7, 9, ils feront moins de 93. Il faut donc prendre trois nombres de la ligne inferieure, & un de la fuperieure.

Or aprés avoir pris ces quatre nombres qui faffent 107, ou autre nombre requis : Par exemple, aprés avoir pris 35, 33, 32, 7, qui font 107, on ne pourra jamais faire 72, qui eft la fomme des nombres qui doivent faire l'autre ligne, avec quatre des nombres qui reftent ; car prenant deux de ces nombres dans la ligne inferieure, & deux dans la fuperieure, comme il eft neceffaire pour faire 72, fçavoir la fomme des quatre nombres qui doivent achever

$$1]\ 2\quad 4\quad 5\quad 6\quad 7\quad 8\quad 9\quad 10\ [3\ \bigg|\ \begin{matrix}107\\72\end{matrix}$$

$$35\ \ 33\ \ 32\ \ 31\ \ 30\ \ 29\ \ 28\ \ 27$$

l'autre ligne ; en forte que dans ces quatre nombres il n'y en ait point deux qui foient relatifs, c'eft à dire dont la fomme faffe 37, car il arrivera toûjours que la fomme de ces quatre nombres fera un nombre impair, au lieu que 72 eft pair. Ainfi prenant 31, 29, qui enfemble font un nombre pair, il reftera 9, 10, qui enfemble font un impair, & ainfi la fomme des quatre fera impaire.

De mefme, fi on prenoit 31, 28, dont la fomme eft impaire, les deux autres qui reftent feroient 10, 8, dont la fomme eft paire, qui jointe à la fomme precedente qui eft impaire, la fomme fera encore impaire ; & cela arrivera toûjours de la mefme façon, fi ce n'eft que les nombres foient tels, qu'on puiffe prendre pour la feconde ligne trois nombres dans une des lignes, & un dans l'autre ; ou bien que pour la premiere ligne, on puiffe prendre tous les quatre nombres dans une mefme ligne.

Pour les tables impaires, fi on les veut faire en la mefme maniere que les paires ; fçavoir, faifant que les relatifs foient oppofez, il faut prendre garde qu'entre les nombres qui doivent fervir à remplir les deux coftez prochains, c'eft-à-dire, qui aboutiffent à un mefme angle, aprés que ceux des angles feront placez, s'il fe trouve des impairs ils doivent eftre en multitude paire, comme 2, 4, ou 6, &c. ce qui fe doit entendre prenant le nombre & fon complément pour un feul nombre, car s'il n'y avoit qu'un impair, ou 3, ou 5, ou autre multitude impaire pour les deux lignes qu'il faut remplir, cela ne fe pourroit ; la raifon eft, que fi les deux nombres des angles font tous deux pairs, ou tous deux impairs, la fomme des nombres qui reftent à mettre en chaque ligne doit eftre impaire ; à caufe que la fomme des nombres de la ligne doit eftre impaire, fuppofant que les nombres commencent par 1, & foient de fuite. Si donc on avoit trois impairs, ou autre multitude impaire, il faudroit les mettre tous trois dans une mefme ligne pour la faire impaire, ou fi l'on n'en mettoit qu'un, il en refteroit deux pour l'autre ligne, ce qui fera que cette portion de ligne fera impaire, fçavoir autrement qu'elle ne doit eftre, à caufe des nombres qui font aux angles, dont la fomme eft impaire, & joignant cette impaire à l'autre portion de ligne qui feroit auffi impaire ; fçavoir, la portion qui eft entre les deux angles, feroit toute la ligne paire ; mais elle doit eftre impaire.

Que fi le nombre de l'un des angles eft pair, & l'autre impair, la fomme des nombres qui reftent à mettre à chaque ligne fera paire ; & ainfi eftant contraint de mettre à une des lignes un ou trois impairs, cela fera que la portion de la ligne qui eft entre deux angles fera impaire, fçavoir autrement qu'elle ne doit eftre.

Ainfi

Ainſi aprés avoir fait la table de trois, qui eſt cy-deſſous, pour faire l'enceinte exterieure de cinq, on a de reſte les nombres 1, 3, 4, 6, &c. & leurs
complémens, comme on voit en ſuite. Si on met donc 1 à l'un des angles,
& ſon complément 25 à l'angle oppoſé, & qu'à l'autre angle on mette le nombre ſuivant 3, il reſteroit trois impairs dans la ligne ſuperieure pour remplir
les deux lignes, ſçavoir 7, 9, 11, c'eſt pourquoy on ne pourra pas mettre 3 à
cet angle, ny aucun autre impair, mais un pair comme 4, parce que mettant 4, il reſtera 4 impairs ; ſçavoir 3, 7, 9, 11, & on pourra achever la table
de 5, comme on la voit en ſuite.

```
1    3    4    6    7    9   11   12
25  23   22   20   19   17   15   14
```

```
     1                      4          1  23  20  17   4

        10   24    5               19  10  24   5   7

         8   13   18               11   8  13  18  15

        21    2   16               12  21   2  16  14

     22                  25         22   3   6   9  25
```

Troiſiéme exemple de 6.

ON n'eſt pas obligé de prendre huit nombres de ſuite, & leurs complémens, pour faire la table interieure qui a quatre de coſté ; mais il ſuffit
que quatre de ces nombres ayent meſme difference, & les quatre autres pareillement. Ainſi on pourra prendre 1, 2, 3, 4, 8, 9, 10, 11, & leurs complémens 26, 27, 28, 29, 33, 34, 35, 36, pour la table de quatre qui ſera

```
                         13  22  20  30  12  14

       1  35  34   4       5   1  35  34   4  32

      29   9  10  26       31  29   9  10  26   6

      11  27  28   8       21  11  27  28   8  16

      33   3   2  36       18  33   3   2  36  19

                          23  15  17   7  25  24
```

Et prenant pour les angles 13 & 14, & leurs complémens 24 & 23, on aura
la figure de 6 cy-deſſus.

Quatriéme exemple de 6.

ON peut auſſi commencer les huit, & leurs complémens, de la table interieure de quatre, par un autre nombre que 1, & auſſi ne les point
prendre de ſuite, comme on voit en la table ſuivante, en laquelle on a pour

la table interieure de 4, les nombres 2, 4, 6, 8, 13, 15, 17, 19, & leurs complémens 18, 20, 22, 24, 29, 31, 33, 35. Laquelle table de 4 sera,

```
                  A                                      B
                              1  34  27  26  16   7

          2  33  31   8       9   2  33  31   8  28

         24  15  17  18      14  24  15  17  18  23

         19  20  22  13      25  19  20  22  13  12

         29   6   4  35      32  29   6   4  35   5

                             30   3  10  11  21  36
                  D                                      C
```

Et prenant pour les angles 1 & 7, & leurs complémens 36, 30, on fera la derniere enceinte qui est l'exterieure des nombres qu'on voit à la figure cy-dessus.

Cette derniere façon se trouve assez souvent difficile, car il peut arriver
qu'on prendra pour les angles de tels nombres, que les lignes de l'enceinte
exterieure ne pourront pas estre remplies, ou ce ne sera qu'aprés une recherche ennuieuse. Par exemple, si on prenoit 10 & 16, & leurs complémens
27 & 21 pour les angles de l'enceinte exterieure, au lieu de 1, 7, 36, 30, on
ne pourroit parfaire la figure, & on seroit contraint de prendre d'autres nombres pour les angles.

Pour voir maintenant de quels nombres il faut remplir les lignes, je considere combien il faut de reste à chaque ligne, ou plûtost à deux, sçavoir à
deux lignes qui ne soient point opposées l'une à l'autre : Par exemple, je
cherche combien il faut pour achever la ligne A, B, & la ligne B, C, ausquelles on suppose déja les coins 1 7, & 7 36.

Or parce que chaque ligne doit contenir 111 en ses six nombres, il faut pour
la ligne A, B, prendre la somme de 1 & 7, qui est 8, & l'oster de 111, restera 103 que doivent faire les quatre nombres qui restent à trouver pour la ligne A, B.

De mesme je prens la somme de 7 & 36, qui est 43, que j'oste de 111,
reste 68 pour les quatre nombres qu'il faut mettre à la ligne B C.

Pour les deux autres lignes C D, & A D, il ne s'en faut pas mettre en
peine ; car elles s'ensuivent necessairement de leurs opposées A B, B C, puisque l'une des lignes doit avoir les complémens de la ligne qui luy est opposée.

Je prens aprés, les huit nombres qui restent, & les complémens au dessous,
comme on voit icy.

```
         3   5   9  10  11  12  14  16
        34  32  28  27  26  25  23  21
```

```
103
———
34   3
28   9
27  10
14  23
```
Puis j'écris à part la somme que doivent faire ensemble les
quatre nombres de chacune des deux lignes, sçavoir 103 & 68,
& je cherche quatre nombres qui fassent l'un de ces nombres,
par exemple 103 ; mais afin de voir si on peut trouver quatre nombres qui fassent 103, & quatre autres qui fassent 68, il faut faire
toutes les combinaisons possibles. Premierement, je prendray 34
& 32, qui ensemble font 66, & pour aller jusques à 103, il faut
encore 37 pour deux nombres. Mais on ne peut trouver deux nombres qui

faſſent 37, s'ils ne ſont complémens l'un de l'autre. Or il ne faut jamais mettre en une meſme ligne deux nombres qui ſoient les complémens l'un de l'autre, parce que le complément de chaque nombre ſe doit mettre en la ligne
oppoſée, ce qu'il faut entendre pour cette methode ſeulement; car il y a diverſes voyes par leſquelles on pourra bien faire, que deux nombres qui ſoient
les complémens l'un de l'autre, ſe trouvent en meſme ligne.

Puis donc que 32 ne peut eſtre avec 34, je prens le nombre ſuivant 28, qui
avec 34 fait 62 ; & parce que la ligne doit avoir 103, les deux autres nombres doivent faire enſemble 41. Je prens donc le nombre qui ſuit 28, ſçavoir
27 qui avec 14 fait 41. Voilà pour la ligne A B.

Je viens maintenant à la ligne B, C, qui doit avoir 68 en ſes quatre nombres, qui doivent eſtre mis entre les coins B & C, & les quatre nombres qui
reſtent ſont,   32   26   25   21
& leurs complémens qui ſont au deſſous,   5   11   12   16

Je prens premierement 32, lequel étant joint à 26 donnera 58, & parce que
la ligne doit avoir 68, il ne reſte plus que 10 qu'il faudroit faire avec deux
nombres, ce qui ne ſe peut avec les quatre nombres reſtans, 25, 21, 16, 12.

Si on joint 32 à 25, ou meſme à 21, on tombera en meſme inconvenient,
car 32 & 21 font 53, qui oſtez de 68 reſte 15, qu'il faut faire en deux nombres ; mais il ne reſte plus que 12 & 11 qui font plus de 15.

Si on joint 32 à 16, on aura 48, qui oſtez de 68 reſtera 20, qui ne ſe peuvent faire par 11 & 12.

On ne ſçauroit paſſer plus outre, parce que ſi on joignoit 12 à 32, on ſeroit contraint de mettre auſſi en meſme ligne que 32 quelqu'un des nombres
precedens, ce que neantmoins on a reconnu eſtre impoſſible.

Il faut donc prendre un autre nombre que 32, puiſqu'il ne peut eſtre en la
ligne B C, & ce ſera le nombre ſuivant 26, qui eſtant joint à 25 fait 51, qui
oſtez de 68, reſte 17, qu'il faut faire avec deux nombres pris dans les trois
qui reſtent, qui ſont 21, 16, 5, car 32 en a déja eſté exclus. Mais 17 ne ſe
peut faire avec ces nombres.

On joindra aprés 26 à 21 : la ſomme eſt 47, qui eſtans oſtée de 68, reſte
21, qu'il faudroit faire avec les deux nombres qui reſtent 12 & 5 ; mais parce
qu'ils ſont trop petits pour cet effet, il ne faut point paſſer outre, car ce ſeroit encore pis, ſi on joignoit 26 à 16, ou 25 à 21.

Puis donc que cette ſeconde ligne B C ne ſe peut faire, il faut changer la
premiere ligne A B.

Mais afin de n'omettre aucune façon par laquelle on la puiſſe faire, (car
ſi on en laiſſoit quelqu'une ce pourroit eſtre celle dont on auroit beſoin) il
faut continuer par le meſme ordre qu'on a commencé.

On avoit pris 34 & 28 pour les deux premiers nombres, & il reſtoit 41 à
faire en deux nombres pour aller juſques à 103.

Pour faire ces 41 on avoit pris 27 & 14, leſquels n'ayans pas bien réuſſi,
je cherche ſi on peut faire les meſmes 41 avec deux autres nombres, & je
trouve 25 & 16.

Il reſtera donc pour la ſeconde ligne les quatre nombres,   32   27   26   23
& leurs complémens   5   10   11   14

Si on examine ces nombres comme cy-devant, on trouvera qu'on ne peut
en choiſir quatre d'entr'eux, qui enſemble faſſent 68, pourveû qu'il n'y en ait
point deux qui ſoient complémens l'un de l'autre, car on pourroit bien prendre 27, 26, 10, 5, qui enſemble font 68 ; mais parce que 27 & 10 ſont com-

plémens l'un de l'autre, on ne pourroit avec eux parfaire la figure, comme il a esté dit.

```
                                        103
                                        ———
  3   5   9   10  11  12  14  16        34    3
 34  32  28  27  26  25  23  21         28    9
                                        25   12
                                        16   21
```

On ne peut donc pas faire la premiere ligne avec les quatre nombres 34, 28, 25, 16 ; & parce qu'on ne peut plus faire 41 avec deux autres nombres, (puisque 23 & 21 qui restent à considerer font plus de 41) il faut changer 28, & mettre avec 34 le suivant 27.

On aura donc 34 & 27, dont la somme est 61, qui ostée de 103, reste 42, qu'il faut trouver en deux nombres, tous deux moindres que 27 ; car si l'un des deux nombres estoit plus grand que 27, & si c'estoit par exemple 28 & 14, ce seroit refaire la mesme chose qu'on a cy-devant considerée & trouvée impossible, car on auroit les quatre mesmes nombres qu'on a eus auparavant, sçavoir 34, 28, 27, 14.

Or les 42 qui restent ne se peuvent faire que par 26 & 16, car 25 & 21, ou 23 & 21 qui restent, sont trop grands.

On aura donc 34, 27, 26, 16 pour la premiere ligne A B.

Pour la seconde B C, qui doit avoir 68, je prens premierement 32 & 28, qui ensemble font 60 ; mais parce qu'il faudroit faire 8 en deux nombres, il en faut mettre un autre avec 32, & afin de les avoir separez de ceux de la premiere ligne, je les écriray à part avec leurs complémens.

```
    103        68
    ———        ——
  34 | 3    28 | 9     32  28  25  23
  27 |10    23 |14      5   9  12  14
  26 |11    12 |25
  16 |21     5 |32
```

Je joindray donc 32 à 25, la somme est 57, qui ostée de 68, reste 11, qu'on ne peut faire en deux nombres, puisque les deux moindres qui restent, sçavoir 9 & 14, font plus de 11.

On assemblera aprés 32 & 23, la somme est 55, qui ostée de 68, reste 13 ; mais 9 & 12 qui restent font plus de 13.

Enfin on ajoûtera 32 à 14, la somme est 46, qui ostée de 68, reste 22 ; mais 12 & 9 qui restent ne font que 21, & ainsi on ne peut mettre 32 en cette ligne B C, puisque parcourant tous les nombres avec 32, on ne peut trouver 68.

Il faut donc changer 32, & prendre le nombre suivant qui est 28, lequel estant joint avec 25 fait 53, qui estans ostez de 68, reste 15, qu'on ne peut faire avec les nombres suivans, puisque les deux moindres 5 & 14 font plus de 15.

Aprés on ajoûtera 28 à 23 : la somme est 51, qui ostée de 68, reste de 17, qui se fait avec les deux nombres qui restent, sçavoir avec 12 & 5.

On aura donc par ce moyen la table parfaite, car la premiere ligne A B sera 34, 27, 26, 16, prés desquels nombres je mets leurs complémens 3, 10, 11, 21, qui doivent faire la ligne D C de la figure qui est cy-devant à la page 450, & qui est opposée à A B, & on mettra les nombres & les complémens

vis

vis-à-vis l'un de l'autre, comme on voit en la figure, en laquelle 3 est vis-à-vis de 34, 10 vis-à-vis de 27, & ainsi des autres.

La ligne B C se fera des nombres 28, 23, 12, 5, & la ligne A D qui luy est opposée se fera des complémens de ces nombres, sçavoir de 9, 14, 25, 32, qu'on voit en l'autre page vis-à-vis de 28, 23, 12, 5, & les autres, sçavoir 9, 14, 25, 32 se doivent mettre aussi chacun vis-à-vis de leurs complémens, sçavoir 9 vis-à-vis de 28, 14 vis-à-vis de 23, &c.

On peut passer outre à examiner si on ne peut point faire cette table de 6 d'une autre façon, les coins demeurans comme ils sont, & en leur mesme situation.

Premierement, il est bien certain que la ligne A B demeurant telle qu'elle est, on ne peut pas faire la ligne B C d'une autre sorte, parce que si au lieu de 28 & 23, on prenoit 28 & 14, ou 15 & 23, les nombres qui resteroient ne seroient pas suffisans d'achever 68, parce que necessairement ils seroient moindres que ceux qui restent lors qu'on prend 28 & 23.

						103		68	
3	5	9	10	11	12	14	16	34 · 3	28 · 9
34	32	28	27	26	25	23	21	25 · 12	23 · 14
								23 · 14	12 · 25
								21 · 16	5 · 32

Il faut donc changer la ligne A B, dont les quatre nombres qui sont entre les coins 1 & 7, doivent faire ensemble 103.

Et parce que l'on a déja pris 34 & 27, & qu'on ne peut faire les 42 qui restent par d'autres nombres que par 26 & 16, qui ont déja esté employez, il faut changer 27, & prendre 26 avec 34, qui ensemble font 60, qui ôtez de 103, reste 43, qu'on ne peut faire avec deux des nombres qui restent, & qui soient moindres que 26.

Il faut donc passer plus outre, & joindre 25 à 34, dont la somme est 59, qui ôtée de 103, reste 44 qui se peuvent faire avec 23 & 21. La ligne A B sera donc 34, 25, 23, 21.

Et il faudra faire 68 en quatre nombres pour la ligne B C, avec les quatre qui restent,   5   9   10   11
& leurs complémens, qui sont   32   28   27   26

Mais on ne sçauroit trouver quatre de ces nombres selon la regle, qui est de ne point mettre un nombre & son complément en mesme ligne, qui fassent 68, d'où s'ensuit que la ligne A B ne peut pas estre composée de 34, 25, 23, 21.

Si on veut passer outre, on ne pourra plus ajoûter aucun nombre avec 34, car on ne feroit que des repetitions de ce qui a esté déja examiné : car si aprés 25 il faut prendre les deux plus grands nombres qui restent, sçavoir 23 & 21 ; si on mettoit 23 avec 34, on ne pourroit pas trouver deux nombres moindres que 23, qui fissent ensemble ce qu'il faudroit de reste pour achever 103, ainsi qu'il est requis.

Il faut donc abandonner 34, & se servir de 32, en le comparant aux nombres suivans, comme on a fait 34.

Je joins 32 à 28 : la somme est 60, qui ôtée de 103, reste 43, qu'on peut faire avec 27 & 16 seulement.

La ligne A B aura donc 32, 28, 27, 16 pour les quatre nombres qui sont entre ses coins 1, 7.

YYYyy

								103	68
3	5	9	10	11	12	14	16	32	5
34	32	28	27	26	25	23	21	28	9
								27	10
								16	21

Pour faire la ligne B C, qui doit estre de 68, sans les coins, on se servira des nombres restans, qui sont   34   26   25   23
                                                                                              3   11   12   14

Si on prend 34 & 26, on aura 60, restera 8 qu'on ne peut pas faire en deux nombres ; & le mesme inconvenient arrive à 34 & 25, comme aussi à 34 & 23, qui ensemble font 57, qui ostez de 68, reste 11, qu'on ne sçauroit faire avec 11 & 12.

Pareillement si on se sert de 34 & 14, la somme est 48, qui ostée de 68, reste 20, qui est encore moindre que la somme de 11 & 12 qui restent.

Il faut donc laisser 34, & se servir de 26, qui estant joint à 25, fait 51, qui osté de 68, reste 17, qui se peut faire avec 14 & 3.

La seconde ligne B C sera donc de 26, 25, 14, 3.

103		68	
32	5	26	11
28	9	25	12
27	10	14	23
16	21	3	34

On disposera la premiere ligne au dessous de 103, & les complémens à costé, & de mesme la seconde ligne au dessous de 68, afin de les disposer après en leur place en ce mesme ordre pour avoir la figure suivante, en laquelle la figure interieure de 4 de costé est la mesme que cy-devant.

Si on vouloit passer outre à la recherche d'autres figures, il faudroit joindre 32 à 25 : la somme est 59, qui ostée de 103, reste 44, qu'on fera en prenant 23 & 21, & ainsi on auroit pour la premiere ligne 32, 27, 23, 21, mais on ne pourra composer la seconde ; de sorte qu'il faut changer la premiere.

A   B

        1   32   28   27   16   7

        11   2   33   31   8   26

        12   24   15   17   18   25

        23   19   20   22   13   14

        34   29   6   4   35   3

        30   5   9   10   21   36
D   C

Si on joint 32 à 26 ou à 25, on ne pourra faire 103, c'est pourquoy il faut laisser 32, & considerer 28, qui estant joint à 27, donne 55, qui ostez de 103, reste 48, qui seront faits par 25 & 23. On aura donc pour la premiere ligne 28, 27, 25, 23, mais on ne pourra faire la seconde ligne qui doit estre de 68, avec les nombres qui restent.

Il faudroit donc reformer encore la premiere ligne, ce qui ne se peut, parce qu'ayant pris les quatre nombres 28, 27, 25, 23, si l'on change quelqu'un des deux premiers 28 & 27, on ne pourra prendre que 26 au lieu de l'un d'eux; mais il faudroit en mesme temps augmenter 23 ou 25, ce qui ne se peut, parce qu'entre les nombres qu'on peut choisir, & dont on se peut servir, il n'y a que le mesme 26 qui soit plus grand qu'eux.

Il est donc manifeste, que laissant la table interieure de 4 en l'état qu'elle est, & les coins 1 & 7, avec leurs complémens, on ne peut faire que les deux tables de 6 cy-devant écrites, qui sont marquées A B C D, si ce n'est que l'on veüille considerer l'ordre des nombres, chacun demeurant dans la mesme ligne sans en sortir; mais il sera parlé cy-aprés de cette variation.

Que si on vouloit rechercher plus outre, il faudroit mettre un autre nombre que 7 à l'un des angles, & les ayant tous éprouvez à cet angle, on changeroit aussi l'angle où l'on a mis 1, mettant à la place le nombre suivant qui est 3, & son complément 34 à l'angle opposé; & à l'autre angle qui borne la mesme ligne, on mettroit le nombre suivant 5, puis 7, & les autres.

Exemple d'une table de 8.

IL faut maintenant donner l'exemple de la fabrique d'une autre table, sur laquelle on se puisse conduire, pour en former d'autres plus grandes, qui sera celle qui a 8 à chacun de ses costez.

J'arrange premierement la moitié des nombres de suite, sçavoir jusques à 32, & leurs complémens au dessous, & chaque couple de nombres fera 65, sçavoir autant que les deux extremes ensemble 64 & 1, & ce 65 est la valeur que doivent avoir deux nombres l'un portant l'autre en chaque ligne; & ainsi le premier quarré qui est de 4 aura deux fois 65, qui font 130; le second qui a six nombres aura 195, sçavoir trois fois 65; & le dernier qui est l'enceinte exterieure, & qui a huit nombres en chaque ligne, contiendra 260.

Voicy donc les nombres de suite ainsi qu'il les faut ranger.

1	2	3	4	5	6	7	8	9	10	11	12	13	14	15	16
64	63	62	61	60	59	58	57	56	55	54	53	52	51	50	49

17	18	19	20	21	22	23	24	25	26	27	28	29	30	31	32
48	47	46	45	44	43	42	41	40	39	38	37	36	35	34	33

Ayant ainsi disposé les nombres, je prens les huit premiers & leurs complémens, sçavoir 1, 2, 3, 4, 5, 6, 7, 8, 57, 58, 59, 60, 61, 62, 63, 64, desquels je fais, comme il a esté montré cy-devant, la table suivante de 4.

1	63	62	4
60	6	7	57
8	58	59	5
61	3	2	64

Aprés je prens les dix nombres suivans, & leurs complémens, pour l'enceinte suivante, qui fera le quarré ou table de 6. Ces nombres font,

YYYyy ij

9　10　11　12　13　14　15　16　17　18

56　55　54　53　52　51　50　49　48　47

Avec ces nombres on fera la derniere enceinte de la table de 6, par quelqu'une des façons cy-devant déduites.

Ou bien on prendra une des tables de 6 qui font cy-devant ; par exemple, la premiere qui eſt en la page 444, qui eſt repetée icy.

9　25　26　23　18　10

16　1　35　34　4　21

20　32　6　7　29　17

24　8　30　31　5　13

15　33　3　2　36　22

27　12　11　14　19　28

Ayant cette table, je remarque où font les 18 premiers & moindres nombres qui font la moitié des nombres de la table, & les laiſſe en leurs places ;
mais au lieu des 18 autres, je mets les complémens pris ſur le quarré 64, comme on les a mis cy-devant : mais afin de ne ſe point troubler, on pourra écrire les nombres de la table de 6, & leurs complémens au deſſous pris ſur 36,
& au deſſous de ceux-là les complémens pris ſur 64, comme on voit icy.

1	2	3	4	5	6	7	8	9	10		11	12	13	14	15	16	17	18
36	35	34	33	32	31	30	29	28	27		26	25	24	23	22	21	20	19
64	63	62	61	60	59	58	57	56	55		54	53	52	51	50	49	48	47

La premiere ligne contient les nombres qui appartiennent à chacune des
deux tables, tant à celle qu'on prend pour patron, que celle qui fait partie
de la table de 8.

La feconde ligne appartient à la table de 6, qui eſt cy-deſſus, & qui ſert de
patron, & contient les complémens de la premiere ligne, & chaque couple
de nombres fait 37.

La troifiéme contient les complémens de la premiere ligne, & appartient
à la table de 6, qui fait partie de celle de 8, & chaque couple de nombres
fait 65.

Cela fait, il faut mettre à part le reſte des nombres juſques à 32, & leurs
complémens au deſſous, comme on voit icy.

19	20	21	22	23	24	25	26	27	28	29	30	31	32
46	45	44	43	42	41	40	39	38	37	36	35	34	33

Aprés on prendra pour les coins de la derniere enceinte les moindres nombres 19 & 20, & leurs complémens 46, 45 : ce n'eſt pas pourtant qu'on ne
puiſſe prendre d'autres nombres que 19 & 20, car cela eſt viſible, veu que la
figure ſe peut faire en beaucoup de façons

Maintenant

Maintenant je feray facilement la table de 6 fur la precedente, laiffant les nombres de la premiere ligne au lieu où on les trouvera, & mettant ceux de la troifiéme ligne à la place de ceux de la feconde ; & ainfi on aura la figure fuivante.

```
19                                    20
     9  53  54  51  18  10
    16   1  63  62   4  49
    48  60   6   7  57  17
    52   8  58  59   5  13
    15  61   3   2  64  50
    55  12  11  14  47  56
45                                    46
```

J'affemble 19 & 20, la fomme eft 39, que j'ofte de 260, qui eft la fomme que doivent faire les nombres de chaque ligne, refte 221 pour les fix nombres, qu'il faut mettre entre 19 & 20.

Pareillement j'affemble 20 & 46, la fomme eft 66, qui oftez de 260, refte 194 pour les fix nombres qui doivent eftre entre 20 & 46.

On peut voir auffi quelle doit eftre la fomme des fix nombres, qui feront entre 19 & 45, & cette fomme fera 196, afin que fi on trouvoit 196 avant 194, on s'en puft fervir.

Je fais premierement la ligne 19, 20, & parce que 19, 20 font les moindres nombres des coins, je prens des plus grands nombres qui reftent pour fuppléer à leur défaut. Je confidereray donc les quatre plus grands, 44, 43, 42, 41, dont la fomme eft de 170 : & parce que les fix nombres doivent valoir enfemble 221, il refte 51 pour les deux nombres qui font encore à trouver. On prendra donc 25 & 26, qui enfemble font 51 : cette premiere ligne fera donc 44, 43, 42, 41, 26, 25, entre les coins 19 & 20.

Refte à trouver les fix nombres qu'il faut à la ligne qui a 20 & 46 à fes extremitez, lefquels fix nombres doivent faire enfemble 194, & les fix nombres de la ligne oppofée, dont les extremitez font 19, 45, doivent faire enfemble 196, lefquels nombres on doit choifir parmi les fuivans,

```
27  28  29  30  31  32
38  37  36  35  34  33
```

Je divife 194 par fix, pour voir ce que doivent avoir les nombres l'un portant l'autre : je trouve 32, & refte 2 ; d'où s'enfuit que les nombres pris deux à deux doivent faire 64, mais l'un des couples doit faire 66, ainfi on aura deux couples de nombres de 64 chacun, & un couple de 66, qui font les fix nombres, car on ne peut pas faire deux couples de 65 par exemple, & un de 64, parce qu'il eft impoffible de faire 65 en deux nombres, fi on ne prend les deux, qui font complémens l'un de l'autre ; ce qui eft directement contre la principale & generale regle, qui eft,

Que jamais dans la conftruction qu'on donne icy, on ne doit mettre en mefme ligne deux nombres qui foient complémens l'un de l'autre, c'eft à dire qui eftans joints enfemble faffent autant que les deux extrémes enfemble, qui font icy 64 & 1.

On cherchera donc deux couples de nombres qui faffent 64, & un couple qui faffe 66, on aura 33, 31 ; 35, 29, & 38, 28. Les 37 & 27 font 64 ; mais parce qu'un des couples doit avoir deux de plus, on prend 38 au lieu de 37, & 28 au lieu de 27.

Les fix nombres feront donc 28, 29, 31, 33, 35, 38, qu'il faut mettre entre 20, 46, & les fix autres qu'il faut mettre en la ligne oppofée, entre 19, 45 font leurs complémens, fçavoir 37, 36, 34, 32, 30, 27, qui feront difpofez felon cet ordre, en telle forte que les complémens foient toûjours vis-à-vis l'un de l'autre ; & ainfi on aura la figure fuivante.

19	44	43	42	41	26	25	20
37	9	53	54	51	18	10	28
36	16	1	63	62	4	49	29
34	48	60	6	7	57	17	31
32	52	8	58	59	5	13	33
30	15	61	3	2	64	50	35
27	55	12	11	14	47	56	38
45	21	22	23	24	39	40	46

On pourra encore faire ces lignes d'une autre forte ; fçavoir, prenant 34, 32 pour le couple qui doit faire 66, & 35, 29 ; 37, 27 pour les deux autres ; & ainfi les fix nombres qu'il faudroit mettre entre 20 & 46, feroient 27, 29, 32, 34, 35, 37.

Et les fix autres qui doivent eftre mis entre 19, 45, feroient leurs complémens ; fçavoir, 38, 36, 33, 31, 30, 28, avec lefquels on aura une autre figure.

20	27	29	32	34	35	37	46	*à la place de*	20	28	29	31	33	35	38	46
& 19	38	36	33	31	30	28	45	*à la place de*	19	37	36	34	32	30	27	45

On pourroit encore faire 194 par d'autres couples, prenant 30 & 36 pour faire 66, & les deux autres couples de 64, qui feront 27, 37, & 31, 33, & les fix nombres qu'on mettra entre 20 & 46, feront 27, 30, 31, 33, 36, 37 ; & entre 19, 45 on mettra leurs complémens 38, 35, 34, 32, 29, 28.

On fe peut encore fervir d'autres manieres pour trouver 194, ou 196, fans confiderer ni prendre les couples des nombres, ainfi qu'on a fait pour la derniere enceinte des precedentes figures de fix ; ce qui feroit trop long à repeter icy, veû mefme qu'on en donnera des exemples, & qu'on s'en fervira en quelqu'une des lignes de la figure fuivante.

Exemple d'une table de 14.

AFin qu'on puiffe voir toutes les façons de choifir les nombres pour remplir les lignes des enceintes diverfes de la figure, on donnera encore l'exemple d'une table de 14.

Et parce qu'en cette methode-cy il n'y a que trois façons de ranger les nombres, on prendra le quarré de 8, (confideré comme faifant partie du quarré

de 14) fur le modele du quarré precedent de 8, & en fuite l'enceinte de 10
fe fera d'un façon, celle de 12 d'une autre, & l'enceinte extérieure, qui eſt celle
de 14, encore d'une autre.

Je mets donc premierement de fuite les nombres qui doivent remplir les
196 places du quarré, & les difpofe en deux lignes ; fçavoir la moitié dans
une des lignes, & l'autre moitié qui fert de complément à la premiere, dans
l'autre ligne au deſſous de la premiere, en telle forte que chaque couple de
nombre faſſe 197, qui eſt la fomme des deux nombres extrémes, comme on
voit cy-deſſous.

1	2	3	4	5	6	7	8	9	10	11	12
196	195	194	193	192	191	190	189	188	187	186	185

13	14	15	16	17	18	19	20	21	22	23	24
184	183	182	181	180	179	178	177	176	175	174	173

25	26	27	28	29	30	31	32	33	34	35	36
172	171	170	169	168	167	166	165	164	163	162	161

37	38	39	40	41	42	43	44	45	46	47	48
160	159	158	157	156	155	154	153	152	151	150	149

49	50	51	52	53	54	55	56	57	58	59	60
148	147	146	145	144	143	142	141	140	139	138	137

61	62	63	64	65	66	67	68	69	70	71	72
136	135	134	133	132	131	130	129	128	127	126	125

73	74	75	76	77	78	79	80	81	82	83	84
124	123	122	121	120	119	118	117	116	115	114	113

85	86	87	88	89	90	91	92	93	94	95	96
112	111	110	109	108	107	106	105	104	103	102	101

97	98
100	99

Ces nombres eſtant ainfi difpofez, je prens les 32 premiers, & leurs complémens, pour faire le quarré interieur de 8 en la mefme façon qu'on a fait
le precedent de 8, ou fi on veut on le fera fur fon modele, laiſſant les 32 premiers nombres en la mefme place qu'ils font au precedent ; mais pour les nombres qui furpaſſent 32, il les faudra changer aux complémens correfpondans
pris fur 196 ; & afin que cela fe puiſſe faire plus aifément & fans eſtre en danger de prendre un nombre pour un autre, on écrira les 64 nombres de la precedente table de 8 en deux lignes, qui ferviront de complément l'une à l'autre ; & au deſſous de cette feconde, on en mettra une troifiéme qui contiendra les 32 premiers complémens de la page precedente, fçavoir depuis 196 jufques à 165, qui eſt deſſous 32.

ZZZzz ij

1	2	3	4	5	6	7	8	9	10	11	12
64	63	62	61	60	59	58	57	56	55	54	53
196	195	194	193	192	191	190	189	188	187	186	185
13	14	15	16	17	18	19	20	21	22	23	24
52	51	50	49	48	47	46	45	44	43	42	41
184	183	182	181	180	179	178	177	176	175	174	173
25	26	27	28	29	30	31	32				
40	39	38	37	36	35	34	33				
172	171	170	169	168	167	166	165				

Et laissant les nombres de la premiere ligne en mesme place dans la figure B, qu'on la voit dans les figure A, on mettra dans la figure B ceux de la troisiéme ligne, aux mesmes places que ceux de la seconde ligne sont dans la figure suivante A, comme l'on voit icy.

A

19	44	43	42	41	26	25	20
38	9	53	54	51	18	10	27
36	16	1	63	62	4	49	29
33	48	60	6	7	57	17	32
31	52	8	58	59	5	13	34
30	15	61	3	2	64	50	35
28	55	12	11	14	47	56	37
45	21	22	23	24	39	40	46

B

[illegible]	176	175	174	173	26	25	20
[illegible]	185	186	183	[illegible]	18	10	27
16	1	125	124	[illegible]	4	181	29
[illegible]	122	6	7	189	[illegible]	[illegible]	32
84	8	190	191	[illegible]	13	[illegible]	36
15	193	3	2	196	182	187	[illegible]
84	12	[illegible]	[illegible]	145	175	188	169
[illegible]	23	24	[illegible]	[illegible]	172	178	[illegible]

Pour avoir plus de facilité à faire ces tables, il faut mesler les nombres le moins qu'on peut, c'est à dire les prendre de suite autant que faire se pourra. Par exemple, le plus grand d'entre les moindres nombres de la table precedente B, est 98. On appelle les moindres nombres ceux de la premiere ligne, sçavoir depuis 1 jusques à 98, & les grands nombres, ceux de la seconde ligne qui sont les complémens des premiers, depuis 99, jusques 196 inclusivement.

Je prens donc 33 & 34, & leurs complémens, pour les angles de la figure de 10 qui entoure la precedente de 8, & parce qu'entre les angles de chaque ligne de l'enceinte de 10, il y a huit nombres, je prens les seize nombres qui suivent 34, & leurs complémens, pour deux lignes prochaines, & qui font un des angles de la figure, & pour les deux autres lignes qui leur sont opposées. Ces nombres sont,

35	36	37	38	39	40	41	42	43	44	45	46	47	48	49	50
162	161	160	159	158	157	156	155	154	153	152	151	150	149	148	147

Je prens après les deux nombres suivans 51 & 52, & leurs complémens, pour les angles de la suivante enceinte de 12, & les vingt nombres suivans, & leurs complémens pour les lignes.

Enfin on prendra le reste des nombres pour la derniere enceinte : ce n'est
pas

pas qu'il faille neceſſairement ſuivre cet ordre ; car on peut entreméler les nombres comme on veut, & en prendre au commencement, au milieu, & à la fin pour une meſme ligne : mais on trouvera plus de facilité en ſuivant l'ordre précedent.

Or voicy les trois voyes dont on ſe pourra ſervir pour parfaire les lignes, aprés que les coins ſont remplis ; mais avant tout, il faut obſerver ce qui eſt commun à toutes ces voyes, & ce qui ſe doit pratiquer auparavant.

Je ſuppoſe donc premierement, que les nombres ſoient aux angles de la figure, & leurs complémens aux angles oppoſez, comme on voit icy, où 164 complément de 33, eſt oppoſé à 33, & 163 complément de 34, eſt oppoſé à 34.

Cela fait, je conſidere ce que tous les dix nombres de l'enceinte doivent faire enſemble ; & pour trouver cette ſomme, on remarquera que deux nombres l'un portant l'autre doivent faire 197, & cela doit eſtre dans toutes les lignes de chaque enceinte, lequel 197 eſt la ſomme de 196 & 1, qui ſont les deux extrémes de tous les nombres qui compoſent la figure de 14.

33   34

163   164

Or ſi chaque couple de nombres doit faire 197, les dix nombres, qui ſont cinq couples, feront 985, ſçavoir cinq fois 197. Puis donc que chaque ligne doit avoir 985, pour ſçavoir quelle ſomme doivent faire les huit nombres qu'il faut mettre entre 33 & 34, il faut oſter de 985 la ſomme de 33 & 34, qui eſt 67, & il reſtera 918 pour les huit nombres.

Semblablement j'oſte de 985 la ſomme de 34 & 164, qui eſt 198, reſtera 787 pour les huit nombres qu'il faut mettre entre 34 & 164 ; & cette operation doit eſtre faite à chaque enceinte aprés que les angles ſont poſez.

Pour les deux lignes oppoſées, ſçavoir 163, 164, ou 33, 163, il ne s'en faut pas mettre en peine ; car leurs oppoſées eſtant faites, neceſſairement elles le ſeront auſſi en y mettant les complémens de leurs oppoſées. Il eſt vray que pour l'operation précedente, qui ſert à trouver combien les nombres qu'on doit mettre entre les angles doivent faire enſemble, on ſe peut ſervir de deux telles lignes qu'on voudra, pourveû qu'elles ne ſoient pas oppoſées l'une à l'autre. Par exemple, au lieu d'oſter de 985 la ſomme de 33 & 34, on pourroit oſter la ſomme de 163 & 164 ; & au lieu de la ſomme de 34 & 164, on pourroit prendre celle de 33 & 163, car cela eſt indifferent.

La premiere methode de trouver les nombres de chaque ligne, ſert pour avoir toutes les façons poſſibles de faire & remplir la ligne avec les nombres donnez ; & à cauſe que par cette methode on compare chaque nombre avec tous les autres, il s'enſuit qu'on ne s'en doit pas ſervir lorſqu'il y a beaucoup de nombres en la ligne, parce que cela ſeroit trop long, mais on s'en ſervira utilement lorſqu'il y a peu de nombres ; c'eſt pourquoy nous la prendrons icy pour remplir les lignes de l'enceinte de 10, en chacune deſquelles lignes il y a huit nombres, ſans les coins qui ſont 33, 34, & leurs complémens 164, 163.

Les huit nombres d'une des lignes, ſçavoir de celle qui eſt entre 34 & 33, doivent faire enſemble 918, qu'il faut mettre à part au deſſous de 34, 33, & les nombres qui doivent eſtre mis entre 34 & 164 feront enſemble 787, que je mets auſſi à part afin de ne rien confondre.

$$\frac{34 \quad 33}{918} \quad \bigg| \quad \frac{34 \quad 164}{787}$$

Les nombres des deux lignes, & leurs complémens, ſont

35	36	37	38	39	40	41	42	43	44	45	46	47	48	49	50
162	161	160	159	158	157	156	155	154	153	152	151	150	149	148	147

Pour faire 918, parce que le nombre est grand, & qu'il doit récompenser la petitesse de 34, 33, je prens les quatre plus grands nombres, sçavoir 162, 161, 160, 159, qui ensemble font 642 ; qui ostez de 918, restera 276 pour les quatre nombres restans. Pour faire 276, je ne puis pas me servir des deux nombres suivans 158, 157, parce qu'ils feroient plus de 276, ni mesme des deux moindres de la seconde ligne, sçavoir de 148, 147, parce qu'ils font aussi plus de 276. Mais si on prenoit les quatre plus grands de la premiere ligne, sçavoir 47, 48, 49, 50, la somme seroit moindre que 276, c'est pourquoy il faudra prendre un des nombres de la seconde ligne, & trois de la premiere. Prenons par exemple 158, restera 118, mais 118 ne se peut faire avec trois nombres de cette ligne ; car les trois moindres font 40, 41, 42, qui ensemble font 123, qui est 5 plus que 118.

Il faut donc diminuer 158. Je prens 155 au lieu de luy, qui ostez de 276, restera 121 qu'il faut faire en trois nombres ; ce qui ne se peut point encore, non plus qu'avec 157 & 156 ; mais prenant 154, il restera 122, qui se feront avec 39, 41, 42.

Et ainsi on pourra éprouver à faire la ligne, en prenant 153, 152, & les autres.

Et pour continuer la recherche des differentes sortes de lignes qu'on peut faire avec les seize nombres, & leurs complémens, je change le dernier des quatre nombres premierement pris, & mets 158 au lieu de 159, & j'auray 162, 161, 160, 158, qui ensemble font 641, qui ostez de 918, reste 277, qu'il faut faire avec quatre nombres, desquels on a reconnu cy-devant que l'un devoit estre de la seconde ligne, & les trois autres de la premiere.

Je prens donc 157, qui ostez de 277, reste 120, qu'on ne sçauroit faire avec trois nombres ; car si on prend les trois moindres 38, 41, 42, on aura 121. Il faut donc diminuer 157, & prendre 156, qui ostez de 277, restera 121, qu'on fera avec trois nombres, sçavoir avec 38, 40, 43.

On pourroit continuer cette recherche prenant un autre nombre que 156, puis diminuant encore 158, & revenant aprés à faire la mesme chose à 160, 161, & enfin à 162. Ce qui seroit trop long à déduire.

La premiere ligne entre 33 & 34, sera donc 162, 161, 160, 158, 156, 38, 40, 43.

Pour la seconde ligne qui est entre 34 & 164, & dont les huit nombres doivent faire ensemble 787, je cherche à la faire comme s'ensuit, avec les nombres qui restent ; sçavoir,

42	44	45	46	47	48	49	50
155	153	152	151	150	149	148	147

Parce que la somme des angles 14 & 164 est 198, qui ne differe que de l'unité de 197, qui est la somme de chaque couple de nombres l'un portant l'autre, il faudra prendre quatre nombres de la ligne inferieure, & quatre de la superieure, à telle condition toutefois qu'on prenne une quotité impaire de nombres impairs, afin que la somme soit impaire, comme est 787. Je prendray donc par exemple 155, 153, 152, 150 : la somme est 610, qui ostée de 787, reste 177, qu'on ne peut pas faire avec quatre nombres, car les quatre qui restent font 46, 48, 49, 50, qui ensemble font 193 : & si je prens 147 au lieu de 150, la somme sera encore trop petite.

Et parce que la difference de 193 à 177 est grande, je diminuë tout à coup 152 de beaucoup, & sans s'amuser à prendre 151, ou 150, l'on prendra d'abord les quatre nombres 155, 153, 148, 147, dont la somme est 603, qui ostée de 787, reste 184 ; mais les quatre nombres qui restent, sçavoir 45, 46, 47, 48, font 186. Ils seront donc trop grands de 2, & ainsi il faudra diminuer 153. Je prens 152 en fa place, & laisse 148 & 147, puisque 153 n'est diminué que de 1.

On aura donc 155, 152, 148, 147, dont la somme est 602, qui ostée de 787, reste 185: les quatre nombres qui restent sont 44, 46, 47, 48, dont la somme est 185, ainsi qu'il est requis. On a donc les nombres qui doivent estre entre 34 & 164, qui seront 155, 152, 148, 147, 44, 46, 47, 48.

Mais si on vouloit chercher plus outre, on diminuëroit encore 152, prenant d'autres nombres que 148 & 147.

Et enfin on diminuëroit le premier nombre 155, prenant 153 en sa place, & cherchant comme devant, on trouvera que les huit nombres suivans, 153, 152, 150, 147, 49, 48, 46, 42 estant joints ensemble, font 787.

Je mets donc au dessous de 918, les nombres de la ligne 34, 33, cy-devant trouvez; & au dessous de 787, ceux de la ligne 34, 164, & leurs complemens a costé, comme on voit icy.

918

34	33
162	35
161	36
160	37
158	39
156	41
43	154
40	157
38	159

787

34	164
153	44
152	45
150	47
147	50
49	148
48	149
46	151
42	155

Ces nombres estant ainsi disposez, je les range à l'entour de la figure de 8 marquée B en la page 460, entre leurs angles qui sont marquez au dessus d'iceux, & en fais la figure suivante de 10.

34	162	161	160	158	156	43	40	38	33
153	19	176	175	174	173	26	25	20	44
152	170	9	185	186	183	18	10	27	45
150	168	16	1	195	194	4	181	29	47
147	165	180	192	6	7	189	17	32	50
49	31	184	8	190	191	5	13	166	148
48	30	15	193	3	2	196	182	167	149
46	28	187	12	11	14	179	188	169	151
42	177	21	22	23	24	171	172	178	155
164	35	36	37	39	41	154	157	159	163

Mais cette methode est trop longue, quoy qu'elle soit de grande commodité aux petites figures, comme de six ou huit nombres à chaque costé; toute-

fois on pourroit choisir tels nombres pour les angles & pour les lignes qu'on
se trouveroit si embarrassé, qu'on seroit obligé de recourir à cette voye, si on
ne vouloit point changer les nombres ; & c'est icy le dernier refuge : car puisque par cette methode on trouve toutes les façons de faire les lignes avec les
nombres donnez, si on la met en pratique, necessairement elle découvrira, (si
on la suit de point en point & sans rien omettre) si la ligne se peut parfaire
avec les nombres dont on se veut servir.

Il la faudroit aussi necessairement mettre en usage, si on vouloit avoir toutes les façons possibles de faire une table sans changer les nombres de chaque enceinte.

Maintenant il faut passer aux deux autres voyes, par l'une desquelles on
fera d'enceinte de 12, & par l'autre la derniere qui est de 14.

Il faut premierement sçavoir combien chaque ligne doit avoir en l'enceinte de 12 ; ce qui se fait multipliant 197 par 6, le produit sera 1182, car puisque chaque couple de nombres, l'un portant l'autre, doit faire 197, les six
couples, qui sont douze nombres, feront 1182.

Je choisis aprés les deux nombres qu'il faut mettre aux angles ; on a pris
pour la table precedente tous les nombres jusques à 50, & leurs complémens ;
on prendra pour ces deux angles icy les deux nombres suivans, sçavoir 51, 52,
& leurs complémens 146, 145, qui seront disposez aux angles de la figure,
comme on voit icy.

51	52	J'assemble aprés 51 & 52, la somme est 103, qui ostée de 1182, qui est la somme des douze nombres de la li-gne, reste 1079 pour les dix nombres qui restent à met-tre entre 51 & 52.
145	146	Pareillement j'assemble 51 & 145, la somme est 196, qui ostée de 1182, reste 986 pour les dix nombres qui doivent estre entre 51 & 145.

Cela fait, je prens les vingt
nombres qui suivent 52, &
leurs complémens, car il en
faut dix en chacune des lignes entre les angles.

51 ——————————— 52　　51 ——————————— 145

　　　　1079　　　　　　　　　989

53	54	55	56	57	58	59	60	61	62	63
144	143	142	141	140	139	138	137	136	135	134

64	65	66	67	68	69	70	71	72
133	132	131	130	129	128	127	126	125

Seconde methode. Pour cette enceinte on se servira de la seconde methode qui est la plus facile de toutes, & se fait comme s'ensuit.

Je divise 1079 par 10, à cause que les dix nombres doivent faire 1079 ;
tous ensemble on aura 108 moins 1 ; de sorte que neuf des nombres vaudront
108, & le dixiéme vaudra 107 : (ce qui se doit entendre l'un portant l'autre)
chaque couple de nombres vaudra donc 216, excepté une qui ne vaudra
que 215.

Mais parce qu'il n'y a que deux nombres qui puissent faire 216, sçavoir
144 & 12, il faudra prendre quelques-uns des plus grands nombres, afin que
les autres en soient d'autant diminuez. Par exemple, on prendra 144 & 143,
dont la somme est 287, qui ostée de 1079, reste 792, qui divisé par 8, à
cause

cause des huit nombres qui restent, on aura 99: chaque couple de nombres vaudra donc 198, & il y a quatre couples.

On observera de faire en sorte que les nombres qui resteront pour l'autre ligne, soient de suite le plus qu'on pourra, car on y trouvera plus de facilité. On fera aisément 198 plusieurs fois, & tant qu'on voudra, comme si on prend 142, 56, | 140, 58, | 138, 60, | & 136, 62.

Mais on le peut encore trouver d'une autre sorte, prenant des couples de nombres qui vaillent plus de 198, & d'autres qui vaillent d'autant moins, car il arrive par fois qu'on ne peut trouver deux nombres qui fassent ce qui est requis.

Si donc je ne pouvois faire 198 en deux nombres, j'en prendrois deux qui fissent par exemple 188, sçavoir 125 & 63, & en échange il en faudroit prendre deux qui fissent ensemble 208, comme 142, 66.

Le premier couple vaut 10 moins que 198, & le second vaut 10 plus : je prendray après 126, 64, qui font ensemble 190, qui est huit moins que 198; & en échange je prendray 141, 65, dont la somme est 206, qui surpasse 198 de huit.

On aura donc 144, 143, 142, 141, 125, 126, 63, 64, 65, 66, pour les dix nombres qu'il faut mettre entre 51, 52.

Pour la ligne 51, 145, je divise 986 par dix, & je trouve 98, & reste 6 ; ce qui me montre qu'il y aura six nombres qui auront 99 l'un portant l'autre, & quatre qui auront 98.

Il faudra donc trouver trois couples de nombres, dont chacune sera 198, double de 99, & deux couples de 196 chacune.

Je marque les nombres de la ligne precedente avec une petite ligne ou tiret au dessous, & me sers des dix qui restent, qui estant de suite en quotité paire, (car il y en a premierement six de suite, & puis quatre, ce qu'il faut observer le plus qu'on peut pour la facilité, sçavoir que les nombres qui suivent soient en quotité paire) il sera facile de trouver des couples de 198 & de 196 ; les trois couples de 198 seront 140, 58, | 138, 60, | & 136, 62. | Les deux couples de 196 seront 67, 129, | & 69, 127 : on aura donc 140, 138, 136, 129, 127, 69, 67, 62, 60, 58 pour la ligne 51, 145.

Ayant ces nombres, afin de ne se point méprendre & de n'estre point en danger de les mettre en une ligne autre que celle où ils doivent estre mis, & aussi pour avoir plus en main leurs complémens, on mettra les nombres de chaque ligne au dessous des deux nombres qui sont aux angles qui la bornent, comme on voit cy-dessous, & leurs complémens à costé.

51	52	51	145
1079		986	
144	53	140	57
143	54	138	59
142	55	136	61
141	56	129	68
125	72	127	70
126	71	69	128
63	134	67	130
64	133	62	135
65	132	60	237
66	131	58	139

Puis on disposera ces lignes autour de la figure de dix cy-devant trouvée,
& l'on aura la figure suivante de douze.

73											74
51	144	143	142	141	125	126	63	64	65	66	52
140	34	162	161	160	158	156	43	40	38	33	57
138	153	19	176	175	174	173	26	25	20	44	59
136	152	170	9	185	186	183	18	10	27	45	61
129	150	168	16	1	195	194	4	181	29	47	68
127	147	165	180	192	6	7	189	17	32	50	70
69	49	31	184	8	190	191	5	13	166	148	128
67	48	30	15	193	3	2	196	182	167	149	130
62	46	28	187	12	11	14	179	188	169	151	135
60	42	177	21	22	23	24	171	172	178	155	137
58	164	35	36	37	39	41	154	157	159	163	139
145	53	54	55	56	72	71	134	133	132	131	146
123											**124**

Cette methode est la plus facile de toutes, mais il seroit aisé de la découvrir en voyant la figure, si l'on n'y apporte un peu d'artifice, ce qui se pourra faire en mêlant davantage les nombres.

Par la troisiéme methode les figures sont renduës plus embarassées, parce que suivant ce qu'elle ordonne, on ne s'étudie pas à prendre les nombres de suite, comme on a fait cy-devant ; mais on les prend par hazard selon qu'ils se rencontrent, considérant toutefois à peu prés ce qu'il faut pour parfaire la ligne.

On fera la mesme opération qu'aux precédentes, pour sçavoir combien chaque ligne doit avoir, sçavoir multipliant 197 par 7 (car 197 est la somme de chaque couple de nombres l'un portant l'autre par toute la figure, & y ayant quatorze nombres en chaque ligne de cette derniere enceinte, on aura sept couples) si donc on multiplie 197 par 7, le produit sera 1379, qui est la somme des quatorze nombres de chaque ligne de la derniere enceinte.

Je prendray donc, comme yc-devant, pour les angles deux nombres qui s'entresuivent ; par exemple, les deux moindres de ceux qui restent, sçavoir 73, 74, & leurs complémens 124, 123, & je les disposeray comme on voit icy, & ainsi qu'ils doivent estre dans la figure, & qu'ils seront aprés appliquez sur les angles de la figure de douze, comme l'on voit de l'autre part.

73   74   J'assemble aprés 73 & 74 : la somme est 147, qui ostée de 1379, (qui est la somme des quatorze nombres de chaque ligne) reste 1232 pour les douze nombres qu'il faudra mettre entre 73 & 74.

123   124   Je prens aussi la somme de 73 & 123, qui est 196, qui

oftée de 1379, refte 1185 pour les douze nombres qui doivent eftre mis entre 73 & 123.

On difpofera aprés de fuite les vingt-quatre nombres qu'il faut mettre dans ces lignes, & leurs complémens.

75	76	77	78	79	80	81	82	83	84	85	86
122	121	120	119	118	117	116	115	114	113	112	111

87	88	89	90	91	92	93	94	95	96	97	98
110	109	108	107	106	105	104	103	102	101	100	99

Je difpofe comme cy-devant les nombres qu'il faut pour chaque ligne, lefquels on vient de trouver.

Pour remplir ces lignes par la troifiéme methode : Par exemple, la ligne qui doit avoir 1232, je vois que les nombres

73	74	73	123
123			1183

des angles font tous deux petits, c'eft pourquoy il faudra fe récompenfer aux douze nombres qu'on cherche, & pour cet effet prendre davantage des nombres de la feconde ligne, que de ceux de la premiere ; & fur tout obferver, que les nombres impairs qu'on prendra foient en quotité pairé, afin qu'ils puiffent faire un nombre pair tel qu'eft 1232. Je prens donc par exemple les nombres qui s'enfuivent, que je mets au deffous de 1232.

1232	
—122	75
—121	76
—120	77
—78	119
—79	118
117	
116	
115	
83	
113	
—85	112
111	
1260	

La fomme de ces nombres eft 1260, mais il ne falloit trouver que 1232, qui oftée de 1260, refte 28. Il faut donc diminüer ces nombres de 28, ce qui fe peut faire en diverfes façons, comme mettant en la place de quelqu'un des nombres qui font icy, un nombre qui foit moindre de 28, pourveû que ce nombre ne foit point déja employé dans la ligne, ni fon complément auffi. Par exemple, fi au lieu de 122, on prenoit 94, ou bien on peut faire cette déduction en deux nombres ou plus ; ainfi au lieu de 116, on peut prendre 103, & 100 au lieu de 115 ; ce qui diminüeroit les nombres de 28.

Mais il y a encore une autre methode, par laquelle on change les nombres de la ligne, en d'autres qui ont leurs complémens employez dans la mefme ligne ; mais en ce cas il ne faut diminüer ou augmenter le nombre que de la moitié ; comme icy de 14, parce qu'on fera obligé de changer auffi les complémens ; ce qui fait doubler la correction, laquelle par conféquent ne fe doit faire que de la moitié, comme on verra incontinent.

On fe peut auffi fervir de ces deux voyes enfemble, pour corriger le défaut ou excés des nombres.

Nous choifirons icy la feconde methode pour corriger l'excés de 28, lequel doit eftre réduit à la moitié, fçavoir 14, comme il a efté dit. Pour changer 122, je cherche dans la ligne quelque petit nombre dont le complément foit beaucoup moindre ; par exemple 85, dont le complément eft 112, qui eft moindre de 10 que 122. Je mets donc 112 à la place de 85, & de mefme à la place de 122 je mets fon complément 75, comme on voit à cofté de la ligne ; & ainfi on aura 20 de diminution, au lieu de 10, car on ofte 122, & on met 112 ; comme auffi on ofte 85, & on met 75 à fa place.

Reſte donc à diminuer les nombres de 4, pour achever 14.

Parce que les nombres qu'on a pris ſont eux, ou leurs complémens tous de ſuite, (car le complément de 78 eſt 119, qui precede 120, & ainſi des autres) il ſera facile de voir de combien les complémens des nombres de la ligne ſeront moindres que celuy avec lequel on les voudra comparer. Par exemple, le complément de 79 ſera moindre de trois que 121, parce que 79 eſt le troiſiéme nombre aprés 121, & pour la meſme raiſon le complément de 78 ſera moindre de 1, que 120. Or 3 & 1 ſont 4, qui eſt la correction requiſe ; je mets donc au lieu de 121, 120, 78, 79, leurs complémens ſçavoir 76, 77, 119, 118, comme on voit de l'autre part, où les complémens ſont écrits à coſté de leurs nombres, leſquels nombres ſont marquez, pour montrer qu'ils ne ſervent plus de rien, & qu'en leur place il faut prendre ceux qui ſont à coſté.

Les nombres de cette ligne, dont les angles ſont 73, 74, ſeront donc 75, 76, 77, 119, 118, 117, 116, 115, 83, 113, 112, 111, qui ſont enſemble la ſomme requiſe 1232.

Pour l'autre ligne, dont les angles ſont 73, 123, & qui doit contenir 1183 en ſes douze nombres, je prens les nombres qui reſtent ; ſçavoir

$$87 \quad 88 \quad 89 \quad 90 \quad 91 \quad 92 \quad 93 \quad 94 \quad 95 \quad 96 \quad 97 \quad 98$$
$$110 \quad 109 \quad 108 \quad 107 \quad 106 \quad 105 \quad 104 \quad 103 \quad 102 \quad 101 \quad 100 \quad 99$$

Et parce que les angles 73, 123, vallent à peu prés 197, qui eſt la valeur que doit avoir chaque couple de nombres l'un portant l'autre, il faut auſſi que les nombres qu'on employera ſoient à peu prés de cette valeur : mais on prendra garde d'avoir une quotité impaire de nombres impairs, parce que la ſomme des douze nombres, ſçavoir 1183, eſt impaire.

On remarquera auſſi que les nombres qui ſont l'un deſſus l'autre, valant enſemble 197, & n'eſtant differens l'un de l'autre que de l'unité, ſi on prend un des nombres de deſſous, avec le ſuivant de la ligne ſuperieure, comme 110, & 88, on aura 1 plus que 197 : mais ſi avec le nombre de deſſous, on prend le precedent de la ligne ſuperieure, comme 109 & 87, on aura 1 moins que 197.

1183	
——	
110	
88	
——89	108
—107	90
106	
92	
93	
103	
102	
96	
97	
98	

Si donc on veut que les nombres ayent 197 l'un portant l'autre, il faut mêler ces deux façons, & prendre les nombres qu'on voit icy au deſſous de 1183, qui enſemble font 1181, qui eſt 2 moins qu'il ne faut : d'où s'enſuit qu'il faudra augmenter un des nombres de 1, car ainſi le complément eſtant augmenté de 1, toute l'augmentation ſera de 2. Or cela ſe peut faire en beaucoup de manieres ; par exemple, mettant 108 au lieu de 107 ; car cela eſtant, il faudra mettre 90, complément de 107, à la place de 107, & 108, complément de 89, à la place de 89, comme on voit icy ; & ainſi 89 & 107 ſeront chacun augmentez de 1, puiſqu'au lieu d'iceux on aura 90 & 108.

Voicy donc les nombres de la ligne qui doit eſtre en entre les angles 73, 123, qui ſont 110, 88, 108, 90, 106, 92, 93, 103, 102, 96, 97, 98. On mettra donc, comme on a fait cy-devant, les nombres de ces deux lignes au deſſous de leurs angles, & leurs complémens à coſté, comme l'on voit cy-aprés.

73	74		73	123
75	122		110	87
76	121		88	109
77	120		108	89
119	78		90	107
118	79		106	91
117	80		92	105
116	81		93	104
115	82		103	94
83	114		102	95
113	84		96	101
112	85		97	100
111	86		98	99

Cela fait, je les dispose autour de la precédente figure de 12, & on aura la figure de 14 parfaite, comme on la voit cy-aprés.

73	75	76	77	119	118	117	116	115	83	113	112	111	74
110	51	144	143	142	141	125	126	63	64	65	66	52	87
88	140	34	162	161	160	158	156	43	40	38	33	57	109
108	138	153	19	176	175	174	173	26	25	20	44	59	89
90	136	152	170	9	185	186	183	18	10	27	45	61	107
106	129	150	168	16	1	195	194	4	181	29	47	68	91
92	127	147	169	180	192	6	7	189	17	32	50	70	105
93	69	49	31	184	8	190	191	5	13	166	148	128	104
103	67	48	30	15	193	3	2	196	182	167	149	130	94
102	62	46	28	187	12	11	14	179	188	169	151	135	95
96	60	42	177	21	22	23	24	171	172	178	155	137	101
97	58	164	35	36	37	39	41	154	157	159	163	139	100
98	145	53	54	55	56	72	71	134	133	132	131	146	99
123	122	121	120	78	79	80	81	82	114	84	85	86	124

On pourroit bien faire que la figure auroit à ses angles quatre nombres de suite, sçavoir 97, 98, 99, 100, qui seroient disposez comme on voit cy-aprés

La ligne qui doit estre entre 97 & 98 auroit 1184 en ses douze nombres, & celle qui seroit mise entre 97 & 99 aura 1183, on trouvera que la premiere doit

CCCccc

avoir deux couples de 196 chacun , & quatre de 198, & la feconde devroit
avoir deux couples de 196, trois de 198, & un de 197; mais parce qu'on ne

97   98
peut faire aucun couple de 197, à caufe qu'il faudroit prendre deux nombres qui feroient complément l'un de l'autre , au lieu du couple de 197, j'en prendray un de 198,
& en récompenfe au lieu d'un de 196, j'en prendray un

99   100
de 195; on en aura donc quatre de 198, un de 196, & un
de 195. Les nombres dont il fe faut fervir font les fuivans.

73	74	75	76	77	78	79	80	81	82	83	84
124	123	122	121	120	119	118	117	116	115	114	113
|	|	|	|	|	|	|	|	|	|	|	|
85	86	87	88	89	90	91	92	93	94	95	96
112	111	110	109	108	107	106	105	104	103	102	101

La ligne qui doit eftre entre 97 & 98, & qui vaut 1184, fe fera aifément,
prenant 73, 123, | 75, 121, pour les deux couples de 196 ; | & 120, 78, | 118, 80, | 116,
82, | 114, 84, | pour les quatre couples de 198.

L'autre ligne qui doit eftre entre 97 & 99, ne fe fera pas fi
aifément, parce que la fomme des nombres eft impaire. On
prendra 112, 86, | 110, 88, | 108, 90, | 106, 92, pour les qua-
tre couples de 198, & 93, 103 pour le couple de 196; mais
on ne fçauroit faire 195 avec les nombres qui reftent. J'en
prens donc deux au hafard , en forte toutefois que l'un d'eux
foit pair, & l'autre impair, afin que leur fomme foit impaire , comme l'eft 195. Par exemple, je prens 95, 96, dont la
fomme eft 191, qui eft moindre de 4 que 195, il faut donc
augmenter un des nombres de 2, & pour le faire, j'en
choifis un , qui eftant augmenté de 2, ne fe trouve point
dans la ligne , mais que fon complément y foit : par exemple,
je change 92, parce que 94 qui le furpaffe de 2, n'eft pas
dans la ligne, mais fon complément 103 s'y trouve.

Je mets donc au lieu de 92, fon complément 105, & au
lieu de 103, fon complément 94, & on aura les douze
nombres de cette ligne. Je les difpofe aprés comme l'on
voit icy , & leurs complémens aprés eux.

Colonne de gauche (1183) :

1183
112
86
110
88
108
90
106
—92   105
93
—103   94
95
96

97	98		97	99
73	124		112	85
123	74		86	111
75	122		110	87
121	76		88	109
120	77		108	89
78	119		90	107
118	79		106	91
80	117		105	92
116	81		93	104
82	115		94	103
114	83		95	102
84	113		96	101

Je mets donc ces quatre angles & ces quatre lignes en la difpofition que
l'on voit dans la page qui fuit autour de la figure de 12, avec laquelle on pourra remplir l'efpace vuide.

97	73	123	75	121	120	78	118	80	116	82	114	84	98
112													85
86													111
110													87
88													109
108													89
90													107
106													91
105													92
93													104
94													103
95													102
96													101
99	124	74	122	76	77	119	79	117	81	115	83	113	100

Il faut remarquer, qu'avec la methode dont on s'eft fervi pour faire cette
figure, on pourra conftruire les autres figures interieures, comme de 12, 10,
8 ou 6, & par la mefme façon qu'on a fait cy-devant celle de 8 qui eft au
dedans de celle de 14, fe fervant d'une autre de 8 qui ne dépend que d'elle-
mefme, & dont le plus grand nombre eft 64. Or ce qui fait que les figures
inferieures fe peuvent conftruire de celle-cy, & fes femblables, eft que les
nombres & leurs complémens vont de fuite dans toutes les enceintes des figures, & n'anticipent point fur les nombres deftinez pour les figures fuivantes. Ainfi en la table de 6 comprife dans celle de 14, les 36 nombres font les
18 moindres, & leurs complémens pris, eû égard à 196.

En la table de 8, les 64 nombres font les 32 moindres, & leurs complémens pris fur 196.

En celle de 10, les 100 nombres font les 50 moindres, & leurs complémens.

Et en celle de 12, les 144 nombres font les 72 moindres, & leurs complémens pris toûjours fur 196.

Mais pour faire de la precédente table de 14 une figure moindre : par
exemple, celle de 10 en laquelle le plus grand nombre foit 100, il faut laif-
fer les 50 premiers & moindres nombres en la difpofition qu'on les trouvera
en la table de 10, faifant partie de celle de 14 ; & pour les autres 50 qui font
les complémens des 50 premiers, au lieu qu'en la table de 10 qui fait partie

de celle de 14, on les a pris sur 196, il ne les faudra prendre que sur 100: & afin de ne se point tromper, & de ne prendre point un nom pour un autre, on écrira les 50 premiers nombres, sçavoir 1, 2, 3, 4, &c. & au dessous dans une seconde ligne, leurs complémens pris sur 196, comme ils sont cy-devant; & dans une troisiéme ligne au dessous, on mettra les complémens des mesmes nombres de la premiere ligne pris sur 100, comme on voit icy.

1	2	3	4	5	6	7	8	9	10	11	12
196	195	194	193	192	191	190	189	188	187	186	185
100	99	98	97	96	95	94	93	92	91	90	89

13	14	15	16	17	18	19	20	21	22	23	24
184	183	182	181	180	179	178	177	176	175	174	173
88	87	86	85	84	83	82	81	80	79	78	77

25	26	27	28	29	30	31	32	33	34	35	36
172	171	170	169	168	167	166	165	164	163	162	161
76	75	74	73	72	71	70	69	68	67	66	65

37	38	39	40	41	42	43	44	45	46	47	48
160	159	158	157	156	155	154	153	152	151	150	149
64	63	62	61	60	59	58	57	56	55	54	53

49	50
148	147
52	51

34	162	161	160	158	156	43	40	38	33	
153	19	176	175	174	173	26	25	20	44	
152	170	9	185	186	183	18	10	27	45	
150	168	16	1	195	194	4	181	29	47	A
147	165	180	192	6	7	189	17	32	50	
49	31	184	8	190	191	5	13	166	148	
48	30	15	193	3	2	196	182	167	149	
46	28	187	12	11	14	179	188	169	151	
42	177	21	22	23	24	171	172	178	155	
164	35	36	37	39	41	154	157	159	163	

34	66	65	64	62	60	43	40	38	33
57	19	80	79	78	77	26	25	20	44
56	74	9	89	90	87	18	10	27	45
54	72	16	1	99	98	4	85	29	47
51	69	84	96	6	7	93	17	32	50
49	31	88	8	94	95	5	13	70	52
48	30	15	97	3	2	100	86	71	53
46	28	91	12	11	14	83	92	73	55
42	81	21	22	23	24	75	76	82	59
68	35	36	37	39	41	58	61	63	67

(B, à gauche de la quatrième ligne du tableau)

La table cottée A, est celle de 10 qui fait partie de celle de 14, & contient les nombres de la premiere & seconde ligne.

La table cottée B, est celle de 10 simplement, & ne fait partie de nulle autre, & contient les nombres de la premiere & troisiéme ligne.

En cette table B, les nombres de la premiere ligne, sçavoir depuis 1 jusques à 50, sont aux mesmes lieux qu'en la table A.

Et ceux de la troisiéme ligne, sçavoir depuis 51 jusques à 100, sont à la place de ceux de la seconde ligne, en la table A : ainsi pour faire la table B, je commence par le premier nombre 34 de la table A, lequel estant moindre que 50, je le laisse en la table B au mesme lieu, & poursuivant je trouve 162, 161, 160, 158, 156, qui surpassent 50, c'est pourquoy je cherche dans la seconde ligne le lieu où ils sont, & prens au lieu d'eux le nombre qui est dans la troisiéme ligne, sçavoir 66, 65, 64, 62, 60, que je mets ensuite de 34, & aux mesmes lieux où estoient 162, 161, 160, 158, 156; & ainsi continuant en la mesme sorte, on achevera la table B, comme elle est icy.

Mais on n'est pas obligé de faire les tables en telle sorte, que les nombres d'une enceinte n'anticipent pas sur l'autre, car on peut prendre les nombres au hazard & comme ils viendront, & si on ne laissera pas d'avoir une figure parfaite, mais elle ne pourra pas servir, comme la precedente, à faire une figure moindre. Par exemple, si en la ligne interieure de 10 il y avoit des nombres plus grands que 50, & moindres que 99, on ne pourroit pas la transformer en une simple, dont le plus grand nombre fust 100.

On pourroit aussi mettre les nombres de suite aux enceintes sans les entremesler; mais par un ordre contraire au precedent, sçavoir mettant les nombres du milieu à la figure de 4, & les suivans, avec leurs complémens à l'enceinte de 6, & ainsi continuant jusques à la derniere enceinte.

Par ce moyen la table de 4 contiendroit les nombres suivans.

98	97	96	95	94	93	92	91
99	100	101	102	103	104	105	106

L'enceinte de la table de 6 contiendra,

90 89 88 87 86 85 84 83 82 81
107 108 109 110 111 112 113 114 115 116

Celle de la table de 8 contiendroit,

80 79 78 77 76 75 74 73 72 71 70 69
117 118 119 120 121 122 123 124 125 126 127 128

68 67
129 130

Celle de 10 auroit,

66 65 64 63 62 61 60 59 58 57 56 55
131 132 133 134 135 136 137 138 139 140 141 142

54 53 52 51 50 49
143 144 145 146 147 148

Celle de 12 contiendroit

48 47 46 45 44 43 42 41 40 39 38 37
149 150 151 152 153 154 155 156 157 158 159 160

36 35 34 33 32 31 30 29 28 27
161 162 163 164 165 166 167 168 169 170

Enfin la derniere enceinte de 14 contiendroit le reste des nombres, qui est,

26 25 24 23 22 21 20 19 18 17 16 15
171 172 173 174 175 176 177 178 179 180 181 182

14 13 12 11 10 9   8   7   6   5   4   3
183 184 185 186 187 188 189 190 191 192 193 194

2   1
195 196

Et la figure estant disposée selon la methode dont il a esté parlé cy-devant, on aura celle qui suit.

195	171	25	180	23	179	21	178	24	175	16	14	177	1
3	28	31	32	164	163	162	161	160	159	48	47	27	194
189	30	49	133	66	137	65	136	54	135	63	147	167	8
13	39	146	129	77	118	70	121	71	72	130	51	158	184
4	44	144	73	116	85	110	89	109	82	124	53	153	193
15	40	58	78	84	103	93	92	106	113	119	139	157	182
185	156	56	128	86	98	100	101	95	111	69	141	41	12
7	155	138	74	83	102	96	97	99	114	123	59	42	190
187	154	57	117	107	91	105	104	94	90	80	140	43	10
6	168	142	122	115	112	87	108	88	81	75	55	29	191
186	152	145	67	120	79	127	76	126	125	68	52	45	11
188	46	50	64	131	60	132	61	143	62	134	148	151	9
5	170	166	165	33	34	35	36	37	38	149	150	169	192
196	26	172	17	174	18	176	19	173	22	181	183	20	2

DE L'ATTACHEMENT DES FIGURES
partiales & interieures.

EN la façon precédente de faire les figures, celles qui font au dedans font en quelque façon détachées, ou plûtoft font capables d'eftre détachées l'une d'avec l'autre, ainfi qu'il a efté dit : car fi on ofte la premiere enceinte de la precédente figure de 14, la figure de 12 qui reftera aura les conditions requifes ; pareillement fi on ofte deux enceintes, il demeurera une figure de 10, qui aura encore toutes les lignes égales.

Que fi on ofte trois enceintes, on aura encore la table de 8, avec les mefmes conditions ; & fi on ofte quatre enceintes, on aura la table de 6, qui fera encore felon les regles : enfin fi on ofte cinq enceintes, il reftera la table de 4 qui aura pareille qualité.

Mais il y a moyen d'attacher les enceintes l'une à l'autre, en telle forte que lorfqu'on en oftera quelqu'une, les autres, ou laquelle on voudra de celles qui reftent, ne foit point felon les loix ; quoy-que la figure totale qui eft icy de 14, demeure toûjours bonne. Ce qui doit toûjours eftre fuppofé, & en cecy il n'y a point de reftriction ; car on choifit laquelle on veut, pour eftre bonne, ou mauvaife.

Exemple. On pourra faire que la table entiere de 14 demeurant bonne, celle de 12 ne vaudra rien, mais les autres de 10, 8, 6 & 4, feront bonnes.

Ou bien qu'il n'y aura que celle de 10 qui n'ait pas les conditions requi-

ſes, ou que ce ſera celle de 8, 6 ou 4 ſeulement, en laquelle arrivera ce défaut.

On peut faire auſſi qu'il y en aura deux, & leſquelles on voudra, qui n'auront pas les conditions requiſes, comme celles de 12 & de 10, ou de 12 & de
8, ou de 12 & de 6, ou de 12 & de 4.

Ou bien celles de 10 & de 8, de 10 & de 6, ou de 10 & de 4.

Ou celles de 8 & de 6, de 8 & de 4, ou de 6 & de 4.

Comme auſſi on pourra faire que trois de ces figures ne vaudront rien,
mais que les autres ſeront bonnes : par exemple, que celles de 12, 10 & 8 ne
vaudront rien, ou celles de 12, 10 & 6, ou de 12, 10 & 4, ou de 12, 8, 6,
ou de 12, 8, 4, ou de 12, 6, 4, ou de 10, 8, 6, ou de 10, 8, 4, ou de 10, 6, 4, ou enfin de 8, 6 & 4. Les autres eſtans diſpoſées ſelon les loix.

Pareillement on fera que quatre des tables interieures ne vaudront rien,
& la cinquiéme ſera bonne, & cette cinquiéme ſera laquelle on voudra ; ſçavoir celle de 12, ou celle de 10 & de 8, de 6 ou de 4, où il faut toûjours ſup-
poſer que l'exterieure, ou totale, ſoit bonne.

Enfin on peut faire en ſorte que la ſeule figure totale ſera bonne, & qu'aucune
des particulieres & interieures n'aura les conditions requiſes.

Cet attachement ſe fait, tranſpoſant deux nombres d'une enceinte, à la
place de deux autres équivalens d'une autre enceinte, en telle ſorte que
les nombres demeurent en la meſme ligne ou colomne où chacun d'eux
eſtoit auparavant ; de ſorte que pour faire cette tranſmutation ou tranſport,
il faut que les nombres ſoient vis-à-vis l'un de l'autre, & s'ils n'y ſont pas, il
les y faut mettre, changeant auſſi leurs complémens pour les mettre vis-à-vis
de leurs nombres, les laiſſant pourtant dans leur meſme enceinte, de peur que
la figure totale ne ſoit gaſtée. On peut voir enſuite des exemples de cela.

On veut faire en ſorte qu'en la precédente figure de 14, qui eſt en la page
475, ſi on oſte une enceinte, la figure de 12 qui reſtera ne vaille rien, mais les
autres 10, 8 & 6 ſoient bonnes. Je prens deux lignes prochaines & paralleles,
l'une de la figure de 14, & l'autre de celle de 12, & mets auſſi leurs complémens vis-à-vis, comme on voit icy. Or il ne faut point comprendre dans ces
lignes les nombres qui ſont aux angles.

A	B	C	D
3			194
189	30	167	8
13	39	158	184
4	44	153	193
15	40	157	182
185	156	41	12
7	155	42	190
187	154	43	10
6	168	29	191
186	152	45	11
188	46	151	9
5			192

Premiere Fig.

Les nombres de la colomne D, ſont complémens de ceux de la colomne A, & ceux
de la colomne C, ſont complémens de ceux
de la colomne B.

Pour attacher ces deux figures enſemble,
je cherche deux nombres dans la colomne A,
égaux à deux de la colomne B, comme s'enſuit.

La ſomme de 3 & de 189, eſt 192 ; je cherche
en B ou en C deux nombres qui faſſent
pareillement 192. Prenons 30 pour un des
deux nombres, l'autre doit eſtre 162, lequel
n'eſt point dans la ligne B. Je prens le ſuivant 39 ; le reſte pour parvenir à 192 ſeroit
153, qui n'eſt point en B ; prenant 44, il faudroit avoir 148 : & enfin prenant 40, le reſte
ſera 152 qui ſe trouve en B ; on aura donc
40 & 152, qui enſemble font autant que 3 &
189.

Mais parce que 3 & 189 ne ſont pas vis-à-
vis de 40 & 152, il les y faut mettre en plaçant 3 à la place de 15, & en ſuite 15

te 15 à la place de 3; & par mesme moyen 194, complément de 3, en la colomne D, en la place de 182, complément de 15, parce que 15 estoit vis-à-
vis de l'un des nombres de la ligne B, sçavoir de 40.

A	B	C	D
15			182
186	30	167	11
13	39	158	184
4	44	153	193
3	40	157	194
185	156	41	12
7	155	42	190
187	154	43	10
6	168	29	191
189	152	45	8
188	46	151	9
5			192

Seconde Fig.

Semblablement je fais un échange de place entre 189, & son complément
8 avec 186, & son complément 11, parce que 186 est vis-à-vis de l'autre
nombre 152 : on aura donc 3, 189, vis-à-vis de 40, 152, comme on voit en
la seconde table.

A	B	C	D
15			182
186	30	167	11
13	39	158	184
4	44	153	193
40	3	157	194
185	156	41	12
7	155	42	190
187	154	43	10
6	168	29	191
152	189	45	8
188	46	151	9
5			192

Troisiéme Fig.

Maintenant pour faire l'attachement, je mets 3 à la place de 40 qui est vis-à-
vis, & 189 à la place de 152 ; & cette transposition estant faite, si on ostoit la
premiere enceinte de la figure en laquelle les lignes seroient disposées selon la
suite des nombres contenus aux colonnes A, B, C, D de la troisiéme figure, la table de 12 n'auroit pas ses lignes égales, mais bien celles de 10, 8, 6 & 4.

E E E e e e

Il faut remarquer, qu'à cette feconde tranfpofition on ne touche point aux colomnes C, D où font les complémens.

Par ce changement, la figure entiere de 14 ne reçoit aucun dommage, puifque les lignes difpofées felon la fuite A, B, C, D ne changent point de nombres, mais retiennent toûjours les mefmes; & les colomnes qui vont de haut en bas changent bien de nombres, mais en leurs places, elles en reçoivent d'équivalens. Par exemple, la colomne A, au lieu de 3, 189 qu'elle avoit, reçoit 40, 152, qui valent autant : mais fi on prend la figure de 12 toute feule, il n'en ira pas ainfi; car encore que la colomne B, à la prendre de haut en bas, ne reçoive aucun dommage, il n'en eft pas de mefme aux deux lignes qui vont felon la fuite A, B, C, D, car en celle où font 3, 157, on a mis 3 tout feul à la place de 40, puifque la ligne de la table de 12 ne commence qu'en 40; d'où s'enfuit que cette ligne fera trop petite de 37; & en la ligne 189, 45, on a mis 189 à la place de 152, & ainfi elle fera trop grande de 37.

Pour les autres figures de 10, 8, 6 & 4, elles ne reçoivent aucun changement, parce qu'on n'y a point touché.

On peut prendre, fi on veut, trois nombres ou plus dans la colomne A, & en choifir autant d'autres, dont la fomme foit égale dans la colomne B, ou dans fon oppofée C, & les tranfpofer comme devant.

On auroit pû prendre 41, 151 dans la colomne C de la premiere figure, pour faire 192. De mefme, fi on avoit pris 3, 188 dans la colomne A, qui font 191, on trouveroit 39, 152 dans la colomne B, qui font 191. Enfin on peut trouver ces égalitez en beaucoup de manieres.

A	B
30	
39	146
44	144
40	58
156	56
155	138
154	57
168	142
152	145
46	

Si on vouloit gafter la figure de 10 feulement, il faudroit tranfpofer des nombres de l'enceinte de la figure de 12, à la place d'autres nombres équivalens de la figure de 10, & prendre leurs lignes ou colomnes comme devant, & comme on les voit icy.

Ainfi ayant trouvé que 44 & 155 de la colomne A en la table precédente, font égaux à 57, 142 de la colomne B, aprés avoir mis 44, 155 vis-à-vis de 57, 142, comme devant, & pareillement leurs complémens qui font en la colomne oppofée de la table, je les tranfpofe d'une colomne en l'autre, mettant 44, 155 à la place de 57, 142, & on les aura en la façon qu'ils font icy.

A	
30	
39	146
154	144
40	58
156	56
168	138
57	44
142	155
152	145
46	

Et fi on les applique à la figure de 14 en cette difpofition, & qu'on en ofte deux enceintes, la figure de 10 qui reftera ne fera pas bonne; mais quelqu'autres enceintes qu'on puiffe ofter, ce qui reftera ne laiffera pas d'eftre bon. On auroit pû prendre 30, 168, la fomme eft 198; leurs égaux dans la colomne B, font 56, 142, ou bien 39, 156, aufquels font égaux 138, 57 en l'autre colomne, ou bien 39, 155, & on aura 56, 138, qui valent autant, comme auffi 44, 156 font autant que 144, 56, & que 58, 142, & 44, 155 font autant que 57, 142, &c.

On fera la mefme chofe des autres enceintes; car fi on vouloit que la table de 8 toute feule ne valuft rien, on mêleroit l'enceinte de 8 avec la precédente qui eft de 10; & pour gafter la table de 6, on changera des nombres de fon enceinte avec celle de 8, &c.

Pour gafter deux tables de fuite, il faut mêler les nombres de la moindre, avec ceux de l'enceinte qui les enveloppe toutes deux. Par exemple, pour faire que les tables de 12 & de 10 ne vallent rien, les autres demeurant bonnes, on changera les nombres de l'enceinte de 14, en des équivalents de celle de 10.

Et pour gaſter les tables de 10 & de 8 ſeulement, on changera les nombres de la table de 8, en ceux de la table de 12, qui eſt celle qui enveloppe celle de 10.

Toutes les autres diverſitez qu'on pourroit apporter à faire quelques-unes des figures bonnes, & quelqu'autres mauvaiſes, ſe feront en la façon qui a eſté montrée, changeant toûjours les nombres de la figure qu'on veut gaſter, avec la precédente qu'on veut conſerver bonne. Il ſeroit trop long d'apporter des exemples de chaque ſorte, veû meſme que ce qui a eſté dit peut ſuffire eſtant bien entendu.

Il y a pluſieurs autres manieres de gaſter ou attacher les figures. En voicy des exemples.

Je cherche deux nombres aux deux colomnes marquées A de la figure precédente, ſçavoir un en chacune, qui ſoient égaux à deux autres des meſmes lignes : par exemple, 154 & 144 font 298, & pareillement 146 & 152 font 298. Et parce que 154 & 144 ſont vis-à-vis l'un de l'autre, on n'aura que faire d'y toucher; mais pour 152, il le faudra mettre vis-à-vis de 146, ou 146 à la place de 144, vis-à-vis de 152, & la ligne ſera comme on la voit icy; & en meſme temps auſſi on tranſpoſera le complément de 152 qui eſt en la ligne oppoſée dans la figure precédente de 14, vis-à-vis de 152; & pareillement le complément de 39, parce qu'on a mis 152 en ſa place.

B

30		30	
152	146	154	144
154	144	152	146
40	58	40	58
156	56	156	56
168	138	168	138
57	44	57	44
142	155	142	155
39	145	39	145
46		46	

Cela fait, on mettra 152, 146 à la place de 154, 144, comme on voit en la figure B; & en faiſant ce dernier changement, il ne faut point toucher aux complémens, car c'eſt en cela que conſiſte l'attachement des enceintes l'une à l'autre, ſçavoir, à tranſpoſer d'une enceinte à l'autre, ou d'une ligne à l'autre des nombres équivalens, ſans toucher à leurs complémens.

On a encore 142, 56, qui font 198.

On a auſſi 154, 56, qui font 210, & 152, 58 qui font autant.

On peut auſſi changer les nombres qui ſont aux angles. Ainſi en la figure qui a 14 de coſté, on pourra mettre 196 à la place de 190 : & parce que 196 ſurpaſſe 170 de 26, il faudra trouver dans la colonne 171, 26, entre les nombres 28, 170, qui ſont les angles de la table de 12, un nombre qui ſurpaſſe de 26 quelqu'un de ceux qui ſont entre 195, 196; tel eſt 39 qui ſurpaſſe 13 de 26, comme auſſi 30 qui ſurpaſſe 4 de 26; & par meſme moyen il faudroit un nombre entre 170 & 169 de la ligne 5, 192, un nombre qui ſurpaſſât de 26 quelqu'un des nombres qui ſont entre 196 & 2 : & parce qu'il

EEEee ij

ne s'en trouve point, on en cherchera deux entre 170 & 169 qui furpaffe de
26 deux autres de la ligne 196, 2 ; tels font 33 & 35, dont la fomme eft 68,
qui furpaffent de 26 les nombres 20 & 22, dont la fomme eft 42, de mefme
33 & 34, dont la fomme eft 67, furpaffent de 26 les nombres 19 & 22, dont
la fomme eft 41. Si on ne trouvoit pas deux nombres qui fiffent l'égalité,
on en pourroit prendre trois ou quatre, ou davantage.

On peut faire auffi des tables impaires par la methode precédente, dont
on s'eft fervi pour faire les paires, comme on peut voir en la table de 5 qui
eft icy, en laquelle les relatifs font dans les lignes oppofées, & dans la mefme
diagonale.

1	18	21	22	3
2	12	17	10	24
20	11	13	15	6
19	16	9	14	7
23	8	5	4	25

Or on peut varier cette table en beaucoup de manieres, à caufe qu'elle eft
détachée, & que les nombres qui font aux extrémitez des lignes, ou colomnes, font complémens l'un de l'autre, (c'eft à dire qu'ils font autant étant
joints l'un à l'autre, que les deux nombres extrémes) ainfi qu'on voit en 2
& 24 ; 20 & 6 ; 18 & 8, &c. & pareillement les nombres des angles oppofez dans les diagonales, comme 1 & 25 ; 3 & 23. Et pareillement on peut
tranfpofer la table interieure de 9 toute entiere, c'eft à dire fans toucher à
l'ordre des nombres, qui ne fe peut changer, ce qui fe fait en huit façons :
puis confiderant la premiere colomne de l'enceinte exterieure, on y trouve
trois nombres fans les angles, fçavoir 2, 20, 19, qui fe peuvent varier en fix
façons, fuivant la combinaifon d'ordre de trois chofes ; & pareillement la premiere ligne où font les trois nombres 18, 21, 22, fe peut varier en fix fortes.
Si donc on multiplie ces trois nombres 8, 6, 6 l'un par l'autre, on aura 288,
qui eft la quantité des changemens & variations qu'on peut donner à cette
table ; & ainfi on fera 288 tables differentes de la precédente.

Pareillement en variera en beaucoup de fortes une table de fix détachée :
par exemple celle qui eft icy.

9	25	26	23	18	10
16	1	35	34	4	21
20	32	6	7	29	17
24	8	30	31	5	13
15	33	3	2	36	22
27	12	11	14	19	28

Car premierement, la table de 4 de cofté qui eft au dedans fe peut varier
en 880 fortes, dont chacune fe peut tranfpofer en huit façons, qui font en
tout

tout 7040 changemens, qui se feront sans toucher à l'enceinte exterieure, en laquelle les nombres de la colonne, qui sont quatre sans les angles, se peuvent varier en vingt-quatre sortes, selon la combinaison d'ordre de quatre choses, & pareillement il y a quatre nombres en la ligne de la mesme enceinte exterieure, qui se varieront aussi en vingt-quatre façons ; & ainsi il faudra multiplier 7040 par vingt-quatre, & le produit encore par vingt-quatre, pour avoir la quantité des tables qu'on peut faire en variant une seule d'entre elles, comme celle qui est icy, qui seront en tout 4055040 tables. Or on ne prend que les quatre nombres du milieu de chaque ligne de l'enceinte, sans toucher aux angles, afin qu'y ayant en la table quelques nombres qui ne soient point remuez, on ait de vrayes variations, & non point des transpositions de la table entiere.

Tables de 5. dont chacune se peut varier en 288 façons.

5	20	17	12	11
24	10	25	4	2
3	7	13	19	23
18	22	1	16	8
15	6	9	14	21

5	18	17	14	11
2	10	25	4	24
23	7	13	19	3
20	22	1	16	6
15	8	9	12	21

6	24	15	12	8
3	10	25	4	23
21	7	13	19	5
17	22	1	16	9
18	2	11	14	20

6	23	17	11	8
24	10	25	4	2
5	7	13	19	21
12	22	1	16	14
18	3	9	15	20

6	24	8	15	12
23	10	25	4	3
5	7	13	19	21
17	22	1	16	9
14	2	18	11	20

9	24	3	18	11
21	10	25	4	5
6	7	13	19	20
14	22	1	16	12
15	2	23	8	17

9	2	23	20	11
21	10	25	4	5
8	7	13	19	18
12	22	1	16	14
15	24	3	6	17

9	21	6	18	11
24	10	25	4	2
3	7	13	19	23
14	22	1	16	12
15	5	20	8	17

1	23	20	17	4
19	10	24	5	7
11	8	13	18	15
12	21	2	16	14
22	3	6	9	25

3	25	19	14	4
20	10	24	5	6
9	8	13	18	17
11	21	2	16	15
22	1	7	12	23

3	25	22	9	6
19	10	24	5	7
11	8	13	18	15
12	21	2	16	14
20	1	4	17	23

3	25	19	12	6
22	10	24	5	4
9	8	13	18	17
11	21	2	16	15
20	1	7	14	23

4	25	23	6	7
17	10	24	5	9
11	8	13	18	15
14	21	2	16	12
19	1	3	20	22

4	23	17	14	7
25	10	24	5	1
6	8	13	18	20
11	21	2	16	15
19	3	9	12	22

4	25	6	19	11
23	10	24	5	3
9	8	13	18	17
14	21	2	16	12
15	1	20	7	22

4	23	20	7	11
25	10	24	5	1
9	8	13	18	17
12	21	2	16	14
15	3	6	19	22

2	23	20	12	8
9	10	25	4	17
15	7	13	19	11
21	22	1	16	5
18	3	6	14	24

2	23	20	8	12
11	10	25	4	15
17	7	13	19	9
21	22	1	16	5
14	3	6	18	24

2	23	17	11	12
8	10	25	4	18
20	7	13	19	6
21	22	1	16	5
14	3	9	15	24

3	24	18	15	5
9	10	25	4	17
12	7	13	19	14
20	22	1	16	6
21	2	8	11	23

3	24	21	8	9
20	10	25	4	16
11	7	13	19	15
14	22	1	16	12
17	2	5	18	23

3	24	15	14	9
6	10	25	4	20
18	7	13	19	8
21	22	1	16	5
17	2	11	12	23

3	21	18	14	9
24	10	25	4	2
6	7	13	19	20
15	22	1	16	11
17	5	8	12	23

3	24	21	6	11
18	10	25	4	8
17	7	13	19	9
12	22	1	16	14
15	2	5	20	23

3	21	18	12	15
24	10	25	4	2
6	7	13	19	20
17	22	1	16	9
15	6	8	14	23

3	20	17	14	11
24	10	25	4	2
15	7	13	19	21
18	22	1	16	8
15	6	9	12	23

TABLE GENERALE
DES
QUARREZ DE QUATRE.

Labels above each square: _β_ _β_ _β_ _β_ _γ_

1	13	8	12	1	13	12	8	1	13	8	12	1	13	12	8	1	14	8	11
16	4	9	5	16	4	5	9	16	4	9	5	16	4	5	9	15	4	10	5
11	7	14	2	7	11	14	2	10	6	15	3	6	10	15	3	12	7	13	2
6	10	3	15	10	6	3	15	7	11	2	14	11	7	2	14	6	9	3	16

Labels above each square: _α_ _α_ _γ_ _δ_ _δ_

1	14	11	8	1	14	7	12	1	14	12	7	1	11	14	8	1	14	11	8
15	4	5	10	15	4	9	6	15	4	6	9	16	5	4	9	16	5	4	9
6	9	16	3	10	5	16	3	8	11	13	2	7	12	13	2	7	12	13	2
12	7	2	13	8	11	2	13	10	5	3	16	10	6	3	15	10	3	6	15

Labels above each square: _α_ _δ_ _δ_ _β_ _β_

1	14	7	12	1	10	15	8	1	15	10	8	1	11	8	14	1	11	14	8
16	5	10	3	16	6	3	9	16	6	3	9	16	6	9	3	16	6	3	9
9	4	15	6	5	11	14	4	5	11	14	4	13	7	12	2	4	10	15	5
8	11	2	13	12	7	2	13	12	2	7	13	4	10	5	15	13	7	2	12

Labels above each square: _β_ _β_ _γ_ _α_ _γ_

1	11	14	8	1	11	8	14	1	12	8	13	1	12	13	8	1	12	14	7
16	6	3	9	16	6	9	3	15	6	10	3	15	6	3	10	15	6	4	9
7	13	12	2	10	4	15	5	14	7	11	2	4	9	16	5	8	13	11	2
10	4	5	15	7	13	2	12	4	9	5	16	14	7	2	11	10	3	5	16

Labels above each square: _α_ _β_ _β_ _β_ _β_

1	12	7	14	1	10	8	15	1	10	15	8	1	10	15	8	1	10	8	15
15	6	9	4	16	7	9	2	16	7	2	9	16	7	2	9	16	7	9	2
10	3	16	5	13	6	12	3	4	11	14	5	6	13	12	3	11	4	14	5
8	13	2	11	4	11	5	14	13	6	3	12	11	4	5	14	6	13	3	12

Labels above each square: _δ_ _δ_ _γ_ _α_ _γ_

1	12	13	8	1	13	12	8	1	12	8	13	1	12	13	8	1	12	15	6
16	7	2	9	16	7	2	9	14	7	11	2	14	7	2	11	14	7	4	9
3	10	15	6	3	10	15	6	15	6	10	3	4	9	16	5	8	13	10	3
14	5	4	11	14	4	5	11	4	9	5	16	15	6	3	10	11	2	5	16

Labels above each square: _α_ _δ_ _β_ _β_ _γ_

1	12	6	15	1	10	7	16	1	10	7	16	1	11	6	16	1	11	16	6
14	7	9	4	14	8	9	3	15	8	9	2	14	8	9	3	14	8	3	9
11	2	16	5	15	5	12	2	14	5	12	3	15	5	12	2	4	10	13	7
8	13	3	10	4	11	6	13	4	11	6	13	4	10	7	13	15	5	2	12

Labels above each square: _δ_ _γ_ _γ_ _δ_ _β_

1	11	6	16	1	10	16	7	1	10	16	7	1	10	7	16	1	10	7	16
15	8	9	2	15	8	2	9	15	8	2	9	12	8	9	5	15	8	9	2
14	5	12	3	4	11	13	6	6	13	11	4	15	3	14	2	12	3	14	5
4	10	7	13	14	5	3	12	12	3	5	14	6	13	4	11	6	13	4	11

TABLE

γ 1 12 6 15 13 8 10 3 16 5 11 2 4 9 7 14	β 1 12 15 6 13 8 3 10 4 9 14 7 16 5 2 11	δ 1 15 12 6 13 8 3 10 4 9 14 7 16 2 5 11	δ 1 11 6 16 12 8 9 5 14 2 15 3 7 13 4 10	β 1 11 6 16 14 8 9 3 12 2 15 5 7 13 4 10
γ 1 11 16 6 14 8 3 9 7 13 10 4 12 2 5 15	γ 1 12 7 14 13 8 11 2 16 5 10 3 4 9 6 15	β 1 12 14 7 13 8 2 11 4 9 15 6 16 5 3 10	δ 1 13 4 16 14 8 9 3 12 2 15 5 7 11 6 10	δ 1 7 10 16 14 9 8 3 15 6 11 2 4 12 5 13
δ 1 7 10 16 15 9 8 2 14 6 11 3 4 12 5 13	δ 1 7 10 16 12 9 8 5 15 4 13 2 6 14 3 11	δ 1 7 10 16 15 9 8 2 12 4 13 5 6 14 3 11	δ 1 12 15 6 14 9 4 7 3 8 13 10 16 5 2 11	δ 1 12 5 16 14 9 8 3 15 6 11 2 4 7 10 13
δ 1 12 5 16 15 9 8 2 14 6 11 3 4 7 10 13	δ 1 14 3 16 15 9 8 2 12 4 13 5 6 7 10 11	δ 1 6 12 15 16 9 7 2 13 8 10 3 4 11 5 14	δ 1 12 13 8 16 9 4 5 2 7 14 11 15 6 3 10	δ 1 12 6 15 16 9 7 2 13 8 10 3 4 5 11 14
δ 1 4 15 14 16 10 5 3 9 7 12 6 8 13 2 11	δ 1 15 4 14 16 10 5 3 9 7 12 6 8 2 13 11	δ 1 6 12 15 13 10 8 3 16 7 9 2 4 11 5 14	β 1 6 11 16 12 10 7 5 13 3 14 4 8 15 2 9	β 1 6 11 16 13 10 7 4 12 3 14 5 8 15 2 9
δ 1 12 13 8 15 10 3 6 2 7 14 11 16 5 4 9	δ 1 12 6 15 13 10 8 3 16 7 9 2 4 5 11 14	δ 1 13 12 8 15 10 3 6 2 7 14 11 16 4 5 9	β 1 7 12 14 16 10 5 3 13 11 8 2 4 6 9 15	β 1 7 14 12 16 10 3 5 4 6 15 9 13 11 2 8
α 1 7 14 12 16 10 3 5 11 13 8 2 6 4 9 15	β 1 7 12 14 16 10 5 3 6 4 15 9 11 13 2 8	γ 1 8 12 13 15 10 6 3 14 11 7 2 4 5 9 16	α 1 8 13 12 15 10 3 6 4 5 16 9 14 11 2 7	γ 1 8 14 11 15 10 4 5 12 13 7 2 6 3 9 16
α 1 8 11 14 15 10 5 4 6 3 16 9 12 13 2 7	δ 1 4 14 15 16 11 5 2 9 6 12 7 8 13 3 10	δ 1 14 4 15 16 11 5 2 9 6 12 7 8 3 13 10	δ 1 5 12 16 14 11 6 3 15 8 9 2 4 10 7 13	δ 1 5 12 16 15 11 6 2 14 8 9 3 4 10 7 13
δ 1 5 12 16 10 11 6 7 15 4 13 2 8 14 3 9	δ 1 5 12 16 15 11 6 2 10 4 13 7 8 14 3 9	δ 1 10 15 8 14 11 4 5 3 6 13 12 16 7 2 9	δ 1 10 7 16 14 11 6 3 15 8 9 2 4 5 12 13	δ 1 10 7 16 15 11 6 2 14 8 9 3 4 5 12 13

δ				β				β				β				β			
1	14	3	16	1	6	12	15	1	6	15	12	1	6	15	12	1	6	12	15
15	11	6	2	16	11	5	2	16	11	2	5	16	11	2	5	16	11	5	2
10	4	13	7	13	10	8	3	4	7	14	9	10	13	8	3	7	4	14	9
8	5	12	9	4	7	9	14	13	10	3	8	7	4	9	14	10	13	3	8

δ				δ				γ				α				γ			
1	8	13	12	1	13	8	12	1	8	12	13	1	8	13	12	1	8	15	10
16	11	2	5	16	11	2	5	14	11	7	2	14	11	2	7	14	11	4	5
3	6	15	10	3	6	15	10	15	10	6	3	4	5	16	9	12	13	6	3
14	9	4	7	14	4	9	7	4	5	9	16	15	10	3	6	7	2	9	16

α																			
1	8	10	15	1	4	15	14	1	4	14	15	1	9	16	8	1	9	16	8
14	11	5	4	9	12	7	6	9	12	6	7	14	12	5	3	15	12	5	2
7	2	16	9	16	5	10	3	16	5	11	2	4	6	11	13	4	7	10	13
12	13	3	6	8	13	2	11	8	13	3	10	15	7	2	10	14	6	3	11

δ				β				γ				β				δ			
1	6	11	16	1	6	11	16	1	6	16	11	1	7	10	16	1	7	10	16
14	12	5	3	15	12	5	2	15	12	2	5	14	12	5	3	15	12	5	2
15	9	8	2	14	9	8	3	4	7	13	10	15	9	8	2	14	9	8	3
4	7	10	13	4	7	10	13	14	9	3	8	4	6	11	13	4	6	11	13

γ				δ				β				γ				γ			
1	7	16	10	1	6	11	16	1	6	11	16	1	6	16	11	1	8	10	15
14	12	3	5	8	12	5	9	15	12	5	2	15	12	2	5	13	12	6	3
4	6	13	11	15	3	14	2	8	3	14	9	10	13	7	4	16	9	7	2
15	9	2	8	10	13	4	7	10	13	4	7	8	3	9	14	4	5	11	14

β				δ				δ				γ				β			
1	8	15	10	1	13	4	16	1	7	10	16	1	7	16	10	1	7	10	16
13	12	3	6	15	12	5	2	8	12	5	9	14	12	3	5	14	12	5	3
4	5	14	11	8	3	14	9	14	2	15	3	11	13	6	4	8	2	15	9
16	9	2	7	10	6	11	7	11	13	4	6	8	2	9	15	11	13	4	6

γ				β				δ				δ				δ			
1	8	11	14	1	8	14	11	1	13	4	16	1	3	14	16	1	3	14	16
13	12	7	2	13	12	2	7	14	12	5	3	12	13	4	5	15	13	4	2
16	9	6	3	4	5	15	10	8	2	15	9	15	8	9	2	12	8	9	5
4	5	10	15	16	9	3	6	11	7	10	6	6	10	7	11	6	10	7	11

δ				δ				δ				δ				δ			
1	3	14	16	1	3	14	16	1	10	7	16	1	10	7	16	1	10	15	8
15	13	4	2	10	13	4	7	12	13	4	5	15	13	4	2	12	13	6	3
10	6	11	7	15	6	11	2	15	8	9	2	12	8	9	5	5	4	11	14
8	12	5	9	8	12	5	9	6	3	14	11	6	3	14	11	16	7	2	9

δ				β				β				β				β			
1	12	5	16	1	4	14	15	1	4	15	14	1	4	15	14	1	4	14	15
15	13	4	2	16	13	3	2	16	13	2	3	16	13	2	3	16	13	3	2
10	6	11	7	11	10	8	5	6	7	12	9	10	11	8	5	7	6	12	9
8	3	14	14	6	7	9	12	11	10	5	8	7	6	9	12	10	11	5	8

Band 1

α				α				α				α							
1	8	10	15	1	10	8	15	1	7	14	12	1	7	14	12	1	7	16	10
16	13	3	2	16	13	3	2	8	13	2	11	11	13	2	8	11	13	4	6
5	4	14	11	5	4	14	11	9	4	15	6	6	4	15	9	14	12	5	3
12	9	7	6	12	7	9	6	16	10	3	5	16	10	3	5	8	2	9	15

Band 2

				α				α				γ				α			
1	7	16	10	1	8	9	16	1	11	6	16	1	8	14	11	1	8	11	14
14	13	4	3	14	13	4	3	14	13	4	3	12	13	7	2	12	13	2	7
11	12	5	6	7	2	15	10	7	2	15	10	15	10	4	5	6	3	16	9
8	2	9	15	12	11	6	5	12	8	9	5	6	3	9	16	15	10	5	4

Band 3

γ				α				α								α			
1	8	15	10	1	8	10	15	1	2	15	16	1	2	16	15	1	2	15	16
12	13	6	3	12	13	3	6	12	14	3	5	13	14	4	3	13	14	3	4
14	11	4	5	7	2	16	9	13	7	10	4	12	7	9	6	12	7	10	5
7	2	9	16	14	11	5	4	8	11	6	9	8	11	5	10	8	11	6	9

Band 4

α				α				α				β				γ			
1	11	6	16	1	11	6	16	1	4	13	16	1	4	13	16	1	4	16	13
12	14	3	5	13	14	3	4	12	14	3	5	15	14	3	2	15	14	2	3
13	7	10	4	12	7	10	5	15	9	8	2	12	9	8	5	6	7	11	10
8	2	15	9	8	2	15	9	6	7	10	11	6	7	10	11	12	9	5	8

Band 5

β				γ				α				α				γ			
1	7	10	16	1	7	16	10	1	7	10	16	1	4	13	16	1	4	16	13
12	14	3	5	12	14	5	3	15	14	3	2	8	14	3	9	15	14	2	3
15	9	8	2	6	4	11	13	12	9	8	5	15	5	12	2	10	11	7	6
6	4	13	11	15	9	2	8	6	4	13	11	10	11	6	7	8	5	9	12

Band 6

β				γ				β				α							
1	4	13	16	1	8	10	15	1	8	15	10	1	11	6	16	1	5	16	12
15	14	3	2	11	14	4	5	11	14	5	4	15	14	3	2	10	14	3	7
8	5	12	9	16	9	7	2	6	3	12	13	8	5	12	9	8	4	13	9
10	11	6	7	6	3	13	12	16	9	2	7	10	4	13	7	15	11	2	6

Band 7

												α				γ			
1	5	16	12	1	5	16	12	1	5	16	12	1	7	10	16	1	7	16	10
10	14	3	7	15	14	3	2	8	14	3	9	8	14	3	9	12	14	5	3
15	11	6	2	10	11	6	7	10	4	13	7	12	2	15	5	13	11	4	6
8	4	9	13	8	4	9	13	15	11	2	6	13	11	6	4	8	2	9	15

Band 8

β				γ				β				α				δ			
1	7	10	16	1	8	13	12	1	8	12	13	1	11	6	16	1	4	13	16
12	14	3	5	11	14	7	2	11	14	2	7	12	14	3	5	12	15	2	5
8	2	15	9	16	9	4	5	6	3	15	10	8	2	15	9	14	9	8	3
13	11	6	4	6	3	10	15	16	9	5	4	13	7	10	4	7	6	11	10

Band 9

β				γ				β				γ				δ			
1	4	13	16	1	4	16	13	1	6	11	16	1	6	16	11	1	6	11	16
14	15	2	3	14	15	3	2	12	15	2	5	12	15	5	2	14	15	2	3
12	9	8	5	7	6	10	11	14	9	8	3	7	4	10	13	12	9	8	5
7	6	11	10	12	9	5	8	7	4	13	10	14	9	3	8	7	4	13	10

1 3 16 14 8 15 2 9 13 6 11 4 12 10 5 7	1 3 16 14 13 15 2 4 8 6 11 9 12 10 5 7	1 3 16 14 13 15 2 4 12 10 7 5 8 6 9 11	1 3 16 14 12 15 2 5 13 10 7 4 8 6 9 11	(δ) 1 4 13 16 8 15 2 9 14 5 12 3 11 10 7 6
(β) 1 4 13 16 14 15 2 3 8 5 12 9 11 10 7 6	(γ) 1 4 16 13 14 15 3 2 11 10 6 7 8 5 9 12	(γ) 1 8 11 14 10 15 4 5 16 9 6 3 7 2 13 12	(β) 1 8 14 11 10 15 5 4 7 2 12 13 16 9 3 6	(δ) 1 10 7 16 14 15 2 3 8 5 12 9 11 4 13 6
(δ) 1 6 11 16 7 15 2 10 14 4 13 3 12 9 8 5	(δ) 1 6 11 16 14 15 2 3 7 4 13 10 12 9 8 5	(δ) 1 7 14 12 9 15 4 6 8 2 13 11 16 10 3 5	(δ) 1 7 14 12 9 15 4 6 16 10 5 3 8 2 11 13	(δ) 1 9 8 16 14 15 2 3 7 4 13 10 12 6 11 5
(δ) 1 6 11 16 8 15 2 9 12 3 14 5 13 10 7 4	(γ) 1 6 16 11 12 15 5 2 13 10 4 7 8 3 9 14	(β) 1 6 11 16 12 15 2 5 8 3 14 9 13 10 7 4	1 8 13 12 10 15 6 3 16 9 4 5 7 2 11 14	(β) 1 8 12 13 10 15 3 6 7 2 14 11 16 9 5 4
(δ) 1 10 7 16 12 15 2 5 8 3 14 9 13 6 11 4	(γ) 1 4 15 14 13 16 3 2 8 5 10 11 12 9 6 7	(γ) 1 4 14 15 13 16 2 3 12 9 7 6 8 5 11 10	(γ) 1 6 15 12 11 16 5 2 8 3 10 13 14 9 4 7	(γ) 1 6 12 15 11 16 2 5 14 9 7 4 8 3 13 10
(γ) 1 4 14 15 13 16 2 3 8 5 11 10 12 9 7 6	(γ) 1 4 15 14 13 16 3 2 12 9 6 7 8 5 10 11	(γ) 1 7 14 12 10 16 5 3 8 2 11 13 15 9 4 6	(γ) 1 7 12 14 10 16 3 5 15 9 6 4 8 2 13 11	(γ) 1 6 15 12 11 16 5 2 14 9 4 7 8 3 10 13
(γ) 1 6 12 15 11 16 2 5 8 3 13 10 14 9 7 4	(γ) 1 7 14 12 10 16 3 5 15 9 4 6 8 2 11 13	(γ) 1 7 12 14 10 16 3 5 8 2 13 11 15 9 6 4	(γ) 2 13 7 12 16 3 9 6 11 8 14 1 5 10 4 15	(γ) 2 13 11 8 16 3 5 10 7 12 14 1 9 6 4 15
(α) 2 13 8 11 16 3 10 5 9 6 15 4 7 12 1 14	(α) 2 13 12 7 16 3 6 9 5 10 15 4 11 8 1 14	(β) 2 14 7 11 15 3 10 6 12 8 13 1 5 9 4 16	(β) 2 14 11 7 15 3 6 10 5 9 16 4 12 8 1 13	(β) 2 14 11 7 15 3 6 10 8 12 13 1 9 5 4 16
(β) 2 14 7 11 15 3 10 6 9 5 16 4 8 12 1 13	(δ) 2 11 8 13 15 4 9 6 10 5 16 3 7 14 1 12	(δ) 2 11 14 7 15 4 5 10 8 13 12 1 9 6 3 16	(δ) 2 14 11 7 15 4 5 10 8 13 12 1 9 3 6 16	(δ) 2 9 16 7 15 5 4 10 6 12 13 3 11 8 1 14

Ligne 1

δ

2	15	6	11
16	5	12	1
9	4	13	8
7	10	3	14

γ

2	11	13	8
16	5	3	10
7	14	12	1
9	4	6	15

α

2	11	8	13
16	5	10	3
9	4	15	6
7	14	1	12

γ

2	11	7	14
16	5	9	4
13	8	12	1
3	10	6	15

α

2	11	14	7
16	5	4	9
3	10	15	6
13	8	1	12

Ligne 2

β

2	12	7	13
15	5	10	4
14	8	11	1
3	9	6	16

β

2	12	13	7
15	5	4	10
3	9	16	6
14	8	1	11

β

2	12	13	7
15	5	4	10
8	14	11	1
9	3	6	16

β

2	12	7	13
15	5	10	4
9	3	16	6
8	14	1	11

δ

2	9	16	7
15	6	3	10
4	11	14	5
13	8	1	12

Ligne 3

δ

2	15	4	13
16	6	11	1
9	3	14	8
7	10	5	12

δ

2	11	14	7
12	6	3	13
5	9	16	4
15	8	1	10

δ

2	11	14	7
13	6	3	12
4	9	16	5
15	8	1	10

δ

2	9	8	15
11	7	10	6
16	4	13	1
5	14	3	12

γ

2	9	15	8
16	7	1	10
5	14	12	3
11	4	6	13

Ligne 4

β

2	9	8	15
16	7	10	1
11	4	13	6
5	14	3	12

γ

2	11	5	16
14	7	9	4
15	6	12	1
3	10	8	13

β

2	11	16	5
14	7	4	9
3	10	13	8
15	6	1	12

α

2	14	3	15
16	7	10	1
11	4	13	6
5	9	8	12

δ

2	9	8	15
13	7	10	4
16	6	11	1
3	12	5	14

Ligne 5

β

2	9	8	15
16	7	10	1
13	6	11	4
3	12	5	14

γ

2	9	15	8
16	7	1	10
3	12	14	5
13	6	4	11

β

2	12	5	15
13	7	10	4
16	6	11	1
3	9	8	14

γ

2	12	15	5
13	7	4	10
3	9	14	8
16	6	1	11

δ

2	12	5	15
16	7	10	1
13	6	11	4
3	9	8	14

Ligne 6

δ

2	11	13	8
12	7	1	14
5	10	16	3
15	6	4	9

γ

2	11	8	13
14	7	12	1
15	6	9	4
3	10	5	16

β

2	11	13	8
14	7	1	12
3	10	16	5
15	6	4	9

γ

2	12	15	5
13	7	4	10
8	14	9	3
11	1	6	16

β

2	12	5	15
13	7	10	4
11	1	16	6
8	14	3	9

Ligne 7

δ

2	13	11	8
14	7	1	12
3	10	16	5
15	4	6	9

β

2	9	7	16
15	8	10	1
14	5	11	4
3	12	6	13

β

2	9	16	7
15	8	1	10
3	12	13	6
14	5	4	11

β

2	9	16	7
15	8	1	10
5	14	11	4
12	3	6	13

β

2	9	7	16
15	8	10	1
12	3	13	6
5	14	4	11

Ligne 8

δ

2	9	16	7
12	8	1	13
5	11	14	4
15	6	3	10

δ

2	9	16	7
13	8	1	12
4	11	14	5
15	6	3	10

γ

2	11	7	14
13	8	12	1
16	5	9	4
3	10	6	15

α

2	11	14	7
13	8	1	12
3	10	15	6
16	5	4	9

γ

2	11	16	5
13	8	3	10
7	14	9	4
12	1	6	15

Ligne 9

α

2	11	5	16
13	8	10	3
12	1	15	6
7	14	4	9

δ

2	3	16	13
15	9	6	4
10	8	11	5
7	14	1	12

δ

2	15	10	7
16	9	8	1
3	6	11	14
13	4	5	12

δ

2	5	12	15
11	9	8	6
14	4	13	3
7	16	1	10

δ

2	5	12	15
14	9	8	3
11	4	13	6
7	16	1	10

				δ								δ				γ			
2	5	11	16	2	11	14	7	2	11	5	16	2	14	11	7	2	7	13	12
14	9	7	4	16	9	4	5	14	9	7	4	16	9	4	5	16	9	3	6
15	8	10	1	1	8	13	12	15	8	10	1	1	8	13	12	11	14	8	1
3	12	6	13	15	6	3	10	3	6	12	13	15	3	6	10	5	4	10	15

α				γ				α				β				β			
2	7	12	13	2	7	11	14	2	7	14	11	2	8	11	13	2	8	13	11
16	9	6	3	16	9	5	4	16	9	4	5	15	9	6	4	15	9	4	6
5	4	15	10	13	12	8	1	3	6	15	10	14	12	7	1	3	5	16	10
11	14	1	8	3	6	10	15	13	12	1	8	3	5	10	16	14	12	1	7

β				β				δ				δ				δ			
2	8	13	11	2	8	11	13	2	5	11	16	2	11	14	7	2	11	5	16
15	9	4	6	15	9	6	4	15	10	8	1	15	10	3	6	15	10	8	1
12	14	7	1	5	3	16	10	14	7	9	4	1	8	13	12	14	7	9	4
5	3	10	16	12	14	1	7	3	12	6	13	16	5	4	9	3	6	12	13

δ				δ				δ				δ							
2	5	16	11	2	15	4	13	2	7	14	11	2	7	14	11	2	3	16	13
15	10	3	6	16	10	7	1	8	10	3	13	13	10	3	8	10	11	8	5
4	7	14	9	5	3	14	12	9	5	16	4	4	5	16	9	15	6	9	4
13	12	1	8	11	6	9	8	15	12	1	6	15	12	1	6	7	14	1	12

								δ				β				β			
2	10	15	7	2	10	15	7	2	5	12	15	2	5	15	12	2	5	12	15
13	11	6	4	16	11	6	1	7	11	6	10	16	11	1	6	16	11	6	1
3	5	12	14	3	8	9	14	16	4	13	1	9	14	8	3	7	4	13	10
16	8	1	9	13	5	4	12	9	14	3	8	7	4	10	13	9	14	3	8

γ				β				δ				β				δ			
2	7	9	16	2	7	16	9	2	14	3	15	2	3	13	16	2	5	12	15
14	11	5	4	14	11	4	5	16	11	6	1	10	11	5	8	13	11	6	4
15	10	8	1	3	6	13	12	7	4	13	10	15	6	12	1	16	10	7	1
3	6	12	13	15	10	1	8	9	5	12	8	7	14	4	9	3	8	9	14

β				γ				β				γ				δ			
2	5	12	15	2	5	15	12	2	8	9	15	2	8	15	9	2	8	9	15
16	11	6	1	16	11	1	6	13	11	6	4	13	11	4	6	16	11	6	1
13	10	7	4	3	8	14	9	16	10	7	1	3	5	14	12	13	10	7	4
3	8	9	14	13	10	4	7	3	5	12	14	16	10	1	7	3	5	12	14

δ				γ				β				γ				β			
2	7	13	12	2	7	12	13	2	7	13	12	2	8	15	9	2	8	9	15
8	11	1	14	14	11	8	1	14	11	1	8	13	11	4	6	13	11	6	4
9	6	16	3	15	10	5	4	3	6	16	9	12	14	5	3	7	1	16	10
15	10	4	5	3	6	9	16	15	10	4	5	7	1	10	16	12	14	3	5

δ				δ				γ				β				β			
2	13	7	12	2	3	13	16	2	13	3	16	2	5	11	16	2	5	16	11
14	11	1	8	15	12	6	1	15	12	6	1	15	12	6	1	15	12	1	6
3	6	16	9	10	5	11	8	10	5	11	8	14	9	7	4	3	8	13	10
15	4	10	5	7	14	4	9	7	4	14	9	3	8	10	13	14	9	4	7

β				β				δ				δ				γ			
2	5	16	11	2	5	11	16	2	5	16	11	2	5	16	11	2	7	11	14
15	12	1	6	15	12	6	1	8	12	1	13	13	12	1	8	13	12	8	1
9	14	7	4	8	3	13	10	9	7	14	4	4	7	14	9	16	9	5	4
8	3	10	13	9	14	4	7	15	10	3	6	15	10	3	6	3	6	10	15

α				γ				α				δ				δ			
2	7	14	11	2	7	16	9	2	7	9	16	2	7	10	15	2	7	10	15
13	12	1	8	13	12	3	6	13	12	6	3	8	12	5	9	11	12	5	6
3	6	15	10	11	14	5	4	8	1	15	10	11	1	16	6	8	1	16	9
16	9	4	5	8	1	10	15	11	14	4	5	13	14	3	4	13	14	3	4

δ												δ				δ			
2	8	11	13	2	8	15	9	2	8	15	9	2	11	8	13	2	1	16	15
14	12	1	7	11	12	5	6	14	12	5	3	14	12	1	7	11	13	4	6
3	5	16	10	14	13	4	3	11	13	4	6	3	5	16	10	14	8	9	3
15	9	6	4	7	1	10	16	7	1	10	16	15	6	9	4	7	12	5	10

δ				δ				δ				δ				δ			
2	1	16	15	2	1	15	16	2	11	14	7	2	12	5	15	2	3	14	15
14	13	4	3	14	13	3	4	12	13	8	1	14	13	4	3	7	13	4	10
11	8	9	6	11	8	10	5	5	4	9	16	11	8	9	6	16	6	11	1
7	12	5	10	7	12	6	9	15	6	3	10	7	1	16	10	9	12	5	8

γ				β				γ				β				δ			
2	3	15	14	2	3	14	15	2	7	9	16	2	7	16	9	2	12	5	15
16	13	1	4	16	13	4	1	12	13	3	6	12	13	6	3	16	13	4	1
9	12	8	5	7	6	11	10	15	10	8	1	5	4	11	14	7	6	11	10
7	6	10	11	9	12	5	8	5	4	14	11	15	10	1	8	9	3	14	8

δ				β				γ				β				γ			
2	3	14	15	2	3	14	15	2	3	15	14	2	8	9	15	2	8	15	9
11	13	4	6	16	13	4	1	16	13	1	4	11	13	4	6	11	13	6	4
16	10	7	1	11	10	7	6	5	8	12	9	16	10	7	1	5	3	12	14
5	8	9	12	5	8	9	12	11	10	6	7	5	3	14	12	16	10	1	7

δ																			
2	8	9	15	2	6	15	11	2	6	15	11	2	6	15	11	2	6	15	11
16	13	4	1	7	13	4	10	9	13	4	8	9	13	4	8	16	13	4	1
11	10	7	6	9	3	14	8	7	3	14	10	16	12	5	1	9	12	5	8
5	3	14	12	16	12	1	5	16	12	1	5	7	3	10	14	7	3	10	14

δ				γ				β				γ				β			
2	7	11	14	2	7	14	11	2	7	11	14	2	8	15	9	2	8	9	15
8	13	1	12	12	13	8	1	12	13	1	8	11	13	6	4	11	13	4	6
9	4	16	5	15	10	3	6	5	4	16	9	14	12	3	5	7	1	16	10
15	10	6	3	5	4	9	16	15	10	6	3	7	1	10	16	14	12	5	3

δ																			
2	11	7	14	2	4	15	13	2	4	15	13	2	4	13	15	2	5	12	15
12	13	1	8	5	14	3	12	16	14	3	1	16	14	1	3	16	14	1	3
5	4	16	9	16	7	10	1	5	7	10	12	9	11	8	6	9	11	8	6
15	6	10	3	11	9	6	8	11	9	6	8	7	5	12	10	7	4	13	10

β				β				β				β							
2	3	13	16	2	3	16	13	2	3	16	13	2	3	13	16	2	4	15	13
15	14	4	1	15	14	1	4	15	14	1	4	15	14	4	1	9	14	3	8
12	9	7	6	5	8	11	10	9	12	7	6	8	5	11	10	16	11	6	1
5	8	10	11	12	9	6	7	8	5	10	11	9	12	6	7	7	5	10	12

												δ				δ			
2	4	13	15	2	4	15	13	2	9	8	15	2	7	9	16	2	9	7	16
16	14	1	3	16	4	3	1	16	14	1	3	15	14	4	1	15	14	4	1
5	7	12	10	9	11	6	8	5	7	12	10	6	3	13	12	6	3	13	12
11	9	8	6	7	5	10	12	11	4	13	6	11	10	8	5	11	8	10	5

γ				α				γ				α				γ			
2	7	13	12	2	7	12	13	2	7	16	9	2	7	9	16	2	3	16	13
11	14	8	1	11	14	1	8	11	14	5	1	11	14	4	5	14	15	4	1
16	9	3	6	5	4	15	10	13	12	3	6	8	1	15	10	7	6	9	12
5	4	10	15	16	9	6	3	8	1	10	15	13	12	6	3	11	10	5	8

γ				γ				γ											
2	3	13	16	2	3	13	16	2	3	16	13	2	8	13	11	2	8	11	13
14	15	1	4	14	15	1	4	14	15	4	1	9	15	6	4	9	15	4	6
11	10	8	5	7	6	12	9	11	10	5	8	7	1	12	14	16	10	5	3
7	6	12	9	11	10	8	5	7	6	9	12	16	10	3	5	7	1	14	12

γ				γ				γ				γ				γ			
2	5	16	11	2	5	11	16	2	5	11	16	2	5	16	11	2	8	11	13
12	15	6	1	12	15	1	6	12	15	1	6	12	15	6	1	9	15	4	6
7	4	9	14	13	10	8	3	7	4	14	9	13	10	3	8	7	1	14	12
13	10	3	8	7	4	14	9	13	10	8	3	7	4	9	14	16	10	5	3

γ				δ				β				γ				β			
2	8	13	11	2	3	14	15	2	3	14	15	2	3	15	14	2	5	12	15
9	15	6	4	11	16	1	6	13	16	1	4	13	16	4	1	11	16	1	6
16	10	3	5	13	10	7	4	11	10	7	6	8	5	9	12	13	10	7	4
7	1	12	14	8	5	12	9	8	5	12	9	11	10	6	7	8	3	14	9

γ				δ															
2	5	15	12	2	5	12	15	2	4	13	15	2	4	13	15	2	5	12	15
11	16	6	1	13	16	1	4	14	16	3	1	14	16	3	1	14	16	3	1
8	3	9	14	11	10	7	6	7	5	10	12	11	9	6	8	11	9	6	8
13	10	4	7	8	3	14	9	11	9	8	6	7	5	12	10	7	4	13	10

				δ				γ				β				β			
2	9	8	15	2	3	14	15	2	3	15	14	2	3	14	15	2	7	13	12
14	16	3	1	7	16	1	10	13	16	4	1	13	16	1	4	9	16	6	3
7	5	10	12	13	6	11	4	12	9	5	8	7	6	11	10	8	1	11	14
11	4	13	6	12	9	8	5	7	6	10	11	12	9	8	5	15	10	4	5

γ				δ				δ				δ							
2	7	12	13	2	9	8	15	2	3	14	15	2	3	14	15	2	8	11	13
9	16	3	6	13	16	1	4	8	16	1	9	11	16	1	6	10	16	5	3
15	10	5	4	7	6	11	10	11	5	12	6	8	5	12	9	15	9	4	6
8	1	14	11	12	3	14	5	13	10	7	4	13	10	7	4	7	1	14	12

δ

2	8	11	13
10	16	5	3
7	1	12	14
15	9	6	4

δ

2	10	7	15
11	16	1	6
8	5	12	9
13	3	14	4

δ

2	5	12	15
7	16	1	10
11	4	13	6
14	9	8	3

γ

2	5	15	12
11	16	6	1
14	9	3	8
7	4	10	13

β

2	5	12	15
11	16	1	6
7	4	13	10
14	9	8	3

γ

2	7	14	11
9	16	5	4
15	10	3	6
8	1	12	13

β

2	7	11	14
9	16	4	5
8	1	13	12
15	10	6	3

δ

2	9	8	15
11	16	1	6
7	4	13	10
14	5	12	3

γ

3	13	6	12
16	2	9	7
10	8	15	1
5	11	4	14

α

3	13	8	10
16	2	11	5
9	7	14	4
6	12	1	15

γ

3	13	10	8
16	2	5	11
6	12	15	1
9	7	4	14

α

3	13	12	6
16	2	7	9
5	11	14	4
10	8	1	15

β

3	14	8	9
15	2	12	5
10	7	13	4
6	11	1	16

β

3	14	9	8
15	2	5	12
6	11	16	1
10	7	4	13

β

3	14	12	5
15	2	8	9
6	11	13	4
10	7	1	16

β

3	14	5	12
15	2	9	8
10	7	16	1
6	11	4	13

δ

3	9	16	6
14	4	5	11
7	13	12	2
10	8	1	15

δ

3	14	7	10
16	4	13	1
9	5	12	8
6	11	2	15

δ

3	10	7	14
13	4	9	8
12	5	16	1
6	15	2	11

δ

3	13	12	6
15	4	5	10
2	9	16	7
14	8	1	11

γ

3	10	13	8
16	5	2	11
6	15	12	1
9	4	7	14

α

3	10	8	13
16	5	11	2
9	4	14	7
6	15	1	12

α

3	10	15	6
16	5	4	9
2	11	14	7
13	8	1	12

δ

3	9	8	14
12	5	10	7
13	4	15	2
6	16	1	11

δ

3	12	13	6
16	5	4	9
1	10	15	8
14	7	2	11

β

3	12	13	6
14	5	4	11
2	9	16	7
15	8	1	10

β

3	12	13	6
14	5	4	11
8	15	10	1
9	2	7	16

β

3	12	6	13
14	5	11	4
9	2	16	7
8	15	1	10

δ

3	9	8	14
10	6	11	7
16	4	13	1
5	15	2	12

γ

3	9	14	8
16	6	1	11
5	15	12	2
10	4	7	13

β

3	9	8	14
16	6	11	1
10	4	13	7
5	15	2	12

β

3	10	16	5
15	6	4	9
2	11	13	8
14	7	1	12

δ

3	15	2	14
16	6	11	1
10	4	13	7
5	9	8	12

γ

3	9	14	8
16	6	1	11
2	12	15	5
13	7	4	10

γ

3	12	14	5
13	6	4	11
2	9	15	8
16	7	1	10

δ

3	10	13	8
12	6	1	15
5	11	16	2
14	7	4	9

β

3	10	13	8
15	6	1	12
2	11	16	5
14	7	4	9

γ

3	12	14	5
13	6	4	11
8	15	9	2
10	1	7	16

β

3	12	5	14
13	6	11	4
10	1	16	7
8	15	2	9

δ

3	13	10	8
15	6	1	12
2	11	16	5
14	4	7	9

δ

3	9	8	14
10	7	12	5
15	2	13	4
6	16	1	11

δ

3	10	15	6
16	7	2	9
1	12	13	8
14	5	4	11

δ

3	12	13	6
14	7	2	11
1	10	15	8
16	5	4	9

δ

3	13	12	6
14	7	2	11
1	10	15	8
16	4	5	9

δ

3	6	15	10
14	7	2	11
4	9	16	5
13	12	1	8

δ				δ				β				β				β			
3	9	16	6	3	9	16	6	3	9	16	6	3	9	16	6	3	9	6	16
10	8	1	15	15	8	1	10	14	8	1	11	14	8	1	11	14	8	11	1
7	13	12	2	2	13	12	7	2	12	13	7	5	15	10	4	12	2	13	7
14	4	5	11	14	4	5	11	15	5	4	10	12	2	7	13	5	15	4	10

α				γ				α				δ				δ			
3	10	15	6	3	10	16	5	3	10	5	16	3	6	15	10	3	6	15	10
13	8	1	12	13	8	2	11	13	8	11	2	12	8	1	13	13	8	1	12
2	11	14	7	6	15	9	4	12	1	14	7	5	9	16	4	4	9	16	5
16	5	4	9	12	1	7	14	6	15	4	9	14	11	2	7	14	11	2	7

δ				δ				δ				δ				γ			
3	12	5	14	3	13	4	14	3	14	11	6	3	2	16	13	3	6	13	12
15	8	9	2	15	8	9	2	16	9	8	1	14	9	7	4	16	9	2	7
6	1	16	11	6	1	16	11	2	7	10	15	11	8	10	5	10	15	8	1
10	13	4	7	10	12	5	7	13	4	5	12	6	15	1	12	5	4	11	14

α				α				δ				δ				β			
3	6	12	13	3	6	15	10	3	5	12	14	3	8	13	10	3	8	13	10
16	9	7	2	16	9	4	5	8	9	6	11	16	9	4	5	14	9	4	7
5	4	14	11	2	7	14	11	13	4	15	2	1	6	15	12	2	5	16	11
10	15	1	8	13	12	1	8	10	16	1	7	14	11	2	7	15	12	1	6

β				β															
3	8	13	10	3	8	10	13	3	2	16	13	3	2	13	16	3	11	14	6
14	9	4	7	14	9	7	4	11	10	8	5	11	10	5	8	13	10	7	4
12	15	6	1	5	2	16	11	14	7	9	4	14	7	12	1	2	5	12	15
5	2	11	16	12	15	1	6	6	15	1	12	6	15	4	9	16	8	1	9

				δ				γ				β				β			
3	11	14	6	3	5	12	14	3	5	14	12	3	5	12	14	3	6	16	9
16	10	7	1	6	10	7	11	16	10	1	7	16	10	7	1	15	10	4	5
2	8	9	15	16	4	13	1	9	15	8	2	6	4	13	11	2	7	13	12
13	5	4	12	9	15	2	8	6	4	11	13	9	15	2	8	14	11	1	8

δ				γ				γ				δ				β			
3	15	2	14	3	5	14	12	3	8	14	9	3	6	13	12	3	6	13	12
16	10	7	1	16	10	1	7	13	10	4	7	8	10	1	15	15	10	1	8
6	4	13	11	2	8	15	9	2	5	15	12	9	7	16	2	2	7	16	9
9	5	12	8	13	11	4	6	16	11	1	6	14	11	4	5	14	11	4	5

γ				β				δ				δ				δ			
3	8	14	9	3	8	9	14	3	13	6	12	3	2	16	13	3	14	7	10
13	10	4	7	13	10	7	4	15	10	1	8	14	11	5	4	16	11	6	1
12	15	5	2	6	1	16	11	2	7	16	9	7	6	12	9	2	5	12	15
6	1	11	16	12	15	2	5	14	4	11	5	10	15	1	8	13	4	9	8

δ				δ				δ				δ				δ			
3	5	12	14	3	6	15	10	3	8	13	10	3	13	8	10	3	6	12	13
6	11	8	9	16	11	2	5	14	11	2	7	14	11	2	7	8	11	5	10
15	2	13	4	1	8	13	12	1	6	15	12	1	6	15	12	9	2	16	7
10	16	1	7	14	9	4	7	16	9	4	5	16	4	9	5	14	15	1	4

δ 3 6 12 13 10 11 5 8 7 2 16 9 14 15 1 4	δ 3 2 13 16 14 11 7 1 11 5 10 8 6 15 4 9	δ 3 13 2 16 14 12 7 1 11 5 10 8 6 4 15 9	3 2 15 14 16 12 1 5 9 13 8 4 6 7 10 11	3 2 16 13 7 12 6 9 14 5 11 4 10 15 1 8
3 7 10 14 16 12 1 5 9 13 8 4 6 2 15 11	3 7 14 10 16 12 5 1 2 6 11 15 13 9 4 8	β 3 5 16 10 14 12 1 7 2 8 13 11 15 9 4 6	β 3 5 16 10 14 12 1 7 9 15 6 4 8 2 11 13	β 3 5 10 16 14 12 7 1 8 2 13 11 9 15 4 6
α 3 6 15 10 13 12 1 8 2 7 14 11 16 9 4 5	γ 3 6 16 9 13 12 2 7 10 15 5 4 8 1 11 14	α 3 6 9 16 13 12 7 2 8 1 14 11 10 15 4 5	3 7 14 10 9 12 5 8 16 13 4 1 6 2 11 15	3 7 10 14 16 12 1 5 2 6 15 11 13 9 8 4
3 7 14 10 16 12 5 1 9 13 4 8 6 2 11 15	3 9 8 14 16 12 1 5 2 6 15 11 13 7 10 4	δ 3 2 15 14 6 13 4 11 16 7 10 1 9 12 5 8	γ 3 2 14 15 16 13 1 4 9 12 8 5 6 7 11 10	β 3 2 15 14 16 13 4 1 6 7 10 11 9 12 5 8
γ 3 6 9 16 12 13 2 7 14 11 8 1 5 4 15 10	β 3 6 16 9 12 13 7 2 5 4 10 15 14 11 1 8	δ 3 12 5 14 16 13 4 1 6 7 10 11 9 2 15 8	3 1 16 14 15 13 2 4 6 8 11 9 10 12 5 7	3 1 16 14 15 13 2 4 10 12 7 5 6 8 9 11
3 8 9 14 15 13 2 4 10 12 7 5 6 1 16 11	3 12 5 14 15 13 2 4 6 8 11 9 10 1 16 7	δ 3 2 15 14 10 13 4 7 16 11 6 1 5 8 9 12	β 3 2 15 14 16 13 4 1 10 11 6 7 5 8 9 12	γ 3 2 14 15 16 13 1 4 5 8 12 9 10 11 7 6
β 3 8 9 14 10 13 4 7 16 11 6 1 5 2 15 12	γ 3 8 14 9 10 13 7 4 5 2 12 15 16 11 1 6	δ 3 8 9 14 16 13 4 1 10 11 6 7 5 2 15 12	γ 3 6 15 10 12 13 8 1 14 11 2 7 5 4 9 16	γ 3 8 14 9 10 13 7 4 15 12 2 5 6 1 11 16
γ 3 2 13 16 15 14 1 4 10 11 8 5 6 7 12 9	γ 3 2 16 13 15 14 4 1 6 7 9 12 10 11 5 8	γ 3 5 16 10 12 14 7 1 6 4 9 15 13 11 2 8	γ 3 5 10 16 12 14 1 7 13 11 8 2 6 4 15 9	γ 3 2 16 13 15 14 4 1 10 11 5 8 6 7 9 12
γ 3 2 13 16 15 14 1 4 6 7 12 9 10 11 8 5	γ 3 8 13 10 9 14 7 4 6 1 12 15 16 11 2 5	γ 3 8 10 13 9 14 4 7 16 11 5 2 6 1 15 12	γ 3 5 16 10 12 14 7 1 13 11 2 8 6 4 9 15	γ 3 8 13 10 9 14 7 4 16 11 2 5 6 1 12 15

																β			
3	12	5	14	3	1	14	16	3	1	16	14	3	1	14	16	3	2	13	16
13	15	4	2	12	15	2	5	13	15	4	2	13	15	2	4	14	15	4	1
8	6	9	11	13	10	7	4	8	6	9	11	12	10	7	5	12	9	6	7
10	1	16	7	6	8	11	9	10	12	5	7	6	8	11	9	5	8	11	10
β				β				β											
3	2	16	13	3	2	16	13	3	2	13	16	3	1	14	16	3	1	14	16
14	15	1	4	14	15	1	4	14	15	4	1	8	15	2	9	13	15	2	4
5	8	10	11	9	12	6	7	8	5	10	11	13	6	11	4	8	6	11	9
12	9	7	6	8	5	11	10	9	12	7	6	10	12	7	5	10	12	7	5
								δ				δ				γ			
3	1	16	14	3	8	9	14	3	2	16	13	3	2	16	13	3	6	13	12
13	15	4	2	13	15	4	2	8	15	1	10	10	15	1	8	10	15	8	1
12	10	5	7	12	10	5	7	9	6	12	7	7	6	12	9	16	9	2	7
6	8	9	11	6	1	16	11	14	11	5	4	14	11	5	4	5	4	11	14
γ				δ				δ								δ			
3	6	16	9	3	4	13	14	3	4	13	14	3	4	14	13	3	5	12	14
10	15	5	4	6	16	1	11	15	16	1	2	15	16	2	1	6	16	1	11
13	12	2	7	15	9	8	2	6	9	8	11	6	9	7	12	15	9	8	2
8	1	11	14	10	5	12	7	10	5	12	7	10	5	11	8	10	4	13	7
δ				δ				β				γ				β			
3	5	12	14	3	2	15	14	3	2	15	14	3	2	14	15	3	5	12	14
15	16	1	2	10	16	1	7	13	16	1	4	13	16	4	1	10	16	1	7
6	9	8	11	13	11	6	4	10	11	6	7	8	5	9	12	13	11	6	4
10	4	13	7	8	5	12	9	8	5	12	9	10	11	7	6	8	2	15	9
γ				δ				δ				γ				β			
3	5	14	12	3	5	12	14	3	2	15	14	3	2	14	15	3	2	15	14
10	16	7	1	13	16	1	4	6	16	1	11	13	16	4	1	13	16	1	4
8	2	9	15	10	11	6	7	13	7	10	4	12	9	5	8	6	7	10	11
13	11	4	6	8	2	15	9	12	9	8	5	6	7	11	10	12	9	8	5
γ				β				δ											
3	6	12	13	3	6	13	12	3	9	8	14	3	2	15	14	3	7	10	14
9	16	2	7	9	16	7	2	13	16	1	4	12	16	5	1	12	16	5	1
14	11	5	4	8	1	10	15	6	7	10	11	13	9	4	8	13	9	4	8
8	1	15	10	14	11	4	5	12	2	15	5	6	7	10	11	6	2	15	11
								γ				γ				β			
3	7	10	14	3	9	8	14	3	5	14	12	3	6	15	10	4	16	5	9
12	16	5	1	12	16	5	1	10	16	7	1	9	16	5	4	13	1	12	8
6	2	11	15	6	2	11	15	15	9	2	8	14	11	2	7	11	7	14	2
13	9	8	4	13	7	10	4	6	4	11	13	8	1	12	13	6	10	3	15
β				β				β				α				γ			
4	16	9	5	4	16	9	5	4	16	5	9	4	15	6	9	4	15	9	6
13	1	8	12	13	1	8	12	13	1	12	8	14	1	12	7	14	1	7	12
6	10	15	3	7	11	14	2	10	6	15	3	11	8	13	2	5	10	16	3
11	7	2	14	10	6	3	15	7	11	2	14	5	10	3	16	11	8	2	13

Row 1

α
```
 4 15 10  5
14  1  8 11
 7 12 13  2
 9  6  3 16
```

γ
```
 4 15  5 10
14  1 11  8
 9  6 16  3
 7 12  2 13
```

δ
```
 4 15  6  9
11  2 13  8
14  7 12  1
 5 10  3 16
```

δ
```
 4 15 10  5
11  2  7 14
 6  9 16  3
13  8  1 12
```

δ
```
 4 15 10  5
14  2  7 11
 3  9 16  6
13  8  1 12
```

Row 2

δ
```
 4  9  8 13
14  3 10  7
11  6 15  2
 5 16  1 12
```

δ
```
 4 14 11  5
16  3  6  9
 1 10 15  8
13  7  2 12
```

δ
```
 4 10 15  5
13  3  6 12
 8 14 11  1
 9  7  2 16
```

δ
```
 4 13  8  9
15  3 14  2
10  6 11  7
 5 12  1 16
```

δ
```
 4  9 15  6
10  5  3 16
 7 12 14  1
13  8  2 11
```

Row 3

β
```
 4  9 15  6
16  5  3 10
 1 12 14  7
13  8  2 11
```

γ
```
 4 10 13  7
15  5  2 12
 6 16 11  1
 9  3  8 14
```

β
```
 4 10  7 13
15  5 12  2
 9  3 14  8
 6 16  1 11
```

δ
```
 4 15  9  6
16  5  3 10
 1 12 14  7
13  2  8 11
```

β
```
 4 16  1 13
 9  5 12  8
14  2 15  3
 7 11  6 10
```

Row 4

δ
```
 4 16  1 13
14  5 12  3
 9  2 15  8
 7 11  6 10
```

γ
```
 4 14  7  9
11  5 16  2
13  3 10  8
 6 12  1 15
```

β
```
 4 14  9  7
11  5  2 16
 6 12 15  1
13  3  8 10
```

δ
```
 4 11  6 13
 9  5 12  8
14  2 15  3
 7 16  1 10
```

γ
```
 4 15  1 14
10  5 11  8
13  2 16  3
 7 12  6  9
```

Row 5

γ
```
 4 14  1 15
11  5 10  8
13  3 16  2
 6 12  7  9
```

α
```
 4 15  1 14
 9  6 12  7
16  3 13  2
 5 10  8 11
```

γ
```
 4 15  5 10
 9  6 16  3
14  1 11  8
 7 12  2 13
```

α
```
 4 15 10  5
 9  6  3 16
 7 12 13  2
14  1  8 11
```

δ
```
 4 16  9  5
13  6  3 12
 2 11 14  7
15  1  8 10
```

Row 6

δ
```
 4 13  2 15
 9  6 11  8
16  3 14  1
 5 12  7 10
```

β
```
 4 13  7 10
11  6 16  1
14  3  9  8
 5 12  2 15
```

β
```
 4 13 10  7
11  6  1 16
 5 12 15  2
14  3  8  9
```

β
```
 4 13  1 16
11  6 10  7
14  3 15  2
 5 12  8  9
```

δ
```
 4 15  2 13
 7  6 11 10
14  1 16  3
 9 12  5  8
```

Row 7

δ
```
 4 15  2 13
14  6 11  3
 7  1 16 10
 9 12  5  8
```

δ
```
 4 12  5 13
 7  6 11 10
14  1 16  3
 9 15  2  8
```

δ
```
 4 14  7  9
12  6  1 15
 5 11 16  2
13  3 10  8
```

δ
```
 4  9  8 13
10  7 14  3
15  2 11  6
 5 16  1 12
```

δ
```
 4 10 15  5
16  7  2  9
 1 14 11  8
13  3  6 12
```

Row 8

γ
```
 4  9 15  6
14  7  1 12
 5 16 10  3
11  2  8 13
```

α
```
 4  9  6 15
14  7 12  1
11  2 13  8
 5 16  3 10
```

α
```
 4  9 16  5
14  7  2 11
 1 12 13  8
15  6  3 10
```

β
```
 4 13  1 16
10  7 11  6
15  2 14  3
 5 12  8  9
```

β
```
 4 13  6 11
10  7 16  1
15  2  9  8
 5 12  3 14
```

Row 9

β
```
 4 13 11  6
10  7  1 16
 5 12 14  3
15  2  8  9
```

δ
```
 4 11  6 13
16  7 10  1
 5  2 15 12
 9 14  3  8
```

δ
```
 4  5 16  9
11  7  2 14
 6 10 15  3
13 12  1  8
```

δ
```
 4  5 16  9
14  7  2 11
 3 10 15  6
13 12  1  8
```

δ
```
 4 14  3 13
16  7 10  1
 5  2 15 12
 9 11  6  8
```

α	α	α	α	α
4 9 6 15	4 9 16 5	4 9 16 5	4 5 16 9	4 5 14 11
11 8 13 2	11 8 1 14	14 8 1 11	13 8 1 12	10 8 1 15
14 1 12 7	6 15 10 3	3 15 10 6	3 10 15 6	7 9 16 2
5 16 3 10	13 2 7 12	13 2 7 12	14 11 2 7	13 12 3 6

α	α	α	α	α
4 5 14 11	4 10 7 13	4 14 5 11	4 1 15 14	4 1 14 15
15 8 1 10	14 8 9 3	15 8 1 10	12 9 7 6	12 9 6 7
2 9 16 7	5 1 16 12	2 9 16 7	13 8 10 3	13 8 11 2
13 12 3 6	11 15 2 6	13 3 12 6	5 16 2 11	5 16 3 10

α	α	α	β	γ
4 12 13 5	4 12 13 5	4 5 15 10	4 5 15 10	4 6 13 11
14 9 8 3	15 9 8 2	6 9 3 16	16 9 3 6	15 9 2 8
1 6 11 16	1 7 10 16	11 8 14 1	1 8 14 11	10 16 7 1
15 7 2 10	14 6 3 11	13 12 2 7	13 12 2 7	5 3 12 14

β	α	α	β	γ
4 6 11 13	4 15 5 10	4 5 14 11	4 5 14 11	4 7 13 10
15 9 8 2	16 9 3 6	7 9 2 16	16 9 2 7	14 9 3 8
5 3 14 12	1 8 14 11	10 8 15 1	1 8 15 10	11 16 6 1
10 16 1 7	13 2 12 7	13 12 3 6	13 12 3 6	5 2 12 15

β	α	γ	γ	α
4 7 10 13	4 14 5 11	4 6 13 11	4 7 13 10	4 1 15 14
14 9 8 3	16 9 2 7	15 9 2 8	14 9 3 8	13 10 8 3
5 2 15 12	1 8 15 10	1 7 16 10	1 6 16 11	12 7 9 6
11 16 1 6	13 3 12 6	14 12 3 5	15 12 2 5	5 16 2 11

α	α	α	α	α
4 13 12 5	4 3 14 13	4 3 14 13	4 3 14 13	4 6 11 13
15 10 7 2	6 10 7 11	15 10 7 2	16 10 1 7	16 10 1 7
1 8 9 16	15 5 12 2	6 5 12 11	9 15 8 2	9 15 8 2
14 3 6 11	9 16 1 8	9 16 1 8	5 6 11 12	5 3 14 12

α	α	γ	α	α
4 6 15 9	4 15 6 9	4 5 14 11	4 5 11 14	4 5 16 9
16 10 5 3	16 10 5 3	15 10 1 8	15 10 8 1	15 10 3 6
1 7 12 14	1 7 12 14	9 16 7 2	6 3 13 12	1 8 13 12
13 11 2 8	13 2 11 8	6 3 12 13	9 16 2 7	14 11 2 7

α	δ	β	β	β
4 5 16 9	4 13 2 15	4 7 14 9	4 7 14 9	4 7 9 14
13 10 3 8	16 10 7 1	13 10 3 8	13 10 3 8	13 10 8 3
2 7 14 11	5 3 14 12	1 6 15 12	11 16 5 2	6 1 15 12
15 12 1 6	9 8 11 6	16 11 2 5	6 1 12 15	11 16 2 5

α	δ			
4 1 14 15	4 13 12 5	4 1 15 14	4 1 16 13	4 8 9 13
13 11 8 2	14 11 6 3	8 11 5 10	15 11 2 6	15 11 2 6
12 6 9 7	1 8 9 16	13 6 12 3	10 14 7 3	10 14 7 3
5 16 3 10	15 2 7 10	9 16 2 7	5 8 9 12	5 1 16 12

—				γ				α				α				β			
4	8	13	9	4	5	15	10	4	5	10	15	4	5	16	9	4	6	15	9
15	11	6	2	14	11	1	8	14	11	8	1	14	11	2	7	13	11	2	8
1	5	12	16	9	16	6	3	7	2	13	12	1	8	13	12	1	7	14	12
14	10	3	7	7	2	12	13	9	16	3	6	15	10	3	6	16	10	3	5

β				β				—				—				δ			
4	6	15	9	4	6	9	15	4	8	13	9	4	8	13	9	4	1	16	13
13	11	2	8	13	11	8	2	10	11	6	7	15	11	6	2	6	12	5	11
10	16	5	3	7	1	14	12	15	14	3	2	10	14	3	7	15	7	10	2
7	1	12	14	10	16	3	5	5	1	12	16	5	1	12	16	9	14	3	8

δ				δ				δ				δ				δ			
4	1	16	13	4	6	15	9	4	6	9	15	4	14	3	13	4	1	15	14
15	12	5	2	14	12	7	1	14	12	1	7	15	12	5	2	13	12	6	3
6	7	10	11	3	5	10	16	11	13	8	2	6	7	10	11	8	5	11	10
9	14	3	8	13	11	2	8	5	3	16	10	9	1	16	8	9	16	2	7

δ				—				γ				γ				γ			
4	13	8	9	4	6	15	9	4	1	14	15	4	1	15	14	4	6	15	9
15	12	5	2	14	12	7	1	16	13	2	3	16	13	3	2	11	13	8	2
1	6	11	16	11	13	2	8	9	12	7	6	5	8	10	11	5	3	10	16
14	3	10	7	5	3	10	16	5	8	11	10	9	12	6	7	14	12	1	7

γ				γ				γ				γ				γ			
4	6	9	15	4	1	15	14	4	1	14	15	4	7	9	14	4	7	14	9
11	13	2	8	16	13	3	2	16	13	2	3	10	13	3	8	10	13	8	3
14	12	7	1	9	12	6	7	5	8	11	10	15	12	6	1	5	2	11	16
5	3	16	10	5	8	10	11	9	12	7	6	5	2	16	11	15	12	1	6

γ				γ				δ				γ				β			
4	6	15	9	4	7	14	9	4	1	16	13	4	1	13	16	4	1	16	13
11	13	8	2	10	13	8	3	5	14	3	12	15	14	2	3	15	14	3	2
14	12	1	7	15	12	1	6	15	8	9	2	10	11	7	6	5	8	9	12
5	3	10	16	5	2	11	16	10	11	6	7	5	8	12	9	10	11	6	7

γ				β				δ				γ				γ			
4	5	10	15	4	5	15	10	4	11	6	13	4	2	13	15	4	2	13	15
11	14	1	8	11	14	8	1	15	14	3	2	9	14	3	8	16	14	3	1
13	12	7	2	6	3	9	16	5	8	9	12	16	11	6	1	9	11	6	8
6	3	16	9	13	12	2	7	10	1	16	7	5	7	12	10	5	7	12	10

—				—				δ				β				γ			
4	2	13	15	4	2	13	15	4	1	16	13	4	1	16	13	4	1	13	16
5	14	3	12	16	14	3	1	9	14	3	8	15	14	3	2	15	14	2	3
16	7	10	1	5	7	10	12	15	12	5	2	9	12	5	8	6	7	11	10
9	11	8	6	9	11	8	6	6	7	10	11	6	7	10	11	9	12	8	5

β				β				δ				γ				γ			
4	7	10	13	4	7	13	10	4	7	10	13	4	5	16	9	4	7	13	10
9	14	3	8	9	14	8	3	15	14	3	2	11	14	7	2	9	14	8	3
15	12	5	2	6	1	11	16	9	12	5	8	13	12	1	8	16	11	1	6
6	1	16	11	15	12	2	5	6	1	16	11	6	3	10	15	5	2	12	15

α 4 3 14 13 5 15 2 12 16 10 7 1 9 6 11 8	α 4 3 14 13 16 15 2 1 5 10 7 12 6 11 8	α 4 3 13 14 16 15 1 2 5 10 8 11 9 6 12 7	α 4 5 16 9 6 15 10 3 11 2 7 14 13 12 1 8	α 4 6 11 13 16 15 2 1 5 10 7 12 9 3 14 8
α 4 1 16 13 5 15 2 12 14 8 9 3 11 10 7 6	γ 4 1 13 16 14 15 3 2 11 10 6 7 5 8 12 9	β 4 1 16 13 14 15 2 3 5 8 9 12 11 10 7 6	γ 4 5 11 14 10 15 1 8 13 12 6 3 7 2 16 9	β 4 5 14 11 10 15 8 1 7 2 9 16 13 12 3 6
α 4 10 7 13 14 15 2 3 5 8 9 12 11 1 16 6	α 4 1 16 13 9 15 2 8 14 12 5 3 7 6 11 10	β 4 1 16 13 14 15 2 3 9 12 5 8 7 6 11 10	γ 4 1 13 16 14 15 3 2 7 6 10 11 9 12 8 5	β 4 6 11 13 9 15 2 8 14 12 5 3 7 1 16 10
γ 4 6 13 11 9 15 8 2 7 1 10 16 14 12 3 5	α 4 6 11 13 14 15 2 3 9 12 5 8 7 1 16 10	α 4 1 16 13 11 15 6 2 14 10 3 7 5 8 9 12	α 4 8 9 13 11 15 6 2 14 10 3 7 5 1 16 12	γ 4 5 16 9 10 15 6 3 13 12 1 8 7 2 11 14
γ 4 6 13 11 9 15 8 2 16 10 1 7 5 3 12 14	α 4 2 15 13 5 16 1 12 14 9 8 3 11 7 10 6	α 4 2 15 13 14 16 1 3 5 9 8 12 11 7 10 6	α 4 2 15 13 7 16 1 10 14 11 6 3 9 5 12 8	α 4 2 15 13 14 16 1 3 7 11 6 10 9 5 12 8
α 4 5 12 13 7 16 1 10 14 11 6 3 9 2 15 8	α 4 5 12 13 14 16 1 3 7 11 6 10 9 2 15 8	α 4 5 14 11 7 16 9 2 10 1 8 15 13 12 3 6	α 4 7 10 13 14 16 1 3 5 9 8 12 11 2 15 6	β 4 1 14 15 13 16 3 2 11 10 5 8 6 7 12 9
β 4 1 15 14 13 16 2 3 6 7 9 12 11 10 8 5	β 4 1 15 14 13 16 2 3 10 11 5 8 7 6 12 9	β 4 1 14 15 13 16 3 2 7 6 9 12 10 11 8 5	α 4 3 14 13 10 16 7 1 15 9 2 8 5 6 11 12	β 4 6 11 13 10 16 7 1 15 9 2 8 5 3 14 12
γ 4 5 14 11 9 16 7 2 15 10 1 8 6 3 12 13	γ 4 5 15 10 9 16 6 3 14 11 1 8 7 2 11 13	γ 5 11 10 8 16 2 3 13 4 14 15 1 9 7 6 12	β 5 12 9 8 15 2 3 14 4 13 16 1 10 7 6 11	γ 5 10 11 8 16 3 2 13 4 15 14 1 9 6 7 12
β 5 12 9 8 14 3 2 15 4 13 16 1 11 6 7 10	γ 5 9 12 8 16 4 1 13 3 15 14 2 10 6 7 11	β 5 9 12 8 16 4 1 13 2 14 15 3 11 7 6 10	α 5 10 11 8 14 4 1 15 3 13 16 2 12 7 6 9	β 5 10 11 8 15 4 1 14 2 13 16 3 12 7 6 9

β 5 11 10 8 14 4 1 15 3 13 16 2 12 6 7 9	δ 5 11 10 8 15 4 1 14 2 13 16 3 12 6 7 9	δ 5 4 13 12 11 6 3 14 8 9 16 1 10 15 2 7	δ 5 11 8 10 15 6 9 4 2 3 16 13 12 14 1 7	δ 5 4 13 12 10 7 2 15 8 9 16 1 11 14 3 6
5 10 8 11 14 7 9 4 3 2 16 13 12 15 1 6	5 2 15 12 16 8 1 9 3 11 14 6 10 13 4 7	5 13 4 12 16 8 1 9 3 11 14 6 10 2 15 7	δ 5 3 14 11 16 8 1 9 2 10 15 7 11 13 4 6	5 13 4 12 16 8 1 9 2 10 15 7 11 3 14 6
α 5 4 14 11 16 9 7 2 3 6 12 13 10 15 1 8	α 5 4 15 10 16 9 6 3 2 7 12 13 11 14 1 8	δ 5 3 16 10 6 9 4 15 11 8 13 2 12 14 1 7	δ 5 3 16 10 15 9 4 6 2 8 13 11 12 14 1 7	δ 5 6 11 12 16 9 8 1 3 4 13 14 10 15 2 7
δ 5 15 2 12 16 9 8 1 3 4 13 14 10 6 11 7	δ 5 2 15 12 8 9 4 13 10 7 14 3 11 16 1 6	δ 5 8 10 11 16 9 7 2 1 4 14 15 12 13 3 6	δ 5 3 14 12 4 10 7 13 16 6 11 1 9 15 2 8	β 5 3 14 12 16 10 7 1 4 6 11 13 9 15 2 8
β 5 4 16 9 15 10 6 3 2 7 11 14 12 13 1 8	δ 5 15 2 12 16 10 7 1 4 6 11 13 9 3 14 8	5 1 16 12 14 10 3 7 4 8 13 9 11 15 2 6	δ 5 14 4 11 15 10 8 1 2 3 13 16 12 7 9 6	δ 5 2 15 12 4 11 6 13 16 7 10 1 9 14 3 8
β 5 2 15 12 16 11 6 1 4 7 10 13 9 14 3 8	β 5 14 3 12 4 11 6 13 16 7 10 1 9 2 15 8	δ 5 14 3 12 16 11 6 1 4 7 10 13 9 2 15 8	γ 5 2 16 11 15 12 6 1 4 7 9 14 10 13 3 8	γ 5 3 16 10 14 12 7 1 4 6 9 15 11 13 2 8
δ 5 3 16 10 11 13 8 2 6 4 9 15 12 14 1 7	δ 5 3 16 10 2 13 8 11 15 4 9 6 12 14 1 7	δ 5 2 15 12 16 13 4 1 3 8 9 14 10 11 6 7	δ 5 11 6 12 16 13 4 1 3 8 9 14 10 2 15 7	δ 5 4 14 11 16 13 3 2 1 8 10 15 12 9 7 6
δ 5 4 14 11 2 13 3 16 15 8 10 1 12 9 7 6	δ 5 3 16 10 4 14 1 15 13 11 8 2 12 6 9 7	δ 5 3 16 10 15 14 1 4 2 11 8 13 12 6 9 7	δ 5 1 16 12 10 14 7 3 8 4 9 13 11 15 2 6	δ 5 10 8 11 15 14 4 1 2 7 9 16 12 3 13 6
β 5 3 16 10 12 14 1 7 9 15 4 6 8 2 13 11	γ 5 4 16 9 11 14 2 7 10 15 3 6 8 1 13 12	δ 5 2 16 11 4 15 1 14 13 10 8 3 12 7 9 6	δ 5 2 16 11 14 15 1 4 3 10 8 12 12 7 9 6	β 5 2 16 11 12 15 1 6 9 14 4 7 8 3 13 10

γ																			
5	4	16	9	5	2	15	12	5	8	11	10	5	8	10	11	5	8	10	11
10	15	3	6	8	16	9	1	13	16	3	2	13	16	2	3	3	16	2	13
11	14	2	7	11	3	6	14	4	9	6	15	4	9	7	14	14	9	7	4
8	1	13	12	10	3	4	7	12	1	14	7	12	1	15	6	12	1	15	6

δ				β				β				δ				γ			
5	2	13	12	5	2	15	12	5	3	14	12	5	3	14	12	5	4	14	11
10	16	1	7	11	16	1	6	10	16	1	7	11	16	1	6	9	16	2	7
11	13	4	6	10	13	4	7	11	13	4	6	10	13	4	7	12	13	3	6
8	3	14	9	8	3	14	9	8	2	15	9	8	2	15	9	8	1	15	10

γ				β				γ				γ				δ			
5	4	15	10	6	11	10	7	6	12	9	7	6	10	11	7	6	9	12	7
9	16	3	6	16	1	4	13	15	1	4	14	15	3	2	14	13	3	2	16
12	13	2	7	3	14	15	2	3	13	16	2	4	16	13	1	4	14	15	1
8	1	14	11	9	8	5	12	10	8	5	11	9	5	8	12	11	8	5	10

β				β				δ				γ				γ			
6	9	12	7	6	12	9	7	6	12	9	7	6	10	11	7	6	9	12	7
16	3	2	13	13	3	2	16	16	3	2	13	15	3	2	14	15	4	1	14
1	14	15	4	4	14	15	1	1	14	15	4	1	13	16	4	3	16	13	2
11	8	5	10	11	5	8	10	11	5	8	10	12	8	5	9	10	5	8	11

β				δ				δ				δ				δ			
6	11	10	7	6	7	12	9	6	7	12	9	6	12	7	9	6	12	7	9
13	4	1	16	14	4	1	15	15	4	1	14	14	4	1	15	15	4	1	14
3	14	15	2	3	13	16	2	2	13	16	3	3	13	16	2	2	13	16	3
12	5	8	9	11	10	5	8	11	10	5	8	11	5	10	8	11	5	10	8

δ				δ												δ			
6	3	14	11	6	12	7	9	6	1	16	11	6	14	3	11	6	3	15	10
12	5	4	13	16	5	10	3	15	7	2	10	15	7	2	10	4	9	5	16
7	10	15	2	1	4	15	14	4	12	13	5	4	12	13	5	13	8	12	1
9	16	1	8	11	13	2	8	9	14	3	8	9	1	16	8	11	14	2	7

β				β				δ				α				α			
6	3	15	10	6	4	13	11	6	15	3	10	6	3	13	12	6	3	16	9
16	9	5	4	15	9	8	2	16	9	5	4	15	10	8	1	15	10	5	4
1	8	12	13	3	5	12	14	1	8	12	13	4	5	11	14	1	8	11	14
11	14	2	7	10	16	1	7	11	2	14	7	9	16	2	7	12	13	2	7

γ				γ				δ				β				β			
6	1	15	12	6	4	15	9	6	1	16	11	6	1	16	11	6	3	15	10
16	11	5	2	13	11	8	2	3	12	5	14	15	12	5	2	13	12	8	1
3	8	10	13	3	5	10	16	15	8	9	2	3	8	9	14	4	5	9	16
9	14	4	7	12	14	1	7	10	13	4	7	10	13	4	7	11	14	2	7

δ				δ				δ				γ				β			
6	13	4	11	6	3	14	11	6	4	15	9	6	3	15	10	6	4	15	9
13	12	5	2	4	15	12	5	16	13	2	3	12	13	1	8	11	13	2	8
3	8	9	14	15	2	7	10	1	12	7	14	9	16	4	5	10	16	3	5
10	1	16	7	9	16	1	8	11	5	10	8	7	2	14	11	7	1	14	12

Row 1

6	7	12	9
14	15	4	1
3	10	5	16
11	2	13	8

6	7	12	9
1	15	4	14
16	10	5	3
11	2	13	8

γ

6	3	13	12
10	15	1	8
11	14	4	5
7	2	16	9

δ

6	1	16	11
9	15	2	8
12	14	3	5
7	4	13	10

β

6	1	16	11
12	15	2	5
9	14	3	8
7	4	13	10

Row 2

β

6	4	13	11
9	15	2	8
12	14	3	5
7	1	16	10

δ

6	4	13	11
12	15	2	5
9	14	3	8
7	1	16	10

γ

6	3	16	9
10	15	4	5
11	14	1	8
7	2	13	12

δ

6	2	15	11
7	16	1	10
12	13	4	5
9	3	14	8

δ

6	2	15	11
12	16	1	5
7	13	4	10
9	3	14	8

Row 3

δ

6	3	14	11
7	16	1	10
12	13	4	5
9	2	15	8

δ

6	3	14	11
12	16	1	5
7	13	4	10
9	2	15	8

β

6	1	15	12
11	16	2	5
10	13	3	8
7	4	14	9

γ

6	3	15	10
9	16	4	5
12	13	1	8
7	2	14	11

δ

7	6	11	10
14	3	2	15
4	13	16	1
9	12	5	8

Row 4

δ

7	12	5	10
14	3	2	15
4	13	16	1
9	6	11	8

7	5	12	10
16	4	1	13
2	14	15	3
9	11	6	8

7	11	6	10
16	4	1	13
2	14	15	3
9	5	12	8

δ

7	2	15	10
12	5	4	13
6	11	14	3
9	16	1	8

δ

7	16	1	10
12	5	4	13
6	11	14	3
9	2	15	8

Row 5

7	1	16	10
14	6	3	11
4	12	13	5
9	15	2	8

7	15	2	10
14	6	3	11
4	12	13	5
9	1	16	8

δ

7	2	15	10
4	13	12	5
14	3	6	11
9	16	1	8

δ

7	4	14	9
16	13	3	2
1	12	6	15
10	5	11	8

7	1	16	10
6	14	11	3
12	4	5	13
9	15	2	8

Row 6

7	6	12	9
15	14	4	1
2	11	5	16
10	3	13	8

δ

7	2	16	9
6	15	1	12
11	14	4	5
10	3	13	8

δ

7	2	16	9
12	15	1	6
5	14	4	11
10	3	13	8

7	4	14	9
11	16	2	5
6	13	3	12
10	1	15	8

7	4	14	9
5	16	2	11
12	13	3	6
10	1	15	8

$$\begin{aligned}
\alpha \ \dots\dots\dots &\ 48 \\
\beta \ \dots\dots\dots &\ 192 \\
\gamma \ \dots\dots\dots &\ 192 \\
\delta \ \dots\dots\dots &\ 328 \\
\dots\dots\dots &\ 120 \\
\hline
\text{Somme} \qquad &\ 880
\end{aligned}$$

LLLlll ij

NOMBRE DES TABLES
de chaque forte.

DE celles qui ont 1 à l'un des coins, il y en a		208	208
De celles qui ont	2	200	200
	3	204	166
	4	238	178
	5	216	64
	6	206	48
	7	230	16
		Somme 880	

Mais parce que des tables qui ont à l'un des coins, 3, 4, 5, 6, ou 7, ont aussi à d'autres coins des nombres moindres, comme 1 ou 2, &c. on a mis en suite la multitude des tables qui ont quelqu'un de ces nombres à l'un de leurs coins, & aux autres coins des nombres plus grands. Ainsi il y a 204 tables, qui ont trois à l'un de leurs coins; mais il n'y en a que cent soixante-six qui ayent 3 à l'un de leurs coins, & aux autres coins des nombres plus grands que 3. De mesme il y a deux cens trente tables qui ont 7 à l'un de leurs coins, mais il n'y en que seize qui n'ayent à aucun de leurs coins des nombres moindres que 7.

$$A \quad \begin{array}{cccc} 6 & 3 & 13 & 12 \\ 15 & 10 & 8 & 1 \\ 4 & 5 & 11 & 14 \\ 9 & 16 & 2 & 7 \end{array}$$

Les tables qui ont cette marque *a* en teste, ont cette proprieté, que quatre nombres estans pris en quarré dans cette table en quelque façon que ce soit, font autant qu'un des costez. Ainsi en la table A, les nombres pris en quarré en tout sens, comme 6, 15, 3, 10, | 3, 10, 13, 8, | 13, 8, 12, 1, | 15, 10, 4, 5, | 10, 8, 5, 11, | 8, 1, 11, 14, | 4, 9, 16, 5, | 5, 16, 11, 2, | & 11, 2, 14, 7, | font 34, sçavoir autant que chacun des costez. De mesme, si on prend les angles des

$$\begin{array}{cccc} 6 & 3 & 13 & 12 \\ 15 & 10 & 8 & 1 \\ 4 & 5 & 11 & 14 \\ 9 & 16 & 2 & 7 \end{array}$$

quarrez de 3 de costé; sçavoir, 6, 4, 11, 13, | 3, 5, 14, 12, | 15, 8, 9, 2, | & 10, 1, 16, 7, & aussi les angles du quarré total, 6, 12, 9, 7, ils feront tous pareille somme de 34; & de ces tables il y en a en tout 48, & on peut faire 12 tables qui auront chacun des nombres à un des angles. Par exemple, il y a 12 tables qui ont 1 à l'un des angles, 12 qui ont 2, autant qui ont 3, 4, 5 ou 6, &c. mais parce qu'il y a quatre nombres ensemble à chaque table, cela se réduit à 48.

Les

B   6   3   15   10   C   6   1   16   11

     13 12   8   1   12 15   2   5

     4   5   9   16   9 14   3   8

     11 14   2   7   7   4 13   10

Les tables qui ont cette marque β au deſſus, ont la meſme égalité que
devant, ſinon qu'au milieu d'un des coſtez & à ſon oppoſé, il y a un des quarrez dont les nombres ne ſont pas égaux à ceux d'un des coſtez. Ainſi en la
table B, les nombres 3, 15, 12, 8, & 5, 9, 14, 2, ne font pas 34 ; & en la table
C, les nombres 12, 16, 9, 14, & 2, 5, 3, 8 ne font pas 34. Mais ſi on prend
les huit enſemble, ils font le double de 34, puiſqu'ils comprennent deux lignes ; & de ces tables il y en a en tout 192.

D   6   3   15   10

     12 13   1   8

      9 16   4   5

      7   2 14   11

Les tables marquées γ, n'ont que les quarrez des angles qui ayent cette
égalité avec celuy du milieu, mais non pas ceux du milieu des coſtez. Ainſi
la table D a égalité dans les nombres 6, 12, 3, 13, | 15, 1, 8, 10, | 9, 16, 7, 2, |
4, 5, 14, 11, | & 13, 1, 16, 4, | & pareillement aux nombres des angles des
quarrez de 3 de coſté ; ſçavoir, 6, 15, 4, 9, | 10, 3, 16, 5, | 7, 12, 1, 14, |
& 2, 13, 8, 11 ; & enfin au quarré total, 6, 7, 10, 11 : & de ces tables il y
en a en tout 192.

<table>
<tr><td>c</td><td></td><td></td><td></td><td></td><td>d</td><td></td><td></td><td></td></tr>
<tr><td></td><td>6</td><td>13</td><td>4</td><td>11</td><td></td><td>6</td><td>3</td><td>14</td><td>11</td></tr>
<tr><td>E</td><td>15</td><td>12</td><td>5</td><td>2</td><td>F</td><td>4</td><td>13</td><td>12</td><td>5</td></tr>
<tr><td></td><td>3</td><td>8</td><td>9</td><td>14</td><td></td><td>15</td><td>2</td><td>7</td><td>10</td></tr>
<tr><td></td><td>10</td><td>1</td><td>16</td><td>7</td><td></td><td>9</td><td>16</td><td>1</td><td>8</td></tr>
<tr><td>a</td><td></td><td></td><td></td><td>b</td><td></td><td></td><td></td><td></td></tr>
</table>

Les tables qui ont cette marque δ, n'ont égalité, outre les angles du grand
quarré, & ceux du quarré du milieu, (auſquels il y a égalité dans toutes les
tables) que deux autres quarrez aux coſtez oppoſez. Ainſi la table E n'a é-
galité qu'aux nombres 13, 14, 12, 5, | & 8, 9, 1, 16, | & en outre aux an-
gles exterieurs, 6, 11, 10, 7, & au quarré du milieu, 12, 5, 8, 9. Et la table F n'a égalité qu'aux nombres 4, 13, 15, 2, & 12, 5, 7, 10 ; & aux angles exterieurs, 6, 11, 9, 8 ; & au quarré du milieu, 13, 12, 2, 7 : & de ces
tables il y en a 328. Or ces égalitez ſe doivent toûjours entendre outre les
lignes qui ſont ſuppoſées égales entre elles.

Les autres tables qui n'ont point de marque, n'ont rien que ce qui eſt
commun à toutes ; ſçavoir le petit quarré du milieu, & le grand du dehors,

M M M m m m

où il y ait égalité aux nombres des angles ; & de ces tables il y en a 120.

Or on démontrera, comme il s'enfuit, que les nombres qui font aux angles de l'enceinte extérieure de la table de 4, & pareillement les 4 interieurs, font égaux à une des lignes. Par exemple, au quarré E les quatre nombres 6, 11, 10, 7 vallent necessairement 34, & pareillement 12, 5, 8, 9, sçavoir autant qu'une des lignes.

En la table E, si les quatre nombres *a*, *b*, *c*, *d*, ne vallent pas ensemble 34, il faut qu'ils fassent plus ou moins de 34, qu'ils vallent moins. Mais parce que les nombres de chaque ligne doivent faire 34, les lignes *a b*, & *c d* feront chacune 34. Il faudra donc que les quatre nombres qui font entre les angles dans les lignes *a b*, & *c d*, fassent ensemble plus de 34, & ils doivent furpaffer 34 d'un nombre égal à celuy de l'excés de 34, pardessus les nombres des angles *a*, *b*, *c*, *d*, & pareillement les quatre nombres qui font entre les angles des lignes *c a*, & *d b* ; sçavoir ceux qui feront à la place où font 15, 3, 2, 14, excederont 34 d'un nombre égal à celuy dont 34 excede les nombres des angles ; & par conféquent les nombres qui font à l'enceinte exterieure entre les angles, excederont deux fois 34 du double du mesme excés. Mais les 16 nombres ensemble doivent faire quatre fois 34 : & partant les huit nombres qui restent, sçavoir les quatre des angles *a*, *b*, *c*, *d*, & les quatre intérieurs qui doivent estre mis à la place où font 12, 5, 8, 9, feront moindres que deux fois 34, du double du mesme excés : mais les quatre qui font aux angles *a*, *b*, *c*, *d*, font moindres que 34, felon le mesme excés, donc les quatre interieurs feront moindres auffi que 34, felon le mesme excés. Et parce que toutes les lignes doivent estre égales, pofons que l'une des lignes tranfverfales, comme *c b*, contienne quatre nombres, qui ensemble faffent 34, il s'enfuivra que les quatre autres contenus en la ligne *a d*, feront moins de 34, du double de l'excés de 34, par deffus les quatre qui font aux angles *a*, *b*, *c*, *d*, ce qui est abfurde & contre l'hypotefe : la mefme chofe fe fera voir, fi on fuppofe les quatre nombres *a*, *b*, *c*, *d*, plus grands que 34 ; car on montrera de mesme, que les nombres d'une des lignes tranfverfales feront plus grands que 34 du double de l'excés ; & partant les quatre nombres *a*, *b*, *c*, *d*, font égaux à 34. Ce qu'il falloit démontrer.

a   *b*   *c*   *d*

e   *f*   *g*   *h*

i   *k*   *l*   *m*

n   *o*   *p*   *q*

Mais la mefme chofe fe démontrera bien plus briévement, comme s'enfuit. En la table *a*, *d*, *n*, *q*, les quatre nombres des angles *a*, *d*, *n*, *q*, font égaux aux quatre interieurs *f*, *g*, *k*, *l* ; car les quatre, *a*, *d*, *n*, *q*, font complémens à deux lignes (sçavoir à 68) des quatre nombres, *b*, *c*, *o*, *p*, & les quatre, *f*, *g*, *k*, *l*, des quatre *e*, *i*, *h*, *m*. Mais les mefmes huit nombres, *a*, *d*, *n*, *q*, *f*, *g*, *k*, *l*, font ensemble deux lignes, sçavoir les deux diagonales ; & partant, tant les quatre, *a*, *d*, *n*, *q*, que les quatre, *f*, *g*, *k*, *l*, font autant qu'une ligne. Et de là il s'enfuit auffi, qu'en toute table les quatre *b*, *c*, *o*, *p*, font une ligne, & pareillement les quatre *e*, *i*, *h*, *m*.

En toute table ou quarré qui a quatre de cofté, les quatre nombres qui font à l'un des angles de la figure, comme *a*, *b*, *e*, *f*, font égaux aux quatre nombres, *l*, *m*, *p*, *q*, qui font à l'angle diametralement oppofé, parce

que les uns & les autres font le complément à deux lignes des quatre nombres c, d, g, h.

Pareillement, en toute table les quatre nombres des angles d'un des quarrez de trois, comme a, c, l, i, font égaux aux quatre f, h, q, o, du quarré oppofé, parce que les uns & les autres font le complément à deux lignes
des quatre b, d, m, k.

Si en quelque table de 4, les quatre nombres d'un des petits quarrez des
angles, comme de a, b, f, e, font enfemble égaux à une ligne; les autres
petits quarrez des angles, comme c, d, g, h, &c. le feront auffi; & pareillement les nombres des angles du quarré de 3, comme a, c, l, i, ou b, d,
m, k, &c.

La raifon eft, que a, b, f, e, étant égaux aux quatre l, m, q, p, comme on vient de démontrer, fi les uns vallent une ligne, les autres en vaudront autant. Et pareillement les autres petits quarrez, fçavoir c, d, g, h,
& i, k, n, o, qui font leurs complémens à deux lignes.

Mais puifque les huit, c, d, g, h, & i, k, n, o, vallent deux lignes
par fuppofition, fi on en ofte une ligne, fçavoir d, g, k, n, le refte, qui font les
quatre c, h, i, o, vaudront auffi une ligne; & ainfi les huit, a, c, l, i, & h, f, o, q,
qui font les angles des deux quarrez de trois oppofez, vaudroit deux lignes,
puifque les huit nombres font les quatre c, i, o, h, qui vallent une ligne,
& les quatre de la diagonale, a, f, l, q : mais on a démontré, que les quatre a, c, l, i, font égaux aux quatre h, f, o, q : donc tant les uns que les
autres vallent une ligne.

On montrera de mefme, que fi les quatre des angles du quarré de trois,
comme a, c, d, i, vallent une ligne chacun des petits quarrez des angles,
comme a, b, e, f, &c. vaudront une ligne.

Car fi les quatre a, c, l, i, vallent une ligne, les quatre h, f, o, q, qui leur
font égaux, en vaudront une pareillement : & fi de ces huit, qui vallent deux
lignes, on ofte la diagonale a, f, l, q, reftera une ligne pour la valeur des
quatre autres, c, h, i, o, aufquels ajôutant la diagonale d, g, k, n, on aura
deux lignes pour la valeur des huit nombres c, h, d, g, k, n, i, o; mais on
a montré qu'en toute table de quatre, les quatre i, k, n, o, font égaux aux
quatre c, d, g, h ; donc tant les uns que les autres vallent une ligne.

REGLES
POUR LES JETS D'EAU.

DE LA DEPENSE DE L'EAU QUI SE FAIT
par differens ajustages, selon les diverses élévations des Reservoirs.

Par M. MARIOTTE.

UN pied cube d'eau pese 70 livres, & contient 36 pintes mesure de Paris lorsqu'elles sont mesurées justes : mais si l'eau passe les bords de la mesure, comme il se peut faire sans qu'elle se répande, la pinte d'eau pesera alors 2 livres, & 35 feront le pied cube. Le muid de Paris contient 280 de ces dernieres pintes, & 288 des autres.

Un pouce d'eau, est l'eau qui coule par une ouverture circulaire d'un pouce de diamétre posée verticalement en un des costez d'un baquet, lorsque la surface de l'eau qui fournit à l'écoulement, demeure toûjours au dessus de l'ouverture à la distance d'une ligne, c'est-à-dire à 7 lignes au dessus de son centre, sans s'élever plus haut, ni s'abaisser au dessous. Il passe en une minute de temps par cette ouverture 28 livres d'eau, en 14 pintes pesant chacune deux livres.

Il est vray qu'à l'endroit de l'ouverture, & immédiatement au dessus, l'eau est plus basse qu'au reste du baquet, où elle doit estre élevée d'une ligne plus haut ; car si elle n'estoit qu'à la mesme hauteur, l'extrémité de la surface de l'eau ne passeroit pas le bord superieur de l'ouverture en coulant, & elle ne donneroit alors en une minute, qu'environ 13 pintes & $\frac{1}{4}$.

Si l'on veut sçavoir ce que donnent des ouvertures circulaires plus petites, comme d'un demi-pouce de diamétre, ou d'un quart de pouce, il les faut placer en sorte que leurs centres soient à 7 lignes de la surface de l'eau qui est au dessus du trou d'un pouce, laquelle est marquée par la ligne F F, com-

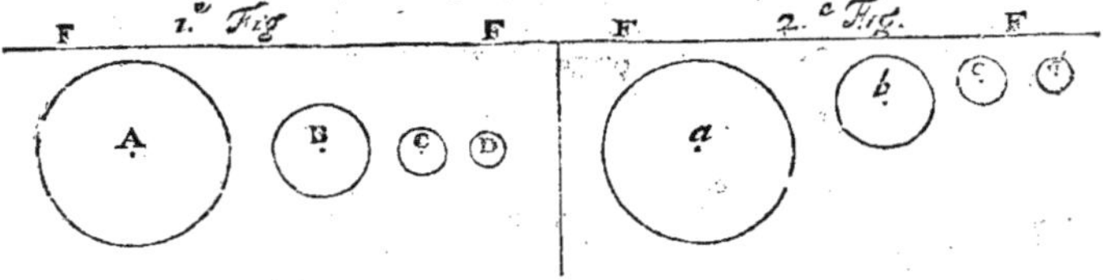

me on le voit dans la premiere figure, où les centres A B C D des différentes ouvertures sont tous dans une ligne parallele à F F, & non pas comme dans la seconde, où leurs bords superieurs sont à égales distances de la mesme ligne F F. Or si l'ouverture B est de 6 lignes de diamétre, sa surface ne sera que le quart de celle d'un pouce, & elle ne devroit donner que le quart de 14 pintes dans le mesme temps d'une minute ; & cependant elle donne le quart de 15 pintes, quoy-que toute la surface de l'eau du baquet ne soit pas plus haute qu'une ligne au dessus de l'ouverture d'un pouce ; ce qui provient de plusieurs causes qui sont expliquées dans mon Traité du mouvement des Eaux.

Eaux. La principale est, que l'eau ne baisse pas sensiblement au dessus de ces petits trous, & qu'elle y est de mesme qu'au reste de la surface; au lieu qu'à l'ouverture d'un pouce, pour faire que le centre soit à 7 lignes au dessous, il faut que le reste de la superficie de l'eau soit environ à 8 lignes au dessus de ce centre : car il faut quatre fois autant d'eau pour fournir à l'écoulement de l'ouverture de 12 lignes, qu'à celle de 6 lignes: D'où il arrive, que l'eau qui doit succéder à celle qui passe par la grande ouverture, vient de plus loin, & par conséquent elle ne succéde pas avec tant de facilité, & mesme il n'y en a qu'à une ligne au dessus, au lieu qu'il y en a 4 lignes au dessus de la petite ouverture, ce qui facilite la succession de son écoulement. D'ailleurs les expériences exactes de ces écoulemens sont tres-difficiles à faire, & l'on se peut tromper dans la grandeur des ouvertures, dans la hauteur de l'eau du réservoir, & dans le temps de l'écoulement. Deplus, les jets d'eau qui jallissent horisontalement donnent un peu plus d'eau que ceux qui vont de bas en haut, & un peu moins que ceux qui coulent de haut en bas.

Pour bien déterminer un pouce d'eau, & faciliter les différens calculs selon les différentes ouvertures & dispositions des ajustages, on peut supposer qu'un pouce d'eau donne 14 pintes ou 28 livres d'eau en une minute : & c'est sur ce pied que j'ay fait les calculs suivans.

Si on a un pendule de 3 pieds 8 lignes & demi depuis le point de la suspension, jusques au centre de la petite balle, il fera une seconde à chaque battement, & une minute en 60 battemens.

Si l'on veut sçavoir sans jaugé ce que donne d'eau une médiocre fontaine, il en faut recevoir l'eau dans quelque grand vaisseau; & si en une demie minute, ou 30 secondes elle donne 7 pintes, on dira qu'elle donne un pouce d'eau; si elle donne 21 pintes, qu'elle en donne 3 pouces, &c.

Suivant cette détermination, un pouce d'eau donnera 3 muids de Paris en une heure, & 72 en 24 heures. Une ligne est la 144e partie d'un pouce, & elle donne un demi-muid en 24 heures; deux ouvertures d'une ligne donneront un muid, & une ouverture de 3 lignes de diamétre, qui font neuf lignes superficielles, donneront 4 muids & demi en 24 heures.

On a trouvé par plusieurs expériences, qu'un réservoir ayant 13 pieds de hauteur au dessus de l'ouverture d'un ajustage de 3 lignes, donnoit un pouce d'eau, c'est à dire 14 pintes en une minute jallissant de bas en haut. C'est ce qu'on prendra pour fondement de la dépense des autres jets d'eau.

Lorsque les réservoirs sont à mesme hauteur, & les ajustages différens, ils dépensent de l'eau selon la proportion des ouvertures par où l'eau sort, ou des quarrez de leurs diamétres. Ainsi si un réservoir de 12 pieds a un ajustage de 6 lignes de diamétre, il donnera 4 pouces; & si son ouverture est d'un pouce de diamétre, le jet de bas en haut donnera 16 pouces, pourvû que les tuyaux qui portent l'eau soient d'une largeur suffisante, selon les regles qui seront données cy-aprés. Pour calculer ces dépenses d'eau, il faut prendre le quarré de 3 qui est 9; & si l'ajustage nouveau a 5 lignes de diamétre, il faut faire cette ligne de 3. Si 9, quarré de 3, donne 14 pintes, combien 25, quarré de 5. On trouvera que le quatriéme nombre sera 38$\frac{8}{9}$, & ainsi des autres ajustages. En voicy une Table.

TABLE DES DÉPENSES D'EAU
pendant une minute par différens ajustages ronds, l'eau du réservoir estant à 12 pieds de hauteur.

PAR l'ajustage d'une ligne de diamétre   1 pinte $\frac{1}{4}$ & $\frac{1}{12}$

Par 2 lignes   6 pintes $\frac{2}{9}$.
Par 3 lignes   14 pintes.
Par 4 lignes   25 pintes à peu prés.
Par 5 lignes   39 pintes à peu prés.
Par 6 lignes   56 pintes.
Par 7 lignes   76 pintes $\frac{1}{4}$.
Par 8 lignes   110 pintes $\frac{1}{3}$.
Par 9 lignes   126 pintes.

Si on divise ces grands nombres par 14, le quotient donnera les pouces d'eau, ainsi 126 pintes divisées par 14 font 9 pouces. On peut objecter, que dans quelques expériences les grandes ouvertures donnent plus d'eau à proportion que les petites, mais cela arrive par des causes étrangeres, & bien souvent les grandes ouvertures donnent moins à proportion. Voicy les expériences que j'en ay faites. J'ay pris un tuyau de six pieds de hauteur, & de 6 pouces de diamétre, au fond duquel j'ajustay une ouverture de 4 lignes, & une de 12 ; estant tout plein, on laissa aller en mesme temps les deux ajustages jusques à ce que le tuyau fut vuide à demi, on recevoit en deux vaisseaux différens l'eau qui couloit par les deux ouvertures ; & au lieu que la grande devoit donner 9 fois autant que la petite, elle n'en donnoit que huit à peu prés.

Lorsque les hauteurs des eaux des réservoirs sont différentes, les plus hautes donnent plus que les moins hautes, selon la raison sous doublée des hauteurs, c'est à-dire comme la moindre hauteur à la moyenne proportionnelle entre elle, & la plus grande.

Suivant cette regle, si la surface de l'eau du réservoir le moins haut est de 3 pieds d'élévation, & l'ajustage de 3 lignes, il faut prendre 6 qui est le nombre moyen proportionnel entre 3 & 12 ; & parce que 6 est à 3, comme 14 pintes à 7, on jugera que le réservoir de 3 pieds d'élévation donnera un demi-pouce, c'est-à-dire 7 pintes en une minute, par une ouverture de 3 lignes. Si la hauteur estoit de 4 pieds, il faut prendre 48, produit de 4, par 12, dont la racine est 7 à peu prés, & comme 12 à 7 ; ainsi 14 à 8 $\frac{1}{8}$: ce qui fera connoistre que ce jet d'eau donnera 8 pintes & $\frac{1}{7}$ en une minute, à fort peu prés.

TABLE DES DÉPENSES D'EAU

à differentes élevations de réservoirs, sur trois lignes d'ajustages
en une minute.

A 6 pieds   10 pintes un peu moins.
A 8 pieds   11 $\frac{1}{4}$ un peu moins.
A 9 pieds   12 $\frac{1}{7}$ un peu moins.
A 10 pieds   12 $\frac{4}{7}$ un peu moins.
A 12 pieds.   14 pintes.
A 15 pieds   15 $\frac{1}{2}$ un peu moins.
A 18 pieds   17 $\frac{1}{2}$.
A 20 pieds   18 $\frac{1}{12}$.
A 25   20 $\frac{1}{4}$.
A 30   22 $\frac{1}{4}$.
A 35   24 un peu moins.
A 40   25 $\frac{1}{2}$.
A 45   27 $\frac{1}{2}$.
A 48   deux pouces, ou 28 pintes.

Lorsque le réservoirs ont plus de 50 pieds de hauteur, les ajustages de 3 lignes sont trop étroits, & la dépense de l'eau devient sensiblement moindre, que selon la proportion sousdoublée de 12 à 60, ou à 80, &c. tant à cause du plus grand frottement à proportion, que de la plus grande résistance de l'air.

Lorsque par le defaut de largeur suffisante des tuyaux de la conduite, ou par d'autres empeschemens, l'eau ne jallit pas si haut qu'elle devroit, il faut calculer la dépense de l'eau selon la hauteur du réservoir qui convient au jet, selon la table suivante; comme si un réservoir de 45 pieds ne faisoit son jet qu'à 20 pieds, il faudra faire le calcul de la dépense de l'eau ; comme si le réservoir estoit à 21 pieds 4 pouces, les ajustages d'une ligne & demie, ne vont pas si haut que ceux de 4 ou 5 lignes, à une hauteur de réservoir de 8, 10, ou 12 pieds, &c. mais il ne faut pas laisser de calculer la dépense d'eau, suivant la hauteur des réservoirs, quand la conduite de l'eau est libre. Quelquefois en faisant des experiences, on trouve que les tuyaux estant fort inégaux, les plus grands donnent de l'eau en plus grande raison que la sousdoublée; mais cela procede de ce que pour entretenir un jet qui dépense beaucoup d'eau, il faut verser l'eau avec une grande vitesse, ce qui choque l'eau du réservoir, & luy donne une impulsion qui fait aller plus viste l'eau, à la sortie de l'ajustage, qu'elle ne feroit par le seul poids.

DE LA HAUTEUR DES JETS.

LA resistance de l'air empesche que les jets ne s'élevent jusques à la hauteur des reservoirs; & plus il y a d'air à traverser, plus la difference est considerable. Voicy une Regle qu'on peut suivre, pour sçavoir la diminution des jets, jusqués à la hauteur du réservoir.

Ayez une balle de plomb d'un pouce de diametre, ou environ, & une balle de bois ayant son diametre à peu prés comme celuy de l'ouverture, & dont la pesanteur soit fort peu moindre que celle de l'eau : ensorte que nageant par-dessus elle soit presque toute cachée : jettez-les avec une mesme force en haut, de maniere que la balle de plomb aille jusques à la hauteur du réservoir, ou fort prés, remarquez jusques où ira la balle de bois, ce sera la hauteur du jet, à peu prés.

L'autre Regle par le calcul, est que les differences des hauteurs des réservoirs & des hauteurs des jets, augmentent en raison doublée de leur hauteur, c'est à dire, en la proportion des quarrez de leurs hauteurs, comme si le premier jet est de 5 pieds, & que son réservoir soit plus haut d'un pouce; un jet de 10 pieds aura son réservoir plus haut de 4 pouces; car 5 est à 10, comme 1 à 2, & le quarré de 2 est 4 : donc, comme 1 est à 4, ainsi un pouce a 4 pouces. On suppose que les tuyaux soient suffisamment larges selon les Regles qui en feront données.

TABLE DES DIFFERENTES HAUTEURS
des Jets.

Hauteurs des Jets.	Hauteurs des Reservoirs.	
5 pieds.	5 pieds.	1 pouces.
10	10	4
15	15	9
20	21	4
25	22	1
30	33	0
35	39	1
40	45	4

45 pieds.	51 pieds.	9 pouces.
50	58	4
55	65	1
60	72	0
65	79	1
70	86	4
75	93	9
80	101	4
85	109	1
90	117	0
95	125	1
100	135	4

Le frottement contre les bords des ajuſtages, diminuë un peu de cette proportion dans les grandes hauteurs ; c'eſt pourquoy il eſt neceſſaire qu'à ces grandes hauteurs les ajuſtages ſoient d'une ouverture de 10, ou 12 lignes, car s'ils eſtoient de 2, ou 3 lignes, ils iroient beaucoup moins haut ; que ſelon cette Table, outre que l'air reſiſte beaucoup plus à un petit corps, qu'à un plus grand ; comme on en voit l'exemple dans les armes à feu, qui pouſſent bien plus loin une groſſe balle, qu'une tres-petite, comme de la menuë dragée, ou de la poudre de plomb. Si un tuyau élevé de 136 pieds, éleve ſon jet à 100 pieds, l'ajuſtage eſtant de 12 lignes, on ne doit pas tirer la conſequence, qu'un tuyau de 344 pieds, par un meſme ajuſtage, éleve ſon jet à 200 pieds, quoyque la hauteur de 344 pieds excede 200 pieds, de 144 quadruple de 36 pieds, dans la viteſſe de ces jets, l'air reſiſte ſi fortement, que l'eau ſe reduit par le choc, en parcelles imperceptibles qui ne peuvent aller bien haut. J'ay experimenté qu'il faut auſſi que les tuyaux ayent une largeur conſiderable juſques à l'ajuſtage, & d'autant plus grande que l'ajuſtage eſt plus large. Voicy les Regles de ces grandeurs.

Un réſervoir de cinq pieds ayant un ajuſtage de 6 lignes d'ouverture, doit avoir le tuyau le plus proche de l'ajuſtage environ de 2 pouces, la meilleure figure pour la conduite des tuyaux juſques à l'ajuſtage, doit eſtre ſemblable à la troiſiéme figure A B C.

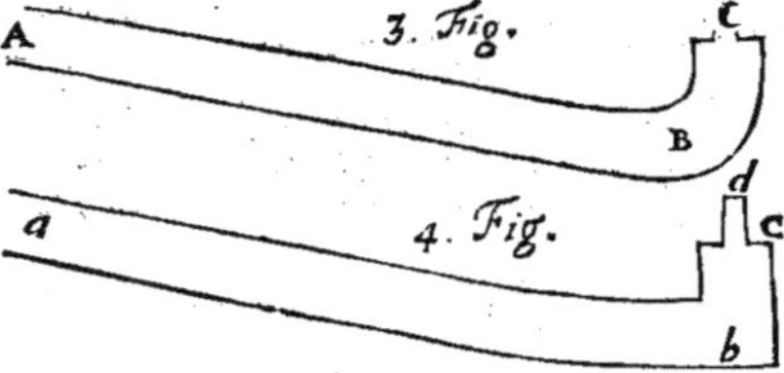

C'eſt à dire, que la courbure en B, ne doit pas eſtre en angles droits, comme en la quatriéme figure a b c d, & dans les mediocres hauteurs juſques à 10, ou 12 pieds, il ne faut point de tuyau long à la ſortie, comme c d, car le frottement retarderoit le jet tres-conſiderablement, mais il ſuffit de l'épaiſſeur du métail, comme en la premiere figure. Si le réſervoir eſt de 21 pieds 4 pouces de hauteur & l'ouverture de l'ajuſtage de 6 lignes, le jet n'ira pas à 20 pieds ; ſi le tuyau de la conduite n'eſt que de 2 pouces, parce que le frottement ſera trop grand dans le tuyau étroit, où l'eau coulera deux fois plus viſte que lorſque le réſervoir n'eſt qu'à 5 pieds de hauteur, & par conſequent, il faut le tenir
plus

plus large, afin que l'eau y aille à peu prés de mesme vitesse ; il faut donc au lieu de deux pouces, qu'il ait deux pouces ½ à peu prés ; parce que les vitesses estant en raison sousdoublée des hauteurs, la vitesse de ce dernier jet sera double de l'autre, & par consequent le quarré du diametre de la largeur de son tuyau doit estre double de l'autre à peu prés. C'est sur cette regle qu'est fondée la Table suivante.

TABLE DES LARGEURS DES TUYAUX
& des differens ajustages selon la hauteur des réservoirs.

Hauteurs des réservoirs.	Largeurs des ajustages.	Largeurs des tuyaux.
A 5 pieds,	3, ou 4, ou 5, ou 6 lignes,	12 lignes.
A 10 pieds,	4 5 6 lignes,	25 lignes.
A 15 pieds,	5 6 lignes,	2 pouces ¼
A 20	6 lignes,	2 pouces ½
A 25	6	2 pouces ¾
A 30	6	3 pouces.
A 40	7 8 lignes.	4 p. ½
A 50	8 10 lignes.	5 p. ½
A 60	10 12 lignes.	5 ½ ou 6 pouces.
A 80	12 14 lignes.	6 p. ½ ou 7
A 100	12 14 15	7 p. ou 8

Si le jet de l'eau a 12 lignes d'ajustage, & que le réservoir soit à 84 pieds de hauteur, le jet sera de 65 pieds à peu prés. Si les moindres tuyaux prés de l'ajustage sont de 7, ou 8 pouces, & il donnera 40 pouces à peu prés ; & par un ajustage de 14 lignes il donnera 54 pouces, qui font 3888 muids en 24 heures ; & si le réservoir a 50 pieds en quarré, il faudra qu'il ait environ 13 pieds de hauteur, afin qu'il puisse fournir le jet 24 heures ; & pour l'entretenir seulement 12 heures, il suffira qu'il ait 40 pieds en quarré & 10 pieds de hauteur pour contenir 1944 muids. Si les jets d'eau ne vont pas continuellement, & qu'on mette des robinets dans les tuyaux de la conduite, pour arrester le cours de l'eau quand on veut, il faut que leurs ouvertures soient à peu prés de la largeur des tuyaux ; car si elles estoient beaucoup plus petites, elles diminuëroient la hauteur du jet par le frottement. On peut tenir les tuyaux plus larges en ces endroits, & ajuster les robinets, ensorte que leurs ouvertures soient aussi larges que le reste des tuyaux.

Lorsque les réservoirs sont fort élevez, & les tuyaux du bas, larges de 5, ou 6 pouces, ils sont en danger de se rompre par le poids de l'eau ; & plus ils sont étroits moins ils se rompent, si les tuyaux sont de mesme épaisseur. Voicy les regles que l'on peut suivre. Supposé qu'un réservoir de 30 pieds ne rompe, ou ne dessoude point un tuyau de cuivre d'un quart de ligne d'épaisseur, & qu'étant de moindre épaisseur, comme d'un cinquiéme de ligne, il le puisse rompre. Lorsqu'on élargira les tuyaux sans hausser le reservoir, il faut augmenter l'épaisseur selon la raison des diamétres ; car d'un costé, le poids de l'eau est en raison doublée des diametres, mais les circonferences soudées sont aussi en la raison des diametres ; c'est pourquoy, si le diametre est double, le poids de l'eau sera quadruple, & la circonference soudée sera double, ce qui rend la resistance double ; donc il ne reste que la simple raison des diamétres, si on suppose que l'eau par son poids fasse separer & détacher les parties du métail & de la soudure, comme les parties d'un baston qu'on tireroit perpendiculairement : ainsi si le tuyau est de 6 pouces sur 30 pieds de hauteur, il faut que que le métail du tuyau ait ½ ligne d'épaisseur ; s'il est d'un pied de largeur, il luy faudra donner une ligne.

OOOooo

Lorsque les réservoirs sont plus hauts, les largeurs des tuyaux demeurant les mesmes, il faut augmenter l'épaisseur du métail à proportion des hauteurs; ainsi, à un réservoir de 60 pieds, le tuyau estant de 3 pouces de largeur, le métail doit avoir $\frac{1}{2}$ ligne d'épaisseur, & à un de 120 pieds, il doit avoir une ligne.

Si les tuyaux sont plus hauts & plus larges, il faudra considerer les deux proportions. Ainsi, si le tuyau a 60 pieds de hauteur, & que sa largeur soit de 8 pouces, il faudra prendre une demie ligne à cause de la hauteur de 60 pieds; & à l'égard de la largeur, il faut faire cette regle de trois, comme 3 pouces sont à 8 huit pouces, ainsi une demie ligne à $\frac{4}{3}$; ce qui fera voir que le métail devra avoir alors une ligne & un tiers d'épaisseur.

Si on suppose que les soudures soient plus difficiles a separer, que les parties du métail, on peut considerer la platine de la figure troisiéme où est l'ajustage comme la plus foible partie, & comme devant se rompre en son milieu, ou proche des bords de la soudure; & parce qu'une regle de bois appuyée par les deux bouts, peut soûtenir dans son milieu un poids double de celuy qu'elle soûtiendroit, si elle estoit deux fois plus longue, & que si le poids est distribué le long d'une regle, en plusieurs petites parties égales, elle en peut soûtenir, sans se rompre deux fois autant que si tout le poids estoit au milieu; il s'ensuit que si la platine estoit quarrée, & qu'elle pust estre chargée d'une eau de 20 pieds de hauteur, sans qu'elle se rompît, elle ne pourroit soûtenir que la moitié du mesme poids, si elle estoit deux fois aussi longue sans augmenter sa largeur, mais alors elle seroit chargée de deux fois autant d'eau, & par conséquent elle n'en pourroit soûtenir que le quart; donc, selon la doctrine de Galilée, il faudroit doubler son épaisseur pour la rendre assez forte. La mesme chose arriveroit si elle estoit quarrée; car d'un costé le poids de l'eau seroit doublé, mais sa resistance seroit aussi doublée; & estant ronde elle résisteroit aussi à proportion.

Donc, aux tuyaux dont les diametres sont differens, & les hauteurs égales, il faut augmenter l'épaisseur du métail de la platine où est l'ajustage, selon la raison des diamétres, si la platine est la plus foible partie.

Lorsque les conduites des eaux sont fort longues, comme de 1000 toises, le long frottement diminuë la hauteur des jets & la dépense de l'eau, principalement si les tuyaux sont trop étroits. Voicy les regles qu'on peut suivre.

Si vous avez un réservoir de 80 pieds, & de l'eau suffisante pour faire six jets de 9 lignes chacun, il faut prendre le quarré de 9 qui est 81, son produit par 6 donne 486, dont la racine quarrée est environ 22; ce qui fait connoistre que les six jets de 9 lignes de diamétre donnent autant qu'un seul de 22 lignes, & parce que un jet de 22 lignes de diamétre donne beaucoup plus que celuy d'un pouce; sçavoir, en la proportion de 484, à 144 quarrez de 22 & de 12, il faut aussi que la largeur du tuyau soit en la mesme proportion à l'égard des 7 pouces qui conviennent à la hauteur de 80 pieds. Donc, comme 12 à 22: ainsi, 7 à 12 $\frac{1}{2}$ à peu prés; ce qui fera voir que le grand tuyau jusques aux distributions, doit avoir 13 pouces de largeur, & chaque tuyau des six distributions 7 pouces; & en ce cas le jet ira à plus de 60 pieds, & si on donne 14 pouces de largeur au grand tuyau, le jet ira à 65 pieds, nonobstant le long chemin de la conduite. On fera les autres calculs suivant ces regles.

Dans les jets fort hauts & fort gros, il faut disposer les derniers tuyaux & leurs ajustages, à peu prés selon la figure suivante, A B C D E; car supposé que le tuyau A B C ait 7 pouces de largeur, il faudra le retressir de moitié, & donner à F D, 3, ou 4 pouces de hauteur, & faire un second rétrécissement jusques à la largeur de l'ajustage; & si son ouverture est d'un pouce de largeur, & qu'il doive jallir à 50, ou 60 pieds, il suffira que la hauteur de l'ajuftage foit de 6 lignes à angles droits pour diriger le jet, & s'il n'alloit qu'à 30 pieds, il fuffiroit qu'il fuft de 3, ou 4 lignes ; car plus D E fera haut, plus la hauteur du jet diminuëra & plus l'ajuftage fera poly, plus le jet fera beau.

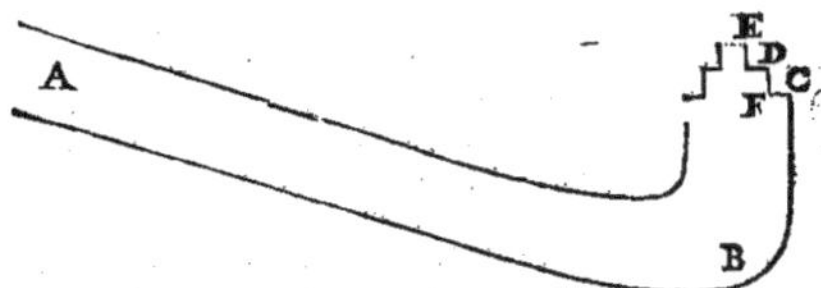

Pour partager l'eau en divers jets, & fçavoir combien on en donnera à chacun, ce qui peut auffi fervir à la diftribution qu'on fait à plufieurs particuliers, de l'eau d'une fource, il faut avoir une jauge, dont les ouvertures foient quarrées & non rondes, comme fi A B, en la figure fuivante, eft le haut du vaiffeau qui fert de jauge, & C D la hauteur de l'eau, il faudra placer les trous quarrez environ 2 lignes au-deffous de la furface C D, felon une ligne droite horifontale E N : or, fi on la divife en plufieurs quarrez d'un pouce de hauteur, comme E F P H, ils donneront plus d'un pouce : car, fi les circulaires donnent 14 pintes en une minute, les quarrez en donneront une quantité qui fera à 14, comme 14 à 11, laquelle proportion de 14 à 11, eft à peu prés celle du quarré au cercle qui a mefme largeur ; fi donc un pouce rond donne 14 pintes en une minute, un pouce quarré donnera un peu moins de 18 pintes ;

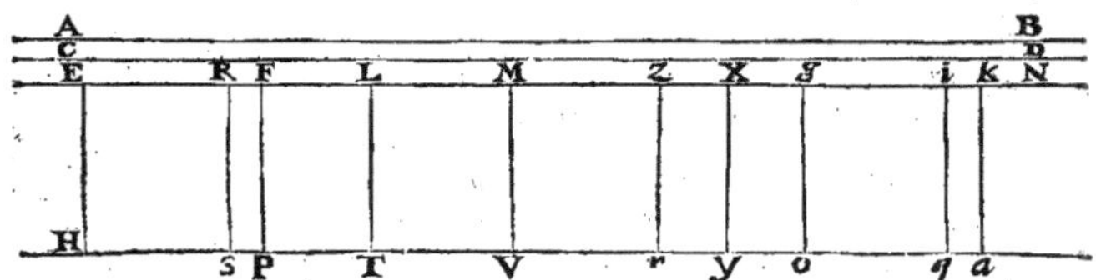

car 11 eft à 14, comme 14 pintes à 17 $\frac{7}{11}$, il faudra donc divifer E F en 14 parties égales, & fi E R contient 11 de ces parties, le quarré long E R S H fera à fort peu prés égal à un pouce circulaire, & il donnera un pouce, c'eft à dire 14 pintes en une minute, fi l'eau du baquet qui fert de jauge demeure à la hauteur C D. On fera plufieurs figures de fuite égales à E R S H fous la mefme ligne, comme R L T S, L M V T, &c. Si on veut donner undem y pouce, il faudra divifer un de fes quarrez long, comme z r o g, par la moitié par la ligne X Y, & elle donnera un demy pouce, c'eft à dire 7 pintes en une minute, & en toutes les autres divifions, de mefme, en prenant le tiers, comme i k a q, où le quart, &c. Il y aura encore cet avantage, que fi les eaux qui fourniffent l'écoulement diminuënt, & qu'en coulant elles ne rempliffent que le tiers, ou la moitié, ou les deux tiers de la hauteur des ouvertures de la jauge, tous les particuliers perdront à proportion, ce qu'on ne peut faire quand les trous font ronds ; & s'il y a un peu plus de frottement, à proportion, dans les petites ouvertures, que dans les grandes, cela fera recompenfé, en ce que l'eau fuccede mieux à un petit écoulement qu'à un grand. Si on veut donner 3, ou 4 pouces, on prendra 3, ou 4 ouvertures entieres, égales chacune à E R S H, comme E M V H, pour 3 pouces.

OOOooo ij

Ces regles peuvent fervir à toutes les autres les autres difficultez qu'on pourrá avoir touchant les jets d'eau, comme fi on a un réfervoir, ou une fource élevée de 40 pieds au-deſſus de l'ajuſtage qui puiſſe fournir 20 pouces, & qu'on la veüille toute employer en un ſeul jet, il faudra regarder la Table, & on trouvera qu'un ajuſtage de 3 lignes, ayant ſon réſervoir à 40 pieds, donne 25 pintes ÷ en une minute : en ſuite on fera cette regle de trois, fi 25 pintes ÷ me viennent de 9, quarré de 3, que me donneront 280 pintes, que 20 pouces donnent en une minute, on trouvera 98 ÷ pour le quotient, dont la racine quarrée eſt 10, à peu prés ; ce qui fera connoître que l'ajuſtage doit eſtre de 10 lignes de diametre à fort peu prés, & que ce jet qui s'elevera environ à 35 pieds, employera les 20 pouces coulant continuellement. Mais, fi on ſe contente que le jet aille ſeulement le jour 12 heures de ſuite, on pourra laiſſer remplir pendant la nuit un grand réſervoir qui contienne 720 muids, & on aura aſſez d'eau pour un jet de 14 lignes, ou pour deux d'environ 10 lignes, chacun pour 12 heures de ſuite.

DE CRASSITIE ET VIRIBUS TUBORUM
in aquæductibus ſecundum diverſas fontium altitudines diverſaſque tuborum diametros.

A D. ROMER anno 1680.

COGNITISSIMUM eſt altiores fontes, & ampliores ductuum diametros multo fortiora requirere tuborum latera, quàm aqua quæ ex depreſſiori loco per canalem anguſtum exoneratur ; a nemine vero quod ſciam

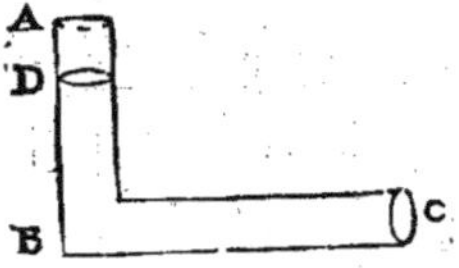

hactenus ſufficienter explicatum eſt qua proportione immutare convenit craſſitiem metalli ad retinendam eandem tuborum firmitatem in quibuſcumque altitudinibus & diametris propoſitis. Regulis in illum uſum condendis inſervient ſequentes propoſitiones, in quibus ſuppono tubum continuum A B C ad angulum rectum inflexum in B. In parte A B perpendiculari indefinitæ amplitudinis, conſidero altitudinem incumbentis quæ ; in parte vero horiſontali B C indefinitæ longitudinis, conſidero amplitudinem tuborum.

PROPOSITIO PRIMA.
Idem tubus clauſus in C ab aquis diverſarum altitudinum A B, D B diſtenditur in ratione altitudinum A D ad D B, patet

PROPOSITIO SECUNDA.
Aqua ejuſdem altitudinis in diſtendendis tubis diverſarum diametrorum valet ut diametri tuborum.

Nam vires aquæ ſunt ut ſuperficies in quas ponderant ex eadem altitudine, ſed ſuperficies cylindricæ ſunt ut diametri.

PROPOSITIO TERTIA,
(Inutilis, niſi contraritum ejus quod hic aſtruitur aſſumptum fuiſſet ab aliis ad concludendum falſum in hac ipſa materia.)

Cylindrus amplus eodem modo reſiſtit diſruptioni ſecundum ſuam longitudinem ac parvus, ſi utrobique iiſdem viribus ſit reſiſtendum. Si exempli gratia, vel altitudines ſint in ratione reciproca ſuperficierum, vel ſupponatur in tubis contineri liquores diverſæ gravitatis abſolutæ in ratione ipſarum ſuperficierum directa.

Ad

Ad hoc intelligendum imaginemur duos annulos
A, B, ejufdem craffitiei, fed diverfarum diametrorum,
æqualibus viribus trudi deorfum, circa conum C D.
Neutrum autem facilius rumpetur, fi materia utriufque
eadem fit & uniformis, non aliter quam fufpenfum pondus eadem facilitate rumpit filum longum ac breve,
modo ejufdem fint craffitudinis : fed res eodem modo
fe habet in difruptione plurium annulorum qui cylindrum conftituunt.

PROPOSITIO QUARTA.

Vires tuborum ad refiftdendum difruptioni funt in duplicata ratione craffitierum metalli.

Nam vires figulorum annulorum in quos tubus refolvitur funt ut quadrata
craffitierum fuarum vel ut fuperficies in difruptione feparandæ.

Hinc tres fequentes regulæ extruuntur.

Regula prima.

Si manente altitudine aquæ libeat mutare diametrum tubi, oportet ad retinendam eandem firmitatem mutare craffitiem metalli in fubduplicata ratione diametrorum, feu ut eorum radices, per 2 & 4 propofitionem.

Regula fecunda.

Si immutetur altitudo, manente diametro, debet eodem modo craffities
augeri ut radices altitudinum, per 1 & 4 propofitionem.

Regula tertia.

Invenitur craffities metalli poft immutatam & altitudinem & diametrum,
fi fiat : Ut productum altitudinis in diametrum unius, ad productum altitudinis in diametrum alterius; fic quadratum craffitiei unius, ad quadratum
craffitiei alterius.

Exemplum.

Tubus plumbeus diametri 16 pollicum ab incumbente aqua 50 pedum habens craffitiem 6½ linearum, inventus eft fufficientis firmitatis in experimento Verfalliano, quæritur quænam affignari craffities tubo plumbeo debet, cujus diameter 10 pollicum, & altitudo aquæ 40 pedum.

Productum   16 in 50 eft 800.
&   10 in 40 eft 400.

Quadratum craffitiei datæ 40.

Ergo ut 800 ad 400, fic 40 ad 20, cujus radix 4½ fere: ergo tubus hujus craffitiei in propofita altitudine & diametro, æque fortis erit ac ille quem expertus fum.

EXPERIMENTA CIRCA ALTITUDINES
& amplitudines projectionis corporum gravium, inftituta
cum argento vivo à D. Romer.

JACTUS verticalis fuit 270 linearum, cujus obfervatio cum fit difficilior,
confirmata eft ab altitudinibus jactuum parum à vertice declinantium, veluti in gradu 5° 268 lin. in gradu 10° 262 linearum.

Hinc ex fuppofito impetu 270 lin. computantur altitudines & amplitudines
projectionum, & conferuntur cum obfervatis in fequenti tabella.

PPppp

Elevatio directionis. Grad.	Amplitudo computata. Poll.	Lin.	Amplitudo observata. Poll.	Lin.	Correspond. supra 45°. Poll.	Lin.	Altitudo computata. Lin.	Altitudo observata. Lin.
5	7	10	8	9	7	8	2	4
10	15	5	16	6	15	2	8	9
15	22	6	23	9	22	4	18	21
25	34	6	35	6	35	0	48	51
35	42	3	43	0	42	0	89	94
45	45	0	44	9			135	140
55	42	3	42	0			181	187
65	34	6	35	0			222	226
75	22	6	22	4			252	254
80	15	5	15	2			262	262
85	7	10	7	8			268	269
90	0	0	0	0			270	270

Notæ ex observationibus depromptæ.

I. Filum seu cylindrus erumpens, multo major est quam foramen, etiam quando directio ad horizontem est inclinata.

II. In jactibus obliquioribus ut 45, 50, 35 gradum, &c. filum fluxus in descensu extenditur, & separatur non quidem in penicillum; sed in latum secundum planum verticale.

III. Jactus verticalis argenti vivi vix propius accedit ad altitudinem sui fontis, quam ipsius aquæ.

Hinc in altitudine duorum pedum defecit plus quam 18 lineis; cum tamen tubus respectu foraminis fuerit amplissimus.

In collatione calculi cum observatis apparet.

I. Directiones infra 45° faciunt amplitudines majores quam correspondentes supra; cùm juxta theoriam æquali angulo distantes à 45° deberent esse ejusdem amplitudinis.

II. Directiones supra 45° magis respondent calculo.

III. Melius convenient amplitudines & secum & cum calculo, si sumantur guttæ quæ omnium longissimè projiciuntur. Ego quidem annotavi omnium medias in determinatione amplitudinum.

IV. Altitudines ferè ubique sunt majores calculatis; quamvis hypothesis altitudinis maximæ sit bona.

FINIS.

A PARIS,

DE L'IMPRIMERIE ROYALE.

Par les foins de JEAN ANISSON Directeur de ladite Imprimerie.

M. DC. XCIII.

www.ingramcontent.com/pod-product-compliance
Lightning Source LLC
Chambersburg PA
CBHW051226050726
47594CB00001B/50